专利申请文件撰写和答复丛书 ▷▷▷

机械领域发明专利申请文件撰写与答复技巧

王 澄◎主编

知识产权出版社
全国百佳图书出版单位

图书在版编目（CIP）数据

机械领域发明专利申请文件撰写与答复技巧/王澄主编. —北京：知识产权出版社，2012.1
（2015.1 重印）（2018.6 重印）（2019.7 重印）

ISBN 978-7-5130-0913-3

Ⅰ. ①机… Ⅱ. ①王… Ⅲ. ①机械工业—专利申请—中国 Ⅳ. ①G306.3

中国版本图书馆 CIP 数据核字（2011）第 226059 号

内容提要

本书分别从撰写和答复的基本要求、专利申请文件撰写案例剖析、答复案例剖析等方面全方位分析论述了如何撰写机械领域发明专利的申请文件及如何答复复审意见，并配以丰富的案例予以说明，是专利申请人、代理人、审查员系统了解并掌握我国专利申请的必备工具书。

读者对象：专利申请人、代理人、审查员。

责任编辑：卢海鹰　王　欣	责任校对：董志英
装帧设计：卢海鹰　王　欣	责任印制：卢运霞

专利申请文件撰写和答复丛书

机械领域发明专利申请文件撰写与答复技巧

JIXIE LINGYU FAMINGZHUANLI SHENQINGWENJIAN ZHUANXIE YU DAFU JIQIAO

王　澄　主编

出版发行：知识产权出版社有限责任公司	网　　址：http://www.ipph.cn
社　　址：北京市海淀区气象路 50 号院	邮　　编：100081
责编电话：010-82000860 转 8116	责编邮箱：wangruipu@cnipr.com
发行电话：010-82000860 转 8101/8102	发行传真：010-82000893/82005070/82000270
印　　刷：三河市国英印务有限公司	经　　销：各大网上书店、新华书店及相关专业书店
开　　本：787mm×1092mm　1/16	印　　张：48.5
版　　次：2012 年 1 月第 1 版	印　　次：2019 年 7 月第 4 次印刷
字　　数：115 千字	定　　价：130.00 元

ISBN 978-7-5130-0913-3

出版权专有　侵权必究

如有印装质量问题，本社负责调换。

编委会

主　　　编：王　澄

副　主　编：朱仁秀　肖光庭

执行主编：茅　红　张阿玲

编　　　委：茅　红　张阿玲　杨开宁

　　　　　　俞翰政　张红漫

责任修订：何丹超　关　军

序

随着经济全球化和我国国民经济的快速发展，专利制度在经济活动中的作用和地位越来越突出，社会公众的自主创新意识也在不断增强。近十年来，我国专利申请受理量一直快速增长，发明专利申请年平均增长率高达24%。国家知识产权"十二五"规划纲要中明确提出万人口发明专利拥有量提高到3.3件。由此可见，专利制度对科技进步和经济发展的作用日益明显。

专利审批过程是专利申请人获得专利权的必经过程。影响了专利申请的审批进程和授权质量的因素主要有两个：一是专利申请文件的撰写质量好坏；二是对审查意见答复的撰写是否有针对性和说服力。为了帮助发明人和申请人更加顺利获得保护范围适当的专利权，国家知识产权局专利局机械发明审查部组织一批经验丰富的审查员编写了《机械领域发明专利申请文件撰写与答复技巧》一书。该书以一些典型的机械领域案件为基础，以专利审查实践为视角，通过深入剖析这些案例所涉及的审查实践和相关法律问题，力图全面体现机械领域专利申请文件撰写的具体思路以及如何对审查意见进行有针对性和说服力答复的具体思路。

本书编写时力求做到理论联系实际，既注重介绍基本法律知识，又结合案例说明专利申请实务。书中所涉及的案例都是通过认真甄选具有价值和针对性的案例，力图全面反应专利法律法规的价值追求。我们相信本书的出版不仅对于专利工作者在专利申请实务方面有所帮助，而且对于专利工作者了解相关的专利法律知识也有所裨益。

编委会
2011 年 12 月

前　言

《中华人民共和国国民经济和社会发展第十二个五年规划纲要》中指出要确保科学发展取得新的显著进步，确保转变经济发展方式取得实质性进展，一项基本要求是坚持把科技进步与创新作为加快转变经济发展方式的重要支撑。创新已经成为经济和社会发挥的原动力，越来越多社会公众重视在创新方面的投入和对创新成果的知识产权保护。社会公众的创新能力已经有了显著的进步，国民的专利意识也在不断增强。《专利法》颁布 27 年来，我国专利事业得到了长足发展，全国专利年申请量已超过 100 万件。

为满足申请人对学习、实践撰写专利申请文件和答复审查意见通知书及修改申请文件方面的要求，本书作者根据多年来的专利审查工作经验积累和研究，挑选大量的典型机械领域案例，精心编写了《机械领域专利申请文件撰写和答复案例剖析》。本书既有深入浅出的基础理论分析，更有引证翔实的实例分析，具有开拓性、前瞻性、理论性、实践性等特点。对于申请人和从事知识产权领域理论与实践的工作者、产业人士及对知识产权问题感兴趣的其他各界人士具有很强的参考作用与指导价值。

本书包括三个部分。第一部分为"撰写、答复和修改的基本要求"，主要向读者介绍专利文件撰写的基本要求以及申请在审查过程中对于审查意见的答复和申请文件修改的基本要求，该部分以涉及的法条为主线，辅以具体案例进行阐述，向读者明示了如何使申请文件的撰写、审查意见的答复和申请文件的修改符合《专利法》《专利法实施细则》及《专利审查指南》有关规定，给读者在撰写专利申请文件、审查意见的答复和申请文件的修改方面打下良好的理论基础。第二部分为"专利申请文件撰写案例剖析"，该部分通过对多种形式的案例分析，引导读者从理解发明内容开始，经过层层分析，进一步掌握如何撰写权利要求书和说明书，最终形成专利申请文件。因此，相信读者通过阅读该部分的内容能够掌握专利申请文件撰写的方法与技巧。第三部分为"答复案例剖析"，该部分提供了若干案例，并辅以案例分析、推荐的意见答复和文件修改，力图通过深入剖析这些案例所涉及的审查实践和相关法律问题，使读者能够掌握如何对审查意见进行有针对性和说服力答复的具体思路，有助于读者能够边阅读、边思考、边对比分析，边学习、边把握。

本书第一部分的第一章第一节"权利要求书的作用和常见缺陷"由陈华执

笔;第二节"说明书的作用和常见缺陷"由朱正强执笔;第三节"说明书附图的作用和常见缺陷"由李卉执笔;第四节"说明书摘要的作用和常见缺陷"由杨雪玲执笔;第二章第一节"答复的基本要求和常见问题"由刘薇执笔;第二节"修改的基本要求和常见问题"由侯艳嫔执笔;第三节"实例说明说明书及其附图修改超范围的情况"由陈宁执笔;第四节"实例说明权利要求修改超范围的情况"由何玮执笔。

第二部分的第一章第一节"通过分析技术改进点之间的关系深入挖掘发明点"由何丹超执笔;第二节"获得与要解决的'技术问题'相适应的保护范围"由马宏亮执笔;第三节"充分挖掘交底书中的隐含技术信息"由高丽敏执笔;第四节"通过充分扩展实施例谋求合理概括保护范围的途径"由张红漫执笔;第五节"深入挖掘其他有价值的改进技术方案"由孙雪执笔;第六节"多实施方式的合理概括"由胡涛执笔;第七节"合理分解技术方案形成多个申请"由张娴执笔;第八节"利用从属权利要求层层设防"由曹传陆执笔;第二部分的第二章第一节"多个配合使用的产品的撰写"由谭凯执笔;第二节"结合发明申请文件的撰写"由宫剑虹执笔;第三节"省略步骤发明的申请文件的撰写"由许志庆执笔;第四节"效果无法预期的发明的申请文件的撰写"由李梅执笔;第五节"解决技术难题的发明的申请文件的撰写"由李晋珩执笔;第六节"说明书公开的内容要与请求保护的权利要求相匹配"由史冉执笔;第七节"选择发明的申请文件的撰写"由刘畅执笔;第八节"利用功能特征进行合理概括"由李晴执笔。

第三部分的第一章第一节"对两篇对比文件是否存在结合点的答复"由左凤茹执笔;第二节"涉及公知常识的答复"由张旭波执笔;第三节"对权利要求是否包含无法实施的技术方案的答复"由关军执笔;第四节"对独立权利要求是否缺少必要技术特征的答复"由闫杰执笔;第五节"对上位概括是否合理的答复"由胡建英执笔;第六节"对要素省略发明是否具有创造性的答复"由王夏冰执笔;第七节"对技术领域不同的两篇对比文件是否具有结合启示的答复"由方华执笔;第三部分第二章第一节"针对技术方案的选择性修改"由梅奋永执笔;第二节"基于附图的修改"由陈存敬执笔;第三节"涉及数值范围的修改"由曾浩执笔;第四节"针对审查意见寻找合理的修改方向"由伍春赐执笔;第五节"对技术问题的澄清性修改"由李奉执笔;第六节"意见陈述应当与权利要求的保护范围一致"由霍成山执笔;第七节"针对数值范围不清楚和修改超范围的答复和修改"由李春华执笔;第八节"进行针对性修改以加快审查过程"由张玉兵执笔。

以下人员也参与了本书的前期案例筛选及稿件校对工作:尚玉沛、徐晓明、邹涤秋、杨国鑫、李声宏、刘源、奚缨、严律、王昉杰、毛永宁、刘建。

本书由茅红、张阿玲、杨开宁、俞翰政、张红漫负责章节的编排、把握整体思路及每个案例的撰写方式,并对全书进行统稿。每个案例都经过多次修改和审核,最终形成正式书稿。

由于本书编写人员水平有限,尤其是这次编写时间比较仓促,每个案例的分析和推荐的文本难免有失偏颇,希望读者在阅读后能够提出更好的建议,并与编写人员取得联系,相互切磋,共同提高。此外,在实际专利申请案的审批过程中,申请人应以《专利法》《专利法实施细则》《专利审查指南》的有关规定为依据,而不要以本书建议的方式为依据。

目 录

第一部分　撰写和答复的基本要求 / 1

第一章　撰写的基本要求 / 3
第一节　权利要求书的作用和常见缺陷 / 3
一、权利要求书的作用 / 3
二、权利要求书的撰写要求 / 4
三、权利要求书撰写过程中的常见缺陷 / 6
第二节　说明书的作用和常见缺陷 / 26
一、说明书的作用 / 27
二、说明书撰写的要求 / 28
三、说明书撰写的常见缺陷 / 31
第三节　说明书附图的作用和常见缺陷 / 47
一、说明书附图的基本概念 / 48
二、与说明书附图撰写有关的法律条款 / 49
三、说明书附图的常见缺陷 / 49
四、说明书附图的适当表达形式 / 60
第四节　说明书摘要的作用和常见缺陷 / 71
一、说明书摘要的作用 / 71
二、说明书摘要的常见缺陷 / 72

第二章　答复和修改的基本要求 / 85
第一节　答复的基本要求和常见问题 / 85
一、答复审查意见通知书的基本要求 / 85
二、答复的常见问题 / 88
第二节　修改的基本要求和常见问题 / 103
一、概要 / 103
二、针对修改时机的基本要求 / 104
三、修改的常见问题 / 107
第三节　实例说明说明书及其附图修改超范围的情况 / 119
一、概要 / 119

　　　　二、申请文件 / 120
　　　　三、第一次审查意见通知书的相关部分 / 123
　　　　四、说明书的修改 / 123
　　　　五、对于说明书修改超范围的原因分析 / 128
　　第四节　实例说明权利要求修改超范围的情况 / 132
　　　　一、概要 / 132
　　　　二、申请文件 / 133
　　　　三、权利要求修改的相关案情 / 138
　　　　四、对于权利要求修改超范围的分析 / 141

第二部分　专利申请文件撰写案例剖析 / 147

第一章　一般类型专利申请的撰写案例剖析 / 149
　　第一节　通过分析技术改进点之间的关系深入挖掘发明点 / 149
　　　　一、概要 / 149
　　　　二、技术交底书 / 149
　　　　三、通过分析技术改进点之间的关系深入挖掘发明点 / 156
　　　　四、权利要求书的撰写思路 / 160
　　　　五、在撰写的权利要求书的基础上完成说明书的撰写 / 165
　　　　六、撰写说明书摘要 / 166
　　　　七、案例总结 / 166
　　　　八、推荐的专利申请文件 / 167
　　第二节　获得与要解决的"技术问题"相适应的保护范围 / 177
　　　　一、概要 / 177
　　　　二、技术交底书 / 177
　　　　三、分析发明人提供的技术交底书 / 180
　　　　四、发明人提交的其他实施例 / 181
　　　　五、权利要求的撰写思路 / 185
　　　　六、说明书及说明书摘要的撰写 / 190
　　　　七、案例总结 / 191
　　　　八、推荐的申请文件 / 191
　　第三节　充分挖掘交底书中的隐含技术信息 / 202
　　　　一、概要 / 202
　　　　二、技术交底书 / 203
　　　　三、对发明人提供的欲保护技术方案是否具有新颖性和
　　　　　　创造性的分析 / 211
　　　　四、寻找本发明的其他技术改进点 / 214
　　　　五、权利要求书的撰写思路 / 217

　　　　六、说明书及说明书摘要的撰写 / 219
　　　　七、小结 / 220
　　　　八、推荐的申请文件 / 220
　　第四节　通过充分扩展实施例谋求合理概括保护范围的途径 / 232
　　　　一、概要 / 232
　　　　二、发明人提供的技术交底书 / 232
　　　　三、对技术交底书中的实施例进行扩展 / 236
　　　　四、权利要求的撰写思路分析 / 242
　　　　五、说明书及说明书摘要的撰写 / 246
　　　　六、案例总结 / 247
　　　　七、推荐的申请文件 / 247
　　第五节　深入挖掘其他有价值的改进技术方案 / 257
　　　　一、概要 / 257
　　　　二、技术交底书 / 257
　　　　三、分析技术交底书，深入挖掘其他有价值的技术改进方案 / 265
　　　　四、针对新改进技术方案撰写权利要求书 / 268
　　　　五、分析两个独立权利要求之间是否具备单一性 / 271
　　　　六、说明书及说明书摘要的撰写 / 271
　　　　七、案例总结 / 272
　　　　八、推荐的撰写文件 / 272
　　第六节　多实施方式的合理概括 / 281
　　　　一、概要 / 281
　　　　二、技术交底书介绍 / 281
　　　　三、权利要求撰写思路 / 285
　　　　四、说明书及说明书摘要的撰写 / 295
　　　　五、案例总结 / 296
　　　　六、推荐的申请文件 / 297
　　第七节　合理分解技术方案形成多个申请 / 306
　　　　一、概要 / 306
　　　　二、技术交底书介绍 / 306
　　　　三、权利要求撰写思路 / 314
　　　　四、说明书及说明书摘要的撰写 / 323
　　　　五、对案例的总结 / 324
　　　　六、推荐的申请文件 / 325
　　第八节　利用从属权利要求层层筑防 / 335
　　　　一、概要 / 335
　　　　二、发明人提供的技术交底书 / 335
　　　　三、确定本发明的最接近现有技术和实际解决的技术问题 / 338

四、撰写独立权利要求 / 339
五、撰写从属权利要求 / 341
六、说明书及说明书摘要的撰写 / 348
七、案例总结 / 349
八、推荐的申请文件 / 349

第二章 特殊类型专利申请的撰写案例剖析 / 357
　第一节 多个配合使用的产品的撰写 / 357
　　一、概要 / 357
　　二、技术交底书 / 357
　　三、撰写思路分析 / 365
　　四、撰写权利要求书 / 366
　　五、说明书及说明书摘要的撰写 / 372
　　六、案例总结 / 372
　　七、推荐的申请文件 / 373
　第二节 组合发明申请文件的撰写 / 382
　　一、概要 / 382
　　二、技术交底书 / 382
　　三、权利要求的撰写 / 386
　　四、说明书的撰写 / 392
　　五、说明书摘要的撰写 / 394
　　六、案例总结 / 394
　　七、推荐的申请文件 / 394
　第三节 省略步骤发明的申请文件的撰写 / 401
　　一、概要 / 401
　　二、技术交底书 / 402
　　三、撰写思路分析 / 407
　　四、权利要求书的撰写 / 409
　　五、说明书及说明书摘要的撰写 / 412
　　六、案例总结 / 414
　　七、推荐的申请文件 / 415
　第四节 效果无法预期的发明的申请文件的撰写 / 427
　　一、概要 / 427
　　二、技术交底书 / 427
　　三、说明书撰写思路分析 / 429
　　四、权利要求书的撰写思路 / 431
　　五、说明书及说明书摘要的撰写 / 434
　　六、案例总结 / 435

　　　　　七、推荐的申请文件 / 435
　　第五节　解决技术难题的发明的申请文件撰写 / 451
　　　　　一、概要 / 451
　　　　　二、技术交底书 / 452
　　　　　三、对技术交底书的分析 / 456
　　　　　四、关于解决技术难题发明申请的一般撰写思路 / 457
　　　　　五、说明书及说明书摘要的撰写 / 458
　　　　　六、权利要求撰写 / 463
　　　　　七、总结 / 469
　　　　　八、推荐申请文件撰写 / 469
　　第六节　说明书公开的内容要与请求保护的权利要求相匹配 / 478
　　　　　一、概要 / 478
　　　　　二、技术交底书 / 478
　　　　　三、分析技术交底书，全面梳理所公开的技术改进 / 484
　　　　　四、撰写专利申请文件以将公开内容限制在
　　　　　　　请求保护的范围之内 / 487
　　　　　五、案例小结 / 490
　　　　　六、推荐的专利申请文件 / 490
　　第七节　选择发明的申请文件的撰写 / 497
　　　　　一、概要 / 497
　　　　　二、技术交底书 / 497
　　　　　三、对发明人的撰写的分析 / 501
　　　　　四、说明书及说明书摘要的撰写 / 501
　　　　　五、权利要求书的撰写 / 504
　　　　　六、案例总结 / 504
　　　　　七、推荐的申请文件 / 505
　　第八节　利用功能性特征进行合理概括 / 509
　　　　　一、概要 / 509
　　　　　二、发明人提供的交底书内容 / 510
　　　　　三、申请文件的撰写思路分析 / 517
　　　　　四、总结 / 523
　　　　　五、推荐的申请文件 / 523

第三部分　答复案例剖析 / 533

第一章　申请文件无修改的答复案例剖析 / 535
　　第一节　对两篇对比文件是否存在结合点的答复 / 535
　　　　　一、概要 / 535

二、申请文件 / 535
　　三、审查意见通知书引用的对比文件介绍及审查
　　　　意见通知书要点 / 540
　　四、申请人意见陈述 / 543
　　五、对审查意见和申请人意见陈述的分析 / 544
　　六、推荐的意见陈述书 / 548
　　七、总结 / 550
第二节　涉及公知常识的答复 / 551
　　一、概要 / 551
　　二、申请文本 / 551
　　三、对比文件的介绍及审查意见通知书要点 / 557
　　四、申请人的意见陈述 / 559
　　五、案情分析 / 560
　　六、意见陈述的基本思路 / 562
　　七、推荐的意见陈述书 / 563
　　八、对案例的总结 / 565
第三节　对权利要求是否包含无法实施的技术方案的答复 / 566
　　一、概要 / 566
　　二、申请文件 / 566
　　三、审查意见通知书中相关审查意见 / 570
　　四、申请人实际的意见陈述 / 571
　　五、案情分析 / 572
　　六、意见陈述的基本思路 / 576
　　七、推荐的意见陈述 / 577
　　八、总结 / 578
第四节　对独立权利要求是否缺少必要技术特征的答复 / 579
　　一、概要 / 579
　　二、申请文本 / 579
　　三、审查意见概要 / 584
　　四、申请人意见陈述 / 585
　　五、案情分析 / 585
　　六、推荐的意见陈述书 / 587
　　七、对本案的总结 / 588
第五节　对上位概括是否合理的答复 / 589
　　一、概要 / 589
　　二、申请文件 / 589
　　三、审查意见通知书 / 597
　　四、申请人的意见陈述 / 598

　　　　　五、案情分析／599
　　　　　六、推荐的答复意见／601
　　　　　七、案例总结／604
　　　第六节　对要素省略发明是否具有创造性的答复／604
　　　　　一、概要／604
　　　　　二、申请文本／605
　　　　　三、对比文件及审查意见要点／614
　　　　　四、申请人的意见陈述介绍／615
　　　　　五、对意见陈述及案情的分析／615
　　　　　六、推荐的意见陈述书／617
　　　　　七、对案例的总结／620
　　　第七节　对于技术领域不同的两篇对比文件是否具有结合启示的答复／620
　　　　　一、概要／620
　　　　　二、案情简介／621
　　　　　三、相关权利要求／621
　　　　　四、相关的说明书和附图内容／621
　　　　　五、对比文件及审查意见通知书要点／627
　　　　　六、申请人的意见陈述大致情况／629
　　　　　七、案情分析与说明／630
　　　　　八、推荐的意见陈述书／634
　　　　　九、案例总结／636
　　第二章　申请文件有修改的答复案例剖析／637
　　　第一节　针对技术方案的选择性修改／637
　　　　　一、概要／637
　　　　　二、相关的权利要求／637
　　　　　三、与相关的权利要求对应的说明书部分／637
　　　　　四、审查意见通知书引用的对比文件的介绍及
　　　　　　　审查意见通知书要点／640
　　　　　五、申请的意见陈述大致情况／642
　　　　　六、对案情的分析及对意见陈述及修改权利要求的分析／643
　　　　　七、推荐的意见陈述书／647
　　　　　八、推荐的修改后的权利要求书／649
　　　　　九、对案例的总结／649
　　　第二节　基于附图的修改／650
　　　　　一、概要／650
　　　　　二、相关的权利要求／651
　　　　　三、与相关的权利要求对应的说明书部分／651
　　　　　四、审查意见通知书引用的对比文件的介绍及

        审查意见通知书要点 / 654
    五、申请的意见陈述大致情况 / 657
    六、对意见陈述及修改权利要求的分析及对案情的分析 / 657
    七、推荐的意见陈述书 / 662
    八、推荐的修改后的权利要求书和说明书 / 663
    九、对案例的总结 / 666
  第三节 涉及数值范围的修改 / 666
    一、概要 / 666
    二、申请文本 / 667
    三、审查意见 / 670
    四、申请人所作的意见陈述 / 672
    五、案情分析与说明 / 672
    六、推荐的意见陈述 / 676
    七、推荐的修改后的权利要求书 / 677
    八、总结 / 677
  第四节 针对审查意见寻找合理的修改方向 / 678
    一、概要 / 678
    二、原申请文件 / 678
    三、对比文件和相关审查意见 / 684
    四、申请人答复所提交的意见陈述和修改文件 / 686
    五、案情分析 / 687
    六、答复和修改思路 / 692
    七、推荐的修改文件 / 694
    八、推荐的意见陈述书 / 695
    九、小结 / 696
  第五节 对技术问题的澄清性修改 / 698
    一、概要 / 698
    二、申请文件 / 699
    三、审查意见通知书 / 705
    四、申请人实际的意见陈述 / 705
    五、案情分析与说明 / 706
    六、答复和修改思路 / 710
    七、推荐的意见陈述 / 711
    八、推荐的修改文本 / 712
    九、小结 / 712
  第六节 意见陈述应当与权利要求的保护范围一致 / 713
    一、概要 / 713
    二、申请文件 / 713

　　　　三、对比文件及审查意见通知书要点 / 720
　　　　四、申请人意见陈述和修改的大致情况 / 721
　　　　五、案情分析 / 723
　　　　六、推荐的意见陈述书和修改方式 / 726
　　　　七、总结 / 728
　　第七节　针对数值范围不清楚和修改超范围的答复和修改 / 728
　　　　一、概要 / 728
　　　　二、申请文件的案情简介 / 729
　　　　三、审查意见 / 735
　　　　四、申请人的意见陈述和修改后的权利要求 / 736
　　　　五、分析与说明 / 737
　　　　六、推荐的意见陈述书 / 742
　　　　七、总结 / 744
　　第八节　进行针对性修改以加快审查进程 / 745
　　　　一、概要 / 745
　　　　二、申请文件 / 745
　　　　三、检索和审查意见通知书 / 749
　　　　四、第一次意见陈述书 / 749
　　　　五、案情分析 / 750
　　　　六、意见陈述的基本思路 / 755
　　　　七、推荐的意见陈述书 / 755
　　　　八、总结 / 757

第一部分

撰写和答复的基本要求

第一章 撰写的基本要求

第一节 权利要求书的作用和常见缺陷

我国《专利法》第1条开宗明义，明确写明了专利法制定的目的是"为了保护专利权人的合法权益，鼓励发明创造，推动发明创造的应用，提高创新能力，促进科学技术进步和经济社会发展"。这个立法宗旨在具体实践中，就是要求专利申请人将其智力劳动成果向社会公众公开，使社会公众能够获知其劳动成果；而作为回报，国务院专利行政部门赋予申请人相应的权利，保证申请人可以在一定的期限和范围内，享有专利权。

在构成发明专利申请的文件中，请求书通常需要记录申请的基本信息，摘要提供的仅是一种技术信息，不具有法律效力，说明书是对发明内容的详细说明，权利要求书是在说明书记载内容的基础上，用构成发明技术方案的技术特征来限定权利要求的保护范围。

在包括请求书、权利要求书、说明书（必要时应当有附图）及其摘要等一系列文件的专利申请文件中，权利要求书作为法律文件之一无疑起着非常重要的作用。权利要求书本质的作用之一在于确立专利权的保护范围，无论是专利的代理、审查、推广，还是在无效宣告及侵权诉讼等程序中，都是以权利要求书所提出的技术方案为基础。例如，在提交专利申请时，申请人利用权利要求书来表明想要获得的保护范围；在授予专利权后，专利主管部门通过权利要求书来表明专利权人被授予的专利保护范围；专利权人可以在其被授予的权利要求范围内主张自己的权利，包括专利权人自行实施或者许可他人实施其发明创造，以及制止他人未经许可为生产经营目的实施其发明创造等。

鉴于权利要求书的重要地位，申请人应当按照《专利法》及《专利法实施细则》以及《专利审查指南》所作的相关规定，来正确理解权利要求书的作用和撰写要求。本节将列举一些具体案例并对这些案例中出现的一些常见缺陷进行分析，以期使申请人进一步了解权利要求书的作用和常见缺陷。

一、权利要求书的作用

（一）与权利要求书相关的法律条款

《专利法》及《专利法实施细则》中与权利要求书相关的法律条款较多，涉及《专利法》第2条第2款、第5条第1款、第9条第1款、第22条、第25条、第26条第4款、第31条第1款、第33条、第59条第1款，《专利法实施细则》第19条、第20条、第21条、第22条。

（二）权利要求书的作用

《专利法》第59条第1款规定：发明或者实用新型专利权的保护范围以其权利要

求的内容为准，说明书及附图可以用于解释权利要求的内容。因此，权利要求书是确定专利权保护范围的依据，也是判断他人是否侵权的依据。

1. 用于界定发明的保护范围

权利要求书是定义专利保护的技术方案的法律文件，它表明了构成发明的技术方案包括哪些要素，界定了发明的保护范围。

在撰写过程中，申请人通过权利要求书表述其请求保护的范围；在专利审查程序中，审查员审查权利要求是否符合《专利法》《专利法实施细则》的相关规定，确定出合理的保护范围，平衡权利人与社会公众的利益。

2. 作为侵权判断的主要依据

由于专利权的范围是由权利要求书界定的，因此在确定权利要求的保护范围时，权利要求中所有特征均应当予以考虑，而每一个特征的实际限定作用应当最终体现在该权利要求所要求保护的主题上。在侵权判断时，将被控侵权物或方法与专利保护的权利要求进行特征对比，看其是否覆盖了该权利要求的全部特征。

3. 权利要求书的其他作用

对发明和实用新型专利申请的技术主题进行分类时，权利要求书是确定技术主题的依据之一。

根据《专利法实施细则》第43条的规定，分案的内容不得超出原案说明书和权利要求书的范围，权利要求书也是分案申请的依据之一。

权利要求书是发明思想的直接体现，有助于公众快速了解发明的实质。

（三）权利要求的类型

权利要求按照性质划分，可分为产品权利要求和方法权利要求。

权利要求按照撰写形式划分，可分为独立权利要求和从属权利要求。独立权利要求应当从整体上反映发明或者实用新型的技术方案，记载解决技术问题的必要技术特征。从属权利要求应当用附加的技术特征，对其引用的权利要求作进一步限定。

权利要求书应当有独立权利要求，也可以有从属权利要求。独立权利要求与从属权利要求从不同的层次保护发明。权利要求书还可以包括多项独立权利要求，只要它们属于一个总的发明构思。主题名称不同的并列独立权利要求从不同的角度保护发明，并列的独立权利要求可以是产品权利要求或方法权利要求，也可以是产品权利要求和其制造方法的权利要求和其用途权利要求等。

二、权利要求书的撰写要求

权利要求应当合理、准确地界定专利权保护范围。而权利要求能否合理、准确地界定所要求保护的技术方案，直接关系到公众是否能够合理地知晓发明或者实用新型专利权的保护范围。公众只有能够知晓专利权的保护范围，才能有意识地规范自己实施有关技术的行为，自觉避免侵犯他人的专利权，这是专利制度运作的基本保障。

《专利法》第26条第4款和《专利法实施细则》第19条至第22条对权利要求的内容及其撰写要求作了规定。

1. 以说明书为依据

《专利法》第 26 条第 4 款规定，权利要求书应当以说明书为依据。

根据《专利审查指南》第二部分第二章第 3.2.1 节的规定，权利要求书应当以说明书为依据，是指权利要求应当得到说明书的支持。权利要求书中的每一项权利要求所要求保护的技术方案应当是所属技术领域的技术人员能够从说明书充分公开的内容中得到或概括得出的技术方案，并且不得超出说明书公开的范围。

"说明书公开的内容"是指"说明书记载的内容"及"根据记载的内容能够概括得出的内容"；而"说明书记载的内容"则是指"说明书文字记载的内容"及"根据文字记载的内容和说明书附图能够直接地、毫无疑义地确定的内容"。

附图是说明书的组成部分之一，因此附图中可以明确辨认的技术特征是说明书内容的一部分，可以作为支持权利要求的依据。

权利要求通常由说明书记载的一个或者多个实施方式或实施例概括得出。如果所属技术领域的技术人员可以合理预测说明书给出的实施方式的所有等同替代方式或明显变型方式都具备相同的性能或用途，则应当允许申请人将权利要求的保护范围概括至覆盖其所有的等同替代或明显变型的方式。

2. 清楚

《专利法》第 26 条第 4 款除规定了"权利要求书应当以说明书为依据"之外，还规定了权利要求书应当清楚地限定其保护的范围。

权利要求书是否清楚，对于确定发明或者实用新型要求保护的范围是极为重要的。只有清楚的权利要求，才能界定出清楚的保护范围。

权利要求书应当"清楚"，一是指权利要求的类型应当清楚；二是指构成权利要求书的所有权利要求作为一个整体也应当清楚。

3. 简要

《专利法》第 26 条第 4 款还规定了权利要求书应当简要地限定其保护的范围。

权利要求书应当简要，一是指每一项权利要求应当简要，二是指构成权利要求书的所有权利要求作为一个整体也应当简要。

一件专利申请中不得出现两项或两项以上保护范围实质上相同的同类权利要求。

除了技术特征以外，权利要求书不应包括其他内容，例如对发明原理、发明目的、商业用途等的描述，也不必说明采用有关技术特征的原因或理由。

4. 独立权利要求应当记载解决技术问题的必要技术特征

《专利法实施细则》第 20 条第 2 款规定，独立权利要求应当从整体上反映发明或者实用新型的技术方案，记载解决技术问题的必要技术特征。这款规定是对独立权利要求的撰写作出的具体要求。

必要技术特征是指，发明或者实用新型为解决其技术问题所不可缺少的技术特征，其总和足以构成发明或者实用新型的技术方案，使之区别于背景技术中所述的其他技术方案。

如果独立权利要求缺乏必要技术特征，则无法解决发明或者实用新型所要解决的技术问题。

5. 其他要求

《专利法实施细则》第 19 条、第 20 条第 1 款和第 3 款、第 21 条、第 22 条规定了权利要求撰写的其他要求。权利要求书作为法律文件，其撰写形式上应当规范，应当符合上述条款的规定。这部分内容在《专利审查指南》第二部分第二章第3节中给出了具体说明，本节不再赘述。

三、权利要求书撰写过程中的常见缺陷

《专利法》《专利法实施细则》以及《专利审查指南》对权利要求书的撰写作出了相应规定，并对相关规定作出了进一步的解释说明，不满足这些相关规定的权利要求书就是在撰写方面存在问题。

这里主要讨论常见的、典型的四类撰写缺陷，即：权利要求书未以说明书为依据、权利要求书不清楚、不简要、独立权利要求缺少必要技术特征。

（一）权利要求书未以说明书为依据
1. 上位概念概括或并列选择概括不合理

《专利审查指南》第二部分第二章第3.2.1节中规定：如果权利要求的概括使所属技术领域的技术人员有理由怀疑该上位概念概括或并列选择概括所包含的一种或多种下位概念或选择方式不能解决发明或者实用新型所要解决的技术问题，并达到相同的技术效果，则应当认为该权利要求没有得到说明书的支持。

【案例11-01-01】
钢筋弯箍机的牵引机构
背景技术
现有钢筋弯箍机对压下轮的控制是采用一个气缸控制一个相对应的压下轮，在一台设备中有多少压下轮就设置有多少气缸，这种结构复杂，操作和控制也不方便。
解决方案
图11-01-01为本发明的实施例1的示意图；图11-01-02为本发明的实施例2的压下部分的示意图。

在钢筋弯箍机的牵引机构中，牵引轮8并排设置并与传动轴6为一体，传动轴6与传动链轮键14连接，在所述牵引轮8的上方设置有压下轮5，压下轮5的上方设置有气缸1，所述气缸1为双活塞双作用气缸。气缸1两端的气缸杆分别通过销轴9固定连接增力臂，所述增力臂的另一端通过导杆3支撑于所述压下轮5的轴套12上。

工作时，气缸1收缩或推出，带动气缸两端的增力臂15在销轴9及固定支点的作用下，使最后一段增力臂16带动下端的导杆3向下运动，并压紧其下端的压下轮5，进而使其与牵引轮8一

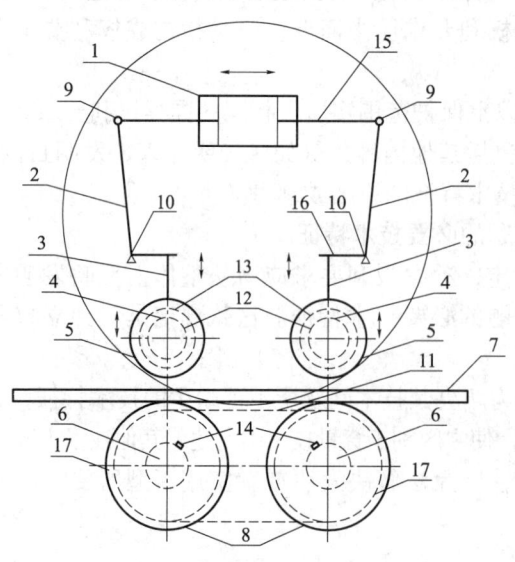

图11-01-01

同压紧加工的钢筋 7。

实施例 1：本实施例所示的结构适用于气缸收缩时导杆压紧压紧轮的工作状态。

在压下部分的结构中，气缸 1 的两端分别与第一段增力臂 15 的前端连接，并可带动该增力臂随着气缸的运转而运动。第一段增力臂 15 与第二段增力臂 2 之间在销轴 9 处呈一定角度地固定连接，二者之间的相互关系固定，并可以该销轴为支点进行摆动。第三段增力臂 16 与第二段增力臂 2 的另一端在固定支点 10 处连接，其连接方式及相互关系同上。第一段增力臂 15 与第三段增力臂 16 之间保持平行。

导杆 3 的上端与第三段增力臂 16 连接，下端接触压下轴 4，并可对压下轴套 12 保持压力。

压下轴 4 通过轴承 13 及轴套 12 固定于所述的钢筋弯箍机上，所述的导杆 3 的上端固定于第三段增力臂 16 的端部，下端自由支撑于所述轴套 12 的上表面。

牵引轮 8 并排设置并与传动轴 6 为一体，传动轴 6 与传动链轮 17 之间以键 14 连接，在所述牵引轮 8 的上方设置有压下轮 5。传动链轮 17 之间通过链条 11 连接。在使用中，可以将其中的一个传动轴作为主动轴，进而可以通过链条 11 将动力传送至另一传动轴，同时，压下轴 4 压下，通过压下轮 5 及牵引轮 8 压紧钢筋 7，牵引轮 8 对钢筋 7 产生的摩擦力推动钢筋连续运行。

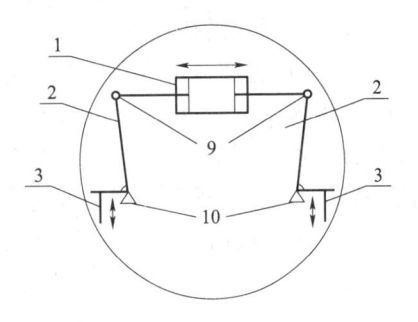

图 11 - 01 - 02

实施例 2：本实施例所示的结构适用于气缸推出时导杆压紧压紧轮的工作状态。

压下部分的结构中第三段增力臂 16 的方向（向外）（如图 11 - 01 - 02 所示）与实施例 1 中第三段增力臂 16 的方向（向内）（如图 11 - 01 - 01 所示）相反，其他结构及工作方式完全相同。

权利要求书

一种钢筋弯箍机的牵引机构，牵引轮并排设置并与传动轴为一体，传动轴与传动链轮键连接，在所述牵引轮的上方设置有压下轮，其特征在于压下轮的上方设置有气缸，气缸两端的气缸杆分别通过销轴固定连接增力臂，所述增力臂的另一端通过导杆支撑于所述压下轮的轴套上；所述的传动链轮之间通过链条连接。

案例分析

本发明所要解决的技术问题是，现有钢筋弯箍机对压下轮的控制是采用一个气缸控制一个相对应的压下轮，在一台设备中有多少压下轮就设置有多少气缸，这种结构复杂，操作和控制也不方便。

本发明采用一台气缸同时控制两个或两个以上的压下轮，从而提高了效率，简化了结构。

本发明的技术方案是，通过气缸的收缩或推出，带动双活塞双气缸两端的气缸杆左右移动，从而带动第一段增力臂移动，第一段增力臂带动第二段增力臂以及第三段增力臂运动，从而通过导杆对压下轴套保持压力。在说明书中只是记载了气缸为双活塞双作用气缸的实施例。

而该权利要求关于气缸的描述为：压下轮的上方设置有气缸，气缸两端的气缸杆分别通过销轴固定连接增力臂。即权利要求中并未对气缸的类型作出具体限定。因为具有两个气缸杆的气缸通常只能是单活塞双向作用气缸和双活塞气缸，而单活塞双向作用气缸的气缸杆在同一时间只能随着活塞向一个方向运动，导致与左、右气缸杆分别相连的增力臂动作相互干涉，无法实现一台气缸同时同步控制两个或两个以上的压下轮的目的。即，具有两个活塞杆的"单活塞双向作用气缸"在同一时间只能随着活塞向一个方向运动，无法实现一台气缸同时同步控制两个或两个以上的压下轮的目的，要同时控制多个压下轮，仍要设置与压下轮个数相同的气缸，因此，"单活塞双向作用气缸"不能解决本发明所要解决的技术问题，并达到相同的技术效果。

由于权利要求中的"气缸"是说明书中的"双活塞双作用气缸"的上位概念，其不仅包含了"双活塞双作用气缸"，而且也包含了具有两个活塞杆的"单活塞双向作用气缸"。通过上文分析可知，具有两个活塞杆的"单活塞双向作用气缸"所构成的技术方案不能解决本发明所要解决的技术问题，并达到相同的技术效果。因此，该权利要求中的"气缸"应当是"双活塞双作用气缸"，却由于采用了不合理的上位概念概括——"气缸"，根据所述的《专利审查指南》第二部分第二章第3.2.1节的规定，这样的上位概念概括被认为是得不到说明书的支持，不符合《专利法》第26条第4款有关"权利要求书应当以说明书为依据"的规定。

2. 不适当的功能效果限定

《专利审查指南》第二部分第二章第3.2.1节中规定：对于权利要求中所包含的功能性限定的技术特征，应当理解为覆盖了所有能够实现所述功能的实施方式。……如果权利要求中限定的功能是以说明书实施例中记载的特定方式完成的，并且所属技术领域的技术人员不能明了此功能还可以采用说明书中未提到的其他替代方式来完成，或者所属技术领域的技术人员有理由怀疑该功能性限定所包含的一种或几种方式不能解决发明或者实用新型所要解决的技术问题，并达到相同的技术效果，则权利要求不得采用覆盖了上述其他替代方式或者不能解决发明或实用新型技术问题的方式的功能性限定。

【案例11-01-02】

保健自行车坐垫

背景技术

某些自行车坐垫纯粹由硬性座椅材料构成，骑乘者虽能获得足够的支撑力，但也同时丧失了舒适感，尤其是当骑乘者需要长时间乘坐时，坐垫坚硬的支持面压迫臀部的神经血管，容易导致各种疾病。某些自行车坐垫纯粹由软性坐垫材料构成，其硬度不足以支撑人体的重量，骑乘者的臀部会陷入坐垫中，而直接倚靠在坐垫坚硬的底板或骨架上，使骑乘者感到不适。

解决方案

提供一种自行车坐垫，其既能支撑人体的重量，又柔软舒适，减轻对臀部神经的压迫，防止由此产生的各种疾病，有益于人体健康。自行车坐垫包括以下几层：硬塑材料制成的刚性底板，延伸分布于坐垫底部；硬性发泡物，设于底板上方；软性发泡物，设于硬性发泡物的上方。软性发泡物提供一吸震面，以提高骑乘者的舒适性，减轻对臀部神经的压迫；硬性发泡物，支撑骑乘者的重量，并防止骑乘者直接依靠到刚性底板上。

权利要求书

一种保健自行车坐垫，其特征在于它既能支撑人体的重量，又能减轻对臀部神经的压迫，有益于人体健康。

案例分析

本发明的发明目的是提供一种自行车坐垫，其既能支撑人体的重量，又柔软舒适，减轻对臀部神经的压迫。发明人是通过在坐垫的刚性底板上依次设置硬性材料和软性材料来实现该目的的。

但是，申请人对于所发明的自行车坐垫并没有通过结构特征进行限定，而是在权利要求中仅仅针对由发明所希望实现的功能和效果进行了限定，这样的限定覆盖了所有能实现该功能和效果的技术方案，而且申请人也未能够说明所属技术领域的技术人员能够由说明书中公开的具体技术方案想到所有能够实现该功能和效果的其他替代技术方案，因此认为该权利要求这种功能性的限定得不到说明书的支持，不符合《专利法》第26条第4款有关"权利要求书应当以说明书为依据"的规定。

3. 数值范围概括不合理

权利要求中的技术方案对于数值范围的概括应当谨慎，必须以说明书为依据进行合理概括，否则得不到说明书的支持。

【案例 11-01-03】

飞机螺旋桨

背景技术

目前主要使用钛合金来制造飞机螺旋桨，制造方式为铸造。铸造缺陷仍常发生，包括金属穿透、壳裂、砂孔、缩孔、未浇满、结铁粒等。

解决方案

发明人研究发现，可以通过添加金属铋来提升纯钛及钛合金的铸造性。发明人以钛合金 Ti-7.5Mo（7.5 重量% 的 Mo，其余为 Ti）、Ti-7.5Mo-1Fe、Ti-15Mo、Ti-10Nb、Ti-6Al-7Nb 为例，通过分别比较这五种钛合金在不加 Bi 和加 Bi 后的铸件长度（在相同铸造条件下，合金的铸造性越好，其铸件长度越长），测试了 Bi 对钛合金的铸造性的影响。实验结果如下：

表 11-01-01 掺入 Bi 对钛合金的铸造性的改良（铸造长度）结果

Ti 合金组成（wt%）	铸件长度（mm）	铸件长度的改良（%）
Ti-7.5Mo	11.5	—
Ti-7.5Mo-1Bi	15.4	33.9
Ti-7.5Mo-3Bi	13.6	18.3
Ti-7.5Mo-5Bi	12.0	4.3

续表

Ti 合金组成（wt%）	铸件长度（mm）	铸件长度的改良（%）
Ti – 7.5Mo – 1Fe	7.3	—
Ti – 7.5Mo – 1Fe – 1Bi	13.1	79.5
Ti – 15Mo	12.7	
Ti – 15Mo – 1Bi	16.2	27.6
Ti – 15Mo – 3Bi	14.8	16.5
Ti – 10Nb	10.8	—
Ti – 10Nb – 1Bi	18.5	71.3
Ti – 6Al – 7Nb	14.1	—
Ti – 6Al – 7Nb – 1Bi	17.2	22.0

权利要求书

一种飞机螺旋桨，由钛合金铸造而成，其特征在于所述钛合金包含1%～10%的铋，以所述钛合金全部的重量为基准。

案例分析

依申请人在说明书给出的技术教导，关于铋的含量对钛合金的铸造性的影响，在现有技术中没有相关的理论教导，而本申请只公开了含铋量为0%（即不含铋）的比较实施例以及含铋量为1%、3%、5%这几个点的优选实施例的实验结果，并未给出含铋量10%这个端点值的实验结果。此外，根据表11-01-01，在钛合金中掺入1%重量或3%重量或5%重量的铋，其铸造性均有所改良。在铝合金Ti – 7.5Mo中，就铸造性改良效果而言，掺入1%重量的铋改良效果最好，掺入3%重量的铋改良效果次之，掺入5%重量的铋改良效果又次之；在钛合金Ti – 15Mo中，掺入3%重量的铋的铸造性改良效果也不如掺入1%重量的铋的效果好。

因此，申请人给出的技术教导就是随着铋含量的增高，钛合金的铸造性改良效果会逐步降低。所属技术领域的技术人员有理由怀疑，当铋含量超过5%重量时钛合金的铸造性会进一步降低，当接近10%重量时不能够获得申请人在说明书中所宣称的技术效果。

综上，该权利要求中"1%～10%的铋"概括了一个较宽的范围，所属技术领域的技术人员不能合理地预见在该范围内都能实施该发明的技术方案，解决发明所要解决的技术问题，并达到相同的技术效果。因此该权利要求得不到说明书的支持，不符合《专利法》第26条第4款的规定。

（二）权利要求书不清楚

1. 类型不清楚

《专利审查指南》第二部分第二章第3.2.2节中规定：每项权利要求的类型应当清楚。一方面，权利要求的主题名称应当能够清楚地表明该权利要求的类型；另一方面，权利要求的主题名称还应当与权利要求的技术内容相适应。

(1) 主题名称不清楚

主题名称应当能够清楚地表明权利要求的类型，即产品权利要求或方法权利要求。不允许采用模糊不清的主题名称，例如，"一种……技术"、"对……的改进"、"一种……设计"、"一种……配方"或"一种……逻辑"；也不允许在一项权利要求的主题名称中既包含有产品又包含有方法，例如，"一种……产品及其制造方法"。主题名称不仅要清楚地表明权利要求的类型，还要反映请求保护的技术方案所属的技术领域。不允许采用不涉及技术领域的主题名称，例如，"一种产品"或"一种方法"；也不允许采用限定出多个不同保护范围的主题名称，例如，"一种固定装置，例如螺栓"。

【案例 11-01-04】

权利要求书

一种成像技术，包括成像主体；成像单元，设置在成像主体中；进纸单元，相对于成像主体可移动地安装；该成像技术特征在于：在至少一次反向翻转打印介质之后，进纸单元将打印介质进给到成像单元中。

案例分析

上述权利要求请求保护的主题名称为"成像技术"，该主题名称既可以理解为一种产品"成像装置"，又可以看成一种方法"成像方法"。这种模糊不清的主题名称不能反映出该权利要求是产品权利要求，还是方法权利要求，导致主题类型不明确，因此，根据前面所述的《专利审查指南》第二部分第二章第3.2.2节的有关规定，该权利要求不清楚，不符合《专利法》第26条第4款的规定。

【案例 11-01-05】

权利要求书

一种笔杆的设计，其特征在于，笔杆是将重量百分比为35%的草木灰、30%的淀粉和35%的水混合均匀后，在加热温度为100℃～120℃的铅笔杆模具中压制而成的。

案例分析

上述权利要求请求保护的内容是笔杆的制造方法，但其主题名称为"一种笔杆的设计"，其既可以理解为一种产品，又可以看成一种方法。这种模糊不清的主题名称不能反映出该权利要求是产品权利要求还是方法权利要求，导致主题类型不明确，因此，根据前面所述的《专利审查指南》第二部分第二章第3.2.2节的有关规定，该权利要求不清楚，不符合《专利法》第26条第4款的规定。

【案例 11-01-06】

权利要求书

一种产品，是由橡皮和橡皮套管组成，其特征是：在橡皮套管中部的压皮轮孔上安装压皮轮，压皮轮的下方橡皮套管上安装滑套，橡皮套管下部的刀头轴上连接刀头，刀头侧面的压刀轴滑槽安装在滑套左下角的压刀轴轮上。

案例分析

权利要求的主题为"一种产品"，没有反映出请求保护的技术方案所涉及的技术领域，与该权利要求的技术内容不相适应，不能准确获得所要求保护的产品的权利范围，导致权利要求的主题名称不清楚,因此,根据前面所述的《专利审查指南》第二部分第二章第 3.2.2 节的有关规定,该权利要求不清楚,不符合《专利法》第 26 条第 4 款的规定。

【案例 11-01-07】
权利要求书
一种保温容器,例如保温饭盒,其特征在于包括外壳、保温瓶胆、瓶胆垫、外壳盖……。

案例分析
该权利要求的主题名称涵盖了两个主题,即"保温容器"和"保温饭盒",然而保温容器是保温饭盒的上位概念,这样该权利要求限定出了具有两个不同保护范围的主题,导致无法准确确定该权利要求的保护范围,因此这样的主题名称是不清楚的,从而导致权利要求不清楚,不符合《专利法》第 26 条第 4 款的规定。

(2) 主题名称与技术内容不一致

《专利审查指南》第二部分第二章第 3.2.2 节中规定:权利要求的类型应当与权利要求的限定特征相适应。产品权利要求适用于产品发明或者实用新型,通常应当用产品的结构特征来描述。方法权利要求适用于方法发明,通常应当用工艺过程、操作条件、步骤或者流程等技术特征来描述。

【案例 11-01-08】
权利要求书
一种夹纸器的制造方法,所述夹纸器包括一个细长部件(1),所述细长部件(1)上限定了一个槽(2),所述槽(2)至少在一维上是非直线的,还包括一个装置(15)用于安装所述细长部件(1)于某一位置,使得槽部伸出以便纸张可插入所述槽(2),其特征在于,所述细长部件为整体成形的第一部件并限定了所述槽(2),一个第二部件,第一部件是可旋转地安装在其上,并可绕所述细长部件的轴线(13)旋转。

案例分析
权利要求的主题名称为"一种夹纸器的制造方法",然而其限定的特征却只涉及夹纸器的结构,而没有任何有关方法的步骤,导致权利要求的类型与权利要求的限定特征不一致,因此该权利要求不清楚,不符合《专利法》第 26 条第 4 款的规定。

2. 保护范围不清楚
(1) 用词不清楚

《专利审查指南》第二部分第二章第 3.2.2 节中规定,权利要求中的用词应当含义清楚、确定。由于用词不清楚而导致权利要求不清楚的案例大量存在。这类缺陷通常是由于申请人没有准确理解和掌握有关权利要求书撰写的相关要求而导致的。

(a) 含义不确定的词

"厚"、"薄"、"宽"、"窄"等这类词是相对于某个基准或某个比较对象而言的,其含义通常不确定,一般不应在权利要求中使用,除非这些词语在所属技术领域中具有公认的或通常可接受的确切含义。

在权利要求中使用"特定的"、"合适的"、"必要时"等词时,这些词语在权利要求的技术方案中应当有所属技术领域的技术人员可以确定的确切的技术含义。

"大约"、"左右"、"等"、"基本上"等这类词表达出一种不精确的状态，通常会导致权利要求的保护范围不清楚，一般不允许在权利要求中出现，除非这类词表示在某一容许偏差内可以得到某一结果或某一效果，且所属技术领域的技术人员知道如何确定该容许偏差。

【案例 11-01-09】

权利要求书

一种无烟燃烧装置，它包括炉体、炉排、送风系统和加煤斗，其特征在于，送风系统包括风机和送风管，送风管的一端引入炉体内，其出口在炉排上侧横向水平排列，在炉排前部有一隔墙，隔墙上开有喷火口，喷火口的高度较高，加煤斗装在炉排上方的炉体顶部。

案例分析

该权利要求对于喷火口的高度采用了"较高"这一含义不确定的词进行限定，但是所属技术领域的技术人员首先无法确定其比较对象是隔墙或是地面或是其他参照物，另外也无法确定喷火口的高度为多少或处于什么范围时属于"较高"，导致权利要求的保护范围不清楚，不符合《专利法》第 26 条第 4 款的规定。

【案例 11-01-10】

权利要求书

一种手机外壳，由钛合金铸造而成，其特征在于所述钛合金包含少量的铋。

案例分析

该权利要求对于铋含量采用了"少量"这一含义不确定的词进行限定，然而在所属技术领域的技术人员无法确定铋含量为多少或处于什么范围时属于"少量"，这样导致权利要求的保护范围不清楚，不符合《专利法》第 26 条第 4 款的规定。

【案例 11-01-11】

权利要求书

一种纸镇，其特征在于，包括复杂形状的本体，所述的本体内置磁性材料。

案例分析

该权利要求对于纸镇中的本体的形状采用了"复杂"这一含义不确定的词进行限定，然而所属技术领域的技术人员无法确定什么形状属于"复杂"形状，由此导致该权利要求的保护范围不清楚，不符合《专利法》第 26 条第 4 款的规定。

【案例 11-01-12】

权利要求书

一种隔热金属碗，其特征在于：所述的碗体由内、外两层薄壁壳体组成，其内层壳体与外层壳体之间封口形成一壳体空腔，必要时，在内层壳体上设置一保温隔热层。

案例分析

权利要求中出现了"必要时"这一含义不确定的词，这样会使所属技术领域的技术人员不清楚在什么样的条件下才有"必要"在内层壳体上设置一保温隔热层，由此导致该权利要求的保护范围不清楚，不符合《专利法》第 26 条第 4 款的规定。

【案例 11-01-13】

权利要求书

一种塑膜外喷涂装置，包括雾化喷头和干燥装置，其特征是，在经导辊下行的薄膜两侧面安置两组雾化喷头，雾化喷头的下方设置有两个相对的均压辊，下行的薄膜位于两均压辊之间，并且两侧面分别和两均压辊大约呈接触状态，干燥装置位于均压辊的下方。

案例分析

权利要求中出现了"大约"这一含义不确定的词，所属技术领域的技术人员无法确定薄膜两侧面与两个均压辊"大约"呈接触状态到底是指两者接触还是不接触，从而导致权利要求的保护范围不能准确确定，不符合《专利法》第 26 条第 4 款的规定。而根据说明书的记载，均压辊的作用是使薄膜表面的乳液滴经过均压形成厚度均匀且致密的液膜，只有当两均压辊与薄膜两侧面分别接触时才能将压力施加到薄膜上，才能实现上述功能。

（b）限定出多个不同保护范围的词

当"优选"、"最好是"、"例如"等这类词在一项权利要求中限定出两个以上不同的保护范围时，会导致权利要求不清楚。

上位概念与下位概念作为并列选择项，会在一项权利要求中限定出多个不同的保护范围，导致权利要求不清楚。

【案例 11-01-14】

权利要求书

一种粉碎机锤子，包括锤头和锤柄，其特征在于：锤头冲击面为多边形，最好是长方形。

案例分析

该权利要求先将锤头冲击面的形状的限定为多边形，随后又采用"最好是"的用语将锤头冲击面限定为长方形，这样使得该权利要求限定出两个不同的保护范围，即"锤头冲击面为多边形"和"锤头冲击面为长方形"，且后一个保护范围是前一个保护范围的下位概念，这样导致权利要求的保护范围不能准确确定，因此该权利要求不清楚，不符合《专利法》第 26 条第 4 款的规定。

【案例 11-01-15】

权利要求书

一种吸尘黑板，所述黑板上均布多个吸尘孔，吸尘孔的直径为 0.5mm～2.0mm，优选 1.5mm。

案例分析

该权利要求先将吸尘孔的直径的限定为 0.5mm～2.0mm，随后又采用了"优选"的用语将吸尘孔的直径限定为 1.5mm，由此在权利要求中限定出了两个不同的保护范围，即"直径为 0.5mm～2.0mm 的吸尘孔"和"直径为 1.5mm 的吸尘孔"，且后一个保护范围是前一个保护范围的下位概念，这样导致权利要求的保护范围不能准确确定，因此该权利要求不清楚，不符合《专利法》第 26 条第 4 款的规定。

【案例 11-01-16】

权利要求书

一种用于向可写介质分配墨水的电子画笔，该电子画笔包括：电子画笔外壳；耦合到该电子画笔外壳的至少一个墨水分配器；耦合到该电子画笔外壳的电子画笔扫描器；其中该可写介质从包括白板、墙壁、海报、广告牌和可写表面的组中选择。

案例分析

该权利要求将记录介质限定为白板、墙壁、海报、广告牌和可写表面中的一种，但是其中的"白板、墙壁、海报、广告牌"都属于"可写表面"，是"可写表面"的下位概念，在一项权利要求中对于某个技术特征同时采用上位概念及其下位概念进行限定会限定出不同的保护范围，导致该权利要求的保护范围不能准确确定，因此该权利要求不清楚，不符合《专利法》第 26 条第 4 款的规定。

（c）技术术语不清楚

对于权利要求中使用的技术术语，一般应当认为其含义与该术语在所属技术领域中通常的含义相同。如果权利要求中使用的技术术语是申请人的自造词，或者是申请人在说明书中给出的不同于其通常含义而自定义的，则一般应当将说明书中对该术语的定义表述在权利要求中，以使所属技术领域的技术人员仅根据权利要求的表述即可清楚确定权利要求的保护范围。

【案例 11-01-17】

权利要求书

一种玻璃钢 U 型螺栓，由三部分组成：端部分别制有螺纹和外八字头的螺杆；呈半圆且端部带外八字头的 U 型弯杆，所说 U 型弯杆的外八字头与螺杆的外八字头对接；在对接处的外面固定有增强连接件，其特征在于，所述连接件的材料是选自环氧树脂、玻璃纤维、金属、Igamild 和塑料。

案例分析

词典和工具书中都没有收录该英文单词 Igamild，说明书中也没有对于上述英文单词作出任何翻译、解释或说明。该权利要求中采用了非中文形式的表述，并且该单词在所属技术领域中不具有通常的含义，该词的使用导致该权利要求的保护范围不清楚，不符合《专利法》第 26 条第 4 款的规定。

（2）语句表述不清楚

权利要求应当语句通顺、表述正确，不允许出现句式杂糅、前后矛盾、表意不明或不合逻辑的语句。

另外，如果一项产品权利要求没有清楚地写明其要保护的产品的构成部件之间的连接关系和位置关系，则会导致该权利要求的保护范围不清楚。

【案例 11-01-18】

权利要求书

一种真空绝热保鲜器，包括内胆、外壳、密封盖及电动吸酒器组成，其特征在于：内胆与外壳之间设有由保温材料隔热层和真空隔热层构成的绝热层。

案例分析

权利要求的特征部分句式杂糅,将"包括……"和"由……组成"这两种句式混杂在一起,变成了"包括……组成"的表述,导致权利要求不清楚。

【案例 11-01-19】

权利要求书

一种假牙,由钛合金铸造而成,其特征在于,所述钛合金包含1%的半金属元素铋,以所述钛合金全部的重量为基准。

案例分析

根据所属技术领域的公知常识,铋是金属元素,而非半金属元素,因此该权利要求特征部分表达的内容明显错误,导致权利要求不清楚。

【案例 11-01-20】

权利要求书

一种潜水面罩,其特征在于包括:一拱形框架,一密封件,一拱形镜片,一弹性面罩和一橡胶带。

案例分析

权利要求只限定了"潜水面罩"的构成部件包括"一拱形框架,一密封件,一拱形镜片,一弹性面罩和一橡胶带",但未记载密封件与其他部件之间的连接关系和位置关系,使得产品"潜水面罩"的结构不清楚,从而导致权利要求不清楚。

(3)同一特征重复限定

在权利要求中可以对某一技术特征进行进一步限定,但对同一技术特征的重复限定会导致权利要求不清楚。

【案例 11-01-21】

权利要求书

一种可重复装填且具弹性的便签分配装置,包含一承置件,及至少一置放于该承置件上的便签组,该便签组具有数张互相叠置且可撕离地粘附在一起的便签,其特征在于:该便签分配装置还包含一限位单元,该限位单元包括两个间隔设于该承置件上并呈线条状延伸设置的弹性段,该两个弹性段横跨于该便签组上方以限制该便签组,并且互相配合界定出一抽出口,该便签组具有数张互相叠置且可撕离地粘附在一起的便签,当最上方便签经由该抽出口穿出、且被施力拉动抽离时,能顺势拉动相邻下一张便签穿露于该抽出口外。

案例分析

独立权利要求特征部分的技术特征"该便签组具有数张互相叠置且可撕离地粘附在一起的便签"已记载在独立权利要求的前序部分,在特征部分再次重复且又不是对前序部分的该技术特征作进一步限定,导致同一技术特征在同一权利要求中前后重复限定,同一技术特征的这种重复限定会导致权利要求保护范围不清楚。

【案例 11-01-22】

权利要求书

1. 一种高温保温容器,包括由内筒体与外筒体形成的双层真空式保温容器;可自由收容于该保温容器内的烹饪用内锅；用于覆盖于该烹饪用内锅开口的内锅盖及用以覆盖于保温容器而使该烹饪用内锅气密地隔热的外盖，其特征在于：该保温容器的外筒体包覆有外保温层。

2. 如权利要求1所述的高温保温容器，其特征在于：该保温容器的外筒体包覆有外保温层，该外保温层由硬质塑料材料制成。

案例分析

权利要求2中的特征"该保温容器的外筒体包覆有外保温层"已记载在其引用的权利要求1中，权利要求2中的特征"该外保温层由硬质塑料材料制成"是对权利要求1的进一步限定，而特征"该保温容器的外筒体包覆有外保温层"并不是对权利要求1中的该技术特征的进一步限定，导致该特征在权利要求2的技术方案中限定了两次。同一技术特征的这种重复限定导致权利要求保护范围不清楚。

（4）标点符号使用不当

权利要求中除附图标记、化学式及数学式外，应当尽量避免使用括号，除非带有括号的表述在所属技术领域中具有通常的含义。

权利要求中使用逗号或顿号表示并列选择的各要素之间的关系时，应注意其是否能明确表达出各要素之间是"或"的关系还是"和"的关系，在可能造成歧义的情况下应采用其他更明确的措辞。

【案例11-01-23】

权利要求书

一种笔记本，其特征在于，所述笔记本的封皮内有数个一边或两边开口的透明袋，封皮材料为（聚氨基甲酸乙酯）发泡物。

案例分析

权利要求中使用了括号"（聚氨基甲酸乙酯）发泡物"，由于无法确定括号中的内容是否对请求保护的范围起限定作用，而"发泡物"与"聚氨基甲酸乙酯发泡物"属于上下位概念，因此，括号的使用使权利要求限定出两个不同的保护范围，导致权利要求的保护范围不清楚，不符合《专利法》第26条第4款的规定。

【案例11-01-24】

权利要求书

一种旋转斜盘式压缩机，包括：具有许多气缸筒的气缸座；分别装入上述气缸筒的活塞；驱动轴，被支承为可以绕其转动轴线转动；旋转斜盘，被支承为可随驱动轴一起转动，至少具有与防磨包头滑动接触的并可操作地通过上述防磨包头接合于上述活塞的滑动接触表面；其特征在于，上述活塞用铝合金作基本材料制作，并具有与另一部件相抵触的防转动的干涉表面，以抑制上述活塞转动，上述干涉表面上涂有涂料，所述涂料包括二硫化钼、二硫化钨、二硫化钛。

案例分析

"包括"这一用语在权利要求书撰写中通常是一种"开放式"的表述方式，表示除了所列"包括"的内容之外，还可能"包括其他内容"。该权利要求中对涂料这一技术特征进行限定时，使用了"包括"这一用语并且又连用了多个顿号，这导致对该技术特征存在两种理解：所述涂料"包括"二硫化钼、二硫化钨和二硫化钛之一，另外还可能包括其他物质；以及所述涂料同时"包括"二硫化钼、二硫化钨和二硫化钛，另外还可能包括其他物质。因此该权利要求不清楚，不符合《专利法》第26条第4款的规定。

（5）数值范围和百分比不清楚

参数特征可以用数值范围来表示，但使用的数值范围应当是一个确定的范围。数值范围与"至少"、"大约"、"以上"、"以下"等一起使用时，容易导致数值范围不清楚。

要注意的是，当权利要求中出现计量值时，除数值外还应包括计量单位，除非所属技术领域的技术人员根据公知常识能够确定其计量单位。

【案例11-01-25】

权利要求书

一种液体包装，它包括一个外层容器，一个水溶性或水分散性的内封皮，容器和封皮之间有空间，其特征是，空间内的相对湿度在20℃时为45%~70%以上。

案例分析

权利要求中包含了一个不清楚的数值范围"45%~70%以上"，这种表述包含了多个范围，如45%以上、50%以上或70%以上等，因此不能清楚确定相对湿度的具体范围，导致该权利要求不清楚，不符合《专利法》第26条第4款的规定。

【案例11-01-26】

权利要求书

一种椅子，包括支撑板、支撑腿、扶手以及靠背，扶手和靠背均为空体结构，在扶手和靠背内均安装有微型风扇、控制开关以及电源，在扶手和靠背表面开设多个透气孔，透气孔的直径为3。

案例分析

权利要求中出现了"直径为3"，但没有给出计量单位，无法确定直径值的长度单位，比如厘米、毫米、英寸等，导致该权利要求的保护范围不清楚，不符合《专利法》第26条第4款的规定。

【案例11-01-27】

权利要求书

1. 一种含紫外线固化型胶粘剂转移印刷膜的转印方法，其特征在于：所述转印方法是利用转移印刷膜中的接着层，通过加热加压的方法先将转移印刷膜粘贴到承印物的表面，同时对转移印刷膜中的载体膜进行剥离，使转移印刷膜中的图文装饰层转移到承印物表面，再对承印物进行紫外光照射固化，获取图文装饰层与承印物表面牢固结合的制品，其中接着层由4%~15%重量的热塑性树脂、50%~80%重量的预聚体、10%~30%重量的单体、8%~20%重量的光引剂构成。

2. 根据权利要求1所述的含紫外线固化型胶粘剂转移印刷膜的转印方法，其特征在于：接着层由8%重量的热塑性树脂、62%重量的预聚体、20%重量的单体、8%重量的光引剂构成。

案例分析

用百分比表示组分含量时，应满足所有组分含量之和为 100% 的原则。权利要求 1 中，当预聚体为 80% 时，即使其余组分均取下限值，总和也大于 100%，因此，该保护范围中包含了不合适的数据区间，导致权利要求的保护范围不清楚。根据所有组分含量之和为 100% 的原则，可以推出组分含量百分比应满足以下规定：某一成分含量的下限 + 其他成分的上限 ≥100%；某一成分含量的上限 + 其他成分的下限 ≤100%。权利要求 2 中，各组分的百分比之和为 98%，显然这种配比是不合适的，导致权利要求不清楚，不符合《专利法》第 26 条第 4 款的规定。

3. 权利要求书整体不清楚

构成权利要求书的所有权利要求作为一个整体应当清楚，这是指权利要求之间的引用关系应当清楚。

《专利审查指南》第二部分第二章第 3.3.2 节规定：从属权利要求只能引用在前的权利要求；多项从属权利要求（即引用两项以上权利要求的从属权利要求）只能以择一方式引用在前的权利要求，并且其引用的权利要求的编号应当用"或"或者其他与"或"同义的择一引用方式表达；多项从属权利要求不得作为被另一项多项从属权利要求引用的基础，即在后的多项从属权利要求不得引用在前的多项从属权利要求；从属权利要求的引用关系应当符合逻辑。如果撰写的从属权利要求不能满足上述的要求，就会导致其保护范围不清楚。

【案例 11-01-28】

权利要求书

1. 一种精磨机，包括电机（7），主轴（3），轴承体（4），皮带（5），皮带轮（6），上筒体（2）和下筒体（1），筒体内装有介质（12），上、下筒体（2）、（1）通过法兰盘连为一体，上筒体（2）的一侧开有出料口（15）；其特征在于：上筒体（2）的另一侧装有电机（7）；所述精磨机还包括首段叶轮（10），闭式叶轮（9），双吸闭式叶轮（11），它们都安装在所述主轴（3）上。

2. 根据权利要求 1 所述的精磨机，其特征在于：所述主轴（3）上装有所述轴承体（4）。

3. 根据权利要求 1 和 2 所述的精磨机，其特征在于：在所述主轴（3）自下而上依次装有一个所述首段叶轮（10）和至少三个所述双吸闭式叶轮（11）；所述闭式叶轮（9）镶嵌装在所述首段叶轮（10）内，所述闭式叶轮（9）和所述首段叶轮（10）与所述主轴（3）均为螺纹连接。

案例分析

权利要求 3 没有采用择一引用方式表达，这样将会导致该权利要求中出现部分技术特征重复，例如权利要求 1 中技术特征："包括电机（7），皮带（5），皮带轮（6），上筒体（2），下筒体（1），法兰盘，出料口（15），主轴（3），轴承体（4），首段叶轮（10），闭式叶轮（9），双吸闭式叶轮（11）"将会重复出现两次，因此，权利要求 3 的保护范围不清楚，不符合《专利法》第 26 条第 4 款的规定。

【案例 11-01-29】
权利要求书
1. 一种手持式电板机,由手柄、机壳、电动机、板轴头组成,其特征在于:所述机壳的一端装有空气压缩机、中部装有高压贮气室和贮能飞锤,空气压缩机将压缩空气送输至高压贮气室,从高压贮气室中输出的空气进入贮能飞锤。
2. 如权利要求1所述的电板机,其特征在于:所述空气压缩机和所述贮能飞锤嵌套在所述电动机输出轴端。
3. 如前述任一项所述的电板机,其特征在于:所述空气压缩机是旋转活塞式空气压缩机。
4. 如前述任一项所述的电板机,其特征在于:所述贮能飞锤是由离心式气阀、气管道、冲击销、弹簧所组成;所述贮能飞锤的转轴上开有中空气管道。
案例分析
从属权利要求3引用了权利要求1或2,从属权利要求4引用了权利要求1~3中的任一项,即多项从属权利要求4引用了在前的多项从属权利要求3,导致权利要求之间的引用关系不清楚,因此,属于权利要求书整体不清楚的情况。

【案例 11-01-30】
权利要求书
1. 一种家用汽车,包括车身,方向盘,发动机,其特征在于方向盘……。
2. 如权利要求1所述汽车,还包括车轮。
案例分析
所属技术领域的技术人员都知道,虽然权利要求1所述汽车中没有通过文字表达含有车轮,但必定包括车轮。因此,单独看权利要求1是清楚的。但是,权利要求2在引用权利要求1的基础上,其附加技术特征表明"还包括车轮",则使得权利要求1所述的汽车可能有车轮,也有可能没有车轮。因而,权利要求书整体不清楚。

(三) 权利要求书不简要
《专利审查指南》第二部分第二章第3.2.3节中规定,权利要求书应当简要,是指每一项权利要求应当简要,并且构成权利要求书的所有权利要求作为一个整体也应当简要。

1. 单个权利要求不简要
权利要求的表述应当简要,除记载技术特征外,不得对原因或者理由作不必要的描述,也不得使用商业性宣传用语。

【案例 11-01-31】
权利要求书
一种六自由度机器人,其特征在于该机器人由工作台、底座、倾斜设置在工作台和底座之间的六条支链组成,这种结构开拓了机器人的新发展方向。
案例分析
权利要求中使用了商业性宣传用语"开拓了机器人的新发展方向",导致该权利要求不简要,不符合《专利法》第26条第4款的规定。

2. 权利要求书整体不简要

一件专利申请中不得出现两项或两项以上保护范围实质上相同的同类权利要求。

【案例 11-01-32】

权利要求书

1. 一种夹子，包括夹体和尾柄，其特征在于，在夹体外侧设有至少一层胶粘物。
2. 如权利要求1所述的夹子，其特征在于所述胶粘物为压敏胶。
3. 如权利要求2所述的夹子，其特征在于所述夹体由钢片折弯而成。
4. 如权利要求1所述的夹子，其特征在于所述夹体由钢片折弯而成，所述胶粘物为压敏胶。

案例分析

权利要求3和权利要求4的技术方案实际上是完全一样的，因此这两项权利要求的保护范围完全相同，不符合权利要求应当简要的规定。

（四）独立权利要求缺少必要技术特征

如果一项独立权利要求记载的技术特征的总和不足以从整体上反映发明或者实用新型的技术方案，不能解决其技术问题并达到预期的技术效果，则该项独立权利要求缺少必要技术特征。

一件专利申请的说明书可以列出发明或者实用新型所要解决的一个或者多个技术问题，并且采用不同的技术手段来解决不同的技术问题，若这些用于解决不同技术问题的技术手段彼此之间相互独立没有联系，则独立权利要求的技术方案只要能够解决其中一个技术问题或者实现其中一个发明目的就能满足《专利法实施细则》第20条第2款的规定。若独立权利要求的技术方案不能解决所要解决的任何一个技术问题，则该独立权利要求缺少必要技术特征。

常见的缺少必要技术特征的情形有：必要技术特征未在权利要求书中有所体现，仅记载在说明书中，此时，需要从说明书中将该特征补入到独立权利要求中；必要技术特征已记载在从属权利要求中，此时，只要将从属权利要求中的该特征补入独立权利要求中即能克服缺少必要技术特征的缺陷。

1. 必要技术特征仅记载在说明书中

【案例 11-01-33】

抽油机压带轮装置

说明书中记载的内容

目前抽油机电机底座固定在抽油机座上，在调整抽油机电机皮带松紧时，要卸松电机固定螺丝，调整电机位置，调得过紧加换皮带困难，还容易损伤皮带，调松皮带容易打滑。皮带长短出现误差时，还要重新调整电机位置。

本发明的目的是要提供一种改进抽油机加换皮带的装置，它能使抽油机加装皮带轻松方便。如图11-01-03所示，该装置包括一个底座1、一个摇臂2、一个压轮3和一根拉杆4，底座1固定在抽油机底座上，摇臂2与底座1连接并且可摆动，摇臂2的另一端装有压轮3，拉杆4的一端固定在底座1上，另一端穿过摇臂2并套接有弹簧6和螺帽5，在螺帽5的作用下，弹簧6向下压摇臂2，摇臂2绕着其与底座的连接点摆动，带动压轮3将皮带7的上面下压，使松弛的皮带7抱紧电机皮带轮8和抽油机皮带轮9，从而使皮带与皮带轮加大接触面积，提高传动力。当需要更换皮带时，卸松螺帽5，拉起摇臂2，使压轮3离开皮带7，皮带7松弛，轻松卸下旧皮带换上新皮带，更换皮带的操作轻松容易。

权利要求书

1. 一种抽油机压带轮装置，是由一个底座（1）、摇臂（2）、压轮（3）和拉杆（4）为主体构成的机械装置，其特征在于，摇臂（2）由底座（1）支撑并连接，在拉杆（4）上的螺帽（5）的作用下，使压轮（3）压下抽油机和电机皮带轮上面松弛的皮带（7），使皮带抱紧抽油机和电机皮带轮，从而使皮带（7）与抽油机和电机皮带轮（8，9）的接触面积增大。

2. 根据权利要求1所述的装置，其特征是，当卸松拉杆（4）上螺帽（5），使压轮（3）离开皮带（7）时，皮带（7）松弛，从而使装卸抽油机皮带轻松迅速。

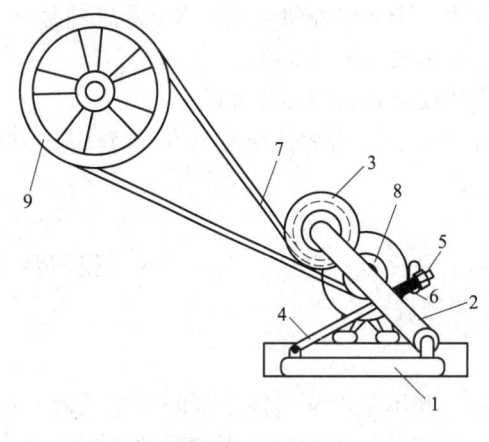

图11-01-03

案例分析

本发明所要解决的现有技术存在的问题是抽油机电机皮带的调节及更换问题，通过阅读说明书可知，其相应的技术解决方案是：由底座、摇臂、拉杆、压轮为主体构成一个机械装置，摇臂一端固定，另一端装有压轮，拉杆一端固定，另一端穿过摇臂并套接有弹簧和螺帽，在拉杆上的螺帽的作用下，使得摇臂摆动，从而将装于摇臂之上的压轮下压或上抬。上述技术方案中的技术特征构成本发明的必要技术特征。将独立权利要求1记载的技术方案与解决本发明技术问题必要技术特征相比较可知，仅由独立权利要求1无法推知拉杆和摇臂以及摇臂和压轮之间的连接关系，继而无法推得拉杆在螺帽的作用下间接通过摇臂向压轮施压，从而对皮带进行调节。权利要求1明显缺少解决技术问题的必要技术特征"摇臂的另一端装有压轮，拉杆一端固定，另一端穿过摇臂并套接有弹簧和螺帽，在拉杆上的螺帽的作用下，摇臂绕着其与底座的连接点摆动"。而该特征也未记载在从属权利要求2中，即使将权利要求2与权利要求1合并构成一个新的独立权利要求，其仍然如上所述缺少必要技术特征。应当将说明书中记载的必要技术特征"摇臂的另一端装有压轮，拉杆一端固定，另一端穿过摇臂并套接有弹簧和螺帽，在拉杆上的螺帽的作用下，摇臂绕着其与底座的连接点摆动"补入到独立权利要求1中。

【案例11-01-34】

防盗窗

说明书中记载的内容

为了克服现有防盗窗不能够在炎热夏天降低室内温度和装点美化的不足，本发明提供一种防盗窗，不仅有隔风、挡雨、挡蚊虫、遮阳、防盗作用，而且具有在炎热夏天降低室内温度和装点美化作用。

如图 11-01-04 所示，在窗体 3 的上面连接有上盖 1、上底板 2，窗体 3 上连接有窗棂固定轴 6、窗棂 4、挡板 8，窗体 3 两侧连接有侧板 5，窗体下面连接有下底板 9，在上底板 2 和下底板 9 上都有可调节气孔 7，达到调节空气流量的目的。上底板 2 上连接有窗帘总成。窗棂 4 可以在窗棂固定轴 6 上整体转动，来控制挡板 8 的角度，达到通风和关闭的目的。上底板 2 和下底板 9 及侧板 5 固定在墙体上，用来固定窗体和密封。

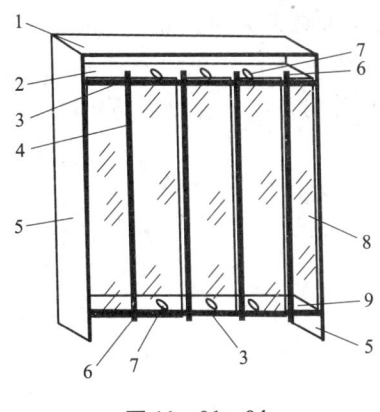

图 11-01-04

权利要求书

1. 一种防盗窗，窗体上连接有窗棂固定轴，其特征是：窗体上连接有上底板、上盖、侧板、下底板。

2. 根据权利要求 1 所述的防盗窗，其特征是：在上底板和下底板上有可调节气孔。

案例分析

根据说明书的记载，本发明要解决的技术问题和达到的效果是"为了克服现有防盗窗不能够在炎热夏天降低室内温度和装点美化的不足，提供一种新式防盗窗，不仅有隔风、挡雨、挡蚊虫、遮阳、防盗作用，而且具有在炎热夏天降低室内温度和装点美化作用"，为了解决其技术问题，"挡板"是必不可少的技术特征，如果缺少了"挡板"，则既无法实现隔风、挡雨的目的，也无法实现降低室内温度等目的，即无法解决发明所要解决的任何一个技术问题。而该特征也未记载在从属权利要求中，即使将权利要求进行重新组合，也不能克服上述缺陷。因此应当将记载在说明书中的必要技术特征"挡板"补入到独立权利要求 1 中。

2. 必要技术特征记载在从属权利要求中

【案例 11-01-35】

隧道管片复合螺纹塑料吊装螺栓套

说明书中记载的内容

混凝土隧道管片是建造隧道常用的混凝土预制弧形板材。为了便于吊运与安装，在制造隧道管片的过程中都预埋了一根带内外螺纹的螺栓套，以便于吊运与安装。在已有技术中，该螺栓套用塑料制成，内外都有螺纹，其外螺纹的形状采用对称圆弧形。然而，采用对称圆弧形螺纹牙会使纵向剖面上相邻两个螺纹牙间的混凝土的截面面积减少，亦削弱了该处混凝土的抗拔强度，难以支承较大的负荷。

图 11-01-05 为隧道管片复合螺纹塑料吊装螺栓套的局部剖视图；图 11-01-06 为图 11-01-05 中 A 处的局部放大图。

本发明提供一种隧道管片复合螺纹塑料吊装螺栓套（如图 11-01-05 所示），包括一个设有外螺纹 1 和内螺纹 2 的塑料吊装螺栓套 3，其外螺纹 1 的截面形状为圆弧形和梯形复合结构，螺纹受力面 11 的一边为圆弧形，背受力面 12 的一边为梯形。外螺纹 1 背受力面 12 的斜边与垂直线的夹角为 5~10 度（如图 11-01-06 所示）。内螺纹 2 可以采用圆弧形、梯形等其他截面形状，但以与外螺纹形状相同的圆弧形与梯形复合结构为好，可使整个螺栓套壁厚均匀，不会出现局部薄弱之处。

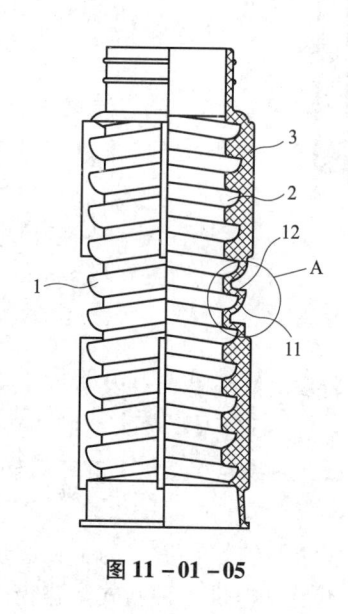

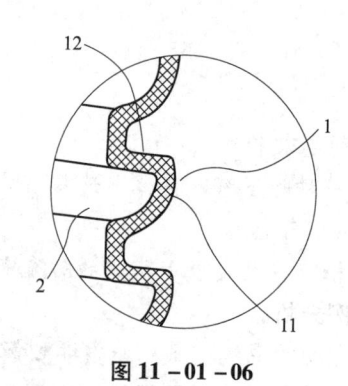

图 11-01-05

图 11-01-06

权利要求书

1. 一种隧道管片复合螺纹塑料吊装螺栓套，包括一个设有外螺纹（1）和内螺纹（2）的塑料吊装螺栓套（3），其特征是：该塑料吊装螺栓套（3）的外螺纹（1）的截面形状为圆弧形与梯形复合结构，受力面的一边为圆弧形，背受力面的一边为梯形。

2. 根据权利要求 1 所述的塑料吊装螺栓套，其特征在于，外螺纹（1）截面为梯形的一边的斜边与牙底的夹角为 95~100 度。

案例分析

本发明要解决的技术问题是现有技术"采用对称圆弧形螺纹牙会使纵向剖面上相邻两个螺纹牙间的混凝土的截面面积减少，亦削弱了该处混凝土的抗拔强度，难以支承较大的负荷"，根据说明书文字部分的描述，为解决该技术问题，采用的技术手段是将外螺纹的截面形状设置为圆弧形和梯形复合结构，螺纹受力面的一边为圆弧形，背受力面的一边为梯形，该梯形一边的斜边与垂直线的夹角为 5~10 度，结合说明书附图可知，本发明中上述梯形的垂直线应当是经过斜边与牙底垂直边的交点并与牙底相垂直的梯形垂直线，也就是说，背受力面的一边的斜边与牙底的夹角应当是 90 度加上

5~10度，这样形成的螺纹牙之间的纵向截面面积比现有技术中对称圆弧形螺纹牙间截面面积大，才能扩大混凝土嵌入量，从而获得提高嵌入螺纹间的混凝土的抗剪能力的技术效果。而权利要求1中仅限定"该塑料吊装螺栓套的外螺纹的截面形状为圆弧形与梯形复合结构，受力面的一边为圆弧形，背受力面的一边梯形"，但并未限定背受力面一边所形成的梯形的具体形状，若没有该特征，则不能确保外螺纹在纵向截面上相邻两个螺纹牙间的混凝土嵌入量一定会被扩大，从而无法解决本专利申请所要解决的技术问题。由此可见，权利要求1缺少解决技术问题的必要技术特征"外螺纹截面为梯形的一边的斜边与牙底的夹角为95~100度"。

上述必要技术特征记载在从属权利要求2中，且权利要求2的附加技术特征部分并未记载其他特征，因此将权利要求2与权利要求1合并构成一个新的独立权利要求即可克服上述缺陷。

【案例11-01-36】
一种液晶显示屏保护装置
说明书中记载的内容
现有的挡光装置虽然能运用于数码相机以达到遮挡入射到液晶显示屏的外部光的目的，但存在安装或拆卸不方便的缺点，而且在数码相机的使用过程中，液晶显示屏易沾附沙尘、灰尘等细微物，还存在易被硬物刮花液晶显示屏的问题。本发明的目的在于提供一种使用简便、可使液晶显示屏免受环境光影响的液晶显示屏保护装置，本发明的进一步目的在于提供一种具有防尘及防刮花功能的液晶显示屏保护装置。

图11-01-07为液晶显示屏保护装置的结构示意图。液晶显示屏保护装置包括有一架框10及一可旋转地安装在架框10内侧上部的上挡光板18、可旋转地安装在架框10内的左右侧的第一挡光板14及第二挡光板16。该装置还包括一设置在架框10外表面的扣式连接件12，该扣式连接件12由一形成于架框10外表面的一下连接件及一可旋转的上连接件构成。将连接件12置放在数码相机背面的诸如取景器等突起部件处，旋转上连接件使之与下连接件扣合，就能使连接件12扣住数码相机的突起部件，即可

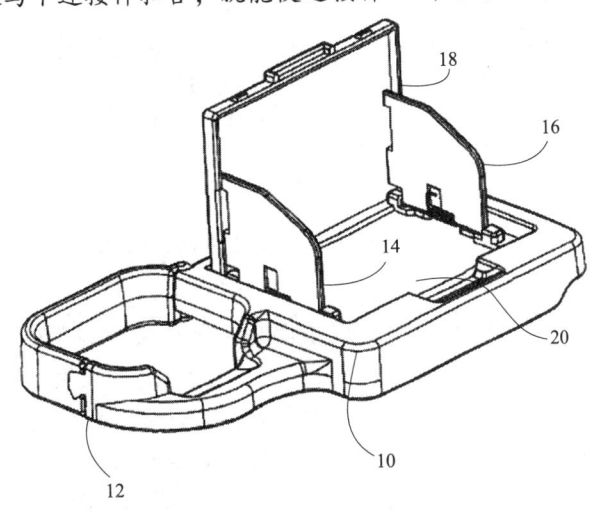

图11-01-07

实现保护装置连接到数码相机的液晶显示屏处。

架框10的内侧设置有一透明片20,该透明片20可通过粘合剂粘结于架框10的内侧。当使用该数码相机液晶显示屏保护装置时,透明片20覆盖于液晶显示屏之上,从而避免灰尘、沙尘等细微物粘附于液晶显示屏,也可避免液晶显示屏被硬物刮花。

权利要求书

1. 一种液晶显示屏保护装置,其特征在于:该保护装置包括有一架框、一以可旋转方式安装在架框内侧上部的上挡光板、及在架框内的左右侧以可旋转方式设置的第一挡光板及第二挡光板。

2. 如权利要求1所述的液晶显示屏保护装置,其特征在于:在所述的架框的内侧还设置有一透明片。

3. 如权利要求1所述的液晶显示屏保护装置,其特征在于:还包括一设置在架框外表面的扣式连接件。

案例分析

根据说明书的记载,本发明所要解决的技术问题有两个:(1)针对现有的挡光装置存在安装或拆卸不方面的缺点,提供一种使用简便、可使液晶显示屏免受环境光影响的液晶显示屏保护装置;(2)针对在数码相机使用过程中,液晶显示屏易沾附沙尘、灰尘等细微物,以及刮花液晶显示屏的问题,提供一种具有防尘及防刮花功能的液晶显示屏保护装置。为解决上述技术问题(1),本发明所采用的技术手段是在架框10外表面设置一个扣式连接件12,"还包括一设置在架框外表面的扣式连接件"构成了解决上述技术问题(1)不可缺少的技术特征,即解决上述技术问题(1)的必要技术特征。为解决上述技术问题(2),本发明所采用的技术手段是"在架框10的内侧设置有一透明片20",该特征构成了解决上述技术问题(2)不可缺少的技术特征,即解决上述技术问题(2)的必要技术特征。而独立权利要求1既未包含特征"包括一设置在架框外表面的扣式连接件",也未包含特征"在架框的内侧设置有一透明片",从独立权利要求1的技术方案来看,其既无法实现使挡光装置拆装简便的目的,也无法实现液晶显示屏防尘、防刮花的目的,即无法解决发明所要解决的任何一个技术问题。因此应当将从属权利要求2和/或从属权利要求3的附加技术特征补入到独立权利要求1中。

第二节 说明书的作用和常见缺陷

专利申请的提出、审查和专利权的授予都是以申请文件为基础。作为专利申请文件的重要组成部分之一,说明书既要符合各项法规的规定,又要最大程度地保证申请人合理地获得相应的权利。在发明专利的实质审查程序中,经常发现由于对说明书作用和要求等理解不到位而产生各种问题。本节旨在解释说明书的作用,并通过机械领域发明专利说明书撰写中常见问题的具体实例,来展示说明书撰写的常见要求,希望能对申请人或代理人在撰写机械领域发明专利说明书方面提供帮助。

一、说明书的作用

(一) 与专利说明书撰写有关的法律条款

在《专利法》《专利法实施细则》中与说明书内容相关的法律条款也有很多,包括:《专利法》第26条第3款、《专利法》第33条、《专利法实施细则》第3条第1款、《专利法实施细则》第17条和第18条、《专利法》第5条第1款、《专利法》第25条、《专利法》第22条第4款、《专利法》第26条第4款、《专利法》第59条第1款。

在这些与说明书撰写相关的法律条款中,《专利法》第26条第3款规定了说明书的首要作用和对其撰写的实质要求,要求说明书应当对发明作出清楚、完整的说明,应当达到以所属技术领域的技术人员能够实现为准。也就是说,说明书应当满足充分公开发明的要求。《专利法》第33条对专利文件的修改进行了限制,要求修改的内容不得超出原始说明书和权利要求书记载的范围。《专利法实施细则》第17条是说明书各部分内容撰写的具体要求。作为说明书的一部分,《专利法实施细则》第18条规定了说明书附图的具体要求。《专利法实施细则》第3条第1款是对申请文件语言的要求。

此外,虽然《专利法》第5条和第25条涉及的是权利要求的不授权主题,但在很多情况下,需要结合说明书所记载的内容来判断权利要求是否属于不授权的主题。《专利法》第22条第4款虽然也是判断权利要求是否具备实用性的法律条款,但在很多情况同样需要结合说明书具体记载的技术内容进行综合判断。《专利法》第26条第4款虽然涉及的是权利要求需得到说明书支持的问题,但从撰写角度看,也是说明书撰写的要求。即,撰写说明书时要考虑支持权利要求,需要注意说明书与权利要求书这两个法律文件之间要匹配。《专利法》第59条第1款则是专利诉讼中作为侵权判定依据的重要条款,从撰写角度考虑,应该在说明书中对技术方案作更清楚、全面的阐述,以便需要时能够在后续司法程序中清楚无误地解释权利要求。

(二) 从法律角度看说明书的作用

说明书是申请人向国家专利行政机关提交的公开发明技术内容的法律文件,也是对发明内容的详细介绍。从地位上说,它是整个申请文件的基础;从内容上说,说明书需要充分公开发明的技术方案,支持权利要求书,并为审批过程中的修改和分案提供依据。

1. 充分公开发明

根据《专利法》第26条第3款的规定,作为专利申请文件的说明书,应当对发明或实用新型作出清楚、完整的说明,以所属技术领域的技术人员能够实现为准。

《专利法》第26条第3款确定了说明书最主要的作用就是充分公开发明内容。换句话说,申请人为了获得专利权的保护,应当在说明书中提供为理解和实施发明所必需的技术内容。

2. 支持权利要求的保护范围

根据《专利法》第26条第4款的规定,权利要求书应当以说明书为依据,清楚、简要地限定要求专利保护的范围。

也就是说，说明书充分公开的内容应当足以支持权利要求的保护范围，否则将导致权利要求的保护范围与说明书公开的内容相脱节，也就是权利要求的保护范围不合理。如果说明书公开的内容不足以支持权利要求，即权利要求的保护范围相对于说明书公开的内容过大，则将导致申请人可能获得较其应尽的义务更大的权利。

3. 审批程序中修改申请文件的依据

根据《专利法》第33条的规定，申请人对其专利申请文件的修改不得超出原说明书和权利要求书记载的范围。

在专利申请的审批程序中，为了使申请符合《专利法》及其实施细则的规定，申请人可能需要多次修改申请文件，尤其是修改权利要求书和说明书。但是这种修改被严格控制在原始文本公开的范围之内，否则无法保证增加的内容是申请人在申请日之前已完成的智力劳动。除请求书以外，申请人原始提交的申请文件还包括说明书、权利要求书和摘要。摘要是说明书公开内容的概述，它仅仅是一种技术情报，摘要的内容不属于发明或者实用新型原始公开的内容，不能作为以后修改说明书或者权利要求书的依据。因此申请人在申请日提交的说明书所记载的内容是修改申请文件的重要依据之一。

4. 解释权利要求

《专利法》第59条第1款规定，发明专利权的保护范围以其权利要求的内容为准，说明书及附图可以用于解释权利要求的内容。

作为限定专利权保护范围的权利要求书，其文字通常都较精练。在有些情况下，其中某些术语或表达就需要借助说明书明确记载的内容来进行解释。因此在专利权被授予后，例如在侵权诉讼等程序中，说明书及其附图可以用于解释权利要求的内容，帮助确定专利权的保护范围。

5. 分案申请的依据

根据《专利法实施细则》第43条第1款的规定，依照《专利法实施细则》第42条规定提出的分案申请，不得超出原申请记载的范围。

与审批过程判断修改是否超范围的标准相类似，分案申请也不得超出原申请记载的范围，即同样不能超出原说明书和原权利要求书记载的范围，因此说明书是分案申请的重要依据之一。

二、说明书撰写的要求

（一）对说明书撰写的实质要求

《专利法》第26条第3款规定，说明书应当对发明作出清楚、完整的说明，以所属技术领域的技术人员能够实现为准；必要的时候，应当有附图。这是对说明书实体内容撰写的规定，对发明作出清楚、完整的说明是基础，最终目标是使所属技术领域的技术人员能够实现发明的技术方案，这个条款中的关键词就是"清楚"、"完整"和"能够实现"。

1. 关于"清楚"

说明书的内容应当清楚，具体来说应满足下述要求。

（1）主题明确

说明书应当从现有技术出发，明确地反映出发明想要做什么和如何去做，使所属技术领域的技术人员能够确切地理解该发明所要求保护的主题。

（2）表述准确

说明书中应当使用发明或者实用新型所属技术领域的技术术语。说明书的表述应当准确地表达发明或者实用新型的技术内容，不得含混不清或者模棱两可，以致所属技术领域的技术人员不能清楚、正确地理解该发明或者实用新型。

此外，说明书各部分内容应相互关联，以内在的技术逻辑成为一个整体，尤其是所要解决的技术问题与相应所采取的技术方案以及随之获得的有益效果之间应当相互适应，不得出现相互矛盾或不相关联的情形。同时，说明书记载的不同技术方案之间也不得出现相互矛盾或冲突的情形。

总而言之，"清楚"是发明专利申请说明书撰写的基本要求。作为发明专利申请的基础内容，说明书需要详细而准确地对发明进行清楚的阐述，明确发明的主题，充分说明现有技术并分析其存在的问题，详细论述发明的技术方案及其效果，同时提供清楚、充分的实施例以支持发明的技术方案。如有需要，对于机械领域的发明专利申请文件，还可以借助附图对发明进行清楚的辅助说明。

若说明书中存在不清楚的问题，则会导致所属技术领域的技术人员在理解发明技术方案时产生困惑甚至导致其无法理解或实施发明。因此在机械领域发明专利说明书的撰写过程中，需要特别注意满足"清楚"的要求，明确主题，尽量采用本领域通用规范的技术术语，清楚地进行表述，同时需要注意说明书前后各部分内容之间以及文字与附图之间的一致性。

2. 关于"完整"

完整的说明书应当包括有关理解、实现发明所需的全部技术内容。一份完整的说明书应当包括下列各项内容：

（1）理解发明不可缺少的内容。例如有关所属技术领域、背景技术状况的描述以及说明书有附图时的附图说明等。

（2）确定发明具备新颖性、创造性和实用性所需的内容。例如，发明所要解决的技术问题，解决其技术问题所采用的技术方案和发明的有益效果。

（3）实现发明所需的内容。例如，为解决发明专利申请所提出的技术问题而采用的技术方案的具体实施方式。

对于克服了技术偏见的发明，说明书中还应当解释为什么说该发明或者实用新型克服了技术偏见，新的技术方案与技术偏见之间的差别以及为克服该偏见所采用的技术手段。

应当指出，凡是所属技术领域的技术人员不能从现有技术中直接、唯一地得出的有关内容，均应当在说明书中描述。

"完整"是对发明专利说明书内容公开程度的要求，说明书需要完整记载所属技术领域的技术人员在理解和实现发明技术方案时所需的所有技术内容。

3. 关于"能够实现"

所属技术领域的技术人员能够实现，是指所属技术领域的技术人员按照说明书记载的内容，就能够实现该发明的技术方案，解决其技术问题，并且产生预期的技术效果。

说明书应当清楚地记载发明的技术方案，详细地描述实现发明的具体实施方式，完整地公开对于理解和实现发明必不可少的技术内容，达到所属技术领域的技术人员能够实现该发明的程度。

此外，《专利法》第26条第4款规定，权利要求书应当以说明书为依据。虽然该条款是针对权利要求书撰写的要求，但在说明书的撰写过程中，同样需要注意《专利法》第26条第4款的规定，需要注意对说明书技术方案进行清楚、充分的说明和解释，同时需要注意选取适当、足够的实施例，以能够充分支持概括的技术方案。因此，在撰写发明专利的说明书时，还需要注意对说明书具体实施方式的甄选，需要在说明书中公开足够的实施例，以能够支持权利要求书中上位概括的技术方案。

（二）说明书撰写的形式要求

《专利法实施细则》第17条和第18条具体规定了对说明书撰写的形式要求。《专利法实施细则》第17条涉及的是对说明书各部分内容撰写的具体要求，《专利法实施细则》第18条则是对说明书附图的具体规定。上述内容在《专利审查指南》第二部分第二章第2.2~2.3节均有详细的说明，并给出了丰富的案例，因此本节不再赘述。

（三）说明书撰写的语言要求

《专利法实施细则》第3条第1款规定，依照《专利法》和《专利法实施细则》规定提交的各种文件都应当使用中文；国家有统一规定的科技术语的，应当采用规范词；外国人名、地名和科技术语没有统一中文译文的，应当注明原文。

说明书应当使用发明所属技术领域的技术术语。对于自然科学名词，国家有规定的，应当采用统一的术语，国家没有规定的，可以采用所属技术领域约定俗成的术语，也可以采用鲜为人知或者最新出现的科技术语，或者直接使用外来语（中文音译或意译词），但是其含义对所属技术领域的技术人员来说必须是清楚的，不会造成理解错误；必要时可以采用自定义词，在这种情况下，应当给出明确的定义或者说明。一般来说，不应当使用在所属技术领域中具有基本含义的词汇来表示其本意之外的其他含义，以免造成误解和语义混乱。说明书中使用的技术术语与符号应当前后一致。

说明书应当使用中文，但是在不产生歧义的前提下，个别词语可以使用中文以外的其他文字。在说明书中第一次使用非中文技术名词时，应当用中文译文加以注释或者使用中文给予说明。

需要特别注意的是，对于一些相对生僻的词语、较新的技术术语或翻译的外来语等，由于相对生僻词语的受众范围有限、所述技术领域的技术人员对较新技术的了解程度不一以及外来语翻译采用不同的音译、意译等原因，容易造成不清楚甚至公开不充分的问题。因此，在说明书中应该对这类术语的基本含义、参考源等内容作一定的阐述，以避免由于这样的生僻词、较新技术术语或外来语翻译而造成对说明书技术方案理解上的困难和/或偏差。切不可想当然地认为他人也知道而不作说明，以避免在后续专利审批和/或维权过程中的权益受损。

三、说明书撰写的常见缺陷

下面举例说明机械领域发明专利申请文件的说明书中存在的常见撰写缺陷。

（一）无法克服的不清楚和/或不完整问题

1. 主题不明确

说明书应当从现有技术出发，明确地反映出发明想要做什么和如何去做，使所属技术领域技术人员能够确切地理解该发明要求保护的主题。换句话说，说明书应当写明发明所要解决的技术问题以及解决该技术问题所采用的技术方案，并对照现有技术写明发明的有益效果。上述技术问题、技术方案和有益效果应当相互适应，不得出现相互矛盾或不相关联的情形。

【案例 11-02-01】

发明名称：用浪机

案例情况介绍

本发明的目的是提供一种可以利用大自然中存在、不需要人类加工、没有商品价值的能量的机器。

本发明涉及的专用名词有：浮动体：接受浪的作用而运动的物体；重力体：依靠重力作用而与浮动体发生相对运动的物体；选择器：将往复运动改为单向运动的器具；施力器：使符合需要的力发生作用的器具；连接杆：在浮动体、重力体，选择器、施力器之间起连接、传动作用的机件；限动板：限制运动方向的板；限动轴：固定限动板，使其发生作用的机件；单向桨：只在向一个方向运动时将板打开的桨。

浮动体在浪的作用下，以地球为参照物，运动幅度比重力体大，浮动体与重力体互为参照物，二者之间便发生相对运动。此运动通过选择器的选择，连接杆的传动，施力器的运动，而使我们需要的运动发生。

与现有技术相比，用浪机及其机件的灵活性更大，它的机件设有固定的样式和位置。如：浮动体可能同时是施力器，施力器可能与选择器不分；可以是浮动体在上，重力体在下，也可以是重力体在浮动体内；它可以是一艘船，也可以是一个对外输出动力，使其他机器运转的动力机。

实施例 1

制造一个顶角是 90 度的棱椎形且总能浮出水面的箱，在其顶点处装有可以灵活摆动的辄子。在靠近顶点的四条棱的每条棱上，设有两个限动轴，其上装有仅可以在对角线所在剖面的平面上往复运动的单向桨。单向桨的桨面如一个仅可以展开成平面的铰链。两扇可以闭合仅能展开成平面的板称为桨板，在桨板闭合方向上有垂直于展开的桨板又不影响桨板开合的挡板，挡板的作用是使桨板的运动受到限制，总是在挡板两面，挡板上有用来推开闭合桨板、使其在水的作用下展开成平面的弹簧。每只单向桨上设有两组限动板，限动板装配的角度要使单向桨展开的桨面与前进方向垂直。靠近底面的单向桨中部的限动板与棱上的限动轴吻合，远离底面的单向桨尾部的限动板与限动轴吻合，吻合后打孔，用螺丝固定。余下限动板通过连接杆与辄子相连。其余三条棱上单向桨的装配与此相同。单向桨的桨板闭合的方向一律与前进方向相反。

在本发明专利的说明书中,未提供相关的现有技术内容,并且也没有附图和相关的附图说明。

案例分析

首先,在说明书中没有清楚地记载相关的现有技术,所属技术领域的技术人员通过阅读说明书不能清楚本发明所要解决的技术问题。其次,说明书中也没有对"用浪机"进行非常具体明确的定义,以使所属技术领域的技术人员能够理解其含义。同时,在具体实施方式中还引入了很多申请人自定义的特殊部件,但又未对这些特殊部件进行充分的解释和说明,也没有相应的附图帮助理解。因此,本申请请求保护的主题是不清楚的,不满足机械领域专利申请文件说明书的撰写要求。

2. 说明书术语不清楚

在撰写机械领域的发明专利说明书的过程中,由于语言或表达习惯等原因,往往存在采用非本领域通用技术术语的情况。如果在说明书中也没有相应的具体解释和说明,则可能导致所属技术领域的技术人员无法理解该技术方案。因此在撰写说明书的过程中需要注意避免引入不清楚的术语。

【案例 11-02-02】

发明名称:塑料复合双面覆布抗静电织机用梭及其制造方法

案例情况介绍

本发明的说明书涉及一种织机梭子及其制造方法,具体而言涉及一种塑料复合双面覆布抗静电织机用梭及其制造方法。

对于有梭织机,梭子是必不可少的部件之一,常规的梭子为木制梭,用木材制作的梭子重量较大,由于梭子速度较高,容易造成动力的较大浪费,并且木制梭的寿命较短,会造成木材的大量浪费;现有技术中也存在塑料梭,其原料主要由尼龙和改性助剂组成,这样的塑料梭虽然重量较轻,但耐冲击强度、表面光洁度和耐磨性等都并不能令人满意,使用这样的塑料梭容易造成织物瑕疵,本发明经过本厂的多次实验,在原料中加入一定量的特制酚醛亚麻上胶布片,从而获得了冲击强度高、耐磨性好、表面光洁、抗静电性能好、使用寿命长、梭身不易变形、适用范围广的塑料复合双面覆布抗静电织机用梭。

在说明书的具体实施例中记载了如下的方案:

本发明的织机用梭与现有技术的织机用梭结构基本相同,但不同的是选用的主要原料为:尼龙6-6约80份;特制酚醛亚麻上胶布片约20份;改性助剂约18份,其中增容剂约3份;增韧剂约8份;抗静电剂、油酸酰胺、EVA交联剂、抗氧化剂各约0.5份;无机填料约6份。将上述原料按比例经捏合机充分搅拌均匀(一般搅拌时间约为每次20分钟),然后使用造粒机械造粒,再通过注射机注塑成塑料复合梭的毛坯,并在库里搁置约10天,以待其物理性能稳定。然后经过拉毛机在梭坯的二个侧面拉毛,然后用酚醛树脂在要覆布的地方连续刷胶2或3次,再放置在烘箱中进行约2个小时烘干,再通过压力成型机用电加温加压覆布成初步坯,覆布后的梭坯按照左右手分别放置,一般一个星期后就可以进行成型工艺的制作,加工成成品梭。

案例分析

本案说明书的技术方案中出现了非所属技术领域的技术人员公知的术语"特制酚醛亚麻上胶布片"。由于该"特制酚醛亚麻上胶布片"是本发明的改进点之一，该材料对于发明技术方案的理解和实现必不可少，而所属技术领域并没有该术语的明确定义，同时在申请文件中也未对这些术语作任何说明和解释，因此所属技术领域的技术人员不能清楚理解本发明的技术方案，该技术术语的不清楚造成说明书公开不充分。

3. 说明书文字前后矛盾

说明书上下文各部分之间作为一个整体也应该清楚，前后内容应该一致没有矛盾，否则会导致所属技术领域的技术人员无法正确理解发明。

【案例 11-02-03】

发明名称：防松防盗螺母

案例情况介绍

本发明涉及一种机械紧固零件，具体说是一种具有防止随意松动功能的螺母。

图 11-02-01 是本发明的防松防盗螺母的结构示意图。该防松防盗螺母，具有螺母体1，螺母体1内孔表面制有螺纹，同时在螺母体1内侧制有防盗槽2，且在该防盗槽内放置有钢珠3。所述的防盗槽可以是顺着螺纹的方向，而且是中间较深，两端较浅，将一颗或数颗钢珠置于防盗槽内后，用一个柔性可破坏的材料（如橡胶、发泡板）将钢珠定位在防盗槽内，拧紧螺母时，由于防盗槽是顺着螺纹方向而且钢珠在其内定位，因此钢珠不会自由活动而妨碍螺母或螺杆的运动；当拧紧时，钢珠的定位被破坏，再退出时钢珠在防盗槽内自由活动而妨碍螺纹的运行轨迹，使得难以退出。

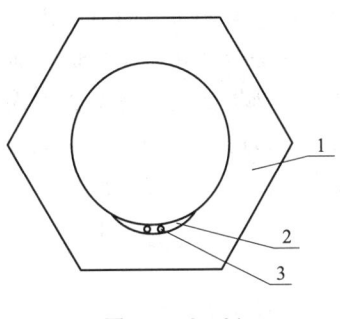

图 11-02-01

案例分析

从上文说明书部分的内容来看，"当拧紧时，钢珠的定位被破坏"，似乎该钢珠应定位于后段的较浅处，即定位在螺纹末端位置，因为只有将钢珠定位在螺纹末端，才能在拧紧时破坏钢珠的柔性，破坏定位。而根据说明书的描述，在拧紧螺母时钢珠应不妨碍螺杆的运动，若将钢珠定位在该螺纹末端的较浅处，则显然会妨碍螺杆的运动。因此，按照这样的理解，说明书的描述前后相互矛盾。若将钢珠定位于中段的较深处，即定位在较深的螺纹中段位置，那么，在拧紧的过程中如果钢珠的定位不被破坏的话，则在拧紧后也不会被破坏。如果钢珠的定位不能被破坏，则在反拧时就不能如说明书所描述的那样钢珠在防盗槽内自由活动而妨碍螺纹的运行了。因此，按照这样的理解，说明书的描述也是前后矛盾的。此外，假设钢珠在最初就被定位于防盗槽的前段较浅处，则在拧紧的过程中钢珠将妨碍螺杆的运动，因此，即使按照这样的理解，说明书的描述依然是前后矛盾的。

可见，本专利说明书给出的技术方案是含混不清、前后矛盾的，所属技术领域的技术人员根据说明书记载的内容不能解决本专利申请所要解决的技术问题——防松防盗，因此，撰写的说明书不符合《专利法》第26条第3款的规定。

4. 缺少对附图的解释或说明

由于机械领域发明专利申请的技术方案常常需要借助说明书附图进行理解，如果说明书文字对于说明书附图没有足够的解释和说明，那么，在单独借助说明书附图并不能完全确定其技术方案的情况下，则会造成说明书不清楚，并导致所属技术领域的技术人员不能清楚地理解其技术方案。

【案例11-02-04】

发明名称：Z型发动机

案例情况介绍

现在的四冲程发动机仅在曲轴旋转的第二圈才对外作功。这样就增加了四冲程发动机的尺寸和机械损失。柴油机中压缩比的提高使其效率有所提高，但同时也增加了点火时的压缩温度。在这种情况下，热损失不断增加并且排放的氧化氮NO_X的量也随着增加。活塞的侧向力是发动机最大的一种摩擦损失，其应该被消除。本发明旨在提出一种全新设计的发动机，通过重新设计发动机的布局和工作方式，获得远优于现有技术发动机性能的全新Z型发动机。

下面的附图11-02-02为本发明Z型发动机的功能示意图，示出了一种典型的工作循环。如果采用单独的点火燃料，其可注到气体交换管中，该管道带有与流向平行

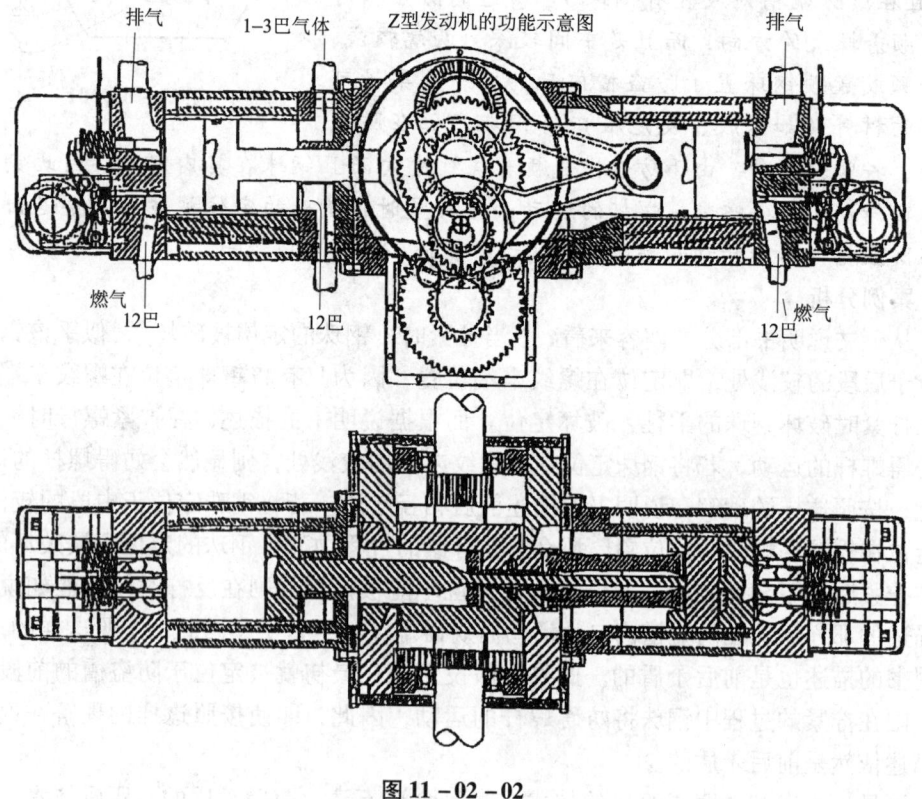

图11-02-02

的薄片。此外，所有的燃料可全部都注到气体交换管中。

该发动机在压缩机和冲洗阀（图中没有示出）之间的气体流路中可设置一个热交换器。这样，第一级压缩的气体（其通常为3~15巴）温度可（相对于例如排气）进行控制。压缩机的排气量可不同于活塞的行程容积，这样可使膨胀更为优化。

为获得更高的机械效率，膨胀活塞以及压缩活塞可相互连接，在此凸轮获得一个更好的净功。甚至可采用一个单独的压缩机，如螺杆式压缩机。在该凸轮机器中，同步凸轮轴的嵌齿轮具有两个不同的旋转方向。旋转杆有两个，因此活塞的侧向力就消除了（即使是其他的凸轮机器也可能没有侧向力）。这种新的凸轮机器同时可使第一级惯性力平衡。

案例分析

就本案而言，在原说明书的附图中没有附图标记，说明书文字部分也没有公开"Z型发动机"包括哪些部件以及这些部件的结构特征、连接关系等，所属技术领域的技术人员只能从附图中辨别出典型的发动机部件，如气缸、活塞、气阀等，但是不能准确判断出各部件的运动配合关系，也无从知道发动机的工作过程；在说明书中提及的"压缩部件"、"采集容器"、"气体交换管"等部件在附图中没有得到体现，它们的具体结构特征以及与其他部件之间的空间位置关系在说明书的文字部分也没有具体限定，致使所属技术领域的技术人员无法了解它们的具体结构以及功能，进而也无法实施本发明，这样撰写的说明书不符合《专利法》第26条第3款的规定。

5. 只给出目标而无具体手段

说明书中若只给出了任务和/或设想，或者只表明一种愿望和/或结果，而未给出任何使所属技术领域的技术人员能够实现的技术手段，导致说明书没有充分公开发明。

【案例11-02-05】

发明名称：一种自动装拆汽车防滑链装置

案例情况介绍

本发明涉及一种利用轮胎与地面接触面积和摩擦系数的瞬间变化，增大摩擦力从而达到防滑目的的自动装拆汽车防滑链装置。

目前，汽车在运行中，一遇泥泞、松软路面，冰雪道路，沙漠地带，轮子容易打滑，无法行走。现有技术中提出了采用防滑链，但目前的防滑链装拆麻烦，可靠性也差。特别是行进在水泥、沥青路面上时，容易损坏路面。为了运输的方便，为了人身财产的安全，人们急需一种能自动装拆的汽车防滑链装置。

本发明的目的是针对以上存在的问题，设计出一种适用的汽车防滑链装置。它能使驾驶员在行驶途中遇到泥泞、冰雪、沙漠等路面时，随时按动仪表台上的启动按钮，不需停车，即能自动安装防滑链，摆脱打滑困境，继续行驶。当遇到等级路面时，也不需停车，只要按动按钮，即能拆下防滑链，进行正常行驶。

附图的简要说明

图11-02-03是链条的结构原理图；

图 11-02-04 是单电机驱动变速箱传动原理图；

图 11-02-05 是花盘安装位置示意图；

图 11-02-06 是花盘结构示意图；

图 11-02-07 是滚筒结构示意图。

如图所示，本发明的自动装拆汽车防滑链装置，由电机13、变速箱11、滚筒24、花盘21、链条、挂架构成，其中：链条绕放于滚筒24上，滚筒24的直线运动由电机18、变速箱11、齿轮和齿条运动付15或活塞和气缸运动付20实现，完成链条的送出和收回，滚筒24的旋转运动由电机13、变速箱11实现，滚筒24旋转与花盘21旋转相配合，完成链条的自动安装与拆卸，带有双沟22的花盘21安装于汽车后轮内轮胎23的两侧，滚筒24与变速箱11连接，变速箱11通过挂架安装在汽车前后轮之间的车箱板底部。

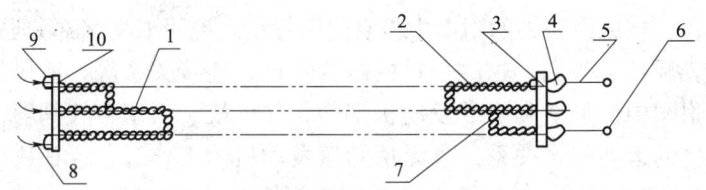

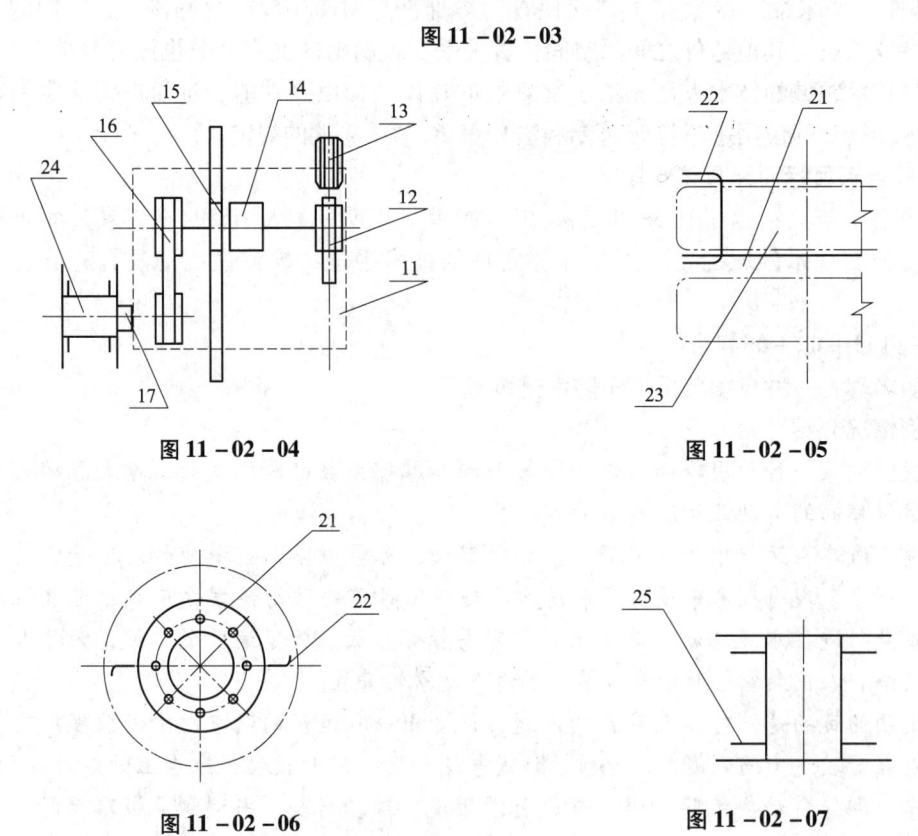

图 11-02-03

图 11-02-04

图 11-02-05

图 11-02-06

图 11-02-07

当需要将链条捆于轮胎上时，变速箱11和滚筒24一起向后胎23移动，使滚筒24接近后胎23。当车辆前进时，后胎23两旁的花盘21也随后胎23作同向旋转，此时花盘 21 上的双钩 22 钩住钢球 6，链条自动绕后胎 23 一周后，钩 A8 钩住环 A4 完成捆链动作。当需要拆下链条时，进行倒车，变速箱 11 和滚筒 24 向后轮胎移动，同时滚筒 24 作反时针旋转，滚筒 24 上的钩 B25 会钩住链条上的环 B9。随着滚筒 24 的旋转和车辆的倒车，使链条全部绕在滚筒 24 上，变速箱 11 和滚筒 24 复位，链条头的压紧装置（图中未画出）压住链条头，不让链条松动。车辆又可前进行驶。

案例分析

原始说明书仅仅记载了汽车防滑链自动装拆装置的一种笼统的构思。换句话说，该汽车防滑链自动装拆装置由链条、传动系统、滚筒、花盘、挂架五部分组成。但在说明书中对于组成该装置的具体技术细节没有作出清楚、完整的说明。如在安装链条时如何保证花盘上的双钩恰好能钩住钢球，如何协调链条行程和车轮转动的关系，如何设计链条上钩的结构等，这些从原始说明书中均无法得知。说明书只是对自动装拆机构的功能提出了设想，而未给出使所属技术领域的技术人员能够实现该功能的具体技术手段。

所属技术领域的技术人员仅根据上述说明书的内容，不经过创造性劳动，无法实现本申请的自动装拆装置，更无法实现对汽车防滑链进行自动装拆的功能。因此这样撰写的说明书不符合《专利法》第 26 条第 3 款的规定。

6. 给出了并清楚的技术手段

即使说明书中给出了技术手段，但是，如果该技术手段不清楚，那么所属技术领域的技术人员采用该手段不能解决发明所要解决的技术问题。

【案例 11 - 02 - 06】

发明名称：休闲折叠椅

案例情况介绍

本发明涉及一种休闲折叠椅产品，其折叠、打开方便，具体地说，是一种用于附加在自行车或电动车后架上的可快速拆装的儿童坐椅。

图 11 - 02 - 08 是发明折叠椅的结构示意图。如图所示，折叠椅包括一个椅面框架 1 及一个椅背框架 2，椅面框架 1 及椅背框架 2 上蒙有面布 3，椅面框架 1 及椅背框架 2 由一对铰接件 4 连接，该铰接件 4 为一不可延伸变形的刚性件，铰接件 4 还与一个后腿架连接，椅面框架 1 前端与一个前腿架连接，前腿架、后腿架的上端与一对扶手 7 相连接，扶手 7 还与椅背框架 2 的中部连接。所述的铰接件 4 为

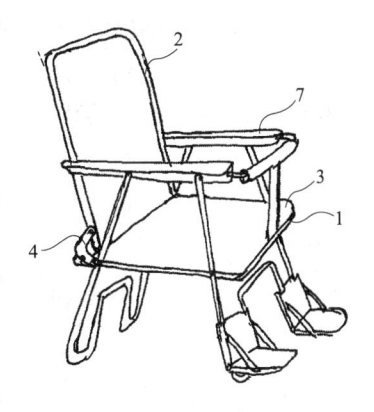

图 11 - 02 - 08

一折弯件，在该折弯件的两端以及中部分别钻有连接孔。椅面框架左右两侧的后部各自具有前后两个连接螺孔，折弯件一端的连接孔及中部的连接孔分别与椅背框架 2 的下部及椅面框架 1 后部的后连接螺孔经螺栓连接固定，折弯件另一端的连接孔则通过螺栓将后腿架的中部与椅面框架后部的前连接螺孔连接固定，在使用过程中无需松开螺栓拆下铰接件，即可实现折叠椅的打开和折叠，使用十分

方便。

案例分析

在本专利申请的说明书文字以及附图中对该休闲折叠椅的铰接件与椅面框架的连接方式均描述为两点连接，即铰接件中部的连接孔与椅面框架后部的后连接螺孔连接、铰接件另一端的连接孔将椅面框架后部的前连接螺孔连接。除此之外，说明书中并未给出铰接件与椅面框架之间的其他任何不同于上述连接的方式，因此根据说明书的描述来制作该折叠椅时，铰接件与椅面框架之间只能采用说明书所描述的两点连接方式，但是由于铰接件4为不可变形延伸的刚性件，并且铰接件与折叠椅其他部位采用的是不拆卸的螺栓连结，因此该连接方式会导致制造出的折叠椅无法折叠，从而无法实现说明书所述的技术方案，无法解决其技术问题，也达不到其预期的技术效果。因此，本专利申请的说明书没有达到充分公开的要求，不符合《专利法》第26条第3款的规定。

7. 关键部件的描述不完整

如果说明书中对产品构成的具体结构、原理等没有作出清楚的描述，则会导致所属技术领域的技术人员无法正确理解发明进而实现其技术方案。

【案例 11-02-07】

发明名称：一种全自动鞭炮编结机

案例情况介绍

本发明涉及一种全自动鞭炮编结机，在背景技术部分的记载如下：近年来问世的全自动鞭炮编结机数目众多，但它们的下料机构却都存在机构复杂、故障频繁的弊病，因此确有对其改进之必要，本发明通过重新设计自动鞭炮编结机的下料机构，实现了自动鞭炮编结机的快速、稳定生产。

图 11-02-09 是本发明全自动鞭炮编结机的结构示意图。

如图所示，本发明的下料机构由料斗1、送料摆轮2、挡料弹性件、鞭炮通道4′、弧形打料板3组成，其具体结构如下，料斗1底部的送料摆轮2恰处于送料位置，此时

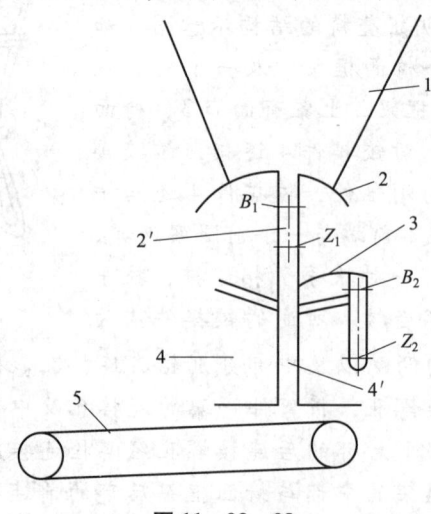

图 11-02-09

其送料通道下部的挡料弹性件（图中未示出）打开，鞭炮开始下落至主机座中的鞭炮通道 4′，而弧形打料板 3 则处于准备工作的初始位置。当送料摆轮摆轴拉动摆轮绕其支承轴中心作顺时针方向运动时，摆轮的送料通道 2′与其下主机座 4 的鞭炮通道 4′相错位，同时弧形打料板 3 动作令鞭炮通道 4′上的鞭炮进一步下落至编结位置，送料摆轮送料通道 2′下部的挡料弹性件又关闭，送料通道只与料斗 1 相通，直到送料摆轮及弧形打料板又回到图示的位置，准备下一次鞭炮的编结。当然，对于整机而言，除了鞭炮输送机构和主机座外，料斗、送料摆轮和弧形打料板均需成双配置。

案例分析

本发明的改进主要针对自动鞭炮编结机的下料机构，对于该改进点，"挡料弹性件"是其中的一个基本组成部分，因此该"挡料弹性件"是实现本发明点的必要技术特征，但是在说明书中对该挡料弹性件的结构、挡料弹性件与送料摆轮的关系没有作出清楚的描述，仅仅描述了其工作的过程。

通过说明书的描述："料斗 1 底部的送料摆轮 2 恰处于送料位置，此时其送料通道下部的挡料弹性件（图中未示出）打开，鞭炮开始下落至主机座中的鞭炮通道 4′"，可以看出，此时鞭炮已经到鞭炮通道 4′。

但是，申请人在说明书中又接着叙述到："而弧形打料板 3 则处于准备工作的初始位置。当送料摆轮摆轴拉动摆轮绕其支承轴中心作顺时针方向运动时，摆轮的送料通道 2′与其下主机座 4 的鞭炮通道 4′相错位，同时弧形打料板 3 动作令鞭炮通道 4′上的鞭炮进一步下落至编结位置"，这说明鞭炮在此之还未到鞭炮通道 4′。显然，后一动作使鞭炮到达的位置与前一动作使鞭炮到达的位置相矛盾，因此，该发明的自动鞭炮编结机的结构、原理不清楚，致使所属技术领域的技术人员根据说明书记载的内容无法实现"包含结构简单且动作可靠的下料机构"的全自动鞭炮编结机，故本说明书的撰写不符合《专利法》第 26 条第 3 款的规定。

8. 方法或工艺内容缺失

对于涉及方法的技术方案，若方法步骤不完整或者工艺条件不完全，则会导致所属技术领域的技术人员不能实现本发明。

【案例 11-02-08】

发明名称：金属管状体及其制造方法

案例情况介绍

本发明涉及一种其壁厚沿着其轴向轴线变化的金属管状体及其制造方法，特别地，该壁厚变化规律符合特定的二次函数曲线。

具有可变直径的管状体，例如那些具有锥形侧面形状或阶梯形侧面形状的那些管状体，过去是通过卷起一块金属板并且使所卷起的金属板进行反复拉伸来制造的。但是由这种方法制造出的管状体尽管直径存在差异但是沿着其整个长度具有恒定的壁厚。因此，这种管状体的壁厚是由最小直径的部分所确定的，并且所制造出的管状体不可避免地存在强度不够的问题，因为具有更大直径的部分具有太小的壁厚。

附图简要说明

图 11-02-10 是表示由金属板冲切出的板坯料的示意图。

图11-02-11是表示已经压制弄弯的板坯料的示意图。

在本发明的方法中,首先将厚度大约为0.5mm的金属板冲切出具有成品管状体的展开形状的板坯料,其厚度沿着成品管状体的纵向轴线的方向是变化的,最大为0.5mm。图11-02-10示出了由金属板冲切出的板坯料,该板坯料为所要制造的管状体的展开形状。

如图11-02-10中所示,金属板2的厚度从与成品管状体的远端(在压制之后该管状体的远端)对应的远端侧21向与成品管状体的近端(在压制之后该管状体的近端)相对应的近端侧22增加。其厚度沿着成品管状体的纵向轴线变化的这种金属板可以预先生产成具有与成品管状体所要求的壁厚变化相一致的金属板。但是,其厚度沿着成品管状体的纵向轴线变化的金属板也可以是通过压制具有恒定厚度的金属板而获得的金属板。例如,在图11-02-10中所示的冲切金属板的情况中,可以对恒定厚度的金属板进行如此压制成形,例如通过图11-02-11中成对配合的模具5和50进行压制,从而通过连续地改变沿着成品管状体的纵向轴线的压制力大小,即通过连续地改变沿着金属板的短侧的方向的压制力大小,以使与成品管状体的远端对应的金属板侧受到比与成品管状体的近端相对应的金属板侧更大的压制,由此获得如在图11-02-10中所示的其厚度沿着管状成品管状体的纵向轴线变化的金属板,并且通过对压制力的控制,使得该厚度的变化规律符合特定的二次函数曲线,这样的厚度变化使得最后的成品管具有更优良的流体性能。

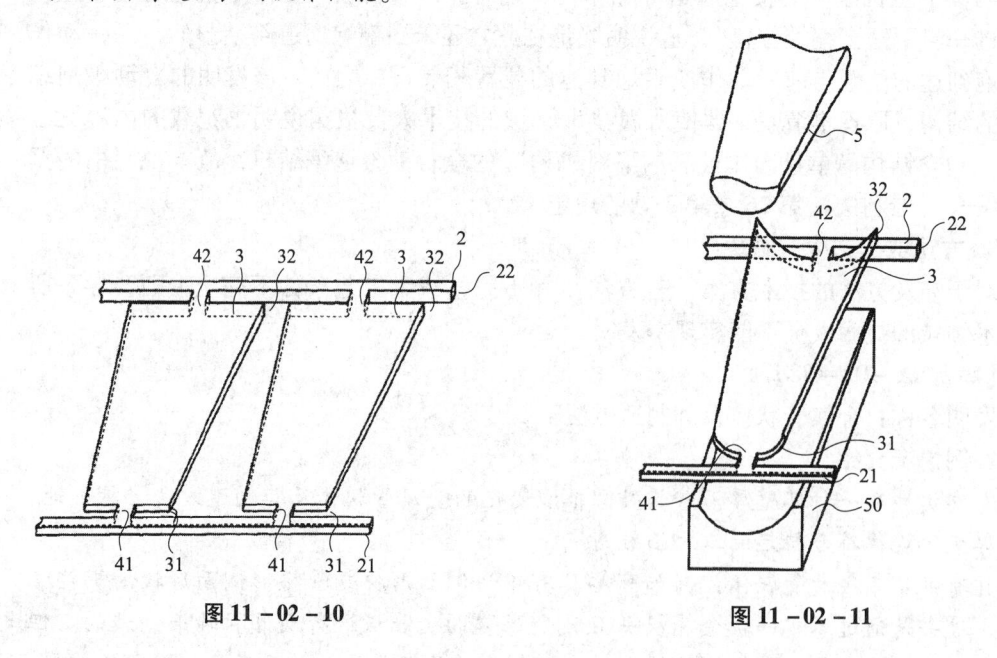

图11-02-10

图11-02-11

案例分析

对于本发明而言,其方法是首先通过冲压金属板的方式制造形状满足要求的粗坯,再利用成对配合的模具5和50对该粗坯进行压制,并通过连续地改变沿着成品管状体的纵向轴线的压制力大小,实现板的厚度沿纵向轴线连续变化,并且使得该厚度变化规律符合特定的二次函数曲线。根据所属领域常识，对于金属薄板而言，仅仅通过改变不同侧的压制力很难实现所压制的金属薄板厚度的变化，更不用说使得该厚度变化的规律符合特定的二次函数曲线，即通过说明书记载的内容不足以使所属技术领域的技术人员在具体实施时获得厚度变化的金属板，达到所要产生的预期技术效果，并且所属技术领域的技术人员根据本领域的常识也不清楚采用哪些手段可以保证金属板两侧压制力不同。因此，本申请的说明书没有对该步骤给出清楚、完整的说明，导致所属技术领域的技术人员不能实现其技术方案。

9. 对步骤相同的技术方案未说明实现不同技术效果的理由

对于涉及方法的技术方案，如果申请人认定与现有技术相同的技术方案能产生不同的技术效果，则应当在说明书中充分说明其理由，否则会导致所属技术领域的技术人员无法实现发明的技术方案。

【案例 11-02-09】

发明名称：一种刨刀

案例情况介绍

本发明涉及一种刨刀。现有的刨刀，有全钢和钢、铁复合的两种。复合型的刨刀，使用寿命长，故障率低，现有技术中的复合型刨刀通过打磨刃口的方式打磨出刀刃，由于钢和铁从外观色泽上不易区分，在打磨刃口之后两种材料的外观几乎没有太大区别，消费者在购买时，无法将打磨的复合型刨刀和全钢的刨刀区分开，即分不清刨刀的类型，只有在使用过程中才能发现是哪种类型的刨刀，因此需要提供一种易于区分的钢、铁复合刨刀。

图 11-02-12 示出了一种刨刀。它由刀体 1 和刃口 2 组成，刀体由钢和铁（或其他材料）复合而成，刀体 1 上有刃口 2，刃口以钢、铁的复合交界面分为光滑面和粗糙面，在钢、铁复合的交界面以上的刃口 2 是光滑面，以下的刃口 2 是粗糙面，而对于该复合交界面的具体形成，主要通过打磨刃口的方式实现，由于钢和铁的硬度不同，通过直接打磨刃口的方法，使刃口表面出现光滑度不同的层面。

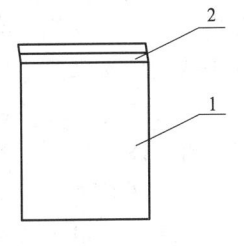

图 11-02-12

案例分析

对于本发明的技术方案，最终要实现的效果是在钢和铁两种材料的刃口上下分别呈现光滑面和粗糙面两个层面，显然，"刃口分为光滑面和粗糙面两个层面"这一技术方案是利用了钢和铁材料硬度的不同，并通过打磨来做出的。但在背景技术的描述中，现有技术的复合型刨刀同样通过打磨刃口的方式进行加工，却只能获得单一粗糙度的刃面，由此产生的疑问是：同为复合刀，同样需要打磨，本专利申请如何实现已有技术所未能达到的效果，即利用钢和铁材料硬度的不同这一自然属性后，通过何种打磨刃口方法来实现"复合型刨刀的刃口形成能使消费者用肉眼易于分辨的光滑面和粗糙面两个层面"这一技术方案？在说明书中对此没有作任何说明，所属技术领域的技术人员仅借助于说明书记载的内容无法实现带来所述技术效果的所述技术方案。因此，本申请的说明书中并未记载如何通过打磨实现"光滑度不同的刃口"，并且这样的技术内容也不属于所属技术领域的技术人员所掌握的普通技术知识,因此说明书中缺少对于具体打磨方式内容的记载,导致说明书公开不充分。

10. 缺少证据证明效果

对于说明书记载技术方案能否实现的判断,需要考虑所属技术领域的技术人员根据说明书记载的内容能否实现该技术方案、解决其技术问题并产生预期的技术效果,通常情况下考虑的重点在于判断技术方案能否实现,而当技术方案必须依赖于技术效果才能构成发明时,这类发明的实现也需要进一步考虑技术效果能否实现。如果说明书记载的内容声称本发明的技术方案远优于现有技术,但是没有任何实验数据来证实该效果,同时所属技术领域的技术人员也不能根据其所掌握的知识推断出所称的效果,那么说明书中记载的技术方案会由于技术效果不能实现而存在公开不充分的问题。因此,对于技术方案必须依赖于技术效果才能构成发明的情况,说明书中除了要给出具体的技术方案以外,还必须提供具体的试验数据以证明其声称的效果,或者给出具体的分析和/或推断过程以支持其声称的效果。

【案例 11-02-10】

发明名称:铸造用型砂粘溃剂

案例情况介绍

本发明涉及一种铸造行业型砂用具有粘合和溃散作用的粘溃剂。

水玻璃型砂、黏土型砂、树脂型砂为国内三大型砂类型。对这三种不同型砂进行比较,黏土型砂粉尘污染严重,操作环境差;树脂砂化学污染明显,造价太高。从环保角度和经济角度综合衡量,水玻璃型砂是最有希望实现绿色铸造的粘结剂,它无毒、无嗅,操作环境好,有广泛适用范围,因它有较好的退让性,型芯强度高,所以特别适合铸钢件的生产。但它有致命的弱点:溃散性差,生产中造成大量型、芯砂的废弃。许多铸造工作者作了巨大的努力,取得了相当的成就,许多溃散剂、改性剂已投入生产应用,溃散性得到改善。同时也产生了许多新问题,如型芯强度下降、适应性差、产品质量不稳定。申请号为90102788的中国专利申请,公开了一种水玻璃砂溃散剂,在水玻璃中只引入了有机溃散剂,还不能有效地解决高温溃散性和溃散剂的均匀性问题。

本发明所要解决的技术问题是提供一种铸造用型砂粘溃剂,高温溃散性好,使型砂湿结合力强,干粘结强度好。

本发明的铸造用型砂粘溃剂,其特征在于由如下重量百分数的原料组成:水玻璃 94.5%~98%、葡萄糖粉 1.5%~2.5%、轻质碳酸钙粉 0.2%~2%、悬浮剂 0.2%~0.5%、防腐剂 0.1%~0.5%。

本发明以水玻璃为主要成分,同时引入了有机溃散剂和无机溃散剂,悬浮剂解决了无机溃散剂易下沉分层的难题,防腐剂主要解决了有机溃散剂的易变质问题。悬浮剂可以选用三聚磷酸钠、六偏磷酸钠、膨润土或分子量低于300万的聚丙烯酰胺等公知产品,优选三聚磷酸钠;防腐剂可以选用硼砂、亚硫酸钠或苯甲酸钠等公知产品,优选硼砂。水玻璃最好采用模数 M 为 2.15~2.30,密度为 1.45g/cm^3~1.47g/cm^3 的产品。并且在本发明说明书的其他部分中,也未对最终的产品"粘溃剂"给出具体的效果证明。

案例分析

对于本发明而言，其发明目的是提供一种铸造行业型砂用具有粘合和溃散作用的粘溃剂。在本发明中，需要达到的目的是使得该粘溃剂具有显著的粘合和溃散作用。然而，本发明的技术方案只是从制备机理上进行了说明，未对最终的产品效果给出任何实际的证明。具体而言，在说明书中只是对粘溃剂中各组分的作用进行了原理性质的说明，未给出相对现有技术本发明的技术方案所带来的粘溃性提高的试验数据。由于缺少实验数据证实，该技术方案所能达到的技术效果也就难以确定，造成发明公开不充分。

11. 引证不当

《专利审查指南》第二部分第二章第2.2.6节中规定，对于那些就满足《专利法》第26条第3款的要求而言必不可少的内容，不能采用引证其他文件的方式撰写，而应当将其具体内容写入说明书。

如果引证内容是实现发明必不可少的部分，则应当将说明书和引证内容相结合作为整体看待。引证文件的内容难以与说明书记载的内容相结合以解决技术问题，获得预期效果，则应当认为对发明公开不充分。

【案例11-02-11】

发明名称：具有高光泽涂料层的熔凝元件

案例情况介绍

本发明涉及成像元件或设备及其熔凝元件。特别地，本发明涉及包括高光泽涂料层的熔凝元件，该涂料层包括卤代弹性体及某些尺寸和硬度的填料粒子。

在本发明中，涉及一种将显影的图像定影到复印衬底的熔凝元件，该元件包括衬底和在其上包括氟弹性体和填料的外层，其中所述填料的粒度小于约0.3微米，且根据莫氏硬度指标的粒子硬度为至少约3，具体而言，用于衬底和/或任选中间层的合适填料的粒子包括在CN1*******1A中所描述的那些，该文献的整个公开内容在此引入作为参考。

在后续审查过程中，为了克服新颖性和创造性方面的问题，申请人对原始方案进行了补充，补入了特征"其中所述填料粒子的粒度为0.3微米或更小，并且该填料粒子选自碳化硼、碳化钨及其组合"，该内容在原始说明书和权利要求中均未记载，申请人在意见陈述中认为该修改是依据原说明书具体实施例部分"用于衬底和/或任选中间层的合适填料的粒子包括在CN1*******1A中所描述的那些，该文献的整个公开内容在此引入作为参考"进行的，并且认为在CN1*******1A的说明书第8栏第34~35行记载了"碳化硼、碳化钨及其组合"这样的限定。

案例分析

首先，本发明在说明书实施例部分对本发明技术方案中的重要内容采用了引证在先文件的方式进行了限定，但却并未对引证文件中的内容指引得非常明确，例如清楚写明引证文件的具体段落或具体内容等，这样的引证方式并不恰当；同时，在其引证的专利中，即使按照申请人意见陈述中所指出的位置，也并不能唯一得出对本专利申请进行修改而加入的内容，在该引证的专利中，实际记载的填料粒子包括碳化硅、氮化硅、氮化硼、氮化铝、碳化硼、碳化钨等及其组合物，因此补入的内容与引证文件公开的内容并不是唯一确定的对应关系，引证文件中公开的物质不仅仅是碳化硼、碳化钨及其组合，还公开了其他的物质及其组合。由于原始申请文件中引用该在先专利文献的时候只是采用了"该文献的整个公开内容在此引入作为参考"的方式，这样笼统地表述并不能使得所属技术领域的技术人员明确其具体引入的内容，不符合《专利法》第 26 条第 3 款的规定。

（二）实施例公开的内容不足以支持上位概括的内容

对于机械领域发明专利申请文件的撰写而言，常常会从说明书公开的多个实施例出发概括出适当上位的技术方案。因此，要求说明书中列举的实施例不仅要清楚、完整，还需要对概括的技术方案提供支持。

一旦进入申请之后的后续程序，权利要求书中还存在得不到说明书支持的缺陷，那么只能通过缩小权利要求请求保护的范围来克服这种缺陷。如果在撰写说明书时考虑到支持权利要求的问题，在说明书中公开适当数量的实施例，则为申请人获得保护范围合理的权利要求打下良好的基础。

1. 实施例公开的数值不足以支持概括的数值范围

在涉及数值范围的技术方案中，如果实施例中仅记载了有限的数值点或范围，而在概括的技术方案中出现了较大的数值范围，使得所属技术领域的技术人员难以预见采用该概括数值范围内的所有数值均能解决其技术问题并达到相同的技术效果，就会导致该技术方案没有以说明书为依据。

【案例 11 - 02 - 12】
发明名称：一种高强度粘胶长丝纺丝工艺及设备
案例情况介绍
本发明涉及一种服装工业广泛应用的粘胶长丝的生产方法，……其中离子溶液的浓度为 18% ~ 20%，微孔滤膜孔径为 0.22μm，减压蒸馏的压力为 150Pa，温度为 95℃，常压蒸馏温度为 120℃。

权利要求书
1. 一种服装工业广泛应用的粘胶长丝的生产方法……其特征在于离子液体的浓度为 5% ~ 25%，微孔滤膜孔径为 0.22 微米 ~ 2 微米，减压蒸馏压力为 1Pa ~ 500Pa，温度为 60℃ ~ 100℃，常压蒸馏温度为 100℃ ~ 200℃。

案例分析
对于粘胶长丝的生产，各项工艺参数之间具有密切的配合关系。该说明书实施例记载的内容中仅给出了一种情况的实施例，所属技术领域的技术人员难以预见上述权利要求 1 中概括的数值范围内的所有数值均能解决其技术问题并达到相同的技术效果。例如，实施例中只给出了减压蒸馏压力为 150Pa 的情况，但权利要求 1 中要求保护的却是"减压蒸馏压力为 1Pa ~ 500Pa"内的所有数值，显然所属技术领域的技术人员难以预见除了该减压蒸馏压力为 150Pa 的情况之外的所有数值条件都能解决其技术问题并达到相同的技术效果。因此，该说明书不能支持权利要求概括的保护范围。

2. 实施例中的下位概念不足以支持技术方案的上位概念

对于机械领域的发明专利申请文件，技术方案往往采用上位概念概括下位概念的方法来撰写。例如，可将螺栓、螺钉、铆钉等上位概括成紧固装置，将移动、转动、滑动等连接上位概括成活动连接，将皮带轮、齿轮等用于传递动力的部件上位概括成传动装置或传动部件。在进行这种上位概括时，需要注意说明书应当支持这种上位概念的概括。

【案例 11-02-13】
发明名称：大扭矩力臂自锁式收球网
案例情况介绍
本发明涉及一种胶球连续清洗凝气器的收球网，用于发电厂汽轮机凝汽器冷却管的连续清洗。

在说明书及其附图中限定了这样的工作过程：执行机构输出的直行程推力通过连杆机构转化为角向扭转力矩，该力矩通过刚性轴传递至抱合双臂，双臂经滑块与收球网的滑轨联动实现网件的开合运动。而执行机构输出直行程推力必须转化为刚性转轴的角向扭矩，限定了位于执行机构和刚性转轴之间通过连杆机构进行传动，因此该连杆机构的具体结构、工作环境和工作方式是特定的。

案例分析
在上述用上位概念概括的技术方案中，将说明书实施例中的"连杆机构"概括成"传动装置"。但是，本专利申请说明书中明示了为了避免丝杠螺母传动机构容易堵塞、卡死的弊端而采用了连杆机构。也就是说，在本发明的具体技术方案中的"传动装置"是特定的连杆机构，而不可能是机械领域中熟知的用于传递动力或扭矩的"传动装置"。因此，所属技术领域的技术人员根据说明书中公开的内容不能得出其他传动装置都能够实现这一发明目的，该说明书实施例无法支持该上位概念概括的技术方案。

3. 实施例的工艺步骤不足以支持上位概括的工艺步骤

对于涉及方法步骤的技术方案，如果在上位概括的过程中，一味追求扩大保护范围而将步骤概括的非常宽泛，会导致实施例的内容无法支持上位概括的技术方案。

【案例 11-02-14】
发明名称：贯穿式侧向复合板带材的制备方法及其模具热压装置
案例情况介绍
本发明涉及的是一种复合材料技术领域中的制备方法及其装置，具体是一种贯穿式侧向复合板带材的制备方法及其模具热压装置。本发明所述的复合材料用于熔断器，由银板和铜板为材料制成，主要是为了解决现有技术中纯银熔断器成本高、浪费资源严重的问题，在说明书实施例中给出的装置具体方案为：

组合锭块，是指：将若干银板和铜板交替间隔放置，最外侧两块为铜板，将叠放整齐的锭块用夹具夹紧固定，用氩弧焊将锭块长度方向两端叠缝全部焊牢。

冷压成型，是指：将固定好的组合锭块按银板和铜板之间的接触面与压力方向垂直的方式放入模具中，在油压机上冷压成形，油压机的冷压压力大于等于50吨，获得厚度符合热压模具要求且银板和铜板的接触界面间气体排放干净、接触紧密的冷压锭块。

保护加热，是指：将冷压锭块两端的铜板外侧面作为叠放面进行刨削处理，使叠放面光洁且平行，然后将该冷压锭块放入气体保护加热炉中加热；保护加热的加热条件为：在氮气浓度为 1.8kg/m³、气压 0.05MPa、温度范围在 600℃~800℃ 的环境下进行保护加热 1~3 个小时。

模具热压，是指：将加热完成的冷压锭块按叠放面方向与液压机压力方向平行的方式放入模具热压装置中，在温度范围 600℃~800℃ 的环境下进行热压，金属原子在界面实现热扩散，并获得结合牢固的热压后锭坯。

扩散退火，是指：将上述热压锭坯中的两个受压侧面刨平后，放入气体保护加热炉中扩散退火获得复合坯锭；扩散退火的条件为：在氮气浓度为 1.8kg/m³、气压 0.05MPa、温度范围在 600℃~800℃ 的环境下进行扩散退火 2~6 个小时。

热轧开坯，是指：将扩散退火后的复合坯锭，立即在热轧机上进行热轧开坯，轧制制成厚度大于等于 3 毫米的复合板料；将开坯后的复合板料放入气体保护加热炉中，出炉后气体保护冷却至室温，在热轧机上控制首次压下变形量 X1≥40%，随后将每次热轧变形量 X 控制在 10%≤X≤20%；热轧开坯的工艺要求为：在氮气浓度为 1.8kg/m³、气压 0.05MPa、温度范围在 600℃~800℃ 的环境下进行保护退火 2~6 个小时，所述的首次压下变形量 X1 具体是指首次被轧制的复合坯锭的厚度变化量与轧制前复合坯锭的厚度的比值；所述的热轧变形量 X 具体是指首次压下后，复合坯锭在经过每道次轧制后的厚度变化量与每道次轧制前原来复合坯锭厚度的比值。

所述的粗轧，是指：将复合板料在粗轧机上轧制成厚度大于等于 0.1 毫米的粗轧板材，然后将粗轧板材放入气体保护加热炉中保护退火 2~6 个小时，出炉后气体保护冷却至室温；在粗轧机上将粗轧变形量 Y 控制在范围 10%≤Y≤15%；所述的保护退火的工艺要求为：在氮气浓度为 1.8kg/m³、气压 0.05MPa、温度 600℃~800℃ 的环境下进行退火处理，所述的粗轧变形量 Y 具体是指经过粗轧后的粗轧板材的厚度变化量与粗轧前的粗轧板材厚度的比值。

权利要求

1. 一种熔断器用铜银复合材料的制备方法，包括以下步骤：组合锭块、冷压成型、保护加热、模具热压、扩散退火、热轧开坯和粗轧。

案例分析

对于上述权利要求 1 请求保护的熔断器用铜银复合材料的制备方法的具体技术方案，采用"组合锭块"、"冷压成型"、"保护加热"、"模具热压"、"扩散退火"、"热轧开坯"、"粗轧"等概括。概括后技术方案中的这些步骤是此类板材制备的常规步骤，这样概括的步骤包含了所有可能的情形。但本案实际只涉及特定组合铜和银复核材料的加工，由于特定材料以及特定的组合关系导致其加工步骤也具有一定的特殊性，需要有具体的工艺参数限定才能与这样的材料相适应。因此实施例的具体的工艺步骤不足以支持上位概括的工艺步骤。

4. 实施例内容无法支持扩大的应用领域

对于机械领域的发明专利，在对实施例记载内容进行概括的过程中，也可能会扩大应用领域。如果扩大的技术方案的应用领域不合理，则会导致实施例的内容无法支持该扩大的应用领域。

【案例 11-02-15】
发明名称：用于燃烧器喷嘴端面的带螺纹热屏蔽件
案例情况介绍
本发明涉及对燃烧器喷嘴组件结构的改进，具体而言，涉及包含喷嘴屏蔽装置的燃烧器喷嘴。
背景技术
对于含硫的燃气而言，在进行高温燃烧的喷嘴位置，容易对喷嘴造成侵蚀，而现有技术中虽然有一些包含屏蔽装置的燃烧器，但都存在这样或那样的缺陷和不足。
本发明的含屏蔽装置的燃烧器采用了水煤浆与氧生产合成气体的燃烧器喷嘴组件……
权利要求
1. 一种用于在合成气体发生室中生产合成气体的燃烧器喷嘴组件，其中所述组件具有冷却水套端面，利用由高熔点材料制成的环形屏蔽板保护该冷却水套端面免受热气体腐蚀，其特征在于，带螺纹的保持装置从所述环形热屏蔽件的一个表面或所述冷却水套端面延伸，所述冷却水套端面与另一个表面的槽中的对应螺纹配合连接，以便将所述环形热屏蔽件加装在所述冷却水套端面上。
案例分析
首先，由于本发明的改进主要是解决含硫燃气的侵蚀问题，而权利要求的技术方案中的"合成气体"则显然并不一定包含硫。因此这样的技术方案的概括不恰当。其次，由于燃料种类很多且性质差异很大，不同种类的"合成气体"会对燃烧器喷嘴组件的结构有明显不同的要求，并且不同的使用领域及使用不同的燃料均会对燃烧器喷嘴组件的结构产生影响，所以所属技术领域的技术人员不能够从说明书中记载的"水煤浆与氧生产合成气体的燃烧器喷嘴组件"直接得到或者概括得出该概括方案中的应用领域"在合成气体发生室内使用的燃烧器喷嘴组件"。因此实施例的内容无法支持扩大的应用领域。

第三节　说明书附图的作用和常见缺陷

为了便于清楚地表述申请专利的发明或者实用新型，使广大公众容易理解，专利申请的说明书可以辅以附图，实用新型必须辅以附图。附图被称为工程师的"语言"，其表达的技术信息量常常很大。一幅图所能够提供的信息，往往再多的文字语言也无法清楚地予以表达。因此，对于有附图的说明书来说，附图是其重要组成部分，其作为说明书文字部分的补充说明用于对说明书文字部分描述的内容进行直观地、形象地表达。附图可以是多种类型，只要有助于更为清楚地表达发明创造，各种类型的附图都可以采用。就机械领域的产品发明创造而言，附图常常采用表示其结构、形状的机械示意图；就机械领域的方法发明创造而言，附图常常采用表示工艺步骤或者控制方法的流程图。然而，申请人在说明书附图的实际撰写当中往往不能把握对专利申请文件附图有关规定的绘制要求，同时也不知如何选择恰当的附图对技术方案进行准确的表达。

为此，本节首先通过介绍说明书附图的基本概念以及与说明书附图撰写有关的法律规定以使申请人进一步了解说明书附图的形式及意义，在此基础上，本节通过列举一些案例对说明书附图中常见缺陷作出归纳，同时结合这些案例介绍了一些恰当选择说明书附图的思路，以便为申请人绘制说明书附图提供参考。

一、说明书附图的基本概念

在机械领域的申请文件中，经常使用的附图形式主要有如下几种，即流程图、照片、图表、机械制图等。

流程图也叫框图，通常用于表示一个系统各个部分和各个环节之间的关系，能够以图示的方式清晰地表达比较复杂的系统各部分之间的关系，通过流程线体现各个部分或环节之间的技术逻辑关系。

照片在专利申请文件中，通常用于金相图等，以对金相实验结果进行客观表达。

图表，通常是用于对实验结果进行归纳式表达；或是坐标图等。

机械制图是指用由图形、符号、文字和数字等组成的图样，其常被称为工程师的语言。在机械领域，应用最普遍的应当是机械制图，因此，在此对机械制图作进一步的介绍。

机械制图以投影法的基本画法规则分出轴测图、正视图、俯视图、剖视图和断面图。

投影法是机械制图中图样的基本表达，根据所绘制零件在投影法中真实的投影关系来获取图样，反映零件的具体结构。投影法分为中心投影和平行投影，在机械制图中通常不会选择中心投影，而是使用平行投影。

轴测图是利用斜投影获得的具有立体感的图形，直观性强，是常用的一种辅助用图样，一般用于表达物体外形，也可用来表达物体的内部结构，当表现零件的内部结构时，可与剖视图结合使用。

视图是采用正投影获得的平面图形，其包括基本视图、向视图、局部视图和斜视图，主要用于表达零件的外部结构形状。

剖视图，是假想利用剖切平面剖开零件，将处于观察者与剖切平面之间的部分移去，剩下的部分正投影获得的图形，主要用于表现常规不可见的零件内部结构形状。

断面图是假想用剖切平面将零件的某处切断，仅画出该剖切面与零件接触部分的图形。与剖视图相比，断面图仅画出零件被剖切断面的图形，而剖视图则要求画出剖切平面后方所有部分的投影。因此，断面图内容比剖面图更简洁，忽略了与剖切面不相关的背景部分，主要用于表达零件某部分的断面形状，如机件上的肋板、轮辐、键槽、杆件即型材断面等。

二、与说明书附图撰写有关的法律条款

(一)《专利法》涉及说明书附图的相关规定

《专利法》以及《专利法实施细则》都具体涉及对说明书附图的相关规定。其中《专利法》对说明书附图的要求可以视为对其本质上的要求。分别涉及《专利法》第26条第3款、《专利法》第59条第1款、《专利法》第33条。

(二)《专利法实施细则》中涉及说明书附图的相关规定

《专利法实施细则》关于说明书附图的规定可以视为对说明书附图的形式要求,其分别涉及《专利法实施细则》第17条第1款、第5款,《专利法实施细则》第18条,《专利法实施细则》第121条。

三、说明书附图的常见缺陷

下面介绍《专利审查指南》中关于说明书附图绘制的相关规定,并通过一些说明书附图的常见缺陷来说明对说明书附图的绘制要求。

(一) 说明书附图的绘制要求

《专利审查指南》对说明书附图的绘制提出了明确的要求,主要涉及以下内容:

《专利审查指南》第一部分第一章第4.3节,《专利审查指南》第一部分第一章第4.6节,《专利审查指南》第一部分第二章第7.3节,《专利审查指南》第二部分第二章第2.3节,《专利审查指南》第二部分第九章第5.1节涉及计算机程序的发明专利申请的附图绘制要求(具体内容均请详见《专利审查指南》,此处不再赘述)。

(二) 说明书附图的常见缺陷

下面将在申请文件中经常出现的不满足上述绘制要求的附图的形式错误以案例的形式进行了归纳。

1. 使用经过色彩渲染的立体图

【案例 11-03-01】

案例情况介绍

图 11-03-01 为一机床的透视图,从该图中可以看出,申请人使用了用绘图或仿真软件绘制的经过色彩渲染的立体图作为说明书附图。

案例分析

申请人有时为了方便,使用了用绘图或仿真软件绘制的经过色彩渲染的立体图作为说明书附图。由于专利/专利申请的文件均为黑白印刷,在立体图被色彩尤其是深颜色渲染的情况下,经黑白印刷后,其线条及图案均会变得模糊不清,因此这样的附图在形式上不符合《专利审查指南》第一部分第一章第4.3节"说明书附图应当使用包括计算机在内的制图工具和黑色墨水绘制,线条应当均匀清晰、足够深,不得着色和涂改,不得使用工程蓝图"中关于"线条应当均匀清晰"的规定。与此原因类似,在一般情况下,直接使用零件的照片也是不被允许的,《专利审查指南》第一部分第一章第4.3节规定:一般不得使用照片作为附图,但特殊情况下,例如,显示金相结构、

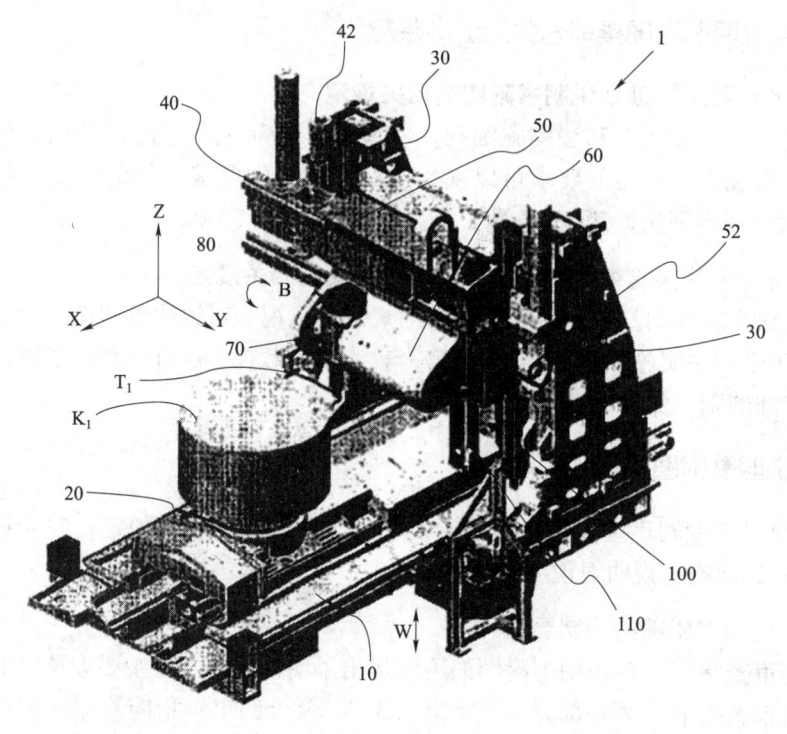

图 11-03-01

组织细胞或者电泳图谱时，可以使用照片贴在图纸上作为附图。

2. 使用带有尺寸线的工程图

【案例 11-03-02】

案例情况介绍

图 11-03-02 为零件图，从该图中可以看出，申请人采用了带有尺寸标注的工程图纸作为说明书附图。

案例分析

一些申请人并不了解工程图纸与说明书附图的异同，往往将带有尺寸线和图框的工程图直接作为说明书附图。这种带有尺寸线的工程图虽然清晰，但说明书附图中一般均存在附图标记，而工程图中的尺寸线以及其上的尺寸数值往往会与附图标记线以及采用阿拉伯数字编号的附图标记相混淆，妨碍对说明书的正确理解，使附图不能起到直观地、形象地辅助表达发明或者实用新型的每个技术特征和整体技术方案的作用。另外，由《专利审查指南》第一部分第一章第4.3节的规定"说明书附图应当使用包括计算机在内的制图工具和黑色墨水绘制，线条应当均匀清晰、足够深，不得着色和涂改，不得使用工程蓝图"可知，说明书附图不得采用工程蓝图，并且为区别工程图纸而明确要求附图周围不得有与图无关的框线、每个附图应当独立编号、附图中不应含有不必要的文字等。由此可见，说明书附图的绘制要求与工程图纸相比存在显著的区别，申请人在绘制附图时应当特别注意，但《专利审查指南》的上述规定并不意味着工程图纸毫无价值、不可利用，申请人完全可以在工程图纸的基础上，根据《专利

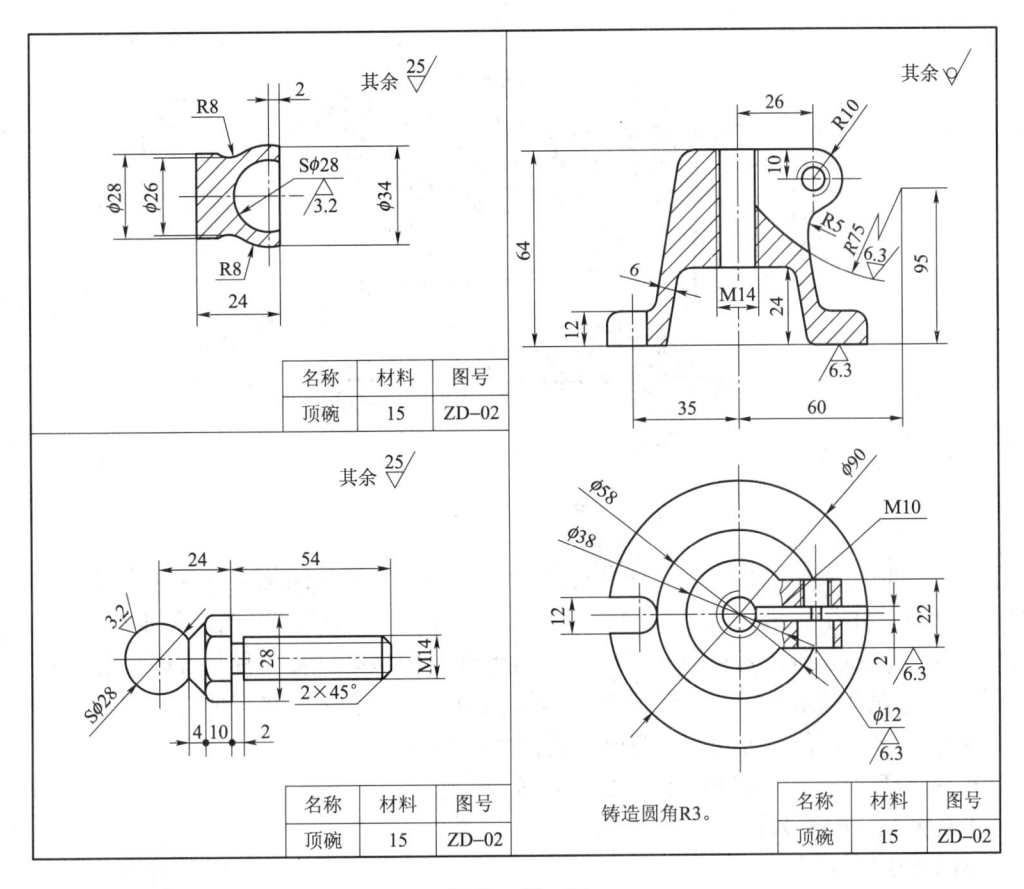

图 11 – 03 – 02

审查指南》的相关要求对其进行改制。

3. 直接将绘图软件绘出的图缩小导致附图标记过小无法看清
【案例 11 – 03 – 03】
案例情况介绍
图 11 – 03 – 03 为某一组件的剖视图，该图是通过直接将绘图软件绘出的图缩小而得到的示意图。

案例分析
《专利审查指南》第一部分第一章第4.3节中同样明确规定：附图的大小及清晰度，应当保证在该图缩小到三分之二时仍能清晰地分辨出图中各个细节，以能够满足复印、扫描的要求为准。

在专利审查的过程当中往往发现一些申请人将用绘图软件绘制的大图直接缩小比例，将缩小比例的图充当说明书附图，这样的图在缩小时往往会导致线条以及附图标记变得模糊不清。另外，在专利/专利申请的公告/公开文本中摘要附图往往需要进一步缩小，会使这样的附图会变得更加模糊不清，从而导致公众在阅读摘要时无法快捷地获知发明创造的基本内容。

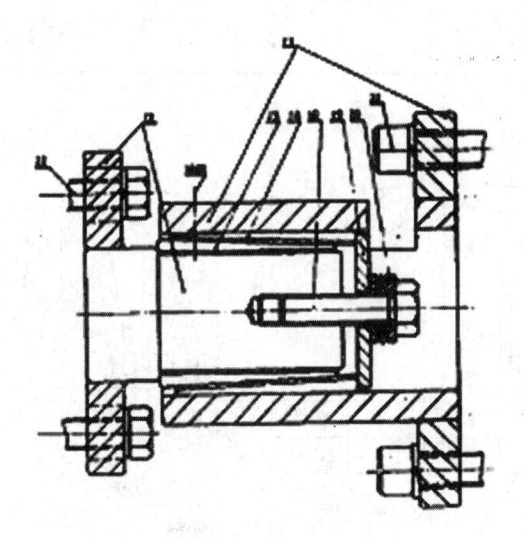

图 11-03-03

此外，申请人在绘制附图时往往存在疑惑，当其发明的结构复杂时，在绘制中线条必然很多，由于受纸张大小所限，绘制出的说明书附图往往出现线条重叠的情况，此时申请人不知如何在充分公开发明的同时保证附图清晰。在这种情况下，建议申请人可以将与现有技术相同的部分或者总体图采用示意图表示，在需要对局部进行描述的时候采用多个局部放大视图来充分表达技术方案的内容。

4. 多幅图采用同一图号而没有顺序编号

【案例 11-03-04】

案例情况介绍

图 11-03-04 为可转位铣刀的主视图和俯视图，从该图中可以看出，可转位铣刀的主视图和俯视图都由图 1 表示。

案例分析

申请人在撰写专利申请文件时有时会将表示同一部件的多幅附图采用同样的图号，例如在本案例的附图中申请人将可转位铣刀的主视图和俯视图用同一个图号（图 1）表示。而《专利审查指南》第一部分第一章第 4.3 节规定"附图总数在两幅以上的，应当使用阿拉伯数字顺序编号，并在编号前冠以'图'字，例如图 1、图 2"。根据上述规定，可以理解，当存在多幅附图时，应当以例如"图 1、图 2、图 3……"的形式使用阿拉伯数字顺序编号；如果申请人想特意强调多个附图为同一部件的不同视图，也可以采用例如"图 1a、图 1b……"的形式表示。

5. 表示同一实施方式的各幅图中，表示同一组成部分的附图标记不一致

【案例 11-03-05】

案例情况介绍

图 11-03-05 为铰刀的透视图，并且图 11-03-06 为铰刀的铰刀基体透视图，其中图 11-03-05 中的附图标记 10 以及图 11-03-06 中的附图标记 11 均表示铰刀基体。

图1

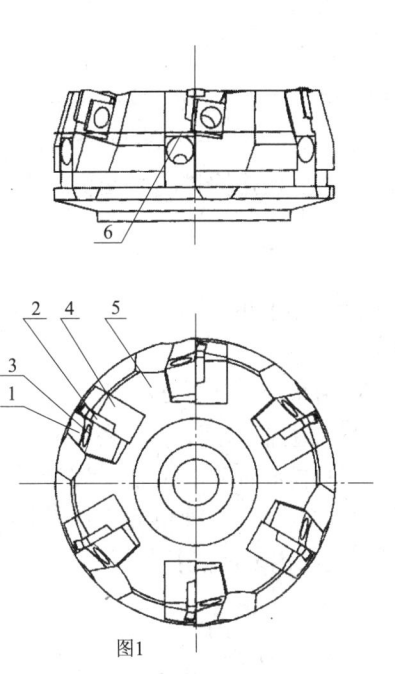

图 11-03-04

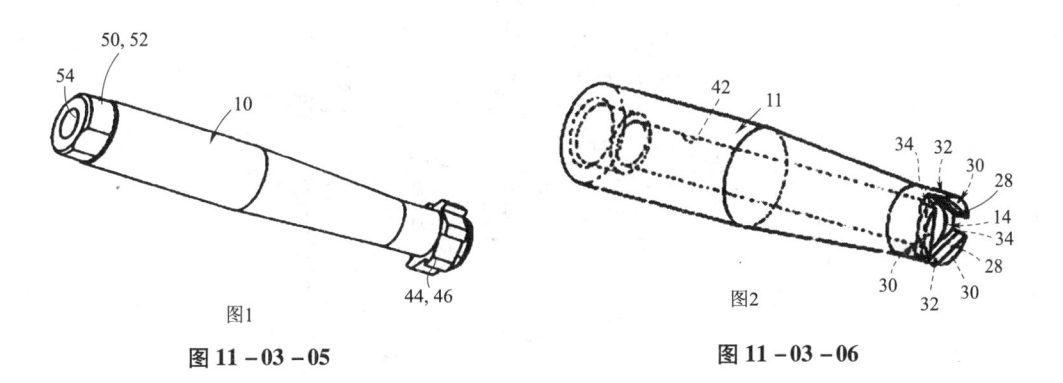

图1

图 11-03-05

图2

图 11-03-06

案例分析

《专利审查指南》第二部分第二章第 2.3 节规定"一件专利申请有多幅附图时,在用于表示同一实施方式的各幅图中,表示同一组成部分(同一技术特征或者同一对象)的附图标记应当一致"。在申请文件中经常会使用多幅附图来描述同一个实施例的技术方案,有时会在多幅图中出现在不同图中同一组成部分的附图标记不一致的情况。在本案中,图 11-03-05 和图 11-03-06 均用来表示同一铰刀的实施例,然而在图 11-03-05 中铰刀基体用附图标记"10"表示,在图 11-03-06 中基体却用附图标记"11"表示,这样的表示明显不符合要求,同时在附图比较复杂、附图标记较多的情况下也不利于所属技术领域的技术人员对技术方案的理解。另外,在不同的实施例中有时为了既能区别于其他实施例,又能表示不同实施例中各部件的对应关系,也可以采用相应的组成部分使用相应的附图标记的方式,例如,就本案例而言,如果该专利申请的说明书中存在多个实施例,那么在第一实施例的附图中铰刀的基体可以用附图标记"110"表示，而在第二实施例的附图中铰刀的基体可以用附图标记"210"表示，以此来表示不同实施例中各部件的对应关系，这样的标示方式有利于公众在阅读说明书时清楚地了解各实施例之间的关联性，从而有助于对技术方案的理解。

6. 在同一实施方式的附图中，使用同样的附图标记表示了不同的组成部分

【案例 11 – 03 – 06】

案例情况介绍

图 11 – 03 – 07 为立柱式加工中心的透视图，其中采用了附图标记 710 同时表示第一主轴和第二主轴两个部件。

在图 11 – 03 – 07 中，500 为加工中心，520 为工作台，530 为滑鞍，540 为立柱，550 为头单元，700 为第一、第二主轴单元，710 表示相应主轴单元上的第一、第二主轴。其中靠近头单元的第一主轴单元的第一主轴上安装有加工工具，该工具可以对工件进行加工，第二主轴单元安装在第一主轴单元上，第二主轴上安装有加工工具，该工具用于加长行程，以便对深孔的内表面进行加工。

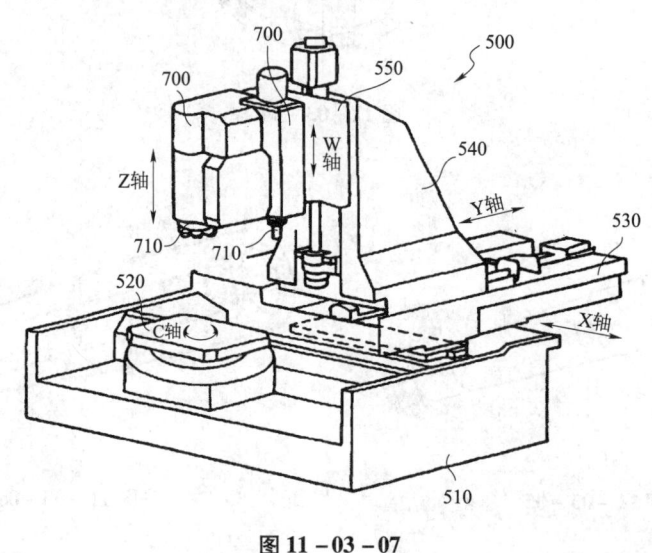

图 11 – 03 – 07

案例分析

《专利审查指南》第二部分第二章第2.3节明确规定"说明书中与附图中使用的相同的附图标记应当表示同一组成部分"。在申请文件中经常会出现一个技术方案中采用多个功能不同的类似部件的情况，如在本案例中附图标记 710 均表示主轴，但这两个主轴实现的功能不同，因此两主轴单元以及两主轴不属于相同的组成部分。因此在不同组成部分采用相同附图标记的情况下，特别是在附图数量较多时，会使阅读者产生困扰，妨碍对技术方案的理解。

7. 附图中的各部件没有以附图标记的形式表示

【案例 11 – 03 – 07】

案例情况介绍

图 11 – 03 – 08 为车床制动装置的主视图，从该图中可以看出，申请人在图中采用

了中文来标注车床制动装置中的一些部件，另外图号采用"附图"来表示。

案例分析

《专利审查指南》第二部分第二章第2.3节规定"附图中除了必需的词语外，不应当含有其他的注释；但对于流程图、框图一类的附图，应当在其框内给出必要的文字或符号"。在并非流程图或框图的情况下，本案例的附图中用文字代替附图标记表示附图中各组成部分的做法明显不符合上述要求。此外，图中的字样"现有技术"也应当理解为不必要的注释，如果申请人想说明某附图表示的技术方案为现有技术，则可以在附图说明中以"图1为……的现有技术的……图"的形式来表示。值得注意的是，上图中"附图"的编号形式同样不符合要求，即使在整个申请文件只有一幅图的情况下也应当采用例如"图1"的形式编号。

8. 流程图框内没有给出必要的文字和符号

【案例 11-03-08】

案例情况介绍

图 11-03-09 为某一方法的流程框图，从该图中可以看出，该流程框图中的步骤框中为空白，没有内容。

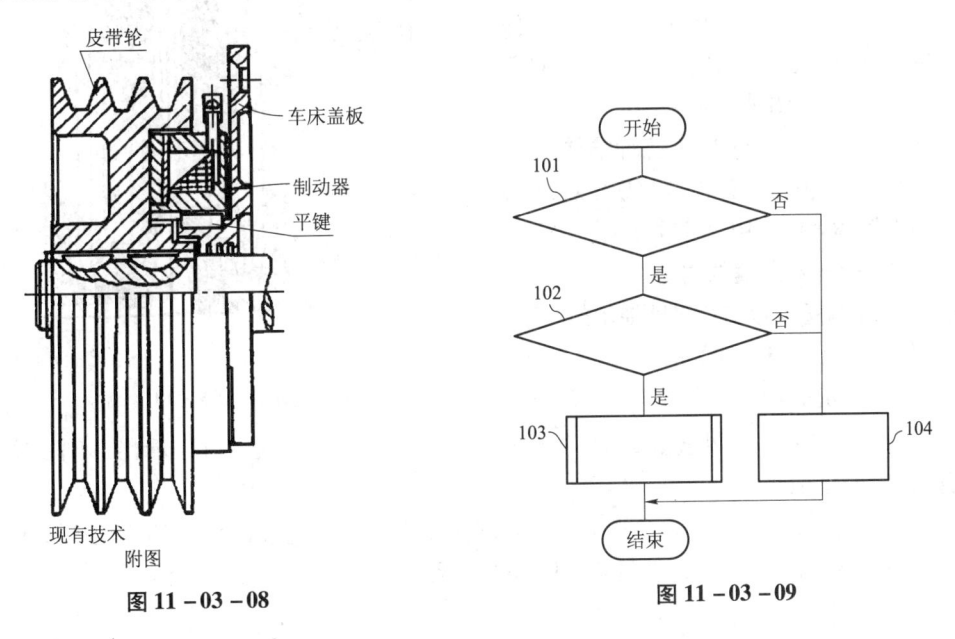

图 11-03-08

图 11-03-09

案例分析

《专利审查指南》第一部分第一章第2.3节规定"流程图、框图应当作为附图，并应当在其框内给出必要的文字和符号"。众所周知，流程图一般用来描述涉及方法的技术方案，流程图与机械结构图不同，流程图中的图形和线条只能表示一种顺序及逻辑判定关系，在没有文字注释的情况下流程图并不能体现技术方案的具体内容，读者只有在结合其中文字的情况下才能对技术方案有概要性的了解，这样附图才能起到对技术方案进行直观表达的作用，因此流程图中的文字应当视为必要的注释，应当在流程图中写清楚。在本案例的流程框图中未注释文字，从而不能清楚了解所要表达的技术内容，导致妨碍对技术方案的理解。

9. 剖面图中的剖面线妨碍附图标记线和主线条的清晰识别

【案例 11-03-09】

案例情况介绍

图 11-03-10 为主轴箱的剖视图。

案例分析

该图中，剖面线过于密集，使某些相邻部件之间的线条难以分清，另外由于剖面线过于密集，某些标引线的标引起点难以分辨，这样的附图明显不符合《专利审查指南》第一部分第一章第4.3节中"剖面图中的剖面线不得妨碍附图标记线和主线条的清楚识别"的规定，因此不能清晰地表现出说明书文字部分记载的技术方案。因而，申请人应当注意，在某一部件结构比较庞大、复杂的情况下，为避免绘图软件绘制的图被缩小后剖面线过于密集的情况发生，申请人可以对结构的总体图采用示意图的形式，在需要对局部进行描述的时候采用多个局部放大视图来充分表达技术方案的内容。

10. 剖视图中没有恰当地使用剖面线

【案例 11-03-10】

案例情况介绍

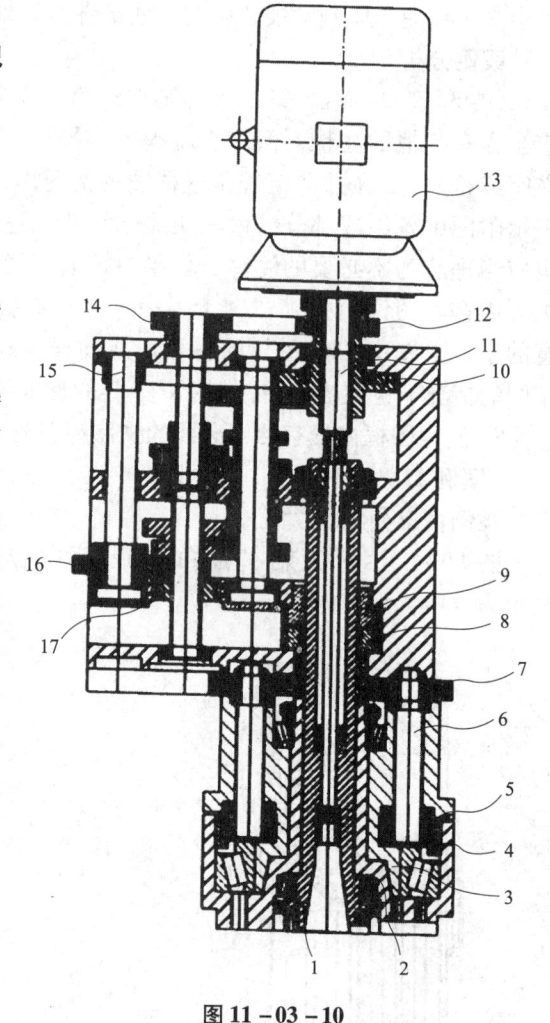

图 11-03-10

图 11-03-11 为小型消声器花键套立铣头的剖视图，从中可以看出，剖视图并未给出相应的剖面线。

图中 1 为输出轴，2 为主轴箱，3 为锥齿轮二，4 为主轴，5 和 10 为轴承，6 为下端盖，7 为锥齿轮一，8 为上端盖，9 为锁紧螺母。

案例分析

由于在该剖视图中没有采用剖面线，因此从图中难以分辨哪些部分是被剖开的实体，哪些是没有被剖到的腔体，以及哪些是一般情况下不用剖开的键和轴。由此可见，当部件较多时，如果不使用剖面线很难准确判断各部件的结构、布置方式、连接关系等，使人不能直观地、形象地理解发明或者实用新型的每个技术特征和整体技术方案。

11. 未使用制图工具的手绘图

【案例 11-03-11】

案例情况介绍

本案例在台锯机的主视图中采用了手绘图的形式，如图 11-03-12 所示：

图中，30 为腿组件，13 为轮，10 为基座组件，15 为铰接点，22 为臂，27 为上部锯片防护罩，23 为锯片，25 为下部锯片防护罩。

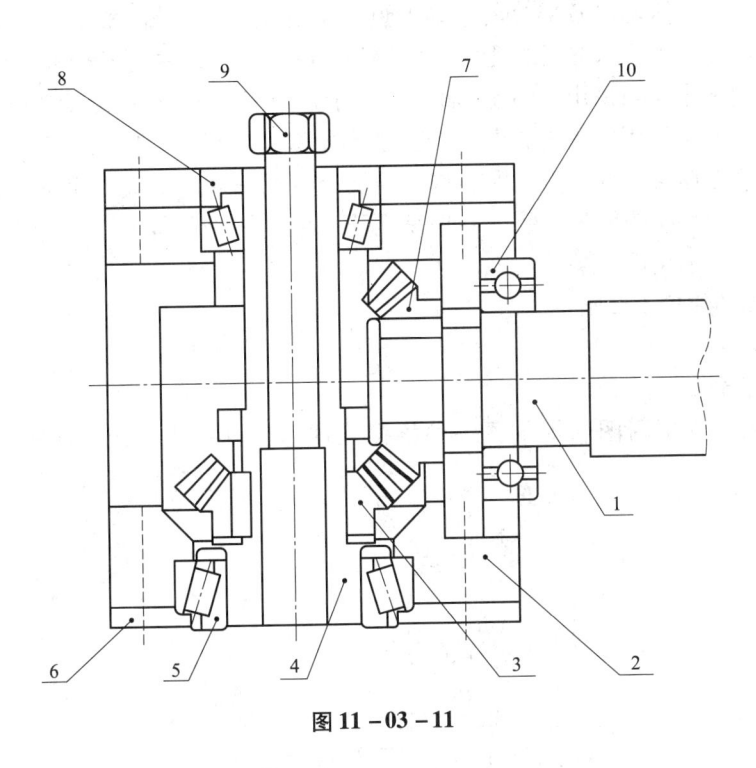

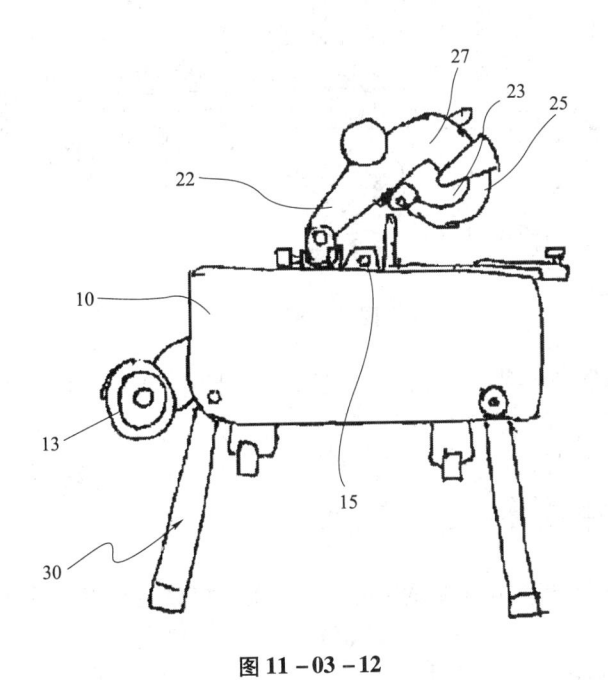

图 11-03-11

图 11-03-12

案例分析

上图涉及一台锯的主视图,可以明显看出该图为未使用绘图工具的手绘图,在该图中不仅未能准确体现出各部分的正确比例,而且线条不均匀,难以辨认其细节,这样的附图显然无助于技术方案的理解。《专利审查指南》第一部分第一章第4.3节明确规定"同一附图中应当采用相同比例绘制",且说明书附图需要满足"线条应当均匀清晰"的要求,而未使用制图工具的手绘图既不能保证各部件之间的比例准确,也不能保证线条的清晰均匀,且说明书附图作为将要公开的发明专利说明书的一部分采用未使用制图工具的手绘图明显不妥。一般情况下,除附图中的标引线可以手绘以外,附图中其他部分均不允许手绘。

12. 附图的线条不清晰

【案例11-03-12】

案例情况介绍

本案例在说明书附图中提供了一种便携式锯切工具的主视图,如图11-03-13所示:

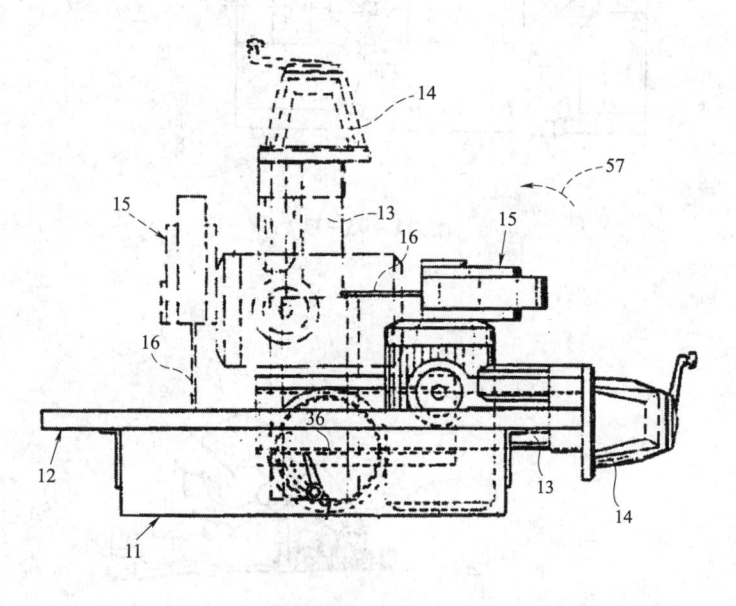

图11-03-13

其中,虚线部分表示锯切单元旋转后的状态,图中11为基座,12为工作表面,13为立柱,14为手柄,15为锯切单元,16为锯片,其中执行锯切的锯切单元15安装在立柱13上,该加工工具可以分别在垂直操作位置和水平操作位置对工件进行锯切,并在两工作位置之间进行转换。

案例分析

图11-03-13试图利用虚线部分表达锯切单元旋转后的状态,但该虚线部分没有满足《专利审查指南》第一部分第一章第4.3节中"线条应当均匀清晰"的要求,这样的附图不能清楚地描述技术方案,并且在缩小三分之二后更不能清晰地分辨出图中

各个细节，明显不符合《专利审查指南》第一部分第一章第4.3节中"附图的大小及清晰度，应当保证在该图缩小到三分之二时仍能清晰地分辨出图中各个细节，以能够满足复印、扫描的要求为准"的规定。

13. 横向布置的附图

【案例 11-03-13】

案例情况介绍

本案例在一个页面同时绘制有机床的透视图和夹持有工件的机床加工区域的细节图，其中机床的透视图横向布置，而夹持有工件的机床加工区域的细节图水平布置，如图 11-03-14 所示。

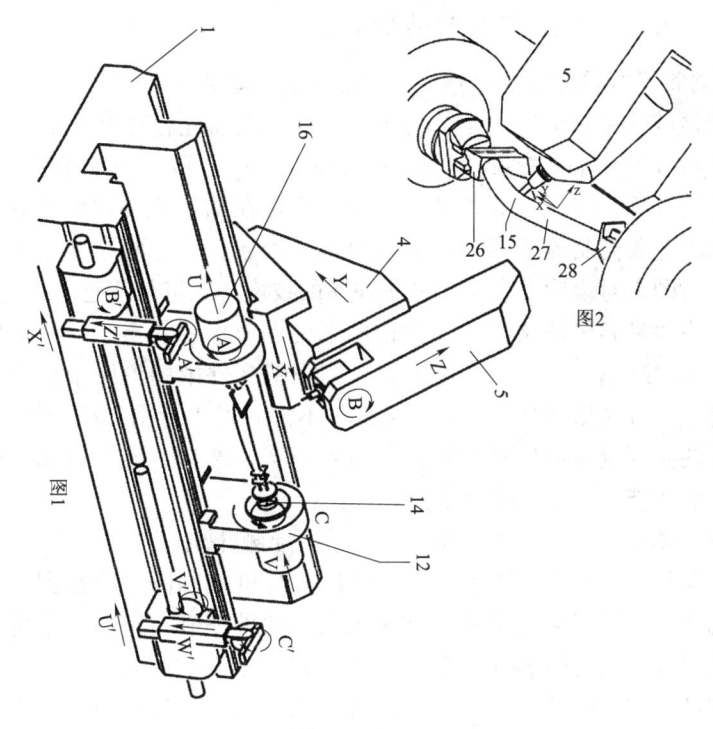

图 11-03-14

图 11-03-14 中，图 1 为机床的透视图，图 2 为夹持有工件的机床加工区域的细节图。

案例分析

《专利审查指南》第一部分第一章第4.3节规定"附图应当尽量竖向绘制在图纸上，彼此明显分开。当零件横向尺寸明显大于竖向尺寸必须水平布置时，应当将附图的顶部置于图纸的左边。一页图纸上有两幅以上的附图，且有一幅已经水平布置时，该页上其他附图也应当水平布置"。而上图中附图的顶端朝向图纸的右边，这明显不符合上述规定。另外，在图 1 已经水平布置的情况下，图 2 仍采取了竖向布置的方式，这同样不符合上述规定。

四、说明书附图的适当表达形式

通过本节前面的描述，申请人已经能够理解说明书附图对专利申请具有非常重要的意义，并且也能够知晓绘制说明书附图时应当注意的事项，但申请人可能仍然会存在一些疑问，如，申请文件在什么情形下适于使用附图？如何从多种附图形式中选择适于本申请的附图的组合形式？怎样绘制附图才能在申请文件中更好地发挥附图的作用？

因此，本部分将从专利申请文件撰写的角度介绍机械领域的发明创造应当如何选择恰当的附图形式表现技术细节，简要地分析了如何以不同的附图形式组合来展示技术方案的细节，并结合实例归纳了在撰写专利申请文件时合理应用附图形式的若干情形，从而为申请人更好地撰写附图提供参考。

（一）针对特定技术方案选择恰当附图形式的基本原则

对于机械领域的专利申请，虽然文字可以准确地描述各种精确的位置关系（如平行、垂直、倾斜等）、角度关系（如成30度夹角等）、形状（如矩形、菱形等）等，并可以表达工艺流程、控制方式等技术方案，但是在描述复杂图形、零件的空间定位关系、复杂的工艺或控制流程等时，文字通常会表述得过于复杂而使人难以理解，因而有必要借助附图来对说明书文字部分所描述的技术方案进行清楚的表达。

申请人在撰写专利申请文件并绘制说明书附图时，容易走入一个误区，认为说明书附图绘制得越细致越好。但是实际上，专利申请文件中的说明书附图并非进行加工制造和测量检验零件质量的技术文件，通常并不需要像工程图那样精确、复杂。因此，在说明书附图的实际撰写中应针对具体的技术方案，选择合理的说明书附图形式，有时简单的附图反而能更好地反映技术方案。

如前所述，撰写专利申请文件时，通常会用到机械制图、流程图、照片、图表等形式的附图。在机械领域中，更常用的附图形式为机械制图、流程图。说明书附图从其表达内容的角度还可以分为零件图和装配图，此外还有布置图和示意图等。上述附图形式在表达内容方面各具特点，零件图重点表达零件的形状、大小；装配图重点表达装置中各零部件间的形状结构、装配连接关系和工作原理；布置图重点表达机械设备在厂房内的位置；示意图用简单的线条和符号来重点表达机械的工作原理，如，机械传动原理的机构运动简图、液体或气体输送线路的管道示意图等。

在实际绘制附图过程中，机械制图中的轴测图、视图、剖视图和断面图均可以单独或组合使用，构成零件图、装配图和布置图等，表达专利申请的技术方案。同时，零件图、装配图、布置图和示意图也可以单独使用或组合使用，表达专利申请的技术方案。

当专利申请的技术方案主要在于提出一种具有特定装配关系的设备或装置时，如果所描述设备或装置的装配关系相对简单、零部件数量相对较少，如规则零部件的装配关系（如规则孔轴的套接关系），则选用一幅剖视图足以表达所有信息。当所描述设备或装置的装配关系相对复杂时，在常规的工程制图中，为了精确表现复杂设备或装置的装配连接关系，通常会采用一组各向剖视图表现装置的工作原理、零部件的结构、零部件之间的装配连接关系和主要零部件的结构形状等；当设备或装置所涉及的零部件众多时，各向视图会非常复杂，从便于理解专利申请的角度考虑，可以选择主视方向的轴测图、半剖轴测图或零件分解图来表达装置装配后的总体情况，再用少量的视图、剖视图或细节放大图来重点表达部分细节。

当专利申请的技术方案主要在于提出一种具有特定形状的零部件时，并不需要非常完整地使用三视图来全面表达零部件的所有细节，而只需要选择可以反映本申请技术方案的主体轮廓的相关附图即可。比如，当专利申请技术方案主要在于挂钩的弯钩形状时，只需选择表现挂钩弯钩形状的主视图或正向轴测视图即可，而无需绘制出工程制图中与之相关的多幅视图表现挂钩的所有技术细节。

当专利申请的技术方案主要在于提出一种特定的区域布置或一种具有特定运行原理的装置或生产线时，可以单独使用布置图或原理图。但是，在专利申请的技术方案中，通常都需要在具体装置结构的基础上介绍其运行的原理。因此，将示意图与零件图、装配图等其他附图形式相结合，既能反映设备的运行原理，又能将对运行原理的解读与对具体零部件结构的表达相结合，使得对说明书文字部分所记载的整个技术方案的表达更清楚、简洁。

（二）撰写专利申请文件时，适用不同附图形式的若干情形

前面仅简单地列举了撰写专利申请文件时选择附图形式的一般原则，在专利申请的实际撰写过程中，上述适用原则可以灵活掌握，以达到帮助理解技术方案、充分公开技术方案的目的。下面，通过案例的形式列举出了在撰写专利申请文件时针对特定技术方案适用不同附图形式的若干常见情形。

1. 在附图中用符号标注来表现机构的运行方向、流体的流动轨迹

在机械领域的装置类申请中，机械结构通常与其运行方式相辅相成。当机械装置各部件的运行方式影响到装置的结构设计时，申请文件不仅要充分公开机械装置的结构，同时也要公开其运行方式。

当运行方式涉及装置运行路线或涉及流体的流动方向时，文字部分也可以对其描述清楚，但需要发明人具有较高的文字概括能力，通常容易表述冗长、复杂，增加了对技术方案的理解难度。此时，可以在视图上使用箭头等方式标注出装置的运行路线或流体的流动方向，从而使得对说明书文字部分记载的技术方案的表达更加简洁且便于理解。

【案例 11－03－14】
案例情况介绍
发明内容：提供一种构造简单的汽车后窗遮阳帘
工作原理：图 11－03－15 为汽车后窗遮阳帘升至中段时的立体图。其中，基座 10 固设于车体上；卷缩式帘幕设备 15 包括固设于基座 10 的滚动条 16，帘幕 17 及导轨 18；传动机构 20 固设于基座 10 上，其输出轴 21 连设一连接板 22；左右杆体 25、26，其前端分别连设于连接板 22 的两端；及左右连杆 30，大概呈 L 型杆体，其弯折处枢设于基座 10 上，其下杆体 31 分别与左右杆体 25、26 的末端连接；其上杆体 32，可滑动地连设于导轨 18；借助上述元件的组合，当启动传动机构 20 时，该连接板 22 向左

（图中示出的 F 方向）转动而带动左右连杆 30 的下杆体 31 而向内（F 方向）转动，使左右连杆的上杆体 32 向左向上（F 方向）转动；造成左右连杆的上杆体 32 推动导轨 18 向上移动，进而拉开帘幕 17 达到遮阳效果。

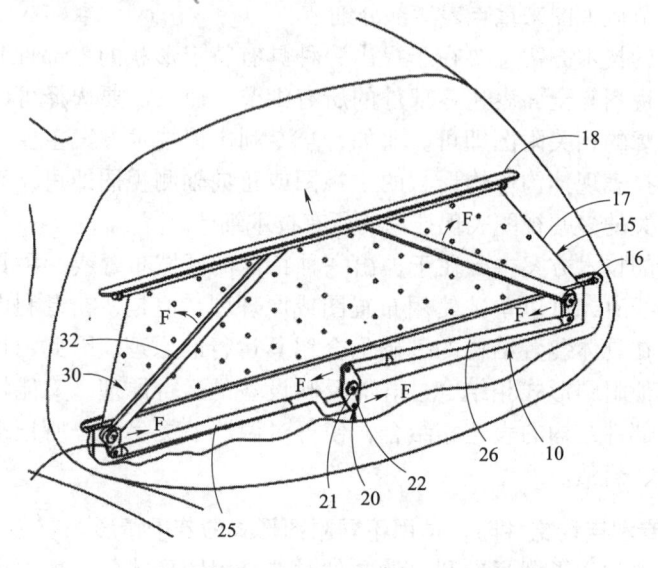

图 11－03－15

案例分析

就本案而言，虽然其请求保护的主题为汽车后窗遮阳帘，但是只有在清楚公开该遮阳帘工作原理（即遮阳帘如何打开）的情况下，才能对该遮阳帘的结构有准确的理解。

根据本案说明书文字部分的记载可知，理解该遮阳帘的重点在于理解其结构和工作原理，而理解其工作原理的重点在于理解"连接板 22"、"下杆体 31"以及"上杆体 32"工作时的运动方向，但仅仅通过对文字记载的阅读后并不能直观的理解这些部件的"向左"、"向内"及"向上"的方向究竟是空间中的哪些方向，遮阳帘究竟是如何升起来的，这需要较强的空间想象力。

在图 11－03－15 中首先用立体图表示了遮阳帘各部件的空间位置关系，使读者对于遮阳帘的大体结构一目了然，同时在图中用指示箭头（F）标示了遮阳帘各部件的运动方向，从而根据图 11－03－15 我们可以清楚地确定上述"向左"、"向内"及"向上"的具体指向，由此快速准确地了解该遮阳帘的工作原理，从而易于理解本发明的技术方案。

因此，在本案中，利用立体图表示了遮阳帘的具体结构，并利用箭头标注了各部件的运动方向，通过上述立体图与箭头标注的结合，使得阅读者能够在很短的时间内理解本发明的技术方案。

【案例 11－03－15】
案例情况介绍

发明内容：提供一种利用太阳能驱动的被动式逆向换气系统，利用太阳能加热空气，推动对流换气装置，将室外新鲜空气吸入室内，供生活空间利用。

工作原理：图 11-03-16 为利用太阳能驱动的被动式逆向换气系统原理示意图。住宅 1 屋顶上的太阳能换气系统，在屋顶向阳面设置太阳能空气加热装置 2，被加热的空气因对流作用力上升，进入对流驱动逆向换气装置 20，通过对流驱动逆向换气装置 20 的排气管道 10，将热空气向上排出（图中箭头标识方向），推动排气管道 10 中的叶轮 21，同时空气由太阳能加热装置进气口 11 补入，因热空气对流上升被推动的叶轮 21，带动传动机构 24 驱动进气风扇 23，进气风扇 23 将外界空气由进气管道 30 的进气口 31，向下吸入（图中箭头标识方向）住宅 1 室内。

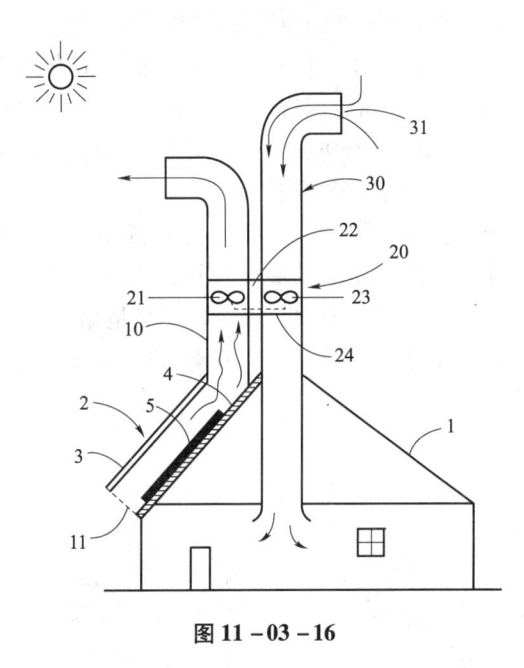

图 11-03-16

案例分析

本案涉及一种利用太阳能驱动的换气系统，其目的是将室外新鲜空气吸入室内达到利用自然对流降温的目的。为此，要想了解该太阳能驱动的换气系统就必须了解其如何实现空气的交换。

本案利用示意图简化表示了换气系统的结构，并利用箭头标注了气流的流动方向，从而能够使阅读者很清楚地了解该系统是利用被加热升腾的空气推动叶轮转动并带动进气风扇将空气吸入从而将新鲜空气引入室内。

本案利用带有箭头标注的示意图的形式，避免了系统中具体部件对理解技术方案产生的干扰，使整个图面简洁、清晰，箭头标注清楚的示出了气体流动方向，使读者可以在分析文字内容的基础上直观地对技术方案进行了解。

2. 以分解图来表现具有装配关系的装置

对于那些由多部件组装而成的装置或那些在使用时需要与其他部件配合使用的装置来说，其组装关系或其使用状态下的配合关系的文字描述一般较为复杂、晦涩，此时需要利用附图来帮助理解。一般的视图，如主视图或俯视图等虽然能描述装置的外部结构，但无法体现内部各零件的结构及其组装方式，剖视图虽然能够体现零件的装配关系，但由于平面图的局限性，其并不能体现出任何与空间位置及形状有关的特征，因此不利于对技术方案的理解，而分解图不但能够体现出各部件的结构特征，而且能够体现出各部件之间的装配关系，使得对说明书文字部分记载的技术方案的表达更加简洁、清晰。

【案例 11-03-16】
案例情况介绍

发明内容：提供一种可方便组装的车牌防拆装置。

工作原理：图 11-03-17 为车牌防拆装置的剖视图，图 11-03-18 为车牌防拆装置的分解图。该螺钉 4 穿设车牌 5 于车体 6 上，并且于穿入车体 6 内侧的螺柱 403 上套设有已结合成一体的防拆套筒 10 和防拆螺帽 20，再以扳手扳转防拆螺帽 20，由于防拆套筒 10 上的两肋片 13 是分别抵靠于防拆螺帽 20 的卡槽 24 上的深卡部 240 处的截断面 242 上，因此，该防拆套筒 10 是与防拆螺帽 20 一起旋转并螺合于螺钉 4 的螺柱 403 上，待旋紧该防拆套筒 10 与该防拆螺帽 20 后，再继续施力扳转该防拆螺帽 20 以使防拆套筒 10 的两肋片 13 受该截断面 242 的剪力作用而截断，即令防拆螺帽 20 与防拆套筒 10 相对形成空转，且该防拆套筒 10 的头部 12 厚度是略小于防拆螺帽 20 的凹部 21 深度，因此，无法利用简单的手工具将该防拆螺帽 20 与该防拆套筒 10 拆除，而可以达到防拆的功能与目的。

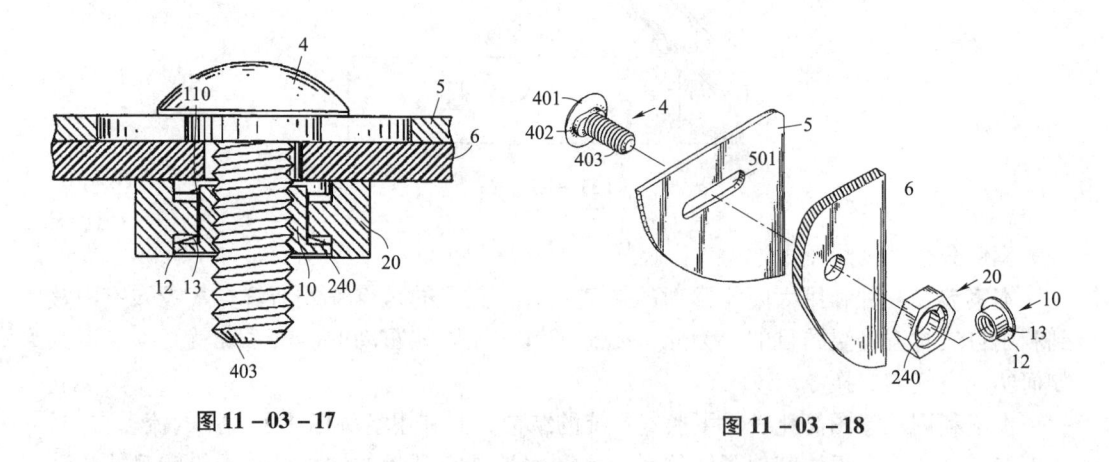

图 11-03-17

图 11-03-18

案例分析

本案涉及一种车牌的防拆装置，因此理解该技术方案的关键在于理解如何实现防拆。而根据说明书文字部分的描述，我们可以看出该防拆装置的防拆效果实际上是通过防拆螺帽 20 上的"深卡槽 240"与防拆套筒 10 的两个"肋片 13"达到的，因此只有在了解了"深卡槽 240"与"肋片 13"的结构和设置位置之后，才能对说明书文字部分记载的技术方案进行准确的理解。

图 11-03-17 为防拆装置工作状态的剖视图，在图中虽然体现了各部件之间的装配关系，但未能体现出关于"深卡槽 240"与"肋片 13"的位置关系等一些细节。

而图 11-03-18 为车牌防拆装置的分解图,从该图可以明确地看出各部件之间是沿轴线方向组装在一起的,并清楚地示出了"深卡槽 240"与"肋片 13"的形状与位置关系,从而使人很容易理解"肋片 13"在使用时插入"深卡槽 240"中,通过旋转防拆螺帽 20 使"深卡槽 240"的边缘折断"肋片 13"并与防拆套筒 10 脱离,从而在试图拆卸螺钉时由于通过旋转螺帽 20 不能带动套筒 10 旋转而达到防拆的效果。

在本案中,使用了剖视图与分解图相结合的表达方式。众所周知,剖视图的优势在于可以精确地表示装置内部某一截面内的各部件之间的装配、位置关系,但缺乏立体感同时不能完整体现各部件的形状及各部件的空间位置关系。而分解图的优势在于能够利用一条或多条定位轴线,确定各个部件在装置中的大致空间位置关系,并能够利用空间立体视角表现出各部件的大致形状和轮廓,但其并不能体现出各部件相对的装配关系。因此,二者的结合弥补了各自的缺点,能够对具有组装结构的装置进行简洁、清晰的表达。

3. 以视图来辅助表现通过文字描述难以理解的形状特征

在机械领域,特别是涉及机械装置时,对于每个机械装置,为了适应不同的使用状况以及适合其加工工艺和/或美学要求,人们会设计出各种各样形状的零部件。对于一些形状简单、规则的零部件来说,阅读者通过阅读关于该零部件形状的文字描述就可以清楚地了解其具体形状;但是也有一部分零部件的形状复杂,其形状虽然能够用文字进行描述,但阅读者仅通过文字描述难以在脑海中清楚地呈现出其具体形状。正如前所述,视图是以临摹的方式逼近事物的形状本身,因此视图更能表现装置类申请的形状特征。

【案例 11-03-17】

案例情况介绍

本案涉及一种用于线材生产断丝自停及自复位装置中的异形摆动块。其中,图 11-03-19 为异形摆动撞块的简化视图,异形摆动块的形状描述如下:异形摆动撞块右侧为由两角边 AB 和 AE 构成 α 角,α 为 105 度,撞块上部为等腰直角三角形 △ACB,AB 为斜边,BC、AC 为直角边,直角边 AC 的中点 O 安装转动轴 14,在 AC 下方设有缺口,缺口顶点 D 在 O 点正下方 AC 的二分之一,并使异形摆动撞块的重心落在缺口顶点 D 附近,在 α 角另一角边取点 E,在 AD 延长线方向或延长线两侧附近取点 F,用直线或弧线连 EF、DF、DC,使 AEFDA 围成面积加 ADC 围成面积大于等腰直角三角形 △ACB 面积。

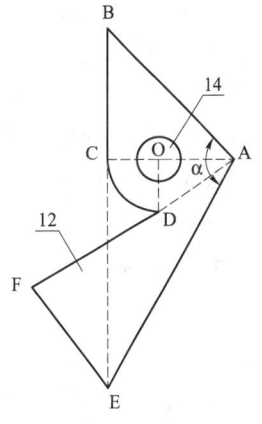

图 11-03-19

案例分析

本案在对异形摆动撞块的形状进行表达时,使用了抽象几何形状与文字相结合的描述方式。但是,上述对于异形摆动撞块形状用文字描述相当复杂,而异形摆动撞块又是发明的要点,仅靠文字描述表述,会对本发明的技术方案的理解产生困难。

图 11-03-19 为采用了简化画法的视图形式，图中仅绘制出了异形摆动撞块的总体轮廓而忽略其他技术细节。参照附图再次理解异形摆动撞块的相关描述，上述描述中的异形摆动撞块的形状就一目了然了。

4. 以一组附图表现装置不同阶段的工作状态

在机械领域中，部分技术方案所涉及的装置在实施过程中，相同部件在不同工作阶段会处于不同状态。所述状态的变化，有可能构成该技术方案的关键要素。在这种情况下，申请文件应当对这些部件的运动状况以及与运动状况相关的设计都介绍清楚。当仅使用文字描述上述部件的运动或位置变换过程时，文字描述会比较复杂并且不直观，理解较为困难。通过记录装置在不同工作阶段状态的一组附图，可以直观地了解该装置在实施过程中各部件在不同阶段的状态。对于不同技术方案，上述附图组可以采用不同的附图形式；但是对于描述相同技术方案的不同阶段的一组附图最好采用相同视角下的相同附图形式，以达到直观对比的效果。

【案例 11-03-18】

案例情况介绍

发明内容：提供一种一次攻钉的螺丝钉，其用于固定板状件，主要涉及一次攻钉螺丝钉的塑料本体在扩孔时能保持与迫紧螺钉的咬合关系并防止塑料本体在攻钉过程中松退。

工作原理：图 11-03-20 为一次攻钉的螺丝钉的分解图；图 11-03-21 为该螺丝钉在钻孔状态下的示意图；图 11-03-22 为该螺丝钉在锁入状态下的示意图；图 11-03-23 为该螺丝钉变形膨胀状态的示意图。在工作时，利用电动工具 1 驱动迫紧螺丝钉 20 转动，由钻头 30 在板材或墙壁 40 的预定位置处钻设一孔 41，同时带动本体 10 转动。接着本体 10 的螺纹部 12 被锁入孔 41 中，在本体 10 的扩大挡缘 11 碰到孔 41 时，本体 10 即无法再继续锁入，同时本体 10 的阻挡部 17 刚好碰到迫紧螺丝 20，阻止本体 10 松退。此时本体 10 即固定不动，迫紧螺丝 20 的外螺牙 21 仍然继续螺入咬合于本体 10 头部内圆周表面上的环状咬合部 15，此时本体 10 的变形部 13 因为受到来自迫紧螺丝 20 的拉回力量而膨胀变形，造成槽孔 14 膨胀扩张，从而将物件 3 紧密固定于板材或墙壁 40 上。

案例分析

本案利用塑料本体变形部随攻入螺丝钉的旋转而膨胀从而将板状件固定，因此如何使本体变形部分变形膨胀是该技术方案的关键所在。上述附图中首先利用分解图表现了该一次攻入螺钉未使用时的状态（即表现本技术方案的结构特征），紧接着截取了三种不同工作状态的静态画面并配以运动方向的标注，形象地描述了本体部分的膨胀原理及膨胀过程，使得阅读者在看到这一系列连贯的附图后很容易在大脑中形成一种类似动画的动态印象，从而使本体的膨胀复杂运动变化过程简单化了，直观地表现了说明书文字部分记载的该技术方案。

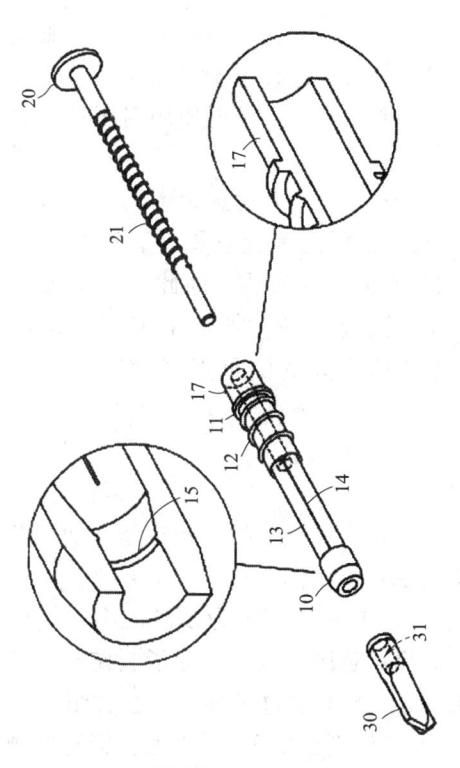

图 11-03-20

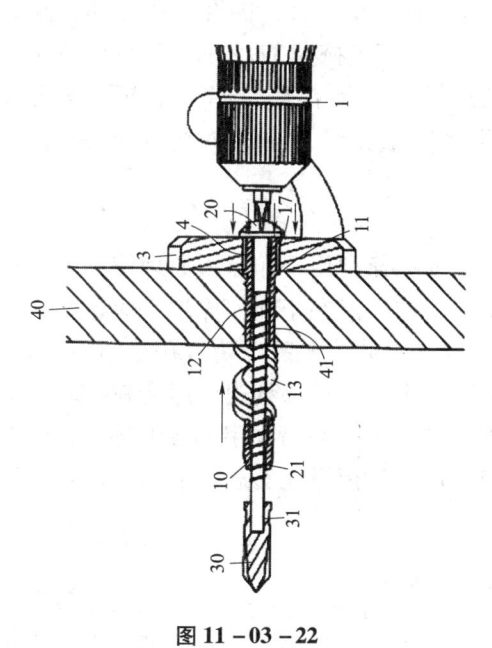

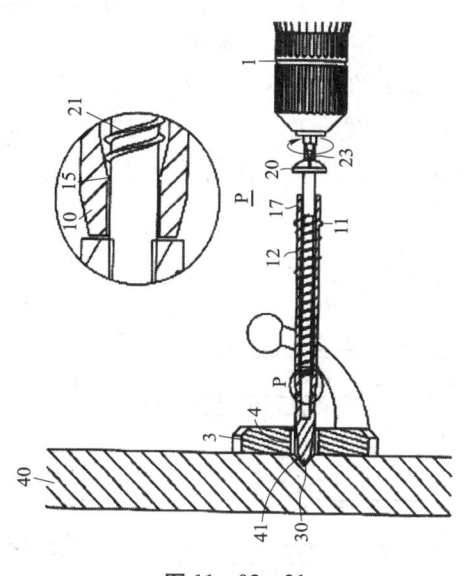

图 11-03-21

图 11-03-22

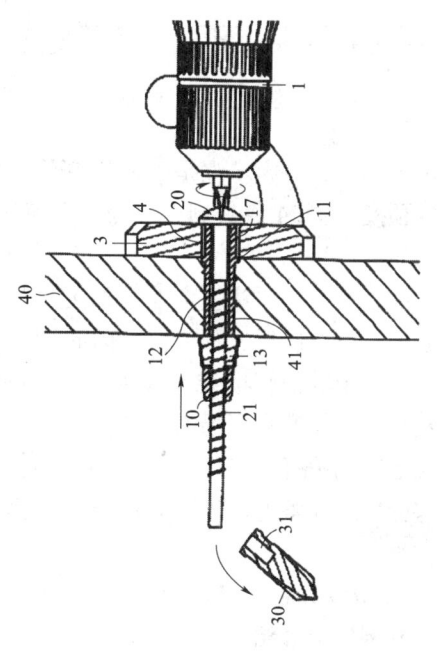

图 11-03-23

5. 用附图表现涉及工序或步骤的技术方案

在机械领域，用文字描述机械加工过程通常需要较高的文字概括能力，否则其描述的过程不仅容易失真，而且容易遗漏部分细节；当加工过程过于复杂时，整个加工过程中各个环节的复杂关系在文字描述中也不易体现。此时，可以使用附图补充表示这些机械加工步骤。

附图不仅可以为图形，也可以为流程图（也叫框图）。当附图为图形时，可以图载物，用图形表现机械加工过程中的各环节状况；当附图为流程图时，以各个节点表示加工的各个环节，以流程线表现各个环节之间的先后关系。因此，当附图为图形时，是对加工状况的直接记载；当附图为流程图时，是对加工工艺的整体概括或总结。但是，无论附图为何种形式，均是为了从不同的侧重点来辅助表达技术方案。

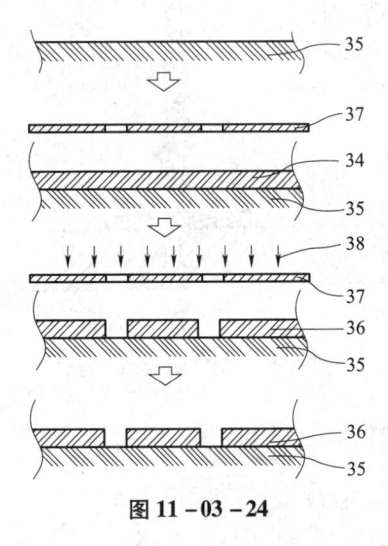

【案例 11-03-19】
案例情况介绍

发明内容：本发明提供一种模制成型方法，其用平印显影方法在基材上制作预模仁。

工作原理：图 11-03-24 为模制成型方法中平印显影方法的流程示意图。其中，为了制作出一预模仁 36，需要在基材 35 上通过半导体方法先形成一预模仁层 34；其中，预模仁层 34 需要为感旋光性物质所构成；提供一光掩模 37，并将光掩模 37 置于预模仁层 34 上方，其光掩模 37 的图样是与所欲形成的预模仁 36 的图样相同；接下来，提供一光线 38，照射在光掩模 37 上，由于光掩模 37 上的图样可以使光线部分穿过，进而照射在预模仁层 34 上；接下来进行显影步骤，此显影步骤是以显影剂将预模仁层 34 上被光线 38 照射过的部分去除，如此，预模仁层 34 将被制作成为一预模仁 36。

图 11-03-24

案例分析

由于本案的关注重点在于加工过程的步骤，即如何利用平印显影原理使感光材料制成的预模仁层形成预模仁，因此理解该技术方案的重点在于如何体现平面显影原理而并非在于其他辅助装置及所用材料的整体状况。因此，本案申请人在绘制附图时，去繁留简，仅截取了局部视图，同时，将不同加工阶段的局部剖视图组合在一起，在直观上形成了每个步骤间的鲜明对照，这样的附图作为说明书文字部分的补充，与文字部分一起完整地体现了方法技术方案的时空顺序，使读者能够思路清晰地理解该加工过程。

【案例 11-03-20】
案例情况介绍

发明内容：提供一种刀具选择动作控制方法，可在任意的刀具安装部上安装回转刀具的转塔刀架中，能够依照转台上所安装的刀具的种类或借助于回转刀具的切削工序后的二次加工工序的有无等，使转台的刀具选择动作最佳化，因而，就能够避免加工程序的复杂化而减轻操作者的负担，同时还能够尽可能地防止循环时间的无用增加。

工作原理：图11-03-25为刀具选择动作控制方法的流程图。其中，首先判断在转台上所安装的各种刀具中是否包含有回转刀具（步骤101），在包含的情况下，选择是否对转台上所安装的回转刀具的回转运动的相位进行调整，以使每当回转刀具被配置于分度位置就成为同一相位（步骤102）。在进行回转刀具的回转运动的调相的情况下，执行转台的旋转分度运动向同一旋转方向的累积成为不足一次回转的"不足一次回转控制"（步骤103）。在安装刀具中未包含回转刀具的情况以及虽然包含有回转刀具，但是不进行回转运动的调相的情况下，则执行转台的各个旋转分度运动在任一旋转方向上都成为半次回转以下的"抄近回转控制"（步骤104）。

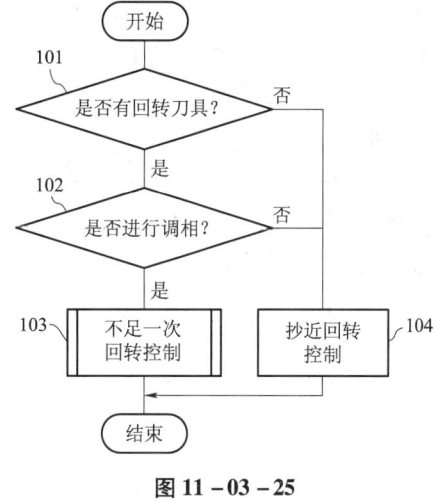

图11-03-25

案例分析

众所周知，在流程图中不同的形状代表了不同的含义，例如 ◇ 代表决策，▭ 代表过程，▭ 代表预定义过程；此外，流程图中的线条和箭头将这些图形联系起来就形成了完整的一个逻辑判断的过程，此时只需在相应的形状中填充与本发明技术方案相关的关键控制环节的文字描述即可对控制方法的各步骤进行清楚、完整地体现。

随着现代科技的发展，机械领域的技术方案中常常向本案这样融入了控制方法，在面对需要对控制方法进行表达时，将流程图这种图形作为辅助表达与文字结合的方式，不失为一种很好的表达方法技术方案尤其是控制方法技术方案的方式。

6. 多层结构物体的示意方式

在机械领域的技术方案中常常存在一些层状结构，例如片材、叠层织物等，当申请人需要对多层结构用附图进行描述时往往不易清楚表达，这是因为，如果使用一般的视图，例如剖面图的情况下，层状结构会被表现为一组密集的平行线，这些平行线往往会对阅读者的视觉造成干扰，使得阅读者并不能清楚地了解层与层之间的联系与区别。此时不妨采用立体图的方式，将层状结构揭开表达，这样既能看清每一层的细节，又能了解其组合在一起的整体情况。

【案例11-03-21】
案例情况介绍
发明内容：提供一种轻型船用高强度充气垫，该高强度充气垫具有高韧性。
技术方案：图11-03-26为轻型高强度充气垫的局部立体图。该轻型船的高强度充气垫包括有上表面20、下表面30、第一侧表面40、第二侧表面、气阀以及多个拉紧片70。高强度充气垫10的上表面20及下表面30各自包括两PVC混合物材质层21，

31以及纤维层22，32，其中纤维层22，32设于两PVC混合物的材质层21，31中间，这样的材质组成可使得与先前使用橡胶或塑料材质相比更具有韧性，并可改善用户与轻型船的高强度充气垫10接触的舒适度。其中纤维层22，32的材料例如可采用合成长纤维，使得本发明的轻型船的高强度充气垫10的韧性更佳。第一侧表面40与第二侧表面的材质包括PVC的成分，且使得上表面20、下表面30、第一侧表面40以及第二侧表面可形成一气体容纳室90。另外上下表面20，30与侧表面40，50连接方式最好为上下相叠的搭接方式95。用于充气或排气的气阀设于第一侧表面40上。另外，气体容纳室90内设有多个平行排列的拉紧片70，拉紧片70的功能是将上表面20和下表面30连接且造成平坦的效果。拉紧片70的材质包括PVC成分，且其中每一拉紧片70包括有一上端71及一下端72，拉紧片的上端71与拉紧片的下端72以热融方式与上表面20和下表面30连接。第一侧表面40、第二侧表面以及多个拉紧片70的材质由未经强化的软质PVC片状材料所构成。

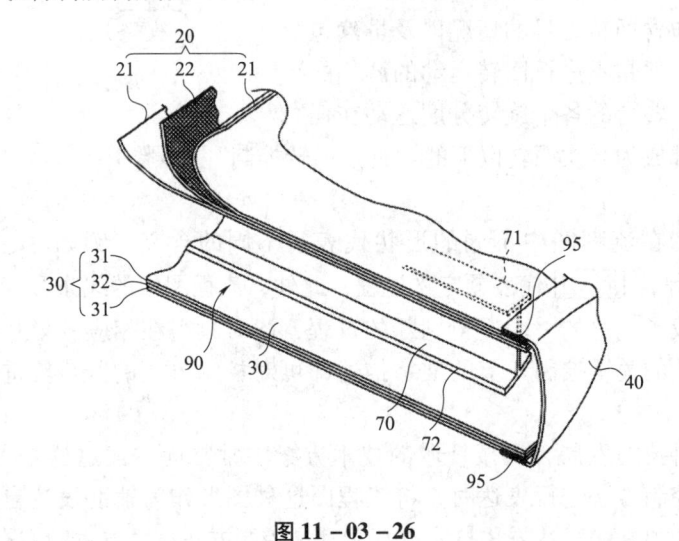

图 11-03-26

案例分析

通过阅读上述文字可知，充气垫的技术方案涉及层状材料的结构与材质、不同侧面之间的搭接方式以及上下表面之间的拉紧结构，虽然用一幅立体图可以同时表达出上下表面、搭接方式以及拉紧结构的特征，但唯独层状材料的结构不易于表达，这是因为立体图中大幅片层状材料的侧面其层状结构仅仅能够用线条表示，而且层与层之间的线条间距很小难以分辨，在本案的附图中，申请人用揭开的方式对层状结构进行描述，使得整幅图既能体现充气垫的整体结构，同时也能清楚地表达层状结构的细节特征，因此值得推荐。

7. 用半剖视图或局部剖视图来体现技术方案的细节

机械领域中的一些关于结构的技术方案往往涉及局部结构或者内部结构的改进，而这些改进往往与其外部结构有着一定的联系，此时可以利用半剖视图或局部剖视图进行表达，这样一方面可以看到该结构的外部特征，另一方面可以看到结构的内部特征，这样通过内外部特征对比的方式，使得在利用附图对这样的技术方案进行辅助表达时，既节省了附图的数量，又能够对这样的技术方案进行更直观的表现。

【案例 11 - 03 - 22】

案例情况介绍

发明内容：提供一种隔热效果好、成本低，可以在现有的套杯机上生产的带瓦楞隔热外套的纸杯。

技术方案：图 11 - 03 - 27 为带瓦楞隔热外套的纸杯的结构示意图。该种带瓦楞隔热外套的纸杯，由套接在一起的内杯 1 和外套 2 组成，内杯 1 为普通的一次性单层纸杯，所述外套 2 由单层纸张卷制而成，纸张的表面压制有瓦楞纹，同时在瓦楞纹的中间位置留有两个圆形区域 3 没有压纹，即保留的平面区域，该两个圆形区域 3 与现有的套杯机的吸嘴大小和位置相匹配，这样该种单层纸杯外套在卷成桶状前就可以利用现有的套杯机的吸嘴进行吸附和传送，从而实现单层外套纸杯的自动化生产。

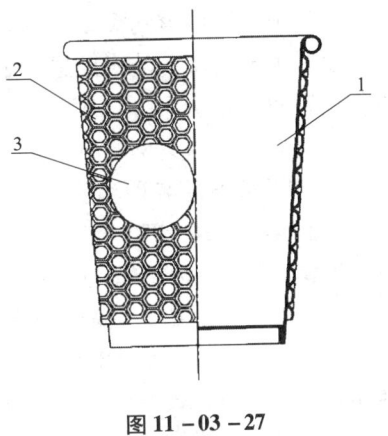

图 11 - 03 - 27

案例分析

从以上文字描述可以看出，本技术方案的要点在于：（1）隔热瓦楞层，（2）瓦楞层上具有平表面部分，从而使得现有的套杯机可以对其吸附。并且，根据上述发明点可知，要实现隔热必然存在与内杯形成分隔的空间结构（即内杯与外套之间的结构）；为使套杯机对其吸附，其外套 2 上必然存在供套杯机吸附的平表面（即纸杯的外部结构）。也就是说，要理解该技术方案必然要了解其内、外部的结构。为此，本案采用了半剖视图的表示方式，一侧表现其瓦楞纹的形状和其上的平表面部，另一侧剖开显示了内杯和外套之间的空间结构，使得所有的技术要点体现在一张附图上，既使得在理解说明书文字部分记载的技术方案时有直观的参照，又节省了附图的数量。

第四节 说明书摘要的作用和常见缺陷

一、说明书摘要的作用

《专利法》第 26 条第 1 款规定：申请发明或者实用新型专利的，应当提交请求书、说明书及其摘要和权利要求书等文件。因而说明书摘要是专利申请文件的一个组成部分，在申请发明或者实用新型专利时应当提交说明书摘要。

说明书摘要是我国唯一的印刷型专利文献《中国专利公报》所提供的重要内容。说明书摘要是说明书记载内容的概述，其能使公众通过阅读摘要中简练的文字概述即可快捷地了解发明所涉及的内容。

此外，说明书摘要还是重要的专利信息检索的依据，对于专利信息检索非常重要。检索过程中审查员或者公众一般都要先阅读专利文献的摘要，根据其内容来确定是否需要进一步查阅全文。由此可见，说明书摘要具有很强的情报信息作用。

二、说明书摘要的常见缺陷

（一）说明书摘要不符合《专利法实施细则》第 23 条的规定的情形

《专利法实施细则》第 23 条第 1 款规定，说明书摘要应当写明发明或者实用新型专利申请所公开内容的概要，即写明发明或者实用新型的名称和所属技术领域，并清楚地反映所要解决的技术问题、解决该问题的技术方案的要点以及主要用途。《专利审查指南》第一部分第一章第 4.5.1 节和第二部分第二章第 2.4 节对上述规定也作了进一步细化。下面以案例的方式来例举说明书摘要的常见缺陷。

1. 未写明发明名称和所属技术领域

【案例 11-04-01】

某案，请求保护一种驻车制动装置，申请日提交的说明书摘要内容如下：

本发明的目的在于，提供一种驻车制动装置，当驾驶员操作该驻车制动装置用的操作杆时，无需大幅度身体前倾就能进行操作，并切实地防止误操作。该驻车制动装置用的操作机构（64）设在右侧主管（21）的燃料箱盖（9）的下方位置上，从覆盖该部分的前整流罩的侧面下端部（7b）露出一部分操作杆（66），而使操作杆（66）面对前整流罩。由于操作杆（66）位于车座（10）的前端部附近的位置，所以操作容易，从而提高了操作性，并通过前整流罩（7）覆盖操作杆（66）来防止不注意的接触。

案例分析

该说明书摘要虽然说明了该专利申请的目的及部分技术要点，但未介绍发明的名称和所属的技术领域，不符合《专利法实施细则》第 23 条第 1 款的规定。

2. 未清楚地反映技术方案的要点

【案例 11-04-02】

某案请求保护一种护罩，申请日提交的摘要内容如下：

一种护罩用在播种机的排种器中，更换方便，延长了排种器的使用寿命，而且变换种轮简便，不产生漏种和错播。

案例分析

该说明书摘要只写明了该专利申请的技术效果，却缺少对技术方案的介绍，不符合《专利法实施细则》第 23 条第 1 款的规定。作为情报信息来说，社会公众通过上述摘要无法了解该排种器的主要技术要点。

3. 使用了商业性宣传用语

【案例 11-04-03】

某案，请求保护一种机动犁，申请日提交的摘要内容如下：

一种完美机动犁，它是在车架的上方装有发动机，车架侧面的操作人员通过操作装置控制发动机旁的变速传动装置，将发动机的动力传递给车架下方的驱动装置，驱动车架前后的犁运动，同时带动完美机动犁的侧构件，通过操作装置的操控使完美犁不用180度调头，往复耕田犁地。

案例分析

该说明书摘要中多次出现的用语"完美"属于商业宣传用语，不符合《专利法实施细则》第23条第2款的规定（参见《专利审查指南》第二部分第二章第2.4节）。

4. 说明书摘要中使用了标题

【案例11-04-04】

某案，请求保护一种精量播种机，申请日提交的摘要如下：

本发明公开了一种播种机，特别是一种能够解决工厂化育苗中精量播种的育苗精量播种机，包括机架（12）、种子箱（4）、传动机构（2）、和行走轮（9），在机架上设有浮动架（11），浮动架与机架之间设有浮动架调节机构，浮动架上设有排种器（3），排种器设有排种嘴和排种嘴开启压轮（8），其前方设有开沟器（10），传动机构设有变速机构（1）。与现有技术相比，本发明能够只使用一种排种株距的排种器即能实现高密度排种布种，并且在不更换排种器的情况下布种株距可任意调整，而且播种效率高、质量好，适合于各种高密度排种布种作业，尤其适合于在大棚或田间育苗中播种的排种布种作业。

案例分析

《专利法实施细则》第23条第1款规定："说明书摘要应当写明发明或者实用新型专利申请所公开内容的概要，即写明发明或者实用新型的名称和所属技术领域，并清楚地反映所要解决的技术问题、解决该问题的技术方案的要点以及主要用途。"该条款所要求的摘要中应写明发明或实用新型的名称是指，在摘要的内容中应包括发明或实用新型的名称部分，该名称部分作为所公开内容概要的一部分，而不是指在摘要中应单独列出发明或实用新型的名称部分。该说明书摘要中单独列出了发明名称（即标题），而其不属于摘要内容的一部分，应当将其删除。

5. 摘要未全面反映所要求保护的发明

【案例11-04-05】

某案，请求保护一种滚珠轴承及支撑结构，申请日提交的摘要如下：

提供一种滚珠轴承，滚珠轴承包括外嵌在转动轴上且外圆面上具有内环轨道的内环、内圆面上具有外环轨道的外环、在内环轨道与外环轨道之间配置滚动自如的多个滚珠以及沿圆周方向等间隔地保持滚珠的树脂型冠型保持架。

案例分析

该案要求保护两项发明"滚珠轴承"和"支撑结构"，而该说明书摘要只概述了其中一项发明"滚珠轴承"。作为一种技术信息，该说明书摘要未能全面反映本案要求保护的发明。在该摘要中不仅应概述"滚珠轴承"的内容，还应对该滚珠轴承的支撑结构加以概述，例如在摘要中加入如"本发明还包括用于上述滚珠轴承的相应支撑结构"等类似的内容。

6. 摘要文字部分出现的附图标记未加括号

【案例11-04-06】

某案，请求保护一种内燃机消声器，申请日提交的摘要如下：

本发明公开了一种内燃机消声器,其具有壳体1,壳体1由本体2、进气管3和排气管4构成。其中进气管3和排气管4分别设置在本体的两端,所述壳体的本体表面上设有通气孔5,所述壳体的本体外侧设有一个能包容该本体的罩壳6,在本体与罩壳之间的空间内填充有纤维绝热材料7。本发明对衰减噪声具有较好的效果。

案例分析

《专利审查指南》第二部分第二章第2.4节对《专利法实施细则》第23条作了进一步解释,其中规定:"摘要文字部分出现的附图标记应当加括号"。而该摘要中出现的附图标记未加括号,不符合上述规定,该摘要的文字部分出现的附图标记1,2,3,4,5,6,7均应加括号。

7. 摘要文字部分超过300个字

【案例11-04-07】

某案,请求保护一种船岸双支撑式货物装卸船机,申请日提交的摘要如下:

本发明涉及一种船岸双支撑式货物装卸船机,属于交通运输领域,其由横梁(2)、支撑杆(3)、吊具(4)、提升机(5)、移动台车(6)组成,横梁(2)有两个支撑点,一个设在船(7)上,一个设在码头(8)上,其中一个是固定端,另一个是可移动端;当固定端在船上时,横梁固定端与船铰连接,横梁可移动端通过支撑杆落在码头上,横梁可移动端与支撑杆一端连接,横梁上设有可沿横梁运动的移动台车,移动台车上有提升机,提升机上设有吊具,支撑杆固定在支撑轮(9)中心,支撑轮可围绕此中心转动,支撑轮落在码头上,支撑杆可以随横梁的上下移动伸缩,船岸双支撑式货物装卸船机工作时,支撑杆由锁定机构锁定;当固定端在码头上时,横梁固定端与码头上的固定建筑物铰连接,横梁可移动端通过支撑杆落在船上,横梁可移动端与支撑杆一端连接,横梁上有可沿横梁运动的移动台车,移动台车上有提升机,提升机上设有吊具,支撑杆固定在支撑轮中心,支撑轮可围绕此中心转动,支撑轮落在船上,支撑杆可以随横梁的上下移动伸缩,船岸双支撑式货物装卸船机工作时,支撑杆由锁定机构锁定。通过上述结构,本发明能够安全可靠地装卸货物。

案例分析

该摘要文字部分(包括标点符号)超过300字,不符合《专利法实施细则》第23条第2款的规定。

(二)说明书摘要附图的常见缺陷

《专利法实施细则》第23条第2款规定:有附图的专利申请,应当提供一幅最能反映该发明或者实用新型技术特征的附图作为摘要附图。该摘要附图应当是说明书附图中的一幅,也应当符合《专利审查指南》中关于说明书附图的其他相关规定。常见的摘要附图缺陷包括以下几个方面。

1. 摘要附图没有反映出发明的技术方案

【案例11-04-08】

某案,要求保护一种用于自行车的后轮毂的固定结构。说明书附图一共有两幅,图11-04-01表示的是自行车把手,图11-04-02表示的是自行车后轮毂的分解放大图，申请人将说明书附图中的图 11-04-01，即自行车把手的相关附图作为摘要附图。

图 11-04-01

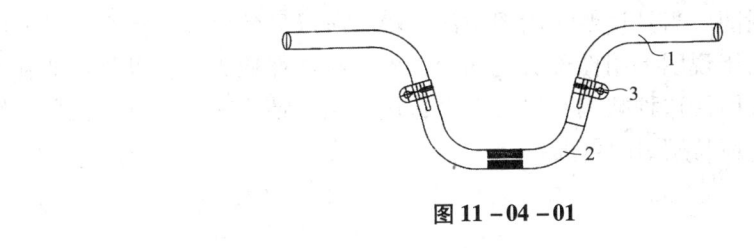

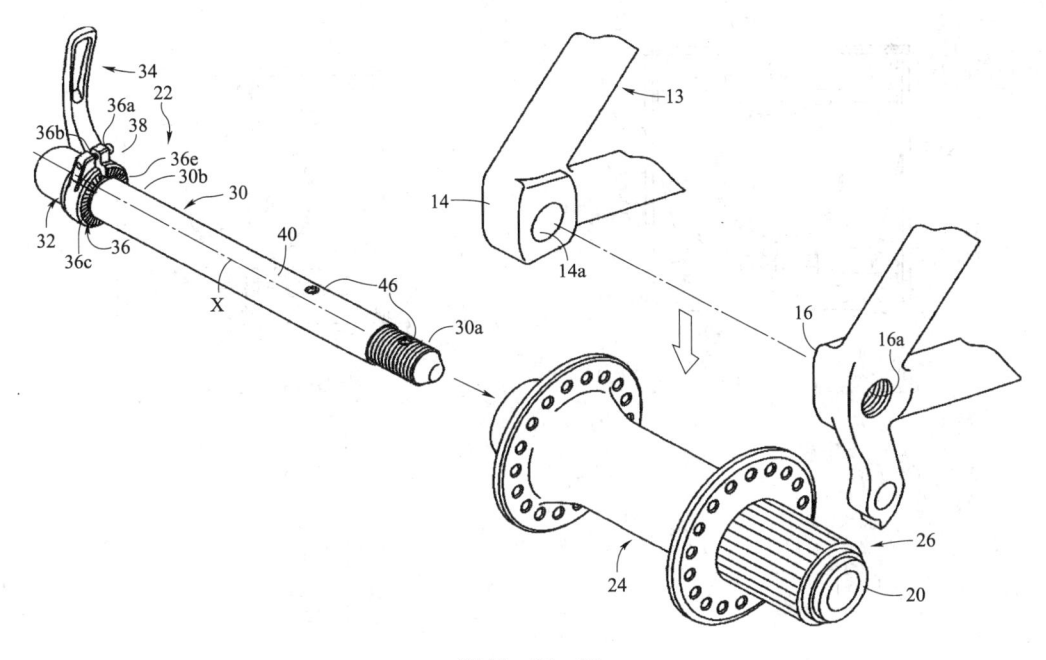

图 11-04-02

案例分析

根据《专利法实施细则》第 23 条第 2 款的规定，摘要附图应当最能说明该发明或者实用新型技术特征的附图。而该案的摘要附图没有反映出本案的主要技术特征——自行车后轮毂，显然不符合上述规定。申请人应当将最能表达发明的主要技术特征的附图 11-04-02 即自行车后轮毂的分解放大图作为摘要附图。

2. 摘要附图不是说明书附图中的一幅

（1）摘要附图最能说明该案技术特征但不是原始说明书附图中的一幅

【案例 11-04-09】

某案，请求保护一种舰船用电子液压制动装置，申请人实际提交的说明书附图有两幅，分别为该舰船用液压制动装置的结构正视图（如图 11-04-04 所示，但其中未能反映该装置的电子部件）和该舰船用液压制动装置的电路图（如图 11-04-05 所示）。申请人将最能说明该案技术特征的显示有电子部件的液压制动装置的结构正视图 11-04-03 作为说明书摘要附图提交，但经过核实，该附图并不是上述两幅说明书附图中的一幅。

案例分析

由于说明书摘要附图应当是说明书附图中的一幅,所以虽然申请人提交了另外的摘要附图,但因其不属于说明书附图部分的内容,不具有法律效力,所以是不能补入到说明书附图中去的。因而这种缺陷有时甚至会造成专利申请说明书公开不充分、修改超范围的严重后果,应特别引起重视。

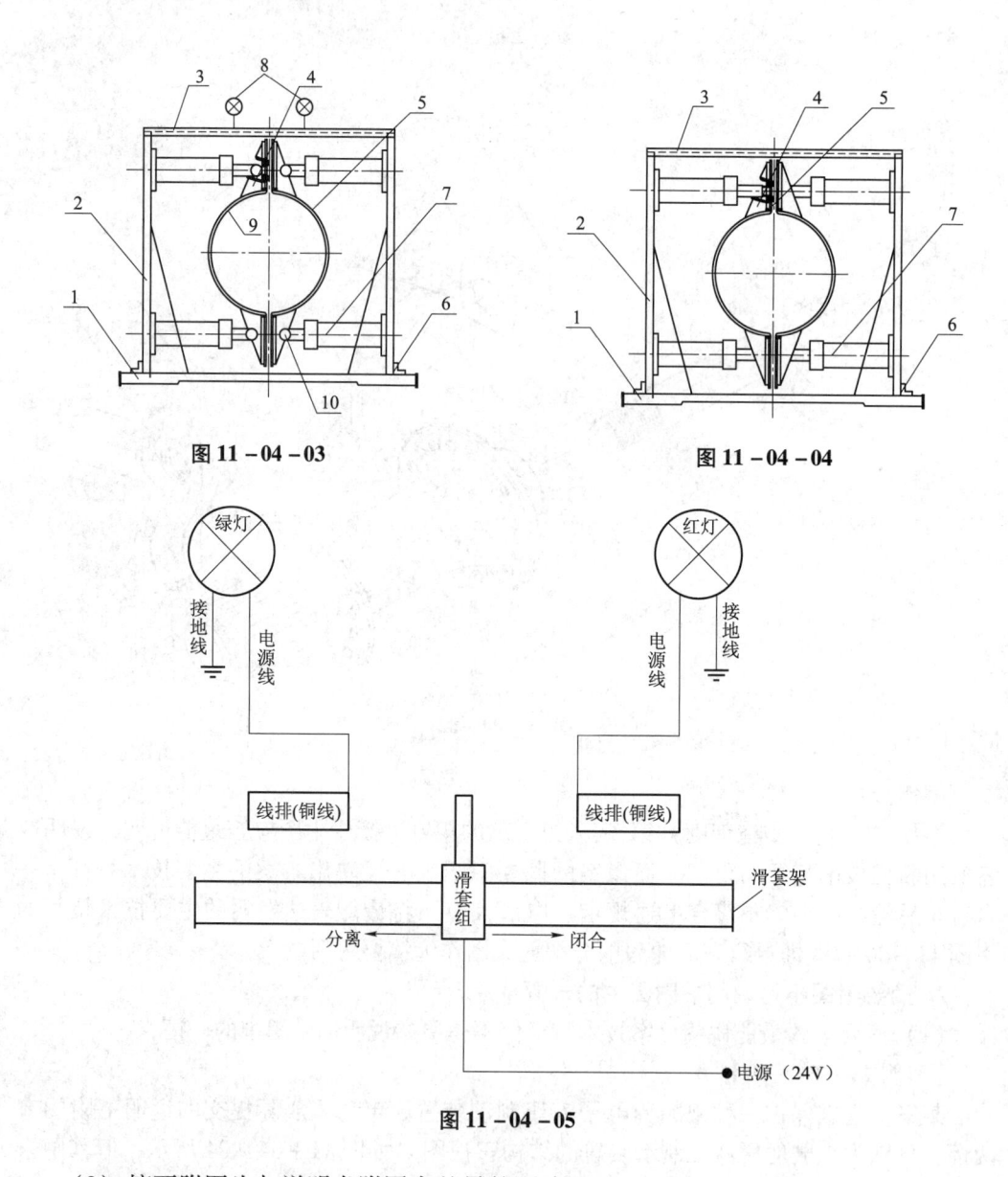

图 11-04-03

图 11-04-04

图 11-04-05

（2）摘要附图为与说明书附图有差异的照片

【案例 11-04-10】

某案,涉及一种家用微型割草机,原始提交的摘要附图（参见图 11-04-06）和说明书附图（参见图 11-04-07）分别如下:

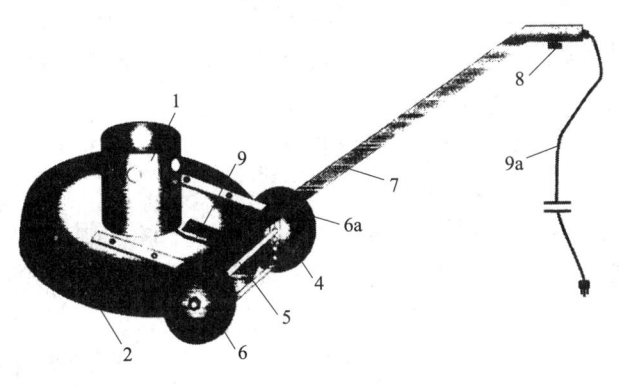

图 11-04-06

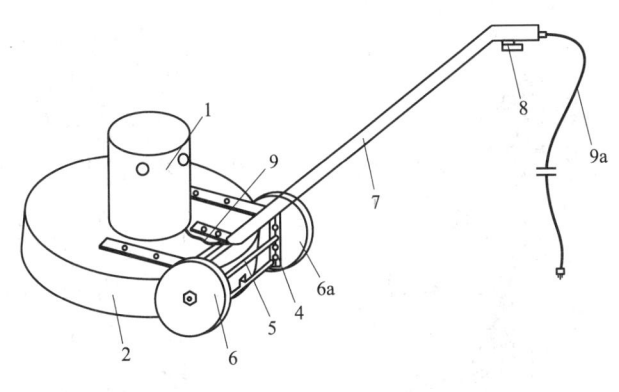

图 11-04-07

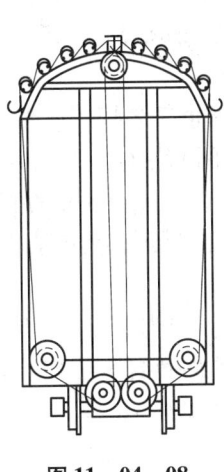

图 11-04-08

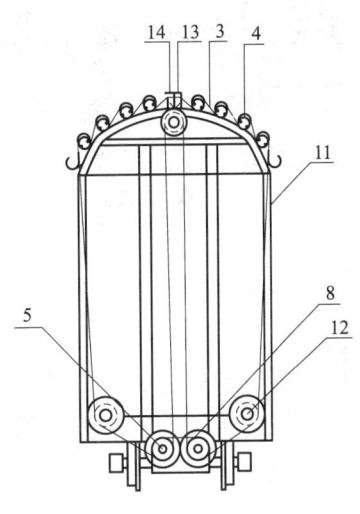

图 11-04-09

案例分析

摘要附图 11-04-06 为一幅与说明书附图 11-04-07 有一定差异的照片，该摘要附图并非属于说明书附图中的一幅。申请人应当采用说明书附图 11-04-07 作为摘要附图。

（3）摘要附图与对应的说明书附图相比缺少附图标号

【案例 11-04-11】

某案，请求保护一种敞、棚两用车厢，申请日提交了摘要附图（参见图 11-04-08）和说明书附图，说明书附图中与摘要附图最为接近的是图 11-04-09。

【案例分析】

虽然摘要附图 11-04-08 和说明书附图 11-04-09 公开的车厢结构是相同的，但摘要附图中缺少相应的附图标号，即两者不是同一幅图，那么摘要附图就不是说明书附图中的一幅，不符合《专利法实施细则》第 23 条第 2 款的规定。

（4）摘要附图与说明书附图不相关

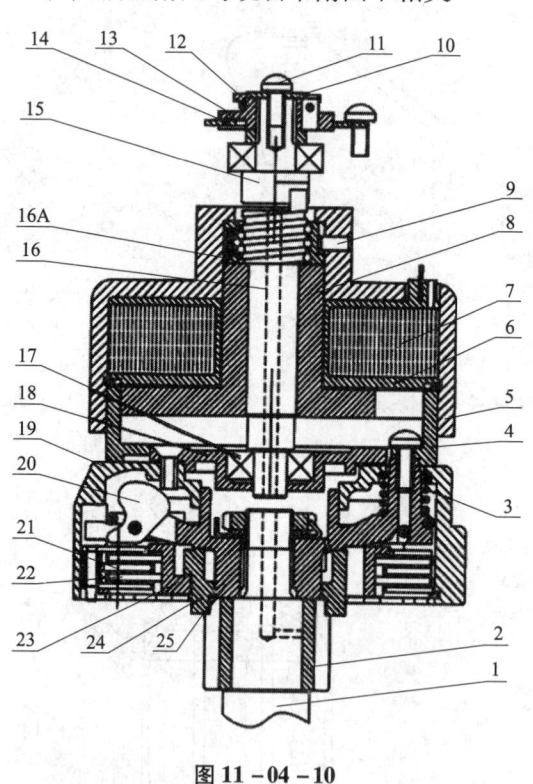

图 11-04-10

【案例 11-04-12】

某案，请求保护一种减速机的离合装置，该离合装置属于机械致动式的，申请日提交的说明书附图和摘要附图分别如图 11-04-11 和图 11-04-10 所示，其中说明书附图表示的是一种机械致动式离合器，而摘要附图表示的是一种电控式离合器。

案例分析

摘要附图（图 11-04-10）表示的离合器与说明书附图（图 11-04-11）表示的离合器不同，因此摘要附图不是说明书附图中的一幅，不符合《专利法实施细则》第 23 条第 2 款的规定。

3. 提供了多幅摘要附图

【案例 11-04-13】

某案，申请日提交的摘要附图如图 11-04-12 所示，其包括两个附图。

案例分析

根据《专利法实施细则》第 23 条第 2 款的规定，有附图的专利申请，还应当提供一幅最能说明该发明或实用新型技术特征的附图，因此摘要附图应当限定为一幅附图。

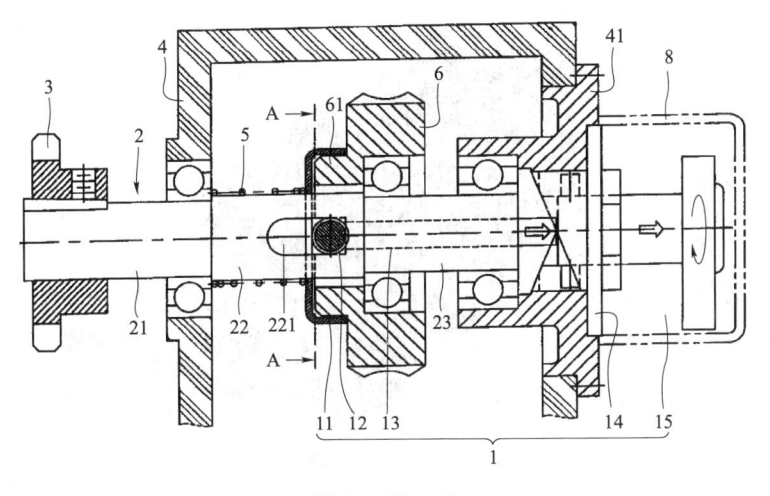

图 11 - 04 - 11

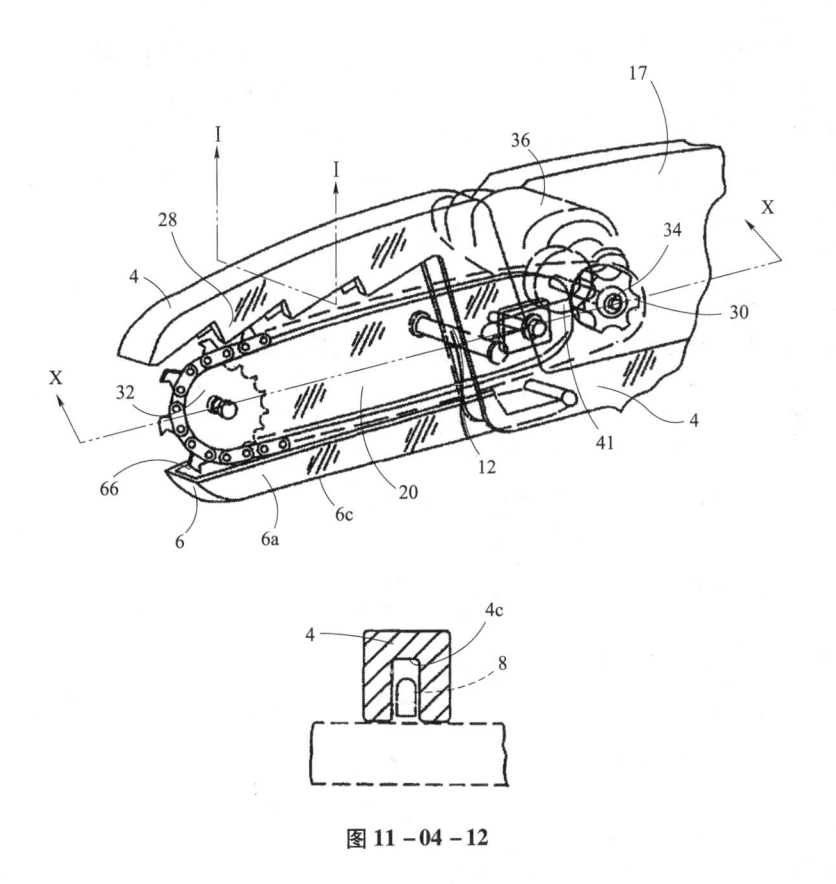

图 11 - 04 - 12

4. 提供的摘要附图是照片

【案例 11 - 04 - 14】

某案，请求保护一种水翼艇，申请日提供的摘要附图为说明书附图中的一幅，其为水翼艇的照片，如图 11 - 04 - 13 所示。

图 11 - 04 - 13

案例分析

《专利审查指南》第一部分第一章第 4.3 节规定：一般不得使用照片作为附图，但特殊情况下，例如，显示金相结构、组织细胞或者电泳图谱时，可以使用照片贴在图纸上作为附图。摘要附图作为说明书附图中的一幅，也应满足上述规定。本案中该摘要附图所显示的内容显然不属于上述三种特殊情况中的任何一种，因此采用照片作为摘要附图不符合《专利审查指南》的上述规定。

5. 摘要附图中出现了文字

【案例 11 - 04 - 15】

某案，涉及一种滚珠轴承，申请日提交的摘要附图如图 11 - 04 - 14 所示。

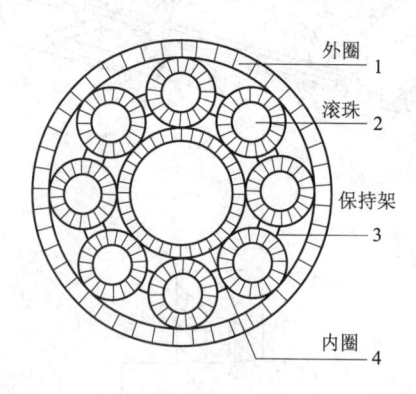

图 11 - 04 - 14

案例分析

摘要附图是说明书附图之一，根据《专利审查指南》第一部分第一章第 4.3 节对说明书附图的规定，附图中除必需的词语外，不得含有其他注释，该摘要附图在标号旁边标注了各部件的名称，显然不符合《专利审查指南》的上述规定。

6. 摘要附图的大小及清晰度不符合相关规定

【案例 11-04-16】

某案，涉及一种玉米剥皮装置，申请日提交的摘要附图如图 11-04-15 所示。

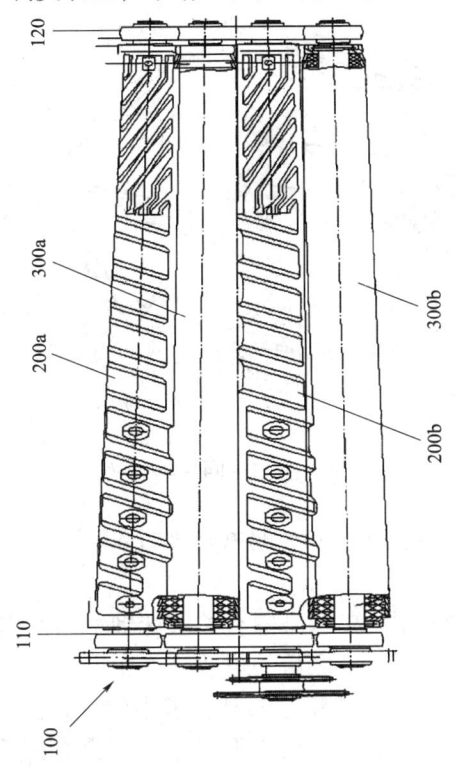

图 11-04-15

案例分析

该摘要附图的线条过于浅，不符合《专利法实施细则》第 23 条第 2 款关于"摘要附图的大小及清晰度应当保证在该图缩小到 4 厘米×6 厘米时，仍能清楚地分辨出图中的各个细节"的规定。

7. 摘要附图中出现附图编号

【案例 11-04-17】

某案，涉及一种汽车安全气囊门结构，申请日提交的摘要附图如图 11-04-16 所示。

案例分析

摘要附图无需附图编号。该摘要附图中出现的"图1"，应当被删除。

（三）其他与说明书摘要有关的问题

虽然专利申请文件中包括说明书摘要，但是说明书摘要在专利申请文件中所处的地位和作用与专利申请文件的说明书及权利要求书有很大差异。说明书摘要是说明书记载内容的概述，但其不属于原始说明书的一部分，它仅是一种技术信息，不具有法律效力。涉及说明书摘要的问题常常与摘要的法律地位有关，主要包括以下内容。

图1

图11-04-16

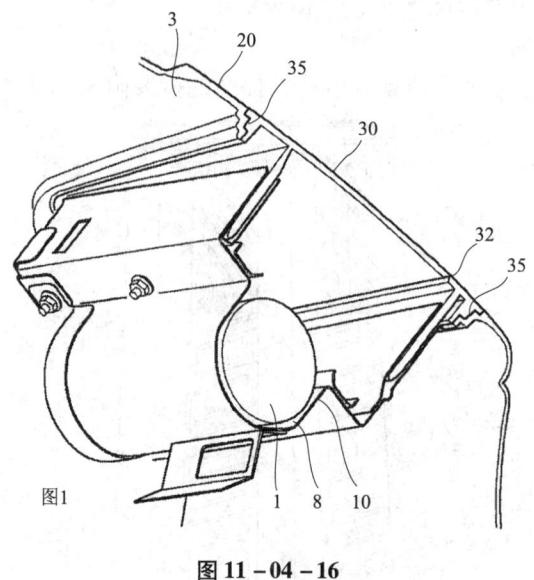

1. 说明书摘要不是权利要求书和说明书修改的依据
【案例11-04-18】
某案，原始申请文件的权利要求书中有关滚珠轴承内环内径的特征为"滚珠轴承的内环的内径为100mm以上"。在之后的修改文本中，申请人将其修改为"滚珠轴承的内环的内径为100mm以下"，即将原权利要求中的"以上"改为了"以下"。经核实，修改后的内容在原说明书和权利要求要求书中均没有记载，说明书中唯一的实施例是"滚珠轴承的内环的内径为100mm"，而修改后的内容"滚珠轴承的内环的内径为100mm以下"仅在该案原始申请文件的说明书摘要中记载。
【案例分析】
这种修改属于超范围修改，不符合《专利法》第33条的规定。尽管在原始提交的说明书摘要中包括该内容，但是说明书摘要记载的内容不属于发明的说明书或者权利要求书记载的内容，不能作为修改说明书或者权利要求书的根据（参见《专利审查指南》第二章第二部分第2.4节）。

2. 说明书摘要不能用来解释专利权的保护范围
【案例11-04-19】
某案，涉及一种钢板的冷却方法，其所要解决的技术问题是"防止在冷却过程中使钢板产生弯曲且冷却时间比过去短"，为解决该技术问题所采用的技术方案是"采用具有相对于待烧成体的输送方向划分的多个加热室与冷却室以及用于将此待烧成体输送给相邻加热室或冷却室的输送装置的连续式烧成炉，将载于定位器上的钢板顺次沿连续的加热室输送的同时进行烧成，在接下来的冷却室缓冷到预定温度后，再输送到相邻的冷却室进行急冷的冷却方法。"其中，"急冷"是该案所要解决的技术问题的必要技术特征，申请人将其写入独立权利要求1中，但在所属技术领域中，并没有明确定义"急冷"的具体含义。因此该案权利要求1的保护范围有可能不清楚。经过核实，在说明书和权利要求中对术语"急冷"也没有任何记载,而仅仅是在说明书摘要中明确指出"该急冷是指在一分钟内降低500摄氏度"。

案例分析

《专利法》第59条第1款规定:"发明或者实用新型的保护范围以其权利要求的内容为准,说明书及附图可以用于解释权利要求的内容。"尽管本案在原始提交的说明书摘要中记载了"该急冷是指在一分钟内降低500摄氏度",但说明书摘要记载的内容不属于发明原始记载的内容,不能用来解释权利要求的保护范围(参见《专利审查指南》第二部分第二章第2.4节)。申请人应当将对于该案所要解决的技术问题的必要技术特征"急冷"的解释记载在原说明书或权利要求书中。

3. 说明书摘要的内容不是要求优先权的依据

【案例11-04-20】

某案(简称"申请1"),涉及一种清淤泥船,其中的一个重要特征"在搅泥刀的后侧方设置蜗旋式挡水板"没有记载在原说明书或权利要求书中,只记载在说明书摘要中。该案的申请人在以PCT途径进行国际申请时要求申请1的优先权,在该PCT申请(简称"申请2")中,该案的申请人将上述特征加入到申请2的权利要求1中。

案例分析

由于该特征"在搅泥刀的后侧方设置蜗旋式挡水板"没有记载在申请1的原说明书或权利要求书中,只记载在说明书摘要中,申请2的权利要求1的技术方案被认为是没有清楚地记载在申请1的文件中,因而申请2被认定为不能享受在先申请(申请1)的优先权。因为此处所指的在先申请的文件只包括说明书和权利要求书,不包括说明书摘要。(参见《专利审查指南》第二部分第八章第4.6.2节)

4. "抵触申请"的说明书摘要不能用来评价新颖性

【案例11-04-21】

某案(简称"申请1"),申请日为2010年4月11日,涉及一种发动机,另外一份专利申请(简称"申请2")也涉及一种发动机,其申请日为2010年2月18日(在申请1的申请日之前),公开日为2010年12月29日(在申请1的申请日之后),并且申请1的权利要求1的技术方案在申请2的说明书摘要中公开了。有人认为申请2公开了申请1的权利要求1的技术方案,且其申请日和公开日已满足构成抵触申请的条件,因此申请2构成了申请1的权利要求1的抵触申请,可以破坏申请1的权利要求1的新颖性。经过核实,申请1的权利要求1的技术方案仅被申请2的说明书摘要公开了,而未被申请2的权利要求书、说明书以及附图公开。

案例分析

由于说明书摘要仅是一种技术信息,不具有法律效力,不能作为以后修改说明书或权利要求书的根据,因此时间期限方面满足"抵触申请"条件的专利申请2的说明书摘要不可能对专利申请1形成抵触,不会有造成重复授权的问题,所以专利申请2的说明书摘要不能用来评价专利申请1的新颖性。

综上所述，说明书摘要及摘要附图的法律地位决定了其内容不属于发明原始记载的内容。因此申请人撰写申请文件时应当避免出现上述缺陷，尤其应避免出现仅在说明书摘要或摘要附图中记载与发明的技术特征相关的信息，而在说明书及其附图中却没有记载相关内容的情况，或者两者记载的内容不一致的情况。说明书摘要和摘要附图中出现的缺陷本身虽然不影响本申请获得授权，但其情报信息作用会被明显削弱，应在提交申请文件时予以重视。

第二章 答复和修改的基本要求

第一节 答复的基本要求和常见问题

实质审查阶段,根据《专利法》第37条的规定,审查员主要采取审查意见通知书的形式将审查意见(申请文件中不符合《专利法》及《专利法实施细则》有关规定的缺陷、可能的解决方案以及倾向性的结论等)告知申请人,而针对审查意见通知书的书面答复则是申请人就申请文件存在的问题与审查员进行沟通的主要手段之一。答复的适当与否将直接影响到专利申请案件的结案走向、审批时间以及保护范围。因此,如何对审查意见通知书进行有针对性和说服力的答复,是专利申请过程中至关重要的一个环节,对申请人/代理人而言,是必须掌握的一项技能。本节将介绍答复的基本要求并列举答复中出现的常见问题。

一、答复审查意见通知书的基本要求

(一)答复的期限

《专利审查指南》第二部分第八章第4.10.3节规定,答复第一次审查意见通知书的期限为4个月。《专利审查指南》第二部分第八章第4.11.3.2节规定,再次审查意见通知书指定的答复期限为2个月。《专利审查指南》第二部分第八章第5.1节规定,申请人可以请求国家知识产权局专利局延长指定的答复期限。《专利审查指南》第一部分第一章第3.4节规定,申请人期满未答复的,审查员应当根据情况发出视为撤回通知书或者其他通知书。对于因不可抗拒事由或者因其他正当理由耽误期限而导致专利申请被视为撤回的,申请人可以在规定的期限内向国家知识产权局专利局提出恢复权利的请求。

(二)答复的方式和内容

对于审查意见通知书,申请人应当采用国家知识产权局专利局规定的意见陈述书或补正书的方式按照《专利审查指南》第五部分第一章第5.1节的规定,在规定的期限内提交至国家知识产权局专利局受理部门。答复的内容可以仅仅是意见陈述书,也可以进一步包括经修改的申请文件。

需要注意的是:无具体答复内容的意见陈述书或补正书,均被视为申请人对审查意见通知书的正式答复。这样的答复不具有实际意义,极易对专利申请的前景带来不利影响。另外,直接提交给审查员的答复文件或征询意见的信件不被视为正式答复,不具备任何法律效力。

（三）答复的一般过程

1. 核查审查基础的正确性以及相关文件的有效性

在收到审查意见通知书后，申请人应当立即核对的内容包括：

（1）审查意见通知书表格中的著录项目（申请号、申请日和发明名称），以确定该审查意见通知书是否针对本申请。

（2）审查意见通知书所针对的申请文件是否正确。对于在申请日之后根据《专利法实施细则》第53条第1款的规定向国家知识产权局专利局递交过主动修改文本的情况，审查员对审查文本的认定偶然会出现差错，这可能是审查员忽略了主动修改的文本，也可能是在法定期限内申请人提交了修改文本，而审查员在收到该修改文本之前已经发出了审查意见通知书。

（3）通知书表格与正文中所用对比文件是否一致，对比文件的公开日期（或抵触申请的申请日）是否在本专利申请的申请日之前，从而确定对比文件是否可以用来评价本专利申请的新颖性或创造性。

在错误的审查基础以及不可用的相关文件的基础上进行后续的答复工作，可能没有实际意义甚至给专利申请带来不利后果。因此，为了整个答复工作的准确进行，首先应当对审查基础以及相关文件进行核对。一旦出现审查基础错误或相关文件不可用的情况，尤其是由此导致无法获得明确的审查意见的情况，应当及时与审查员沟通，通过合理的方式尽快获得准确的审查意见。

2. 全面阅读审查意见通知书

在确定审查基础的正确性和相关文件的有效性之后，应当全面阅读通知书中的审查意见。阅读过程中，申请人应明确审查员对专利申请的倾向性意见，对审查意见进行整理归纳，把握审查意见所指出的主要缺陷并正确理解审查意见的具体内容。审查意见通知书对专利申请的倾向性意见分成肯定性、否定性和不确定性三类。通过阅读通知书表格的相应栏以及通知书正文的结尾部分可以对审查员的倾向性意见有所把握。而具体的审查意见则体现在通知书正文的主体部分，申请人应当进行全面阅读，以了解申请文件存在的缺陷，同时对全部的缺陷进行整理和归纳，查看是否存在可一并处理的缺陷，同时防止答复过程中出现对某一缺陷的疏漏，以避免不利后果的产生。

对于审查意见中所指的缺陷，要以实质性缺陷作为核心内容进行阅读。所谓实质性缺陷，指的是根据《专利法实施细则》第53条的规定进行驳回所针对的缺陷，也是申请人在答复中需要着重进行陈述或修改的部分。阅读的过程中，需要基于对法律法规的准确把握，正确地理解审查员所针对的事实、所阐述的理由和所采用的证据以及最终形成的审查意见。

当对倾向性意见或具体的审查意见存在疑义时，申请人还应该与审查员进行充分沟通（如采取电话讨论、会晤等方式），以准确了解其审查意见，从而采取相应的答复策略。

3. 仔细分析审查意见、制定答复策略

对于指出仅存在形式缺陷、授权前景较为明朗的审查意见，答复相对来说都较为容易，申请人应当尽量配合审查员，通过修改专利申请文件和简单澄清来克服或消除缺陷，本节将不作详细介绍。而对于存在实质性缺陷的申请文件，申请人则需要结合审查意见通知书中所适用的法律条款和申请文件的相关事实（必要时还包括所采用的对比文件）对审查意见进行仔细的分析和研究，在准确把握申请文件实际缺陷的基础上，寻找产生该缺陷的根本原因、克服该缺陷的途径以及意见陈述的突破点，并制定答复策略。针对实质性缺陷，答复的具体工作包括：

（1）分析审查意见中对事实、证据和理由的认定是否存在不正确之处，包括对比文件和申请文件的事实认定是否存在不客观的或者引起误解的内容以及证据的无效使用，例如对比文件是否属于现有技术、对比文件中某技术特征的公开与否、申请文件是否存在修改依据以及公知常识举证的有效性等；以及审查意见中涉及的法条适用是否合适，例如所针对的事实实际并不存在缺陷，即并不存在可适用的法条；以及法条张冠李戴，即对于应当适用法条 A 的情况错误地适用了法条 B，在这种情况下，申请人需要客观认识申请文件的缺陷所在，并针对其客观存在的缺陷进行答复。

（2）分析审查意见中的说理是否恰当，例如针对对比文件中隐含公开的技术内容、对比文件公开的技术内容之间的结合启示、公知常识的使用、说明书公开不充分、权利要求概括不当以及缺少必要技术特征等是否展开了正当充分的说理。

（3）在前述工作的基础上，申请人应当制定相应的答复策略。首先，核实认定申请文件是否客观存在缺陷以及存在的实质缺陷属于何种类型，如果审查意见所指缺陷实际并不存在或审查意见存在不当之处，则应当分析审查员产生误解的原因，在意见陈述中从原因入手来消除审查员的误解；其次，对于所存在的实质性缺陷，分析产生该实质性缺陷的根本原因，以及针对相关事实和证据寻找通过修改或意见陈述来克服该缺陷的余地；最后，根据实质缺陷的类型尽可能多地列举出可采取的途径，并寻求最佳答复方案，至于针对不同的实质性缺陷具体采用何种策略，将在本章其他小节中进行详细介绍。

4. 正确撰写意见陈述书

在上述工作的基础上，应当根据制订的答复策略着手撰写意见陈述书。意见陈述书通常包括首页（国家知识产权局统一印制的表格）、意见陈述书正文以及附件（例如申请文件替换页或其他文件），意见陈述书的正文包括：

I. 起始部分，对意见陈述所涉及的内容进行概括性说明；

II. 修改说明部分，在进行了修改的情况下，简要说明按照通知书所进行修改的相关内容，同时注意适应性修改，保持全部文件的一致性；并且，修改的内容，应满足《专利法》《专利法实施细则》以及《专利审查指南》相关规定，避免为了克服某些缺陷而带来了新的缺陷；

III. 意见陈述部分，其为意见陈述书的核心部分，主要是针对逐类审查意见进行相应的意见陈述；与审查意见通知书相应，意见陈述也应当包括争辩所针对的事实、理由和证据，依据《专利法》《专利法实施细则》以及《专利审查指南》的相关规定进行陈述；以及

IV. 结尾部分，简要说明对专利申请前景的期望以及相关要求。

意见陈述应当用词规范，有理有据，层次清楚，表达准确，有逻辑性，有针对性，

充分阐述答复意见；应当避免强词夺理，避免仅仅罗列缺乏针对性的套话，还应注意言语尺度的把握，避免过激的言辞，尤其避免人身攻击。

另外，对于委托了代理人的情况，在整个答复过程中代理人还应该与委托人之间就信息及意见进行充分的交流和沟通，包括答复期限的监视、全面及时地转达审查意见义及修改和意见陈述的相关建议、正确理解委托人的指示并根据该指示进行修改和意见陈述。在答复期限内上述内容可反复进行，以使双方最终对意见陈述的内容达成充分的共识。

转达的内容包括：审查意见通知书、代理人对审查意见的归纳整理和提炼以及代理人对审查意见的评述、主张和建议，以及该建议可能带来的后果等。

在此过程中对代理人的基本要求包括：严格遵照委托人的要求（程序上或实体上，例如转达的时间和内容，答复的时间和内容），以委托人的利益最大化为前提，意见或信息的转达要求及时、全面完整并重点突出，全面克服审查意见通知书所指缺陷的同时尽可能缩短审批程序的时间。

（四）需要注意的几个方面

1. 答复充分，避免不必要的多次答复

申请人所作答复应确保充分完整，应根据之前对审查意见的整理和归纳，逐条进行答辩，对于审查意见通知书中提出的有关疑问，要求申请人予以回答解释的，应给予充分的答复，以避免因漏答某条审查意见而导致审查员发出中间通知书，从而避免不必要的审批程序的延长。

2. 充分利用辅助手段

对于无法正确理解审查意见或审查意见不恰当的情况，可利用会晤、电话讨论和现场调查等方式充分了解审查员的意图，同时也使审查员对发明有更为深入客观的了解，以有利于审查员作出更为客观正确的判断。尤其是对一些技术内容比较复杂而专业性极强的专利申请，电话或面对面交流的作用则相对较为明显。

3. 注意"禁止反悔"原则

从申请到授权至专利权终止的整个法律程序中，申请人对某个事实的认定是不能随意更改的。因此，在答复的过程中，应当全面充分地考虑陈述内容以及可能带来的影响，避免日后在专利侵权诉讼中因为适用"禁止反悔"原则而使得申请人蒙受不应有的损失。

4. 考虑到可能产生的各种后果

申请人在进行答复的过程中应当对其答复所可能造成的后果有一个合理的预期，以提前准备相应的应对措施。尤其作为代理人，应当把可能的后果真实完整地告知委托人，以避免因未告知相关后果而带来的不必要的纠纷。

二、答复的常见问题

以上对申请人答复中的基本要求进行了总体性的概括。然而，对《专利法》不太了解的申请人或者经验不太丰富的代理人，在实际答复的过程中由于某些原因仍然会出现各种各样的问题。这些问题的产生可能源于对法条掌握的不准确、争辩要点的偏差、逻辑上的矛盾等,可能涉及意见陈述的论证过程、对申请文件事实的认定、对比文件的事实认定、证据的提供等。这些问题的出现对申请人的利益有着非常不利的影响,往往容易导致专利申请出现直接被驳回(《专利法实施细则》第53条规定的发明专利申请被驳回的情形),因此,在答复过程中不希望出现此类问题。下面将以实际案例的形式,介绍答复中的一些常见问题,本部分仅涉及未进行申请文件修改的答复,对于进行了申请文件修改的情况,将在本章第二节中进行介绍。

(一)意见陈述的内容无理无据

专利申请获得的保护范围是以《专利法》及《专利法实施细则》为法律依据,申请人的答复指的是针对审查意见所进行的意见陈述,因此,答复的内容应当围绕通知书中所涉及的审查意见,依据《专利法》及《专利法实施细则》的有关法律条款的规定有理有据有针对性地展开争辩。然而,在实际案件中,申请人的答复经常出现各种各样的意见陈述内容未提出具有说服力的理由和证据,或未依据《专利法》提出具有说服力的理由和证据的情形,例如:意见陈述无实际内容;意见陈述与申请文件/审查意见无关;以获奖情况或在国外被授权作为专利申请可授权的理由等。这样的意见陈述往往不能说服审查员,容易导致专利申请被直接驳回。

【案例12-01-01】

案例情况介绍

本案请求保护的发明涉及一种印刷装置,审查员在第一次审查意见通知书(简称"一通")中采用对比文件1和对比文件2评述权利要求1~3不具有新颖性或创造性,不符合《专利法》第22条第2款或第3款的规定。

申请人未对申请文件进行修改,仅陈述意见如下:申请人认真研读了第一次审查意见、对比文件1和对比文件2的内容,请按相关程序进行处理。

案例分析

《专利法》第38条规定:发明专利申请经申请人陈述意见或者进行修改后,国务院专利行政部门仍然认为不符合本法(《专利法》)规定的,应当予以驳回。《专利法实施细则》第53条则列出了依照《专利法》第38条的规定,发明专利申请经实质审查应当予以驳回的情形,其中第2项为:申请不符合《专利法》第22条的规定不能取得专利权的情形。具体到本案中,申请人没有对申请文件进行任何修改,也没有对本申请权利要求的新颖性和创造性进行任何争辩,并要求审查员"按相关程序进行处理",这样的意见陈述将被认为同意审查员提出的本申请权利要求1~3不具有新颖性和创造性的审查意见,即申请人亦同意本申请不符合《专利法》第22条的规定,属于《专利法实施细则》第53条第2项的情形。

【案例12-01-02】

案例情况介绍

本案请求保护的发明涉及一种仿生机,审查员在一通中指出说明书公开不充分,评述意见如下:说明书对该种仿生机的构成及其工作原理只是进行了简单的说明和描述,而对于该种仿生机是如何利用仿生学和力学的原理实现发明目的(达到仿生生物特征对称式布局,按照结构力学将元件高度轻量化,成为球形温度场,符合生物的基本特征等发明目的）的技术方案没有进行说明和描述。因此，所属技术领域的技术人员无法实施该发明，本申请不符合《专利法》第26条第3款的规定。

申请人未对申请文件进行修改，仅陈述意见如下：对于审查员的审查意见，我感到遗憾，试想实审仅按专利法条款，不考虑个人实际情况将远离实审目的。实际上我国的专利状况处在极端专制的管理状态中，专利法限制了我国专利的发展。现在希望你们不要仅以专利法条款来对本发明进行否定，也可借光明日报、科技日报，全民探讨。专利申请已近一年，希望早日见到专利证书。

案例分析

本案中，申请人并没有针对申请文件中的缺陷进行具有实际内容的意见陈述，只是提出了某些主观意愿，希望审查员不要按《专利法》进行审查，这属于意见陈述与申请文件/审查意见无关的情形。审查员作为国务院专利行政部门负责专利审查的工作人员，应严格按照《专利法》的规定对申请文件进行审查，这是对审查员的基本要求，不会因任何个人的意愿而改变。同样，申请人也应该针对专利申请不符合《专利法》的缺陷进行答复，使得专利申请早日符合《专利法》的相关规定。因此，就本案而言，申请人提出的要求不会被接受，由于申请人没有针对申请文件/审查意见进行具有说服力的意见陈述，也未对申请文件进行修改，因而本申请仍不符合《专利法》第26条第3款的规定。

【案例12-01-03】

案例情况介绍

本案请求保护的发明涉及一种形状记忆合金装置，审查员在一通中采用一篇对比文件结合公知常识评述部分权利要求不具备创造性。

申请人未对申请文件进行修改，仅陈述意见如下：本发明已经在国际上取得了发明金奖，在国内获得了科技进步成果奖，可见本发明具备创造性，望审查员早日授权。

案例分析

发明和科技进步奖项的评奖制度与专利审查制度属于两个不同的制度，前者的评价标准与后者的审查标准之间没有必然的因果关系。《专利法》第22条第3款中对于具有创造性的规定是：同申请日以前已有的技术相比，该发明具有突出的实质性特点和显著的进步。而国际和国内相关组织或机构所设置的发明奖项以及其他科技奖项，并不是以符合中国《专利法》规定的创造性作为评奖的基本条件。可见，发明获得了某发明奖或科技进步奖，并不表示其具备了《专利法》规定的创造性，而只有由权利要求限定的"同申请日以前已有的技术相比具有突出的实质性特点和显著的进步"的技术方案才具备创造性，才可能被授予专利权。本案中，申请人未对申请文件进行修改，也并没有对本申请文件是否符合《专利法》中有关创造性的规定进行争辩，属于不具有说服力的意见陈述，这样的意见陈述无助于阐明本案具备创造性，使得本申请仍不符合《专利法》的规定。应当指出，审查员仅认为本案部分权利要求不具备创造性，即使申请人接受审查员的看法，认可部分权利要求不具备创造性，也完全可以通过对申请文件的修改使得本申请获得专利权。

此外，其他实际案件中还普遍存在申请人仅以其同族专利在国外授权来要求审查员进行授权的情形。然而，同族专利是否在国外授权同样不属于中国《专利法》及《专利审查指南》所规定的判断创造性的审查标准。因此，这样的意见陈述同样没有围绕本申请的权利要求是否符合创造性的有关规定进行争辩，无助于阐明本案具备创造性，易于导致申请直接被驳回。

【案例12-01-04】

案例情况介绍

本案请求保护的发明涉及一种变量柱塞泵，审查员在一通中评述权利要求未以说明书为依据，评述意见如下：权利要求1中记载了"变量柱塞泵的变量是在20%~60%的范围内变化"，而说明书中仅给出了30%和40%的实施例，说明书中未给出足够的、与20%~60%这样一个较宽的数值范围相适应的数值点，而根据本领域的公知常识，25%~45%是变量柱塞泵进行正常工作的变量变化范围，太大幅度的变量变化将导致工作的不稳定性，因此所属技术领域的技术人员难以预料20%~60%内的变量变化均能保证变量柱塞泵正常工作并达到本发明的效果，因此本申请权利要求限定的范围过大，未以说明书为依据，不符合《专利法》第26条第4款的规定。

申请人未对申请文件进行修改，仅陈述意见如下：申请人不同意审查员的意见，认为权利要求是以说明书为依据，其余的意见申请人表示同意，请审查员尽快授权。

案例分析

本案中申请人虽然从《专利法》的角度给出了结论：权利要求是以说明书为依据，但并没有对如何能够获得这一结论进行任何说明，即，没有给出支持其结论的理由和证据，这样的意见陈述并不具有说服力。申请人在陈述权利要求是以说明书为依据这一结论的同时，应当给出证据或通过说理说明在20%~60%的变量变化范围内变量柱塞泵均能够正常工作，从而证明20%~60%这样一个范围是对实施例的合理概括，其得到了说明书的支持。如果申请人的意见陈述仅强调结论而不加以论证，则如同未提出具有说服力的意见陈述，往往容易导致本申请仍不符合《专利法》的相关规定。

（二）未以权利要求技术方案本身为出发点

对于申请文件而言，《专利法》保护的客体是权利要求的技术方案，权利要求的技术方案是确定专利保护范围的依据，因此权利要求的技术方案是审查员进行审查和申请人进行答复的过程中最应当关注的部分。然而在实际案件中，最容易出现的问题也往往是未以权利要求技术方案为出发点，例如：所指出的区别技术特征不属于申请文件中的内容（继而不属于权利要求中的内容）；所指出的区别技术特征属于说明书中的内容，但不属于权利要求中的内容；增加从权利要求技术方案无法客观获得的技术效果；回避独立权利要求，直接争辩从属权利要求的新颖性/创造性；仅仅强调效果/效率上的提高而忽视权利要求技术方案本身等，由于这些争辩不能够帮助审查员了解由权利要求限定的技术方案是否符合《专利法》的相关规定，因而往往是不能够被接受的。

【案例12-01-05】

案例情况介绍

权利要求1：一种越障机构，它包括前链轮、履带、连杆、转轴、固定轴和后链轮，履带设置在前链轮和后链轮上，其特征在于连杆的两端分别固定在前链轮和后链轮的中心孔内，连杆的中间部位设有透孔，转轴穿过透孔与固定轴的一端连接。

审查员在一通中采用对比文件1和对比文件2评述权利要求1不具备创造性（对比文件2公开了权利要求1区别于对比文件1的技术特征"转轴穿过透孔与固定轴的一端连接"）。

申请人未对申请文件进行修改，仅陈述意见如下：本申请的权利要求1所要求保护的技术方案中，"转轴"是整体都"穿过透孔"；而对比文件2所公开的内容是"转轴一端穿过透孔"，即该"转轴"只有一部分穿过透孔内。因此，对比文件2并没有公开该内容，因此本申请具有新颖性和创造性。

案例分析

本案中，申请人在争辩的过程所陈述的区别"转轴整体都穿过透孔"，并没有记载在申请文件的原始说明书和权利要求中，说明书附图仅示出了转轴穿过透孔的局部视图，无法确定得到"转轴整体都穿过透孔"这一技术特征。由此可知，申请人所争辩的区别技术特征无法直接、毫无疑义地从原始申请文件中得到，自然也就不属于权利要求1中的技术特征，这样的意见陈述并不是以目前权利要求所记载的技术方案为基础，因此，无法证明权利要求的技术方案相对于现有技术具有新颖性或创造性。申请人应当以申请文件实际公开的内容为基础，寻找权利要求的技术方案区别于现有技术的技术特征，基于无法直接、毫无疑义地从原始说明书中得到的技术内容进行的争辩无助于阐明权利要求具备新颖性或创造性，将导致本申请仍不符合《专利法》的相关规定。

【案例12-01-06】

案例情况介绍

权利要求1：一种步行微型发电装置，包括鞋子，其特征在于，鞋子底部固定有充气气垫，鞋底充气垫通过气管与固定于背包内的微型气轮发电机相连。

审查员在一通中采用一篇对比文件1评述权利要求1不具备新颖性。

申请人未对申请文件进行修改，仅陈述意见如下：对比文件1公开的"带发电设备的鞋子"的"充气腔"与权利要求1的"充气垫"并不相同。首先，对比文件1公开的"充气腔"，其腔壁是刚性的，而本申请中的"充气垫"是柔性的；其次，对比文件1公开的"充气腔"，位于鞋后跟，而本申请中的"充气垫"覆盖整个鞋底。由此，权利要求1具有新颖性。

案例分析

本案中，申请人将仅在说明书（具体实施方式）中记载而未体现在权利要求中的技术特征与对比文件1进行比较，申请人所强调的区别并不属于权利要求1中的技术内容，其所认为的具有新颖性的技术方案并不是权利要求1的技术方案。可见，这样的意见陈述同样脱离了权利要求1的技术方案，也就无法以此阐明权利要求1具备新颖性。申请人在强调某一区别技术特征时，应当注意该区别技术特征是否记载在权利要求中，以权利要求的技术方案为出发点是争辩其申请具有新颖性的前提，对于创造性的争辩也是如此。

其他实际案件中，除了新颖性和创造性，在针对权利要求不清楚、权利要求未以说明书为依据、独立权利要求缺乏必要技术特征、权利要求之间缺乏单一性等实质性缺陷进行争辩时，申请人也应当以权利要求的技术方案为出发点，结合申请文件所公开的相关技术内容提出其不存在上述实质性缺陷的理由，而不应以未在申请文件中公开的技术内容或仅以说明书中的技术内容为基础进行分析和争辩。

【案例12-01-07】

案例情况介绍

权利要求1：一种空压机构，气缸有气缸头盖，内有活塞、活塞连杆，气缸头盖内有凸轮轴，其特征在于，凸轮轴装有整圆锥排气凸轮，气缸的进气口与储气罐的输气管连通，储气罐装有气压表和控制阀。

本申请的目的在于利用压缩空气进行能量转换。审查员在一通中采用一篇对比文件结合公知常识评述权利要求1不具备创造性（对比文件1与权利要求1的区别在于"储气罐装有气压表和控制阀"，该区别技术特征为所属技术领域的公知常识）。

申请人未对申请文件进行修改，陈述意见如下：本申请的技术方案采用了整圆锥形排气凸轮，其可增加气门与气门口之间的距离，从而增加进排气速度，继而达到增加发动机转速和功率的目的，由此具有突出的实质性特点和显著进步，继而具备创造性。

案例分析

申请人在针对权利要求的创造性进行争辩时，往往会强调一些原始申请文件中并未提及的新的技术效果和所要解决的技术问题。然而，申请人所强调的技术效果或所要解决的技术问题首先应当是根据权利要求的技术方案直接地、毫无疑义地确定的。因此，申请人在提出某一新的技术效果或所要解决的技术问题时，应当以权利要求的技术方案为基础客观地分析新的技术效果和所要解决的技术问题是如何获得的。如果申请人为了使其申请被授权而提出一些并不是客观存在的技术效果，则难以被审查员接受。

具体到本案，首先原始申请文件中并没有对气门和气门口之间的距离与整圆锥排气凸轮之间的关系作出任何描述，其次根据所属技术领域的技术常识，整圆锥凸轮并不必然增加气门与气门口之间的距离，同时距离的增加也不必然增加进排气速度，继而增加进排气量，增加发动机转速和功率，因此，所属技术领域的技术人员无法直接由申请文件确定申请人声称的技术效果，也就无法认可申请人宣称的权利要求1技术方案中存在的技术效果。由于申请人没有将权利要求的技术方案能够客观达到的技术效果作为立足点来争辩其创造性或新颖性，将导致申请仍不符合《专利法》的相关规定。

此外，如果申请人提出的新的技术效果虽然根据说明书中内容（例如，具体实施方式）可毫无疑义地获得，却不属于权利要求的技术方案可获得的技术效果，则也往往存在被审查员驳回的风险。适合的做法是，申请人或者基于权利要求的技术方案寻求对比文件无法到达的技术效果（即，寻求在权利要求的技术方案中客观存在而对比文件无法达到的技术效果），或者将申请文件中可客观达到所声称的技术效果的技术方案改写成独立权利要求的技术方案。

【案例12-01-08】
案例情况介绍
权利要求1：一种空难自救装置，其特征是：驾驶舱和乘员舱组合成轻型两栖飞行器，配置有两台发动机、伸缩旋翼、稳定尾翼、螺旋驱动器、着陆轮子、重心平衡压舱物、备用降落伞，这一独立轻型两栖飞行器镶嵌在飞行器主体结构上组成为整体飞行器。

权利要求2：根据权利要求1所述的空难自救装置，其特征是：轻型两栖飞行器的着陆轮子为可缩放内置式，轮子上装有发动机或电动机。

审查员在一通中采用一篇对比文件结合公知常识仅评述了权利要求1不具备创造性。

申请人未对申请文件进行修改，仅陈述意见如下：对审查员认定我的申请缺乏"创造性"的意见不敢苟同，理由是：(1) 审查员忽略本申请权利要求书两项要求中的创新性特殊特征，仅以申请项目所必须具备的共性特征就笼统地否定本申请的创造性特征有失公允；(2) 权利要求2中有"轮子上装有发电机和电动机"的特征，这是我独家设计的，是现行所有交通运载工具特别是飞机和直升机轮子上都不具备同类装置的创造性技术特征，因而本申请具备新颖性/创造性。

案例分析
申请人避开独立权利要求，直接以从属权利要求2的附加技术特征为立足点，来争辩全部权利要求的新颖性/创造性。然而，从属权利要求的附加技术特征是对独立权利要求所作的进一步限定，即便从属权利要求因为其附加技术特征对现有技术作出了贡献而具有新颖性/创造性，也并不能成为独立权利要求具有新颖性/创造性的理由，因为该从属权利要求的附加技术特征并未出现在独立权利要求中。因此，申请人在本案中的意见陈述并没有以独立权利要求的技术方案为立足点，相当于没有对独立权利要求是否具备新颖性/创造性进行任何争辩，其陈述的理由不能支持独立权利要求具有新颖性/创造性的结论，将不会被接受。

申请人在对新颖性/创造性进行争辩时，应当首先以独立权利要求为对象，独立权利要求具备了新颖性/创造性，从属权利要求也就具备了新颖性/创造性。如果经过分析，申请人认为本申请对现有技术作出贡献的技术特征位于从属权利要求中，则应当将包含该技术特征的技术方案补入独立权利要求中，再进一步争辩改写后的独立权利要求的新颖性/创造性。

【案例12-01-09】
案例情况介绍
权利要求1：一种余热循环发电方法，其特征在于由热转换器回收余热，然后将余热循环使用。

权利要求2：根据权利要求1所述的余热循环发电方法，其特征在于：蒸汽轮机的出口管路与压缩机相连。

审查员在一通中采用对比文件1评述权利要求1不具备新颖性，并结合公知常识评述权利要求2不具备创造性。

申请人未对申请文件进行修改，仅陈述意见如下：对比文件1属于现有技术的范畴，而本发明说明书中已强调，本发明的发电效率比现有技术中发电装置的发电效率提高了10个百分点，而在发电领域效率上提高10个百分点是一件很难完成的任务，这足以使本发明的技术方案明显优于对比文件1中的发电装置，具有显著的进步，因此本发明的发电装置具有新颖性和创造性。

案例分析

申请人在强调其发明在技术效果或效率上的提高时，应紧密结合权利要求的技术方案，基于现有技术与权利要求技术方案的区别之处，有理有据地论述本申请为何相对于现有技术在效率上和效果上有所提高。

具体到本案，在发电领域中，技术已经趋于成熟化，效率提高10%是一个非常难以达到的目标，现有的技术水平几乎是不可能实现。由于权利要求1的技术方案在技术构成上与对比文件1并无区别，技术人员难以客观预期权利要求的技术方案能提高10%的效率。申请人在针对新颖性、创造性进行争辩时，只是一味强调技术效果或效率上的提高，却没有以陈述权利要求的技术方案与现有技术存在何种实质区别为出发点来加以论述。然而，技术效果和效率上的提高必然是相对于本申请技术方案与对比文件所公开技术方案之间的区别而言的，没有区别则无法预期其技术效果和效率上的提高。可见，申请人仅给出了一个所属技术领域的技术人员难以客观预期的结论，并没有给出支持这一结论的事实依据，这样的意见陈述相当空泛，脱离了权利要求的技术方案，很难说服审查员认可申请人的结论。

（三）举证不当

审查过程中，审查员和申请人都有可能要承担一定的举证责任，举证对专利申请的前景有着直接的影响。对于申请人而言，与举证相关的意见陈述中往往容易出现以下问题：在现有技术或公知常识的举证过程中，申请人陈述的内容不属于现有技术或公知常识；简单认定为现有技术或公知常识而未说理或未提供证据；提供的证据形式上（实验数据、实施例、非出版物、非现有技术的出版物）或内容上（内容矛盾、含义无法确定、无法与申请文件结合）不符合要求；引证文件不符合要求等。以下主要以涉及说明书公开不充分的举证案例为例展开分析。

【案例12-01-10】

案例情况介绍

权利要求1：一种大气合成气体发电技术，包括净化系统、大气膨胀合成系统、发电系统。

说明书中仅描述了发电技术采用了净化系统、大气膨胀合成系统、发电系统，而对于其中的"大气膨胀合成系统"未进行任何介绍或说明。

审查员在一通中评述申请文件说明书公开不充分，评述意见如下：说明书中虽然给出了该系统的几个组成部分，但是对于其中的"大气膨胀合成系统"只给出名称，而没有具体描述其功能和具体运行的方式，也没有具体描述如何利用该系统使得大气膨胀并继而发电，本领域的公知技术中也没有披露或记载过该系统是如何工作的相关技术内容。因此，所属技术领域的技术人员无法知晓该系统的工作原理及工作过程，根据说明书记载的内容，所属技术领域的技术人员无法实施这一技术，继而无法实施该发明，本申请不符合《专利法》第26条第3款的规定。

申请人未对申请文件进行修改，仅在意见陈述中详细描述了申请文件未公开"大气膨胀合成系统"的结构以及运行过程，但并未证明所陈述的这部分内容属于所属技术领域的现有技术。

案例分析

《专利法》第26条第3款规定，说明书应当对发明或者实用新型作出清楚、完整的说明，以所属技术领域的技术人员能够实现为准。申请人在针对说明书公开不充分进行意见陈述时，首先应通过充分的说理或提供相关证据证明未充分公开的技术内容属于所属技术领域的现有技术或公知常识。具体到本案，申请人在意见陈述中仅对原始申请文件未公开的内容进行了详细的补充描述，并没有对这部分内容是否属于现有技术或公知常识的内容进行说明，更没有通过任何方式进一步加以证明。因此，即使申请人在意见陈述书中对技术内容进行了详细的补充描述，也不能证明其描述的内容属于本申请的现有技术或公知常识，所属技术领域的技术人员在实施本案的技术方案时不会将申请人意见陈述的内容作为现有技术或公知常识来考虑，因此，这样的意见陈述并不能成为具有说服力的本申请说明书公开充分的理由，从而导致申请仍不符合《专利法》的相关规定。

【案例12-01-11】

案例情况介绍

权利要求1：一种服务车内板的制造方法，包括：将板料剪裁；安装冲压模具，将板料两端冲裁缺口；安装专用弯曲模具，对板料进行单楞V形凸尖弯曲以及二次逐楞弯曲；安装专用成形模具，对弯曲过的板料进行逐楞加压成型。

说明书中描述专用弯曲模具为专用Y型020机，专用成形模具为专用Y型021机。

审查员在一通中评述申请文件说明书公开不充分，评述意见如下：根据说明书的描述，本申请技术方案中的专用模具为专用Y型020-021机，然而并未就其具体结构进行说明，所属技术领域的技术人员根据本领域的公知常识也无法获知该专用Y型020-021机具有怎样的结构，如何进行相关工作，因此，根据说明书记载的内容，所属技术领域的技术人员无法实施这一技术手段，继而无法实施该发明，本申请不符合《专利法》第26条第3款的规定。

申请人未对申请文件进行修改，仅陈述意见如下："申请人认为航空客机上的服务车以及相关模具已经形成相应的行业标准，属于标准产品，因此它是公知常识的范畴，所以申请人无需对其作出详尽的描述，也就是申请人即使不对申请文件进行修改，也不存在公开不充分的问题"，并未提供任何证据证明该行业标准的存在。

审查员在现有技术中并未获得与此行业标准相关的内容，发出第二次审查意见通知书（简称"二通"）要求申请人提供相关证据，申请人的二通答复基本与一通答复相同，且仍未能提供相关证据。

案例分析

本案中，申请人仅仅声称所属技术领域公知常识范畴内存在加工专用模具的行业标准，但申请人既未提交相关证据加以证明（例如由国家、行业或地方主管部门发布的标准），也未给出无需提供证据即可支持其主张内容的充分理由。当审查员无法获得该行业标准而要求申请人提交相关证据时，申请人仍然未提供相关证据予以证明，因此审查员根据现有的技术内容无法确定申请人声称的专用模具为行业标准，也就其无法确定属于所属技术领域的公知常识。由此，申请人认为该技术内容属于公知常识的意见陈述缺乏依据，不能成为本申请说明书公开充分的理由，使得本申请仍不符合《专利法》的相关规定。

【案例 12-01-12】
案例情况介绍

本案请求保护的发明涉及一种负能装置，审查员在一通中指出说明书公开不充分，审查意见如下：本申请请求保护一种负能发电装置，根据说明书记载的内容可知，本发明的目的是利用实物体的机械双向圆周连续运动获得多余负能进行发电，其通过发电机转子和转子端上固定的齿轮与地球暗物质负能系统进行非等量交换得到多余的负能，并将交换得到的多余负能转换成电流输出。然而，本申请说明书中没有对转子的圆周转动如何从地球暗物质负能系统中非等量的交换获得多余的负能进行任何描述，本领域的公知技术也并未给出如何通过圆周运动从地球暗物质负能系统中进行非等量交换的相关知识，因此所属技术领域的技术人员根据说明书的记载不能实现该发明，本申请不符合《专利法》第 26 条第 3 款的规定。

申请人未对申请文件进行修改，仅在意见陈述时提供了两份证明资料：《宇宙能源锌概念——负能》和《关于地球负能资源新理论以及利用新方法的基础性研究》，并陈述这两份材料记载了审查意见中提出的说明书中未充分公开的内容，并以此证明说明书公开充分。

经过进一步核实，申请人提供的证明资料 1——《宇宙能源锌概念——负能》是申请人自行印刷的图书，其不带有任何刊号，不属于正规出版物；申请人提供的证明资料 2——《关于地球负能资源新理论以及利用新方法的基础性研究》这一论文发表在 2005 年第 1 期的《格物》杂志上，此发表日期是在本申请的申请日之后，其公开的内容不属于本申请的申请日前的现有技术。

案例分析

申请人提交的证明说明书充分公开的证明材料必须是正规出版物形式的现有技术。正规出版物通常包括专利文献、带有国际标准书号（ISBN）、国际标准刊号（ISSN）或国内统一刊号的图书类出版物，由国家、行业或地方主管部门发布的标准和以公众可以浏览的在线数据库方式定期出版公开的在线电子期刊等。具体到本案，申请人在针对说明书公开不充分的缺陷进行答复时，所提供的证明资料或者属于非正规出版物或者是在申请日之后公开的出版物，因此均不属于以正规出版物的证据形式证明的现有技术的范畴，无法作为本申请说明书公开充分的证明材料。在一些实际案件中，除了提交不符合要求的"出版物"，申请人往往还会提交实验数据、补充的实施例、自行印刷并通过非正规出版发行渠道散发的图集、产品目录、产品样本、会议论文等作为证据，然而对于上述材料审查员一般均不予考虑。

如果申请人希望通过提供证据来证明说明书公开充分，则一定要注意证据在时间上（是否为现有技术）和形式上（是否为正规出版物）的有效性。此外，申请人还应当进一步确定证据在技术内容上是否符合要求。不符合要求的情况包括：一个或多个证据记载的内容相互矛盾，造成无法确认请求保护的技术方案的内容；一个或多个证据表明某一技术特征具有多种含义，而这些不同的含义中至少一种含义无法被确定能否实现请求保护的发明；证据所证明的现有技术中的某一技术手段无法直接与请求保护的技术方案的内容想结合等。因此，申请人提交的证据由于某种原因不能构成申请文件说明书公开充分的证据时，将很可能导致本申请仍不符合《专利法》的相关规定。

【案例 12-01-13】

案例情况介绍

本案请求保护的发明涉及一种废气净化装置（公开日 2007 年 6 月 29 日），审查员在一通中评价说明书公开不充分，主要评述意见如下：说明书中指出将废气中的一氧化碳、二氧化碳、二氧化硫和氮氧化物等进行旋转滚动研磨滤化处理，高效脱离上述物质并收集残渣。但是，内燃机排放废气中的一氧化碳、二氧化碳等气体在常态下是不溶于水的，如果这些气体不溶于水而是仍然以气体的形式从废气中排出，那么过滤网也必然不是普通的过滤网，然而说明书中没有对过滤网进行必要的说明，所属技术领域的技术人员根据现有的技术知识也无法获知何种过滤网能从废气中将一氧化碳、二氧化碳等气体过滤。因此，根据说明书的记载，所属技术领域的技术人员无法实现该发明，本申请不符合《专利法》第 26 条第 3 款的规定。

申请人未对申请文件进行修改，仅陈述意见如下：废气的有害物中一氧化碳、二氧化碳和二氧化硫均属气体，在常态下是不溶于水的，这一点申请人也是认同的（说明书中第三页最后一段中，提及"气体由过滤网一次过滤后沿 B 方向从排气管排出"），虽然不溶于水，但可通过过滤网进行滤清净化处理。本人要求引用本人在中国专利文件（专利号 ZL×××××，公告日 2007 年 9 月 30 日）中公开的内燃机废气过滤化污装置的应用及其检测报告，其中所述的过滤网 3 即为本发明中所述的过滤网 16。

案例分析

根据《专利审查指南》的规定，说明书中可以引证反映背景技术的文件，但引证文件必须为公开出版物，且当引证文件为中国专利文件时，其公开日不能晚于本申请的公开日；当引证文件为非专利文件或外国专利文件时，其公开日不能晚于本申请的申请日。具体到本案中，申请人要求补充的引证文件为中国专利文件，其公开日（2007 年 9 月 30 日）晚于本申请的公开日（2007 年 6 月 29 日），因此其无法作为本申请的引证文件。

同时《专利审查指南》还规定，对于那些就满足《专利法》第 26 条第 3 款的要求必不可少的内容，不能采用引证其他文件的方式，而应该将具体内容写入说明书。具体到本案，即便申请人要求引证的文件在时间上符合了要求，但由于其引证的内容是实现发明必不可少的部分，因此只能将引证文件的具体内容补入，然而这样的补入将导致修改超范围。因此，本案中申请人要求补充引证文件不会被接受。

应当注意的是，同样的技术内容在不同国家提出申请时，引证文件是否可用也有可能不同，例如：中国专利申请A和美国专利申请B为同族专利申请，两篇专利申请文件中均引证了未公开的美国专利申请文件C，此时即便美国申请文件B对美国申请文件C的引证在时间上是可用的，中国申请文件A对美国申请文件C的引证仍然是不可用的，因为未公开的美国申请文件C的公开日将明显晚于中国专利申请A的申请日，将视为未引证该美国申请文件C。另外，当所引证的外国专利文件的公开日晚于本申请的申请日时，即便所引证的外国专利文件有中国同族专利文件，且该中国同族专利文件的公开日不晚于本申请的公开日，仍然视为没有引证该外国专利文件，因为该中国同族专利文件的申请号或公开号并未在原始说明书中被提及，且申请人用中国同族专利文件替代外国专利文件作为引证文件的修改方式不能被接受。

申请人使用引证文件时，应当确保引证文件在时间上符合规定，并根据引证文件内容上与申请文件的相关度采用合适的引证方式，以避免出现由于引证文件不可用而影响专利申请授权前景的情况。

（四）针对对比文件的争辩误区

意见陈述的过程中，不少申请人认为是对比文件破坏了申请文件的新颖性或创造性，争辩的焦点应该是对比文件，于是挖空心思列举出对比文件存在的种种不足，以此证明其发明具有授权前景。然而，这是申请人在答复过程中容易陷入的思维误区，导致其意见陈述的内容或者不客观或者偏离了《专利法》及《专利法实施细则》的相关规定。实际案件中，以对比文件为争辩点时易于出现的典型问题包括：仅列举对比文件的缺陷，而不是基于技术方案的对比进行论述；主观地认定对比文件不可实施；仅列举多篇对比文件与申请文件的区别，而没有将对比文件结合起来考虑；简单认定对比文件和申请文件的技术领域不同，而不考虑转用启示等。

【案例12－01－14】

案例情况介绍

权利要求1：一种叶片式风力发电机，它由发电机、叶片和内外锥筒组成，其特征在于内锥筒和外锥筒之间用多个绕着轴线布置的导流板相连接，叶片位于导流板后方，其通过轮毂与置于内锥筒内的发动机相连。

权利要求2：根据权利要求1所述的叶片式风力发电机，其特征在于所说的叶片的宽度L随着叶片的旋转半径成比例变化。

审查员在一通中采用对比文件1评述权利要求1不具备新颖性，并结合公知常识评述权利要求2不具备创造性。申请人未对申请文件进行修改，仅陈述意见如下：对比文件1中存在问题：（1）叶片迎风夹角不合理；（2）方向自动控制太过复杂。鉴于对比文件存在上述不足之处，说明本发明的权利要求具有突出的实质性特点和显著进步，是符合《专利法》规定的创造性要求的。

案例分析

本案，申请人着重于陈述对比文件1存在的不足。然而，首先，这些不足之处是申请人看到对比文件1之后，为了争辩新颖性/创造性而强加于对比文件1的，实际上对比文件1并不存在上述不足；其次，包括对比文件所公开的技术方案以及权利要求技术方案在内的任何一个技术方案都必然存在不足，即便对比文件1存在上述不足，这些方面的不足并不表明对比文件1的技术方案与权利要求的技术方案之间存在不同，本申请原始说明书中并没有给出本申请的技术方案为了克服对比文件1中的上述不足而进行了哪些改进，也就无法体现权利要求的技术方案因为哪些技术特征而不同于对比文件1的技术方案和如何具有突出的实质性特点和显著进步。因此，并不是对比文件存在不足就一定能成为权利要求具有新颖性或创造性的理由，相对于现有技术存在区别才是权利要求的技术方案具有新颖性的根本所在，而区别技术特征对现有技术作出贡献才是权利要求的技术方案具有创造性的根本条件。申请人的争辩因偏离了方向而不具有说服力，容易导致申请仍然不符合《专利法》的相关规定。

争辩专利申请的新颖性和创造性时，申请人不仅要对对比文件持有客观的态度，更应将重心放在权利要求与对比文件的技术方案、所解决的技术问题以及技术效果的对比上，以区别技术特征为切入点论述权利要求技术方案的新颖性以及实质性特点和显著进步。

【案例12-01-15】
案例情况介绍
权利要求1：一种波浪能量转换方法，其特征是：在海面上设有多个浮子，浮子为气球、充气桶或浮桶，每个浮子均通过柔性连接体与一个固定在海底的对应的液压装置的活动连接杆一端连接，通过浮子随海浪的上下浮动带动液压装置内活塞运动，从而将波浪的能量转换为机械能输出。

审查员在一通中采用两篇相同主题的对比文件评述权利要求1不具备创造性。对比文件1公开了除浮子的具体形式之外权利要求1的全部技术特征，而对比文件2则公开了权利要求1区别于对比文件1的技术特征"浮子为气球、充气桶或浮桶"，不同在于其采用的不是液压装置，而是齿轮传动装置。

申请人意见陈述内容如下：审查员不能以一个不可实施的实例（对比文件2为1983年的申请文件，如果可以实施，那么世界上大小海域早已遍布如对比文件中的发电系统，而至今，仍然未见一国一处存在，可见对比文件2不具有可实施性）来否定一个可以实施的实例（本申请）的创造性。

案例分析
本案中，申请人错误地用"未投入应用"否定了对比文件2的可实施性。首先，未投入应用并不表示不可实施，经济、技术水平、政治等因素均可以影响对比文件2所公开的技术方案是否投入应用，"未投入应用"根本无法得出对比文件2不可实施的结论；其次，对比文件2已于1985年获得了发明专利权，其技术方案能够在产业上制造和使用，即完全可以在海洋上予以实施。由此可知，"未投入应用"不同于"不可实施"，其不会影响对比文件2对权利要求1的创造性的评价，也就无法成为权利要求的技术方案具有实质性特点和显著进步的理由。因此，申请人对对比文件作出了错误的定性，致使其意见陈述的理由不具有说服力，如果以此点来论述本申请的创造性，将导致本申请仍不符合《专利法》的相关规定。

【案例 12-01-16】
案例情况介绍

权利要求1：一种抗磨损输送弯管，由进料管、管体和出料管构成的密封体，其特征在于，进料管与出料管之间的夹角为120～150度，管体是由四周设置的垂直挡板和与垂直挡板连接的水平挡板构成，水平挡板设置在进料方向处，设于下部的水平挡板与出料管连接。

本案申请日为2005年5月28日，审查员在一通中采用对比文件1（1980年3月2日公开的专利文献）和对比文件2（2005年1月28日公开的专利文献）评述权利要求1不具备创造性。

申请人意见陈述内容如下：申请人认为，审查员采用的对比文件1为1980年公开，而对比文件2为2005年公开，两者之间相差了15年，这么大的时间跨度使得对比文件1和对比文件2不可能结合在一起，因此不能以两个不能结合的文件来否定本申请的创造性。

案例分析

根据《专利法》第22条第3款，发明的创造性是指与现有技术相比，该发明有突出的实质性特点和显著的进步。而申请日以前公开的专利文献属于现有技术的范畴，具体到本案，对比文件1和对比文件2均构成本申请的现有技术，只要是构成了本申请的现有技术，那么所属技术领域的技术人员则有能力获取这些文件所公开的技术内容并根据技术启示进行相应的结合。申请日前公开的现有技术能否结合取决于是否存在能解决某一技术问题的技术启示，而不取决于它们之间存在多大的时间跨度，申请人在争辩对比文件1和对比文件2之间不能结合时，应该从技术特征、技术领域、解决的技术问题等角度分析两者间为何不存在技术启示，如果仅因为对比文件的公开时间相差较大而否定两者之间的结合对于阐明本申请具备创造性没有任何意义，缺乏足够说服力，导致申请仍不符合《专利法》的相关规定。

【案例 12-01-17】
案例情况介绍

权利要求1：一种推动车，包括：前辊，前辊绕其中心轴转动并与地面接触；上辊，其中心轴平行于所述前辊的转动轴并与前辊的转动轴分隔开，上辊不与地面接触；减速器，用于增大来自动力源的转动力；以及控制器，用于进行远程控制。

对比文件1公开了一种推动车，包括权利要求1中的前辊、上辊和减速器，但未公开控制器；对比文件2公开了一种可控推车，包括权利要求1中的前辊和控制器，但未公开上辊和减速器。

审查员在一通中将对比文件2中的控制器结合到对比文件1中的推动车中评述了权利要求1的创造性，部分评述意见如下：权利要求1与对比文件1的区别仅在于还包括控制器，其实际解决的技术问题是"实现远程控制"，而对比文件2也属于推动车领域，其虽然没有公开详细的传动件，但公开了用于推动车上的控制器，且同样也是解决远程控制问题，因此在对比文件1的基础上结合对比文件2得出权利要求1所要求保护的技术方案，对所属技术领域的技术人员来说是显而易见的，因此权利要求1不具备突出的实质性特点和显著的进步，因而不具备创造性。

申请人针对一通进行如下意见陈述：1.对比文件1与本申请的区别在于：不包括信号控制器，因此本申请相对于对比文件1具备创造性；2.对比文件2与本申请的区别在于：不包括上辊和减速器，因此本申请相对于对比文件2具备创造性。

案例分析

本案中，申请人分别陈述了对比文件1、对比文件2与本申请的差异，并以此肯定了本申请相对于对比文件1具有创造性，并相对于对比文件2具备创造性。然而，这样的单篇文件对比仅能证明权利要求1具有新颖性，并无法证明其具有创造性。根据《专利法》的规定，新颖性是相对于现有技术中的单个技术方案而言，而创造性是相对于现有技术的整体而言，这里的整体指的是现有技术中具有结合启示的技术内容和存在技术教导的公知常识结合在一起后获得的技术方案，因此，创造性针对的不仅仅是单篇对比文件的技术方案，而是多篇对比文件的结合或对比文件与公知常识的结合。具体到本案，申请人仅仅孤立地分别分析了两篇对比文件与权利要求1的区别，并没有将两篇对比文件结合起来考虑，忽略了对比文件2给出的技术启示，因此不能成为权利要求1的技术方案相对于现有技术（对比文件1+2）整体具有创造性的理由，申请人如此答复相当于浪费了意见陈述的机会，将导致申请仍不符合《专利法》的相关规定。

申请人在针对创造性进行争辩的过程中，不但要对每一篇对比文件公开的内容进行客观分析，还应当客观地考虑对比文件之间是否存在结合启示。

【案例12-01-18】

案例情况介绍

权利要求1：一种发条发电装置，其特征在于：所述发条发电装置由发电机、发条装置、传动轴组成，发条装置驱动传动轴生产旋转运动，传动轴带动发电机的转子轴运动，通过连接套实现轴之间的连接。

对比文件1公开了一种发条发电装置，同样是利用发条带动传动轴并带动发电机发电，其未公开发电机转子轴和传动轴之间用连接套进行连接。对比文件2公开了一种连接件，其通过套管实现两端轴之间的连接，从而对连接节点进行保护。

审查员在一通中采用对比文件1和对比文件2（公开了权利要求1与对比文件1之间的区别技术特征"通过连接套实现轴之间的连接"）评述权利要求1不具备创造性。申请人未对申请文件进行修改，部分意见陈述内容如下：虽然对比文件2中的连接套实现了轴之间的连接，但对比文件2是连接装置领域，而本申请是发条发电领域，对比文件2与本发明不属于相同的技术领域。审查意见将非本领域的技术搬到本领域中，显然不符合有关规定。因此，在对比文件1的基础上无法结合对比文件2破坏本发明的创造性。

案例分析

本案中，申请人陈述了对比文件2与本发明技术领域上的差异，并简单认为领域的差异导致对比文件之间无法结合。然而，根据《专利审查指南》，所属技术领域的技术人员应当具有从与本领域相关的技术领域获知现有技术的能力。具体到本案，对比文件2的连接装置具有通用性，而本发明的发电领域必然要用到轴之间的连接技术，可见对比文件2属于本发明技术领域的相关技术。由此，当面对发电机转子轴与传动轴之间的连接问题时，所属技术领域的技术人员有动机也有能力在与其密切相关的技术领域（连接技术）获取现有技术。也就是说，有动机也有能力将对比文件2有关连接套的技术应用到发电领域，两者结合后得到权利要求1的技术方案，对所属技术领域的技术人员而言是显而易见的。因此本案中不同领域的技术是完全可以结合的，如果申请人仅通过简单认定领域上的不同而断定两者无法结合，则并不能成为权利要求具有创造性的有说服力的理由，这样的意见陈述易于导致申请仍不符合《专利法》的相关规定。

由此可见，不同领域的现有技术不一定不能结合或转用，申请人还应当进一步考虑不同领域的现有技术之间的结合启示或转用启示，并以此为基础展开争辩。

第二节　修改的基本要求和常见问题

一、概要

《专利法》第33条规定，申请人可以对其专利申请文件进行修改，但是，对发明和实用新型专利申请文件的修改不得超出原说明书和权利要求记载的范围。这是对专利申请文件修改内容的原则性规定。另外，根据《专利法实施细则》第51条的规定，申请人对其专利申请文件的修改包括主动修改以及根据审查意见通知书的要求进行的修改这两种不同的类型。对于后者而言，修改的时机要受到一定的限制，这成为除《专利法》第33条规定的修改原则之外对申请文件修改的另一种限制性条件。

之所以规定申请人可以对其专利申请文件进行修改，是因为专利申请文件的撰写往往会出现用词不严谨、表述不准确、权利要求的撰写不恰当等缺陷，一项发明创作往往需要经过大量的实践研究而获得，如果不能合理运用《专利法》《专利法实施细则》赋予申请人的各项权利有效地获得合理的专利保护范围，使其与申请人对技术发展作出的贡献相匹配，其结果必然给申请人的利益带来损失。此外，如果不加修改即授予专利权，不仅会影响准确地向公众传递专利信息，妨碍公众对授权专利的实施应用，还会影响专利权保护范围的大小以及其准确性，给专利权的行使带来困难。两者都会妨碍专利制度的正常运作，降低专利制度的应有价值。基于这样的理由，国家知识产权局发现专利申请文件存在缺陷的，就不能授予专利权，否则就没有履行《专利法》赋予的职责。现实中大多数专利申请文件在被授予专利权之前都需要或多或少地进行补正和修改。因此对专利申请文件进行修改在专利审批程序中是非常常见的事情。

但是，对于申请的修改如果在时机上不加限制，则会对其他申请人和公众造成不利的影响；而且如果允许申请人在任何时间对申请文件进行修改，则在行政审批的过程中会产生诸多不确定因素，例如：审查文本的确定烦琐、审查程序的延长等，造成审批效率的降低。为了同时兼顾公平与效率的原则，《专利法》和《专利法实施细则》中对修改的时机也进行了明确的规定。

对于专利申请文件修改不符合《专利法》第33条规定的情形，本书将在下面的章节中进行详细描述。本节将只通过一些案例给出针对专利申请文件修改的时机不符合《专利法实施细则》第51条规定的情形以及在满足有关修改内容和修改时机规定的情况下对专利申请文件进行修改时可能导致对申请人的权益造成损害的情形，以便为申请人在对专利申请文件进行修改时提供一定参考。

二、针对修改时机的基本要求

按照《专利法实施细则》的要求，在申请人对申请文件进行修改时，修改时机应当满足《专利法实施细则》的相关规定。具体为：修改时机应当满足《专利法实施细则》第51条的规定，而且在修改的各个时机中，相应的修改还应当满足修改时机内规定的具体期限。

《专利法实施细则》第51条第1款规定：发明专利申请人在提出实质审查请求时以及在收到国务院专利行政部门发出的发明专利申请进入实质审查阶段通知书之日起的3个月内，可以对发明专利申请主动提出修改。

《专利法实施细则》第51条第3款规定：申请人在收到国务院专利行政部门发出的审查意见通知书后对专利申请文件进行修改的，应当针对通知书指出的缺陷进行修改。

一般情况下，在针对申请文件进行修改时，首先修改的时机应当符合《专利法实施细则》第51条的规定。如果时机符合，则修改后的文本应当作为继续审查的基础。然而，这并不意味着修改的内容可以被允许。只有修改的内容符合《专利法》第33条的规定，这种修改才能被允许。如果修改的内容不符合《专利法》第33条的规定，即使修改的时机正确，这样的修改也是不允许的。

（一）修改的时机

《专利法实施细则》第51条对申请文件的修改时机作出了具体规定。从该条规定中可以看出，关于修改的时机，可以分为主动修改以及按照审查意见通知书进行的修改（也称为"被动修改"）。为了叙述方便，以下统称为"被动修改"。

1. 主动修改

主动修改一般是申请人在提交申请文件后，又发现申请文件中存在缺陷，从而对存在的缺陷自行启动的修改。主动修改的期限有两个，分别为：

申请人在提出实质审查请求时。根据《专利法》的规定，申请人可以在自申请日起3年内提出实质审查请求。因此当申请人在申请日之后的一段时间内提出实质申请请求时，可能对申请文件中存在的缺陷有了充足的了解；而且如果申请人的主动修改克服了申请文件中存在的缺陷，则在实质审查程序启动的初期就能针对一份清楚、完整的文件进行，有利于节约审查程序。

收到国务院专利行政部门发出的发明专利申请进入实质审查阶段通知书之日起3个月内。《专利法》规定，申请人可以在自申请日起3年内提出实质审查请求。绝大多数国内的申请人在提出专利申请的同时就会提交实质审查请求书，或者会在较早的时间内提交实质审查请求书。这种情况下，申请人很难利用第一个期限对申请文件进行主动修改。为了保证申请人行使其主动修改的权利，《专利法实施细则》规定了第二个主动修改的期限，即：主动修改可以在收到国务院专利行政部门发出的发明专利申请进入实质审查阶段通知书之日起 3 个月内进行。

申请人在上述期限内提交的主动修改文本，只要修改期限满足上述两项要求之一的，通常情况下，修改文本是可以被接受并作为审查文本的。申请人在上述规定以外的时间对申请文件进行的主动修改，审查员一般不予接受。

2. 被动修改

被动修改通常是应审查意见通知书的要求作出的修改，并不是申请人自行启动的。被动修改时机内对申请文件的修改有多种方式。

一般情况下，审查员在对申请文件进行实质审查时，会以审查意见通知书的形式将申请文件中存在的实质或/和形式缺陷告知申请人。审查员与申请人针对申请文件中存在的缺陷，往往需要进行多次的交流和沟通，审查意见通知书的发送次数往往也需要有多次，因此这些按次序发出的审查意见通知书依次被称为第一次审查意见通知书、第二次审查意见通知书、……以此类推。除第一次审查意见通知书之外，其他后续的审查意见通知书统称为中间审查意见通知书。无论是何次审查意见通知书，除了相关的审查意见之外，还要指定答复和修改的期限。具体为：针对第一次审查意见通知书的修改期限为自收到该通知书之日起 4 个月内；中间审查意见通知书的指定修改期限为自收到该通知书之日起 2 个月内。

另外，当审查员在发出第一次审查意见通知书后，如果申请文件中仍然存在缺陷，除了采用中间审查意见通知书的方式之外，审查员也可以根据案情的需要向申请人提出会晤要求，同时，申请人也可以要求与审查员进行会晤，双方可以通过会晤的方式来商议克服审查文件中依然存在的某些缺陷。会晤后需要申请人重新提交修改文本或作出书面意见陈述，如果对原定答复期限的监视还继续存在，则该答复期限可以不因会晤而改变，或者视情况延长一个月；如果对原定答复期限的监视已不再存在，则审查员应当在会晤记录中另行指定提交修改文本或意见陈述书的期限。此时提交的修改文本和意见陈述书视为对审查意见通知书的答复，申请人未按期答复或修改的，该申请将被视为撤回。

申请人和审查员之间还可以通过电话讨论的方式来解决一些次要的、不会引起误解的形式缺陷，电话讨论涉及的内容要记录并存入申请案卷中，对于电话讨论中同意修改的内容，申请人应当正式提交修改的书面文件。

对于被动修改所涉及的期限问题，虽然在审查意见通知书、会晤或电话讨论中都有相应的指定或约定，但是考虑到申请文件中存在的缺陷的多少、修改的难易程度以及申请人个人情况等因素，申请人如果在规定的期限内无法完成答复和修改时，可以请求延长期限。请求延长期限的，应当在期限届满前提交延长期限请求书，说明理由，并缴纳延长期限请求费。国务院专利行政部门收到申请人的延长期限请求书后，会对延长期限请求进行审批，并作出相应通知和决定。延长的期限一般不得超过 2 个月，对同一通知或者决定中指定的期限一般只允许延长一次。

3. 主动修改与被动修改的区别与联系

根据《专利法》《专利法实施细则》以及《专利审查指南》的规定，修改的时机包括两个，主动修改和被动修改。

就期限而言，主动修改的期限有两个，分别为：申请人在提出实质审查请求时或者是收到国务院专利行政部门发出的发明专利申请进入实质审查阶段通知书之日起 3 个月内；而被动修改一般是在审查员发出审查意见通知书之后的、按照审查意见通知书进行的修改，其期限一般为：针对第一次审查意见通知书的修改期限为自收到该通知书之日起 4 个月内；中间审查意见通知书的指定修改期限为自收到该通知书之日起 2 个月内。

虽然对于修改的时机有相应的规定，但是对于主动修改和被动修改而言，对两种修改时机所规定的期限并不是严格加以控制的。《专利法》《专利法实施细则》以及《专利审查指南》中的相关规定具体为：

申请人在上述（主动修改）期限内提交的主动修改文本，只要修改期限满足上述两项要求之一的，通常情况下，修改文本是可以被接受并作为审查文本的。申请人在上述规定以外的时间对申请文件进行的主动修改，审查员一般不予接受。

需要指出的是，在实质审查阶段，出于有利于节约审查程序的原因，对于虽然修改的期限不符合《专利法实施细则》第 51 条第 3 款的规定，但是其内容与范围满足《专利法》第 33 条要求的修改，只要修改的文件消除了原申请文件存在的缺陷，并且具有授权前景的，这种修改就可以视为是针对通知书指出的缺陷进行的修改，也可以接受。（参见《专利审查指南》第二部分第八章第 5.2.1.3 节）

可以看出：虽然两种修改时机所规定的期限不同，但是对于期限的把握相对宽松。因此，在修改申请文件的过程中，对于修改时机并不是机械地、严格地加以控制。对于时机的控制遵循两个原则：（1）如果申请人在正确的时机内，且在所规定的期限内对申请文件进行了修改，则无论修改内容是否超范围，此次修改文本都应当被接收，并作为审查文本，至于所述修改是否超范围，则是在修改文本被接收的基础上，再进行后续的判断，也即：如果修改的时机和期限正确，则修改的主动权在申请人手中，只要修改的时机和期限合适，修改文本是会被接收并作为审查文本的；（2）如果申请人对申请文件的修改没有在正确的时机内，或没有在所规定的期限内，那么是否接收所述修改文本的主动权则掌握在审查员的手中，即：如果所述不符合时机或期限的修改不利于后续的审查，则审查员可以不接收修改文本；只有在审查员认为所述修改文本有利于后续的审查，修改文本才有可能被审查员接收。

就修改内容而言，主动修改和被动修改的内容都必须符合《专利法》第 33 条的规定。但是对于主动修改的内容和范围的把握相对宽泛，如：可以增加和/或删除权利要求，可以改变权利要求的主题类型和/或主题名称，可以添加、改变和/或删除权利要求中的技术特征等，只要修改后的技术方案记载在原始的申请文件中，则都是允许的。而对于被动修改而言，修改的自由度则远远小于主动修改，被动修改的内容只能按照审查意见通知书中指出的缺陷进行。如果修改内容不是按照审查意见通知书中指出的缺陷进行的，一般情况下，这样的修改是不被接受的。

（二）修改文本的格式

对于申请文件中文字部分的修改，要按照规定格式提交经过修改的申请文件的替换页，还应当附有在原始申请文件上有修改标注的对照页或者是修改对照表，与此同时，在意见陈述书中指出修改的内容在原始申请文件中的位置，以便审查员审查核对。

对于申请文件的附图部分的修改，则应当提交修改替换页。

在对申请文件进行修改时，申请人不但在时机方面要符合《专利法实施细则》的规定，而且要在内容方面也需符合《专利法》的规定。但是对于修改的时机，《专利法》《专利法实施细则》以及《专利审查指南》中的相关规定则较为宽松。修改文本是否被接收在很大程度上取决于修改是否符合《专利法》第33条的规定，即：修改内容是否超出原始申请文件记载的范围。

基于上述原因，在对申请文件进行修改时，多数申请人更多地关注于修改的内容或范围是否满足《专利法》第33条的规定，而忽略修改中需要注意的其他问题。这些问题的产生贯穿于申请提出直至审查结束的整个过程，从修改的时机，到是否进行了实质性修改、修改的重复性以及修改的完整性等方面都会出现一些不利于审查的问题，有可能导致修改文件不被接受或者导致审查程序的延长，有的甚至影响到专利申请的最终走向。对于申请人而言，在修改申请文件的过程中，无论出现哪种问题，都会对专利申请产生不利的影响。

综上所述，修改内容超范围的问题已引起多数申请人的密切关注，且在本章的第三节和第四节中将分别通过一个案例来详细介绍此类问题，因此本节不再赘述。本节涉及的重点内容即为除修改内容超范围问题之外的其他常见的问题，并对其进行详细地举例说明。

三、修改的常见问题

本节中将修改的常见问题限制在修改内容符合《专利法》第33条的规定，但在修改的时机以及修改的方式上存在不合理之处而导致与修改内容超范围同样后果的问题上。这些问题一般产生于以下几个方面：修改时机把握不当；未对申请文件进行实质性修改；虽然对申请文件进行了实质内容的修改，但是修改后的技术方案已经在前次审查意见通知书中进行了评述，即：重复性修改；以及虽然针对审查意见通知书进行了修改，但是修改不完全等。

（一）修改时机把握不当

对申请文件的修改包括两个时机，分别为主动修改和被动修改。修改时机把握不当，一般是指在被动修改的时机内，申请人并没有按照审查意见通知书指出的缺陷进行修改，而是擅自"主动"地对权利要求书中不存在缺陷的其他部分进行了修改，即：在被动修改的时机内对权利要求书进行了主动修改。此类问题的产生源于申请人对修改时机的概念认识不清、或对《专利法》第33条把握不当，并过分重视修改内容或权利要求的保护范围的大小，而忽略了对时机的把握。值得注意的是，根据《专利审查指南》第二部分第八章第5.2.1.3节的规定，即使这种"主动"修改后的技术方案已经记载在原始申请文件中（即：所述针对权利要求书的修改没有超出原始申请文件记载的范围），但由于修改时机把握不当，这样的修改是不允许的。一般情况下，审查员不会接受时机错误的修改，需要退回到前次审查针对的文本进行重复性审查，这不仅导致申请人丧失一次修改的时机，而且导致审查程序的不节约，不可避免地使审查程序延长，造成资源的浪费。

修改时机把握不当的具体情况分以下几个方面。

1. 主动剔除独立权利要求中的技术特征，扩大了请求保护的范围

【案例 12 - 02 - 01】

案例情况介绍

原始权利要求书

1. 一种密闭式输送锌合金液的装置，包括熔化设备、输送设备，所述的熔化设备为合金熔炼炉，所述的输送设备包括锌液泵和输送管道，其特征在于<u>所述的锌液泵为液下泵</u>且安装于与合金熔炼炉内腔相连通的小熔池内。

2. 如权利要求1所述的装置，其特征在于小熔池与合金熔炼炉内腔的容积比为 1 : 6 ~ 1 : 10。

在原始申请文件中记载为"小熔池与合金熔炼炉内腔的容积比为 1 : 8 ~ 1 : 10"。审查意见通知书中没有对权利要求1进行实质和/或形式缺陷的评述，仅仅指出权利要求2得不到说明书的支持，建议申请人对申请文件进行修改。

申请人在修改申请文件的同时，主动将权利要求1的技术特征"所述的锌液泵为液下泵"删除。

修改后的独立权利要求1为：

1. 一种密闭式输送锌合金液的装置，包括熔化设备、输送设备，所述的熔化设备为合金熔炼炉，所述的输送设备包括锌液泵和输送管道，其特征在于所述的锌液泵安装于与合金熔炼炉内腔相连通的小熔池内。

案例分析

此案例中，权利要求1并没有缺陷，只是权利要求2中所述的小熔池和合金熔炼炉内腔的容积比与说明书中记载的不同，权利要求2得不到说明书的支持，因此申请人只需将权利要求2或说明书中记载不一致的容积比修改一致即可。但是申请人在修改申请文件时，并没有按照审查意见通知书中指出的缺陷进行修改，而是主动对无缺陷的权利要求1进行了修改，剔除了权利要求1中的技术特征"锌液泵为液下泵"。删除权利要求1的技术特征"锌液泵为液下泵"就意味着对于权利要求1而言，对锌液泵种类的选择没有任何限制，即：锌液泵可以是任何可以输送熔融锌的泵，其直接的后果是扩大了权利要求1要求保护的范围。即使在说明书中记载了锌液泵可以是其他类型的泵，但由于申请人的修改并不是按照审查意见通知书中指出的缺陷进行的，而是在被动修改时机内，对无缺陷的独立权利要求1进行了主动修改，主动修改的独立权利要求1相对于原始的独立权利要求1的保护范围增大，根据《专利申请指南》第二部分第八章第5.2.1.3节的规定，这样的主动修改在被动修改时机内是不允许的。申请人可就此技术方案提交分案申请加以保护。

2. 主动更改独立权利要求中的技术特征，扩大了请求保护的范围

【案例 12 - 02 - 02】

案例情况介绍

原始权利要求1为：

1. 一种水平电磁连续铸造装置，其特征在于，由保温炉（5）、磁场发生器（4，6）、水冷铜套（3）和石墨结晶器（2）构成，磁场发生器（4，6）固定在水冷铜套（3）的前端、石墨结晶器（2）的外侧，石墨结晶器（2）安装到保温炉（5）侧面，<u>磁场发生器一</u>（5）和磁场发生器二（6）在石墨结晶器（2）上下两侧同时安装。

审查意见通知书中没有提及权利要求1的形式和/或实质缺陷，只是指出其他权利要求存在缺陷。申请人在修改申请文件时，主动将权利要求1的"磁场发生器一（5）和磁场发生器二（6）在石墨结晶器（2）上下两侧同时安装。"修改为"磁场发生器一（5）和/或磁场发生器二（6）在石墨结晶器（2）一侧和/或两侧安装。"

修改后的独立权利要求1为：

1. 一种水平电磁连续铸造装置，其特征在于，由保温炉（5）、磁场发生器（4，6）、水冷铜套（3）和石墨结晶器（2）构成，磁场发生器（4，6）固定在水冷铜套（3）的前端、石墨结晶器（2）的外侧，石墨结晶器（2）安装到保温炉（5）侧面，<u>磁场发生器一</u>（5）和/或磁场发生器二（6）在石墨结晶器（2）一侧和/或两侧安装。

案例分析

本案例中，独立权利要求1在形式和/或实质上都没有任何缺陷，审查意见通知书中仅仅针对其他从属权利要求存在的缺陷进行了评述。申请人在修改申请文件时并没有按照审查意见通知书中指出的缺陷进行修改，而是主动将权利要求1中的技术特征进行更改，具体为：将磁场发生器一和磁场发生器二的安装位置进行了更改，即：从原始的"磁场发生器一（5）和磁场发生器二（6）在石墨结晶器（2）上下两侧同时安装"更改为"磁场发生器一（5）和/或磁场发生器二（6）在石墨结晶器（2）一侧和/或两侧安装"。根据说明书的记载，这样的修改可以理解为：带状磁场发生器一安装在石墨结晶器的任意一侧，或者是带状磁场发生器二安装石墨结晶器的任意一侧，或者带状磁场发生器一和二分别在石墨结晶器的两侧安装。可以看出修改后的权利要求1中存在多个可实施的技术方案，而原始的权利要求1中只有一个可实施的技术方案，这样的修改相对于原始的独立权利要求1而言，显然是扩大了要求保护的范围。即使该主动修改的内容没有超出原说明书和权利要求书记载的范围，只要修改导致权利要求请求保护的范围扩大，则这种修改不予接受。申请人可就此技术方案提交分案申请加以保护。

3. 主动将仅在说明书中记载的与原来要求保护的主题缺乏单一性的技术内容作为修改后的权利要求的主题

【案例12-02-03】

案例情况介绍

原始独立权利要求1为：

1. <u>一种硅块的制造方法</u>，采用含有磨粒和碱性物质的硅锭切割用浆液，切割硅锭来制造硅块，其特征在于：所述碱性物质的含量占浆液的液体成分质量至少3.5质量%；所述浆液含有相对于所述浆液的液体成分中的水分的0.5~5.0质量%的有机胺。

审查意见通知书中并没有对独立权利要求 1 指出任何缺陷，申请人在修改时，主动增加另一项独立权利要求 4：

4. 一种硅片的制造方法，其由研磨成表面粗糙度为预先设定的值以下的硅块来制造硅片，其特征在于：所述预先设定的值按照所述硅片的厚度进行变更。

案例分析

此案例中，原始独立权利要求为一种硅块的制造方法，其在形式和实质上都不存在缺陷，因此申请人只需针对审查意见通知书中指出的其他缺陷进行修改即可。但是申请人却在修改申请文件时，主动将说明书中记载的另一技术方案修改为独立权利要求 1。上述修改是在被动修改的时机内对独立权利要求 1 进行了主动修改，修改时机把握出现差错。而且，新修改的独立权利要求 1 为一种硅片的制造方法，硅块是制造硅片的基础坯料，可以看出两个技术方案的主题存在明显的不同，不属于同一发明构思，两个权利要求之间缺乏单一性。由于原始权利要求书中并不存在这样的技术方案，审查员在继续审查时，还要针对新出现的技术方案进行重新检索和审查，无形中也增加了审查员的工作量。在这种情况下，申请人作出主动修改，将权利要求限定为硅片的制造方法。由于修改后的主题与原来要求保护的主题之间缺乏单一性，这种修改不予接受。申请人可就此技术方案提交分案申请加以保护。

4. 主动增加新的独立权利要求，该独立权利要求限定的技术方案在原权利要求书中未出现过

【案例 12-02-04】

案例情况介绍

原始权利要求书

1. 一种保护渣烧结温度测试方法，其特征在于，具体步骤包括：

1）取适量待测保护渣装入直通的试样管中，从两端将保护渣固定于试样管的中部，并形成试样料柱，且保证试样料柱与试样管中部的加热段重合；

2）所述试样管的两端分别连接密封套及管路，一端通过三通管分别与 U 型压力计的一端和与大气相通的管路相连，试样管的另一端通过三通管分别与装有惰性气体的气瓶接口和 U 型管压力计的另一端相连，将惰性气体通过所述试样管的试样料柱，同时对试样料柱逐渐加热，并记录压力计两端的压差；

3）当试样料柱两端的压差小于初始压差时停止升温；由于试样料柱致密度变化使压差明显突变时的温度，即为连铸保护渣表观开始烧结温度。

2. 根据权利要求 1 所述的连铸保护渣烧结温度测试方法，其特征在于，所述步骤 2）记录 U 型管压力计两端的压差时，每隔 50℃ 记录一次 U 型压力计的压差，当压差变化明显时，适当缩小检测的温度间隔。

第一次审查意见通知书指出，权利要求 1~2 中的技术术语表述不一致，例如出现"U 型管压力计"、"U 型压力计"以及"压力计"等多种表述方式，导致权利要求 1~2 不清楚，不符合《专利法》第 26 条第 4 款的规定，建议申请人将技术术语统一。但申请人在修改上述缺陷的同时，主动增加了另一项独立权利要求 3。即：

3. 一种保护渣烧结温度测试装置，其特征在于，主要由直通试样管（7）、电阻炉

(17) 和 U 型管压力计 (4) 组成; 电阻炉 (17) 上设置用于水平安放直通试样管 (7) 的通孔; 直通试样管 (7) 内注入保护渣, 直通试样管的一端通过三通管分别与 U 形管压力计的一端以及与大气 (5) 相通的管路相连; 直通试样管 (7) 的另一端通过三通管分别与 U 型管压力计 (4) 的另一端和惰性气体瓶输出端相连。

案例分析

可以看出,与案例 12-02-03 不同,本案例中补入的新的独立权利要求 3 与独立权利要求 1 之间不存在单一性的问题,但是根据《专利审查指南》第二部分第八章第 5.2.1.3 节的规定,在被动修改时机进行的主动修改,只要增加原始权利要求书中没有出现过的独立权利要求,无论独立权利要求之间是否具有单一性,都是不允许的。申请人可就此技术方案提交分案申请加以保护。

上述四种修改缺陷都是由于修改时机把握不当造成的,即:在被动修改时机内对权利要求书进行了主动修改。提醒申请人:在主动修改的时机内,申请人可以对申请文件进行任何形式的不超范围的修改,例如:修改权利要求的主题、修改权利要求的类型、增加或删除权利要求、扩大或减小权利要求的保护范围、更改权利要求的某个或某些技术特征等,只要修改后的权利要求的技术方案已经记载在原始申请文件中,都是允许的。但是,在被动修改时机内,对申请文件的修改所允许的范围则大大小于主动修改时机,其允许的修改只能是按照审查意见通知书指出的缺陷进行的修改,任何对权利要求书进行的未在审查意见通知书中指出的缺陷并且不利于节约审查程序的修改都是不允许的,因此申请人一定要注意应当在合适的修改时机内对申请文件进行合理的修改。

(二) 无实质性修改

有些情况下,申请人在根据审查意见通知书指出的缺陷进行修改时,特别是针对审查意见通知书中指出的涉及驳回条款的缺陷进行修改时,虽然在形式上看似对申请文件进行了修改,但是其修改后的技术方案较前次审查意见通知书所针对的技术方案并没有发生实质改变。此种情况下,如果申请人在意见陈述书中的陈述意见也不具有任何说服力时,则往往会导致申请被驳回。根据《专利审查指南》第二部分第八章第 6.1 节中的规定:如果申请人在第一次审查意见通知书指定的期限内未针对通知书指出的可驳回缺陷提出有说服力的意见陈述和/或证据,也未针对该缺陷对申请文件进行修改或者修改仅仅是改正了错别字或更换了表述方式而技术方案没有实质上的改变,则审查员可以直接作出驳回决定。提醒申请人,此种修改仅仅是一种形式上的修改,其实质内容没有产生任何变化,因此也就没有克服审查意见通知书中指出的缺陷,申请人不仅浪费了一次修改的机会,更为严重的是,有可能造成申请最后走向驳回。

下列的实例为典型的无实质性修改的情况。为了叙述方便,所有案例针对的前提条件为,在审查意见通知书中,审查员采用的对比文件直接影响到申请文件的权利要求书的新颖性和/或创造性,审查意见撰写合理,并具备强有力的说服力。在针对审查意见通知书进行答复和修改时,申请人的意见陈述不具说服力,修改没有被审查员认可。

【案例 12-02-05】
案例情况介绍
原始独立权利要求 1 为：

1. 旋转式中包冷却系统，它至少包括冷却罩（1）、风管（4），所述风管（4）一端与鼓风机（5）连接，其特征是：风管（4）另一端接有引风机（6），引风机（6）与鼓风机（5）之间的风管（4）连接有空芯旋转轴（3），空芯旋转轴（3）通过转臂（2）与冷却罩（1）连通，用于使冷却罩（1）沿空芯旋转轴（3）轴心旋转。

审查意见通知书对其进行了创造性评述。申请人根据评述进行了修改，但在意见陈述书中未对修改后的技术方案给出任何说明。修改后的权利要求 1 为：

1. 旋转式中包冷却系统，它至少包括冷却罩（1）、风管（4）、鼓风机（5）、引风机（6），其特征在于：风管（4）一端与鼓风机（5）相连，另一端与引风机（6）相连，空芯旋转轴（3）与位于引风机（6）与鼓风机（5）之间的风管（4）相连且通过转臂（2）与冷却罩（1）连通，用于使冷却罩（1）沿空芯旋转轴（3）轴心旋转。

案例分析
从上述修改可以看出，申请人只是对权利要求的形式进行了修改，即：只是针对权利要求中各个特征之间的相互连接关系简单地作了调整，而权利要求要求保护的技术方案和原始的独立权利要求 1 所要求保护的技术方案是完全一致的，这种修改对技术方案本身并没有任何实质改变。此类情况的产生，可能是由于申请人希望利用这样的修改方式来获得再次听证的机会，但是申请人采取这样的修改方式不但不利于权利要求保护范围的合理性，同时还造成了审查程序的延长，更为严重的是，一旦此类修改重复出现，会对申请的最终走向产生不利后果。

【案例 12-02-06】
案例情况介绍
原始权利要求书

1. 一种滚筒扒渣机扒渣方法，其特征在于利用安装在专用平台上的扒渣装置将渣罐内黏性钢渣扒入滚筒溜槽中。

2. 根据权利要求 1 所述的滚筒扒渣机扒渣方法，其特征在于对所述的扒渣装置进行远程遥控。

审查意见通知书中针对上述两个权利要求分别进行了创造性的评述，指出权利要求 1 和 2 不具备创造性。申请人对权利要求进行了修改，将原权利要求 1 和 2 合并为新的独立权利要求 1。但在意见陈述书中，申请人只简单提及将原权利要求 1 和 2 合并，构成新的独立权利要求 1，对于为什么这样修改，申请人没有陈述任何理由。修改后的权利要求为：

1. 一种滚筒扒渣机扒渣方法，其特征在于在专用平台上安装扒渣装置，并远程遥控所述扒渣装置，使得所述扒渣装置将渣罐内粘性钢渣扒入滚筒溜槽中。

案例分析
此类修改属于将已评述的从属权利要求上升为独立权利要求的情况。由于前次审查意见通知书中已经对权利要求 1 和 2 都进行了专利性的评述。但是申请人在修改时，只将从属权利要求2中的附加技术特征合并入原独立权利要求1，实质上，修改后的独立权利要求1要求保护的技术方案即为原始的权利要求2的技术方案，而原始权利要求2要求保护的技术方案已经进行过相应的评述，因此申请人并没有对权利要求书进行实质内容的修改。如果申请人在审查意见通知书中也没有进行任何说明，则此种修改方式将会对本申请的最终走向产生不利影响。

【案例12-02-07】
案例情况介绍
原始独立权利要求1为：
一种专用于加工发动机曲轴箱（10）的拉床，包括床身（1），床身（1）上固定工作台（5）以及用于夹紧工件（10）的夹紧油缸（6）和用于定位工件（10）的定位油缸（4）、限位块（7），工作台（5）上固定工件（10），其特征在于床身（1）上安装可沿其往复运动的刀台溜板（2），刀台溜板（2）上安装与工件（10）的被加工面形状匹配的拉刀（3），所述的工件（10）设置于拉刀（3）的上方。

审查意见通知书评述了权利要求1的创造性。申请人将权利要求1中的"工件"修改为"曲轴箱"，但是意见陈述书中并没有陈述这样修改的理由。修改后的权利要求1为：
一种专用于发动机曲轴箱（10）加工用拉床，包括床身（1），床身（1）上固定工作台（5）以及用于夹紧曲轴箱（10）的夹紧油缸（6）和用于定位曲轴箱（10）的定位油缸（4）、限位块（7），工作台（5）上固定曲轴箱（10），床身（1）上安装可沿其往复运动的刀台溜板（2），其特征在于刀台溜板（2）上安装与曲轴箱（10）轴承盖座圈的被加工面形状匹配的拉刀（3），所述的曲轴箱（10）设置于拉刀（3）的上方。

案例分析
申请人虽然对权利要求1进行了修改，但是其修改只是将技术术语进行规范，而修改前后的权利要求1要求保护的技术方案的实质含义是相同的，因为所述拉床是专门为了加工发动机的曲轴箱，那么原始权利要求中的所述加工的"工件"只能为曲轴箱，而申请人将"工件"修改为"曲轴箱"并没有对权利要求的技术方案产生任何实质改变，因此修改后权利要求1实质上并没有发生变化，属于无实质性修改。

【案例12-02-08】
案例情况介绍
原始独立权利要求1为：
1. 一种合箱装置，其特征在于：包括桶状的合箱套，该合箱套由两个形状相同的半合箱套组成，还包括安装在该合箱套内其外表面与合箱套内表面配合的定位锥。

审查意见通知书评述了权利要求1的创造性，申请人将权利要求1进行了修改，但是申请人没有陈述修改的理由。修改后的权利要求1为：
1. 一种合箱装置，其特征在于：包括桶状的合箱套（1），该合箱套（1）由两个形状相同的半合箱套组成，还包括安装在该合箱套（1）内其外表面与合箱套（1）内表面配合的定位锥(2)。

案例分析

审查意见通知书中评述了权利要求1的创造性,而申请人对权利要求1的修改仅仅是在相关的技术术语后补入附图标记,这种修改并没有改变权利要求的保护范围,也没有真正克服权利要求1的创造性问题。申请人的这种修改方式通常会对申请的最终走向产生不利影响。

【案例12-02-09】

案例情况介绍

原始独立权利要求1为:

1. 一种内有弯曲通道的钢铸件的<u>铸造工艺</u>,其特征是在铸型(1)里对应钢铸件的铸孔位置内置有所需形状及内径与通道大小相应的钢管(1),钢管(1)的两端分别伸出铸型外,在钢管通入冷却流体的条件下浇注钢液,便得所需钢铸件。

审查意见通知书中对权利要求1的创造性进行了评述。申请人对权利要求1进行了修改,但在意见陈述书中未陈述任何理由。修改后的权利要求1为:

1. 一种内有弯曲通道的钢铸件的<u>铸造方法</u>,其特征是在铸型(1)里对应钢铸件的铸孔位置内置有所需形状及内径与通道大小相应的钢管(1),钢管(1)的两端分别伸出铸型外,在钢管通入冷却流体的条件下浇注钢液,便得所需钢铸件。

案例分析

申请人对原始权利要求1进行了修改,但修改的内容仅仅是将"铸造工艺"修改为"铸造方法",而其他技术特征均没有发生改变,但是所谓的"铸造工艺"和"铸造方法"虽然在表述上有所不同,其含义却是相同的,因此权利要求1实质上并没有真正修改。

【案例12-02-10】

案例情况介绍

原始独立权利要求1为:

1. 一种用于滩涂贝类管式培育装置,<u>其特征在于</u>该装置的主体为培育管(2),在培育管的上口与下口分别装有一层筛绢网(6,7),培育管的上口与一只外箍(1)以承插式连接,用以固定筛绢网(6),培育管的下口与水流调配器(3)的上口以承插式连接,并把筛绢网(7)固定在培育管下口与水流调配器上口之间;<u>在水流调配器的侧壁上有一个进水口(8)</u>,与进水管(9)及调节阀(5)相连。

审查意见通知书中引用两篇对比文件评述权利要求1的创造性。申请人在修改时,针对对比文件1记载的内容对权利要求1进行了重新划界,但是申请人未陈述修改的具体理由。修改后的权利要求1为:

1. 一种用于滩涂贝类管式培育装置,该装置的主体为培育管(2),在培育管的上口与下口分别装有一层筛绢网(6,7),培育管的上口与一只外箍(1)以承插式连接,用以固定筛绢网(6),培育管的下口与水流调配器(3)的上口以承插式连接,并把筛绢网(7)固定在培育管下口与水流调配器上口之间;<u>其特征在于,在水流调配器的侧壁上有一个进水口(8)</u>,与进水管(9)及调节阀(5)相连。

案例分析

在修改时，申请人仅对权利要求书进行划界或重新划界。而对权利要求进行划界只是要体现权利要求区别于现有技术之处。但是对于整体技术方案而言，部件本身以及部件之间的连接关系没有改变，则无论如何划界，形成的技术方案都不会发生改变，因此上述修改也没有对权利要求要求保护的技术方案产生任何实质性改变。

上述案例中，每个案例都在形式上进行了修改。但是对实质内容而言，却与原始权利要求要求保护的技术方案完全一致，这些修改属于无意义的修改，对申请文件的最终结果并没有益处。提醒申请人：在对申请文件进行修改时，一定要按照审查意见通知书中指出的缺陷进行修改。如果涉及形式缺陷，则按照指出的具体问题相应地修改文字表达方式，作出不超范围的修改即可；如果是实质缺陷，则应当根据涉及的具体条款进行针对性修改，例如：如果是权利要求缺乏新颖性和/或创造性，则通常可以将说明书中记载的、区别于对比文件中公开的内容的技术特征补入权利要求书中，或者将未评述的从属权利要求上升为独立权利要求，或将说明书中记载的与原始独立权利要求具有单一性的技术方案替代原始的独立权利要求等；如果是权利要求未以说明书为依据时，则可以补入说明书中记载的具体内容，或者采用可实施所述技术方案的相应的下位概念或具体概念，或者将权利要求书和说明书中不一致之处修改一致等；如果是权利要求未清楚地限定要求保护的范围时，若的确造成权利要求限定的保护范围无法准确确定，则应当根据说明书中记载的清楚的内容来代替原始的表述，或者加入对所述技术特征的进一步限定等来克服所述缺陷。总之，对于涉及申请文件的修改，不能采用上述无实质的修改，应当根据审查意见通知书中指出的缺陷结合对比文件等对申请文件进行实质性的、不超范围的修改，这样的修改才可能使申请文件朝着有利的方向发展。

（三）不影响审查进程的修改

此类问题中，虽然申请人针对审查意见通知书指出的缺陷进行了修改，而且所述修改使得新的技术方案较前次审查意见通知书所针对的技术方案发生了实质性变化，且所述修改符合《专利法》第33条的规定。但是修改后的技术方案已经在前次审查意见通知书中进行过相关专利性的评述，申请人在被告知的情况，仍然将相应的权利要求修改为被告知的技术方案，且在指定期限内的答复意见也没有任何说服力，则此类修改可能会导致审查程序的延长、甚至会导致驳回的走向。为了叙述方便，所有案例针对的前提条件为，在审查意见通知书中，审查员采用的对比文件直接影响到申请文件的权利要求书的新颖性和/或创造性，审查意见撰写合理，并具备强有力的说服力。在针对审查意见通知书进行答复和修改时，申请人的意见陈述没有说服力，没有被审查员认可。

【案例 12-02-11】

案例情况介绍

原始独立权利要求1为：

1. 一种热力膨胀阀动力头部件之钎焊封口结构，该动力头部件包括塞子和用于容纳热敏介质的容纳腔，容纳腔的外壁上开设有用于向其内填充热敏介质的充注孔，所述充注孔内嵌合有塞子，所述塞子和所述外壁形成焊接部，所述热敏介质密封在容纳腔内，其特征是，所述焊接部包括外壁的焊接面和与所述塞子的头部和尾部相邻接的台阶面，所述焊接部形成为平面的同时用来<u>电阻焊</u>。

审查意见通知书中指出：权利要求1的保护主题为钎焊封口结构，而其中却记载了"电阻焊"的技术特征，两者相互矛盾，导致此项权利要求不清楚。同时根据说明书中的记载，可以得出：权利要求1中的"电阻焊"为"钎焊"，并指出即使申请人将"电阻焊"修改为"钎焊"，所述技术方案仍然不具备专利性，并对所述技术方案进行了"三性"评述。

但是，申请人仍然将其修改为前次审查意见通知书中评述时针对的权利要求，且在意见陈述书中没有陈述任何理由，修改后的权利要求1为：

1. 一种热力膨胀阀动力头部件之<u>钎焊</u>封口结构，该动力头部件包括塞子和用于容纳热敏介质的容纳腔，容纳腔的外壁上开设有用于向其内填充热敏介质的充注孔，所述充注孔内嵌合有塞子，所述塞子和所述外壁形成焊接部，所述热敏介质密封在容纳腔内，其特征是，所述焊接部，包括所述外壁的焊接面和所述塞子的头部与尾部相邻接的台阶面，所述焊接部形成为平面的同时用来<u>钎焊</u>。

案例分析

此案例中，申请人将权利要求修改为前次审查意见通知书中针对的权利要求。由于修改后的权利要求的专利性已经在前次审查意见通知书中告知过申请人，因此审查员无需再作出与上次审查意见相同的评述，可进入下一个审查环节。

【案例 12-02-12】

案例情况介绍

原始权利要求1：

1. 一种离心泵自循环真空辅助自吸系统，包括离心泵、真空泵、大容器、内部容器、液位传感器、电磁阀，其特征在于放置在大容器（6）中的液位传感器（10）与电磁阀（9）组成的控制元件和内部容器（7）与真空泵（15）组成的自循环系统，液位传感器（10）与电磁阀（9）相连；放置于大容器（6）中的内部容器（7）与真空泵（15）通过输液管道（16）和排放管道（14）形成自循环。

本申请只有一项权利要求，第一次审查意见通知书中指出权利要求1不具备《专利法》第22条第2款规定的新颖性。同时，审查意见通知书中指出：由于说明书部分的技术特征"电机1通过减速箱2和圆锥齿轮3分别与离心泵4和真空泵15相连，内部容器7通过输液管道16与真空泵15相连，真空泵15通过抽气管道13与大容器6和离心泵4相连；真空泵15通过排放管道14与内部容器7相连，内部容器7设有与外界相通的排气口12"也已经在对比文件1中公开，因此申请人在修改时，即使将上述特征补入到权利要求1中，此项权利要求也不具备《专利法》第22条第2款规定的新颖性。但是申请人在修改权利要求时，仍然将说明书中的上述特征补入到了权利要求1中，而且在意见陈述书中没有陈述任何具体理由。

案例分析

申请人在针对审查意见通知书进行修改时，一般可以将未评述过的从属权利要求的技术特征或是说明书中的技术特征补入到相应的权利要求中。但是此申请中，由于在前次审查意见通知书中已经预先告知申请人，即使将说明书中的相应的技术特征补入权利要求中，该权利要求也不具备专利性。即：前次审查意见通知书对假定的权利要求进行了相关专利性的评述。但申请人仍然将权利要求修改为假定的权利要求，那么就意味着修改后的权利要求存在的专利性问题已经告知过申请人，而且如果申请人没有对修改后的权利要求进行有说服力的意见陈述，则依据程序节约的原则，审查员可以进入下一个审查环节。

【案例 12 – 02 – 13】
案例情况介绍

原始独立权利要求1为：

一种电磁场连续铸造用石墨内衬，所述石墨内衬由前后左右四块石墨组合形成，相邻石墨的衔接处分别设置云母片，石墨内衬呈上下对称结构，石墨内衬的内壁带有锥度，<u>石墨内衬上端面设有一卡槽</u>。

审查意见通知书中指出，独立权利要求1的技术方案不清楚，不符合《专利法》第26条第4款的规定，具体为：说明书描述为"石墨内衬上下端面各设有一卡槽"，只有石墨内衬上下端面各有卡槽才能将石墨内衬和结晶器壳紧密结合，如果下端面没有卡槽，则石墨内衬无法与结晶器壳结合，石墨内衬会从结晶器上掉下来，因此独立权利要求1不清楚。根据说明书的记载，审查员假定独立权利要求1的技术方案为：

1. 一种电磁场连续铸造用石墨内衬，所述石墨内衬由前后左右四块石墨组合形成，相邻石墨的衔接处分别设置云母片，石墨内衬呈上下对称结构，石墨内衬的内壁带有锥度，<u>石墨内衬上下端面各设有一卡槽</u>。

并对假定的独立权利要求1进行了创造性的评述。申请人在修改权利要求1时，仍然将其修改为审查员假定的独立权利要求1，但在意见陈述书中没有陈述修改的理由。

案例分析

本案例中，审查员对不清楚的独立权利要求1进行了假定评述。这也意味着，审查意见通知书已经预先告知申请人这样的修改方案已经评述，申请人可以对其进行其他内容的修改。但申请人仍然将权利要求修改为假定的权利要求，那么就意味着修改后的权利要求存在的专利性问题已经告知过申请人，而且如果申请人没有对修改后的权利要求进行有说服力的意见陈述，则依据程序节约的原则，审查员可以进入下一个审查进程。

此类问题的出现，是由于申请人无视或不理解审查意见通知书中的有针对性的审查意见。虽然申请人对权利要求进行了修改，但是这种修改属于重复性的劳动，如果申请人的意见陈述没有说服力，则会导致申请直接进入下一个审查环节甚至被驳回。所以，<u>提醒申请人</u>，对于审查意见通知书中进行的评述，应当充分理解其含义，一方面，通知书中的评述是告知申请人申请文件存在的各种缺陷；另一方面，其潜在地告知申请人申请文件的修改方向。因此申请人在修改申请文件时，应当尽量避免进行重复性劳动。

（四）修改不完全

一般情况下，多数申请人会根据审查意见通知书所指出的缺陷积极地进行修改，但是由于申请人对《专利法》或《专利法实施细则》的有关规定不熟悉或理解不准确，或申请人没有真正理解审查意见通知书的含义，或申请文件中存在的缺陷过多等原因，导致申请人仅对申请文件的部分缺陷进行修改，即：没有将审查意见通知书中指出的全部缺陷修改完全。这种修改虽然不会导致申请可能被驳回的走向，但是，审查员需要针对同样的缺陷再次告知申请人，延长了审查程序，造成资源和时间的浪费。

【案例 12-02-14】

案例情况介绍

原始权利要求书为：

1. 一种窄机身掘进机，具有行走部、本体部、后支承，其特征在于：掘进机整机宽度窄，其宽度与煤矿小巷道相适应，且行走部以上部分的宽度比行走部窄。

2. 按照权利要求1所述的窄机身掘进机，其特征在于：行走部采用挡煤板全封闭结构。

3. 按照权利要求1所述的窄机身掘进机，其特征在于：后支承的支腿在掘进机中心线两侧横撑设置。

4. 按照权利要求1所述的窄机身掘进机，其特征在于：所述截割部由防爆电机与行星减速器联接，行星减速器与截割臂联接。

5. 按照权利要求1所述的窄机身掘进机，其特征在于：所述挡煤板在行走架的两侧。

审查意见通知书中指出，独立权利要求1不具备《专利法》第22条第2款规定的新颖性；以及从属权利要求4和5中分别对技术特征"截割部"和"挡煤板"进行了进一步限定，但是所述"截割部"和"挡煤板"并没有出现在引用的独立权利要求1中。

申请人针对审查意见通知书对权利要求书进行了修改，其中将从属权利要求3与独立权利要求1进行合并，形成新的独立权利要求1；同时，将从属权利要求5的引用关系进行了修改，从原始的引用独立权利要求1修改为引用从属权利要求2。但是申请人没有对审查意见通知书中指出的从属权利要求4中的缺陷进行修改，也没有对上述问题进行解释说明。

案例分析

此案例中，权利要求书存在三处缺陷，申请人针对审查意见通知书指出的缺陷进行了修改，但是只是将其中的两处进行了修改，而没有修改第三处缺陷也没有针对上述缺陷进行解释说明。虽然申请人有配合审查意见通知书进行修改的积极态度，但是由于修改并没有克服所有的缺陷，导致审查员针对同一缺陷需要再次告知申请人，不可避免地延长了审查程序。

【案例 12-02-15】

案例情况介绍

独立权利要求1：一种工作面为曲面或阶梯面的金刚石串珠，包括串珠基体（3），在串珠基体（3）的内侧开有圆柱通孔（4），串珠基体（3）上开有环型缝（5），串珠基体（3）外侧表面具有工作曲面（2），设置在所述串珠基体（3）外侧表面和环型缝（5）上的金刚石磨料（1），其特征在于：所述的外侧表面的工作曲面（2）为台阶面。

说明书的发明内容部分和独立权利要求1完全一致。审查员在审查意见通知书中指出，权利要求1的主题名称为一种工作面为曲面或阶梯面的金刚石串珠，其后的特征部分将工作面为曲面和工作面为阶梯面两个技术方案中的技术特征相互混淆在一起，造成权利要求1和说明书相应部分不清楚的缺陷。申请人应当对其进行修改，但申请人只将说明书部分进行了修改，而没有对权利要求书进行任何修改。

案例分析

本案例中，虽然申请人按照审查意见通知书的内容进行了修改，但是根据审查意见通知书所指，所述缺陷同时存在于说明书和权利要求书中，而申请人只针对说明书的内容进行了修改，并没有对权利要求书进行修改，因此这种修改是不完全的，因为权利要求书中仍然存在审查意见通知书中指出的缺陷。可以看出，这种修改虽然表明了申请人认可审查意见通知书中指出的缺陷，并积极地进行修改，但是由于修改的不完全性，导致审查程序的延长。

在上述案例中，申请人对审查意见通知书中指出的缺陷采取了积极修改的态度，但是由于各种原因，申请人对申请文件的修改并不全面。<u>提醒申请人</u>：在修改申请文件时，为了保证修改的全面和有效，应当对审查意见通知书中指出的各种缺陷进行整理总结，加以归纳，避免在答复审查意见通知书或对申请文件进行修改时，产生遗漏现象，尽量做到全面修改，这样既有利于审查进程的顺利进行，更重要的是，对于申请人而言，在保证审查程序顺利进行的同时，也保证了权利要求保护范围的合理性。

综上所述，本节列举的在修改中常出现的各种问题并没有涉及修改内容超范围的问题，但是这些问题的出现也产生了和修改内容超范围相同的后果，即：延长审查程序、影响到权利要求的保护范围以及申请的最终走向等。因此，申请人在修改申请文件时，除了保证修改内容的正确性外，还应当注意下列几个方面：

（1）准确把握修改的时机和修改期限；

（2）对各种缺陷进行整理总结，进行全面修改；

（3）尽量避免进行无实质性修改或重复性修改；

（4）充分考虑到审查意见通知书所引用的证据及审查意见通知书中的具体意见，并结合申请文件中的权利要求书要求保护的范围，在克服缺陷的情况下，尽可能使权利要求的保护范围合理化，以保证申请人的利益。

第三节　实例说明说明书及其附图修改超范围的情况

一、概要

依据《专利法》第33条的规定，申请人可以对专利申请文件进行修改，但对发明和实用新型的修改不得超出原说明书和权利要求书记载的范围。允许申请人对专利申请文件进行修改，是为了弥补申请文件的撰写中出现的用词不严谨、表达不准确、权利要求撰写不恰当等缺陷，以使授权后的专利能准确地传递专利信息，清楚地界定保护范围。修改不得超出原说明书和权利要求书记载的范围，是为了不违背《专利法》第9条第2款规定的先申请原则，确保修改后的内容在原申请日就已经提出。我国专利制度采用的是先申请原则，如果允许申请人对申请文件的修改超出原始提交的说明书和权利要求书记载的范围，就会违背先申请原则，造成对其他申请人不公平的后果。

申请人对专利申请文件的修改包括申请人对申请文件的主动修改和申请人应国家知识产权局的要求对其申请文件进行的被动修改，修改的内容可以涉及权利要求、说明书及其附图。但无论进行何种类型的修改，其修改都不得超出原说明书和权利要求书记载的范围。"原说明书和权利要求书记载的范围"的含义应被理解为包括两个层次的披露，一是通过原说明书和权利要求书的文字已经明确表述出来的内容；二是所属技术领域的技术人员通过原说明书和权利要求书以及说明书附图能够直接地、毫无疑义地确定的内容。申请人在申请日提交的原说明书和权利要求书记载的范围是审查申请文件修改是否符合《专利法》第33条规定的依据。

本节将通过一个案例列举说明书修改超范围的多种情况，以期对申请人在修改说明书以及附图时有所帮助和启发。

二、申请文件

（一）说明书摘要

一种装卸搬运电动车，以电源作为动力源，通过微机控制单元控制电动车的各种动作，实现全液压传动，且具有动能、位能再生回收功能。由变频控制的感应式电动机与变量泵组成调速系统，实现车辆的转向、行走、升降、倾斜等全部作业要求。并通过动能再生装置和位能再生装置实现电动车行走和升降时的能量回收。

（二）摘要附图

摘要附图同说明书附图12-03-01，略去。

（三）权利要求书

1. 一种装卸搬运电动车，以蓄电池作为动力源，包括变频调速感应电动机、变量泵、液压油箱、液压转向装置、液压控制阀组、行走液压驱动装置、倾斜液压驱动装置、提升液压驱动装置以及微机控制单元、动能再生装置和位能再生装置，其特征在于所述动能再生装置和位能再生装置通过动能再生阀组和位能再生阀组对所述电动车的动能和位能进行回收、存储，且可在需要时将回收后的能量完全释放。

2. 根据权利要求1所述的装卸搬运电动车，所述微机控制单元可接收液压油箱液位及油温信息。

3. 根据权利要求1所述的装卸搬运电动车，所述液压转向装置由转向器和转向液压缸组成，变量泵通过优先阀的第一出油口优先向转向器供油，当转向后有多余油量或转向装置不转向时，变量泵通过优先阀的第二出油口向液压控制阀组供油。

4. 根据权利要求1所述的装卸搬运电动车，所述的液压控制阀组由行走换向控制阀、倾斜换向控制阀、提升换向控制阀组成。

（四）说明书

装卸搬运电动车

技术领域

[0001] 本发明涉及一种装卸搬运电动车，特别是采用微机控制和全液压驱动的装卸搬运电动车。

背景技术

[0002] 专利号为 CN1＊＊＊＊＊＊＊1A 和 CN1＊＊＊＊＊＊＊2A 的中国专利均公开了一种采用单台直流电机驱动的液压传动电动叉车，它们存在以下的缺点：

[0003] 采用直流电动机维修费用大；

[0004] 有级变速，效率较低，调速范围小；

[0005] 能量回收与释放时变量泵转动方向频繁切换，降低使用寿命。

发明内容

[0006] 本发明针对现有技术存在的缺陷，提供一种装卸搬运电动车，技术起点较高，具有先进的技术构思，且具有巧妙的能量再生回收功能。

[0007] 本发明的主要技术方案：本发明的装卸搬运电动车，以蓄电池作为动力源，包含变频调速感应电动机、变量泵、液压油箱、液压转向装置、液压控制阀组、行走液压驱动装置、倾斜液压驱动装置、提升液压驱动装置以及微机控制单元、动能再生装置和位能再生装置，其中所述动能再生装置和位能再生装置通过动能再生阀组和位能再生阀组对所述电动车的动能和位能进行回收、存储，且可在需要时将回收后的能量完全释放。

[0008] 本发明通过单台所述变频调速感应电动机和单个变量泵，实现装卸搬运电动车的转向、行走、倾斜和提升功能，同时该电动车还具有动能、位能再生回收功能。

附图说明

[0009] 图 12－03－01 为本发明的工作原理概图。

具体实施方式

[0010] 参见图 12－03－01，本发明的装卸搬运电动车采用单台所述电动机和一个变量泵，通过多路阀控制液压转向装置、行走液压驱动装置、倾斜液压驱动装置和提升液压驱动装置，改变了以往这些装置由多台电机分别驱动或由单台直流电动机驱动的状况，并具有能量再生装置，在实现了多个装置共泵供油的同时实现系统的高效节能。

[0011] 所述的微机控制单元通过变频器驱动所述电动机，以带动变量泵运转。同时微机控制单元还可接收液压油箱液位及油温信息，并根据液位、油温信息判断，当液压油箱的液面和油温异常时，立即输出报警信号或强行停机。

[0012] 所述的液压转向装置由转向器和转向液压缸组成。变量泵通过优先阀的第一出油口优先向转向器供油，从而实现装卸搬运电动车的转向功能。转向后的多余油量或转向装置不转向时，变量泵通过优先阀的第二出油口向液压控制阀组供油。

[0013] 本发明所述的液压控制阀组由行走换向控制阀、倾斜换向控制阀、提升换向控制阀组成，其中倾斜换向控制阀连接倾斜液压缸，提升换向控制阀连接提升液压缸，行走换向控制阀连接行走液压马达。

[0014] 所述的行走液压驱动装置，由行走换向控制阀、行走液压马达以及相应管路组成。当车辆行走运行时，操作行走换向控制阀的手柄，加速踏板控制电动机运转，变量泵输出的压力油驱动行走液压马达，实现节能装卸搬运电动车的行走功能。

[0015] 所述的倾斜液压驱动装置由倾斜换向控制阀和倾斜液压缸组成。当操作倾斜换向控制阀，变量泵输出的压力油经倾斜换向控制阀的进油管路和出油管路使倾斜液压缸完成前倾或后倾动作，从而实现装卸搬运电动车的前倾和后倾功能。

[0016] 所述的提升液压驱动装置由提升换向控制阀和提升液压缸组成。当提升换向阀手柄切换到提升位置时，电动机驱动变量泵使压力油输出给提升液压油缸作提升运行。

[0017] 所述的位能再生控制装置包括位能再生阀组，位能再生阀组分别与提升液压缸和变量泵进油口连接。当提升换向阀手柄切换到下降位置时，通过位能再生阀组的导通，使提升液压缸中的压力油流向变量泵进油口，实现位能的回收利用。

[0018] 所述动能再生控制装置包括动能再生阀组，动能再生阀组分别与行走液压马达和变量泵进油口连接。当车辆减速时，车辆在惯性作用下，使行走液压马达变为液压油泵工况，通过动能再生阀组的导通，其泵出的压力油流向变量泵进油口，以实现动能的回收利用。

[0019] 所述的动能、位能再生控制装置可实现电动车在提升装置下降和行走装置减速的情况下对动能和位能的回收、储存，并可在需要时将回收后的能量完全释放，用作系统驱动力。且在能量回收和将回收后的能量转化为驱动力的过程中，变量泵无需反转，从而避免变量泵的频繁切换。

[0020] 本发明所述的变量泵是现有技术中公知的变量泵。

（五）说明书附图

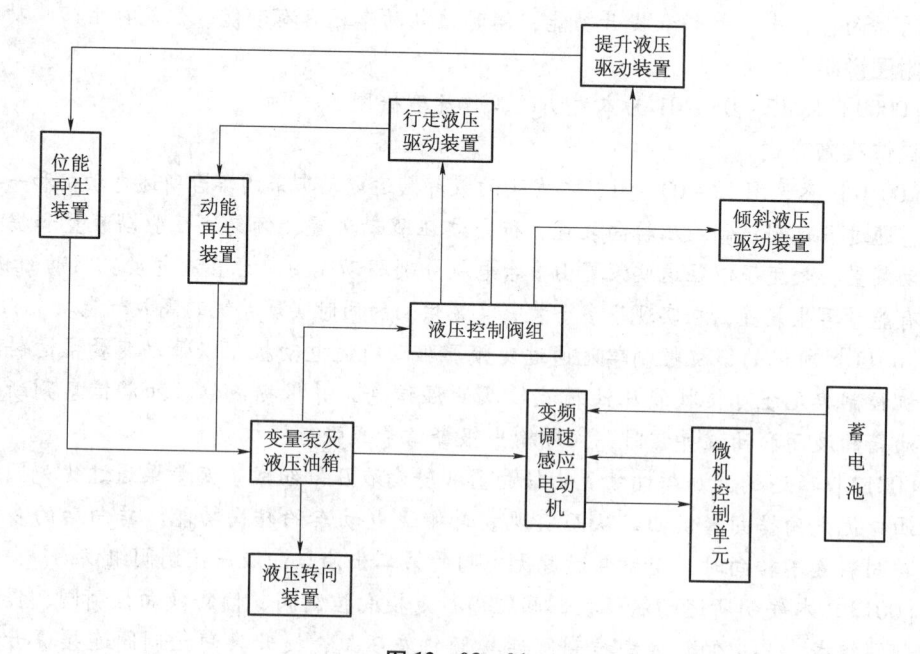

图 12-03-01

三、第一次审查意见通知书的相关部分

通知书包括对说明书和权利要求书的评价，其中对说明书的评价部分如下。

本申请的说明书未对发明作出清楚、完整的说明，致使所属技术领域的技术人员不能实现该发明，不符合《专利法》第26条第3款的规定。具体理由如下：

本申请涉及的装卸搬运电动车的液压系统主要解决两大技术问题，一是通过引入变频技术实现单台交流电动机对电动车的转向、行走和提升的驱动；二是在液压系统中设置动能、位能再生控制装置，从而对该搬运电动车的动能和位能进行回收储存，并可将回收后的能量在需要时完全释放用作系统驱动力，其间无需变量泵反转。

对于本申请动能和位能的再生回收，说明书仅仅记载了动能再生装置和位能再生装置包括动能再生阀组和位能再生阀组，而对动能再生阀组和位能再生阀组的结构并没有任何记载。且根据说明书的现有描述，位能再生阀组和动能再生阀组的导通实现的是提升换向阀手柄切换到下降位置时和车辆减速时压力油向变量泵的回流，至于如何做到回收能量的储存、如何做到根据需要释放回收能量以及如何克服背景技术中提到的现有技术中存在的缺陷，而实现"在能量回收和将回收后的能量转化为驱动力的过程中，变量马达无需反转，从而避免变量泵的频繁切换"这一技术效果，说明书中并没有给出任何相应说明。所属技术领域的技术人员也不能从所属技术领域的公知技术中获得该相关技术内容，无法知晓其动能再生阀组和位能再生阀组的工作原理及工作过程。也就是说，说明书中给出的技术手段是含糊不清的，所属技术领域的技术人员根据说明书中给出的技术手段不能解决所述的技术问题，无法实施该发明。

四、说明书的修改

为了克服第一次审查意见通知书中指出的说明书中存在的公开不充分的缺陷以及更明确地反映本申请的发明特点，申请人在对通知书进行答复时，指出同时对说明书进行了多处修改，并对各项修改的方式和理由进行了简要说明，相关的具体内容为：

修改1：根据说明书摘要中的记载"一种装卸搬运电动车，以电源作为动力源"，申请人将权利要求1中的"以蓄电池作为动力源"修改为"以电源作为动力源"，并对说明书进行适应性修改，即将说明书[0007]段发明内容部分中的"以蓄电池作为动力源"修改为"以电源作为动力源"。申请人认为本申请的装卸搬运电动车不仅限于以蓄电池为动力源，也可用所有能驱动电动机的电源作为动力源。

修改2：将说明书中的"变频调速感应电动机"修改为"变频调速电动机"，即删除了电动机的部分限定。申请人认为本申请中的电动机只要是变频调速电动机即可，并不限定为感应式电动机。

修改3：在说明书发明内容部分补充了新的技术效果，即在[0008]段中增加了"本发明还可降低电动机和变量泵的噪声，达到防爆电动机的效果"。申请人认为本申请的电动机和变量泵是浸渍在液压油箱中的，这样不但可降低电动机和变量泵的噪声，还起到冷却电动机的效果，从而具有防爆功能。

修改4：将原说明书[0011]段中的内容"当液压油箱的液面和油温异常时，立即输出报警信号或强行停机"修改为"若当液压油箱的液面低于某一位置和油温上升超过预

定值时，立即输出报警信号或强行停机"，以明确本申请对于液面和油温异常的判断。

修改5：为克服审查员在第一次审查意见通知书中指出的有关动能再生装置和位能再生装置公开不充分的缺陷，申请人在说明书附图部分补入了动能再生装置和位能再生装置的结构原理图，即图12-03-02、图12-03-03，并在说明书具体实施方式部分增补了［0022］和［0023］段以对图12-03-02，图12-03-03进行解释说明，此外还在附图说明中增加相应内容。具体表现为，在说明书中增加：

［0022］参见图12-03-02，所述位能再生阀组104由两个开关阀组成，其中一个开关阀的入口与提升液压缸105的出油口连接，其出口与蓄能器106的入口连接，当需要存储位能时将该开关阀导通。另一个开关阀的入口与蓄能器106的出口连接，其出口与变量泵101的进油口连接，当需要释放存储的能量时将该开关阀导通。

［0023］参见图12-03-03，所述动能再生阀组107也由两个开关阀组成，其中一个开关阀的入口与行走液压马达108的出油口连接，其出口与蓄能器109的入口连接，当需要存储动能时将该开关阀导通。另一个开关阀的入口与蓄能器109的出口连接，其出口与变量泵101的进油口连接，当需要释放存储的能量时将该开关阀导通。

在附图中增加：

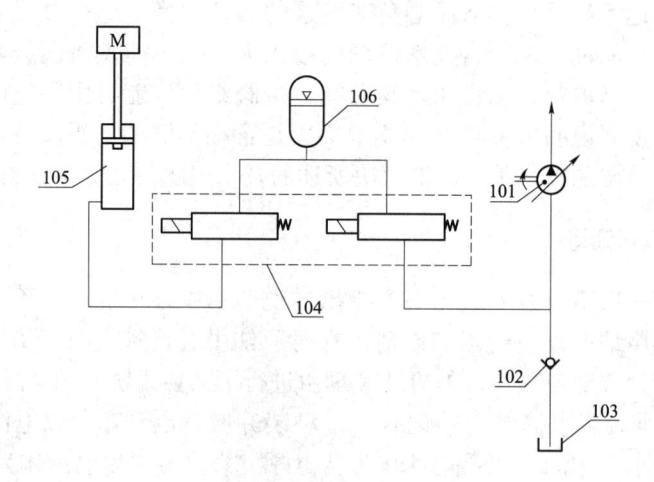

图12-03-02

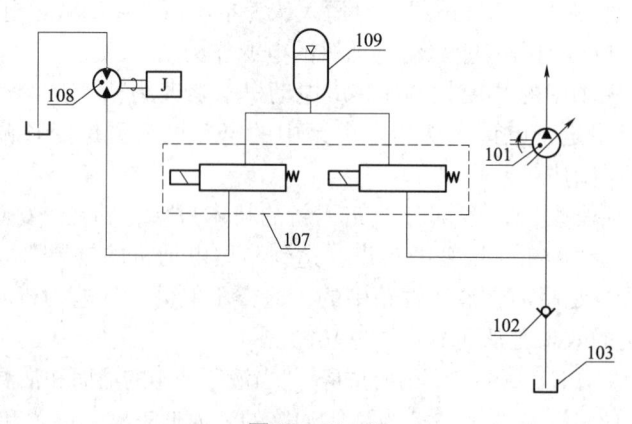

图12-03-03

修改6：根据本申请优先权文件中记载的通过一个能量再生装置实现车辆的动能和位能再生功能，申请人在说明书中增加一种全新的能量再生装置，该能量再生装置是将动能再生装置和位能再生装置组合为一个动能位能再生装置，并在说明书具体实施方式部分增加了对该动能位能再生装置的结构描述和相应的附图，具体表现为，在说明书中增加：

[0024] 还可将动能再生装置和位能再生装置整合为一个动能位能再生装置。

[0025] 所述动能位能再生装置包括一个动能位能再生阀组。参见图12-03-04，该动能位能再生阀组204由三个开关阀组成。其中一个开关阀连接行走液压缸208和蓄能器206，通过这个开关阀的导通，存储回收后的动能。另一个开关阀连接提升液压缸205和蓄能器206，通过这个开关阀的导通，存储回收后的位能。第三个开关阀连接蓄能器206和变量泵201的进油口，通过这个开关阀可在需要时将能量释放。

在附图中增加：

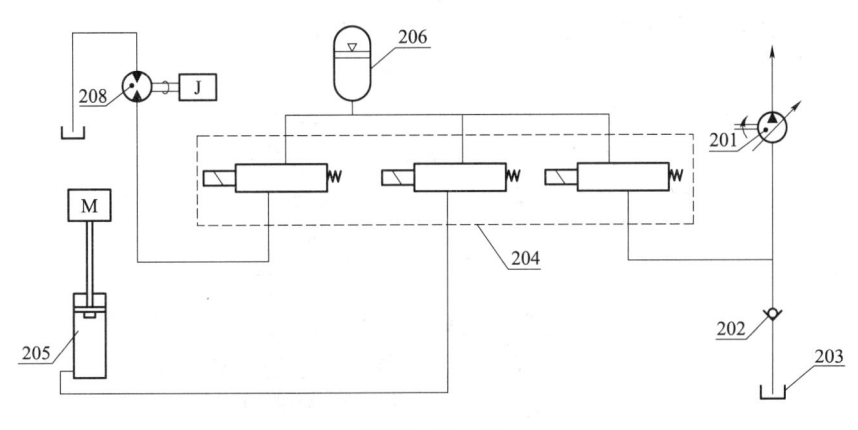

图12-03-04

修改7：根据所属技术领域中有关变量泵的公知常识，对原说明书具体实施方式部分[0020]段进行具体化修改，即将原说明书[0020]段修改为：

[0027] 本发明所述的变量泵是现有技术中公知的变量泵，例如可以是恒压变量泵或恒功率变量泵等变量泵。

修改8：根据背景技术部分的引证文件CN1*******1A中记载的相关内容，将"行走换向控制阀、倾斜换向控制阀以及提升换向控制阀均采用三位六通阀"加入到说明书具体实施方式部分，具体表现为：

[0028] 本发明的行走换向控制阀、倾斜换向控制阀和提升换向控制阀均为三位六通阀。

修改后的说明书和附图如下：

装卸搬运电动车

技术领域

[0001] 本发明涉及一种装卸搬运电动车，特别是采用微机控制和全液压驱动的装

卸搬运电动车。

背景技术

[0002] 专利号为 CN1*******1A 和 CN1*******2A 的中国专利公开了一种采用单台直流电机驱动且具有能量回收的液压传动电动叉车，其存在以下的缺点：

[0003] 采用直流电动机维修费用大；

[0004] 有级变速，效率较低，调速范围小；

[0005] 能量回收与释放时变量泵转动方向频繁切换，降低使用寿命。

发明内容

[0006] 本发明针对现有技术存在的缺陷，提供一种装卸搬运电动车，技术起点较高，具有先进的技术构思，且具有巧妙的能量的再生回收功能。

[0007] 本发明的技术方案：本发明的装卸搬运电动车，以<u>电源</u>（**修改1**）作为动力源，<u>包含变频调速感应电动机</u>（**修改2**）、变量泵、液压油箱、液压转向装置、液压控制阀组、行走装置、倾斜装置、提升装置以及微机控制单元、动能再生装置和位能再生装置。

[0008] 本发明通过单台所述变频调速感应电动机和单个变量泵，实现装卸搬运电动车的转向、行走、倾斜和提升功能，同时该电动车还具有动能、位能再生回收功能。<u>本发明还可降低电动机和变量泵的噪声，达到防爆电动机的效果。</u>（**修改3**）

附图说明

[0009] 图 12-03-01 为本发明的工作原理概图

[0010] 图12-03-02 为本发明位能再生装置原理图（**修改5**）

[0011] 图 12-03-03 为本发明动能再生装置原理图（**修改5**）

[0012] 图12-03-04 为本发明动能位能再生装置原理图（**修改6**）

具体实施方式

[0013] 参见图 12-03-01，本发明的节能装卸搬运电动车采用单台所述电机和一个变量泵，通过多路阀控制液压转向装置、行走液压驱动装置、倾斜液压驱动装置、提升液压驱动装置，改变了以往这些装置由多台电机分别驱动或由单台直流电动机驱动的状况，并具有能量再生装置，在实现了多个装置共泵供油的同时实现系统的高效节能。

[0014] 所述的微机控制单元通过变频器驱动所述电动机，以带动变量泵运转。同时微机控制单元还可接收液压油箱液位及油温信息，并根据液位、油温信息判断，<u>当液压油箱的液面低于某一位置和油温上升超过预定值时</u>（**修改4**），立即输出报警信号或强行停机。

[0015] 所述的液压转向装置由转向器和转向液压缸组成。变量泵通过优先阀的第一出油口优先向转向器供油，从而实现装卸搬运电动车的转向功能。转向后的多余油量或转向装置不转向时，变量泵通过优先阀的第二出油口向液压控制阀组供油。

[0016] 本发明所述的液压控制阀组由行走换向控制阀、倾斜换向控制阀、提升换向控制阀组成，其中倾斜换向控制阀连接倾斜液压缸，提升换向控制阀连接提升液压缸，行走换向控制阀连接行走液压马达。

[0017] 所述的行走液压驱动装置，由行走换向控制阀、行走液压马达以及相应管路组成。当车辆行走运行时，操作行走换向控制阀的手柄，加速踏板控制电动机运转，变量泵输出的压力油驱动行走液压马达，实现节能装卸搬运电动车的行走功能。

[0018] 所述的倾斜液压驱动装置由倾斜换向控制阀和倾斜液压缸组成。当操作倾斜换向控制阀，变量泵输出的压力油经倾斜换向控制阀的进油管路和出油管路使倾斜液压缸完成前倾或后倾动作，从而实现装卸搬运电动车的前倾和后倾功能。

[0019] 所述的提升液压驱动装置由提升换向控制阀和提升液压缸组成。当提升换向阀手柄切换到提升位置时，电动机驱动变量泵使压力油输出给提升液压油缸作提升运行。

[0020] 所述的位能再生控制装置包括位能再生阀组，位能再生阀组分别与提升液压缸和变量泵进油口连接。当提升换向阀手柄切换到下降位置时，通过位能再生阀组的导通，使提升液压缸中的压力油经流向变量泵进油口，实现位能的回收利用。

[0021] 所述动能再生控制装置包括动能再生阀组，动能再生阀组分别与行走液压马达和变量泵进油口连接的。当车辆减速时，车辆在惯性作用下，使行走液压马达变为液压油泵工况，通过动能再生阀组的导通，其泵出的压力油经流向变量泵进油口，以实现动能的回收利用。

[0022] 参见图12-03-02，所述位能再生阀组104由两个开关阀组成，其中一个开关阀的入口与提升液压缸105的出油口连接，其出口与蓄能器106的入口连接，当需要存储位能时将该开关阀导通。另一个开关阀的入口与蓄能器106的出口连接，其出口与变量泵101的进油口连接，当需要释放存储的能量时将该开关阀导通。（修改5）

[0023] 参见图12-03-03，所述动能再生阀组107也由两个开关阀组成，其中一个开关阀的入口与行走液压马达108的出油口连接，其出口与蓄能器109的入口连接，当需要存储动能时将该开关阀导通。另一个开关阀的入口与蓄能器109的出口连接，其出口与变量泵101的进油口连接，当需要释放存储的能量时将该开关阀导通。（修改5）

[0024] 还可将动能再生装置和位能再生装置整合为一个动能位能再生装置。（修改6）

[0025] 所述动能位能再生装置包括一个动能位能再生阀组。参见图12-03-04，该动能位能再生阀组204由三个开关阀组成。其中一个开关阀连接行走液压缸208和蓄能器206，通过这个开关阀的导通，存储回收后的动能。另一个开关阀连接提升液压缸205和蓄能器206，通过这个开关阀的导通，存储回收后的位能。第三个开关阀连接蓄能器206和变量泵201的进油口，通过这个开关阀可在需要时将能量释放。（修改6）

[0026] 所述的动能、位能再生控制装置可实现电动车在提升装置下降和行走装置减速的情况下对动能和位能的回收储存，并可在需要时将回收后的能量完全释放，用作系统驱动力。且在能量回收和将回收后的能量转化为驱动力的过程中，变量泵无需反转，从而避免变量泵的频繁切换。

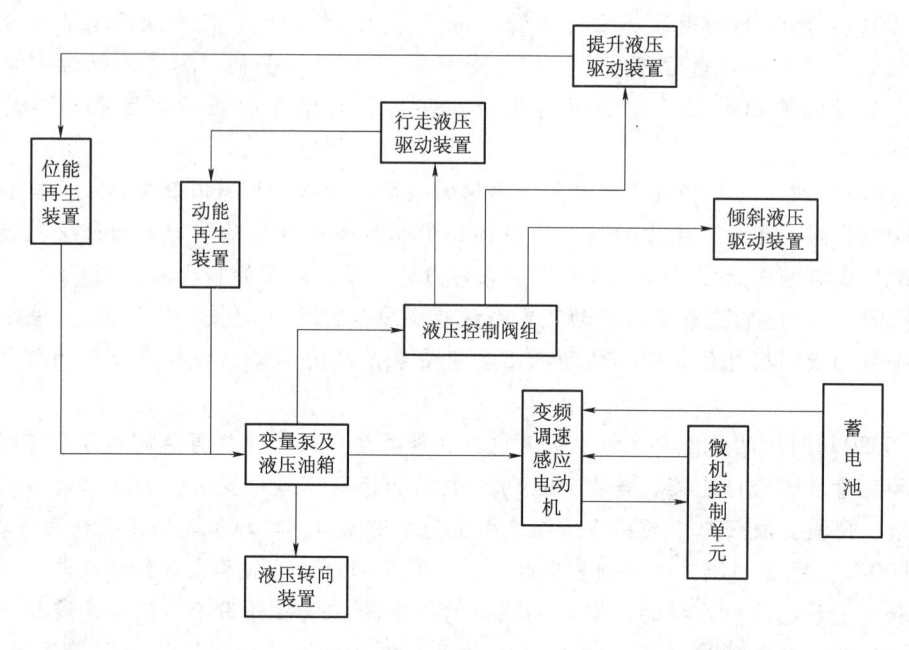

图 12-03-01

[0027] 本发明所述的变量泵是现有技术中公知的变量泵，例如可以是恒压变量泵或恒功率变量泵等变量泵。(**修改7**)

[0028] 本发明的行走换向控制阀、倾斜换向控制阀和提升换向控制阀均为三位六通阀。(**修改8**)

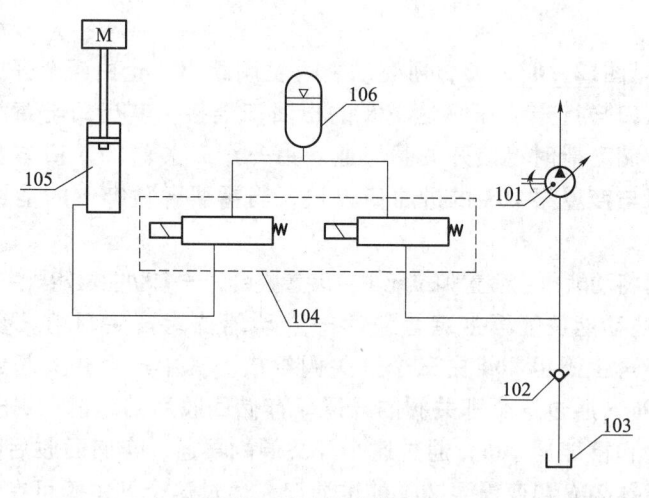

图 12-03-02（修改5）

五、对于说明书修改超范围的原因分析

依据《专利法》及《专利法实施细则》的规定，申请人可以对发明的申请文件进行修改，但修改不得超出原说明书和权利要求书记载的范围。所谓修改不得超出原说

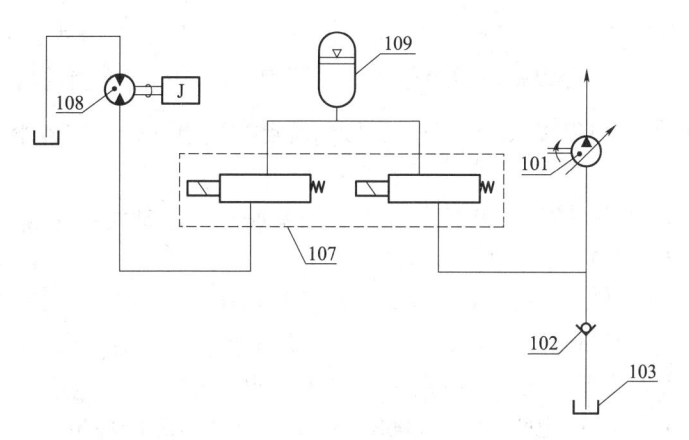

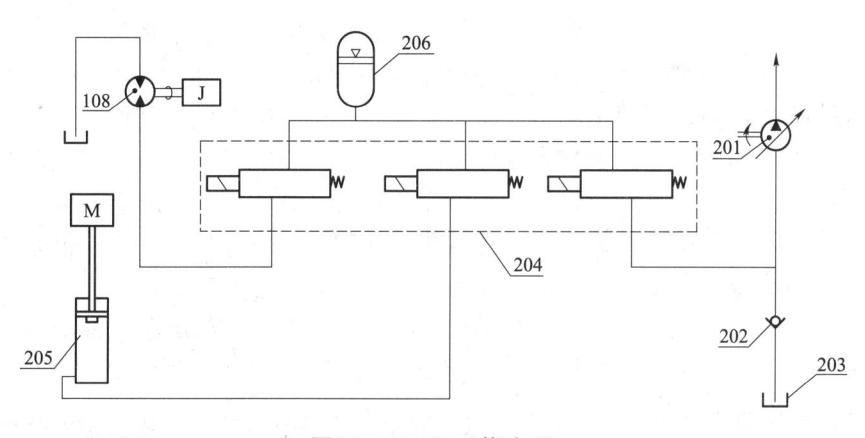

图 12－03－03（修改 5）

图 12－03－04（修改 6）

明书和权利要求书记载的范围是指不得以添加、删除或替换等修改方式导致修改后的申请文件中增加原说明书和权利要求书没有记载且不能从中直接推导的内容。

本案例中申请人在第一次审查意见通知书后对说明书及附图进行了多处补充或修改，但以上修改均超出原说明书和权利要求书记载的范围，不符合《专利法》第 33 条的规定。具体分析如下：

（一）依据说明书摘要内容，改变说明书中的某些特征，使得改变后反映的技术内容不同于原申请文件记载的内容，超出原说明书和权利要求书记载的范围

针对修改 1：申请人将说明书和独立权利要求 1 中的"以蓄电池作为动力源"修改为"以电源作为动力源"。

虽然在说明书摘要中记载有"一种装卸搬运电动车，以电源作为动力源"，但根据《专利审查指南》第二部分第二章第 2.4 节中的记载，摘要中所记载的仅仅是一种技术信息，摘要不具有法律效力。因此摘要信息不属于发明原始记载的内容，不能作为修改说明书的依据。因此将说明书中的"蓄电池"改变为"电源"超出了原申请文件记载的范围，属于《专利审查指南》第二部分第八章第 5.2.3.2 节中规定的不允许的改变的情形，该修改不符合《专利法》第 33 条的规定。而且，将独立权利要求 1 中的下位概念"蓄电池"改为上位概念"电源",扩大了权利要求请求保护的范围,属于《专利审查指南》第二部分第八章第5.2.1.3节中规定的不能接受的情形。

(二)从说明书中删除某些特征,导致修改后的说明书超出原说明书和权利要求书记载的范围

针对修改2:申请人将说明书中的"变频调速感应电动机"的部分限定删除,修改为"变频调速电动机"。

然而根据本申请的原始记载,其对电动机的描述共有五处,分别为权利要求书中记载有"一种节能装卸搬运电动车,包括变频调速感应电动机";说明书第[0007]段记载有"本发明的技术方案:本发明之装卸搬运电动车,以蓄电池作为动力源,包含变频调速感应电动机";说明书第[0008]段记载有"本发明通过单台所述变频调速感应电动机和单个变量泵";说明书第[0010]段记载的"本发明的节能装卸搬运电动车采用单台所述电动机和一个变量泵"以及说明书第[0011]段记载的"所述的微机控制单元通过变频器驱动所述电动机"。根据这些内容的描述,本申请中所采用的电动机可以认定为是变频调速感应电动机,而不包括变频调速电动机的其他类型。将"变频调速感应电动机"修改为"变频调速电动机"属于《专利审查指南》第二部分第八章第5.2.3.3节中规定的不允许的删除,其将电动机的限定特征"感应"删除会将一种具体的变频调速感应电动机扩大到一切可能的变频调速电动机,从而使得修改后的说明书中包括除变频调速感应电动机之外的其他变频调速电动机的内容,而这些内容显然是原申请文件中没有记载的,因此修改2所涉及的内容也超出了原说明书和权利要求书记载的范围,不符合《专利法》第33条的规定。

(三)在说明书中补入发明的新的技术效果,而该技术效果是所属技术领域的技术人员不能直接从原申请文件中导出的

针对修改3:申请人在说明书发明内容部分第[0008]段中补充了本申请的新的技术效果"本发明还可降低电动机和变量泵的噪声,达到防爆电动机的效果"。

申请人认为由于本申请的电动机和变量泵是浸渍在液压油箱中,因此可以起到降低电动机和变量泵噪声以及冷却电动机的作用,并进而达到电动机防爆的效果。但由于本申请的原说明书和权利要求书中并没有有关电动机和变量泵浸渍在液压箱中的记载,在原权利要求书和说明书中只描述了装卸搬运电动车包括电动机、变量泵和液压油箱,并没明确电动机、变量泵和液压油箱间的具体位置关系。因此在说明书中补入以上技术效果属于《专利审查指南》第二部分第八章第5.2.3.1节中不允许的增加的情形,以上所补充的新的技术效果不是所属技术领域的技术人员根据原申请文件记载的现有技术方案直接地、毫无疑义地预期或确定的内容,这种对发明技术效果的修改超出了原说明书和权利要求书记载的范围,不符合《专利法》第33条的规定。

(四)由不明确的内容改变成明确具体的内容而引入原申请文件中没有的新内容

针对修改4:申请人将原说明书第[0011]段中的内容"当液压油箱的液面和油温异常时,立即输出报警信号或强行停机"修改为"当液压油箱的液面低于某一位置和油温上升超过预定值时,立即输出报警信号或强行停机"。

以上修改实质是将原说明书中记载的不明确内容"液压油箱的液面和油温异常"修改为较为明确具体的内容"液压油箱的液面低于某一位置和油温上升超过预定值"。虽然"液压油箱的液面低于某一位置和油温上升超过预定值"的情形包括在"液压油箱的液面和油温异常"的范围内,但所属技术领域的技术人员并不能从原申请文件中直接得出"液压油箱的液面和油温异常"就是指"液压油箱的液面低于某一位置和油温上升超过预定值"。也就是说,"液压油箱的液面和油温异常"与"液压油箱的液面低于某一位置和油温上升超过预定值"之间并不存在唯一确定关系,因此这种技术内容明确化的修改属于《专利审查指南》第二部分第八章第5.2.3.2节中不允许的改变的情形,该改变超出了原说明书和权利要求书记载的范围,不符合《专利法》第33条的规定。

(五)为克服说明书公开不充分的缺陷而补入说明书未提及的附图,以及不能从原申请文件中直接地、毫无疑义地确定的信息

针对修改5:申请人为克服第一次审查意见通知书中指出的有关动能再生装置和位能再生装置公开不充分的缺陷,在说明书附图中补入图12-03-02、图12-03-03两幅附图,并在说明书中增加了第[0022]和[0023]两段针对图12-03-02和图12-03-03的说明。

根据《专利审查指南》的相关规定,对于说明书附图的增补和替换一般仅限于背景技术附图的增补或将原附图中的公知技术附图更换为最接近的现有技术的附图,而对于在说明书附图中补入原说明书中未提及的附图,一般是不允许的。且根据《专利法实施细则》第40条的规定,如果申请人要补交附图,应当重新确定申请的申请日。

本案例中,申请人在附图中新增的图12-03-02、图12-03-03显然是原说明书中从未提及的附图,因此图12-03-02、图12-03-03的增补是不允许的,其属于《专利审查指南》第二部分第八章第5.2.3.1节中规定的不允许的增加情形,不符合《专利法》第33条的规定。同时对图12-03-02、图12-03-03进行说明的新增的第[0022]和[0023]两段的内容同样超出原说明书和权利要求书记载范围,该内容不能从原申请文件中直接地、毫无疑义地确定,因此也不符合《专利法》第33条的规定。

(六)依据优先权文件,将原申请文件中分离的特征改变成一种新的组合

针对修改6:申请人在说明书中增加了动能再生装置和位能再生装置的新的组合动能位能再生装置,并在说明书具体实施方式部分增加第[0024]和[0025]两段说明,在说明书附图中增加附图12-03-04。

然而根据原申请文件的记载,本申请分别包括动能再生装置和位能再生装置,且该两组能量再生装置通过动能再生阀组和位能再生阀组分别实现电动车的动能再生和位能再生功能。即原申请文件中的动能再生装置和位能再生装置是分开独立工作的两组能量再生装置,在本申请的原始记载中并没有将以上两组能量再生装置合二为一的情形,且没有明确提及该两组能量再生装置间有何关联。虽然在本申请的优先权文件中存在一个将动能再生装置和位能再生装置整合后的动能位能再生装置,但根据《专利审查指南》第二部分第八章第5.2.1.1节中的规定,记载在优先权文件中的内容不

能作为判断申请文件的修改是否符合《专利法》第 33 条的规定的依据。因此即使修改后的动能位能再生装置在优先权文件中有记载,在说明书中补入动能位能再生装置的相关内容仍然是超范围的修改,属于《专利审查指南》第二部分第八章第 5.2.3.2 节中不允许的改变的情形,该改变致使修改后的内容超出了原申请文件记载的范围,不符合《专利法》第 33 条的规定。

(七) 在说明书中添加公知常识的具体化内容

针对修改 7:申请人在说明书中增加变量泵的公知常识具体化内容,即将说明书原第[0020]段内容由"本发明所述的变量泵是现有技术中公知的变量泵"修改为"本发明所述的变量泵是现有技术中公知的变量泵,例如可以是恒压变量泵或恒功率变量泵等变量泵"。

以上修改是将"现有技术中公知的变量泵"具体化为"恒压变量泵或恒功率变量泵"。虽然变量泵包括恒压变量泵和恒功率变量泵是所属技术领域的公知常识,但由于原申请文件中只记载变量泵是现有技术中公知的变量泵,没有对该公知的变量泵进行具体的指代,因此"现有技术中公知的变量泵"和"恒压变量泵、恒功率变量泵"间不存在唯一确定关系,无论其将"现有技术中公知的变量泵"具体化为何种变量泵,都是向原申请文件中引入新的技术内容。此外,恒压变量泵和恒功率变量泵的补入还将向原说明书中引入了"变量泵恒压"和"变量泵恒功率"等相应新的技术特征,而这些特征也是原始申请文件中没有记载的。因此以上修改属于《专利审查指南》第二部分第八章第 5.2.3.1 节中不允许的增加的情形,其增加的内容不是根据原申请文件直接地、毫无疑义地确定的内容,是超范围的修改,不符合《专利法》第 33 条的规定。

(八) 基于引证文件向说明书中添加超出原申请文件记载的信息

针对修改 8:申请人将引证文件 CN1＊＊＊＊＊＊＊1A 中记载的相关内容"行走换向控制阀、倾斜换向控制阀以及提升换向控制阀均采用三位六通阀"补入到说明书第[0025]段中。

根据《专利审查指南》第二部分第二章第 2.2.3 节中的规定,说明书中所引证的中国专利文件,其公开日不得晚于本申请的公开日。而本申请的公开日为 2002 年 11 月 10 日,引证文件 CN1＊＊＊＊＊＊＊1A 的公开日为 2003 年 3 月 6 日,其晚于本申请的公开日,因此该引证文件对于本申请是不符合上述规定的引证文件,其记载的内容"行走换向控制阀、倾斜换向控制阀以及提升换向控制阀均采用三位六通阀"不能作为原申请文件记载的内容,因而不能作为本申请权利要求修改的基础。所以上述修改也属于《专利审查指南》第二部分第八章第 5.2.3.1 节中不允许的增加的情形,其内容超出了原申请文件记载的范围,不符合《专利法》第 33 条的规定。

第四节　实例说明权利要求修改超范围的情况

一、概要

《专利法》第 33 条规定,申请人可以对其专利申请文件进行修改,但是,对发明专利申请文件的修改不得超出原说明书和权利要求书记载的范围。权利要求限定了专利保护的范围，直接影响申请人及社会公众的利益，如果修改超范围的权利要求得到授权，就可能产生申请人将申请日前未完善的发明创造通过修改加入到权利要求书中加以保护的情形，从而破坏申请人与社会公众之间利益的平衡，违背"先申请原则"。

申请人对权利要求进行主动修改以及应国家知识产权局的要求所进行的被动修改都应该符合《专利法》第33条的要求，不得超出原说明书和权利要求书记载的范围。原说明书和权利要求书记载的范围包括原说明书和权利要求书文字记载的内容和所属技术领域的技术人员根据原说明书和权利要求书文字记载的内容以及附图能直接地、毫无疑义地确定的内容。

为了避免在申请文件的修改过程中，对权利要求的修改不符合《专利法》第33条的情况发生，本节通过一个案例列举了权利要求修改超范围的多种情况，以期对申请人在修改权利要求时有所启发和帮助。

二、申请文件

（一）说明书摘要

一种空调压缩机的连接封装机构，包括：基体；盖，盖与基体的顶部结合在一起；电动机启动继电器元件，安装在基体和盖之间；及一个或者多个外部连接终端和螺丝接线端，它们布置在基体和盖之间，并且穿过基体，外部连接终端和螺丝接线端用来电连接到外部；过载保护器，包括第三销连接器，所述连接器连接到电动机的电源中，该过载保护器可拆下地装载在基体和盖的过载保护器装载元件中；该连接封装机构能够执行额外的电连接，其连接到工作电容、灯、温度控制器或地线上，能够容易地启动空调压缩机，并防止电动机过载。

（二）摘要附图

摘要附图同说明书附图12-04-02，略去。

（三）权利要求书

1. 一种空调压缩机的连接封装机构，它包括：基体，它具有电动机过载保护器装载元件和终端穿透槽；

盖，它包括：电动机过载保护器装载元件，该装载元件定位成与基体的电动机过载保护器装载元件相适应；以及第一销连接孔和第二销连接孔，它们连接到电动机的电源中，盖与基体的顶部结合在一起；

电动机启动继电器元件，它包括第一和第二销连接器，在电动机启动继电器元件被安装在基体上的情况下，这些销连接器被定位成与第一和第二销连接孔的位置相适应，并且安装在基体和盖之间；

一个或者多个外部连接终端和螺丝接线端，它们布置在基体和盖之间，并且穿过基体，外部连接终端和螺丝接线端用来电连接到外部；以及

电动机过载保护器，其包括第三销连接器，所述连接器与电动机连接，该过载保护器可拆下地装载在所述过载保护器装载元件中。

2. 如权利要求1所述的连接封装机构,其特征在于,所述基体和盖的下侧形成有夹子装配槽,夹子装配槽的两端更宽并且相互被连接起来;布置在夹子装配槽内夹子的形状与夹子装配槽的形状相一致,因此基体和盖被相互结合在一起;所述夹子装配槽的两个较宽端部是圆形。

3. 如权利要求1所述的连接封装机构,其特征在于,电动机启动继电器元件包括:盘形正温度系数装置;第一和第二矩形导电板,它们被定位成面对上述正温度系数装置并且各自被连接到第一销连接器和第二销连接器上;其中,所述导电板包括用来电连接到外部的两个连接终端和螺丝接线端;灯或者温度控制器被连接到不包括所述导电板的连接终端的其他外部连接终端和螺丝接线端上。

4. 如权利要求1或2所述的连接封装机构,其特征在于,借助所述过载保护器装载元件内的一个或者多个下部支撑突出部来支撑装载在过载保护器装载元件中的过载保护器,并且借助所述过载保护器装载元件内的一个或者多个侧部固定突出部,使该过载保护器进行压配合并固定。

(四) 说明书

一种空调压缩机的连接封装机构

技术领域

[0001] 本发明涉及一种空调压缩机的连接封装机构,尤其涉及一种这样的空调压缩机的连接封装机构:在该连接封装机构中,可以同时装载用于启动电动机的启动继电器元件、电动机过载保护器和用于连接到工作电容、灯或者温度控制器的连接终端。

背景技术

[0002] 通常,现有技术中交流(AC)电动机与空调压缩机一起使用,用来启动交流电动机的正温度系数启动继电器元件安装在空调压缩机的连接封装机构中。用来防止电动机过载的过载保护器或者用来提高电动机工作效率的工作电容器(RC)可以额外地装载在空调压缩机的连接封装机构中。

[0003] 但是,当这种封装装载在空调压缩机中时,过载保护器或者工作电容器一定得进行额外的接线和连接。因为连接到空调的压缩机中的各种各样的连接终端被安装在压缩机中,从而有选择地把灯、温度控制器或者地线连接到连接终端上,因此一定存在连接到压缩机中的额外连接。从而造成空调压缩机结构复杂,维护和修理困难及装配性差,并且影响空调压缩机的质量和生产效率。因此,需要发展这样的连接封装机构:该连接封装机构能够容易地启动空调压缩机、防止电动机过载并且执行额外的电连接(连接到RC、灯或者温度控制器上)。

发明内容

[0004] 为了解决上述问题,本发明提供了一种这样的空调压缩机的连接封装机构:该连接封装机构能够容易地启动空调压缩机、防止电动机过载并且执行额外的电连接(如连接到RC、灯或者温度控制器上)。

[0005] 相应地,为了实现上述目的,提供了一种空调压缩机的连接封装机构,它

包括：基体，它具有电动机过载保护器装载元件和终端穿透槽；盖，它包括：电动机过载保护器装载元件，该装载元件定位成与基体的电动机过载保护器装载元件相适应；以及第一销连接孔和第二销连接孔，它们连接到电动机的电源中，盖与基体的顶部结合在一起；电动机启动继电器元件，它包括第一和第二销连接器，在电动机启动继电器元件被安装在基体上的情况下，这些销连接器被定位成与第一和第二销连接孔的位置相适应，并且安装在基体和盖之间；一个或者多个外部连接终端和螺丝接线端，它们布置在基体和盖之间，并且穿过基体，外部连接终端和螺丝接线端用来电连接到外部；以及电动机过载保护器，其包括第三销连接器，所述连接器与电动机连接，该过载保护器可拆下地装载在所述过载保护器装载元件中。

[0006] 电动机启动继电器元件包括：盘形正温度系数装置；第一和第二矩形导电板，它们被定位成面对上述正温度系数装置并且各自被连接到第一销连接器和第二销连接器上；其中，所述导电板包括用来电连接到外部的两个连接终端和螺丝接线端；灯或者温度控制器被连接到不包括所述导电板的连接终端的其他外部连接终端和螺丝接线端上。

[0007] 用来提高电动机的工作效率的工作电容器（RC）被装载在导电板的两个连接终端中的一个上，该连接终端被连接到第一销连接器和第二销连接器中的一个上。

[0008] 所述基体和盖的下侧形成有夹子装配槽，夹子装配槽的两端更宽并且相互被连接起来；布置在夹子装配槽内夹子的形状与夹子装配槽的形状相一致，因此基体和盖被相互结合在一起；所述夹子装配槽的两个较宽端部是多边形。

[0009] 借助位于基体的过载保护器装载元件内的一个或者多个下部支撑突出部，使装载在过载保护器装载元件中的过载保护器被支撑在它的下部上，并且借助位于基体的过载保护器装载元件内的一个或者多个侧部固定突出部，使该过载保护器进行压配合并固定。

附图说明

[0010] 图12-04-01是本发明的空调压缩机的连接封装机构的透视图，它示出了电动机过载保护器装载前的状态；

[0011] 图12-04-02示出了电动机过载保护器被装载的状态；

[0012] 图12-04-03至图12-04-05是本发明的连接封装机构的分解平面图；

[0013] 图12-04-06示出了图12-04-04的基体的顶部；

[0014] 图12-04-07示出了基体的底部；

[0015] 图12-04-08示出了基体和盖相互装配在一起时的状态。

具体实施方式

[0016] 参照附图，借助于详细描述优选实施例，使本发明的上述目的和优点变得更加清楚。

[0017] 现在参照附图12-04-01至12-04-08来描述空调压缩机的连接封装机构的优选实施例。

[0018] 图12-04-01是本发明的空调压缩机的连接封装机构的透视图，该图示出了电动机过载保护器装载前的状态。图12-04-02示出了装入电动机过载保护器的

状态。

[0019] 参照图12-04-01和图12-04-02，本发明的空调压缩机的连接封装机构101包括：基体104；盖103；启动继电器元件（未示出），它用于启动交流（AC）电动机；连接终端和螺丝接线端，它们用来电连接到外部；及电动机的过载保护器102。当挤压电动机的过载保护器102，使之倾斜地插入到基体104和与基体104装配在一起的盖103的过载保护器装载元件中时，电动机的过载保护器102被插入和固定到基体104和与基体104装配在一起的盖103的过载保护器装载元件中。

[0020] 图12-04-03至图12-04-05是本发明的连接封装机构101的分解平面图。从图12-04-03至图12-04-05按顺序示出了盖103、基体104和过载保护器102。在本发明的连接封装机构101中，盖103与基体104的顶部相结合，在该顶部上安装着电动机启动继电器元件、各种连接终端和各种螺丝接线端，并且过载保护器102被插入到盖103的过载保护器装载元件105和基体104的过载保护器装载元件111中。相应地，盖103、基体104和过载保护器102相互装配在一起。

[0021] 图12-04-06示出了图12-04-04的基体104的顶部。图12-04-07示出了基体的底部。

[0022] 基体104包括：过载保护器装载元件111，过载保护器102被插入到该装载元件111的顶部上；及装载部分125，用来启动电动机的启动继电器元件及用来电连接到外部的连接终端或者螺丝接线端120、124和121安装在该装载部分125中。装载部分125形成为稍低于过载保护器装载元件111的侧架。这是用来使基体104与盖103相结合，当盖103在后面与基体104的顶部装配在一起时，基体104和盖103相互插入在一起。盖103中与装载部分125匹配的进行装配的区域稍稍突出。

[0023] 用来启动电动机的启动继电器元件包括：盘形PTC启动装置128，它布置在基体中部的凹口130内；矩形导电板123和126，这些导电板在启动装置的两侧上布置成相互面对；及U形弹性连接件127，该连接件的自由端弹性地接触PTC装置，并且它的封闭端借助于焊接而被固定到导电板123和126上，弹性连接件127电连接在导电板123、126和PTC装置之间。

[0024] 连接到电动机的主绕组侧上的销连接器119和连接到电动机的次绕组侧上的销连接器122平行地连接到导电板123和126上。连接到主绕组侧上的销连接器119连接到导电板123上，该导电板123包括用来电连接到外部中的连接终端132。连接到次绕组侧上的销连接器122连接到导电板126上，该导电板123包括：两个连接终端133，132电连接至外部；及螺丝接线端120，它借助于焊接而连接到导电板126的一端上。

[0025] 在图12-04-06中，借助于螺丝接线端与两个连接终端整体形成一个上弯连接终端，该上弯终端121独立地位于启动继电器元件的右侧。在图12-04-07中，借助于螺丝接线端与连接终端整体形成一个上弯终端124，该上弯连接终端124独立地位于启动继电器元件的左下部。

[0026] 终端穿透槽在基体104内如此形成，以致这些连接终端和螺丝接线端通过基体104的底部而伸出至外部，该终端穿透槽被形成来适合用于终端的上弯形状。

[0027] 当盖 103 与基体 104 的顶部装配在一起时，装配槽 129 可松开地及可固定地使盖 103 与基体 104 结合在一起，该装配槽 129 形成于装载部分 125 下部的内壁中部内。基体 104 的装配槽 129 与盖 103 的装配槽 109（参照图 12-04-06 和图 12-04-07）一起形成一个装配槽，这样形成的装配槽被定位成与装配槽 129 的位置相一致。因此，所得到的装配槽与夹子 136 配合工作从而可松开地把盖 103 固定到基体 104 中。

[0028] 连接终端和螺丝接线端传统地安装在空调压缩机中，并且实现连接到工作电容器（RC）、灯以及温度控制器中。

[0029] 但是，根据本发明，一个连接封装机构可以实现使 RC、灯及温度控制器进行工作，而不需要额外的接线过程。在实施例中，用来改善电动机的工作效率的 RC 装载在导电板 126 的两个连接终端 133 和导电板 123 的连接终端 132 中的一个上。

[0030] 用来装载过载保护器 102 的过载保护器装载元件 111 形成于基体 104 的上部上。过载保护器装载元件 111 包括：孔 114，过载保护器 102 从该孔伸出至外部；当过载保护器 102 被插入到过载保护器装载元件 111 中时，三个支撑突出部 117、115 和 118 支撑着过载保护器 102；及侧突出部 116，它从侧表面（图 12-04-06 的上部）伸出，侧突出部 116 用来固定过载保护器 102，以致它不能移动。

[0031] 在使盖 103 与基体 104 的顶部结合之后，释放槽 113 容易使盖 103 与基体 104 分开，该释放槽 113 形成于过载保护器装载元件 111 的上内壁的中心处。盖 103 的释放槽 108 定位成与基体中的释放槽 113 的位置相一致，该释放槽 108 执行与基体 104 的释放槽 111 相同的功能。

[0032] 盖 103 与基体 104 的顶部装配在一起。盖 103 示出在图 12-04-06 和 12-04-07 中，其中图 12-04-06 示出了它的顶部，而图 12-04-07 示出了它的底部。盖 103 与基体 104 如此装配在一起，以致盖 103 的过载保护器装载元件 105 可以布置在这样的位置上：该位置与基体 104 的过载保护器装载元件 111 的位置相一致。当盖 103 与基体 104 装配在一起时，安装在基体 104 中的、启动继电器元件的销连接器 122 和 119 被定位成与盖 103 的销连接器连接元件 106 和 107 的位置相一致。

[0033] 图 12-04-08 示出了基体 104 与盖 103 装配在一起时的情况。与图 12-04-06 和图 12-04-07 的夹子 136 配合工作的装配槽 109 和 129 形成于基体和盖的组件中，从而保持基体 104 与盖 103 牢牢地装配在一起的状态。装配槽 109 和 129 包括：基体 104 的装配槽 129，它位于基体 104 的下侧上；和盖 103 的装配槽 109，它进行延伸从而从盖 103 的顶部的下部连续地弯曲到它的侧部上。基体 104 的装配槽 129 的下端和盖 103 的装配槽 109 的上端形成为比装配槽 109 和 129 的中间更宽。夹子 136 的两个端部 134 和 135 形成为比夹子 136 的中间更宽，从而与装配槽 109 和 129 的形状相适应。因此，当夹子 136 被插入到装配槽 109 和 129 中时，可以保持盖 103 与基体 104 牢牢地装配在一起的状态。夹子装配槽 109 和 129 的形状可以为楔形，或者可以为多边形。

[0034] 过载保护器 102 用来防止电动机过载，并且包括：两个大致为三角形的平行平面止动器 112，这些止动器起着止动器和支撑器的作用；过载保护器 102 装载在连接封装机构 101 中。过载保护器 102 与申请号为 02×××××.×的中国专利申请中的过载保护器 102 相同。

[0035] 根据上述结构，本发明的空调压缩机连接封装机构能够容易地启动空调压缩机，从而防止电动机过载并且执行辅助的电连接，从而提高了电动机、灯及温度控制器的工作效率。提高了连接封装机构的质量与生产装配效率。

（五）说明书附图

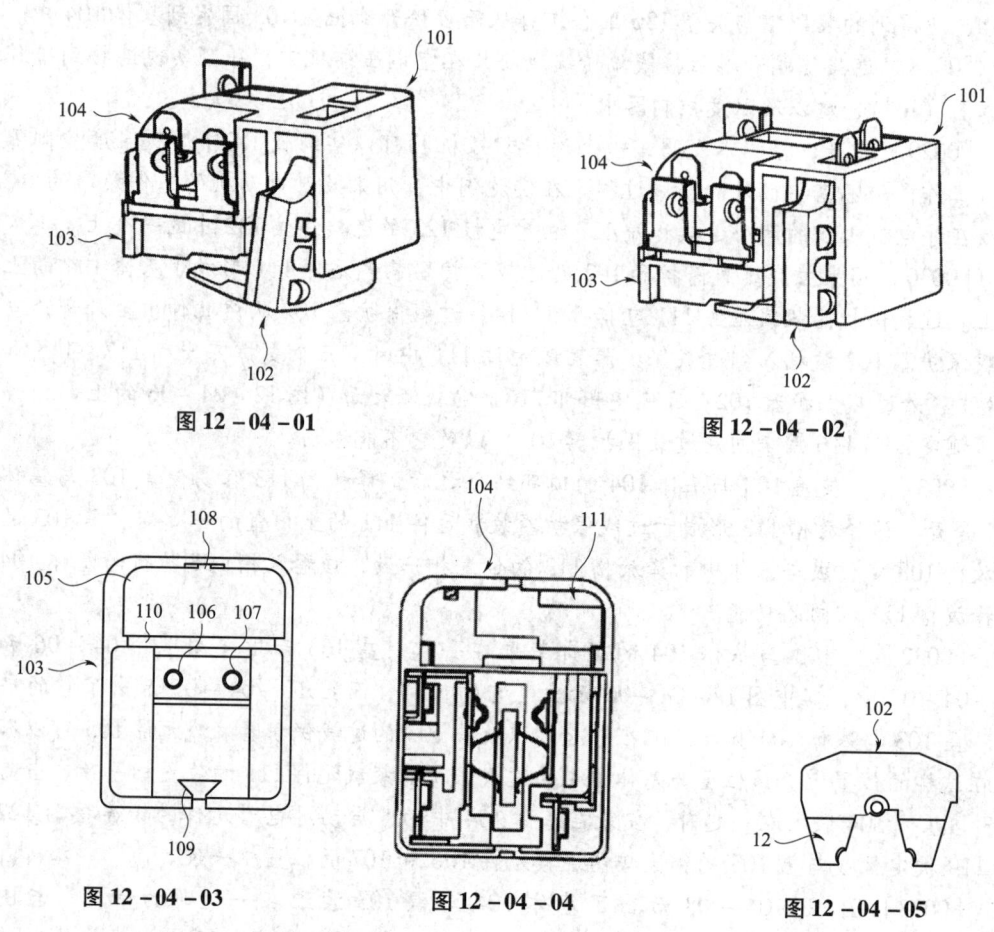

图 12-04-01

图 12-04-02

图 12-04-03

图 12-04-04

图 12-04-05

三、权利要求修改的相关案情

（一）第一次审查意见通知书要点

针对申请人提交的申请文件，审查员检索到了影响本申请权利要求 1 的新颖性的对比文件 1（CN1******1A），在此基础上审查员发出了第一次审查意见通知书。要点如下：

1. 权利要求 1 相对于对比文件 1（CN1******1A）不具备《专利法》第 22 条第 2 款规定的新颖性。

2. 权利要求 1 中出现了特征"所述连接器与电动机连接，该过载保护器可拆下地装载在所述过载保护器装载元件中"，其中"所述连接器"是该权利要求中在先描述的"第一销连接器"、"第二销连接器"与"第三销连接器"中的哪一个"连接器"对所

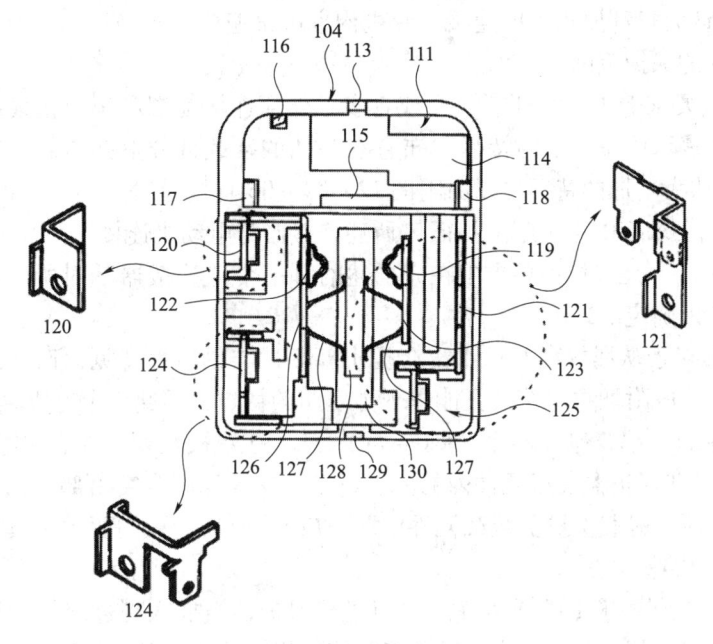

图 12 - 04 - 06

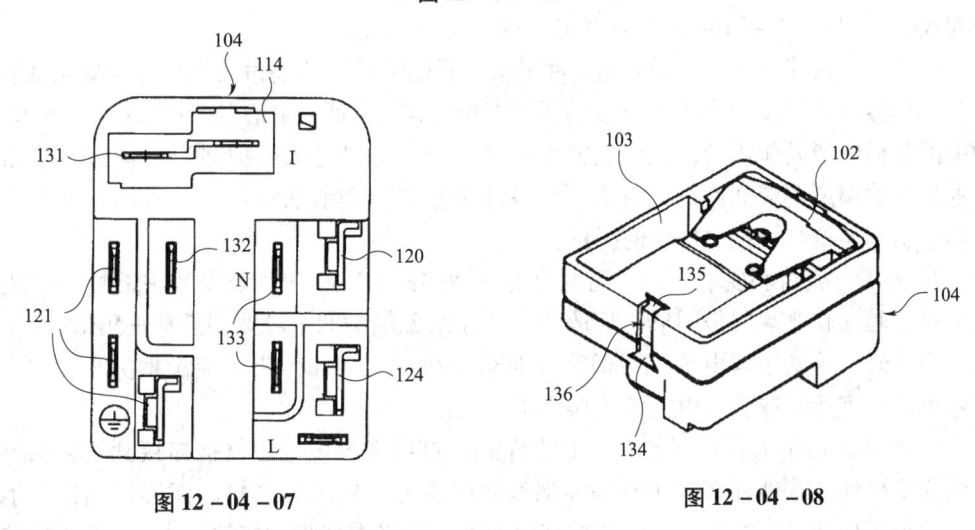

图 12 - 04 - 07

图 12 - 04 - 08

属技术领域的技术人员而言难以确定,导致权利要求 1 的保护范围不能准确确定,不符合《专利法》第 26 条第 4 款关于权利要求应当清楚的规定。

3. 权利要求 2 中出现的特征"夹子装配槽的两个较宽端部是圆形"在说明书中没有记载,该权利要求请求保护的技术方案不能从说明书公开的内容中得到或概括得出,因此该权利要求 2 得不到说明书的支持,不符合《专利法》第 26 条第 4 款的规定。

(二)申请人对权利要求的修改

申请人针对通知书中指出的申请文件中存在的实体缺陷和形式缺陷,对其申请文件的权利要求作出如下修改:

1. 将权利要求 1 中"空调压缩机的连接封装机构"修改为"压缩机的连接封装机

构"，申请人认为权利要求 1 的连接封装机构也可普遍应用于通用压缩机，通过该修改可以扩大专利的保护范围。

2. 对权利要求 1 中的特征"一个或者多个外部连接终端和螺丝接线端"作进一步的限定，增加表示位置限定的特征"布置在基体的装载部分上并与启动继电器元件相邻"，申请人认为增加的特征可以由附图 12-04-06 直接导出。

3. 从权利要求 1 中直接删除特征"所述连接器与电动机连接"，以克服审查员指出的"所述连接器"是该权利要求中在先描述的哪一个"连接器"对所属技术领域的技术人员而言难以确定的缺陷。

4. 审查员对于从属权利要求 4 没有提出新颖性与创造性意见，而申请人认为权利要求 4 限定部分的附加技术特征更能体现本发明的特点，因此为了克服独立权利要求 1 不具备新颖性的缺陷，基于权利要求 4 的内容，将原权利要求 1 的相应部分修改为"通过形成在过载保护器装载元件内的一个或多个支撑和固定突出部，该过载保护器可拆下地装载在所述过载保护器装载元件中"，使得修改后的权利要求 1 具备新颖性；同时删除权利要求 4。

5. 在独立权利要求 1 中增加特征"当过载保护器被插入到过载保护器装载元件中时，过载保护器顶部横向尺寸为所述连接封装机构整体宽度的二分之一"，申请人认为该修改可由附图 12-04-01 与附图 12-04-02 直接导出。

6. 在权利要求 1 中再增加对比文件 1 未公开的特征"所述过载保护器为聚碳酸脂制品"，申请人认为该修改是基于本申请说明书中所直接引证的申请号为 021×××××.×的中国专利申请而作出的，该专利文件中唯一记载了"过载保护器为聚碳酸脂制品"，这种材料的温度适应性良好，更适合空调压缩机连接封装机构的应用环境，从而进一步体现出本申请与对比文件 1 的区别。

7. 为了克服权利要求 2 得不到说明书支持的缺陷，将权利要求 2 中的特征"夹子装配槽的两个较宽端部是圆形"修改为"夹子装配槽的两个较宽端部是三角形"，申请人认为该修改是基于本申请说明书第［0034］段所记载的"夹子装配槽 109 和 129 的形状可以为楔形，或者可以为多边形"而作出的。

8. 此外，申请人将权利要求 3 中的特征"灯或者温度控制器被连接到不包括导电板的连接终端的其他外部连接终端和螺丝接线端上"修改为"灯、温度控制器或地线被连接到不包括导电板的连接终端的其他外部连接终端和螺丝接线端上"。而原申请摘要中已经记载了"该连接封装机构能够执行额外的电连接，其连接到工作电容、灯、温度控制器或地线上"的内容，因此申请人认为修改后的权利要求 3 所增加的"地线"被连接到"其他外部连接终端和螺丝接线端"的内容已经在原申请摘要中记载，通过该连接封装机构的外部连接终端与地线的直接连接，减少了线束与端子数，使空调压缩机的整体结构更加紧凑。

为了体现权利要求修改前后的区别，将修改后的权利要求中新增加的特征下方标注下划线，将删除的特征用双删除线表示，并在括号中采用粗体字对修改处进行标记，修改后的权利要求如下：

1. 一种空调压缩机（**修改 1**）的连接封装机构，它包括：基体，它具有电动机过载保护器装载元件和终端穿透槽；

盖，它包括：电动机过载保护器装载元件，该装载元件定位成与基体的电动机过载保护器装载元件相适应；以及第一销连接孔和第二销连接孔，它们连接到电动机的电源中，盖与基体的顶部结合在一起；

电动机启动继电器元件，它包括第一和第二销连接器，在电动机启动继电器元件被安装在基体上的情况下，这些销连接器被定位成与第一和第二销连接孔的位置相适应，并且安装在基体和盖之间；

一个或者多个外部连接终端和螺丝接线端，它们布置在基体和盖之间，并且布置在基体的装载部分上并与启动继电器元件相邻，<u>通过基体的终端穿透槽穿过基体</u>（**修改2**），外部连接终端和螺丝接线端用来电连接到外部；以及

电动机过载保护器，其包括第三销连接器，<u>所述连接器与电动机连接</u>（**修改3**），通过形成在所述过载保护器装载元件内的一个或多个<u>支撑和固定突出部</u>（**修改4**），该过载保护器可拆下的装载在所述过载保护器装载元件中；当过载保护器被插入到过载保护器装载元件中时，过载保护器顶部横向尺寸为所述连接封装机构整体宽度的二分之一（**修改5**）；所述过载保护器为聚碳酸脂制品（**修改6**）。

2. 如权利要求1所述的连接封装机构，其特征在于，所述基体和盖的下侧形成有夹子装配槽，夹子装配槽的两端更宽并且相互被连接起来；布置在夹子装配槽内夹子的形状与夹子装配槽的形状相一致，因此基体和盖被相互结合在一起；所述夹子装配槽的两个较宽端部是<u>圆形</u>三角形（**修改7**）。

3. 如权利要求1所述的连接封装机构，其特征在于，电动机启动继电器元件包括：盘形正温度系数装置；第一和第二矩形导电板，它们被定位成面对上述正温度系数装置并且各自被连接到第一销连接器和第二销连接器上；其中，所述导电板包括用来电连接到外部的两个连接终端和螺丝接线端；灯、温度控制器<u>或者地线</u>（**修改8**）被连接到不包括所述导电板的连接终端的其他外部连接终端和螺丝接线端上。

四、对于权利要求修改超范围的分析

上述所标记的对于权利要求的共计八处修改实际上都超出了原申请文件记载的范围，属于在原权利要求书和说明书中没有文字记载，也不能由原权利要求书和说明书直接、毫无疑义确定的内容，不符合《专利法》第33条的规定，具体理由如下。

（一）删除在原申请文件中明确认定的关于具体应用范围的技术特征

关于修改1，申请人删除了权利要求1中表示"空调压缩机的连接封装机构"应用范围的限定"空调"，将其修改为"压缩机的连接封装机构"，申请人认为权利要求1的连接封装机构实际可应用于通用压缩机，从而试图扩大专利申请的保护范围。

然而基于原申请文件记载的内容，例如本申请说明书"技术领域"部分第［0001］段记载的"本发明涉及一种空调压缩机的连接封装机构，本发明尤其涉及一种这样的空调压缩机的连接封装机构：在该连接封装机构中，可以同时装载用于启动电动机的启动继电器元件、电动机过载保护器和用于连接到工作电容、灯或者温度控制器的连接终端"，"发明内容"部分第［0004］段记载的"本发明的目的是提供一种这样的空

调压缩机的连接封装机构"，以及"具体实施方式"部分第［0018］段记载的"参照附图12-04-01至图12-04-08来描述空调压缩机的连接封装机构的优选实施例"，可以看出本申请的说明书的技术领域、发明内容以及具体实施方式部分都明确限定了该连接封装机构的应用范围是空调压缩机，原申请文件作为一个整体，并没有明确或隐含地导出该连接封装机构应用于其他方面的压缩机，即从原申请文件记载的信息中无法直接、毫无疑义地确定该连接封装机构适用于一般类型的压缩机。

因此，该案例中从权利要求中删除在说明书中明确认定的关于具体应用范围的技术特征将导致修改超范围，属于《专利审查指南》第二部分第八章第5.2.3.3节规定的"不允许的删除"的情形，不符合《专利法》第33条的规定。

（二）将不能从原说明书（包括附图）中直接明确认定的技术特征写入权利要求

关于修改2，申请人对权利要求1中的特征"一个或者多个外部连接终端和螺丝接线端"作了进一步限定，增加了表示位置限定的特征"布置在基体的装载部分上并与启动继电器元件相邻"。根据附图12-04-06以及原说明书第［0025］段中"连接到主绕组侧上的销连接器119连接到导电板123上，该导电板123包括用来电连接到外部中的连接终端132。连接到次绕组侧上的销连接器122连接到导电板126上，该导电板123包括：两个连接终端133，132电连接到外部"，可以推断出，连接终端132和133以及螺丝接线端120与启动继电器元件中的矩形导电板123或126电连接，同时另外的两组连接终端和螺丝接线端124和121既不与启动继电器元件有电连接，在空间位置上它们也"独立地"位于装载部分左下部和右侧的容纳空间内，即另外两组连接终端和螺丝接线端124和121与启动继电器元件之间间隔有形成装载部分各个容纳腔体的"壁"和"槽"。因此，无论在电连接关系上，还是在空间位置关系上，"外部连接终端和螺丝接线端"与"启动继电器元件"都不能算是"相邻"。

上述增加的特征"布置在基体的装载部分上并与启动继电器元件相邻"在原始申请文件中并没有文字记载，同时也不能从原申请文件（包括附图）中直接明确地认定，因此该修改内容也超出了原说明书和权利要求书记载的范围，属于《专利审查指南》第二部分第八章第5.2.3.1节规定的"不允许的增加"的情形，不符合《专利法》第33条的规定。

（三）从独立权利要求中删除在原申请中明确认定为发明的必要技术特征的那些技术特征

关于修改3，申请人为克服权利要求1不清楚的缺陷，将该权利要求中的特征"所述连接器与电动机连接"删除，由此形成的权利要求1的技术方案实质上超出了原申请文件记载的范围。

理由在于，"所述连接器与电动机连接"属于独立权利要求1的必要技术特征。根据原申请文件记载的内容，本申请的空调压缩机具有电动机过载保护器，过载保护器中的"所述连接器"与启动电动机连接。基于空调压缩机领域的普通技术知识，过载保护器就是用于解决"防止电动机过载"的技术问题，同时本申请所要解决的技术问题也是使空调压缩机连接封装机构与启动电机连接，从而"容易地启动空调压缩机"

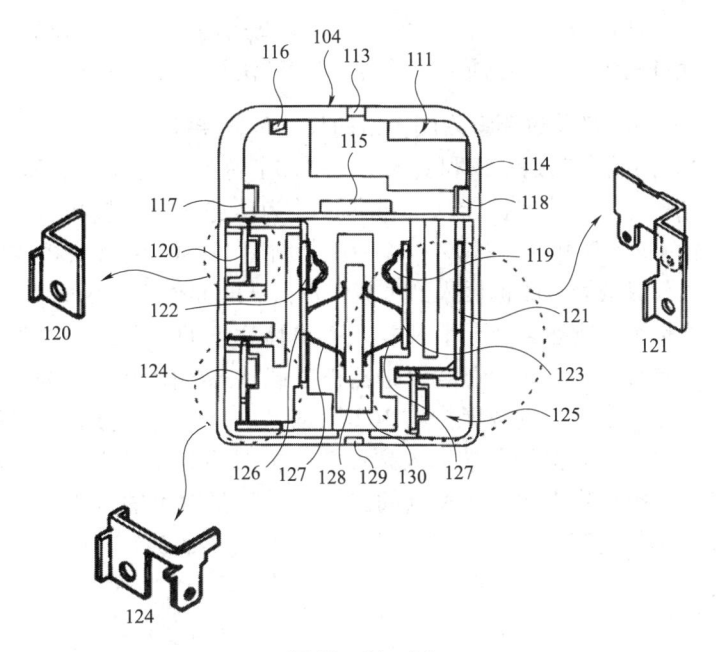

图 12-04-06

（参见说明书第［0001］~［0004］段）。如果"所述连接器"与启动电动机不连接，则无法实现过载保护器防止电动机过载的功能，同时也不能解决本申请启动空调压缩机的技术问题。因此，过载保护器的"所述连接器与电动机连接"是解决本发明的技术问题所不可缺少的必要技术特征，其构成了权利要求1的技术方案，使之区别于背景技术中所述的其他技术方案。如果将上述特征删除，则权利要求1的技术方案是不完整的，不能解决本发明所述的技术问题。这样形成的技术方案没有明确记载于原始申请文件中，也不能由原申请文件直接、毫无疑义地导出。

因此，申请人从独立权利要求1中删除在原申请中明确认定为发明的必要技术特征的那些技术特征将导致修改超范围，属于《专利审查指南》第二部分第八章第5.2.3.3节规定的"不允许的删除"的情形，不符合《专利法》第33条的规定。

（四）将原申请中没有明确提及彼此关联的分离的特征进行组合

关于修改4，修改后的权利要求1中增加的特征"一个或多个支撑和固定突出部"限定了一个或多个结构，这种结构在该连接封装机构中同时具有支撑和固定的功能，但这与原说明书和权利要求书中记载的信息不同。原说明书第［0009］、［0031］段中只是记载了本专利申请的过载保护器装载元件中有"支撑突出部"和"侧突出部"两种部件，原权利要求4中进一步明确了其是"下部支撑突出部"和"侧部固定突出部"，即在原申请文件的方案中只含有具有支撑功能的部件和具有固定功能的部件，由此并不能直接地、毫无疑义地确定出本专利申请同时具有支撑和固定两种功能的"支撑和固定突出部"这样的部件，因此该增加的特征"一个或多个支撑和固定突出部"也超出了原说明书和权利要求书的范围。该修改将原申请文件中的分离的特征，改变成一种新的组合，而原申请文件没有明确提及这些分离特征彼此之间的关联，这种修改超出了原申请文件记载的范围,属于《专利审查指南》第二部分第八章第5.2.3.2节规定的"不允许的改变"的情形,不符合《专利法》第33条的规定。

(五)增加的内容是通过测量附图得出的尺寸参数特征

关于修改5,申请人在独立权利要求1中增加了特征"当过载保护器被插入到过载保护器装载元件中时,过载保护器顶部横向尺寸为所述连接封装机构整体宽度的二分之一",并且认为该修改可由附图12-04-01与附图12-04-02直接导出。

然而,当过载保护器102被插入到过载保护器装载元件111中时,过载保护器102的顶部横向尺寸是否为所述连接封装机构101整体宽度的二分之一并没有在原申请文件中明确记载;同时,参见表示过载保护器被装载状态的附图12-04-02,也不能直接、毫无疑义地确定图中的过载保护器102顶部横向尺寸为连接封装机构整体宽度的二分之一,因此"当过载保护器被插入到过载保护器装载元件中时,过载保护器顶部横向尺寸为所述连接封装机构整体宽度的二分之一"是对附图进行测量后得出的尺寸关系特征,属于《专利审查指南》第二部分第八章第5.2.3.1节规定的"不允许的增加"的特征。

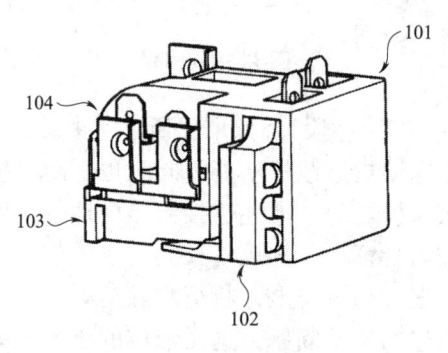

图12-04-02

相比原权利要求与说明书(包括附图),上述修改基于对附图的测量得到的尺寸参数技术特征,在权利要求中增加了表示新的定性关系的内容,形成了新的技术方案,因此这种修改也超出了原申请文件记载的范围,不符合《专利法》第33条的规定。

(六)基于不符合说明书引证文件规定的引证文件作出修改

关于修改6,申请人在权利要求1中增加特征"所述过载保护器为聚碳酸脂制品",申请人认为该材料的温度适应性良好,更适合空调压缩机连接封装机构的应用环境。并且认为该修改是基于本申请说明书中所直接引证的申请号为02×××××.×的中国专利申请而作出的,该专利申请文件中唯一记载了"过载保护器为聚碳酸脂制品",因此没有超出原申请文件记载的范围。

然而,《专利审查指南》第二部分第二章第2.2.3节中规定,说明书中所引证的外国专利文件与非专利文件,其公开日应在本申请的申请日之前,所引证的中国专利文件,其公开日不晚于本申请的公开日。由于本申请的公开日为2003年6月15日,而所引证的申请号为02××××××.×的中国专利申请的公开日为2003年11月13日，晚于本申请的公开日，因此该中国专利申请文件不是本申请符合说明书引证文件规定的引证文件，其记载的内容"过载保护器为聚碳酸脂制品"也不能视为原申请文件记载的内容，因而不能作为本申请权利要求修改的基础，所以上述修改内容也超出了原申请文件记载的范围，不符合《专利法》第33条的规定。

（七）将表示上位概念的内容修改为表示下位概念的内容

关于修改7，申请人将权利要求2中的特征"夹子装配槽的两个较宽端部是圆形"改变为"夹子装配槽的两个较宽端部是三角形"，申请人认为该修改是基于本申请说明书第[0034]段所记载的"夹子装配槽109和129的形状可以为楔形，或者可以为多边形"而作出的。

然而，原申请文件说明书中仅仅记载了"夹子装配槽的两个较宽端部可以是楔形或多边形"，其中多边形只是三角形的上位概念，楔形的概念也不等同于三角形。同时参照附图12-04-08，表示与夹子装配槽109与129形状基本相同的夹子136的两个较宽端部134与135，显然其形状也并不是三角形，尽管原申请文件记载了其可为多边形，但将其修改为下位概念"三角形"，则将较为抽象的大范围的"多边形"概念具体为一个小范围的"三角形"概念，因此该修改超出了原申请文件记载的范围，不符合《专利法》第33条的规定。

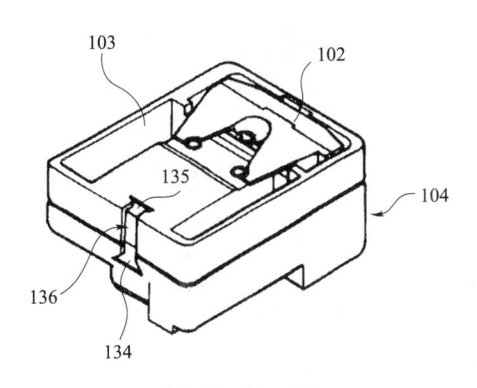

图12-04-08

（八）将说明书摘要作为权利要求修改的基础

关于修改8，申请人在权利要求3中增加了"地线"被连接到"其他外部连接终端和螺丝接线端"的内容，然而，可能由于申请人的疏忽，"地线"与连接封装机构连接的内容在原权利要求与说明书中并没有提及，仅仅在说明书摘要中记载了"其连接到工作电容、灯、温度控制器或地线上"的内容。

然而《专利审查指南》第二部分第二章第2.4节规定，说明书摘要仅仅是一种技术信息，不具有法律效力，摘要的内容不属于发明原始记载的内容，不能作为以后修改权利要求的根据。因此，在判断权利要求的修改是否超范围时不能以说明书摘要作为依据，如果仅仅是基于说明书摘要对权利要求作出修改，其内容在原权利要求与说明书（包括附图）中没有明确记载，同时也不能由原权利要求与说明书（包括附图）中记载的信息直接、毫无疑义地确定，则将导致权利要求的修改超范围。本申请中，地线与所述空调压缩机连接封装机构的外部终端相连只是现有技术中的使空调压缩机"接地"的常规技术选择之一，也存在空调压缩机的其他接地端与地线连接，而不通过该连接封装机构"接地"的可能，其并不能基于原申请文件记载的信息直接、毫无疑义地确定。

因此，上述关于"地线"的修改尽管在摘要中有所记载，但仍然超出了原申请文件记载的范围，不符合《专利法》第33条的规定。

第二部分

专利申请文件撰写案例剖析

第一章 一般类型专利申请的撰写案例剖析

第一节 通过分析技术改进点之间的关系深入挖掘发明点

一、概要

《专利法》第 2 条第 2 款规定，专利法所称的发明，是指对产品、方法或者其改进所提出的新的技术方案。所谓技术方案是指对要解决的技术问题所采取的利用了自然规律的技术手段的集合。技术手段通常是由技术特征来体现的。

一般而言，发明人在技术交底书中都会具体阐明现有技术存在的问题和缺点、相对现有技术所要解决的技术问题、所采取的技术手段以及这些技术手段所达到的技术效果，这些通常与申请的发明点密切相关。但由于对现有技术的掌握程度不同，有时会出现发明人所认定的改进的技术手段实际上已是现有技术，而发明人没有意识到的改进之处却是发明的真正发明点的情况。特别是对大型机械设备来说，由于专利申请的技术方案会比较复杂，改进的技术手段比较多，这时就需要对发明人认定的众多技术改进部分尤其是改进的技术特征进行分析总结，并进一步深入挖掘出这些改进的技术手段之间的关系，然后从中找出主要的发明点，并根据发明点撰写出相应的权利要求，使得所撰写出的权利要求保护范围适当。

本节将通过一个改进的技术手段比较多的复杂机床系统的案例，具体阐明如何对技术交底书中的技术内容进行分析总结，并通过分析改进的技术手段之间的关系，从中找出主要的发明点，进而撰写出保护范围适当的权利要求书和说明书。

二、技术交底书

本案涉及一种重型轧辊或挤压辊的自动堆焊机。所谓堆焊，是指为增大或恢复焊件尺寸，或使焊件表面获得具有特殊性能的熔敷金属而进行的焊接。简单地说，就是用电焊或气焊法把金属熔化，堆在工具或机器零件上的焊接法，通常用来修复磨损和崩裂部分。利用堆焊可以改变零件表面的化学成分和组织结构，完善其性能，延长零件的使用寿命，降低成本，具有重要的经济价值。

（一）现有技术介绍

现有技术 1（CN1＊＊＊＊＊＊＊1A）公开了一种轧辊自动堆焊机，具体参见图 21－1－01 和图 21－1－02 以及图 21－1－03。其中，图 21－1－01 是该轧辊自动堆焊机的结构示意图，图 21－1－02 是图 21－1－01 中的轧辊自动堆焊机的 A－A 向剖视图，图 21－1－03 为图 21－1－01 中的轧辊自动堆焊机的床头 608 的局部剖视图。

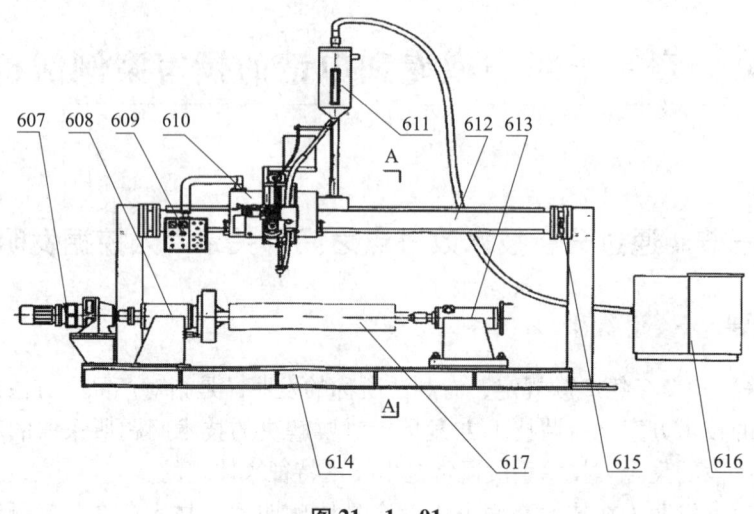

图 21-1-01

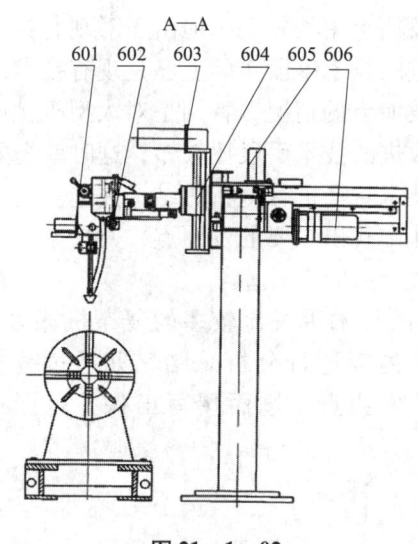

图 21-1-02

如图 21-1-01 和图 21-1-02 所示，现有技术 1 中公开的轧辊自动堆焊机采用一个龙门式轧辊自动堆焊机和一个卧式车床类主机配合来对工件进行埋弧堆焊。所述的轧辊自动堆焊机由机头 601、焊接机构 602、垂直拖板减速电机 603、垂直拖板 604、水平拖板驱动电机 605、横梁驱动电机 606、主轴驱动电机 607、床头 608、控制箱 609、水平拖板 610、焊剂箱 611、横梁 612、尾架 613、床身 614、横梁前后调节机构 615、回收机 616 组成。其中，床头 608 的主轴安装在左机架的正中，尾架 613 置于床身 614 另一内侧，床头 608 和尾架 613 之间可安装被焊物 617，主轴驱动电机 607、床头 608 和尾架 613 处于同一水平线，与横梁 612 平行，焊剂箱 611 安装在横梁 612 的上端。工作时：接通焊机和控制箱电源，横梁 612 后退，吊装工件 617，横梁 612 前移就位，通过焊剂回收机 616 吸取焊剂到储藏柜，根据工件大小及材质，选用焊丝及焊剂，调整好各个焊接参数，如焊接电流、焊接电压、工件回转速度、水平拖板移动方向及速度、焊接机构的移动速度、停留时间等，将相关功能均置于联动方式，启动焊接即可开始焊接。

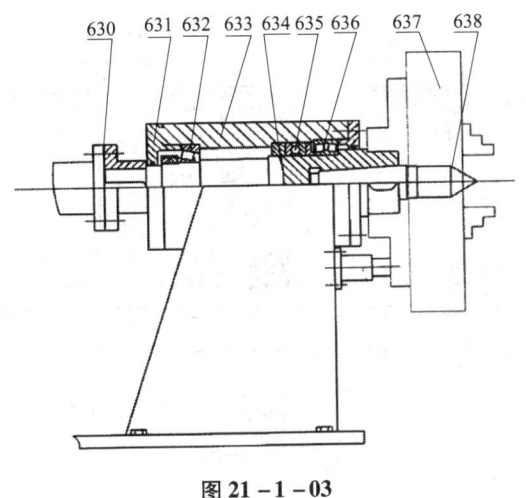

图 21-1-03

如图 21-1-03 所示，所述床头 608 由弹性联轴器 630、轴承盖 631、圆锥滚子轴承 632、左机架 633、床头主轴 634、平面轴承 635、双列滚子轴承 636、四爪卡盘 637、左顶尖 638 组成。床头主轴 634 安装在左机架 633 的正中，轴承盖 631、圆锥滚子轴承 632 安装于床头主轴 634 的后端，后端外装有弹性联轴器 630；平面轴承 635、双列滚子轴承 636、轴承盖 631 安装在床头主轴 634 的前端，前端外设有四爪卡盘 637，顶尖 638 装于床头主轴 634 的右正前端。由于较多工件轴端不是圆形的，因此需用四爪卡盘 637，在床头四爪卡盘中心设计了一个随主轴同时回转的固定顶尖，这样，不管工件的轴颈部分是何形状，仅需将工件中心孔插入顶尖，然后再锁紧四爪，即可避免了四爪卡盘 637 调整工件 617 中心不方便的问题。

现有技术 1 中的堆焊机的结构设计并不是针对大型轧辊工件的，所以其支撑和夹持工件的设备无法满足大型工件体积和重量都比较大的需要，在吊装条件下进行工件找正不太方便。同时，焊接过程中会产生大量的热量，使得主轴和顶尖产生热变形，影响到堆焊质量。此外，使用横梁式结构不利于更换焊丝盘，并且由于它的堆焊机头只有一套，所以在焊接大型工件时效率很低。

现有技术 2（CN1*******2A）公开了另一形式的轧辊自动堆焊机，具体参见图 21-1-04 及图 21-1-05。其中，图 21-1-04 是这种轧辊自动堆焊装置的正面结构示意图，图 21-1-05 是这种轧辊自动堆焊机的右侧视图。

如图 21-1-04 所示，现有技术 2 公开的这种轧辊自动堆焊机包括用于驱动所述工件绕工件的轴线转动的主轴箱部分 701，底座 709，用于支承工件的可调式升降托轮架 710，用于支承焊接装置的横架 708，可升降的侧位焊接装置 730 可以沿设置于横架 708 上的导轨 720 移动，焊接装置的移动方向与工件的轴线平行。其中可调式升降托轮架

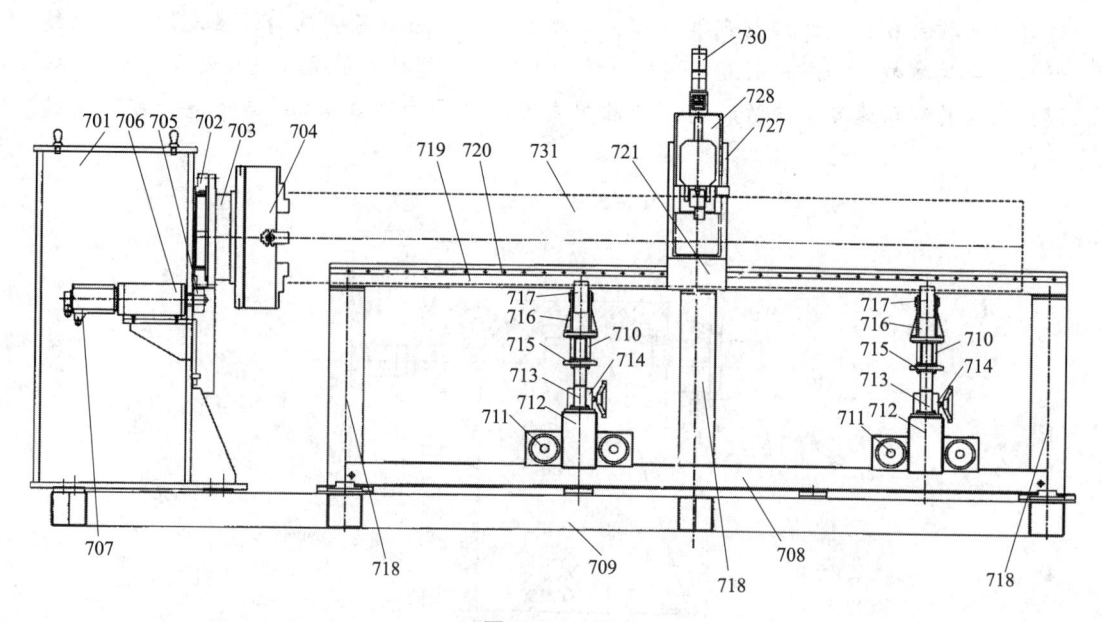

图 21-1-04

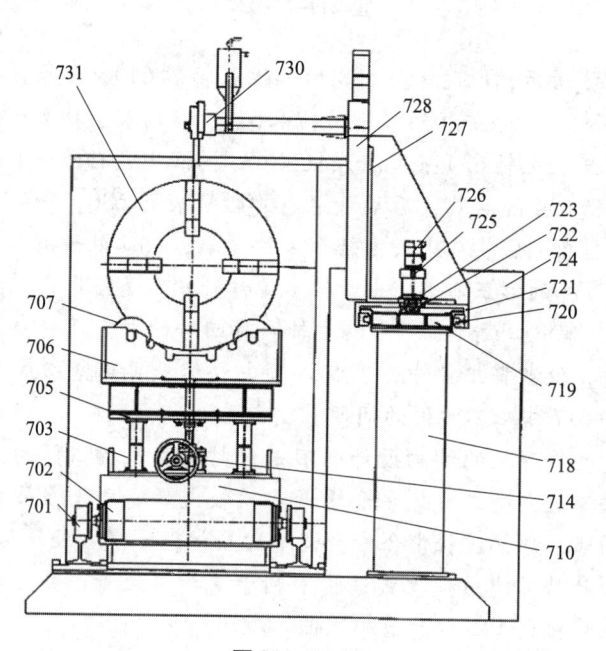

图 21-1-05

的结构如图 21-1-05 所示。

在所述主轴箱中,伺服电机 707 的输出端与安装于机架上的减速器 706 的输入端连接,在减速器 706 的输出端设置小齿轮 705,所述小齿轮 705 与安装于机架上的回转支承 702 连接,所述回转支承 702 利用法兰盘 703 连接四爪卡盘 704。

在所述横架中,横梁 719 安装于立柱 718 上,在横梁 719 上设置直线导轨 720,在直线导轨720上滑动连接滑板721，在所述滑板721上安装有减速器725及其伺服电机726，在减速器725的输出端安装齿轮722，在所述直线导轨720上设置齿条723，所述齿轮722与所述齿条723啮合。用于升降焊接装置的升降器728安置于连接座727上，在升降器728上设置用于焊接的焊接装置730。

图21-1-05在托轮架中，可调式升降托轮架的支撑轮707安装于支撑轮座706上，所述升降机构安装于支撑轮座706的下面，在升降机构的下面设置移动座702，在所述移动座702上设置移动轮701。所述升降机构包括起升降作用的升降机704及导向机构，所述导向机构中的导向杆滑动连接于导向轴套703内。

工作时先将大型轧辊工件吊放在托轮架上，再通过升降机704调整工件的高度，使其与主轴箱中的主轴轴线找正，卡盘夹持工件，电机带动卡盘旋转带动工件旋转，侧位可升降式的焊接装置对工件进行焊接。

现有技术2中的轧辊自动堆焊机可适用于大型轧辊工件的自动堆焊。但这种轧辊自动堆焊机的缺点在于，在工件比较重、体积比较大的情况下，通过升降托轮架来找正所需要的辅助工时长，找正也不方便，同时还容易出现工件和主动滚轮打滑的现象，影响焊接精度。

（二）技术交底书中提出的技术问题

发明人在技术交底书中指出，要解决现有的轧辊自动堆焊技术中的技术问题是：现有的轧辊自动堆焊机不能适用于体积和重量比较大的重型轧辊或挤压辊工件，大型工件的定位和找正过程所需要的辅助工时长，焊接质量差，工作效率低。

（三）相关实施例介绍

发明人为克服现有的轧辊自动堆焊技术中的上述缺点，发明了一种专门针对重型轧辊或挤压辊的自动堆焊机，如图21-1-06至图21-1-09所示。其中，图21-1-06是本申请发明自动堆焊机的整体结构图；图21-1-07是图21-1-06的A向视图；图21-1-08为本申请发明自动堆焊机的主轴箱102和夹持装置105的结构示意图；图21-1-09为本申请发明自动堆焊机的可调式支撑转胎140的结构示意图。

如图21-1-06和图21-1-07所示，该用于重型轧辊或挤压辊的自动堆焊机包括工件101、机座103，机座103顶面上沿机床的长度方向安装有两条滑轨，滑轨上设置有用于支撑工件的支撑装置104。所述支撑装置104包括至少两个用于对工件101进行定位和支撑的可调式支撑转胎140，它们彼此相隔一定距离安装在滑轨上，并可沿机座103的长度方向在滑轨上移动。主轴箱102和防窜装置110分别安装在机座103的两端。主轴箱102上安装有用于夹持工件的夹持装置105。在机座103的侧面也安装有两条侧向滑轨，侧向滑轨上安装有两套用于焊接的焊接装置106。所述的机座103的侧边还设置有隔热板111，同时主轴箱也加设隔热罩。

焊接装置106安装在机座103的侧面的侧向滑轨上，其上还安装有焊剂回收机107和用于安装堆焊机头112的可升降焊接悬臂108。该焊接悬臂108下方安装有焊丝盘113，同时焊接悬臂108由升降机构控制其升降。堆焊机头112、焊剂盒109安装在焊接悬臂108的上部，并且沿与焊接悬臂轴向垂直的方向伸出。焊丝盘113、焊剂回收机

107均安装在焊接装置的两侧，便于焊丝换装、焊剂添加、焊枪清理及维护。

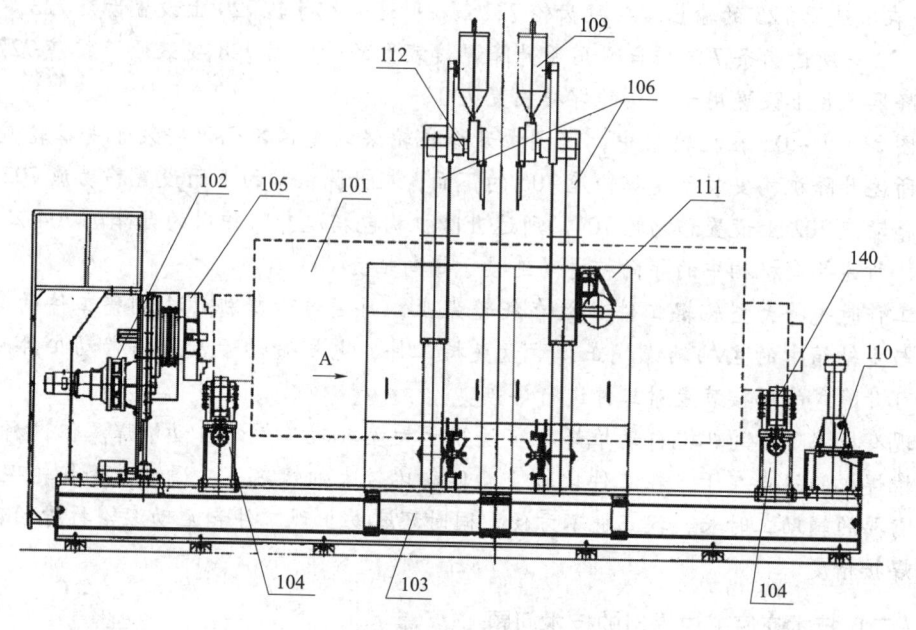

图21-1-06

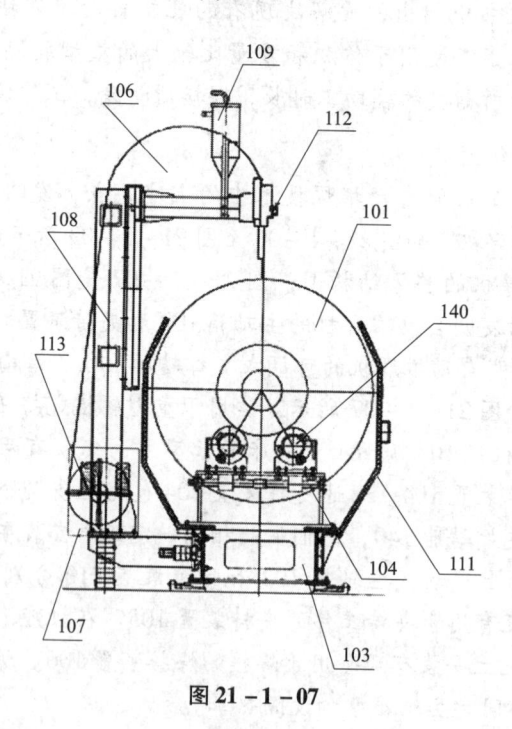

图21-1-07

下面参照图21-1-08对主轴箱和用于夹持工件的夹持装置作具体介绍。如图所示，主轴箱102包括箱体124、主轴传动系统123、主轴减速器131、主动齿轮128、主轴箱升降机构125、升降滑板129、升降导轨130。主轴减速器131安装在主轴箱升降导轨130的升降滑板129上，升降滑板129由主轴箱升降机构125驱动。主轴箱升降机构125安装在箱体124下部，可驱动升降滑板129进行升降运动。主轴传动系统123的驱动装置采用交流伺服电机，与安装在主轴箱升降滑板129上的主轴减速器131法兰直联，减速器输出轴上装配主动齿轮128，与安装在升降滑板另一面的卡盘121的回转支承127的齿圈相啮合，齿圈与卡盘通过螺栓联接。用于夹持工件的夹持装置105包括卡盘121、双排滚子链联轴器126、回转支承127。回转支承127安装在主轴箱的升降滑板129上，其通过外部齿圈与主动齿轮128相啮合传动。卡盘121设置在主轴箱外部，在回转支承127和卡盘121之间安装有双排滚子链联轴器126，卡盘121通过双排滚子链联轴器126间接地与回转支承127的齿圈联接，使得卡盘具有一定的角度浮动量和径向位移浮动量。用于对工件进行找正的可伸缩气动顶尖122安装在箱体124内，与卡盘121的回转支承127同心。当主轴箱升降机构125驱动升降滑板129进行升降运动时，带动固连在升降滑板129上的主轴传动系统123、主轴减速器131、主动齿轮128以及回转支承127、卡盘121和气动顶尖122同时进行升降运动。工作时，通过操作主轴箱里的主轴箱升降机构125同时驱动主轴传动系统123、卡盘121以及气动顶尖122进行升降运动，从而实现卡盘121和气动顶尖122的上下位置调整。卡盘121和气动顶尖122的上下位置调整的同时，安装在主轴箱箱体124内的可伸缩气动顶尖122伸出对工件进行找正。工件找正准确且迅速，工件夹持方便。找正完成后由安装在主轴箱上的卡盘121夹持所述工件并带动旋转，可伸缩气动顶尖122缩回。由于卡盘121具有一定的角度浮动量和径向位移浮动量，其角度浮动量的范围是：-3度至+3度；径向位移浮动量为：6毫米。卡盘121除输出扭矩外不承受其他负载，可完全消除主轴因热变形和找正误差而产生的应力，提高了主轴箱的寿命，降低了故障率，运行稳定可靠。

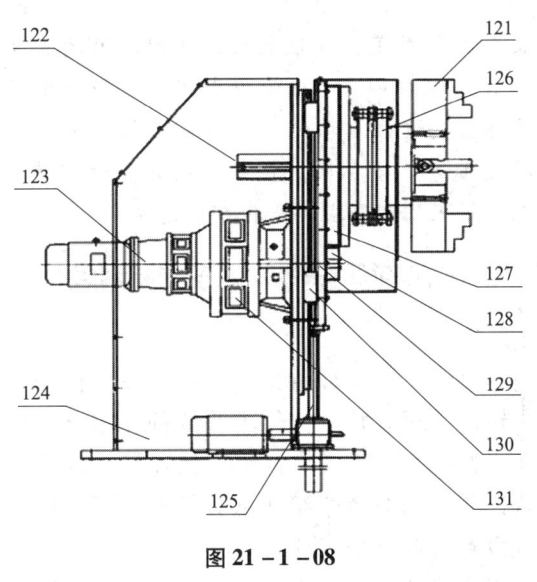

图 21-1-08

下面参照图21-1-09说明可调式支撑转胎140的结构。如图21-1-09所示，该可调式支撑转胎140包括机架141、滚轮组143、滚轮组轴承座144、左右旋调节丝杠

142；滚轮组143通过螺栓安装在滚轮组轴承座144上，滚轮组轴承座144安装在机架141上，滚轮组143采用左右旋丝杠螺母副传动，利用左右旋调节丝杠142对称调节滚轮轮距。可调式支撑转胎140可实现工件的支撑及定位，即工件轴心线保持在支撑转胎滚轮组的对称面上。工作时，首先根据工件直径的大小，调整可调式支撑转胎的滚轮轮距，使其达到合适的支撑工件的角度；再沿机座的长度方向调整所述支撑转胎之间的位置，然后将重量和体积很大的工件直接吊放在可调式支撑转胎上支撑并定位。在工件完成找正后，工件完全可以由可调式支撑转胎140支撑，可调式支撑转胎140由于设置的是两组滚轮组并且可调，所以工件的支撑和定位方便。

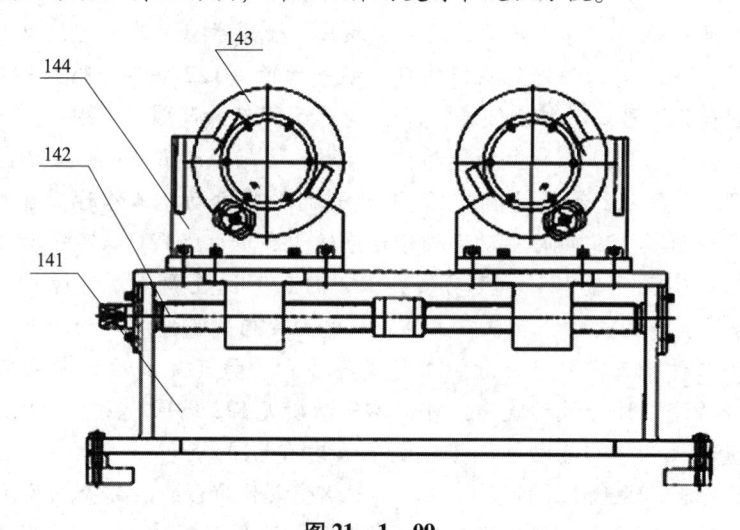

图 21-1-09

本发明中的驱动装置均采用交流伺服电机，并配套有消除间隙机构。控制系统采用性能稳定的可编程数控系统（PLC）作为中央控制系统，用触摸屏实现整机的程序输入和运行控制，实现焊接全过程自动化，并根据不同工件预置：焊接长度、焊接位置、堆焊搭接量、焊接速度等焊接参数。控制系统具有示校功能、断点记忆功能、断弧保护功能，所有控制电缆采用耐高温扁平控制电缆。

三、通过分析技术改进点之间的关系深入挖掘发明点

（一）归纳技术改进点

从发明人给出的技术交底书中可以看出：本案涉及一种用于重型轧辊或挤压辊的堆焊机。技术交底书中给出了现有技术文件中的两种轧辊自动堆焊机的形式及其分别存在的一些问题。发明人在技术交底书中详细地描述了本发明的轧辊自动堆焊机的各个组成部分的具体结构，并分别对各个组成部分都作出了相应的改进，技术改进之处比较多。但是，发明人没有对各个技术改进点之间的相互关系进行说明，而且上述技术改进仅仅是发明人所声称或认定的技术改进，这些技术改进是否是真正的相对于现有技术作出的改进还需要作进一步分析。

下面将技术交底书中发明人所声称的技术改进点全部列出来，并分别分析其所采

用的具体技术手段和所实现的技术效果，对其进行分析和总结。

改进点1

主要改进措施：通过操作主轴箱升降机构实现卡盘和气动顶尖的上下位置调整，同时可伸缩气动顶尖伸出对工件进行找正。

所实现的技术效果：工件找正准确且迅速，工件夹持方便。

改进点2

主要改进措施：卡盘通过双排滚子链联轴器间接地与回转支承的齿圈联接，使得卡盘具有一定的角度浮动量和径向位移浮动量，卡盘除输出扭矩外不承受其他负载。

所实现的技术效果：可完全消除主轴因热变形和找正误差而产生的应力，提高了主轴箱的寿命，降低了故障率，运行稳定可靠。

改进点3

主要改进措施：可调式支撑转胎实现工件的支撑及定位，工件轴心线保持在支撑转胎滚轮组的对称面上。可调式支撑转胎利用左右旋调节丝杠对称调节滚轮轮距。

所实现的技术效果：工件吊装、支撑及定位方便。适用于不同直径的工件，合理调节支撑角度。

改进点4

主要改进措施：焊接装置采用侧位设置形式并与升降焊接悬臂协调工作，PLC控制器控制堆焊机机头对工件进行全自动焊接。

所实现的技术效果：便于更换焊丝盘、添加焊剂以及清理和维护焊枪，工作效率高。

（二）技术改进点分析

下面对归纳技术改进点部分中所列的技术改进点作进一步分析。

改进点1涉及工件如何进行找正。其采用的技术手段是通过操作主轴箱升降机构使卡盘、顶尖可升降地调整位置，同时与安装在主轴箱内并且与卡盘的回转支承同心的可伸缩顶尖伸出来完成找正。现有技术1和2中均没有公开主轴箱可升降机构这一特征。现有技术1中的工件采用顶尖的找正方式与改进点1中的工件找正方式比较类似，但是其采用的是固定顶尖而不是可伸缩的顶尖。

改进点2的改进主要涉及主轴箱里的对工件进行夹持并转动的卡盘，卡盘的作用是在工件找正完成后，夹紧工件并输出扭矩使工件旋转。但是采用卡盘对工件进行夹紧并进行旋转的方案在现有技术1和2中均已公开。所不同的是发明人在现有技术1和2的基础上进行了改进，通过利用双排滚子链联轴器将卡盘与回转支承的齿圈相联接，使卡盘具有一定的角度浮动量和径向位移浮动量，且除输出扭矩外不承受其他负载。

改进点3涉及的是可调式转胎，其主要作用是实现大型工件的定位。本申请发明中的可调式滚胎采用左右旋丝杠螺母副传动，利用左右旋调节丝杠来对称调节滚轮轮距。根据工件的直径预先调整好滚胎间的宽度后，可以将工件直接吊装在滚胎上，将工件轴心线保持在支撑转胎滚轮组的对称面上，实现工件的支撑及定位。此后无需再调整工件的位置即可使其与主轴箱中的主轴和可伸缩顶尖的轴心对正，这样的定位方式简单可靠。现有技术1中的工件由于体积和重量较小，直接通过卡盘和固定顶尖即可进行定位和支撑,并不需要可调式滚胎这种辅助的支撑和定位装置。现有技术2中公开的可升降的托轮架相当于本申请发明中的可调式滚轮架,但是它又与本申请发明中的可调式滚轮架的支撑转胎调节工件的方式不同。现有技术2公开的这种可升降的托轮架,其在工作时先将大型轧辊工件吊放在托轮架上,再通过升降机调整工件的高度,使其与主轴箱中的主轴轴线找正,然后卡盘再夹持工件,电机带动卡盘旋转,进而带动工件旋转。本申请发明的可调式滚胎结构与现有技术2公开的可升降的托轮架结构相比,由于无需再调整工件的位置就可使其与主轴箱中的主轴和可伸缩顶尖的轴心对齐而实现找正,因此定位简单可靠,找正相对方便,需要的辅助工时少,特别适用于大型和重型的工件进行堆焊。

改进点4涉及自动焊接装置。本申请发明的焊接装置采用侧位设置形式并与升降焊接悬臂协调工作,PLC控制器控制堆焊机机头对工件进行全自动焊接。焊接装置采用侧位设置形式并与升降焊接悬臂协调工作,同时PLC控制器控制堆焊机机头对工件进行全自动焊接已经被现有技术2所公开。

表21-1-01是根据上面对技术改进点的分析得出的本申请发明与现有技术的技术特征对比表。表中,"×"表示本申请发明的技术特征在相应的现有技术中没有公开;"√"表示本申请发明的技术特征在相应的现有技术中已经公开;表中相应的现有技术下的文字部分表示与本申请发明的技术特征相对应,但又不同于本申请发明相应技术特征的该现有技术中已经公开的技术特征。

表21-1-01

改进点	本申请发明 技术特征	现有技术1	现有技术2
改进点1	可升降的主轴箱	×	×
	可伸缩的顶尖	固定顶尖	×
改进点2	浮动卡盘	卡盘不能浮动	卡盘不能浮动
改进点3	可调式支撑转胎	×	具有可升降的托轮架,但其调节工件的方式不同
改进点4	焊接装置侧位设置	×	√
	升降焊接悬臂	√	√

以上分析都是建立在发明人在技术交底书中所声称的技术改进点基础之上的分析。从中可以看出:发明人在技术交底书中提出的技术改进点都是针对不同功能部件在结构上进行的局部改进。实际上,本案所涉及的自动堆焊机系统包括了多个不同的功能部件,而这些不同的功能部件又是相互联系、相互配合共同发挥作用的。因此对各个组成部件之间的连接关系、位置关系以及动作关系等还需要作进一步的深入分析。也就是说,要对申请人所声称的技术改进点之间的关系进行深入的挖掘。

(三)深入挖掘技术改进点之间的关系

本案发明涉及的是一种用于重型轧辊或挤压辊的堆焊机,该堆焊机所加工的工件由于是重型的轧辊或挤压辊，其相对现有技术中普通的轧辊堆焊机所加工的工件而言在重量上和体积上都增大了很多，因此在加工过程中必然会影响到工件的定位、找正和夹持等各个方面。不能简单地认为本申请发明的发明点就是归纳技术改进点部分中所列举的针对各个不同功能部件的结构上的改进，还需要进一步分析本申请发明相对现有技术1和2在结构上进行了改进的技术特征，找出这些结构上进行了改进的技术特征之间的关系，如位置关系、连接关系、动作关系等，找到这些改进的技术特征背后隐藏的改进点之间的相互关系。因为这些改进点的技术特征之间的相互关系决定了为什么相应的功能部件要作结构上的相应改进，而这也是本申请发明真正的发明点的体现。进一步分析如下。

首先分析本案发明中的工件定位、找正和夹持的方式：本案发明的大型工件的定位是先根据工件直径的大小，调整可调式支撑转胎的滚轮轮距，使其达到合适的支撑工件的角度；再将工件直接吊装放置在可调式支撑转胎上支撑并定位；然后通过主轴箱升降机构可升降调整主轴箱、夹持装置以及可伸缩顶尖的上下位置，同时可伸缩气动顶尖伸出对工件进行找正；找正完成后，卡盘夹持工件，可伸缩气动顶尖缩回；顶尖缩回后，工件完全由可调式支撑转胎支撑，卡盘夹持工件并带动工件进行转动。调整侧位设置的焊接装置的位置，启动堆焊机，通过控制系统来升降焊接悬臂，并控制堆焊机机头，对工件进行堆焊操作。

而现有技术1中的工件定位和找正方式有所不同，通过对现有技术1中的工件定位和找正方式的分析可知：现有技术1中公开的技术方案是将工件在吊装状态下通过调整左、右顶尖位置进行定位、找正，然后卡盘夹持工件旋转进行表面堆焊。现有技术1中的这种定位、找正并固定的方式存在的主要问题是其不完全适用于大型工件，在吊装条件下调整顶尖位置找正工件不方便。焊接时由于左右顶尖限制工件容易产生热变形，因而会影响到工件的定位和表面精度。

现有技术2中的工件虽然是直接放置在托轮架上，并通过托轮架的升降机构来实现工件的上下移动定位，工件在定位和找正过程中也不需要在吊装状态下进行定位和找正，但是工件的定位和找正是通过调整托轮架的上下位置来实现的，而本申请发明中的工件的找正依靠的是主轴箱和卡盘的上下移动使与卡盘同心设置的可伸缩的气动顶尖对准工件的中心来实现的，两者实际上是有区别的。现有技术2采用可升降的托轮架来调整工件的上下位置实现与主轴的定心找正，在工件的体积比较大和重量比较重的情况下，通过调整工件的位置进行找正并不方便，而且辅助工时长。本申请发明中可调式滚胎根据工件的直径调整好滚胎间的宽度后，可以将工件直接吊装在滚胎上，然后通过可升降的主轴箱调整可伸缩顶尖和卡盘的上下位置高度，定位简单可靠，找正相对方便，需要的辅助工时少，特别适用于大型和重型的工件进行堆焊。这种区别事实上是由于本申请发明的堆焊机对现有技术中的对大型工件的定位、找正和夹持方式进行了新的改进而形成的，这也是本申请发明的真正的主要发明点所在。

通过将本申请发明中的大型工件的定位、找正和夹持方式与现有堆焊技术中的工件的定位、找正和夹持方式做一个对比，可以发现本申请发明区别于现有技术的主要发明点是综合利用可升降的主轴箱、卡盘、可伸缩气动顶尖以及可调式转胎在保持工件不动的情况下来实现对大型工件的简单方便的定位、找正和夹持。这种对工件的定位、找正和夹持的方式上的改进相应地需要对主轴箱、可调式滚胎等功能部件进行结构上的改进。因此，本申请发明中的可调式滚胎、可升降的主轴箱等结构上的技术改进均是从属于这个主要发明点之下的一般的技术改进。在撰写独立权利要求时，不仅要把本申请发明相对现有技术在结构上的区别技术特征写入独立权利要求的特征部分，还要在特征部分中体现出本申请发明相对现有技术在工件的定位、找正和夹持的方式上的改进。这也是本申请发明的主要发明点所在，只有将它们都清楚、完整地撰写在独立权利要求中，才能使得本申请发明的独立权利要求所请求保护的技术方案的保护范围合理，使得发明人的权利得到合理和稳定的保护。

四、权利要求书的撰写思路

找到了本申请发明区别于现有技术的主要发明点，就可以针对主要发明点来撰写独立权利要求。在撰写独立权利要求时要注意：独立权利要求请求保护的技术方案是权利要求书的技术方案中保护范围最大的一个技术方案，在撰写时，要避免独立权利要求中出现缺乏必要技术特征和独立权利要求中写入了不必要的技术特征这两种情况。

（一）确定本申请发明相对现有技术所作出的主要改进及需要保护的客体

通过前面的分析，可以发现本申请发明区别于现有技术的主要发明点是在用于重型轧辊或挤压辊的自动堆焊机中，综合利用可升降的主轴箱、卡盘、可伸缩气动顶尖以及可调式转胎来实现对大型工件的简单和方便的定位、找正和夹持。

从本申请发明公开的信息中，可以确定本申请发明保护的客体是用于重型轧辊或挤压辊的堆焊机。由于对大型工件的定位、找正和夹持的工作方法的不同也是本申请与现有技术的区别之一，撰写一个方法权利要求可以对设备的保护更加全面和完整，因此该用于重型轧辊或挤压辊的堆焊机的焊接方法也可作为一个请求保护的客体。

（二）从两项相关的现有技术中确定最接近的现有技术

《专利审查指南》第二部分第四章第3.2.1.1节中给出了确定最接近的现有技术的原则，按照本领域撰写申请文件的惯例，一般只考虑技术领域相同的现有技术而不考虑技术领域相近的现有技术；从技术领域相同的现有技术中选出所要解决的技术问题、技术效果或者用途最接近和/或公开了发明的技术特征最多的那一项现有技术作为最接近的现有技术。

由于现有技术1和现有技术2的技术领域与本申请发明的技术领域相同，都涉及轧辊或挤压辊的自动堆焊技术领域，因此需要进一步考虑这两项现有技术所公开的其他信息。

现有技术1中的轧辊自动堆焊机公开了通过左右固定顶尖进行工件的定位、找正并夹持的工作方式，同时还公开了本申请发明中的卡盘、升降焊接悬臂的技术特征。但是现有技术1只能对小型的工件进行堆焊，并不适用于大型工件的自动堆焊。

现有技术2中的轧辊自动堆焊机公开了本申请发明中的卡盘、焊接装置侧位设置和升降焊接悬臂的技术特征，同时现有技术2中公开的可升降的托轮架与本申请发明中的可调式支撑转胎一样都能用于对大型工件的支撑和定位，现有技术2也同样可以适用于大型工件的自动堆焊定位和找正。从上面的分析可知，现有技术 2 相对现有技术 1 来说，公开了本申请发明更多的技术特征，同时现有技术 2 与本申请发明同样可以适用于大型工件的自动堆焊。因此，现有技术 2 公开了本申请发明更多的信息，确定现有技术 2 为本申请发明最接近的现有技术。

（三）根据所选定的最接近的现有技术确定本申请发明专利申请所要解决的技术问题

本发明实际解决的技术问题，是指为获得更好的技术效果而需对最接近的现有技术进行改进的技术任务。在确定发明"实际要解决的技术问题"时，首先应当将发明的所有技术特征与最接近的现有技术相比，找出"区别技术特征"，判断发明采用这些区别技术特征所能获得的技术效果，然后根据该区别技术特征所能达到的技术效果确定发明实际解决的技术问题。在实际撰写中，所列举的区别技术特征是发明相对最接近的现有技术所有的区别技术特征，效果也是采用了所有区别技术特征后获得的效果。因此，在确定发明实际要解决的技术问题时，要分析所有区别技术特征所带来的不同的技术效果，从中找出最根本和主要的技术效果，排除那些最优实施例所带来的最佳效果，才能准确地确定发明实际要解决的根本的技术问题。

通过前面的分析可知，本申请发明相对现有技术 2 的区别主要是综合利用可升降的主轴箱、卡盘、可伸缩气动顶尖以及可调式转胎在保持工件不动的情况下来实现对大型工件的简单方便的定位、找正和夹持。这些改进带来的最主要的效果是使得本申请发明提供的堆焊机能适用于体积和重量比较大的重型轧辊或挤压辊工件，同时大型工件的定位、找正和夹持过程简单方便，这也是本申请发明的技术改进所带来的最直接和具体的技术效果。这些技术改进同时还带来了其他一些有益的技术效果，比如机床系统运行稳定可靠，焊接质量和工作效率得到提高等，这些都是由于本申请发明对大型工件的定位、找正和夹持作出的技术改进所带来的相应的非直接的技术效果。

由此，可以确定本发明专利申请实际要解决的技术问题是提供一种结构合理的堆焊机，能适用于体积和重量比较大的重型轧辊或挤压辊工件，使得大型工件的定位、找正和夹持简单方便。

（四）完成独立权利要求的撰写

根据最接近的现有技术 2 和所确定的本申请发明要解决的技术问题确定其全部必要技术特征，按照《专利法实施细则》第 21 条规定的格式以现有技术 2 为最接近的现有技术划分独立权利要求的前序部分和特征部分的界限，完成独立权利要求的撰写。

1. 确定为解决上述技术问题的全部的必要技术特征，撰写独立权利要求

根据最接近的现有技术 2 和所确定的本申请发明要解决的技术问题，将本申请发明请求保护的主题名称确定为一种用于重型轧辊或挤压辊的堆焊机。

通过对比分析本申请发明和现有技术 2，可以发现："机座，焊接装置，安装在机座上的主轴箱，用于夹持工件的夹持装置和用于支撑工件的支撑装置"是本申请发明与最接近的现有技术 2 共有的技术特征，应该写在独立权利要求的前序部分。

而本申请发明中的"主轴箱升降机构、可伸缩的气动顶尖、卡盘、支撑转胎"都是工件的定位、找正和夹持过程中必不可少的技术特征。本申请发明正是通过对这些技术特征以及它们之间的连接关系、位置关系以及动作关系进行了改进，使得本申请发明相对于最接近的现有技术文件2中的工件的定位、找正和夹持的方式具有实质上的不同。因此，"主轴箱升降机构、可伸缩的气动顶尖、卡盘、支撑转胎"这些技术特征以及对它们之间的连接关系、位置关系以及动作关系的限定都应该写在独立权利要求的特征部分。

撰写的独立权利要求1如下：

1. 一种用于重型轧辊或挤压辊的堆焊机，包括机座（103），安装在机座（103）上的主轴箱（102），用于夹持工件（101）的夹持装置（105），用于支撑工件的支撑装置（104），焊接装置（106）；其特征在于：

还包括安装在机座（103）上且位于所述主轴箱（102）下部、用于可升降地调整主轴箱（102）和夹持装置（105）位置的主轴箱升降机构（125）；

所述夹持装置（105）包括安装在所述主轴箱（102）上、用于夹持所述工件的可旋转的卡盘（121），设置成与所述卡盘（121）同心，用于对工件进行找正的可伸缩气动顶尖（122）；

所述支撑装置（104）包括多个用于对工件进行定位和支撑的并可沿机座（103）长度方向移动的支撑转胎（140），每个支撑转胎（140）包括两个间距可调的支撑滚（143）；

所述卡盘（121）沿机座（103）的长度方向设置，其随着所述主轴箱升降机构（125）带动主轴箱（102）沿着上下方向的升降运动而升降，并与沿机座（103）的长度方向设置的所述支撑转胎（140）的支撑滚（143）配合夹持所述工件；

所述焊接装置（106）可沿所述机座的长度方向移动地安装在所述机座（103）上。

上面撰写的独立权利要求1中，清楚地描述了主轴箱升降机构、卡盘、可伸缩气动顶尖以及支撑转胎之间的连接和位置关系以及各个功能部件之间的作用关系，从中也可体现出本申请发明在堆焊过程中对大型工件的定位、找正和夹持方面进行的改进。

考虑到本申请发明不仅对大型轧辊堆焊机的组成部件进行了结构上的改进，而且对这种大型工件的定位、找正和夹持的方法进行了改进。为了使发明人的利益得到充分保护，有必要撰写一个方法权利要求（具体分析过程略去），如下所示：

2. 一种利用如权利要求1所述堆焊机焊接工件的方法，包括以下步骤：

（a）根据工件（101）直径的大小，调整可调式支撑转胎（140）的滚轮轮距，使其达到合适的支撑工件的角度；

（b）沿机座（103）的长度方向调整所述支撑转胎（140）的位置，将工件放置在支撑转胎（140）上支撑并定位；

（c）启动主轴箱升降机构调整主轴箱（102）和夹持装置（104）的位置，同时可伸缩气动顶尖（122）伸出对工件进行找正；

（d）找正完成后安装在主轴箱（102）上的卡盘（121）夹持所述工件，可伸缩气动顶尖（122）缩回；

（e）启动堆焊机，工件在卡盘（121）的带动下旋转，通过所述焊接装置（106）对所述工件进行堆焊操作。

2. 判断所撰写的独立权利要求的新颖性、创造性及单一性

（1）判断撰写的权利要求的新颖性

首先，判断独立权利要求1分别相对于现有技术1和现有技术2的新颖性。

对于发明人提供的现有技术1中披露的轧辊自动堆焊机来说，其公开了独立权利要求1中的技术特征"机座，焊接装置，安装在机座上的主轴箱，用于夹持工件的夹持装置和用于支撑工件的支撑装置；安装在所述主轴箱上、用于夹持所述工件的可旋转的卡盘；顶尖设置成与所述卡盘同心，用于对工件进行找正；所述卡盘沿机座的长度方向设置。"由于现有技术1中的轧辊自动堆焊机不能用于大型工件的堆焊，而且本申请发明中的大型工件的定位、找正和夹持方式与现有技术1中的小型工件的定位、找正和夹持方式完全不同，所以发明人提供的现有技术1没有公开权利要求1中的由工件的定位、找正和夹持方式所决定的技术特征"安装在机座上且位于所述主轴箱下部、用于可升降地调整主轴箱位置的主轴箱升降机构；顶尖是可伸缩气动顶尖；所述支撑装置包括多个用于对工件进行定位和支撑的并可沿机座长度方向移动的支撑转胎，每个支撑转胎包括两个间距可调的支撑滚；所述卡盘其随着所述主轴箱升降机构带动主轴箱沿着上下方向的升降运动而升降，并与沿机座的长度方向设置的所述支撑转胎的支撑滚配合夹持；所述工件所述焊接装置可沿所述机座的长度方向移动地安装在所述机座上。"也就是说，独立权利要求1的技术方案未被该现有技术1披露，其相对于该现有技术来说可以实现对大型工件定位和支撑，并能在保持大型工件不动的情况下实现对工件的找正和夹持并带动工件旋转进行焊接，这些都是现有技术1没有公开的。因此，独立权利要求1相对于发明人提供的现有技术对比文件1具有《专利法》第22条第2款规定的新颖性。

对于发明人提供的现有技术2中披露的轧辊自动堆焊机来说，其公开了独立权利要求1的技术特征"机座，焊接装置，安装在机座上的主轴箱，用于夹持工件的夹持装置和用于支撑工件的支撑装置；安装在所述主轴箱上、用于夹持所述工件的可旋转的卡盘；所述卡盘沿机座的长度方向设置；所述支撑装置包括多个用于对工件进行定位和支撑的并可沿机座长度方向移动的支撑转胎，每个支撑转胎包括两个间距可调的支撑滚；所述工件所述焊接装置可沿所述机座的长度方向移动地安装在所述机座上。"虽然现有技术2与本申请发明一样也可用于大型工件的堆焊，但是由于工件的定位、找正和夹持方式与现有技术2中的工件的定位、找正和夹持方式不同，发明人提供的现有技术2并没有公开权利要求1中技术特征"安装在机座上且位于所述主轴箱下部、用于可升降地调整主轴箱位置的主轴箱升降机构；可伸缩气动顶尖设置成与所述卡盘同心，用于对工件进行找正；所述卡盘其随着所述主轴箱升降机构带动主轴箱沿着上下方向的升降运动而升降，并与沿机座的长度方向设置的所述支撑转胎的支撑滚配合夹持。"也就是说，独立权利要求1的技术方案未被该现有技术2披露，其相对于该现有技术来说可以在保持大型工件不动的情况下实现对工件的找正和夹持并带动工件旋转进行焊接。因此，独立权利要求1相对于发明人提供的现有技术对比文件2具有《专利法》第22条第2款规定的新颖性。

其次，判断独立权利要求1分别相对于现有技术1和现有技术2的新颖性。

独立权利要求 2 请求保护的主题是利用如权利要求 1 所述堆焊机焊接工件的方法。由于独立权利要求 1 中请求保护的堆焊机在结构上相对现有技术中的堆焊机进行了改进，其工件的定位、找正和夹持的方法与现有技术中的工件的定位、找正和夹持的方法均不相同，相应的利用这种堆焊机焊接工件的方法也是与现有技术中的堆焊机焊接工件的方法是不同的。也就是说，独立权利要求 1 中的堆焊机对独立权利要求 2 中的堆焊机焊接工件的方法产生了实质性的限定作用，在权利要求 1 分别相对现有技术 1 和 2 具有《专利法》第 22 条第 2 款规定的新颖性的情况下，权利要求 2 也分别相对现有技术 1 和 2 具有《专利法》第 22 条第 2 款规定的新颖性。

（2）判断撰写的权利要求的创造性

① 关于独立权利要求 1 相对于现有技术 1 和现有技术 2 的创造性。

如前所述，现有技术 2 作为本申请最接近的现有技术。独立权利要求 1 相对最接近的现有技术 2 的区别主要是轧辊的定位、找正和夹持方式的不同，这种轧辊的定位、找正和夹持方式上的不同使得本申请发明相对最接近的现有技术 2 作出了多处结构特征上的改进。从独立权利要求 1 与该最接近的现有技术对比文件 2 的区别特征中可以体现出这种改进。独立权利要求 1 与该最接近的现有技术对比文件 2 的区别特征为："安装在机座上且位于所述主轴箱下部、用于可升降地调整主轴箱位置的主轴箱升降机构；可伸缩气动顶尖设置成与所述卡盘同心，用于对工件进行找正；所述卡盘随着所述主轴箱升降机构带动主轴箱沿着上下方向的升降运动而升降，并与沿机座的长度方向设置的所述支撑转胎的支撑滚配合夹持。"

独立权利要求 1 相对于最接近的现有技术对比文件 2 实际要解决的技术问题是在保持大型工件不动的情况下实现对工件的定位、找正和夹持，使得大型工件的定位和找正过程简单方便。

上述区别技术特征既未在申请人提供的现有技术对比文件 2 中披露，也不属于所属技术领域的技术人员实现大型工件的定位和找正简单方便的惯用手段，即也不属于所属技术领域的技术人员的公知常识。由于它们在根本的轧辊的定位、找正和夹持方式上具有很大的不同，所属技术领域的技术人员也不可能从最接近的现有技术 2 中获得任何启示，想到采用该独立权利要求 1 中所述的堆焊机结构和采用该权利要求中所述的轧辊的定位、找正和夹持方式，通过综合利用可升降的主轴箱、卡盘、可伸缩气动顶尖以及可调式转胎在保证工件不动的情况下来实现对大型工件的简单和方便的定位、找正和夹持。因此，撰写的权利要求限定的技术方案相对于现有技术以及所属技术领域的公知常识，不是显而易见的，具有突出的实质性特点和显著的进步，具有《专利法》第 22 条第 3 款规定的创造性。

② 关于独立权利要求 2 相对于现有技术 1 和现有技术 2 的创造性。

独立权利要求 2 请求保护的主题是利用如权利要求 1 所述堆焊机焊接工件的方法。由于独立权利要求 1 中请求保护的堆焊机在结构上相对现有技术中的堆焊机进行了改进，其工件的定位、找正和夹持的方法与现有技术中的工件的定位、找正和夹持的方法均不相同，相应的利用这种堆焊机焊接工件的方法也是与现有技术中的堆焊机焊接工件的方法是不同的。也就是说，独立权利要求 1 中的堆焊机对独立权利要求 2 中的堆焊机焊接工件的方法产生了实质性的限定作用，在权利要求 1 相对现有技术 1 和 2 以及本领域的公知常识具有《专利法》第 22 条第 3 款规定的创造性的情况下，权利要求 2 也相对现有技术 1 和 2 以及本领域的公知常识具有《专利法》第 22 条第 3 款规定的创造性。

（3）判断撰写的两个独立权利要求之间的单一性

独立权利要求 2 是独立权利要求 1 中的自动轧辊堆焊机焊接工件的方法的权利要求，独立权利要求 2 中实际上包含了独立权利要求 1 中的相应的全部技术特征，也包含了独立权利要求 1 中的特定技术特征。因此，这两项权利要求在技术上相互关联，属于一个总的发明构思，符合《专利法》第 31 条第 1 款有关单一性的规定。

（五）完成从属权利要求的撰写

根据前述分析中各个功能块中的改进点撰写实现不同功能的从属权利要求，具体撰写的从属权利要求见后。在撰写从属权利要求时，应当注意：

在撰写从属权利要求时，应该符合《专利法》第 26 条第 4 款的规定，清楚、简要地限定要求保护的范围，并应当按照《专利法实施细则》第 22 条规定的方式来撰写。

每项从属权利要求的保护范围应当清楚，其主要含义是指：其一，其保护范围应该落在其所引用的权利要求的保护范围之内；其二，构成权利要求书的所有权利要求作为一个整体也应当清楚，即权利要求之间的引用关系应当清楚。对于后者，主要有以下四个方面的含义：

① 从属权利要求只能引用在前的权利要求；

② 引用两项以上权利要求的多项从属权利要求只能以择一方式引用在前的权利要求，并不得作为另一项多项从属权利要求引用的基础，即在后的多项从属权利要求不得引用在前的多项从属权利要求；

③ 直接或间接从属于某一项独立权利要求的所有从属权利要求都应当写在该独立权利要求之后、另一项独立权利要求之前；

④ 引用关系要符合逻辑，即对在前的权利要求作进一步限定时，被限定的技术特征要在前面的权利要求中有所包含；表示两个并列技术方案的从属权利要求不得互相引用。

总之，在撰写从属权利要求时，要对本申请发明的除了独立权利要求外的其余所有技术特征进行分析，将那些对于体现该申请的创造性起作用的技术特征作为对本申请发明进一步限定的附加技术特征，写成相应的从属权利要求，具体请见"推荐的专利申请文件"中的权利要求书。

五、在撰写的权利要求书的基础上完成说明书的撰写

说明书的撰写应当按照《专利法实施细则》第 17 条、第 18 条的规定撰写。

为了在发明名称中反映保护的主题、类型，将发明名称改写为：一种用于重型轧辊或挤压辊的堆焊机及其焊接方法。

按照《专利法实施细则》第 17 条的要求，在背景技术中，要写明对发明或者实用新型的理解、检索、审查有用的背景技术；有可能的，并引证反映这些背景技术的文件。一般来说，至少要简明扼要地反映最接近的现有技术公开的内容及所存在的问题。

发明内容部分写明发明相对所检索到的现有技术文件所要解决的技术问题。写明解决技术问题的对应于独立权利要求的技术方案，如果撰写两个并列独立权利要求，则以分段的形式写出两个并列独立权利要求的技术方案，在每一技术方案的后面以分段的形式对照现有技术写明发明的有益效果。当然，上述有益效果也可以放在这些技术方案之后撰写。

在发明内容部分最好对重要的从属权利要求的技术方案及其有益效果加以叙述。

本申请发明有附图，所以要有附图说明书部分，主要对各幅附图的图名作简略说明。关于附图，如果申请比较复杂，最好能用剖视图、透视图等清楚反映内外结构的附图。

在具体实施方式部分，对照附图，对该用于重型轧辊或挤压辊的堆焊机及其焊接方法的实施方式作详细说明。

六、撰写说明书摘要

说明书摘要应当按照《专利法实施细则》第23条的规定撰写，写明发明的名称和所属技术领域，并清楚地反映所要解决的技术问题、解决该问题的技术方案的要点以及主要用途。在考虑不得超过300个字的前提下，至少写明有关技术方案及采用该技术方案所获得的技术效果。另外，选取附图1作为摘要附图。

七、案例总结

申请人能否正确和准确地把握专利申请的发明点，将直接影响到申请文件的撰写，特别是权利要求的撰写。如果不能正确地把握专利申请的发明点，将会使权利要求的技术方案不能正确地概括和体现出发明真正需要保护的技术创新点，进而不能对其申请进行合理的保护；同时，如果申请人不能准确地把握专利申请的真正的发明点，则会造成权利要求的概括范围不适当，使权利要求所概括的保护范围过大或过小，这些都不利于专利申请获得合理和稳定的保护。特别是在撰写独立权利要求的过程中，如果不能准确地把握专利申请的发明点，一方面可能造成在独立权利要求中写入不必要的技术特征，造成独立权利要求的保护范围过小，不利于发明人的权利得到有效的保护；另一方面，则有可能使撰写的独立权利要求中缺少区别于现有技术的必要技术特征，致使专利申请不能获得授权，即使获得授权也有可能会在后续的无效程序中被宣告无效。因此，正确和准确地寻找和把握住专利申请的发明点，是正确撰写申请文件特别是权利要求书的基础。

对技术改进点比较多的发明专利申请，寻找发明点的过程需要对发明人声称的技术改进点进行认真的分析和归纳。既要找出本申请发明相对于现有技术在结构上的改进的技术特征，又要对这些改进的技术特征之间的位置关系、连接关系、动作关系等进行分析，在此基础上进行归纳总结，并从根本上把握住专利申请的主要发明点所在，撰写出保护范围合适的权利要求。

八、推荐的专利申请文件

根据以上介绍的本申请发明实施例和现有技术的情况，撰写出保护范围较为合理的独立权利要求与相应的从属权利要求，同时撰写出说明书及说明书摘要，以此为基础推荐包含说明书摘要、摘要附图、权利要求书、说明书及说明书附图的申请文件。

说 明 书 摘 要

本发明公开了一种用于重型轧辊或挤压辊的堆焊机及其焊接方法。所述堆焊机包括机座，焊接装置，安装在机座上的主轴箱，用于夹持工件的夹持装置和用于支撑工件的支撑装置。所述堆焊机还包括安装在机座上且位于所述主轴箱下部、用于可升降地调整主轴箱位置的主轴箱升降机构；所述夹持装置包括安装在所述主轴箱上、用于夹持所述工件的可旋转的卡盘，其沿机座的长度方向设置，随着所述主轴箱升降机构带动主轴箱沿着上下方向的升降运动而升降，并与沿机座的长度方向设置的所述支撑装置配合夹持所述工件。本发明专门针对重型轧辊或挤压辊设计，工件定位、找正和夹持简单方便，机床系统运行稳定可靠，焊接质量高，工作效率高。

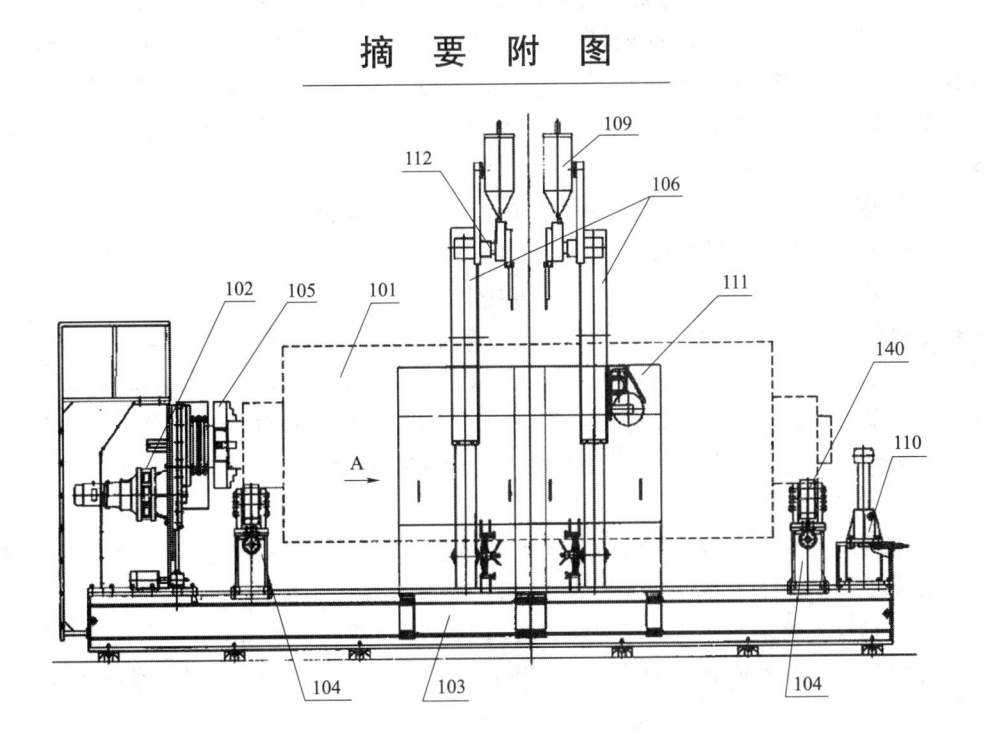

摘 要 附 图

权 利 要 求 书

1. 一种用于重型轧辊或挤压辊的堆焊机，包括机座（103），安装在机座（103）上的主轴箱（102），用于夹持工件（101）的夹持装置（105），用于支撑工件的支撑装置（104），焊接装置（106）；其特征在于：

还包括安装在机座（103）上且位于所述主轴箱（102）下部、用于可升降地调整主轴箱（102）和夹持装置（105）位置的主轴箱升降机构（125）；

所述夹持装置（105）包括安装在所述主轴箱（102）上、用于夹持所述工件的可旋转的卡盘（121），设置成与所述卡盘（121）同心，用于对工件进行找正的可伸缩气动顶尖（122）；

所述支撑装置（104）包括多个用于对工件进行定位和支撑的并可沿机座（103）长度方向移动的支撑转胎（140），每个支撑转胎（140）包括两个间距可调的支撑滚（143）；

所述卡盘（121）沿机座（103）的长度方向设置，其随着所述主轴箱升降机构（125）带动主轴箱（102）沿着上下方向的升降运动而升降，并与沿机座（103）的长度方向设置的所述支撑转胎（140）的支撑滚（143）配合夹持所述工件；

所述焊接装置（106）可沿所述机座的长度方向移动地安装在所述机座（103）上。

2. 根据权利要求1所述的堆焊机，其特征在于：在回转支承（127）和卡盘（121）之间安装双排滚子链联轴器（126），卡盘通过双排滚子链联轴器（126）间接地与回转支承（127）的齿圈联接，使得卡盘（121）具有一定的角度浮动量和径向位移浮动量。

3. 根据权利要求1所述的堆焊机，其特征在于：机座（103）顶面上有两根滑动轨道，所述多个可调式支撑转胎（140）安装在轨道上。

4. 根据权利要求3所述的堆焊机，其特征在于：所述可调式支撑转胎（140）包括机架（141）、滚轮组（143）、滚轮组轴承座（144）、左右旋调节丝杠（142）、标尺（145）；滚轮组（143）通过螺栓安装在滚轮组轴承座（144）上，滚轮组轴承座（144）安装在机架（141）上，滚轮组（143）采用左右旋丝杠螺母副传动，利用左右旋调节丝杠（142）达到对称调节滚轮轮距，针对不同大小直径的工件，达到合适的支撑角度。

5. 根据权利要求1所述的堆焊机，其特征在于：所述的机座（103）侧面有一对线性导轨，对工件进行焊接的焊接装置（106）安装在线性导轨上。

6. 根据权利要求6所述的堆焊机，其特征在于：焊接装置（106）上设置有焊剂回收机（107）和可升降的焊接悬臂（108），焊接悬臂（108）上部安装有堆焊机头（112）、焊剂盒（109），焊接悬臂（108）下方安装有焊丝盘（113）。

7. 根据权利要求1所述的堆焊机，其特征在于：对工件进行焊接的焊接装置

(106）有两套，可单独或同时工作。

8. 一种利用如权利要求1所述堆焊机焊接工件的方法，包括以下步骤：

（a）根据工件（101）直径的大小，调整可调式支撑转胎（140）的滚轮轮距，使其达到合适的支撑工件的角度；

（b）沿机座（103）的长度方向调整所述支撑转胎（140）的位置，将工件放置在支撑转胎（140）上支撑并定位；

（c）启动主轴箱升降机构调整主轴箱（102）和夹持装置（104）的位置，同时可伸缩气动顶尖（122）伸出对工件进行找正；

（d）找正完成后安装在主轴箱（102）上的卡盘（121）夹持所述工件，可伸缩气动顶尖（122）缩回；

（e）启动堆焊机，工件在卡盘（121）的带动下旋转，通过所述焊接装置（106）对所述工件进行堆焊操作。

说 明 书

一种用于重型轧辊或挤压辊的堆焊机及其焊接方法

技术领域

[0001] 本发明涉及一种焊接设备，特别是一种用于重型轧辊或挤压辊的堆焊机及其焊接方法。

背景技术

[0002] 现有的轧辊自动堆焊技术，通常采用一个轧辊自动堆焊机和一个卧式车床类主机配合来对工件进行埋弧堆焊。例如现有技术1（CN1*******1A）中公开了一种轧辊自动堆焊机，如附图7和附图8中所示，其采用一个龙门式轧辊自动堆焊机和一个卧式车床类主机配合来对工件进行埋弧堆焊。其中，床头608的主轴安装在左机架633的正中，主轴前端外设有四爪卡盘637，顶尖638装于床头主轴的右正前端。由于较多工件轴端不是圆形的，因此需用四爪卡盘，在床头四爪卡盘637中心设计了一个随主轴同时回转的固定顶尖638，这样，不管工件的轴颈部份是何形状，仅需将工件中心孔插入顶尖，然后再锁紧四爪，即可避免了四爪卡盘调整工件中心不方便的问题。尾架613置于床身另一内侧，床头和尾架之间可安装被焊物，主轴驱动电机607、床头608和尾架613处于同一水平线，与横梁平行，焊剂箱611安装在横梁的上端。工作时：接通焊机和控制箱电源，横梁后退，吊装工件，横梁前移就位，通过焊剂回收机吸取焊剂到储藏柜，根据工件大小及材质，选用焊丝及焊剂，调整好各个焊接参数，如焊接电流、焊接电压、工件回转速度、水平拖板移动方向及速度、焊接机构的移动速度、停留时间等，将相关功能均置于联动方式，启动焊接即可开始焊接。这种堆焊机其结构设计并不是针对大型轧辊工件的，所以其支撑和夹持工件的设备无法满足大型工件体积和重量都比较大的需要，在吊装条件下进行工件找正不太方便。同时，焊

接过程中会产生大量的热量，使得主轴箱和顶尖产生热变形，影响到堆焊质量。而且使用横梁式结构不利更换焊丝盘，并且由于它的堆焊机头只有一套，在焊接大型工件时，效率很低。

[0003] 现有的轧辊自动堆焊技术中还有一种形式，其采用一种可调式升降托轮架来支承工件，浮动卡盘夹持工件并由电机带动旋转，与可升降式的侧位焊接装置相配合对工件进行堆焊。例如现有技术2（CN1*******2A）中公开了一种堆焊机，其具体结构见附图9。该轧辊自动堆焊机包括用于驱动所述工件绕工件的轴线转动的主轴箱部分701，底座709，用于支承工件的可调式升降托轮架710，用于支承焊接装置的横架708，可升降的侧位焊接装置730可以沿设置于横架708上的导轨720移动，焊接装置的移动方向与工件的轴线平行。工作时先将大型轧辊工件吊放在托轮架上，再通过升降机704调整工件的高度，使其与主轴箱中的主轴轴线找正，卡盘704夹持工件，电机带动卡盘旋转带动工件旋转，侧位可升降式的焊接装置730对工件进行焊接。这种轧辊自动堆焊机的缺点在于：在工件比较重体积比较大的情况下通过升降托轮架来找正需要的辅助工时长，找正也不方便；同时还容易出现工件和主动滚轮打滑的现象，影响到焊接精度。

发明内容

[0004] 本发明公开了一种应用于重型轧辊或挤压辊的堆焊机，包括机座，焊接装置，安装在机座上的主轴箱，用于夹持工件的夹持装置和用于支撑工件的支撑装置；其特征在于还包括安装在机座上且位于所述主轴箱下部、用于可升降地调整主轴箱位置的主轴箱升降机构；所述夹持装置包括安装在所述主轴箱上、用于夹持所述工件的可旋转的卡盘，设置成与所述卡盘同心、用于对工件进行找正的可伸缩气动顶尖；所述支撑装置包括多个用于对工件进行定位和支撑的并可沿机座长度方向移动的支撑转胎，每个支撑转胎包括两个间距可调的支撑滚；所述卡盘沿机座的长度方向设置，其随着所述主轴箱升降机构带动主轴箱沿着上下方向的升降运动而升降，并与沿机座的长度方向设置的所述支撑转胎的支撑滚配合夹持所述工件；所述焊接装置可沿所述机座的长度方向移动地安装在所述机座上。

[0005] 本发明公开的一种优选的堆焊机，其特征在于：在回转支承和卡盘之间安装双排滚子链联轴器，卡盘通过双排滚子链联轴器间接地与回转支承的齿圈联接，使得卡盘具有一定的角度浮动量和径向位移浮动量。其角度浮动量的范围是：–3度至+3度；径向位移浮动量为：6毫米。由于卡盘除输出扭矩外不承受其他负载，因而故障率低。

[0006] 本发明公开的一种优选的堆焊机，其特征在于：机座顶面上有两根滑动轨道，多个可调式支撑转胎安装在轨道上。所述的可调式支撑转胎包括机架、滚轮组、滚轮组轴承座、左右旋调节丝杠、标尺；滚轮组通过螺栓安装在滚轮组轴承座上，滚轮组轴承座安装在机架上，滚轮组采用左右旋丝杠螺母副传动，利用左右旋调节丝杠达到对称调节滚轮轮距，针对不同大小直径的工件，达到合适的支撑角度。可调式支撑转胎由于设置的是两组滚轮组并且可调，可满足不同直径大小的工件的支撑要求，形成合适的支撑角度，支撑效果好。

[0007] 本发明公开的一种优选的堆焊机,其特征在于:对重型轧辊或挤压辊进行焊接的焊接装置有两套,可单独或同时工作;所述的机座侧面有一对线性导轨,焊接装置安装在线性导轨上;焊接装置上安装有焊剂回收机和可升降的焊接悬臂,焊接悬臂上部安装有堆焊机头、焊剂盒。侧位设置的焊接装置便于焊丝换装、焊剂添加、焊枪清理及维护。

[0008] 本发明还公开了一种堆焊机焊接工件的方法,其包括以下步骤:根据工件直径的大小,调整可调式支撑转胎的滚轮轮距,使其达到合适的支撑工件的角度;沿机座的长度方向调整所述支撑转胎的位置,将工件放置在支撑转胎上支撑并定位;启动主轴箱升降机构调整主轴箱和夹持装置的位置,同时可伸缩气动顶尖伸出对工件进行找正;找正完成后安装在主轴箱上的卡盘夹持所述工件,可伸缩气动顶尖缩回;启动堆焊机,工件在卡盘的带动下旋转,通过所述焊接装置对所述工件进行堆焊操作。

[0009] 本发明的工作原理如下:工作时,首先根据工件直径的大小,调整可调式支撑转胎的滚轮轮距,使其达到合适的支撑工件的角度;再沿机座的长度方向调整所述支撑转胎之间的位置,然后将重量和体积很大的工件直接吊放在可调式支撑转胎上支撑并定位;启动主轴箱升降机构调整主轴箱和卡盘的位置,同时可伸缩气动顶尖伸出对工件进行找正;找正完成后安装在主轴箱上的卡盘夹持工件,可伸缩气动顶尖缩回。顶尖缩回后,工件完全由可调式支撑转胎支撑,卡盘夹持工件并带动工件进行转动。调整侧位设置的焊接装置的位置,启动堆焊机,通过控制系统来升降焊接悬臂,并控制堆焊机机头,对工件进行堆焊操作。

[0010] 本发明克服了现有技术的不足,提供了一种专门针对重型轧辊或挤压辊研发的自动堆焊机,该堆焊机结构合理,运行稳定可靠,工件定位、找正和夹持简单方便,焊接质量高,工作效率高。

附图说明

[0011] 图1为本发明的整体结构图;

[0012] 图2为图1的A向视图;

[0013] 图3为本发明的主轴箱的平面结构示意图;

[0014] 图4为沿图3的B向视图;

[0015] 图5为本发明可支撑转胎的平面结构示意图;

[0016] 图6为图5中可支撑转胎的侧向视图;

[0017] 图7为现有技术1中的轧辊自动堆焊机的结构示意图;

[0018] 图8为图7中的轧辊自动堆焊机的床头的局部剖视图;

[0019] 图9为现有技术2中的轧辊自动堆焊机的结构示意图;

[0020] 图中标记如下:

101-工件;102-主轴箱;103-机座;104-支撑装置;105-夹持装置;106-焊接装置;107-焊剂回收机;108-焊接悬臂;109-焊剂盒;110-防窜装置;111-隔热板;112-堆焊机头;113-焊丝盘;121-浮动卡盘;122-气动顶尖;123-主轴传动系统;124-箱体;125-升降机构;126-双排滚子链联轴器;127-回转支承;128-主动齿轮;129-升降滑板;130-升降导轨;131-主轴减速器;140-可调式支

撑转胎；141－机架；142－左右旋调节丝杠；143－滚轮组；144－滚轮组轴承座；145－标尺。

607－主轴驱动电机、608－床头、609－控制箱、610－水平拖板、611－焊剂箱、612－横梁、613－尾架、614－床身、615－横梁前后调节机构、616－回收机、617－工件、630－弹性联轴器、631－轴承盖、632－圆锥滚子轴承、633－左机架、634－床头主轴、635－平面轴承、636－双列滚子轴承、637－四爪卡盘、638－左顶尖。

701－主轴箱部分、702－回转支承、703－法兰盘、704－四爪卡盘、705－小齿轮、706－减速器、707－伺服电机、708－横架、709－底座、710－升降托轮架、718－立柱、719－横梁、720－导轨、721－滑板、727－连接座、728－升降器、焊接装置730。

具体实施方式

[0021] 如图1、图2所示，一种应用于重型轧辊或挤压辊的堆焊机，包括工件101、机座103，机座103顶面上沿机床的长度方向安装有两条滑轨，滑轨上设置有用于支撑工件的支撑装置104。所述支撑装置104包括至少两个用于对工件101进行定位和支撑的可调式支撑转胎140，它们彼此相隔一定距离安装在滑轨上，并可沿机座103的长度方向在滑轨上移动。主轴箱102和防窜装置110分别安装在机座103的两端。主轴箱102上安装有用于夹持工件的夹持装置105。在机座103的侧面也安装有两条侧向滑轨，侧向滑轨上安装有用于焊接的焊接装置106。所述焊接装置有两套，都设置在机座103的同一侧面。所述的机座103的侧边还设置有隔热板111，同时主轴箱也加设隔热罩。

[0022] 如图1、图2所示，所述焊接装置106可沿所述机座的长度方向移动地安装在机座103上。焊接装置有两套，可单独或同时工作。每一套焊接装置106都包括一个安装在机座103侧面的侧向滑轨上的滑车。滑车上安装有焊剂回收机107和用于安装堆焊机头112的可升降焊接悬臂108。该焊接悬臂108下方安装有焊丝盘113，同时焊接悬臂108由升降机构控制其升降，堆焊机头112、焊剂盒109安装在焊接悬臂108的上部，并且沿与焊接悬臂轴向垂直的方向伸出。焊丝盘113、焊剂回收机107均安装焊接装置106的滑车的两侧，便于焊丝换装、焊剂添加、焊枪清理及维护。驱动焊接装置的滑车移动的驱动装置采用交流伺服电机，并配套有消除间隙机构。

[0023] 图3、图4为该堆焊机的主轴箱102和用于夹持工件的夹持装置105的结构示意图。如图所示，主轴箱102包括箱体124、主轴传动系统123、主轴减速器131、主动齿轮128、主轴箱升降机构125、升降滑板129、升降导轨130。主轴减速器131安装在主轴箱升降导轨130的升降滑板129上，升降滑板129由主轴箱升降机构125驱动。主轴箱升降机构125安装在箱体124下部，可驱动升降滑板129进行升降运动。主轴传动系统123的驱动装置采用交流伺服电机，与安装在主轴箱升降滑板129上的主轴减速器131法兰直联，减速器输出轴上装配主动齿轮128，与安装在升降滑板另一面的卡盘121的回转支承127的齿圈相啮合，齿圈与卡盘通过螺栓联接。用于夹持工件的夹持装置105包括卡盘121、双排滚子链联轴器126、回转支承127。回转支承127安装在主轴箱的升降滑板129上，其通过外部齿圈与主动齿轮128相啮合传动。卡盘121设置在主轴箱外部，在回转支承127和卡盘121之间安装有双排滚子链联轴器126，卡盘

121通过双排滚子链联轴器126间接地与回转支承127的齿圈联接，使得卡盘具有一定的角度浮动量和径向位移浮动量，用于对工件进行找正的可伸缩气动顶尖122安装在箱体124内，与卡盘121的回转支承127同心。当主轴箱升降机构125驱动升降滑板129进行升降运动时，带动固连在升降滑板129上的主轴传动系统123、主轴减速器131、主动齿轮128以及回转支承127、卡盘121和气动顶尖122同时进行升降运动。工作时，通过操作主轴箱里的主轴箱升降机构125同时驱动主轴传动系统123、卡盘121以及气动顶尖122进行升降运动，从而实现卡盘121和气动顶尖122的上下位置调整。卡盘121和气动顶尖122的上下位置调整的同时，安装在主轴箱箱体124内的可伸缩气动顶尖122伸出对工件进行找正。工件找正准确且迅速，工件夹持方便。找正完成后由安装在主轴箱上的卡盘121夹持所述工件并带动旋转，可伸缩气动顶尖122缩回。由于卡盘121具有一定的角度浮动量和径向位移浮动量，其角度浮动量的范围是：−3度至+3度；径向位移浮动量为：6毫米。卡盘121除输出扭矩外不承受其他负载，可完全消除主轴因热变形和找正误差而产生的应力，提高了主轴箱的寿命，降低了故障率，运行稳定可靠。

[0024] 所述工件的支撑装置如图5、图6所示，所述支撑装置104包括至少两个用于对工件101进行定位和支撑的可调式支撑转胎140，它们沿机座103的长度方向设置，彼此相隔一定距离安装在滑轨上，并可沿机座103的长度方向在滑轨上移动。所述的可调式支撑转胎140包括机架141、滚轮组143、滚轮组轴承座144、左右旋调节丝杠142；滚轮组143通过螺栓安装在滚轮组轴承座144上，滚轮组轴承座144安装在机架141上，滚轮组143采用左右旋丝杠螺母副传动，利用左右旋调节丝杠142对称调节滚轮轮距。可调式支撑转胎140可实现工件的支撑及定位，即工件轴心线保持在支撑转胎滚轮组的对称面上。工作时，首先根据工件直径的大小，调整可调式支撑转胎的滚轮轮距，使其达到合适的支撑工件的角度；再沿机座的长度方向调整所述支撑胎之间的位置，然后将重量和体积很大的工件直接吊放在可调式支撑转胎上支撑并定位。在工件完成找正后，工件完全可以由可调式支撑转胎140支撑，可调式支撑转胎140由于设置的是两组滚轮组并且可调，所以工件的支撑和定位方便。

[0025] 该自动堆焊机的控制系统采用性能稳定的可编程数控系统（PLC）作为中央控制系统，用触摸屏实现整机的程序输入和运行控制，实现焊接全过程自动化，并据不同工件预置：焊接长度、焊接位置、堆焊搭接量、焊接速度等焊接参数。控制系统具示校功能、断点记忆功能、断弧保护功能，所有控制电缆采用耐高温扁平控制电缆。

[0026] 本发明公开的自动堆焊机的工作原理如下。工作时，首先根据工件直径的大小，调整可调式支撑转胎的滚轮轮距，使其达到合适的支撑工件的角度；再沿机座的长度方向调整所述支撑转胎之间的位置，然后将重量和体积很大的工件直接吊放在可调式支撑转胎上支撑并定位；启动主轴箱升降机构调整主轴箱和卡盘的位置，同时可伸缩气动顶尖伸出对工件进行找正；找正完成后安装在主轴箱上的卡盘夹持工件，可伸缩气动顶尖缩回。顶尖缩回后，工件完全由可调式支撑转胎支撑，卡盘夹持工件并带动工件进行转动。调整侧位设置的焊接装置的位置，启动堆焊机，通过控制系统

来升降焊接悬臂，并控制堆焊机机头，对工件进行堆焊操作。

[0027] 本发明公开的这种应用于重型轧辊或挤压辊的堆焊机，可以在保持工件不动的情况下来实现对工件的定位、找正和夹持，能适用于体积和重量比较大的重型轧辊或挤压辊工件，而且工件的定位、找正和夹持过程简单方便。同时，该堆焊机夹持工件的夹持装置除输出扭矩外不承受其他负载，彻底消除主轴因热变形和找正误差所产生的应力，提高了主轴箱的寿命，降低了故障率，机床系统运行稳定可靠。

[0028] 本发明还公开了一种自动堆焊机焊接工件的方法，包括以下步骤：首先根据工件直径的大小，调整可调式支撑转胎的滚轮轮距，使其达到合适的支撑工件的角度；再沿机座的长度方向调整所述支撑转胎的位置，将工件放置在支撑转胎上支撑并定位；然后启动主轴箱升降机构调整主轴箱和夹持装置的位置，同时可伸缩气动顶尖伸出对工件进行找正；找正完成后安装在主轴箱上的卡盘夹持所述工件，可伸缩气动顶尖缩回；最后启动堆焊机，工件在卡盘的带动下旋转，通过所述焊接装置对所述工件进行堆焊操作。

[0029] 本发明公开的这种焊接工件的方法，可以在保持工件不动的情况下来实现对工件的定位、找正和夹持，能适用于体积和重量比较大的重型轧辊或挤压辊工件，工件的定位、找正和夹持过程简单方便，焊接质量和工作效率有很大提高。

[0030] 本发明不局限于上述具体的实施方式，所属技术领域的技术人员从上述构思出发，不经过创造性的劳动，所作出的种种变换，均落在本发明的保护范围之内。

说 明 书 附 图

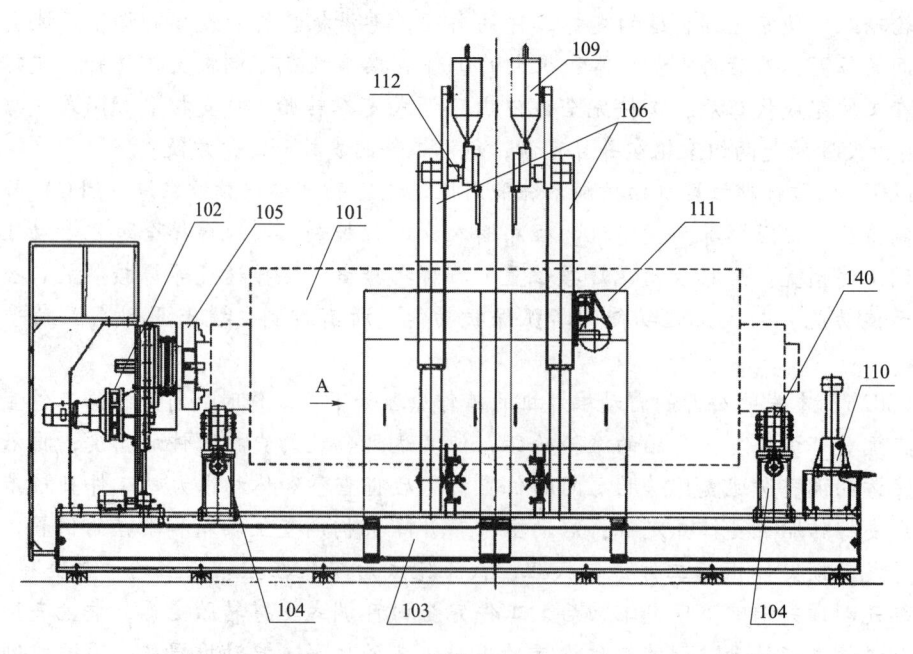

图1

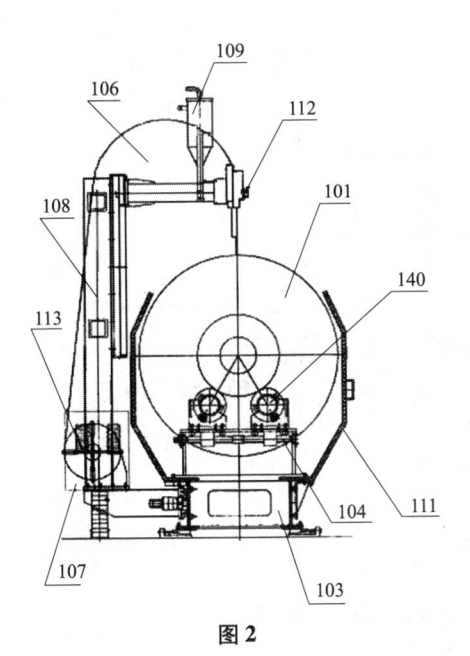

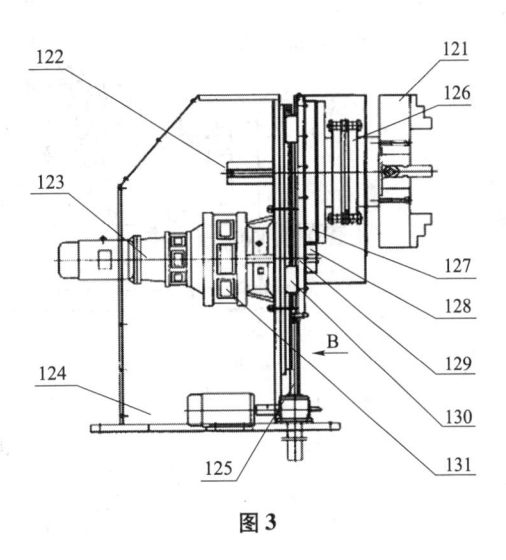

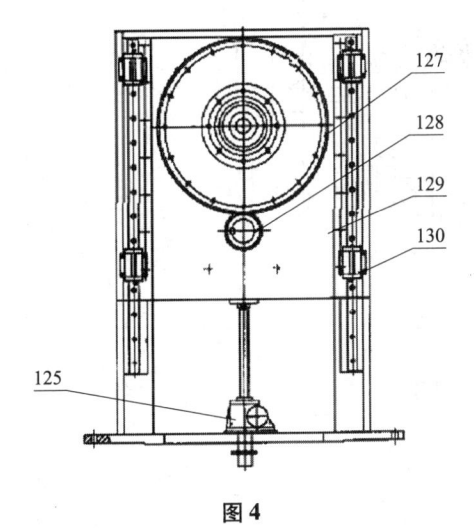

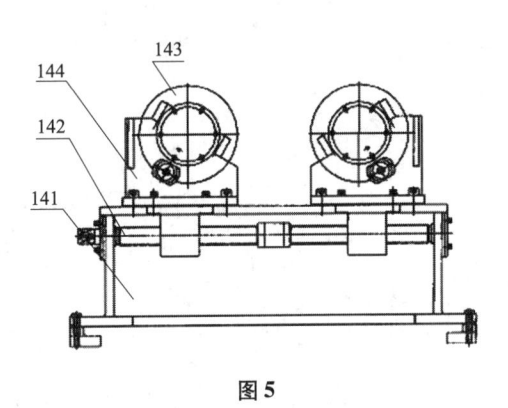

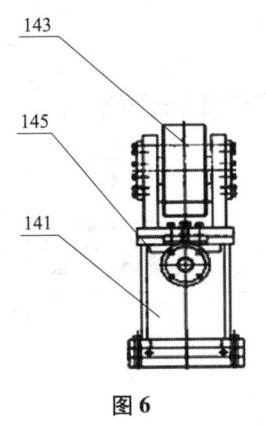

第二部分 ■ 第一章 一般类型专利申请的撰写案例剖析

图 2

图 3

图 4

图 5

图 6

175

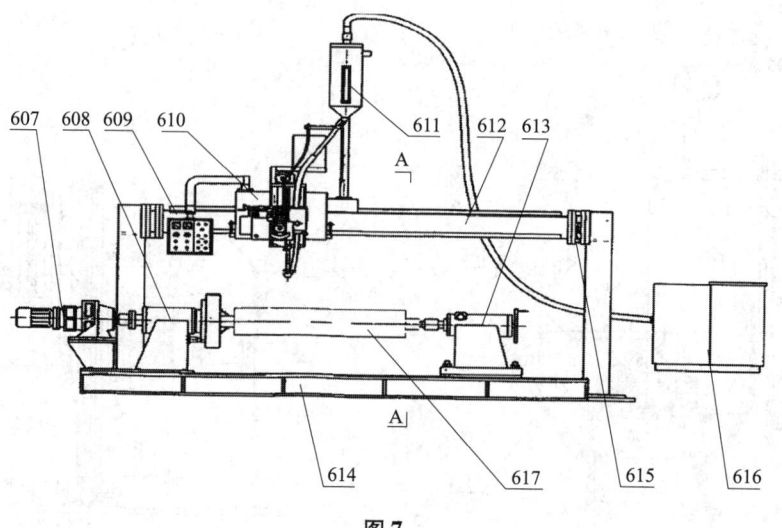

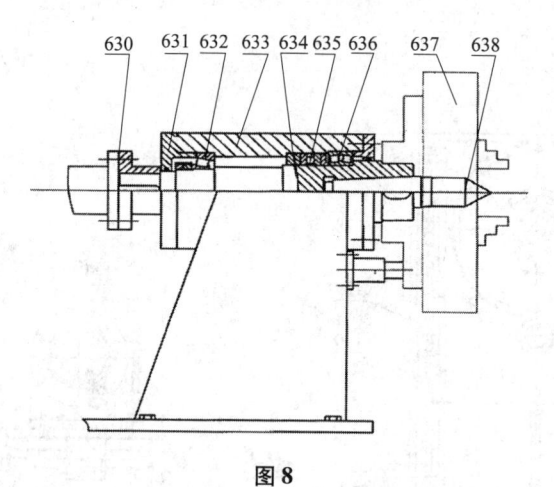

图 7

图 8

图 9

第二节 获得与要解决的"技术问题"相适应的保护范围

一、概要

专利制度的设计初衷,就是"以公开换保护"。这是专利法的基本原理,也可以说是专利制度的本质。"公开"的目的是让对社会有贡献的技术方案,能够得到迅速的推广和使用,使得社会不再花费重复劳动。"保护"的目的,是让发明人能够得到对等的"回报",从而激励发明人和社会大众不断地研究改进,以获得更大的利益。

因此,当发明人在技术交底书中提出了较大的技术问题并提供了比较少实施例时,在实施例基础上概括得出的独立权利要求保护范围,可能与发明人声称要解决的更上位的技术问题不相匹配。对于这种情况,应该从尽可能地保护好发明人的利益出发,主动与发明人沟通,获取更翔实的技术资料,撰写出与发明人实际完成的技术改进相对应的保护范围适当的独立权利要求。

本小节以涉及一种微波炉用袋体的申请文件撰写为例,在发现发明人提供的技术交底书存在实施例与声称要解决的技术问题不相适应基础上,分析如何与发明人沟通,撰写出与发明人实际完成的技术改进相适应的权利要求。

二、技术交底书

(一)现有技术

现有技术例如 CN1 *******1A 中公开了一种耐热包装袋,把已经烹调完成的成品或者半成品填充在耐热性塑料包装袋中,这种包装袋通常由四边密封的上下两片薄膜形成。在食用前用微波炉对这种包装袋进行加热烹调。但是,这种加热烹调用的包装食品如果不开封而保持原样地用微波炉加热,则有可能因加热时从食品产生的蒸气等使内压上升,最终,膨胀压力使袋子破裂而内装物飞溅,污染了微波炉。

(二)发明人提供的实施例介绍

为了解决上述问题,发明人发明了一种包装袋,这种包装袋在使用微波炉进行加热时,在袋内的压力达到一定值(低于使包装袋整体爆裂的压力)时,在包装袋袋体上形成开口,从而释放包装袋内的压力,防止袋体爆裂。

1. 第一实施例

该实施例中的包装袋如图 21-2-01、图 21-2-02 所示。图 21-2-01 为表示袋体 101 的平面图。图 21-2-02 为图 21-2-01 中的沿 A-A 线的截面图。该袋体 101 具有上面薄片 102 和下面薄片 103。将上面薄片 102 和下面薄片 103 的四周边缘部分别密封,从而形成袋体 101。在袋体距一边缘密封部 104 向内一定间隔处具有一粘接部 105,该粘接部 105 将袋体 101 上下薄片的一部分粘接在一起。该粘接部 105 的粘接强度与袋体 101 的边缘密封部 104 的粘接强度相等。

该粘接部 105 的平面视图的形状不作特别的限定,可以是椭圆或多边形等,但最好为大致的圆形。该粘接部 105 的大小根据袋体 101 的本体大小进行适当设置。该粘接部 105 距离边缘密封部 104 的间隔为 d1。该间隔 d1 不作特别地限定，可以对应于袋体 101 内所负荷的压力进行调整。例如，袋体 101 的平面视图的形状为 25cm×16cm 的长方形，1～1.5 个大气压下，将袋体 101 的压力释放。粘接部 105 形成为直径 5mm 的圆形，从边缘密封部 104 开始配置的间隔 d1 = 8mm。形成粘接部 105 的上面薄片 102 和下面薄片 103 的粘接强度与袋体 101 的边缘密封部 104 的上面薄片 102 和下面薄片 103 的粘接强度相等。边缘密封部 104 的粘接强度被设置为 10～60N/15mm，粘接部 105 的粘接强度可设置为与边缘密封部 104 的粘接强度相同。

图 21 – 2 – 01

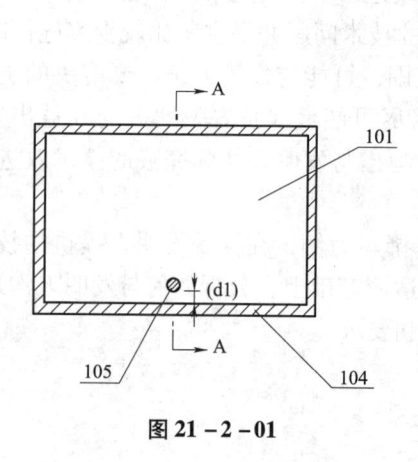

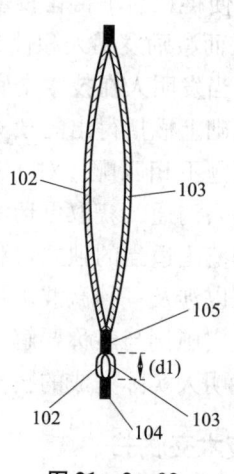

图 21 – 2 – 02

下面说明袋体 101 的粘接部 105 的工作情况。图 21 – 2 – 03 为袋体 101 的粘接部 105 开始工作，形成开口部 106 的示意图。图 21 – 2 – 04 为图 21 – 2 – 03 的沿 A – A 线的截面图。

由于在粘接部 105 附近存在应力集中，而且粘接部的粘接强度与边缘密封部的粘接强度相等，因而袋体 101 内部压力的升高超过一定值时，粘接部 105 粘接破坏而打开，在粘接部 105 发生粘接破坏的同时，边缘密封部的粘接强度也无法承受，最近的边缘密封部 104 也发生材料破坏而打开，从而在边缘密封部 104 上形成开口部 106。

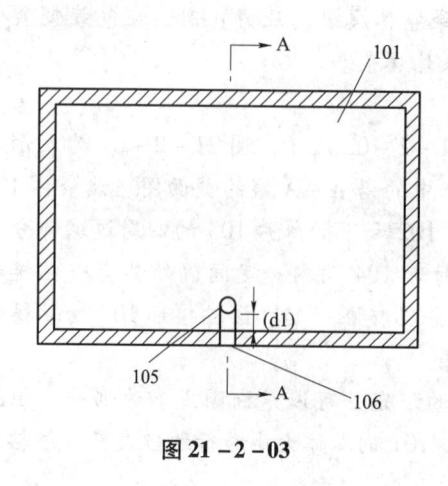

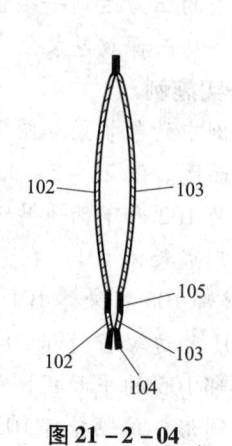

图 21 – 2 – 03

图 21 – 2 – 04

2. 第二实施例

图 21-2-05 表示粘接部 205 为三角形时的袋体 201 的平面图。图 21-2-06 为图 21-2-05 的沿 A-A 线的截面图。如图 21-2-05、21-2-06 所示，该袋体 201 具有用于作为释放该袋体 201 内压力的粘接部 205。三角形的粘接部 205 的一边位于一边缘密封部上向内延伸设置，将上面薄片 202 及下面薄片 203 的一部分粘接在一起。由于形成为三角形，当袋体 201 内部的压力上升时，粘接部 205 的压力的位置被集中于各个顶点。袋体 201 内部的压力达到给定值时，由于存在应力集中，粘接部 205 处发生粘接破坏，而且粘接部的粘接强度与边缘密封部的粘接强度相等，因此，在粘接部发生粘接破坏的同时，边缘密封部的粘接强度也无法承受，与粘接部 205 接合的边缘密封部 204 也发生分离，形成开口部，使得袋体内的蒸气释放，内部压力降低。该粘接部 205 的位置也可不作特别的限定，但最好位于从袋体的角部开始的袋体边长 10%～50% 的位置。例如，如图 21-2-05 所示，袋体为 25cm×16cm 的长方形时，边长为 0.5cm 的正三角形的粘接部 205 最好被设置在从袋体的角部开始的长边的 12.5cm 处。对于短边，最好设置在 8cm 处。该粘接部 205 能够在袋体 201 的一边设置多个，在这种情况下，粘接部 205 间的间隔不作特别的限定，但最好具有至少 10cm 以上的距离，这是为了使袋体 201 内部保持整体均一的压力。

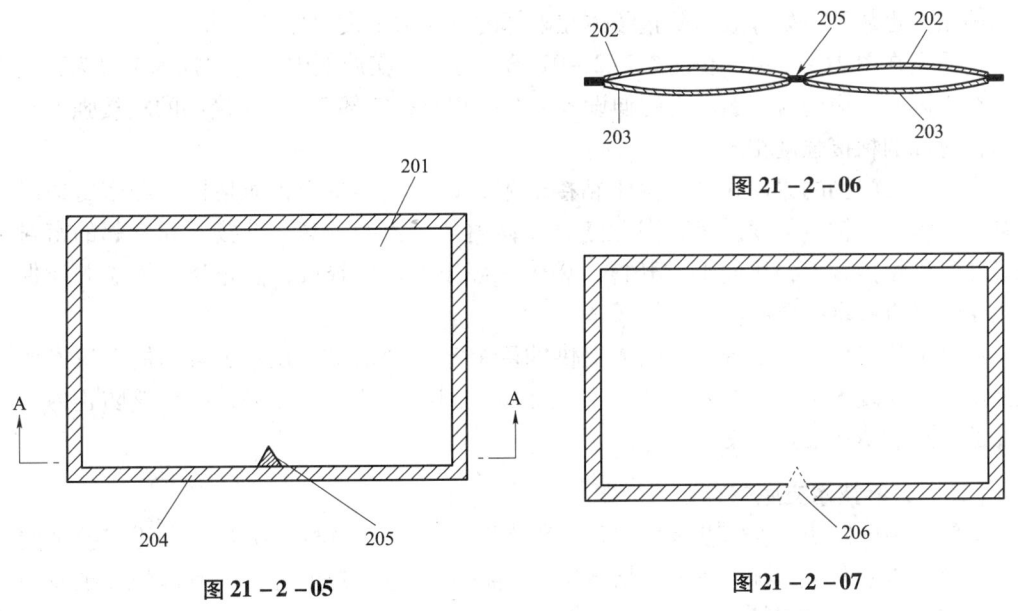

图 21-2-06

图 21-2-05

图 21-2-07

另外，该粘接部 205 的个数也不作特别的限定。

以下对袋体 201 的粘接部 205 的工作进行说明。图 21-2-07 为袋体 201 的粘接部 205 开始工作，形成开口部 206 的示意图。袋体 201 被加热时，装在袋体 201 内部的食品等的水分被气化变为蒸气。由于该蒸气使袋体 201 内部膨胀。粘接部 205 的顶点附近形成应力集中。袋体 201 内部的压力达到给定值时，如图 21-2-07 所示，粘接部 205 的粘接处发生材料破坏，继该材料破坏之后，与粘接部 205 接合的边缘密封部 204 的粘接处也发生材料破坏，从而形成开口部 206。该开口部 206 能够使由袋体 201 内部的食品产生的蒸气所形成的压力释放。

三、分析发明人提供的技术交底书

（一）分析发明人提出的技术问题

发明人在技术交底书中提到的在先技术为：由四边粘接密封的两片薄膜形成的内装食品的包装袋。这种包装袋存在的问题是：在使用微波炉对袋体进行加热烹调时，由于袋体密封，袋体内压力的升高而容易使袋体发生爆裂。

为了解决这一技术问题，发明人在图21-2-01至图21-2-04给出的第一实施例中采用的技术手段为：

在袋体距一边缘密封部104向内一定间隔处设有一粘接部105，通过该粘接部105将袋体101上下薄片的一部分粘接在一起。该粘接部105的粘接强度与袋体101的边缘密封部104的粘接强度相等。

通过粘接部105的设置，从而在粘接部附近可以产生应力集中。在对袋体进行加热时，袋体内部压力上升，当达到一定值时，由于粘接部附近存在应力集中，而且粘接部的粘接强度与袋体边缘密封部的粘接强度相等，因此，在邻近粘接部的边缘密封部和粘接部同时发生粘接开裂，从而在边缘密封部上形成开口。随着开口的形成，袋体内的压力也从开口处释放，防止袋体在内部的高压力下发生爆裂。

发明人在图21-2-05至图21-2-07给出的第二实施例中采用的技术手段为：

在袋体一边缘密封部上向内延伸设置一个三角形粘接部205，粘接部的粘接强度与边缘密封部的粘接强度相同。

与第一实施例的原理相同，由于粘接部附近产生应力集中，而粘接部和密封边缘部紧邻设置，且粘接强度相等，因此随着袋体内部压力的升高，粘接部和紧邻的密封边缘部发生粘接破裂，从而形成开口，袋体内部压力得以释放，防止袋体爆裂并能保证内装物具有一定的湿润度。

通过上述分析可以发现，发明人提供的两个实施例采用的技术手段均能解决发明人提出的在先技术存在的技术问题，并且能够达到同样的技术效果，既能够防止内装食品的密封袋体在加热时发生爆裂。

（二）分析技术交底书存在的问题

一般来说，发明人能够获得的"保护范围"的大小应当与发明要解决的"技术问题"相互吻合、相互匹配。发明人所解决的"技术问题"越上位，其所作的贡献应当越大，其所获得的"保护范围"也应当越大。

从上面分析技术问题和两个实施例为解决技术问题采用的技术手段得出，两个实施例之间存在相同的技术手段：在袋体上设置粘接部，粘接部的粘接强度与边缘密封部的粘接强度相同。也就是说，可以将这两个实施例概括形成一个独立权利要求：一种微波炉用袋体，包括上面薄片和下面薄片，所述上面薄片和下面薄片在边缘部粘接密封形成所述袋体，其特征在于，在所述袋体上设置将所述上面薄片和所述下面薄片粘接在一起的局部粘接部，所述粘接部的粘接强度与密封边缘部的粘接强度相等。

依据申请人对本领域技术发展状况的了解，可以确认发明人在技术交底书中提出的技术问题是客观真实、恰当合理的。也就是说，现有技术中并不存在能够解决密封袋体加热爆裂问题的在先技术。因此，可以确认是发明人首次发现了在先技术所存在的密封袋体加热爆裂问题，并且提出了可以通过在密封袋体上设置粘接部而解决该问题的技术方案。发明人的发明是全新、原创性的发明，并且通过解决这样的技术问题，也获得了非常显著的有益效果：使得密封袋体在微波炉加热时更安全，不会发生爆裂。

由于是发明人首次发现了在先技术所存在的袋体爆裂问题，并且提出了可以通过设置粘接部以解决该问题的具体构成形式，因此相应的技术方案应该能够涵盖较大的保护范围。但是，发明人在技术交底书中仅提供了两个具体实施例，有可能被本领域技术人员认为不能够对较大的技术方案提供《专利法》所需要的支持。换句话说就是，从发明人提出的技术问题和获得的有益效果来看，发明人应当形成有大量不同的具体实施例，但是出于保密的考虑，而没有通过技术交底书告知申请人。如上所述，在这两个实施例基础上分析得出的独立权利要求只保护了袋体上具有局部粘接部的技术方案，这样的技术方案比解决的技术问题更下位和具体，所能够获得的保护范围也相应较小。因此，如果将解决该问题的技术方案缩小至技术交底书提供的具体实施例，可能使所形成的权利要求的保护范围与发明人实际完成的技术改进不相匹配。

通过上面的分析可以发现，发明人在技术交底书中提出的技术问题和能够获得的保护范围之间不能吻合。申请人可以对技术交底书中的技术问题进行修改，以便与在上述两个实施例基础上得出的较小的保护范围相适应；或者申请人也可以与发明人沟通，指出技术交底书中存在的逻辑矛盾，从发明人手里获得新的资料，然后在此基础上，分析发明人可能获得的保护范围，以便通过增加实施例的方式与技术交底书中提到的较大的技术问题相匹配。

在申请人积极引导和帮助发明人的基础上，发明人提交了新的实施例。

四、发明人提交的其他实施例

（一）第三实施例

图 21-2-08 为表示袋体 301 的平面图。图 21-2-09 为图 21-2-08 的沿 A-A 线的截面图。

该袋体 301 具有上面薄片 302 及下面薄片 303 的一部分以给定的形状粘接的粘接部 305。

粘接部 305 的粘接强度小于袋体边缘密封部 304 的粘接强度，但是大于上面薄片 302 的拉伸强度，袋体 301 被加热时，在粘接部 305 的周围产生应力集中，因此，粘接部 305 周围的上面薄片 302 处会发生破裂，从而形成开口，释放袋体内的压力。应当注意，粘接部 305 的粘接强度只能大于其中一面薄片的拉伸强度，如果大于两面薄片的拉伸强度，则在形成开口时，由于上下两面薄片均破裂，则容易造成粘接部从袋体上脱落。

该粘接部 305 的平面视图中的大小对应于袋体 301 本体的大小进行设置。例如，袋体 301 在平面视图中被形成为 15cm×20cm 的长方形时，粘接部 305 形成为从袋体 301 的边缘密封部 304 的大致中央开始的间隔为 2mm，直径为 4mm 的圆形。上面薄片 302 和下面薄片 303 形成的粘接部 305 的粘接强度比边缘密封部 304 的粘接强度弱。也就是说，保持有粘接部305和边缘密封部304之间的粘接强度的差。该强度差不作特别的限定，但可形成为具有50N/15mm以下的强度差。边缘密封部304的粘接强度可设置为10~60N/15mm，粘接部305的粘接强度可设置为10~30N/15mm。

下面说明袋体301的粘接部305的工作过程。图21-2-10表示袋体301的粘接部305开始工作时的平面图。图21-2-11为图21-2-10中的沿A-A线的截面图。袋体301被加热时，装在袋体301内部的食品等的水分被气化变成蒸气。通过该蒸气使袋体301内部膨胀。

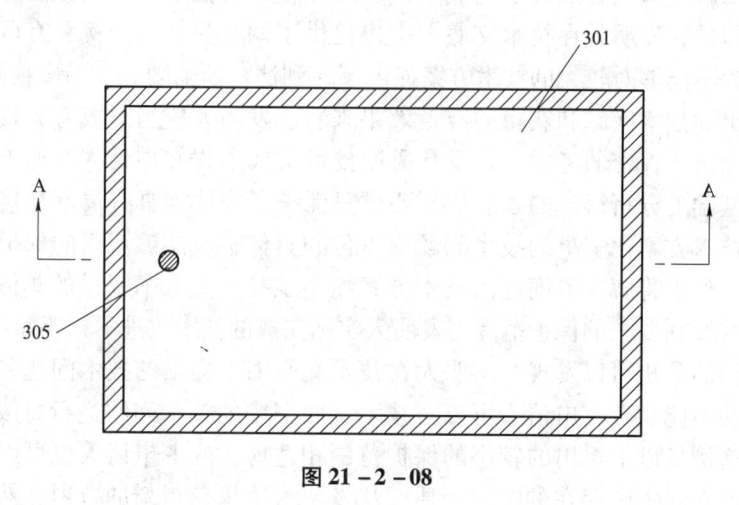

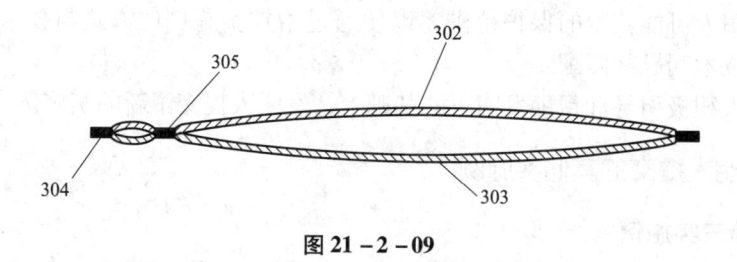

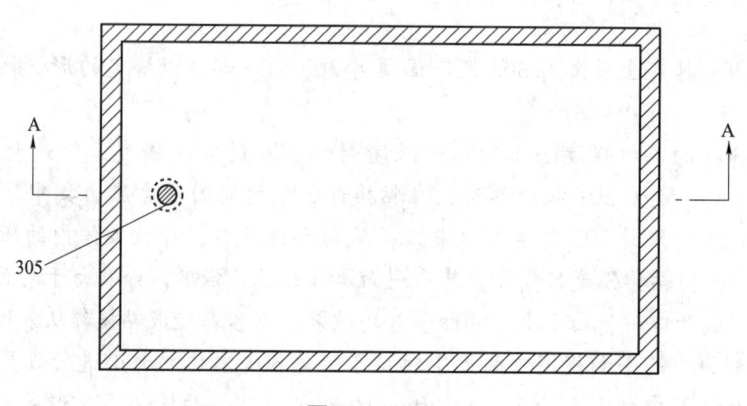

图 21-2-08

图 21-2-09

图 21-2-10

图 21-2-11

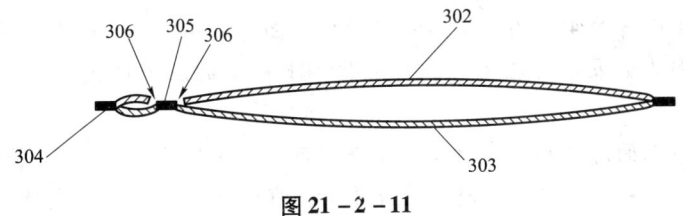

袋体 301 内部的压力达到给定的压力时，粘接部 305 周围的上面薄片上的负荷具有比该拉伸强度更强的压力。此时，如图 21-2-10、图 21-2-11 所示，粘接部 305 的周围的上面薄片 302 处会发生材料破坏，使大致相同形状的开口部 306 被形成在上面薄片 302 上。

（二）第四实施例

图 21-2-12 表示具有切槽 407 的袋体 401 的平面图。图 21-2-13 为图 21-2-12 的沿 A-A 线的截面图，切槽 408 为不贯穿上面薄片 402 的类型。图 21-2-14 为图 21-2-12 的沿 A-A 线的截面图，切槽 409 为贯穿上面薄片 402 的类型。

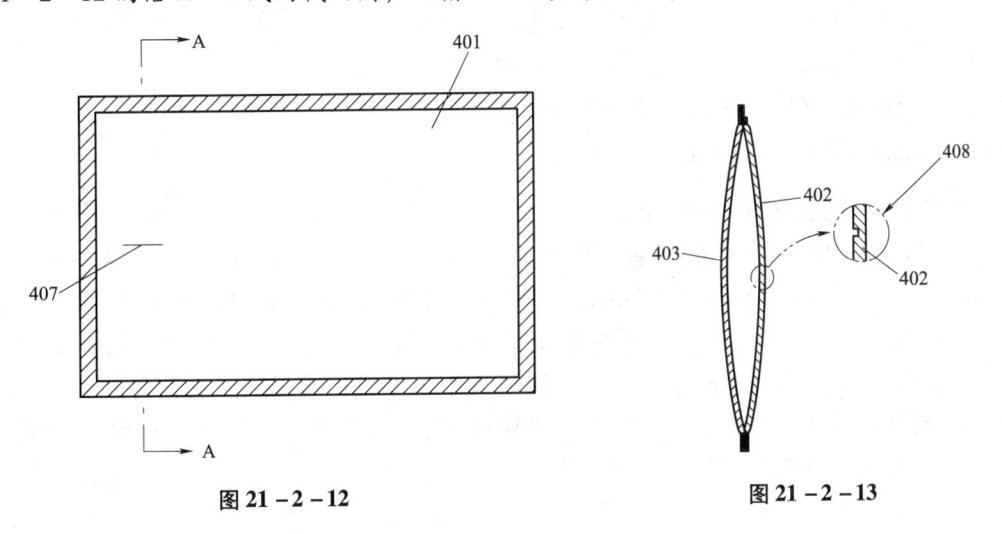

图 21-2-12

图 21-2-13

该袋体 401 具有作为用于释放该袋体 401 内压力的切槽 407。切槽 407 设置在上面薄片 402 上。切槽 407 包括不贯穿上面薄片 402 的切槽 408 和贯穿薄片 402 的切槽 409 两种情形。图 21-2-13 所示为不贯穿上面薄片 402 的切槽 408；对于不贯穿上面薄片 402 的切槽 408 的深度不作特别的限定，但最好设置为上面薄片 402 厚度的 20% ~ 50%。图 21-2-14 所示为贯穿上面薄片 402 的切槽 409，图 21-2-14 中贯穿薄片的切槽 409 通过黏接剂 410 粘接在一起。当袋体 401 内部的压力达到给定的压力时，切槽 408 会立即打开，释放袋体内的压力。

该切槽的形状在平面视图中不作特别的限定，最好是直线。在袋体的制造过程中，直线是最容易制造的。并且，该切槽形成的直线的长度可以设置为约 1mm ~ 30mm，最好为约 3mm ~ 10mm，打开时的宽度可以设置为约 0.01mm ~ 1.0mm，最好为约 0.05mm ~ 0.7mm。袋体 401a 的压力低于给定值以下时，使切槽大致封闭。

该不贯穿上面薄片402的切槽408可以从上面薄片402的表面或里面设置,但最好设置在里面。因为如果设置在里面,当袋体401内部的压力达到给定的压力时,切槽408会立即打通。

下面对贯穿上面薄片402的切槽409进行说明。如图21-2-14所示,该切槽409平时用黏接剂410封闭。当加热时,袋体401内部的压力上升到给定值,切槽409恰好被打开。该黏接剂410平时能确保袋体401的密封性,当加热时,袋体401内部的压力上升到给定值,使切槽409被打开。进一步地,该黏接剂410的材质最好利用对人体没有影响的材料。在加热烹饪过程中,尽管该黏接剂410会附着在袋体401内部的食品上,但是由于该黏接剂410的材质不会对人体产生影响,因此确保了食品的安全性。贯穿上面薄片402的切槽409根据所使用的黏接剂410的不同,可以很容易地调节切槽409最初打开时的袋体401的压力。

该切槽409的数量对应于袋体401本体的大小和形状进行适当设置。此时,该切槽409被配置为具有给定间隔。该给定间隔不作特别的限定,可以设置为1mm~4mm,最好为2mm~3mm。

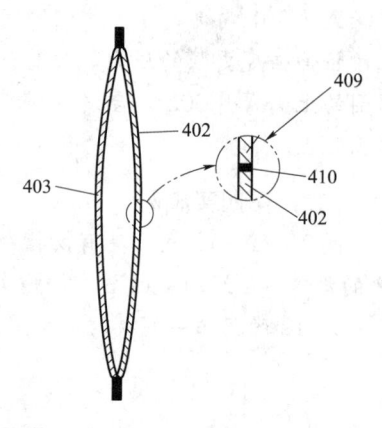

图21-2-14

(三) 第四实施例的变形例

图21-2-15表示袋体401a的平面图。图21-2-16为图21-2-15沿A-A线的截面图,切槽408a为不贯穿上面薄片402a的类型。图21-2-17为图21-2-15沿A-A线的截面图,切槽409a为贯穿上面薄片402a的类型。如图21-2-16和图21-2-17所示,该袋体具有的作为释放该袋体压力的切槽设置在上面薄片402a上。并且,为了覆盖该切槽,袋体上还粘接有薄膜411。在加热时,袋体401a内部的压力上升到给定值,切槽恰好打开。

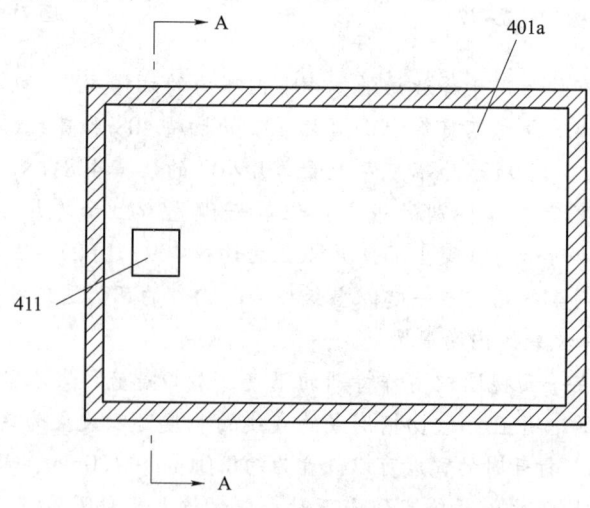

图21-2-15

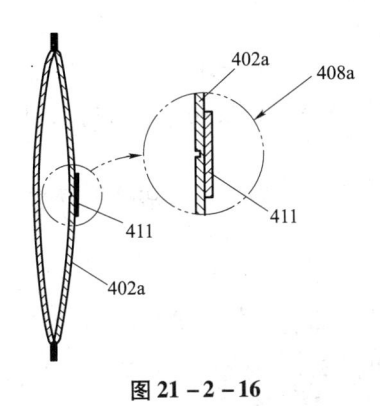

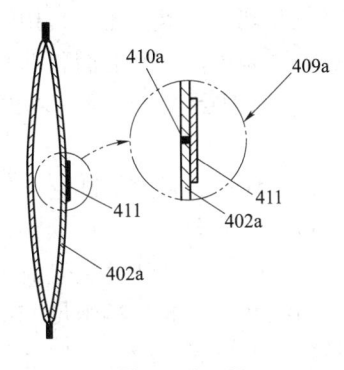

图 21-2-16　　　　　　　　　　　图 21-2-17

如无特别说明，切槽的形状等与第 4 实施例的设置相同。薄膜 411 的材质不作特别限定，但最好使用聚丙烯或硅系树脂。薄膜 411 使用聚丙烯或硅系树脂，能够有效地形成所述薄膜 411 和切槽之间的空隙。

对薄膜 411 的形状不作特别的限定，只要是覆盖切槽整面的形状即可。当切槽长度为 10mm 时，薄膜 411 的形状被设置为一边为 20mm 的正方形。

薄膜 411 使用粘接材料，如下面所述，薄膜 411 被粘接为当袋体内部压力达到给定值时，切槽打开，薄膜 411 从切槽开始稍微剥离而形成空隙。

对袋体 401a 的切槽 408a 及薄膜 411 工作的情况进行说明。

袋体 401a 被加热时，装在袋体 401a 内部的食品等的水分被气化变成蒸气。该蒸气使袋体 401a 内部膨胀，袋体 401a 内部的压力达到给定值时，切槽 408a 打开。袋体 401a 内的压力，使得从切槽 408a 开始，薄膜 411 从袋体稍微剥离，薄膜 411 和切槽 408a 之间形成连通大气环境的空隙，该空隙使袋体 401a 的压力被释放。袋体 401a 内部的压力低于给定压力值时，切槽 408a 大致封闭，该空隙消失。袋体 401a 内部的压力再次上升时切槽 408a 打开，薄膜 411 和切槽 408a 之间再次形成空隙。袋体 401a 内部的压力被放出后，切槽 408a 再次封闭，空隙也消失。

对袋体 401a 的切槽 409a 及薄膜 411 工作的情况进行说明。

袋体 401a 内部的压力达到给定值时，切槽 409a 的粘接被剥离，使得切槽 409a 打开，袋体 401a 内部的压力被释放。由于袋体 401a 内的蒸气使薄膜 411 从切槽 409a 开始与袋体稍微剥离，薄膜 411 和切槽 409a 之间形成连通大气环境的空隙，袋体 401a 的压力从该空隙被释放。此时，由于袋体 401a 内部的压力下降，残留于切槽 409a 的黏接剂使得切槽 409a 大致封闭，空隙消失。袋体 401a 内部的压力再次上升时，切槽 409a 打开，薄膜 411 和切槽 409a 之间再次形成空隙。袋体 401a 内部的压力被放出后，切槽 409a 再次封闭，空隙也消失。

五、权利要求的撰写思路

（一）确定相对现有技术所作出的主要改进及需要保护的客体

为了解决微波炉加热内装食品的密封袋体时袋体容易发生爆裂的技术问题，上述

所有实施例与现有技术相比,其相同的技术特征在于:

微波炉用袋体,包括上面和下面薄片,薄片的边缘部密封形成袋体。

图21-2-01至图21-2-04的第一实施例反映的本申请发明与现有技术相比,其改进在于:

在邻近袋体一密封边缘部上一定间隔处设置粘接部,粘接部的粘接强度与边缘密封部的粘接强度相同。

袋体内部的压力达到给定值时,由于粘接部附近存在应力集中,而且粘接部的粘接强度与边缘密封部的粘接强度相等,因此,在粘接部发生粘接破坏的同时,边缘密封部的粘接强度也无法承受,最近的边缘密封部也发生材料破坏,以在边缘密封部上形成开口部,从而释放袋体内部的压力,防止袋破裂。

图21-2-05至图21-2-07的第二实施例反映的本申请发明与现有技术相比,其改进在于:

在袋体一边缘密封部向内延伸设置一粘接部,粘接部的粘接强度与边缘密封部的粘接强度相同。

与第一实施例原理相同,在粘接部附近会发生应力集中,因此,随着袋体内因加热而造成压力升高,粘接部及其紧邻的边缘密封部会发生粘接破坏,从而在边缘密封部上形成开口,使得袋体内部压力得以释放。

图21-2-08至图21-2-11的第三实施例相对现有技术作出的改进在于:

在袋体上邻近一密封边缘部的一定间隔处设置粘接部,粘接部的粘接强度小于边缘密封部的粘接强度但高于形成袋体的一薄片材料的拉伸强度。

由于粘接部的粘接强度小于袋体边缘密封部的粘接强度,但是大于上面薄片的拉伸强度。袋体被加热时,在粘接部的周围产生应力集中,粘接部周围的上面薄片处会发生破裂,从而形成开口,释放袋体内的压力。

图21-2-12至图21-2-14的第四实施例相对现有技术作出的改进在于:

在形成袋体的一薄片上设置切槽,该切槽可以贯穿或不贯穿薄片;切槽贯穿薄片时,切槽通过黏接剂粘接。

切槽部位的薄片强度低于其他部位,在袋体内部压力上升达到一定值时,切槽部位首先裂开,袋体内部的压力得以释放。

图21-2-15至图21-2-17的第四实施例的变形例相对现有技术作出的改进在于:

在形成袋体的一薄片上设置切槽,该切槽可以贯穿或不贯穿薄片;切槽贯穿薄片时,切槽通过黏接剂粘接;在切槽上粘接覆盖切槽的薄膜。

切槽部位的薄片强度低于其他部位,在袋体内部压力上升达到一定值时,切槽部位首先裂开,此时由于压力作用,薄膜也从袋体稍微剥离,薄膜与切槽之间形成连通大气环境的空隙,使袋体内的压力从该空隙释放。袋体内部的压力低于给定压力值时,切槽大致封闭,该空隙消失。

在撰写申请文件中,撰写权利要求是非常重要的,而权利要求的撰写不仅要考虑独立权利要求保护范围的大小,而且要选好想要保护的技术主题和类型。不同的保护主题可以体现发明不同的保护方面，技术主题的选择直接关系到授权后专利权保护范围的大小。

从以上分析可以得出，本申请发明没有揭示其他信息，所以确定本申请发明保护的客体是：微波炉用袋体。

（二）确定最接近的现有技术

由于发明人仅提供了一份在先技术，所以将该在先技术作为最接近的现有技术，具体内容为：微波炉用袋体，包括上面和下面薄片，薄片的边缘部密封形成袋体。

（三）确定所要解决的技术问题

发明人提供的第一实施例相对于现有技术的区别特征在于：

在邻近袋体一边缘密封部向内一定间隔处设置粘接部，粘接部的粘接强度与密封边缘部的粘接强度相等。

通过粘接部的设置，在粘接部附近可以产生应力集中。在对袋体进行加热时，袋体内部压力上升到一定值，由于粘接部附近存在应力集中，而且粘接部的粘接强度与袋体边缘密封部的粘接强度相等，因此，在邻近粘接部的边缘密封部和粘接部同时发生粘接开裂，从而在边缘密封部形成开口。随着开口的形成，袋体内的压力也从开口处释放，防止袋体在内部的高压力下发生爆裂。

发明人提供的第二实施例相对于现有技术的区别特征在于：

在袋体一密封边缘部上向内延伸设置一粘接部，粘接部与密封边缘部的粘接强度相等。

与第一实施例的原理相同，由于粘接部附近产生应力集中，而粘接部和密封边缘部紧邻设置，且粘接强度相等，因此随着袋体内部压力的升高，粘接部和紧邻的密封边缘部发生粘接破裂，从而形成开口，袋体内部压力得以释放，防止袋体爆裂。

发明人提供的第三实施例相对于现有技术的区别技术特征在于：

在邻近袋体一边缘密封部向内一定间隔处设置粘接部，粘接部的粘接强度小于密封边缘部的粘接强度且大于袋体的上面薄片的拉伸强度。

通过粘接部的设置，在粘接部附近可以产生应力集中。这样在对袋体进行加热时，随着袋体内部压力上升到一定值，由于粘接部附近存在应力集中，而粘接部的粘接强度大于上面薄片的拉伸强度，因此上面薄片发生破裂，形成开口。随着开口的形成，袋体内的压力也从开口处释放，袋体内部压力下降，从而防止袋体在内部的高压力下发生爆裂。

发明人提供的第四实施例相对于现有技术的区别技术特征在于：

在形成袋体的一薄片上设置切槽，该切槽可以贯穿或不贯穿薄片，切槽贯穿薄片时，切槽通过黏接剂粘接。

由于在袋体的一薄片上设置有切槽，切槽处薄片的强度低于其他部分薄片材料的强度，因此，随着袋体被加热时内部压力上升到一定值，切槽首先打开，袋体内的压力在切槽处释放，使得袋体内部压力降低。

发明人提供的第四实施例的变形例相对于现有技术的区别技术特征在于：

在形成袋体的一薄片上设置切槽,该切槽可以贯穿或不贯穿薄片,切槽贯穿薄片时,切槽通过黏接剂在切槽上粘接覆盖切槽的薄膜。

袋体被加热时,装在袋体内部的食品等的水分被气化变成蒸气。由于该蒸气使袋体内部膨胀,袋体内部的压力达到给定值时,切槽打开。由于袋体内的压力,从切槽开始,切槽上粘接的薄膜被稍微剥离,薄膜和切槽之间形成空隙,从该空隙使袋体的压力被释放。

综合上述分析可知,发明人提供的实施例均可以达到这样的效果,即在袋体加热时,防止袋体内部压力升高而造成袋体爆裂。

因此,相对现有技术解决的问题为:如何在使用微波炉加热密封袋体时防止袋体发生爆裂。

(四) 完成独立权利要求的撰写

确定第一实施例要解决上述技术问题的必要技术特征:

对于第一实施例,要想解决使用微波炉加热密封袋体时防止袋体破裂的技术问题,主要是在邻近袋体一密封边缘部向内一定间隔处设置一个粘接部,并且粘接部的粘接强度与密封边缘部的粘接强度相等。因此,通过对本申请发明进行的上述分析,可知,第一实施例要解决上述技术问题的必要技术特征是:

粘接部;

粘接部设置在邻近袋体一密封边缘部向内一定间隔处;

粘接部与密封边缘部的粘接强度相等。

确定第二实施例要解决上述技术问题的必要技术特征:

对于第二实施例,要想解决使用微波炉加热密封袋体时防止袋体破裂的技术问题,主要是在袋体一密封边缘部延伸设置一个粘接部,并且粘接部的粘接强度与密封边缘部的粘接强度相等。因此,通过对本申请发明进行的上述分析,可知第二实施例要解决上述技术问题的必要技术特征是:

粘接部;

粘接部在袋体一密封边缘部向内延伸设置;

粘接部与密封边缘部的粘接强度相等。

确定第三实施例解决上述技术问题的必要技术特征:

第三实施例为了解决上述技术问题,其解决手段是在袋体上邻近一密封边缘部一定间隔处设置粘接部,形成袋体的一面薄片的拉伸强度低于粘接部的粘接强度。这样,能够在粘接部的周围形成应力集中,在袋体因加热而造成内部压力上升时,由于应力集中作用,且薄片的拉伸强度低于粘接部的粘接强度,因此,薄片发生破裂,从而形成释放袋体内部压力的开口。因此,第三实施例要解决上述技术问题所采取的必要技术特征为:

粘接部;

粘接部设置在邻近袋体一密封边缘部向内一定间隔处;

粘接部的粘接强度小于边缘密封部的粘接强度但高于形成袋体的一薄片的拉伸强度。

确定第四实施例解决上述技术问题的必要技术特征：

为了解决上述技术问题，第四实施例采用了在袋体的一薄片上设置切槽，切槽部位的薄片材料强度低于薄片的其他部位，因而，在袋体内部压力上升时，切槽会首先打开，形成开口，使得袋体内部压力释放，从而达到防止袋体爆裂的效果。因此，第四实施例要解决上述技术问题所采取的必要技术特征为：

切槽；

切槽设置在袋体的一薄片上。

确定第四实施例的变形例解决上述技术问题的必要技术特征：

为了解决上述技术问题，第四实施例的变形例采用了在袋体的一薄片上设置切槽，切槽部位的薄片材料强度低于薄片材料的其他部位，在切槽上还粘接有覆盖切槽的薄膜。因此，在袋体内部压力上升时，切槽会首先打开，形成开口。袋体内的压力使得从打开的切槽开始，切槽上粘接的薄膜被稍微剥离，使薄膜和切槽之间形成空隙，该空隙使袋体的压力被释放，从而防止袋体爆裂。因此，第四实施例要解决上述技术问题所采取的必要技术特征为：

切槽；

切槽设置在袋体的一薄片上；

在切槽上粘接覆盖切槽的薄膜。

（五）撰写思路分析

在撰写独立权利要求时，如果能撰写出一个保护范围较宽、与其要解决的技术问题和获得的有益效果一致的独立权利要求，对发明人在确权的后续程序中将会带来好处，使申请获得更好的保护。因此，应尽可能采取概括性描述来表达技术特征。

权利要求通常由说明书记载的一个或多个实施方式或实施例概括而成，这种概括包括并列选择方式概括和上位概念概括。

对于上位概念概括的权利要求而言，如果说明书实施方式或实施例中的技术特征是下位概念，而发明或实用新型的技术方案利用了其上位概念技术特征的所有下位概念的共性，则允许在权利要求中将此技术特征概括成上位概念。但是权利要求的概括应当不超出说明书公开的范围，要得到说明书的支持。《专利审查指南》规定，如果权利要求的概括包含发明人推测的内容，其效果又难于预先确定和评价，则应当认为这种概括超出了说明书公开的范围。如果权利要求的概括使所属技术领域的技术人员有理由怀疑该上位概念或并列概括所包含的一种或多种下位概念或选择方式不能解决发明或者实用新型所要解决的技术问题，并达到相同的技术效果，则应当认为该权利要求没有得到说明书的支持。通常说明书中的具体实施方式越多，可以允许权利要求的概括程度越大，也更容易得到说明书的支持。

进行上位概念概括，需要找到这些实施例之间的共性，再对这些共性进行概括，形成上位概念。通过分析这些实施例，发现它们之间的共性在于：当袋体在微波炉内加热时，装在袋体内部的食品等的水分被气化变成蒸气。由于该蒸气使袋体内部膨胀，袋体内的压力上升。当袋体内压力达到一定值（低于造成袋体爆裂的压力值）时，会在袋体上形成开口（包括袋体边缘部上、袋体薄片上等），袋体内的压力得到释放，从而防止袋体爆裂。由此可以看出，这些实施例均是通过对袋体内的压力进行释放而解决上述技术问题的。因此，可以将上述所有实施例公开的具体结构上位概括为"压力释放机构"。而对于压力释放机构的具体结构也就是上述实施例公开的内容可以在从属权利要求进一步限定。

在撰写独立权利要求时应当注意，对于一个完整的产品技术方案来说，不需要撰写该产品的所有构成要素（零部件或其他组件及之间的关系），仅仅写出解决技术问题的改进之处及与该改进发生关系（即因为作出该改进而附带地要进行改进的零部件等）的那些构成要素即可。

因此，将所有实施例概括形成一个独立权利要求：

一种微波炉用袋体，包括上面薄片和下面薄片，所述上面薄片和下面薄片在边缘部粘接密封形成所述袋体，其特征在于：所述袋体上设置有压力释放机构，当所述袋体内部的压力超过预定值时，所述压力释放机构使所述袋体上形成防止所述袋体爆裂的开口。

（六）判断所撰写的独立权利要求的新颖性、创造性

首先判断新颖性。

由于发明人提供的现有技术中没有公开"所述袋体上设置有压力释放机构，当所述袋体内部的压力超过预定值时，所述压力释放机构使所述袋体上形成防止所述袋体爆裂的开口"，因此，该独立权利要求具备《专利法》第22条第2款规定的新颖性。

接着，判断创造性。

该权利要求相对最接近的现有技术的区别特征在于"所述袋体上设置有压力释放机构，当所述袋体内部的压力超过预定值时，所述压力释放机构使所述袋体上形成防止所述袋体爆裂的开口"，而该区别技术特征在发明人提供的现有技术中并未披露，也不属于所属技术领域的技术人员的公知常识，现有技术中也不存在相应的技术启示。因此，权利要求1限定的技术方案，不是显而易见的，具有突出的实质性特点和显著的进步，具有《专利法》第22条第3款规定的创造性。

根据发明公开的具体实施例的内容，进一步撰写完成从属权利要求，具体见下面推荐的申请文件。

六、说明书及说明书摘要的撰写

（一）说明书的撰写

说明书的撰写应当按照《专利法实施细则》第17条、第18条的规定撰写。

1. 发明名称

建议发明名称写为：微波炉用袋体。

2. 技术领域

本案例涉及一种采用微波炉进行加热的袋体，因此技术领域建议写成："本发明涉及一种微波炉用袋体。"

3. 背景技术

本发明涉及微波炉用袋体，并且在背景技术部分写入发明人提供的现有技术。

4. 发明内容

写明所要解决的技术问题，并写明解决技术问题的对应于独立权利要求的技术方案，以及该方案的有益效果。

5. 附图

本申请有附图，所以要有附图说明部分，主要对各幅附图的图名作简略说明。

6. 具体实施方式

对照附图，对本发明的微波炉用袋体的各个实施例逐一作详细说明。

（二）说明书摘要的撰写

说明书摘要应当按照《专利法实施细则》第23条的规定撰写。具体到微波炉用袋体的实施例，说明书摘要部分重点对独立权利要求的技术方案的要点作出说明，在此基础上进一步说明其解决的技术问题和有益效果。此外，还应当选择合适的附图作为说明书摘要附图，本发明选取附图1作为摘要附图。

七、案例总结

本案例涉及一种微波炉用袋体。发明人在技术交底书中提出了一个较大的技术问题并提供了两个实施例。申请人依据对本领域技术发展状况的了解，可以确认发明人在技术交底书中提出的技术问题是客观真实、恰当合理的，也就是说，现有技术中并不存在能够解决密封袋体加热爆裂问题的在先技术。由于是发明人首次发现了在先技术所存在的袋体爆裂问题，并且提出了解决该问题的具体构成形式，因此相应的技术方案应该能够涵盖较大的保护范围。但是，发明人在技术交底书中仅提供了两个具体实施例，有可能被本领域技术人员认为不能够对较大的技术方案提供《专利法》所需要支持。另外，如果将解决该问题的技术方案缩小至技术交底书提供的具体实施例，又可能对发明人的利益造成损害。因此，建议发明人提交另外的实施例，并在发明人提交的所有实施例的基础上，综合分析这些实施例要解决的技术问题、采用的技术手段、达到的技术效果等，对这些实施例进行上位概念概括，形成保护范围较大的独立权利要求，使得发明人获得的保护范围和要解决的技术问题相一致。

八、推荐的申请文件

根据以上介绍的本申请发明实施例和现有技术的情况，撰写出保护范围较为合理的独立权利要求与相应的从属权利要求、同时撰写出说明书及说明书摘要，以此为基础推荐包含说明书摘要、摘要附图、权利要求书、说明书及说明书附图的申请文件。

说 明 书 摘 要

本发明提供了一种在使用微波炉进行烹饪时，可以使袋体内部的压力安全且有效地排出的微波炉用袋体。该袋体，包括上面薄片和下面薄片，所述上面薄片和下面薄片在边缘部粘接密封形成所述袋体，所述袋体上设置有压力释放机构，当所述袋体内部的压力超过预定值时，所述压力释放机构使所述袋体上形成防止所述袋体爆裂的开口。通过在袋体上设置压力释放机构，使得加热时袋体内部压力上升到一定值时，使袋体打开开口，从而使得袋体内部压力释放，起到防止袋体爆裂的危险。

摘 要 附 图

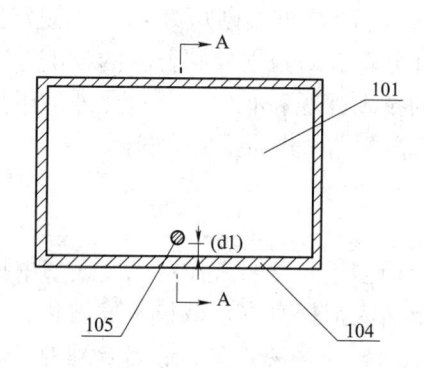

权 利 要 求 书

1. 一种微波炉用袋体，包括上面薄片和下面薄片（102，103；202，203；302，303；402，403；），所述上面薄片和下面薄片（102，103；202，203；302，303；402，403；）在边缘部（104；204；304）粘接密封形成所述袋体（101；201；301；401；401a），其特征在于：所述袋体上设置有压力释放机构，当所述袋体内部的压力超过预定值时，所述压力释放机构使所述袋体上形成防止所述袋体爆裂的开口。

2. 根据权利要求1所述的微波炉用袋体，其特征在于：所述压力释放机构由靠近所述边缘部（104）向内一定间隔的位置上设置的粘接部（105）构成，所述粘接部（105）通过将所述上面薄片和所述下面薄片（102，103）粘接而形成，所述粘接部（105）与所述边缘部（104）粘接强度相同。

3. 根据权利要求2所述的微波炉用袋体，其特征在于：所述粘接部（105）和边缘部（104）的间隔为所述袋体（101）宽度的大约二十分之一。

4. 根据权利要求1所述的微波炉用袋体，其特征在于：所述压力释放机构由靠近所述边缘部（304）向内一定间隔的位置上设置的粘接部（305）构成，所述粘接部（305）通过将所述上面薄片和下面薄片（302，303）粘接而形成，所述粘接部（305）的粘接强度大于上面薄片（302）的拉伸强度，小于所述边缘部（304）的粘接强度。

5. 根据权利要求2-4中任一项所述的微波炉用袋体，其特征在于：所述粘接部

（105；305）为圆形、椭圆形或多边形。

6. 根据权利要求1所述的微波炉用袋体，其特征在于：所述压力释放机构由从所述边缘部（204）向内延伸设置的粘接部（205）构成，所述粘接部（205）通过将所述上面薄片和下面薄片（201，202）粘接而形成。

7. 根据权利要求6所述的微波炉用袋体，其特征在于：所述粘结部（205）以给定间隔设置为多个。

8. 根据权利要求6或7所述的微波炉用袋体，其特征在于：所述粘接部（205）为多边形，所述边缘部（204）位于所述多边形的一条边上。

9. 根据权利要求1所述的微波炉用袋体，其特征在于：所述压力释放机构由在所述上面薄片和所述下面薄片（402，403）之一上设置的切槽（407）构成，所述切槽（407）设置为当袋体内部的压力上升超过预定值时打开。

10. 根据权利要求9所述的微波炉用袋体，其特征在于：所述切槽（407）深度小于所述薄片（402，403）厚度。

11. 根据权利要求9所述的微波炉用袋体，其特征在于：所述切槽（407）设置为贯穿所述薄片，由粘接剂封闭。

12. 根据权利要求9所述的微波炉用袋体，其特征在于：所述切槽（407a）上还粘接覆盖所述切槽（407a）的薄膜（411），当袋体（401a）内部的压力上升超过预定值时，所述薄膜（411）从所述切槽（407a）稍微剥离，在所述薄膜（411）和所述切槽（407a）之间形成空隙。

13. 根据权利要求9至12中任一项所述的微波炉用袋体，其特征在于：所述切槽（407；407a）以给定间隔平行设置为多个。

说　明　书

微波炉用袋体

技术领域

[0001] 本发明涉及一种微波炉用袋体。尤其涉及一种使用微波炉进行烹饪时，将袋体内部的压力有效地释放，从而能够进行加热烹饪的微波炉用袋体。

背景技术

[0002] 现有技术例如CN1*******1A中公开了一种耐热包装袋，把已经烹调完成的成品或者半成品填充在耐热性塑料包装袋中，在食用前用微波炉来进行加热烹调。但是，这种用于加热烹调的包装食品如果不开封而保持原样地用微波炉加热，则有可能因加热时从食品产生的蒸气等使内压上升，最终，膨胀压力使袋子破裂而内装物飞溅，污染了微波炉。

发明内容

[0003] 本发明要解决的问题是：在微波炉用袋体加热时，防止袋体内部压力升高

而造成袋体爆裂。

[0004] 针对上述实际情况，提供一种微波炉用袋体，当袋体内部的压力达到给定值以上时，通过用于防止袋体爆裂的压力释放机构进行压力释放。

[0005] 本发明的一种微波炉用袋体，包括上面薄片和下面薄片，所述上面薄片和下面薄片在边缘部粘接密封形成所述袋体，其特征在于：所述袋体上设置有压力释放机构，当所述袋体内部的压力超过预定值时，所述压力释放机构使所述袋体上形成防止所述袋体爆裂的开口。

[0006] 通过在袋体上设置压力释放机构，使得加热时袋体内部压力上升到一定值时，使袋体打开开口，从而使得袋体内部压力释放，起到防止袋体爆裂的危险。

[0007] 优选地，压力释放机构由靠近边缘部向内一定间隔的位置上设置的粘接部构成，所述粘接部通过将所述上面薄片和所述下面薄片粘接而形成，所述粘接部与所述边缘部粘接强度相同。

[0008] 优选地，所述粘接部和边缘部的间隔为所述袋体宽度的大约二十分之一。

[0009] 优选地，所述粘接部以给定间隔设置为多个。

[0010] 优选地，所述粘接部为多边形，所述边缘部位于所述多边形的一条边上。

[0011] 优选地，所述压力释放机构由靠近所述边缘部向内一定间隔的位置上设置的粘接部构成，所述粘接部通过将所述上面薄片和下面薄片粘接而形成，所述粘接部的粘接强度大于上面薄片的拉伸强度，小于所述边缘部的粘接强度。

[0012] 优选地，所述粘接部为圆形、椭圆形或多边形。

[0013] 优选地，所述压力释放机构由从所述边缘部向内延伸设置的粘接部构成，所述粘接部通过将所述上面薄片和下面薄片粘接而形成。

[0014] 优选地，所述压力释放机构由在所述上面薄片和所述下面薄片之一上设置的切槽构成，所述切槽设置为当袋体内部的压力上升超过预定值时打开。

[0015] 优选地，所述切槽深度小于所述薄片厚度。

[0016] 优选地，所述切槽设置为贯穿所述薄片，由黏接剂封闭。

[0017] 优选地，所述切槽上还粘接覆盖所述切槽的薄膜，当袋体内部的压力上升超过预定值时，所述薄膜从所述切槽稍微剥离，在该薄膜和所述切槽之间形成空隙。

[0018] 优选地，所述切槽以给定间隔平行设置为多个。

附图说明

[0019] 图1表示具有粘接部的第一实施例的袋体的平面图；

[0020] 图2为图1中的沿A-A线的截面图；

[0021] 图3表示第一实施例袋体上作为压力释放机构的粘接部开始工作，随后形成有开口部袋体的平面图；

[0022] 图4为图3的沿A-A线的截面图；

[0023] 图5表示粘接部为三角形的第二实施例的袋体201的平面图；

[0024] 图6为图5的沿A-A线的截面图；

[0025] 图7表示第二实施例的袋体上作为压力释放机构的粘接部开始工作，随后形成有开口部袋体的平面图；

[0026] 图 8 表示第三实施例的袋体的平面图；

[0027] 图 9 为图 8 的沿 A‐A 线的截面图；

[0028] 图 10 表示第三实施例袋体上作为压力释放机构的粘接部开始工作，随后形成有开口部袋体的平面图；

[0029] 图 11 为图 10 中的沿 A‐A 线的截面图；

[0030] 图 12 表示具有作为压力释放机构的切槽的第四实施例袋体的平面图；

[0031] 图 13 为图 12 的沿 A‐A 线的截面图，其中切槽不贯穿上面薄片；

[0032] 图 14 为图 12 的沿 A‐A 线的截面图，其中切槽贯穿上面薄片；

[0033] 图 15 表示第四实施例改进的袋体的平面图；

[0034] 图 16 为图 15 的沿 A‐A 线的截面图，其中切槽不贯穿上面薄片；

[0035] 图 17 为图 15 沿 A‐A 线的截面图，其中切槽贯穿上面薄片。

具体实施方式

[0036] 本发明的微波炉用袋体，通过将形成为上面和下面的一对薄片的边缘部密封而形成，袋体上设置有具备压力释放功能的压力释放机构。

[0037] 在说明书中，对于上面薄片和下面薄片，将放置袋体时的表侧面称为上面，将与其相对的里侧面称为下面只不过是为了便于叙述，如果里外反过来的话，则上下面也会相反。

[0038] 该袋体是通过将一对薄片的边缘密封而形成的。边缘密封部是对应于袋体的周围长度给定的比例而形成的。例如，袋体的平面视图为一边长 20cm 的正方形时，是从一对薄片材料的边缘朝向袋体的内侧面为 2cm 以内，最好为 1cm 以内的部分。

[0039] 该袋体所具有的形状和大小不作特别的限定，可以根据使用者的所需形状和尺寸进行适当设置。

[0040] 压力释放机构具有当袋体内部的压力达到给定压力时，使袋体的一部分打开将袋体内部的压力释放到外部，以降低压力的功能。

[0041] 以下，对具有压力释放机构的微波炉用袋体的实施方式进行说明。

第一具体实施方式

[0042] 该实施例中的包装袋如图 1、图 2 所示。图 1 为表示具有粘接部的袋体 101 的平面图。图 2 为图 1 中的沿 A‐A 线的截面图。该袋体 101 具有上面薄片 102 和下面薄片 103。将上面薄片 102 和下面薄片 103 的四周边缘部分别密封，从而形成袋体 101。该袋体 101 具有作为释放袋体内压力的压力释放机构的粘接部 105，该粘接部 105 设置在袋体距一边缘密封部 104 向内一定间隔处，该粘接部 105 将袋体 101 上下薄片的一部分粘接在一起。该粘接部 105 的粘接强度与袋体 101 的边缘密封部 104 的粘接强度相等。

[0043] 该粘接部 105 的平面视图的形状不作特别的限定，可以是椭圆或多边形，但最好大致为圆形。该粘接部 105 的大小对应于袋体 101 的本体大小进行适当设置。该粘接部 105 距离边缘密封部 104 的间隔为 d1。该间隔 d1 不作特别地限定，可以对应于袋体 101 内所负荷的压力进行调整。例如，袋体 101 的平面视图的形状为 25cm×16cm 的长方形，1~1.5 个大气压下，将袋体 101 的压力释放时，粘接部 105 形成为直径

5mm 的圆形，从边缘密封部 104 开始配置有 8mm 的间隔。形成粘接部 105 的上面薄片 102 和下面薄片 103 的粘接强度与袋体 101 的边缘密封部 104 的上面薄片 102 和下面薄片 103 的粘接强度相等。边缘密封部 104 的粘接强度被设置为 10～60N/15mm，粘接部 105 的粘接强度与边缘密封部 104 的粘接强度相同。

[0044] 下面说明袋体 101 的粘接部 105 的工作情况。图 3 为袋体 101 的粘接部 105 开始工作，形成开口部 106 的示意图。图 4 为图 3 的沿 A－A 线的截面图。由于在粘接部 105 附近存在应力集中，因此当袋体 101 内部压力的升高超过一定值时，粘接部 105 和距离粘接部 105 最近的边缘密封部 104 首先打开，从而在边缘密封部 104 上形成开口部 106。

第二具体实施方式

[0045] 图 5 表示粘接部 205 为三角形时的袋体 201 的平面图。图 6 为图 5 的沿 A－A 线的截面图。如图 5、6 所示，该袋体 201 具有用于作为释放该袋体 201 内压力的压力释放机构的粘接部 205。三角形的粘接部 205 将上面薄片 202 及下面薄片 203 的一部分粘接在一起。由于将粘接部 205 的一边被配置为与袋体的一边相接合，因此，当袋体 201 内部的压力上升时，使得压力集中于粘接部 205 的顶点。袋体 201 内部的压力达到给定值时，粘接部 205 发生分离，与粘接部 205 接合的边缘密封部 204 也发生分离，形成开口部，使得袋体内的蒸气释放，内部压力降低。对该粘接部 205 的位置不做特别的限定，但最好位于从袋体的角部开始的袋体边长 10%～50% 的位置。例如，如图 5 所示，当袋体为 25cm×16cm 的长方形时，一边为 0.5cm 的正三角形的粘接部 205 最好被设置在从袋体的角部开始的长边的 12.5cm 处。对于短边，最好设置在 8cm 处。该粘接部 205 能够在袋体 201 的一边设置多个，在这种情况下，粘接部 205 之间的距离不做特别的限定，但最好具有至少 10cm 以上的距离。这是为了使袋体 201 内部保持整体均一的压力。

[0046] 另外，对该粘接部 205 的个数也不作特别的限定。

[0047] 以下对袋体 201 的粘接部 205 的工作进行说明。图 7 为袋体 201 的粘接部 205 开始工作，形成开口部 206 的示意图。袋体 201 被加热时，装在袋体 201 内部的食品等的水分被气化变为蒸气。由于该蒸气使袋体 201 内部膨胀，因此压力集中于粘接部 205 的顶点。当袋体 201 内部的压力达到给定值时，粘接部 205 被负荷有比粘接强度更强的压力。此时，粘接部 205 的材料发生破坏，继该材料破坏之后，与粘接部 205 接合的边缘密封部 204 的粘接处也发生材料破坏，从而形成开口部 206。该开口部 206 能够使由袋体 201 内部的食品发出的蒸气所形成的压力释放。

第三具体实施方式

[0048] 图 8 为表示袋体 301 的平面图。图 9 为图 8 的沿 A－A 线的截面图。

[0049] 该袋体 301 具有作为释放袋体内压力的压力释放机构的粘接部 305，该粘接部 305 将上面薄片 302 及下面薄片 303 的一部分以给定的形状粘接。粘接部 305 的粘接强度小于袋体边缘密封部 304 的粘接强度，但是大于上面薄片 302 的拉伸强度。因此，当袋体 301 被加热时，袋体内的压力集中在粘接部 305 的周围，粘接部 305 周围的压力变高，粘接部 305 周围的上面薄片 302 处会发生破裂，从而形成开口，释放袋体内

的压力。粘接部305的粘接强度只能大于其中一面薄片的拉伸强度，如果大于两面薄片的拉伸强度，则在形成开口时，由于上下两面薄片均破裂，容易造成粘接部从袋体上脱落。

[0050] 该粘接部305平面视图中的大小对应于袋体301本体的大小进行设置。例如，当袋体301在平面视图中为15cm×20cm的长方形时，粘接部305在从袋体301的边缘密封部304的大致中央位置开始的2mm间隔处形成直径为4mm的圆形。粘接部305的粘接强度比边缘密封部304的粘接强度弱。也就是说，粘接部305和边缘密封部304之间保持有粘接强度差。对该强度差不做特别的限定，但可形成为具有50N/15mm以下的强度差。边缘密封部304的粘接强度可设置为10~60N/15mm，粘接部305的粘接强度可设置为10~30N/15mm。

[0051] 下面说明袋体301的粘接部305的工作情况。图10表示袋体301的粘接部305开始工作时的平面图。图11为图10中的沿A-A线的截面图。当袋体301被加热时，装在袋体301内部的食品等的水分被气化变成蒸气。通过该蒸气使袋体301内部膨胀。

[0052] 袋体301内部的压力达到给定的压力时，由于粘接部305附近存在应力集中，因此粘接部305周围的上面薄片上负荷有比该拉伸强度更强的压力。此时，由于粘接部305的粘接强度和边缘密封部304的粘接强度之间具有强度差，因此，粘接部305周围的上面薄片302处会发生材料破坏，使与粘接部305大致相同形状的开口部306形成在上面薄片302上。

第四具体实施方式

[0053] 图12表示具有切槽407的袋体401的平面图。图13为图12的沿A-A线的截面图，切槽408为不贯穿上面薄片402的类型。图14为图12的沿A-A线的截面图，切槽409为贯穿上面薄片402的类型。该袋体401具有作为压力释放机构用于释放该袋体401内压力的切槽407。切槽407设置在上面薄片402上。切槽包括不贯穿上面薄片402的切槽408和贯穿薄片402的切槽409两种情形。

[0054] 该切槽的形状在平面视图中不作特别的限定，最好是直线。在袋体的制造过程中，直线是最容易制造的。并且，该切槽形成直线的长度可以设置为约1mm~30mm，最好为约3mm~10mm，打开时的宽度可以设置为约0.01mm~1.0mm，最好为约0.05mm~0.7mm。当袋体401a的压力低于给定值时，使切槽大致封闭。

[0055] 图13所示为不贯穿上面薄片402的切槽408，该切槽408从上面薄片402的表面或里面开始设置都可以，但最好设置在里面。因为如果设置在里面，当袋体401内部的压力达到给定的压力时，切槽408会立即打开。

[0056] 另一种为图14所示贯穿上面薄片402的切槽409。图14中贯穿薄片的切槽通过黏接剂410粘接在一起。当袋体401内部的压力达到给定的压力时，切槽409会立即打开，释放袋体内的压力。

[0057] 对不贯穿上面薄片402的切槽408的深度不作特别的限定，但最好设置为上面薄片402厚度的20%~50%。

[0058] 下面对贯穿上面薄片402的切槽409进行说明。该切槽409平时用黏接剂

410封闭，当加热使袋体401内部的压力上升到给定值时，切槽409恰好被打开。该黏接剂410粘接达到这样的程度，确保平时的袋体401的密封性，当加热使袋体401内部的压力上升到给定值时，使切槽409打开。进一步地，该黏接剂410的材质最好利用对人体没有影响的材料。在加热加压烹饪过程中，尽管该黏接剂410会附着在袋体401内部的食品上，但是由于该黏接剂410的材质不会对人体产生影响，因此确保了食品的安全性。根据所使用的黏接剂410的不同，贯穿上面薄片402的切槽409可以很容易地调节切槽409最初打开时的袋体401的压力。

[0059] 该切槽407的数量对应于袋体401本体的大小进行适当设置，此时，该切槽407被配置为具有给定间隔，对该给定间隔不作特别的限定，可以设置为1mm～4mm，最好为2mm～3mm。

第四具体实施方式的变形例

[0060] 图15表示袋体401a的平面图。图16为图15的沿A-A线的截面图，切槽408a为不贯穿上面薄片402a的类型。图17为图15沿A-A线的截面图，切槽409a为贯穿上面薄片402a的类型。该袋体401a具有作为压力释放机构用于释放该袋体401a压力的切槽。该切槽设置在上面薄片402a上。为了覆盖该切槽，还粘接有薄膜411。在加热时，袋体401a内部的压力上升到给定值时，切槽恰好打开。如无特别说明，切槽409a的形状等与第四具体实施方式的设置相同。

[0061] 对贯穿上面薄片402a的切槽409a进行说明。该切槽409a平时用黏接剂410a封闭。在加热时，袋体401a内部的压力上升到给定值，切槽409a恰好打开。但是，切槽409a由薄膜覆盖，尽管切槽409a的粘接强度比第四具体实施方式的切槽409的粘接强度要弱，但在平时，仍然能够确保袋体401a的密封度。该黏接剂410a与第四具体实施方式的黏接剂相同。

[0062] 对薄膜411的材质不作特别的限定，但最好使用聚丙烯或硅系树脂。薄膜411使用聚丙烯或硅系树脂，能够有效地形成薄膜411和切槽之间的空隙。

[0063] 对薄膜411的形状不作特别的限定，只要是完全覆盖切槽整体的形状即可。当切槽长度为10mm时，薄膜411的形状被设置为边长为20mm的正方形。薄膜411使用粘接材料，薄膜411被粘接为当袋体内部压力达到给定值时，切槽打开，薄膜411从切槽开始稍微剥离而形成空隙。对袋体401a的切槽408a及薄膜411工作的情况进行说明。

[0064] 袋体401a被加热时，装在袋体401a内部的食品等的水分被气化变成蒸气。由于该蒸气使袋体401a内部膨胀，因此当袋体401a内部的压力达到给定值时，切槽408a被打开。由于袋体401a内的压力，使得从切槽408a开始，因此薄膜411被从袋体稍微剥离，薄膜411和切槽408a之间形成连通大气环境的空隙，该空隙使袋体401a的压力被释放。当袋体401a内部的压力逐渐下降到给定压力值时，残留的黏接剂使切槽408a大致封闭，该空隙消失；当袋体401a内部的压力再次上升时，切槽408a打开，薄膜411和切槽408a之间再次形成空隙。袋体401a内部压力被放出后，切槽408a被再次封闭，空隙也消失。

[0065] 对袋体401a的切槽409a及薄膜411工作的情况进行说明。

[0066] 袋体401a内部的压力达到给定值时，切槽409a的粘接被剥离，使得切槽409a打开，袋体401a内部的压力被释放。由于袋体401a内的蒸气使薄膜411从切槽409a开始从袋体稍微剥离，薄膜411和切槽409a之间形成连通大气环境的空隙，因此袋体401a的压力从该空隙被释放。当袋体401a内部的压力逐渐下降到给定压力值时，残留于切槽409a的黏接剂使得切槽409a大致封闭。同时，袋体401a内部的压力下降，使空隙消失。当袋体401a内部的压力再次上升时，切槽409a打开，薄膜411和切槽409a之间再次形成空隙。袋体401a内部的压力被放出后，切槽409a再次封闭，空隙也消失。

[0067] 上面结合附图对本发明的实施方式作了详细说明，但是本发明并不限于此，在所属技术领域的技术人员所具备的知识范围内，在不脱离本发明宗旨的前提下还可以作出各种变化。

说 明 书 附 图

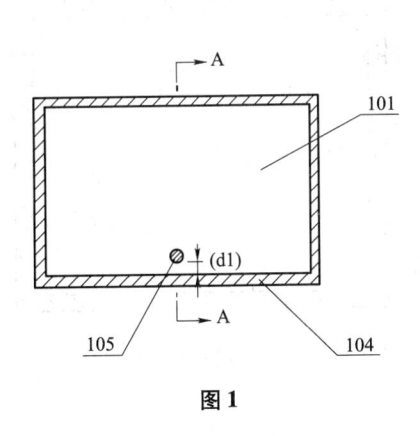

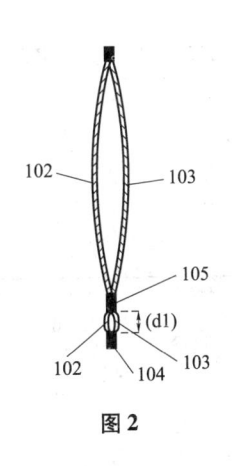

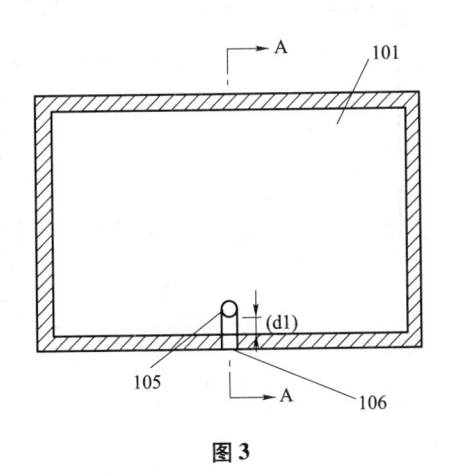

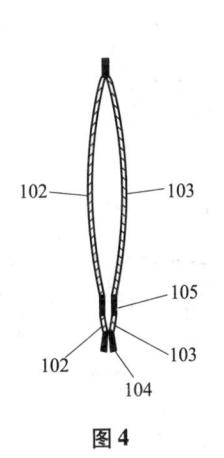

图 1

图 2

图 3

图 4

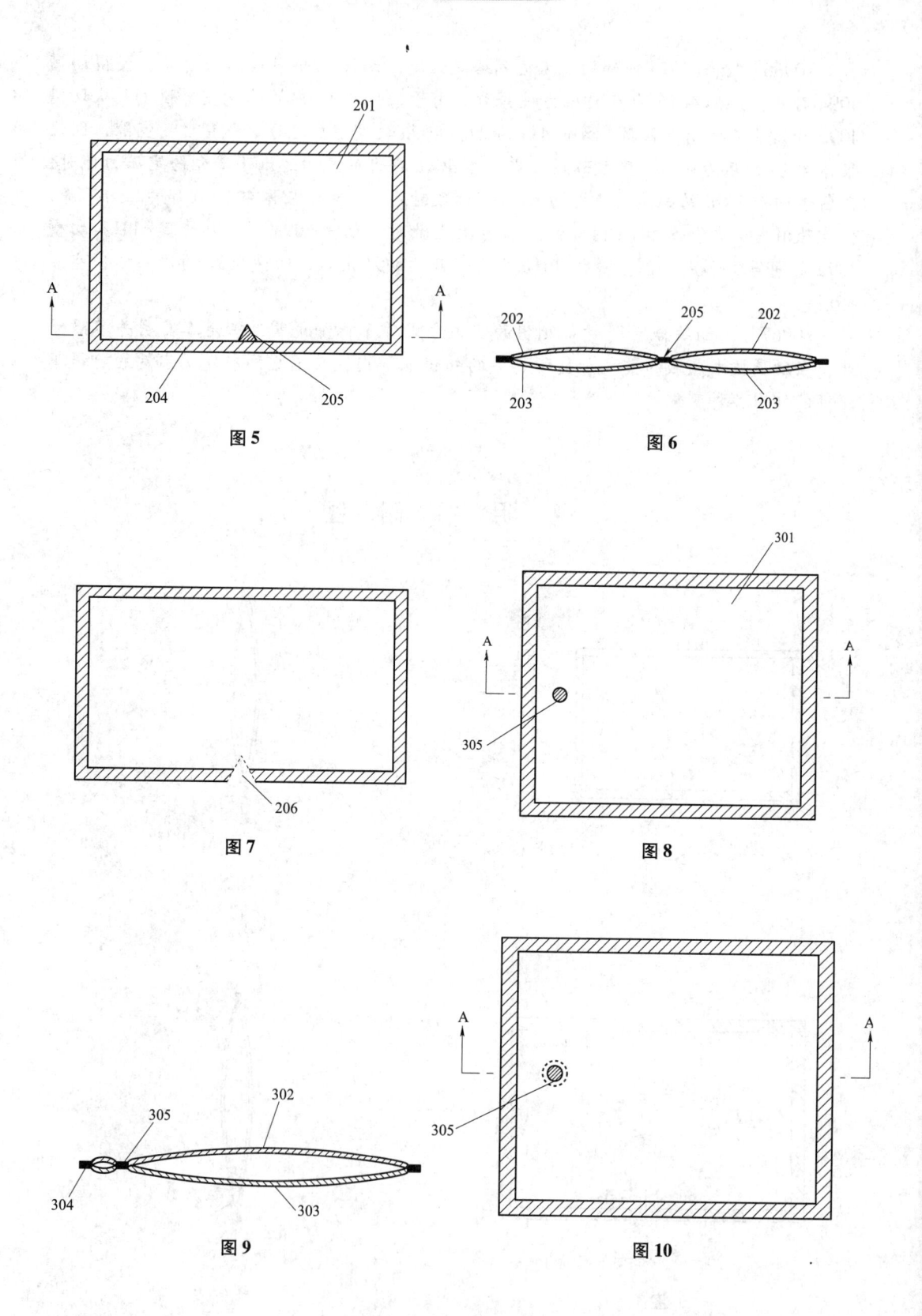

图 5

图 6

图 7

图 8

图 9

图 10

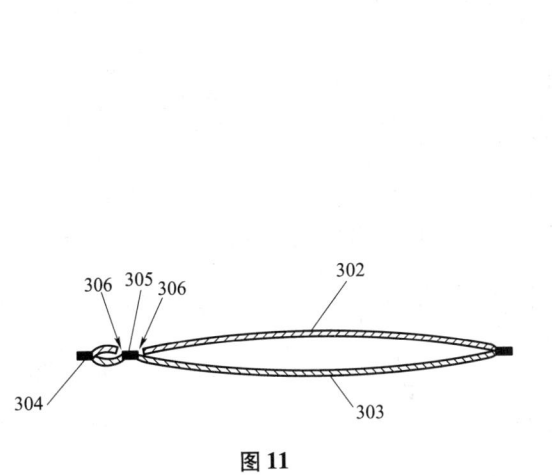

第二部分　第一章　一般类型专利申请的撰写案例剖析

图 11

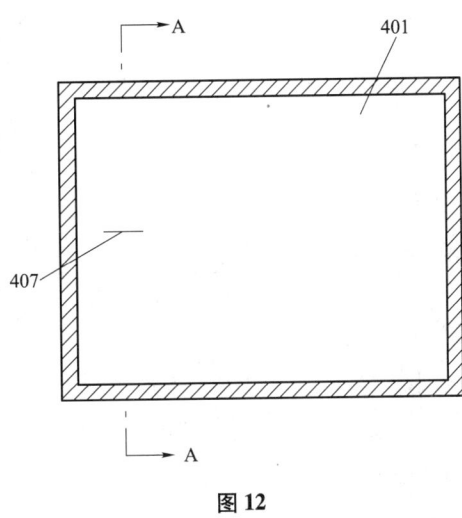

图 12

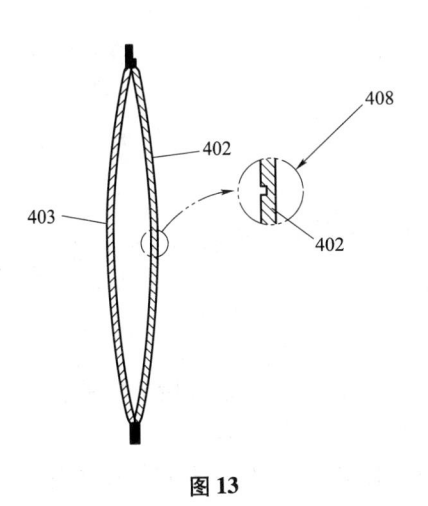

图 13

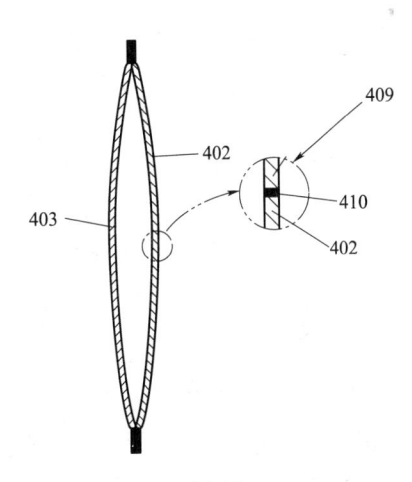

图 14

图 15

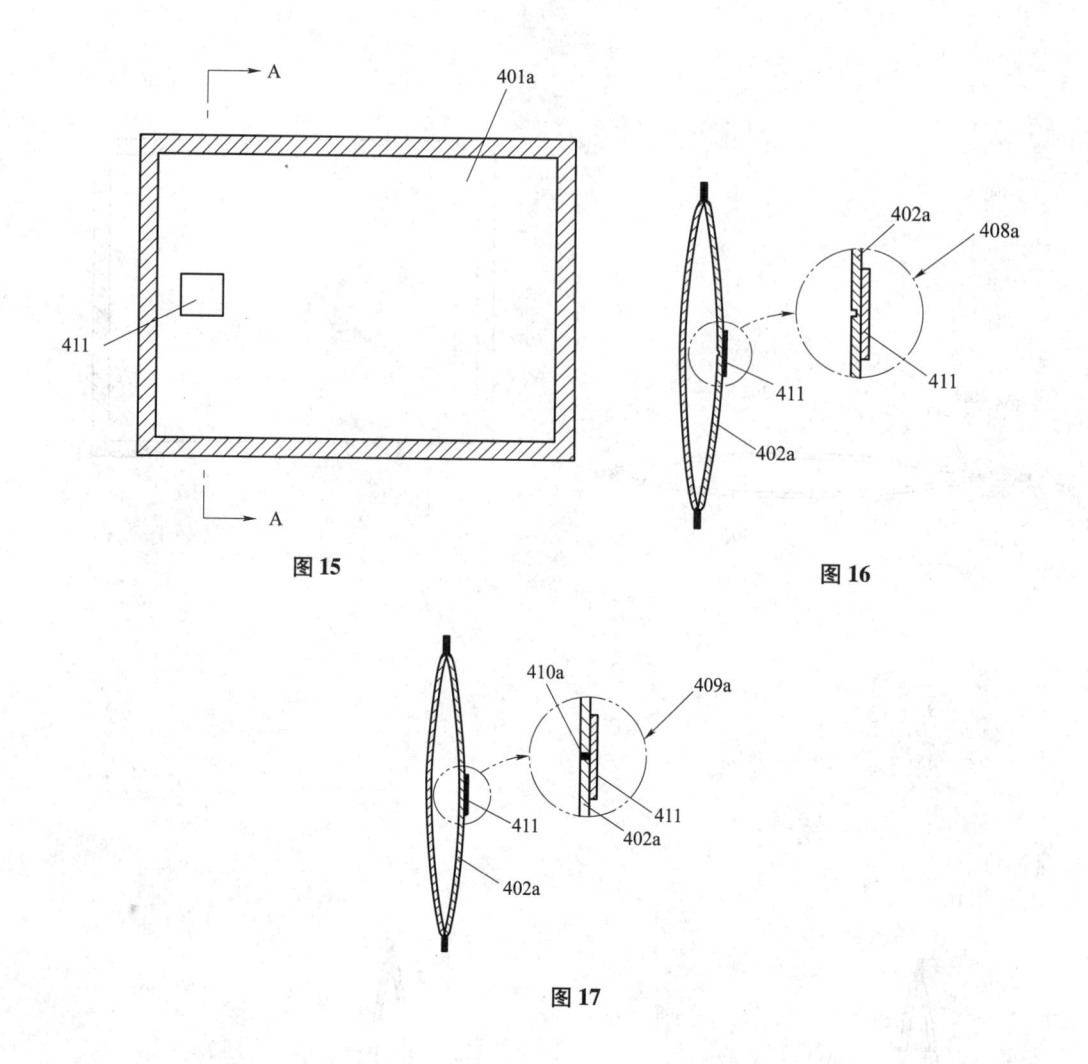

图 16

图 17

第三节　充分挖掘交底书中的隐含技术信息

一、概要

《专利法》第 2 条第 2 款规定，发明是对产品、方法或者其改进所提出的新的技术方案。能够被获得专利权的发明创造必须要对现有技术作出与其获得的权益相匹配的贡献，这就要求发明相对于现有技术必须具有新颖性和创造性。因此作为记载发明技术方案和权利要求的专利申请文件，其中描述的技术改进点是一项发明专利申请能否被授予专利权的基础。

相应地，准确判断待申请技术方案的技术改进点是专利申请文件撰写过程中的关键环节。发明人在提交技术交底书时一般都会根据其掌握的背景技术对于其认定的技术改进点及其期望保护的技术方案进行基本的描述。然而在很多情况下，由于发明人对于现有技术信息的掌握并不充分或者在认识上存在一定偏差,所以在技术交底书中提供的期望保护的技术方案有可能相对于现有技术而言并不具有新颖性和/或创造性,而从尽可能鼓励发明人从事发明创造的积极性的角度考虑,此时就需要重新审视技术交底书中的全部技术内容,尽可能地从中寻找新的技术改进点,并围绕这些技术改进点确定可保护的新技术方案。

大部分情况下,新的技术改进点可以从技术交底书中明确记载的特征中形成,但也有这样一种情况,即需要通过充分挖掘交底内容中的隐含信息来寻求可保护的新技术方案。后者的撰写难度更大,所以在下面结合一个具体实例——"具有可移动笔芯的书写用具",仅对当技术交底书中认定的技术改进点落入现有技术的范围时,可以根据发明人在技术交底书中对特征功能/效果等信息的描述,充分挖掘出背后可能隐含的特征信息的方式进行探讨。

二、技术交底书

该案,涉及一种具有可移动笔芯的书写用具,发明人提供的技术交底书内容如下。

(一)相关背景技术

已知各式各样通常称为自动式圆珠笔的一类书写用具。若在笔芯处于休止位置时操纵按钮,那么笔芯沿设计为外壳的笔杆轴向移动,使笔尖从笔杆的前端(以下内容中凡提及部件的前端均指靠近笔尖的一端)伸出,在连接机构的作用下使笔芯锁定在此书写位置。再次操纵按钮,借助于连接机构解除对笔芯的锁定状态,于是复位弹簧的复位力可重新将笔芯移回休止位置,在此位置笔尖处于笔杆的内部。专利文献CN1＊＊＊＊＊＊＊1A(下称"现有技术1")中就提供了这样一种书写用具601,其具体结构如图21-3-01(a)所示,其中包括笔杆602、伸出笔杆602后端(以下内容中凡提及部件的后端均指远离笔尖的一端)的按钮605、带有笔尖604的笔芯607、安装在笔芯607前部的弹簧606,以及受按钮605操纵的连接机构603。借助于对按钮605的操纵,连接机构603可沿笔杆602轴向移动,同时旋转至定位位置,由此笔芯607和它的笔尖604可以克服弹簧606的弹力移到书写位置,而在笔尖604处于书写位置时再次向前操纵按钮605,使连接机构603移出定位位置,在弹簧606的复位力作用下笔尖604移回到休止位置。

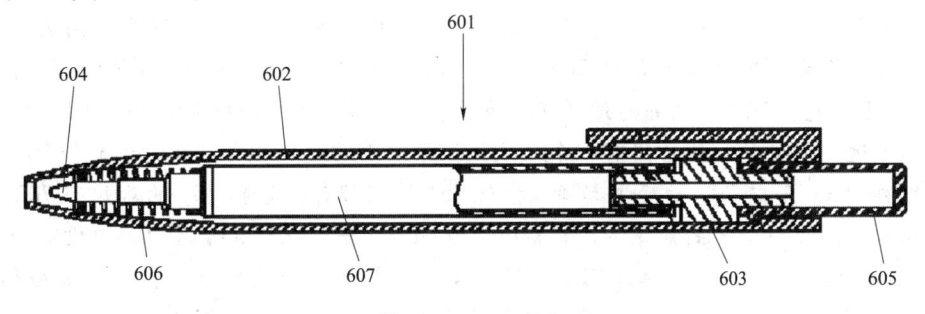

图21-3-01(a)

图21-3-01（b）中进一步示出了图21-3-01（a）中按钮605、连接机构603以及笔杆602之间的结构配合局部放大视图，其中在按钮605的前端面设置为具有凸起605a的锯齿形端面，连接机构603为一回转体，其上围绕圆周表面均匀分布有沿轴向延伸的外棘齿603a，在笔杆602与连接结构603相对应的内圆周壁上相应地设置有内棘齿608，内棘齿608的前端形成用于引导连接机构603的外棘齿603a滑动和定位的第一卡槽608a，第一卡槽608a设置成当外棘齿603a卡在第一卡槽608a上底部时可以将笔芯607上的笔尖604定位在书写位置，在两个相邻的内棘齿608之间形成比第一卡槽608a的深度更深的第二卡槽608b，第二卡槽608b的深度设置成当外棘齿603a卡在第二卡槽608b的上底部时可以将笔芯607上的笔尖604定位在休止位置。当笔尖604处于休止位置时，此时对按钮605施加轴向向下的操纵力，按钮605借助于其前端的锯齿面可以方便地带动连接结构603的外棘齿603a向下运动，当外棘齿603a滑动到接近第二卡槽608b的前端部时，在第二卡槽一侧前端设置的倾斜面的引导作用下外棘齿603a会朝向第一卡槽608a滑动，同时连接机构603本体相应地会产生一定角度的回转，当外棘齿603a略超过笔杆602内壁上的内棘齿608一侧的最前端位置时，释放对按钮605的操纵力，此时在弹簧606的复位作用力下连接机构603会向上回退，将外棘齿603a推入第一卡槽608a中卡定，从而使笔尖604定位于书写位置。而在书写位置时再次对按钮605施加轴向操纵力，外棘齿603a会在按钮605的带动下沿第一卡槽608a一侧的倾斜面朝向第二卡槽608b滑动，在行至略超过内棘齿608另一侧的最前端位置时，取消操纵力，外棘齿603a在弹簧606复位力作用下，被推入第二卡槽608b，并回退至第二卡槽608b的后端底部卡定，从而使笔尖604定位于休止位置。

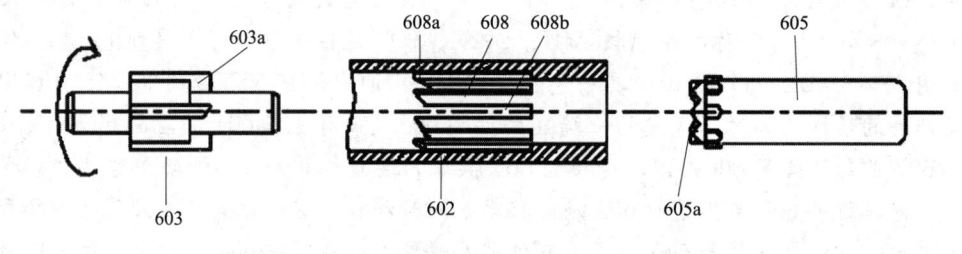

图21-3-01（b）

现有技术中还存在另外一种通过偏转操纵杆使笔芯移至书写位置的书写用具。专利文献CN1*******2A（下称"现有技术2"）中就公开了这样一种书写用具，如图21-3-02所示，其中具有笔杆709、708，在笔杆709、708内移动的带笔尖的笔芯707，设置在笔芯707前端部的弹簧710和设置在笔芯707后端部的按钮701，以及在按钮701远离笔尖的一侧作用有一个从笔杆709伸出的、安装成可相对于笔杆709偏转的操纵杆703。笔芯707的后端部插入按钮701的前端部，按钮701的后端部702形成圆锥体状，操纵杆703的前端形成球形加粗区704，并在球形加粗区704内设有与按钮701后端部相配合的凹槽。该球形加粗区704被笔杆709后端部逐渐收缩的倒截部705卡住，使得倒截部本身构成用于球形加粗区704的回转支承。在倒截部705上形成一个从笔杆一侧延伸至另一侧的滑槽706。当对操纵杆703施加偏转力时，操纵杆703沿滑槽706向笔杆的一侧偏转，于此同时球形加粗区704沿按钮701后端的圆锥体表面滑动，向按钮701施加向下的作用力，推动笔芯向下运动使笔尖伸出笔杆708，为了将笔尖定位在书写位置，需要使操纵杆703行至最大偏转位置，从而使球形加粗区704的外表面抵靠在按钮701后端的圆锥体顶部上，进而实现对笔芯707的定位；当需要解除对书写用具在书写位置的定位时，将操纵杆703从最大偏转位置处扳回笔杆轴向位置处，此时在弹簧710的复位作用力的作用下，笔芯707就会回退到休止位置。

（二）现有技术中存在的技术问题

现有技术1公开的具有可移动笔芯的书写用具中，借助于连接机构的作用，可以使按钮在被操纵时将笔芯自动定位至书写位置，并在按钮被重新操纵时使笔芯自动定位至休止位置。但在此类书写用具中，使用者必须准确地使从笔杆伸出的按钮沿轴向运动，操纵不便，并且按钮很容易提前磨损。

现有技术2公开的具有可移动笔芯的书写用具中，真正的按钮可受保护地装在笔杆的内部，使用者无需准确地沿轴向向操纵杆施压，只需要向笔杆的一侧偏转操纵杆即可实现将笔芯移至书写位置。但该现有技术中的书写用具，需要手动将操纵杆卡在最大偏转位置从而对笔芯的伸出位置进行定位，如图21-3-02（d）所示，因此对笔芯的定位操作不方便。

本发明的目的是创造一种允许方便的操纵的自动定位式书写用具，结合了上述两种书写用具的优点，其中真正的按钮可受保护地装在笔杆的内部，使用者无需通过向操纵部件准确地施加轴向力即可实现笔芯的移动，与此同时，也可以实现对笔芯的自动定位操作。

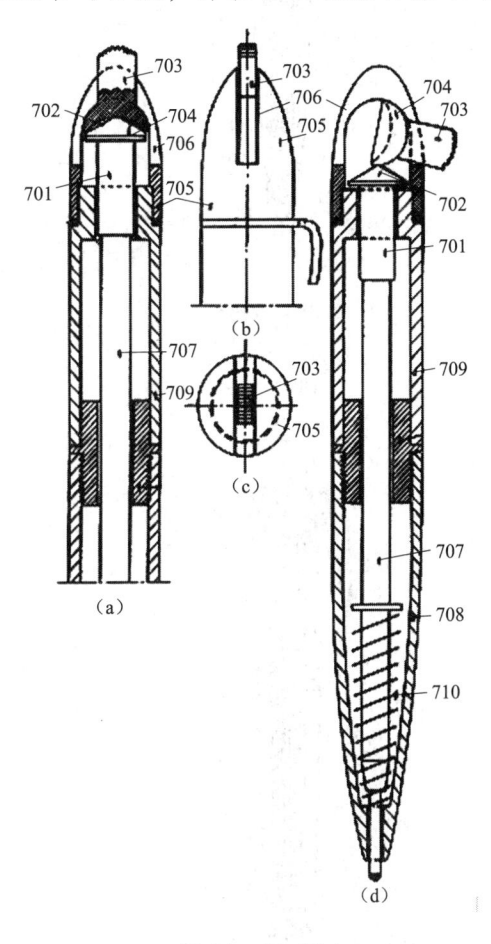

图 21-3-02

（三）具体实施方式

下面结合附图对具体实施方式进行描述。

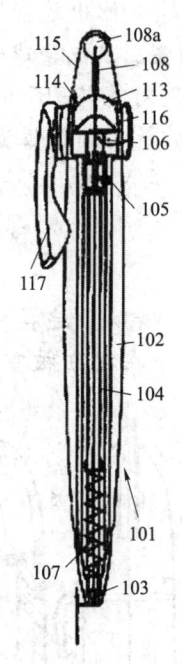

图 21-3-03

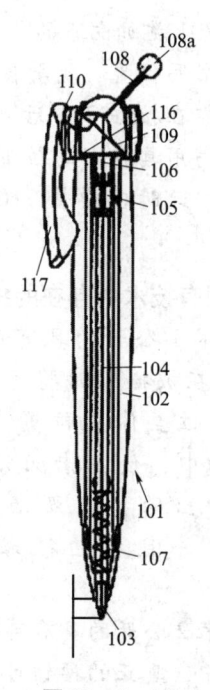

图 21-3-04

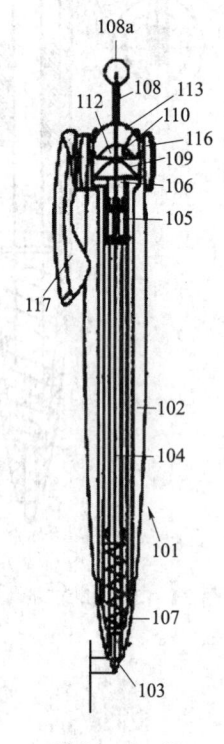

图 21-3-05

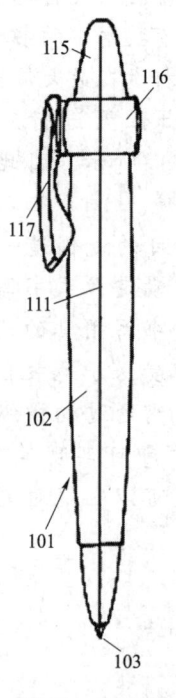

图 21-3-06

图21-3-03至图21-3-05为根据本发明的书写用具在不同工作位置时的整体纵剖面示意图。

图21-3-03为本发明的书写用具在休止位置的纵剖面示意图,其中笔芯104的笔尖103被复位弹簧107推回笔杆102的内部,连接机构105的按钮106设置在笔杆102背向笔尖103的一端,并在休止位置与一个可偏转式操纵杆108接触;

图21-3-04为本发明的书写用具在操纵杆108偏转到其最大偏转位置的纵剖面示意图,通过偏转操纵杆108移动按钮106,并进而移动笔芯104及其笔尖103,使笔尖103沿轴向略超出书写位置;

图21-3-05为根据本发明的书写用具定位在书写位置时的纵剖面示意图,其中在图21-3-04的位置取消对操纵杆的操纵力之后,操纵杆108回复至笔杆中心线位置,笔尖103固定在书写位置;

而图21-3-06为根据本发明的书写用具的总体外观视图,从该图中可清楚地看到移动到书写位置的笔尖103、笔杆102、笔杆102的轴线111、形成在笔杆102后端的扣环部116、书写用具一侧的弹簧夹117和一个在图21-3-04至图21-3-05中为了看得更清楚而取走的操纵杆用的盖115。

如图21-3-03至21-3-05所示,本发明的书写用具,总体上用附图标记101表示,主要包括:笔杆102,可以被拆开,以便能更换其中的笔芯104;在笔杆102内可移动并带有笔尖103的笔芯104;在笔芯104靠近笔尖103的一端设置有弹簧107;设置于笔芯104后端部的连接机构105,设置成一回转体,其上围绕圆周表面均匀分布有沿轴向延伸的外棘齿,相应地,在笔杆102内周壁形成与连接结构105外棘齿配合工作的第一卡槽和第二卡槽(本具体实施方式中未示出,连接机构105的外棘齿以及笔杆102内周壁上卡槽的设置与现有技术中已知的结构相同,如图21-3-01(b)所示),当外棘齿卡在第一卡槽时,笔芯104定位于书写位置,当外棘齿卡在第二卡槽时,笔芯104定位于休止位置;按钮106,用于操纵连接机构105,能够沿笔杆102进行轴向运动,向连接机构105和笔芯104施加轴向作用力;以及操纵杆108,设置在按钮106远离笔尖103的一侧并从笔杆102中向外伸出,用于操纵按钮106,可相对于笔杆102偏转;在可偏转的操纵杆108与按钮106的接触区内,在操纵杆108和按钮106上分别设有一斜面110、109,当操纵杆108偏转时,这些接触的斜面110、109彼此滑动,则可以做到使操纵杆108的偏转运动有效地转换成按钮106的轴向运动。

书写用具101是按照如下的方式进行工作的:在书写用具101处于休止位置(如图21-3-03所示的位置)时,笔芯104的笔尖103在复位弹簧107的作用下退回到笔杆102的内部,操纵杆108的轴线位于笔杆102的轴线方向上,按钮106后端部与可偏转式操纵杆108前端部接触。此时当使用者通过向操纵杆108的后端部108a施加操纵力进而对操纵杆108向笔杆102的一侧实施偏转操作时,操纵杆108前端部与按钮106后端部相接触的斜面110在偏转侧就会向下倾斜,挤压按钮106后端部的斜面109,并与按钮106斜面109产生相对滑动,按钮106在操纵杆108所施加的轴向作用力的作用下沿轴向向下运动,在连接机构105上设置的棘齿以及笔杆102内周壁上设置的相应卡

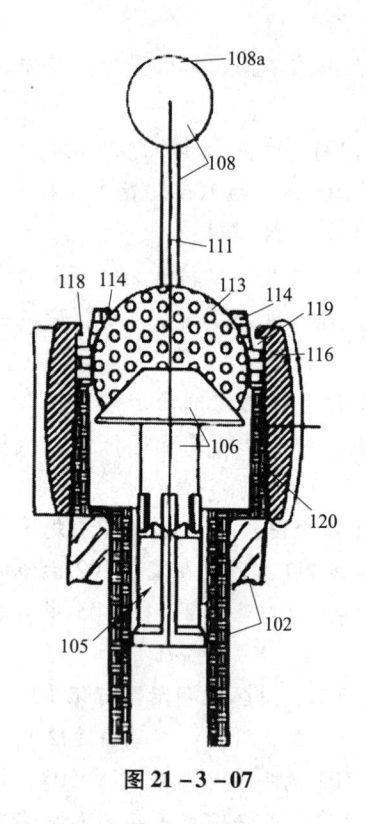

槽的配合作用下（与现有技术中已知的连接机构的工作方式相同，如图21-3-01（b）所示），带动连接机构105在向下运动的同时进行回转运动。当操纵杆108偏转到其最大偏转位置时（如图21-3-04所示的位置），笔尖103沿轴向略超出书写位置，此时取消操纵杆108对按钮106的操纵力，在笔尖弹簧107的复位力作用下，连接机构105上的外棘齿卡入设置在笔杆102内壁上的第一卡槽中，从而将笔尖103定位在书写位置（如图21-3-05所示的位置）上；当再次对操纵杆108实施偏转操作时，再次借助连接机构105与笔尖弹簧107的配合作用，使连接机构105上的外棘齿移入笔杆102内壁上的第二卡槽中，从而使笔尖103退回至休止位置并定位。

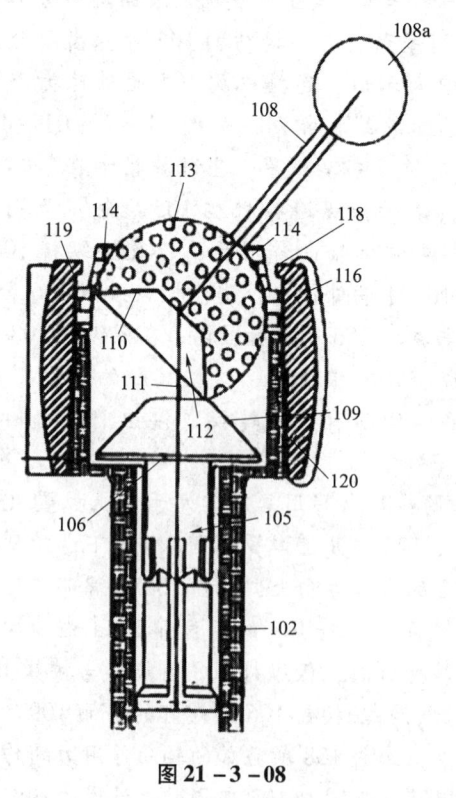

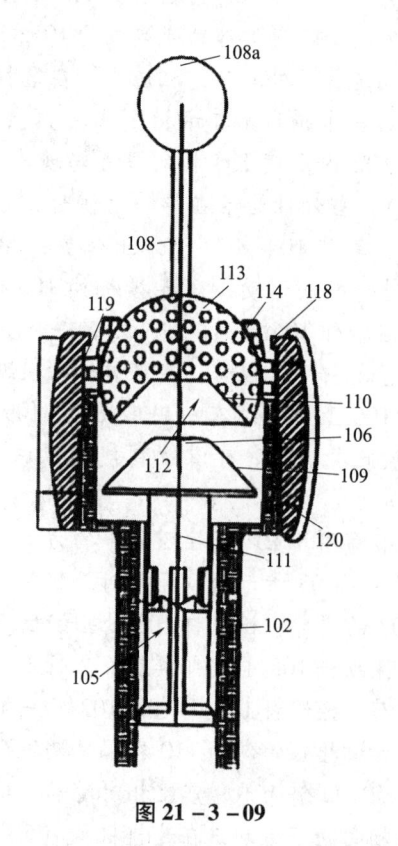

下面将结合图21-3-07至图21-3-09的局部放大视图进一步对本发明的书写用具的具体实施方式中的主要部件操纵杆108、按钮106以及连接机构105进行更具体的描述。

图21-3-07

图21-3-08

图21-3-09

图 21-3-07 至图 21-3-09 为根据本发明的书写用具在不同工作位置时书写用具上部各操纵部件的局部放大视图。

图 21-3-07 为在书写用具处于休止位置时，操纵杆 108、按钮 106 和连接机构 105（部分）的局部放大纵剖面图；

图 21-3-08 为将操纵杆偏转至最大偏转位置时，操纵杆 108、按钮 106 和连接机构 105（部分）的局部放大纵剖面图；

图 21-3-09 为在书写用具定位于书写位置时，操纵杆 108、按钮 106 和连接机构 105（部分）的局部放大纵剖面图，在该位置处取消对操纵杆 108 的操纵力。

在本发明提供的具体实施方式中，连接机构 105 与笔杆 102 内壁卡槽的结构以及配合方式与现有技术中已知的结构和配合方式（如背景技术中图 21-3-01（b）中所示）相同，因此本具体实施方式中的连接机构 105 仅以局部示出，省略了关于笔杆 102 内周壁上相应卡槽的设置（如图 21-3-07 至图 21-3-09 所示）。借助于按钮 106，连接机构 105 可沿轴向移动，从而使笔芯和笔尖既可处于图 21-3-09 所示的书写位置，也可处于图 21-3-07 所示的休止位置。也就是说，笔芯 104 和它的笔尖 103 借助于连接机构 105，可以克服复位力（在本实施例中为弹簧 107 施加的力）移到书写位置，并在再次操纵时按已知的方式移回到休止位置。在这种情况下，与连接机构 105 配合工作的按钮 106 可沿轴向、即沿笔杆 102 和笔芯 104 的长度方向与笔芯 104 一起移动。

如图 21-3-07 至图 21-3-09 所示，本发明的书写用具 101 与常见的自动式圆珠笔（即现有技术 1 中公开的自动式圆珠笔）相比一个比较重要的区别在于，在常见的自动式圆珠笔中，被操纵的按钮通常伸出笔杆之外，而在本实施方式中，按钮 106 完全受保护地装在笔杆 102 的内部，并在其背对连接机构 105 的一侧作用有一个从笔杆 102 远离笔尖 103 的那一端伸出的、安装成可相对于笔杆 102 偏转的操纵杆 108，操纵杆 108 后端设置有供使用者操纵的操纵部 108a，操纵杆 108 前端设置有用于与按钮 106 后端接触的接触部。操纵杆 108 按照图 21-3-08 的偏转运动可转换为被它加载的按钮 106 的轴向运动。故本发明的特点是，使用者不是直接而是间接地通过操纵杆 108 操纵按钮 106，同时实施的也并非轴向加压运动而是偏转运动，所以不再要求由使用者完成非常准确的轴向操纵运动。操纵杆 108 的偏转运动会自动使按钮 106 产生所需要的准确的轴向运动。

为了将操纵杆 108 的偏转运动转换成按钮 106 的轴向运动，在操纵杆 108 与按钮 106 之间、尤其是在如图 21-3-07 清楚地示出的接触区内在按钮 106 后端部以及操纵杆 108 前端部分别设置一斜面 109 和 110。其中，操纵杆 108 在偏转时其接触区内的斜面 110 可在斜面 109 轴向移动的情况下沿斜面 109 滑动，可以使操纵杆 108 的偏转运动转换成按钮 106 的轴向运动，比较图 21-3-07 和图 21-3-08 可以清楚地看出这一情况。此外，两个斜面 109、110 的形状可以相互匹配，这样能更加有效地相对移动并与此同时实现运动转换。具体地，在按钮 106 面对操纵杆 108 的后端部上设置的斜面 109 可以由一个缩小区的表面构成，其中构成斜面 109 的缩小区表面沿远离笔尖 103 的延伸方向越来越接近书写用具 101 和连接机构 105 的中心轴线（也即纵向中心线）111，并沿中心轴线 111 对称设计。相应地，在操纵杆 108 面朝按钮 106 的前端部上设置的斜面 110 可以由一个凹槽 112 的表面形成，在处于图 21-3-07 所示的休止位置上时，操纵杆 108 的中心轴线在书写用具 101 的中心轴线 111 的方向上，设在操纵杆 108 上的凹槽 112 对称于操纵杆 108 的中心轴线，并扣住设在按钮 106 的端部并构成其斜面 109 的缩小区表面。这样一种对称设计允许按任意偏转方向来偏转操纵杆，而且每次都能获得对按钮期望的操纵。

在图 21-3-07 至图 21-3-09 所示的具体实施方式中，按钮 106 上构成斜面 109 的缩小区具体设计为截圆锥形状，当然还可以设计为角锥形、圆锥形，以及其他具有同等效果的形状，如球形或蘑菇头等，同时将操纵杆 108 上的凹槽 112 设计为具有与之相配的负轮廓形状，并且操纵杆 108 本身安装成可向多个或所有侧面方向偏转，由此提供了更加多种多样的操纵可能性。由于不论将按钮 106 上的缩小区或操纵杆 108 上的凹槽 112 设计为上述哪种形状，当沿垂直于书写用具中心轴线 111 的方向剖切按钮 106 上的斜面 109 以及操纵杆 108 上的凹槽 112 时得到的截面轮廓都是圆，因此其结果是无论操纵杆 108 每次相对于笔杆 102 沿什么方向偏转，都始终使按钮 106 产生相同的轴向移动。由此可见，无需向使用者预先规定操纵杆 108 确定的偏转方向，使用者实际上可任意偏转操纵杆 108，且每次都能相应地将笔芯 104 移动至预期的位置，因此在将书写用具 101 的笔尖 103 移到书写位置和移回到休止位置时，该书写用具 101 都具有非常舒适和简便的可操纵性。

操纵杆 108 前端的接触部设置成球形加粗区 113，内设有在操纵杆 108 面朝按钮 106 的那一端向按钮 106 加载的斜面 110、亦即本实施例中的凹槽 112 的斜面，它与真正的操纵杆 108 相比有明显加大的径向尺寸。该球形加粗区 113 一方面为形成带斜面 110 的凹槽 112 保留了足够的位置，另一方面其球形的表面便于该球形加粗区 113 进行转动。

笔杆 102 的后端部通过收缩形成倒截部 114，用于扣住球形加粗区 113，倒截部 114 还限制了操纵杆 108 的偏转角度，由图 21-3-08 可以清楚看出这一点。由笔杆 102 本身后端部收缩形成的倒截部 114 最窄部位（即后端）的直径比球形加粗区 113 的最大直径小，所以球形加粗区 113 不可能从笔杆 102 的端部掉出。并且，倒截部 114 本身形成了球形加粗区 113 的转动支承，并与球形加粗区 113 共同构成操纵杆 108 的偏转支承。

此外，借助于图 21-3-07 和图 21-3-09 还可以看出，在休止位置时倒截部 114 前端最宽部位卡在操纵杆 108 的球形加粗区 113 的最大直径处，由此使操纵杆 108 的球形加粗区 113 可相对于固持和扣住它的倒截部 114 沿笔杆 102 的轴向朝笔尖 103 的方向移动。因此使用者必要时也可以如操纵一个伸出的按钮 106 那样操纵此操纵杆 108。这意味着，当操纵杆 108 处于如图 21-3-07 所示的休止位置时，也可以直接向操纵杆 108 施加轴向向下的作用力，进而推动按钮 106 轴向向下移动至图 21-3-08 所示的位置。因此使用者获得了另一种操纵可能性，也就是说，他既可以沿任意方向偏转操纵杆 108，也可以沿轴向移动，以便操纵连接机构 105。

（四）有益效果

技术交底书中提供的技术方案结合了背景技术中提供的两种具有可移动笔芯的书写用具的技术优点，具体如下：尤其在组合各项或多项上述特征和措施时提供了一种书写用具，它的笔芯借助于连接机构可克服弹簧的复位力运动到书写位置，以及在再次操纵按钮时借助于弹簧复位力可运动到休止位置，但在这里按钮可隐藏且受保护地装在笔杆的内部，并可通过可偏转的操纵杆被间接地操纵，这意味着该书写用具可以被方便地操纵和使用，并能避免由于使用者可能不准确的加压运动在按钮上提前出现磨损。

此外，使用者无需遵守一种完全确定的偏转方向，相反，他可以沿这个方向或沿另一个方向偏转操纵杆，而每次都能获得对按钮期望的操纵，且在盖的作用下，在操纵杆任意方向的偏转运动之后均可迅速恢复到原始位置。

（五）欲保护的技术方案

1. 一种书写用具，它具有一笔杆和在笔杆内可移动并带有一笔尖的笔芯以及一个连接机构，可利用一按钮来操纵该连接机构，借助于该连接机构可使笔芯及其笔尖克服弹簧的复位力移到书写位置，并在重新操纵时移回到休止位置，在这里，与连接机构配合工作的按钮可沿笔杆进行轴向运动，在按钮背对连接机构的一侧上，设置有一个在远离笔尖的一端伸出并安装成可相对于笔杆偏转的操纵杆，它的偏转运动可转换为由它加载的按钮的轴向运动。

2. 如上所述的书写用具，进一步地，在按钮面朝操纵杆的一侧有一个具有斜面的缩小区，该缩小区的表面沿其远离笔尖的延伸方向越来越接近书写用具的中心轴线。

3. 如上所述的书写用具，更进一步地，在操纵杆面朝按钮的那一端还可设有一个具有斜面的凹槽，在休止位置该凹槽扣在按钮斜面上，操纵杆上的槽大体对称于操纵杆的中心轴线。

4. 如上所述的书写用具，更进一步地，设在操纵杆面朝按钮一端向按钮加载的接触部位、尤其是凹槽，设置在操纵杆的一个球形加粗区内。

5. 如上所述的书写用具，更进一步地，该球形加粗区被笔杆端部的倒截部卡住，使得收缩并形成倒截部的笔杆本身构成用于球形加粗区的回转支承；操纵杆的球形加粗区可相对于固持它的倒截部沿笔杆轴向移动。

三、对发明人提供的欲保护技术方案是否具有新颖性和创造性的分析

在技术交底书中，发明人首先在背景技术部分对所属领域内已知的两种具有可移动笔芯的书写用具进行了描述，并引证了反映背景技术的两篇专利文献，之后进一步分析了现有的具有可移动笔芯的书写用具存在的技术问题，并给出了解决技术问题的具体实施方式，同时也提出了期望保护的技术方案。根据技术交底书中对于技术方案的相关描述可以看出，发明人认为本发明相对于现有技术的技术改进点主要在于操纵杆与连接机构的配合，其中：操纵杆设置在笔杆后端，并与按钮配合、可以偏转操纵，它的偏转运动可转换为由它加载的按钮的轴向运动；连接机构与按钮配合，且借助于该连接机构可以实现笔芯的自动定位。然而，发明人在技术交底书中认定的技术改进点是否真正对于现有技术作出创造性贡献，也即发明人欲保护的技术方案相对于现有

技术是否具有新颖性和创造性,这还需要通过进一步的分析来确定。

(一) 确定与发明人欲保护的技术方案最接近的现有技术

最接近的现有技术,是指现有技术中与要求保护的发明最密切相关的一个技术方案,它是判断发明是否具有新颖性和创造性的基础。表 21-3-01 反映了发明人欲保护的技术方案与技术交底书中提供的现有技术 1 和现有技术 2 中的技术特征对比情况。

表 21-3-01 发明人欲保护的技术方案与现有技术 1、2 的技术特征对比表

	技术交底书	现有技术 1	现有技术 2
发明人欲保护的技术方案 1	笔杆 102	笔杆 602	笔杆 708、709
	笔芯 104,在笔杆 102 内可移动并带有笔尖 103	带有笔尖 604 的笔芯 607,在笔杆 602 内可移动	带有笔尖的笔芯 707,在笔杆 708、709 内可移动
	按钮 106,可沿笔杆 102 进行轴向运动	按钮 605,可沿笔杆 602 进行轴向运动	按钮 701,可沿笔杆 602 进行轴向运动
	连接机构 105,可利用按钮 106 来操纵,借助于该连接机构 105 可使笔芯 104 及其笔尖 103 克服弹簧力移到书写位置,并在再次操纵时移回到休止位置	连接机构 603,可利用按钮 605 来操纵,借助于该连接机构 603 可使笔芯 607 及其笔尖 604 克服弹簧力移到书写位置,并在再次操纵时移回到休止位置	未公开
	操纵杆 108,在笔杆 102 远离笔尖 103 的一端伸出并安装成可相对于笔杆 102 偏转	未公开	操纵杆 703,在笔杆 709 远离笔尖的一端伸出,并安装成可相对于笔杆 708、709 偏转
	操纵杆 108 的偏转运动可转换为由它加载的按钮 106 的轴向运动	未公开	操纵杆 703 的偏转运动可转换为由它加载的按钮 701 的轴向运动
技术方案 2	在按钮 106 面朝操纵杆 108 的一侧有一个具有斜面 109 的缩小区,该缩小区的表面沿其远离笔尖 103 的延伸方向越来越接近书写用具的中心轴线 111	未公开	在按钮 701 面朝操纵杆 703 的一侧有一个具有斜面的缩小区,该缩小区的表面沿其远离笔尖的延伸方向越来越接近书写用具的中心轴线

212

续表

	技术交底书	现有技术1	现有技术2
技术方案3	在操纵杆108面朝按钮106的那一端设有一个具有斜面110的凹槽112，在休止位置该凹槽112扣在按钮106斜面109上，操纵杆108上的槽112大体对称于操纵杆108的中心轴线	未公开	在操纵杆703面朝按钮701的那一端设有球面凹槽，在休止位置该球面凹槽扣在按钮701斜面702上，该球面凹槽大体对称于操纵杆703的中心轴线
技术方案4	设在操纵杆108面朝按钮106一端向按钮106加载的接触部位、尤其是凹槽112，设置在操纵杆108的一个球形加粗区113内	未公开	设在操纵杆703面朝按钮701一端向按钮701加载的凹槽，设置在操纵杆703的一个球形加粗区704内
技术方案5	该球形加粗区113被笔杆102一端的倒截部116卡住，使得收缩并形成倒截部116的笔杆102本身构成用于球形加粗区113的回转支承	未公开	该球形加粗区704被笔杆709端部的倒截部705卡住，使得收缩并形成倒截部705的笔杆708本身构成用于球形加粗区704的回转支承
	操纵杆108的球形加粗区113可相对于固持它的倒截部114沿笔杆102轴向移动	未公开	操纵杆703的球形加粗区704可相对于固持它的倒截部705沿笔杆709轴向移动

现有技术1和现有技术2公开的技术方案与本发明欲保护主题的技术领域相同，均涉及一种具有可移动笔芯的书写用具，且由表21-3-01可见，现有技术2与现有技术1相比披露了更多的技术特征，其中公开了技术交底书中有关操纵按钮的操纵杆以及在按钮和操纵杆之间配合方式的全部主要技术特征。因此，可以确定现有技术2是与技术交底书中提供的发明欲保护的技术方案最接近的现有技术。

（二）关于对发明人欲保护技术方案的新颖性和创造性分析

由技术交底书、现有技术1和2记载的技术内容可知，发明人欲保护的技术方案、现有技术1和2公开的技术方案所属技术领域相同，均涉及具有可移动笔芯的书写用具。

关于发明人在技术交底书中提供的欲保护的技术方案1，由表21-3-01可见，现有技术1、2均未公开所述技术方案1中的全部技术特征，因此发明人在技术交底书中提供的欲保护的技术方案1相对于现有技术1和现有技术2而言均具有新颖性。然而，发明与现有技术文件公开的内容有区别并不意味着发明的技术方案一定具有专利法意义上的创造性。发明是否具备创造性还要看这些区别是否对现有技术作出了创造性贡献，是否使欲保护的技术方案相对于现有技术是非显而易见的。而判断欲保护的技术方案对所属领域的技术人员来说是否显而易见，需要现有技术中是否给出将上述区别特征应用到该接近的现有技术以解决其存在的技术问题的启示，这种启示会使所属领域的技术人员在面对所述技术问题时，有动机改进该最接近的现有技术并获得要求保护的技术方案。如果现有技术中存在这种技术启示，则该技术方案是显而易见的。

根据之前的分析，可以确定现有技术2是与技术交底书中欲保护的技术方案最接近的现有技术。而本发明欲保护的技术方案与最接近的现有技术相比，其区别在于，本发明欲保护的技术方案中还具有一个连接机构，可利用按钮来操纵，借助于该连接机构可使笔芯及其笔尖克服弹簧复位力移到书写位置，并在再次操纵时移回到休止位置（下称"区别点A"）。而现有技术2公开的技术方案中不包括上述连接机构。

基于该区别技术特征可以确定，本发明相对于最接近的现有技术实际解决的技术问题为，如何进一步实现笔芯在书写位置和休止位置的自动定位。然而这一区别特征显然已经在对比文件1中公开了，其中的连接机构603所起的作用与相应的特征在本发明中所起的作用相同，达到的效果也相同。由此，现有技术1中给出了将该区别特征应用到最接近的现有技术（现有技术2）中以解决其存在的技术问题的技术启示，这种启示会使所属领域的技术人员在面对所述技术问题时，有动机将现有技术中存在的能够解决该技术问题的技术手段应用到最接近的现有技术中以对其技术方案进行相应的改进。

因而，虽然本发明欲保护的技术方案与现有技术1和现有技术2所公开的技术方案均存在差异，但对所属领域的技术人员而言，在现有技术2公开的技术方案的基础上根据现有技术1给出的相应技术启示得到本发明欲保护的技术方案1是显而易见的。也即，技术交底书中提供的欲保护的技术方案1实际上不具有《专利法》第22条第3款规定的创造性。关于发明人在技术交底书中提供的欲保护的技术方案2~5，其中采用另外的技术特征对操纵杆以及按钮之间接触区的形状和配合方式进行了进一步限定，然而，这些特征显然也均已在现有技术2中相应地公开了（具体参见表21-3-01中的特征对比分析），又由于技术方案2~5均为在技术方案1的基础上的进一步限定，因此，技术交底书中提供的发明人欲保护的技术方案2~5相对于现有技术1和现有技术2的结合而言也不具有《专利法》第22条第3款规定的创造性。

四、寻找本发明的其他技术改进点

由以上分析可知，发明人原本在技术交底书中提供的欲保护的技术方案1~5相对于对比文件2和对比文件1的结合而言均不具有专利法意义上的创造性。

一般而言，当经过分析之后发现技术交底书中提供的所有欲保护的技术方案相对于现有技术不具备新颖性或创造性时，可以直接将分析结论通知发明人，结束该委托的撰写工作。对于没有保护价值的技术方案，发明人可能会选择放弃，以避免浪费不必要的时间和精力，也可能会在目前技术内容的基础上进一步作出技术创新，重新提交技术交底书，再次进行委托撰写。然而，从尽可能鼓励发明人从事发明创造的积极性的角度考虑，申请人应该进一步分析在技术交底书的其他内容，寻找是否存在其他的技术改进点，如果存在，则可以分析围绕新的技术改进点撰写具有适当保护范围的权利要求的可行性；如果不存在，则再与发明人进行沟通，客观地告知发明人目前技术交底书中并不存在可被专利保护的技术方案。从保护发明创造的目的出发，在撰写申请文件时应当尽可能充分地挖掘技术交底书中的技术信息，通过重新梳理技术交底书中的技术内容，仔细寻找出其中存在的可能申请保护的其他技术方案。尤其对于那些技术交底书中的内容主要围绕一个比较明确、单一的技术改进点进行描述的情况，一旦原来认定的技术改进点落入现有技术的范围中时，如何尽可能地从技术交底书中挖掘有价值的信息、寻求其他可申请保护的方案，从而不轻易作出放弃专利申请的选择，这一工作就显得更加重要。

而就本案而言，技术交底书中的内容是否还包含有其他可申请保护的技术方案呢？

从技术交底书所提供的全部内容出发，首先是从技术交底书的具体实施方式出发，仔细搜索和分析其中未出现在欲保护技术方案中的所有技术特征，寻找出技术交底书与已掌握到的现有技术相比的其他技术区别点，然后一一分析这些技术区别点，形成能够使发明的技术主题具有创造性的其他技术方案。其中，判断区别点是否能够构成发明相对于现有技术的技术改进点以及哪些特征有可能构成新的技术改进点的过程，对于申请文件的重新撰写而言是非常重要的环节。

通过将本技术交底书提供的具体实施方式与现有技术2所披露的内容进行仔细比对，发现除了前述区别点A以外，还包括如下三个区别点。

(1) 区别点B：按钮斜面的具体形状

本技术交底书具体实施方式部分给出的按钮斜面109形状为截圆锥形状（参见技术交底书图21-3-06至图21-3-08所示实施例），或呈蘑菇头状（参见图21-3-03至图21-3-05所示实施例），并在技术内容部分记载了按钮斜面109还可以设计为球形等形状。而在最接近的现有技术（即现有技术2）中的技术方案中仅公开了按钮701的斜面702呈角锥形这一种形状（具体参见图21-3-02d）。此外，现有技术1中的按钮605由于不需要和操纵杆配合作用，其顶端则为一平面。

(2) 区别点C：操纵杆的偏转方向

本技术交底书提供的技术方案中，笔杆102后端的倒截部116设置成卡持在操纵杆108的球形加粗区113上，倒截部116在球形加粗区113上的夹持位置与球形加粗区113的最顶端间隔一段距离，使得操纵杆108向任意方向的偏转运动均不受限制，使得操纵杆108可以相对于笔杆102向所有可能的侧面方向偏转。而现有技术1中的书写用具中并不存在对按钮605施加轴向力的操纵部件。在现有技术2的图21-3-02所示的具体实施方式中，笔杆709后端也形成有用于固持操纵杆703球形加粗区704的倒截部705，倒截部705的中央部位形成有供操纵杆703偏转的导槽，由于受倒截部705上导槽的限制，操纵杆703相对于笔杆709只能向两个侧面方向偏转（具体参见图21-3-02b、c），而在现有技术2的发明内容部分，描述了可根据需要对倒截部的设置进行改进以使操纵杆703可向更多方向偏转的技术构想。

(3) 区别点D：设置在操纵杆外部的盖

虽然发明人在技术交底书中没有具体的文字描述，但从本发明的图21-3-03、图21-3-09中可以看到，操纵杆外部设置有一个盖115，而在现有技术1和现有技术2的技术方案中均不存在这样一个笔盖。

关于区别点 B，依据对相关技术的掌握（比如说，可以参见技术交底书中关于图 21-3-07 至图 21-3-09 的相关描述部分），按钮的斜面形状不论设计为截圆锥状、角锥状、蘑菇头状还是球状，均为现有技术 2 中具有相同功能的已知手段（即按钮斜面形状设计为圆锥状）的等效替代，且这些替代也没有产生任何预料不到的技术效果，因此进一步包含有这一技术特征的技术方案也无法使其相对于现有技术具备创造性。

关于区别点 C，现有技术 2 公开的技术内容中已经给出了可使操纵杆向两个方向甚至更多方向偏转的明确技术教导，所属领域的技术人员在现有技术的基础上仅需通过合乎逻辑的分析、推理，即可显而易见地想到可以通过适当降低倒截部在操纵杆球形加粗区上的固持部位的高度来实现使操纵杆向所有方向偏转这一功能。因此，进一步包含有这一技术特征的技术方案也无法使其相对于最接近的现有技术具备创造性。

关于区别点 D，发明人在技术交底书中仅仅提及该技术特征，并没有进行过多的文字描述。就一般情况而言，在书写用具端部设置这样一种盖的作用通常是为了保护内部部件防止其脱落和被污染，并使书写用具的整体外形美观。这种笔盖通常是由硬质材料制成，在书写用具需要使用的场合可以取下，平时不用的场合安装上，例如笔端按钮上设置有橡皮的自动铅笔，通常会在橡皮的外部设置这样一种盖。如果本申请中的盖也属于此类笔盖，那么必定也不可能构成发明的技术创新点。

通过仔细阅读技术交底书后发现，在技术交底书有益效果的部分还提到这样一句话："且在盖的作用下，在操纵杆任意方向的偏转运动之后均可迅速恢复到原始位置。"

依据所属领域的技术发展状态状况可知，本技术交底书提供的具体实施方式中的盖 115 还具有使操纵杆 108 复位的作用，而这种作用并没有出现在在先技术中，也不能从在先技术中得到相应的技术教导，因而这一发现有可能成为一个突破点。然而发明人在技术交底书中并没有对盖 115 如何实现使操纵杆复位这一功能进行描述，即没有描述实现这一功能所采用的具体实施方式。

需要进一步指出，通过对技术发展状态的了解，借助于盖 115 实现使操纵杆 108 复位这一功能是一种特殊的复位手段，在之前的在先技术中没有相应的应用，如果不通过文字给予进一步明确的表达，有可能导致该技术手段对于所属领域的技术人员而言是含糊不清的，根据技术交底书记载的内容无法具体实施。而且更为重要的是，包含通过盖 115 实现使操纵杆 108 复位这些技术特征的方案，是否需要利用专利保护制度实施保护等等，均需要通过与发明人的进一步沟通来确定。通过与发明人深入交流，发明人表示通过采用包绕的盖 115 这一特殊方式实现操纵杆 108 复位功能确实是本发明对现有技术作出的技术改进，具有这些特征的书写用具将具有更好的操纵性、使用更方便，因此将具有良好的市场前景，为其申请专利是最佳保护形式，并且主动澄清了技术交底书中提供的特征盖 115 实际上是由弹性材料制成的，盖 115 除了具有普通笔盖所具有保护作用之外，还可以借助于弹性材料的弹性力使操纵杆 108 在偏转之后实现自动复位的功能。经过沟通，针对特征盖 115 的具体构成形式，发明人进一步补充了如下描述：

"本案提供的书写用具的另一个改进设计在于，从笔杆端部伸出的操纵杆被一个用弹性的、尤其是橡胶弹性材料制成的盖围绕。因此不仅可以避免操纵杆支承区内被污染，还可以防止操纵杆意外地受损和从其支承部位脱开。"

除此之外，最好在对操纵杆进行操纵时，使该弹性盖接触操纵杆背对笔杆的端部，因此该弹性盖基于其弹性也可用作可偏转式操纵杆的复位元件。例如当使用者已转动操纵杆，以便将笔芯置于书写位置上，使按钮与操纵杆不再在弹簧复位力作用下接触时，操纵杆仍能借助于盖的弹性力重新转回其原始位置（即与笔杆处于同轴时的位置）以便使用者下次重新操纵。因此盖具有双重功能，它保护操纵杆以及在每次偏转运动后重新使其恢复到原始位置。

弹性盖可大体设计为帽罩形，它的边缘可夹紧在笔杆与书写用具弹簧夹的扣环之间，这意味着可特别简单地设置和固定用于操纵杆的盖。

在图 21-3-03 和图 21-3-06 中示出，从笔杆 102 端部伸出的操纵杆 108 可被一用弹性的、尤其是橡胶弹性材料制造的盖 115 围绕，由于盖 115 具有弹性，所以它可以随操纵杆 108 偏转或移动。此弹性的盖 115 围绕在操纵杆 108 远离笔杆 102 一端的端部 108a 上，并至少在操纵时保证弹性盖 115 与操纵杆的端部 108a 接触，而盖 115 基于其弹性也可同时用作可偏转式操纵杆 108 的复位元件。也就是说，当操纵杆 108 偏转到图 21-3-04 和图 21-3-08 中所表示的位置时，为了看得更清楚起见在这些图中未示出的盖 115 实际上相应地产生了弹性变形，所以当取消对操纵杆 108 施加的操纵力时，盖 115 借助其弹性恢复到它的原始位置并与此同时也相应地使操纵杆 108 复位，于是操纵杆 108 保持在图 21-3-05 和图 21-3-09 中所表示的它的原始位置上，或按相反的运动顺序保持在它如图 21-3-03 所示的原始位置。此外，盖 115 可防止操纵杆 108 从其支承座和从笔杆 102 内掉出。

弹性的盖 115 大体设计为帽罩形，它的边缘夹紧在笔杆 102 与书写用具 101 弹簧夹 117 的扣环 116 之间。尤其在图 21-3-07 至图 21-3-09 中可清楚地看出设在扣环 116 的倒钩 118 下方的环槽 119，罩盖 115 的边缘在使用位置可卡入该环槽 119 内，并通过扣环 116 沿轴向推套在笔杆 102 端部上或旋在笔杆 102 端部上被夹紧。在图 21-3-07 至图 21-3-09 中表示了在笔杆端与扣环 116 之间起作用的螺纹 120。因此，扣环 116 包含双重功能，即它用来支承弹簧夹 117 以及可拆卸或可分解和可更换地固定弹性盖 115。"

由以上内容可知，图 21-3-03、图 21-3-06 中的帽罩形外盖 115 是由弹性材料制成，利用帽盖的弹性不仅可以起到现有笔盖的防污染、防止内部部件脱落以及使整体美观的作用，还可以起到使操纵杆复位的作用。由此可见，不仅现有技术 1、2 中均没有公开这种笔端外盖，而且本发明的盖 115 与现有技术中惯用的笔端保护盖相比也已经有了明显地技术改进。故对于所属领域的技术人员而言，设置有这种盖 115 的书写用具相对于现有技术具有《专利法》第 22 条第 3 款意义上的创造性。

由此，区别点 D 可以认定为本发明相对于现有技术真正的技术改进点，因而在撰写申请文件时可以围绕这一技术改进点针对本发明的技术主题重新撰写权利要求书。

五、权利要求书的撰写思路

由于在前面对于发明人提供的技术交底书中欲保护技术方案的新颖性和创造性以及与发明人沟通后重新确定的技术改进点已经进行了充分分析，下面在上述工作的基础上进一步说明如何撰写本发明的权利要求。

（一）确定发明的技术主题以及对该技术主题所涉及技术特征的分析

由于技术交底书中的全部技术内容均为对书写用具的结构限定，因此将本发明申请请求保护的技术主题确定为一种书写用具。

技术交底书中关于该技术主题所涉及的特征为：

① 笔杆（102）；

② 在笔杆（102）内可移动并带有笔尖（103）的笔芯（104）；

③ 按钮（106），能够沿笔杆（102）进行轴向运动，向笔芯（104）施加轴向作用力；

④ 连接机构（105），其设置于按钮（106）和笔芯（104）之间，借助于所述连接机构（105）以及在笔芯（103）靠近笔尖（102）的一端设置的弹簧（107）可使笔芯（104）在书写位置和休止位置之间实现定位转换；

⑤ 操纵杆（108），设置在按钮（106）的一侧并用于操纵按钮（106），从笔杆（102）远离笔尖（103）一侧伸出且可相对于笔杆（102）偏转，借助于所述操纵杆（108）的偏转可使按钮（106）沿轴向运动；

⑥ 用弹性材料制成的盖（115），所述盖（115）围绕操纵杆（108）设置，借助该盖（115）的弹性可使所述操纵杆（108）从偏转后的位置返回偏转前的位置；

⑦ 所述盖（115）在休止位置呈帽罩形围绕在操纵杆（108）背对笔杆（102）的端部（108a），它的边缘夹紧在笔杆（102）与书写用具（101）弹簧夹（117）后端设置的扣环（116）之间；

⑧ 制造盖（115）弹性材料是橡胶弹性材料；

⑨ 在操纵操纵杆时所述弹性的盖（115）接触操纵杆（108）的背对笔杆（102）的端部（108a）。

（二）确定本发明的主题相对于最接近的现有技术解决的技术问题

根据《专利法实施细则》第20条第2款规定，独立权利要求应当从整体上反映发明的技术方案，记载解决技术问题的必要技术特征。而要确定哪些特征是必须写入独立权利要求的必要技术特征，应当从发明相对于最接近的现有技术文件要解决的技术问题来考虑。

根据以上分析已经确定现有技术2是本发明的具有可移动笔芯的书写用具的最接近的现有技术。本发明的具有可移动笔芯的书写用具相对于现有技术2中的书写用具而言，主要解决的技术问题为：如何使操纵杆在朝向笔杆任意一侧的偏转运动之后自动复位。

（三）确定本发明为解决上述技术问题的必要技术特征

之前分析中的特征①、②涉及笔杆和笔芯，这些特征是本发明的技术主题具有可移动笔芯的书写用具的固有的、必不可少的技术特征，并且利于对本发明欲保护的技术方案的其他特征的描述，因此这两个特征应当作为本发明的技术主题的必要技术特征；特征③、④涉及按钮和连接机构以及对二者能实现的最基本功能的限定，通过按钮和连接机构的配合作用可使笔芯及其笔尖在书写位置以及休止位置之间变换。也就是说，特征③、④是解决使笔芯可以实现自动伸出和缩回这一功能的必不可少的技术特征，进一步地，如果本发明的书写用具不依赖于按钮和连接机构的配合作用从而实现笔芯自动伸出和缩回，操纵杆就没有偏转后自动复位的技术需求，由此应当将特征③、④作为本发明的必要技术特征；特征⑤涉及对操纵杆的进一步限定，由于使用者需要借助对操纵杆执行偏转操作进而实现对按钮的轴向加压，相应地才具有针对操纵杆的偏转运动来寻求特殊复位方式的技术需求，因此特征⑥也应当作为本发明的必要技术特征；特征⑥涉及操纵杆外设置的弹性盖，借助于该盖的弹性可以使操纵杆实现自动复位，因此该特征是本发明的技术方案中为解决上述技术问题直接起作用的、必不可少的特征，因此特征⑥是本发明技术主题的必要技术特征；特征⑦~⑨分别是对弹性盖的定位方式、弹性材料以及使用时的操控方式进行的进一步限定，这些特征相对于发明要解决的技术问题而言也仅为一种优选方案，并非必不可少的特征，因此不应当作为本发明技术主题的必要技术特征。

由上述分析可知，特征①~④、⑤和⑥是本发明为解决其技术问题的必要技术特征，应当在此基础上撰写独立权利要求，而关于余下的3个特征，可以写入从属权利要求之中给予进一步的保护。

最终形成的独立权利要求如下：

1. 一种书写用具（101），包括：

笔杆（102）；

在笔杆（102）内可移动并带有笔尖（103）的笔芯（104）；

按钮（106），能够沿笔杆（102）进行轴向运动，向笔芯（104）施加轴向作用力；以及

操纵杆（108），设置在按钮（106）的一侧并用于操纵按钮（106），从笔杆（102）远离笔尖（103）一侧伸出且可相对于笔杆（102）偏转，借助于所述操纵杆（108）的偏转可使按钮（106）沿轴向运动；

其特征在于，还包括：

连接机构（105），其设置于按钮（106）和笔芯（104）之间，借助于所述连接机构（105）以及在笔芯（103）靠近笔尖（102）的一端设置的弹簧（107）可使笔芯（104）在书写位置和休止位置之间实现定位转换；以及

用弹性材料制成的盖（115），所述盖（115）围绕操纵杆（108）设置，借助该盖（115）的弹性可使所述操纵杆（108）从偏转后的位置返回偏转前的位置。

从属权利要求的撰写过程略，从属权利要求参见推荐的申请文件正文。

六、说明书及说明书摘要的撰写

根据上面的分析，围绕重新撰写后的权利要求书，对技术交底书进行修改，撰写出相应的说明书和说明书摘要，修改主要包括以下三个方面：

1. 将发明人补充的关于新的技术改进点的文字描述补入具体实施方式的相应内容中，详细写明实现发明的具体实施方案，使该部分内容符合《专利法实施细则》第17条第1款第4项的规定；

2. 根据修改后的权利要求书，对发明内容部分进行撰写，写明发明所要解决的技术问题以及解决其技术问题采用的技术方案，并对照现有技术写明发明的有益效果，从而使该部分内容符合《专利法实施细则》第17条第1款第3项的规定；

3. 按照技术领域、背景技术、发明内容、附图说明、具体实施例的方式和顺序对技术交底书中的内容进行整理，并在每一部分前面写明小标题，从而使说明书符合《专利法实施细则》第17条第2款的规定。

4. 为满足《专利法实施细则》第23条的规定，说明书摘要部分应写明发明所属的技术领域，并对独立权利要求的技术方案要点作出说明，同时清楚地反映所要解决的技术问题。此外，还应当选择合适的附图作为说明书摘要附图，本案选取最能说明该发明特征的附图5作为摘要附图。

七、小结

在本节给出的案例中，虽然发明人在技术交底书中对欲保护的技术方案进行了描述，但经过分析很容易看出，最初的技术交底书中所描述的欲保护的技术方案实际上相对于背景技术中提供的两篇现有技术文件的结合而言并不具有《专利法》第23条第3款规定的创造性，也就是说，发明人原来在技术改进点的认定上存在偏差。在发现这一问题之后，在撰写申请文件时如果想要继续撰写出可能具有授权前景的权利要求，必须从技术交底书中的内容中寻找新的技术改进点，确定真正可保护的技术方案。就本案而言，涉及发明真正的技术改进点的技术特征在发明人最初提供的技术交底书中并没有进行充分的描述，其中相关的内容仅限于附图中的示意性图示以及有益效果部分中对于该特征所能达到的技术效果的简单描述。如果在寻找新技术改进点的过程中仅仅关注对技术特征本身的描述，则很容易忽视这一特征可能会对现有技术作出的贡献。而通过对技术交底书中的内容进行仔细阅读和深入挖掘，发现如果该特征仅以与现有技术中相同的常规形态存在，则无法实现所描述的特殊技术效果，这一信息暗示出对于技术特征的结构和/或材料等方面可能作出了相应的技术改进。经过与发明人的有效沟通，促使发明人及时、充分地将涉及该特征技术改进的相关内容补充到技术交底书中，同时根据这一技术改进之处确定出了相对于现有技术具有专利保护价值的新技术方案，并围绕新的技术方案对申请文件进行了撰写。

通过对本节案例的分析，可以得到以下启示，即在撰写申请案例时还应当充分注意这样一种情况：在需要根据技术交底书的内容寻求其他可保护方案的情况下，不仅要注意其中明确记载的技术特征，还要充分关注对特征能够实现的特殊功能/效果等信息的描述，因为这些信息的背后往往隐含了对技术特征本身的技术改进，这种技术改进很有可能对现有技术作出了创造性贡献。

八、推荐的申请文件

根据以上介绍的本申请发明实施例和现有技术的情况，撰写出保护范围较为合理的独立权利要求与相应的从属权利要求、同时撰写出说明书及说明书摘要，以此为基础推荐包含说明书摘要、摘要附图、权利要求书、说明书及说明书附图的申请文件。

说 明 书 摘 要

本发明涉及一种书写用具（101），包括：笔杆（102）；在笔杆（102）内可移动并带有笔尖（103）的笔芯（104）；按钮（106），可沿笔杆（102）轴向运动，向笔芯（104）施加轴向作用力；操纵杆（108），设置在按钮（106）的一侧并用于操纵按钮（106），从笔杆（102）远离笔尖（103）一侧伸出且可相对于笔杆（102）偏转，借助于所述操纵杆（108）的偏转可使按钮（106）沿轴向运动；连接机构（105），其设置于按钮（106）和笔芯（104）之间，借助于所述连接机构（105）可使笔芯（104）在书写位置和休止位置之间实现定位转换；以及用弹性材料制成的盖（115），所述盖（115）围绕操纵杆（108）设置，借助该盖（115）的弹性可使所述操纵杆（108）从偏转后的位置返回偏转前的位置，从而使操纵杆能够自动快速复位。

摘 要 附 图

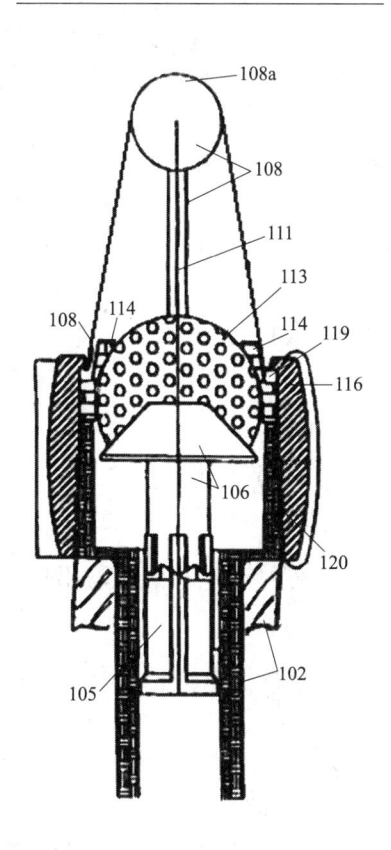

权 利 要 求 书

1. 一种书写用具（101），包括：

笔杆（102）；

在笔杆（102）内可移动并带有笔尖（103）的笔芯（104）；

按钮（106），能够沿笔杆（102）进行轴向运动，向笔芯（104）施加轴向作用力；以及

操纵杆（108），设置在按钮（106）的一侧并用于操纵按钮（106），从笔杆（102）远离笔尖（103）一侧伸出且可相对于笔杆（102）偏转，借助于所述操纵杆（108）的偏转可使按钮（106）沿轴向运动；

其特征在于，还包括：

连接机构（105），其设置于按钮（106）和笔芯（104）之间，借助于所述连接机构（105）以及在笔芯（103）靠近笔尖（102）的一端设置的弹簧（107）可使笔芯（104）在书写位置和休止位置之间实现定位转换；以及

用弹性材料制成的盖（115），所述盖（115）围绕操纵杆（108）设置，借助该盖（115）的弹性可使所述操纵杆（108）从偏转后的位置返回偏转前的位置。

2. 根据权利要求1所述的书写用具，其特征在于：制造所述盖（115）的弹性材料是橡胶弹性材料。

3. 根据权利要求2所述的书写用具，其特征在于：在操纵操纵杆（108）时所述弹性的盖（115）接触操纵杆（108）的背对笔杆（102）的端部（108a）。

4. 根据权利要求3所述的书写用具，其特征在于：所述盖（115）在休止位置呈帽罩形围绕在操纵杆（108）背对笔杆（102）的端部（108a），它的边缘夹紧在笔杆（102）与书写用具（101）弹簧夹（117）远离笔尖的一端处设置的扣环（116）之间。

说 明 书

具有可移动笔芯的书写用具

技术领域

[0001] 本发明涉及一种书写用具，特别是一种具有可移动笔芯的书写用具。

背景技术

[0002] 已知各式各样通常称为自动式圆珠笔的一类书写用具。若在笔芯处于休止位置时操纵按钮，笔芯沿设计为外壳的笔杆轴向移动，使笔尖从笔杆的前端伸出，在连接机构的作用下使笔芯锁定在此书写位置。再次操纵按钮，借助于连接机构解除对

笔芯的锁定状态，于是复位弹簧的复位力可重新将笔芯移回休止位置，在此位置笔尖处于笔杆的内部。

[0002] 专利文献 CN1*******2A 中就提供了这样一种书写用具，其具体结构如图 8（a）所示，其中包括笔杆 602、伸出笔杆 602 后端的按钮 605、带有笔尖 604 的笔芯 607、安装在笔芯 607 前部的弹簧 606，以及受按钮 605 操纵的连接机构 608。借助于对按钮 605 的操纵，连接机构 608 可沿笔杆 602 轴向移动，同时旋转至定位位置，由此笔芯 607 和它的笔尖 604 可以克服弹簧 606 的弹力移到书写位置，而在笔尖 604 处于书写位置并再次向前操纵按钮 605 时，连接机构 608 移出定位位置，相应地，在弹簧 606 的复位力作用下笔尖 604 移回休止位置。

[0003] 图 8（b）中示出了按钮 605、连接机构 608 以及笔杆 602 之间的配合结构，其中在按钮 605 的前端面设置有具有凸起 605a 的锯齿形端面，连接机构 603 为一回转体，其上围绕圆周表面均匀分布有沿轴向延伸的外棘齿 603a，在笔杆 602 与连接结构 603 相对应的内圆周壁上相应地设置有内棘齿 608，内棘齿 608 的前端形成用于引导连接机构 603 的外棘齿 603a 滑动和定位的第一卡槽 608a，第一卡槽 608a 设置成当外棘齿 603a 卡在第一卡槽 608a 上底部时可以将笔芯 607 上的笔尖 604 定位在书写位置，在两个相邻的内棘齿 608 之间形成比第一卡槽 608a 的深度更深的第二卡槽 608b，第二卡槽 608b 的深度设置成当外棘齿 603a 卡在第二卡槽 608b 的上底部时可以将笔芯 607 上的笔尖 604 定位在休止位置。当笔尖 604 处于休止位置时，此时对按钮 605 施加轴向向下的操纵力，按钮 605 借助于其前端的锯齿面可以方便地带动连接结构 603 的外棘齿 603a 向下运动，当外棘齿 603a 滑动到接近第二卡槽 608b 的前端部时，在第二卡槽一侧前端设置的倾斜面的引导作用下外棘齿 603a 会朝向第一卡槽 608a 滑动，同时连接机构 603 本体相应地会产生一定角度的回转，当外棘齿 603a 略超过笔杆 602 内壁上的内棘齿 608 一侧的最前端位置时，取消对按钮 605 的操纵力，此时在弹簧 606 的复位作用力下连接机构 603 会向上回退，将外棘齿 603a 推入第一卡槽 608a 中卡定，从而使笔尖 604 定位于书写位置。而在书写位置时再次对按钮 605 施加轴向操纵力，外棘齿 603a 会在按钮 605 的带动下沿第一卡槽 608a 一侧的倾斜面朝向第二卡槽 608b 滑动，在行至略超过内棘齿 608 另一侧的最前端位置时，释放操纵力，外棘齿 603a 在弹簧 606 复位力作用下，被推入第二卡槽 608b，并回退至第二卡槽 608b 的上底部卡定，从而使笔尖 604 定位于休止位置。

[0004] 在此类书写用具或加压圆珠笔中需要一个从笔杆伸出的按钮，使用者必须准确地使之沿轴向运动，使得操纵不方便。

[0005] 专利文献 CN1*******2A 也公开了一种具有可移动笔芯的书写用具，其具体结构如图 9 所示，其中具有笔杆 709、708，在笔杆 709、708 内移动的带笔尖的笔芯 707，设置在笔芯 707 前端部的弹簧 710 和设置在笔芯 707 后端部的按钮 701，以及在按钮 701 远离笔尖的一侧作用有一个从笔杆 709 伸出的、安装成可相对于笔杆 709 偏转的操纵杆 703。笔芯 707 的后端部插入按钮 701 的前端部，按钮 701 的后端部 702 形成圆锥体状，操纵杆 703 的前端形成球形加粗区 704，并在球形加粗区 704 内设有与按钮 701 后端部相配合的凹槽。该球形加粗区 704 被笔杆 709 后端部逐渐收缩的倒截部

705卡住，使得倒截部本身构成用于球形加粗区704的回转支承。在倒截部705上形成一个从笔杆一侧延伸至另一侧的滑槽706。当对操纵杆703施加偏转力时，操纵杆703沿滑槽706向笔杆的一侧偏转，于此同时球形加粗区704沿按钮701后端的圆锥体表面滑动，向按钮701施加向下的作用力，推动笔芯向下运动使笔尖伸出笔杆708，为了将笔尖定位在书写位置，需要使操纵杆703行至最大偏转位置，从而使球形加粗区704的外表面抵靠在按钮701后端的圆锥体顶部上，进而实现对笔芯707的定位；当需要解除对书写用具在书写位置的定位时，将操纵杆703从最大偏转位置处扳回至笔杆轴向位置处，此时在弹簧710的复位作用力的作用下，笔芯707就会退回到休止位置。

[0006] 在这种书写用具笔杆的端部设置一个可偏转的操纵杆，因此真正的由此偏转杆加载的按钮可受保护地装在杆的内部，此外在书写用具的端部偏转操纵杆这种操纵方式，使得使用者无需通过准确地施加轴向力即可实现笔芯的移动，因此允许方便地施压。但CN1*******2A中提供的这种书写用具中操纵杆的定位和复位均不方便，并且无法实现笔芯的自动定位，因而仍然不便于操纵。

发明内容

[0007] 为了解决上述现有技术存在的技术问题并提出更便于操纵的书写用具，提出了本发明。

[0008] 本发明的目的是提供一种笔杆端部具有操纵杆的、允许更方便地操纵的书写用具，其中，真正的按钮可受保护地装在笔杆的内部，使用者无需通过准确地施加轴向力即可实现笔芯的移动以及定位，于此同时，操纵杆在朝向笔杆任意一侧的偏转运动之后均可以迅速复位。

[0009] 为达到上述目的，本发明提供了一种书写用具，包括：笔杆；在笔杆内可移动并带有笔尖的笔芯；按钮，能够沿笔杆进行轴向运动，向笔芯施加轴向作用力；以及操纵杆，设置在按钮的一侧并用于操纵按钮，从笔杆远离笔尖一侧伸出且可相对于笔杆偏转，借助于所述操纵杆的偏转可使按钮沿轴向运动；连接机构，其设置于按钮和笔芯之间，借助于所述连接机构以及在笔芯靠近笔尖的一端设置的弹簧的配合作用可使笔芯在书写位置和休止位置之间实现定位转换；以及用弹性材料制成的盖，所述盖围绕操纵杆设置，借助该盖的弹性可使所述操纵杆从偏转后的位置返回偏转前的位置。

[0010] 进一步地，制造所述盖的弹性材料可以是橡胶弹性材料；在操纵操纵杆时所述弹性的盖接触操纵杆的背对笔杆的端部，这样可以使盖更有效地发挥复位作用。

[0011] 进一步地，在对操纵杆进行操纵时优选使所述弹性的盖接触操纵杆的远离笔杆的端部，从而使弹性盖能够很好地发挥复位作用。

[0012] 进一步地，所述盖按照如下方式设置，在休止位置呈帽罩形围绕在操纵杆远离笔杆的端部，它的边缘夹紧在笔杆与书写用具弹簧夹后端设置的扣环之间。

[0013] 本发明的有益效果：

[0014] 本发明提供的这种书写用具，按钮可隐藏且受保护地装在笔杆的内部，并可通过可偏转的操纵杆被间接地移动，这意味着使用非常简单，并能避免由于使用者可能不准确的加压运动在按钮上提前出现磨损。并且，使用者无需遵守一种完全确定

的偏转方向，相反，他可以沿多个方向或任意方向偏转操纵杆，而每次都能获得对按钮期望的操纵，即使笔芯移至书写位置以及使其回复到休止位置。

[0015] 本发明的一个特别有利的设计还在于，相对于笔杆的端部伸出的操纵杆被一个用弹性的、尤其是橡胶弹性材料制成的盖围绕。因此不仅可避免操纵杆支承区内被污染，而且可防止操纵杆意外地受损和从其支承部位脱开。除此之外，还可以使弹性的盖在休止位置呈帽罩形围绕在操纵杆上，最好在对操纵杆进行操纵时使该弹性盖接触操纵杆远离笔杆的端部，因此该弹性盖基于其弹性也可用作可偏转式操纵杆的复位元件。例如当使用者已转动操纵杆，以便将笔芯置于书写位置上，使按钮与操纵杆不再在弹簧复位力作用下接触时，操纵杆仍能通过盖重新转回其与笔杆处于同轴的原始位置。因此盖具有双重功能，它保护操纵杆以及在每次偏转运动后重新使其恢复到原始位置，从而方便使用者对操纵杆的再次操纵。

附图说明

[0016] 图1为根据本发明的书写用具在休止位置时的纵剖面示意图；

[0017] 图2为根据本发明的书写用具在操纵杆偏转到其最大偏转位置时的纵剖面示意图；

[0018] 图3为根据本发明的书写用具定位在书写位置时的纵剖面示意图；

[0019] 图4为根据本发明的书写用具的总体外观视图；

[0020] 图5为在书写用具处于休止位置时，操纵杆、按钮和连接机构的局部放大纵剖面图；

[0021] 图6为将操纵杆偏转至最大偏转位置时，操纵杆、按钮和连接机构（部分）的局部放大纵剖面图；

[0022] 图7为在书写用具定位于书写位置时，操纵杆、按钮和连接机构（部分）的局部放大纵剖面图；

[0023] 图8~图9为现有技术提供的两种具有可移动笔芯的书写用具的纵剖面示意图。

具体实施方式

[0024] 图1~图3为根据本发明的书写用具在不同工作位置时的整体纵剖面示意图。

[0025] 如图1~图3所示，本发明的书写用具，总体上用附图标记101表示，主要包括：笔杆102，可以被拆开，以便能更换其中的笔芯104；在笔杆102内可移动并带有笔尖103的笔芯104；在笔芯104靠近笔尖103的一端设置有弹簧107；设置于笔芯104后端部的连接机构105，设置成一回转体，其上围绕圆周表面均匀分布有沿轴向延伸的外棘齿，相应地，在笔杆102内周壁形成与连接结构105外棘齿配合工作的第一卡槽和第二卡槽（本具体实施方式中未示出，连接机构105的外棘齿以及笔杆102内周壁上卡槽的设置与现有技术中已知的结构相同，如图8（b）所示），当外棘齿卡在第一卡槽时，笔芯104定位于书写位置，当外棘齿卡在第二卡槽时，笔芯104定位于休止位置；按钮106，用于操纵连接机构105，能够沿笔杆102进行轴向运动，向连接机构105和笔芯104施加轴向作用力；操纵杆108，设置在按钮106远离笔尖103的一侧

并从笔杆102中向外伸出，用于操纵按钮106，可相对于笔杆102偏转；用弹性材料制成的盖115，盖115呈帽罩形围绕在操纵杆108外部，它的边缘夹紧在笔杆102与书写用具101弹簧夹117后端设置的扣环116之内，借助于盖115的弹性可使所述操纵杆108从偏转后的位置返回偏转前的位置；在可偏转的操纵杆108与按钮106的接触区内，在操纵杆108和按钮106上分别设有一斜面110、109，当操纵杆108偏转时，这些接触的斜面110、109彼此滑动，则可以做到使操纵杆108的偏转运动有效地转换成按钮106的轴向运动。

[0026] 总体而言，书写用具101是按照如下的方式进行工作的：在书写用具101处于休止位置（如图1所示的位置）时，笔芯104的笔尖103在复位弹簧107的作用下退回到笔杆102的内部，操纵杆108的轴线位于笔杆102的轴线方向上，按钮106后端部与可偏转式操纵杆108前端部接触。此时当使用者对弹性盖115包绕有操纵杆108的后端部的一侧施加操纵力时，操纵杆108向笔杆102的一侧会发生偏转操作，操纵杆108前端部与按钮106后端部相接触的斜面110在偏转侧就会向下倾斜，挤压按钮106后端部的斜面109，并与按钮106的斜面109产生相对滑动，按钮106在操纵杆108所施加的这种轴向作用力的作用下沿轴向向下运动，在连接机构105上设置的棘齿以及笔杆102内周壁上设置的相应卡槽的配合作用下（与现有技术中已知的连接机构的工作方式相同，如图8（b）所示），带动连接机构105在向下运动的同时进行回转运动。当操纵杆108偏转到其最大偏转位置时（如图2所示的位置），笔尖103沿轴向略超出书写位置，此时取消对操纵杆108的操纵力，在弹簧107的复位力的作用下，连接机构105上的外棘齿被顶入设置在笔杆102内壁上的第一卡槽中，从而将笔尖103定位在书写位置（如图3所示的位置）上。而在释放对操纵杆108的操纵力之后，借助于盖115的弹性，盖115会返回至偏转前的位置，进而带动被包绕在其中的操纵杆108自动复位以便于再次对操纵杆108实施偏转操纵；而当再次对操纵杆108实施偏转操作时，再次借助连接机构105和笔尖弹簧107的配合作用，使连接机构105上的外棘齿移入笔杆102内壁上的第二卡槽中，从而使笔尖103返回休止位置并定位。

[0027] 图4为根据本发明的书写用具的总体外观视图，从该图中可清楚地看到移动到书写位置的笔尖103、笔杆102、笔杆102的轴线111、形成在笔杆102后端的扣环部116、书写用具一侧的弹簧夹117和一个围绕操纵杆108设置的盖115，而为了使图示更清楚简明，盖115在图2～图3中被省略。

[0028] 下面将结合图5～图7的局部放大视图进一步对本发明的书写用具的具体实施方式中的操纵杆108、按钮106、弹性盖115以及连接机构105等部件进行更具体的描述，而为了使图示更清楚简明，盖115中在图6～图7中被省略。

[0029] 在本发明提供的具体实施方式中，连接机构105与笔杆102内壁卡槽的结构以及配合方式与现有技术中已知的结构和配合方式（如背景技术中图8（b）中所示）相同，因此本具体实施方式中的连接机构105仅以局部示出，省略了关于笔杆102内周壁上相应卡槽的设置（如图5～图7所示）。借助于按钮106，连接机构105可沿轴向移动，从而使笔芯和笔尖既可处于图7所示的书写位置以及也可处于图5所示的休止位置。也就是说，笔芯104和它的笔尖103借助于连接机构105，可以克服复位力

（在本实施方式中为弹簧107产生的复位力）移到书写位置，并在重新操纵时按已知的方式移回至休止位置。在这种情况下，与连接机构105配合工作的按钮106可沿轴向、即沿笔杆102和笔芯104的轴向长度方向与笔芯104一起运动。

[0030] 如图5～图7所示，本发明的书写用具101中，按钮106完全受保护地装在笔杆102的内部，并在其背对连接机构105的一侧作用有一个从笔杆102远离笔尖103的那一端伸出的、安装成可相对于笔杆102偏转的操纵杆108，操纵杆108后端设置有供使用者操纵的操纵部108a，操纵杆108前端设置有用于与按钮106后端接触的接触部。操纵杆108按照图6的偏转运动可转换为被它加载的按钮106的轴向运动。因此使用者不是直接而是间接地通过操纵杆108操纵按钮106，同时实施的也并非轴向加压运动而是偏转运动，所以不再要求由使用者完成非常准确的轴向操纵运动。操纵杆108的偏转运动会自动使按钮106产生所需要的准确的轴向运动。

[0031] 为了将操纵杆108的偏转运动转换成按钮106的轴向运动，在操纵杆108与按钮106之间、尤其是在如图5清楚地示出的接触区内按钮106后端部以及在操纵杆108前端部分别设置一斜面109和110。其中，操纵杆108在偏转时其接触区内的斜面110可在斜面109轴向移动的情况下沿斜面109滑动，可以使操纵杆108的偏转运动转换成按钮106的轴向运动，比较图5和图6可以清楚地看出这一情况。此外，两个斜面109、110的形状可以相互匹配，这样能更加有效地相对移动并与此同时实现运动转换。具体地，在按钮106面对操纵杆108的后端部上设置的斜面109可以由一个缩小区的表面构成，其中构成斜面109的缩小区表面沿远离笔尖103的延伸方向越来越接近书写用具101和连接机构105的中心轴线111，并沿中心线111对称设计。相应地，在操纵杆108面朝按钮106的前端部上设置的斜面110可以由一个凹槽112的表面形成，在处于图5所示的休止位置上时，操纵杆108的中心轴线在书写用具101的中心轴线111的方向上，设在操纵杆108上的凹槽112对称于操纵杆108的轴向中心线，并扣住设在按钮106后端且构成其斜面109的缩小区表面。这样一种对称设计允许按任意偏转方向来偏转操纵杆，而每次都能获得对按钮期望的操纵。

[0032] 在图5～图7所示的具体实施方式中，按钮106上构成斜面109的缩小区具体设计为截圆锥形，当然还可以设计为角锥形、圆锥形、以及其他具有同等效果的形状，如球形或蘑菇头等，同时将操纵杆108上的凹槽112设计为具有与之相配的负轮廓形状，并且操纵杆108本身安装成可向多个或所有侧面方向偏转，由此提供了更加多种多样的操纵可能性。由于不论将按钮106上的缩小区或操纵杆108上的凹槽112设计为上述哪种形状，当沿垂直于书写用具中心轴线111的方向剖切按钮106上的斜面109以及操纵杆108上的凹槽112时得到的截面轮廓都是圆，因此其结果是无论操纵杆108每次相对于笔杆102沿什么方向偏转，都始终使按钮106产生相同的轴向移动。由此可见，无需向使用者预先规定操纵杆108确定的偏转方向，使用者实际上可任意偏转操纵杆108，且每次都能相应地将笔芯104移动至预期的位置，因此在将书写用具101的笔尖103移到书写位置和移回至休止位置时，该书写用具101都具有非常舒适和简便的可操纵性。

[0033] 操纵杆108前端的接触部设置成球形加粗区113，内设有在操纵杆108面

朝按钮106的那一端向按钮106加载的斜面110、亦即本实施例中的凹槽112的斜面，它与真正的操纵杆108相比有明显加大的径向尺寸。该球形加粗区113一方面为形成带斜面110的凹槽112保留了足够的位置，另一方面其球形的表面便于该球形加粗区113进行转动。

[0034] 笔杆102的后端部通过收缩形成倒截部114，用于扣住球形加粗区113，倒截部114还限制了操纵杆108的偏转角度，图6可以清楚看出这一点。由笔杆102本身后端部收缩形成的倒截部114的最窄部位（即后端）的直径比球形加粗区113的最大直径小，所以球形加粗区113不可能从笔杆102的端部掉出。并且，倒截部114本身形成了球形加粗区113的转动支承，并与球形加粗区113共同构成操纵杆108的偏转支承。

[0035] 从笔杆102端部伸出的操纵杆108可被一用弹性的、尤其是橡胶弹性材料制造的盖115围绕，由于盖115具有弹性，所以盖115可以随操纵杆108一起作偏转运动。该弹性的盖115围绕在操纵杆108远离笔杆102的球形端部108a上，并在对该弹性盖115进行操纵时最好使盖115与笔杆102的球形端部108a相接触，而盖115基于其本身的弹性也可同时用作可偏转式操纵杆108的复位元件。也就是说，当操纵杆108偏转到图6中所表示的位置时，盖115（图6中未示出）实际上也相应地产生了弹性变形，所以当取消对操纵杆108施加的操纵力时，围绕着操纵杆108的盖115借助于其弹性自动回复到它的原始位置，与此同时也相应地使操纵杆108复位，于是使操纵杆108保持在图7中所表示的原始位置上。此外，盖115还可具有防止操纵杆108从其支承座和从笔杆102内掉出的作用。

[0036] 弹性的盖115大体设计为帽罩形，它的边缘夹紧在笔杆102与书写用具101弹簧夹117的扣环116之间。尤其在图5～图7中可清楚地看出设在扣环116的倒钩118下方的环槽119，盖115的边缘在使用位置可卡入该环槽119内，并通过扣环116沿轴向推套在笔杆102端部上被夹紧或着旋在笔杆102端部上被夹紧。在笔杆102后端部与扣环116之间设置有起连接作用的螺纹120。因此，扣环116包含双重功能，即它可用来支承弹簧夹117以及可拆卸或可更换地固定弹性盖115。

[0037] 此外，借助于图5还可以看出，在休止位置时倒截部114前端最宽部位卡在操纵杆108的球形加粗区113的最大直径处，由此使操纵杆108的球形加粗区113可相对于固持和扣住它的倒截部114沿笔杆102的轴向朝笔尖103的方向移动，因此使用者必要时也可以如操纵一个伸出的按钮106那样操纵此操纵杆108。这意味着，当操纵杆108处于如图5所示的休止位置时，也可以直接向操纵杆108施加轴向向下的作用力，进而推动按钮106轴向向下移动至图6所示的位置。因此使用者获得了另一种操纵可能性，也就是说他既可以沿任意方向偏转操纵杆108，也可以沿轴向移动，以便操纵连接机构105。

[0038] 上面结合附图对本发明的实施方式作了详细说明，但是本发明并不限于上述实施方式，在所属领域的技术人员所具备的知识范围内，在不脱离本发明宗旨的前提下可以作出各种变化。

说 明 书 附 图

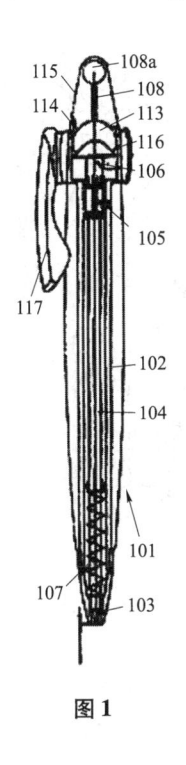

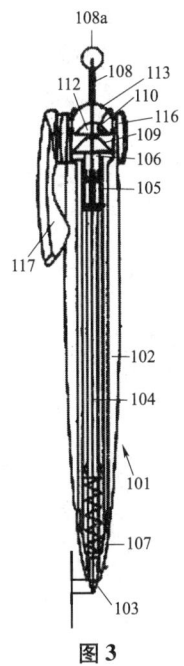

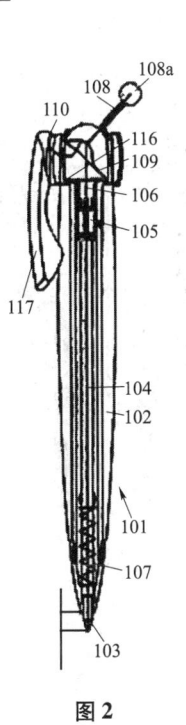

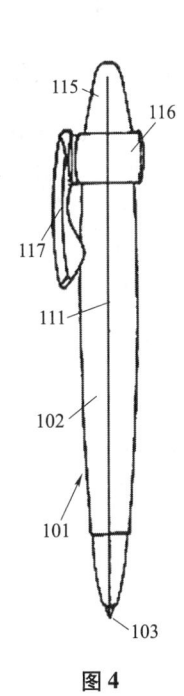

图 1

图 2

图 3

图 4

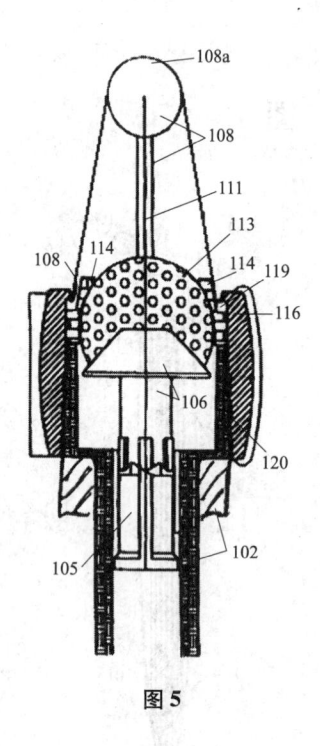

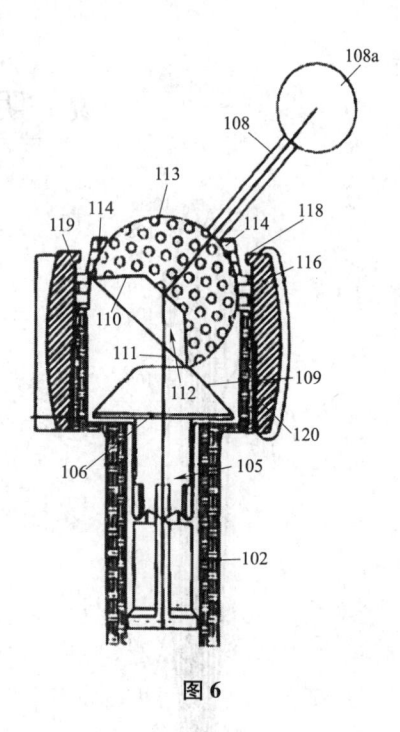

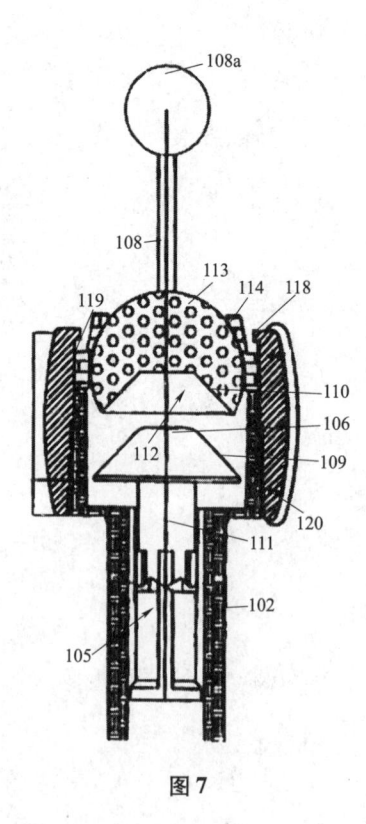

图 5

图 6

图 7

图 8（a）

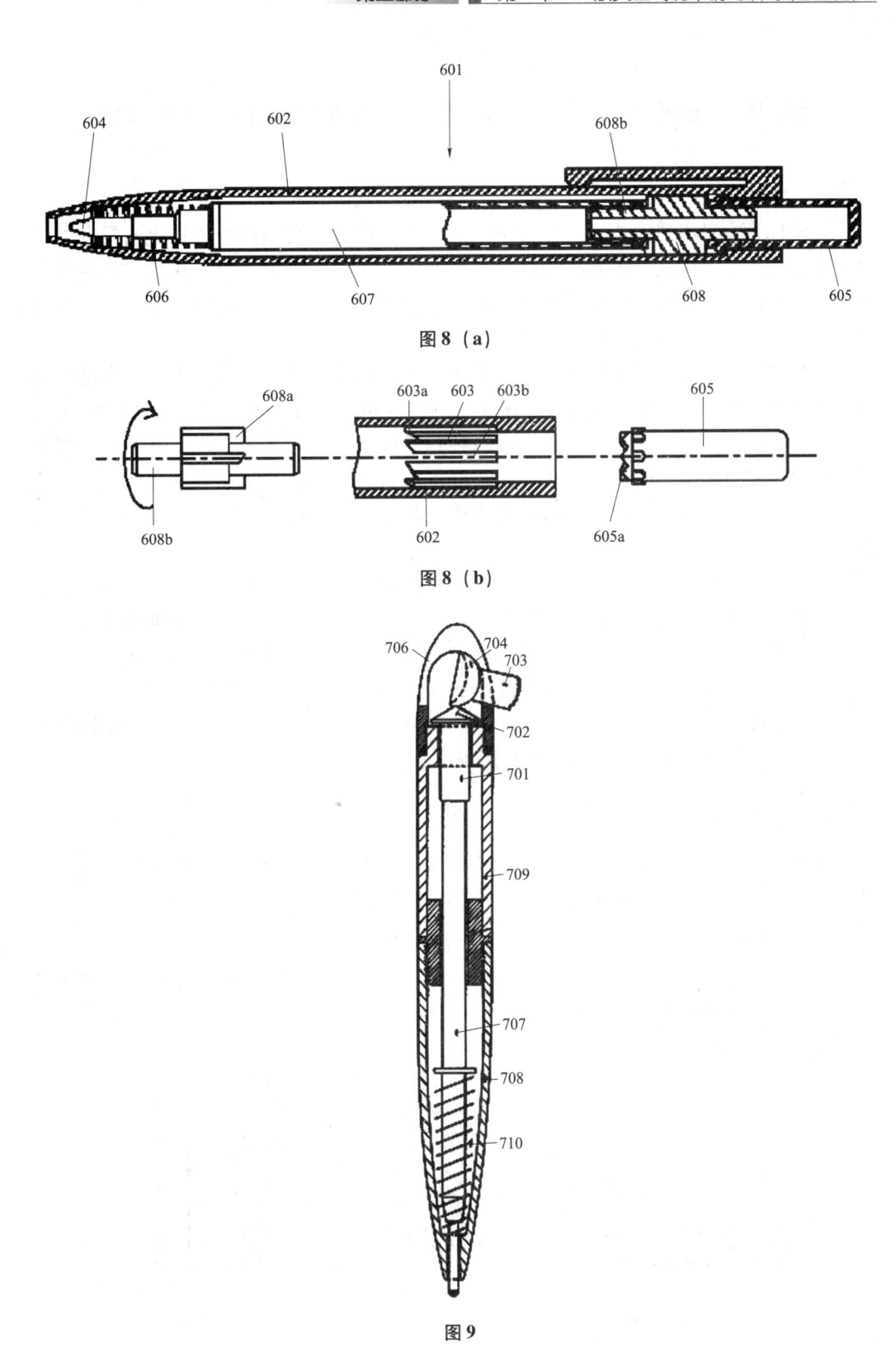

图 8（b）

图 9

第四节 通过充分扩展实施例谋求合理概括保护范围的途径

一、概要

实施例是对发明的优选的具体实施方式的举例说明。实施例的数量应当根据发明的性质、所属技术领域、现有技术状况以及要求保护的范围来确定。这部分是说明书最为重要的部分,说明书为公众提供的技术信息主要由该部分所反映,并且通过合理概括此部分内容得出恰当的独立权利要求。

实施例的扩展通常采用两种主要方式,一种是通过对发明人的技术交底书进行细致分析以及与发明人沟通获取更多扩展实施例,也就是通过发现交底书中明显和/或暗含的矛盾之处,寻求更多技术方案;另一种是通过对技术内容的了解,直接扩展实施例,在获得发明人提交的技术交底书后,可以依据对现有技术和原有具体实施方式的充分理解和分析,直接对这些具体实施方式进行进一步的补充和完善,扩展出更多的具体实施方式。

本节以对技术交底书的污水处理装置进行扩展为例,详细讲述了如何具体通过上述两种方式扩展实施例,例如:在与发明人沟通的方式中,一起细致分析交底书,发现暗含在不同段落中的技术上的矛盾之处,寻求更多的变形和替代方案,从而扩展得出一个实施例;而在通过自行撰写直接扩展的实施例的方式中,具体采用将现有技术中的技术特征与具体实施方式中的技术特征相融合的方式,以及采用增加具体构件的数量以获得更佳技术效果的方式,又扩展得出两个实施例。

二、发明人提供的技术交底书

本案涉及一种污水处理装置,特别是涉及实现多种絮凝药剂投放、混合、反应、絮凝和沉淀的旋流式污水处理设备。属于水处理领域。

(一)现有技术

在污水快速净化处理方面,中国专利申请CN1*******1A(以下简称"现有技术1")中公开了一种使污水快速固液分离和净化的污水处理机,其具体结构和工作原理参见图21-4-01。

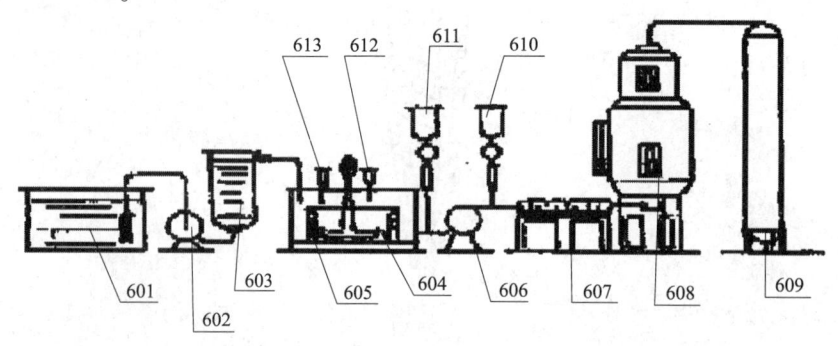

图 21-4-01

图 21-4-01 是现有技术 1 的工艺流程图，其中：贮水槽 601，污水泵 602，粗滤器 603，第一次药物投入口 612、613，第二次药物投入口 610、611，旋流器 604，导流桶 605，管道泵 606，静态混合器 607，污水处理筒 608，过滤柱 609。

现有技术 1 涉及一种使污水快速净化的污水处理机，工作原理如下：工业生产或生活中产生的大量污水，首先被注入贮水槽 601，然后通过污水泵 602 将污水注入粗滤器 603，在粗滤器 603 中污水通过化学反应进行一次预净化处理，经预处理后的污水，由粗滤器 603 的上部输出；接着，污水再注入旋流器 604 内，此时通过设在旋流器 604 上端的第一次药物投入口 612、613 将药物投入旋流器 604 内，在强力搅拌器的作用下，通过设于旋流器 604 内的导流桶 605，在旋流器 604 内，污水与药物被强烈地的搅拌和旋流，使它们充分混合反应；再采用在管道泵 606 的流入端和流出端设置第二次药物投入口 610、611，进行第二次投药，使药剂与污水快速化合；通过两次投药反应的污水形成絮体，再将已形成絮体的混合液注入静态混合器 607，在静态混合器 607 内以逐渐减缓的水流速度形成絮体，并使絮体逐渐长大，最后，含有絮体的混合液进入污水处理筒 608 进行固液分离，使污水中比重较大的絮体迅速下沉至底部，分离出的清水通过污水处理筒 608 上部的复合滤层从上部出水口排出净化后的水；净化后的水再经过过滤柱 609 的强吸附过滤层进行精滤后被将输送至工业水塔。此系统的特点是污水处理时间短，每小时处理的污水吨量为 10～500 吨，用药量少，而且净化效果可以达到工业自来水的净化标准。

中国专利申请 CN1＊＊＊＊＊＊＊2A（以下简称现有技术 2）涉及一种污水反应器，其针对现有技术 1 中存在的问题进行了改进，其主要结构和工作原理如图 21-4-02 所示：

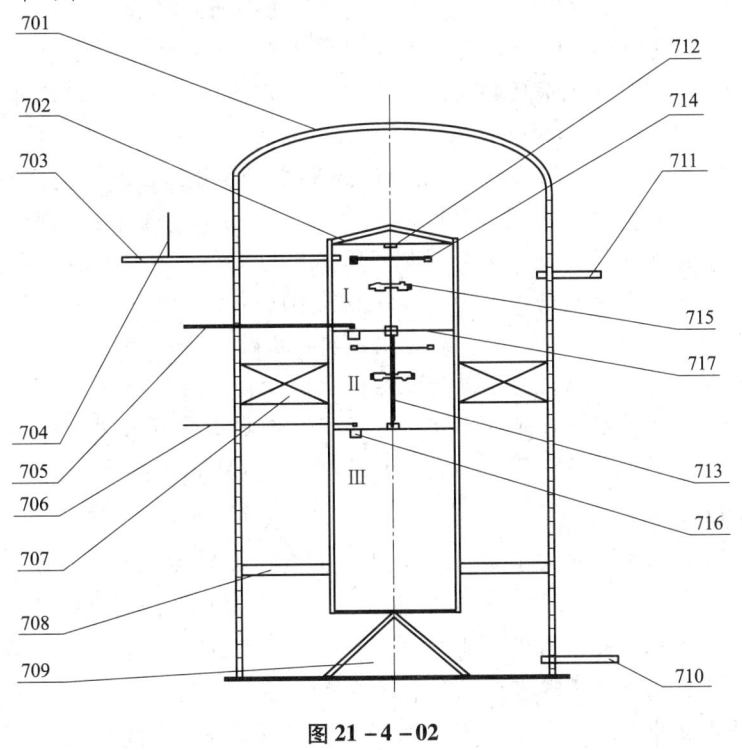

图 21-4-02

图 21-4-02 是现有技术 2 的结构示意图，其中：外筒 701，中心反应筒 702，进水管 703，第一加药管 704，第二加药管 705，第三加药管 706，精滤板 707，滤水器 708，滑泥锥 709，排泥管 710，排水管 711，搅拌轴支座 712，搅拌轴 713，主动叶片 714，搅拌叶片 715，喷嘴 716，隔板 717。

该污水反应装置有一个外筒 701 及在外筒内设置的中心反应筒 702，其中，中心反应筒 602 的顶部封闭而底部敞开，外筒的顶部和底部都封闭；两块隔板 717 分别设置在中心反应筒 702 内，并将其分隔成混凝室Ⅰ、Ⅱ和Ⅲ，在三个混凝室之间的两个隔板 717 上分别设有两个喷嘴 716，它们是流体在混凝室之间进出的出入口，在混凝室Ⅰ的上侧部，设置有污水进水管 703，第一加药管 704 设置在所述污水进水管上，污水进水管 703、第二加药管 705 和第三加药管 706 分别从外筒的外部穿过中央反应筒，插到中央反应筒的内部，污水进水管 703 进入中央反应筒的进水口设置在混凝室Ⅰ的上侧部，第二和第三加药管 705 和 706 的加药口分别设置在两个喷嘴 716 的上方，并分别位于混凝室Ⅰ和Ⅱ内，而所述进水口和喷嘴喷出流体的方向分别使混凝室中的液体产生旋流；混凝室Ⅰ和Ⅱ内还分别安装有搅拌机构，这些搅拌机构包括搅拌轴支座 712、搅拌轴 713、主动叶片 714 和搅拌叶片 715，搅拌轴 713 通过搅拌轴支座 712 置于混凝室内，主动叶片 714 和搅拌叶片 715 安装在搅拌轴 713 上。中心反应筒 702 外壁与外筒 701 内壁之间构成环形腔，使其能够存储流体，在中心反应筒和外筒之间沿环形腔安装有精滤板 707 和滤水器 708，在中心反应筒 702 内侧的底部设置滑泥锥 709，在外筒上侧设置排水管 711。

其工作原理为：首先，第一种药剂通过第一加药管 704 加入进水管 703 中，加有药剂的污水从进水管 703 旋流地进入中心反应筒 702 上部的混凝室Ⅰ，加有药剂的污水喷射在搅拌机构的主动叶片 714 上，并且推动搅拌叶片 715 旋转，利用射流的卷吸作用及搅拌机构的搅动，在较短的时间内实现药剂与污水的混合，形成一级处理污水；接着，被一级处理的污水与从第二加药管 705 加入的第二种药剂一起经混凝室Ⅰ和Ⅱ之间的喷嘴 716 旋流地进入混凝室Ⅱ，然后进行混合反应；接着，在混凝室Ⅱ充分混合反应后的二级处理污水与从第三加药管 706 加入的第三种药剂一起进入混凝室Ⅲ，进行进一步混合反应。污水经过上述三次分别与不同药剂的反应之后，分别生成絮状反应物，最后，含有大量絮体和杂质的污水由中心反应筒 702 的下部排出，由滑泥锥 709 滑落到外筒 701 的底部，再逐渐向上流动，经过滤水器 708 时，过滤掉大量絮体，含有较小颗粒的泥沙和悬浮物的污水通过滤水器 708 后向上流动，在经过精滤板 707 时被过滤掉，不再与污水一起向上流动，而是向下回落；净化后的水由外筒上侧的排水管 711 排出，而由絮体堆积而成的泥沙经外筒 701 底部的排泥管 710 排出。

（二）要解决的技术问题

发明人认为：在现有技术 1 中，由于在污水中加入絮凝药剂混合反应进行水处理的设备包括多个分别设置的部件，如旋流器，水泵，混合处理器，过滤器等，所以此装置整体性差，总体积大，占用场地多。

现有技术 2 虽然解决了现有技术 1 中存在的问题，但是，现有技术 2 仍然存在的问题是，由于污水在中心反应筒中与不同的药剂发生反应的过程中，污水的流动方向均是旋流地从上向下流动,即在整个污水反应装置充满水之前,中心反应筒内尚未建立稳定的旋转流场,药剂与污水不能有效地混合、反应,所以,导致大量的不合格污水排出反应器。此时排出的污水比没有处理的污水更脏,造成后续设备严重超负荷运行,严重影响后续设备的使用效果和使用年限。

除此之外,现有技术2中还存在下述问题,由于现有技术的中心反应筒设置在外筒的中央,而反应筒的喷嘴需要经常清洗和更换,因此必须将外筒内的水全部放空,才能清洗维护喷嘴。而在将外筒内的水全部放空过程中,将加了药剂的污水排出反应筒外,造成污水重复处理。

发明人想要在上述现有技术的基础上作出改进,在解决现有技术1的基础上,主要解决现有技术2中的"在反应初期,药剂和污水不能有效地混合、反应,导致大量的不合格污水排出反应器"的技术问题。

(三) 具体实施方式介绍

为解决上述现有技术2中依然存在的问题,发明人提出了一种经过改进的污水处理装置,其结构和工作原理参见图21-4-03。

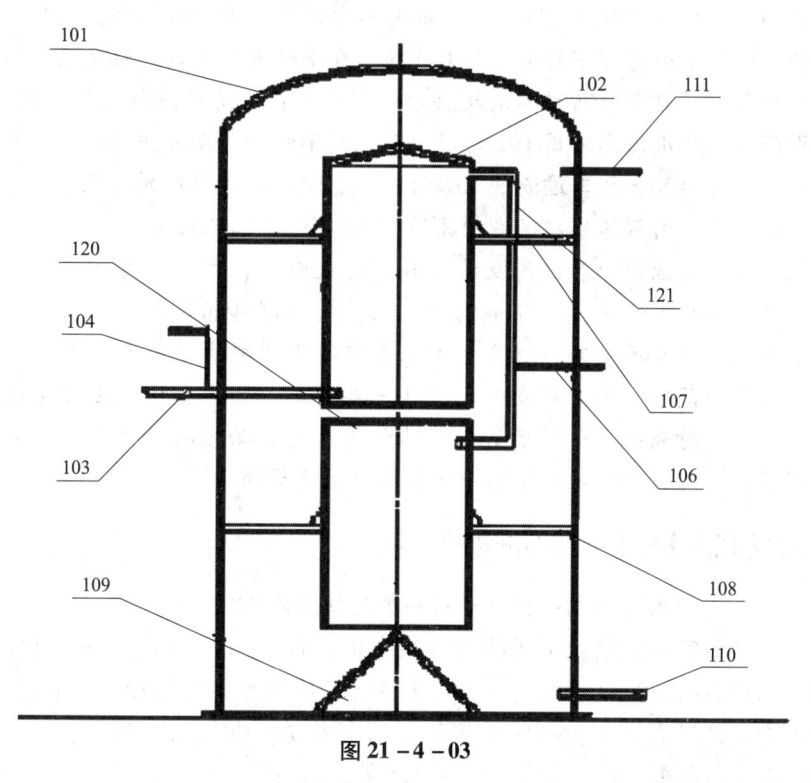

图 21-4-03

如图21-4-03所示,该污水处理装置采用内置双向反应筒的结构,其包括:一个顶端和底端封闭的外筒101、一个顶端封闭且底端敞开的下游反应筒120、一个顶端和底端封闭的上游反应筒102、一个设置在上游反应筒102下侧的进水管103、一个设置在进水管上的第一加药管104、连接上游反应筒102上侧和下游反应筒120上侧的连接管121、一个设置在连接管上的第二加药管106、一个设置在外筒体101内底面上且位于下游反应筒下方的滑泥锥109、一个设置在外筒下侧的排泥管110、一个设置在外筒上侧的排水管111、第一过滤件108、第二过滤件107；其中，所述外筒101的中央设有所述下游反应筒120和所述上游反应筒102，上游反应筒102设置在下游反应筒外部的上方；上游反应筒102和下游反应筒120外壁与外筒101之间构成环形空腔，所述第一过滤件108和第二过滤件107都设置于外筒的内侧和上游反应筒102的外侧之间。

上述双向反应筒是指水流方向相反的两个反应筒，其中，上游反应筒102设置在下游反应筒120的上游处，污水先经过上游反应筒102，然后进入下游反应筒120，在本实施例中，上游反应筒102采用下侧进水，其中的水流方向是旋流向上的；而下游反应筒120采用上侧进水，其中的水流方向是旋流向下的。而所谓内置型污水处理装置是指上游反应筒102和下游反应筒120都设置在外筒101内部的污水处理装置。

上述污水处理装置的工作过程如下：

污水流入进水管103，由第一加药管104加药后，旋流地进入上游反应筒102的底部，加药后的污水在上游反应筒102中旋流地向上流动，期间药剂和污水进行充分反应并形成絮体，当一级反应的污水向上旋流到接近上游反应筒102顶端时，此污水从上游反应筒102上侧的连接管121排出，再通过第二加药管106加药，之后，从下游反应筒120的上侧旋流地进入下游反应筒120内，在下游反应筒内二级反应的污水旋流而下，使第二次加入的药剂与污水再次反应形成絮体。在与两种药剂进行两次反应之后，污水顺着滑泥锥109滑落到外筒101与所述反应筒102和120之间的环形空间中，再分别经过第一过滤件108和第二过滤件107的二次过滤，使过滤后的净化水由外筒上侧的排水管111排出，而由絮体堆积而成的泥沙经排泥管110排出。

此内置的双向反应筒分为上游反应筒和下游反应筒，由于上游反应筒采用下部进水的方式，使加有药剂的污水旋流地向上流动，所以刚开始进水即可实现旋流，从而确保在反应初期药剂与污水充分混合，因此本申请发明解决了现有技术2中在反应初期不能充分混合的问题。但是本发明还存在一些弊端，主要是由于上游反应筒设置在外筒之内，在需要对隔板上的喷嘴进行清洗和更换时，必须将外筒内的水放空，然后才能进行操作，因此，这种设置不利于清洗隔板上设置的喷嘴。

三、对技术交底书中的实施例进行扩展

目前发明人在技术交底书中只给出了一个具体实施方式。

诚然，在某些特定的情况下进行撰写时，可以将发明人给出的一个具体实施方式作为基础，结合自身对该技术发展状况的了解，形成若干个彼此相互独立的和/或上下衔接的技术方案，进而撰写出相应的权利要求书和说明书。然而不可否认，在另外一些特定的情况下进行撰写时，如果难以由发明人给出的一个具体实施方式形成多个技术方案，这时，很难撰写出保护范围较合理的独立权利要求。倘若独立权利要求撰写的不合理，他人稍做改进，就能绕过该权利要求而得到新的技术方案，并依此进行生产、制造，甚至申请新专利，导致发明人的利益受到损失。

在这种情况下，应尽量考虑多角度多方面扩展具体实施方式，以对发明人的利益形成适当保护。下面，对具体的扩展方式进行了说明。

扩展实施例的方式从大的方面分有两种，一种方式是对发明人提交的技术交底书进行细致分析，通过与发明人的沟通获取更多的具体实施方式，另一种方式是通过对技术内容的掌握，直接帮助发明人形成更多的具体实施方式。

（一）对发明人提交的技术交底书进行细致分析，寻求更多的变形和替代方案

在发明人提交的技术交底书中，有时会出现一些技术上相互矛盾之处。这种技术上的相互矛盾之处可能出现在某个特定段落中，这时比较容易被发现；也可能出现在不同的段落之间，这时需要仔细阅读整个技术交底书才能够发现。

当发现技术交底书存在内在的逻辑冲突时，可以通过文字润色，在正式提交的申请文件中消除掉这些技术上的矛盾。然而，从技术上进行客观分析，应当可以判断出这些矛盾之间存在内在联系，因而不应忽视这些问题，而是应当及时与发明人沟通，使发明人关注到技术交底书中存在的技术上的矛盾，并告知发明人如果通过文字润色消除掉这些矛盾所可能出现的后果。

当然，所发现的技术矛盾不同，相应的处理方式也可能会不相同。在此仅以在特定段落中存在相互矛盾之处为例进行说明。

在本案中，从发明人在技术交底书中的要解决的技术问题的第三段和第四段可以看出，发明人在其提供的具体实施方式中只解决了反应初期有效混合反应的问题，而仍然存在喷嘴不易清洗、更换和维护的问题。并且发明人在技术交底书中的具体实施方式介绍的最后一段，也指出采用技术交底书的具体实施方式，即上游反应筒设置在外筒内，虽然解决了在反应初期有效混合反应的问题，但是这种设置不利于清洗隔板上设置的喷嘴。

由此可见，发明人已经注意到技术交底书中的具体实施方式仍然存在技术问题，依据一般的逻辑推理，有理由怀疑发明人还形成有能够克服这些技术问题的其他的具体实施方式。

从逻辑上出现的矛盾之处入手，申请人主动与发明人进行了沟通，了解到发明人已经形成了另外一个具体实施方式，即扩展实施例一，也就是将上游反应筒设置在外筒之外，从而可以克服不利于清洗反应筒以及隔板上的喷嘴这一技术问题，但是发明人希望将此作为另一项发明随后申请专利，以便得到另一新的专利申请，所以没有将其作为技术交底书的一部分，提供给在交底书中。

另外，通过与发明人进行的沟通，还进一步了解到，技术交底书中的具体实施方式产生这些缺陷的原因是上游反应筒设置在外筒内部，因此，如果需要清洗、维护或更换喷嘴，则需要将外筒内的水全部放空，操作人员才可以进入到上游反应筒中进行施工。可以看出，即使所属技术领域的技术人员在获得被润色之后而形成不存在逻辑问题的具体实施方式后，也可以通过详细分析现场的实际操作情况，了解到在需要更换喷嘴时出现的问题，进而可能在不长的时间里，为了使技术方案更加完善，想到可以将上游反应筒放置在外筒之外，形成扩展实施例一的技术方案。因此，建议发明人同时将扩展实施例一作为正式申请文件的一部分，以便形成更多的实施方式，使得他人不容易绕过本发明而形成新的技术方案，从而提出新的专利申请。

（二）通过对技术内容的了解，直接在已有具体实施方式基础上进行优化和细化

在获得发明人提交的技术交底书后，申请人还可以依据对现有技术和原有具体实施方式的充分理解和细致分析，帮助发明人直接对这些具体实施方式进行进一步的补充和完善，扩展出更多的具体实施方式。具体的扩展方式有许多种，在此仅以将现有技术中的技术特征与具体实施方式中的技术特征相融合的方式以及增加具体结构的数量以获得更佳技术效果的方式为例进行说明。

1. 将现有技术中的技术特征与具体实施方式中的技术特征相融合

发明人通过技术交底书提供的具体实施方式，是发明人对在先技术实施改进所形成的获得特定技术效果用的具体实施方式。因此在许多情况下，发明人并没有逐一对在先技术中的技术特征进行分析。

可以依据技术交底书中的具体实施方式和发明人提供的在先技术，通过细致分析技术特征的方式，将现有技术中的技术特征与具体实施方式中的技术特征相融合，形成具有进一步技术效果的其他具体实施方式，进而帮助发明人进一步完善申请文件。

在本案中，发明人提供的现有技术 2 的反应筒中还设置有隔板和喷嘴。依据交底书了解的技术发展状况，可以看出，增加隔板和喷嘴，可以使药剂和污水的反应更加充分。由于该实施例是在现有技术 2 的基础上进行的改进，因此，在该实施例的适当位置设置一个或多个隔板和喷嘴，也能够进一步更好地使药剂和污水有效地混合、反应。

而且，还可以增加或布置其他有利于充分混合、反应的部件，比如：现有技术中的搅拌叶片等。通过补充这些部件，充分利用了上游反应筒的空间，使上游反应筒中药剂和污水的混合反应更高效和充分。依据上述分析，形成了扩展实施例二。

2. 增加具体构件的数量以获得更佳技术效果

发明人通过技术交底书提供的具体实施方式，仅仅表达的是发明人认为能够实现相应的发明目的并获得相应的技术效果的特定实施方式，即发明人在实际生产中使用的特定实施方式。因此在许多情况下，发明人没有动机对特定实施方式中的各个具体构件进行进一步扩展。这也从另一个角度说明，可以依据技术交底书中的具体实施方式，以及所拥有的该领域技术知识，帮助发明人进一步完善申请文件。

在本案中，发明人提供的扩展实施例一，是将上游反应筒设置于外筒之外，可以看出，这种方式既节省了外筒内的空间，又扩大了上游反应筒放置的空间。根据这些分析，可以进一步充分利用外筒之外的空间，增加上游反应筒的数量。由于药剂是通过加药管、连接管和喷嘴加入的，所以在上游反应筒的数量增加后，就增加了药剂加入的次数，使得药剂和污水的反应能够依次进行，获得更好的净化结果，由此，进一步形成了能够获得更好地技术效果的扩展实施例三。

（三）扩展的实施例

将技术交底书中的实施方式定为第一实施例，下面是在此基础上对实施方式进行的进一步扩展，得到扩展实施例一、二、三。

1. 扩展实施例一

发明人对第一实施例进行扩展，得到一种外置上游反应筒的污水处理装置，如图

21-4-04所示，其与第一实施例的较大区别在于，将上游反应筒设置在外筒之外。在上游反应筒202中设置一个隔板224，隔板224将上游反应筒202分隔为两个腔室Ⅰ和Ⅱ，在隔板224上设有使夹杂絮状体的污水旋流地喷射进入腔室Ⅱ的喷嘴222，进水管203设置在上游反应筒202的下侧，第一加药管204与进水管203相连，第二加药管223设置在腔室Ⅰ中，出药口对准喷嘴222喷药，连接管221的一端与腔室Ⅱ的上侧相连，第三加药管206设置在连接管221上；而连接管221的另一端穿过外筒201，伸入外筒201内的下游反应筒220的上侧，而此污水处理装置中的其他部件，即，滑泥锥209，第一过滤件208，第二过滤件207，排泥管210，排水管211的布置方式都与交底书中的实施例相同，在此不再赘述。

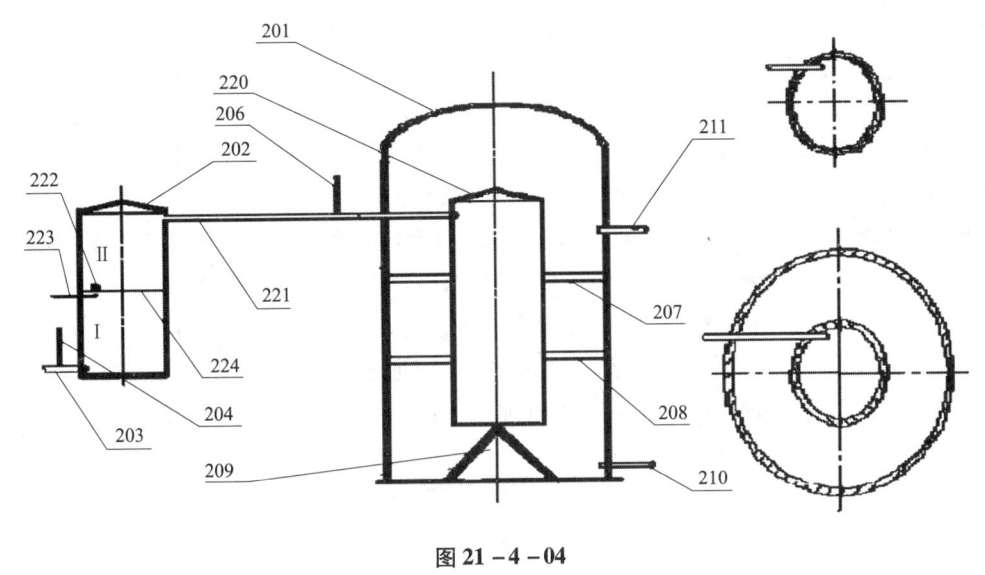

图21-4-04

其工作过程如下：

污水流入进水管203，由第一加药管204加药后，旋流地进入上游反应筒202中腔室Ⅰ的底部，第一次加药后的污水在上游反应筒202的腔室Ⅰ中旋流地向上流动，污水在外置的上游反应筒202内以一定的强度旋转，完成第一种药剂与污水的反应并生成絮体，当一级反应的污水向上旋流，并充满腔室Ⅰ后，和第二加药管223加入的药剂一起，通过隔板224上的喷嘴222，旋流地进入腔室Ⅱ，在腔室Ⅱ中与第二种药剂混合、反应的过程与在第Ⅰ腔室中的相同。污水中的杂质再次聚集成絮体，当二级反应的污水接近上游反应筒202顶端时，此污水从上游反应筒202上侧的连接管221排出，在通过第三加药管206加药后，再与第三种药剂混合后经连接管221进入内置的下游反应筒220，从下游反应筒220的上侧旋流地进入下游反应筒220内，第三次加入的药剂与污水在其中再次反应形成絮体。在分别与三种相同或不同的药剂进行三次反应之后，其工作过程与第一实施例相同，即，夹杂大量絮体的污水顺着滑泥锥209滑落到外筒201底部，然后进入外筒与所述反应筒202和220之间的环形空间中，再分别经过第一过滤件208和第二过滤件207的二次过滤，使过滤后的净化水由外筒上侧的排水管211排出，而由絮体堆积而成的泥沙经排泥管210定期排出。

需要进一步说明的是，污水由设置在外置的上游反应筒下侧的进水管，旋流地进入上游反应筒腔室Ⅰ，利用射流的卷吸作用在较短的时间内实现药剂与污水的混合。由于腔室Ⅰ和Ⅱ的充水过程是自下而上的，此设备在使用初期就可以在其内产生稳定的旋转流场，因此，可以确保在使用初期药剂与污水充分混合，这不仅节省了外筒内部的空间，而且外置型的上游反应筒在清洗及更换喷嘴时不需要将外筒内的水全部放空，从而便于设备清洗和维护。

对于本实施例中所涉及的进水管的进水口以及连接管的进水口的设置方式如图21-4-04右侧上下布置的两个附图所示，它们设置的位置使进水方向尽量沿着反应筒的内壁，从而使水可以在反应筒中旋流，但不局限于此，能够使污水在反应筒中产生旋流的进水口的其他布置方式也同样适合使用在本发明中。

2. 扩展实施例二

帮助发明人对本申请的第一实施例的技术内容进行简单扩展得到包括两个腔室的上游反应筒，如图21-4-05所示，在上游反应筒302中设置一个隔板324，隔板324将上游反应筒302分隔为两个腔室Ⅰ和Ⅱ，在隔板324上设有使夹杂絮状体的污水旋流地喷射进入腔室Ⅱ的喷嘴322，进水管303设置在上游反应筒302的下侧，第一加药管304与进水管303相连，第二加药管323设置在腔室Ⅰ中，出药口对准喷嘴322喷药，连接管321的一端与腔室Ⅱ的上侧相连，第三加药管306设置在连接管321上；而连接管321另一端的连接方式、下游反应筒320、滑泥锥309、第一过滤件308、第二过滤件307、排泥管310、排水管311和外筒301的布置方式都与第一实施例相同，在此不再赘述。

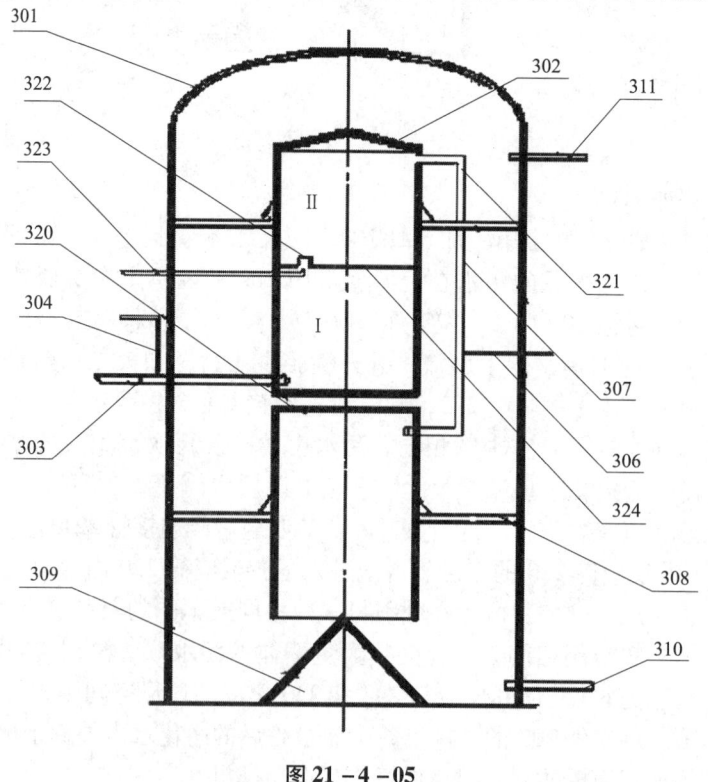

图21-4-05

其工作过程如下：

污水流入进水管303，由第一加药管304加药后，旋流地进入上游反应筒302的腔室Ⅰ底部，第一次加药后的污水在上游反应筒302的腔室Ⅰ中旋流地向上流动，期间药剂和污水进行充分反应并形成絮体，当一级反应的污水向上旋流，并充满腔室Ⅰ后，和第二加药管323加入的药剂一起，通过隔板324上的喷嘴322，旋流地进入腔室Ⅱ，在腔室Ⅱ中充分反应，污水中的杂质再次聚集成絮体，当二级反应的污水接近上游反应筒302顶端时，此污水从上游反应筒302上侧的连接管321排出，在通过第三加药管306加药后，从下游反应筒320的上侧旋流地进入下游反应筒320内，第三次加入的药剂与污水在其中再次反应形成絮体，在分别与药剂进行三次反应之后，污水顺着滑泥锥309滑落到外筒301与所述反应筒302和320之间的环形空间中，再分别经过第一过滤件308和第二过滤件307的二次过滤，使过滤后的净化水由外筒上侧的排水管311排出，而由絮体堆积而成的泥沙经排泥管310排出。

由此看出，本实施例是在第一实施例的基础上，对上游反应筒进行的改进，因此，本实施例与第一实施例的技术效果相同，也能确保在反应初期药剂就与污水充分混合。而本实施例中，通过隔板将上游反应筒隔成两个腔室，从而增加加药次数，由于每次加药的种类可以相同或不同，所以使污水中的各种杂质能够得到充分混合、反应，从而使污水得到更充分的净化。

虽然附图21-4-05中设置了三级药剂和污水的充分混合反应模式，但也可以根据水质情况设置其他级数的药剂和污水的充分混合反应模式，因此，为了使污水中的杂质被药剂充分化合，可将上游反应筒302分隔成多个分开的腔室并相应地设置多个加药管321，分多次加入不同的药剂或相同的药剂使污水与杂质进行充分的化学反应，从而使两者分离，达到净化污水的目的。

同理，还可根据不同需求补充相应的促进旋流和搅拌的元件，如叶片旋转搅拌机构，将它们分别设置在上游反应筒和/或下游反应筒内，以增加旋流和搅拌速度和幅度，使药剂和污水充分混合反应。

3. 扩展实施例三

直接帮助发明人将上游反应筒进一步扩展为以串联方式连接的多级上游反应筒。

图21-4-06仅列举了三种形式串联的上游反应筒，但本发明不限于此。尤其是在将上游反应筒设置在外筒之外的情况下，将外置的上游反应筒以二个、三个或多个串联的方式设置，并可增设一个或多个隔板，设置两腔或多腔的外置上游反应筒，其中间用连接管连接，在连接管上设置加药管。

上述多个串联的上游反应筒可以设计为垂直的布置方式，也可以设计为其他的布置方式。其中，这些上游反应筒的充水方式都设置为进水口位于上游反应筒的下侧，出水口位于上游反应筒的上侧。虽然上述优选的设置方式确保设备在使用初期以及在使用过程中都可以在反应筒内产生稳定的旋转流场，但是不排除上游反应筒使用其他连接方式，例如，上游反应筒之间的连接管也可以依次设置在两个相邻的且串联的上游反应筒的下侧和上侧之间，或者是在两个相邻的且串联的上游反应筒的上侧和上侧之间，或者是在两个相邻的且串联的上游反应筒下侧和下侧之间。因此，只要是

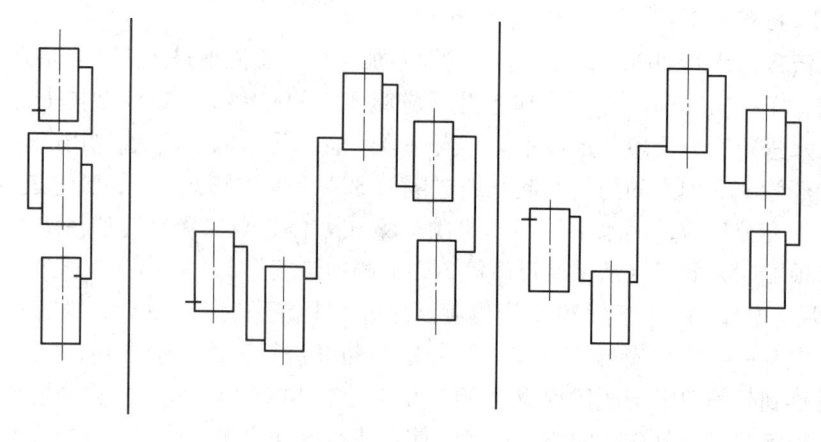

图 21-4-06

使设备在使用初期可以在上游反应筒内产生稳定的旋转流场的布置和连接方式都可以使用。

上述上游反应筒还可以设计为水平并排的布置方式，其中的连接管也可以依次设置在两个相邻的且串联的上游反应筒的上侧和下侧之间呈"Z"字形。

这样以串联方式设置在外筒之外的上游反应筒，可以节省外筒内的空间，并且便于清洗、维护或更换上游反应筒内的喷嘴。

（四）扩展实施例的优点

由于上述增加的多种实施方式均是在第一个实施例的基础上进行的改进，所以上述所有的实施例都具有能够在反应初期达到药剂和污水充分混合、反应这一基本效果，而且通过增加一些结构部件或对其结构特征进行一些简单的变换和叠加，还能使它们具有更多附加的效果，比如通过扩展实施例一使所述污水处理装置的喷嘴便于清洗并且节省了外筒内部的空间；通过扩展实施例二使旋流和搅拌速度和幅度增加了；通过扩展实施例三能够加入更多种的药剂。

因此，帮助发明人进一步完善发明创造，撰写出概括得较宽的权利要求，使得他人不能对本申请的上游反应筒设置的位置、上游反应筒的数量和连接方式稍作改变或变形之后就轻易绕过发明人将要保护的技术方案，从而使发明人的利益得到相对合理和充分的保护。而且对于实施例中增加的一些优选的和详细的结构特征，还可以补充到从属权利要求中加以保护，从而使保护范围更全面具体。

四、权利要求的撰写思路分析

正确的权利要求的撰写步骤是，首先确定保护的客体，然后确定最接近的现有技术，再根据最接近的现有技术确定本申请发明所要解决的技术问题，并且找到本申请发明所要解决的技术问题的必要技术特征，从而撰写出独立权利要求。而这样撰写出的权利要求一定满足《专利法》关于支持、新颖性和创造性等的相关规定。

（一）确定本申请发明相对现有技术作出的主要改进及需要保护的客体

涉及图 21-4-03 至图 21-4-06 的四个实施例的本申请发明与现有技术 1 和 2 相

比，有如下的相同点和和最根本的改进。

相同点在于，它们都涉及一种污水处理装置，主要通过内筒、外筒、进水管、连接管和排水管，使污水和药剂进行充分混合反应，从而使污水得到净化。

最根本的改进在于：

一种污水处理装置，它具有上游反应筒以及设置在外筒内的下游反应筒，其中，在所有实施例中下游反应筒均设置在外筒内，而第一实施例是在外筒内设置上游反应筒，第二实施例（即扩展实施例一）是在外筒外设置上游反应筒，第三实施例（即扩展实施例二）是在外筒内的上游反应筒中设置隔板，第四实施例（即扩展实施例三）是将设置在外筒内或外筒外的上游反应筒串联。

通过上述最根本的改进，本申请发明解决了现有技术的问题，达到了结构紧凑占地面积少且在装置运转初期使药剂和污水充分混合反应的效果，所以，本申请发明的保护客体一定是一种污水处理装置。

（二）确定最接近的现有技术

首先，应该考虑技术领域，所要解决的技术问题以及达到的技术效果。现有技术1和2与本申请发明同属于污水处理领域，所要解决的技术问题都是工业生产或生活中产生的大量污水无法直接排放或再利用，或者直接排放出来的污水可能导致自然环境的污染。而现有技术1和2所产生的技术效果也相同，即，通过使用药剂，对污水进行多次的化合、反应，使污水得到净化处理，但现有技术2还能使污水处理装置的结构紧凑占地面积少。通过上述分析，现有技术1和2属于相同的技术领域，所要解决的技术问题和达到的技术效果相似，但是现有技术2还解决了现有技术1结构不紧凑占地面积大的问题，达到了更接近本申请发明的技术效果，即结构紧凑占地面积少。

其次，考虑本申请发明公开的技术特征，通过本申请发明的技术特征与现有技术1和2的比对，可以得出公开本申请发明的技术特征最多的现有技术。

本申请发明的旋流污水处理装置的全部技术特征如下：

（1）一个或多个上游反应筒，上下端面都封闭；

（2）用于加入与污水反应的药剂的加药管；

（3）第一加药管与进水管相连；

（4）所述进水管使水旋流地进入所述上游反应筒的下侧；

（5）设置在上游反应筒中的隔板以及设置在隔板上的喷嘴；加药管的出药口设置在所述喷嘴的附近，使药剂与污水一起通过喷嘴旋流；

（6）一个下游反应筒，它的上端面是封闭的，下端面是敞开的；

（7）与加药管相连的连接管；该下游反应筒在上侧通过可加药的连接管与所述上游反应筒连接；各个上游反应筒之间通过连接管串联连接；连接管的出水口使污水旋流地流出；

（8）至少环绕设置在下游反应筒之外的上下端面都封闭的外筒；所述外筒至少和设置在所述外筒内部的下游反应筒之间构成环形流体空间；

（9）设置在反应筒中的搅拌机构，包括主动叶片，搅拌叶片，搅拌轴；

（10）设置在下游反应筒下侧与外筒底部之间的滑泥锥；
（11）在环形空腔中设置的二个过滤器；
（12）设置在外筒上侧的排水管；
（13）设置在外筒下侧的排泥管。

其中，对比文件1公开了特征（1）中的下端封闭的上游反应筒；（2）的全部特征；（9）中的搅拌机构，但没有明确其为叶片。

对比文件2公开了特征（2），（3），（5），（6），（8），（9），（10），（11），（12），（13），所包括的全部特征。

由此得出，对比文件2公开了比对比文件1更多的技术特征。

通过上述分析，确定对比文件2是本申请发明最接近的对比文件。

然后，根据选定的最接近的现有技术确定本申请发明专利申请所要解决的技术问题。

本申请发明与最接近的现有技术2的特征进行比对，其主要改进之处在于：

上述（1），（4），（7）包括的技术特征，即，

多个上游反应筒，上下端面都封闭；进水管的设置使水流旋流地进入所述上游反应筒的下侧；与加药管相连的连接管；该下游反应筒在上侧通过可加药的连接管与所述上游反应筒连接；各个反应筒之间通过连接管串联连接；连接管的出水口使污水旋流地流出。

综合上述分析可知，本申请发明要解决的技术问题是现有技术中污水处理装置在使用初期污水和药剂不能进行充分混合反应。

（三）独立权利要求的撰写

确定本申请发明要解决上述技术问题的与必要技术特征比较相关的特征为（3），（6），（8）（12），（1），（4），（7），即：第一加药管与进水管相连，一个下游反应筒，它的上端面是封闭的，下端面是敞开的，至少环绕设置在下游反应筒之外的上下端面都封闭的外筒，所述外筒至少和设置在所述外筒内部的下游反应筒之间构成环形流体空间，设置在外筒上侧的排水管；多个上游反应筒，上下端面都封闭；进水管的设置使水流旋流地进入所述上游反应筒的下侧；与加药管相连的连接管；该下游反应筒在上侧通过可加药的连接管与所述上游反应筒连接；各个反应筒之间通过连接管串联连接；连接管的出水口使污水旋流地流出。

因为撰写独立权利要求时，在支持的基础上应该尽量采用概括的方式，使权利要求扩展到一个较宽的合理的保护范围；所以对上述这些特征进行整理如下：

其中"一个或多个上游反应筒"可以写为"至少一个上游反应筒"；

"上游反应筒的上下端面都是封闭的"可以概括为"上游反应筒的至少下端面是封闭的"，因为封闭的上端面不是解决本申请发明技术问题的必要技术特征，也就是说，其上端面可以是敞开的，因此将"上端面是封闭的"删除；

"第一加药管与进水管相连"可以概括为"可加药的进水管"；"与加药管相连的连接管"可以概括为"可加药的连接管"；因为进水管的加药方式和连接管的加药方式不局限于加药管和进水管相连，以及加药管和连接管相连，也就是说，还可以采用其

他方式进行加药，只要使进水管和连接管进行加药即可，因此，它们之间的连接方式不是必要技术特征；

"上下端面都封闭的外筒，外筒至少和下游反应筒之间构成环形流体空间"可以概括为"至少下端面封闭的外筒，外筒至少和下游反应筒之间构成流体空间"，因为外筒是否敞开或封闭，并不是本申请发明解决技术问题的必要技术特征，而且外筒和下游反应筒之间只要构成流体空间使流体可以流动即可，至于流体空间的形状也不是本申请发明要解决技术问题的必要技术特征，因此，将上下端面封闭的外筒的"上端面封闭"删除，将环形流体空间的"环形"删除，对这些特征进行了进一步的概括。

将"各个上游反应筒之间通过连接管串联连接"删除，这是因为，要解决技术问题的本申请发明的技术特征中的上游反应筒可以是一个，也可以是二个、三个等，而它们之间的连接方式可以不做任何限定，只要使药剂与污水进行反应即可，这样，通过对进水管设置在上游反应筒的位置以及上游反应筒与下游反应筒之间的相连方式进行限定，就可以解决本申请发明的技术问题。

通过上述分析可知，本申请发明解决上述技术问题的全部必要技术特征为：

至少一个上游反应筒，该上游反应筒的至少下端面是封闭的，在该上游反应筒下侧连接有可加药的进水管；

一个上端面封闭、下端面敞开的下游反应筒，该下游反应筒在上侧通过可加药的连接管与所述上游反应筒连接；以及

一个至少下端面封闭的外筒，至少所述下游反应筒设置在所述外筒内，所述外筒至少和所述下游反应筒之间构成流体空间，在所述外筒上侧设有与流体空间连通的排水管，

其中，所述进水管和所述连接管的出水方向设置为旋流。

根据上述特征撰写出一个产品权利要求：

1. 一种污水处理装置，包括：

至少一个上游反应筒，该上游反应筒的至少下端面是封闭的，在该上游反应筒下侧连接有可加药的进水管；

一个上端面封闭、下端面敞开的下游反应筒，该下游反应筒在上侧通过可加药的连接管与所述上游反应筒连接；以及

一个至少下端面封闭的外筒，至少所述下游反应筒设置在所述外筒内，所述外筒至少和所述下游反应筒之间构成流体空间，在所述外筒上侧设有与流体空间连通的排水管，

其中，所述进水管和所述连接管的出水方向设置为旋流。

（四）判断撰写的独立权利要求具备新颖性和创造性

1. 新颖性

由于现有技术1和现有技术2均没有公开该"至少一个上游反应筒，该上游反应筒的至少下端面是封闭的；该下游反应筒在上侧通过可加药的连接管与所述上游反应筒相连；连接管的出水口使污水旋流地流出。"因此，上述独立权利要求所要求保护的

技术方案，与现有技术1或现有技术2单独对比时，具备《专利法》第22条第2款规定的新颖性。

2. 创造性

该权利要求相对最接近的现有技术2的区别技术特征是："至少一个上游反应筒，该上游反应筒的至少下端面是封闭的；该下游反应筒在上侧通过可加药的连接管与所述上游反应筒相连；连接管的出水口使污水旋流地流出"。而这些区别技术特征在发明人提供的现有技术1中并未披露，也不属于所属技术领域的技术人员的公知常识，并且，现有技术1没有给出或利用所属技术领域的公知常识将上述区别技术特征应用到最接近的现有技术2中以解决上述技术问题的启示，并且采用该权利要求的结构，通过多种药剂的投加，可实现药剂和污水的充分混合、反应、絮凝、沉淀，从而达到分离出污水中杂质，改善水质的目的。因此，该独立权利要求限定的技术方案，相对于现有技术1和2以及所属技术领域的公知常识而言，不是显而易见的，具有突出的实质性特点和显著的进步，具有《专利法》第22条第3款规定的创造性。

（五）从属权利要求的撰写

关于污水处理装置，概括了包括一个下游反应筒和至少一个上游反应筒以及一个外筒的保护范围较宽的技术方案，所以，应对这一概括进行具体限定：

对区别于最接近的现有技术2的特征部分的特征"上游反应筒"的数量、设置的位置和连接方式进行进一步的限定；还可以对上游反应筒的内部结构进行限定。

具体撰写样例请见推荐的申请文件的权利要求书正文。

五、说明书及说明书摘要的撰写

（一）说明书

在完成权利要求书撰写的基础上，按照《专利法实施细则》第17条规定撰写说明书。

在具体实施方式部分，参照附图，对本申请发明的各个实施例逐一作详细说明。由于帮助发明人扩展的实施例二是对原有实施例的具体结构的细化，而扩展实施例三是在扩展实施例一的基础上进行的改进，所以在撰写说明书实施方式部分时，对各实施例的先后顺序作了适当调整，例如，将帮助发明人扩展的实施例二放在原技术交底书的实施例之后，作为第二实施方式，而将发明人自己扩展的实施例放在该第二实施方式之后，作为第三实施方式，并且将扩展实施例三作为第四实施方式；另外，由于所有的等同替代和变形均可以延及本发明的所有实施方式，因此将其放在说明书结尾处进行统一说明；具体参见推荐的申请文件的说明书正文。

（二）说明书摘要

按照《专利法实施细则》第23条的规定撰写说明书摘要，在说明书摘要中要体现本申请发明的技术领域、解决现有技术所存在的技术问题、解决技术问题所采用的技术手段及采用该技术手段所获得的技术效果等主要的信息，并且满足不超过300字的出版要求。

六、案例总结

本案例涉及一种污水处理装置，最初发明人提供了两篇现有技术以及一个实施例，为了使他人不会稍做改进就绕过本发明而进行生产和制造，甚至提交新的专利申请，因此需要扩展出多个实施例，然后对这些实施例进行合理概括，撰写出保护范围适当的权利要求和说明书，从而有效地保护发明人的权益。

本案例的扩展采用了两种方式，第一种方式是通过对技术交底书的分析，以及与发明人的沟通，获取更多扩展实施例；第二种方式是通过对技术内容的掌握，帮助发明人直接扩展实施例。而这两种方式又分别包含了多种具体的扩展方式。

第一种方式通常是通过发现交底书中明显和/或暗含的矛盾之处，寻求更多技术方案；本案是通过发现在不同段落中暗含的技术上的逻辑矛盾之处，寻求变形和替代方案，得到一个扩展实施例。

第二种方式通常是通过获得的发明人提交的技术交底书后，在对现有技术和原有具体实施方式的理解和分析的基础上，直接进行补充和完善，扩展出更多的具体实施方式。本案是通过具体采用将现有技术中的技术特征与具体实施方式中的技术特征相融合的方式，以及采用增加具体构件的数量以获得更佳技术效果的方式，扩展得出另外两个实施例。

七、推荐的申请文件

根据以上介绍的最接近的现有技术和具体实施例，撰写出保护范围较为合理的独立权利要求和从属权利要求，并依据权利要求书撰写出说明书和说明书附图、摘要和摘要附图。

说　明　书　摘　要

一种污水处理装置，包括：至少一个上游反应筒，该上游反应筒的至少下端面是封闭的，在该上游反应筒下侧连接有可加药的进水管；一个上端面封闭、下端面敞开的下游反应筒，该下游反应筒在上侧通过可加药的连接管与所述上游反应筒连接；以及一个至少下端面封闭的外筒，至少所述下游反应筒设置在所述外筒内，所述外筒至少和所述下游反应筒之间构成流体空间，在所述外筒上侧设有与流体空间连通的排水管，其中，所述进水管和所述连接管的出水方向设置为旋流。从而使该装置在使用初期，能够充分混合、反应、絮凝、沉淀，达到分离出污水中杂质，从而改善水质的目的。

摘 要 附 图

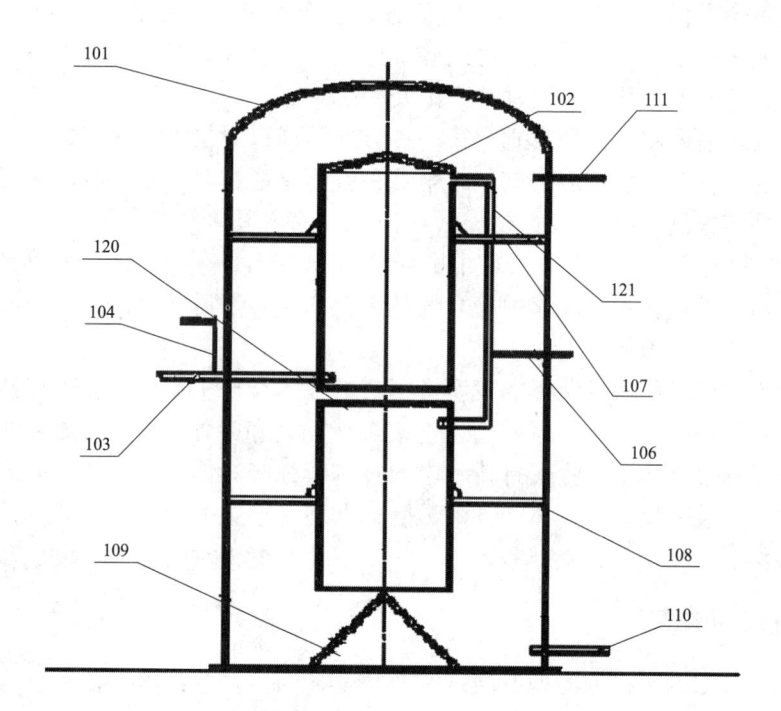

权 利 要 求 书

1. 一种污水处理装置，包括：

至少一个上游反应筒（102，202，302），该上游反应筒的至少下端面是封闭的，在该上游反应筒（102，202，302）下侧连接有可加药的进水管（103，203，303）；

一个上端面封闭、下端面敞开的下游反应筒（120，220，320），该下游反应筒（120，220，320）在上侧通过可加药的连接管（121，221，321）与所述上游反应筒（102，202，302）连接；以及

一个至少下端面封闭的外筒（101，201，301），至少所述下游反应筒（120，220，320）设置在所述外筒（101，201，301）内，所述外筒（101，201，301）至少和所述下游反应筒（120，220）之间构成流体空间，在所述外筒（101，201，301）上侧设有与流体空间连通的排水管（111，211，311），

其中，所述进水管（103，203，303）和所述连接管（121，221，321）的出水方向设置为旋流。

2. 根据权利要求1所述的污水处理装置，其特征在于，所述上游反应筒（102，202，302）设置在外筒（101，201，301）之内。

3. 根据权利要求1所述的污水处理装置，其特征在于，所述上游反应筒（102，202，302）设置在外筒（101，201，301）之外。

4. 根据权利要求3所述的污水处理装置，其特征在于，所述上游反应筒（102，202，302）是多个，它们分别由可加药的连接管相互串联在一起。

5. 根据权利要求4所述的污水处理装置，其特征在于，所述连接管在所述上游反应筒的上端和下端之间连接，使反应中的污水从所述一个上游反应筒的上端排出，流入所述另一个上游反应筒。

6. 根据权利要求1~5所述的污水处理装置，其特征在于，所述上游反应筒（202）还包括将其分隔成至少两个腔室的、且使腔室间相互连通的隔板（224），在所述隔板（224）处设有旋流的加药喷嘴（222）。

7. 根据权利要求6所述的污水处理装置，其特征在于，所述上游反应筒（102，202，302）和/或下游反应筒内设置旋转搅拌机构。

8. 根据权利要求7所述的污水处理装置，其特征在于，所述旋转搅拌机构为叶片。

说 明 书

污水处理装置

技术领域

[0001] 本发明涉及一种污水处理装置，特别是涉及实现多种絮凝药剂投放、混合、反应、絮凝、沉淀的旋流污水处理设备。属于水处理领域。

背景技术

[0002] 现有的污水快速分离净化的装置通常涉及一个污水处理系统，其中包含多个反应池，在每个反应池中，污水与至少一种药剂充分地进行化学反应，在与药剂进行反应之后，污水被送到过滤器中，在其中，污水被过滤沉淀，使净化后的水和杂质分离，达到污水净化的目的。

[0003] 中国专利申请CN1＊＊＊＊＊＊＊2A涉及一种污水反应器，其主要结构和工作原理如图5所示：

[0004] 在附图5中，外筒701，中心反应筒702，进水管703，第一加药管704，第二加药管705，第三加药管706，精滤板707，滤水器708，滑泥锥709，排泥管710，排水管711，搅拌轴支座712，搅拌轴713，主动叶片714，搅拌叶片715，喷嘴716，隔板717。

[0005] 该污水反应装置有一个外筒701及在外筒内设置的中心反应筒702，其中中心反应筒702的顶部封闭而底部敞开，外筒的顶部和底部都封闭；两块隔板717分别设置在中心反应筒702内，并将其分隔成混凝室Ⅰ、Ⅱ和Ⅲ，在三个混凝室之间的两

个隔板717上分别设有两个喷嘴716，它们是流体在混凝室之间进出的出入口，在混凝室Ⅰ的上侧部，设置有污水进水管703，第一加药管704设置在所述污水进水管上，污水进水管703、第二加药管605和第三加药管706分别从外筒的外部穿过中央反应筒，插到中央反应筒的内部，污水进水管703进入中央反应筒的进水口设置在混凝室Ⅰ的上侧部，第二和第三加药管705和706的加药口分别设置在两个喷嘴716的上方，并分别位于混凝室Ⅰ和Ⅱ内，而所述进水口和喷嘴喷出流体的方向分别使混凝室中的液体产生旋流；混凝室Ⅰ和Ⅱ内还分别安装有搅拌机构，这些搅拌机构包括搅拌轴支座712、搅拌轴713、主动叶片714和搅拌叶片715，搅拌轴713通过搅拌轴支座712置于混凝室内，主动叶片714和搅拌叶片715安装在搅拌轴713上。中心反应筒702外壁与外筒701内壁之间构成环形腔，使其能够存储流体，在中心反应筒和外筒之间沿环形腔安装有精滤板707、滤水器708，在中心反应筒702内侧的底部设置滑泥锥709，在外筒上侧设置排水管711。

[0006] 其工作原理为：首先，第一种药剂通过第一加药管704加入污水进水管703中，加有药剂的污水从进水管703旋流地进入中心反应筒702上部的混凝室Ⅰ，并且喷射在搅拌机构的主动叶片714上，推动搅拌叶片715旋转，利用射流的卷吸作用及搅拌机构的搅动，在较短的时间内实现药剂与污水的混合，形成一级处理污水；接着，一级处理污水与从第二加药管705加入的第二种药剂一起经混凝室Ⅰ和Ⅱ之间的喷嘴716旋流地进入混凝室Ⅱ进行混合反应；然后，在混凝室Ⅱ充分混合反应后的二级处理污水与从第三加药管706加入的第三种药剂一起进入混凝室Ⅲ，进行进一步混合反应。污水经过上述三次分别与不同的药剂进行反应之后，分别生成絮状反应物，最后，含有大量絮体和杂质的污水由中心反应筒702的下部排出，由滑泥锥709滑落到外筒701的底部，再逐渐向上流动，经过滤水器708时，过滤掉大量絮体，含较小颗粒的泥沙和悬浮物的污水通过滤水器708后向上流动，在经过精滤板707时被过滤掉，不再与污水一起向上流动，而是向下回落；净化后的水由外筒上侧的排水管711排出，而由絮体堆积而成的泥沙经外筒701底部的排泥管710排出。

[0007] 现有技术中存在的问题是，在污水在中心反应筒中与不同的药剂发生反应的过程中，由于污水均是旋流地从上向下流动；在整个污水反应装置充满水之前，中心反应筒内尚未建立稳定的旋转流场，药剂与污水不能有效地混合、反应，所以导致大量的不合格污水排出反应器，此时期排出的污水比没有处理的污水更脏，造成后续设备严重超负荷运行，极大地影响了解情况后续设备的使用效果和使用年限。

发明内容

[0008] 为解决上述问题，本发明提出一种新型的污水处理装置。该装置可实现多种药剂按照一定的次序投加，使药剂和污水，尤其是在使用初期，进行充分混合、反应、絮凝、沉淀，达到分离出污水中杂质，从而改善水质的目的。

[0009] 本发明提供了一种污水处理装置，它包括：至少一个上游反应筒，该上游反应筒的至少下端面是封闭的，在该上游反应筒下侧连接有可加药的进水管；一个上端面封闭、下端面敞开的下游反应筒，该下游反应筒在上侧通过可加药的连接管与所述上游反应筒连接；以及一个至少下端面封闭的外筒，至少所述下游反应筒设置

在所述外筒内，所述外筒至少和所述下游反应筒之间构成流体空间，在所述外筒上侧设有与流体空间连通的排水管，其中，所述进水管和所述连接管的出水方向设置为旋流。

[0010] 在所述的污水处理装置中，所述上游反应筒可以设置在外筒之内，也可以设置在外筒之外。

[0011] 为了加入更多种的药剂，在所述的污水处理装置中，所述设置在外筒之外的上游反应筒是多个，它们分别由可加药的连接管相互串联在一起；并且，所述连接管在所述上游反应筒的上端和下端之间连接，使反应中的污水从所述一个上游反应筒的上端排出，流入所述另一个上游反应筒。

[0012] 在所述的污水处理装置中，所述上游反应筒还包括将其分隔成至少两个腔室的、且使腔室间相互连通的隔板，在所述隔板处设有旋流的加药喷嘴。

[0013] 在所述的污水处理装置中，所述上游反应筒和/或下游反应筒内可以设置旋转搅拌机构，所述述旋转机构设为叶片。

附图的简要说明

[0014] 图1是本发明第一实施方式的污水处理装置的结构示意图；

[0015] 图2是本发明第二实施方式的污水处理装置的结构示意图；

[0016] 图3是本发明第三实施方式的污水处理装置的结构示意图；

[0017] 图4是本发明第四实施方式的污水处理装置中上游反应筒的结构示意图；

[0018] 图5是现有技术的污水反应器的结构示意图。

具体实施方式

[0019] 下面结合附图，详细介绍本发明的各种具体实施方式。

[0020] 图1示出了第一具体实施方式的主要技术内容，本具体实施方式提供了一种具有双向反应筒的内置型污水处理装置，所述污水处理装置包括：一个顶端和底端封闭的外筒101、一个顶端封闭且底端敞开的下游反应筒120、一个顶端和底端封闭的上游反应筒102、一个设置在上游反应筒102下侧的进水管103、一个设置在进水管上的第一加药管104、连接上游反应筒102上侧和下游反应筒120上侧的连接管121、一个设置在连接管上的第二加药管106、一个设置在外筒体101的底面上且位于下游反应筒下方的滑泥锥109、一个设置在外筒下侧的排泥管110、一个设置在外筒上侧的排水管111、第一过滤件108、第二过滤件107；其中，所述外筒101的中央设有所述下游反应筒120和所述上游反应筒102，上游反应筒102设置在下游反应筒的上方；上游反应筒102和下游反应筒120外壁与外筒101之间构成环形空腔，所述第一过滤件108和第二过滤件107都设置于外筒的内侧和上游反应筒102的外侧之间。

[0021] 本发明名称中的双向反应筒是水流方向相反的两个反应筒，其中，上游反应筒102设置在下游反应筒120的上游处，污水先经过上游反应筒102，然后进入下游反应筒120，在本实施例中，上游反应筒102采用下侧进水，其中的水流方向是旋流向上的；而下游反应筒120采用上侧进水，其中的水流方向是旋流向下的；而所谓内置型污水处理装置是指上游反应筒102和下游反应筒120都设置在外筒内部的污水处理装置。

[0022] 上述污水处理装置的工作过程如下：

[0023] 污水流入进水管103，由第一加药管104加药后，旋流地进入上游反应筒102的底部，加药后的污水在上游反应筒102中旋流地向上流动，其间药剂和污水进行充分反应并形成絮体，当一级反应的污水向上旋流到接近上游反应筒102顶端时，此污水从上游反应筒102上侧的连接管121排出，在通过第二加药管106加药，之后，从下游反应筒120的上侧旋流地进入下游反应筒120内，在下游反应筒内二级反应的污水旋流而下，使第二次加入的药剂与污水再次反应形成絮体，在与两种药剂进行两次反应之后，污水顺着滑泥锥109滑落到外筒101与所述反应筒102和120之间的环形空间中，再分别经过第一过滤件108和第二过滤件107的二次过滤，使过滤后的净化水由外筒上侧的排水管111排出，而由絮体堆积而成的泥沙经排泥管110排出。

[0024] 此内置的双向反应筒分为上游反应筒和下游反应筒，由于上游反应筒采用下部进水的方式，使加有药剂的污水旋流地向上流动，所以刚开始进水即可实现旋流，从而确保在反应初期药剂与污水充分混合，因此本发明解决了现有技术中在反应初期不能充分混合的问题。

[0025] 图2是第二实施方式的污水处理装置的结构示意图，它是第一实施方式的上游反应筒的改进结构；如图2所示，在上游反应筒202中设置一个隔板224，隔板224将上游反应筒202分隔为两个腔室Ⅰ和Ⅱ，在隔板224上设有使夹杂絮状体的污水旋流地喷射进入腔室Ⅱ的喷嘴222，进水管203设置在上游反应筒202的下侧，第一加药管204与进水管203相连，第二加药管223设置在腔室Ⅰ中，出药口对准喷嘴222喷药，连接管221的一端与腔室Ⅱ的上侧相连，第三加药管206设置在连接管221上；而连接管221另一端的连接方式、下游反应筒220、滑泥锥209、第一过滤件208、第二过滤件207、排泥管210、排水管211和外筒201的布置方式都与第一实施例相同，在此不再赘述。

[0026] 其工作过程如下：

[0027] 污水流入进水管203，由第一加药管204加药后，旋流地进入上游反应筒202腔室Ⅰ的底部，第一次加药后的污水在上游反应筒202的腔室Ⅰ中旋流地向上流动，其间药剂和污水进行充分反应并形成絮体，当一级反应的污水向上旋流，并充满腔室Ⅰ后，和第二加药管223加入的药剂一起，通过隔板224上的喷嘴222，旋流地进入腔室Ⅱ，在腔室Ⅱ中充分反应，污水中的杂质再次聚集成絮体，当二级反应的污水接近上游反应筒202顶端时，此污水从上游反应筒202上侧的连接管221排出，在通过第三加药管206加药后，从下游反应筒220的上侧旋流地进入下游反应筒220内，第三次加入的药剂与污水在其中再次反应形成絮体，在分别与药剂进行三次反应之后，污水顺着滑泥锥209滑落到外筒201与所述反应筒202和220之间的环形空间中，再分别经过第一过滤件208和第二过滤件207的二次过滤，使过滤后的净化水由外筒上侧的排水管211排出，而由絮体堆积而成的泥沙经排泥管210排出。

[0028] 由此看出，该实施方式是在第一实施方式的基础上，对上游反应筒进行的改进，因此，该实施方式与第一实施方式的技术效果相同，也能确保在反应初期药剂

就与污水充分混合。而该实施方式中，通过隔板将上游反应筒隔成两个腔室，从而增加加药次数，由于每次加药的种类可以相同或不同，所以使污水中的各种杂质能够得到充分混合、反应，从而使污水得到更充分的净化。

[0029] 虽然附图2中设置了三级药剂和污水的充分混合反应模式，但也可以根据水质情况设置其他级数的药剂和污水的充分混合反应模式，因此，为了使污水中的杂质被药剂充分化合，可将上游反应筒202分隔成多个分开的腔室并相应地设置多个加药管221，分多次加入不同或相同的药剂使污水与杂质进行充分的化学反应，从而使两者分离，达到净化污水的目的。

[0030] 同理，本实施方式中还可根据不同需求补充相应的促进旋流和搅拌的元件，如叶片旋转搅拌机构，将它们分别设置在上游反应筒和/或下游反应筒内，以增加旋流和搅拌速度和幅度，使药剂和污水充分混合反应。

[0031] 由于在第一和第二实施方式中，上游反应筒的充水过程是自下而上的，所以此旋流污水处理装置在使用初期就可以在其内产生稳定的旋转流场。

[0032] 图3示出了本发明的第三实施方式，本实施方式提供了一个上游反应筒外置型污水处理装置，如图3所示，其与第一实施方式和第二实施方式的较大区别在于，将上游反应筒设置在外筒之外。在上游反应筒302中设置一个隔板324，隔板324将上游反应筒302分隔为两个腔室Ⅰ和Ⅱ，在隔板324上设有使夹杂絮状体的污水旋流地喷射进入腔室Ⅱ的喷嘴322，进水管303设置在上游反应筒302的下侧，第一加药管304与进水管303相连，第二加药管323设置在腔室Ⅰ中，出药口对准喷嘴322喷药，连接管321的一端与腔室Ⅱ的上侧相连，第三加药管306设置在连接管321上；而连接管321的另一端穿过外筒301，伸入外筒301内的下游反应筒320的上侧，而此污水处理装置中的其他部件，即，滑泥锥309，第一过滤件308，第二过滤件307，排泥管310，排水管311的布置方式都与第一和第二实施方式相同，在此不再赘述。

[0033] 污水流入进水管303，由第一加药管304加药后，旋流地进入上游反应筒302腔室Ⅰ的底部，第一次加药后的污水在上游反应筒302的腔室Ⅰ中旋流地向上流动，污水在外置的上游反应筒302内以一定的强度旋转，完成第一种药剂与污水的反应并生成絮体，当一级反应的污水向上旋流，并充满腔室Ⅰ后，和第二加药管223加入的药剂一起，通过隔板324上的喷嘴322，旋流地进入腔室Ⅱ，在腔室Ⅱ中与第二种药剂混合、反应的过程与第Ⅰ腔室中的相同。污水中的杂质再次聚集成絮体，当二级反应的污水接近上游反应筒302顶端时，此污水从上游反应筒302上侧的连接管321排出，在通过第三加药管306加药后，再与第三种药剂混合后经连接管321进入内置的下游反应筒320，从下游反应筒320的上侧旋流地进入下游反应筒320内，第三次加入的药剂与污水在其中再次反应形成絮体。在分别与三种相同或不同的药剂进行三次反应之后，其工作过程与第一实施方式和第二实施方式相同，即，夹杂大量絮体的污水顺着滑泥锥309滑落到外筒301与所述反应筒302和320之间的环形空间中，再分别经过第一过滤件308和第二过滤件307的二次过滤，使过滤后的净化水由外筒上侧的排水管311排出，而由絮体堆积而成的泥沙经排泥管310定期排出。

[0034] 需要进一步说明的是，污水由设置在外置的上游反应筒下侧的进水管，旋流地进入上游反应筒腔室Ⅰ，利用射流的卷吸作用在较短的时间内实现药剂与污水的混合，由于腔室Ⅰ和Ⅱ的充水过程是自上而下的，此设备在使用初期就可以在其内产生稳定的旋转流场，因此，可以确保在使用初期药剂与污水充分混合，这不仅节省了外筒内部的空间，而且外置型的上游反应筒在清洗及更换喷嘴时不需要将外筒内的水全部放空，从而便于设备清洗和维护。

[0035] 对于第三实施方式中所涉及的进水管的进水口以及连接管的进水口的设置方式如图3右侧上下布置的两个附图所示，它们设置的位置使进水方向尽量沿着反应筒的内壁，从而使水可以在反应筒中旋流，但不局限于此，能够使污水在反应筒中产生旋流的进水口的其他布置方式也同样适合使用在本发明中。

[0036] 图4是本发明的第四实施方式的示意图，该实施方式将上游反应筒进一步扩展为以串联方式连接的多级上游反应筒。

[0037] 图4仅列举了三种形式串联的上游反应筒，但本发明不限于此。尤其是在将上游反应筒设置在外筒之外的情况下，将外置的上游反应筒以二个、三个或多个串联的方式设置，并可增设一个或多个隔板，设置两腔或多腔的外置上游反应筒，其中间用连接管连接，在连接管上设置加药管。

[0038] 上述多个串联反应筒可以设计为垂直的布置方式，但也可以设计为其他的布置方式。其中，这些上游反应筒的充水方式都设置为进水口位于上游反应筒的下侧，出水口位于上游反应筒的上侧。虽然上述优选的设置方式确保设备在使用初期以及在使用过程中都可以在反应筒内产生稳定的旋转流场，但是不排除上游反应筒使用其他连接方式，例如，上游反应筒之间的连接管也可以依次设置在两个相邻的且串联的上游反应筒的下侧和上侧之间，或者是在两个相邻的且串联的上游反应筒的上侧和上侧之间，或者是在两个相邻的且串联的上游反应筒下侧和下侧之间。因此，只要是使设备在使用初期可以在上游反应筒内产生稳定的旋转流场的布置和连接方式都可以使用。

[0039] 上述上游反应筒还可以设计为水平并排的布置方式，其中的连接管也可以依次设置在两个相邻的且串联的上游反应筒的上侧和下侧之间呈"Z"字形。

[0040] 这样以串联方式设置在外筒之外的上游反应筒，可以节省外筒内的空间，并且便于清洗、维护或更换上游反应筒内的喷嘴。

[0041] 本发明不限于所述的实施方式，在产生相同效果的任何等效的替代和改变都包括在本发明的公开范围之内。例如，虽然在实施例中的上游反应筒的顶部和底部均封闭，外筒的顶部和底部均封闭，但是，所属技术领域的技术人员可以采用其他形式实施本发明，例如上游反应筒的上端面也可以是敞开的；外筒可以设置为至少下端面封闭的外筒。而且，加药方式也不限于本发明实施例中提及的，所属技术领域的技术人员还可以使用等同替代或明显变型的其他加药方式。另外，关于实施例中涉及的反应筒与外筒之间形成的环形空间，所属技术领域的技术人员也完全可以不限于此，而在它们之间构成各种形式的流体空间。

说 明 书 附 图

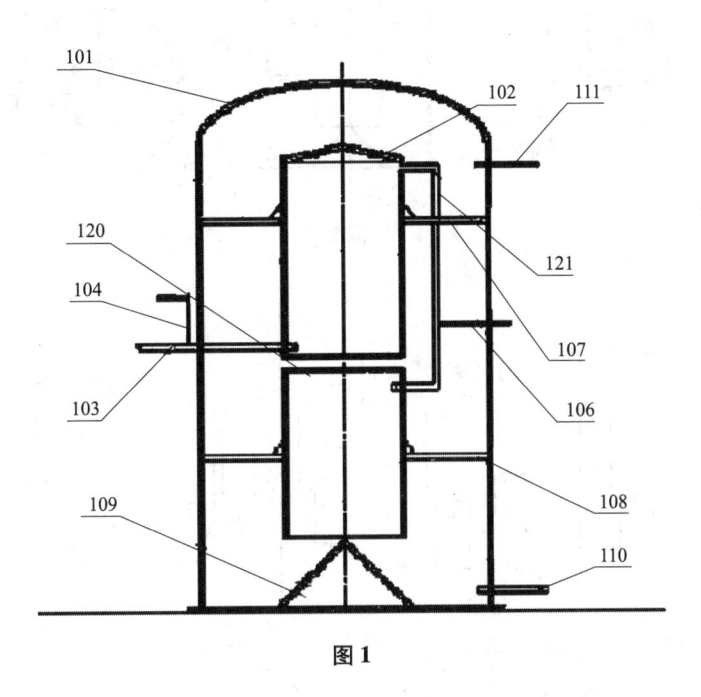

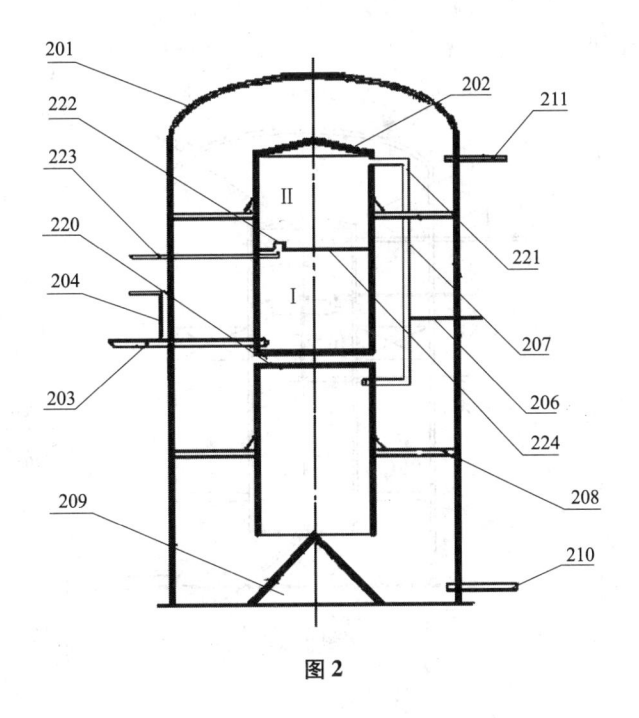

图 1

图 2

图 3

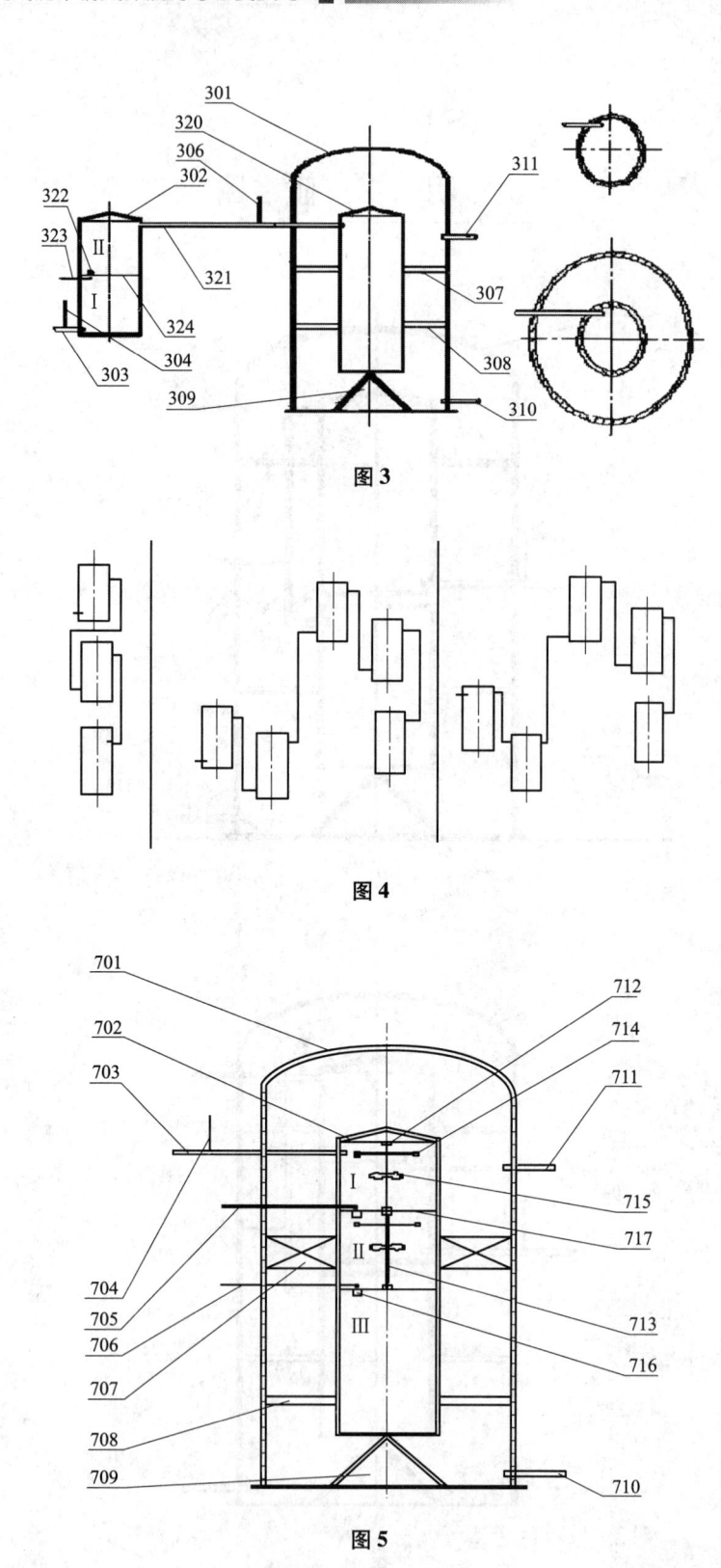

图 4

图 5

第五节　深入挖掘其他有价值的改进技术方案

一、概要

《专利法》第 2 条第 2 款规定，发明是指对产品、方法或者其改进所提出的新的技术方案。所谓技术方案是指对要解决的技术问题所采取的利用了自然规律的技术手段的集合。技术手段通常是由技术特征来体现的。

申请文件的撰写质量对于保护专利权人的合法利益非常重要。发明通常是在现有技术的基础上进行改进，其改进之处即成为该发明相对于现有技术的改进点，也是申请专利保护的技术方案获得授权的基础。发明人通常会在技术交底书中对发明的具体构成形式进行详细地描述，其中的任何一个具体构成形式均有可能包含有多个不同侧面的改进。由此可见，在撰写申请文件时深入挖掘具体构成形式中所有相对于现有技术的改进，尽量全面地保护所有发明创造是十分重要的一个环节。当发现发明人拟定的请求保护范围不能包含所作出的多个不同侧面改进时，应该依据未请求保护的技术方案的市场前景和经济利益，选择适当的处理方式。

在本小节中，将针对发明人在技术交底书中提供的具体构成形式作为说明书实施例的情况展开讨论，通过一件案例说明如何深入挖掘发明人原未请求专利保护的相对于现有技术的改进，以及当判定这些技术改进具有市场前景和经济利益时，如何针对挖掘出的新改进技术方案进行相应的权利要求书和说明书的撰写。

二、技术交底书

本案涉及一种安装在车辆后视镜上的雨刷装置。

（一）现有技术

所有驾驶员都会遇到这样的难题：雨天开车时看不清车外左右两边的后视镜，需要不停地打开车窗擦掉后视镜镜面上的水滴或雾气。这给驾驶员带来不便，更易产生安全问题。

现有技术中针对该问题已经有多种解决方案，例如在后视镜上方安装挡雨罩或设置吹风装置等。其中一种有效的解决方案是在车辆后视镜上设置雨刷装置，例如专利文献 CN1 ******* 1A（下称"现有技术 1"）中公开了一种车辆后视镜雨刷装置，图 21-5-13 是带雨刷装置的后视镜的主视图，图 21-5-14 示出了图 21-5-13 中的后视镜雨刷装置的驱动机构。如图 21-5-13 和图 21-5-14 所示，该车辆后视镜雨刷装置具有镜座 501 和镜面 502，雨刷片 520 设置为短杆形式，通过设在镜面 502 下部的雨刷轴 528 带动雨刷片 520 旋转擦拭镜面 502。雨刷装置设有驱动电机 505，电机 505 的转动通过锥齿轮组 506、507 和直齿轮组 508、509 传递到输出齿轮 510，输出齿轮 510 上偏心设有 L 型曲柄 511，曲柄 511 与联杆 512 的一端通过枢轴可转动连接，联杆 512 的另一端与雨刷轴 528 连接。由此将电机 505 的转动传递到雨刷轴 528，从而带动雨刷片 520 往复运动，擦拭镜面 502。

图 21-5-13

图 21-5-14

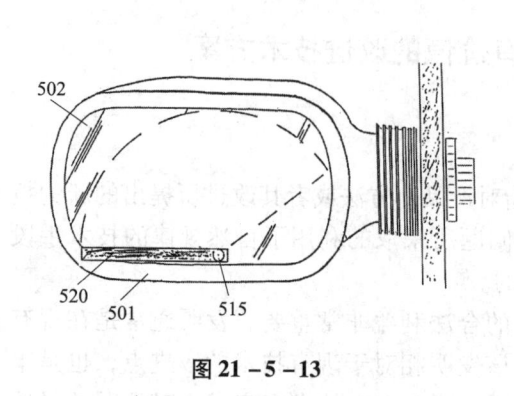

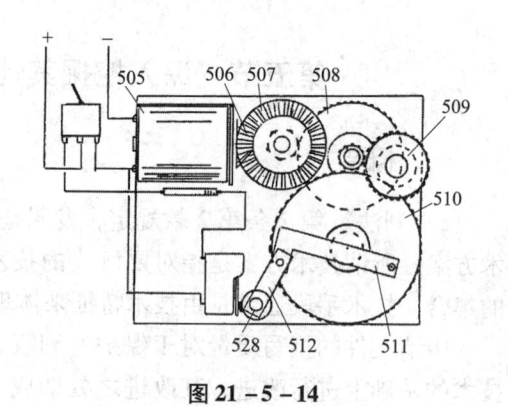

另一篇专利文献 CN1*******2A（下称"现有技术2"）也公开了一种车辆外部后视镜的雨刷装置。图 21-5-15 是带雨刷装置的后视镜的主视图，示出了雨刷装置的两个运动状态，图 21-5-16 为图 21-5-15 雨刷装置的剖面图，示出了雨刷装置的细部结构。如图 21-5-15 和图 21-5-16 所示，其中雨刷装置包括雨刷臂 610 和雨刷片 620，转轴 628 穿过镜面 602 带动雨刷臂 610 转动，雨刷臂 610 带动雨刷片 620 转动。雨刷臂 610 的一端通过枢轴 611 枢转连接到雨刷片 620 的中间部分。后视镜镜座的上边缘形成可容纳雨刷装置的盖罩 630，雨刷片 620 的初始位置位于盖罩 630 内。启动后，雨刷臂 610 带动雨刷片 620 向下转动，当雨刷片 620 接触后视镜外壳边缘时，雨刷片 620 可相对雨刷臂 610 转动。雨刷片 620 包括橡胶材料制成的雨刷条 621 和金属材料制成的雨刷支架 622，雨刷条 621 在雨刷支架 622 的两端被固定，当雨刷片 620 的雨刷支架 622 的两端都接触到外壳边缘时，雨刷到达返回位置，开始反向转动。

图 21-5-15

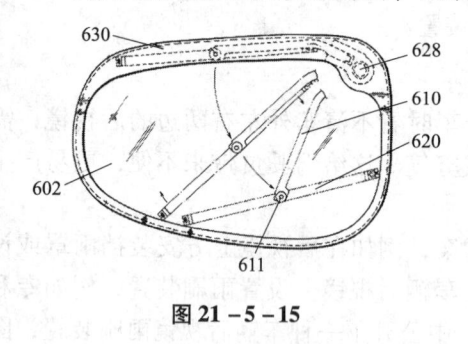

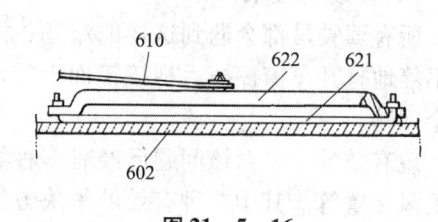

图 21-5-16

（二）发明人所撰写的技术交底说明

车辆后视镜雨刷装置

技术领域

[0001] 本发明涉及汽车领域，尤其是涉及一种安装在车辆后视镜上的雨刷装置。

背景技术

[0002] 车辆行驶过程中后视镜起着极其重要的作用，清楚地看清后视镜反映的景象才能保障行车安全。然而雨天车辆后视镜沾有雨滴或者寒冷的冬天镜面上产生雾气

会造成看不清后视镜镜面反映的景象，容易引发交通事故。为解决这一技术问题，现有技术中已经存在采用在车辆后视镜上设置雨刷装置的技术手段。例如专利文献CN1＊＊＊＊＊＊＊1A和CN1＊＊＊＊＊＊＊2A，这两篇专利文献都公开了具有雨刷装置的车辆后视镜，在镜面前设有雨刷片，雨刷片紧贴在镜面上，镜面后设置驱动电机，电机通过传动装置驱动转轴转动，从而带动雨刷片往返运动擦拭镜面，去除水滴或雾气，保持镜面清洁。

[0003] 由于雨刷片的橡胶刮水条紧贴镜面，橡胶材料长期与镜面接触容易产生胶合，尤其是橡胶刮水条经太阳高温照射易产生软化，橡胶材料中的油质因软化容易渗入镜面的毛细孔中，使镜面模糊，造成镜面的明亮度下降。

发明内容

[0004] 本发明要解决的技术问题是提供一种车辆后视镜雨刷装置，使得雨刷片能够在非使用状态时脱离镜面，防止橡胶材料因长时间接触镜面而产生胶合现象。

[0005] 为了解决上述技术问题，本发明提供一种车辆后视镜雨刷装置，该雨刷装置包括雨刷片、转轴、电机和传动装置。电机通过传动装置驱动转轴转动，转轴带动雨刷片擦拭镜面。传动装置具有输出元件，输出元件直接与所述转轴连接。在输出元件和转轴中的一个上设置嵌槽，在输出元件和转轴中的另一个上设置可与嵌槽嵌合的嵌体。优选在输出元件内设置凹室，在转轴上设置有位于凹室内的凸体，嵌槽设置在凹室内壁面上，可与嵌槽嵌合的嵌体设置在凸体的外端面上。

[0006] 传动装置可以包括蜗轮蜗杆机构、齿轮传动机构、皮带轮机构或连杆机构等，相应地，输出元件可以为输出蜗轮、输出齿轮、输出带轮或输出连杆等形式。

[0007] 为了便于转轴上的嵌体脱离输出元件内的嵌槽，嵌体和嵌槽之间优选设有弧形接合面。

[0008] 在转轴上套设有弹簧，弹簧的一端抵靠在镜面座的背面，另一端抵靠在转轴的凸体的端部，弹簧向转轴施加向后的压紧力。当收到停止信号时，电机驱动雨刷片转动到初始位置。此时由于雨刷片受到镜面座上边缘的阻挡不能转动，转轴上的扭矩增加，当转轴的扭矩达到预定值时，转轴相对于输出元件转动，使得转轴上的嵌体脱离输出元件内的嵌槽，带动转轴向前移动，使得雨刷片脱离镜面。为了更好地控制扭矩的大小，电机具有扭矩检测装置。一方面，弹簧在雨刷装置工作过程中可以将雨刷片压紧在镜面上，实现雨刷片与镜面的紧密贴合；另一方面，需要再次启动雨刷装置时，雨刷片需要重新回到贴合镜面的状态，弹簧的压紧力可以使得当电机启动后输出元件转动过程中，将嵌体推入嵌槽内，使得雨刷片从脱离镜面的状态转变为贴合镜面的状态。

[0009] 转轴可以设置在后视镜镜面的左上角、右上角、上部中间位置或下部中间位置处，转轴外端还设有定位件，通过定位件将雨刷片固定在转轴上。

[0010] 通过具有上述特征的车辆后视镜雨刷装置，使得雨刷装置处于非工作状态时能够脱离镜面，防止因高温或长时间与镜面接触产生胶合，腐蚀镜面。而雨刷装置处于工作状态时能够贴合镜面，这样既保证了后视镜的擦拭工作，又可以防止镜面由于胶合变得模糊，还可以增加刮水条的使用寿命。

附图说明

[0011] 图21-5-01是根据本发明实施例的后视镜雨刷装置的正面示意图；

[0012] 图21-5-02是图21-5-01所示的后视镜雨刷装置的背面示意图；

[0013] 图21-5-03至图21-5-05所示的后视镜雨刷装置的雨刷片的工作过程示意图；

[0014] 图21-5-06是转轴和输出元件的结构示意图；

[0015] 图21-5-07是图21-5-01所示的后视镜雨刷装置的使用状态的俯视图；

[0016] 图21-5-08是图21-5-07所示的后视镜雨刷装置的非使用状态的俯视图；

[0017] 图21-5-09是根据图21-5-04中所示的雨刷片沿A-A线的截面视图；

[0018] 图21-5-10是根据图21-5-04中所示的雨刷片沿B-B线的截面视图；

[0019] 图21-5-11是根据本发明的雨刷片的另一实施例的结构示意图；

[0020] 图21-5-12是根据图21-5-11中所示的雨刷片沿C-C线的截面视图。

具体实施方式

[0021] 图21-5-01示出了根据本发明的车辆后视镜雨刷装置的结构示意图。本发明中所指的方向"前"、"后"、"左"、"右"、"上"、"下"是指基于后视镜的各个方向。图21-5-01中朝向后视镜镜面前方的X轴方向为"前"，Y轴方向为"左"，Z轴方向为"上"。

[0022] 参见图21-5-01和图21-5-02，根据本发明的车辆后视镜包括镜面座101和镜面102。后视镜上安装有雨刷装置，雨刷装置包括电机105、雨刷传动装置104、转轴115和雨刷片120。雨刷传动装置104设在镜面座101后面，雨刷片120设置在镜面102前，并紧紧贴靠在镜面102上。转轴115设在后视镜的左上角，雨刷片120的一端固定在转轴115上。传动装置104包括直接与转轴115连接的输出元件112，电机105通过输出元件112驱动转轴115转动，从而带动雨刷片120转动。该实施例中，雨刷传动装置104除了包括输出元件112以外，还包括设置在电机105输出轴上的主动齿轮106、与主动齿轮106啮合的从动齿轮107、与从动齿轮107联动的主动蜗杆108、与主动蜗杆108啮合的主动蜗轮109、连接主动蜗轮109和输出蜗杆111的支轴110，输出元件112与输出蜗杆111啮合。在该实施例中，优选输出元件112表现为输出蜗轮112的形式。此外，由于传动装置104也可以是齿轮传动机构、皮带轮传动机构或连杆传动机构等形式，因此输出元件112还可以表现为直接驱动转轴115的输出齿轮或输出带轮或输出连杆等形式。

[0023] 图21-5-03至图21-5-05示出了雨刷片的工作状态示意图。其中图21-5-03示出了位于初始位置的雨刷片120，此时雨刷片120位于镜面座101的上边缘，收到启动信号后，电机105通过输出元件112驱动转轴115顺时针旋转，转轴115带动雨刷片120顺时针向下转动。图21-5-04示出了雨刷片120转动过程中的状态。雨刷片120继续转动，当转动到图21-5-05示出的返回位置时，电机105反转，驱动雨刷片120逆时针向上转动，如此往复摆动，使得雨刷片120擦拭镜面102上的雨

水或雾气。

[0024] 接下来详细说明本发明中雨刷片120脱离镜面装置的具体构造和工作原理。如图21-5-06所示,在输出蜗轮112内设置有嵌槽114,在转轴115上设置有与嵌槽114相嵌合的嵌体117,嵌体117和嵌槽114之间具有弧形接合面。当转轴115的扭矩达到预定值时,转轴115相对于输出蜗轮112转动,使得转轴115的嵌体117脱离输出蜗轮112的嵌槽114,此时雨刷片120与镜面102处于脱离状态。优选在输出蜗轮112内设置凹室113,所述嵌槽114设置在凹室113的内壁面上,在转轴115上设置可插入凹室113内的凸体116,将所述嵌体117设置在凸体116面向凹室113的一端的端面上,这样有利于转轴115和输出蜗轮112可以更好地嵌合和脱离。此外,也可将嵌槽114设置在转轴115的凸体116上,而嵌体设置在输出元件112的凹室113上,同样可以实现相同的技术效果。

[0025] 如图21-5-07所示,转轴115穿过设在镜面座101与镜面102的穿孔103。在转轴115上套设有弹簧118,弹簧118向转轴115施加向后的压紧力,弹簧118的一端抵靠在镜面座101的背面上,另一端抵靠在转轴115的凸体116的面向镜面座101的一端上,将转轴115的凸体116压紧在输出蜗轮112的凹室113内。由于凸体116的嵌体117位于凹室113的嵌槽114内,输出蜗轮112可以带动转轴115转动。电机105具有扭矩检测装置,当收到雨刷装置停止工作的信号时,开始启动雨刷脱离镜面程序。通过对电机105的设置,将雨刷片120逆时针转动到初始位置处,此时由于雨刷片120抵靠在镜面座101的上边缘使得转轴115无法继续逆时针转动。电机105继续向转轴115施加扭矩,当转轴115上的扭矩达到预定值时,转轴115相对于输出蜗轮112转动,转轴115上的嵌体117将从输出蜗轮112的嵌槽114内滑出。此时如图21-5-08所示,嵌体117抵靠在凹室113的内壁面上,从而推动转轴115向前移动并压缩弹簧118,转轴115的移动导致雨刷片120向前移动,雨刷片120脱离镜面102,此时电机105关闭,雨刷装置停止动作。由于雨刷片120与镜面102之间形成间隙124,这样可以防止雨刷片120的橡胶刮水条121长期贴在镜面102上产生胶合,且橡胶刮水条121经太阳高温照射易产生软化,刮水条121的油质因软化容易渗入镜面102的毛细孔中,使镜面102模糊。这样的设置可以避免这一问题,保持镜面102的明亮度,同时增加雨刷片120的使用寿命。当需要再次启动雨刷装置时,在电机105的驱动下输出蜗轮112再次旋转,当输出蜗轮112的嵌槽114正对转轴115的嵌体117时,在弹簧118的作用下将转轴115向后推回至原位,使转轴115的嵌体117在输出蜗轮112的嵌槽114内定位,雨刷片120再次贴靠在镜面102上,即可擦拭镜面102。

[0026] 本发明通过在转轴115和传动装置104的输出元件112之间设置配合连接的部件,使得雨刷装置在工作状态时转轴115与输出元件112处于接合状态,而在非工作状态时,转轴115向前移动,带动雨刷片120向前移动,此时雨刷片120与镜面102处于非接触状态。雨刷装置进入下一次工作状态时,输出元件112转动到嵌槽114和嵌体117对应的位置时,在复位弹簧118的作用下嵌体114在嵌槽117内定位。从而实现了雨刷片120与镜面102的脱离或接触,避免雨刷片120不工作时因高温或长时间与镜面102接触产生胶合,腐蚀镜面。此外,本发明不限于上述实施例,作为本发明的另

一种形式可以在转轴115上设置嵌槽114，在输出元件112上设置与嵌槽114配合的嵌体117，也可以实现相同的技术效果。

[0027] 图21-5-09和图21-5-10分别示出了图4中的雨刷片120在A-A线和B-B线位置的截面图。雨刷片120包括橡胶刮水条121和包覆在橡胶刮水条121内的连杆119，连杆119的一端固定在转轴115上，橡胶刮水条121的下部为与镜面102接触的擦拭部122，上部为支承部。雨刷片120包括刚性部分和柔性部分。其中橡胶刮水条121内具有连杆119的部分为刚性部分，而刮水条121不具有连杆119的部分为柔性部分。柔性部分可以仅由橡胶材料的刮水条121形成，也可以在橡胶刮水条121内设置可弹性弯曲的弹性片123共同形成柔性部分，以避免单纯由橡胶材料制成的柔性部分过于柔软，不易控制。在本实施例中示出了具有弹性片123的雨刷片120，弹性片123沿纵向设置在刮水条121的支承部内。

[0028] 从图21-5-09中可以看出，连杆119和弹性片123被包覆在橡胶刮水条121内，用于支承橡胶刮水条121。连杆119直接与转轴115相连，由于连杆119为刚性杆，橡胶刮水条121中具有连杆119的部分构成雨刷片120的不可弯曲的刚性部分。

[0029] 从图21-5-10中可以看出雨刷片120的柔性部分的结构。橡胶刮水条121的这一部分仅包含弹性片123，其中弹性片123沿纵向垂直于镜面102设置，使得弹性片123可以有效支承橡胶刮水条121贴靠在镜面102上，并且使得雨刷片120的柔性部分在转动过程中受到镜面座101的边缘阻挡时可以弹性弯曲。弹性片123优选由较薄的金属板条制成。

[0030] 由于雨刷片120具有柔性部分，当雨刷片120位于图21-05-03所示的初始位置时，雨刷片120的柔性部分弯曲并贴靠在镜面座101的边缘上，当雨刷片120开始向下旋转时，由于雨刷片120内部弹性片123的弹性恢复作用使雨刷片120的柔性部分恢复伸直状态（如图21-5-04所示），而当雨刷片120继续旋转到达返回位置时，由于镜面座101下方挡缘的阻挡，雨刷片120的柔性部分再次呈弯曲状态（如图21-5-05所示），使得本发明的雨刷装置具有良好的擦拭效果。

[0031] 此外，图21-5-11和21-5-12示出了根据本发明的车辆后视镜雨刷装置的第二实施例，在第二实施例中，雨刷片220同样具有刚性部分和柔性部分，与上一实施例中不同的是，转轴215设置在后视镜的上端中间位置，连杆219包覆在刮水条221外部，其中连杆219形成为横截面为C形的杆，刮水条221的支承部设置了与C形连杆配合连接的纵向槽250，刮水条221可以沿纵向插入C形连杆219中，刮水条的支承部内同样沿纵向设置了弹性片223。其中被连杆219包覆的部分形成雨刷片220的刚性部分，未被连杆219包覆的部分形成雨刷片220的柔性部分。

[0032] 本发明还可以有其他可替换的形式，例如传动装置还可以采用其他结构，转轴可以设置在后视镜下端部中间位置或其他适当位置，雨刷片还可以采用其他结构形成其刚性部分和柔性部分。

[0033] 通过上文对本发明的雨刷装置的结构与工作原理的描述，所属技术领域的技术人员应该理解，本发明不局限于上述具体实施方式，在本发明的基础上采用本领域公知技术的改进和替代均落在本发明的保护范围之中。

图 21-5-01

图 21-5-02

图 21-5-03

图 21-5-04

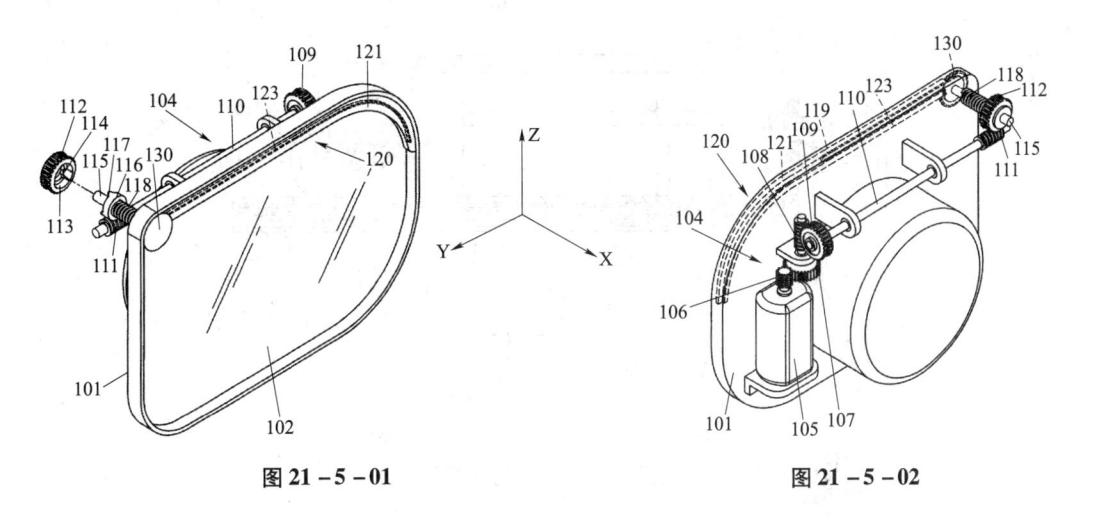

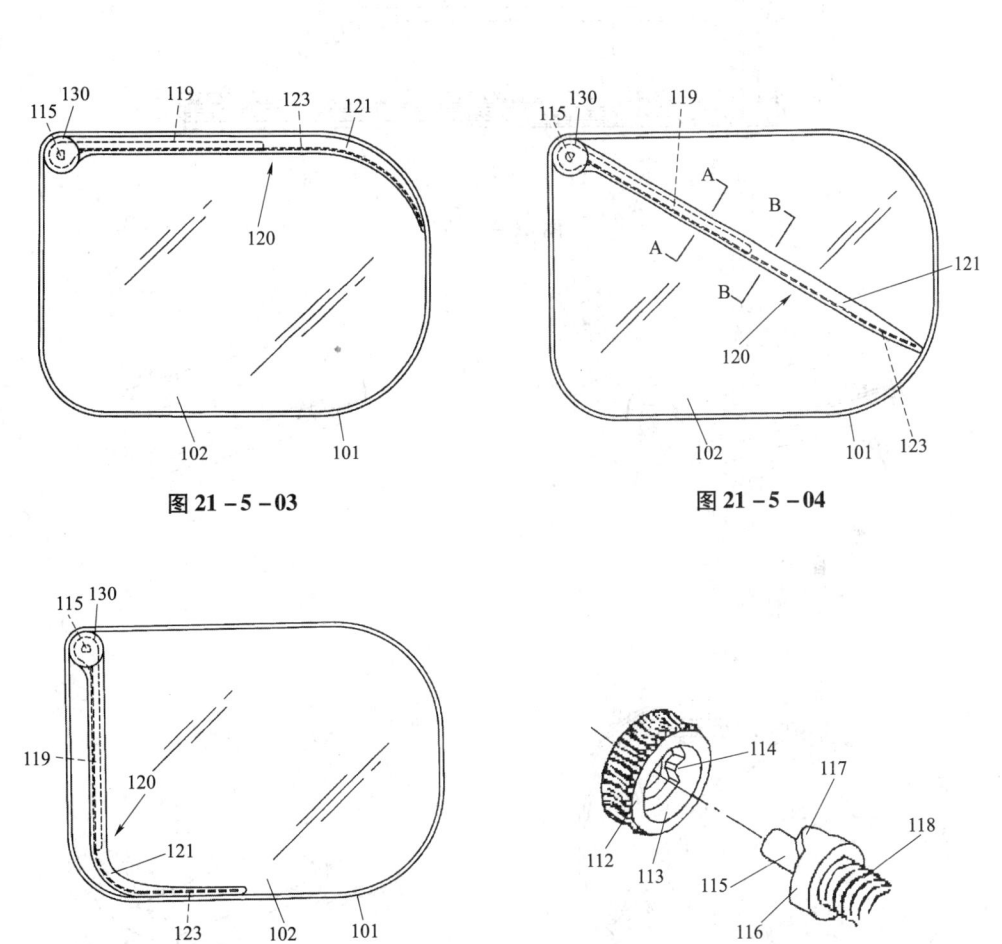

图 21-5-05

图 21-5-06

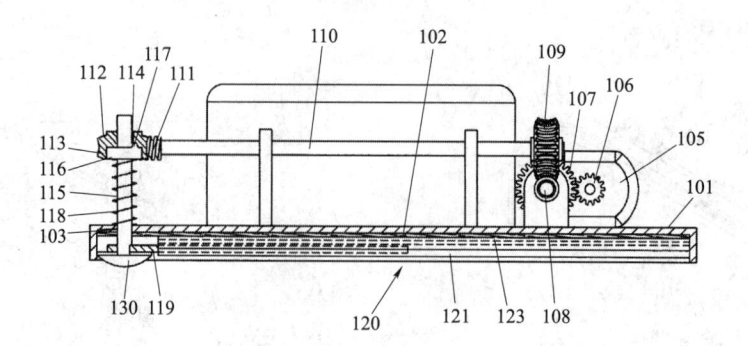

图 21-5-07

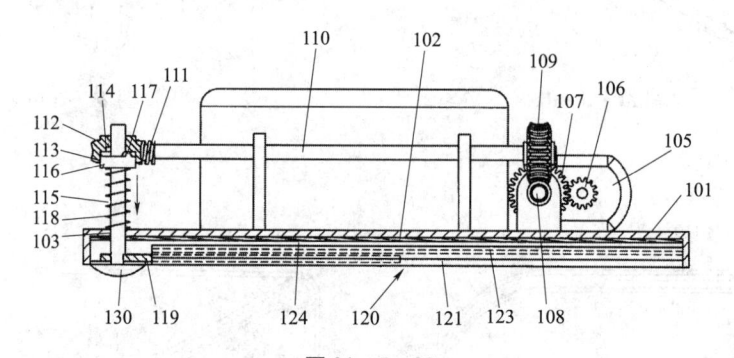

图 21-5-08

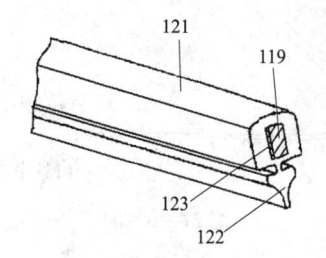

图 21-5-09

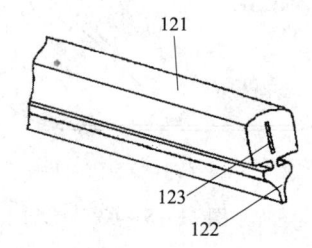

图 21-5-10

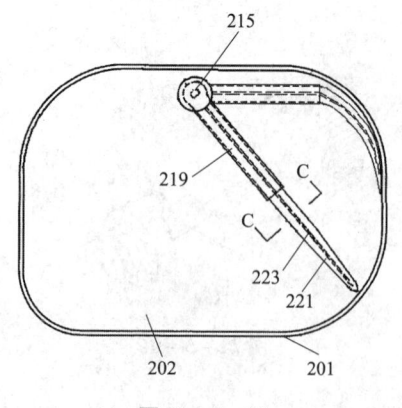

图 21-5-11

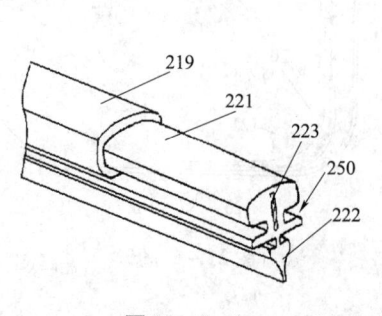

图 21-5-12

(三) 发明人希望申请专利保护的技术方案

1. 一种车辆后视镜雨刷装置,包括雨刷片(120)、驱动所述雨刷片(120)进行擦拭动作的转轴(115)及传动装置(104),所述传动装置(104)中设置有直接驱动所述转轴(115)转动的输出元件(112),其特征在于:在所述输出元件(112)和所述转轴(115)中的一个上设置嵌槽(114),在所述输出元件(112)和所述转轴(115)的另一个上设置可与所述嵌槽(114)嵌合的嵌体(117),所述转轴(115)上套设有向转轴(115)施加向后的压紧力的弹簧(118),当所述转轴(115)的扭矩达到预定值时,所述嵌体(117)脱离与所述嵌槽(114)的嵌合,推动所述转轴(115)向前移动,从而使得雨刷片(120)脱离镜面(102)。

2. 根据权利要求1所述的车辆后视镜雨刷装置,其特征在于,所述输出元件内设置有凹室(113),所述嵌槽(114)设置在所述凹室(113)的内壁面上,所述转轴(115)上设有可插入所述凹室(113)内的凸体(116),所述嵌体(117)设置在所述凸体(116)的外端面上。

3. 根据权利要求1或2所述的车辆后视镜雨刷装置,其特征在于,所述输出元件(112)为输出蜗轮。

4. 根据权利要求1或2所述的车辆后视镜雨刷装置,其特征在于,所述输出元件(112)为输出齿轮、输出带轮或输出连杆。

5. 根据权利要求1或2所述的车辆后视镜雨刷装置,其特征在于,所述嵌体(117)和所述嵌槽(114)之间具有弧形接合面。

6. 根据权利要求2所述的车辆后视镜雨刷装置,其特征在于,所述弹簧(118)的一端抵靠在镜面座的背面,另一端抵靠在所述转轴(115)的所述凸体(116)的端部。

7. 根据权利要求1或2所述的车辆后视镜雨刷装置,其特征在于,所述转轴(115)设置在后视镜镜面的左上角、右上角、上部中间位置或下部中间位置。

8. 根据权利要求7所述的车辆后视镜雨刷装置,其特征在于,所述转轴(115)外端还设有定位件(130),通过所述定位件(130)将雨刷片(120)固定在所述转轴(115)上。

9. 根据权利要求3所述的车辆后视镜雨刷装置,其特征在于,还包括设置在镜面(102)后侧的电机(105),所述传动装置(105)包括设置在所述电机(105)输出轴上的主动齿轮(106)、与主动齿轮(106)啮合的从动齿轮(107)、与从动齿轮(107)联动的主动蜗杆(108)、与主动蜗杆(108)啮合的主动蜗轮(109)、连接主动蜗轮(109)和输出蜗杆(111)的支轴(110),所述输出蜗轮与输出蜗杆(111)啮合。

三、分析技术交底书,深入挖掘其他有价值的技术改进方案

从发明人给出的技术交底书的内容可以得知,发明人在现有技术的基础上进行了改进,在车辆后视镜的雨刷装置上设置了可以使得雨刷片脱离镜面的装置,并获得了有益的技术效果。发明人提交的技术交底书的第二部分"发明人所撰写的技术交底说明"包括了"发明内容"、"附图说明"和"具体实施方式"三部分,并对发明的具体

构成作出了清楚、完整的描述，符合说明书的撰写要求，可以考虑直接作为专利申请文件中的说明书部分，而第三部分"发明人希望申请专利保护的技术方案"以权利要求书的形式表达了发明人欲保护的技术方案。在此着重对发明人希望申请专利保护的技术方案与拟定作为说明书"发明内容"、"附图说明"和"具体实施方式"的内容，进行比较分析。

　　发明人希望申请专利保护的技术方案应当包括前序部分和特征部分，选用最接近的现有技术文件进行划界。前序部分中除写明要求保护的技术方案的主题名称外，还需写明与发明的技术方案密切相关的、共有的必要技术特征。特征部分应当记载与最接近的现有技术不同的区别技术特征。

　　首先需要确定最接近的现有技术。发明人希望保护的技术方案为雨刷装置中使雨刷片脱离镜面的装置，现有技术1和现有技术2都公开了车辆后视镜雨刷装置，但是相对于现有技术2，现有技术1还公开了驱动雨刷片转动的传动装置部分的相关技术特征，因此应将现有技术1作为最接近的现有技术。发明人希望保护的雨刷片脱离镜面的技术方案的前序部分为"一种车辆后视镜雨刷装置，包括雨刷片、驱动所述雨刷片进行擦拭动作的转轴及传动装置，所述传动装置中设置有直接驱动所述转轴转动的输出元件"，可见前序部分记载的技术特征都是与最接近的现有技术共有的技术特征。特征部分为"在所述输出元件和所述转轴中的一个上设置嵌槽，在所述输出元件和所述转轴的另一个上设置可与所述嵌槽嵌合的嵌体，所述转轴上套设有向转轴施加向后的压紧力的弹簧，当所述转轴的扭矩达到预定值时，所述嵌体脱离与所述嵌槽的嵌合，推动所述转轴向前移动，从而使得雨刷片脱离镜面。"由于输出元件、转轴、嵌槽、嵌体和弹簧以及它们之间的相互连接关系都是构成雨刷片脱离镜面装置的必要技术特征，因而转轴能够向前伸出，带动雨刷片脱离镜面。因此发明人将这些技术特征写入特征部分，能够清楚地限定希望保护的技术方案并且获得适当的保护范围。

　　而发明人进一步限定的技术方案中针对雨刷片脱离镜面装置的技术特征进行更进一步的限定，例如针对输出元件的结构、嵌槽和嵌体的连接形式以及转轴的安装方式等技术特征进行了限定。并且多个保护的技术方案层次分明，保护范围清楚，分别限定了不同保护范围的技术方案，为发明的整体技术方案作出了较为全面的保护。

　　由于发明人希望保护的各个技术方案符合权利要求书的撰写要求，因此发明人提交的技术交底书的第三部分可以考虑直接作为申请文件中的权利要求书。

　　通过这些分析还可以获知，发明人提交的技术交底书的第二部分"发明人所撰写的技术交底说明"中的"技术领域"、"背景技术"等内容，相对于上述申请保护的权利要求是合适的，可以考虑直接作为专利申请文件中说明书的相关部分。

　　通过上述分析，可以看出发明人对专利保护制度有比较充分的了解，熟悉专利申请文件的撰写规定，发明人提供的技术交底书已经形成了一份公开清楚、保护范围适当的专利申请文件，只需要撰写摘要和摘要附图就可以直接进行专利申请文件的提交。因此，从节省篇幅的角度考虑，在这里不再对涉及雨刷片可脱离镜面这一改进技术所撰写的专利申请文件的撰写进行讨论。

　　虽然可以将发明人提交的技术交底书完善为满足要求的专利申请文件，直接进行提交，但是为了更好地保护自身的合法利益，需要对专利申请文件进行更进一步的分析和推敲，寻找是否还有可改进之处。

对于本案来说，经过分析会发现还有可改进之处。申请人在撰写专利申请文件的过程中，除了关注发明人提出的希望保护的技术方案，还应该依据对该领域技术发展状态的了解，对实施例中记载的全部技术内容进行梳理，避免遗漏相对于现有技术的其他重要改进技术。就本案而言，通过对实施例部分的分析可知，发明人提供的具体构成形式除了包括涉及雨刷片脱离镜面结构的技术方案之外，至少还包括涉及雨刷片结构改进的技术内容。发明人提供的具体构成形式对雨刷片结构进行了详细地描述，并在附图中示出了其细节结构，因此涉及雨刷片结构改进的技术内容能够形成另一个完整的技术方案。通过分析，现有技术中没有公开与实施例中的雨刷片相同的结构，而发明人希望保护的技术方案没有撰写雨刷片的具体结构，对于雨刷片的结构没有给予保护。根据对该领域技术发展状态的了解，具有柔性部分的雨刷片可能具有很大的市场前景，从而带来可观的经济价值。由此可见，对雨刷片结构的改进技术方案进行保护具有很大意义。

接下来对交底书中未请求保护的雨刷片结构的改进技术方案进行分析。依据申请人对该领域技术发展状态的了解，发明人给出的现有技术是相关技术的最新进展，以下的分析均是建立在此基础上的。

发明人给出的这两篇专利文献分别公开了不同结构的雨刷片，现有技术1中公开的雨刷片为短杆结构，短杆的一端直接与转轴固定连接，短杆上粘合有橡胶刮水条，短杆在转轴的带动下往返转动擦拭镜面。而现有技术2公开的雨刷片结构较为复杂，其具有雨刷臂，雨刷臂的一端连接在转轴上，另一端可转动地连接在支承橡胶刮水条的雨刷支架的中部，在擦拭镜面的过程中，当雨刷支架受到镜面座边缘阻挡时可相对于雨刷臂转动。相比之下，交底书的具体构成形式中的雨刷片采用了具有柔性部分的结构，雨刷片一端通过连杆与转轴固定连接，另一端形成为弹性可弯曲的柔性部分，柔性部分在转动过程中受到镜面座挡缘的阻挡时可以弯曲并贴靠在挡缘上，这样结构的雨刷片与上面提到的两篇专利文献公开的雨刷片在结构构成方面有着明显的区别，现有技术中没有公开交底书的具体构成形式中所描述的雨刷片结构，不存在可以结合的启示，具有柔性部分的雨刷片结构也不是所属领域的公知常识，因此，技术交底书实施例中的具有柔性部分的雨刷片结构具有获得保护的可能性。此外，经合理推测，具有柔性部分的雨刷片相对于现有技术具有以下有益效果：

（1）可以基本上不留死角地擦拭到整个镜面。从两篇专利文献中可以看出，它们所存在的共同缺陷在于不能擦拭到全部镜面，并且无法擦到的部分占镜面的很大比例，由于后视镜镜面本身面积较小，过多擦不到的死角部分对后视镜的观看有很大影响。本发明由于采用了可以弯曲的雨刷片，可以几乎完全擦拭整个镜面，因此有着良好的擦拭效果。

（2）可弯曲的雨刷片可以适应于任何形状的后视镜。由于目前车型众多，出于降低风阻、美观等因素的考虑，后视镜的形状也设计得多种多样，如圆形、椭圆形、矩形或不规则形状，使得在后视镜上安装普通的雨刷装置比较困难，本发明的可弯曲的雨刷片有着很强的适应能力，能够适合各种形状的后视镜。

（3）结构简单。现有技术 2 公开的雨刷装置具有雨刷片和雨刷臂，结构复杂。而本申请的雨刷片省略了雨刷臂这一部件，结构简单，外观流畅。

经过上述分析，可以看出现有技术中的后视镜雨刷片的缺陷在于不能全部擦拭到整个镜面，留下死角造成可观察范围小。实施例中描述的雨刷片设计为具有可弯曲的柔性部分可以解决这一问题。虽然这种具有柔性部分的雨刷片是为了车辆后视镜而设计，但是可以扩展到车窗雨刷装置的雨刷片。在使用具有柔性部分的雨刷片后，整个车窗被擦拭干净，不但能够擦拭更多的面积，而且驾驶员不需要为了清洁而自己动手擦拭现有技术中的雨刷片擦拭不到的区域，给驾驶员带来极大的便利。因此，在目前车辆行业发展迅速的情况下，具有柔性部分的雨刷片可能具有很大的市场前景，从而带来可观的经济价值。由此可以确定，深入挖掘出的这一改进技术方案，即涉及雨刷片的可弯曲柔性结构的技术方案，将其撰写在权利要求书中谋求专利保护对于保障申请人的权利有着积极作用。

四、针对新改进技术方案撰写权利要求书

（一）确定保护客体

首先，选择保护客体。虽然在发明人给出的具体构成形式中描述的雨刷片的可弯曲柔性结构仅是用在车辆后视镜的雨刷装置中的，但是以申请人对所述技术领域的技术理解，这种雨刷片的可弯曲结构还可以应用于其他类似场合，比如说对于诸如车辆后窗玻璃这样的镜面，尤其是在尺寸受到限制又需要擦拭不留死角的玻璃镜面，显然用这种具有柔性部分的可弯曲的雨刷片要优于不能弯曲的雨刷片结构。所以，选择"车辆的雨刷装置"作为保护客体，根据发明人给出的具体构成形式撰写独立权利要求。

（二）列出相关主题的技术特征

对车辆的雨刷装置的与雨刷片可弯曲柔性结构这一技术主题相关的技术特征进行分析，与雨刷片可弯曲柔性结构这一技术主题相关的技术特征包括如下几个：

（1）雨刷装置包括雨刷片，雨刷片具有刮水条；
（2）刮水条内部沿其长度方向设置有弹性片，弹性片垂直于擦拭表面设置；
（3）弹性片由金属材料制成；
（4）雨刷片包括刚性部分；
（5）刚性部分的一端与驱动雨刷片转动的转轴固定连接；
（6）雨刷片包括可弹性弯曲的柔性部分，柔性部分沿着刚性部分的长度方向延伸；
（7）刚性部分包括连杆，通过连杆与转轴直接连接；
（8）刮水条包覆连杆；
（9）连杆包覆刮水条；
（10）连杆具有矩形横截面；
（11）连杆具有 C 形横截面，橡胶刮水条具有与连杆配合的纵向槽；
（12）雨刷装置用于车辆后视镜。

（13）转轴穿过后视镜镜面上的穿孔布置在后视镜相应的左上角或右上角位置；

（14）转轴穿过后视镜镜面上的穿孔布置在后视镜上部或下部中间位置；

（15）转轴外端还设有定位件，通过定位件将连杆固定在转轴上。

（三）确定最接近的现有技术及相对于该最接近现有技术要解决的技术问题

显然，现有技术1和现有技术2与本发明的具有雨刷装置的车辆后视镜属于相同的技术领域。就雨刷片的相关结构特征而言，现有技术2公开的雨刷装置具有雨刷片和雨刷臂，雨刷片通过雨刷臂与转轴连接，而现有技术1公开的雨刷片与转轴直接连接。由于本发明中的雨刷装置中不具有雨刷臂的结构，采用雨刷片与转轴直接连接，由此可见现有技术1与本发明的雨刷片结构更为接近。因此，可以确定现有技术1为最接近的现有技术。

确定本发明的最接近的现有技术为现有技术1之后，进一步确定本发明相对于现有技术1所解决的技术问题。现有技术1公开的雨刷装置中雨刷片为全部刚性的结构，本发明相对于现有技术1公开的雨刷片的结构，还具有可以弹性弯曲的柔性部分，能够擦拭到镜面的更大范围，因此将本发明要解决的技术问题确定为提供一种能全面擦拭镜面的雨刷装置。

（四）确定本发明的具有可弯曲的柔性部分的雨刷片结构这一技术主题解决上述技术问题的必要技术特征

由于刮水条是雨刷片的基本组成部分，因此技术特征（1）是雨刷片的可弯曲柔性结构这一技术主题的必要技术特征。由于本发明的雨刷片直接与转轴相连接，因此雨刷片必须具有与转轴连接的刚性部分，因此前面分析中列出的技术特征（4）"雨刷片包括刚性部分"和技术特征（5）"刚性部分的一端与转轴固定连接"是实现雨刷片转动的不可缺少的特征，属于雨刷片的可弯曲柔性结构这一技术主题的必要技术特征。由于挖掘出的新改进技术方案在于雨刷片具有可弯曲的柔性部分，柔性部分沿所述刚性部分的长度方向延伸，因此技术特征（6）属于雨刷片的可弯曲柔性结构这一技术主题的必要技术特征。

通过对发明人给出的申请文件内容的分析可知，技术特征（7）至（11）是与连杆结构相关的技术特征，由于雨刷片的刚性部分是否采用连杆结构与全面擦拭后视镜的技术效果并无直接关系，因此与连杆相关联的技术特征（7）至（11）不是本发明的雨刷装置为解决全面擦拭这一技术问题的必要技术特征。技术特征（2）和（3）是与弹性片相关的技术特征，由于是否设置弹性片与雨刷片可弯曲变形结构并无直接关系，上述特征虽然也起到了全面擦拭后视镜的作用，但从发明人给出的申请文件中介绍的材料来看，这些特征不是必须存在的，而是属于优选技术方案，因此也不应当将这些特征作为本发明的必要技术特征。

技术特征（12）~（14）是雨刷装置用于车辆后视镜的相关技术特征，由于本发明的雨刷片不只适用于车辆后视镜，还可用于车辆其他部位，因此这些与后视镜相关的技术特征不是必须存在的，属于优选技术方案，因此也不应当将这些特征作为本发明的必要技术特征。技术特征（15）为连杆和转轴的连接方式，这一特征与雨刷片的结构无关，因此不属于本发明的必要技术特征。

通过上述分析可知，前面所列出的技术特征中，技术特征（1）、（4）、（5）和（6）是本发明雨刷片结构这一技术主题的必要技术特征，在此基础上撰写独立权利要求。

（五）撰写独立权利要求

在确定了本发明的车辆雨刷装置的必要技术特征之后，将其与现有技术1所公开的车辆后视镜雨刷装置进行对比分析。由于现有技术1的后视镜雨刷装置也公开了技术特征（1）"雨刷片包括刮水条"、（4）"雨刷片具有刚性部分"和（5）"刚性部分的一端与驱动雨刷片转动的转轴固定连接"，即这些技术特征是本发明与最接近的现有技术共有的技术特征，因此将上述技术特征写入到独立权利要求1的前序部分中；而技术特征（6）"雨刷片具有可弹性弯曲的柔性部分，柔性部分沿着刚性部分的长度方向延伸"在现有技术1中没有公开，由此可知技术特征（6）是本发明相对于现有技术1的区别技术特征，则将技术特征（6）写入到独立权利要求的特征部分。由此完成独立权利要求1的撰写：

1. 一种车辆的雨刷装置，该雨刷装置包括具有刮水条（121，221）的雨刷片（120，220），所述雨刷片（120，220）具有刚性部分，所述刚性部分的一端与驱动所述雨刷片（120，220）转动的转轴（115，215）固定连接，其特征在于，所述雨刷片（120，220）还具有可弹性弯曲的柔性部分，所述柔性部分沿着所述刚性部分的长度方向延伸。

（六）撰写从属权利要求

上面已经分析了如何对雨刷片的可弯曲柔性结构这一新技术主题撰写独立权利要求。下面简单分析从属权利要求的撰写思路：

前面列出的技术特征中除去撰写在独立权利要求中的必要技术特征之外，还包括技术特征（2）、（3）、（7）~（15），这些附加技术特征都可以写入从属权利要求进行进一步限定。

对这些附加技术特征进行整理，即可撰写出相应的从属权利要求，整理后的从属权利要求如下：

2. 根据权利要求1所述的雨刷装置，其特征在于，所述刚性部分包括由所述刮水条（121）包覆的连杆（119），所述刚性部分的一端通过所述连杆（119）与驱动所述雨刷片（120）转动的所述转轴（115）直接连接。

3. 根据权利要求1所述的雨刷装置，其特征在于，所述刚性部分包括包覆所述刮水条（221）的连杆（219），所述刚性部分的一端通过所述连杆（219）与驱动所述雨刷片（220）转动的所述转轴（215）直接连接。

4. 根据权利要求2或3所述的雨刷装置，其特征在于，所述刮水条（121，221）内沿长度方向设置有弹性片（123，223），所述弹性片（123，223）垂直于擦拭表面设置。

5. 根据权利要求4所述的雨刷装置，其特征在于，所述弹性片（123，223）由金属材料制成。

6. 根据权利要求 2 所述的雨刷装置，其特征在于，所述连杆（119）具有矩形横截面。

7. 根据权利要求 3 所述的雨刷装置，其特征在于，所述连杆（219）具有 C 形横截面，所述刮水条（221）具有与所述连杆（219）配合的纵向槽（250）。

8. 根据权利要求 2 或 3 所述的雨刷装置，其特征在于，所述转轴（115，215）外端还设有定位件（130），通过所述定位件（130）将所述连杆（119，219）固定在所述转轴（115，215）上。

9. 根据权利要求 1 所述的雨刷装置，其特征在于，所述雨刷装置用于擦拭车辆后视镜，所述转轴（115）穿过后视镜镜面上的穿孔布置在后视镜相应的左上角、右上角、上部中间位置或下部中间位置。

五、分析两个独立权利要求之间是否具备单一性

根据挖掘出的雨刷片的可弯曲柔性结构这一改进技术方案撰写的权利要求已经完成，由于前面发明人已经给出了根据雨刷片可脱离镜面的改进技术方案所撰写的权利要求，因此需要分析根据两个改进技术方案分别撰写的独立权利要求之间是否符合《专利法》第 31 条第 1 款有关单一性的规定。如果这两个独立权利要求之间不具备单一性，则不能合案申请。

依据两个改进技术方案撰写的两个独立权利要求之间具有相同的技术特征"雨刷装置包括雨刷片和转轴"，但是，前面介绍的发明人给出的现有技术已经公开了该相同的技术特征，而挖掘出的雨刷片具有可弯曲的柔性部分这一改进技术方案与本申请原有的雨刷片可脱离镜面的改进技术方案之间没有必然联系，因此，上述两项独立权利要求不属于一个总的发明构思，两者之间不具备《专利法》第 31 条第 1 款规定的单一性，属于两项不同的发明，不能撰写在一份申请文件中进行合案申请。

遇到这样的情况时，最佳解决方案是，根据挖掘出的具有柔性部分的雨刷片结构这一改进技术方案单独撰写一份申请文件，同时向国家知识产权局专利局提交两份专利申请，分别对两项发明进行保护，以谋求最大限度地保护发明人的利益。下面仅针对具有柔性部分的雨刷片结构的改进技术方案给出推荐的申请文件。

六、说明书及说明书摘要的撰写

（一）说明书的撰写

下面根据具有柔性部分的雨刷片这一改进技术方案撰写说明书。其中，发明人给出的技术交底书中的"附图说明"和"具体实施方式"部分稍加调整即可直接作为说明书的"附图说明"和"具体实施方式"部分。而"技术领域"、"背景技术"和"发明内容"部分应该根据新的改进技术方案所要解决的技术问题和采用的技术手段重新进行撰写。此外，为了更好地反映所要保护的技术方案，将发明名称修改为"车辆的雨刷装置"。

（二）说明书摘要的撰写

说明书摘要应当写明发明的名称和所属技术领域，并清楚地反映所要解决的技术

问题、解决该问题的技术方案的要点以及主要用途。此外，选取附图 11 作为摘要附图。

七、案例总结

通过前面的案例阐述了深入挖掘被忽视的改进技术方案的重要性，并且从上面的案例可以看出，权利要求书中保护的内容应全面覆盖各个改进技术方案，如果遗漏了对某些改进技术方案进行保护，则可能会对申请人的利益造成损失。

一般情况下，当技术交底书中存在多个改进技术方案时，应针对每个改进技术方案撰写相应的独立权利要求。如果各个独立权利要求之间具有相同或相应的特定技术特征，符合《专利法》第 31 条第 1 款有关单一性的规定，则可以将多个独立权利要求撰写在一份权利要求书中进行合案申请。如果各个独立权利要求之间不存在相同或相应的特定技术特征，可以就不同的改进技术方案分别撰写专利申请文件，提交不同的专利申请；或者选择保留其中最重要的改进技术方案所撰写的独立权利要求，将其他改进技术方案的技术特征撰写为从属权利要求对保护范围进行限定，或者对其他改进技术方案所撰写的独立权利要求进行修改，使其符合《专利法》第 31 条第 1 款有关单一性的规定。就本案而言，由于两个改进技术方案中一个是对雨刷传动装置和转轴进行改进，另一个是对雨刷片的结构进行改进，二者差异较大，因此最佳选择是针对两个改进技术方案分别撰写一份申请文件，同时向国家知识产权局专利局提交两份专利申请，分别对两个改进技术方案进行保护，这样可以最大限度地保护发明人的利益。

八、推荐的撰写文件

根据以上介绍的本申请发明实施例和现有技术的情况，针对具有柔性部分的雨刷片结构这一改进技术方案撰写出另外一份保护范围较为合理的独立权利要求与相应的从属权利要求、同时撰写出说明书及说明书摘要，以此为基础推荐包含说明书摘要、摘要附图、权利要求书、说明书及说明书附图的申请文件。

说 明 书 摘 要

一种车辆的雨刷装置，该雨刷装置包括雨刷片，所述雨刷片具有刚性部分，所述刚性部分的一端与驱动所述雨刷片转动的转轴固定连接，所述雨刷片还具有可弹性弯曲的柔性部分，所述柔性部分沿着所述刚性部分的长度方向延伸。雨刷片包括橡胶刮水条和连杆，橡胶刮水条内部沿长度方向设有弹性片，本发明的雨刷装置尤其适用于车辆后视镜，由于雨刷片的柔性部分可以弹性弯曲，在擦拭过程中遇到镜座边缘阻挡时可以弯曲，能够全面擦拭整个后视镜镜面，防止留下擦拭不到的死角，在雨天行车时获得更大范围的可视镜面。

摘 要 附 图

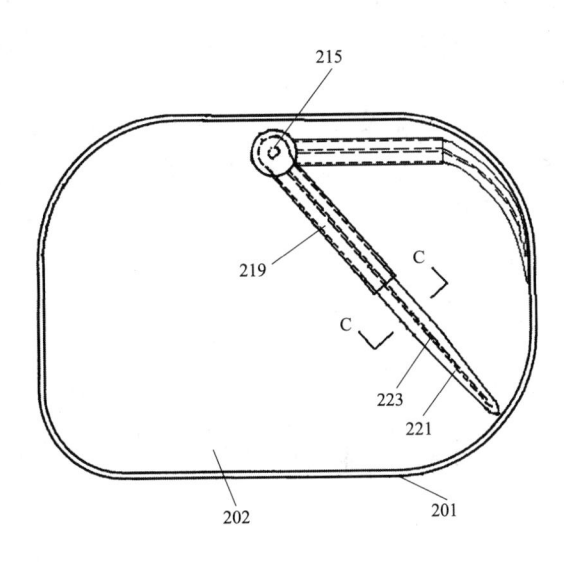

权 利 要 求 书

1. 一种车辆的雨刷装置，该雨刷装置包括具有刮水条（121，221）的雨刷片（120，220），所述雨刷片（120，220）具有刚性部分，所述刚性部分的一端与驱动所述雨刷片（120，220）转动的转轴（115，215）固定连接，其特征在于，所述雨刷片（120，220）还具有可弹性弯曲的柔性部分，所述柔性部分沿着所述刚性部分的长度方向延伸。

2. 根据权利要求1所述的雨刷装置，其特征在于，所述刚性部分包括由所述刮水条（121）包覆的连杆（119），所述刚性部分的一端通过所述连杆（119）与驱动所述雨刷片（120）转动的所述转轴（115）直接连接。

3. 根据权利要求1所述的雨刷装置，其特征在于，所述刚性部分包括包覆所述刮水条（221）的连杆（219），所述刚性部分的一端通过所述连杆（219）与驱动所述雨刷片（220）转动的所述转轴（215）直接连接。

4. 根据权利要求2或3所述的雨刷装置，其特征在于，所述刮水条（121，221）内沿长度方向设置弹性片（123，223），所述弹性片（123，223）垂直于擦拭表面设置。

5. 根据权利要求4所述的雨刷装置，其特征在于，所述弹性片（123，223）由金属材料制成。

6. 根据权利要求 2 所述的雨刷装置，其特征在于，所述连杆（119）具有矩形横截面。

7. 根据权利要求 3 所述的雨刷装置，其特征在于，所述连杆（219）具有 C 形横截面，所述刮水条（221）具有与所述连杆（219）配合的纵向槽（250）。

8. 根据权利要求 2 或 3 所述的雨刷装置，其特征在于，所述转轴（115，215）外端还设有定位件（130），通过所述定位件（130）将所述连杆（119，219）固定在所述转轴（115，215）上。

9. 根据权利要求 1 所述的雨刷装置，其特征在于，所述雨刷装置用于擦拭车辆后视镜，所述转轴（115）穿过后视镜镜面上的穿孔布置在后视镜相应的左上角、右上角、上部中间位置或下部中间位置。

说 明 书

车辆的雨刷装置

技术领域

[0001] 本发明涉及车辆的雨刷装置，尤其是涉及一种安装在车辆后视镜上的雨刷装置。

背景技术

[0002] 车辆行驶或倒车过程中后视镜起着及其重要的作用，清楚地看清后视镜反映的景象才能保障行车安全。然而雨天车辆后视镜沾有雨滴或者寒冷的冬天镜面上产生雾气会造成看不清镜面反映的景象，容易引发交通事故。已知现有技术中在车辆后视镜上设置雨刷装置以解决这一技术问题，例如专利文献 CN1＊＊＊＊＊＊＊1A 和 CN1＊＊＊＊＊＊＊2A。其中专利文献 CN1＊＊＊＊＊＊＊1A 公开了一种车辆后视镜雨刷装置，参见附图 13，后视镜具有镜座 501 和镜面 502，在镜面 502 下方设置雨刷转轴 515，转轴 515 带动雨刷片 520 转动，雨刷片 520 为整体刚性结构，呈短杆形式围绕转轴 515 擦拭镜面。专利文献 CN1＊＊＊＊＊＊＊2A 也公开了一种车辆后视镜雨刷装置，参见附图 14 和 15，其具有与转轴 615 连接的雨刷臂 610、雨刷臂 610 通过枢轴 611 与雨刷片 620 的中部活动连接，雨刷片 620 包括刮水条 621 和支撑刮水条 621 的雨刷支架 622，雨刷臂 610 连接在雨刷支架 621 中部，雨刷支架 621 支撑刮水条 622 擦拭镜面 602，雨刷片 620 在转动过程中受到镜座 601 边缘阻挡时可以相对于雨刷臂 610 转动。

[0003] 从上述现有技术的介绍可以看出，由于后视镜镜面形状以及现有的雨刷装置的结构限制，现有技术中公开的雨刷装置的雨刷片都不能全面擦拭后视镜的整个镜面，在擦拭镜面的过程中都会存在擦拭不到的死角部分，而且擦拭不到的死角部分相对于整个镜面占有很大比例，这极大地影响了后视镜的擦拭效果，影响对后视镜的观看。

[0004] 基于上述问题，本发明提出了一种改进的雨刷装置的结构，采用了具有柔

性部分的雨刷片结构，能够尽可能不留死角地擦拭到全部镜面，很好地解决了上述技术问题。此外，根据本发明的雨刷装置除了可以用于擦拭车辆后视镜，还适用于擦拭前后车窗玻璃，同样能够实现全面擦拭车窗玻璃的良好效果。

发明内容

[0005] 本发明要解决的技术问题是提供一种车辆雨刷装置，该雨刷装置能够全面地擦拭整个车窗或后视镜镜面，避免留下擦拭不到的死角部分。

[0006] 为了解决上述技术问题，本发明提供一种车辆的雨刷装置，该雨刷装置包括具有刮水条的雨刷片，雨刷片具有刚性部分，刚性部分的一端与驱动所述雨刷片转动的转轴固定连接，雨刷片还具有可弹性弯曲的柔性部分，柔性部分沿着所述刚性部分的长度方向延伸。雨刷片的刚性部分设置了连杆，刚性部分的一端通过所述连杆与驱动所述雨刷片转动的所述转轴直接连接。优选在雨刷片的刮水条内沿长度方向设置弹性片，所述弹性片垂直于擦拭表面设置。弹性片优选由金属材料制成。连杆可以包覆在橡胶刮水条内，并且连杆具有矩形横截面。连杆还可以在外部包覆刮水条，这种形式的连杆具有 C 形横截面，刮水条设置有与所述连杆配合的纵向槽。

[0007] 转轴外端还设有定位件，通过所述定位件将所述连杆固定在所述转轴上。

[0008] 在专用于擦拭车辆后视镜的雨刷装置中，镜面上设有穿孔，转轴穿过后视镜镜面上的穿孔布置在后视镜相应的左上角或右上角位置。在另一中形式中，转轴布置在后视镜上部或下部中间位置。

[0009] 通过具有上述特征的车辆雨刷结构，雨天可以全面擦拭车窗或后视镜，几乎不会留下死角，能够获得清晰的视野，为行车安全提供保障，并且不使用时可以使得雨刷片脱离擦拭面，避免产生胶合，因此本发明相对现有技术具有突出的有益效果和显著的进步。

附图说明

[0010] 图 1 是根据本发明实施例的后视镜雨刷装置的正面示意图；

[0011] 图 2 是图 1 所示的后视镜雨刷装置的背面示意图；

[0012] 图 3 至图 5 是后视镜雨刷装置的雨刷片的工作过程示意图；

[0013] 图 6 是根据图 4 中所示的雨刷片沿 A–A 线的截面视图；

[0014] 图 7 是根据图 4 中所示的雨刷片沿 B–B 线的截面视图；

[0015] 图 8 是转轴和输出元件的结构示意图；

[0016] 图 9 是图 1 所示的后视镜雨刷装置的使用状态的俯视图；

[0017] 图 10 是图 9 所示的后视镜雨刷装置的非使用状态的俯视图；

[0018] 图 11 是根据本发明的雨刷片的另一实施例的结构示意图；

[0019] 图 12 是根据图 11 中所示的雨刷片沿 C–C 线的截面视图；

[0020] 图 13 是现有技术中的一种车辆后视镜雨刷装置结构；

[0021] 图 14 是现有技术中另一种车辆后视镜雨刷装置结构；

[0022] 图 15 是图 14 示出的雨刷装置的雨刷片的侧面视图。

具体实施方式

[0023] 图1示出了根据本发明的车辆后视镜雨刷装置的结构示意图,本发明中所指的方向"前"、"后"、"左"、"右"、"上"、"下"是指基于后视镜的各个方向,图1中朝向后视镜镜面前方的X轴方向为"前",Y轴方向为"左",Z轴方向为"上"。

[0024] 参见图1和2,根据本发明的车辆后视镜包括镜面座101和镜面102。后视镜上安装有雨刷装置,雨刷装置包括电机105、雨刷传动装置104、转轴115和雨刷片120。雨刷传动装置104设在镜面座101后面,雨刷片120设置在镜面102前,并紧紧贴靠在镜面102上。转轴115设在后视镜的左上角,雨刷片120的一端固定在转轴115上,传动装置104包括直接与转轴115连接的输出元件112,电机105通过输出元件112驱动转轴115转动,从而带动雨刷片120转动。该实施例中,雨刷传动装置104除了包括输出元件112以外,还包括设置在电机105输出轴上的主动齿轮106、与主动齿轮106啮合的从动齿轮107、与从动齿轮107联动的主动蜗杆108、与主动蜗杆108啮合的主动蜗轮109、连接主动蜗轮109和输出蜗杆111的支轴110,输出元件112与输出蜗杆111啮合。在该实施例中,优选输出元件112表现为输出蜗轮112的形式。此外,由于传动装置104也可以是齿轮传动机构、皮带轮传动机构或连杆传动机构等形式,因此输出元件112还可以表现为直接驱动转轴115的输出齿轮或输出带轮或输出连杆等形式。

[0025] 图3至图5示出了雨刷片的工作状态示意图。其中图3示出了位于初始位置的雨刷片120,此时雨刷片120位于镜面座101的上边缘,收到启动信号后,电机105通过传动装置104驱动转轴115顺时针旋转,转轴115带动雨刷片120顺时针向下转动,图4示出了雨刷片120转动过程中的状态。雨刷片120继续转动,当转动到图5示出的返回位置时,电机105反转,驱动雨刷片120逆时针向上转动,如此往复摆动,从而使得雨刷片120擦拭镜面102上的雨水或雾气。

[0026] 图6和7分别示出了图4中的雨刷片120在A-A线和B-B线位置的截面图。雨刷片120包括橡胶刮水条121和包覆在橡胶刮水条121内的连杆119,连杆119的一端固定在转轴115上,橡胶刮水条121的下部为与镜面102接触的擦拭部122,上部为支承部。雨刷片120包括刚性部分和柔性部分。其中橡胶刮水条121内具有连杆119的部分为刚性部分,而刮水条121不具有连杆119的部分为柔性部分。柔性部分可以仅由橡胶材料的刮水条121形成,并且优选在橡胶刮水条121内设置可弹性弯曲的弹性片123共同形成柔性部分,以避免单纯由橡胶材料制成的柔性部分过于柔软,不易控制。在本实施例中示出了具有弹性片123的雨刷片120,弹性片123沿纵向设置在刮水条121的支承部内。

[0027] 从图6中可以看出,连杆119和弹性片123被包覆在橡胶刮水条121内,用于支承橡胶刮水条121。连杆119直接与转轴115相连,由于连杆119为刚性杆,橡胶刮水条121中具有连杆119的部分构成雨刷片120的不可弯曲的刚性部分。

[0028] 从图7中可以看出雨刷片120的柔性部分的结构,橡胶刮水条121的这一部分仅包含弹性片123,其中弹性片123沿纵向垂直于镜面102设置,使得弹性片123可以保持橡胶刮水条121的刷面122贴靠在镜面102上,并且使得雨刷片120的柔性部

分在转动过程中受到镜面座101的边缘阻挡时可以弹性弯曲。弹性片123优选采用较薄的金属板条制成。

[0029] 雨刷片120中具有连杆119的部分为刚性部分，仅具有弹性片123的部分为柔性部分。由于雨刷片120具有柔性部分，当雨刷片120位于图3所示的初始位置时，雨刷片120的柔性部分弯曲并贴靠在镜面座101的边缘上，当雨刷片120开始向下旋转时，由于雨刷片120内部弹性片123的弹性恢复作用而使得雨刷片120的柔性部分恢复伸直状态（如图4所示），而当雨刷片120继续旋转到达返回位置时，由于镜面座101下方挡缘的阻挡，雨刷片120的柔性部分再次呈弯曲状态（如图5所示），使得本发明的雨刷装置具有良好的擦拭效果。

[0030] 本发明还设置了可以使雨刷片在非使用状态时120脱离镜面的装置。如图8所示，在输出蜗轮112内设置有嵌槽114，在转轴115上设置有与嵌槽114相嵌合的嵌体117，嵌体117和嵌槽114之间具有弧形接合面。当转轴115的扭矩达到预定值时，转轴115相对于输出元件112转动，使得转轴115的嵌体117脱离输出元件112的嵌槽114，此时雨刷片120与镜面102处于脱离状态。优选在输出元件112内设置凹室113，所述嵌槽114设置在凹室113的内壁面上，在转轴115上设置可插入凹室113内的凸体116，将所述嵌体117设置在凸体116面向凹室113的一端的端面上，这样有利于转轴115和输出元件112可以更好地接合和脱离。此外，也可将嵌槽114设置在转轴115的凸体116上，而嵌体设置在输出元件112的凹室113上，同样可以实现相同的技术效果。

[0031] 如图9所示，转轴115穿过设在镜面座101与镜面102的穿孔103，优选在转轴115上套设弹簧118，弹簧118向转轴115施加向后的压紧力，弹簧118的一端抵靠在镜面座101的背面上，另一端抵靠在转轴115的凸体116的面向镜面座101的一端上，将转轴115的凸体117压紧在输出元件112的凹室113内，由于凸体116的嵌体117位于凹室113的嵌槽114内，输出元件112可以带动雨刷片120转动。电机105具有扭矩检测装置，当收到雨刷装置停止工作的信号时，开始启动雨刷脱离镜面程序，通过对电机的设置，将雨刷片120逆时针转动到初始位置处，此时由于雨刷片120抵靠在镜面座101的上边缘，因此转轴115无法继续逆时针转动，电机105继续向转轴115施加扭矩，当转轴115上的扭矩达到预定值时，转轴115相对于输出元件112转动，转轴115上的嵌体117将从输出元件112的嵌槽114内滑出。此时如图10所示，嵌体117抵靠在凹室113的内壁面上，从而推动转轴115向前移动并压缩弹簧118，转轴115的移动导致雨刷片120向前移动，雨刷片120脱离镜面102，此时电机关闭，雨刷装置停止动作。由于雨刷片120与镜面102之间形成间隙124，可以防止雨刷片120的橡胶刮水条121长期贴在镜面102上产生胶合，且橡胶刮水条121经太阳高温照射下易产生软化，刮水条121的油质因软化容易渗入镜面102的毛细孔中，使镜面102产生模糊，这样的设置可以避免这一问题，保持镜面102的明亮度，同时增加雨刷片120的使用寿命。当需要再次启动雨刷装置时，在电机105的驱动下输出元件112再次旋转，当输出元件112的嵌槽114正对转轴115的嵌体117时，在弹簧118的作用下将转轴115向后推回至原位，使转轴115的嵌体117在输出元件112的嵌槽114内定位，雨刷片120再

次贴靠在镜面102上，即可擦拭镜面102。

[0032] 本发明通过在转轴115和传动装置104中的输出蜗轮112之间设置配合连接的部件，使得雨刷装置在工作状态时转轴115与输出蜗轮112处于接合状态，而非工作状态时处于脱离状态，使转轴115向前移动，带动雨刷片120向前移动，此时雨刷片120与镜面处于非接触状态。雨刷装置进入下一次工作状态时，输出元件112转动到嵌槽114和嵌体117对应的位置时，在复位弹簧118的作用下嵌体117在嵌槽114内定位。从而实现了雨刷片120与镜面102的脱离或接触，避免了雨刷片120不工作时因高温或长时间与镜面102接触产生胶合，腐蚀镜面102。

[0033] 图11和12示出了根据本发明的车辆后视镜雨刷装置的第二实施例，在第二实施例中，雨刷片220同样具有刚性部分和柔性部分，与上一实施例中不同的是，转轴215设置在后视镜的上端中间位置，连杆219包覆在刮水条221外部，其中连杆219形成为横截面为C形的杆，刮水条221的支承部设置了与C形连杆配合连接的纵向槽250，刮水条221可以沿纵向插入C形连杆219中，刮水条的支承部内同样沿纵向设置了弹性片223。其中被连杆219包覆的部分形成雨刷片220的刚性部分，未被连杆219包覆的部分形成雨刷片220的柔性部分。

[0034] 本发明还可以有其他可替换的形式，例如传动装置还可以采用其他结构，转轴可以设置在后视镜下端部中间位置或其他适当位置，雨刷片还可以采用其他结构形成其刚性部分和柔性部分。

[0035] 通过上文对本发明的雨刷装置的结构与工作原理的描述，所属技术领域的技术人员应该理解，本发明不局限于上述具体实施方式，在本发明的基础上采用本领域公知技术的改进和替代均落在本发明的保护范围之中。

说 明 书 附 图

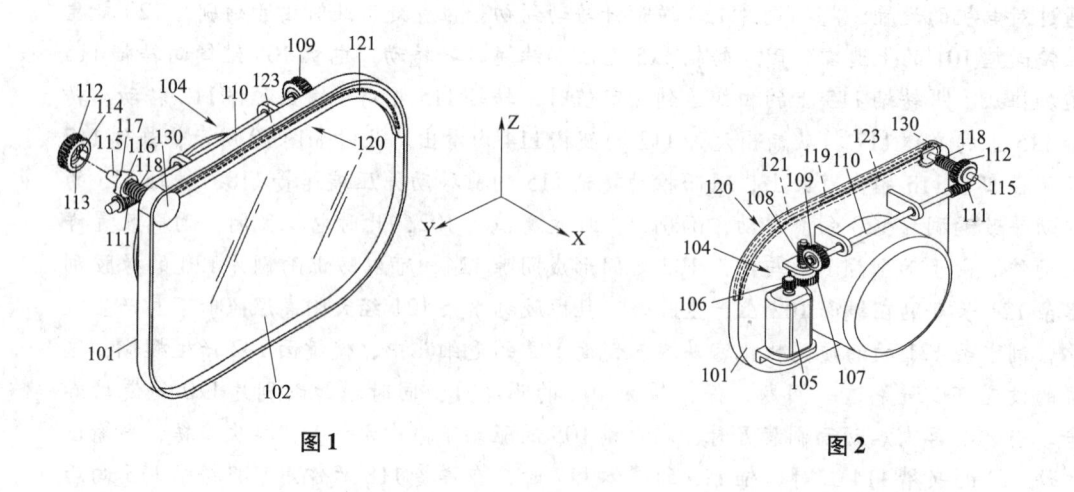

图1

图2

图 3

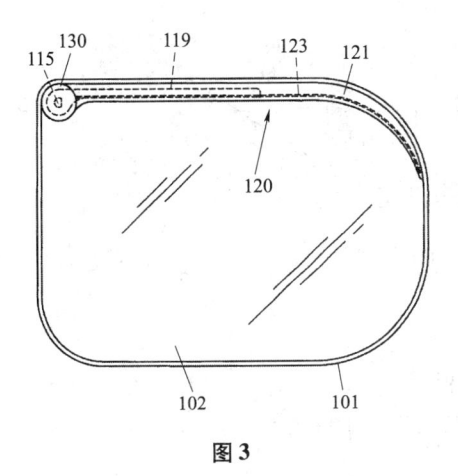

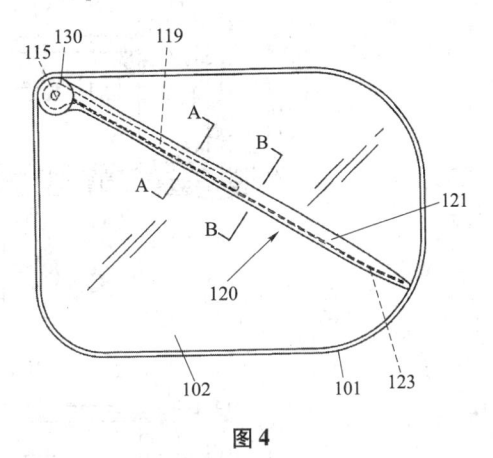

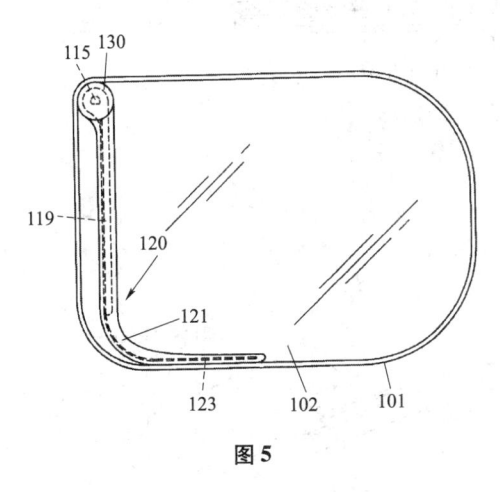

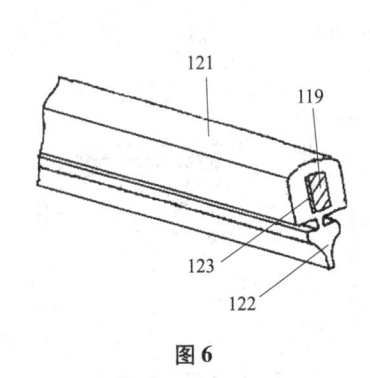

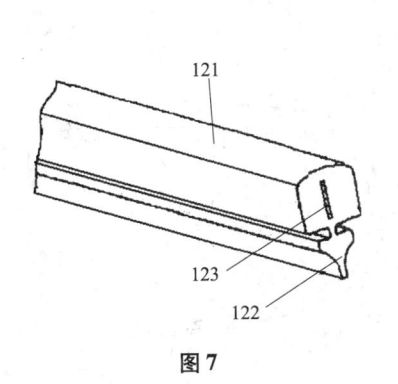

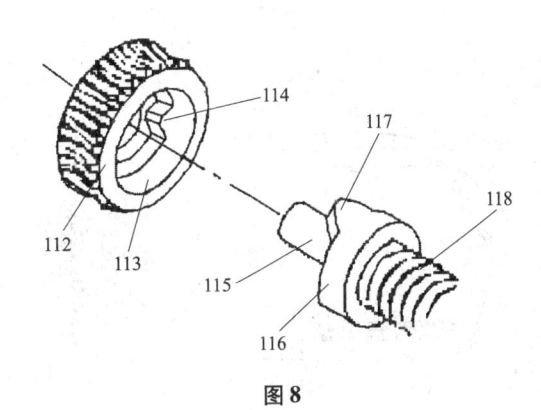

图 4

图 5

图 6

图 7

图 8

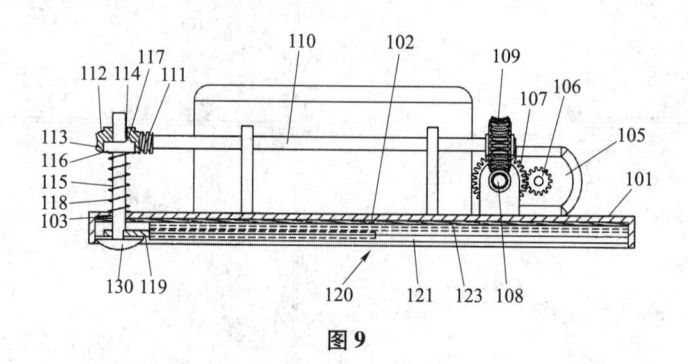

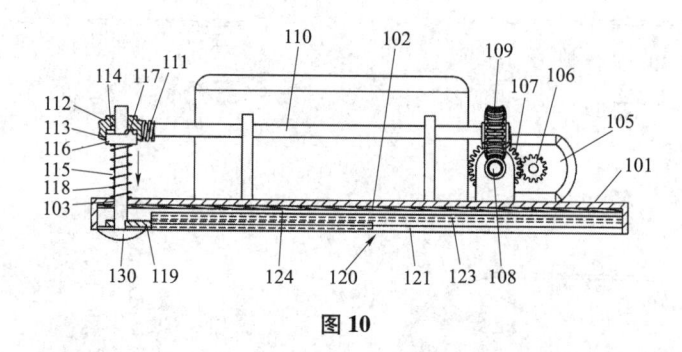

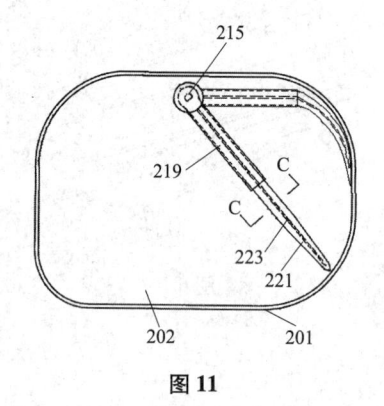

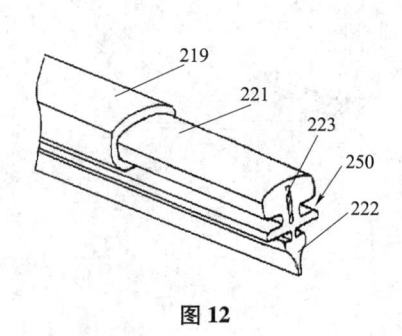

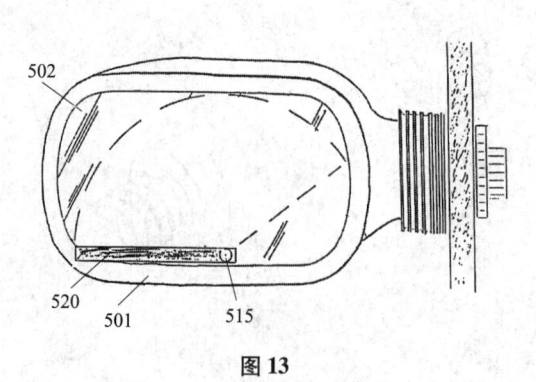

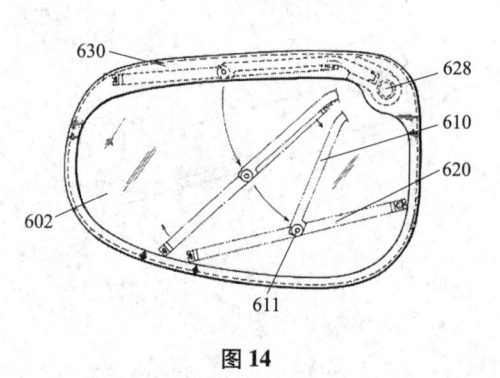

图 9

图 10

图 11

图 12

图 13

图 14

图 15

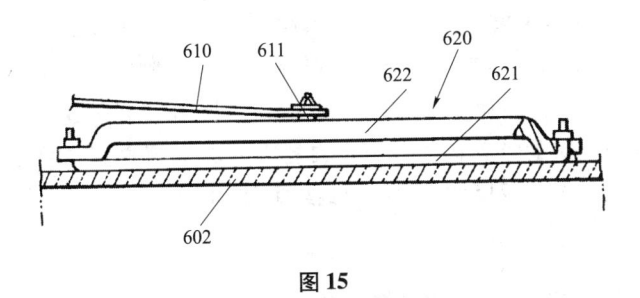

第六节　多实施方式的合理概括

一、概要

《专利法》第 26 条规定，权利要求书应当以说明书为依据。《专利审查指南》对该规定作了进一步解释"权利要求书应当以说明书为依据，是指权利要求应当得到说明书的支持"。

由于专利保护范围的确定是基于权利要求书的内容，所以申请人为了获得尽可能宽的保护范围，其撰写的权利要求，尤其是独立权利要求，一般都是对说明书记载的一个或多个具体技术方案的概括，而不是照抄说明书中披露的具体实施方式。这样的概括是允许的，但是应当适当。为最大限度地保护申请人的合法权益，可以根据交底书中公开的实施方式，合理预测其实施方式的所有等同替代方式或明显变型方式，以在权利要求中涵盖其所有等同替代或明显变型的实施方式。

本节在理解技术交底书技术方案的基础上，结合对发明人技术交底书中所提供现有技术的研究分析，对技术交底书中描述的多个实施方式进行合理的概括和总结，介绍了以一个独立权利要求涵盖所有实施方式及等同替代方式的撰写方法，从而提供多实施方式发明专利申请的权利要求书撰写的一种思路。

二、技术交底书介绍

该案例涉及一种空心辊，可应用于卷边（例如，造纸机械）和梳理、印刷（例如，印刷机），或者传送（例如，输送带）和处理网状材料的系统（例如，交叉铺网机）。这类空心辊一般具有多种不同的直径，并以高速运转，从而需要较高的运转可靠性。现有这类空心辊一般具有辊体和辊端件，空心辊的两端被插入辊体的辊端件封闭，依此来保证其运转可靠性，并保证辊体的刚度。

（一）现有技术

发明人提供的第一种现有技术 CN1 ******* 1A（下称"现有技术 1"）涉及一种空心辊，该空心辊的具体结构参见图 21 - 6 - 01，该图 21 - 6 - 01 是现有技术 1 中所述空心辊沿轴向的剖面图。这种空心辊能够以更加高效的方式进行生产。为达到这个目的，如图 21 - 6 - 01 所示，辊端件 701 由轴颈 703 和塞状部分 702 制成，首先对该辊端件 701 实施最终加工，然后才将其插入预先加工完毕的辊体 706 内。这样，就可以在将所述辊端件 701 安装到辊体 706 上以前，以专用的机器生产支承轴颈和与之配属合的部件，而辊体 706 可以由设计用于大尺寸加工的机器单独生产。所述辊端件 701 通过辊体 706 内的轴用挡圈 717 固定在辊体 706 上。所述轴用挡圈 717 通过卡环 716 固定于辊体 706 内。所述卡环 716 位于形成在辊体 706 内壁上的环形槽内。在将辊端件 701 插入辊体 706 的端部后，使用螺栓 715 将其与轴用挡圈 717 固定。

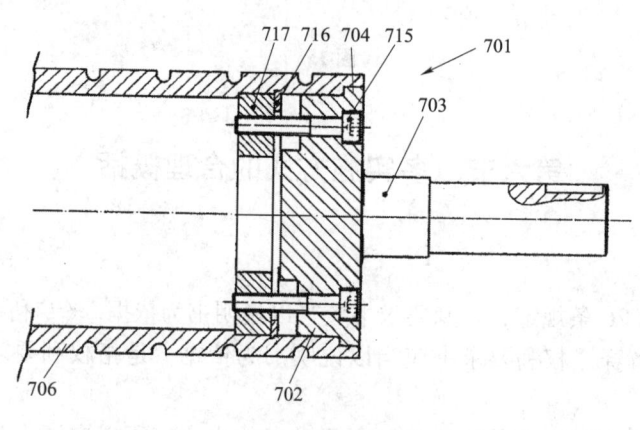

图 21-6-01

发明人提供的第二种现有技术 CN2＊＊＊＊＊＊＊2A（下称"现有技术 2"）涉及一种复合树脂材料空心辊。其具体结构参见图 21-6-02。图 21-6-02 是现有技术 2 公开的辊的轴向剖面图。这种辊结构简单、加工方便、重量轻、使用寿命长、连接牢靠。为达到该目的，如图 21-6-02 所示，该空心辊包括轴 803、挡圈 804、密封圈 818、轴承 819、辊体 806 和辊端件 801。辊体 806 用由酚醛树脂和黏合剂组成的复合树脂材料制成，辊体 806 与辊端件 801 通过黏合剂粘接。制作时，先将锥体形的辊体 806 与辊端件 801 粘接在一起，再插入轴 803，依次装入轴承 819、密封圈 818、挡圈 804 而组装完成。

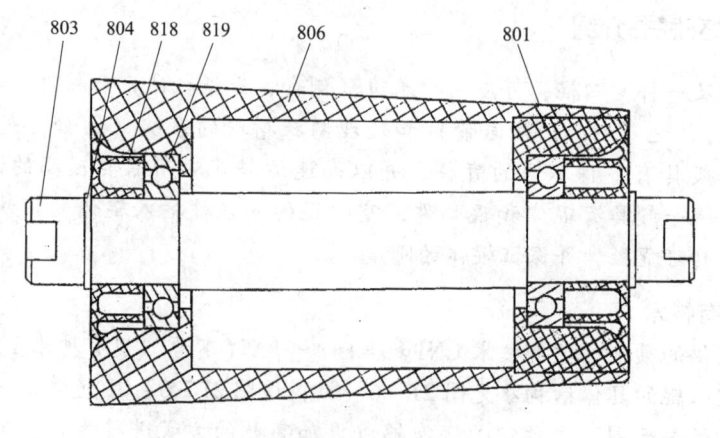

图 21-6-02

（二）发明人提交的相关实施方式

图 21-6-03 是体现了发明人所提交技术方案特征的辊端件的第一实施方式的侧视图。整体由标号 101 表示的辊端件，其具有用以插入辊体中的圆柱形塞状部分 102，还具有与所述塞状部分 102 同轴的轴颈 103，该轴颈 103 用于在机架内支承装备有辊端件 101 的空心辊。塞状部分 102 在其与轴颈 103 之间的过渡部分上设有径向突出的凸缘 104。在此处所示的

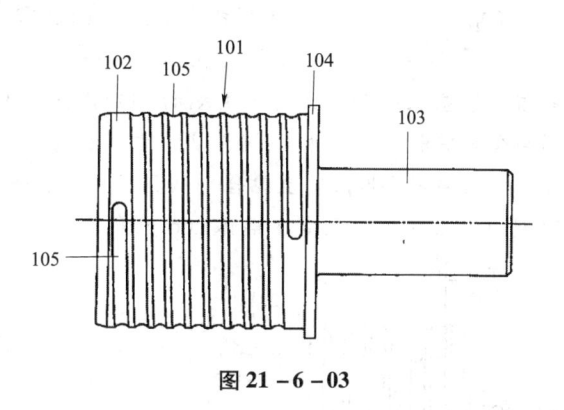

图 21-6-03

具体实施方式中，轴颈 103 与辊端件 101 的塞状部分 102 一体相连，但应该指出的是，也可以将轴颈 103 制成独立部件，并随后通过例如螺纹将其固定连接在塞状部分 102 上。所述塞状部分 102 也可以设计为能够容纳驱动电动机，比如转矩电动机，此时该电动机的输出轴可以代替轴颈。

在塞状部分 102 的圆周表面上设置有螺旋槽 105，该螺旋槽 105 占据了塞状部分 102 的一半以上的圆周表面积。塞状部分 102 的插入端（即图 21-6-03 的左端）略成斜角，从而易于将所述辊端件插入空心辊的辊体中。

图 21-6-04 示出了第一实施方式的空心辊端部的轴向剖面图，图 21-6-04 所示的辊端件 101 已经插入所述空心辊中。该空心辊具有辊体 106，辊体 106 的端部可以在圆周方向上转动地保持辊端件 101。将辊端件 101 插入辊体 106，直至其凸缘 104 靠在辊体 106 的端面上。

在辊体 106 上对准螺旋槽 105 端部的位置上设有两个径向孔 107，所述螺旋槽 105 设在辊端件 101 的塞状部分 102 的外圆周上。为使孔 107 对准螺旋槽 105 的端部，可以通过在辊端件 101 上做标记，或是通过将辊端件 101 旋入辊体 106，直至借助于插入孔 107 之一内的测针或导入孔 107 之一内的自由流动介质检测到孔 107 与槽 105 对准。

辊体 106 优选由玻璃纤维增强或碳纤维增强的塑料制成，以便减轻其重量。如图 21-6-04 所示，还可以将辊端件 101 的内部切除以减轻重量。

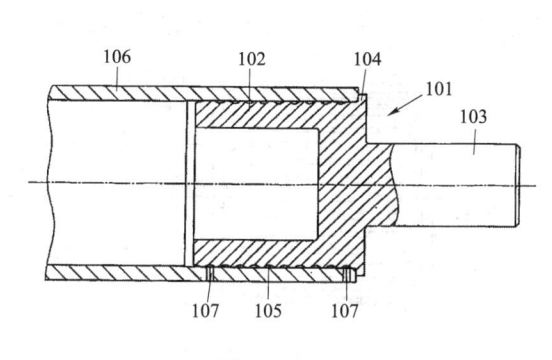

图 21-6-04

如图 21-6-04 所示，辊端件 101 如前所述插入辊体 106 中。为将其保持在辊体 106 中，将空心辊安装为图 21-6-04 所示的状态后，在位于辊端件 101 和辊体 106 之间形成的槽 105 中填充黏合剂。为此，将黏合剂推入孔 107 之一，直至其从另一孔 107 中流出。这样就能确保黏合剂填满整个槽。优选使用凝固时仅略微收缩或不收缩的黏合剂。

图 21-6-05 及图 21-6-06 示出

了第二实施方式,其中,图21-6-05所示为与图21-6-03中设计相似的辊端件201。然而,与前述辊端件101的区别之处在于,在塞状部分202的槽205的各端上设置径向孔208。

如图21-6-06所示,各孔208与平行于辊的轴线延伸的盲孔209、210连通,这些盲孔从塞状部分202的自由端面211通出。从图21-6-05中可以看到,可以从外面用黏合剂将辊体206和辊端件201之间的螺旋槽完全填满,即,将黏合剂注入盲孔之一,例如盲孔209,直至黏合剂从另一盲孔,例如盲孔210中流出。本申请发明的这个变型的优点在于,无需在辊体206的表面上钻孔。

图21-6-05

图21-6-06

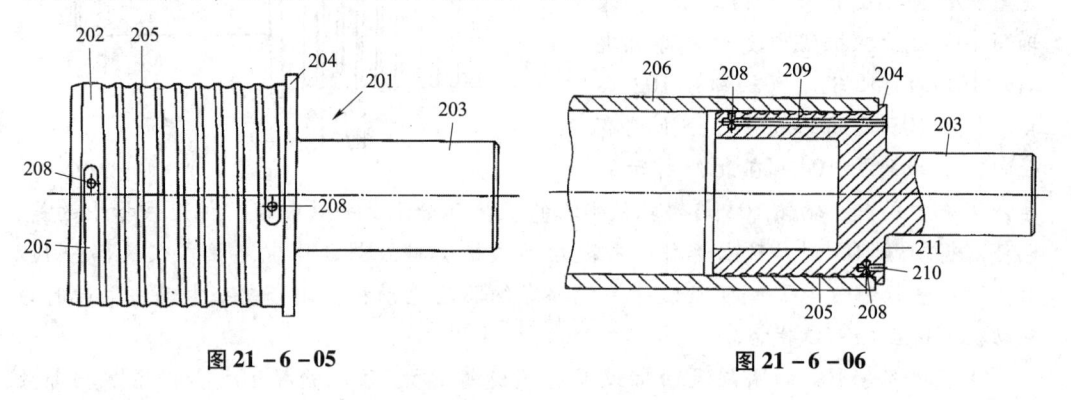

图21-6-07示出了辊端件的一个变型,即第三实施方式,其与图21-6-03和图21-6-05中所示辊端件的不同之处在于,不是将塞状部分302表面上的槽305设计为纯螺旋,而是沿平行的径向平面延伸。成角的部位312连接位于相邻平行平面内的槽段。这种结构变化带来的好处是,在槽305端部之后保留下来的塞状部分302的圆周表面上的三角区域,即没有槽穿过的区域变得非常小。因此,使由黏合剂施加在辊体306上的保持力分布更加均匀。

图21-6-08示出了第四实施方式,其与图21-6-03、图21-6-05和图21-6-07所示的辊端件的不同之处在于,形成在辊端件401上的槽405实际上不是螺旋状,而是蛇形,其中,槽的端部在凸缘404附近的位置上相互靠近。与图21-6-05和图21-6-07中所示相似,在本示例中,通过径向孔和轴向平行盲孔(未示出)与外界连通,与图21-6-07所示类似。该实施方式带来的好处是,从端面411穿出的前述盲孔可以非常短,如同图21-6-06中所示的盲孔210。与图21-6-03、图21-6-05和图21-6-07所示的实施方式相比,采用蛇形槽405给图21-6-08所示的实施方式带来的好处是,

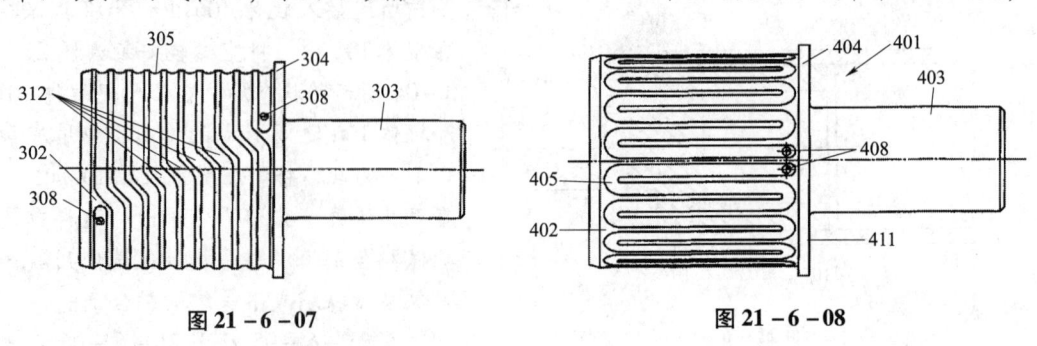

图21-6-07

图21-6-08

可以将辊端件401非常平滑地插入辊体406内,这是由于不存在网状结构,即,在槽的相邻两圈之间形成的横向于插入方向延伸的凸棱,该凸棱会妨碍插入。

最后,图21-6-09示出了辊端件的第五实施方式,其中,在塞状部分502的圆周表面上设有两条基本呈螺旋状的槽道505a和505b,所述两槽道相互平行并与图21-6-07中所示的槽类似。这两个槽道在远离支承轴颈503的一端相连,从而形成一条连续的槽。与图21-6-08中所示类似,可以从槽的一端注入黏合剂,直至黏合剂从槽的另一端冒出。在图21-6-09中,以阴影的形式示出了一条槽道505a,以便从视觉上使其区分于第二平行槽道505b。结合在将辊端件插入辊体之后注入黏合剂的情况,可以称槽道505a为"注入槽",而称第二槽道505b为"流出槽"。

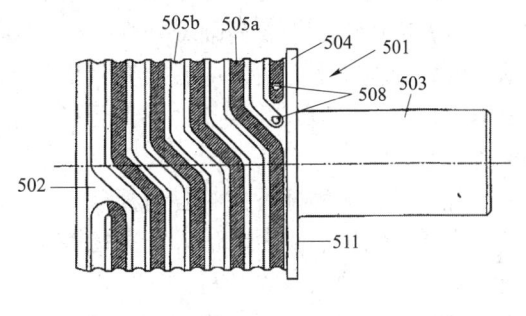

图21-6-09

(三) 发明人欲保护的技术方案

发明人为获得尽可能大的保护范围,撰写出如下的欲保护技术方案:
1. 一种空心辊,包括辊体和辊端件,其特征在于:
辊端件通过黏合剂与辊体连接。

三、权利要求撰写思路

(一) 多实施方式申请的一般撰写方法

在撰写这类多实施方式申请的权利要求时,通常有以下两种方法:

第一种方法为每个实施方式单独撰写一组权利要求,每组权利要求的前序部分为所改进产品/方法与最接近现有技术共有的必要技术特征,特征部分则是各不同实施方式区别于最接近现有技术的必要技术特征。

这种撰写方式撰写难度较低,分组清晰,但是,要求各组权利要求之间必须具备相同或相应的特定技术特征,以使其符合《专利法》第31条对单一性的有关规定。在实质审查程序中,当审查员指出各组权利要求不具备相同或相应的特定技术特征时,发明人就可能会面临不得不在各组权利要求之间选择仅保留一组权利要求的境地,从而使得发明人要么必须另行交费提交分案申请以保护其他技术方案,要么就放弃其他组权利要求,无形中增加了发明人的成本或损害了发明人的权益。

然而,这种撰写方式使得每一组权利要求保护范围仅包括特定的实施方案,一旦获得专利权,权利相对会比较稳定。即便进入无效程序,当某一组权利要求因为新颖性/创造性而被无效掉时,也不会影响到其他组权利要求。

另一种方法是,分析出其相对于现有技术所解决的技术问题,总结或概括各个不同实施方式为解决该技术问题所具有的共同技术特征,在此基础上撰写出一个技术方案完整的独立权利要求。这种撰写方式由于采用上位概念概括了各实施方式的共同点,同时涵盖了所有等同替代或明显变型的实施方式，从而可以获得较大的保护范围，但也因为以上位概念概括的保护范围会被下位概念破坏专利性，所以使得权利稳定性相对差一些。这种概括总结的撰写方式对撰写水平要求较高，难度较大，既要保证所总结或概括的内容得到说明书的支持，又要保证技术方案是完整的，不能缺乏必要技术特征。如果撰写失当，使得独立权利要求所请求保护的技术方案不具备专利性，那么在实质审查程序中，就要面临着修改/分案的风险，使得申请人面临另行交费提交分案申请以保护其他技术方案，或者放弃其他技术方案的问题，这不仅仍然会增加申请人的成本或损害了申请人的权益，而且还必然会进一步拖长审查周期，影响到申请人的市场竞争地位。

由此可见，两种撰写方法各有所长，应该依据申请案的具体情况，以及自身对该领域在先技术的了解，为申请人选择能够最大限度地规避风险，使申请人能够以最小的成本保护自己的权益的撰写方法。由于第二种撰写方式难度相对较大，本节以该交底书为基础，对如何采用上述第二种方法撰写相关的权利要求进行说明。

（二）对改进及所获得技术效果的分析

发明人所提交的交底书中公开了两种现有技术——现有技术1和现有技术2。现有技术1中所公开的空心辊采用机械结构将辊体706与辊端件701连接。具体而言，辊端件701通过螺栓715、卡环716和轴用挡圈717固接在辊体706端部，其中卡环716位于辊体706内壁上的环形槽内。这种连接方式所需零件较多、结构较为复杂，且需要在辊体706的内壁上加工容纳卡环716的环形槽，会降低辊体706的强度，无法采用较薄的辊壁，增加了辊体的重量。

根据本领域的公知常识，还可以采用其他类型的机械结构将辊体与辊端件连接在一起，例如在辊端件上设置外螺纹，而在辊体各端的内壁上设有与辊端件外螺纹相配合的内螺纹，从而可以通过这些螺纹将辊端件固接在辊体上。但是，在辊端件和辊体上加工相匹配的螺纹同样较为复杂，并且也会大大降低辊体的强度，无法采用较薄的辊壁，从而无法实现轻量化。

现有技术2中所公开的空心辊通过黏合剂将辊端件801与辊体806粘接在一起，而不是采用机械结构，从而克服了现有技术1中所需零件较多、结构较为复杂的缺陷，并且因为无需在辊体内壁加工环形槽，不会降低辊体的强度，所以可以采用较薄的辊壁甚至是复合材料辊壁，进一步减轻了辊体的重量，提高了空心辊的性能。

然而，在辊端件的外周和辊体的内壁之间直接采用黏合剂进行连接会导致无法保证辊端件和辊体间的可靠连接，因为总是存在这样的危险，一旦将辊端件插入辊体，涂覆在辊体内壁上或辊端件外表面上的黏合剂在插入过程中有可能会因为辊端件与辊体的摩擦或挤压而脱离粘接面，使得涂覆在粘接表面上的黏合剂变得不均匀，导致辊体与辊端件之间的连接不可靠。

本申请发明对辊端件作了一定的改进，在所述辊端件的外周上开设有至少一条槽，并且在将辊端件与辊体定位装配之后向该槽内填充黏合剂；所述黏合剂均匀地粘着在辊体内壁和槽壁上。这样，当黏合剂在槽中凝固后，就在辊体与辊端件形成可靠连接。发明人交底书中的实施方式由于采用了这种先装配、后填充的设计，避免了黏合剂因装配摩擦/挤压作用使得黏合剂在粘合表面上分布不均匀，保证了辊体与辊端件之间的连接可靠性。同时，简化了结构，且因为无需在辊体上加工槽或螺纹，也可以实现空心辊的轻量化。

（三）对本申请发明主要技术特征的分析

对交底书所提供的实施方式进行分析，可以看出，各实施方式在总体结构特征上大致是相同的。空心辊主要包括辊体和辊端件两部分，辊端件具有插入辊体中的塞状部分和与塞状部分同轴的轴颈。其中如实施方式一所述，塞状部分可与轴颈一体，也可分体，当分体时，轴颈通过螺纹固接在塞状部分上。另外，在塞状部分上与轴颈相邻之处设有径向突出的凸缘。塞状部分也可设计成中空形状，以进一步降低空心辊的重量，并且可将驱动空心辊的驱动电机容纳在该中空部分中，从而使空心辊在空间上更加紧凑。辊端件的塞状部分上形成有槽，并为辊端件上的槽设置与外部连通的外部连接通道，使得在辊体与辊端件装配定位之后，槽的两端可分别通过外部连接通道与外界连接，使得在辊体与辊端件相对装配定位之后，槽的两端可通过外部连接通道分别与外界连通，从而可以在将辊端件装入辊体后，从外部将黏合剂压入槽的外部连接通道之一，直至黏合剂开始从另一连通结构流出，从而保证槽在整个长度上都被黏合剂充满。在将辊体与辊端件相对装配定位时，可通过在辊端件上作标记或者通过在辊体表面上设置观测孔来确定辊体与辊端件的相对定位准确。在任何情况下，必须确保压入槽内的黏合剂不会进入辊的空腔内，否则无法保证对槽的适当填充，并且进入辊的空腔内的黏合剂还会导致辊失去平衡。所以在将辊体与辊端件装配在一起之后，所述槽除通过外部连接通道与外界相通之外，该槽所形成的空间应为一个封闭的腔室。

综合各实施方式来看，各实施方式的主要区别点就在于辊端件外周上的槽的形式和外部连接通道的形式，其中，交底书对辊端件外端上的槽公开了 4 种不同设计，分别如下：

① 单螺旋槽（实施方式一、二）；

② 为使黏合剂施加在辊体上的保持力分布得更加均匀，辊端件外周面上的槽不是螺旋形，而是总体上沿平行的径向平面延伸，每两个平行径向槽之间以阶跃角的形式连接（实施方式三）；

③ 为缩短轴向盲孔，采用沿辊端件轴向设置的蛇形槽的形式（实施方式四）；

④ 双螺旋槽的形式，两个螺旋槽在辊端件的末端处连接在一起（实施方式五）。

本申请发明交底书所公开的对外部连接通道结构的设计有 2 种，如下：

a. 在辊体表面上形成通向槽的端部区域的径向孔，这样既可以通过径向孔将黏合剂注入槽中，又可以对黏合剂的流量进行监测（实施方式一）；

b. 在辊端件上的槽的首端和末端的下方分别设置一径向盲孔，并在辊端件的外端面上设置分别与首末径向盲孔连通的轴向盲孔，形成使槽与外界连通的盲道，通过该盲道将黏合剂注入槽中，这样可以保持辊体表面的完整性（实施方式一、二、三、四）。

在上述外部连接通道基础上，所述技术领域的技术人员可容易地看出，由于槽的两端都分别要设置使槽与外部连通的外部连接通道，所以显然这两个外部连接通道可以一个为上面 a 的形式，另一个为上面 b 的形式，由此构成了第 3 种外部连接通道的技术方案：

c. 在辊体表面上形成通向槽的一端的径向通孔，在槽的另一端下方设置径向盲孔，并在辊端件的外端面上设置与上径向盲孔连通的轴向盲孔，通过上述径向通孔和两个盲孔形成使槽与外界连通的外部连接通道。根据上述分析，可以列出五个实施方式之间的特征，详见表21-6-01，该表是本申请发明五个实施方式的特征对比表。

表21-6-01

实施方式		一	二	三	四	五
所涉主题		空心辊	√	√	√	√
所含元件		辊体和辊端件	√	√	√	√
总体结构特征	辊端件具有插入辊体中的塞状部分和与塞状部分同轴的轴颈		√	√	√	√
	塞状部分与轴颈一体		√×	√×	√×	√×
	在塞状部分上与轴颈相邻之处设有径向突出的凸缘		√	√	√	√
	塞状部分中空设计		√×	√×	√×	√×
辊体与辊端件的连接方式	黏性连接		√	√	√	√
辊体相对于辊端件的定位方式	通过辊体表面的观测孔		√×	√×	√×	√×
保证黏合剂不脱离粘接面的方式	辊端件塞状部分外周表面开设整体全部处于塞状部分上的槽，在将辊端件相对于辊体定位之后，保持辊端件与辊体的相对位置不动，再将黏合剂填充进由槽形成的封闭腔中		√	√	√	√
黏合剂填充方式	在封闭腔两端分别设置与外界连通的外部连接通道，将黏合剂由封闭腔一端的外部连接通道注入，直到黏合剂从封闭腔另一端的外部连接通道流出，以保证封闭腔被黏合剂充满		√	√	√	√
外部连接通道的形式		a	b	b	b	b
槽的形式		①	①	②	③	④

表21-6-01中的√表示发明人在技术交底书中明确说明了该实施方式的相应特征与前一实施方式相同；表中的√×表示在技术交底书中，该实施方式未明确提及相应特征，但是根据本领域的技术常识可以判断出，前一实施方式的相应特征同样可应用于本实施方式，例如，实施方式二中虽然没有明确说明空心辊的塞状部分与轴颈是如何构成的，但显然实施方式一中所描述的"塞状部分可与轴颈分体或一体，并且当分体时轴颈可通过螺纹固接在塞状部分上"同样适用于实施方式二，同理，塞状部分设计有容纳驱动电机的凹槽、和在辊端件上作标记或在辊体上设置观测孔以保证辊体与辊端件的相对定位同样也适用于其他实施方式，因此，在撰写申请文件时，应该注意对这些可普用于各实施方式的技术特征进行普适性的描述，指出这些技术特征可同样应用于所有实施方式。

表21-6-01中的a、b和①、②、③、④则分别对应于前面对本申请发明技术方案中槽的形式和外部连接通道的形式，例如，实施方式一中采用了a中所描述形式的外部连接通道和①中所描述形式的槽，实施方式三中采用了b中所描述形式的外部连接结构和②中所描述形式的槽。根据对技术方案的分析理解，可以知道，上面4种槽的设计可分别与3种外部连接通道的设计互相搭配，这样实际上可以产生12种不同的技术方案。

另外，交底书中给出了一些其他方面的优选设计，如实施方式一中所述：为减轻重量，辊体优选由玻璃纤维增强或碳纤维增强的塑料制成；为使黏合剂能够将辊体与辊端件可靠粘合，优选使用凝固时仅略微收缩或不收缩的黏合剂；为保证辊端件与辊体之间的粘着牢靠，应使槽尽可能大地占据辊端件插入辊体部分的面积，从而在辊体上形成足够大的粘着表面，优选使槽至少占据辊端件插入辊体部分的表面面积的一半。同样可以知道，这些优选设计适用于所有的技术方案。

根据上述分析，可以概括得出五个实施方式所具有的共同技术特征：所含元件（辊体和辊端件），总体结构特征，辊体与辊端件的连接方式，保证黏合剂不脱离粘合表面的方式，黏合剂填充方式，以及上面所列的其他方面的所有优选设计（即，辊端件塞状部分中空设计、辊体材料、黏合剂类型和槽所占面积等）。各实施方式之间的区别点仅在于槽的具体形式和外部连接通道的具体形式。

（四）实施方式的扩展

从技术交底书的分析可知，本申请发明是应用于辊端件插接在辊体内的空心辊方面，槽形成在辊端件的接触表面上。但是所述技术领域的技术人员可以判断出，这些技术方案实际上同样可应用于将辊体插接在辊体内的空心辊。基于这些分析，提醒发明人对上述五个实施方式作了进一步的扩展，以便写出保护范围更宽的权利要求，参见图21-6-10，图21-6-10是启发发明人后作出的空

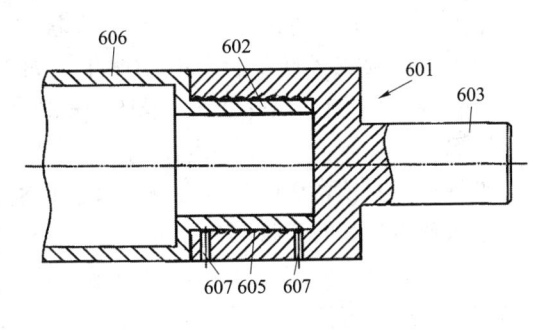

图21-6-10

心辊扩展实施方式的轴向剖面图。

在图 21-6-10 中，辊体 606 插接在辊端件 601 中，同时为保证能够使用较薄的辊体 606，槽 605 仍形成在辊端件 601 上，并通过设在辊端件 601 上的通孔 607，形成外部连接通道。

从技术交底书的分析可知，上述各实施方式一旦公开，所述技术领域的技术人员可容易地想到，该扩展实施方式中的槽可以为本申请发明中公开的任意一种槽，且外部连接通道也可采用前述轴向盲孔和径向盲孔的形式。此外，所述技术领域的技术人员也可容易地想到，在无需辊体轻量化时，槽也可形成在辊体上，或者同时形成在辊体和辊端件上。因此，为最大化发明人的权益，应当对交底书的内容进行适当的扩展，以便在撰写说明书时合理地扩展出相应的实施方式，使得可撰写出保护范围更大且得到说明书支持的权利要求。

（五）确定本申请发明最接近的现有技术

《专利审查指南》第二部分第四章第 3.2.1.1 节规定，最接近的现有技术是指现有技术中与要求保护的发明最密切相关的一个技术方案。在确定最接近的现有技术时，首先应当考虑其技术领域。下面，先根据前面的分析，分析本申请发明各实施方式所共有的技术特征是否能够构成完整的技术方案。

本申请发明各实施方式的共有技术特征包括：所含元件，总体结构特征，辊体与辊端件的连接方式，保证黏合剂不脱离黏合表面的方式，黏合剂填充方式，以及其他方面的优选设计。本申请发明相对于现有技术 1、2 的改进效果在于简化了结构、保证了连接可靠性，并能够实现轻量化。本申请发明通过上述共有技术特征中的"所含元件"（即，辊体和辊端件）、"辊体与辊端件的连接方式"（通过黏合剂）、"保证黏合剂不脱离粘合表面的方式"（在辊端件上设置槽，在将辊端件相对于辊体定位之后，将黏合剂填充进由槽形成的封闭腔中）和"黏合剂填充方式"（在封闭腔两端分别设置与外界连通的外部连接通道，将黏合剂由封闭腔一端的外部连接通道注入，直到黏合剂从封闭腔另一端的外部连接通道流出）即可达到上述技术效果。也即，上述本申请发明各实施方式的共有技术特征充分构成了完整的技术方案。

下面对本申请发明与现有技术 1、2 的技术方案进行分析，然后确定最接近的现有技术。

首先分析现有技术 1 中的空心辊。该空心辊包括辊体 706 和辊端件 701。辊端件 701 具有插入辊体的塞状部分 702 和与塞状部分 702 同轴的轴颈 703，塞状部分 702 与轴颈 703 一体制成，且塞状部分 702 上与轴颈 703 相邻之处设置有径向突出的凸缘 704。辊端件 701 通过螺栓 715、卡环 716 和轴用挡圈 717 固接在辊体 706 端部。也即，辊端件 701 与辊体 706 之间为刚性连接。

再分析现有技术 2 中的空心辊。该空心辊包括辊体 806 和辊端件 801。辊端件 801 具有插入辊体 806 的塞状部分和轴颈 803，塞状部分与轴颈 803 分体制成，轴颈 803 卡接在塞状部分上，但塞状部分与轴颈相邻处未设置有径向突出的凸缘。辊端件 801 通过黏合剂粘连在辊体 806 上。即，辊端件 801 与辊端 806 之间为粘性连接。但是辊端件 801 上的黏合剂是直接涂覆在辊端件 801 的外周面上，并未考虑在辊端件 801 插入辊体

806过程中如何避免涂覆的黏合剂因摩擦作用变得不均匀。

根据上述分析，列出本申请发明各实施方式的技术方案与现有技术1、2的技术方案进行对比，列出其特征对比表，参见表21-6-02。

表21-6-02

	本申请发明的共有特征	现有技术1	现有技术2
技术领域	空心辊	√	√
所含元件	辊体和辊端件	√	√
总体结构特征	辊端件具有插入辊体中的塞状部分和与塞状部分同轴的轴颈	√	√
	塞状部分与轴颈可一体，也可分体，分体时轴颈通过螺纹固接在塞状部分上	塞状部分与轴颈分体构成，轴颈螺接在塞状部分上	塞状部分与轴颈分体构成，轴颈卡接在塞状部分上
	在塞状部分上与轴颈相邻之处设有径向突出的凸缘	√	×
连接方式	粘性连接	×	√
保证黏合剂不脱离粘接面的方式	辊端件塞状部分外周表面开设整体全部处于塞状部分上的槽，在将辊端件相对于辊体定位之后，保持辊端件与辊体的相对位置不动，再将黏合剂填充进由槽形成的封闭腔中	×	×
黏合剂填充方式	在封闭腔两端分别设置与外界连通的外部连接通道，将黏合剂由封闭腔一端的外部连接通道注入，直到黏合剂从封闭腔另一端的外部连接通道流出，以保证封闭腔被黏合剂充满	×	×

表21-6-02中的×表示未公开相关技术特征。通过表21-6-02可以看出，现有技术1和现有技术2与本申请发明都属于相同的技术领域。其中，虽然现有技术2公开的有关总体结构方面的特征相对于现有技术1要少一个，但现有技术2公开了想要解决辊体与辊端件牢固连接的技术问题，并且公开了解决这一技术问题采用辊体与辊端件通过黏合剂来连接的技术手段，所以相对于现有技术1来说，现有技术2公开了更多的信息，因此，确定现有技术2为本申请发明最接近的现有技术。

（六）确定保护客体和本申请发明要解决的技术问题

发明人在技术交底书中披露了五种空心辊的具体结构，并在所提交的欲保护技方案中要求保护"空心辊"。"空心辊"这一主题属于专利法的保护客体，故本申请发明的保护客体应当包括空心辊这一产品。同时，通过仔细分析可以知道，本申请发明对现有技术的改进实际上是对辊端件与辊体连接方式的改进，提出了一种先装配、再采用黏合剂连接辊体和辊端件的方法。所以，为最大限度地保护发明人的权益，该方法可以作为本申请发明的一项技术措施，可作为一个主题要求给予保护，因此，本申请发明的保护客体还应当包括空心辊的制造方法。

接着，分析本申请发明要解决的技术问题。现有技术2被确定为本申请发明最接近的现有技术，通过表21-6-02可知，现有技术2公开了采用黏合剂连接空心辊的辊体和辊端件的技术方案，但其中的粘性连接仅是简单地将黏合剂涂覆在辊端件外表面上，再将辊端件插入辊体来实现辊端件与辊体的连接。本申请发明技术交底书中指出，若这样的连接方式，由于需要在将辊端件插入辊体之前将黏合剂涂抹在黏合表面上，在插入过程中会因两个部件之间的摩擦挤压作用使粘合表面上的黏合剂分布不均匀，甚至有的粘合表面上的黏合剂会完全被挤出，所以无法确保辊体与辊端件之间的可靠连接。因此，相对于现有技术2，本申请发明要解决的技术问题则变为，如何确保辊体与辊端件之间的可靠连接。本申请发明解决该问题的手段是，在辊端件和辊体中至少一个的接触表面上设有槽，且在将辊端件插入辊体后，所述槽形成一个封闭腔，在封闭腔的两端于辊体表面或辊端件上设置外部连接通道，从一个外部连接通道将将黏合剂注入所述封闭腔中，直到黏合剂从另一外部连接通道流出为止，确保所述封闭腔被黏合剂充满，以此来解决上述确保辊体与辊端件之间可靠连接的问题。

（七）发明人欲保护技术方案的分析

下面分析发明人欲保护的技术方案是否合适。本节的目的是多实施方式案例的合理概括与总结。这里的"合理"指的是，发明人欲保护的技术方案应当保护范围清楚，概括合理，不缺乏必要技术特征，且权利比较稳定，授权前景较好。

1. 保护范围是否清楚

《专利法》第26条第4款规定，权利要求书应当清楚地限定专利保护的范围。在发明人欲保护的技术方案中，仅仅描述了空心辊具有辊体和辊端件及这两个部件是采用黏合剂连接的，但是未描述辊体与辊端件之间的位置/结构关系，也就无法确定怎样应用黏合剂或者将黏合剂应用在什么位置才能将辊体与辊端件连接起来，造成了其保护范围的不清楚。

2. 概括是否合理

《专利法》第26条第4款规定，权利要求书应当以说明书为依据。由于发明人所欲保护的技术方案中没有描述辊体与辊端件之间的位置关系，那么它实际上包括了所有的辊体与辊端件的可能位置/结构关系，但交底书中仅仅记载了辊端件插在辊体中的技术方案，因此该概括是不合理的。

3. 是否缺必要技术特征

《专利法实施细则》第20条第2款规定，独立权利要求应当从整体上反映发明的技术方案，记载解决技术问题的必要技术特征。本申请发明相对于最接近的现有技术欲解决的技术问题是要确保辊体与辊端件之间的可靠连接，其解决的技术手段是在辊端件和辊体中至少一个的接触表面上设有槽,且在将辊端件插入辊体后,所述槽形成一个封闭腔,在封闭腔的两端于辊体表面或辊端件上设置外部连接通道,从一个外部连接通道将将黏合剂注入所述封闭腔中,直到黏合剂从另一外部连接通道流出为止,确保所述封闭腔被黏合剂充满,以此来解决上述确保辊体与辊端件之间可靠连接的问题。然而,发明人所欲保护的技术方案中未记载实现有关上述技术手段的任何相关技术特征,即,缺乏必要技术特征,不符合上述规定。

4. 是否具备授权前景

现有技术1中公开了一种空心辊,包括辊体706和辊端件701。辊端件701通过螺栓715、卡环716和轴用挡圈717固接在辊体706端部。也即,现有技术1中没有公开辊体与辊端件采用黏合剂连接这一特征,所以发明人所欲保护的技术方案相对于现有技术1具备新颖性,但这并不意味着该技术方案具备授权前景,还需要考究现有技术2所公开的内容。

现有技术2中同样公开了一种空心辊,包括辊体(即现有技术2中的筒体5)和辊端件(即现有技术2中的轴承座6),且辊体与辊端件之间是通过黏合剂来连接。由此可见,发明人所欲保护的技术方案已经被现有技术2全部公开,且两者所属的技术领域相同,所实际解决的技术问题和达到的技术效果相同,都是提供一种轻量化且连接牢靠的空心辊。因此,发明人所欲保护的技术方案相对于现有技术2不具备新颖性,显然也不具备创造性,所以不具备授权前景。

综上所述,可以判断,发明人所欲保护的技术方案总体上是不合理的。因此,需要重新撰写独立权利要求。而且,通过对技术交底书中内容的理解,分别从产品独立权利要求和方法独立权利要求两个方面请求保护,能够更恰当地保护申请人的权益。

(八) 产品独立权利要求的撰写

在撰写产品独立权利要求时,首先应概括本申请发明各实施方式的共有技术特征,再从概括得出的技术方案中找出解决本申请发明要解决技术问题的必要技术特征。根据表21-6-01的分析可知,本申请发明各实施方式的共同技术特征包括空心辊构成元件、辊体与辊端件连接方式、总体结构特征、保证黏合剂不脱离粘合面的方式以及黏合剂填充方式等。

下面则需要根据本申请发明要解决的技术问题,由概括本申请发明各实施方式的共有技术特征中找出解决该技术问题的必要技术特征。本申请发明要解决的技术问题是确保辊体与辊端件之间的可靠连接,必要技术特征应当包括空心辊的基本构成元件(即,辊端件和辊体)。其次,从上述表21-6-02以及相关分析可以看出,解决辊体与辊端件之间可靠连接的主要是依靠保证黏合剂不脱离粘合面这一技术手段来解决,与空心辊的总体结构特征并不相关。因此,必要技术特征中还需要包括这一技术手段的具体技术特征:"在辊端件塞状部分外周表面开设整体全部处于塞状部分上的槽,在将辊端件与辊体定位后,保持辊端件与辊体的相对位置不动,再将黏合剂填充进由槽形成的封闭腔中"。

随后,需要分析仅包括空心辊基本元件、辊体与辊端件连接方式和保持黏合剂不脱离粘合面的方式这些技术特征是否能够构成一个完整的技术方案,是否能够由此构成独立权利要求。由于保持黏合剂不脱离粘合面的技术手段是通过在辊端件与辊体相对定位之后再将黏合剂填充进形成于辊端件或辊体粘合表面的槽中，显然通过常规方法是无法实现这一技术手段的，所以如何将黏充剂填充进槽中也成为解决上述技术问题所必不可少的特征，因此，独立权利要求中应当还包括"为槽设置与外界连通的外部连接通道"这一特征。

这样，奠定了独立权利要求的基础：

1. 一种空心辊，包括辊体（106；206；306；406；506；606）和辊端件（101；201；301；401；501；601），辊端件（101；201；301；401；501；601）通过黏合剂与辊体（106；206；306；406；506；606）连接，其特征在于，所述辊端件（101；201；301；401；501；601）与所述辊体（106；206；306；406；506；606）套接连接，在所述辊端件（101；201；301；401；501；601）与所述辊体（106；206；306；406；506；606）中至少一个的接触表面上开设有槽（105；205；305；405；505a，505b；605），所述槽（105；205；305；405；505a，505b；605）在所述辊端件（101；201；301；401；501；601）与所述辊体（106；206；306；406；506；606）套接之后形成封闭腔，该封闭腔两端分别通过形成在所述辊体（106；206；306；406；506；606）和所述辊端件（101；201；301；401；501；601）的至少一个上的外部连接通道（107；208，209，210；308；408；508；607）与外界连通，黏合剂通过所述外部连接通道（107；208，209，210；308；408；508；607）充满所述封闭腔。

下面分析该独立权利要求的撰写是否合理。在该独立权利要求中，将本申请发明的各个实施方式中在辊端件插入辊体的部分上设置的各种不同形式的槽总地概括为槽，在辊体上设置孔或在辊端件上设置盲孔以使黏合剂能够填充进槽的结构总地概括为外部连接通道，在所述技术领域的技术人员来看，这样的概括得到了说明书的支持。同时，现有技术1和2中均未公开有关在辊体或辊端件上设置槽和为槽设置外部连接通道的技术方案，该技术方案对于所述技术领域的技术人员也是非显而易见的，并且通过这样的技术方案使得空心辊的辊体与辊端件的连接更加可靠，具有突出的实质性特点和显著的进步，具有较好的授权前景。因此，上述独立权利要求对本申请发明的概括是合理的。

从属权利要求则应当是对独立权利要求的技术方案或技术方案中的技术特征的进一步细化。通过前面的案例分析可知，共有4种不同的槽的形式和3种不同的外部连接通道的形式，这些可以撰写在从属权利要求中。由于这4种槽可分别与3种外部连接通道组合成不同的技术方案，因此在撰写从属权利要求时，可采用多项引用的方式。

2. 如权利要求1所述的空心辊，其特征在于，所述外部连接通道（107；208，209，210；308；408；508；607）构成为：使得所述黏合剂从与所述封闭腔一端连通的所述外部连接通道（107；208；308；408；508；607）注入所述封闭腔，并从与所述封闭腔另一端连通的所述外部连接通道（107；210；308；408；508；607）流出。

3. 如权利要求2所述的空心辊，其特征在于，所述槽（105；205；605）为螺旋槽。

4. 如权利要求2所述的空心辊，其特征在于，所述槽（305）由垂直于所述辊体

(306) 的轴线的部分和相对于所述轴线倾斜的部分构成。

5. 如权利要求 2 所述的空心辊,其特征在于,所述槽 (405) 为沿轴向设置的蛇形槽。

6. 如权利要求 2 所述的空心辊,其特征在于,所述槽 (505a,505b) 为双螺旋槽,所述双螺旋槽的两个螺旋槽在其形成表面的一端相连接。

7. 如权利要求 3-6 之一所述的空心辊,其特征在于,所述外部连接通道 (107;607) 为设置在所述辊体 (106) 或辊端件 (606) 表面上对应于所述槽 (105;605) 的末端的通孔。

8. 如权利要求 3-6 之一所述的空心辊,其特征在于,所述槽 (205;305;405;505a,505b) 设置在所述辊端件 (201;301;401;501) 上,并且所述外部连接通道 (208,209,210;308;408;508) 包括开设在所述辊端件 (201;301;401;501) 上分别与所述槽 (205;305;405;505a,505b) 的起始端和结束端连通的径向盲孔 (208;308;408;508)、以及在辊端件 (201;301;401;501) 外端面上开设的分别与所述两个径向盲孔连通的轴向盲孔 (209,210)。

9. 如权利要求 3-6 之一所述的空心辊,其特征在于,所述槽设置在所述辊端件上,所述外部连接通道包括:

开设在所述辊端件上并且与所述槽的一端连通的径向盲孔及在辊端件外端面上开设的与所述径向盲孔连通的轴向盲孔;以及

在所述辊体表面上对应于所述槽的另一端的地方开设的通孔。

此外,还可在从属权利要求中包括一些可应用于全部技术方案的优选特征,例如辊端件插入辊体的部分与轴颈之间的形成方式(一体或分体)、辊端件插入部分可设计为容纳驱动电机、定位方式以及前述其他优选设计(如辊体的材料、黏合剂的类型、槽的面积)等特征。而各实施方式可共有的总体结构特征,例如辊端件具有塞状部分和轴颈、塞状部分可与轴体可一体或分体、以及塞状部分上与轴颈相邻之处设有径向凸缘,与本申请发明所要解决的技术问题并不相关,且已经被现有技术 1、2 公开,对本申请发明的创造性没有实质性作用,所以写成从属权利要求没有意义。同时,为免除在撰写权利要求时有可能因部分优选特征仅在部分实施方式中进行了描述,造成无法得到说明书支持的情况,在撰写说明书时应注意规避这样的风险,在说明书结尾部分明确上述这些特征同样可应用于其他实施方式。同理,在撰写这类从属权利要求时也可采用多项引用的方式。此时,在采用多项引用的方式进行撰写时,要注意符合《专利法实施细则》第 22 条第 2 款的规定,不要出现多项引多项或非择一引用的问题。

(九) 并列独立权利要求的撰写

相应的方法权利要求的分析撰写过程略去。

四、说明书及说明书摘要的撰写

(一) 说明书的撰写

根据前面的分析,可撰写出一个上位的概括了本申请发明所有技术方案、保护范围较大且授权前景较好的产品独立权利要求及其从属权利要求，并可撰写出对应的方法权利要求。同时，根据上面的分析，对技术交底书进行修改，撰写出相应的说明书。对技术交底书的修改主要包括下列内容：

1. 为满足《专利法实施细则》第17条第2款的规定，按照技术领域、背景技术、发明内容、附图说明、具体实施方式的顺序对技术交底书进行整理，补充了附图的相关说明，并为各个部分加上小标题；

2. 为满足《专利法实施细则》第17条第1款第1项的规定，对本申请发明的发明名称和技术领域进行了扩展，以全面地反映要求保护的发明技术方案及其所属技术领域；

3. 为满足《专利法实施细则》第17条第1款第2项的规定，在背景技术部分补入了最接近的现有技术（现有技术2）的相关技术方案的描述；

4. 为满足《专利法》第26条第4款的规定，在具体实施方式部分补入了扩展实施方式的相关描述，在说明书附图中补入该扩展实施方式的附图，并在结尾部分在文字上明确本申请发明的某些特征可交叉混用以及某些优选技术特征可通用，以使得撰写出的保护范围更宽的权利要求能够得到说明书的支持。

（二）说明书摘要的撰写

说明书摘要应当按照《专利法实施细则》第23条的规定撰写，写明发明的名称和所属技术领域，并清楚地反映所要解决的技术问题、解决该问题的技术方案的要点以及主要用途。在考虑不得超过300个字的前提下，写明有关要求保护的技术方案及采用该技术方案所获得的技术效果。并选用说明书附图中的其中一幅作为摘要附图。

具体到本案例，说明书摘要部分应对独立权利要求的技术方案的要点作出说明，在此基础上进一步说明其解决的技术问题和有益效果。此外，还应当选择合适的附图作为说明书摘要附图，本申请发明选取附图2作为摘要附图。

五、案例总结

本案例介绍了如何合理概括多实施方式申请案，以撰写出能够涵盖交底书中所有实施方式及其所有等同替代或明显变型的实施方式的保护方案的要点。本案例通过在总结或概括各实施方式所具有共同特征的基础上，撰写出完整的且相对于现有技术具有新颖性/创造性的独立权利要求，以获得较大的保护范围，从而最大限度地保护申请人的权益，同时也能规避单一性的问题。

从本案可以看出，在撰写这类多实施方式发明专利申请案时，要注意以下几点：认真研究各实施方式的要点，归纳总结出各实施方式的相同/相应特征，必要时，可利用特征对比表的形式，找出各实施方式的共同点；然后分析现有技术所公开的内容，与本申请发明各实施方式的共同/概括特征相比较，找出最接近的现有技术；根据最接近的现有技术，分析本申请发明相对于该现有技术所要解决的技术问题；根据本申请发明相对于现有技术所要解决的技术问题，找出各实施方式为解决上述技术问题所采取的必要技术特征，并针对这些必要技术特征进行总结或概括；在从属权利要求中撰写对应于各实施方式的技术方案，完善整个权利要求书。

六、推荐的申请文件

根据以上介绍的本申请发明实施方式和现有技术的情况,撰写出保护范围较为合理的独立权利要求与相应的从属权利要求、同时撰写出说明书及说明书摘要,以此为基础推荐包含说明书摘要、摘要附图、权利要求书、说明书及说明书附图的申请文件。

说 明 书 摘 要

提供了一种空心辊及该空心辊的制造方法。所述空心辊包括辊体(101)和辊端件(106),辊端件(106)通过黏合剂与辊体连接。所述辊端件(106)与所述辊体套接连接。在所述辊端件(106)与所述辊体中至少一个的接触表面上开设有槽(105)。所述槽在所述辊端件(106)与所述辊体套接之后形成封闭腔,该封闭腔两端分别形成在辊体和辊端件(106)的至少一个上的外部连接通道(107)与外界连通。本发明通过所述外部连接通道在辊端件(106)与辊体装配好后再将黏合剂充满所述封闭腔,克服了粘接表面黏合剂分布不均的缺点,确保了辊体与辊端件之间连接的可靠性,提高了其连接强度。

摘 要 附 图

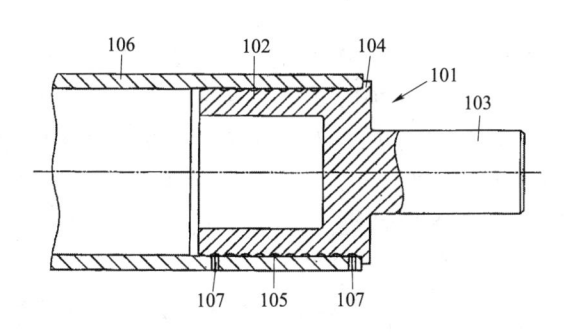

权 利 要 求 书

1. 一种空心辊,包括辊体(106;206;306;406;506;606)和辊端件(101;201;301;401;501;601),辊端件(101;201;301;401;501;601)通过黏合剂与辊体(106;206;306;406;506;606)连接,其特征在于,所述辊端件(101;201;301;401;501;601)与所述辊体(106;206;306;406;506;606)套接连

接,在所述辊端件(101;201;301;401;501;601)与所述辊体(106;206;306;406;506;606)中至少一个的接触表面上开设有槽(105;205;305;405;505a;505b;605),所述槽(105;205;305;405;505a;505b;605)在所述辊端件(101;201;301;401;501;601)与所述辊体(106;206;306;406;506;606)套接之后形成封闭腔,该封闭腔两端分别形成在所述辊体(106;206;306;406;506;606)和所述辊端件(101;201;301;401;501;601)的至少一个上的外部连接通道(107;208,209,210;308;408;508;607)与外界连通,黏合剂通过所述外部连接通道(107;208,209,210;308;408;508;607)充满所述封闭腔。

2. 如权利要求1所述的空心辊,其特征在于,所述外部连接通道(107;208,209,210;308;408;508;607)构成为:使得所述黏结剂从与所述封闭腔一端连通的所述外部连接通道(107;208;308;408;508;607)注入所述封闭腔,并从与所述封闭腔另一端连通的所述外部连接通道(107;210;308;408;508;607)流出。

3. 如权利要求2所述的空心辊,其特征在于,所述槽(105;205;605)为螺旋槽。

4. 如权利要求2所述的空心辊,其特征在于,所述槽(305)由垂直于所述辊体(306)的轴线的部分和相对于所述轴线倾斜的部分构成。

5. 如权利要求2所述的空心辊,其特征在于,所述槽(405)为沿轴向设置的蛇形槽。

6. 如权利要求2所述的空心辊,其特征在于,所述槽(505a,505b)为双螺旋槽,所述双螺旋槽的两个螺旋槽在其形成表面的一端相连接。

7. 如权利要求3-6之一所述的空心辊,其特征在于,所述外部连接通道(107;607)为设置在所述辊体(106)或辊端件(606)表面上对应于所述槽(105;605)的末端的通孔。

8. 如权利要求3-6之一所述的空心辊,其特征在于,所述槽(205;305;405;505a,505b)设置在所述辊端件(201;301;401;501)上,并且所述外部连接通道(208,209,210;308;408;508)包括开设在所述辊端件(201;301;401;501)上分别与在所述槽(205;305;405;505a,505b)的起始端和结束端连通的径向盲孔(208;308;408;508)、以及在辊端件(201;301;401;501)外端面上开设的分别与所述两个径向盲孔连通的轴向盲孔(209,210)。

9. 如权利要求3-6之一所述的空心辊,其特征在于,所述槽设置在所述辊端件上,所述外部连接通道包括:

开设在所述辊端件上并且与所述槽的一端连通的径向盲孔及在辊端件外端面上开设的与所述径向盲孔连通的轴向盲孔;以及

在所述辊体表面上对应于所述槽的另一端的地方开设的通孔。

(相应的方法权利要求略去。)

说　明　书

空心辊及其制造方法

技术领域

[0001] 本发明涉及一种具有辊体和辊端件的空心辊，还涉及一种这类空心辊的制造方法。

背景技术

[0002] 空心辊一般可应用于卷边（例如，造纸机械）和梳理、印刷（例如，印刷机），或者传送（例如，输送带）和处理网状材料系统（例如，交叉铺网机）。这类空心辊一般具有多种不同的直径，并以高速运转，从而需要保证其运转可靠性。现有的空心辊一般具有辊体和辊端件，空心辊的两端被插入辊体的辊端件封闭，依此来保证其运转可靠性，并保证辊体的刚度。

[0003] CN1＊＊＊＊＊＊＊1A中公开了这样一种空心辊701，其具体结构参见图9，图9是CN1＊＊＊＊＊＊＊1A中所述空心辊沿轴向的剖面图。如图9所示，辊端件701由轴颈703和塞状部分702制成。之后，再通过螺接方式将辊端件701与辊体706组装在一起。其中，辊端件701通过辊体706内的轴用挡圈717固定在辊体706上。所述轴用挡圈717通过卡环716固定于辊体706内，卡环716位于形成在辊体706内壁上的环形槽内。在将辊端件701插入辊体706的端部后，使用螺栓715使辊端件702与挡圈717固定。

[0004] CN1＊＊＊＊＊＊＊1A中所公开的空心辊采用机械结构将辊体706与辊端件701连接。具体而言，辊端件701通过螺栓715、卡环716和轴用挡圈717固接在辊体706端部，其中卡环716位于辊体706内壁上的环形槽内。这种连接方式所需零件较多、结构较为复杂，且需要在辊体706的内壁上加工容纳卡环716的环形槽，会降低辊体706的强度，无法采用较薄的辊壁，增加了辊体的重量。

[0005] 还可以采用其他类型的机构结构将辊体与辊端件连接在一起，例如在辊端件外周上设有外螺纹，辊体的各端上具有与所述外螺纹相配合的内螺纹，从而可以通过这些螺纹将辊端件旋入辊体。然而，在辊端件和辊体上加工相匹配的螺纹同样较为复杂，并且也会大大降低辊体的强度，无法采用较薄的辊壁，从而无法实现轻量化。

[0006] CN2＊＊＊＊＊＊＊2A中公开了这样一种空心辊，参见图10。图10是CN2＊＊＊＊＊＊＊2A中所述空心辊沿轴向的剖面图。如图10所示，该空心辊包括轴803、挡圈804、密封圈818、轴承819、辊体806和辊端件801。该空心辊的辊体806与辊端件801通过黏合剂连接，而不是采用机械结构，从而克服了CN1＊＊＊＊＊＊＊1A中所需零件较多、结构较为复杂的缺陷，并且因为无需在辊体内壁加工环形槽，不会降低辊体的强度，所以可以采用较薄的辊壁是复合材料辊壁，进一步减轻了辊体的重量，提高了空心辊的性能。但是，在辊端件的外周和辊体的内壁之间直接采用黏合剂进行连

299

接会导致无法保证辊端件和辊体间的可靠连接，因为总是存在这样的风险，即，一旦将辊端件801插入辊体806，涂覆辊端件801外表面上的黏合剂在插入过程中有可能会因为辊端件801与辊体806之间的摩擦挤压而脱离粘接面，使得涂覆在粘接表面上的黏合剂变得不均匀，导致辊体与辊端件之间的连接不可靠。

发明内容

[0007] 本发明旨在提供一种结构简单、连接可靠并且可以轻量化的空心辊。

[0008] 根据本发明，提供了一种空心辊，包括辊体和辊端件，辊端件通过黏合剂与辊体连接。所述辊端件与所述辊体套接连接，在所述辊端件与所述辊体中至少一个的接触表面上开设有槽，所述槽在所述辊端件与所述辊体套接之后形成封闭腔，该封闭腔两端分别通过形成在辊体和辊端件的至少一个上的外部连接通道与外界连通，黏合剂通过所述外部连接通道充满所述封闭腔。优选地，所述外部连接通道构成为：使得所述黏结剂从与所述封闭腔一端连通的所述外部连接通道注入所述封闭腔，并从与所述封闭腔另一端连通的所述外部连接通道流出。

[0009] 根据本发明的空心辊是在将辊端件与辊体套接之后，通过外部连接通道将黏合剂填充进槽中。其中，在任何情况下，都必须确保填充进槽内的黏合剂不会进入辊的空腔内，否则无法保证对槽的适当填充，并且进入辊体的空腔内的黏合剂还会导致辊失去平衡，所以槽在所述辊端件与所述辊体套接之后形成封闭腔。同时为通过槽形成的封闭腔的两端设置外部连接通道，使得在辊体和辊端件套接在一起后，槽形成的封闭腔的两端都能够与外界连通，所以可以在将辊端件与辊体套接之后，通过外部连接通道将黏合剂从封闭腔的一端压入封闭腔中，直至黏合剂开始从封闭腔的另一端通过外部连接通道流出为止，从而确保封闭腔在整个长度上都被黏合剂充满。这样在封闭腔完全由黏合剂充满之后，黏合剂粘着在辊体内壁和槽壁上。当黏合剂在槽中凝固后，辊体与辊端件形成可靠的连接。这样，避免了将辊端件与辊体套接时涂覆在辊端件外表面上的黏合剂会脱离粘接面的风险。

[0010] 一方面，最简单的情况下，所述槽可以为螺旋槽。或者，为使黏合剂施加在辊体上的保持力分布得更加均匀，所述槽可以由垂直于所述辊体的轴线的部分和相对于所述轴线倾斜的部分构成。或者，为了缩短所述轴向盲孔的长度，所述槽可以为沿轴向设置的蛇形槽。又或者，所述槽可以为双螺旋槽，所述双螺旋槽的两个螺旋槽在其形成表面的一端相连接。

[0011] 另一方面，最简单的情况下，所述外部连接通道可以为设置在辊体或辊端件表面上对应于所述槽的末端的通孔，这样既可以通过该通孔将黏合剂注入槽中，又可以通过该通孔监测黏合剂的流量和辊端件与辊体的相对定位。或者，为了保持辊体表面的完整性，所述槽可以设置在所述辊端件上，并且所述外部连接通道包括开设在所述辊端件上分别与可以在所述槽的起始端和结束端连通的径向盲孔、以及在辊端件外端面上开设的分别与所述两个径向盲孔连通的轴向盲孔。又或者，所述槽可以设置在所述辊端件上，且所述封闭腔一端的外部连接通道可以为设置在所述辊体上的通孔，所述封闭腔另一端的外部连接通道为相互连通的径向盲孔和轴向盲孔。

[0012] 优选地，为减轻重量，辊体可以由玻璃纤维增强或碳纤维增强的塑料制

成。为进一步减轻重量,还可以将辊端件设计为中空型。

[0013] 优选地,为使黏合剂能够将辊体与辊端件可靠黏合,可使用凝固时仅略微收缩或不收缩的黏合剂。

[0014] 另外,为保证辊端件与辊体之间的粘着牢靠,应使槽尽可能大地占据辊端件插入辊体部分的面积,从而在辊体上形成足够大的粘着表面。优选地,槽至少占据辊端件插入辊体部分的表面面积的一半。

[0015] 本发明还提供了一种用于制造空心辊的方法,包括将所述辊端件与辊体相互套接并进行相对定位的步骤。所述方法还包括将黏合剂通过与所述封闭腔一端连通的所述外部连接通道注入所述封闭腔中,并使得该黏合剂从与所述封闭腔另一端连通的所述外部连接通道流出的步骤。所述方法还包括使黏合剂在封闭腔中固化,将辊端件与辊体相互固接在一起的步骤。

附图说明

[0016] 下面参照附图对本发明进行更加详细的描述,在附图中示出了优选的具体实施方式。

[0017] 图1为本发明的具有螺旋槽的辊端件的第一实施方式的侧视图,通过辊体上的孔对所述槽进行填充;

[0018] 图2为空心辊的末端部分的轴向剖面图,所述空心辊内插入有根据图1所示的辊端件;

[0019] 图3为本发明的辊端件的第二实施方式的侧视图,其中通过辊端件对槽进行填充;

[0020] 图4为空心辊的末端部分的轴向剖面图,所述空心辊内插入有根据图3所示的辊端件;

[0021] 图5为表示图3中所示变型的本发明的辊端件的第三实施方式的侧视图;

[0022] 图6为本发明的辊端件的第四实施方式的侧视图,其中所述辊端件具有蛇形槽,通过辊端件对所述槽进行填充;以及

[0023] 图7示出了本发明的辊端件的第五实施方式,所述辊端件具有两条平行的螺旋槽,所述两螺旋槽的远离轴颈的端部相接;

[0024] 图8示出了本发明的空心辊的第六实施方式,辊体插接在辊端件中,槽形成在辊端件的与辊体接触的内表面上;

[0025] 图9为CN1*******1A中的辊的轴向剖面图;

[0026] 图10为CN2*******2A中的辊的轴向剖面图。

具体实施方式

第一实施方式

[0027] 图1和2示出了根据本发明第一实施方式的空心辊,该空心辊包括辊端件101和辊体106。其中,图1是根据本发明第一实施方式的辊端件的侧视图。从图1可以看出,辊端件101具有用以插入辊体中的圆柱形塞状部分102,还具有与所述塞状部分102同轴的轴颈103,该轴颈103用于在机架内支承装备有辊端件101的空心辊。在塞状部分102和轴颈103之间的过渡部分,塞状部分102具有径向突出的凸缘104。在

此处所示的具体实施方式中，轴颈103与辊端件101的塞状部分102一体相连，但应该指出的是，也可以将轴颈103制成独立部件，并随后通过例如螺纹将其固定连接在塞状部分102上。所述塞状部分102也可以设计为能够容纳驱动电动机，比如转矩电动机，此时该电动机可以代替轴颈。

[0028] 在塞状部分102的圆周表面上设置有螺旋槽105，该螺旋槽105占据了塞状部分102的一半以上部分圆周表面积。塞状部分102的插入端即图1的左端略成斜角，从而易于将所述辊端件插入空心辊的辊体中。

[0029] 图2示出了根据第一实施方式的空心辊端部的轴向截面图，图1所示的辊端件101已经插入所述空心辊中。该空心辊具有辊体106，辊体106的端部可以在圆周方向上转动地保持辊端件101。将辊端件101插入辊体106，直至其凸缘104靠在辊体106的端面上。

[0030] 在辊体106上对准螺旋槽105端部的位置上设有两个径向孔107，所述螺旋槽105设在辊端件101的塞状部分102的外圆周上。为使孔107对准螺旋槽105的端部，可以通过在辊端件101上做标记，或是通过将辊端件101旋入辊体106，直至借助于插入孔107之一内的测针或导入孔107之一内的自由流动介质检测到孔107与槽105对准。

[0031] 辊体106优选由玻璃纤维增强或碳纤维增强的塑料制成，以便减轻其重量。还可以将辊端件101的内部切除以减轻重量，如图2所示。

[0032] 如图2所示，辊端件101如前所述的方式插入辊体106中。为将其保持在辊体106中，将空心辊安装为图2所示的状态后，在位于辊端件101和辊体106之间的槽105中填充黏合剂。为此，将黏合剂推入孔107之一，直至其从另一孔107中流出。这样就能确保黏合剂填满整个槽。优选使用凝固时仅略微收缩或不收缩的黏合剂。

第二实施方式

[0033] 图3及图4示出了第二实施方式，其中与第一实施方式相同或相应的零部件采用与第一实施方式相应的附图标记，例如，在第一实施方式中，辊端件的附图标记为101，在第二实施方式中，辊端件的附图标记为201，其他零部件类似。为简便起见，下文仅描述第二实施方式与第一实施方式的区别点。图3所示为与图1中设计相似的辊端件201。然而，与第一实施方式中辊端件101的区别之处在于，在塞状部分22的槽25的各端上设置径向孔28。如图4所示，各孔208与平行于辊的轴线延伸的盲孔209、210连通，这些盲孔从塞状部分202的自由端面211通出。从图4中可以看到，可以从外面用黏合剂将辊体206和辊端件201之间的螺旋槽完全填满，即，将黏合剂注入盲孔之一，例如盲孔209，直至黏合剂从另一盲孔，例如盲孔210中流出。本发明的这个变型的优点在于，无需在辊体206的表面上钻孔。

第三实施方式

[0034] 图5示出了辊端件301的一个变型，即第三实施方式，其中与第一、第二实施方式相同或相应的零部件采用与第一、第二实施方式相应的附图标记，例如，在第一和第二实施方式中，辊端件的附图标记分别为101和102，而在第三实施方式中，辊端件的附图标记为301，其他零部件类似。为简便起见，下文仅描述第三实施方式与

第一、第二实施方式的区别点。该第三实施方式与图1和图3中所示第一、第二实施方式的不同之处在于，其辊端件塞状部分202表面上的槽205未设计为纯螺旋，而是沿平行的径向平面延伸。成角的部位312连接位于相邻平行平面内的槽段。这种结构变化带来的好处是，在槽305端部之后保留下来的塞状部分302的圆周表面上的三角区域，即没有槽穿过的区域变得非常小。因此，使由黏合剂施加在辊体306上的保持力分布更加均匀。

第四实施方式

[0035] 图6示出了本发明的第四实施方式，其中与第一至第三实施方式相同或相应的零部件采用与第一至第三实施方式相应的附图标记，例如，在第一至第三实施方式中，辊端件的附图标记分别为101、201和301，而在第四实施方式中，辊端件的附图标记为401，其他零部件类似。为简便起见，下文仅描述第四实施方式与第一至第三实施方式的区别点。该第四实施方式与图1、图3和图5所示第一、第二和第三实施方式的不同之处在于，形成在辊端件401上的槽405实际上不是螺旋状，而是蛇形，其中，槽的端部在凸缘404附近的位置上相互靠近。与图3和图4中所示相似，在本示例中，通过径向孔和轴向平行盲孔（未示出）与外界连通，与图4所示类似。该实施方式带来的好处是，从端面411穿出的前述盲孔可以非常短，如同图4中所示的盲孔210。与图1、图3和图5所示的实施方式相比，采用蛇形槽5给图6所示的实施方式带来的好处是，可以将辊端件401非常平滑地插入辊体406内，这是由于不存在网状结构，即，在槽的相邻两圈之间形成的横向于插入方向延伸的凸棱，该凸棱会妨碍插入。

第五实施方式

[0036] 图7示出了辊端件的第五实施方式，其中与第一至第四实施方式相同或相应的零部件采用与第一至第四实施方式相应的附图标记，例如，在第一至第四实施方式中，辊端件的附图标记分别为101、201、301和401，而在第四实施方式中，辊端件的附图标记为401，其他零部件类似。为简便起见，下文仅描述第五实施方式与第一至第四实施方式的区别点。在该第五实施方式中，在塞状部分502的圆周表面上设有两条基本呈螺旋状的槽道505a和505b，所述两槽相互平行并与图5中所示的槽类似。这两个槽道在远离支承轴颈503的一端相连，从而形成一条连续的槽。与图6中所示类似，可以从槽的一端注入黏合剂，直至黏合剂从槽的另一端冒出。在图7中，以阴影的形式示出了一条槽道505a，以便从视觉上使其区分于第二平行槽道505b。结合在将辊端件插入辊体之后注入黏合剂的情况，可以称槽道505a为"注入槽"，而称第二槽道505b为"流出槽"。

第六实施方式

[0037] 图8示出了空心辊的第六实施方式，其中与第一至第五实施方式相同或相应的零部件采用与第一至第五实施方式相应的附图标记，例如，在第一至第五实施方式中，辊端件的附图标记分别为101、201、301、401和501，而在第五实施方式中，辊端件的附图标记为601，其他零部件类似。为简便起见，下文仅描述第六实施方式与第一至第五实施方式的区别点。在该第六实施方式中，辊体606插接在辊端件601中。辊端件601与辊体606相接触的内表面上设有连续的槽605，在辊端件601上对应连续

槽605两个端部的位置设置通孔607。在将辊体606插入辊端件601中后，通过孔607将黏合剂注入槽605中，直到黏合剂从另一孔607流出。

[0038] 通过上面具体实施方式的阅读理解，所述技术领域的技术人员可容易地实现本发明。但是应当理解，本发明不限于这六种具体实施方式。在所公开实施方式的基础上，所述技术领域的技术人员可任意组合不同的技术特征，从而实现不同的技术方案。例如，可以借助于穿过辊体圆周表面的孔为槽的一端提供外部通路，并使辊端件上的径向孔与平行于辊的轴线延伸的盲孔连通，从而在另一端形成通路，由此将第一实施方式与第二实施方式结合，实现了不同的外部连接通道。显然，第一至第五实施方式中的各种槽和外部连接通道的形式都同样适用于第六实施方式的空心辊。并且，在无需辊体轻量化的情况下，也可同时在辊端件与辊体上形成对应的槽。各实施方式中的不同形式的槽也可与不同形式的外部连接通道结合而形成其他技术方案。因此，本发明的保护范围仅由所附权利要求的范围来限定。

说 明 书 附 图

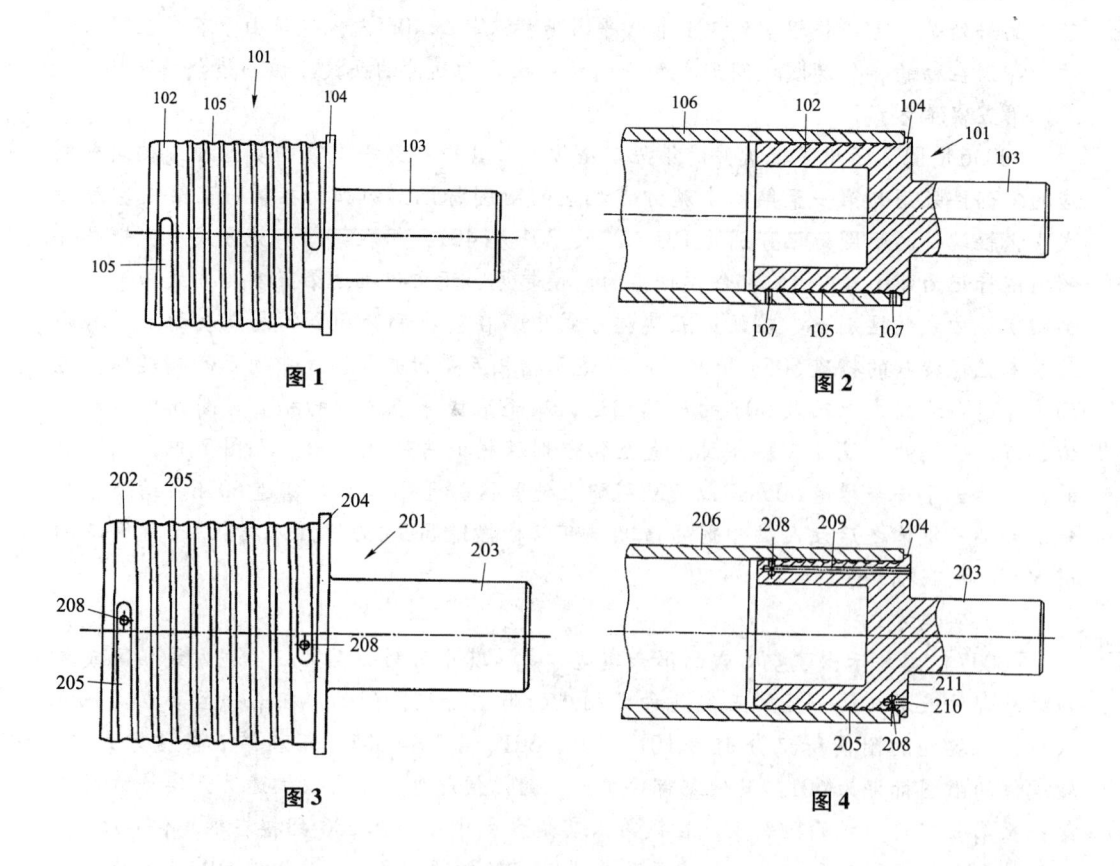

图1

图2

图3

图4

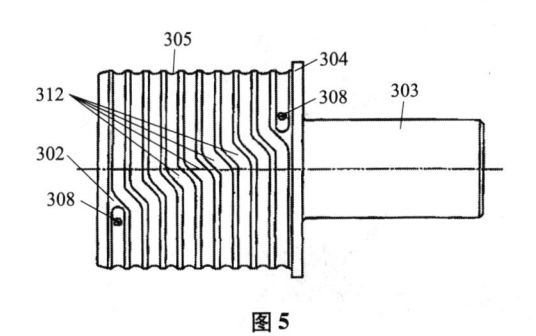

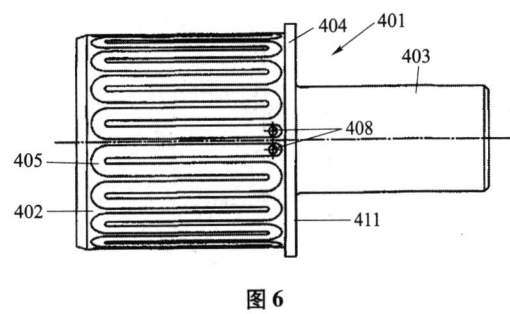

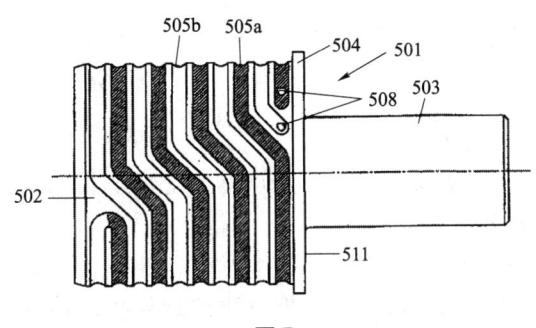

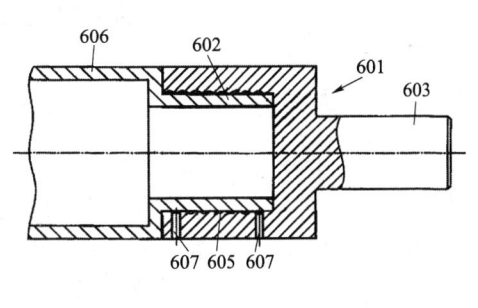

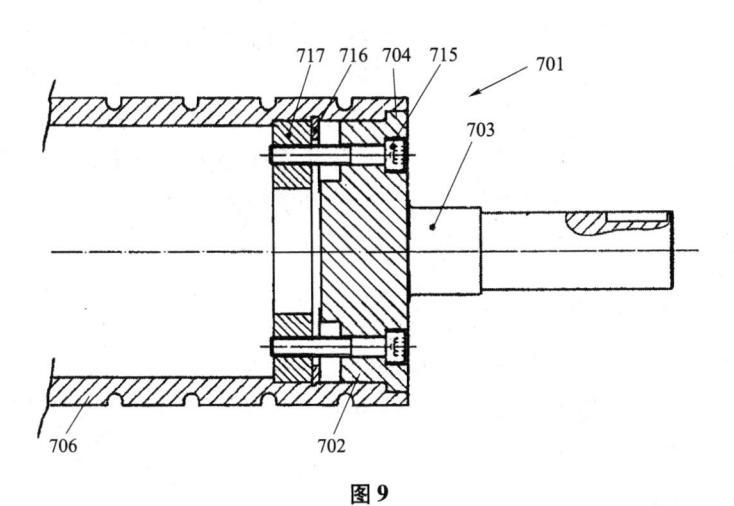

图 5

图 6

图 7

图 8

图 9

图 10

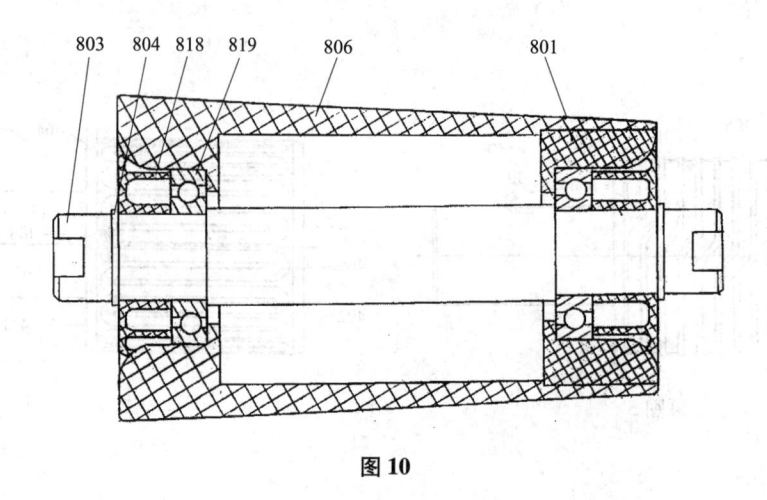

第七节　合理分解技术方案形成多个申请

一、概要

《专利法实施细则》第 20 条第 2 款规定，独立权利要求应当从整体上反映发明或实用新型的技术方案，记载解决技术问题的必要技术特征。

当待申请的技术方案要解决多个技术问题时，怎样理解《专利法实施细则》第 20 条第 2 款所规定的"技术问题"是撰写申请文件的关键。为了能够更好地保护申请人的权益，总是希望在满足《专利法》及《专利法实施细则》的基础上获得相对合理的保护范围。为此，当待申请的技术方案要解决多个技术问题时，独立权利要求中的技术方案只要能够解决其中的至少一个技术问题，就可以认为满足了《专利法实施细则》第 20 条第 2 款中"解决其技术问题"的要求。因此，当待申请的技术方案要解决多个技术问题时，首先要理清多个技术问题之间的关系，再根据它们之间的关系确定独立权利要求的技术方案所解决的技术问题，并据此选择适当的撰写方法。

本节试图通过一个具体案例，探讨怎样分析多个技术问题之间的关系，以及当多个技术问题之间具有一定的独立性时怎样通过分解技术方案撰写多个独立权利要求的方式对发明创造进行相对合理的保护。

二、技术交底书介绍

本案例涉及一种油漆桶。在日常生活中，一般用桶来盛放油漆。最常见的油漆桶为顶部开口的圆柱状，多数还具有提手，具体结构参见图 21－7－01。

（一）现有技术

为了配合喷刷油漆的工程施工，方便操作工人喷刷油漆，下述三篇现有技术分别对油漆桶做了改进。

图 21－7－01

1. 第一篇现有技术

在喷刷油漆的工程施工中，除了使用油漆桶之外，常常还会用到其他一些工具，如油漆辊、刷子等。由于油漆本身的特殊性，使用后的工具一般需要用专门的工具箱等保存以备后用。而在施工现场，往往没有合适的工具箱来保存沾有油漆的工具，所以用户常常遇到施工后如何存放暂时不用的工具的问题。为此，中国专利文献CN1*******1A（以下简称"现有技术1"）设计了一种具有两个桶的油漆桶，其中一个桶用来存放油漆，另一桶用来存放油漆工具，具体结构参见图21-7-02a、图21-7-02b和图21-7-02c。其中图21-7-02a为插入平板前的油漆桶侧视图，图21-7-02b为插入平板后的油漆桶侧视图，图21-7-02c为插入平板后油漆桶的透视图，为了更清楚地表示油漆桶的结构，图21-7-02a和图21-7-02b的侧视图中忽略桶的壁厚。

图 21-7-02a

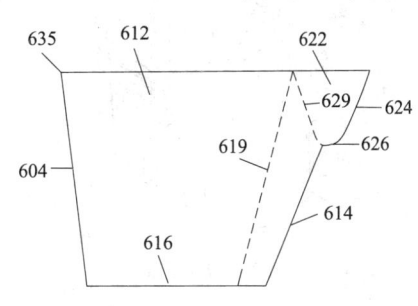

图 21-7-02b

如图21-7-02a所示，现有技术1公开的油漆桶具有第一桶612和第二桶622，第一桶612和第二桶622具有各自独立的底部，但二者的顶部共同形成连续周边635，第二桶的底部626高于第一桶的底部616。油漆桶的侧壁包括内壁629、第一外壁604、第二外壁614和第三外壁624四部分。其中第二外壁614位于第三外壁624的下方，且与第三外壁624通过第二桶的底部626相连。内壁629是第一桶612和第二桶622的公共侧壁，即第一外壁604、底部616、第二外壁614和内壁629形成第一桶612，第三外壁624、底部626和内壁629形成第二桶622。

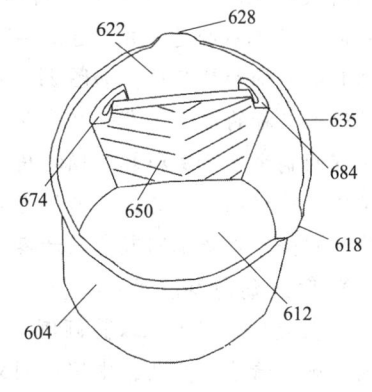

图 21-7-02c

如图21-7-02c所示，油漆桶中每个侧壁从油漆桶正上方向下的正投影都是圆弧形的，使得整个油漆桶具有圆滑、美观的外表面。在第一桶上形成有方便倒出油漆的第一注口618，在第二桶上形成有方便倒出油漆的第二注口628，优选第一注口618的中心线与第二注口628的中心线的夹角为120度。

如图21-7-02b所示，为了方便刮掉多余的油漆，在第一桶612中插入一块平板619，并且在平板619上形成油漆辊栅格650。

第一桶用来盛装油漆，当油漆量较少时可以通过将桶倾斜而将油漆从第一桶通过通道674、684倒入第二桶中，另外，第二桶也可以用来放置油漆刷等油漆工具。

2. 第二篇现有技术

闲置的油漆桶在储存和运输过程中会占据很大的空间，造成不必要的资源浪费，经销商或者用户都希望闲置的油漆桶能够进行堆垛。为此，中国专利文献CN1*******2A（以下简称"现有技术2"）公开了一种可以堆垛的油漆桶，具体结构参见图21-7-03a和图21-7-03b。其中，图21-7-03a为一个油漆桶的透视图，图21-7-03b为两个堆垛在一起的油漆桶的侧面部分剖视图。

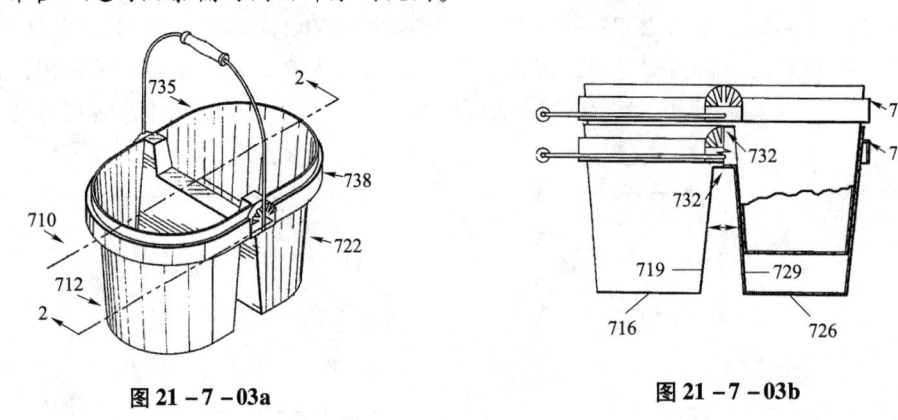

图21-7-03a　　　　　　　　图21-7-03b

如图21-7-03a所示，该油漆桶具有第一桶712和第二桶722。两个桶具有各自独立的底部且两个桶的顶部共同形成连续周边735。在距油漆桶的连续周边735向下一定距离处设置有裙边738。图21-7-03b中显示了堆垛在一起两个油漆桶，每个油漆桶都具有第一桶和第二桶，如图21-7-03b所示，两桶相对置的面为扁平面。即，第一桶在靠近第二桶的部分具有一扁平部719，第二桶在靠近第一桶的部分也具有一扁平部729，第一桶的扁平部719和第二桶的扁平部729在上部通过搭连部分732相连接。多个油漆桶在不使用时堆垛在一起，节省了空间。其中第一桶712和第二桶722可以用于盛装不同的油漆，例如可以是不同颜色的油漆，也可以是一种水性油漆和一种油性油漆。

3. 第三篇现有技术

桶在使用过程中很容易倾倒，一旦倾倒就会使里面的液体洒在地上，不但会造成浪费而且难于清洁。为此，中国专利文献CN1*******3A（以下简称"现有技术3"）公开了一种可以防止桶倾倒的装置，具体结构参见图21-7-04a和图21-7-04b。其中，图21-7-04a为该装置与桶的组合透视图，图21-7-04b为该装置在未使用状态的透视图。

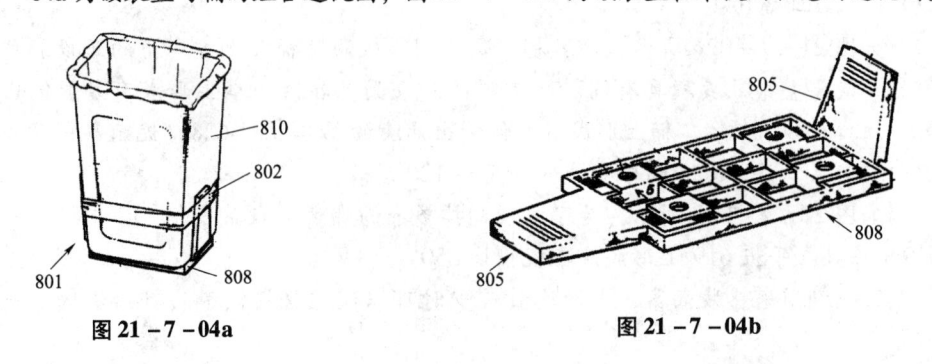

图21-7-04a　　　　　　　　图21-7-04b

如图 21-7-04a、图 21-7-04b 所示，现有技术 3 公开的装置 801 可以与桶 810 配合使用以防止桶 810 倾倒。如图 21-7-04b 所示，装置 801 包括底部框架 808 和可折叠的两个翼片 805。

使用时，需要将桶 810 放置在装置 801 上，桶 810 底部的下表面与装置 801 底部框架 808 的上表面相接触。如图 21-7-04a 所示，当桶空置的时候，为了节省占地面积，将装置 801 的两个翼片 805 折叠到与底部框架 808 大致垂直的位置，并利用捆板带 802 将两个翼片 805 与桶 810 的桶体固定在一起。当桶内装满液体、固体等货物时，为了防止桶 810 倾倒，首先将捆板带 802 松开，再将两个翼片 805 向外折叠到与底部框架 808 大致水平的位置，以便为桶 810 提供更好的支撑。

（二）发明人欲解决的技术问题

发明人认为，现有技术 1 公开的油漆桶虽然解决了油漆工具的放置问题，但是，由于在第一桶 612 中存在平板 619，两个相同的油漆桶不能够很好地叠置在一起，因而没有解决大量油漆桶在不使用时紧凑地堆垛的问题，需要占据较大空间，即使勉强堆在一起，也不稳定，容易倾斜、倒塌。

（三）发明人撰写的申请文件

发明人在作出发明创造后，根据国家知识产权局网站（http://www.sipo.gov.cn）给出的申请文件撰写示例和表格进行了撰写，下文给出发明人初始撰写的权利要求书、说明书及附图。

权 利 要 求 书

1. 一种可以堆垛的油漆桶，包括第一桶（112）和第二桶（122），且第二桶（122）连接于第一桶（112）的外侧；

所述第一桶（112）具有从其底部（116）的周边（115）延伸至第一边缘（118）的连续第一侧壁（114），所述第一侧壁（114）包含作为其一部分的扁平部（119），该扁平部（119）从第一桶的底部（116）的周边（115）向上延伸，扁平部（119）的顶端（120）位于第一边缘（118）的下方；

所述第二桶（122）具有从其底部（126）的周边（125）延伸至第二边缘（128）的连续第二侧壁（124）；所述第二侧壁（124）包含作为其一部分的扁平部（129），该扁平部（129）从第二桶的底部（126）的周边（125）向上延伸，扁平部（129）的顶端（130）靠近扁平部（119）的顶端（120）且位于第二边缘（128）的下方；所述扁平部（119）的顶端（120）与所述扁平部（129）的顶端（130）通过搭连部分（132）相连接，所述第一边缘（118）以及所述第二边缘（128）形成围绕油漆桶的连续周边（135），一个裙边（138）从连续周边（135）朝向底部延伸；

所述第一桶的底部（116）和所述第二桶的底部（126）不共面，且第二桶的底部（126）比第一桶的底部（116）距离油漆桶的顶端更近；在所述第一桶的底部（116）

上设置有延伸底（160），所述延伸底（160）可以在缩回状态和伸出状态之间转换，在缩回状态，延伸底（160）位于所述第一桶的底部（116）的下方，在伸出状态，延伸底（160）的一部分伸到所述第二桶的底部（126）的下方，以防止堆垛以后的油漆桶堆倾倒。

2. 如权利要求1所述的油漆桶，所述延伸底（160）包括一对间隔开的轨道（162）和可以沿轨道伸缩的延伸部（166）；且每个轨道（162）具有向内的槽道（163），用以接收所述延伸部（166）的两条相对边。

3. 如权利要求1所述的油漆桶，沿所述第一桶的底部的周边设置有垂直于所述第一桶的底部的支脚（164），在所述支脚（164）上设置有便于延伸部伸出的缺口（115）；且所述支脚（164）的高度小于裙边（138）的高度，并大于延伸底的高度。

说 明 书

油 漆 桶

技术领域

本发明涉及一种油漆桶。

背景技术

中国专利文献CN1＊＊＊＊＊＊＊1A公开了一种具有两个桶的油漆桶。第一桶用来盛装油漆，当油漆量较少时可以将油漆从第一桶通过通道倒入第二桶中。另外，第二桶也可以用来放置油漆刷等油漆工具。但是这样的油漆桶不宜堆垛且堆垛高度大，即使勉强堆垛在一起形成的油漆桶堆也容易倾倒。

发明内容

本发明提供了可以很好地进行堆垛的油漆桶。本发明的油漆桶包括第一桶和第二桶，在油漆桶的上边沿上设置有一个裙边，这样油漆桶堆垛的时候上面油漆桶的裙边将与下面油漆桶的裙边相接触，这样的油漆桶能够很方便地进行堆垛，且堆垛高度比较低。另外，由于第二桶的底部比较高，将油漆桶放在地面上时第二桶的底部不与地面接触，这样就使得堆垛后的油漆桶堆容易倾倒，为了进一步提高堆垛稳定性，还在油漆桶的第一桶的底部上设置有一个延伸底，防止堆垛后的油漆桶堆倾倒。

附图说明

图1为本发明中油漆桶的透视图；

图2为图1中的油漆桶堆垛在一起的分解透视图；

图3为本发明一对堆垛在一起的油漆桶的主视图；

图4为图3中堆垛在一起的油漆桶的侧面剖视图；

图5为伸出状态的油漆桶从前方看的顶部透视图；

图6为伸出状态的油漆桶从侧面看的顶部透视图；

图7为缩回状态的油漆桶的底部透视图；

图 8 为伸出状态的油漆桶的底部透视图；

图 9 为最下面的油漆桶的延伸底处于伸出状态的油漆桶堆的透视图。

具体实施方式

油漆桶 110 包括第一桶 112 和第二桶 122，第二桶 122 连接于第一桶 112 的外侧。

第一桶 112 具有从第一桶的底部 116（参见图 7～图 8）的周边 115 延伸至第一边缘 118 的连续第一侧壁 114。连续第一侧壁 114 包含作为其一部分的扁平部 119，该扁平部 119 从第一桶的底部 116 的周边 115 向上延伸，扁平部 119 的顶端 120 位于第一边缘 118 的下方。如图 5 所示，第一侧壁 114 的扁平部 119 的内表面被结构化，以形成油漆辊栅格 150，用于将过量油漆从辊刷上去除。连续第一侧壁 114 上在远离第二桶的方向形成有注口 121，注口 121 与扁平部 119 的顶端 120 相对，方便从油漆桶中倒出油漆。

第二桶 122 具有从第二桶的底部 126（参见图 7～图 8）的周边 125 延伸至第二边缘 128 的连续第二侧壁 124。连续第二侧壁 124 具有作为其一部分的扁平部 129，该扁平部 129 从第二桶的底部 126 的周边 125 向上延伸，扁平部 129 的顶端 130 靠近扁平部 119 的顶端 120 且位于第二边缘 128 的下方。

第一侧壁 114 的扁平部 119 位于邻近第二桶 122 的位置，且第二侧壁 124 的扁平部 129 位于邻近第一桶 112 的位置。

第一侧壁 114 与第二侧壁 124 彼此独立，且通过搭连部分 132 相连接，具体地，扁平部 119 和扁平部 129 在第一边缘 118 和第二边缘 128 的下方处通过搭连部分 132 相连接。第一边缘 118 以及第二边缘 128 形成围绕油漆桶的连续周边 135。第二桶的底部 126 与第一桶的底部 116 平行相隔，但不共面，且第二桶的底部 126 距离油漆桶的顶端比较近。

如图 2～图 4 所示，为了减少油漆桶在储存及运输过程中的占地，本发明的油漆桶是可以堆垛的，而且为了保证油漆桶的堆垛稳定性并降低油漆桶的堆垛高度，在油漆桶的顶端设置有裙边 138。裙边 138 从连续周边 135 朝着第一桶的底部 116 和第二桶的底部 126 延伸一定距离。如图所示，优选油漆桶的堆垛高度是由裙边的高度来限定的；并且，这样在堆垛的时候，上面油漆桶的裙边与下面油漆桶的裙边相接触，保证了堆垛的稳定性。

然而，由于油漆桶堆在正常放置的时候第二桶 122 的底部 126 与地面不接触，因此这样堆垛后的油漆桶堆容易朝向第二桶的方向倾倒（如图 4 所示），使得油漆桶堆不稳定。

为了防止堆垛后的油漆桶堆向第二桶方向倾倒，进一步提高堆垛稳定性，在油漆桶第一桶的底部 116 上还设置有防止倾倒的延伸底 160，可以在缩回状态和伸出状态之间转换。

如图 5～图 8 所示，延伸底 160 包括一对平行间隔开的轨道 162 和可以沿轨道伸缩的延伸部 166。轨道 162 沿垂直于扁平部 119 的方向延伸。每条轨道 162 都具有一个沿轨道 162 方向的向内的槽道 163，用于接收延伸部 166 的两条相对边 167。沿第一桶的底部 116 的周边 115 垂直于第一桶的底部设置有支脚 164，支脚 164 在邻近扁平部 119 处设置有便于延伸部 166 伸出的缺口 165。支脚 164 的高度大于延伸底 160 的高度，并小于裙边138的高度。延伸底160可以在缩回状态和伸出状态之间转换。在缩回状态，延伸底160位于第一桶的底部116的下方。在伸出状态，延伸底160的一部分伸到第二桶的底部126的下方，具体地，在伸出状态，延伸部166沿着槽道163从缺口165处伸出到第二桶122的下方。为了避免延伸部过度伸出或无意间缩回，在槽道163和延伸部166上设置有相互结合的固定装置，使得可以在完全伸出位置和完全缩回位置固定延伸部166，例如可以在槽道163上设置制动片，在延伸部上设置棘爪，或者可以在槽道163上设置凹槽，在延伸部上设置相应的凸起。

如图9所示，多个油漆桶堆垛在一起后将最下面的油漆桶的延伸底抽出，这样给易倾倒的油漆桶堆一个朝向第二桶方向的额外支撑，进一步提高油漆桶堆的稳定性。

说 明 书 附 图

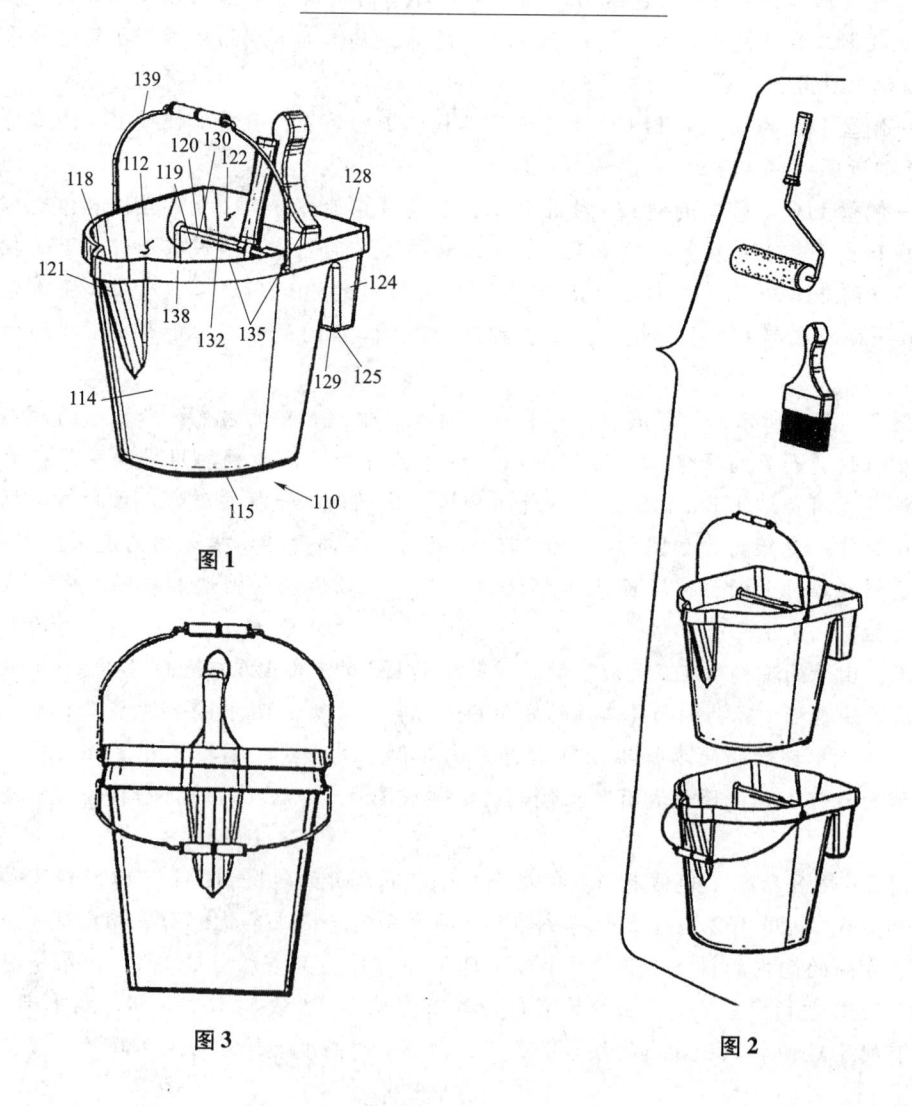

图1

图3

图2

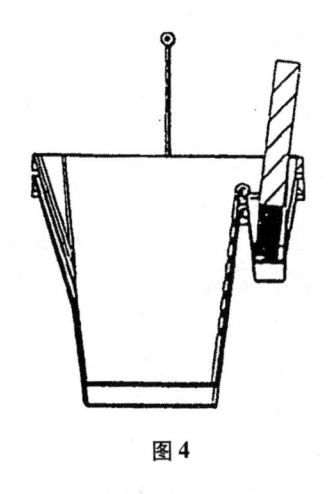

第二部分 ■ 第一章　一般类型专利申请的撰写案例剖析

图 4

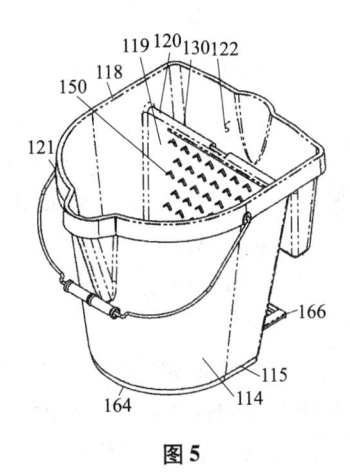

图 5

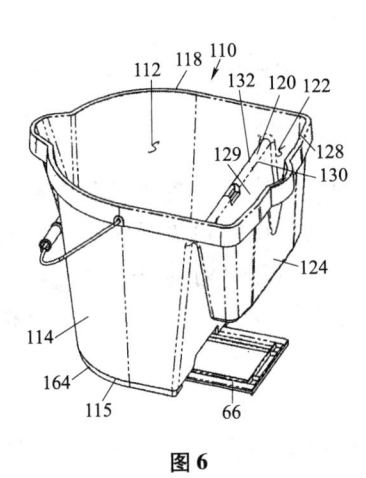

图 6

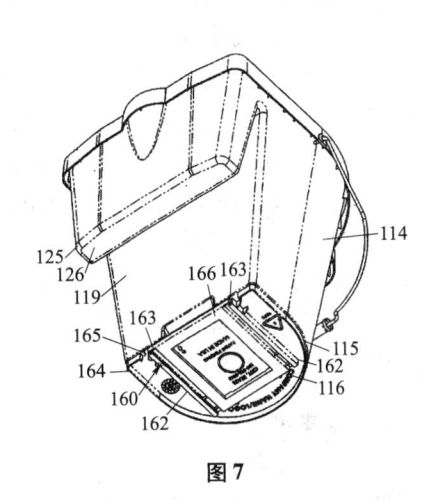

图 7

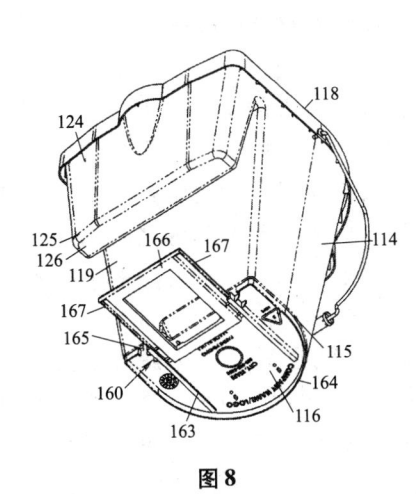

图 8

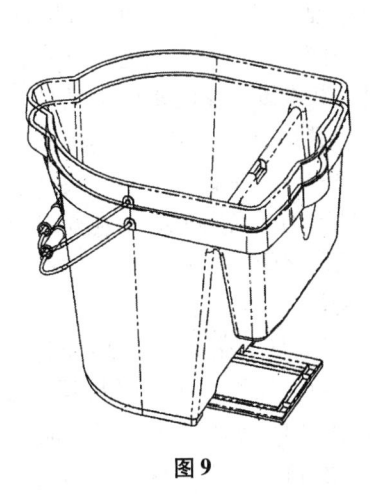

图 9

313

三、权利要求撰写思路

（一）对发明人撰写的申请文件的分析

为了获得相对合理的保护范围，需要在满足《专利法》《专利法实施细则》及《专利审查指南》相关规定的基础上，撰写出保护范围相对合理且与其技术贡献相适应的权利要求。《专利法》第59条规定，发明或者实用新型专利权的保护范围以其权利要求的内容为准，说明书及附图可以用于解释权利要求的内容。而一件发明或者实用新型权利要求书中的独立权利要求保护范围最宽。因此，需要在合理的基础上撰写出适当的独立权利要求。

分析发明人初始撰写的独立权利要求1，在该权利要求中限定油漆桶具有两个桶，还描述了两个桶的具体结构（包括底部、边缘、侧壁、扁平部等）、两个桶的连接方式（包括搭连部分、连续周边等）、连续周边上设置有裙边、两个底部不共面、第一底部上设置延伸底、延伸底的具体伸出和缩回状态等。发明人撰写该权利要求时，将本发明作出的所有改进的主要技术特征都写入了该权利要求中。这样的权利要求能够同时解决"油漆桶不宜堆垛且堆垛高度大"和"油漆桶堆容易倾倒"两个技术问题，能够对发明进行相对细致的保护。但是，发明人这样将所有改进的主要技术特征都写入一个技术方案而形成的独立权利要求的保护范围比较窄。

发明人初始撰写的独立权利要求的保护范围比较窄，这就需要对发明人撰写的独立权利要求所存在的问题进行分析，并了解如何克服所存在的问题以形成保护范围较上述独立权利要求相对合理的独立权利要求。因此，在实际申请的时候，往往需要结合申请人所掌握的专利知识对发明人撰写的上述文件进行修改。本节以下部分将具体介绍怎样分析、修改及撰写。

（二）基本撰写思路分析

《专利法实施细则》第20条第2款规定，独立权利要求应当从整体上反映发明或实用新型的技术方案，记载解决技术问题的必要技术特征。就本案例而言，发明人初始撰写的独立权利要求1可以同时解决"油漆桶不宜堆垛且堆垛高度大"和"油漆桶堆容易倾倒"两个技术问题。然而，当说明书记载的某个技术方案能够解决多个技术问题时，权利要求中请求保护的技术方案只要能够解决其中的至少一个技术问题，就可以认为满足了《专利法实施细则》第20条第2款中"解决技术问题"的要求。

如果一件发明解决了多个技术问题，那么为了获得相对合理的保护范围，在撰写申请文件特别是撰写独立权利要求时，就需要客观分析多个技术问题之间的关系。多个技术问题之间的关系不同，撰写时的基本思路也是不同的。最常见的多个技术问题之间的关系有"递进关系"和"并列关系"。

"递进关系"是指一个技术问题（以下简称"技术问题A"）是在解决了另一个技术问题（以下简称"技术问题B"）的基础上进行进一步优化。例如一件发明专利申请中，将普通的杯壁设置为双层从而解决"无法保温"的技术问题，进而又将双层壁之间抽成真空从而解决"保温时间短"的技术问题，在这种情况下，这两个技术问题为递进关系。如果多个技术问题之间是递进关系，通常可以将作为基础的技术问题B作为独立权利要求要解决的技术问题,将解决技术问题 B 的必要技术特征写入独立权利要求中,而将解决技术问题 A 的相关技术特征写入从属权利要求中。

"并列关系"是指一个技术问题与另一个技术问题之间具有一定的独立性。例如一件发明专利申请中,将普通的杯壁设置为双层从而解决"无法保温"的技术问题,同时又在杯壁上设置把手从而解决"杯身温度过高,容易烫伤"的技术问题,在这种情况下,这两个技术问题为并列关系。如果多个技术问题之间是并列关系,通常可以分别以各技术问题为基础撰写独立权利要求,形成多个独立权利要求,并考虑各独立权利要求之间的单一性问题。

具体到本案,首先分析本发明所解决的技术问题。发明人初始撰写的独立权利要求 1 要同时解决"油漆桶不宜堆垛且堆垛高度大"和"油漆桶堆容易倾倒"两个技术问题。而且发明人在初始撰写的申请文件中记载,在第一桶的底部设置延伸底是为了解决堆垛后的油漆桶堆容易倾倒的问题,其中油漆桶能够堆垛是该技术问题的基础。这是因为,如果油漆桶根本无法堆垛也就不会出现堆垛后的油漆桶堆倾倒的问题。然而通过分析可知,当油漆桶没有堆垛在一起,而是单独使用的时候,单个油漆桶也存在容易倾倒的问题。这是因为,正常放置的时候,第二桶的底部与地面不接触,所以使用中的单个油漆桶容易朝向第二桶的方向倾倒,特别是当第二桶中工具质量比较大,或者利用油漆辊栅格刮掉多余油漆的时候。为单个油漆桶设置延伸底,也可以在容易倾倒的第二桶方向为单个油漆桶提供支持,防止单个使用的油漆桶倾倒。因此,发明人在初始撰写的申请文件中所称的要解决"油漆桶堆容易倾倒"的技术问题是不全面的,实际上初始撰写的申请文件的技术方案还能解决"单个油漆桶容易倾倒"的技术问题。此外,由于单个油漆桶的倾倒问题和油漆桶堆的倾倒问题都是主要通过设置延伸底来解决的,因此在分析的过程中不宜将这两个问题分开。综上分析可知,本发明还解决了"单个油漆桶容易倾倒"的技术问题,也就是说,本发明解决了"油漆桶不宜堆垛且堆垛高度大"以及"油漆桶和油漆桶堆容易倾倒"两个技术问题。可此可见,在分析待申请技术方案所要解决的技术问题时,要基于技术方案进行客观分析,不能局限于发明人的发明思路。

接着分析本发明"油漆桶不宜堆垛且堆垛高度大"以及"油漆桶和油漆桶堆容易倾倒"这两个技术问题之间的关系。由于本发明技术方案还解决了"油漆桶容易倾倒"的技术问题,而"油漆桶容易倾倒"的技术问题与"堆垛"无关,因此"堆垛"不再是本发明要解决的两个技术问题的根本出发点,这两个技术问题可以分别单独解决,它们之间具有一定的独立性,属于并列关系。在这种情况下,可以分别以这两个技术问题为基础撰写两个独立权利要求。即,可以将初始申请文件的独立权利要求 1 中请求保护的技术方案进行分解,形成两个技术方案并分别在两个独立权利要求中进行保护,其中一个独立权利要求的技术方案利用延伸底防止倾倒,另一个独立权利要求的技术方案利用裙边优化堆垛(为了与本节第三部分之(三)撰写独立权利要求时分析得出的"实际解决的技术问题"相区别,下文将上述两个独立权利要求的撰写分别简称为"基于利用延伸底防止倾倒撰写独立权利要求"和"基于利用裙边优化堆垛撰写独立权利要求")。

需要注意：①《专利法》第 31 条第 1 款规定"一件发明或者实用新型专利申请应当限于一项发明或者实用新型"，因而当通过分解技术方案采用两个并列独立权利要求方式撰写时，形成的两个独立权利要求之间可能是缺乏单一性的，不能以一件发明或者实用新型专利申请的形式提出。如果经过分析认为二者之间不具备单一性，则需要形成两份申请文件同时进行申请。本案单一性的具体分析见本节第三部分之（三）的第 4 点。②"具有一定的独立性"并不意味着这两个技术问题之间毫无关系，其含义仅仅是说这两个技术问题在一定程度上可以单独进行。事实上，解决这两个技术问题的技术手段在一定程度上具有互补性。例如，虽然在油漆桶的顶端设置裙边是为了解决"油漆桶堆垛高度大"的技术问题，但是显然堆垛高度大也是油漆桶堆容易倾倒的原因之一。堆垛高度较低的油漆桶堆比较不容易倾倒，也就是说在油漆桶的顶端设置裙边也可以在一定程度上降低油漆桶堆倾倒的可能性。由此可见，"在油漆桶的顶端设置裙边"能够起到进一步防止油漆桶堆倾倒的作用，解决这两个技术问题的技术手段在一定程度上具有互补性。

（三）撰写独立权利要求

1. 确定发明的技术主题以及具体技术特征

虽然发明人给出的初始申请文件中具体给出的是一个油漆桶，但可以理解这种桶也可以用于其他方面。例如可以用作清洁使用的桶，第一桶中盛放清洁溶液，第二桶中放置清洁工具，并且可以在分隔开的第二桶中分别放置干抹布、湿抹布等。因此在撰写过程中可以只将油漆桶作为一种优选的实施方式，并不必将桶局限为油漆桶，也可以是一般的"桶型容器"。因此将本发明请求保护的技术主题确定为"一种桶型容器"。下文中将以"桶型容器"代替初始申请文件中的"油漆桶"进行分析。

通过对本案具体实施例的理解及前面分析可知，改进的桶型容器包括以下技术特征：

（1）桶型容器包括第一桶 112 和第二桶 122；

（2）第二桶 122 连接于第一桶 112 的外侧；

（3）第一桶 112 具有从其底部 116 的周边延伸至第一边缘 118 的连续第一侧壁 114，第二桶 122 具有从其底部 126 的周边延伸至第二边缘 128 的连续第二侧壁 124；

（4）第一侧壁 114 与第二侧壁 124 彼此独立，且通过搭连部分 132 相连接；

（5）第一侧壁 114 包括邻近第二桶 122 的第一扁平部 119，第二侧壁 124 包括邻近第一桶 112 的第二扁平部 129，第一扁平部 119 和第二扁平部 129 在第一边缘 118 和第二边缘 128 的下方处通过搭连部分 132 相连接；

（6）第一边缘 118 和第二边缘 128 形成围绕桶型容器的连续周边 135；

（7）桶型容器的顶端设置有裙边 138；

（8）裙边 138 从连续周边 135 朝向底部延伸一定距离；

（9）第一桶的底部 116 和第二桶的底部 126 不共面，第二桶的底部 126 距离桶型容器的顶端比较近；

（10）第一桶的底部 116 上设置有防止桶型容器倾倒的延伸底 160，可以在缩回状态和伸出状态之间转换；

（11）在缩回状态，延伸底 160 位于第一桶的底部 116 的下方；在伸出状态，延伸底的一部分伸到第二桶的底部 126 的下方；

（12）延伸底包括一对间隔开的轨道 162 和可以沿轨道伸缩的延伸部 166；

（13）每个轨道 162 具有向内的槽道 163，用以接收延伸部 166 的两条相对边；

（14）槽道 163 和延伸部 166 上设置有相互结合的固定装置，使得可以在完全伸出位置和完全缩回位置固定延伸部 166；

（15）沿第一桶的底部的周边垂直于第一桶的底部设置有支脚 164，支脚 164 在邻近第一扁平部 119 处设置有便于延伸部伸出的缺口 165；

（16）支脚 164 的高度大于延伸底的高度，并小于裙边的高度。

要基于"利用延伸底防止倾倒"和"利用裙边优化堆垛"分别撰写独立权利要求，就需要分析上述 16 个技术特征与这两点之间的关系。

基于"利用延伸底防止倾倒"撰写申请文件时，涉及延伸底及倾倒的技术特征都属于与其相关的技术特征。分析上述 16 个技术特征可以发现，技术特征（1）~（2）、（9）~（15）与延伸底及倾倒相关，由此可知，与"利用延伸底防止倾倒"相关的技术特征为技术特征（1）~（2）、（9）~（15）。

基于"利用裙边优化堆垛"撰写申请文件时，涉及裙边及堆垛的技术特征都属于与其相关的技术特征。分析上述 16 个技术特征可以发现，技术特征（1）~（8）与裙边及堆垛相关，由此可知，与"利用裙边优化堆垛"相关的技术特征为技术特征（1）~（8）。

而且，由于在桶型容器的顶端设置裙边是为了解决"桶型容器堆垛高度大"的技术问题，但是显然堆垛高度大也是桶型容器堆容易倾倒的原因之一。堆垛高度较低的桶型容器堆比较不容易倾倒，也就是说在桶型容器的顶端设置裙边也可以在一定程度上降低桶型容器堆倾倒的可能性。因此，为了形成更合理的保护梯度，从而对发明进行相对全面、细致的保护，还可以进一步将与"利用裙边优化堆垛"相关的技术特征（1）~（8），作为"利用延伸底防止倾倒"的独立权利要求的附加技术特征，对防止倾倒的桶型容器做进一步限定。

2. 撰写第一个独立权利要求

（1）确定最接近的现有技术

《专利审查指南》第二部分第四章第 3.2.1.1 节中给出了确定最接近现有技术的原则。最接近的现有技术，是指现有技术中与要求保护的发明最密切相关的一个技术方案，它是判断发明是否具有突出的实质性特点的基础。最接近的现有技术，例如可以是，与要求保护的发明技术领域相同，所要解决的技术问题、技术效果或者用途最接近和/或公开了发明的技术特征最多的现有技术，或者虽然与要求保护的发明技术领域不同，但能够实现发明的功能，并且公开发明的技术特征最多的现有技术。应当注意的是，在确定最接近的现有技术时，应首先考虑技术领域相同或相近的现有技术。

第一个独立权利要求是基于"利用延伸底防止倾倒"撰写的独立权利要求。由第三部分之（三）的第 1 点分析可以看出，与利用延伸底防止倾倒相关的技术特征为技术特征（1）~（2）、（9）~（15）。本发明的技术特征（1）~（2）、（9）~（15）与现有技术1、现有技术2和现有技术3中相应技术特征进行比较可知：现有技术1公开了本发明的技术特征（1）~（2）和（9），未公开本发明的技术特征（10）~（15）；现有技术2公开了本发明的技术特征（1）~（2），未公开本发明的技术特征（9）~（15）；现有技术3公开了本发明的技术特征（10），未公开本发明的技术特征（1）~（2）、（9）和（11）~（15）。

从技术领域看，现有技术1、现有技术2和现有技术3与本发明相同，都涉及一种桶型容器，都与本发明具有相同的技术领域。

从公开的技术特征看，现有技术1公开了本发明的技术特征（1）~（2）、（9），与本发明的桶型容器具有类似结构和相同的易倾倒问题；现有技术2公开的桶型容器的两个桶的底部是共面的，正常放置的时候，两个桶的底部都与地面接触，不存在容易倾倒的问题，与通过设置延伸底防倾倒无关；现有技术3公开的桶型容器虽然也在桶型容器的底部设置有延伸底从而具有防倾倒的效果，但是现有技术3中的桶型容器只有一个桶，其结构与发明的桶型容器的结构不同，同样现有技术3中的防倾倒装置解决的是只有一个桶的桶型容器的倾倒问题，与本发明的延伸底适用的情况完全不同（即没有公开技术特征（1）~（2）、（9）中的任一项）；而且现有技术3中防倾倒装置的具体结构和工作方式也与本发明没有共同点（即没有公开技术特征（11）~（15）中的任一项技术特征）。由此可见，现有技术2与利用延伸底防止倾倒无关，虽然现有技术3也在一定程度上解决了倾倒的问题，但现有技术3中引起倾倒问题的根源（也即倾倒问题的类型）和解决倾倒问题的方案都与本发明相差很远；而现有技术1中桶型容器的结构与本发明相似，这样的结构使得本发明中的桶型容器和现有技术1中的桶型容器具有相同的倾倒问题。因此，现有技术1公开了更多的技术信息，就"利用延伸底防止倾倒"而言，现有技术1是最接近的现有技术。

（2）实际解决的技术问题

发明实际解决的技术问题，是指为获得更好的技术效果而需对最接近的现有技术进行改进的技术任务。在确定发明"实际要解决的技术问题"时，首先应当将发明的所有技术特征与最接近的现有技术相比，找出"区别技术特征"，判断发明采用这些区别技术特征能获得的技术效果，然后根据该区别技术特征所能达到的技术效果确定发明实际解决的技术问题。而在实际撰写中，所列举的区别技术特征是发明相对最接近的现有技术所有的区别技术特征，效果也是采用了所有区别技术特征后获得的效果。因此，在确定发明实际要解决的技术问题时，从可获得的根本效果入手，排除最佳效果，才能准确地确定发明实际要解决的技术问题。

撰写第一个独立权利要求时，现有技术1是最接近的现有技术，而且技术特征（10）~（15）是本发明与现有技术1的区别技术特征。

技术特征（10）~（15）限定在第一桶的底部设置有一个延伸底，并对延伸底的具体结构做了进一步的限定。设置延伸底可以给桶型容器或桶型容器堆一个额外的支撑，防止桶型容器或桶型容器堆倾倒。因此技术特征（10）~（15）可以取得"防止桶型容器或桶型容器堆倾倒"的技术效果。由此可以确定这种情况下实际解决的技术问题（即实际解决的技术问题1）为——桶型容器或桶型容器堆容易倾倒。

（3）确定必要技术特征

通过上述分析可知，基于利用延伸底防止倾倒撰写独立权利要求时，最接近的现有技术为现有技术1，实际解决的技术问题为——桶型容器或桶型容器堆容易倾倒。

由第三部分之（三）的第1点分析可以看出与利用延伸底防止倾倒相关的技术特征为（1）~（2）、（9）~（15）。其中，技术特征（1）~（2）限定了桶型容器的基本结构，是防倾倒的主体，属于解决该技术问题的必要技术特征。技术特征（9）说明两个桶的底部不共面，由此出现了容易倾倒的问题，因而技术特征（9）也属于解决该技术问题的必要技术特征。技术特征（10）限定具有一个防倾倒的延伸底，是解决该技术问题的关键，因而技术特征（10）也属于解决该技术问题的必要技术特征。技术特征（11）具体限定了延伸底的伸、缩状态，而延伸底的伸、缩状态也是解决易倾倒问题的关键，如果在伸出状态延伸底的一部分不是伸到第二桶的下方，而是伸到与第二桶相反的方向，就无法解决易倾倒问题，因而技术特征（11）也属于解决该技术问题的必要技术特征。而技术特征（12）~（15）是对延伸底结构细节的进一步限定，不是"防止桶型容器或桶型容器堆倾倒"所必须的，不属于必要技术特征。

由此可见，解决该问题——"桶型容器或桶型容器堆容易倾倒"的全部必要技术特征是技术特征（1）~（2）、（9）~（11），即：

（1）桶型容器包括第一桶112和第二桶122；

（2）第二桶122连接于第一桶112的外侧；

（9）第一桶的底部116和第二桶的底部126不共面，第二桶的底部126距离桶型容器的顶端比较近；

（10）第一桶的底部116上设置有防止桶型容器倾倒的延伸底160，可以在缩回状态和伸出状态之间转换；

（11）在缩回状态，延伸底160位于第一桶的底部116的下方；在伸出状态，延伸底的一部分伸到第二桶的底部126的下方。

（4）撰写独立权利要求

必要技术特征（1）~（2）、（9）~（11）中，技术特征（1）~（2）、（9）已经被最接近的现有技术，即现有技术1公开，应该写在独立权利要求的前序部分；而技术特征（10）~（11）是与最接近的现有技术区别的技术特征，应当写在独立权利要求的特征部分。撰写过程中还应当注意并不仅仅是将上述各技术特征分别罗列在前序部分和特征部分，还应当注意它们之间的衔接，以及叙述方式的调整。例如，在撰写该独立权利要求时，技术特征（10）、（11）其实都是对延伸底及其工作状态的限定，如果将这两个技术特征分开写，就使得语句啰唆不简要，可以将技术特征（10）、（11）结合在一起写在独立权利要求的特征部分。

而且通过本节第三部分之（三）的第1点的分析可知，主题名称直接确定为"桶型容器"。综合考虑上述因素撰写出独立权利要求（记为1）：

1. 一种桶型容器，包括第一桶（112）和第二桶（122），且第二桶（122）连接于第一桶（112）的外侧；所述第一桶的底部（116）和所述第二桶的底部（126）不共面，且第二桶的底部（126）比第一桶的底部（116）距离桶型容器的顶端更近；其特

319

征在于，在所述第一桶的底部（116）上设置有防止桶型容器倾倒的延伸底（160），所述延伸底（160）可以在缩回到所述第一桶的底部（116）的下方的缩回状态和一部分伸出到所述第二桶的底部（126）的下方的伸出状态之间转换。

3. 撰写第二个独立权利要求

（1）确定最接近的现有技术

第二个独立权利要求是基于"利用裙边优化堆垛"撰写的独立权利要求。通过第三部分之（三）的第1点分析可以看出，与利用裙边优化堆垛相关的技术特征为技术特征（1）~（8）。本发明的技术特征（1）~（8）与现有技术1、现有技术2和现有技术3中相应技术特征进行比较可知：现有技术1公开了本发明的技术特征（1）~（3）和（6），未公开本发明的技术特征（4）~（5）和（7）~（8）；现有技术2公开了本发明的技术特征（1）~（6），未公开本发明的技术特征（7）~（8）；现有技术3未公开本发明的技术特征（1）~（8）中的任何一项。

从技术领域来说，现有技术1、现有技术2和现有技术3与本发明一样，都涉及一种桶型容器，都与本发明具有相同的技术领域。

从公开的技术特征来看，虽然现有技术1公开了技术特征（1）~（3）、（6），但没有明确说明所公开的桶型容器是一种可以堆垛的桶型容器，从结构上也可以看出，现有技术1所公开的桶型容器很难进行堆垛，这是因为为了方便刮掉多余的油漆，在现有技术1公开的油漆桶的第一桶内插入一块形成有油漆辊栅格的平板；现有技术2明确公开了技术特征（1）~（6），而且其所公开的桶型容器是一种可堆垛的容器（参见图21-7-03b），现有技术2虽然没有完全公开技术特征（7），但其也具有裙边；现有技术3则没有公开技术特征（1）~（8）中的任何一个技术特征。因此就"利用裙边优化堆垛"而言，现有技术2公开了更多的技术信息，与本发明更接近，确定现有技术2作为最接近的现有技术。

（2）实际解决的技术问题

确定最接近的现有技术后，按照前面所给出的方法分析实际解决的技术问题。通过分析可知，撰写第二个独立权利要求时，现有技术2作为最接近的现有技术，而且技术特征（7）、（8）是本发明与现有技术2的区别技术特征。

技术特征（7）、（8）限定了裙边的设置位置，裙边的上沿与桶型容器的顶端平行，这样在堆垛的时候上面桶型容器的裙边与下面桶型容器的裙边紧密结合在一起，从而可以降低了桶型容器的堆垛高度，而且也增大了上下桶型容器的接触面积，提高了堆垛稳定性。因而，技术特征（7）、（8）可以取得"降低桶型容器的堆垛高度并提高堆垛稳定性"的技术效果。由此可以确定这种情况下实际解决的技术问题（即实际解决的技术问题2）为——桶型容器的堆垛高度大且堆垛稳定性差。

（3）确定必要技术特征

通过上述分析可知，基于利用裙边优化堆垛撰写独立权利要求时，最接近的现有技术为现有技术2，实际解决的技术问题为——桶型容器的堆垛高度大且堆垛稳定性差。

由第三部分之（三）的第1点分析可以看出与利用裙边优化堆垛相关的技术特征为（1）~（8）。其中，技术特征（1）~（2）限定了桶型容器的基本结构，是进行堆垛的主体，属于解决该技术问题的必要技术特征。技术特征（3）~（4）引出桶型容器结构的一些基本概念，如侧壁、边缘、底部等，没有这些技术特征就无法清楚地限定裙边的设置位置，而裙边的设置位置是解决该问题的关键，因而技术特征（3）~（4）也属于解决该技术问题的必要技术特征。技术特征（6）~（8）具体限定了具有裙边，以及裙边的设置位置，是解决该技术问题的关键，因而技术特征（6）~（8）也属于解决该技术问题的必要技术特征。而技术特征（5）是对桶型容器侧壁上的扁平部的进一步限定，不是"降低桶型容器的堆垛高度并提高堆垛稳定性"所必须的，不属于必要技术特征。

由此可见，解决该技术问题——"桶型容器的堆垛高度大且堆垛稳定性差"的全部必要技术特征是技术特征（1）~（4）、（6）~（8），即：

（1）桶型容器包括第一桶112和第二桶122；

（2）第二桶122连接于第一桶112的外侧；

（3）第一桶112具有从其底部116的周边延伸至第一边缘118的连续第一侧壁114，第二桶122具有从其底部126的周边延伸至第二边缘128的连续第二侧壁124；

（4）第一侧壁114与第二侧壁124彼此独立，且通过搭连部分132相连接；

（6）第一边缘118和第二边缘128形成围绕桶型容器的连续周边135；

（7）桶型容器的顶端设置有裙边138；

（8）裙边138从连续周边135朝向底部延伸一定距离。

（4）撰写独立权利要求

必要技术特征（1）~（4）、（6）~（8）中，技术特征（1）~（4）、（6）已经被最接近的现有技术，即现有技术2公开，应该写在独立权利要求的前序部分；而技术特征（7）、（8）是与最接近的现有技术区别的技术特征，应当写在独立权利要求的特征部分。撰写过程中还应当注意并不仅仅是将上述各技术特征分别罗列在前序部分和特征部分，还应当注意它们之间的衔接，以及叙述方式的调整。例如，在撰写该独立权利要求时，技术特征（7）、（8）其实都是对裙边的限定，如果将这两个技术特征分开写，就使得语句啰唆不简要，可以将技术特征（7）、（8）结合在一起写在独立权利要求的特征部分。

通过本节第三部分之（三）的第1点的分析可知，保护主题为"一种桶型容器"。考虑到桶型容器的堆垛特性，为了使权利要求语言简要，将主题名称确定为"一种可以堆垛的桶型容器"。综合考虑上述因素撰写出独立权利要求（记为1'）：

1. 一种可以堆垛的桶型容器，包括第一桶（112）和第二桶（122），且第二桶（122）连接于第一桶（112）的外侧；所述第一桶（112）具有从其底部（116）的周边延伸至第一边缘（118）的连续第一侧壁（114），所述第二桶（122）具有从其底部（126）的周边延伸至第二边缘（128）的连续第二侧壁（124）；所述第一侧壁（114）与所述第二侧壁（124）彼此独立，且通过搭连部分（132）相连接；所述第一边缘（118）和所述第二边缘（128）形成围绕桶型容器的连续周边（135）；其特征在于，在所述桶型容器的顶端设置有从连续周边（135）朝向底部延伸一定距离的裙边（138）。

4. 两个独立权利要求的单一性分析

通过上述对两个独立权利要求撰写过程的分析可知，两个独立权利要求1、1'中的特定技术特征分别是"在所述第一桶的底部（116）上设置有防止桶型容器倾倒的延伸底（160），所述延伸底（160）可以在缩回到所述第一桶的底部（116）的下方的缩回状态和一部分伸出到所述第二桶的底部（126）的下方的伸出状态之间转换"和"在所述桶型容器的顶端设置有从连续周边（135）朝向底部延伸一定距离的裙边（138）"。这两个特定技术特征既不相同，也不相应，即独立权利要求1和1'请求保护的两个技术方案在技术上不相关联，不属于一个总的发明构思，权利要求1、1'之间不具备单一性，不满足《专利法》第31条第1款的规定，不能包含在一件专利申请中，应当同时提交两份申请分别进行保护。

（四）撰写从属权利要求

1. 撰写从属权利要求示例

下面就独立权利要求1为例说明从属权利要求的撰写，独立权利要求1'从属权利要求的撰写与独立权利要求1从属权利要求的撰写类似，本节不再详述。

正如本节第三部分之（二）所述，本发明中"利用裙边优化堆垛"和"利用延伸底防止倾倒"这两点之间具有一定的独立性，因此，两者之间并不是完全独立的，在一定程度上具有互补性。具体而言，虽然在桶型容器的顶端设置裙边是为了解决"桶型容器堆垛高度大"的技术问题，但是显然堆垛高度大也是桶型容器堆容易倾倒的原因之一。堆垛高度较低的桶型容器堆比较不容易倾倒，也就是说在桶型容器的顶端设置裙边也可以在一定程度上降低桶型容器堆倾倒的可能性。由此可见，"在桶型容器的顶端设置裙边"能够起到进一步防止桶型容器堆倾倒的作用。因此"在顶部设置裙边"的改进也可以进一步叠加在"在第一桶底部设置延伸底"的改进的基础上，形成既在第一桶的底部设置延伸底，又在顶部设置裙边的技术方案。这样的技术方案堆垛高度低且单个桶型容器和桶型容器堆稳定性都很高，方便、实用，且这样撰写从属权利要求能够对发明进行更加全面、细致的保护，形成相对完善的保护梯度。

当然，也可以将"在顶部设置裙边"和"在第一桶的底部设置延伸底"作为完全分隔的技术手段，分别在两组权利要求中单独给予保护，形成完全独立的两组权利要求，其中一组权利要求仅保护与"在第一桶的底部设置延伸底"相关的技术方案，另一组权利要求仅保护与"在顶部设置裙边"相关的技术方案。这样形成的两组权利要求的保护范围不会有重叠，可以完全避免本节第三部分之（四）的第2点出现的重复授权问题。

经过综合考虑，申请人希望对发明进行相对全面、细致的保护，并形成相对完善的保护梯度，因此决定采用上述将"在顶部设置裙边"的改进叠加在"在第一桶底部设置延伸底"的改进上的方式撰写从属权利要求，即在撰写从属权利要求时，撰写既"在第一桶底部设置延伸底"，又"在顶部设置裙边"的从属权利要求。从属权利要求的具体内容详见推荐的申请文件部分。

2. 注意事项

用于解决各技术问题的技术特征可以互为从属权利要求，例如利用裙边优化堆垛的技术特征可以写入独立权利要求1的从属权利要求中（记为权利要求n），利用延伸底防止倾倒的技术特征也可以写入独立权利要求1'的从属权利要求中（记为权利要求 n'）。其中，权利要求 1 是关于设置有延伸底的技术方案，它的从属权利要求 n 是在引用权利要求 1 的基础上进一步限定设置有裙边的技术方案，即权利要求 n 是既设置有延伸底，又设置有裙边的技术方案。而权利要求 1'是关于设置有裙边的技术方案，它的从属权利要求 n'是在引用权利要求 1'的基础上进一步限定设置有延伸底的技术方案，即权利要求 n'是既设置有裙边，又设置有延伸底的技术方案。

这样权利要求 n 和权利要求 n'的保护范围有可能会有重叠，也就是说如果不加注意，撰写的两组权利要求中很可能会出现保护范围相同的从属权利要求。然而，《专利法》第 9 条规定"同样的发明创造只能授予一项专利权"。两组权利要求中，只要出现保护范围实质相同的权利要求，就会有重复授权的问题。因而，在撰写两组权利要求的时候要特别注意避免出现保护范围相同的权利要求，即避免造成重复授权。

此外，两份申请在技术内容上可以是完全独立的，即其中一份申请只包括通过设置延伸底防止倾倒的技术特征，另一份申请只包含通过设置裙边优化堆垛的技术特征；两份申请在技术内容上也可以有交叉，即每份申请虽然侧重点不同但都既有延伸底的技术特征，又有裙边的技术特征，如前面例举的从属权利要求 n 与从属权利要求 n'的技术方案。

当所撰写的两份申请在技术内容上有交叉时，还须注意，要使两份申请具有相同的申请日。因为，2009 年 10 月 1 日起施行的《专利法》修正案规定，相同申请人在先申请在后公开/公布的相同的发明或者实用新型也属于抵触申请。如果两份申请的申请日不同，那么在先申请只要在说明书、附图或权利要求的任意部分披露了在后申请请求保护的技术方案，在先申请都将构成在后申请的抵触申请，使得在后申请不具备新颖性。

四、说明书及说明书摘要的撰写

（一）撰写说明书

说明书应当对发明作出清楚、完整的说明。在初始申请文件的基础上，通过前面的分析，在撰写说明书的时候，对相应的部分做以下改进：

① 将"利用裙边优化堆垛"和"利用延伸底防止倾倒"写成相对独立的部分，不再采用初始申请文件中"设置延伸底仅仅为防止堆垛后的桶型容器堆倾倒"的类似思路；

② 通过本节第三部分之（三）的分析可知这种桶型容器也可以用在其他地方，例如可以用作清洁桶，因而在说明书中主要介绍一种多用途的桶型容器，油漆桶只作为一种优选的方式；

③ 将现有技术 1 和现有技术 2 记载到背景技术当中，并以此为基础，分别对其存在的问题进行详细分析；

④ 统一说明书中的技术术语，例如统一初始申请文件中使用混乱的"扁平部"、"第一扁平部"、"第二扁平部"等术语；

⑤ 调整具体方案的叙述顺序，使得说明更充分，条理更清晰；

⑥ 对实施例做更详尽的说明，为以后的修改打下良好的基础。

以下就说明书的各小部分分别做简要的说明，具体的撰写请参见"推荐的申请文件"部分。

（1）名称

本发明只涉及一种桶型容器，因此名称建议直接为"桶型容器"。

（2）技术领域

本发明的主题只涉及一种桶型容器，技术领域除反映其主题名称外，也可以包括前序部分的全部或一部分技术特征，但不要写入区别技术特征。

（3）背景技术

检索到的三篇现有技术中，现有技术3所作的改进方式与本申请不相同，撰写时也无需考虑现有技术3。因而将另外两篇现有技术，即现有技术1和现有技术2为本发明的现有技术。在背景技术部分对现有技术1和现有技术2进行简要说明，并客观指出现有技术1和现有技术2的技术方案中存在的问题。

（4）发明内容部分

发明内容中应当包括三部分的内容，发明要解决的技术问题，采用的技术方案和取得的有益技术效果。首先写明发明所要解决的技术问题，接着分别写清楚各独立权利要求所请求保护的技术方案和相应的有益效果。

（5）附图及附图说明

按照说明书的说明顺序排列附图顺序及附图编号，并在说明书中进行附图说明。

（6）具体实施方式

具体实施方式部分所描述的内容应当尽量详细，使得所属技术领域的技术人员能够实现本发明，并且应当能够支持每一项权利要求限定的技术方案。对本发明而言，除对初始申请文件的内容进行描述外，还包括经分析之后确定修改、增加和补充的内容。此外，具体实施方式部分还应当尽量详细，尽量公开更多的技术特征，为以后的修改打好基础。

（二）撰写摘要、选定摘要附图

摘要部分首先写明发明名称，然后对技术方案做简单说明，并在此基础上说明解决的技术问题和主要用途。此外将最能体现发明技术方案的附图作为摘要附图。

需要注意的是，两份申请的说明书可以采用完全相同的内容，也可以略有不同，例如背景技术、发明内容部分的技术问题、技术方案和技术效果、以及摘要和摘要附图可以根据不同的保护范围而不同（具体的确定过程可参考本节第三部分之（三）撰写独立权利要求时所作的分析）。

五、对案例的总结

撰写申请文件时，总是希望在满足《专利法》及《专利法实施细则》的基础上获得相对合理的保护范围。在进行发明创造性时，发明人常常会作出多层次和/或多方面的改进以同时解决多个技术问题。这种情况下，只要独立权利要求的技术方案能够解决其中的至少一个技术问题，就可以认为满足了《专利法实施细则》第20条第2款中"解决其技术问题"的要求。

当待申请的技术方案要解决多个技术问题时，先要分析多个技术问题之间的关系，分析过程中要基于具体技术方案进行客观分析，不能仅仅局限于发明人的发明思路。常见的多个技术问题之间的关系有"递进关系"和"并列关系"。多个技术问题之间的关系不同，为了获得相对合理的保护而采用的撰写方法也是不同的。如果多个技术问题之间具有一定的独立性，即在一定程度上属于"并列关系"，则可以通过分解技术方案形成多个独立权利要求的方式对发明创造进行相对合理的保护。接着，要判断这些独立权利要求之间是否具备单一性，对于那些不具备单一性的独立权利要求可以提出多个申请。

六、推荐的申请文件

根据以上介绍的本申请发明实施例和现有技术的情况，本节以基于"利用延伸底防止倾倒"所撰写的申请文件为例，撰写出保护范围相对合理的独立权利要求与相应的从属权利要求、同时撰写出说明书及说明书摘要，以此为基础推荐包含说明书摘要、摘要附图、权利要求书、说明书及说明书附图的申请文件（简称"推荐的申请文件1"）。

为了减少不必要的重复，另一件基于"利用裙边优化堆垛"的申请文件仅给出独立权利要求（简称"推荐的申请文件2"），读者可以仿照上述推荐的申请文件1撰写基于利用裙边优化堆垛的申请文件的其他部分。其中，从属权利要求的撰写方法参照本节第三部分之（四）。说明书和摘要等部分，还需要根据具体的保护范围改变其中背景技术、发明内容、摘要和摘要附图部分的内容。例如，基于"利用裙边优化堆垛"撰写申请文件时，摘要附图优选能够更好地体现堆垛效果的附图3。

说 明 书 摘 要

一种桶型容器，包括第一桶（112）和第二桶（122），且第二桶（122）连接于第一桶（112）的外侧；第一桶的底部（116）和第二桶的底部（126）不共面，且第二桶的底部（126）比第一桶的底部（116）距离桶型容器的顶端更近；在第一桶的底部（116）上设置有防止桶型容器倾倒的延伸底（160），延伸底（160）可以在缩回到第一桶的底部（116）的下方的缩回状态和一部分伸出到第二桶的底部（126）的下方的伸出状态之间转换。在桶型容器上设置的延伸底能有效防止桶型容器及桶型容器堆的倾倒。这种桶型容器多用作油漆桶或者清洁桶。

摘 要 附 图

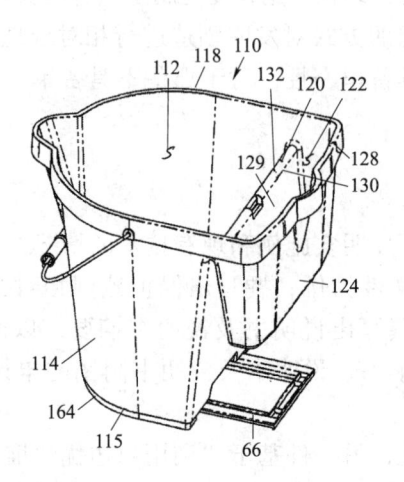

权 利 要 求 书

1. 一种桶型容器，包括第一桶（112）和第二桶（122），且第二桶（122）连接于第一桶（112）的外侧；所述第一桶的底部（116）和所述第二桶的底部（126）不共面，且第二桶的底部（126）比第一桶的底部（116）距离桶型容器的顶端更近；其特征在于，在所述第一桶的底部（116）上设置有防止桶型容器倾倒的延伸底（160），所述延伸底（160）可以在缩回到所述第一桶的底部（116）的下方的缩回状态和一部分伸出到所述第二桶的底部（126）的下方的伸出状态之间转换。

2. 如权利要求1所述的桶型容器，其特征在于，所述延伸底（160）包括一对间隔开的轨道（162）和可以沿所述轨道（162）伸缩的延伸部（166）；且每个轨道（162）具有向内的槽道（163），用以接收所述延伸部（166）的两条相对边（167）。

3. 如权利要求2所示的桶型容器，其特征在于，在所述槽道（163）和所述延伸部（166）上设置有相互结合的固定装置，使得可以在完全伸出位置和完全缩回位置固定所述延伸部（166）。

4. 如权利要求2所述的桶型容器，其特征在于，沿所述第一桶（112）的底部（116）的周边设置有垂直于所述第一桶的底部（116）的支脚（164），在所述支脚（164）上设置有便于所述延伸部（166）伸出的缺口（115）。

5. 如权利要求1-4中任一项所述的桶型容器，其特征在于，所述第一桶（112）具有从第一桶的底部（116）的周边延伸至第一边缘（118）的连续第一侧壁（114）；

所述第二桶（122）具有从第二桶的底部（126）的周边延伸至第二边缘（128）的连续第二侧壁（124）；所述第一侧壁（114）与所述第二侧壁（124）彼此独立，且通过搭连部分（132）相连接；所述第一边缘（118）和所述第二边缘（128）形成围绕桶型容器的连续周边（135）。

6. 如权利要求5所述的桶型容器，其特征在于，所述第一侧壁（114）包括邻近所述第二桶（122）的第一扁平部（119）；所述第二侧壁（124）包括邻近所述第一桶（112）的第二扁平部（129）；所述第一扁平部（119）和所述第二扁平部（129）在所述第一边缘（118）和所述第二边缘（128）的下方处通过所述搭连部分（132）相连接。

7. 如权利要求5所述的桶型容器，其特征在于，在所述桶型容器的顶端设置有从所述连续周边（135）朝向底部延伸一定距离的裙边（138）。

说 明 书

桶型容器

技术领域

[0001] 本发明涉及一种桶型容器，尤其涉及一种具有两个桶的桶型容器。

背景技术

[0002] 日常生活一般用桶型容器来装液体，例如用桶型容器来盛放油漆、清洁液等。常见的桶型容器为顶部开口的圆柱状，多数还具有提手。使用桶型容器中液体的同时常常还会用到别的工具，例如油漆刷、抹布等。而在工作现场，往往没有合适的地方放置暂时不用的工具，所以使用者往往会遇到如何存放工具的问题。

[0003] 中国专利文献CN1*******1A公开了一种具有两个桶的油漆桶。如图10a～图10c所示，油漆桶具有第一桶612和第二桶622，第一桶612和第二桶622具有各自独立的底部，但二者的顶部共同形成连续周边635，第二桶的底部626高于第一桶的底部616。油漆桶的侧壁包括内壁629、第一外壁604、第二外壁614和第三外壁624四部分。其中第二外壁614位于第三外壁624的下方，且通过第二桶的底部626与第三外壁624相连。内壁629构成第一桶612和第二桶622的公共侧壁，即第一外壁604、底部616、第二外壁614和内壁629形成第一桶612，第三外壁624、底部626和内壁629形成第二桶622。油漆桶中每个侧壁从油漆桶正上方向下的正投影都是圆弧形的，使得整个油漆桶具有圆滑、美观的外表面。在第一桶上形成有方便倒出油漆的第一注口618，在第二桶上形成有方便倒出油漆的第二注口628，优选第一注口618的中心线与第二注口628的中心线的夹角为120度。为了方便刮掉多余的油漆，在第一桶612中插入一块平板619，并且在平板619上形成油漆辊栅格650。第一桶612用来盛装油漆，当油漆量较少时，可以将油漆从第一桶612通过通道674、684倒入第二桶622中。另外，第二桶622也可以用来放置油漆刷等油漆工具。

[0004] 中国专利文献 CN1 *******2A 也公开了一种具有两个桶的油漆桶。如图 11a～图 11b 所示，油漆桶 710 包括具有第一连续侧壁的第一桶 710 和包括第二连续侧壁的第二桶 722，第一桶 712 和第二桶 722 具有各自独立的底部，但二者的顶部共同形成连续周边 735，第一桶 712 的底部 716 与第二桶 722 的底部 726 共平面。第一桶 712 在靠近第二桶 722 的部分具有第一扁平部 719，第二桶 722 中靠近第一桶 712 的部分具有第二扁平部 729，第一扁平部和第二扁平部通过搭连部分 732 相连接。油漆桶顶部向下一定距离处安装有裙边 738，在裙边 738 上设置提手。多个油漆桶可以堆垛在一起。其中第一桶 712 和第二桶 722 中可以盛装不同的油漆，例可以是不同颜色的油漆，也可以一种水性油漆一种油性油漆。

[0005] CN1 ******* 1A 所公开的油漆桶可以为油漆工具提供放置的地方，但是由于这种油漆桶并不是对称结构，且正常放置的时候第二桶的底部与地面不接触，使得这种油漆桶容易倾倒。特别是利用油漆辊栅格刮掉多余油漆的时候会给油漆桶一个朝向第二桶的力，使得油漆桶更容易倾倒。而且 CN1 ******* 1A 所公开的油漆桶不宜堆垛，即使勉强将几个油漆桶堆垛在一起，也还存在堆垛高度大，且堆垛不稳定的问题。CN1 *******2A 公开的油漆桶虽然没有倾倒问题，但也存在堆垛不稳定和堆垛高度比较大的问题。

发明内容

[0006] 本发明提供了可以解决上述问题的桶型容器。本发明的桶型容器包括第一桶 112 和第二桶 122，且第二桶 122 连接于第一桶 112 的外侧；第一桶的底部 116 和第二桶的底部 126 不共面，且第二桶的底部 126 比第一桶的底部 116 距离桶型容器的顶端更近；在第一桶的底部 116 上设置有防止桶型容器倾倒的延伸底 160，延伸底 160 可以在缩回到第一桶的底部 116 的下方的缩回状态和一部分伸出到第二桶的底部 126 的下方的伸出状态之间转换。

[0007] 延伸底 160 包括一对间隔开的轨道 162 和可以沿轨道 162 伸缩的延伸部 166；且每个轨道 162 具有向内的槽道 163，用以接收延伸部 166 的两条相对边 167。

[0008] 在槽道 163 和延伸部 166 上设置有相互结合的固定装置，使得可以在完全伸出位置和完全缩回位置固定延伸部 166。

[0009] 沿第一桶 112 的底部 116 的周边设置有垂直于第一桶的底部 116 的支脚 164，在支脚 164 上设置有便于延伸部 166 伸出的缺口 115。

[0010] 第一桶 112 具有从第一桶的底部 116 的周边延伸至第一边缘 118 的连续第一侧壁 114；第二桶 122 具有从第二桶的底部 126 的周边延伸至第二边缘 128 的连续第二侧壁 124；第一侧壁 114 与第二侧壁 124 彼此独立，且通过搭连部分 132 相连接；第一边缘 118 和第二边缘 128 形成围绕桶型容器的连续周边 135。

[0011] 第一侧壁 114 包括邻近第二桶 122 的第一扁平部 119；第二侧壁 124 包括邻近第一桶 112 的第二扁平部 129；第一扁平部 119 和第二扁平部 129 在第一边缘 118 和第二边缘 128 的下方处通过搭连部分 132 相连接。

[0012] 在桶型容器的顶端设置有从连续周边 135 朝向底部延伸一定距离的裙边 138。

[0013] 本发明公开的桶型容器,在第一桶的底部设置可以延伸到第二桶底部的延伸底,这样给原本结构不对称的桶型容器及桶型容器堆在它容易倾倒的方向提供了一个支撑,使得桶型容器及桶型容器堆更加稳固,不容易倾倒。

附图说明

[0014] 图1为本发明中桶型容器的透视图;

[0015] 图2为图1中的桶型容器堆垛在一起的分解透视图;

[0016] 图3为本发明一对堆垛在一起的桶型容器的主视图;

[0017] 图4为图3中堆垛在一起的桶型容器的侧面剖视图;

[0018] 图5为伸出状态的桶型容器从前方看的顶部透视图;

[0019] 图6为伸出状态的桶型容器从侧面看的顶部透视图;

[0020] 图7为缩回状态的桶型容器的底部透视图;

[0021] 图8为伸出状态的桶型容器的底部透视图;

[0022] 图9为最下面的桶型容器的延伸底处于伸出状态的桶型容器堆的透视图;

[0023] 图10a为CN1＊＊＊＊＊＊＊1A公开的油漆桶插入平板前的侧视图;

[0024] 图10b为CN1＊＊＊＊＊＊＊1A公开的油漆桶插入平板后的侧视图;

[0025] 图10c为CN1＊＊＊＊＊＊＊1A公开的油漆桶插入平板后的透视图;

[0026] 图11a为CN1＊＊＊＊＊＊＊2A公开的油漆桶的透视图;

[0027] 图11b为CN1＊＊＊＊＊＊＊2A公开的油漆桶的侧面部分剖视图。

具体实施方式

[0028] 以下结合附图,对本发明做详细的介绍。首先参见附图1~图4,附图标记110代表整个桶型容器。桶型容器110可应用于不同的领域,例如可以作为油漆、清漆、聚氨基甲酸酯等涂装材料的桶型容器,也可用作清洁操作、设备维护以及类似应用场合中的一般用桶型容器。桶型容器110可通过多种方法制造,优选的方法为利用塑料材料模制。但桶型容器110也可用其他材料和工艺制造,如用金属、陶瓷等制造。

[0029] 桶型容器110包括第一桶112和第二桶122,第二桶122连接于第一桶112的外侧。

[0030] 第一桶112具有从第一桶的底部116的周边115延伸至第一边缘118的连续第一侧壁114。连续第一侧壁114包含作为其一部分的第一扁平部119,该第一扁平部119从第一桶的底部116的周边115向上延伸。第一扁平部119的顶端120位于第一边缘118的下方。如图5所示,第一侧壁114的第一扁平部119的内表面被结构化,以形成油漆辊栅格150,用于将过量油漆从辊刷上去除。优选地,连续第一侧壁114上远离第二桶122的方向形成有注口121,注口121与第一扁平部119的顶端120相对,便于从桶型容器中倒出液体。

[0031] 第二桶122具有从第二桶的底部126的周边125延伸至第二边缘128的连续第二侧壁124。连续第二侧壁124具有作为其一部分的第二扁平部129,该第二扁平部129从第二桶的底部126的周边125向上延伸。第二扁平部129的顶端130靠近第一扁平部119的顶端120,且位于第二边缘128的下方。

[0032] 第一侧壁114的第一扁平部119位于邻近第二桶122的位置,且第二侧壁

124 的第二扁平部 129 位于邻近第一桶 112 的位置。

[0033] 第一侧壁 114 与第二侧壁 124 彼此独立，且通过搭连部分 132 相连接，具体地，第一扁平部 119 和第二扁平部 129 在第一边缘 118 和第二边缘 128 的下方处通过搭连部分 132 相连接。从图 1 可明显看出，第一边缘 118 以及第二边缘 128 形成围绕第一桶 112 和第二桶 122 的连续周边 135，连续周边将桶型容器 110 整个围住。第一扁平部 119 的顶端 120 和第二扁平部 129 的顶端 130 与连续周边 135 间隔开一定的距离。第一桶 112 以及第二桶 122 在连续周边 135 内被第一扁平部 119 和第二扁平部 129 分隔开。第一扁平部 119 和第二扁平部 129 从搭连部分 132 分叉，进一步将第一桶 112 和第二桶 122 分隔开。

[0034] 第一桶的底部 116 以大致平行关系与第二桶的底部 126 相间隔。第一桶 112 和第二桶 122 的大小可随实际需要而变化，通常第二桶 122 小于第一桶 112。第一桶的底部 116 和第二桶的底部 126 通常不共面，且第二桶的底部 126 距离桶型容器的顶端比较近。第一侧壁 114 的第一扁平部 119 和第二侧壁 124 的第二扁平部 129 分别从搭连部分 132 延伸至第一桶的底部 116 和第二桶的底部 126。

[0035] 在现代社会，减少货物在储存及运输过程中的占地对于成本控制也是非常重要的。为了能够有效减少桶型容器所占用的空间，本发明中的桶型容器是能够堆垛的，且具有非常低的堆垛高度和较高的堆垛稳定性。为此，本发明的桶型容器的顶端设置有裙边 138。裙边 138 从连续周边 135 朝着第一桶的底部 116 和第二桶的底部 126 延伸一定距离，优选由裙边 138 的高度限定桶型容器的堆垛高度。裙边 138 为桶型容器 110 提供了刚性和强度，第一扁平部 119 和第二扁平部 129 在搭连部分 132 处相连接，也为桶型容器 110 提供了刚性和强度。还可以设置提手 139，提手 139 可以具有较大尺寸且一般熔制在桶型容器的结构件中。较大尺寸使得提手 139 能够从图 1 所示的竖直位置移动至如图 3 所示的桶型容器下部位置。位于下部位置的提手 139 有利于多个桶型容器 110 的堆垛。

[0036] 如图 2～图 4 所示，桶型容器 110 具有非常低的堆垛高度，允许堆垛多个桶型容器 110 以便储存或运输。在优选实施例中，桶型容器 110 的堆垛高度由裙边 138 的高度限定，即堆垛的时候上面桶型容器的裙边与下面桶型容器的裙边相接触，这样既可以保证较低的堆垛高度，又可以保证堆垛后的桶型容器堆的稳定性，能在一定程度上防止桶型容器堆倾倒。

[0037] 图 1～图 4 所示的桶型容器及桶型容器堆由于桶型容器的结构是不对称性的，而且在正常放置的时候第二桶 122 的底部 126 并不与地面接触，使得桶型容器及桶型容器堆容易朝第二桶的方向倾倒。一旦使用中的桶型容器倾倒，那么桶型容器中流出的的液体会造成不必要的污染，且难以清洁。一旦储存或运输中的桶型容器堆倾倒，那么就需要花费大量的精力重新将桶型容器堆垛，造成人力、财力的不必要浪费。为此，本发明的桶型容器的一个优选实施例为在其第一桶的底部 116 上还可以进一步设置有防止桶型容器倾倒的延伸底 160。

[0038] 如图 5～图 9 所示，延伸底 160 设置在第一桶的底部 116 上，可以在缩回状态和伸出状态之间转换。在缩回状态，延伸底 160 置于第一桶的底部 116 的下方，此

时延伸底不起作用;在伸出状态,延伸底160的一部分伸出到第二桶的底部126的下方,可以有效防止桶型容器及桶型容器堆的倾倒。

[0039] 本发明的一个优选实施例为延伸底160包括一对间隔开的轨道162和可供沿轨道伸缩的延伸部166。轨道162沿垂直于第一扁平部119的方向延伸。每条轨道162都具有一个沿轨道162方向的向内的槽道163,用于接收延伸部166的两条相对边167。

[0040] 在本发明的一个优选实施例中,为了使设有延伸底160的桶型容器能够平稳地放置在地面上,沿第一桶的底部116的周边115垂直于第一桶的底部设置有支脚164。支脚164的高度大于延伸底160的高度,但小于裙边138的高度。同时,为了使得延伸底160能够伸出到第二桶的下方,在支脚164邻近第一扁平部119处设置有缺口165。这样在伸出状态,延伸部166沿着槽道163从缺口165处伸出到第二桶122的下方。

[0041] 另外,在本发明的一个优选实施例中,为了避免在处于伸出位置的延伸部166过度伸出脱离轨道163或者无意间缩回至缩回位置,在槽道163和延伸部166上设置有相互结合的固定装置,使得可以在完全伸出位置和完全缩回位置固定延伸部166,例如可以在槽道163上设置制动片,在延伸部上设置棘爪,或者可以在槽道163上设置凹槽,在延伸部上设置相应的凸起。

[0042] 图9显示了能够防止倾倒的桶型容器堆,多个(图中显示为两个)桶型容器堆垛在一起,最下方桶型容器的延伸底处于伸出状态,其他桶型容器的延伸底处于缩回状态。在堆垛的时候,先将所有桶型容器的延伸底固定在缩回状态,接着将一个桶型容器套装在另一个桶型容器上,使得上方桶型容器的裙边靠在下方桶型容器的裙边上,堆垛完成后将最下面桶型容器的延伸底固定在伸出状态,以防止桶型容器堆倾倒。

[0043] 优选由裙边138限定桶型容器110的堆垛高度。从桶型容器110的整体结构看,为了能够使裙边138限定桶型容器的堆垛高度,支脚的高度小于或等于裙边138的高度。当然,所属技术领域的技术人员可以理解,桶型容器110的堆垛高度也可以大于裙边138的高度,例如可以由支脚164的高度限定。但利用裙边138限定堆垛高度是优选的方案,因为这样不但使得堆垛高度较低,而且堆垛稳定性也较高。

说　明　书　附　图

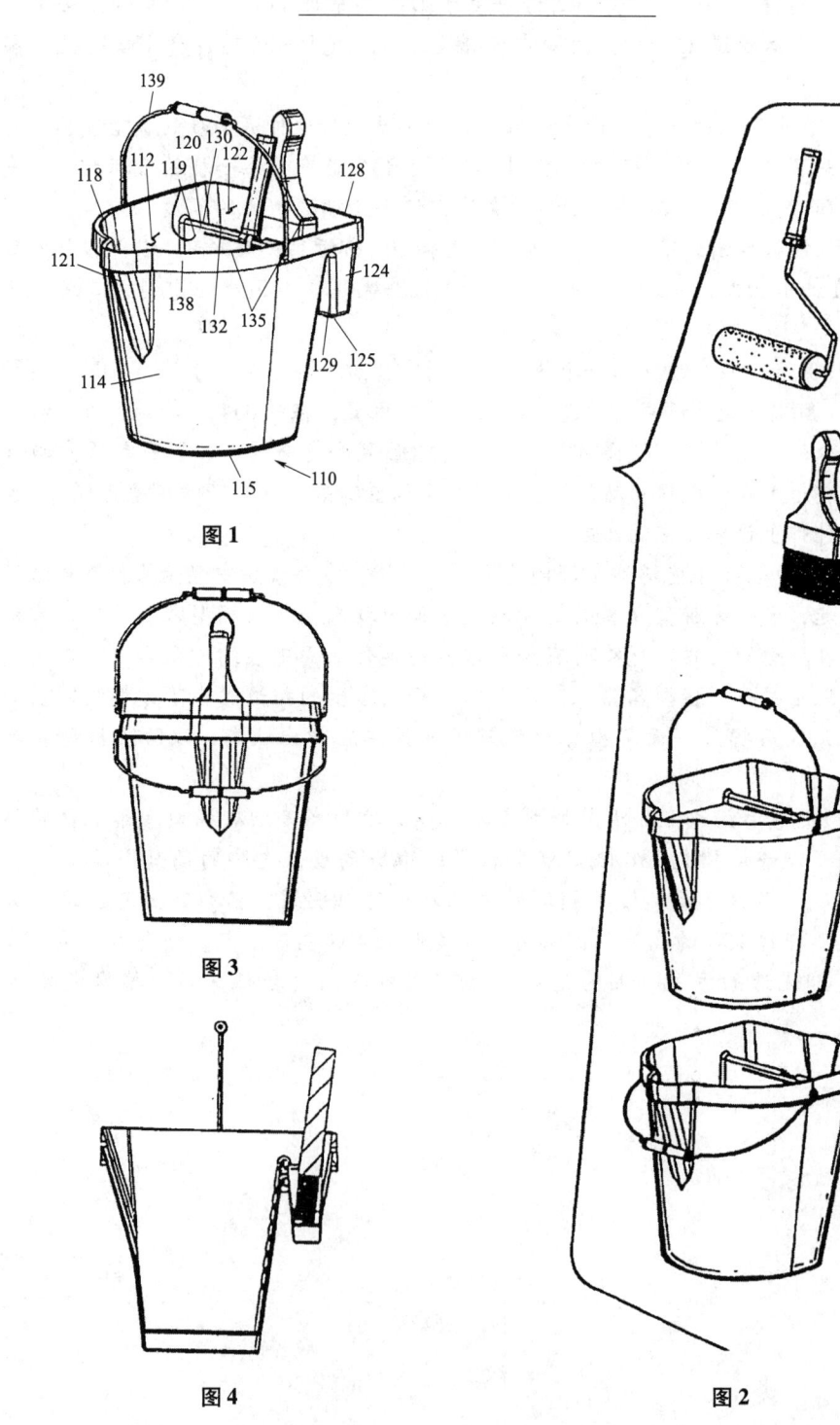

图 1

图 3

图 4

图 2

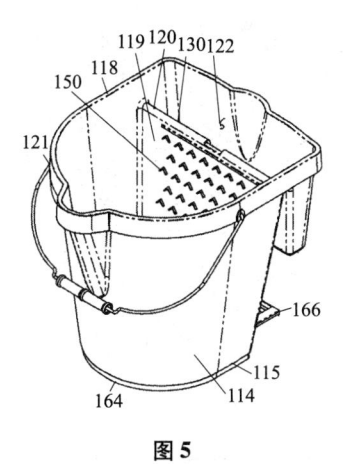

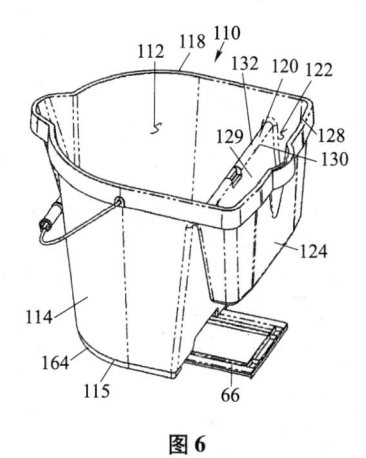

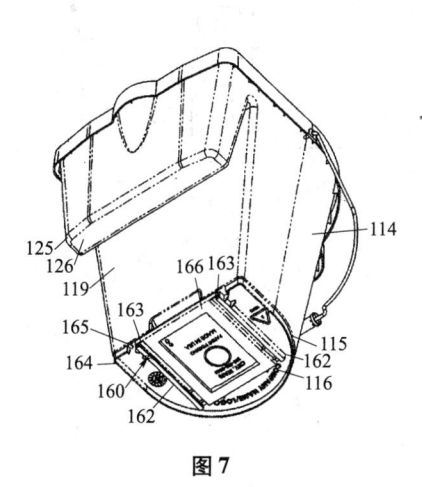

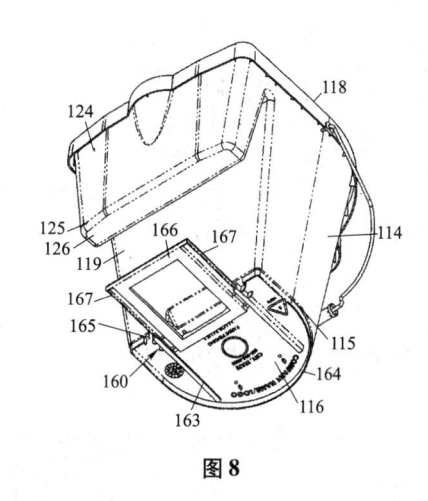

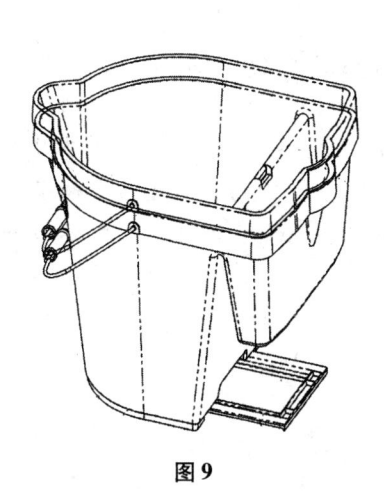

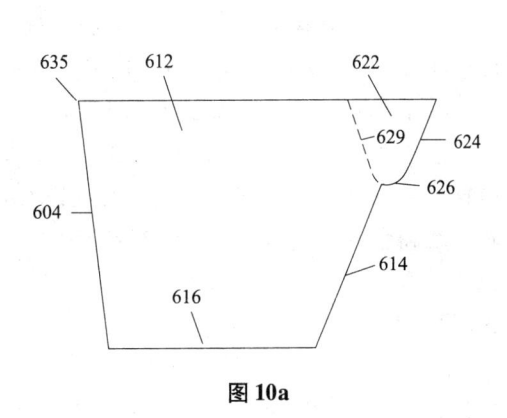

图 5

图 6

图 7

图 8

图 9

图 10a

图 10b

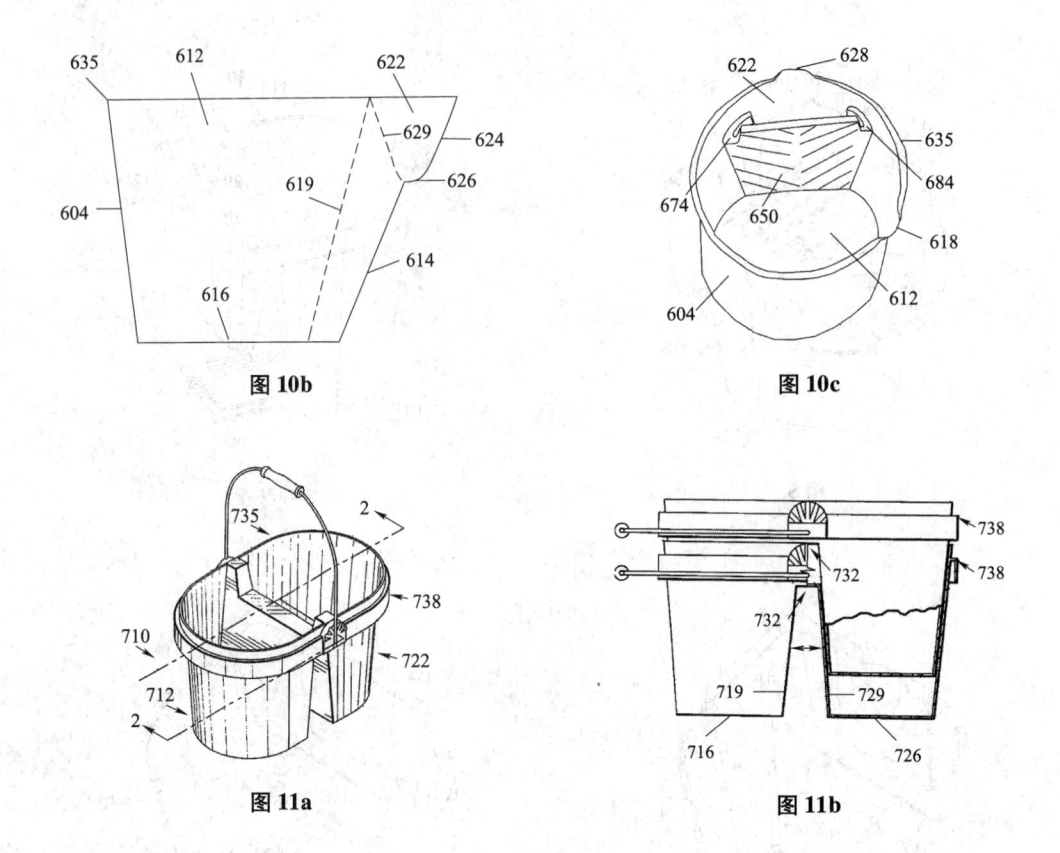

图 10c

图 11a

图 11b

推荐的申请文件 2 如下。

权 利 要 求 书

1. 一种可以堆垛的桶型容器,包括第一桶(112)和第二桶(122),且第二桶(122)连接于第一桶(112)的外侧;所述第一桶(112)具有从其底部(116)的周边延伸至第一边缘(118)的连续第一侧壁(114),所述第二桶(122)具有从其底部(126)的周边延伸至第二边缘(128)的连续第二侧壁(124);所述第一侧壁(114)与所述第二侧壁(124)彼此独立,且通过搭连部分(132)相连接;所述第一边缘(118)和所述第二边缘(128)形成围绕桶型容器的连续周边(135);其特征在于,在所述桶型容器的顶端设置有从连续周边(135)朝向底部延伸一定距离的裙边(138)。

2. 以下略。

第八节　利用从属权利要求层层筑防

一、概要

《专利法实施细则》第 20 条第 1 款规定："权利要求书应当有独立权利要求，也可以有从属权利要求。"尽管从属权利要求不是权利要求书法定必须包含的内容，但是为了寻求对发明的全面保护，一般应当尽可能利用从属权利要求对发明的众多技术方案请求保护。从属权利要求应当用附加的技术特征，对引用的权利要求作进一步限定。

机械领域相对其他技术领域的发展更为成熟，部分技术比较通用、易于理解，所需解决的基本技术问题往往熟知，解决技术问题的技术手段层出不穷。不论在撰写申请文件的时候对该技术领域的技术发展有多么深入的了解，均难以确保申请日时获得的现有技术文件就是其全部，所以需要在一件专利申请中按照层层设防的方式撰写出多个权利要求。当一件发明创造包含有多个不同的附加技术特征时，需要根据发明人提供的技术交底书，分析这些附加技术特征所解决的技术问题，根据所解决技术问题的不同，将这些附加技术特征分成不同的限定层级，即所谓的上位层级与下位层级，将用于解决同一技术问题的各个附加技术特征作为相同层级写入同一层从属权利要求中，将对上位层级作进一步限定的附加技术特征作为该上位层级的下位层级写入下一层从属权利要求中。通过逐层限定，撰写出层次分明、逻辑严密的多层从属权利要求。

本节以一个具体案例为例，介绍从属权利要求的一种逐层限定的撰写思路。采用本节所述逐层限定的撰写方式得到的多层从属权利要求，它们的保护范围是逐层缩小的，而且下一层从属权利要求是对上一层从属权利要求的进一步改进。通过这种撰写方式获得授权的专利，其专利权的稳定性较高，能够达到切实对发明创造进行有效和有力保护的目的。

二、发明人提供的技术交底书

本节的案例涉及一种用于饮料杯的一次性盖。

（一）发明人提供的现有技术

1. 现有技术 1

CN1 ＊＊＊＊＊＊＊ 1A（下称"现有技术 1"）公开了一种用于饮料杯的一次性盖，图 21 - 8 - 01 是该一次性盖的透视图。参见图 21 - 8 - 01，该一次性盖 600 具有罩部 601，在罩部的顶面且靠近周边处设有饮用口 602。该一次性盖用于固定在一次性饮料杯 603 上以防止饮料从杯中溅出，而且使用者可以在不从杯子上取下盖的情况下饮用饮料。但这种盖存在的问题是，如果使用者被他人碰撞或者杯子被打翻，则饮料可能会从饮用口 602 处流出。

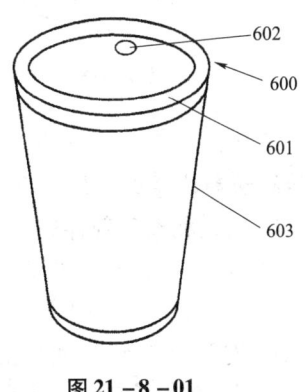

图 21 - 8 - 01

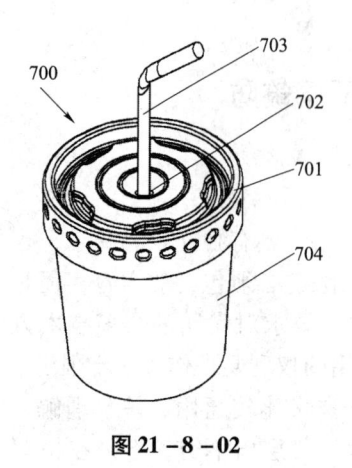

2. 现有技术2

CN1*******2A（下称"现有技术2"）公开了另一种用于饮料杯的一次性盖，图21-8-02是该一次性盖的透视图。参见图21-8-02，该一次性盖700具有罩部701，在罩部701的中央预设一个开口702，一根吸管703穿透该开口702。该一次性盖用于固定在一次性饮料杯704上，使用者可以在不从杯子上取下盖的情况下通过吸管703饮用饮料，而且即使使用者被他人碰撞，饮料也不易从杯中溅出。但这种盖存在的问题是，当使用者用一只手握住杯子时难以用同一只手插入吸管703。

图21-8-02

（二）发明人提供的发明技术内容

发明人发明了一种用于饮料杯的一次性盖，其结构如图21-8-03A和图21-8-03B所示。图21-8-03A和图21-8-03B分别是该一次性盖在饮用口被打开和被关闭时的透视图。该一次性盖100包括罩部110和滑动部件120，罩部110具有从其顶面中央向周边延伸的凹槽111，凹槽111具有底面112和位于罩部周边114的开口端118，凹槽111在开口端118的底面112上设有饮用口113，该饮用口113允许使用者在不取下盖的情况下就能容易地饮用饮料；滑动部件120可滑动配合地设置在凹槽111中，当滑动部件120滑动时可以打开和关闭饮用口113。

如图21-8-03A和图21-8-03B所示，罩部110的周边114通常为圆形，罩部110还包括从周边114向下延伸至环形安装部115的环形侧壁116，该安装部115用于将罩部110固定在饮料杯上。

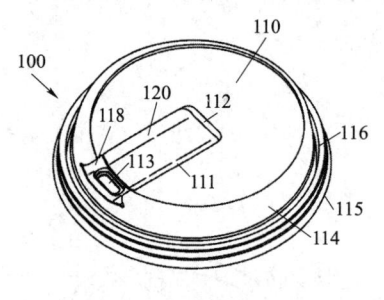

图21-8-03A

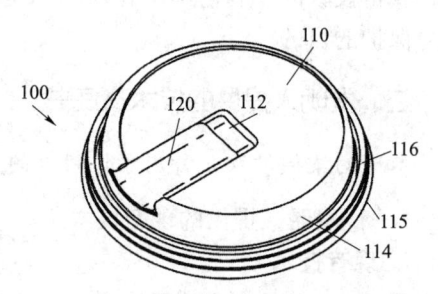

图21-8-03B

而且，发明人还进一步对上述一次性盖的凹槽和滑动部件提出了如下两种改进的优选结构。

1. 凹槽和滑动部件的第一种改进结构

图21-8-04A为凹槽的第一种改进结构的横截面图。如图21-8-04A所示，凹槽211包括一个底面212和两个纵向侧壁213，每一纵向侧壁213包括一个从罩部的顶面向下并向外倾斜延伸的

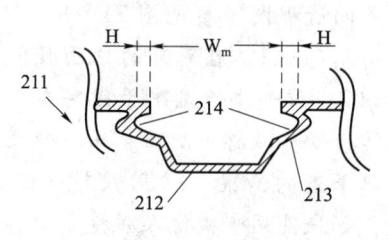

图21-8-04A

第一部分以及一个从该第一部分向下并向内倾斜延伸且与凹槽211的底面212连接的第二部分，第一部分与第二部分相接处形成一凹口部分214。

与凹槽的上述第一种改进结构相适应，图21-8-04B为滑动部件的第一种改进结构的横截面图。如图21-8-04B所示，该滑动部件220包括一个水平的中央部分221和两个向斜上方延伸的边部分222，每一边部分222与中央部分221相接并成钝角，而且每个边部分222的外部边缘223具有一个向外延伸的脊部分224。这样，当滑动部件220在凹槽211内滑动时，滑动部件220的脊部分224就配合在凹槽211的凹口部分214内，从而确保滑动部件220在凹槽211内能够顺利滑动并且不会被卡死在凹槽211中。

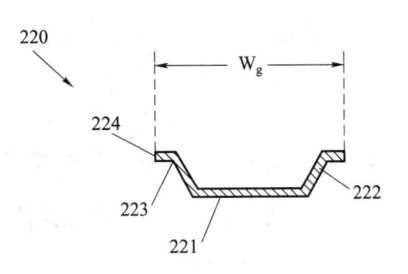

图21-8-04B

2. 凹槽和滑动部件的第二种改进结构

图21-8-05A为凹槽的第二种改进结构的横截面图。如图21-8-05A所示，凹槽311包括底面312和两个纵向侧壁313，每一纵向侧壁313包括一个从罩部的顶面向下并向外倾斜延伸形成的空悬部分314以及一个从该空悬部分314向凹槽311的中心成弧形向下延伸的弧形部分，而且凹槽311的底面312形成为弧形底面。

与凹槽311的第二种改进结构相适应，图21-8-05B为滑动部件的第二种改进结构的横截面图。如图21-8-05B所示，该滑动部件320包括一个中央部分321和两个边部分322，该中央部分321形成为一个弧形底面，每一边部分322为从中央部分321向斜上方延伸的弧形表面，而且每个边部分322的外部边缘323具有一个向外延伸的脊部分324。这样，当滑动部件320在凹槽311内滑动时，滑动部件320的脊部分324就配合在凹槽311的空悬部分314内，并且滑动部件320的弧形底面与凹槽311的弧形底面相配合，如此可以确保滑动部件320能够在凹槽311内顺利滑动并且不会被卡死在凹槽311中。

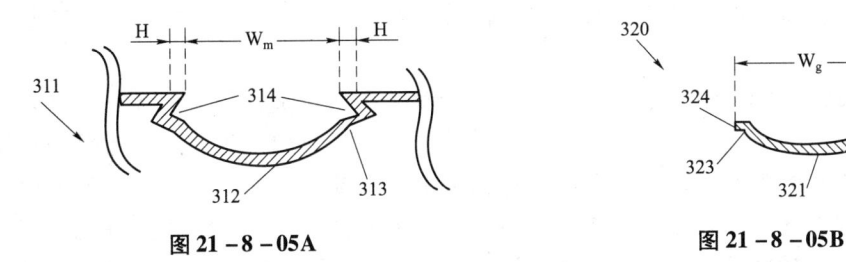

图21-8-05A

图21-8-05B

当使用者用手指推动滑动部件沿着凹槽滑动时，滑动部件在滑动过程中常常会发生偏移，这样容易导致滑动部件从凹槽中脱出，因而不能正常开启和关闭饮用口。或者，当滑动部件的宽度太宽时，滑动部件又会被卡死在凹槽中。为了防止滑动部件滑动时从凹槽中脱出并防止滑动部件被卡死在凹槽中，发明人对罩部和滑动部件的上述两种改进结构又作了如下的进一步改进。

在图 21-8-04A 和图 21-8-05A 所示两种改进结构的凹槽中，凹槽口的宽度设为 Wm，凹口部分 214 和空悬部分 314 的深度均设为 H。在图 21-8-04B 和图 21-8-05B 所示两种改进结构的滑动部件中，滑动部件 220/320 的最大宽度设为 Wg。对此作进一步限定，滑动部件 220/320 的最大宽度 Wg 与凹槽口的宽度 Wm 之差应当满足如下条件：Wg - Wm = （0.4~1.6）H，这样，当滑动部件 220/320 的脊部分 224/324 配合在凹槽 211/311 的凹口部分 214/空悬部分 314 内时，既能防止滑动部件滑动时从凹槽中脱出，又能保证滑动部件在凹槽中顺利滑动而不会被卡死。

（三）发明人声称要解决的技术问题

发明人在技术交底书中声称，其发明创造所要解决的技术问题是：提供一种用于饮料杯的一次性盖，使用者可以在不取下一次性盖的情况下，通过一次性盖上的饮用口就能够容易地饮用饮料，而在不饮用饮料时能够防止饮料从杯中溅出，并且使用者可以用一只手操作该一次性盖，而且该一次性盖的制造成本比较便宜，易于组装和存放。

三、确定本发明的最接近现有技术和实际解决的技术问题

（一）列出本发明的全部技术特征

在充分理解上述技术交底书所提供技术内容的基础上，通过整理和分析，列出本发明所要求保护的主题"用于饮料杯的一次性盖"包含的全部技术特征：

① 具有罩部，该罩部具有设在其顶面上的饮用口；

② 饮用口靠近罩部的周边设置；

③ 罩部具有凹槽，凹槽从罩部顶面中央向周边延伸并具有底面，饮用口位于凹槽的底面上；

④ 具有滑动部件，其可滑动配合地设置在凹槽中；

⑤ 凹槽包括两个纵向侧壁，每一纵向侧壁包括一个从罩部的顶面向下并向外倾斜延伸的第一部分以及一个从该第一部分向内并向下倾斜延伸且与凹槽的底面连接的第二部分，第一部分与第二部分相接处形成一凹口部分；滑动部件包括一中央部分和两个边部分，每个边部分的外部边缘具有一个向外延伸的脊部分，该脊部分配合在凹口部分内；

⑥ 凹槽包括两个纵向侧壁，每一纵向侧壁包括一个从罩部的顶面向下并向外倾斜延伸的空悬部分以及一个从该空悬部分向凹槽的中心成弧形向下延伸的弧形部分，而且凹槽的底面形成为弧形底面；滑动部件包括一个中央部分和两个边部分，每个边部分的外部边缘具有一个向外延伸的脊部分，而且滑动部件的中央部分形成为弧形底面；

⑦ 滑动部件的最大宽度 Wg 与凹槽口的宽度 Wm 之差满足：Wg - Wm = （0.4~1.6）H，其中 H 为凹口部分/空悬部分的深度。

（二）确定本发明的最接近现有技术

对于本发明而言，在撰写申请文件前所了解到的相关现有技术是上述现有技术 1 和现有技术 2。分析这两篇现有技术，从中确定哪一篇是与本发明最接近的现有技术。

现有技术 1 所公开的用于饮料杯的一次性盖具有罩部，罩部的顶面上设有饮用口，

且该饮用口靠近罩部的周边。该一次性盖用于固定在一次性饮料杯上，盖住杯口以防止饮料从杯中溅出。可见，现有技术1所解决的技术问题是：使用者可以在不从杯子上取下盖的情况下饮用饮料。同时发现，现有技术1公开了本发明的上述技术特征①和②。

现有技术2所公开的用于饮料杯的一次性盖具有罩部，在罩部的中央预设一个开口，一根吸管穿透该开口。显然，现有技术2所解决的技术问题是：使用者可以在不从杯子上取下盖的情况下通过吸管饮用饮料，而且使用者被碰撞时饮料也不易从杯中溅出。可以发现，现有技术2仅公开了本发明的上述技术特征①。

首先，现有技术1和现有技术2与本发明的技术领域相同，都属于"带有倾注口的容器"。其次，现有技术2所解决的一部分技术问题（如，使用者可以在不从杯子上取下盖的情况下饮用饮料）已经在现有技术1中得到解决，而且现有技术2的一次性盖需要借助于吸管才能完成饮料的饮用，其发明构思与本发明的并不相同，相反，现有技术1与本发明的构思更为接近，现有技术1所解决的技术问题和所获得的技术效果更接近于本发明。再者，通过上文的比较可知，现有技术1公开本发明的技术特征最多。因此，确定现有技术1作为本发明的最接近现有技术。

（三）确定本发明实际解决的基本技术问题

在发明人声称要解决的技术问题中，"使用者可以在不取下一次性盖的情况下，通过一次性盖上的饮用口就能够容易地饮用饮料"以及"该一次性盖的制造成本比较便宜，易于组装和存放"都已经在现有技术1中得到解决。但是，在使用装有现有技术1所述一次性盖的杯子饮用饮料时，若使用者被他人碰撞，则饮料就会从盖上的饮用口处向外溅出。为此，本发明除了在一次性盖上设置饮用口以方便饮用之外，还设置了一个可以盖住此饮用口的滑动部件，这样就解决了饮料向外溅出的问题。于是可以确定，本发明相对于最接近的现有技术1实际要解决的基本技术问题是：提供一种用于饮料杯的一次性盖，在使用者不饮用饮料时可以防止饮料从杯中溅出，而且使用者能够方便地用一只手操作。

四、撰写独立权利要求

（一）确定本发明解决技术问题的全部必要技术特征。

《专利法实施细则》第20条第2款规定："独立权利要求应当从整体上反映发明或者实用新型的技术方案，记载解决技术问题的必要技术特征。"为了撰写独立权利要求，必须准确确定本发明解决上述技术问题的全部必要技术特征。

第一，上述技术特征①和②是本发明的一次性盖的构成要素，因此是本发明解决上述技术问题的必要技术特征。因为，为了使使用者能够在不取下盖子的情况下饮用饮料，则安装在饮料杯上的一次性盖必须具有饮用口，而且为了方便使用者用嘴来饮用饮料，则应当将饮用口设置在杯盖的边缘位置。

第二，为了防止在不饮用饮料时饮料溅出，本发明的一次性盖需要设置能够盖住饮用口的滑动部件；而当要饮用饮料时，必须能够打开饮用口，则要求滑动部件能够滑动，为此必须将滑动部件设置在罩部顶面上的凹槽内。因此，上述技术特征③和④是本发明解决上述技术问题的必要技术特征。

第三，上述技术特征⑤和⑥分别是本发明对凹槽和滑动部件进一步改进的两种结构，其在凹槽上设置凹口部分/空悬部分、在滑动部件上设置脊部分并将脊部分限制在凹口部分/空悬部分内，目的在于对滑动部件在凹槽中的滑动起导向作用，保证滑动部件在凹槽中能够顺利滑动，防止滑动部件被卡死在凹槽中，就是说是为了获得更佳的滑动效果。因此，技术特征⑤和⑥只是本发明的优选技术手段，不是本发明解决上述技术问题的必要技术特征。

第四，上述技术特征⑦是本发明对凹槽和滑动部件的结构的进一步限定，使滑动部件的最大宽度 Wg 与凹槽口的宽度 Wm 之差 Wg – Wm = (0.4~1.6) H，这样既能防止滑动部件滑动时从凹槽中脱出，又能保证滑动部件在凹槽中顺利滑动而不会被卡死。显然，这也是为了获得更好的技术效果，因而技术特征⑦只是本发明的一个优选技术手段，不是本发明解决上述技术问题的必要技术特征。

通过上述分析可知，本发明解决上述基本技术问题的全部必要技术特征为：

① 具有罩部，该罩部具有设在其顶面上的饮用口；
② 饮用口靠近罩部的周边设置；
③ 罩部具有凹槽，凹槽从罩部顶面中央向周边延伸并具有底面，饮用口位于凹槽的底面上；
④ 具有滑动部件，其可滑动配合地设置在凹槽中。

（二）撰写独立权利要求

首先，确定本发明与最接近现有技术共有的必要技术特征。如上所述，上述技术特征①和②是本发明与最接近现有技术共有的必要技术特征（记为 A），即：

一种用于饮料杯的一次性盖，该一次性盖包括罩部，该罩部具有设在其顶面上且靠近周边的饮用口。

接着，确定本发明区别于最接近现有技术的区别技术特征。如上所述，现有技术 1 公开了本发明的上述技术特征①和②，未公开上述技术特征③和④，因此，上述技术特征③和④是本发明区别于最接近现有技术的区别技术特征（记为 B），即：

所述罩部具有从其顶面中央至周边延伸的凹槽，所述饮用口位于该凹槽的底面上，所述凹槽中可滑动地设置一个可以打开和关闭所述饮用口的滑动部件。

最后，撰写独立权利要求。《专利法实施细则》第 21 条第 1 款规定："发明或者实用新型的独立权利要求应当包括前序部分和特征部分"。而且，应当在前序部分写明发明技术方案的主题名称和发明与最接近现有技术共有的必要技术特征，在特征部分写明发明区别于最接近现有技术的技术特征。于是，将上述必要技术特征 A 写入独立权利要求 1 的前序部分，将上述区别技术特征 B 写入其特征部分，并在相应技术特征后加上附图标记，得到独立权利要求 1：权利要求 1 = A + B。即：

1. 一种用于饮料杯的一次性盖，该一次性盖（100）包括罩部（110），该罩部（110）具有设在其顶面上且靠近其周边的饮用口（113），其特征在于：所述罩部（110）还具有从其顶面中央至周边延伸的凹槽（111），所述饮用口（113）位于该凹槽（111）的底面（112）上，所述凹槽（111）中可滑动地设置可以打开和关闭所述饮用口（113）的滑动部件（120）。

（三）判断独立权利要求的新颖性和创造性

首先，判断新颖性。

由于发明人所提供的现有技术1或2均没有公开技术特征"所述罩部还具有从其顶面中央至周边延伸的凹槽，所述饮用口位于该凹槽的底面上，所述凹槽中可滑动地设置可以打开和关闭所述饮用口的滑动部件"，因此，本发明的独立权利要求1具备《专利法》第22条第2款规定的新颖性。

接着，判断创造性。

本发明的权利要求1相对于最接近的现有技术1的区别特征在于："所述罩部还具有从其顶面中央至周边延伸的凹槽，所述饮用口位于该凹槽的底面上，所述凹槽中可滑动地设置可以打开和关闭所述饮用口的滑动部件"。然而，该区别技术特征在发明人所提供的现有技术1或2中并未披露，以申请人对技术发展状况的了解，现有技术中也不存在相应的技术启示使其能被所属技术领域的技术人员显而易见地获知或者推知。因此，权利要求1的技术方案是非显而易见的，具有突出的实质性特点和显著的进步，故具备《专利法》第22条第3款规定的创造性。

五、撰写从属权利要求

（一）从属权利要求的作用

《专利法实施细则》第20条第1款规定："权利要求书应当有独立权利要求，也可以有从属权利要求。"这意味着，独立权利要求是一件专利申请的权利要求书的必备内容，而从属权利要求则不是必要的和法定必须包含的内容。因此，申请人可以在其专利申请中仅仅撰写一个独立权利要求，而没有从属权利要求。

然而，对于以本申请为代表的一类申请，所需要解决的基本技术问题是所属技术领域公知的，相应的竞争对手很多，该基本技术问题一旦获得解决，就可以马上使拥有该专利技术的厂家获得市场占有先机。因此，会有许多技术人员加入到解决该基本技术问题的改进研发的队伍中去，大家争先恐后地投入力量谋求能够解决该基本技术问题的发明创造。因此，不论申请人对该技术领域的技术发展有多么深入的了解，均难以确保申请日时获得的在先技术文件就是其全部，所以申请人需要在发明人提供的解决方案中，挖掘出多层技术内容，在一件专利申请中按照层层设防的方式撰写出多个权利要求。除了利用独立权利要求从整体上反映发明的技术方案以要求一个较为宽泛的保护范围外，还应当利用从属权利要求对发明的多个具体技术方案寻求专利保护，以确保能够使研发形成的技术方案获得全面的专利保护。

当然，如果发明人愿意，也可以以一个解决基本技术问题的技术方案提出一件基本专利申请，再围绕该基本专利申请，就其进一步的具体技术方案提出多件外围专利申请，这样按照层层设防的方式，构成所谓的"专利网"。就是说，将处于不同层次的技术解决方案分别记载在多件专利申请中，提出多件专利申请，形成一个系列申请。但是，这样需要提交多件专利申请，一方面会使得申请专利的程序复杂不少，另一方面也会明显增加专利申请的总费用。因此，在这里仅对如何在一件专利申请中对属于不同层次的技术方案申请保护从而获得全面的专利保护进行说明。

在一件发明专利申请的实审程序中,审查员如果认为独立权利要求缺乏新颖性或创造性,则就会进一步判断其从属权利要求是否具备新颖性和创造性。权利要求好比是一道道防线,独立权利要求是位于最前列的第一道防线,如果独立权利要求的专利性被否定了,则意味着这道防线崩溃了,申请人就必须以从属权利要求作为获得专利权的退守防线。每一个从属权利要求都是比独立权利要求更为具体的技术方案,它们通常对应于说明书中的多个具体实施例,它们的保护范围比独立权利要求更小,因而获得专利权的可能性更大。

（二）列出附加技术特征表

为了撰写从属权利要求,首先,根据发明人在技术交底书中所提供的本发明的技术内容,结合图21-8-03A至图21-8-05BC,列出本发明的附加技术特征表,如表21-8-1。

表21-8-1 本发明的附加技术特征表

特征编号	本发明的附加技术特征	改进点及作用
C	凹槽211包括两个纵向侧壁213,每一纵向侧壁213包括一个从罩部的顶面向下并向外倾斜延伸的第一部分以及一个从该第一部分向下并向内倾斜延伸且与凹槽211的底面212连接的第二部分,第一部分与第二部分之间形成一凹口部分214。滑动部件220包括一中央部分221和两个边部分222,每个边部分222的外部边缘223具有一个向外延伸的脊部分224,该脊部分224配合在凹口部分214内	对相互配合的凹槽与滑动部件作进一步改进,给出两者的第一种具体改进结构,其作用在于对滑动部件在凹槽中的顺利滑动进行导向,防止滑动部件被卡死在凹槽中
D	凹槽311包括两个纵向侧壁313,每一纵向侧壁313包括一个从罩部的顶面向下并向外倾斜延伸的空悬部分314以及一个从该空悬部分向凹槽311的中心成弧形向下延伸的弧形部分,而且凹槽311的底面形成为弧形底面。滑动部件320包括一中央部分321和两个边部分322,每个边部分322的外部边缘323具有一个向外延伸的脊部分324,而且滑动部件320的中央部分321形成为弧形底面	对相互配合的凹槽与滑动部件作进一步改进,给出两者的第二种具体改进结构,其作用在于对滑动部件在凹槽中的顺利滑动进行导向,防止滑动部件被卡死在凹槽中
E	滑动部件的最大宽度W_g与凹槽口的宽度W_m之差$W_g - W_m = (0.4 \sim 1.6) H$,其中$H$为凹口部分/空悬部分的深度	对凹槽和滑动部件的上述两种改进结构作进一步改进,其作用在于既能防止滑动部件从凹槽中脱出,又能保证滑动部件在凹槽中顺利滑动而不被卡死

上述独立权利要求1是对本发明的各个具体实施例的概括,其所记载的是一个很上位的技术方案。从表21-8-1可以看出,本申请的具体实施例从能够进一步获得更

好的技术效果的技术问题出发，对本发明又提出了更加具体的改进。首先，对相互配合的凹槽与滑动部件作进一步改进，给出了两种具体改进结构，其作用在于对滑动部件在凹槽中的顺利滑动进行导向，防止滑动部件被卡死在凹槽中。然后，又对凹槽和滑动部件的上述两种改进结构作出进一步限定，其作用在于既能防止滑动部件从凹槽中脱出，又能保证滑动部件在凹槽中顺利地滑动而不被卡死。可见，本发明所要解决的技术问题是逐层递进的，所获得的相应技术效果也是逐层递进的。因此，对于本申请而言，为了对这些改进的技术方案寻求专利保护，就必须利用从属权利要求记载这些技术方案，以对发明形成全面有力的保护。

（三）从属权利要求的撰写方式

一般来讲，从属权利要求的撰写方式有递进式和并列式两种。递进式撰写方式就是多项从属权利要求对独立权利要求进行逐层递进式限定的撰写方式，即，权利要求2引用独立权利要求1，权利要求3引用权利要求2，权利要求4再引用权利要求3，以此类推。并列式撰写方式就是多项从属权利要求均引用同一独立权利要求而分别进行限定的撰写方式。两种撰写方式都包括通过对所引用权利要求的某个或某些技术特征进行限定来缩小其保护范围和通过附加一个或几个技术特征来缩小其保护范围两种情况。通过递进式撰写方式撰写的从属权利要求，它们的保护范围逐渐缩小并且存在包含与被包含的关系，而采用并列式撰写方式撰写的从属权利要求，它们的保护范围之间必然是相互独立和并列的。另外，在撰写从属权利要求时，通常还可以交叉采用递进式和并列式的撰写方式。

如上所述，由于本发明采用上述附加技术特征所要解决的技术问题是逐层递进的，因此本发明比较适合采用递进式撰写方式撰写从属权利要求。本节在此即推荐递进式撰写方式，通过逐层限定和层层递进，撰写出多层从属权利要求，从而对专利申请的新颖性和创造性起到"逐层加固"和"逐级防守"的作用，为将来的审查程序和可能出现的无效、侵权诉讼程序预留较多退路，同时也为今后专利权的实施带来有利地位，并能有效阻止竞争对手就同样的技术方案获得专利授权。

（四）分析附加技术特征，确定从属权利要求的撰写层次

分析表21-8-1中所列出的本发明的附加技术特征可知，这些附加技术特征从不同的技术层面来限定本发明以进一步解决不同的技术问题。分析它们在本发明中所处的层级关系，以此逐级分层地撰写出各层从属权利要求。

1. 第一层从属权利要求

表21-8-1中的附加技术特征C，其包括两个方面的结构特征：凹槽211以及与之相配合的滑动部件220。其中，凹槽211包括两个纵向侧壁213，每一纵向侧壁213以一种具体的倾斜延伸方式形成各自的凹口部分214。与此相对应，滑动部件220的两个边部分222的外部边缘223向外延伸形成各自的脊部分224。这里，凹槽211和滑动部件220具有上述结构，其目的在于使得脊部分224能够配合地放置在凹口部分214内，这里凹口部分214对滑动部件220的滑动起导向作用。据此可知，本发明所要进一步解决的技术问题是：将脊部分224限制在凹口部分214内滑动，确保滑动部件在凹槽

中能够顺利地滑动,从而防止滑动部件被卡死在凹槽中。

表21-8-1中的附加技术特征D,其也包括两个方面的结构特征:凹槽311以及与之相配合的滑动部件320。其中,凹槽311包括两个纵向侧壁313,每一纵向侧壁313以另外一种具体的倾斜延伸方式形成各自的空悬部分314,并且凹槽311的底面形成为弧形底面。与此相对应,滑动部件320的两个边部分322的外部边缘323向外延伸形成各自的脊部分324,并且滑动部件320的中央部分321弯曲成弧形底面。这里,凹槽311和滑动部件320具有上述结构,其目的在于使得脊部分324能够配合地放置在空悬部分314内,并且滑动部件320的弧形底面与凹槽311的弧形底面相适应,这些结构对滑动部件的滑动起到了导向作用。据此可知,本发明所要进一步解决的技术问题是:将脊部分324限制在空悬部分314内滑动,并且将滑动部件302与凹槽311的底面形状设计成一致,有利于滑动部件在凹槽中顺利地滑动,从而能够防止滑动部件被卡死在凹槽中。

可见,附加技术特征C和D是对相互配合的凹槽和滑动部件的具体结构作出的进一步改进,它们所要解决的技术问题完全相同,即"保证滑动部件在凹槽中顺利滑动,防止滑动部件被卡死在凹槽中",而且基于附加技术特征C和D所分别限定的两种技术方案,其技术效果也是等同的。

上述每一种改进结构都可以完全独立地实施,彼此间互不依存、互不制约、互不影响,就是说,它们之间不存在依赖关系,更没有先后顺序关系,处于完全并列的等同地位。因此,附加技术特征C和D在本发明中所处的地位应该是等同的,应该属于相同的层级。

由于上述附加技术特征C和D涉及对凹槽和滑动部件的具体结构的进一步改进,实质上就是对权利要求1所述一次性盖的进一步改进,因此,附加技术特征C和D在本发明中所处的层级应该低于独立权利要求1的层级(上位层级),属于低一层的下位层级。于是,以附加技术特征C和D分别对权利要求1的技术方案作进一步限定,形成第一层从属权利要求2和3:

权利要求2 = A + B + C

权利要求3 = A + B + D

假如CN1 *******3A(下称"现有技术3")公开了一种用于液体容器的一次性盖,其具有一个罩部,该罩部具有从其顶面中央至周边延伸的凹槽,凹槽的底面上靠近周边处设有饮用口,并且在该凹槽中可滑动地设有一个滑动部件用以打开和关闭所述饮用口。可见,该现有技术3公开了本发明的上述权利要求1请求保护的技术方案,两者属于相同的技术领域,并且两个技术方案具有相同的技术效果,即:使用者可以在不取用杯中液体和取用杯中液体时防止液体从杯中溅出并且能够用一只手操纵其一次性盖,因此权利要求1不具备新颖性。

此时,专利申请人或者专利权人需要修改权利要求书,例如,可以将权利要求2或3的附加技术特征C和D分别添加到原权利要求1中去,形成两个并列的独立权利要求1′和2′,即:

权利要求1′ = A + B + C

权利要求2′ = A + B + D

"1′. 一种用于饮料杯的一次性盖，该一次性盖（100）包括罩部（110），该罩部（110）具有设在其顶面上且靠近其周边的饮用口（113），所述罩部（110）还具有从其顶面中央至周边延伸的凹槽（211），所述饮用口（113）位于该凹槽（211）的底面（212）上，所述凹槽（211）中可滑动地设置可以打开和关闭所述饮用口（113）的滑动部件（220），其特征在于：所述凹槽（211）包括两个纵向侧壁（213），每一纵向侧壁（213）包括一个从罩部的顶面向下并向外倾斜延伸的第一部分以及一个从该第一部分向下并向内倾斜延伸且与凹槽（211）的底面（212）连接的第二部分，第一部分与第二部分相接处形成一凹口部分（214）；所述滑动部件（220）包括一中央部分（221）和两个边部分（222），每个边部分（222）的外部边缘（223）具有一个向外延伸的脊部分（224），该脊部分（224）配合在凹口部分（214）内。"

"2′. 一种用于饮料杯的一次性盖，该一次性盖（100）包括罩部（110），该罩部（110）具有设在其顶面上且靠近其周边的饮用口（113），所述罩部（110）还具有从其顶面中央至周边延伸的凹槽（311），所述饮用口（113）位于该凹槽（311）的底面（312）上，所述凹槽（311）中可滑动地设置可以打开和关闭所述饮用口（113）的滑动部件（320），其特征在于：所述凹槽（311）包括两个纵向侧壁（313），每一纵向侧壁（313）包括一个从罩部的顶面向下并向外倾斜延伸的空悬部分（314）以及一个从该空悬部分向凹槽（311）的中心成弧形向下延伸的弧形部分，而且凹槽（311）的底面形成为弧形底面；所述滑动部件（320）包括一中央部分（321）和两个边部分（322），每个边部分（322）的外部边缘（323）具有一个向外延伸的脊部分（324），而且滑动部件（320）的中央部分（321）形成为弧形底面。"

新的独立权利要求1′和2′所记载的技术方案相对于现有技术3而言，其改进之处在于：凹槽具有凹口部分/空悬部分，相应地，滑动部件具有脊部分，将脊部分限制在凹口部分内滑动。此时，本发明实际要解决的技术问题就变成为：保证滑动部件在凹槽中顺利滑动，防止滑动部件被卡死在凹槽中。因而，本发明采用上述结构就可以达到这样的技术效果：滑动部件在凹槽中能够顺利地滑动，不会在凹槽中卡死。

由于权利要求2、3分别是对权利要求1的进一步限定，而且修改后的新的独立权利要求1′和2′相对于原权利要求1、即由现有技术3公开的技术方案而言，具有新的技术特征C和D（此时技术特征C和D已经成为区别技术特征），因此新的权利要求1′和2′相对于原权利要求1、即由现有技术3公开的技术方案均具备新颖性。

由于修改后的新的独立权利要求1′和2′相对于原权利要求1、即由现有技术3公开的技术方案而言，新增加的技术特征C和D是区别技术特征，并且能够使得相应的技术方案具有使滑动部件在凹槽中能够顺利地滑动、不会在凹槽中被卡死的技术效果，而且由于这些区别技术特征没有被包括原权利要求1、即由现有技术3公开的技术方案在内的在先技术所公开，所产生的技术效果也不是所属技术领域的技术人员显而易见地获知或者推知的，因此修改后的新的独立权利要求1′和2′相对于原权利要求1、即由现有技术3公开的技术方案是具有创造性的。可见，新的权利要求1′和2′就构成本发明寻求专利权保护的第一级有效退守防线。

2. 第二层从属权利要求

使用者在饮用盖有本发明的一次性盖的饮料杯中的饮料时，一般可能要分几次才能饮用完。为此，使用者需要用手指往复推动滑动部件多次，以便反复地打开和关闭饮用口。滑动部件在凹槽中往复滑动的过程中，滑动部件和凹槽都会发生一定程度的磨损，这样滑动部件在凹槽中就会发生偏移，容易导致滑动部件从凹槽中脱出，使用者不能完成饮用口的打开和关闭，或者滑动部件可能被卡死在凹槽中。

为了解决该技术问题，本发明对一次性盖又作了进一步限定：滑动部件的最大宽度 W_g 与凹槽口的宽度 W_m 之差 $W_g - W_m = (0.4 \sim 1.6) H$，其中 H 为凹口部分/空悬部分的深度。如此限定，所获得的技术效果在于既能防止滑动部件在凹槽中滑动时从凹槽中脱出，又能保证滑动部件在凹槽中顺利滑动而不被卡死。

接下来，分析附加技术特征 E 应当属于哪一个层级。

一方面，如上所述，附加技术特征 E 所要解决的技术问题是"防止滑动部件在凹槽中滑动时从凹槽中脱出，又能保证滑动部件在凹槽中顺利滑动而不被卡死"。显然，这一技术问题不同于附加技术特征 C 和 D 所要解决的技术问题，因而附加技术特征 E 所处的层级应当不同于附加技术特征 C 和 D 所处的层级。

另一方面，附加技术特征 E 涉及对滑动部件和凹槽的进一步改进，这种改进可以被认为是分别对附加技术特征 C 和 D 的进一步限定，于是，以附加技术特征 E 分别对第一层的从属权利要求 2 和 3 作进一步限定，形成第二层从属权利要求 4，即：

$$权利要求 4 = \begin{cases} A + B + C + E & （引用权利要求 2 时） \\ A + B + D + E & （引用权利要求 3 时） \end{cases}$$

就是说，所形成的权利要求 4 是引用权利要求 2 或 3 的第二层从属权利要求。

假如 CN1*******4A（下称"现有技术 4"）公开了上述新的独立权利要求 1′和 2′的区别技术特征 C 和 D，使得新的权利要求 1′和 2′在现有技术 3 与现有技术 4 的结合下均不具备创造性，则专利申请人或者专利权人需要再次修改权利要求书。此时，他可以将第二层从属权利要求的附加技术特征 E 分别添加到权利要求 1′和 2′中去，形成两个新的并列独立权利要求 1″和 2″，即：

权利要求 1″ = A + B + C + E

权利要求 2″ = A + B + D + E

在此情形下，修改后的新的独立权利要求 1″和 2″所记载的技术方案相对于最接近的现有技术 3 而言，其区别技术特征分别是 C + E 和 D + E，故均具备新颖性。此时，本发明实际要解决的技术问题就变成为：滑动部件在凹槽中滑动时，防止滑动部件发生偏移而被卡死并且防止滑动部件从凹槽中脱出。

尽管现有技术 4 公开了上述权利要求 1″和 2″中的技术特征 C 和 D，但是其他现有技术并未披露其余的技术特征 E：滑动部件的最大宽度 W_g 与凹槽口的宽度 W_m 之差 $W_g - W_m = (0.4 \sim 1.6) H$，其中 H 为凹口部分/空悬部分的深度。由于其他现有技术既没有披露新的权利要求 1″和 2″的上述技术特征 E，也不存在相应的技术启示使其能被所属技术领域的技术人员显而易见地获知或者推知，因此新的权利要求 1″和 2″相对于现有技术 3、现有技术 4 以及其他现有技术的结合而言具备创造性。

另一方面，新的权利要求 1″和 2″所记载的技术方案相对于上述权利要求 1′和 2′所记载的技术方案而言，由于新增加的技术特征 E 是区别技术特征，因此，新的权利要求1″和2″相对于上述权利要求1′和2′而言具备新颖性。同时，由于该区别技术特征E没有被包括上述权利要求1′和2′、即由现有技术3和4结合所获得的技术方案在内的在先技术所披露，而且，本发明采用上述技术方案可以达到既能保证滑动部件在凹槽中滑动时不会从凹槽中脱出，又能保证滑动部件在凹槽中顺利滑动而不被卡死的技术效果，所产生的技术效果也不是所属技术领域的技术人员显而易见地获知或者推知的，因此，修改后的新的独立权利要求1″和2″相对于上述权利要求1′和2′而言，也是具有创造性的。可见，新的权利要求1″和2″就构成为本发明寻求专利权保护的第二级有效退守防线了。

综上所述，本发明的附加技术特征层级分析表见表21-8-2。

表21-8-2　本发明的附加技术特征层级分析表

附加技术特征编号	所要解决的技术问题	从属权利要求的层级
C	保证滑动部件在凹槽中顺利滑动，防止滑动部件被卡死在凹槽中	第一层
D	保证滑动部件在凹槽中顺利滑动，防止滑动部件被卡死在凹槽中	第一层
E	既能防止滑动部件在凹槽中滑动时从凹槽中脱出，又能保证滑动部件在凹槽中顺利滑动而不被卡死	第二层

（五）从属权利要求逐层限定的一般撰写原则

分析发明的附加技术特征所要解决的技术问题，确定这些附加技术特征在对发明创造作出改进时所属的限定层级，其原则是：用于解决相同技术问题的附加技术特征属于相同层级，应被写入同一层从属权利要求中，用于解决不同技术问题的附加技术特征属于不同层级，下位层级对上位层级作进一步限定。

在本节的案例中，附加技术特征C和D所要解决的技术问题相同，属于同一层级；附加技术特征E所要解决的技术问题不同于附加技术特征C和D所要解决的技术问题，故属于不同层级。

通过逐层限定撰写出多层从属权利要求，使之包含本发明的全部技术改进点，从而对本发明的众多技术方案形成全面保护。

（六）推荐的从属权利要求

根据以上对本发明的附加技术特征的层级分析，撰写出如下从属权利要求：

2. 根据权利要求1所述的用于饮料杯的一次性盖，其特征在于：所述凹槽（211）包括两个纵向侧壁（213），每一纵向侧壁（213）包括一个从罩部的顶面向下并向外倾斜延伸的第一部分以及一个从该第一部分向内并向下倾斜延伸且与凹槽（211）的底面（212）连接的第二部分，第一部分与第二部分相接处形成一凹口部分（214）；所述滑动部件（220）包括一中央部分（221）和两个边部分（222），每个边部分（222）的外部边缘（223）具有一个向外延伸的脊部分（224），该脊部分（224）配合在凹口部分（214）内。

3. 根据权利要求1所述的用于饮料杯的一次性盖，其特征在于：所述凹槽（311）包括两个纵向侧壁（313），每一纵向侧壁（313）包括一个从罩部的顶面向下并向外倾斜延伸的空悬部分（314）以及一个从该空悬部分向凹槽（311）的中心成弧形向下延伸的弧形部分，而且凹槽（311）的底面（312）形成为弧形底面；所述滑动部件（320）包括一中央部分（321）和两个边部分（322），每个边部分（322）的外部边缘（323）具有一个向外延伸的脊部分（324），而且滑动部件（320）的中央部分（321）形成为弧形底面。

4. 根据权利要求2或3所述的用于饮料杯的一次性盖，其特征在于：所述滑动部件（220；320）的最大宽度（Wg）与相应所述凹槽（211；311）的凹槽口宽度（Wm）之差等于0.4H～1.6H，其中H为所述凹口部分（214）和所述空悬部分（314）的深度。

六、说明书及说明书摘要的撰写

（一）说明书的撰写

说明书应当按照《专利法实施细则》第17条和第18条的规定进行撰写。

1. 发明名称

发明名称应当清楚、简要、全面地反映要求保护的主题和类型，这里将本发明的发明名称写为"用于饮料杯的一次性盖"。

2. 技术领域

技术领域应当是要求保护的发明的技术方案所属或者直接应用的具体技术领域，而不应是上位的或者相邻的技术领域，也不应是发明本身。这里将技术领域写成"本发明涉及一种用于液体容器的盖，特别是一种用于饮料杯的一次性盖"。

3. 背景技术

在背景技术部分应当写明对发明的理解、检索、审查有用的背景技术，并尽可能引证反映这些背景技术的文件，一般至少要简明扼要地反映最接近的现有技术所公开的内容及所存在的问题和缺点。本发明涉及用于饮料杯的一次性盖，根据发明人提供的技术交底书，在背景技术部分写入发明人提供的现有技术1和2。

4. 发明内容

根据上文的分析可知，本发明所要解决的技术问题包括三个层次。首先，独立权利要求的技术方案所要解决的基本技术问题是：提供一种用于饮料杯的一次性盖，在使用者不饮用饮料时可以防止饮料从杯中溅出，而且使用者能够方便地用一只手操作。接着，同属于第一层的从属权利要求2和3，其要进一步解决的技术问题是：保证滑动部件在凹槽中顺利滑动，防止滑动部件被卡死在凹槽中。最后一层的权利要求4所要解决的技术问题是：既能防止滑动部件从凹槽中脱出，又能保证滑动部件在凹槽中顺利滑动而不被卡死。因此，在发明内容部分应当分层阐述本发明所要解决的技术问题，然后写明对应于独立权利要求的技术方案，还可以分层写明对应于从属权利要求的技术方案，最后分层阐述所获得的有益技术效果。

5. 附图说明

本发明有附图，应当撰写附图说明部分，主要对各幅附图的图名作简略说明。

在技术交底书中，发明人为了介绍的方便，把现有技术1和2所对应的附图放在最前面。但是，在专利申请文件的说明书附图中，一般把与现有技术相对应的附图放在说明书附图的最后。

6. 具体实施方式

由于本发明所要解决的技术问题具有层次和递进关系，因此在具体实施方式部分，应当以所要解决技术问题的层次关系为基础，分层次撰写出相应的多个具体实施方式，并对照附图对它们逐一作详细说明。

（二）说明书摘要的撰写

说明书摘要应当按照《专利法实施细则》第23条的规定撰写，写明发明名称和所属技术领域，并清楚地反映所要解决的技术问题、解决该问题的技术方案的要点以及主要用途和所获得的技术效果。并且，应当指定说明书附图中最能反映发明技术方案的主要技术特征的一幅作为摘要附图。

本申请的说明书摘要，重点对独立权利要求的技术方案的要点作了描述，在此基础上进一步说明其获得的有益效果。指定图1A作为摘要附图，该图反映了本发明的主要结构部件罩部和滑动部件及其配合关系。

七、案例总结

当一项发明的具体实施方案包含有多层技术内容，且各层技术内容分别解决不同的技术问题，发明人又不愿意以这些技术内容分别提出专利申请，此时，就可以采用本节介绍的逐层限定的撰写方式撰写从属权利要求。

在撰写出保护范围合适的独立权利要求之后，将上述多层技术内容所进一步采用的技术手段作为附加技术特征，分析这些附加技术特征所要解决的技术问题，把这些附加技术特征按照所解决技术问题的不同分成不同的限定层级，将用于解决同一技术问题的各个附加技术特征作为相同层级写入同一层从属权利要求中，将对上位层级作进一步限定的附加技术特征作为该上位层级的下位层级写入下一层从属权利要求中。通过逐层限定，撰写出层次分明、逻辑严密的多层从属权利要求，以期对发明形成全面有力的保护。

八、推荐的申请文件

根据以上介绍的本发明的实施例和现有技术的情况，撰写出保护范围较为合理的独立权利要求与相应的从属权利要求，同时撰写出说明书及说明书摘要，以此为基础推荐包含说明书摘要、摘要附图、权利要求书、说明书及说明书附图的申请文件。

说 明 书 摘 要

一种用于饮料杯的一次性盖（100），包括罩部（110），该罩部（110）具有从其顶面中央至周边延伸的凹槽（111），在该凹槽（111）的底面（112）上且靠近罩部周边处设有饮用口（113），在凹槽（111）中可滑动地设置一个可以打开和关闭饮用口（113）的滑动部件（120）。该用于饮料杯的一次性盖，当使用者不饮用饮料时能够防止饮料从杯中溅出，而且使用者能够方便地用一只手操作。

摘 要 附 图

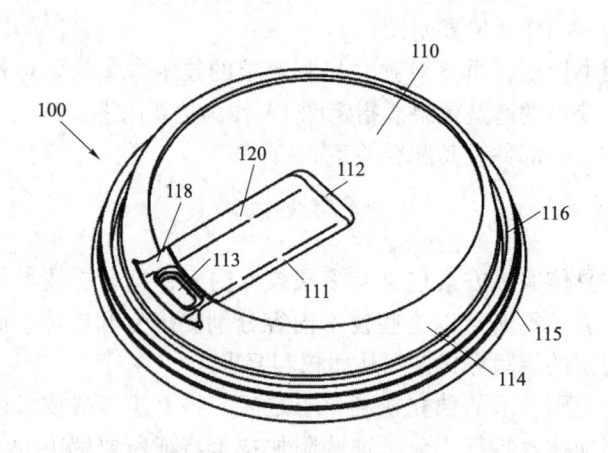

权 利 要 求 书

1. 一种用于饮料杯的一次性盖，该一次性盖（100）包括罩部（110），该罩部（110）具有设在其顶面上且靠近其周边的饮用口（113），其特征在于：所述罩部（110）还具有从其顶面中央至周边延伸的凹槽（111），所述饮用口（113）位于该凹槽（111）的底面（112）上，所述凹槽（111）中可滑动地设置可以打开和关闭所述饮用口（113）的滑动部件（120）。

2. 根据权利要求 1 所述的用于饮料杯的一次性盖，其特征在于：所述凹槽（211）包括两个纵向侧壁（213），每一纵向侧壁（213）包括一个从罩部的顶面向下并向外倾斜延伸的第一部分以及一个从该第一部分向内并向下倾斜延伸且与凹槽（211）的底面（212）连接的第二部分，第一部分与第二部分相接处形成一凹口部分（214）；所述滑动部件（220）包括一中央部分（221）和两个边部分（222），每个边部分（222）的外部边缘（223）具有一个向外延伸的脊部分（224），该脊部分（224）配合在凹口部分（214）内。

3. 根据权利要求1所述的用于饮料杯的一次性盖，其特征在于：所述凹槽（311）包括两个纵向侧壁（313），每一纵向侧壁（313）包括一个从罩部的顶面向下并向外倾斜延伸的空悬部分（314）以及一个从该空悬部分向凹槽（311）的中心成弧形向下延伸的弧形部分，而且凹槽（311）的底面（312）形成为弧形底面；所述滑动部件（320）包括一中央部分（321）和两个边部分（322），每个边部分（322）的外部边缘（323）具有一个向外延伸的脊部分（324），而且滑动部件（320）的中央部分（321）形成为弧形底面。

4. 根据权利要求2或3所述的用于饮料杯的一次性盖，其特征在于：所述滑动部件（220；320）的最大宽度（Wg）与相应所述凹槽（211；311）的凹槽口宽度（Wm）之差等于0.4H～1.6H，其中H为所述凹口部分（214）和所述空悬部分（314）的深度。

说　明　书

用于饮料杯的一次性盖

技术领域

[0001] 本发明涉及一种用于液体容器的盖，特别是一种用于饮料杯的一次性盖，其具有可滑动地打开和关闭该盖上的饮用口的滑动部件。

背景技术

[0002] 一次性盖通常固定在一次性饮料杯上以防止饮料从杯中溅出，它们通常都具有预制的开口，使用者可以在不从杯子上取下盖的情况下饮用饮料。然而，这些盖都存在一些问题。

[0003] 图4所示为CN1*******1A所公开的一种用于饮料杯的一次性盖600，其具有罩部601，在罩部的顶面且靠近周边处设有饮用口602。该一次性盖用于固定在一次性饮料杯603上，使用者可以在不从杯子上取下盖的情况下通过饮用口602饮用杯中饮料。但是，如果使用者被他人碰撞或者杯子被打翻，则饮料就会从饮用口602处流出。

[0004] 图5所示为CN1*******2A所公开的另一种用于饮料杯的一次性盖700，其具有罩部701，在罩部的中央设有一个开口702，一根吸管703穿过该开口702。该一次性盖用于固定在一次性饮料杯704上，使用者可以在不从杯子上取下盖的情况下通过吸管703饮用杯中饮料，而且即使使用者被他人碰撞，饮料也不容易从杯中溅出。但是，当使用者用一只手握住杯子时，难以用同一只手插入吸管。

[0005] 因此，需要设计一种用于杯子的一次性盖，该盖具有饮用口，使用者可以

通过该饮用口在不取下盖的情况下就能够容易地饮用饮料；在使用者不饮用杯中饮料时或在饮用杯中饮料时，该盖应该能够防止饮料从杯中溅出；而且，使用者应该能够用一只手操作该盖。此外，该盖的制造成本应该比较便宜，并且易于组装和存放。

发明内容

[0006] 针对上述现有技术存在的缺陷，本发明要解决的技术问题是：提供一种用于饮料杯的一次性盖，使用者在不饮用饮料时能够防止饮料从杯中溅出，而且使用者能够方便地用一只手操作该盖。

[0007] 本发明进一步要解决的技术问题是：保证滑动部件在凹槽中顺利滑动，防止滑动部件被卡死在凹槽中。

[0008] 本发明更进一步要解决的技术问题是：防止滑动部件在凹槽中滑动时从凹槽中脱出，并且能够保证滑动部件在凹槽中顺利滑动而不被卡死。

[0009] 本发明的用于饮料杯的一次性盖，其包括罩部，该罩部具有设在其顶面上且靠近其周边的饮用口，该罩部还具有从其顶面中央至周边延伸的凹槽，所述饮用口位于该凹槽的底面上，而且所述凹槽中可滑动地设置有一个可以打开和关闭所述饮用口的滑动部件。

[0010] 进一步地，本发明的用于饮料杯的一次性盖，所述凹槽包括两个纵向侧壁，每一纵向侧壁包括一个从罩部的顶面向下并向外倾斜延伸的第一部分以及一个从该第一部分向下并向内倾斜延伸且与凹槽的底面连接的第二部分，第一部分与第二部分相接处形成一凹口部分；所述滑动部件包括一中央部分和两个边部分，每个边部分的外部边缘具有一个向外延伸的脊部分，该脊部分配合在所述凹口部分内。

[0011] 进一步地，本发明的用于饮料杯的一次性盖，所述凹槽包括两个纵向侧壁，每一纵向侧壁包括一个从罩部的顶面向下并向外倾斜延伸的空悬部分以及一个从该空悬部分向凹槽的中心成弧形向下延伸的弧形部分，而且凹槽的底面形成为弧形底面；所述滑动部件包括一中央部分和两个边部分，每个边部分的外部边缘具有一个向外延伸的脊部分，而且滑动部件的中央部分形成为弧形底面。

[0012] 进一步地，本发明的用于饮料杯的一次性盖，所述滑动部件的最大宽度 W_g 与凹槽口的宽度 W_m 之差 $W_g - W_m = 0.4H \sim 1.6H$，其中 H 为所述凹口部分和所述空悬部分的深度。

[0013] 可见，使用者在使用盖有本发明的一次性盖的饮料杯时，可以在不取下盖的情况下，通过盖上的饮用口就能容易地饮用饮料，而且使用者可以用一只手握住饮料杯，并能用同一只手（比如用大拇指推动滑动部件）很容易地盖住和打开饮用口，就是说能够用一只手操作该盖。由于饮用口设在凹槽底面的端部，使用者可以将其嘴直接放在饮用口上，由此减少了在饮用过程中饮料溅出的危险。当使用者不再饮用杯中饮料时，其可以推动滑动部件盖住饮用口从而防止饮料从杯中溅出。另外，本发明的这种盖制造成本便宜、易于组装和存放。

附图说明

[0014] 图1A和图1B是本发明的用于饮料杯的一次性盖的透视图，分别示出饮用口被打开和被关闭时的状态；

[0015] 图2A和图2B是本发明中凹槽和滑动部件的第一种改进结构的横截面图；

[0016] 图3A和图3B是本发明中凹槽和滑动部件的第二种改进结构的横截面图；

[0017] 图4是一种现有一次性盖的透视图；

[0018] 图5是另一种现有一次性盖的透视图。

具体实施方式

[0019] 下面结合附图，对本发明的具体实施方式作进一步详细的描述。

[0020] 图1A和图1B是本发明的用于饮料杯的一次性盖的透视图，分别示出在饮用口被打开时和被关闭时的状态。

[0021] 如图1A和图1B所示，本发明的用于饮料杯的一次性盖100包括一个罩部110和一个滑动部件120，罩部110具有从其顶面中央向其周边114延伸的凹槽111，该凹槽111具有底面112和位于罩部周边114的开口端118。凹槽111在开口端118的底面112上靠近周边处设有饮用口113，该饮用口113允许使用者在不取下盖的情况下就能容易地饮用饮料。滑动部件120可滑动配合地设置在凹槽111中，其可以在第一位置与第二位置之间滑动，以便打开和关闭饮用口113。如图1A所示，当饮用口113处于被打开的第一位置时，滑动部件120不覆盖饮用口113，使用者可以通过饮用口113饮用饮料。如图1B所示，当饮用口113处于被关闭的第二位置时，滑动部件120关闭着饮用口113，使用者不能饮用饮料，饮料不会从杯中溅出。

[0022] 如图1A和图1B所示，罩部110的周边114通常为圆形，罩部110还包括从周边114向下延伸至环形安装部115的环形侧壁116，该安装部115用于将罩部110固定在饮料杯上。

[0023] 上面描述了本发明的用于饮料杯的一次性盖的最基本结构，但是并不构成对本发明的限制，例如，只要是能够在罩部的凹槽中可靠滑动的任何结构的滑动部件，都是可行的。

[0024] 为了保证滑动部件在凹槽中顺利滑动，防止滑动部件被卡死在凹槽中，本发明对罩部的凹槽以及滑动部件的具体结构还进行了如下两种改进。

[0025] 图2A和图2B是本发明的凹槽和滑动部件的横截面图，示出了凹槽和滑动部件的第一种改进结构。

[0026] 图2A是凹槽的第一种改进结构。如图所示，该凹槽211包括一个底面212和两个纵向侧壁213，每一个纵向侧壁213包括一个从罩部的顶面向下并向外倾斜延伸的第一部分，以及一个从该第一部分向内并向下倾斜延伸且与凹槽211的底面212连接的第二部分，这时在第一部分与第二部分相接处形成了一个凹口部分214，最中各个纵向侧壁213向着凹槽211的底面212倾斜向下延伸直至与底面212相接。图中，凹槽口的宽度为Wm。

[0027] 图2B是与凹槽的上述第一种改进结构相适应的滑动部件的第一种改进结构。如图所示，该滑动部件220包括一个中央部分221和两个边部分222，每一边部分222从中央部分221向斜上方与中央部分221成钝角地延伸，而且从每个边部分222的外部边缘223向外延伸形成一个脊部分224。图中，滑动部件的最大宽度为Wg。这样，当滑动部件220在凹槽211内滑动时，滑动部件220的脊部分224就被限制在凹槽211

的凹口部分214内,沿着凹口部分214所形成的"轨道"纵向滑动,此时,凹槽211的凹口部分214对滑动部件220在凹槽211内的顺利滑动起到了导向作用,从而可以确保滑动部件220在凹槽211内滑动时不会被卡死。

[0028] 图3A和图3B是本发明的凹槽和滑动部件的横截面图,示出了凹槽和滑动部件的第二种改进结构。

[0029] 图3A是凹槽的第二种改进结构。如图所示,凹槽311具有底面312和两个纵向侧壁313,每一个纵向侧壁313从罩部的顶面向下并向外倾斜延伸,此时在每个纵向侧壁313的上部形成一个空悬部分314,然后各纵向侧壁313向着凹槽311的中心成弧形地向下延伸,使凹槽311的整个底面312形成为弧形底面。图中,凹槽口的宽度设为Wm。

[0030] 图3B是与凹槽的上述第二种改进结构相适应的滑动部件的第二种改进结构。如图所示,该滑动部件320包括一个中央部分321和两个边部分322,每一边部分322从中央部分321向斜上方弧形地延伸,以使中央部分321形成弧形底面,而且从每个边部分322的外部边缘323向外延伸形成一个脊部分324,图中,由两个脊部分324的外边缘限定了滑动部件的最大宽度,该最大宽度设为Wg。这样,当滑动部件320在凹槽311内滑动时,滑动部件320的脊部分324就被限制在凹槽311的空悬部分314内,沿着空悬部分314所形成的"轨道"纵向滑动,并且滑动部件320的弧形底面与凹槽311的弧形底面良好配合,这些都有利于滑动部件320在凹槽311内顺利地滑动,就是说,凹槽311的空悬部分314及弧形底面对滑动部件320在凹槽311内的顺利滑动起到了导向作用,从而可以确保滑动部件320不会被卡死在凹槽311中。

[0031] 滑动部件沿着凹槽滑动时,使用者的手指施加在滑动部件上的力不总是在凹槽的长轴方向上。当手指所施加的力偏离凹槽的长轴方向时,滑动部件在滑动过程中就会发生偏移,这样容易导致滑动部件从凹槽中脱出,因而不能正常开启和关闭饮用口。

[0032] 此外,使用者在饮用盖有本发明的一次性盖的饮料杯中的饮料时,一般可能要分几次才能饮用完。为此,使用者需要用手指往复推动滑动部件多次,以便反复地打开和关闭饮用口。滑动部件在凹槽中往复滑动的过程中,滑动部件和凹槽都会发生一定程度的磨损,这样滑动部件在凹槽中也会发生偏移,导致滑动部件从凹槽中脱出,因而使用者不能完成饮用口的打开和关闭。

[0033] 为了防止滑动部件在凹槽中滑动时从凹槽中脱出以及滑动部件被卡死在凹槽中,本发明对罩部和滑动部件的结构作了如下的进一步限定。

[0034] 在图2A和图3A所示两种改进结构的凹槽中,凹槽口的宽度设为Wm。在图2B和图3B所示两种改进结构的滑动部件中,滑动部件的最大宽度设为Wg。在滑动部件与凹槽的相对应改进结构中,如果该滑动部件的最大宽度Wg小于或刚好等于所对应的凹槽口211(311)的宽度Wm,则当滑动部件在凹槽中滑动时,滑动部件就容易从凹槽中脱出。为此,本发明人经过多次试验作出进一步限定,滑动部件220/320的最大宽度Wg与相应凹槽211/311的凹槽口宽度Wm之差Wg − Wm = (0.4~1.6) H,其中H为所述凹口部分214和所述空悬部分314的深度。这样,就能够防止滑动部件

在滑动时从凹槽中脱出。

[0035] 关于（Wg‑Wm）与 H 的比例关系，本发明人进行过多次试验，下表是相关的试验数据。

序号	Wg‑Wm（mm）	H（mm）	（Wg‑Wm）/H	滑动效果
1	0.1	0.5	0.2	容易脱出
2	0.24	0.8	0.3	容易脱出
3	0.32	0.8	0.4	一般
4	0.5	1.0	0.6	一般
5	1.2	1.5	0.8	好
6	1.5	1.5	1.0	好
7	2.0	2.0	1.0	好
8	2.4	2.0	1.2	好
9	2.6	2.0	1.3	较好
10	3.75	2.5	1.5	较好
11	4.5	3.0	1.5	较好
12	4.0	2.5	1.6	较好
13	4.5	2.5	1.8	偶尔卡死
14	4.75	2.5	1.9	极易卡死
15	5.0	2.5	2.0	卡死
16	6.0	3	2.0	卡死

[0036] 根据上表所示试验数据，可知：当 Wg‑Wm＜0.4H 时，即滑动部件 220/320 的两个脊部分 224/324 较短时，滑动部件 220/320 的两个脊部分 224/324 就很容易从凹口部分 214（空悬部分 314）内脱出；但是，当 Wg‑Wm＞1.6H 时，即滑动部件 220/320 的两个脊部分 224/324 很长时，滑动部件 220/320 的两个脊部分 224/324 就很容易被卡死在凹口部分 214（空悬部分 314）中，进而不能实现滑动部件 220/320 在凹槽 211/311 中的顺利滑动。因此，本发明选择的范围是 Wg‑Wm=（0.4~1.6）H。

[0037] 根据上表所示试验数据可知，本发明的优选方案是：滑动部件 220/320 的最大宽度 Wg 与相应凹槽 211/311 的凹槽口宽度 Wm 之差 Wg‑Wm=（0.8~1.2）H。在此范围内，滑动部件 220/320 在凹槽 211/311 中滑动最顺利且不会从凹槽中脱出，效果最好。

说 明 书 附 图

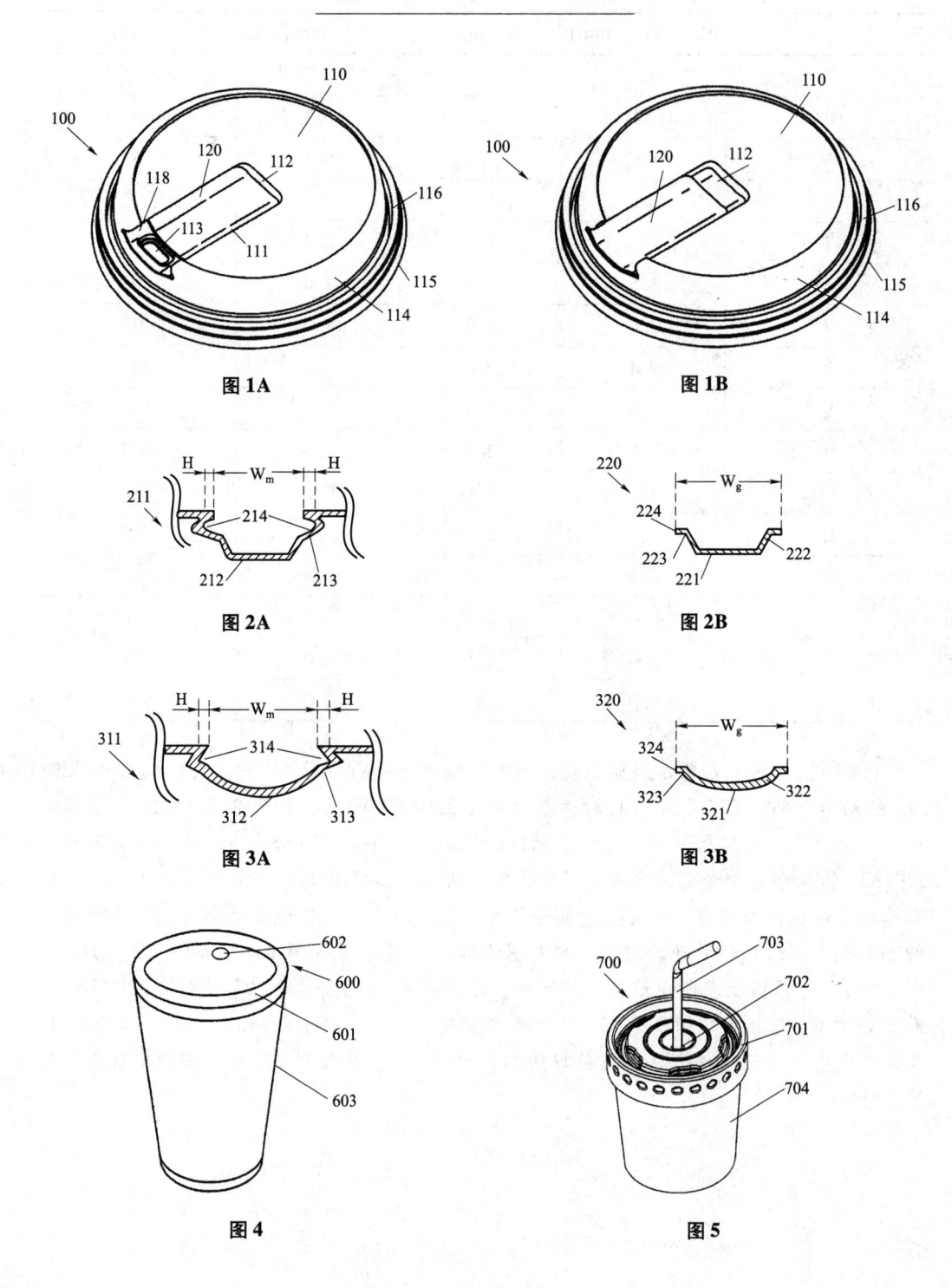

图 1A

图 1B

图 2A

图 2B

图 3A

图 3B

图 4

图 5

第二章 特殊类型专利申请的撰写案例剖析

第一节 多个配合使用的产品的撰写

一、概要

《专利法》第 31 条规定,一件发明或实用新型专利申请应当限于一项发明或者实用新型。属于一个总的发明构思的两项以上的发明或者实用新型,可以作为一件申请提出。

在机械领域,设备均是由许多部件构成的,构成设备的各个部件具有相对独立性,每个部件均可以形成为单独获得专利保护的产品,各个部件之间通过静态或者动态的连接方式,相互作用以完成特定的功能。因此,在撰写机械领域的申请文件时,经常出现多个彼此配合使用的产品的情况,其中一件产品的改进往往伴随对另一件产品作出相应的改进。在对多个彼此配合使用的产品的撰写申请文件过程中,往往会遇到特定的困难,经常会出现的一种情况是,将配合使用的产品分别撰写为两件或多件保护主题不同的发明专利申请,这样发明人需要支付多件申请的申请费和审查费,造成申请专利的成本增加;再一种情况是,认为所有配合使用的产品之间都属于一个总的发明构思具有单一性,从而将实际上不具有单一性的配合使用的产品撰写为一件申请下的多项发明,这样在一定程度上拖延了该专利申请的审批时间。

显然,上述情况对发明人都是不利的。因此,本节提供一个具体案例,具体说明在撰写申请文件时,如何判断这些配合产品是否能够合案申请,以及如何具体地将这些配合的产品撰写为一件申请中的多项发明,希望能通过本案例提供撰写上的帮助和指导。

二、技术交底书

现有技术涉及一种手持式工具机,尤其涉及一种对木材或金属制成的工件进行钻孔的手持式锤钻。

(一) 现有技术

CN1 ****** 1A(下称"现有技术 1")公开了一种手持式工具机,其中图 22-1-01 示出了现有技术 1 的一种手持式工具机 601,图 22-1-02 示出了手持式工具机 601 的插接式刀具 602,图 22-1-03 示出了沿着图 1 的箭头所示方向的手持式工具机 601 的剖视图。在图 22-1-01 和图 22-1-02 所示中,定义图示的左侧为手持式工具机或插接式刀具的前端,图示的右侧为手持式工具机或插接式刀具的后端。

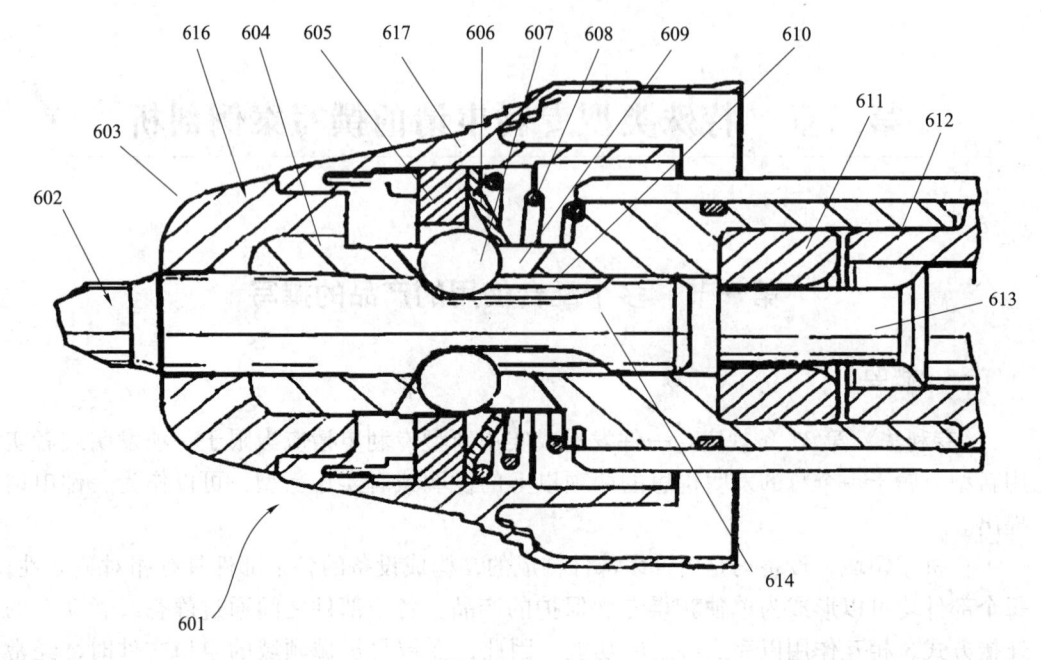

图 22 - 1 - 01

如图 22 - 1 - 01 所示，其中具体结构如下：在现有的手持式工具机 601 中，主要包括插接式刀具 602、刀具夹具 603、冲头 613、冲头导向件 611 和 612、锁止装置和电驱动元件等。刀具夹具 603 包括一个在两个端部上敞开的刀具接收装置、用于将刀具锁定在刀具夹具 603 的锁止装置和在其前端部的防尘罩 616 中。其中上述刀具接受装置为锤管 604。该锁止装置主要由封闭环 605、锁止球 607、保持片 606、锁止弹簧 608 以及构成刀具夹具 603 壳体的操作套筒 617 构成。其中封闭环 605 固定连接在操作套筒 617 上，封闭环 605、保持片 606 和锁止弹簧 608 围绕锤管 604 的径向外围从前往后依次排布在操作套筒 617 和锤管 604 之间。

如图 22 - 1 - 02 所示，插接式刀具 602 的刀具柄 614 是圆柱形的，在其圆柱形圆周面上具有分别沿着刀具柄的轴向设置的两个轴向槽 610 和两个锁止槽 615，轴向槽 610 和锁止槽 615 成一定角度间隔布置，优选，如图所示，轴向槽 610 和锁止槽 615 在直径

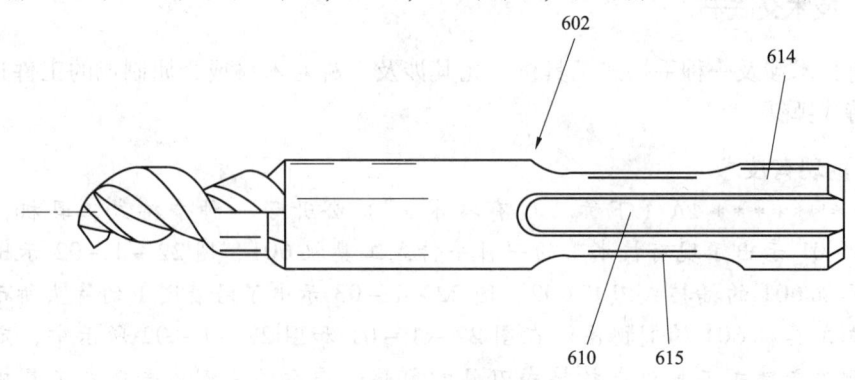

图 22 - 1 - 02

的相反端对置。两个锁止槽615的前后端封闭,而该轴向槽610的前端封闭,而其后端向着柄的后端敞开,以便于传动。

如图22-1-03所示,锤管604为圆柱体并且在其直径相对端设有两个缺口609,缺口609具有锥形的横剖面。而且,锤管604具有两个超出其内表面618且向内突出的、在直径的与两个缺口对置位置上设置的两个携动肋619。其中缺口609和携动肋619间隔设置。当刀具柄614从刀具的前方插入该锤管604时,这两个携动肋619与刀具柄614中的两个轴向槽610配合。该锤管604由手持式工具机601的电驱动元件驱动。当手持式工具机601进行钻孔工作时,锤管604绕其轴线旋转,从而实现将携动肋619的旋转运动传递到插接式刀具602上。

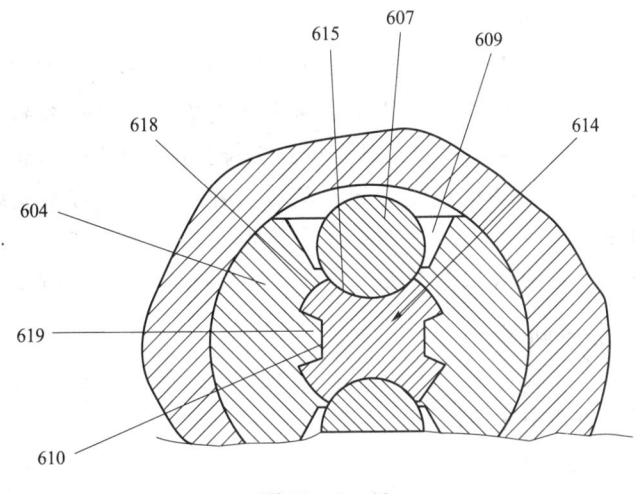

图22-1-03

上述手持工具机的工作过程如下:

将插接式刀具602与刀具夹具603配合。当插接式刀具602沿轴向插入刀具夹具603时,刀具夹具603的锁止装置与这些锁止槽615配合。具体而言,在将插接式刀具602插入刀具夹具603的锤管604时,在刀具柄614的推动下,锁止球607推动保持片606,使得保持片606抵抗锁止弹簧608的弹簧力发生轴向移动,从而锁止球607向锤管604的径向外侧移动,直到锤管604的缺口609与插接式刀具602的锁止槽615相重叠,从而锁止球607落入缺口609和锁止槽615之中,这时由于保持片606在锁止弹簧608的弹簧力下发生移动,抵靠在封闭环605上,使得锁止球607位于封闭环605的径向内侧。因此,锁止球607在缺口609中由封闭环605径向固定地保持。这样,由于锁止球607在轴向上受锁止槽615轴向有限运行的限制以及在径向上由封闭环605保持,因此插接式刀具602被轴向有限运动地锁止在刀具夹具603中。

在所述手持式工具机601工作完成之后,将插接式刀具602从刀具夹具603中取出的过程如下:当插接式刀具602从刀具夹具603中取出时,对操作套筒617进行操作,使得固定在操作套筒617上的封闭环605抵抗锁止弹簧608的作用力,轴向向后运动,从而使得锁止球607可向锤管604的径向外侧运动,从而不会轴向锁定插接式刀具

602，进而从刀具夹具603中释放插接式刀具602。

（二）现有技术中存在的问题

发明人认为，现有技术1中存在的问题是由径向间隙和轴向移动产生的。

1. 径向间隙产生的问题

插接式刀具602的刀具柄614轴向地插入刀具夹具603的锤管604中，为此，在刀具柄614与锤管604之间必须设有一个径向间隙。由于锤管604随着插接式刀具602使用时间的增长而内部径向宽度变宽，因此增大了刀具柄614与锤管604之间的径向间隙。当采用插接式刀具602进行钻孔时，这种插接式刀具602与刀具夹具603的锤管604之间所发生的不断增大的径向间隙将使得钻孔不能实现精确持久的定心。

2. 轴向移动产生的问题

从上述内容可知，插接式刀具602在锤管604中具有轴向有限的移动量，在向下钻孔时，首先克服一定的轴向位移，该轴向运动会导致难以实现精确的钻孔。因为插接式刀具602由于其自重向下滑动，直到锁止球607倚靠在锁止槽615的后端上，所以当电驱动元件的轴向力传递到插接式刀具602之前，首先必须先移动该轴向的距离。并且在插接式刀具602的后端实施的冲击有可能会顶在钻孔的底部，从而导致插接式刀具的前端部的损坏以及影响钻孔的直径大小，对钻孔的精度造成影响。

（三）要解决的技术问题

由于发明人认为上述现有技术1中存在如上所述的两个方面的问题，因此认为需要解决的技术问题也为两个方面。

1. 径向间隙产生的问题

本发明要解决的技术问题就是上述现有技术1中存在的问题，即，随着手持式工具工作时间的增长，插接式刀具柄与锤管之间的径向间隙增大，插接式刀具在刀具夹具中不能实现持久的自动定心，从而使得手持式工具机在对工件进行钻孔时不能实现精确的定位。

2. 轴向移动产生的问题

进一步要解决的技术问题在于，由于插接式刀具与刀具接收装置之间的轴向相对运动，在插接式刀具的刀头后端实施的冲击会顶在钻出孔的底部，因此，导致插接式刀具的前端部的损坏并影响孔的直径大小，从而对孔的精度造成影响，进一步使得在手持式工具机在工作工程中不能实现精确的钻孔。

（四）技术交底书中提供的具体实施方式以及发明欲保护的技术方案

为了解决上述问题，发明人在技术交底书中结合附图对其提供的具体实施方式进行了描述，并草拟了欲保护的技术方案，发明人认为欲保护的技术方案是在现有技术1基础上的一个改进型的发明。

1. 相关具体实施方式

具体实施方式一：

图22-1-04示出了电驱动的手持式工具机101的第一实施方式；在图中，定义图示的左侧为手持式工具机或插接式刀具的前端，图示的右侧为手持式工具机或插接式

刀具的后端。

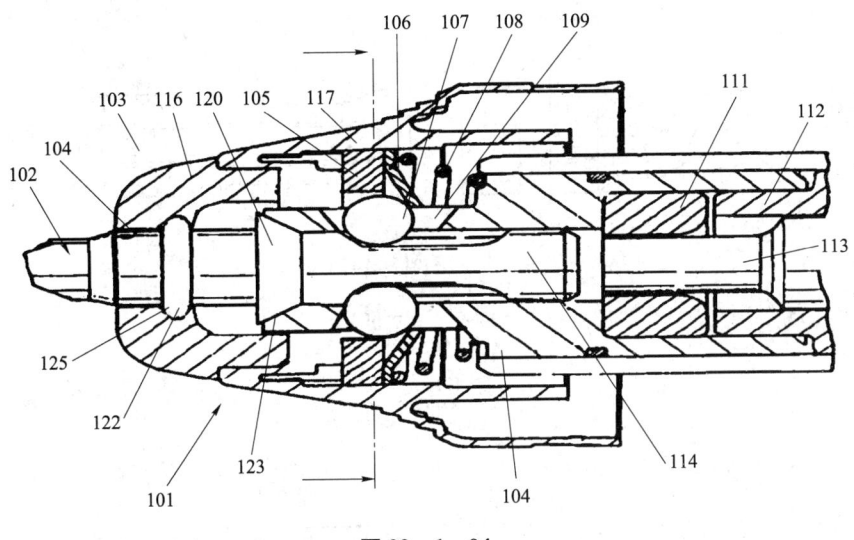

图 22-1-04

如图 22-1-04 所示，本具体实施方式与现有技术 1 中相类似，在现有的手持式工具机 101 中，包括插接式刀具 102、刀具夹具 103、冲头 113、冲头导向件 111 和 112、锁止装置和电驱动元件等。刀具夹具 103 包括一个在两个端部上敞开的刀具接收装置、用于将刀具锁定在刀具夹具 103 中的锁止装置和在其前端部的防尘罩 116，防尘罩 116 由诸如橡胶的弹性材料制成，并且具有一个圆柱形轴向通孔 124，该通孔 124 用于使插接式刀具 102 的刀具柄 114 通过。该锁止装置由封闭环 105、锁止球 107、保持片 106、锁止弹簧 108 以及构成刀具夹具 103 壳体的操作套筒 117 构成。其中封闭环 105 固定连接在操作套筒 117 上，封闭环 105、保持片 106 和锁止弹簧 108 围绕锤管 104 的径向外围从前向后依次排布在操作套筒 117 和锤管 104 之间。

其中上述刀具接收装置为锤管 104，在锤管 104 的前端部上、向后逐渐缩小地形成一个锥形槽 123；在防尘罩 116 中设置一个槽 125，优选该槽 125 为环形槽。

图 22-1-05 和图 22-1-06 是插接式刀具 102 的两个俯视图；图 22-1-07 是沿着图 22-1-06 的插接式刀具 102 的剖视图；图 22-1-08 是该插接式刀具 102 的透视图。

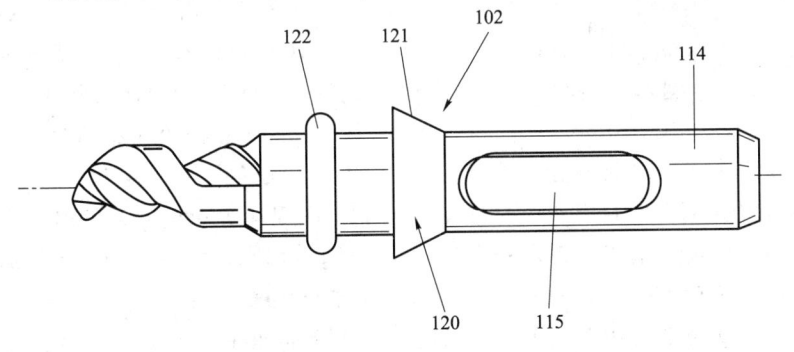

图 22-1-05

图 22-1-06

图 22-1-07

图 22-1-08

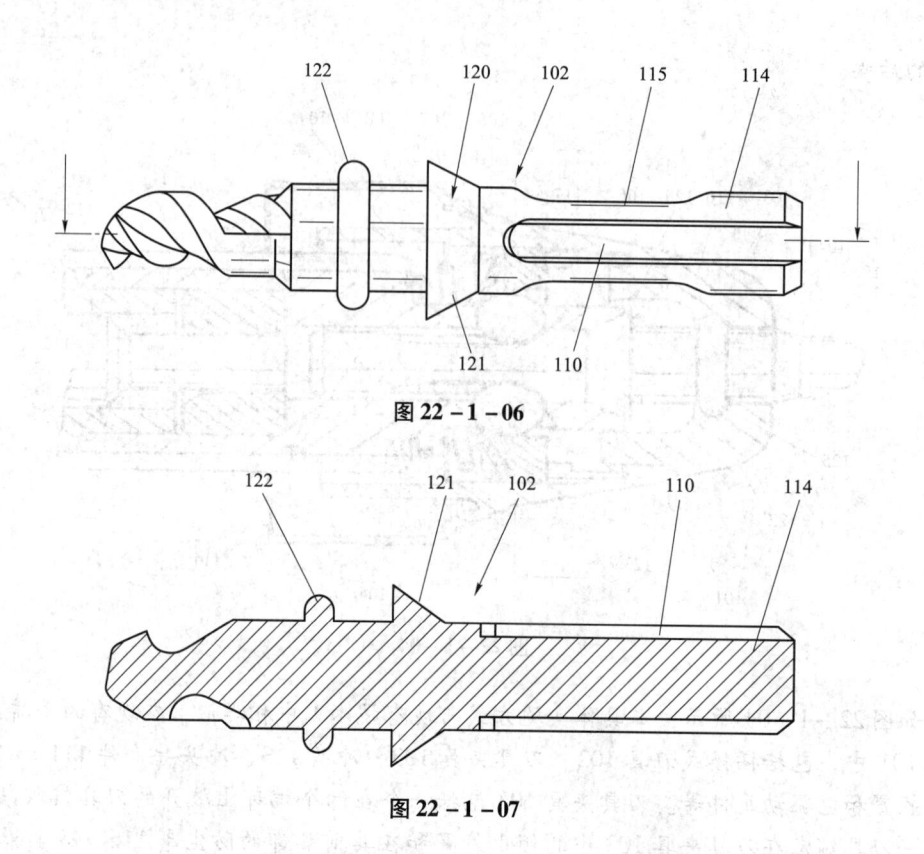

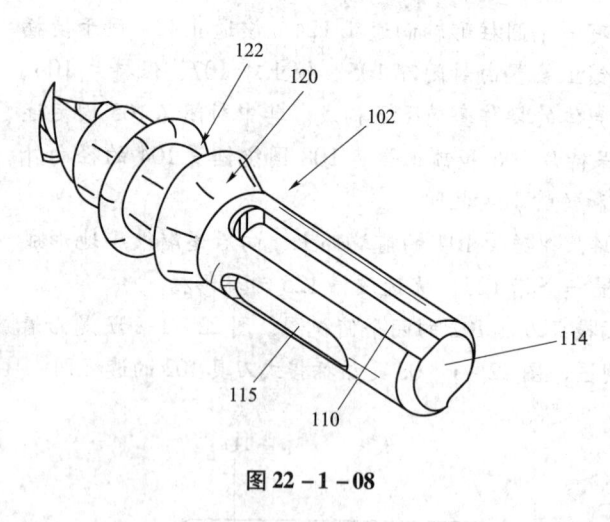

如图 22-1-05 至图 22-1-08 所示，与现有技术1相同的是，插接式刀具102的刀具柄114是圆柱形的，在其圆柱形圆周面上具有分别沿着刀具柄114的轴向设置的两个轴向槽110和两个锁止槽115，其中两个轴向槽110在直径的相反端对置并且两个锁止槽115也在直径的相反端对置，轴向槽110和锁止槽115成一定角度间隔布置，并且该轴向槽110向着柄的后端敞开。优选地，轴向槽110和锁止槽115在直径的相反端对置。

与现有技术1不同之处在于，在两个轴向槽110及两个锁止槽115的前端部的前面，该插接式刀具102还具有一个超过刀具柄114圆周面伸出的环圈120，该环圈120向着柄114的后端逐渐缩小，形成一个锥形体121。该插接式刀具102上在锥形体121的前面轴向隔开地设有一个伸出超过其圆周面的环形凸缘122。

图 22-1-09 为沿着图 22-1-04 的箭头所示方向的手持式工具机101的上部分的剖视图。如图 22-1-09 所示，锤管104为圆柱体并且在其直径相对端设有两个缺口

109，缺口 109 具有锥形的横剖面。而且，锤管 104 具有两个超出其内表面 118 且向内突出的、直径的相反端上对置的携动肋 119。缺口 109 和携动肋 119 间隔布置。当刀具柄 114 从前方插入该锤管 104 时，这两个携动肋 119 与插接式刀具 102 的刀具柄 114 中的两个轴向槽 110 配合。该锤管 104 由手持式工具机 101 的电驱动元件驱动。当手持式工具机 101 进行钻孔工作时，锤管 104 绕其轴线旋转，从而实现将携动肋 119 的旋转运动传递到插接式刀具 102 上。

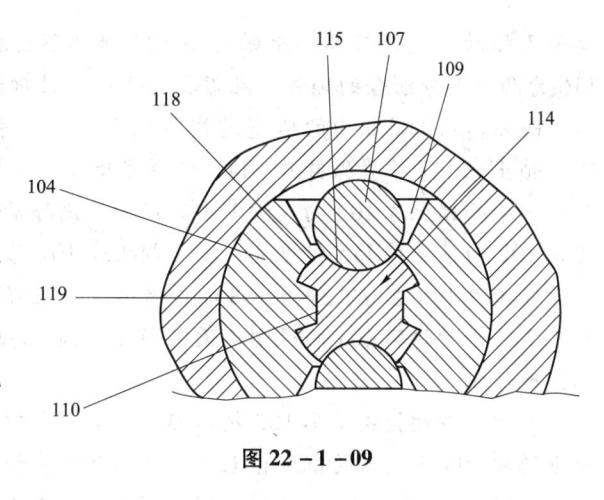

图 22-1-09

具体实施方式二：

进一步，在插接式刀具上也可以不设置凸缘，因而提供了具体实施方式二。图 22-1-10 是电驱动的手持式工具机的第二实施方式。该具体实施方式中的手持式工具机 201 与具体实施方式一中图 22-1-04 所示的手持式工具机的结构和安装、锁定、配合以及取出方式基本类似，在此不再重复说明，仅对区别点进行描述。区别在于，在刀具夹具 203 的防尘罩 216 上不设置槽，插接式刀具 202 上也不设置凸缘，在刀具夹具 203 的锤管上的锥形槽以及插接式刀具 202 上环圈 220 的锥形体与实施方式一分别相同。该实施方式仅克服了现有技术 1 中插接式刀具与刀具夹具的锤管之间所发生的不断增大的径向间隙使得钻孔不能实现精确持久定心的问题。

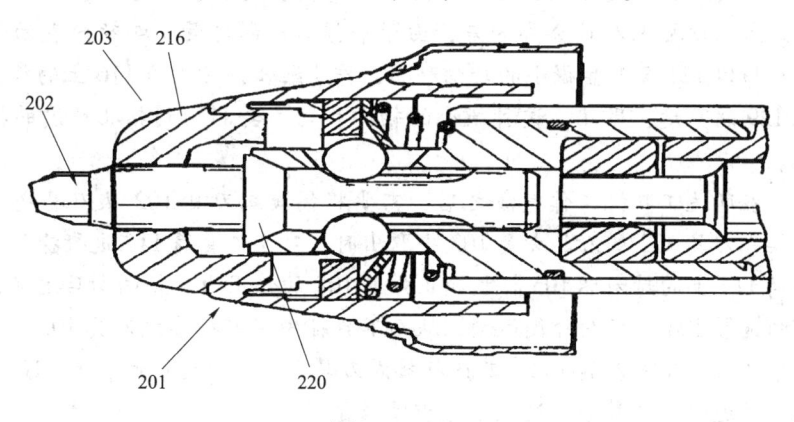

图 2-11-10

工具机中刀具的安装过程如下：

首先，将插接式刀具 102 安装到刀具夹具 103 中。当插接式刀具 102 插入刀具夹具 103 时，刀具夹具 103 的锁止装置与这些锁止槽 115 配合。具体而言，在将插接式刀具 102 插入刀具夹具 103 的锤管 104 时，由于防尘罩 116 为弹性材料制成，因此防尘罩 116 可以径向扩开，以允许刀具柄上的环圈 120 和环形凸缘 122 通过，显然，也可采用其他已知的方式让刀具柄上的环圈 120 和环形凸缘 122 通过防尘罩 116,例如防尘罩 116 为两个部分组合的部件,在刀具 102 通过时拆开,通过后合并。

而刀具在工具机中的锁定过程与现有技术 1 中的相似,即,在刀具柄 114 的推动下,锁止球 107 推动保持片 106,使得保持片 106 抵抗锁止弹簧 108 的弹簧力发生轴向移动,从而锁止球 107 向锤管 104 的径向外侧移动,直到锤管 104 的缺口 109 与插接式刀具 102 的锁止槽 115 相重叠,从而锁止球 107 落入缺口 109 和锁止槽 115 之中,这时由于保持片 106 在锁止弹簧 108 的弹簧力下发生移动,抵靠在封闭环 105 上,使得锁止球 107 位于封闭环 105 的径向内侧,因此,锁止球 107 在缺口 109 中由封闭环 105 径向固定地保持。

其次,在插接式刀具 102 插入刀具夹具 103 中后,插接式刀具 102 的锥形体 121 抵触在锤管 104 前端部的锥形槽 123 上,两个部件相互配合。当插接式刀具 102 压在一个工件上时,锥形体 121 被压到锥形槽 123 上。在此情况下,尽管磨损引起的锤管 104 的内表面扩大了,但是这些锥形体和锥形槽仍可起到插接式刀具 102 在刀具夹具 103 中的自动定心的作用。这样,克服了现有技术 1 中插接式刀具 102 与刀具夹具 103 的锤管 104 之间所发生的不断增大的径向间隙使得钻孔不能实现精确持久的定心的问题。显然,锥形槽 123 相对于锤管 104 或插接式刀具 102 柄的纵轴线具有与锥形体 121 相同的倾角。该倾角被这样地选择,即当在钻头尖端上施加一个轴向力时,锥形体 121 和锥形槽 123 不会被卡死。

同时,当刀具 102 的锥形体 121 与锤管 104 的锥形槽 123 相互配合时,插接式刀具 102 上的环形凸缘 122 的设置使得,当锥形体 121 和锥形槽 123 相互抵触时,它位于防尘罩 116 的通孔 124 的后部,并且该凸缘 122 与防尘罩 116 上的槽 125 相互配合。这样,插接式刀具在钻孔过程中,插接式刀具 102 不会发生轴向移动,从而达到精确的钻孔深度。本领域技术人员公知的是,由于磨损引起的锤管 104 的内表面的扩大,刀具 102 的锥形体 121 会产生微小的轴向移动,作为配合,防尘罩 116 上的槽 125 有稍微宽于凸缘 129 的宽度,显然,这种微小的轴向移动不会影响到钻孔精度的提高,在此特作说明。

最后,在所述工具机工作完成之后,需要将插接式刀具 102 从刀具夹具 103 中取出。当插接式刀具 102 从刀具夹具 103 中取出时,对操作套筒 117 进行操作,使得固定在操作套筒 117 上的封闭环 105 抵抗锁止弹簧 108 的作用力,轴向向后运动,使得锁止球 107 可向锤管 104 的径向外侧运动,从而不会轴向锁定插接式刀具 102,进而从刀具夹具 103 中释放插接式刀具 102,其中插接式刀具 102 轴向通过防尘罩 116 的过程与其安装过程中的通过方式类似,这里不再重复描述。

通过上述分析,得知,现有技术 1 中存在的手持式工具机在对工件进行钻孔时不能实现精确的定位的问题已经通过上述技术方案得到解决。

2. 发明人欲保护的技术方案

1. 一种手持式工具机,其包括插接式刀具(102)、刀具夹具(103)、冲头导向件(111,112)、冲头(113)和电驱动元件,其中,

插接式刀具(102)具有一个圆柱形的柄(114),在该柄(114)的外圆周面上具

有沿其轴向设置的两个轴向槽（110）和两个球缺形的锁止槽（115），所述球缺形的锁止槽（115）与所述轴向槽（110）成一定角度间隔布置；

所述刀具夹具（103）具有刀具接收装置、锁止装置和防尘罩（116），所述刀具接收装置为锤管（104），在其上具有两个超过其圆柱形内表面的、向内突出的、与插接式刀具上的轴向槽（110）配合的携动肋（119），所述锁止装置与插接式刀具柄中的球缺形的锁止槽（115）配合并且包括锁止球（107）、锁止弹簧（108）、封闭环（105）、构成刀具夹具（103）壳体的操作套筒（117）和保持片（106），冲头（113）可轴向运动地支承在冲头导向件中；

其特征在于，所述柄（114）在所述轴向槽（110）及所述锁止槽（115）前端部的前面具有一个超过其圆周面的环圈（120），所述环圈（120）向后逐渐缩小地形成一个锥形体（121），在所述环圈（120）的前面，轴向隔开地设至少一个伸出超过所述柄（114）圆周面的环形凸缘（122），所述刀具接收装置在轴向上的携动件（119）前端，向后逐渐缩小地形成一个锥形槽（123），并且所述刀具接收装置的所述锥形槽（123）与所述插接式刀具（102）的所述锥形体（121）配合，所述防尘罩（116）具有与插接式刀具（102）的所述环形凸缘（122）相配合的槽（125）。

三、撰写思路分析

从上述发明人欲保护的技术方案可以看出，发明人将保护的对象局限于最终的产品上，忽视了对整个发明构思的保护，也就是没有对构成最终产品的相互配合使用的部件要求保护。发明人在欲保护的技术方案中将不能实现精确钻孔的问题归因于径向间隙增大以及插接式刀具和刀具接收装置两者之间的轴向相对运动这两个因素。而认为为了同时解决上述两个技术问题，发明人欲保护的技术方案的技术特征中就必须既包括解决径向间隙增大所产生的钻孔精度问题不可缺少的技术特征，又包括解决刀具和刀具接收装置之间的轴向运动产生的钻孔精度问题不可缺少的技术特征，而同时包含解决上述两个问题的不可缺少的技术特征，则必然包含刀具以及刀具夹具中解决这两个问题不可缺少的技术特征，显然，发明人在撰写欲保护的客体只能写成最终产品。

本发明是涉及产品类型的发明。具体而言，其涉及一种电驱动的手持式工具机，该手持式工具机包括插接式刀具和与其配合的刀具夹具。发明人在提交技术交底书的同时，也提交了草拟的欲保护的技术方案，将该欲保护的技术方案撰写为保护一种手持式工具机的客体，除了将插接式刀具和与其配合的刀具夹具的技术特征写入该欲保护的技术方案中之外，还将手持式工具机的其他非必要的技术特征，例如冲头等部件，也写入其中。由于该欲保护的技术方案仅仅能够对一种具体结构的手持式工具机的发明获得保护，因此，发明人草拟的该欲保护的技术方案的保护范围显然较窄。由此可知，发明人草拟的该欲保护的技术方案所要求保护的客体以及其中的技术特征的撰写都是不恰当的。

实际上通过该欲保护的技术方案，发明人作出改进的具体产品，也就是插接式刀具以及与其配合的刀具夹具，将不能够得到充分有效的保护。作出改进的两个产品，也就是插接式刀具和刀具夹具，在实际应用中，都是可以分别单独制造和销售的产品；

而且，这些插接式刀具或者刀具夹具不仅仅适用于这种具体结构的电动手持式工具机，它还有可能适用于其他的工具机，例如机械式工具机、气动式工具机等，但是发明人未对该插接式刀具和刀具夹具单独申请保护。由此可见，由于撰写不当所产生的问题，其后果往往会对发明人的权益造成损害。

为了使得发明人的整个发明构思得到最大限度地保护，全面有效地保护发明人的权益，可将该发明扩展写成两个不同客体的并列的独立权利要求，它们分别保护插接式刀具和刀具夹具。显然，在具体撰写过程中，需要判断这些配合产品之间是否具有单一性，也就是判断它们是否属于一个总的发明构思。判断是否属于一个总的发明构思的方法在于判断它们是否具有相同或者相应的特定技术特征。由于插接式刀具和刀具夹具是两个彼此配合的不同的产品，它们之间往往不会具有相同的技术特征，因此，在大多数情况下，上述判断实际上是判断配合的产品即插接式刀具和刀具夹具之间是否具有相应的特定技术特征。

下面就针对本发明进行具体的撰写，包括分析上述插接式刀具、刀具夹具两个不同客体的独立权利要求中的必要技术特征，进而撰写不同客体的两个独立权利要求，最后判断它们是否具有新颖性、创造性以及它们之间是否具有单一性。

四、撰写权利要求书

（一）确定本申请相对现有技术所作出的主要改进及需要保护的客体

按照发明人的陈述，本发明是一个在现有技术基础上的改进型发明，图 22 – 1 – 01 至图 22 – 1 – 03 所示的现有技术 1 是最接近的现有技术。因此，图 22 – 1 – 04 至图 22 – 1 – 09 所反映的本发明与图 22 – 1 – 01 至图 22 – 1 – 03 所示的现有技术 1 相比，

相同点在于：

1）手持式工具机包括插接式刀具 102、刀具夹具 103、冲头 113、冲头导向件 111 和 112、锁止装置和电驱动元件等；

2）刀具夹具 103 包括一个在两个端部上敞开的刀具接收装置、用于将刀具锁定在刀具夹具 103 中的锁止装置和在其前端部的防尘罩 116 中，该刀具接收装置为锤管 104，该锁止装置由封闭环 105、锁止球 107、保持片 106、锁止弹簧 108 以及构成刀具夹具 103 壳体的操作套筒 117 构成；

3）插接式刀具 602 的刀具柄 614 是圆柱形的，在其圆柱形圆周面上具有分别沿着刀具柄的轴向设置的两个轴向槽 610 和两个锁止槽 615，轴向槽 610 与锁止槽 615 成一定角度间隔布置，两个锁止槽 615 的前后端封闭，而该轴向槽 610 的前端封闭，而其后端向着柄的后端敞开。

其改进在于：

插接式刀具：

1）在轴向槽 110 和锁止槽 115 的前端部的前面设置一个超出柄 114 圆周面的环圈 120，环圈 120 向着柄 114 的后端逐渐缩小，形成一个锥形体 121；

2）在锥形体 121 的前面，与环圈 120 轴向隔开地设有至少一个超过柄 114 圆周面的环形凸缘 122。

刀具夹具：

1）在所述刀具接收装置的轴向上、所述携动肋119的前面具有一个向后逐渐缩小的锥形槽123，所述锥形槽123与设置在插接式刀具上向着柄114的后端逐渐缩小，与锥形体121相配合；

2）所述防尘罩116具有与设置在插接式刀具上的锥形体121前部的环形凸缘122配合的槽125。

上述四个技术特征分别是本发明相对于本节第二部分中描述的现有技术1作出改进的技术特征，这些技术特征分别属于插接式刀具和刀具夹具。

本申请说明书没有揭示其他信息，根据上述的撰写思路，确定本申请保护的客体是：插接式刀具和刀具夹具。

（二）确定最接近的现有技术以及据此确定本发明专利申请所要解决的技术问题

由于本发明是一个改进型的发明，其是在同一发明人现有产品的基础上的一个改进，因此，发明人在本节第二部分提供的现有技术1是本发明最接近的现有技术。

具体而言，发明人根据最接近的现有技术确定发明所要解决的技术问题时，将发明所要解决的技术问题确定为手持式工具机在工作过程中不能实现精确钻孔的问题。

申请人在对发明人提供的包括在先技术在内的技术交底书的内容进行仔细分析的基础上，结合所了解的该领域发展状况，得出如下结论，不能实现精确钻孔的问题是由两方面的因素造成的。一方面，随着工作时间的持续，插接式刀具的柄与锤管之间的径向间隙增大；另一方面，在工作过程中，插接式刀具与刀具接收装置之间产生轴向相对运动。申请人据此认为，从所属技术领域的技术人员的角度看，通过解决插接式刀具与锤管之间的径向间隙随着工作时间的增长而增大的问题，实际上就会在一定程度上提高钻孔的精度。

因此，根据上述分析，申请人认为可以将本发明所要解决的技术问题确定为：当手持式工具机对诸如木材或金属制成的一些工件进行钻孔时，随着工作时间的增长，插接式刀具柄与锤管之间的径向间隙增大而产生不能实现精确钻孔的问题。

同时，由于插接式刀具与刀具接收装置之间的轴向相对运动，因此使得手持式工具机在工作工程中不能实现精确的钻孔，从而将这一问题确定为本发明进一步所要解决的技术问题。

在此需要说明的是，由于插接式刀具与刀具接收装置之间的轴向相对运动，使得手持式工具机在工作工程中不能实现精确的钻孔，或许有部分技术人员认为也可以将这个方面的问题确定为本发明所要解决的技术问题，据此来撰写权利要求。这当然是有一定道理的，然而经过对上述实施方式分析可知，解决了径向间隙增大产生的钻孔精度问题实际上也对轴向的相对运动产生的钻孔精度有一定的改进，因此，与解决轴向的相对运动产生的钻孔精度问题相比，解决径向间隙增大产生的钻孔精度问题在效果方面更佳且更加全面，更能体现发明人的解决钻孔精度方面的思路，从而会使所形成的技术解决方案具有更好的技术效果。因此，申请人决定将插接式刀具柄与锤管之间的径向间隙增大而产生的不能实现精确钻孔的问题确定为本发明所要解决的技术问题。

（三）完成并列的独立权利要求的撰写

根据最接近的现有技术和所确定的本发明要解决的技术问题，分析确定其全部必要技术特征，然后根据最接近的现有技术，划分出独立权利要求的前序部分和特征部分的界限，完成两个并列的独立权利要求的撰写。

1. 第一独立权利要求的撰写

通过对本发明的实施方式进行分析，插接式刀具具有以下多个技术特征：

1）该插接式刀具 102 具有圆柱形的柄 114；

2）在该柄 114 的外圆周面上具有两个在直径的相反端对置的轴向槽 110，两个轴向槽 110 在柄的后端上敞开；

3）在该柄 114 的外圆周面上，两个在直径的相反端对置的球缺形的锁止槽 115；

4）锁止槽 115 与轴向槽 110 成一定角度地间隔地设置在柄的圆周面中；

5）该插接式刀具 102 上在环圈 120 的前面轴向隔开地设有一个径向环形凸缘 122；

6）在两个锁止槽 115 的前端部的前面，该插接式刀具 102 还具有一个在圆周面上突出的环圈 120，该环圈 120 向着后端锥形地逐渐缩小，形成一个实现自动定心的锥形体 121。

经过上述分析已经知道，本发明所要解决的技术问题被确定为如何减少径向间隙增大所产生的钻孔精度问题，这样仅需要将解决该技术问题不可缺少的技术特征写入独立权利要求中即可，从而使得本发明的独立权利要求的保护范围更为恰当。

在上述分析的基础上，对上述六个特征进行进一步分析，确定这些特征是否是解决上述已确定的技术问题即"解决径向间隙增大所产生的钻孔精度问题"所不可缺少的技术特征。

关于特征1），由于解决的技术问题是关于插接式刀具的柄与诸如锤管之类的刀具接收装置之间的径向间隙不断增大的问题，特征1）描述的是圆柱形的柄，而所要解决的技术问题中的径向间隙是柄与刀具接收装置之间的间隙，显然，该特征是与该技术问题相关联的特征，因此，特征1）是必要技术特征。

关于特征2），由于解决的技术问题是关于插接式刀具的柄与诸如锤管之类的刀具接收装置之间的径向间隙不断增大的问题，特征2）是对轴向槽进行限定的一些技术特征，通过技术交底书可了解到，轴向槽的作用是与刀具夹具中的携动肋配合，以将携动肋的旋转运动传递到插接式刀具上，这仅仅涉及怎样将外部动力传送到插接式刀具上的问题，显然，该特征与所要解决的技术问题无关，因此，特征2）并不是必要技术特征。

关于特征3），由于解决的技术问题是关于插接式刀具的柄与诸如锤管之类的刀具接收装置之间的径向间隙不断增大的问题，设置锁止槽的作用是将插接式刀具锁定在刀具夹具中，径向间隙不断增大的问题是插接式刀具锁定在刀具夹具状态下而产生的，因此，该技术特征与所要解决的技术问题具有相关性，是解决技术问题所不可缺少的技术特征。

进一步对该特征3）进行分析，发现技术特征"两个设置在该柄的外圆周面上且在直径的相反端对置的球缺形的锁止槽"对锁止槽的数量和具体形状进行了限定。而实际上根据对该技术内容的理解，所属技术领域的技术人员可知"球缺形的锁止槽"仅仅是锁止槽的一种方式，本领域公知的其他形状的锁止槽同样可以实现锁止功能，在此不必具体限制为"球缺形的锁止槽",因此,可将"球缺形的锁止槽"概括为"锁止槽";而且,锁止槽的数量也不局限于两个,可以为三个,或者仅仅为一个;再有,锁止槽也不需要在直径的相反端对置设置,也可以相隔一个固定的角度设置。因此,可以将上述技术特征"两个设置在该柄的外圆周面上且在直径的相反端对置的球缺形的锁止槽"概括为"在该柄的外圆周面上设置至少一个锁止槽"。

关于特征4)和5),其中特征4)是关于锁止槽与轴向槽的位置关系,从上述分析确定关于轴向槽的技术特征并不是必要技术特征,因此它们的位置关系显然与要解决的技术问题无关,因而,特征4)不是必要技术特征;而特征5)虽然也是解决钻孔精度问题的一个技术特征,但是它是解决插接式刀具和刀具接收装置之间的轴向运动产生的钻孔精度问题的不可缺少的技术特征,显然也不是本发明所要解决的解决径向间隙增大所产生的钻孔精度问题的必要技术特征,当然,该技术特征可写入从属权利要求中,从而使得本发明得到进一步的保护。

关于特征6),由于解决的技术问题是关于插接式刀具的柄与诸如锤管之类的刀具接收装置之间的径向间隙不断增大的问题,而该特征6)中设置锥形体的作用是在径向间隙变大时,环圈的锥形体与刀具接收装置上的锥形槽相互配合实现自动定心,从而在技术上解决了上述技术问题。因此,该特征是解决径向间隙不断增大问题必需的技术特征,显然,该特征是解决本发明所要解决的技术问题不可缺少的技术特征,而且也是本发明区别于最接近的现有技术的技术特征,应当写入独立权利要求的特征部分中。这样,撰写出的第一独立权利要求为:

一种插接式刀具,具有圆柱形的柄(114)和在该柄(114)的外圆周面上且设置至少一个锁止槽(115);其特征在于,在所述锁止槽(115)的前端部的前面设置一个在圆周面上突出的环圈(120),该环圈(120)向着后端逐渐缩小,形成一个实现自动定心的锥形体(121)。

2. 第二独立权利要求的撰写

利用与撰写第一独立权利要求的方法相同的方法可撰写保护客体为刀具夹具的第二独立权利要求。

通过对本发明的实施方式进行分析,可以确定,刀具夹具具有以下多个技术特征:

1)刀具夹具103包括一个在两个端部上敞开的、表示为锤管104刀具接收装置、用于将刀具锁定在刀具夹具中的锁止装置和在刀具夹具前部的防尘罩116;

2)锤管104具有两个超过其圆柱形内表面113且向内突出的、在直径的相反端上对置的携动肋119;

3)在携动肋119的前面和锤管104的前端部上具有一个实现自动定心的锥形槽123,该锥形槽123与插接式刀具102上环圈的锥形体121相配合;

4)锁止装置包括锁止球107、锁止弹簧108、封闭环105、构成刀具夹具103壳体的操作套筒117和保持片106,锤管104在其上侧具有一个缺口109,通过该缺口109可使得该锁止装置的锁止球107与插接式刀具102的柄114上的锁止槽115配合,从而实现将插接式刀具102轴向地锁止或定位在锤管104中;

5)防尘罩116由橡胶的弹性材料制成,所述防尘罩116具有与设置在插接式刀具上的所述锥形体前部的凸出部配合的槽125；

6）防尘罩116还具有一个圆柱形轴向通孔124，该通孔124用于使插接式刀具102的柄114通过。

同样对上述六个特征进行进一步分析，确定这些特征是否是解决上述确定的技术问题，即解决径向间隙增大所产生的钻孔精度问题所不可缺少的技术特征：

关于特征1），由于解决的技术问题是关于插接式刀具的柄与刀具接收装置之间的径向间隙不断增大的问题，关于刀具接收装置的技术特征以及刀具与刀具夹具的锁定装置是与所要解决的技术问题相关的特征，而有关防尘罩的技术内容与所要解决的技术问题并不相关。

其中技术特征"包括一个在两个端部上敞开的、表示为锤管的刀具接收装置和用于将插接式刀具锁定在刀具夹具中的锁止装置"中，在两个端部敞开的锤管仅仅是刀具接收装置的一种形式，也可以采用其他形式的刀具接收装置，据此，技术特征1）可以概括为"其包括一个刀具接收装置和用于将插接式刀具锁定在刀具夹具中的锁止装置"；

关于特征2），该特征是对携动肋限定的一些技术特征，与上述关于插接式刀具的特征2）分析类似，携动肋的作用是与刀具中的轴向槽配合，以将携动肋的旋转运动传递到插接式刀具上，作用将动力传送给插接式刀具，实际上与上述要解决的技术问题不相关，因此，该特征不是必要技术特征；

关于特征3），设置锥形槽的作用是在径向间隙变大时，锤管前端部上的锥形槽与环圈的锥形体相互配合以实现定心作用，从而解决径向间隙不断增大产生的精度问题，即该特征就是要解决本发明的技术问题，显然，特征3）是解决本发明所要解决的技术问题不可缺少的技术特征；

关于特征4），其内容是对锁止装置的具体限定，该锁止装置的作用是将插接式刀具锁定在刀具夹具中，而解决径向间隙不断增大产生的精度问题，由于此问题是在锁定状态下产生的，因此，这些特征与解决的技术问题相关，是解决上述确定的技术问题所不可缺少的技术特征。

这里仅仅是描述了插接式刀具与刀具夹具的配合是采用锁止槽和锁止球配合的方式，而所属技术领域的技术人员公知还存在多种与插接式刀具的锁止槽配合的形式，因此，对特征4）进一步可以概括为"用于将插接式刀具锁定在刀具夹具中的锁止装置"。

而特征5）是关于防尘罩的一些特征，其中特征5）是用于解决插接式刀具和刀具接收装置两者之间的轴向相对运动产生的精度问题不可缺少的技术特征，这与本发明所要解决的技术问题不具有相关性，显然不是必要技术特征，该技术特征可写入从属权利要求中，进一步得到保护，同理，特征6）也是对防尘罩进行限定的特定，显然与本发明所要解决的技术问题无关，也不是本发明所要解决的技术问题的必要技术特征。

因此，可以撰写出第二并列独立权利要求为：

一种刀具夹具，其包括刀具接收装置和用于将插接式刀具锁定在刀具夹具中的锁止装置，其特征在于，在所述刀具接收装置轴向上具有一个向后逐渐缩小的、实现自动定心的锥形槽（123）。

3. 判断所撰写的独立权利要求的新颖性、创造性及单一性

① 判断撰写的两个并列的独立权利要求的新颖性和创造性

首先，判断新颖性。

由于现有技术均没有公开第一独立权利要求中的"在所述锁止槽（115）的前端部的前面设置一个在圆周面上突出的环圈（120），所述环圈（120）向着后端逐渐缩小，形成一个实现自动定心的锥形体（121）"和第二并列独立权利要求中的"在所述刀具接收装置轴向上具有一个向后逐渐缩小的、形成实现自动定心的锥形槽（123）"，因此，上述两个独立权利要求所要求保护的技术方案相对上述现有技术均具备《专利法》第22条第2款规定的新颖性。

其次，判断创造性。

上述两项独立权利要求相对于最接近现有技术的区别技术特征分别是"在所述锁止槽（115）的前端部的前面设置一个在圆周面上突出的环圈（120），所述环圈（120）向着后端逐渐缩小，形成一个实现自动定心的锥形体（121）"和"在所述刀具接收装置轴向上具有一个向后逐渐缩小的、形成实现自动定心的锥形槽（123）"，但这些技术特征既未在现有技术中披露，也不属于所属技术领域的技术人员的公知常识，因而，现有技术或所属技术领域的公知常识没有给出将上述区别技术特征应用到最接近的现有技术以解决上述技术问题的启示，采用该权利要求所保护的技术方案的结构，能够实现在持续的工作时间下，插接式刀具在刀具夹具中的持久的自动定心，进而最终实现手持式工具机在对诸如木材或金属制成的一些工件进行钻孔时的精确定位。因此，概括后的上述两项并列的独立权利要求限定的技术方案，相对现有技术以及所属技术领域的公知常识，不是显而易见的，具有突出的实质性特点和显著的进步，具有《专利法》第22条第3款规定的创造性。

② 判断撰写的两项并列项独立权利要求之间的单一性

由于上述两项并列的独立权利要求1和2相对现有技术作出贡献的技术特征分别为"在所述锁止槽（115）的前端部的前面设置一个在圆周面上突出的环圈（120），所述环圈（120）向着后端逐渐缩小，形成一个实现自动定心的锥形体（121）"和"在所述刀具接收装置轴向上具有一个向后逐渐缩小的、形成实现自动定心的锥形槽（123）"，从上述分析可知，上述两项并列的独立权利要求中的特征"实现自动定心的锥形体（121）"和"实现自动定心的锥形槽（123）"使得插接式刀具与刀具夹具能够配合使用，两者显然在技术上相互关联，解决了发明所要解决的技术问题，既能够解决在钻孔时径向间隙不断增大所产生的不能精确定位的问题，从而实现插接式刀具和刀具夹具的自动定心，由此可知，这两项并列的独立权利要求中存在相应的特定技术特征，因此，这两项并列的独立权利要求在技术上相互关联，属于一个总的发明构思，符合《专利法》第31条第1款有关单一性的规定，可以合案申请。

（四）从属权利要求

从属权利要求的附加技术特征，可以是对所引用权利要求技术特征进行进一步限定的技术特征，也可以是增加的技术特征。通过前面的案例分析可知，解决插接式刀具和刀具接收装置两者之间的轴向相对运动造成的钻孔精度问题的技术特征可以写入从属权利要求中，以得到进一步的保护。当然，关于插接式刀具以及刀具夹具两者之间相互传动的一些技术特征以及锁定装置的一些具体的技术特征都可以写入从属权利要求中。

五、说明书及说明书摘要的撰写

（一）说明书的撰写

说明书内容应当清楚、完整，使得所属技术领域的技术人员能够实现。具体而言，说明书应当写明发明所要解决技术问题以及解决其技术问题采用的技术方案，并对照现有技术写明发明的有益效果。

在相互配合产品的说明书的撰写中，权利要求通常保护两个相互配合使用的产品，为了使得两个独立的权利要求对应的技术方案在技术上相互呼应，则应当对应于这两个独立权利要求，分别在说明书中撰写这两个相互配合产品所要解决的技术问题、解决该技术问题采用的技术方案以及相对现有技术的有益效果。而在说明书中应当写明的是，这两个相互配合使用的产品解决的是相同的技术问题，设计这两个相互配合产品的目的是相同的，它们相对于现有技术的有益效果也是相同的，因此这两个相互配合产品所采用的技术方案中相对于现有技术作出贡献的特征是相应的。所以，在判断上述两个独立权利要求单一性时，通过对说明书的阅读，理解出这两个独立权利要求要求保护的技术方案解决了相同的技术问题，具有相应的特定技术特征。从而通过上述内容的分析，说明书的内容可以对两个相互配合使用的产品独立权利要求的单一性提供有力的支撑。

另外，说明书还需要在发明人提供的技术交底书的基础上，在其他方面进行相应的改写。对技术交底书的修改主要包括下列内容：

1. 为满足《专利法实施细则》第17条第2款的规定，按照技术领域、背景技术、发明内容、附图说明、具体实施方式的顺序对技术交底书进行整理，补充了附图的相关说明，并为各个部分加上小标题；

2. 为满足《专利法实施细则》第17条第1款第1项的规定，对本发明的发明名称和技术领域进行了扩展，以全面地反映要求保护的发明技术方案及其所属技术领域。

（二）说明书摘要的撰写

说明书摘要应当按照《专利法实施细则》第23条的规定撰写，写明发明的名称和所属技术领域，并清楚地反映所要解决的技术问题、解决该问题的技术方案的要点以及主要用途。在考虑不得超过300个字的前提下，写明有关要求保护的技术方案及采用该技术方案所获得的技术效果。并选用说明书附图中的其中一幅作为摘要附图。

具体到本案例，说明书摘要部分应对独立权利要求的技术方案的要点作出说明，在此基础上进一步说明其解决的技术问题和有益效果。此外，还应当选择合适的附图作为说明书摘要附图，本发明选取附图1作为摘要附图。

六、案例总结

通过上述案例分析可知，在机械领域中，在撰写的产品申请文件中，需要判断是否存在相互配合使用的产品的情况，如果存在这种情况，则可以对相互配合的产品分别保护，即，一件专利申请中保护不同主题的多项发明。而在撰写过程中需要注意的是，并不是所有的配合使用的产品或者方法都能写成一件发明专利申请中的多项发明。在具体的撰写过程中，需要对这些配合使用的产品的技术特征进行仔细分析，判断它们相对于最接近的现有技术的区别技术特征之间是否存在相互配合的关系。上述案例涉及多个配合使用的产品情况。

因此，为了最大限度地保护发明构思、降低申请成本和节约程序，发明人可以在一件专利申请中撰写多项相互配合使用的产品的发明。

七、推荐的申请文件

根据以上介绍的最接近的现有技术和具体实施方式，撰写出保护范围较为合理的独立权利要求和从属权利要求，并依据权利要求书撰写出说明书和说明书附图、摘要和摘要附图。

说 明 书 摘 要

本发明涉及一种插接式刀具和与该插接式刀具配合使用的刀具夹具，其中刀具夹具具有可插入到手持式工具机的刀具夹具的刀具接收装置中的柄，在该柄的圆柱形的外圆周面设置有向着后端部敞开的轴向槽及与这些轴向槽成一定角度间隔隔开布置的锁止槽，该柄在轴向上在这些轴向槽及锁止槽的前面具有突出于圆周面的呈锥形的锥形体，以及在锥形体前部设置的凸出部，其中刀具夹具中刀具接收部具有与所述柄上的锥形体互补的锥形槽，在刀具夹具的前部具有一个由弹性材料制成的防尘罩，防尘罩具有一个与插接式刀具的凸出部配合的槽。

摘 要 附 图

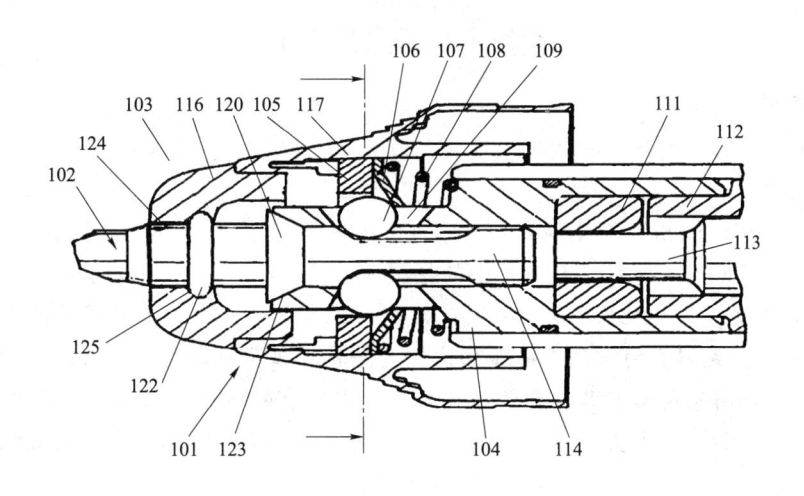

权 利 要 求 书

1. 一种插接式刀具，具有圆柱形的柄（114），在该柄（114）的外圆周面上设置至少一个锁止槽（115），其特征在于，在所述锁止槽（115）的前端部的前面设置一个在圆周面上突出的环圈（120，220），所述环圈（120）向着后端逐渐缩小，形成一个实现自动定心的锥形体（121）。

2. 如权利要求1所述的插接式刀具，其特征在于，在所述锥形体（121）的前面，与所述环圈（120，220）轴向隔开地设有至少一个径向凸出部（122）。

3. 如权利要求1所述的插接式刀具，其特征在于，在所述柄的外圆周面上设置至少一个轴向槽（110），所述轴向槽（110）与所述锁止槽（115）成一定角度的间隔设置，所述轴向槽（110）在柄的径向延伸并且向着后端敞开。

4. 一种刀具夹具，其包括刀具接收装置和用于将刀具锁定在刀具夹具中的锁止装置，其特征在于，在所述刀具接收装置轴向上具有一个向后逐渐缩小的、形成实现自动定心的锥形槽（123）。

5. 如权利要求4所述的刀具夹具，其特征在于，在所述刀具夹具前部设有防尘罩（116），所述防尘罩（116，216）内部具有一个槽（125）。

6. 如权利要求4所述的刀具夹具，其特征在于，在所述刀具接收装置上设置多个向内突出的、在直径相反端位置设置的携动件（110）。

7. 如权利要求4所述的刀具夹具，其特征在于，所述锁止装置包括锁止球（107）、锁止弹簧（108）、封闭环（105）、构成刀具夹具壳体的操作套筒（117）和保持片（106）。

说 明 书

插接式刀具与刀具夹具

技术领域

[0001] 本发明涉及一种插接式刀具、刀具夹具以及手持式工具机。

背景技术

[0002] 图8示出了CN1*******1A的一种手持式工具机601，图9示出了CN1*******1A的手持式工具机601的插接式刀具602，图10示出了沿着图1的箭头所示方向的手持式工具机601的剖视图。在所示图8和图9中，定义图示的左侧为手持式工具机或插接式刀具的前端，图示的右侧为手持式工具机或插接式刀具的后端。

[0003] 如图8所示，其中具体结构如下：在现有的手持式工具机601中，主要包括插接式刀具602、刀具夹具603、冲头613、冲头导向件611和612、锁止装置和电驱

动元件等。刀具夹具603包括一个在两个端部上敞开的刀具接收装置、用于将刀具锁定在刀具夹具603的锁止装置和在其前端部的防尘罩616中。其中上述刀具接受装置为锤管604。该锁止装置主要由封闭环605、锁止球607、保持片606、锁止弹簧608以及构成刀具夹具603壳体的操作套筒617构成。其中封闭环605固定连接在操作套筒617上，封闭环605、保持片606和锁止弹簧608围绕锤管604的径向外围从前往后依次排布在操作套筒617和锤管604之间。

[0004] 如图9所示，插接式刀具602的刀具柄614是圆柱形的，在其圆柱形圆周面上具有分别沿着刀具柄的轴向设置的两个轴向槽610和两个锁止槽615，轴向槽610和锁止槽615成一定角度间隔布置，优选，如图所示，轴向槽610和锁止槽615在直径的相反端对置。两个锁止槽615的前后端封闭，而该轴向槽610的前端封闭，而其后端向着柄的后端敞开，以便于传动。

[0005] 如图10所示，锤管604为圆柱体并且在其直径相对端设有两个缺口609，缺口609具有锥形的横剖面。而且，锤管604具有两个超出其内表面618且向内突出的、在直径的与两个缺口对置位置上设置的两个携动肋619。其中缺口609和携动肋619间隔设置。当刀具柄614从刀具的前方插入该锤管604时，这两个携动肋619与刀具柄614中的两个轴向槽610配合。该锤管604由手持式工具机601的电驱动元件驱动。当手持式工具机601进行钻孔工作时，锤管604绕其轴线旋转。从而实现将携动肋619的旋转运动传递到插接式刀具602上。

[0006] 上述手持工具机的工作过程如下：

[0007] 需要将插接式刀具602与刀具夹具603配合。当插接式刀具602沿轴向插入刀具夹具603时，刀具夹具603的锁止装置与这些锁止槽615配合。具体而言，在将插接式刀具602插入刀具夹具603的锤管604时，在刀具柄614的推动下，锁止球607推动保持片606，使得保持片606抵抗锁止弹簧608的弹簧力发生轴向移动，从而锁止球607向锤管604的径向外侧移动，直到锤管604的缺口609与插接式刀具602的锁止槽615相重叠，从而锁止球607落入缺口609和锁止槽615之中，这时由于保持片606在锁止弹簧608的弹簧力下发生移动，抵靠在封闭环605上，使得锁止球607位于封闭环605的径向内侧。因此，锁止球607在缺口609中由封闭环605径向固定地保持。这样，由于锁止球607在轴向上受锁止槽615轴向有限运行的限制以及在径向上由封闭环605保持，因此，插接式刀具602被轴向有限运动地锁止在刀具夹具603中。

[0008] 在所述手持式工具机601工作完成之后，将插接式刀具602从刀具夹具603中取出的过程如下：当插接式刀具602从刀具夹具603中取出时，对操作套筒617进行操作，使得固定在操作套筒617上的封闭环605抵抗锁止弹簧608的作用力，轴向向后运动，从而使得锁止球607可向锤管604的径向外侧运动，从而不会轴向锁定插接式刀具602，进而从刀具夹具603中释放插接式刀具602。其存在的问题是由径向间隙和轴向移动产生的。

[0009] 1）径向间隙产生的问题

[0010] 插接式刀具602的刀具柄614轴向地插入刀具夹具603的锤管604中，为此，在刀具柄614与锤管604之间必须设有一个径向间隙。由于锤管604随着插接式刀

具602使用时间的增长而内部径向宽度变宽，因此增大了刀具柄614与锤管604之间的径向间隙。当采用插接式刀具602进行钻孔时，这种插接式刀具602与刀具夹具603的锤管604之间所发生的不断增大的径向间隙将使得钻孔不能实现精确持久的定心。

[0011] 2）轴向移动产生的问题

[0012] 从上述内容可知，插接式刀具602在锤管604中具有轴向有限的移动量，在向下钻孔时，首先克服一定的轴向位移，该轴向运动会导致难以实现精确的钻孔。因为插接式刀具602由于其自重向下滑动，直到锁止球107倚靠在锁止槽615的后端上，所以，当电驱动元件的轴向力传递到插接式刀具602上之前，首先必须先移动该轴向的距离。并且在插接式刀具602的后端实施的冲击有可能会顶在钻孔的底部，从而导致插接式刀具的前端部的损坏以及影响钻孔的直径大小，对钻孔的精度造成影响。

[0013] CN1*******1A存在的问题是：上述不断增大的径向间隙与插接式刀具602的上述轴向移动结合起来使得插接式工具机在钻孔时不能实现精确的钻孔。

发明内容

[0014] 鉴于上述CN1*******1A中存在的问题，提出了本发明。

[0015] 本发明要解决的技术问题是，随着手持式工具工作时间的增长，插接式刀具柄与锤管之间的径向间隙增大，插接式刀具在刀具夹具中不能实现持久的自动定心，这导致手持式工具机在对诸如木材或金属制成的一些工件进行钻孔时不能实现精确的定位。

[0016] 根据本发明，提出了一种插接式刀具，具有圆柱形的柄，在该柄的外圆周面上设置至少一个锁止槽，在所述锁止槽的前端部的前面设置一个在圆周面上突出的环圈，所述环圈向着后端逐渐缩小，形成一个实现自动定心的锥形体。

[0017] 该插接式刀具的锥形体的前面与环圈轴向隔开地设有至少一个径向凸出部。

[0018] 该插接式刀具的柄的外圆周面上设置至少一个轴向槽，所述轴向槽与所述锁止槽成一定角度的间隔设置，所述轴向槽在柄的径向延伸并且向着后端敞开。

[0019] 根据本发明，提出了一种刀具夹具，其包括刀具接收装置和用于将插接式刀具锁定在刀具夹具中的锁止装置，在所述刀具接收装置轴向上具有一个向后逐渐缩小的、形成实现自动定心的锥形槽。

[0020] 在所述刀具夹具前部设有防尘罩，所述防尘罩内部具有一个槽。

[0021] 在所述刀具接收装置上设置多个向内突出的、在直径相反端位置设置的携动件。

[0022] 所述锁止装置包括锁止球、锁止弹簧、封闭环、构成刀具夹具壳体的操作套筒和保持片。

[0023] 具有上述技术特征的插接式刀具和刀具夹具具有以下优点，当将刀具压向工件时，插接式刀具柄的圆周面上逐渐缩小的锥形体与刀具夹具的互补的锥形槽相互配合，实现了刀具在刀具夹具中的自动定心，从而解决了随着手持式工具机工作时间的增长，在刀具柄和刀具接收装置之间的径向间隙不断增大所造成的钻孔精度问题。

[0024] 其次，该插接式刀具的锥形体的前面与环圈轴向隔开地设有至少一个径向凸出部。当插接式刀具插入到刀具接收装置中后，刀具的锥形体抵触在后者的锥形槽上，该凸出部的前端部配合在设于刀具夹具前端部上的橡胶弹性的防尘罩的槽中。因此，可

在两个方向上防止插接式刀具与刀具接收装置之间的轴向相对运动。此外，通过上述技术措施可以防止：手持式工具机的冲头会一直抵到插接式刀具的后端上，不会由于较大的冲击力导致由木材或金属用钻头构成的刀具的前端部的损坏。上述插接式刀具在刀具夹具中的自动定心以及限制插接式刀具与刀具接收装置之间的轴向相对运动，使得手持式工具机在对诸如木材或金属制成的一些工件进行钻孔时，能够实现精确的定位。

附图说明

[0025] 以下借助附图通过两个实施方式来详细地描述本发明。附图表示：

[0026] 图1是本发明的插接式工具机的第一实施方式的示意图；

[0027] 图2和图3是插接式刀具的两个俯视图；

[0028] 图4是沿着图3箭头所示的插接式刀具的剖视图；

[0029] 图5是该插接式刀具的透视图；

[0030] 图6是沿着图1箭头所示的插接式工具机上部分的剖视图；

[0031] 图7是本发明的插接式工具机的实施方式二的示意图；

[0032] 图8是现有的一种手持式工具机；

[0033] 图9示出了现有的手持式工具机的插接式刀具；

[0034] 图10示出了沿着图8的箭头所示方向的手持式工具机的剖视图。

具体实施方式

[0035] 第一实施方式

[0036] 图1中是电驱动的手持式工具机101的第一实施方式；在所示图中，定义图示的左侧为手持式工具机或插接式刀具的前端，图示的右侧为手持式工具机或插接式刀具的后端。

[0037] 如图1所示，本具体实施方式与CN1*******1A中相类似，在现有的手持式工具机101中，包括插接式刀具102、刀具夹具103、冲头113、冲头导向件111和112、锁止装置和电驱动元件等。刀具夹具103包括一个在两个端部上敞开的刀具接收装置、用于将刀具锁定在刀具夹具103中的锁止装置和在其前端部的防尘罩116，防尘罩116由诸如橡胶的弹性材料制成，并且具有一个圆柱形轴向通孔124，该通孔124用于使插接式刀具102的刀具柄114通过。该锁止装置由封闭环105、锁止球107、保持片106、锁止弹簧108以及构成刀具夹具103壳体的操作套筒117构成。其中封闭环105固定连接在操作套筒117上，封闭环105、保持片106和锁止弹簧108围绕锤管104的径向外围从前向后依次排布在操作套筒117和锤管104之间。

[0038] 上述的锁止装置仅仅是为了说明本发明而采用的一个优选的例子，所属技术领域的技术人员可以理解，该锁止装置还可以采用多种现有技术中已知的锁止方式，例如卡合方式等的锁止装置来替代。其中上述刀具接受装置为锤管104，在锤管104的前端部上、向后逐渐缩小地形成一个锥形槽123；在防尘罩116中设置一个槽125，优选该槽125为环形槽125。

[0039] 图2和3是插接式刀具102的两个俯视图；图4是沿着图3中箭头所示的插接式刀具102的剖视图；图5是该插接式刀具102的透视图。

[0040] 如图2~图5所示，插接式刀具102的刀具柄114是圆柱形的，在其圆柱

形圆周面上具有分别沿着刀具柄114的轴向设置的两个轴向槽110和两个锁止槽115，其中两个轴向槽110在直径的相反端对置并且两个锁止槽115也在直径的相反端对置，轴向槽110和锁止槽115成一定角度间隔布置，并且该轴向槽110向着柄的后端敞开。优选地，轴向槽110和锁止槽115在直径的相反端对置。在两个轴向槽110及两个锁止槽115的前端部的前面，该插接式刀具102还具有一个超过刀具柄114圆周面伸出的环圈120，该环圈120向着柄114的后端逐渐缩小，形成一个锥形体121。该插接式刀具102上在锥形体121的前面轴向隔开地设有一个伸出超过其圆周面的环形凸缘122。

[0041] 图6为沿着图1的箭头所示方向的手持式工具机101的上部分的剖视图。

[0042] 如图6所示，锤管104为圆柱体并且在其直径相对端设有两个缺口109，缺口109具有锥形的横剖面。而且，锤管104具有两个超出其内表面118地向内突出的、直径的相反端上对置的携动肋120。缺口109和携动肋120间隔布置。当刀具柄114从前方插入该锤管104时，这两个携动肋120与插接式刀具102的刀具柄114中的两个轴向槽110配合。该锤管104由手持式工具机101的电驱动元件驱动。当手持式工具机101进行钻孔工作时，锤管104绕其轴线旋转，从而实现将携动肋120的旋转运动传递到插接式刀具102上。

[0043] 第二实施方式

[0044] 图7是电驱动的手持式工具机的第二实施方式。该具体实施方式中的手持式工具机201与具体第一实施方式中图1所示的手持式工具机的结构和安装、锁定、配合以及取出方式基本类似，在此不再重复说明，仅对相对于第一实施方式的不同之处进行描述。该不同之处在于，在刀具夹具203的防尘罩216上不设置槽，插接式刀具202上也不设置凸缘，在刀具夹具203的锤管上的锥形槽以及插接式刀具202上环圈220的锥形体与第一实施方式相同。该实施方式仅克服了CN1*******1A中插接式刀具与刀具夹具的锤管之间所发生的不断增大的径向间隙将使得钻孔不能实现精确持久定心的问题。

[0045] 工具机中刀具的安装过程如下：

[0046] 首先，将插接式刀具602安装到刀具夹具603中。当插接式刀具102插入刀具夹具103时，刀具夹具103的锁止装置与这些锁止槽115配合。具体而言，在将插接式刀具102插入刀具夹具103的锤管104时，由于防尘罩116为弹性材料制成，因此防尘罩116可以径向扩开，以允许刀具柄上的环圈120和环形凸缘122通过，显然，也可采用其他已知的方式让刀具柄上的环圈120和环形凸缘122通过防尘罩116，例如防尘罩116为两个部分组合的部件，在刀具102通过时拆开，通过后合并。

[0047] 而刀具在工具机中的锁定过程与CN1*******1A中的相似，即，在刀具柄114的推动下，锁止球107推动保持片106，使得保持片106抵抗锁止弹簧108的弹簧力发生轴向移动，从而锁止球107向锤管104的径向外侧移动，直到锤管104的缺口109与插接式刀具102的锁止槽115相重叠，从而锁止球107落入缺口109和锁止槽115之中，这时由于保持片106在锁止弹簧108的弹簧力下发生移动，抵靠在封闭环105上，使得锁止球107位于封闭环105的径向内侧，因此，锁止球107在缺口109中由封闭环105径向固定地保持。

[0048] 其次，在插接式刀具102插入刀具夹具103中后，插接式刀具102的锥形

体121抵触在锤管104前端部的锥形槽123上，两个部件相互配合。当插接式刀具102压在一个工件上时，锥形体121被压到锥形槽123上，在此情况下，尽管磨损引起的锤管104的内表面扩大，但是锥形体和锥形槽仍可起到插接式刀具102在刀具夹具103中的自动定心的作用。这样，克服了现有的技术中插接式刀具102与刀具夹具103的锤管104之间所发生的不断增大的径向间隙将使得钻孔不能实现精确持久的定心的问题。显然，锥形体121相对于锤管104或插接式刀具102柄的纵轴线具有与锥形槽123相同的倾角。该倾角被这样地选择，即当在钻头尖端上施加一个轴向力时，两个部件不会被卡死。

[0049] 同时，当刀具102的锥形体121与锤管104的锥形槽123相互配合时，插接式刀具102上的环形凸缘122的设置使得，当锥形体125和锥形槽123相互抵触时，它位于防尘罩116的通孔124的后部，并且该凸缘129与防尘罩116上的槽125相互配合。这样，插接式刀具在钻孔过程中，插接式刀具102不会发生轴向移动，从而达到精确的钻孔深度。本领域技术人员公知的是，由于磨损引起的锤管104的内表面的扩大，刀具102的锥形体125会产生微小的轴向移动，作为配合，防尘罩116上的槽125有稍微宽于凸缘129的宽度，显然，这种微小的轴向移动不会影响到钻孔精度的提高，在此特作说明。

[0050] 最后，在所述工具机工作完成之后，需要将插接式刀具102从刀具夹具103中取出。当插接式刀具102从刀具夹具103中取出时，对操作套筒117进行操作，使得固定在操作套筒117上的封闭环105抵抗锁止弹簧108的作用力，轴向向后运动，使得锁止球107可向锤管104的径向外侧运动，从而不会轴向锁定插接式刀具102，进而从刀具夹具103中释放插接式刀具102，其中插接式刀具102轴向通过防尘罩116的过程与其安装过程中的通过方式类似，这里不再重复描述。

[0051] 通过上述分析，得知，上述现有的技术中存在的手持式工具机在对工件进行钻孔时不能实现精确的定位的问题已经通过上述技术方案得到解决。

说 明 书 附 图

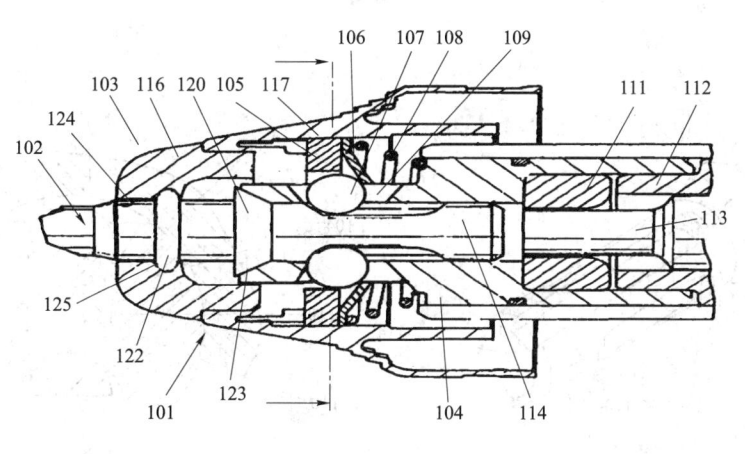

图1

图 2

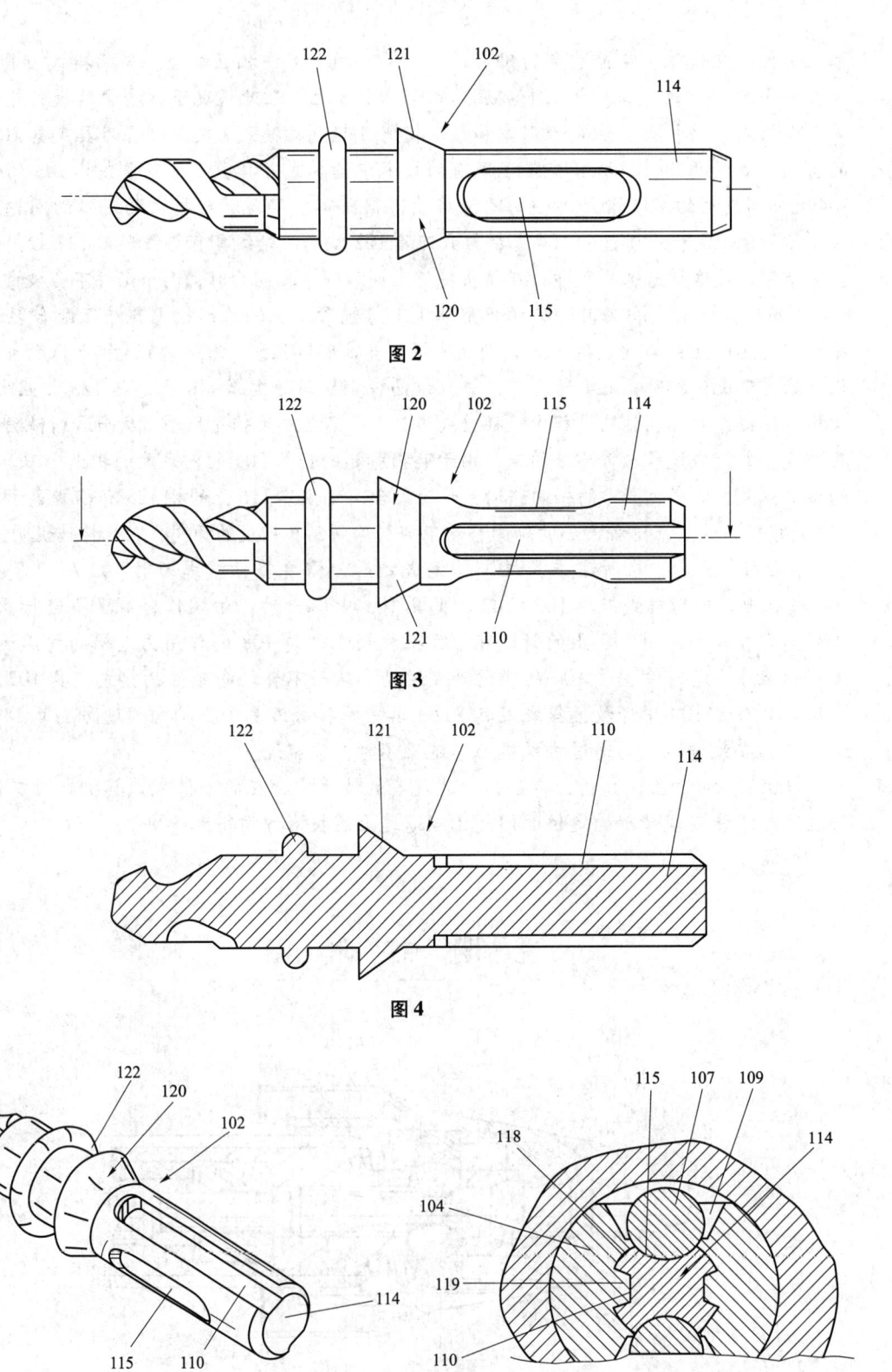

图 3

图 4

图 5

图 6

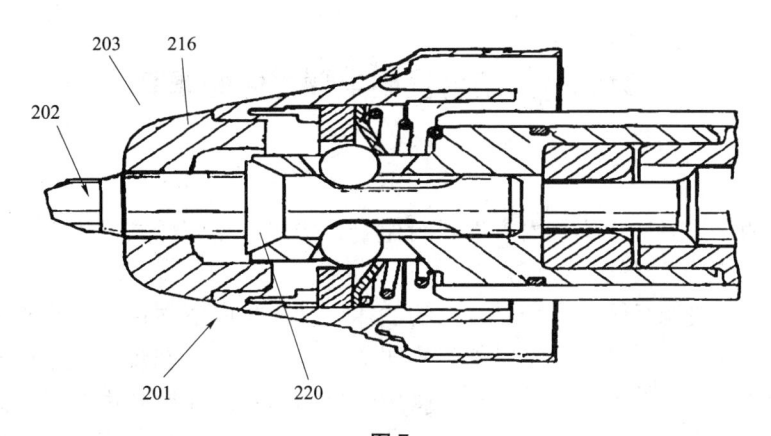

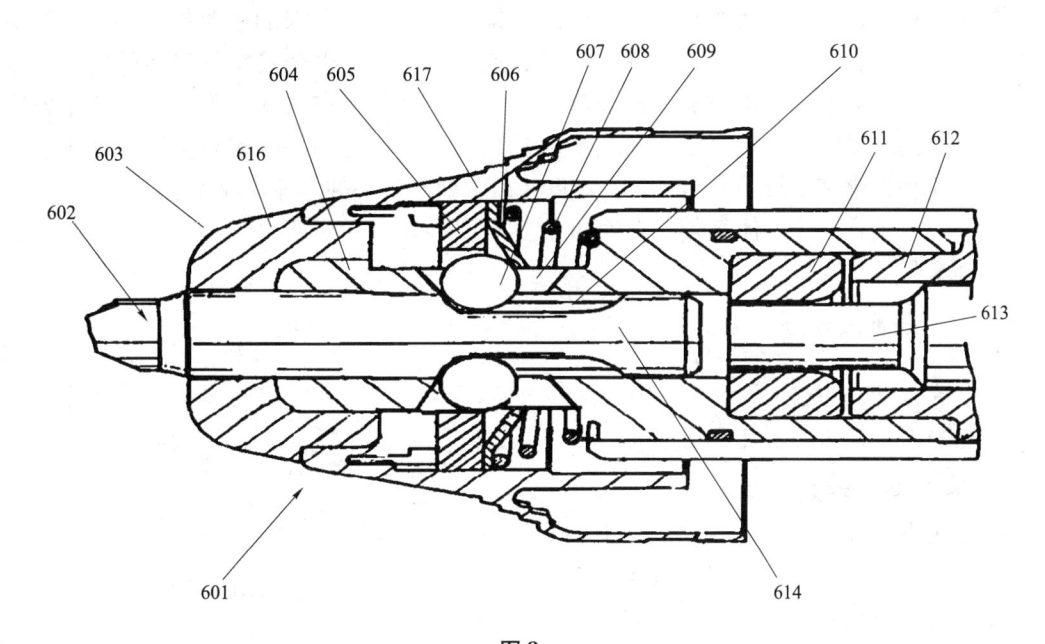

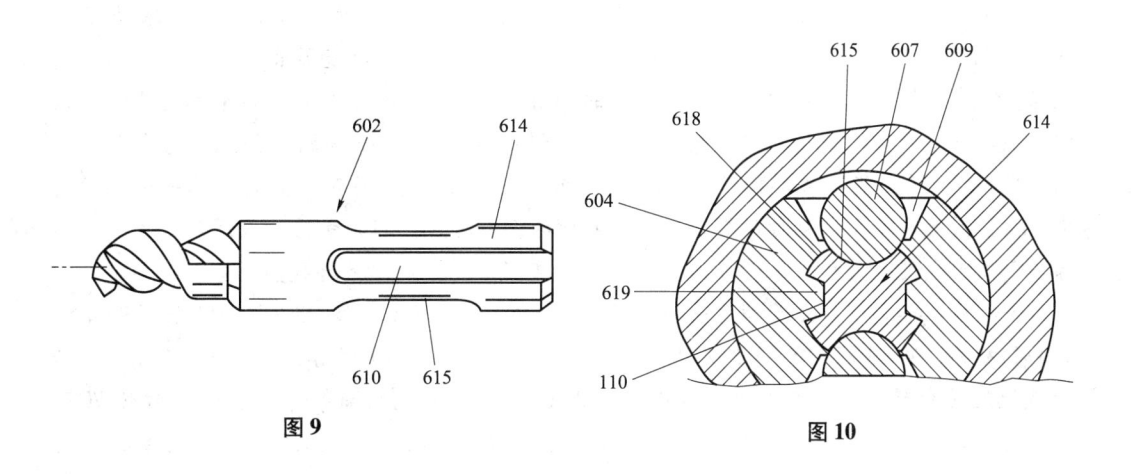

图 7

图 8

图 9

图 10

第二节　组合发明申请文件的撰写

一、概要

组合发明，是指将某些技术方案进行组合，构成一项新的技术方案，以解决现有技术客观存在的技术问题。

一项发明创造能否得到充分、有效的法律保护，与申请文件的撰写水平有密切的关系。在撰写申请文件时，首先要了解发明的具体技术内容和现有技术的状况，然后再撰写权利要求书和说明书。通常对于改进型发明而言，在撰写请求保护的技术方案时，首先要确定最接近的现有技术，并根据最接近的现有技术确定本发明要解决的技术问题，然后再根据发明要解决的技术问题确定独立权利要求的必要技术特征，撰写独立权利要求，并进一步撰写权利要求书和说明书。由于组合发明是将多种现有技术组合在一起，通常不能按照上述常规的方式确定相关的现有技术，因此如何确定发明所要解决的技术问题并撰写相关权利要求是此类申请撰写的一个难点。另一个难点是如何在说明书中突出技术问题的解决难度，以及技术效果的非显而易见性。

本节将结合一个具体案例，针对组合发明权利要求和说明书的特点，探索组合发明申请文件的撰写。

二、技术交底书

该案例涉及一种日常生活中使用的开瓶器与瓶塞的组合器具。

（一）现有技术介绍

CN1＊＊＊＊＊＊＊1A 公开了一种杠杆式开瓶器，图22－2－01是所述杠杆式开瓶器的主视图。如图22－2－01所示，杠杆式开瓶器为一体形成的能够开启皇冠盖的开瓶器，在图中用附图标记610表示。皇冠盖（或称爆启瓶盖）通常用于瓶装啤酒或其他瓶装饮料瓶上，其具有垂下的凸缘，凸缘具有压接在瓶颈端的沿口上的带槽纹的边缘。开瓶器由金属片605制成，包括具有宽度较大的大端607和宽度较小的小端603，两个端部边缘均为柔和的曲线形结构，在使用中可以更好地把握，而不会划伤手掌。金属片是平直的，并且具有向下弯折的边缘606，在开瓶器的大端部分开设有方形通孔611，方形通孔在靠近大端一侧孔壁的中间位置设置有向小端延伸的唇缘602。在开启皇冠盖时，部分瓶盖卡在通孔611中，凸缘602抵靠在皇冠盖的凸缘下方，用手下压开瓶器小端，以便撬起瓶盖。

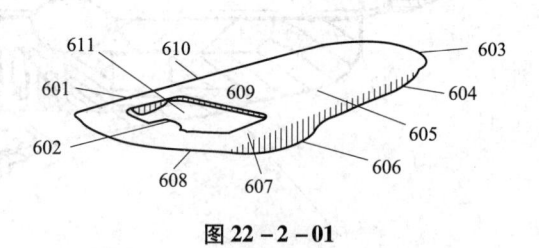

CN1＊＊＊＊＊＊＊2A 公开了另一种用于开启旋盖的开瓶器，图22－2－02是所述开瓶器的剖视图。如图22－2－02所示，该开瓶器整体上具有小汽车方向盘的形状，包括开启旋盖的开启部分和支撑部分。开启部分为中间具有截头圆锥形盲孔的圆柱体702。截头圆锥形盲孔的小直径端705位于盲孔孔底，截头圆锥形盲孔的孔壁上设置有周向间隔开的向孔内延伸的凸肋707，以便在开启旋塞时提供摩擦力。凸肋沿着孔壁周向均匀间隔并且基本上沿着截头圆锥形盲孔的长度延伸，靠近小直径端的凸肋末端比靠近大直径端的凸肋末端更靠近盲孔的纵轴线。支撑部分包括围绕开启部分四周延伸的环形部件701和支撑臂703。环形部分701的大小适合手把握，其中心位于圆柱体702的纵轴线上。支撑臂将环形部件701连接到圆柱体702的外表面706上。支撑臂为多根，优选支撑臂为3根。

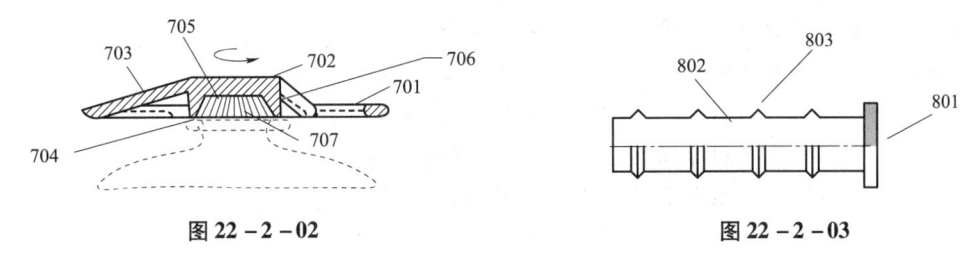

图 22-2-02   图 22-2-03

CN1＊＊＊＊＊＊＊3A 公开了一种用于封堵瓶口的瓶塞部件，图 22-2-03 为所述瓶塞部件的局部剖视图。如图 22-2-03 所示，该瓶塞部件采用柔韧性较好的橡胶材料或塑料材料制成，并采用模塑技术一体成形。瓶塞部件包括塞头801和截头圆锥形的瓶塞主体802，靠近塞头的瓶塞主体的直径大于远离塞头的瓶塞主体的直径。在瓶塞主体上设置有纵向间隔开的沿径向向外伸出的环形圈803，环形圈用于在堵塞瓶口时密封瓶口。

（二）发明人要解决的技术问题

在上述现有技术的基础上，发明人认为，CN1＊＊＊＊＊＊＊1A 公开的杠杆式开瓶器具有容纳部分瓶盖的通孔611，在孔的一侧设置有凸缘或唇缘602，凸缘或唇缘602抵在瓶盖凸缘下方，从而可以方便地撬起皇冠盖类型的瓶盖。但是，该杠杆式开瓶器既无法开启旋塞，也不具备封堵瓶口的功能。CN1＊＊＊＊＊＊＊2A 公开的用于开启旋塞的开瓶器为内部设置有凸肋707的杯形部件，使用时将杯形部件套在旋盖上并转动，杯形部件内部的凸肋707可增大与瓶盖的摩擦力，从而方便地拧开旋盖类型的瓶盖。但是该开瓶器无法开启皇冠盖，同样也不具备封堵瓶口的功能。CN1＊＊＊＊＊＊＊3A 公开的瓶塞部件在外壁处设置有环形圈803，从而可以方便地对盛有未饮用完的酒或饮料的瓶子实施再次密封。但是该瓶塞并不具备开启瓶盖的功能。

由此可知，虽然现有技术中已经提供了各种各样的开瓶器和瓶塞装置，但是现有技术中的上述器具仅有单一功能。消费者需要购买适合于开启不同瓶盖的多个开瓶器和瓶塞装置，以备不时之需。这样不仅存放、携带和使用不便，而且也增加了家庭开支，造成了资源的浪费。如果能够将开启皇冠盖的杠杆式开瓶器、开启旋盖的开瓶器和封堵瓶口的瓶塞部件组合在一起，形成多功能组合器具，不仅存放和携带更为方便，而且能够满足消费者希望用一种工具实现多种功能的需求。但是，如果仅仅将上述三种器具拴在一起，是无法满足存放节省空间、携带方便、节约开支和资源的要求的。另外，从现有技术中公开的三种器具的具体结构看，可以发现，开启皇冠盖的开瓶器、开启旋塞的开瓶器和瓶塞装置具有各自独特的结构，很难简单地将三种器具组合在一起，并同时满足上述要求。因此，现实生活中迫切需要设计一种能够开启不同瓶盖和封堵瓶口的多功能组合器具。

(三) 相关实施例介绍

为了解决上述技术问题,发明人设计了一种能够同时提供开启皇冠盖和旋盖功能,并且能够封堵瓶口的组合器具。组合器具具有一个与瓶盖接合的环形部分,环形部分的尺寸能够与使用者的手配合并且具有能够容纳至少一部分瓶盖的通孔,一个沿着横向远离环形部分延伸的塞形部分,塞形部分的尺寸能够与使用者的手相配并能被容纳在瓶颈中以便封堵瓶颈。发明人提供的部分附图如下,其中:

图22-2-04为本申请发明的组合器具的主视图;

图22-2-05为沿图22-2-04中106-106线的垂直界面放大图;

图22-2-06为将组合器具用于封堵瓶口的侧视图;

图22-2-07为将组合器具用于开启皇冠盖的侧视图;

图22-2-08为将组合器具用于开启旋盖的侧视图。

为了更好地描述本申请发明,图22-2-07和图22-2-08中使用了局部剖视图。

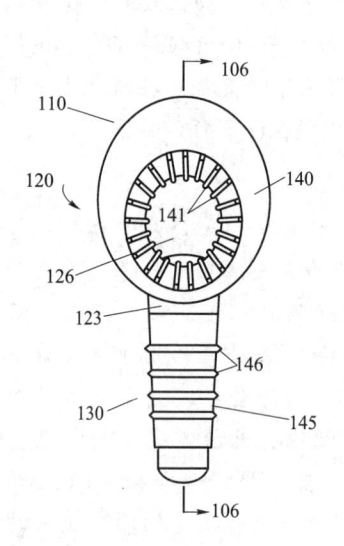

图22-2-04

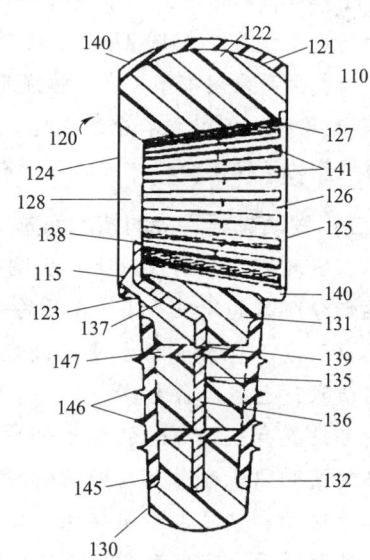

图22-2-05

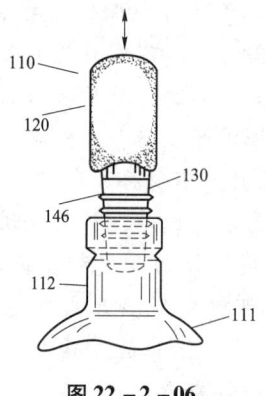

图22-2-06

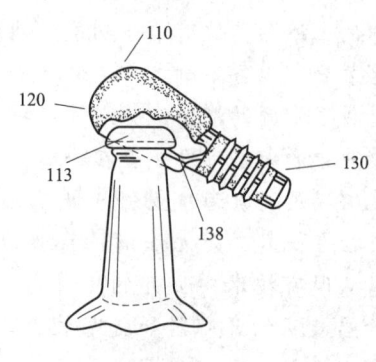

图22-2-07

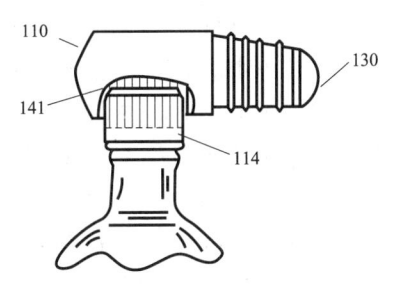

图 22-2-08

如图 22-2-04 和图 22-2-05 所示，组合器具 110 包括一个整体的单件体 115，它是一个最好由适当的塑料，如聚丙烯材料制成的刚性部件。单件体 115 具有一个环形部分 120，环形部分 120 的外表面 121 包括一个凸形上部 122 和一个基本平坦的下部 123。环形部分 120 相对较厚并且设有向基本平坦的下部 123 延伸的端面 124 和 125。环形部分 120 具有一个由截头圆锥形内表面 127 限定的通孔 126。截头圆锥形通孔具有大直径端和小直径端，且环形部分 120 在通孔 126 的小直径端具有一个斜切面 128，用于在开启瓶盖时候形成导孔。环形部分的通孔 126 的小直径端和大直径端的尺寸是这样确定的，即在使用中，小直径端至少可以套住皇冠盖的一部分，大直径端至少可以套住旋盖的一部分。优选地，通孔 126 相对环形部分 120 偏心设计，并且偏向平坦的下部 123。单件体 115 还具有一个基本上沿径向在平坦的下部 123 处远离环形部分 120 延伸的细长塞形部分 130。塞形部分 130 具有一个大致成截头圆锥形状的锥形体 131，锥形体 131 的直径沿着远离环形部分 120 的方向逐渐减小。在锥形体 131 两端之间的外表面上设置有一个环形切口 132，环形切口 132 基本上沿着锥形体 131 的主要长度段延伸。

塞形部分 130 可将由合适材料制成的金属长嵌板 135 通过镶嵌模塑的方法嵌入其中，优选地，金属长嵌板 135 由不锈钢材料制成。嵌板 135 具有一个位于锥形体 131 中心的细长主体 136，细长主体 136 具有与锥形体 131 的锥度相匹配的渐缩宽度。嵌板 135 的主体 136 在靠近环形部分 120 处形成一个偏置肩部 137，并向截头圆锥形通孔的小直径端延伸，从而形成直立的刚性唇缘 138。刚性唇缘在斜切面 128 的内边缘处伸入通孔 126 中。优选地，刚性唇缘 138 的端边形成一个大半径的圆弧。

环形部分 120 基本上被一个环形套 140 包住。环形套 140 覆盖环形部分 120 的整个外表面 121。环形部分 120 的截头圆锥形通孔 126 的内表面设置有许多沿着周向间隔开的凸肋 141，凸肋 141 沿着径向向内突出，每个凸肋基本上沿截头圆锥形内表面 127 的轴向长度延伸。塞形部分 130 还设有一个布置在环形切口 132 中的塞套 145，塞套最好用与环形套 140 相同的材料制成。塞套 145 还包括多个轴向间隔开并沿着径向向外突出的环形凸缘 146。

组合器具 110 可以通过适当的模塑技术制成。优选地，首先嵌板 135 被镶嵌模塑在单件体 115 中，接着环绕单件体 115 模塑出环形套 140 和塞套 145。为了帮助安装将嵌板固定在模具中的夹具，嵌板 135 的主体 136 具有直径较小的通孔或开口 139。在单件体 115 的模塑完成以后，将夹具取掉，并在模塑塞套 145 的过程中用护套材料填充因去掉板支承夹具而留下的穿透塞部锥形体 131 的径向孔，由此形成了径向柱状结构 147。为了让使用者在把握时感觉舒适，环形部分 120 被设计成圆形件且体积较大。优选地，在本申请发明的构造方式中，包括环形套 140 在内的环形部分 120 具有大约为 48 毫米的整体宽度，在端面 124 和 125 的上端之间的厚度约为 33 毫米，其高度约为 48 毫米，塞形部分 130 的长度约为 46 毫米。

图 22-2-06 至图 22-2-08 为组合器具在具体使用时的示意图。

参见图 22-2-06，塞形部分 130 呈锥形结构，且周向设置有环形凸缘 146，在使用中，这样的结构使它能够塞紧各种尺寸的瓶颈 112。在塞进瓶口的过程中，圆状的环形部分 120 可用作手柄，由于环形部分的大小和形状很适合用手把握，因此可以很方便地将塞形部分 130 插入瓶口中，同时环形凸缘 146 能够起到很好的密封作用。

图 22-2-07 示意性地说明了组合器具在开启皇冠盖时的使用方式。环形部分的通孔 126 的小直径端套住皇冠盖 113 的一部分，并且嵌板 135 的刚性唇缘 138 抵在皇冠盖凸缘的下方，以便撬起瓶盖。这样，未被环形套包裹住的斜切面 128 提供了进入通孔 126 的导入面，以便引导瓶盖并提供一个未被包覆的硬表面，从而有利于从瓶颈上撬起瓶盖。

图 22-2-08 示意性地说明了组合器具在开启旋盖时的工作方式。如图所示，在取掉旋盖 114 时，将环形部分的通孔 126 的大直径端套在旋盖上，塞形部分 130 可用作组合器具 110 的手柄。设置在截头圆锥形通孔内表面上的凸肋 141 靠摩擦力夹住旋盖 114 以防止器具 110 相对旋盖打滑。接着转动器具 110，以便拧掉瓶盖。

三、权利要求的撰写

（一）确定发明要求保护的客体

下面以本交底书中的技术方案为例进行具体分析。

通过对发明人提供的相关实施例进行仔细分析和研究，可以初步得到以下结论：（1）从相关实施例的内容可知，本技术方案主要涉及一种能够开启皇冠盖和旋盖、并能封堵瓶口的组合器具，因此本申请发明要求保护的主题是一种具有具体的结构和功能的产品，属于专利法保护的客体。（2）从技术交底书的内容可以知道，现有技术中虽然存在多种具有不同功能的开瓶器和瓶塞，但是还没有将不同功能的开瓶器和瓶塞组合在一起的组合器具。

组合发明是将某些技术方案进行组合，构成的一项新的技术方案，以解决现有技术客观存在的技术问题（参见《专利审查指南》第二部分第四章第 4.2 节）。本申请发明的构思在于提供一种现有技术中没有的多功能组合器具，具有组合发明的典型特征。因此，在撰写权利要求和说明书时，一定要突出组合发明的创造性特点，以便与不具备创造性的显而易见的组合形成区别，这些内容将在下文中详细介绍。

在确定了本申请发明保护的技术主题之后，应该进一步列出有关组合器具的所有技术特征，并确定这些特征在技术方案中的作用，从而便于下文权利要求的撰写。

本申请中的组合器具，基本包括以下技术特征：
（1）组合器具的主体具有至少容纳部分瓶盖的通孔（126）的环形部分（120）；

(2) 所述主体具有塞形部分（130）；

(3) 通孔（126）为截头圆锥形，具有大直径端和小直径端，截头圆锥形通孔（126）的内壁上设置有径向间隔的凸肋（141），凸肋沿着截头圆锥形通孔的内壁从大直径端向小直径端延伸；

(4) 塞形部分（130）沿着环形部分（120）横向延伸；

(5) 伸入通孔（126）中的刚性唇缘（138）；

(6) 刚性唇缘（138）由设置在塞形部分内部沿纵向延伸的金属嵌板（135）伸入截头圆锥形通孔的小直径端形成；

(7) 金属嵌板在靠近环形部分具有一个偏置的肩部；

(8) 塞形部分（130）为截头圆锥形；

(9) 塞形部分（130）沿着远离环形部分（120）的方向逐渐缩小；

(10) 塞形部分（130）具有多个纵向间隔开的环形凸缘；

(11) 环形部分（120）基本被环形套（140）包裹住；

(12) 环形部分（120）具有环绕小直径端的斜切面（128）；

(13) 金属嵌板由不锈钢制成。

（二）确定相关的现有技术

对于改进型发明而言，最接近的现有技术是指现有技术中与要求保护的发明最密切相关的一个技术方案，它是判断发明是否具有突出的实质性特点的基础（参见《专利审查指南》第二部分第四章第3.2.1.1节）。确定最接近的现有技术，要从要求保护主题的技术领域、所要解决的技术问题、达到的技术效果以及公开的技术特征的多少等几个方面综合考虑，这些原则在其他小节中有比较详细的介绍，这里就不再赘述。但是，如上所述，本小节涉及的发明创造是组合发明类型的，由于组合发明是将多项现有技术以非简单叠加的方式组合在一起，因此无法按照常规的方式撰写独立权利要求和其他申请文件。

下面以本交底书中的技术方案为例，详细说明对于组合发明应该如何分析现有技术，如何分析与现有技术的差异，如何选择组合方式以及如何充分表达发明创造所要求解决的技术问题和技术效果，以凸显发明内容相对于现有技术的可专利性。

本申请发明的组合器具同时具有开启皇冠盖、旋盖和封堵瓶口的功能，实际上是将上述三种部件组合在一起的组合部件。由于CN1*******1A（以下简称"D1"）、CN1*******2A（以下简称"D2"）和CN1*******3A（以下简称"D3"）与本申请发明的技术领域相同或相近，因此上述现有技术均与交底书中的技术方案非常相关。但是，D1是通过在片状刚性材料上加工容纳部分瓶盖的通孔和用于撬起瓶盖的凸缘，从而解决开启皇冠盖的技术问题；D2是通过提供一种内壁具有凸肋的截头圆锥形孔，从而解决开启不同直径旋塞的技术问题；D3是通过将塞子设计成外壁处有环形凸缘的截头圆锥形，从而解决要求瓶塞能够封堵不同直径瓶口的技术问题。因此，上述三篇现有技术各自解决的技术问题不同，而且也不同于本交底书中的技术方案所要求解决的技术问题。

如上所述，组合发明的特点就是将多项现有技术以非简单叠加的方式组合在一起，因此作为将多项现有技术组合在一起的组合部件，组合发明必然包含着多项现有技术中所包含的技术特征，而且这些技术特征会占到整个方案的大部分或绝大部分。然而，由于组合发明是以非简单叠加的方式将现有技术组合在一起，也必然需要具有与其他发明相同的专利性，因此组合发明必然包含不同于现有技术的技术特征。这些不同于现有技术的技术特征，确定着组合发明的组合方式，使得其不同现有技术中的技术方案，能够以具有专利性的方式结合在一起，进而使得按照这种方式结合形成的组合发明具有专利性。

表22-2-01是交底书中的技术方案与现有技术的特征对比表，表中："×"表示相应技术特征在相应的对比文件中没有公开；"√"表示相应技术特征在相应的对比文件中已经公开。当然，这些技术特征对于本申请发明要求保护的技术方案来说，是否是必要技术特征，还需要作进一步分析。

表22-2-01

	本申请发明	D1	D2	D3
1	具有至少容纳部分瓶盖的截头圆锥形通孔（126）的环形部分（120）	×	√	×
2	具有塞形部分（130）	×	×	√
3	通孔（126）为截头圆锥形，具有大直径端和小直径端，截头圆锥形通孔（126）的内壁上设置有径向间隔的凸肋（141），凸肋沿着截头圆锥形通孔的内壁从大直径端向小直径端延伸	×	√	×
4	塞形部分（130）沿着环形部分（120）横向延伸	×	×	×
5	伸入通孔（126）中的刚性唇缘（138）	√	×	×
6	刚性唇缘（138）由设置在塞形部分内部沿纵向延伸的金属嵌板（135）伸入截头圆锥形通孔的小直径端形成	×	×	×
7	金属嵌板在靠近环形部分具有一个偏置的肩部（137）	×	×	×
8	塞形部分（130）具有多个纵向间隔开的环形凸缘	×	×	√
9	塞形部分（130）为截头圆锥形	×	×	√
10	塞形部分（130）沿着远离环形部分（120）的方向逐渐缩小	×	×	×
11	环形部分（120）基本被环形套（140）包裹住	×	×	×
12	环形部分（120）具有环绕小直径端的斜切面（128）	×	×	×
13	金属嵌板由不锈钢制成	×	×	×

（三）确定本申请发明要解决的技术问题

发明所要解决的技术问题，通常是指发明实际能够解决的技术问题。要确定发明实际解决的技术问题，一般要确定发明与最接近的现有技术之间的区别技术特征，然后根据区别技术特征所能达到的技术效果确定发明实际解决的技术问题。从某种意义上说，发明实际解决的技术问题，是指为了获得更好的技术效果而需要对最接近的现有技术进行改进的技术任务（参见《专利审查指南》第二部分第四章第3.2.1.1节）。

对于组合发明来说，主要是对现有技术进行组合而构成一项新的发明，因此组合发明要求解决的技术问题通常与将各待组合部分组合在一起所能解决的技术问题相关。由此可知，要确定组合发明解决的技术问题，可以从组合发明的技术方案以及组合发明技术方案所能达到的技术效果入手，分析组合发明所要解决的技术问题。

对于本申请发明而言，其技术方案是将现有技术中的开启皇冠盖的开瓶器、开启旋塞的开瓶器和多次型瓶塞组合在一起形成的组合器具。但是，本申请发明并不是将现有技术中的三种器具简单地拼凑在一起，而是通过创新性的设计，使三种工具巧妙地结合在一起，实现了结构和功能上的相互支持。具体内容将在下文对权利要求的创造性分析时进行详细说明。本申请发明具有设计精巧、结构紧凑、节约资源、携带方便、存放节约空间，并且具备一种工具实现多种能的技术效果。因此，根据该技术效果可以确定本申请发明所要解决的技术问题是满足消费者希望用一种工具实现多种功能的需求，并且结构紧凑、存放节约空间、携带方便，节约开支和资源。

（四）确定独立权利要求的必要技术特征，撰写独立权利要求

为了解决上述技术问题，本申请发明将现有技术中开启旋盖部件、开启皇冠盖部件和塞子部件组合在一起。通过分析可知，本申请发明的主体是由现有技术中开启旋盖部件和塞子部件构成的，其中开启旋盖部分包括具有至少容纳部分瓶盖的截头圆锥形通孔的环形部分，截头圆锥形通孔包括大直径端和小直径端，通孔内壁上设置有周向间隔的凸肋，塞形部分沿着环形部分的横向延伸，因此上述技术特征应该作为本申请发明的必要技术特征。此外，为了实现开启皇冠盖的功能，塞形部分内置嵌板，并且嵌板伸入截头圆锥形通孔的小直径端从而构成刚性唇缘。原则上技术特征"塞形部分内设置有嵌板，嵌板伸入截头圆锥形通孔的小直径端从而构成刚性唇缘"也应该作为本申请发明独立权利要求的必要技术特征。但是本领域的技术人员知道，对于上述结构的组合器具，只要在截头圆锥形通孔的小直径端设置有由环形部分支撑的刚性唇缘，就可以实现开启皇冠盖的功能，而不论该凸缘是否是由塞形部分内的嵌板提供。因此，为了使本申请发明得到更好的保护，可以将"塞形部分内的嵌板伸入截头圆锥形通孔的小直径端从而构成刚性唇缘"这一技术特征写入从属权利要求中，而将技术特征"在截头圆锥形通孔的小直径端具有由环形部分支撑并伸向通孔的刚性唇缘"作为独立权利要求的必要技术特征。此外，由于无法确定最接近的现有技术，因此组合发明的独立权利要求不用划分前述部分和特征部分。

由此撰写出的独立权利要求为：

1. 一种开瓶器与瓶塞的组合器具，包括一个具有至少容纳部分瓶盖的通孔（126）的环形部分（120）和塞形部分（130）构成的主体，所述通孔（126）为具有大直径端和小直径端的截头圆锥形并且内壁设置有沿周向间隔的凸肋（141），所述塞形部分（130）沿着所述环形部分（120）的横向延伸，在截头圆锥形通孔的小直径端具有由所述环形部分支撑并伸入所述通孔的刚性唇缘（138）。

（五）独立权利要求新颖性和创造性分析

在完成独立权利要求的撰写后，应该首先分析独立权利要求的新颖性和创造性，而不是立即撰写从属权利要求。

1. 新颖性分析

组合发明的新颖性分析相对简单，因为技术方案是由不同现有技术组合形成的，相对于任何一项现有技术，组合发明必然会包含其他的技术特征。比如说 D1 中没有公开"开瓶器包括环形部分和塞形部分，通孔为具有大直径端和小直径端的截头圆锥形，并且内壁设置有周向间隔的凸肋，塞形部分沿着环形部分横向延伸"等技术特征，因此本申请发明的独立权利要求 1 相对于 D1 具备新颖性。D2 中没有公开"开瓶器包括塞形部分，塞形部分沿着环形部分的横向延伸，在截头圆锥形通孔的小直径端具有由环形部分支撑并伸入通孔中的刚性唇缘"等技术特征，因此本申请发明的独立权利要求 1 相对于 D2 也具备新颖性。D3 中没有公开"开瓶器包括具有至少容纳部分瓶盖的通孔的环形部分，通孔为具有大直径端和小直径端的截头圆锥形并且内壁设置有沿周向间隔的凸肋，在截头圆锥形通孔的小直径端具有由环形部分支撑并伸入通孔的刚性唇缘"等技术特征，本申请发明的独立权利要求 1 相对于 D3 同样具有新颖性。因此本申请发明的独立权利要求 1 符合《专利法》第 22 条第 2 款规定的新颖性。

2. 创造性分析

一项发明创造要获得授权，除了具备新颖性之外，还必须满足创造性的要求。组合发明分为两种，一种是显而易见的组合，另一种是非显而易见的组合。显而易见的组合是将某些已知的产品或方法组合或连接在一起构成的。这些被组合的已知产品或方法各自以其常规的方式工作，而且总的技术效果是各组合部分效果的总和。组合后的各技术特征之间在功能上没有相互作用关系，仅仅是一种简单的叠加，这种组合发明不具备创造性。如《专利审查指南》中的圆珠笔与电子表的组合发明，将电子表与圆珠笔组合后，两者仍以其常规的方式工作，在功能上并没有相互作用关系，只是一种简单叠加，这样的组合发明不具备创造性。此外，如果组合仅仅是公知结构的变型，或者组合处于常规技术继续发展的范围内，而没有取得预料不到的技术效果，则这样的组合发明也不具备创造性。所谓非显而易见的组合是指组合后的各技术特征在功能上相互支持，并取得了新的技术效果，或者组合后的技术效果比每个技术特征效果的总和更优越，那么这种组合发明具有突出的实质性特点和显著进步，具备创造性。

因此，我们在分析组合发明权利要求的创造性的时候，首先应该分析组合发明是简单的叠加还是具有创造性的非显而易见的组合。分析组合发明的创造性，除了考虑组合的难易程度、现有技术中是否存在组合启示外，还要判断组合发明技术方案中的各项技术特征在结构和功能上是否相互支持，是否具备组合后的技术效果。简单来说，组合发明要具备创造性，就必须在结构和功能上具备一加一大于二的效果。因此，我们要分析组合发明的创造性，就要从分析组合发明是否具有一加一大于二的效果入手。

下面我们就对本申请发明的创造性贡献进行分析。现有技术中存在具有环形凸缘的塞子部件、具有内部设置有向内伸出的凸肋的截头圆锥形孔的开启旋盖的开瓶器和具有与部分瓶盖接合的孔以及向孔内伸出的刚性唇缘的开启皇冠盖的开瓶器。本申请发明实际上是将三种现有技术组合在一起构成的组合部件，但是本申请发明并不是三种现有技术的简单拼凑，而是一种能够在结构和功能上相互支持的非显而易见的组合。通过对本申请发明的技术方案以及现有技术进行分析，我们发现，本申请发明组合部件的主体是现有技术中开启旋盖的开瓶器和塞子部件的组合，但是二者并不是简单地拼凑在一起，而是彼此在结构和功能上相互支持。首先，本申请发明中的开启皇冠盖部分是由开启旋盖部分和塞形部分各提供一部分结构构成的。开启旋盖部分没有采用现有技术中的盲孔设计，而是采用了通孔结构，这样做不但节省了材料，更重要的是为开启皇冠盖部分提供了能容纳至少部分瓶盖的瓶盖接合部分。塞子部分没有采用现有技术中的单一材料制成，而是在内部采用了具有加强筋功能的嵌板结构，这样做不仅增加了部件的强度，而且嵌板在靠近截头圆锥形通孔的小直径端附近弯折并向前伸入小直径端，从而为开启皇冠盖部分提供了在开启皇冠盖时抵靠在皇冠盖突起下部的刚性唇缘。其次，本申请发明的这种设计还产生了附加的技术效果，如本申请发明中的塞子部分沿着环形部分的横向延伸，这样的设计能够使塞子部分和开启瓶盖的环形部分在实现各自功能时，相互用作手柄。例如在将塞子部分插入瓶口中时，可以握住环形部分，这样可以更加容易地将塞子部分插入瓶口中。在开启瓶盖时，塞子部分不但可以作为把手，而且还可以作为开启瓶盖的杠杆，施加杠杆力。由此可以看到，通过上述设计，本申请发明的各组合部件间实现了在结构和功能上的相互支持，具备了一加一大于二的效果。此外，通过上述分析可知，本申请发明也不属于"仅仅是公知结构的简单变型或者处于常规技术继续发展范围之内，而没有取得预料不到的技术效果"的情况。因此本申请发明的独立权利要求相对于现有技术具备突出的实质性特点和显著的进步，具备创造性。

此外，由于组合发明需要突出说明为什么不是简单拼凑，即结构上的简单叠加，为什么能够产生功能上的相互支持，并产生新的技术效果，因此需要在说明书中对技术问题的解决难度和取得的技术效果进行详细描述，从而凸显本申请发明的创造性特点。

（六）从属权利要求的撰写

如上所述，组合发明的特点就是将多项现有技术以非简单叠加的方式组合在一起，为了形成适当的保护范围，所形成的权利要求1必然仅包含有组合所必需的基本技术特征，因而该技术方案所能够获得的将仅是组合后所具有的基本效果。不言而喻，其中任何一项现有技术除了能够给出形成该组合所需要的基本技术效果之外，必然还能够提供增加某些技术特征，而形成进一步的技术效果。因此在撰写组合发明的从属权利要求时，应该从不同的在先技术出发，根据其对权利要求1的技术方案所起的作用，分别形成相应的从属权利要求。

对于本申请发明来说，除了应该将技术特征对比表中没有写入独立权利要求的技术特征写入从属权利要求中外，还应该结合组合发明的特点撰写从属权利要求。组合发明是将某些已知的产品或方法组合或连接在一起构成的，虽然被组合的在先产品或方法是已知的，但是其相关技术特征仍然有可能对组合发明权利要求的创造性作出贡献，因此必须撰写从属权利要求。在撰写组合发明的从属权利要求时，应该从构成独立权利要求的不同在先技术出发，分别形成直接的从属权利要求。本申请发明要求保护的组合器具是由开启皇冠盖的开瓶器、开启旋塞的开瓶器和多次型瓶塞构成的，因此本申请发明从属权利要求的撰写也应当从上述三项现有技术出发，形成三组从属权利要求。在撰写这种类型的从属权利要求时，可以根据不同在先技术对组合发明创造性的贡献，采取先撰写第一组从属权利要求，然后其余两组从属权利要求分别引用第一组从属权利要求的撰写方式，使发明的技术方案得到比较好的保护。根据上文对独立权利要求的必要技术特征分析可知，"塞形部分内部设置有纵向延伸的金属嵌板，所述刚性唇缘由金属嵌板构成"也是本申请发明的创造性贡献所在，因此应该将该技术特征写入第一组从属权利要求中，然后再分别根据开启旋塞的开瓶器和多次型瓶塞针对于组合发明作出的改进撰写两组从属权利要求。

综合考虑，本申请发明的从属权利要求可写成：

2. 如权利要求 1 所述的组合器具，其特征在于，所述塞形部分内部设置有纵向延伸的金属嵌板（135），所述刚性唇缘由金属嵌板（135）构成。

3. 如权利要求 2 所述的组合器具，其特征在于，所述金属嵌板在靠近所述环形部分具有一个偏置的肩部（137）。

4. 如权利要求 3 所述的组合器具，其特征在于，所述金属嵌板（135）由不锈钢制成。

5. 如权利要求 1-4 中任一权利要求所述的组合器具，其特征在于，所述环形部分（120）具有环绕所述小直径端的斜切面。

6. 如权利要求 5 所述的组合器具，其特征在于，所述环形部分（120）基本被环形套（140）包裹住。

7. 如权利要求 1-4 中任一权利要求所述的组合器具，其特征在于，所述塞形部分（130）为截头圆锥形，并且沿着远离环形部分（120）的方向逐渐缩小。

8. 如权利要求 7 所述的组合器具，其特征在于，所述塞形部分（130）具有多个纵向间隔开的环形凸缘（146）。

9. 如权利要求 5 所述的组合器具，其特征在于，所述塞形部分（130）为截头圆锥形，并且沿着远离环形部分（120）的方向逐渐缩小。

10. 如权利要求 6 所述的组合器具，其特征在于，所述塞形部分（130）具有多个纵向间隔开的环形凸缘（146）。

四、说明书的撰写

说明书应当按照《专利法实施细则》第 17 条、第 18 条的规定撰写，对于组合发明来说，还需要注意在说明书撰写的过程中凸显组合发明的特点。

1. 发明名称

发明名称应该清楚、简要、全面地反映要求保护的发明的主题和类型，由于组合发明是将某些已知的产品或方法组合在一起构成的新的产品或方法，因此组合后的产品或方法可能与在先技术的各个主题均不同。在考虑了本申请发明的主题和技术领域的分析之后，建议的发明名称为：开瓶器与瓶塞的组合器具。

2. 技术领域

组合发明的技术领域应当是要求保护的技术方案所属或者直接应用的具体技术领域，

而不是上位的或者相邻的技术领域，也不是发明本身，该具体的技术领域往往与发明在国际分类表中可能分入的最低位置有关。然而构成组合发明的多个在先技术，可能分别属于不同的技术领域，因此组合发明的技术领域可能会与多个在先技术的技术领域不同。在考虑了本申请发明要求保护的技术方案后，建议可写成："本发明涉及一种瓶盖开启装置与封堵瓶口装置的组合器具，特别是一种开瓶器与瓶塞的组合器具"。

3. 背景技术

按照《专利法实施细则》第17条的要求，在背景技术中，要写明对发明的理解、检索和审查有用的背景技术，并尽可能引证反映这些背景技术的文件。此外，在背景技术部分还要客观地指出涉及由发明的技术方案所解决的问题和缺点。在可能的情况下，还要说明存在这种问题和缺点的原因以及解决这些问题曾经遇到的困难。一般来说，至少要简明扼要地反映最接近的现有技术公开的内容及所存在的问题。

对于组合发明来说，由于无法按照常规的方式确定最接近的现有技术，因此需要在背景技术中对待组合的现有技术进行详细介绍，分别指出各现有技术中涉及发明技术方案所解决的问题和缺点。此外，还要尽可能详细地介绍解决这些问题所遇到的各种困难，从而突出发明所要求保护的技术方案的非显而易见性。

本申请发明涉及开瓶器与瓶塞装置的组合器具，由于申请人认为发明人提供的三篇现有技术是最合适的现有技术，因此将上述三篇现有技术写入背景技术部分，并详细介绍其各自存在的问题和缺点。此外，还要尽可能详细地说明存在这些问题的原因以及解决这些问题所遇到的困难。相关具体内容在上文中已经有详细说明，在此不再赘述。

4. 发明内容

在发明内容部分应当清楚、客观地写明发明所要求解决的技术问题、发明所要求保护的技术方案以及发明与现有技术相比所具有的有益效果。其中技术方案部分至少应反映包含全部必要技术特征的独立权利要求的技术方案。

对于组合发明来说，应该按照上文中介绍的方法确定组合发明所要求解决的技术问题。由于组合发明所要解决的技术问题以及组合发明的创造性与组合发明所能达到的技术效果密切相关，因此在发明内容部分应该凸显发明所达到的新的技术效果。所述新的技术效果包括组合发明所必须的基本技术特征组合后所具有的基本效果和现有技术能够提供的增加的技术特征所带来的进一步的技术效果。

对于本申请发明来说，其设计非常巧妙，并取得了新的技术效果。首先，开启皇冠盖部分是由开启旋盖部分和塞形部分各提供一部分结构构成的。开启旋盖部分采用了通孔结构，这样做不但节省了材料，更重要的是为开启皇冠盖部分提供了能容纳至少部分瓶盖的瓶盖接合部分。塞形部分内部采用了具有加强筋功能的嵌板结构，这样做不仅增加了部件的强度，而且嵌板在靠近截头圆锥形通孔的小直径端附近弯折并向前伸入小直径端，从而为开启皇冠盖部分提供了在开启皇冠盖时抵靠在皇冠盖突起下部的刚性唇缘。上述基本特征的组合不仅简化了产品的结构，使产品更加紧凑，而且存放节省空间，携带更为方便。其次，本发明的这种设计还产生了进一步的技术效果，如本申请发明中的塞形部分沿着环形部分的横向延伸，能够使塞形部分和开启瓶盖的环形部分在实现各自功能时，相互用作手柄，使用起来更为方便。因此，应该将上述新的技术效果写入申请文件中，以凸显组合发明相对于现有技术的可专利性。

5. 附图

本申请有附图，所以要有附图说明部分，应当写明各幅附图的图名，并图示的内容作简略说明。如果申请比较复杂，最好能用剖视图、透视图等清楚反映内外结构的附图。

6. 具体实施方式

实现发明的优选的具体实施方式是说明书的重要组成部分，它对于充分公开、理解和实现发明，支持和解释权利要求都是极为重要的。因此，说明书应当详细描述申请人认为实现发明的优选的具体实施方式。

在具体实施方式部分，应该对照附图，对本申请发明的开瓶器与瓶塞的组合器具的基本实施方式作详细说明。随后，还需要通过优选实施例的方式，对与各个从属权利要求相关的技术方案，逐一给出说明。

在说明书每一部分前面要写明标题。

五、说明书摘要的撰写

说明书摘要应当按照《专利法实施细则》第 23 条的规定撰写，写明发明的名称和所属技术领域，并清楚地反映所要解决的技术问题、解决该问题的技术方案的要点以及主要用途。在考虑不得超过 300 个字的前提下，写明有关要求保护的技术方案及采用该技术方案所获得的技术效果。并选用说明书附图中的其中一幅作为摘要附图。

具体到开瓶器与瓶塞的组合器具的实例，说明书摘要部分重点对独立权利要求的技术方案的要点作出说明，在此基础上进一步说明其解决的技术问题和有益效果。此外，还应当选择合适的附图作为说明书摘要附图，本发明选取附图 2 作为摘要附图。

六、案例总结

本案例介绍了组合发明申请文件的撰写思路。由于组合发明是将多种现有技术组合在一起作出的发明创造，通常不能按照常规的方式确定最接近的现有技术，因此需要按照根据组合发明所达到的技术效果来确定组合发明所要求解决的技术问题的方式确定发明所要解决的技术问题并撰写相关权利要求。在撰写组合发明的权利要求时，应该注意以下两点：（1）首先应该从分析组合发明的创造性入手，分析组合发明的创造性贡献，也就是找出组合发明中一加一大于二的部分；（2）根据发明要解决的技术问题，结合组合发明的创造性贡献来撰写独立权利要求和相应从属权利要求。在撰写组合发明的说明书时，应该注意以下两点：（1）除了需要在背景技术中对待组合的现有技术进行详细介绍，分别指出各现有技术中涉及发明技术方案所解决的问题和缺点外，还要尽可能详细地介绍解决这些问题所遇到的各种困难，从而突出发明所要求保护的技术方案的非显而易见性；（2）由于组合发明所要解决的技术问题以及组合发明的创造性与组合发明所能达到的技术效果密切相关，因此在发明内容部分应该凸显发明所达到的新的技术效果。

七、推荐的申请文件

根据上文介绍的本申请发明技术交底书和现有技术的情况，撰写出保护范围较为合理的独立权利要求与相应的从属权利要求、同时撰写出说明书及说明书摘要。下文推荐的申请文件包括说明书摘要、摘要附图、权利要求书、说明书和说明书附图。

说 明 书 摘 要

一种开瓶器与瓶塞的组合器具,包括具有开启瓶盖部分和塞形部分的主体,开启瓶盖部分具有能够容纳至少部分瓶盖的截头圆锥形通孔的环形部分,通孔具有大直径端和小直径端并且内壁设置有沿周向间隔开的凸肋,在小直径端设置有向通孔内伸出的刚性唇缘。塞形部分远离环形部分的径向向外延伸,其中环形部分和塞形部分在使用中可相互用作手柄。该组合器具能够同时提供开启皇冠盖和开启旋盖的功能,并且能够封堵瓶口,满足了消费者对一种工具实现多种功能的需求,存放节约空间,携带方便,并且节约开支和节省材料。

摘 要 附 图

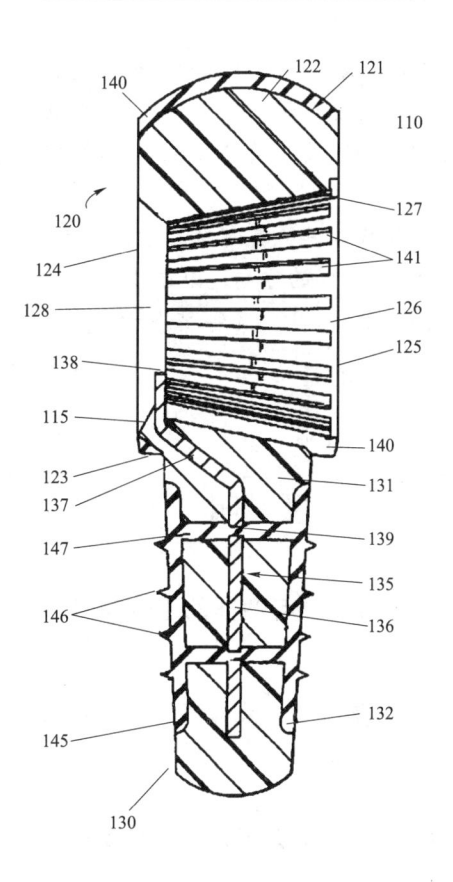

权 利 要 求 书

1. 一种开瓶器与瓶塞的组合器具，包括一个具有至少容纳部分瓶盖的通孔（126）的环形部分（120）和塞形部分（130）构成的主体，所述通孔（126）为具有大直径端和小直径端的截头圆锥形并且内壁设置有沿周向间隔的凸肋（141），所述塞形部分（130）沿着所述环形部分（120）的横向延伸，在截头圆锥形通孔的小直径端具有由所述环形部分支撑并伸入所述通孔的刚性唇缘（138）。

2. 如权利要求1所述的组合器具，其特征在于，所述塞形部分内部设置有纵向延伸的金属嵌板（135），所述刚性唇缘由金属嵌板（135）构成。

3. 如权利要求2所述的组合器具，其特征在于，所述金属嵌板在靠近所述环形部分具有一个偏置的肩部（137）。

4. 如权利要求3所述的组合器具，其特征在于，所述金属嵌板（135）由不锈钢制成。

5. 如权利要求1-4中任一权利要求所述的组合器具，其特征在于，所述环形部分（120）具有环绕所述小直径端的斜切面。

6. 如权利要求5所述的组合器具，其特征在于，所述环形部分（120）基本被环形套（140）包裹住。

7. 如权利要求1-4中任一权利要求所述的组合器具，其特征在于，所述塞形部分（130）为截头圆锥形，并且沿着远离环形部分（120）的方向逐渐缩小。

8. 如权利要求7所述的组合器具，其特征在于，所述塞形部分（130）具有多个纵向间隔开的环形凸缘（146）。

9. 如权利要求5所述的组合器具，其特征在于，所述塞形部分（130）为截头圆锥形，并且沿着远离环形部分（120）的方向逐渐缩小。

10. 如权利要求6所述的组合器具，其特征在于，所述塞形部分（130）具有多个纵向间隔开的环形凸缘（146）。

说 明 书

开瓶器与瓶塞的组合器具

技术领域

[0001] 本发明涉及一种瓶盖开启装置与瓶口封堵装置的组合器具，尤其涉及一种开瓶器与瓶塞的组合器具。

背景技术

[0002] 现有技术中包括各种各样的开瓶器。中国专利CN1＊＊＊＊＊＊＊1A公开了一

种开启皇冠盖的开瓶器610，具体参见图6。如图6所示，该皇冠盖（或称爆启瓶盖）通常用于瓶装啤酒或其他瓶装饮料瓶上，其具有垂下的凸缘，凸缘具有压接在瓶颈端的沿口上的带槽纹的边缘。开瓶器由金属片605制成，包括具有宽度较大的大端607和宽度较小的小端603，两个端部边缘均为柔和的曲线形结构，在使用中可以更好地把握，而不会划伤手掌。金属片是平直的，并且具有向下弯折的边缘606，在开瓶器的大端部分开设有方形通孔611，方形通孔在靠近大端一侧孔壁的中间位置设置有向小端延伸的唇缘602。在开启皇冠盖时，部分瓶盖卡在通孔611中，凸缘602抵靠在皇冠盖的凸缘下方，用手下压开瓶器小端，以便撬起瓶盖。

[0003] 此外，中国专利CN1*******2A公开了一种开启旋盖的开瓶器，具体参见图7。如图7所示，开瓶器整体上具有小汽车方向盘的形状，包括开启旋盖的开启部分和支撑部分。开启部分为中间具有截头圆锥形盲孔的圆柱体702。所述截头圆锥形盲孔的小直径端705位于盲孔孔底，截头圆锥形盲孔的孔壁上设置有周向间隔开的向孔内延伸的凸肋707，以便在开启旋塞时提供摩擦力。凸肋沿着孔壁周向均匀间隔并且基本上沿着截头圆锥形盲孔的长度延伸，靠近小直径端的凸肋末端比靠近大直径端的凸肋末端更靠近盲孔的纵轴线。支撑部分包括围绕开启部分四周延伸的环形部件701和支撑臂703。环形部分701的大小适合手把握，其中心位于圆柱体702的纵轴线上。支撑臂将环形部件701连接到圆柱体702的外表面706上。支撑臂为多根，优选支撑臂为3根。

[0004] 中国专利CN1*******3A公开了一种用于封堵瓶口的瓶塞部件，具体结构参见图8。如图8所示，瓶塞部件采用柔韧性较好的橡胶材料或塑料材料制成，并采用模塑技术一体成形。瓶塞部件包括塞头801和截头圆锥形的瓶塞主体802，靠近塞头的瓶塞主体的直径大于远离塞头的瓶塞主体的直径。在瓶塞主体上设置有纵向间隔开的沿径向向外伸出的环形圈803，环形圈用于在堵塞瓶口时密封瓶口。

[0005] 由此可知，虽然现有技术中已经提供了各种各样的开瓶器和瓶塞装置，但是现有技术中的上述器具仅有单一功能。消费者需要购买适合于开启不同瓶盖的多个开瓶器和瓶塞装置，以备不时之需。这样不仅存放需要空间，而且携带不便，也增加了家庭开支，造成了资源的浪费。如果能够将开启皇冠盖的杠杆式开瓶器、开启旋盖的扳手型开瓶盖器和封堵瓶口的瓶塞装置组合在一起，形成多功能组合器具，不仅存放节约空间、使用和携带更为方便，节约了开支和资源，而且能够满足消费者希望用一种工具实现多种功能的需求。但是，从现有技术中公开的三种器具的具体结构我们发现，开启皇冠盖的开瓶器、开启旋塞的开瓶器和瓶塞装置具有各自独特的结构，很难简单地将三种器具组合在一起，并实现上述要求的。因此，现实生活中迫切需要设计一种能够开启不同瓶盖和封堵瓶口的多功能组合器具。

发明内容

[0006] 发明人针对现有技术中存在的上述技术问题进行了研究，首次将开启皇冠盖的开瓶器、开启旋塞的开瓶器和多次型瓶塞装置组合在一起，解决了现有技术中开瓶器和瓶塞功能单一的问题，满足了消费者对于一种工具实现多种功能的需求，并且存放节约空间、使用和携带方便，节约了开支和资源。

[0007] 本发明的主要目的是提供一种能够克服现有技术中开瓶器和瓶塞装置的缺陷，并且同时能够提供开启旋塞、皇冠塞功能并且能够封堵瓶口的组合器具。

[0008] 本发明的组合器具包括一个具有至少容纳部分瓶盖的通孔的环形部分和塞形部分构成的主体，通孔为具有大直径端和小直径端的截头圆锥形并且内壁设置有沿周向间隔的凸肋，塞形部分沿着环形部分的横向延伸，在截头圆锥形通孔的小直径端具有由环形部分支撑并伸入通孔的刚性唇缘。

[0009] 塞形部分为截头圆锥形，塞形部分的直径沿着远离环形部分的方向逐渐缩小。

[0010] 塞形部分内部设置有纵向延伸的金属嵌板，刚性唇缘由金属嵌板构成。嵌板具有一个在塞形部分中心延伸的主体部分，在靠近环形部分具有一个连接主体和唇缘的偏置肩部。

[0011] 在塞形部分的主体上设置有纵向间隔开的环形凸缘，环形凸缘用于在封堵瓶口时，起到密封作用。

[0012] 本发明的组合设计非常巧妙，具有很多优点。首先，开启皇冠盖部分是由开启旋盖部分和塞形部分各提供一部分结构构成的。开启旋盖部分采用了通孔结构，这样做不但节省了材料，更重要的是为开启皇冠盖部分提供了能容纳至少部分瓶盖的瓶盖接合部分。塞形部分内部采用了具有加强筋功能的嵌板结构，这样做不仅增加了部件的强度，而且嵌板在靠近截头圆锥形通孔的小直径端附近弯折并向前伸入小直径端，从而为开启皇冠盖部分提供了在开启皇冠盖时抵靠在皇冠盖突起下部的刚性唇缘。其次，本发明的这种设计还产生了进一步的技术效果，如本申请发明中的塞形部分沿着环形部分的横向延伸，能够使塞形部分和开启瓶盖的环形部分在实现各自功能时，相互用作手柄。上述设计不但使产品的结构更加紧凑，存放和携带方便，节约了开支和资源，而且使用起来更加方便。为了更好地理解本发明的技术方案和本发明所带来的各种优点，在附图中给出了本发明的优选实施例，下面将结合附图对本发明的技术方案进行详细描述。

附图说明

[0013] 图1是本发明的开瓶器与瓶塞的组合器具的主视图；

[0014] 图2是大致沿图1中的106-106线截取的垂直截面的放大视图；

[0015] 图3是表示将本发明的组合器具用作塞子的缩小的侧视图；

[0016] 图4是将本发明的组合器具用于开启皇冠盖的示意图，其中部分结构作了剖视；

[0017] 图5是将本发明的组合器具用于开启旋塞的示意图，其中部分结构作了剖视；

[0018] 图6是现有技术1中开启皇冠盖的开瓶器的主视图；

[0019] 图7是现有技术2中开启旋盖的开瓶器的剖视图；

[0020] 图8是现有技术3中瓶塞部件的局部剖视图。

具体实施方式

[0021] 参见图1和图2，开瓶器与瓶塞的组合器具110包括一个整体的单件体

115，它是一个最好由适当的塑料，如聚丙烯材料制成的刚性部件。单件体 115 具有一个环形部分 120，环形部分 120 的外表面 121 包括一个凸形上部 122 和一个基本平坦的下部 123。环形部分 120 相对较厚并且设有向基本平坦的下部 123 延伸的端面 124 和 125。环形部分 120 具有一个由截头圆锥形内表面 127 限定的通孔 126。截头圆锥形通孔具有大直径端和小直径端，且环形部分 120 在通孔 126 的小直径端具有一个斜切面 128，用于在开启瓶盖时候形成导孔。环形部分的通孔 126 的小直径端和大直径端的尺寸是这样确定的，即在使用中，小直径端至少可以套住皇冠盖的一部分，大直径端至少可以套住旋塞的一部分。优选地，通孔 126 相对环形部分 120 偏心设计，并且偏向平坦的下部 123。单件体 115 还具有一个基本上沿径向在平坦的下部 123 处远离环形部分 120 延伸的细长塞形部分 130。塞形部分 130 具有一个大致成截头圆锥形状的锥形体 131，锥形体 131 的直径沿着远离环形部分 120 的方向逐渐减小。在锥形体 131 两端之间的外表面上设置有一个环形切口 132，环形切口 132 基本上沿着锥形体 131 的主要长度段延伸。

[0022] 塞形部分 130 可将由合适材料制成的金属长嵌板 135 通过镶嵌模塑的方法嵌入其中，优选地，金属长嵌板 135 由不锈钢材料制成。嵌板 135 具有一个位于锥形体 131 中心的细长主体 136，细长主体 136 具有与锥形体 131 的锥度相匹配的渐缩宽度。嵌板 135 的主体 136 在靠近环形部分 120 处形成一个偏置肩部 137，并向截头圆锥形通孔的小直径端延伸，从而形成直立的刚性唇缘 138。刚性唇缘在斜切面 128 的内边缘处伸入通孔 126 中。优选地，刚性唇缘 138 的端边形成一个大半径的圆弧。

[0023] 环形部分 120 基本上被一个环形套 140 包住。环形套 140 覆盖环形部分 120 的整个外表面 121。环形部分 120 的截头圆锥形通孔 126 的内表面设置有许多沿着周向间隔开的凸肋 141，凸肋 141 沿着径向向内突出，每个凸肋基本上沿截头圆锥形内表面 127 的轴向长度延伸。塞形部分 130 还设有一个布置在环形切口 132 中的塞套 145，塞套最好用与环形套 140 相同的材料制成。塞套 145 还包括多个轴向间隔开并沿着径向向外突出的环形凸缘 146。

[0024] 开瓶器与瓶塞的组合器具 110 可以通过适当的模塑技术制成。优选地，首先嵌板 135 被镶嵌模塑在单件体 115 中，接着环绕单件体 115 模塑出环形套 140 和塞套 145。为了帮助安装将嵌板固定在模具中的夹具，嵌板 135 的主体 136 具有直径较小的通孔或开口 139。在单件体 115 的模型完成以后，将夹具取掉，并在模塑塞套 145 的过程中用护套材料填充因去掉板支承夹具而留下的穿透塞部锥形体 131 的径向孔，由此形成了径向柱状结构 147。为了让使用者在把握时感觉舒适，环形部分 120 被设计成圆形件且体积较大。优选地，在本发明的构造方式中，包括环形套 140 在内的环形部分 120 具有大约为 48 毫米的整体宽度，在端面 124 和 125 的上端之间的厚度约为 33 毫米，其高度约为 48 毫米，塞形部分 130 的长度约为 46 毫米。

[0025] 图 3 至图 5 为开瓶器与瓶塞的组合器具在具体使用时的示意图。参见图 3，塞形部分 130 呈锥形结构，且周向设置有环形凸缘 146，在使用中，这样的结构使它能够塞紧各种尺寸的瓶颈 112。在塞进瓶口的过程中，圆状的环形部分 120 可用作手柄，

由于环形部分的大小和形状很适合用手把握，因此可以很方便地将塞形部分130插入瓶口中，同时环形凸缘146能够起到很好的密封作用。图4示意性地说明了开瓶器与瓶塞的组合器具在开启皇冠盖时的使用方式。环形部分的通孔126的小直径端套住皇冠盖113的一部分，并且嵌板135的刚性唇缘138抵在皇冠盖凸缘的下方，以便撬起瓶盖。这样，未被环形套包裹住的斜切面128提供了进入通孔126的导入面，以便引导瓶盖并提供一个未被包覆的硬表面，从而有利于从瓶颈上撬起瓶盖。图5示意性地说明了开瓶器与瓶塞的组合器具在开启旋盖时的工作方式。如图所示，在取掉旋盖114时，将环形部分的通孔126的大直径端套在旋盖上，塞形部分130可用作开瓶器与瓶塞的组合器具110的手柄。设置在截头圆锥形通孔内表面上的凸肋141靠摩擦力夹住旋盖114以防止器具110相对旋盖打滑。接着转动器具110，以便拧掉瓶盖。

[0026] 在以上说明书和附图中描述的内容仅仅是示意性的而不是出于限定目的而给出。尽管在上文中已经结合附图对本发明的特定实施例进行了详细描述和说明，但是对本领域的技术人员来说，显然可以在不脱离本发明精神的前提下对本发明作出各种各样的修改和变化。为使本发明得到有效的保护，本发明所附的权利要求书将试图覆盖所有落于本发明精神内的各种修改和变化的技术方案。

说　明　书　附　图

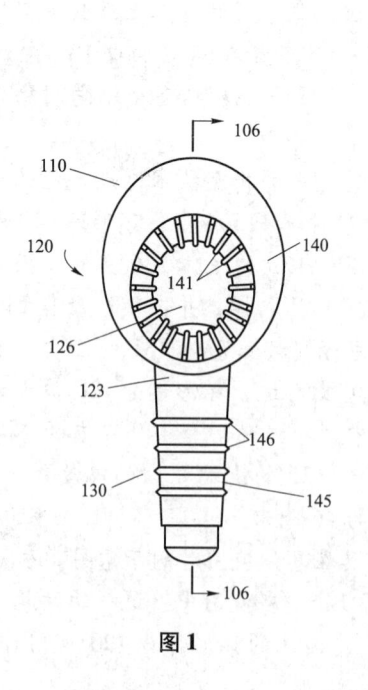

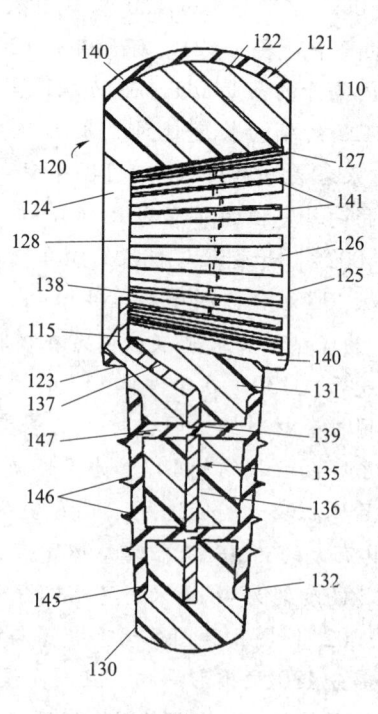

图1

图2

图 3

图 4

图 5

图 6

图 7

图 8

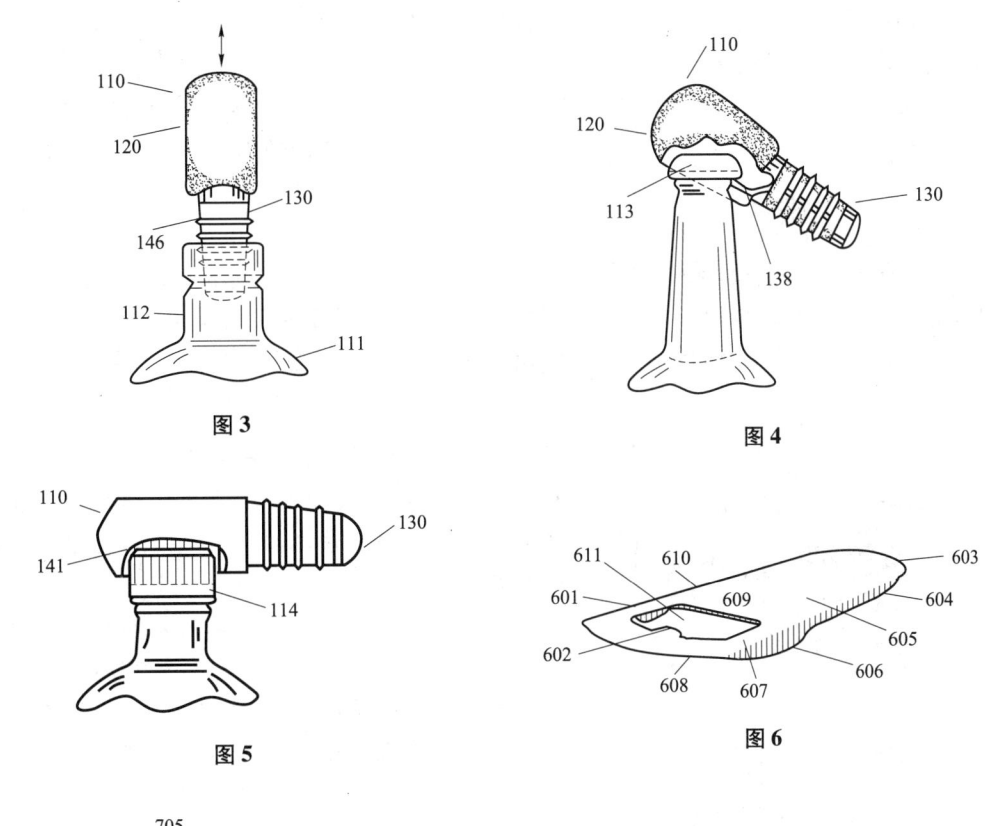

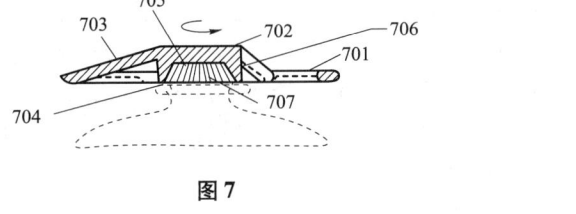

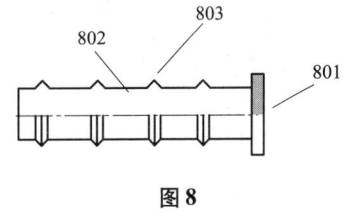

第三节　省略步骤发明的申请文件的撰写

一、概要

《专利法》第 22 条第 3 款规定，创造性，是指与现有技术相比，该发明具有突出的实质性特点和显著的进步，该实用新型具有实质性特点和进步。

在技术相对成熟的机械领域，专利申请大多是对已有技术方案的修改和改进，并且其中一部分专利申请是在透彻理解已有技术方案的前提下，通过深入研究，发现已有技术方案中的冗余环节，化繁为简而提出省略其中部分步骤的技术方案。对于要素省略的发明，《专利审查指南》第二部分第四章第 4.6 节中对其技术方案是否具有创造性有明确规定，即判断发明与现有技术相比在省去一项或多项要素后是否依然保持原有的全部功能或者带来意料不到的技术效果。因此，在这类申请的撰写过程中应该注

401

意强调如何保持原有的全部功能或者带来预料不到的技术效果，并从技术角度尽可能详尽地给出实现的理由。

下面通过一个关于"环形柔性金属带的制造方法"的具体案例，针对省略步骤的发明创造进行剖析，以提供一种撰写此类专利申请的思路，供申请人和/或发明人参考。

二、技术交底书

本发明涉及一种环形柔性金属带的制造方法，该金属带用于汽车无级变速器（CVT）的两个可调节滑轮之间的传动带中。在称作压带的特定类型的传动带中，多个环包含在至少一个相互径向地嵌套的组中。现有技术中的环通常是由马氏体时效钢制成的。

（一）现有技术介绍

发明人提供的第一篇现有技术 CN1＊＊＊＊＊＊＊1A（下称"现有技术1"）涉及环形柔性金属传动带的制造方法，该环形柔性金属传动带用于汽车中应用的无级变速器。

图 22-3-01 显示了汽车的发动机和驱动轮之间的已知无级变速器（CVT）的中心部分。传动装置包括第一滑轮 601、第二滑轮 602，其中每个滑轮均设置有两个圆锥形滑轮盘即第一滑轮盘 604 和第二滑轮盘 605，两个滑轮盘之间界定了 V 形的滑轮槽并且其中滑轮盘沿着它所放置的各自的第一滑轮轴 606 或第二滑轮轴 607 轴向地移动。传动带 603 环绕第一滑轮 601 和第二滑轮 602 用于从一个滑轮向另一个滑轮传递旋转运动 ω 和伴生的转矩 T。

传动装置通常还包括驱动装置，该驱动装置在至少一个第一滑轮盘 604 上施加一个轴向定向的夹紧力 Fax。

图 22-3-02 显示了沿图 22-3-01 中的两条直线剖开的已知传动带 603 的片段的立体剖视图。

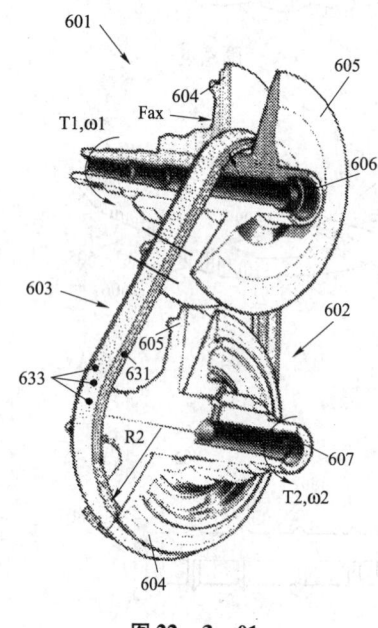

图 22-3-01

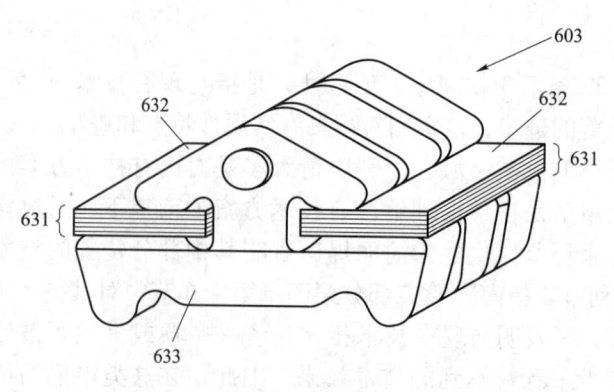

图 22-3-02

如图 22-3-02 所示，该传动带 603 包含环形拉伸装置 631。拉伸装置 631 在图中仅仅是部分显示的并且由两组带状柔性金属环 632 组成。传动带 603 还包括大量与拉伸装置 631 接触并且由拉伸装置 631 保持在一起的板状横向元件 633。横向元件 633 吸收所述夹紧力 Fax，这样当输入转矩施加到第一滑轮 601 上时，第一滑轮盘 604、第二滑轮盘 605 和传动带 603 之间的摩擦导致第一滑轮 601 的旋转经由同样旋转的传动带 603 传递至第二滑轮 602。在 CVT 的操作期间，传动带 603 并且特别是环 632 经受循环地改变的张力和弯曲应力即疲劳负荷。

图 22-3-03 显示了现有技术 1 中金属传动带的制造方法。

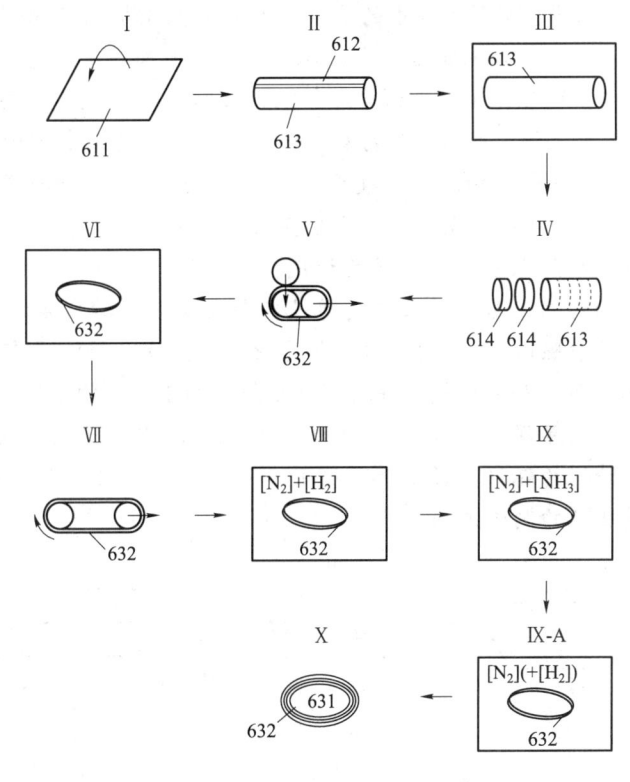

图 22-3-03

该制造方法包括下列步骤：

第一工艺步骤 Ⅰ：将板 611 弯曲，使其两个相对的边 612 彼此接触构成圆柱形；

第二工艺步骤 Ⅱ：将所述彼此接触的边 612 焊接以形成管 613；

第三工艺步骤 Ⅲ：对第二工艺步骤 Ⅱ 得到的所述管 613 进行退火；

第四工艺步骤 Ⅳ：将第三工艺步骤 Ⅲ 得到的所述管 613 切割成箍 614；

第五工艺步骤 Ⅴ：将所述箍 614 辊压和拉伸成具有所需厚度的环 632，在最终产品中，该厚度通常大约为 0.185mm；

第六工艺步骤 Ⅵ：对所述环 632 进行进一步的退火以除去所述第五工艺步骤 Ⅴ 的辊压处理中产生的加工硬化效应；

第七工艺步骤 Ⅶ：对第六工艺步骤 Ⅵ 得到的所述环 632 校准，即将它们围绕辊轧机的两个旋转轧辊安装并且通过迫使所述辊轧机分开而将它们拉伸至预定的圆周长度，并且在该步骤中，内应力分布也施加到环632上；

第八工艺步骤Ⅷ：对第七工艺步骤Ⅶ得到的环632进行时效处理；

第九工艺步骤Ⅸ：对第八工艺步骤Ⅷ得到的环632进行渗氮处理；

第十工艺步骤Ⅸ-A：将第九工艺步骤Ⅸ得到的环632在还原气氛下加热；

第十一工艺步骤Ⅹ：径向堆叠多个环632形成层压组式拉伸装置631。

该制造方法是针对现有技术中金属压带的制造方法作出的改进，主要是在现有制造方法的第九工艺步骤Ⅸ后添加了将环632在还原气氛下加热的工艺步骤Ⅸ-A。其原因是，在第九工艺步骤Ⅸ中，烘箱气氛中的氨分子在环表面上解离从而形成氨分子，该氨分子然后吸收（即扩散）进环的钢基体中。环表面层的附加硬度通过氮间隙和含氮沉淀产生。但不可避免地，所形成氮原子的一部分跟环表面上的马氏体时效钢的铁原子发生反应，并局部形成铁氮化物，称作化合物层。这些铁氮化物的形成范围的大小取决于时间、温度和渗氮工艺步骤Ⅸ中的工艺气氛设置。因此环的机械性能将不会像所希望的那样，而且，对于在传动带中的应用，环表面层甚至会局部变得太脆弱。因此应该通过优化环渗氮的工艺设置来阻止该化合物层的形成，但是这样做通常会使环渗氮工艺步骤Ⅸ的效率受到不利的影响。而发明人发现通过在第九工艺步骤Ⅸ后增加将环632在还原气氛下加热的工艺步骤Ⅸ-A，可以分解铁氮化物并且由此将渗氮期间形成的化合物层很好地移除出环表面，而且氢气的存在可以显著地加速组合物移除的进程。

发明人提供的第二篇现有技术CN1*******2A（下称"现有技术2"）也涉及一种用于汽车无级变速器的环形柔性金属压带的制造方法。图22-3-04显示了现有技术2中介绍的金属压带的制造方法。

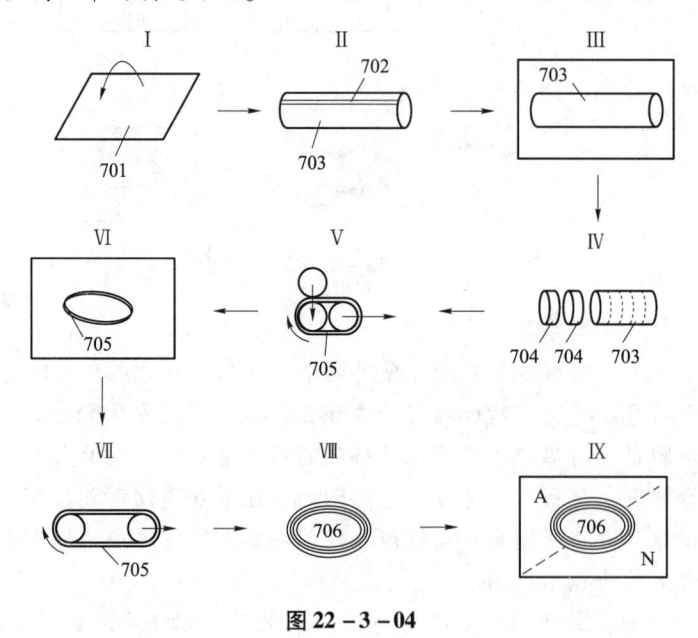

图22-3-04

该方法包括如下步骤：

第一工艺步骤Ⅰ：将片状基材701弯曲，使其两个相对的边702彼此接触构成圆柱形；

第二工艺步骤Ⅱ：将所述彼此接触的边702焊接以形成管703；

第三工艺步骤Ⅲ：对第二工艺步骤Ⅱ得到的所述管703进行退火；

第四工艺步骤Ⅳ：将第三工艺步骤Ⅲ得到的管703切成若干个环带704；

第五工艺步骤Ⅴ：将所述环带704辊压和拉长成具有所需厚度的环705；

第六工艺步骤Ⅵ：对所述环705进行进一步的退火以除去所述第五工艺步骤Ⅴ中的辊压过程导致的内应力；

第七工艺步骤Ⅶ：对第六工艺步骤Ⅵ得到的所述环705校准，即，将它们围绕两个旋转滚轮安装且拉长到预定的周长；

第八工艺步骤Ⅷ：径向嵌套预期数量的第七工艺步骤Ⅶ得到的环705来装配环形拉伸装置706；

第九工艺步骤Ⅸ：将所述环形拉伸装置706作为一个整体进行时效处理和渗氮处理。

该制造方法所针对的现有技术是在第七工艺步骤Ⅶ中对环校准之后，通过使环相继经历两个热处理即时效处理和渗氮处理来向环的外表面提供附加的硬度和压应力。为了得到适合形成一个拉伸装置的所需数量的环，在其后的工艺步骤中，测量每个加工得到的环的各自尺寸（例如周长），借此通过上述长度来分类存放所述环。在最后的工艺步骤中，通过径向嵌套从所述分类存放的环中选择的若干个合适尺寸的环装配成环形拉伸装置。

在现有技术2的技术方案中，因为由多个环所组成的环形拉伸装置仅仅要求与一个单独的环大致相同的熔炉空间，所示上述新制造方法的主要改进是显著地增强了时效处理和渗氮处理的能力。

（二）发明人确定的技术问题

发明人在技术交底书中指出，现有制造方法存在的问题是制造步骤较多、加工时间长、工艺复杂，因而成本较高。因此迫切需要一种可以降低成本的制造方法。

在机械加工领域，退火是一种应用很广泛的金属热处理工艺，该工艺是将金属缓慢加热到一定温度，保持足够时间，然后以适宜速度冷却。退火处理根据工艺规范的不同而具有下列效果：降低硬度，改善切削加工性；消除残余应力，稳定尺寸，减少变形与裂纹倾向；细化晶粒，调整组织，消除组织缺陷等。

在由现有技术1公开的汽车用环形柔性金属传动带的制造方法、现有技术2公开的汽车用环形柔性金属压带的制造方法介绍的现有技术中，有两处涉及退火：在第三工艺步骤Ⅲ中，对第二工艺步骤Ⅱ得到的所述管进行退火；在第六工艺步骤Ⅵ中，对所述环进行进一步的退火。其中第三工艺步骤Ⅲ中的退火是为了消除第二工艺步骤Ⅱ中的焊接操作在管中形成的残余应力并且使材料结构均质化。由于后面存在一系列机械加工，而残余应力的消除可以稳定尺寸、减少变形与出现裂纹的倾向，因此该退火步骤不能省略。对于第六工艺步骤Ⅵ，其前后步骤均涉及机械拉伸，而在该工艺步骤中进行退火处理的原因是为了除去辊压处理造成的加工硬化效应、改善塑性和韧性从而提高制品的成品率。

对于所属技术领域的技术人员而言，众所周知的一个事实是时效处理与退火是迥然不同的两种热处理：时效处理是指合金工件经固溶热处理后在室温或稍高于室温下保温以沉淀硬化从而达到提高金属强度的金属热处理工艺，该工艺的实质是从过饱和固溶体中析出许多非常细小的沉淀物颗粒（一般是金属化合物，也可能是过饱和固溶体中的溶质原子在许多微小地区聚集），形成一些体积很小的溶质原子富集区；而退火通常用于降低强度提高塑性和韧性，另外为除去加工硬化效应或去除应力的退火的加热温度低于相变温度，因此在整个热处理过程中不发生组织转变。正是由于时效处理与退火存在如此显著的差异，本领域的代表性在先技术，比如说由现有技术1公开的环形柔性金属传动带的制造方法、现有技术2公开的环形柔性金属压带的制造方法所介绍的在先技术，均指出金属压带的制造方法包括辊压处理后的退火工艺步骤和校准处理后的时效处理工艺步骤，这表明在先技术均将这两个工艺步骤视为分别起到独特功能的两个步骤。

因此，所属技术领域的技术人员通常不会产生使用后续的时效处理代替退火步骤的想法，当然就更不会考虑通过试验验证这种想法的可行性了。然而，为了解决上述问题，发明人详细研究了现有制造方法，对其中的每一个具体的步骤均进行了深入的分析，由此发现其中退火步骤可能是突破口，因此考虑能否以此作为突破口，通过省略该退火步骤，减少加工步骤、缩短加工时间、降低加工成本。

为了验证省略退火步骤不会影响最终产品的性能的这一前所未有的想法，发明人针对采用该退火步骤及未采用该退火步骤所得到的最终产品进行了大量的对比试验，研究两种试件的疲劳寿命之间的关系，结果发现在为满足汽车无级变速器应用而制定的规定时限内，是否退火对于试件材料的疲劳寿命几乎没有影响，因此尽管在辊压和拉伸后进行退火对于材料的塑性和韧性有所改善从而可以在一定程度上提高制品的成品率，但是对于更强调生产效率的应用而言，从发明人针对采用该退火步骤及未采用该退火步骤所得最终产品的大量对比试验证明，不进行退火也可以得到满足性能要求的产品，因此可以认定材料在轧制之后必须进行退火是本领域中的技术偏见。所以发明人提出了减少退火步骤的制造方法；此外，除省略退火步骤之外，发明人还对制造步骤作了进一步的简化，提出了更优选的制造方法。

（三）相关的实施例介绍

作为能够解决上述技术问题的技术方案，发明人在技术交底书中提供了两个实施例。

实施例一

图22-3-05是第一实施例中传动带金属环的制造方法。如图中所示，与现有技术相比，第一实施例的金属环的制造方法中省略了现有技术中的第二次退火步骤，这样在环132的（箍至环）轧制的步骤后紧跟着校准环132的步骤，因此在其第二次热处理之前并未除去环132的材料在箍至环的轧制过程中的冷加工硬化效应。为了简明起见，省略了与现有技术中相同步骤的描述。

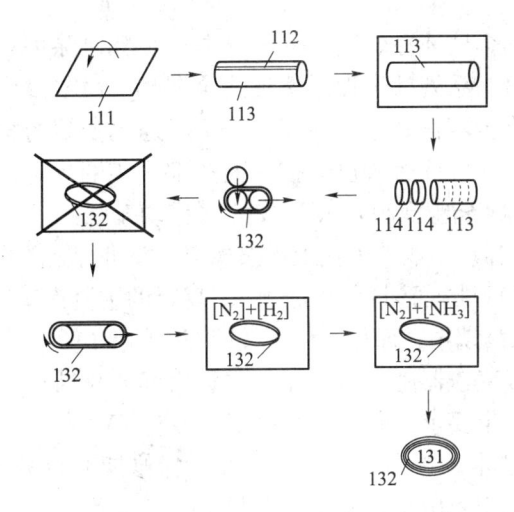

图 22-3-05

实施例二

图 22-3-06 是第一实施例中传动带金属环的简化制造方法，其中未显示与实施例一中相同的步骤。由图中还可以看出，已知轧制机包括两个轴承轧辊即第一轴承轧辊 150 和第二轴承轧辊 151。环形箍 114 套在第一轴承轧辊 150 和第二轴承轧辊 151 外部，并且在第一轴承轧辊 150 沿图中的箭头方向（指向右侧）沿径向远离第二轴承轧辊 151 时被拉伸，而且在实际轧制期间，第一轴承轧辊 150、第二轴承轧辊 151 中的至少一个会旋转地驱动以旋转拉伸箍 114，并且至少一个另外的轧制轧辊 152 压在箍 114 上以实现其塑性变形，更特别是实现材料从箍 114 的径向或厚度尺寸朝其轴向（或宽度）和切向（或圆周长度）尺寸的流动。之后，即在已经获得期望厚度的环 132 之后，通过迫使轧制机的所述第一轴承轧辊 150、第二轴承轧辊 151 进一步分开同时旋转环 132 但是所述轧制轧辊 152 不会在其上施加明显的挤压力，对环 132 进行校准从而使得生成的环 132 具有供在传动带中使用所需的性能（特别是环 132 的最终圆周长度）。由于将箍 114 辊压和拉伸成具有所需厚度的环 132 的步骤和对环 132 校准的步骤是在同一台轧制机上完成的，因此节省了在第一台轧制机上对环 132 轧制后将环 132 从第一台轧制机上取下并安装在第二台轧制机上进行校准的时间，因此进一步提高了生产效率。

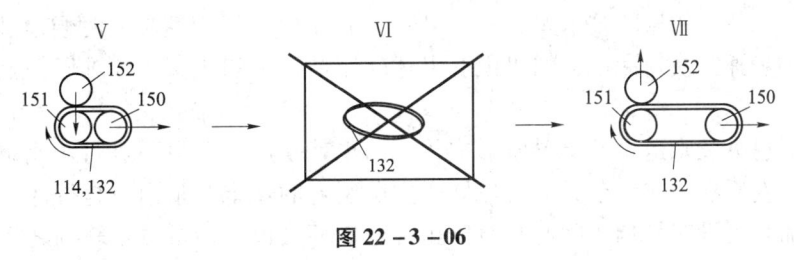

图 22-3-06

三、撰写思路分析

发明人打算就一种汽车用无级变速器中压带的制造方法提交申请。发明人了解到的现有技术是压带中的金属环在轧制之后经过退火步骤以除去轧制处理中产生的加工硬化效应,然后再经过一系列处理而最终形成金属环。而本发明的发明人通过试验研究发现,与采用该退火步骤得到的材料相比,不经退火步骤的材料在规定的使用寿命期间内也具有大体上相同的疲劳强度。按照商务部早年的规定,非营运载客汽车的使用年限为15年,虽然商务部于2006年下发的《机动车强制报废标准规定(征求意见稿)》终对于非营运载客汽车取消了报废年限规定,并将行驶里程从强制报废指标变为参考指标,但是对于车辆排放要求将更加严格。现行的主流汽车厂商一般提供2~6年/4~10万公里不等的保修期限,而作为汽车关键部件的变速器,其使用寿命应该与发动机相同,但是由于无级变速器属于精密器件并且由其自身结构决定了无法承受较大载荷从而对使用场合有一定要求,所以汽车厂商一般对CVT提供的保修期为2年或6万公里,近年随着制造技术的提高才有部分厂商将保修期升级为3年或10万公里。因此,在目前的使用年限或使用里程要求的前提下,完全可以使用省略退火步骤得到的产品以此降低制造成本。因此,发明人提出了一种新颖的压带中金属环的加工方法。相对于现有技术来说,这种制造方法的创新之处在于省略了其中进行退火的步骤,由此带来了减少加工步骤、缩短加工时间、降低加工成本等好处;在进一步优化的实施例中,通过在同一台轧制机上执行箍轧制成环和环校准步骤,进一步简化了制造步骤。

对于此类型的申请文件,由于发明点在于步骤的省略,因而其技术方案的主体部分是现有技术中已有的,所以撰写重点应该着重于"省略",突出省略的原因、理由,特别是"省略"后仍能够达到的技术效果。因而,在说明书的撰写过程中,应当首先描述包括最接近的现有技术在内的现有技术作为背景技术,然后针对现有技术进行分析、评述,指出本技术领域的技术偏见、该技术偏见产生原因及导致的问题,随后简要陈述发明思路或过程,然后详细描述通过省略步骤实现了原有全部功能的保持,或者取得意料不到的技术效果。只有透彻地论述了省略的可行性和必要性,才能给申请打下良好的基础,并且为可能的后续程序准备好足够的辩驳理由。就本案而言,现有技术的压带金属环制造方法中均包括轧制后的退火步骤,例如基本上垄断世界上汽车用无级变速器的少数几家大制造商如德国采埃孚、日本爱信和捷特科等,以及在2010年产销量占全球总供应量近80%的全球最大的CVT压力钢带供应商博世公司,上述几家大型垄断性公司的专利或专利申请的相关制造方法中都存在轧制后退火步骤。也可以说,在所属技术领域的技术人员的常识中,制造CVT压力钢带的时候,必然存在轧制后退火的步骤;换句话说,如果没有上述轧制后退火的步骤,则难以保证压力钢带的性能。

通过对退火及未退火的材料所形成的产品也就是压带金属环进行对比试验后,本案的发明人发现在目前汽车无级变速器应用所制定的规定时限内,是否退火对于材料的疲劳寿命几乎没有影响。因此,对于压带金属环来说,将材料在轧制之后必须进行退火可以说是本技术领域中的技术偏见。本领域中已知的金属环加工方法都包含退火步骤,这一方面证明了退火热处理理论在去除材料加工硬化效应时的正确性,这种正确的理论却导致所属技术领域的技术人员凡是遇到存在加工硬化时就必须进行退火处理的技术偏见,这种技术偏见在所属技术领域的技术人员的观念中根深蒂固;另一方面也表明退火步骤的省略对于所属技术领域的技术人员而言确实是难以事先预料到的，即这种技术偏见引导人们不去考虑其他方面的可能性，阻碍人们对该技术领域的研究和开发。而发明人进行的对比试验及其结果表明，在无级变速器部件的规定使用寿命期间内，是否退火对于材料的疲劳寿命几乎没有影响，因此该试验既跳出了传统技术偏见的俗窠，又构成了所提出的省略退火步骤的制造方法的坚实基础。此外，除省略退火步骤之外，发明人还对制造步骤作了进一步的简化，提出了更优选的制造方法。

为了证明省略步骤之后原有功能得到保持，需要相关证明材料，因而要求发明人提供两种材料疲劳寿命的对比试验图形和对于试验的详细描述，并将上述内容增补到说明书中。

四、权利要求书的撰写

下文描述了本申请案的权利要求书的撰写思路。

（一）确定本申请案相对于现有技术所作出的主要改进

本申请案与现有技术相比，其改进可以概括为如下方面：

省略了材料轧制之后进行的退火步骤，即在环的（箍至环）轧制的工艺步骤后紧跟着校准环的工艺步骤。退火步骤的省略可以降低工艺复杂性、缩短加工时间、降低加工成本。对于多步骤的制造方法而言，任何步骤的省略都能带来缩短加工时间、降低加工成本的好处，但是能否保证步骤节省之后该制造方法所得到产品的性能不受到影响是判断该省略是否可以获得专利保护的重要依据，本申请案通过针对退火、未退火这两种工艺得到的试件分别进行疲劳试验，发现两种试件的使用寿命基本上相同，从而证明了省略退火步骤并不影响产品的性能，因此采用该省略步骤的制造方法就具有真实有效的益处。

另外，通过在同一台轧制机上先后进行环轧制和环校准，从而可以省略在第一台轧制机上进行环轧制后将环取下并安装在第二台轧制机上进行环校准的时间，由此本申请案能够进一步缩短加工时间、降低了加工成本、提高了生产效率。

（二）权利要求保护客体的选择

本申请的改进涉及汽车无级变速器的柔性金属带环的制造方法及其所形成的金属带环。依照《专利审查指南》，权利要求有两种基本类型，即物的权利要求和活动的权利要求，或者简单地称为产品权利要求和方法权利要求。通过研究发明人提交的技术交底书可知，本申请的制造方法并未使金属带环的结构发生变化；发明人也没有提供利用省略步骤的制造方法得到的金属带环的性能参数，从而不能支持其性能优于现有方法的结论；在证明省略步骤之后所得到的产品性能没有改变时，发明人采用了通过间接的试验对照方式而没有具体测定试件的各种参数。因此虽然采用产品权利要求能够使申请获得更好的保护，但鉴于目前掌握的技术交底书的实际情形，决定采用方法权利要求的形式。

（三）权利要求合理撰写形式的选择

通过上面的分析，我们确定采用金属带环的方法权利要求的形式进行保护。通过对比现有技术和本申请，本申请中的金属带环的制造方法与现有技术中金属带环制造方法的基本步骤及其次序是相同的，但是由于在金属带环的制造过程中在将箍辊压和拉伸成具有所需厚度的环的步骤之后直接进入对环校准的步骤而不存在退火步骤，使其制造方法与现有的金属带环的制造方法区分开，因此需要用上述制造工艺中涉及步骤省略的相关特征来限定金属带环的制造方法。具体而言，一方面应该明确陈述将箍辊压和拉伸及对环校准这两个步骤之间的先后关系，另一方面应该强调这两个步骤之间并不存在退火的工艺步骤。

（四）从两项相关的现有技术中确定最接近的现有技术

《专利审查指南》第二部分第四章第3.2.1.1节给出了确定最接近现有技术的原则。最接近的现有技术，是指现有技术中与要求保护的发明最密切相关的一个技术方案。考虑技术领域、所要解决的技术问题、技术效果或用途以及公开特征的多少来确定最接近的现有技术。最接近的现有技术，可以是与要求保护的发明技术领域相同，所要解决的技术问题、技术效果或者用途最接近和/或公开了发明的技术特征最多的现有技术，或者虽然与要求保护的发明技术领域不同，但能够实现发明的功能，并且公开发明的技术特征最多的现有技术。

在本案例中，现有技术1、现有技术2与本发明都属于相同的技术领域，均为金属带环的制造方法；现有技术1所要解决的技术问题是在进行气体软渗氮过程中会在环上形成铁氮化物层，且该层会影响表面的硬度和延展性，而现有技术2所要解决的技术问题是增强环进行时效处理和渗氮处理的能力从而缩短环的制造时间；现有技术1的技术效果是实现推动带环组件所需的机械性能而不在环渗氮工艺的设置上采取特别的限制条件，从而可以避免所述化合物层形成，而现有技术2的技术效果是显著增强时效处理和渗氮处理的能力；至于技术特征，现有技术1和现有技术2都公开了从板弯曲成圆柱形到环校准的步骤，此外现有技术1还公开了将环分别进行时效处理和渗氮处理然后再嵌套形成拉伸装置的步骤，而现有技术2中公开的技术方案是先形成拉伸装置，然后将拉伸装置作为一个整体进行时效处理和渗氮处理。

从所要解决的技术问题来看，现有技术2旨在缩短环的制造时间，因此似乎它更适于作为本申请的最接近的现有技术。然而现有技术1公开了更多相同的技术特征，另外倘若选择现有技术2作为最接近的现有技术，则只能保护先将环装配成环形拉伸装置然后作为整体进行时效和渗氮处理的较小的范围，而对于潜在的侵权者来说，完全可以通过选择省略退火步骤但按照传统制造方法中先对环进行热处理然后再嵌套多个环形成拉伸装置来进行合理规避。两相比较，选择现有技术1作为最接近的现有技术更加合理。为了使本申请获得更大的保护范围，可以将环被校准之后进行热处理的步骤概括为"进一步的高温热处理"，从而可以将现有技术1公开的具体的高温热处理工艺作为优选实施例；同样地，如此高度概括的表述也包括了现有技术2公开的先将环嵌套成拉伸装置然后作为整体进行热处理的技术方案，即也可以将现有技术2公开的技术方案扩展为另一个优选实施例。

（五）根据所选定的最接近的现有技术确定本发明专利申请所要解决的技术问题

发明实际解决的技术问题，是指为获得更好的技术效果而需对最接近的现有技术进行改进的技术任务。在确定发明"实际要解决的技术问题"时，首先应当将发明的所有技术特征与最接近的现有技术相比，找出"区别技术特征"，判断发明采用这些区别特征能获得的技术效果，然后根据该区别技术特征所能达到的技术效果确定发明实际解决的技术问题。本申请发明最接近的现有技术为现有技术1，经比较可知区别技术特征为退火步骤的省略，因此本申请相对于现有技术1解决的技术问题是如何在保证金属带环使用寿命的前提下减少加工时间的问题。

（六）独立权利要求的撰写

1. 确定为解决上述技术问题的全部的必要技术特征

根据上述分析，即可确定必要技术特征以完成独立权利要求的撰写。该类型申请的权利要求的撰写有一定的规律可循：首先应该删除已有方法或产品中相应的步骤；其次应该通过措辞指明所要求保护的技术方案中并不包含通过删除省略的步骤。具体到本实例而言，应该突出相关步骤之间并不存在其他步骤的可能性。

上文已经指出，相对于最接近的现有技术而言，本申请所要解决的技术问题是提供一种可以减少制造步骤、缩短加工时间从而降低生产成本并提高生产效率的传动带环组件的制造方法。通过分析本申请的制造方法可知，上述问题是通过省略轧制后的退火步骤实现的。对于使用板材作为原料来制造在无级变速器的传动带中使用的金属环的方法而言，板的弯曲、焊接是形成管必不可少的；管必须进行退火以供后面加工使用；管应该切割成箍；箍被加工为环；环被校准；环再经过热处理以获得期望的机械性能。

需要指出的是，按照发明人在技术交底书中的说明，依照发明人提出的技术方案制造的无级变速器中压带的金属环能够在满足目前使用年限或使用里程要求下应用，以此降低制造成本。以申请人对本领域技术发展的了解，不能够将发明人提供的带材轧制后省略退火技术推广至所有带材的制造过程，形成新的技术理论，因此需要将请求保护的技术方案限制在汽车用无级变速器传动带所使用的金属环的制造中，尤其是用作在后续还存在时效处理的情形中。

按照《专利法实施细则》第21条规定撰写独立权利要求，即将与最接近的现有技术1共有的技术特征即去除了轧制后退火的其他步骤写在独立权利要求的前序部分，将强调轧制与校准之间直接过渡关系的其余特征写入特征部分，可以撰写一项独立权利要求：

1. 一种用于制造汽车用无级变速器传动带所使用的金属环的方法，包括下列步骤：

将板（111）弯曲，使其两个相对的边（112）彼此接触构成圆柱形；

将所述彼此接触的边（112）焊接以形成管（113）；

对所述管（113）进行退火；

将所述经过退火的管（113）切割成箍（114）；

将所述箍（114）辊压和拉伸成具有所需厚度的环（132）；

对所述环（132）校准；

对所述经过校准的环（132）进行进一步的高温热处理；

其特征在于：

在将所述箍（114）辊压和拉伸成具有所需厚度的环（132）的步骤之后直接进入

对所述环（132）校准的步骤。

2. 对独立权利要求的进一步分析

下面简单地判断撰写的制造在无级变速器的传动带中使用的金属环的方法的权利要求的新颖性、创造性。

首先判断新颖性。因为与最接近的现有技术相比，本申请的权利要求省略了轧制后的退火步骤，该步骤在现有技术中是必不可少的，因此其省略不属于隐含的且可直接地、毫无疑义地确定的技术内容，因此权利要求1具有《专利法》第22条第1款规定的新颖性；即便是从专利侵权角度来看，由于本申请的技术方案没有包含现有技术的权利要求中记载的全部必要技术特征，因此也不满足全面覆盖原则，从而不构成侵权。

接下来判断创造性。依照《专利审查指南》第二部分第四章创造性中4.6.3要素省略的发明中提出的判断标准，判断要素省略的发明是否具有创造性的关键是判断要素省略后其功能是否相应地消失。本申请的权利要求省略了轧制后的退火步骤，而发明人实施的对比试验表明，省略了轧制后退火步骤的方法所得到产品的性能仍能达到与现有技术中按照原有工序加工得到的产品几乎相同的性能，另外制造步骤的省略缩短了生产时间从而降低了生产成本并提高了生产效率，因此本申请发明具有突出的实质性特点和显著的进步。而且，如现有技术1和2中所示，所属领域的已知加工方法都将退火步骤视为必不可少的加工步骤，因而现有技术中不存在省略该加工步骤的技术启示。综上所述，本申请具有《专利法》第22条第2款规定的创造性。

（七）从属权利要求的撰写

从属权利要求是对独立权利要求中特征的进一步细化。通过前面的案例分析可知，发明人在实施例中提到的实施例二是对传动带金属环的制造方法的进一步简化，因此其特征可以在从属权利要求中作进一步限定。对于环被进一步高温热处理，可以通过常规制造方法中采用的时效处理及渗氮处理进行限定，即先将单个环分别进行时效处理及渗氮处理，然后通过径向堆叠即嵌套多个环形成拉伸装置。另外，由确定最接近的现有技术过程中的分析可知，现有技术1中通过在第九工艺步骤Ⅸ后增加将环在还原气氛下加热的工艺步骤Ⅸ–A，可以分解铁氮化物并且由此将在渗氮期间形成的化合物层很好地移除出环表面，而且氢气的存在可以显著地加速组合物移除的进程；现有技术2通过先将环嵌套来装配环形拉伸装置然后将拉伸装置作为一个整体来进行热处理，可以显著地增强时效处理和渗氮处理能力。这两个技术方案也可以作为本申请的从属权利要求进行保护。

最终形成的从属权利要求见"推荐的申请文件"中的权利要求书部分。

五、说明书及说明书摘要的撰写

发明人在撰写权利要求书的基础上按照下述思路完成说明书、摘要的撰写。

（一）说明书的撰写

对于省略步骤的这类申请来说，发明人在撰写说明书时应该注意其特殊性。

在说明书的撰写过程中，首先陈述最接近的现有技术将其作为背景技术，然后针对现有技术进行分析、评述，指出现有技术的步骤多带来的技术问题，或者指出本领域的技术偏见、该技术偏见导致的问题及产生原因，随后简要陈述发明思路或过程，然后详细描述通过省略步骤实现了原有全部功能的保持，或者取得意料不到的技术效果。在说明书的撰写中，有破有立，先破后立，通过对照性的陈述给申请的阅读者形成一种强烈的印象，即事先所属技术领域的技术人员由于惯例或常规做法而无法想到可以省略步骤，而事后却不得不承认这种省略确实带来了积极的效果。

除了上述说明书撰写上的特殊性外，说明书应按照一般说明书撰写的要求对发明作出清楚、完整的说明。在撰写说明书时，应当按照《专利法实施细则》第17条第2款的规定，在说明书的五个部分（技术领域、背景技术、发明内容、附图说明、具体实施方式）之前写明这五个部分的标题。

下面对说明书的相关部分分别做简要的说明。

（1）名称

发明名称应该清楚、简要、全面地反映要求保护的发明的主题和类型，按照发明人提供的技术交底书，本发明的技术仅能够适用于汽车无级变速器中传动带金属环的制造方法，因此本申请的名称采用"汽车用传动带金属环的制造方法"。

（2）技术领域

本发明的技术领域应当是要求保护的发明所属或直接应用的具体技术领域，因为本发明的技术仅能够适用于汽车无级变速器中传动带金属环的制造，因此所形成的主题亦只能够为一种汽车用传动带金属环的制造方法，且该金属环通常包含在汽车中应用的无级变速器（CVT）的两个可调节滑轮之间的传动带中，所以可以表述如下：本发明涉及一种汽车用无级变速器（CVT）的两个可调节滑轮之间的传动带的制造方法，特别是涉及一种传动带金属环的制造方法。

（3）背景技术

将现有技术1作为本发明的现有技术，补充了现有技术1的出处并在背景技术部分对它们进行简要说明。由于本发明的省略步骤涉及技术偏见，在现有的审查实践中，通常认为教科书和技术手册等较权威的文献更容易被采纳为证明技术偏见存在的证据，但是由于本发明涉及的无级变速器具有仅由几家大型制造商垄断的特殊性，未发现教科书或技术手册公开详细的制造过程，因而除了现有技术1之外，还需要进一步引入表达其他主流制造者采用的相关技术的对比文件，以便能够进一步证明本领域确实存在这种技术偏见。

（4）发明内容部分

发明内容中应当包括三部分的内容，即发明要解决的技术问题、采用的技术方案和取得的有益技术效果。首先写明发明所要解决的技术问题，应该着重强调现有方法中通常包括多个不可或缺的步骤，接着分别写清楚各独立权利要求所请求保护的技术方案和相应的有益效果。为了表明在特定的场合下，能够通过省略步骤实现了原有全部功能的保持或者取得意料不到的技术效果，应该采用证据表明这一点，在本申请中，就应该强调对比试验的结果。通过有针对性的陈述给读者形成事先所属技术领域的技术人员由于惯例或常规做法而无法想到可以省略步骤而事后却不得不承认这种省略确实带来了积极的效果的印象,可以促进对上述改进的认可。

(5) 附图及附图说明

按照表示本发明的图形在前、表示现有技术的图形在后的次序排列附图并对附图进行编号,另外在说明书中对附图进行简要说明。其中图 1 是显示依照本发明的传动带金属环的制造方法的附图,图 2 是提供在两种类型的试件上执行的疲劳强度试验的结果的图形,图 3 至图 5 是反映依照本发明的传动带金属环的进一步简化的制造方法的附图,图 6 至图 8 是反映现有技术中传动带金属环及其制造方法的附图。

(6) 具体实施方式

具体实施方式部分所描述的内容应当尽量详细,使得所属技术领域的技术人员能够实现本发明,并且应当能够支持每一项权利要求限定的技术方案。对本发明而言,除对初始申请文件的内容进行描述外,还包括经分析之后根据现有技术增补的内容。首先将金属环的第一种制造方法作为本发明的第一种实施方式,结合图 1 作出详细说明。由于省略步骤类型的申请必需对原功能得到保持作出说明,因此结合图 2 详细描述疲劳试验的结果,通过试验数据体现相应权利要求具有创造性的依据。然后,结合图 3 说明作为本发明第二种实施方式的进一步简化的制造方法,对于其中与第一种实施方式不同之处应当作出详细的说明。接着,在另一个实施例中将进一步的高温热处理细化为时效处理及渗氮处理,即先将单个环分别进行时效处理及渗氮处理,然后通过径向堆叠多个环形成拉伸装置。由于在撰写从属权利要求时为了使发明取得适当的保护范围而进行了适当的扩展,为了使撰写的权利要求书得到支持,应该在说明书中提供相应实施例的说明,因此分别结合图 4、图 5 对扩展的技术方案进行了说明。

(二) 说明书摘要的撰写

说明书摘要应当按照《专利法实施细则》第 23 条的规定撰写,写明发明的名称和所属技术领域,并清楚地反映所要解决的技术问题、解决该问题的技术方案的要点以及主要用途。在考虑不得超过 300 个字的前提下,写明有关要求保护的技术方案及采用该技术方案所获得的技术效果。并选用说明书附图中的其中最能反映发明技术方案的主要技术特征的一幅作为摘要附图。

在本案例中,说明书摘要部分应对独立权利要求的技术方案的要点作出说明,在此基础上进一步说明其解决的技术问题和有益效果。另外,因为图 1 最能反映发明技术方案的主要技术特征,所以选取该图作为摘要附图。

六、案例总结

本案例介绍了如何撰写省略步骤的申请案,从《专利审查指南》中与本节内容相关的章节为第二部分第四章创造性中的 4.6.3 要素省略的发明的相关条款的规定上可以看出,对于省略步骤的申请的审查重点是步骤的省略对于原有发明带来何种技术效果:丧失原有效果的,视为不具备创造性;保持原有的全部功能或者带来预料不到的技术效果的,则视为具备创造性。

从本案可以看出,在撰写这类申请案时,主要注意以下几点:首先给出本领域中采用的现有方法,分析现有技术的步骤存在的问题;然后给出发明人解决问题的思路,再使用有说服力的方法来证明省略步骤仍能保持原有全部功能或者取得意料不到的技术效果，最好以此将原有方法中将相关步骤视为必需的做法归为本领域的技术偏见；在选取最接近的现有技术时，由于现有技术大体上是已知的，所以在具体选取时应该注意使本申请的保护范围最大化，并可以相应地适当扩展本发明的具体实施方式。

七、推荐的申请文件

根据以上介绍的本申请发明实施例和现有技术的情况，撰写出保护范围较为合理的独立权利要求与相应的从属权利要求，同时撰写出说明书及说明书摘要，以此为基础推荐包含说明书摘要、摘要附图、权利要求书、说明书及说明书附图的申请文件。

说 明 书 摘 要

本发明涉及一种用于制造汽车用无级变速器传动带所使用的金属环的方法，包括下列步骤：将板（111）弯曲，使其两个相对的边（112）彼此接触构成圆柱形；将所述彼此接触的边（112）焊接以形成管（113）；对所述管（113）进行退火；将所述经过退火的管（113）切割成箍（114）；将所述箍（114）辊压和拉伸成具有所需厚度的环（132）；对所述环（132）校准；对所述经过校准的环（132）进行进一步的高温热处理。与现有技术相比，在将所述箍（114）辊压和拉伸成具有所需厚度的环（132）的步骤之后直接进入对所述环（132）校准的步骤。退火步骤的省略可以降低工艺复杂性、缩短加工时间并降低加工成本。

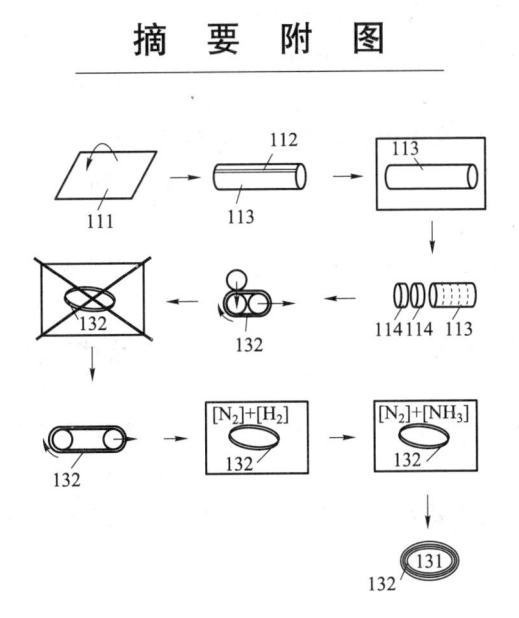

摘 要 附 图

权 利 要 求 书

1. 一种用于制造汽车用无级变速器传动带所使用的金属环的方法，包括下列步骤：

将板（111）弯曲，使其两个相对的边（112）彼此接触构成圆柱形；

将所述彼此接触的边（112）焊接以形成管（113）；

对所述管（113）进行退火；

将所述经过退火的管（113）切割成箍（114）；

将所述箍（114）辊压和拉伸成具有所需厚度的环（132）；

对所述环（132）校准；

对所述经过校准的环（132）进行进一步的高温热处理；

其特征在于：

在将所述箍（114）辊压和拉伸成具有所需厚度的环（132）的步骤之后直接进入对所述环（132）校准的步骤。

2. 如权利要求1所述的用于制造汽车用无级变速器传动带所使用的金属环的方法，其特征在于：

将所述箍（114）辊压和拉伸成具有所需厚度的环（132）和对所述环（132）校准的步骤是在同一台轧制机上完成的。

3. 如权利要求1所述的用于制造汽车用无级变速器传动带所使用的金属环的方法，其特征在于，还包括：

在对所述经过校准的环（132）进行进一步的高温热处理的步骤之后，将多个所述环（132）径向堆叠地嵌套形成拉伸装置（131）的步骤。

4. 如权利要求1所述的用于制造汽车用无级变速器传动带所使用的金属环的方法，其特征在于，还包括：

在对所述环（132）校准的步骤之后且在对所述经过校准的环（132）进行进一步的高温热处理的步骤之前，将多个所述环（132）径向堆叠地嵌套形成拉伸装置（131）的步骤。

5. 如权利要求1-4之一所述的用于制造汽车用无级变速器传动带所使用的金属环的方法，其特征在于：

所述高温热处理的步骤依次包括对所述环（132）进行时效处理的步骤和渗氮处理的步骤。

6. 如权利要求5所述的用于制造汽车用无级变速器传动带所使用的金属环的方法，其特征在于：

还包括在渗氮处理的步骤之后将所述环（132）在还原气氛下加热的步骤。

说 明 书

汽车用传动带金属环的制造方法

技术领域

[0001] 本发明涉及一种汽车用无级变速器（CVT）的两个可调节滑轮之间的传动带的制造方法，特别是涉及一种传动带金属环的制造方法。

背景技术

[0002] 在汽车用无级变速器中被称作压带的特定类型的传动带中，多个环包含在至少一个（通常是两个）层压即其相互径向地嵌套的组中。已知的压带还包括许多滑动地安装在这种带组上的横向金属元件。在压带的应用中，现有技术中的环是由马氏体时效钢制成的。除其他优点之外，至少是在适当的热处理之后，该类型的钢可以使材料焊接和塑性变形的有利可能性与大抗拉强度和对磨损和弯曲和/或张应力疲劳的良好抗性结合。

[0003] 已知的环设置有合理硬度的芯部材料，用于达到高抗拉、屈服和弯曲强度，并且具有高抗金属疲劳性能，该环芯部封闭在环材料中更硬并且因此耐磨的外表面层中。所述硬表面层设置有最大厚度以限制内部环应力，并且向环提供足够的弹性以允许纵向弯曲以及抗疲劳断裂性。该特征在环的压带应用中非常重要，因为在其使用寿命内它会经受大量的载荷和弯曲循环。

[0004] 图6显示了通常应用在汽车的传动线中其发动机和驱动轮之间的已知汽车用无级变速器（CVT）的中心部分。传动装置包括第一滑轮601、第二滑轮602，每个滑轮均设置有两个圆锥形滑轮盘即第一滑轮盘604、第二滑轮盘605，其间界定了主要为V形的滑轮槽并其中滑轮盘沿着它所放置的各自的第一滑轮轴606或第二滑轮轴607轴向地移动。传动带603环绕第一滑轮601、第二滑轮602用于从一个滑轮向另一个滑轮传递旋转运动ω和伴生的转矩T。

[0005] 传动装置通常还包括驱动装置，该驱动装置在所述至少一个第一滑轮盘604上施加一个轴向定向的夹紧力Fax，该夹紧力指向各自的第二滑轮盘605这样传动带603就夹在它们之间。而且，因此确定了传动装置的速度比，它在下文中被定义为第二滑轮602的旋转速度和第一滑轮601的旋转速度之比。

[0006] 图7中显示了沿图6中的两条直线剖开的已知传动带603的片段的立体剖视图，其中该传动带603包含环形拉伸装置631。拉伸装置631仅仅是部分地显示的并且在该实例中由两组薄和扁平即带状的柔性金属环632组成。传动带603还包括大量与拉伸装置631接触并且由拉伸装置631保持在一起的板状横向元件633。横向元件633承担所述夹紧力Fax，这样当输入转矩Tin施加到第一滑轮601上时，第一滑轮盘604、第二滑轮盘605和传动带603之间的摩擦导致第一滑轮601的旋转经由同样旋转的传动带603传递至第二滑轮602。在CVT的操作期间，传动带603并且特别是环632受到循

环地改变的张力和弯曲应力即疲劳负荷。通常针对环632的疲劳或疲劳强度的阻力确定了传动带603所要传递的给定转矩T下的功能使用期限。因此，在传动带制造方法的开发中长期存在的目标是在最小的组合材料和工艺耗费下实现所需的环疲劳强度。

[0007] 图9显示了从早期传动带生产开始实行的用于传动带环632的已知制造方法，其中单独的步骤由罗马数字指示。该制造方法是现有技术中惯常采用的并且公开于例如CN1*******1A中。在第一步骤Ⅰ中，将通常具有在0.4毫米~0.5毫米之间范围内厚度的基底材料的薄板或板611弯曲，使其两个相对的边612彼此接触构成圆柱形，并且将所述彼此接触的边612在第二步骤Ⅱ中焊接在一起以形成开口的空心管613。在第三步骤Ⅲ中，对所述管613进行退火。之后，在第四步骤Ⅳ中，将所述经过退火的管613分割成多个环形箍614，将它们随后在第五步骤Ⅴ中轧制成环632，环632的厚度为小于0.250毫米，且通常为大约185微米。

[0008] 然后对环632进行另一个退火步骤Ⅵ用于通过使环材料在相当高于600℃（例如在大约800℃）的温度下的恢复和再结晶除去前面的轧制处理（即第五步骤Ⅴ）中的加工硬化效应。之后，在第七步骤Ⅶ中，对所述环632校准，即使它们围绕辊轧机的两个旋转轧辊安装并且通过迫使所述辊轧机分开而将它们拉伸至预定的圆周长度。在该第七步骤Ⅶ中，内应力分布也施加于环632上。之后，对第七步骤Ⅶ得到的环632进行两个单独的热处理即时效处理（即沉淀硬化）的第八步骤和渗氮处理（即表面硬化）的第九步骤Ⅸ。更特别地，这两个热处理都涉及在包含受控气氛的工业炉中加热环632，该受控气氛对于环时效处理通常由氮气和例如按体积大约5%的氢气构成，而对于环渗氮通常由氮气和氨水构成。两个热处理通常发生在约400℃~500℃的温度范围内并且每个均能持续大约45至超过120分钟，这取决于环632的基底材料（马氏体时效钢合金成分）以及期望的环632的机械性能。在该后一方面中，应该注意到，通常它旨在520 HV1.0或更高的芯部硬度值、875 HV0.1或更高的表面硬度值和从20至40微米范围内的渗氮表面层或表示为氮扩散区域的厚度。

[0009] 最后，通过径向堆叠即嵌套多个环632形成因此处理的环632的层压组式拉伸装置631，如在图8中的第十步骤Ⅹ中所示。很显然，必须为此适当地设定层压组式拉伸装置631的环632的尺寸，例如环632在圆周长度中略微地不同以允许它们彼此环绕装配。为此，层压组式拉伸装置631的环通常有目的地从环632的堆叠选取。

[0010] 需要指出，上述传动带环的制造方法在本领域中是广泛应用的，并且还公开于无级变速器及传动带制造领域中其他主流制造商的专利申请中，例如A公司的专利CN1*******2A和B公司的专利CN1*******3A等。

发明内容

[0011] 本发明要解决的技术问题是现有制造方法制造步骤较多、加工时间长、工艺复杂，因而成本较高。

[0012] 为了解决上述问题，发明人详细研究了现有制造方法的具体步骤，认为其中退火步骤可能是突破口，或许能够省略。在现有的金属压带的生产制造方法中，有两处涉及退火：在第三工艺步骤Ⅲ中，对第二工艺步骤Ⅱ得到的所述管进行退火；在第六工艺步骤Ⅵ中，对所述环进行进一步的退火。其中第三工艺步骤Ⅲ中的退火是为

了消除第二工艺步骤Ⅱ中的焊接操作在管中形成的残余应力并且使材料结构均质化。由于后面存在一系列机械加工，而残余应力的消除可以稳定尺寸、减少变形与出现裂纹的倾向，因此该退火步骤不能省略。对于第六工艺步骤Ⅵ，其前后步骤均涉及机械拉伸，而在该工艺步骤中进行退火处理的原因是为了除去辊压处理造成的加工硬化效应、改善塑性和韧性从而提高制品的成品率，但是由于后面还存在热处理步骤，因此考虑能否以此作为突破口，通过省略该退火步骤，可以减少加工步骤、缩短加工时间、降低加工成本。

[0013] 但对于所属技术领域的技术人员而言，之所以不会考虑到省略该退火步骤，是因为众所周知的一个事实是时效处理与退火是迥然不同的两种热处理：时效处理是指合金工件经固溶热处理后在室温或稍高于室温下保温以沉淀硬化从而达到提高金属强度的金属热处理工艺，该工艺的实质是从过饱和固溶体中析出许多非常细小的沉淀物颗粒（一般是金属化合物，也可能是过饱和固溶体中的溶质原子在许多微小地区聚集），形成一些体积很小的溶质原子富集区；而退火是降低强度提高塑性和韧性，另外为除去加工硬化效应或去除应力的退火的加热温度低于相变温度，因此在整个热处理过程中不发生组织转变。正是由于时效处理与退火存在如此显著的差异，所以所属技术领域的技术人员不会产生使用后续的时效处理代替退火步骤的想法，当然就更不会考虑通过试验验证这种想法的可行性了。

[0014] 申请人不拘泥于现行技术知识而执行的广泛部件试验的研究结果是令人振奋的，该研究结果表明，在为满足汽车无级变速器应用而制定的规定时限内，在环经过辊压处理之后是否进行退火处理对于其最终产品的疲劳寿命几乎没有影响。该观察指引申请人洞察到在压带金属环制造过程中强制包含环退火的步骤是基于技术偏见。因此，当前提出了从总的制造方法中省略环退火的步骤Ⅵ，因此有利地降低了制造方法的复杂性，所以可以减少加工步骤、缩短加工时间并降低加工成本。

[0015] 依照本发明的另一个实施例，通过在用于箍至环轧制的同一台轧制机上执行环校准的步骤，可以进一步简化制造方法。

[0016] 依照本发明的另一个实施例中，在环被进一步高温热处理的步骤中，单个环分别进行进一步的高温热处理，然后通过径向堆叠即嵌套多个环形成拉伸装置。

[0017] 依照本发明的另一个实施例中，在环被进一步高温热处理的步骤中，首先径向嵌套预期数量的合适周长的环来装配环形拉伸装置，然后将环形拉伸装置作为一个整体进行时效和渗氮的热处理。

[0018] 依照本发明的另一个实施例，环被进一步高温热处理的步骤依次包括时效处理的步骤及渗氮处理的步骤。这两个热处理步骤是现有技术中已知的，并且都包括在包含用于环渗氮的控制气氛的工业烘箱或工业炉中对环进行加热。

[0019] 依照本发明的另一个实施例，环被进一步高温热处理的步骤还包括将环在还原气氛下加热的工艺步骤且该步骤在环在渗氮或表面硬化步骤中被热处理之后。通过增加该步骤，可以分解渗氮工艺中形成的铁氮化物并且由此将在渗氮期间形成的化合物层很好地移除出环表面。

[0020] 本发明的有益效果是，通过从现有制造方法中省略环轧制后退火的步骤，

可以有利地降低制造方法的复杂性，所以可以减少加工步骤、缩短加工时间并降低加工成本，而所得到的产品的性能完全满足目前的使用寿命的相关要求。而在同一台轧制机上执行环校准的步骤，则可以进一步简化制造方法，缩短加工时间。依照本发明的一个优选实施例，在环被进一步高温热处理的步骤中，首先径向嵌套预期数量的合适周长的环来装配环形拉伸装置，然后将环形拉伸装置作为一个整体进行时效和渗氮的热处理，则可以进一步提高加工效率，避免了单个环热处理并且在后续使用中逐个环进行匹配所带来的耗时费力的缺点。对于环的热处理，依照本发明的一个实施例的环在还原气氛下加热的工艺步骤可以分解渗氮工艺中形成的铁氮化物并且由此将在渗氮期间形成的化合物层很好地移除出环表面，进一步提高环的加工质量。

附图说明

[0021] 下面将通过实例并结合附图阐述本发明的基本原理，其中：

[0022] 图1显示了依照本发明的传动带金属环的制造方法，

[0023] 图2是在两种类型的试件上执行疲劳强度试验的试验结果的图形，其中图2a表示原始试验结果的图形，图2b表示经过数据处理之后的试验结果的图形，

[0024] 图3中部分地显示了依照本发明的传动带金属环的进一步简化的制造方法，

[0025] 图4示意性地显示了根据本发明改进的制造方法一部分的概况，

[0026] 图5示意性地显示了根据本发明改进的制造方法另一部分的概况，

[0027] 图6提供了设置有包含金属环的传动带的已知汽车用无级变速器的示意性显示的实例，

[0028] 图7是传动带的片段的立体剖视图，

[0029] 图8图示了传动带金属环的已知制造方法。

具体实施方式

[0030] 图1中显示了依照本发明的金属环的制造方法。在图1中，显示为从现有的金属环的制造方法中省略所述第六步骤Ⅵ，这样环132的（箍至环）轧制的第五步骤Ⅴ后紧跟着校准环132的第七步骤Ⅶ。因此在其所述进一步热处理（步骤Ⅷ；Ⅸ）之前并未除去在轧制（步骤Ⅴ）期间其塑性变形生成的环132的材料的冷加工硬化。因此本发明的金属环的制造方法的步骤如下：

[0031] 1. 将板111弯曲，使其两个相对的边112彼此接触构成圆柱形；

[0032] 2. 将所述彼此接触的边112焊接以形成管113；

[0033] 3. 对所述管113进行退火；

[0034] 4. 降所述经过退火的管113切割成箍114；

[0035] 5. 将所述箍114辊压和拉伸成具有所需厚度的环132；

[0036] 6. 对所述环132校准；

[0037] 7. 对所述经过校准的环132进行进一步的高温热处理。

[0038] 该制造方法的特点在于在将所述箍114辊压和拉伸成具有所需厚度的环132的步骤之后直接进入对所述环132校准的步骤而省略了现有制造方法中这两个步骤之间的退火步骤。在现有的技术实践中，普遍认为为了除去辊压处理造成的加工硬化

效应、改善塑性和韧性从而提高制品的成品率,在将箍辊压和拉伸成具有所需厚度的环之后必需要进行退火步骤。为了核实是否必需包含该退火步骤,申请人进行了对比试验,为此,采用两种制造工艺下获得多个试件,其中这两种制造工艺的区别仅仅在于是否包含现有制造方法中的第二次退火。通过对两种制造工艺中得到的试件分别进行疲劳试验,申请人试图揭示现有制造方法中的第二次退火对最终产品的实际作用。

[0039] 图2显示了构成本发明基础的多次疲劳试验结果的曲线图,其中图2a表示原始试验结果的图形,图2b表示经过数据处理之后的试验结果的图形。图中纵轴表示应力循环中的应力幅(单位为Mpa),横轴表示试件断裂之前的循环次数。相关的试验是在两种不同类型的试件上执行的。疲劳试验是公知的并且涉及使试件在最小值σMIN和最大值σMAX之间受到正弦地改变的张力应直至断裂。该疲劳试验是由在测试中施加的所述最小和最大应力的应力比(即$\sigma MIN/\sigma MAX$)和应力幅(即$[\sigma MAX - \sigma MIN]/2$)表征和界定的。在断裂之前的应力循环的次数表示试件的疲劳强度,在图2中该次数以对数刻度绘制。每个测试通常利用相应的试件并且在相同的应力比和应力幅试验设置下重复几次。图2a的曲线图中的各个点均表示由上述方法获得的一次疲劳试验结果,其中所述应力比在执行的所有测试之间保持恒定。

[0040] 在图2a中,从所述两种不同类型的试件A和B获得的试验结果分别由十字形(×)和实心圆(●)表示。其中试件A和B这两种类型仅仅是以试件的材料在它受到相同的轧制处理(如上文中的步骤V)之后并且在它受到所述时效处理和渗氮处理之前是否经退火区别的,即A型为退火,B型为没有退火。两种类型的试件A和B的原料组成相同并且对应于当前在商业上可用的用于汽车CVT应用的传动带103的马氏体时效钢合金成分。从图2a中可以很清楚地看出,在相同的应力幅下,经过退火步骤的试件A的试验数据较为分散,而未经过退火步骤的试件B的试验数据较为集中。由于多个试样在相同条件下进行疲劳试验时的寿命离散性较大,因此在疲劳试验中通常需要对试验数据进行统计处理,而已有的处理经验表明,对数正态分布函数可以较好地描述疲劳试验数据的分布。对图2a中相同压力幅下的各组数据进行正态分布函数统计处理得到图2b,从该图中可以很清楚地看出两试件的循环寿命(循环次数)非常接近,即尽管试件A和B的材料结构相当地不同,但是两种类型的试件A和B显示出大体上相同的疲劳强度,也就是说利用本发明的制造方法得到的拉伸装置与通过现有技术得到的层压组能够达到相同的使用期限,且从图2b中可以看出,在稍大于200Mpa的较低应力幅下,循环次数可以达到0.5×10^7左右,这已经符合目前汽车厂家提供的使用年限或使用里程的要求,而对于符合日常车辆运行情况的更低应力幅,层压组能够实现更长的使用期限。另外由于目前汽车厂家出于安全考虑而对提供的使用年限或使用里程留有较大的余量,因此由轧制后省略退火步骤的压带制成的无级变速器完全可以满足目前的使用年限或使用里程的要求。

[0041] 因此,尽管在辊压和拉伸后进行退火对于材料的塑性和韧性有所改善从而可以在一定程度上提高制品的成品率,但是对于更强调生产效率的应用而言,可以认定材料在轧制之后必须进行退火是本领域中的技术偏见,所以发明人提出了上述减少退火步骤的制造方法。由于退火是一个相当耗时的工艺过程,因此该步骤的省略可以

降低工艺复杂性、缩短加工时间并降低加工成本。

[0042] 事实上，新的简化制造方法提供了可能性以进一步简化已知制造方法，即通过在用于箍至环轧制的同一台轧制机上执行环校准的步骤。依照另一个实施例，如图3中示意性地指示的那样，已知轧制机包括两个轴承轧辊即第一轴承轧辊150和第二轴承轧辊151。在实际轧制期间，第一轴承轧辊150、第二轴承轧辊151中的至少一个被旋转地驱动以旋转拉伸箍114并且至少一个另外轧制轧辊152压在箍上以实现其塑性变形，更特别是实现材料从箍114的径向或厚度尺寸朝其轴向或宽度和切向或圆周长度尺寸的流动。之后，即在箍至环轧制的步骤已经完成之后，即在已经获得期望厚度的环132之后，通过迫使轧制机的所述第一轴承轧辊150、第二轴承轧辊151进一步分开同时旋转环132但是所述轧制轧辊152不会在其上施加明显的（挤压）力，对环132进行校准从而使得生成的环132具有供在传动带中使用所需的性能（特别是环132的最终圆周长度）。由于将箍114辊压和拉伸成具有所需厚度的环132的步骤和对环132校准的步骤是在同一台轧制机上完成的，因此节省了在第一台轧制机上对环132轧制后将环132从第一台轧制机上取下并安装在第二台轧制机上进行校准的时间，因此进一步提高了生产效率。

[0043] 依照本发明的另一个实施例，如图1中所示，在对132环进行进一步的高温热处理的步骤中，单个环132分别进行进一步的高温热处理，然后通过径向堆叠即嵌套多个环形成拉伸装置131。

[0044] 依照本发明的另一个实施例，如图4中所示，在环被进一步高温热处理的步骤中，首先径向嵌套预期数量的合适周长的环来装配环形拉伸装置，然后将环形拉伸装置作为一个整体进行进一步的热处理。

[0045] 依照本发明的另一个实施例，环132被进一步高温热处理的步骤依次包括时效处理（即沉淀硬化）中的步骤及渗氮（即表面硬化）的步骤（如图1中所示）。这两个热处理步骤是现有技术中已知的，并且都包括在包含用于环渗氮的控制气氛的工业烘箱或工业炉中对环132进行加热，所述控制气氛通常分别由氮气和一些（典型地按照体积约5%的）氢气以及氮气和氨气组成。两个热处理通常在约400℃~500℃的温度范围内进行，反应时间依照环132的基体材料（马氏体时效钢合金组成）和环132所需的机械性能而定，通常持续约45分钟，最长为120分钟。

[0046] 依照本发明的另一个实施例中，如图4中所示，在环被进一步高温热处理的步骤中，首先径向嵌套预期数量的合适周长的环来装配环形拉伸装置，然后将环形拉伸装置作为一个整体进行时效和渗氮的热处理。该进一步优化的实施例克服了本领域中几十年来广泛流传的技术偏见。根据其中一个技术偏见，在待渗氮物体周围用于渗氮的自由流动介质将便于得到相同和重复的表面硬化结果，特别地，应该尽可能避免待渗氮物体之间的相互接触。另一个技术偏见是各种热处理过程中已知不可避免地会发生环周长的改变。这种改变可能在环形拉伸装置的单个环之间变化，从而对相邻环间的环间隙有不利的影响。因此长期的做法是在环制造中首先完成热处理工艺步骤，然后才测量、选择和径向嵌套环以形成环形拉伸装置。然而，本发明显示了当装配环形拉伸装置时，通过使同心堆叠的环具有适当限定的环间隙，就可以预先可靠地抵消

周长的改变。

[0047] 依照该实施例，因为由多个环所组成的环形拉伸装置仅仅要求与一个单独的环大致相同的熔炉空间，所以该制造方法的主要改进是显著地增强了时效和渗氮处理能力，由此提高了加工效率、缩短了制造时间。

[0048] 依照本发明的另一个实施例，环132被进一步高温热处理的步骤还包括将环在还原气氛下加热的工艺步骤且该步骤在环在渗氮（即表面硬化）步骤中被热处理之后（如图5中所示）。之所以添加该步骤是因为在渗氮步骤中，烘箱气氛中的氨分子在环132表面上解离，从而形成氮分子，该氮分子然后被吸收（即扩散）进环132的钢基体中。环表面层的附加硬度通过氮间隙和含氮沉淀产生。但不可避免地，所形成氮原子的一部分跟环表面上的马氏体时效钢的铁原子发生反应并局部形成称作化合物层的铁氮化物。这些铁氮化物的形成范围的大小取决于时间、温度和渗氮工艺步骤中的工艺气氛设置。因此环132的机械性能将不会像所希望的那样，而且，对于在传动带中的应用，环表面层甚至会局部变得太脆弱。因此应该通过优化环渗氮的工艺设置来阻止该化合物层的形成，但是这样做通常会使环渗氮工艺步骤的效率受到不利的影响。而本申请发现通过在环渗氮的工艺步骤后增加将环132在还原气氛下加热的工艺步骤，可以分解铁氮化物并且由此将在渗氮期间形成的化合物层很好地移除出环表面，而且氢气的存在可以显著地加速组合物移除的进程。

[0049] 在将环在还原气氛下加热的工艺步骤中，环132在还原气氛下加热到400℃~500℃，该压力气氛基本上不存在氨气和氧气，优选主要由氮气组成，更优选地包含若干体积%的氢气。在该后热处理步骤中，可以分解铁氮化物并且由此将在渗氮过程中形成的化合物层很有效地移除出环表面。氢气的存在可以显著地加速组合物移除的进程。根据本发明，氢气浓度优选为反应气氛体积的5%~15%，更优选地约为10%。

[0050] 上文已经提供了一种传动带金属环的制造方法。所属技术领域的技术人员可以理解，能够不同于所述实施例来实施本发明，而所述实施例仅仅是用于说明目的而非限制目的。本发明仅由下列权利要求进行限定。

[0051] 附图标记一览表：

第一滑轮 101

第二滑轮 102

传动带 103

第一滑轮盘 104

第二滑轮盘 105

第一滑轮轴 106

第二滑轮轴 107

板 111

边 112

管 113

箍 114

拉伸装置 131
环 132
横向元件 133
第一轴承轧辊 150
第二轴承轧辊 151
轧制轧辊 152
第一滑轮 601
第二滑轮 602
第一滑轮盘 604
第二滑轮盘 605
第一滑轮轴 606
第二滑轮轴 607
板 611
边 612
管 613
箍 614
传动带 603
拉伸装置 631
环 632
横向元件 633

说 明 书 附 图

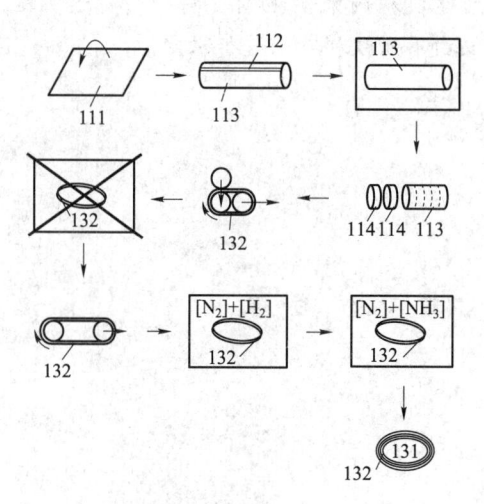

图 1

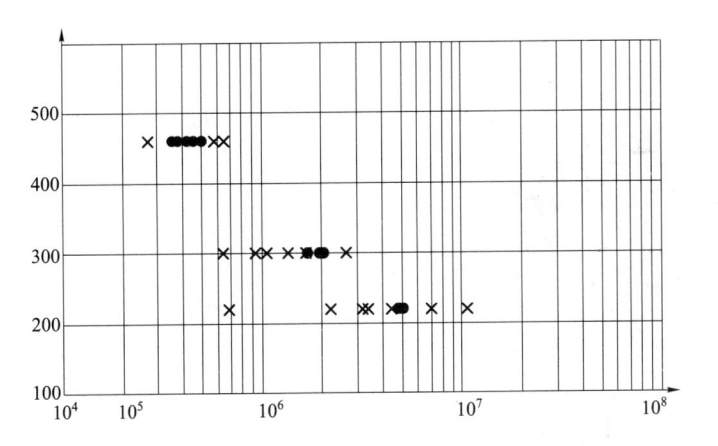

图 2a

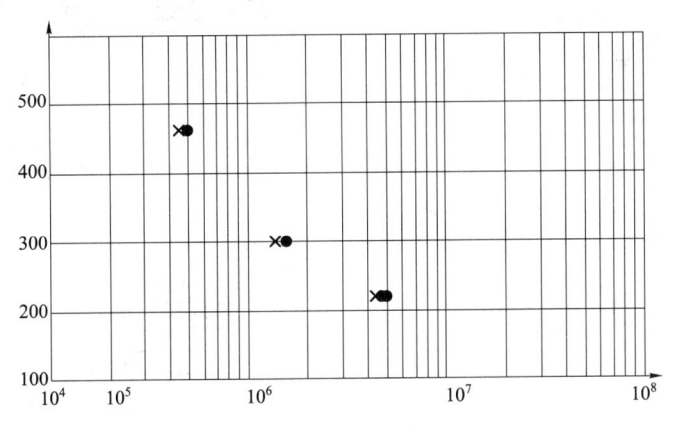

图 2b

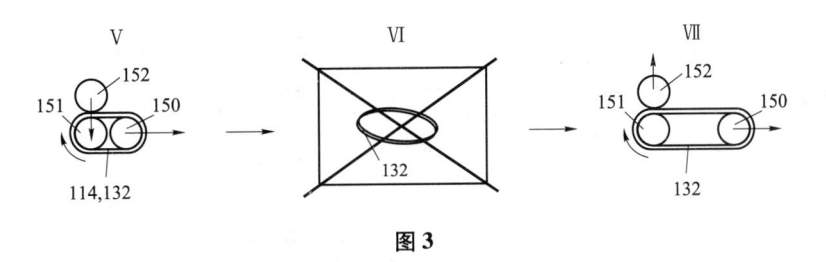

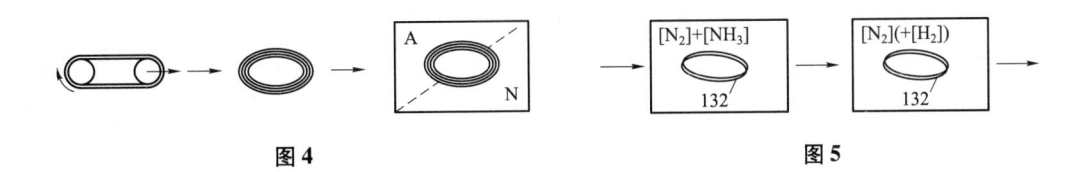

图 3

图 4   图 5

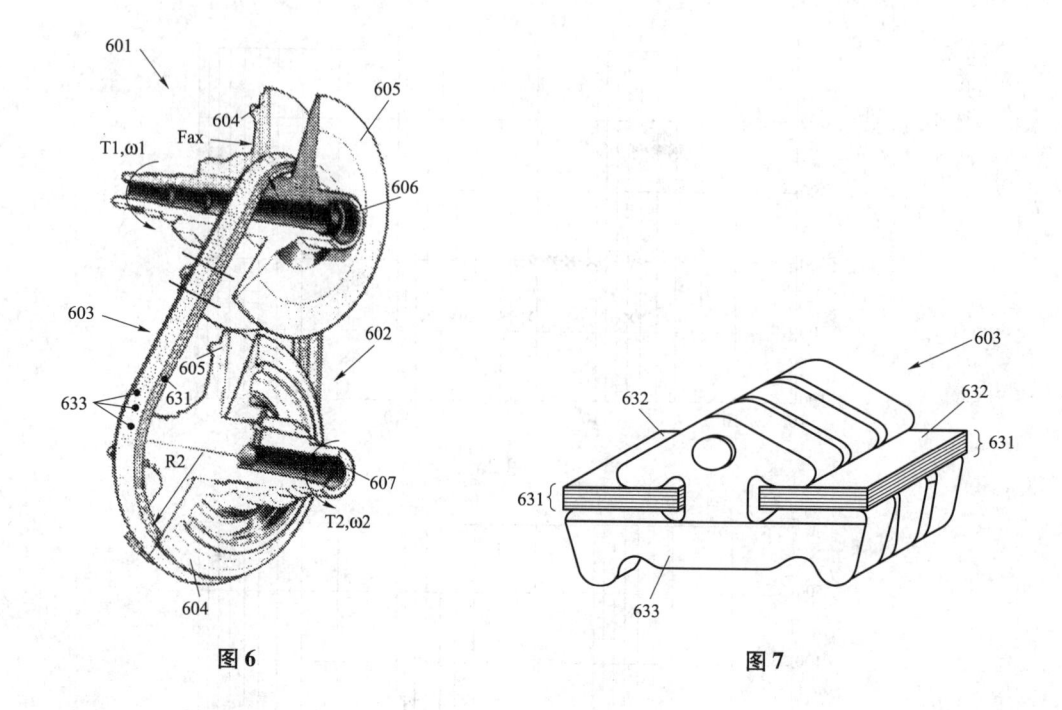

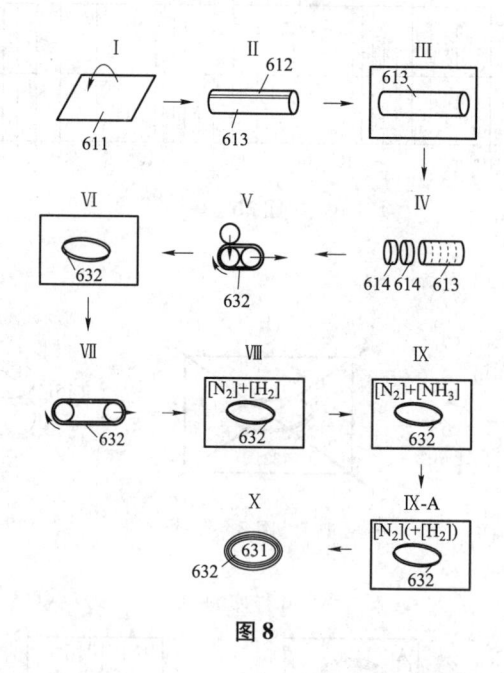

图 6

图 7

图 8

第四节　效果无法预期的发明的申请文件的撰写

一、概要

《专利法》第26条第3款规定："说明书应当对发明或者实用新型作出清楚、完整的说明，以所属技术领域的技术人员能够实现为准"。这是因为作为获得国家授予的独占权的前提条件，申请人必须向社会公众充分公开其发明创造的内容，这样才能实现《专利法》第1条规定的推动发明创造的应用、促进科学技术进步和经济社会发展的立法宗旨。

对于公开不充分的形式，《专利审查指南》第二部分第二章第2.1.3节也列举了常见的"说明书公开不充分"的五种情形，其中第五种情形是：说明书中给出了具体的技术方案，但未给出实验证据，而该方案又必须依赖实验结果加以证实才能成立。例如，对于已知化合物的新用途发明，通常情况下，需要在说明书中给出实验数据来证实其所述的用途以及效果，否则将无法达到能够实现的要求。对于化学领域通常需要给出实验数据是一种共识，而对于机械领域，在技术方案的技术效果无法预期的情况下，也需要给出实验数据来证明说明书公开充分。

本节通过一个机械领域的相应案例来说明在技术方案的技术效果无法预期的情况下如何通过给出试验数据来证明充分公开。

二、技术交底书

本案例涉及一种全方位移动的叉车、搬运车、轮椅、弹药运输车、移动机器人等用的车轮。

（一）现有技术介绍

已知麦克纳姆轮（Mecanum Wheel）是一种全方位移动车轮，1973年由瑞士人Bengt Lion申请实用新型，所以也叫Lion轮，而他工作于Mecanum AB公司。该轮的特点是在传统车轮的基础上，在轮缘上再与轴线成一定角度安装若干可以自由旋转的小滚子，这样在车轮滚动时，小滚子就会产生侧向运动。通过麦克纳姆轮的组合使用和控制，可以使车体产生运动平面内的任意方向移动和转动。

采用全方位移动技术后，可以显著提高搬运效率和灵活性、减小货物存储空间20%~30%、尤其对于在狭小空间里移动物体具有不可取代的作用。目前，成功的应用例子有美国AirTrix公司的Sidewinder全方位移动叉车、COBRA全方位移动升降机、MP2全方位搬运拖车、全方位弹药转载机；卡内基梅隆大学的全方位机器人、美国Ominx公司的全方位移动轮椅、喷气发动机全方位移动托架等产品。

现有技术1（CN1*******1A）中公开了一种麦克纳姆轮。图22-4-01是这种麦克纳姆轮的主视图，其中车轮601具有两个轮体621，622，在两个轮体621，622之间可转动地设有表面呈鼓形的滚轮体603，滚轮体603的转轴与轮体621，622各自的转轴倾斜布置。所述滚轮体603至少部分突出于轮体621、622的周边。

目前的麦克纳姆车轮（Mecanum 车轮），特别是当滚轮体安装在具有不同直径的轮体上时，经常会出现运转噪音大的问题，通常会达到 60 分贝以上。

（二）发明要解决的技术问题

鉴于目前经常出现的车轮运转噪音大的缺点，发明人对现有的车轮进行了大量实验性研究，试图解决这种车轮运转噪音大的问题。

（三）相关的实施例介绍

为了解决车轮运转噪音大的问题，发明人提出了一种经过改进的车轮。其中图 22-4-02 是车轮的主视图，图 22-4-03 是车轮的侧视图，而图 22-4-04 在截面图中示出了单独的滚轮体。

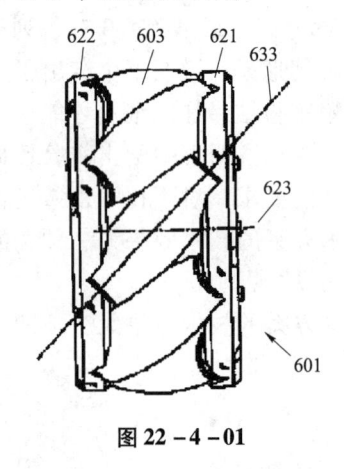

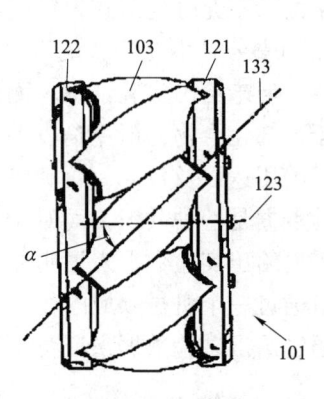

图 22-4-01　　　　　　图 22-4-02

在主视图 22-4-02 中示出了车轮 101，车轮 101 具有两个轮体 121、122，轮体 121、122 由彼此间隔的轮盘构成。轮体 121、122 能通过没有示出的驱动装置驱动而运行，并彼此固定连接在一起。车轮 101 设置为绕着其转轴 123 在两个方向都可转动。

在彼此固定连接的轮体 121、122 之间，设置有彼此等距布置的滚轮体 103。滚轮体 103 具有鼓形表面，并且滚轮体 103 的转轴与轮体 121、122 的转轴倾斜布置，其所成角度为 α 角，优选地，α 为 45°。滚轮体 103 可自由转动地设置在轮体 121、122 之间，所述滚轮体 103 至少部分突出于轮体 121、122 的周边，并由此在没有示出的地基上形成车轮 101 的滚动面。

在图 22-4-03 中，共有 8 个滚轮体 103 彼此等距地布置在车轮 101 中且在轮体 121、122 之间可自由转动地固定。车轮 101 的理论外径（即车轮不受负载时的外径）用 Du 表示。

图 22-4-04 以截面图示出了滚轮体 103，从截面图中可以得知，滚轮体 103 是由椭圆支承体 131 和合成材料涂层 132 构成，椭圆支承体 131 优选由诸如铸铁之类的铸材制成，而合成材料涂层 132 设置在椭圆支承体 131 的外侧。合成材料涂层 132 优选地用能承受高负荷的聚氨酯合成橡胶制成。滚轮体 103 的曲率半径用 Ra 表示。

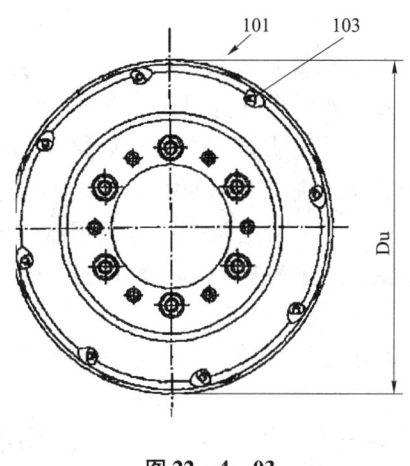

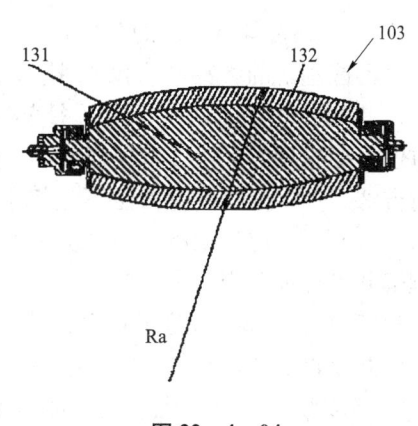

图 22 - 4 - 03　　　　　　　　　图 22 - 4 - 04

发明人通过大量试验发现，出乎意料的是，当车轮 101 的理论外径（Du）与滚轮体 103 的曲率半径（Ra）的比值介于 1.08 至 1.13 之间时，会降低车轮的噪音。优选介于 1.09 至 1.12 之间时，会进一步降低车轮的运转噪音。在该比值介于 1.10 至 1.11 之间时，能大幅度地降低运转噪音。

发明人在技术交底书中进一步指出，由于麦克纳姆轮存在多个尺寸参数，即：Du/Ra，轮体材料，滚轮体材料，滚轮体涂层材料，滚轮体与轮体之间形成的角度，滚轮体的数量，并且存在不同载荷的情况。因此针对这些参数和载荷分别给出的实验结果，可以验证只要 Du/Ra 的数值处于一定范围，就能达到本发明的技术效果。同时，提交了包含所述大量试验的试验数据（略）。

（四）发明人对权利要求的要求

从获得联合保护的角度考虑，发明人希望撰写由车轮的外径和滚轮体的曲率半径的比值进行限定的产品权利要求。

三、说明书撰写思路分析

（一）对技术交底书是否充分公开的分析

拿到技术交底书，首先要分析发明人希望保护的技术方案在技术上是否合理，即分析该技术方案是否达到了充分公开的要求。

就本申请而言，由于发明人希望权利要求涉及车轮的外径和滚轮体曲率半径的比值，而权利要求的主题名称又是一种产品，这就意味着权利要求会涉及参数特征表征产品的情况。这种权利要求在撰写上只能体现参数选择范围，而不能体现选择这样的参数的原因，或者说不能体现选择参数所能获得的技术效果，这一问题只能通过说明书的撰写来解决。换言之，在说明书中应当对这些问题给予清楚的交代，也就是在说明书中应当充分公开所要保护的技术方案。

对于涉及参数定义产品的情况，在考虑说明书是否公开充分时，既要考虑参数定义产品时对于说明书公开充分的特殊要求，同时也要考虑说明书公开充分的一般性要求。具体包括以下内容：

1. 参数是否具有明确的名称和/或技术含义，凡是所属技术领域的技术人员根据现有技术不能理解的参数名称和/或技术含义，说明书中均应当进行记载和说明；

2. 参数的测量方法对于说明书充分公开请求保护的发明是必要的。如果参数的测量方法为标准测量方法或者所属技术领域通用的测量方法，则说明书中可以不记载该测量方法；如果参数测量方法不是标准或通用测量方法，则说明书中应当记载该测量方法，必要时还应当记载参数的测量条件和/或装置，以使所属技术领域的技术人员能够理解并准确地测定该参数值；

3. 对于参数特征表征的产品发明，是否有制备方法使所属技术领域的技术人员能够实施并获得所述产品；

4. 所属技术领域的技术人员根据说明书记载的内容，能否解决相应的技术问题，达到预期的技术效果。

上述的 1~3 点涉及参数定义产品时对于公开充分的特殊要求，第 4 点涉及说明书公开充分的一般性要求。由于目前发明人并没有给出说明书，因此针对其技术交底书来分析其是否已经充分公开。很明显，技术交底书符合第 1~3 点的要求，重点需要分析的是其是否满足第 4 点的规定。具体分析如下：

本发明所要解决的技术问题是"克服当滚轮体安装在具有不同直径的轮体上时运转噪音大的缺点"。对此，本发明给出的解决方案是将车轮的理论外径与滚轮体的曲率半径的比值限定在介于 1.08 至 1.13 之间，优选介于 1.09 至 1.12 之间，以实现"低运转噪音"的技术效果。然而对于发明人所提交的技术方案（即，将车轮的理论外径与滚轮体的曲率半径的比值限定在一个数值范围内）而言，从申请日之前的所述技术领域的技术人员所掌握的普通技术知识来考虑，并没有任何理论内容能够支撑这一技术效果，这导致所属技术领域的技术人员无法以现有的理论和知识预测出这一技术效果。因此，技术交底书所提到的技术效果是需要用实验数据予以证实才能证明其是客观存在的。发明人已经给出大量的试验数据来证实该方案能够达到这样的技术效果，因此，进一步的问题是如何撰写说明书，使所属技术领域的技术人员能够确定本发明能够达到这样的技术效果。

（二）所需相应实验数据的原因

有些技术人员对此可能仍然会有几点疑问，包括：1) 即使没有相应的实验数据，该机械结构本身也已经能够体现一个完整的车轮，其并不是如一些化学领域的技术方案一样必须依赖实验结果才能成立；2) 发明人认为在《专利审查指南》中有相关规定，机械、电气领域的有益效果可以结合发明或者实用新型的结构特征和作用方式进行说明。

针对这些疑问，相应的说明如下：

1. 一个完整的车轮未必就能达到"具有出乎预料的低噪音"的技术效果。根据《专利审查指南》的规定，公开充分的含义是"所属技术领域的技术人员按照说明书记载的内容，能够实现该发明或者实用新型的技术方案，解决其技术问题，并且产生预期的技术效果"，因此，预期的技术效果对于公开充分来说也是必要的。

2.《专利审查指南》第二部分第二章第2.1.3节中给出了"由于缺乏解决技术问题的技术手段而被认为无法实现"的五种情形，其中第五种情形为：说明书中给出了具体的技术方案，但未给出实验证据，而该方案又必须依赖实验结果加以证实才能成立。例如，对于已知化合物的新用途发明，通常情况下，需要在说明书中给出实验证据来证实其所述的用途以及效果，否则将无法达到能够实现的要求。虽然在该情形中，仅是以化学领域中的化合物的新用途发明为例进行说明，但并不意味着该规定仅仅局限于化学领域。事实上，该规定对所有技术领域而言具有普适性。

至于发明人所提及的《专利审查指南》第二部分第二章第2.2.4节的规定，即"机械、电气领域中的发明或者实用新型的有益效果，在某些情况下，可以结合发明或者实用新型的结构特征和作用方式进行说明。但是，化学领域中的发明，在大多数情况下，不适用于用这种方式说明发明的有益效果，而是借助于实验数据来说明"，这种规定仅仅是由于不同技术领域的技术效果存在"可推测性"和"不可推测性"的差异，因而对技术效果的公开程度就有了不同的要求。由于化学领域中存在很多难以预期其技术效果的情形，即所属技术领域的技术人员无法预计其技术效果的情况，因此很多情况下需要实验数据进行验证，而机械领域有很多是结构设计的发明，这一部分发明的技术效果是可以预期的，例如对于螺栓的发明而言（注意：螺栓为首次发明），即使不作过多描述，所属技术领域的技术人员也能够预期螺栓能够产生固定的技术效果，这些情形下不必要提供实验数据来对发明人所述的效果进行证实。因此在《专利审查指南》中对于有益效果的说明作出了上述这样的规定，其中在措辞上也仅仅是说对于机械、电气领域的有益效果，"在某些情况下"可以结合发明或者实用新型的结构特征和作用方式进行说明，而化学领域中的发明，"在大多数情况下"不适用于用这种方式说明发明的有益效果。也就是说，并不是化学领域的所有发明都必须给出实验数据来说明其效果，也并不是机械领域的所有发明都不需要给出实验数据来说明其效果。对于技术效果难以预期的情形都需要试验数据来验证，而本发明就是属于这种情形。

四、权利要求书的撰写思路

（一）确定权利要求的保护客体

鉴于与发明人沟通后已确定本专利申请要求保护的技术主题是车轮，而且技术交底书中也没有描述车轮之外的其他内容，因此确定权利要求的保护客体为车轮。

（二）独立权利要求的撰写

1. 对车轮这一技术主题所涉及技术特征的分析

车轮这一技术主题包括下述几个技术特征：

① 车轮具有两个轮体；

② 在轮体之间可转动地设置有多个具有鼓形表面的滚轮体；
③ 滚轮体至少部分突出于所述轮体的周边；
④ 滚轮体的转轴与该轮体的转轴倾斜布置；
⑤ 车轮外径和该滚轮体的曲率半径的比值介于 1.08～1.13 之间；
⑥ 车轮外径和该滚轮体的曲率半径的比值介于 1.09～1.12 之间；
⑦ 车轮外径和该滚轮体的曲率半径的比值介于 1.10～1.11 之间；
⑧ 滚轮体包括椭圆支承体和设置在该支承体的外周边上的合成材料涂层；
⑨ 合成材料涂层由聚氨酯合成橡胶制成；
⑩ 滚轮体的转轴与轮体的转轴设置为成 45 度角；
⑪ 在两个轮体之间彼此等距地设置 8 个所述滚轮体。

2. 确定发明实际解决的技术问题

依申请人的分析，发明人提供的现有技术为最接近的现有技术。因此对于本发明而言，最接近的现有技术即是发明人提供的现有技术 1（CN1＊＊＊＊＊＊＊1A）。

本发明相对于现有技术 1 而言，设定了车轮外径和该滚轮体的曲率半径的比值为特定范围，并达到了降低车轮运转噪音的技术效果，因此将本发明要解决的技术问题确定为降低车轮运转噪音。

3. 确定本发明解决上述技术问题的必要技术特征

从技术交底书中所介绍的材料看，使车轮外径和该滚轮体的曲率半径的比值介于 1.08 至 1.13 之间就能够降低运转噪音，因此特征⑥、⑦明显只是优选的方案，而不应当作为必要技术特征。而对于特征①～⑤，由于实验所涉及的车轮均需包含这几个特征，与发明的改进点密切相关，因此应当作为必要技术特征。对于余下的特征⑧～⑪，虽然与噪音有关，但并不起主要作用，因此不是解决该技术问题的必要技术特征。

通过上述分析可知，仅特征①～⑤是本发明解决运转噪音过高这一技术问题的必要技术特征。在此基础上撰写独立权利要求。

4. 撰写独立权利要求

在确定了本发明的必要技术特征之后，将其与技术交底书中所公开的车轮进行对比分析，由于技术交底书中所提到的最接近的现有技术（现有技术 1）也已经公开了特征①～④，因此是本发明与现有技术共有的技术特征，因此将这四个技术特征写入到独立权利要求 1 的前序部分中；而第⑤个技术特征在现有技术 1 中没有公开，这一个技术特征是本发明相对于现有技术的区别技术特征，故将它写入到独立权利要求的特征部分。由此完成独立权利要求 1 的撰写。

形成的独立权利要求如下：

1. 一种车轮，其具有两个轮体（121，122），在所述轮体（121，122）之间可转动地设置有多个具有鼓形表面的滚轮体（103），所述滚轮体（103）至少部分突出于所述轮体（121，122）的周边，并且所述滚轮体（103）的转轴与该轮体（121，122）的转轴倾斜布置，其特征在于，该车轮（101）的外径（Du）和该滚轮体（103）的曲率半径（Ra）的比值介于 1.08 至 1.13 之间。

5. 对撰写的独立权利要求的进一步分析

① 权利要求是否清楚

首先分析独立权利要求1是否清楚。在《专利审查指南》第二部分第二章第3.2.2节中规定了"当产品权利要求中的一个或多个技术特征无法用结构特征予以清楚地表征时，允许借助物理或化学参数表征；当无法用结构特征并且也不能用参数特征予以清楚地表征时，允许借助于方法特征表征。"因此有必要对本发明的权利要求是否属于无法用结构特征表征的产品权利要求进行分析。很明显，技术特征"该车轮（101）的外径（Du）和该滚轮体（103）的曲率半径（Ra）的比值介于1.08至1.13之间"无法用结构特征予以清楚地表征，因此允许用参数来定义产品权利要求。同时，该权利要求也不存在其他不清楚的缺陷。

② 权利要求是否概括合理

在技术交底书中发明人写明了该车轮（101）的外径（Du）和该滚轮体（103）的曲率半径（Ra）的比值介于1.08至1.13之间，并且提供了相应的实验数据来证明其所能达到的效果，因此权利要求1并未包括发明人所推测的内容，并且其效果可以得到确定和评价，即权利要求的技术方案能够解决发明所要解决的技术问题，并达到相应的技术效果，因此权利要求1的这种概括是合理的。

③ 新颖性

分析权利要求1是否具备新颖性。相对于现有技术1而言，现有技术1没有公开独立权利要求1的如下技术特征"该车轮（101）的外径（Du）和该滚轮体（103）的曲率半径（Ra）的比值介于1.08至1.13之间"，因此权利要求1具备新颖性，符合《专利法》第22条第3款的规定。

④ 创造性

关于权利要求1：

最接近的现有技术中没有对"车轮（101）的外径（Du）和该滚轮体（103）的曲率半径（Ra）的比值"进行具体限定，独立权利要求1与最接近的现有技术（现有技术1）的区别技术特征是："该车轮（101）的外径（Du）和该滚轮体（103）的曲率半径（Ra）的比值介于1.08至1.13之间"。也就是说，独立权利要求所要保护的技术方案实际上涉及从没有具体限定数值的范围中选择了一个较窄的数值范围，即是从现有技术中公开的宽范围中，有目的地选出现有技术中未提到的窄范围或个体的发明。从这个意义上讲，本申请发明就是专利法意义上的选择发明。

在进行选择发明创造性的判断时，选择所带来的预料不到的技术效果是考虑的主要因素。对于本申请发明的权利要求1而言，应该遵循选择发明的创造性判断方法，即"在进行选择发明创造性的判断时，选择所带来的预料不到的技术效果是考虑的主要因素"。如前所述，从发明人的试验数据可知，这种选择产生了预料不到的技术效果，即车轮的外径（Du）和滚轮体的曲率半径（Ra）的比值介于1.08至1.13之间时，车轮的运转噪音突然变得非常低。由于选择已经产生了预料不到的技术效果，因此基于选择发明创造性的判断方法，推知权利要求1具备创造性。

通过以上分析，确定这种形式撰写的独立权利要求符合《专利法》以及《专利法实施细则》的相应规定。

（三）对从属权利要求的撰写

在完成独立权利要求的撰写之后继续对从属权利要求进行撰写。主要是针对余下的6个特征进行。

最终形成的从属权利要求如下：

2. 按照权利要求1所述的车轮，其特征在于，所述比值介于1.09至1.12之间。

3. 按照权利要求1所述的车轮，其特征在于：滚轮体（103）包括椭圆支承体（131）和设置在该椭圆支承体（131）的外周边上的合成材料涂层。

4. 根据权利要求2或3所述的车轮，其特征在于：所述比值介于1.10至1.11之间。

5. 根据权利要求3所述的车轮，其特征在于：所述合成材料涂层由聚氨酯合成橡胶制成。

6. 根据权利要求1-3任一所述的车轮，其特征在于，滚轮体（103）的转轴与轮体（121，122）的转轴设置为成45度角。

7. 根据权利要求1-3任一所述的车轮，其特征在于，在两个轮体（121，122）之间彼此等距地设置8个所述滚轮体（103）。

五、说明书及说明书摘要的撰写

在完成了对权利要求书的撰写之后，进一步改写其他部分，即说明书、说明书附图、摘要和摘要附图。对于说明书而言，按照《专利法实施细则》第17条第1款的规定，说明书中包括技术领域、背景技术、发明内容、附图说明、具体实施方式五部分，并按照规定的要求进行了撰写。特别是在说明书的背景技术部分中补充说明了目前对于车轮噪音的形成机理没有相关的理论支持，并且在说明书的具体实施方式中补充说明了发明人没有能力对于噪音突然降低的现象提供相应的理论解释。相应地，对于发明人所提交的技术方案（即，将车轮的理论外径与滚轮体的曲率半径的比值限定在一个数值范围内）而言，由于没有任何的理论内容能够支撑这一技术效果，导致所属技术领域的技术人员无法以现有的理论和知识预测出这一技术效果。因此，该技术效果需要用实验数据予以证实其是客观存在的，故而说明书中需要包含相应的实验数据。考虑到权利要求1的必要技术特征为特征①~⑤，也就是说仅仅需要具备这五个特征，车轮就能够达到相应的技术效果。而其他特征包括各种车轮的材料和载荷、滚轮体材料、滚轮体涂层材料、滚轮体与轮体之间形成的角度以及滚轮体的数量并非是必要技术特征。这就需要需要说明书包含各种车轮的材料和载荷、滚轮体材料、滚轮体涂层材料、滚轮体与轮体之间形成的角度以及滚轮体的数量的实验数据，否则就意味着仅在特定载荷、材料、数量、角度下的车轮和滚轮体才具有上述性能，即该特征为必要技术特征，与独立权利要求的限定不符。

另外摘要按照《专利法实施细则》第23条的规定，写明了发明的名称和所属技术领域，并清楚地反映了所要解决的技术问题、解决该问题的技术方案的要点以及主要用途。

具体完整的申请文件在附页中给出。

六、案例总结

《专利法》第 26 条第 3 款规定："说明书应当对发明或者实用新型作出清楚、完整的说明，以所属技术领域的技术人员能够实现为准"。而在《专利审查指南》第二部分第二章第 2.1.3 节也列举了常见的"说明书公开不充分"的五种表现形式，其中第五种情形是：说明书中给出了具体的技术方案，但未给出实验证据，而该方案又必须依赖实验结果加以证实才能成立。例如，对于已知化合物的新用途发明，通常情况下，需要在说明书中给出实验数据来证实其所述的用途以及效果，否则将无法达到能够实现的要求。尽管该举例是针对化学领域给出，但事实上这一规定具有普适性。对于机械领域而言，在技术方案的技术效果无法预期时，也需要给出实验数据来证明说明书公开充分。而对于本案例而言，由于其属于技术效果无法预期的情况，因此需要相应的实验数据来证明说明书公开充分。而实验数据的内容也应当与独立权利要求的必要技术特征密切相关。

七、推荐的申请文件

根据以上介绍的本申请发明实施例和现有技术的情况，撰写出保护范围较为合理的独立权利要求与相应的从属权利要求、同时撰写出说明书及说明书摘要，以此为基础推荐包含说明书摘要、摘要附图、权利要求书、说明书及说明书附图的申请文件。

说 明 书 摘 要

车轮，其具有两个轮体（121，122），在所述轮体（121，122）之间可转动地设置有多个具有鼓形表面的滚轮体（103），所述滚轮体（103）至少部分突出于所述轮体（121，122）的周边，并且所述滚轮体（103）的转轴与轮体（121，122）的转轴倾斜布置，该车轮（101）的外径（Du）和该滚轮体（103）的曲率半径（Ra）的比值介于 1.08 至 1.13 之间，优选介于 1.09 至 1.12 之间。现有技术中的麦克纳姆车轮经常会出现运转噪音大的问题。而本发明的车轮具有非常低的运转噪音。

摘 要 附 图

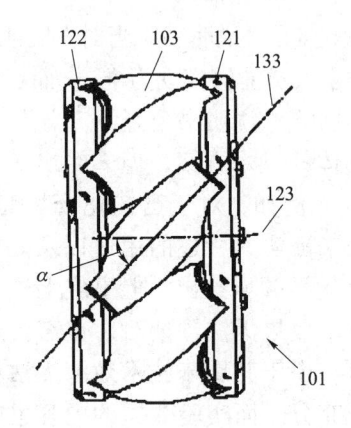

权 利 要 求 书

1. 一种车轮，其具有两个轮体（121,122），在所述轮体（121,122）之间可转动地设置有多个具有鼓形表面的滚轮体（103），所述滚轮体（103）至少部分突出于所述轮体（121,122）的周边，并且所述滚轮体（103）的转轴与所述轮体（121,122）的转轴倾斜布置，其特征在于，该车轮（101）的外径（Du）和该滚轮体（103）的曲率半径（Ra）的比值介于1.08至1.13之间。

2. 按照权利要求1所述的车轮，其特征在于，所述比值介于1.09至1.12之间。

3. 按照权利要求1所述的车轮，其特征在于：滚轮体（103）包括椭圆支承体（131）和设置在该椭圆支承体（131）的外周边上的合成材料涂层。

4. 根据权利要求2或3所述的车轮，其特征在于：所述比值介于1.10至1.11之间。

5. 根据权利要求3所述的车轮，其特征在于：所述合成材料涂层由聚氨酯合成橡胶制成。

6. 根据权利要求1-3任一所述的车轮，其特征在于，滚轮体（103）的转轴与轮体（121,122）的转轴设置为成45度角。

7. 根据权利要求1-3任一所述的车轮，其特征在于，在两个轮体（121,122）之间彼此等距地设置8个所述滚轮体（103）。

说 明 书

车 轮

技术领域

[0001] 本发明涉及一种带有从动轮体的车轮,该从动轮体具有两个支撑构件,在两个支撑构件之间可转动地设置有多个具有鼓形(ballig)表面的滚轮体,所述滚轮体至少部分地突出支撑构件的周边,并且其转轴与轮体的转轴倾斜布置。这种车轮对重载调车机车特别适用。

背景技术

[0002] 麦克纳姆轮(Mecanum Wheel)是一种全方位移动车轮,1973年由瑞士人Bengt Lion申请实用新型,所以也叫Lion轮,而他工作于Mecanum AB公司。该轮的特点是在传统车轮的基础上,在轮缘上再与轴线成一定角度安装若干可以自由旋转的小滚子,这样在车轮滚动时,小滚子就会产生侧向运动。通过麦克纳姆轮的组合使用和控制,可以使车体产生运动平面内的任意方向移动和转动。

[0003] 采用全方位移动技术后,可以显著提高搬运效率和灵活性、减小货物存储空间20%~30%、尤其对于在狭小空间里移动物体具有不可取代的作用。目前,成功的应用例子有美国 AirTrix 公司的 Sidewinder 全方位移动叉车、COBRA 全方位移动升降机、MP2 全方位搬运拖车、全方位弹药转载机;卡内基梅隆大学的全方位机器人、美国 Ominx 公司的全方位移动轮椅、喷气发动机全方位移动托架等产品。

[0004] 图1中详细示出了一种麦克纳姆轮的主视图(现有技术CN1*******1A),其中车轮601具有两个轮体621,622,在两个轮体621,622之间可转动地设有表面呈鼓形的滚轮体603,滚轮体603的转轴与轮体621,622各自的转轴倾斜布置。所述滚轮体603至少部分突出于轮体621、622的周边。

[0005] 目前的麦克纳姆车轮(Mecanum车轮),特别是当滚轮体安装在具有不同直径的轮体上时,经常会出现运转噪音大的问题,通常会达到60分贝以上。

[0006] 在目前的研究中,对于车轮噪声的形成机理并没有相应的理论解释。

发明内容

[0007] 有鉴于现有技术的情况,本发明的目的是提供一种改进的车轮。

[0008] 按照本发明所述的车轮,其具有两个轮体(121,122),在所述轮体(121,122)之间可转动地设置有多个具有鼓形表面的滚轮体(103),所述滚轮体(103)至少部分突出于所述轮体(121,122)的周边,并且所述滚轮体(103)的转轴与所述轮体(121,122)的转轴倾斜布置,该车轮(101)的外径(D_u,即车轮不受负载时的外径)和该滚轮体(103)的曲率半径(用 R_a 表示)的比值介于1.08至1.13之间。出乎意料的是,当车轮的理论外径(即车轮不受负载时的外径,用 D_u 表示)与滚轮体的曲率半径(用 R_a 表示)具有所述比值时,车轮会具有低运转噪音。优

选介于 1.09 至 1.12 之间时，会进一步降低车轮的运转噪音。在该比值介于 1.10 至 1.11 之间时，能大幅度地降低运转噪音。

[0009] 优选地，滚轮体（103）包括椭圆支承体（131）和设置在该椭圆支承体（131）的外周边上的合成材料涂层。该涂层特别是由聚氨酯合成橡胶制成，并基本等厚。支承体（131）的鼓形结构和在其外周边均匀设置的合成材料涂层，在整个滚轮体半径上，都能保证合成材料涂层均匀受载和变形。

[0010] 优选地，滚轮体（103）的转轴与轮体（121，122）的转轴设置为成 45 度角。

[0011] 优选地，在两个轮体（121，122）之间彼此等距地设置 8 个所述滚轮体（103）。

附图说明

[0012] 图 1 示出了现有技术中的麦克纳姆轮；

[0013] 图 2 在主视图中示出了本发明的车轮；

[0014] 图 3 为图 2 的侧视图；

[0015] 图 4 在截面图中示出了单独的滚轮体。

具体实施方式

[0016] 下面，结合附图对本发明的结构实例进行详细说明。

[0017] 图 2 在主视图中示出了车轮 101，车轮 101 具有两个轮体 121、122，轮体 121、122 由彼此间隔的轮盘构成。轮体 121、122 能通过没有示出的驱动装置驱动而运行，并彼此固定连接在一起。车轮 101 设置为绕着其转轴 123 在两个方向都可转动。

[0018] 在彼此固定连接的轮体 121、122 之间，设置有彼此等距布置的滚轮体 103。滚轮体 103 具有鼓形表面，并且滚轮体 103 的转轴与轮体 121、122 的转轴倾斜布置，其所成角度为 α 角，优选地，α 为 45°。滚轮体 103 可自由转动地设置在轮体 121、122 之间，所述滚轮体 103 至少部分突出于轮体 121、122 的周边，并由此在没有示出的地基上形成车轮 101 的滚动面。

[0019] 在图 3 中，共有 8 个滚轮体 103 彼此等距地布置在车轮 101 中且在轮体 121、122 之间可自由转动地固定。车轮 101 的理论外径（即车轮不受负载时的外径）用 D_u 表示。

[0020] 图 4 以截面图示出了滚轮体 103，从截面图中可以得知，滚轮体 103 是由椭圆支承体 131 和合成材料涂层 132 构成，椭圆支承体 131 优选由诸如铸铁之类的铸材制成，而合成材料涂层 132 设置在椭圆支承体 131 的外侧。合成材料涂层 132 优选地用能承受高负荷的聚氨酯合成橡胶制成。滚轮体 103 的曲率半径用 R_a 表示。

[0021] 发明人通过大量试验发现，出乎意料的是，当车轮 101 的理论外径（D_u）与滚轮体 103 的曲率半径（R_a）的比值介于 1.08 至 1.13 之间时，会降低车轮的噪音。优选介于 1.09 至 1.12 之间时，会进一步降低车轮的运转噪音。在该比值介于 1.10 至 1.11 之间时，能大幅度地降低运转噪音。如背景技术部分所述，在目前的研究中，对于车轮噪声的形成机理并没有相应的理论解释。故而对于上述实验结果，发明人并不能给出相应的理论解释。

[0022] 由于麦克纳姆轮存在多个尺寸参数,即:Du/Ra,轮体材料,滚轮体材料,滚轮体涂层材料,滚轮体的数量、滚轮体与轮体之间的转角,并且存在不同载荷的情况。因此针对这些参数和载荷分别给出实验结果,以此验证是否只要Du/Ra的数值处于一定范围时,就能达到本发明的技术效果。

[0023] 表1到表12列出了不同情况下麦克纳姆轮的噪音数值(单位:db):

[0024] 其中表1所表示的是载荷量为空载时的情况(其中:滚轮体涂覆材料为聚氨酯合成橡胶,滚轮体与轮体之间形成的角度为45度,滚轮体为8个)。

表1

Du/Ra	铝合金轮体			铸铁轮体			铸钢轮体		
	铝合金滚轮	铸铁滚轮	铸钢滚轮	铝合金滚轮	铸铁滚轮	铸钢滚轮	铝合金滚轮	铸铁滚轮	铸钢滚轮
1.01	62	64	63	73	75	74	68	71	69
1.02	61	64	63	74	76	75	69	71	70
1.03	64	67	66	72	74	73	66	68	66
1.04	62	66	65	71	73	72	67	68	68
1.05	66	67	65	74	76	75	68	69	68
1.06	65	68	67	75	76	75	69	71	70
1.07	61	64	63	74	75	75	65	68	66
1.08	22	25	24	28	30	29	25	27	26
1.09	20	23	22	27	28	27	22	24	23
1.10	18	21	20	25	27	26	20	22	20
1.11	18	20	19	24	25	24	19	21	20
1.12	20	23	22	26	28	27	21	24	22
1.13	21	26	24	29	30	30	24	26	25
1.14	61	63	62	71	73	72	68	71	69
1.15	71	72	68	72	75	74	69	71	70
1.16	75	77	72	71	73	72	65	67	66
1.17	72	76	76	73	74	73	68	70	69
1.18	68	70	69	74	74	72	69	71	70
1.19	61	65	63	73	75	74	69	71	70
1.20	66	68	67	74	76	75	70	72	71
1.21	68	71	70	72	74	73	68	69	68
1.22	67	69	68	71	73	72	68	70	68

[0025] 表2所表示的是载荷量为空载时的情况（其中：滚轮体涂覆材料为聚氨酯合成橡胶，滚轮体本身为铝合金材料，滚轮体与轮体之间形成的角度为45度）。

表2

Du/Ra	铝合金轮体			铸铁轮体			铸钢轮体		
	8个滚轮	6个滚轮	10个滚轮	8个滚轮	6个滚轮	10个滚轮	8个滚轮	6个滚轮	10个滚轮
1.01	62	64	60	73	74	72	68	69	67
1.02	61	62	58	74	75	72	69	71	68
1.03	64	65	62	72	73	71	66	67	65
1.04	62	63	61	71	71	70	67	68	66
1.05	66	66	64	74	75	73	68	69	67
1.06	65	66	64	75	75	73	69	70	68
1.07	61	62	60	74	74	74	65	67	64
1.08	22	23	21	28	29	27	25	26	24
1.09	20	21	19	27	28	26	22	23	21
1.10	18	18	17	25	25	24	20	21	19
1.11	18	19	17	24	25	23	19	20	18
1.12	20	21	19	26	27	25	21	22	21
1.13	21	23	20	29	30	28	24	25	23
1.14	61	62	63	71	72	70	68	69	67
1.15	71	72	68	72	72	71	69	70	68
1.16	75	75	70	71	73	70	65	67	64
1.17	72	73	70	73	74	72	68	69	67
1.18	68	69	68	74	74	72	69	70	68
1.19	61	65	67	73	74	73	69	70	68
1.20	66	66	67	74	73	72	70	71	69
1.21	68	67	64	72	73	72	68	69	67
1.22	67	68	65	71	75	70	68	69	68

[0026] 表3所表示的是载荷量为空载时的情况（其中：滚轮体为铝合金材料，滚轮体与轮体之间形成的角度为45度，滚轮体为8个）。

表3

Du/Ra	铝合金轮体			铸铁轮体			铸钢轮体		
	聚氨酯合成橡胶涂层	普通橡胶涂层	无涂层	聚氨酯合成橡胶涂层	普通橡胶涂层	无涂层	聚氨酯合成橡胶涂层	普通橡胶涂层	无涂层
1.01	62	65	68	73	76	79	68	72	75
1.02	61	64	67	74	77	80	69	75	79
1.03	64	68	71	72	76	80	66	70	73
1.04	62	65	70	71	74	78	67	70	74
1.05	66	69	72	74	77	80	68	73	77
1.06	65	68	72	75	78	81	69	71	74
1.07	61	65	69	74	76	80	65	70	75
1.08	22	25	28	28	31	35	25	28	32
1.09	20	23	26	27	30	33	22	25	29
1.10	18	21	23	25	27	30	20	22	25
1.11	18	21	22	24	25	29	19	20	23
1.12	20	22	25	26	29	32	21	24	28
1.13	21	25	29	29	32	36	24	27	31
1.14	61	65	67	71	74	78	68	72	75
1.15	71	73	75	72	75	79	69	73	76
1.16	75	76	79	71	74	78	65	70	74
1.17	72	74	78	73	76	80	68	72	76
1.18	68	70	74	74	76	80	69	72	74
1.19	61	64	67	73	75	79	69	73	76
1.20	66	68	71	74	78	81	70	73	75
1.21	68	70	74	72	75	78	68	70	74
1.22	67	69	73	71	74	77	68	72	77

[0027] 其中表4所表示的是载荷量为空载时的情况（其中：滚轮体涂覆材料为聚氨酯合成橡胶，滚轮体材料为铝合金，滚轮体为8个）。

表4

Du/Ra	铝合金轮体			铸铁轮体			铸钢轮体		
	45度	30度	60度	45度	30度	60度	45度	30度	60度
1.01	62	56	65	73	70	76	68	65	71
1.02	61	55	64	74	70	77	69	66	72
1.03	64	58	67	72	68	75	66	62	70
1.04	62	58	66	71	65	74	67	62	71
1.05	66	62	70	74	70	77	68	64	72
1.06	65	60	70	75	71	78	69	65	72
1.07	61	56	65	74	70	78	65	62	70
1.08	22	15	26	28	24	31	25	22	29
1.09	20	13	24	27	23	30	22	19	25
1.10	18	11	22	25	21	28	20	17	23
1.11	18	10	22	24	20	28	19	16	22
1.12	20	13	23	26	22	29	21	19	25
1.13	21	16	26	29	25	32	24	22	28
1.14	61	57	65	71	67	74	68	65	72
1.15	71	65	70	72	68	75	69	65	72
1.16	75	70	78	71	67	74	65	62	70
1.17	72	65	75	73	69	76	68	64	72
1.18	68	62	72	74	70	77	69	63	72
1.19	61	60	66	73	70	76	69	65	73
1.20	66	63	69	74	70	77	70	67	73
1.21	68	63	70	72	68	75	68	63	72
1.22	67	63	70	71	67	74	68	64	73

[0028] 其中表5所表示的是载荷量为一般载荷时的情况（其中：滚轮体涂覆材料为聚氨酯合成橡胶，滚轮体与轮体之间形成的角度为45度，滚轮体为8个）。

表5

Du/Ra	铝合金轮体			铸铁轮体			铸钢轮体		
	铝合金滚轮	铸铁滚轮	铸钢滚轮	铝合金滚轮	铸铁滚轮	铸钢滚轮	铝合金滚轮	铸铁滚轮	铸钢滚轮
1.01	67	69	68	79	81	80	73	75	74
1.02	67	69	68	82	83	82	74	75	74
1.03	69	70	69	82	83	83	72	74	73
1.04	68	70	69	83	84	83	75	75	75
1.05	72	73	73	84	83	85	74	75	75
1.06	72	75	74	83	84	84	73	74	74
1.07	67	72	68	83	84	84	72	74	73
1.08	26	29	27	32	35	34	29	31	30
1.09	24	26	24	28	30	29	26	28	27
1.10	22	23	22	26	28	27	23	24	23
1.11	22	24	22	25	27	26	22	23	23
1.12	23	25	24	27	29	28	24	26	25
1.13	25	28	26	31	32	33	27	30	28
1.14	67	70	69	77	79	78	73	74	74
1.15	74	74	73	80	82	81	76	78	78
1.16	77	78	77	82	83	82	78	80	79
1.17	78	74	76	81	82	82	79	80	78
1.18	74	75	76	80	82	81	77	79	78
1.19	66	70	68	83	82	83	78	80	79
1.20	72	71	72	82	83	83	75	77	76
1.21	71	70	72	80	81	81	76	77	75
1.22	73	70	71	81	82	82	78	79	78

[0029] 其中表6所表示的是载荷量为一般载荷时的情况（其中：滚轮体涂覆材料为聚氨酯合成橡胶，滚轮体本身为铝合金材料，滚轮体与轮体之间形成的角度为45度）。

表6

Du/Ra	铝合金轮体			铸铁轮体			铸钢轮体		
	8个滚轮	6个滚轮	10个滚轮	8个滚轮	6个滚轮	10个滚轮	8个滚轮	6个滚轮	10个滚轮
1.01	67	68	65	79	81	77	73	74	71
1.02	67	69	65	82	82	80	74	75	72
1.03	69	70	67	82	82	80	72	73	71
1.04	68	70	67	83	84	81	75	75	73
1.05	72	73	70	84	84	81	74	75	72
1.06	72	73	70	83	85	81	73	74	71
1.07	67	69	66	83	83	82	72	74	70
1.08	26	27	25	32	33	30	29	31	26
1.09	24	25	23	28	29	27	26	28	24
1.10	22	23	20	26	27	25	23	24	21
1.11	22	22	20	25	25	24	22	23	21
1.12	23	24	22	27	27	26	24	25	23
1.13	25	28	25	31	32	30	27	29	26
1.14	67	68	65	77	78	76	73	74	71
1.15	74	72	68	80	79	78	76	77	73
1.16	77	77	72	82	81	79	78	79	74
1.17	78	77	72	81	82	80	79	80	76
1.18	74	75	71	80	81	79	77	78	75
1.19	66	68	64	83	84	81	78	78	74
1.20	72	72	70	82	83	81	75	76	74
1.21	71	72	69	80	81	80	76	78	75
1.22	73	74	72	81	82	80	78	79	75

[0030] 表 7 所表示的是载荷量为一般载荷时的情况（其中：滚轮体本身为铝合金材料，滚轮体与轮体之间形成的角度为 45 度，滚轮体为 8 个）。

表 7

Du/Ra	铝合金轮体			铸铁轮体			铸钢轮体		
	聚氨酯合成橡胶涂层	普通橡胶涂层	无涂层	聚氨酯合成橡胶涂层	普通橡胶涂层	无涂层	聚氨酯合成橡胶涂层	普通橡胶涂层	无涂层
1.01	67	70	74	79	82	85	73	76	80
1.02	67	70	75	82	85	88	74	77	79
1.03	69	72	77	82	85	87	72	75	81
1.04	68	71	76	83	86	90	75	78	82
1.05	72	75	78	84	87	91	74	77	83
1.06	72	74	78	83	86	90	73	76	80
1.07	67	70	75	83	87	90	72	74	78
1.08	26	30	33	32	35	38	29	32	35
1.09	24	27	29	28	31	35	26	30	33
1.10	22	25	27	26	27	31	23	26	29
1.11	22	24	26	25	27	28	22	25	28
1.12	23	26	30	27	29	32	24	26	30
1.13	25	28	32	31	34	36	27	30	35
1.14	67	71	75	77	80	84	73	75	80
1.15	74	74	77	80	83	87	76	79	83
1.16	77	79	82	82	85	89	78	81	85
1.17	78	81	83	81	84	88	79	82	86
1.18	74	77	81	80	83	87	77	83	87
1.19	66	70	74	83	85	89	78	82	87
1.20	72	75	78	82	85	89	75	80	84
1.21	71	74	77	80	83	89	76	82	88
1.22	73	76	80	81	84	87	78	83	86

[0031] 其中表8所表示的是载荷量为一般载荷时的情况（其中：滚轮体涂覆材料为聚氨酯合成橡胶，滚轮体材料为铝合金，滚轮体为8个）。

表8

Du/Ra	铝合金轮体			铸铁轮体			铸钢轮体		
	45度	30度	60度	45度	30度	60度	45度	30度	60度
1.01	67	64	71	79	72	84	73	68	77
1.02	67	64	71	82	77	85	74	70	77
1.03	69	65	73	82	77	85	72	68	76
1.04	68	64	72	83	78	86	75	71	79
1.05	72	67	75	84	78	86	74	70	78
1.06	72	68	76	83	77	87	73	69	78
1.07	67	63	72	83	76	87	72	67	77
1.08	26	22	30	32	25	35	29	25	33
1.09	24	20	28	28	24	32	26	22	30
1.10	22	17	25	26	22	30	23	19	27
1.11	22	16	24	25	21	29	22	18	25
1.12	23	19	27	27	23	33	24	21	30
1.13	25	23	31	31	27	36	27	24	32
1.14	67	62	72	77	75	81	73	68	77
1.15	74	70	78	80	75	83	76	72	80
1.16	77	72	81	82	78	84	78	74	80
1.17	78	71	82	81	78	82	79	75	82
1.18	74	70	78	80	75	83	77	72	81
1.19	66	63	70	83	78	85	78	74	82
1.20	72	67	76	82	77	82	75	71	80
1.21	71	67	75	80	77	84	76	72	80
1.22	73	68	77	81	78	85	78	75	82

[0032] 表9所表示的是载荷量满载时的情况（其中：滚轮体涂覆材料为聚氨酯合成橡胶，滚轮体与轮体之间形成的角度为45度，滚轮体为8个）。

表9

Du/Ra	铝合金轮体			铸铁轮体			铸钢轮体		
	铝合金滚轮	铸铁滚轮	铸钢滚轮	铝合金滚轮	铸铁滚轮	铸钢滚轮	铝合金滚轮	铸铁滚轮	铸钢滚轮
1.01	73	75	74	85	87	86	78	81	79
1.02	73	75	74	87	88	88	78	81	80
1.03	74	76	75	87	88	88	79	82	80
1.04	75	76	75	88	89	89	81	85	83
1.05	77	78	78	89	90	89	80	84	82
1.06	78	79	79	88	90	89	78	83	80
1.07	73	76	75	88	89	88	77	82	80
1.08	31	33	32	36	38	37	34	37	35
1.09	29	31	30	35	37	36	32	35	34
1.10	26	28	27	32	34	33	29	32	30
1.11	25	28	27	30	32	31	28	32	30
1.12	27	29	28	34	35	35	32	34	33
1.13	32	34	33	37	39	38	34	38	36
1.14	73	75	74	82	83	82	78	82	80
1.15	79	79	80	85	84	83	82	85	84
1.16	81	82	82	87	86	87	84	87	86
1.17	83	83	83	86	88	87	85	88	87
1.18	79	81	80	84	89	85	83	89	87
1.19	77	79	78	83	86	84	83	86	85
1.20	78	80	79	82	86	83	82	87	85
1.21	78	80	79	83	87	84	82	87	84
1.22	77	78	78	84		84	84	86	85

[0033] 表10所表示的是载荷量满载时的情况（其中：滚轮体涂覆材料为聚氨酯合成橡胶，滚轮体本身为铝合金材料，滚轮体与轮体之间形成的角度为45度）。

表10

Du/Ra	铝合金轮体			铸铁轮体			铸钢轮体		
	8个滚轮	6个滚轮	10个滚轮	8个滚轮	6个滚轮	10个滚轮	8个滚轮	6个滚轮	10个滚轮
1.01	73	75	71	85	87	83	78	81	76
1.02	73	75	71	87	89	83	78	81	75
1.03	74	76	72	87	90	85	79	82	77
1.04	75	77	74	88	89	85	81	83	79
1.05	77	79	74	89	90	85	80	83	78
1.06	78	80	75	88	90	86	78	82	76
1.07	73	75	72	88	91	86	77	80	74
1.08	31	33	29	36	38	34	34	37	32
1.09	29	31	27	35	37	34	32	35	30
1.10	26	27	25	32	34	30	29	32	27
1.11	25	26	24	30	32	28	28	30	25
1.12	27	29	25	34	36	32	32	34	30
1.13	32	33	30	37	38	36	34	36	33
1.14	73	74	71	82	84	80	78	80	74
1.15	79	80	75	85	87	82	82	84	78
1.16	81	82	76	87	89	83	84	85	80
1.17	83	83	78	86	88	83	85	85	81
1.18	79	81	78	84	86	82	83	84	81
1.19	77	79	76	83	87	82	83	84	80
1.20	78	79	75	82	85	81	82	83	80
1.21	78	80	76	83	85	81	82	81	78
1.22	77	79	75	84	86	82	84	84	81

[0033] 表11所表示的是载荷量满载时的情况（其中：滚轮体本身为铝合金材料，滚轮体与轮体之间形成的角度为45度，滚轮体的数量为8个）。

表11

Du/Ra	铝合金轮体			铸铁轮体			铸钢轮体		
	聚氨酯合成橡胶涂层	普通橡胶涂层	无涂层	聚氨酯合成橡胶涂层	普通橡胶涂层	无涂层	聚氨酯合成橡胶涂层	普通橡胶涂层	无涂层
1.01	73	76	80	85	88	91	78	82	87
1.02	73	77	82	87	90	94	78	82	87
1.03	74	77	82	87	90	94	79	83	86
1.04	75	78	83	88	90	93	81	84	86
1.05	77	81	85	89	83	92	80	83	87
1.06	78	80	83	88	92	95	78	82	87
1.07	73	76	80	88	91	94	77	80	84
1.08	31	35	38	36	39	42	34	37	41
1.09	29	32	35	35	36	39	32	35	38
1.10	26	28	31	32	33	36	29	32	35
1.11	25	27	30	30	30	33	28	30	33
1.12	27	30	34	34	35	38	32	34	37
1.13	32	35	38	37	38	40	34	38	40
1.14	73	76	80	82	85	88	78	82	87
1.15	79	82	86	85	88	91	82	85	88
1.16	81	83	87	87	90	94	84	87	91
1.17	83	86	90	86	89	94	85	88	92
1.18	79	82	86	84	87	90	83	86	90
1.19	77	80	84	83	86	90	83	86	90
1.20	78	81	85	82	85	89	82	86	91
1.21	78	82	87	83	86	89	82	85	90
1.22	77	80	84	84	87	90	84	87	91

［0034］其中表12所表示的是载荷量为满载时的情况（其中：滚轮体涂覆材料为聚氨酯合成橡胶，滚轮体材料为铝合金，滚轮体为8个）。

表12

Du/Ra	铝合金轮体 45度	铝合金轮体 30度	铝合金轮体 60度	铸铁轮体 45度	铸铁轮体 30度	铸铁轮体 60度	铸钢轮体 45度	铸钢轮体 30度	铸钢轮体 60度
1.01	73	68	76	85	81	88	78	73	81
1.02	73	68	76	87	82	90	78	73	82
1.03	74	70	77	87	82	90	79	74	81
1.04	75	71	77	88	83	91	81	77	85
1.05	77	72	80	89	83	92	80	78	84
1.06	78	73	80	88	83	92	78	74	82
1.07	73	70	76	88	82	91	77	73	81
1.08	31	27	35	36	32	40	34	30	37
1.09	29	25	33	35	31	38	32	28	35
1.10	26	23	31	32	28	35	29	26	32
1.11	25	22	29	30	27	33	28	24	30
1.12	27	25	32	34	30	37	32	29	34
1.13	32	28	36	37	33	40	34	31	38
1.14	73	70	77	82	78	84	78	75	82
1.15	79	75	82	85	81	86	82	78	85
1.16	81	75	84	87	82	88	84	80	87
1.17	83	78	86	86	83	89	85	81	88
1.18	79	75	82	84	80	85	83	80	87
1.19	77	72	80	83	80	85	83	80	87
1.20	78	73	82	82	78	84	82	78	87
1.21	78	73	81	83	78	86	82	78	86
1.22	77	72	81	84	80	87	84	79	88

［0035］从表1至表12，整体反映出只要车轮外径和滚轮体曲率半径的比值处于1.08～1.13之间，运转噪音就会大大降低，而这种特性适用于各种车轮的材料和载荷、滚轮体材料、滚轮体涂层材料、滚轮体与轮体之间形成的角度以及滚轮体的数量，只要是满足这一个条件，均会使得运转噪音大大降低。

说 明 书 附 图

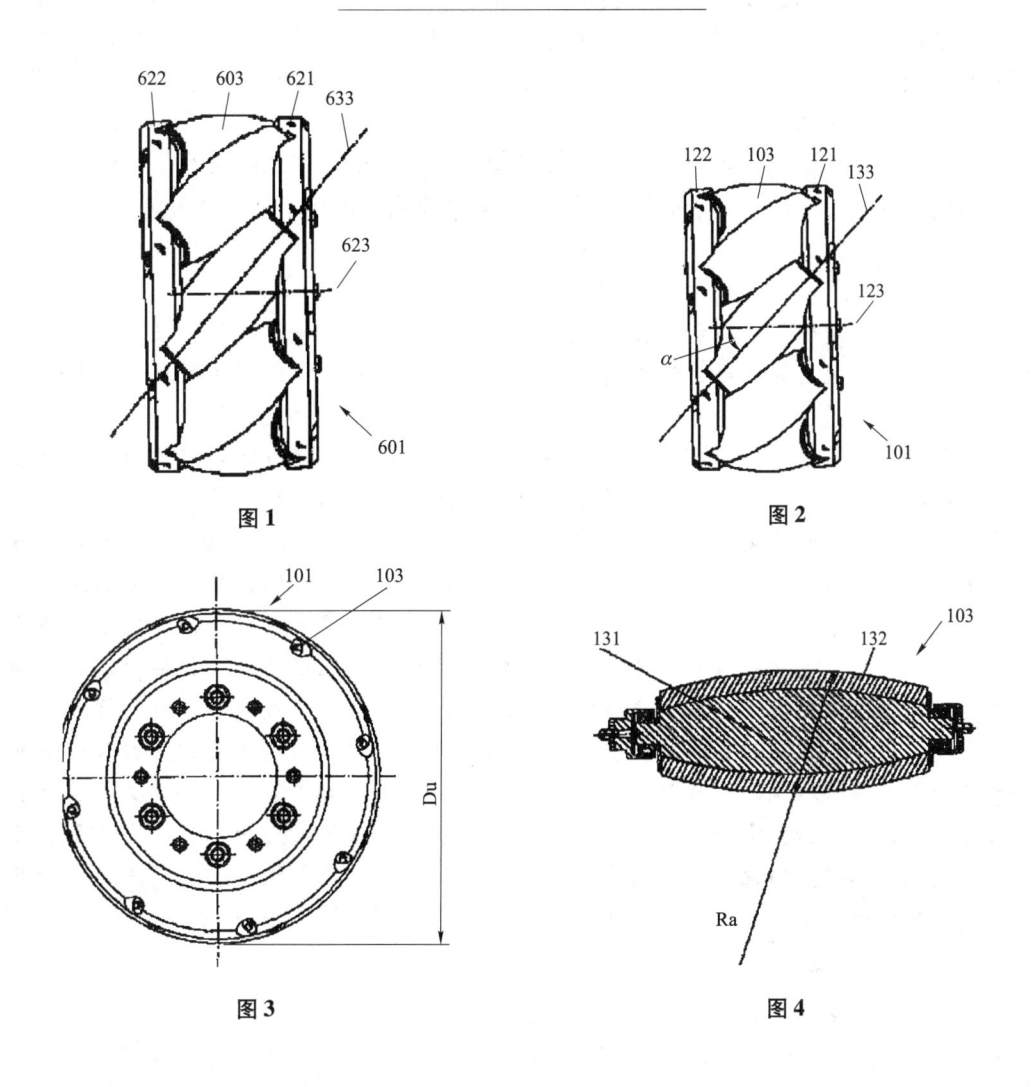

图 1

图 2

图 3

图 4

第五节 解决技术难题的发明的申请文件撰写

一、概要

某个科学技术领域中的技术难题,人们长久渴望解决,但一直没有成功解决,如果一项发明成功解决了这一问题,则该发明具有突出的实质性特点和显著的进步,具备创造性。该类发明申请由于解决了所属技术领域中的技术难题,对现有技术作出了较大的贡献,因此,应该通过申请文件的撰写帮助发明人获得合理的保护范围,切实维护发明人的合法权益。

在撰写解决技术难题类型的发明申请时，需要在说明书中分析现有技术中各技术方案的技术思路，从现有技术的技术思路中找出技术难题存在的原因，证明该技术难题存在的必然性，并通过对比现有技术中的技术方案和本发明技术方案所能达到的技术效果，证明本发明的技术方案解决了所属技术领域一直渴望解决的技术难题，凸显本发明的创造性。在权利要求书的撰写过程中，从技术问题和技术效果的角度出发，得到相应的技术方案，并对该技术方案进行合适表达，以全面保护本发明的技术思路，得到保护范围合理的权利要求。

本节以应用于微位移领域的液压缩放机构为例，运用上述思路撰写了一份解决技术难题的发明申请文件，对于如何撰写该类的发明申请，给出了一些参考。

二、技术交底书

微位移技术是精密机械和仪器实现高精度的关键技术之一。微位移技术包括：微位移机构、检测装置和控制系统三大部分。微位移机构是指行程小（毫米、厘米级），精度高（亚微米甚至纳米级）的机构，它是微位移技术中的关键部件之一，通常包括驱动器和执行器。在生物工程、微电子加工、显微手术及航空航天等诸多微细作业领域中，一般要求其执行系统（如操作手）具有纳米级的输出精度，同时具有毫米甚至厘米级的工作行程和较大承载能力。对驱动器而言，尽管部分驱动器，如压电陶瓷驱动器具有输出位移精度高，承载能力大等优点，但其工作行程仅控制在几微米到几十微米的范围，与毫米甚至厘米级的工作行程要求相比仍有很大的差距；而采用普通的驱动器，工作行程虽然能够满足要求，但其输出位移精度很难达到工作要求。这种相对大行程、高精度的微位移机构是目前精密工程领域的一个瓶颈问题。为了解决这一技术问题，通常会在驱动器和执行器之间加装具有运动缩放功能的机构。加入运动缩放机构后，微位移机构的工作行程可以满足工作要求，但如何使运动缩放机构在毫米甚至厘米级的工作行程中都能满足微位移机构对于输出位移精度和承载能力的要求就成为新的技术问题。因此，需要研发具有较高输出位移精度和较大承载能力的运动缩放机构以保证微位移机构在整个工作行程中的输出位移精度和承载能力。

（一）现有技术

CN1*******1A公开了一种液压缸活塞运动缩放机构（下称"现有技术1"），其工作原理参见图22-05-01。该装置包括油缸605，输入端活塞602和输出端活塞604，其中油缸605包括输入端缸体601，输出端缸体606和连接体603，输入端缸体601和输出端缸体606的轴线大致平行。输入端活塞602在输入端缸体601中运动，输出端活塞604在输出端缸体606中运动，输入端缸体601和输出端缸体606的长度决定了输入端活塞602和输出端活塞604的可以达到位移极限长度。油缸605中充满液压油，输入端活塞602的直径为D，输出端活塞604的直径为d。在理想状况下，油缸605内的工作液体（液压油）是不可压缩的，当输入端活塞602

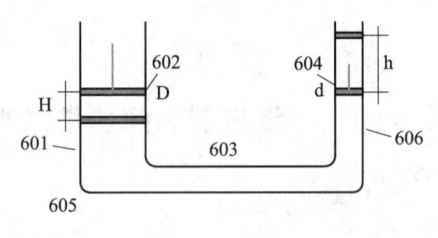

图22-05-01

的位移为 H 时，相应的输出端活塞 604 的位移为 h，且两者（即传动比）满足关系式 $h/H = D^2/d^2$。为了满足不同的传动比，输入端缸体 601 和输出端缸体 606 的直径可以进行相应的调整。在实际工作中，为了保证系统的密封性，输入端活塞 602、输出端活塞 604 和油缸间都需要有密封圈进行密封，但是在输入端活塞 602、输出端活塞 604 的运动过程中仍然不可避免的会有工作液体（液压油）泄漏，导致传动比变小，输出端活塞 604 的位移精度不能得到有效的保证。此外，输入端活塞 602、输出端活塞 604 的密封圈和油缸壁之间存在摩擦，摩擦会使得输入端活塞 602、输出端活塞 604 的位移出现迟滞和爬行现象，也会影响输出端活塞 604 位移的精度。该类运动缩放机构虽然具有承受载荷大和工作行程大等特点，但其输出位移精度不易得到保证，因此，该类运动缩放机构不适用于对输出位移精度要求较高的微位移机构。

CN1＊＊＊＊＊＊＊2A 公开了一种柔性缸体液压运动缩放机构（下称"现有技术 2"），其结构参见图 22－05－02。包括输入端柔性缸体 701、输入端盖 702、输出端柔性缸体 706、输出端盖 704 和连接输入端柔性缸体 701 与输出端柔性缸体 706 的刚性连通体 709。输入端柔性缸体 701 的一端与输入端盖 702 密封固接，另一端与刚性连通体 709 密封固接；输出端柔性缸体 706 一端与输出端盖 704 密封固接，另一端与刚性连通体 709 密封连接；输入端柔性缸体 701 的直径大于输出端柔性缸体 706 的直径。当然，为了满足不同的传动比，两者的直径可以进行相应地调节。输入端柔性缸体 701 和输出端柔性缸体 706 的轴线大致重合。刚性连通体 709 上和输入端柔性缸体 701、输出端柔性缸体 706 相对的位置设有通孔，刚性连通体 709 内装有液压油 705，该技术方案用柔性缸体的压缩或伸展运动代替现有技术 1 中活塞相对于缸体的运动，起到传输位移的效果。由于端盖和柔性缸体之间不存在摩擦，不会产生因摩擦导致的迟滞和爬行现象，所以该装置承受载荷较小时，输出端盖 704 的输出位移精度可以得到很好的保证。柔性缸体可采用波纹管，其轮廓线形状为拟正弦曲线、波纹曲线、锯齿形曲线等曲线形式，其长度为轮廓线波长的整数倍，即整个轮廓线为周期的整数倍。在理想状况下，当柔性缸体在整周期内，受到轴向拉伸及挤压时，其管壁的波峰与波谷的径向变形量可实现互补，从而保证柔性缸体在运动输出方向上的变形与受到载荷为比值恒定的正比例关系。但在实际应用中，较多的周期个数将降低柔性缸体的刚性，在缸内液体压强作用下，会导致缸体沿径向产生微量的变形，因而柔性缸体的周期个数不宜过多，缸体壁长度不宜过长，在满足位移量要求得前提下越短越好。但某些时候，为了满足微位移机构相对较大工作行程的要求，需要设置较长的柔性缸体，此时，由于变形误差的累加，该类运动传输机构的输出位移精度也得不到有效的保证。此外，如果施加在端盖上的作用载荷较大，作用在柔性缸体上的载荷就会加大，会压迫柔性缸体产生微量的变形，使其管壁的波峰与波谷的径向变形量不能实现互补，导致柔性缸体在运动输出方向上的变形与受到载荷的比值不能保持恒定。当该类运动缩放机构承受的载荷较大时，其输出位移精度也会下降。因此，该类运动缩放机构不适用于载荷较大或是相对工作行程较大的微位移机构。

CN1＊＊＊＊＊＊＊3A 公开了一种弹性变形式运动缩放机构（下称"现有技术 3"），其工作原理参见图 22－05－03。该机构是利用两个串联在一起的主动弹簧 802 和从动弹

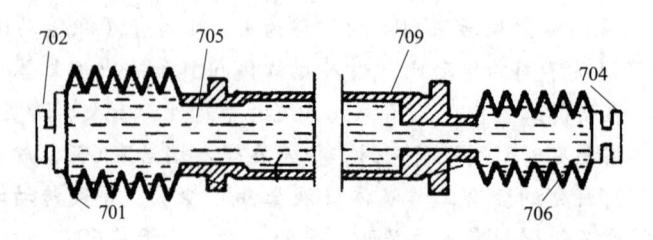

图 22-05-02

簧 804 的刚度差，实现输出位移相对于输入位移的大幅度缩小的运动缩放机构。该机构提高输出位移的精度的原理如下：设主动弹簧和从动弹簧的刚度分别为 k_1、k_2，且 k_2 远大于 k_1，主动弹簧的位移（即输入位移）和从动弹簧的位移（即输出位移）分别为 Δx_1、Δx_2，则输出位移为：$\Delta x_2 = \Delta x_1 k_1/(k_1 + k_2)$。该机构传动链短、摩擦力小、容易获得精确微位移，且其输出位移精度高、稳定性好，可用于高精度测量装置和光学零件的精密调整机构。但当该机构的运动件受到外力或存在摩擦力时，将直接影响到输出位移的精度；而且当该机构承受的载荷较大时，弹簧变形也会出现非线性导致输出位移精度不能保证；当输入端为步进式输入时，输入、输出弹簧容易产生过渡性振荡，输出位移精度也不能得到保证。所以该类运动缩放机构不适用于载荷较大或步进式输入的微位移机构。

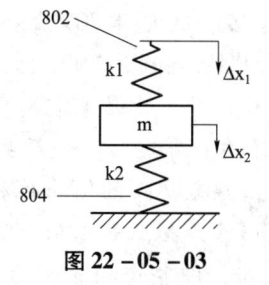

图 22-05-03

（二）发明要解决的技术问题

本发明要解决的技术问题是：在毫米或厘米级的工作行程范围内，提高微位移运动缩放机构的输出位移精度和承载能力。

（三）相关实施例介绍

图 22-05-04 中为本发明第一实施例的工作原理图。本发明的第一实施例包括：输入端柔性缸体 101，输入端盖 102，输出端盖 104，输出端柔性缸体 106，油箱 105，其中油箱 105 包括油箱体 108 和油箱盖 109，油箱盖 109 兼做柔性缸体的安装板；输入端柔性缸体 101 的一端与输入端盖 102 密封固接，另一端与油箱盖 109 密封固接；输出端柔性缸体 106 的一端与输出端盖 104 密封固接，另一端与油箱盖 109 密封连接；输入端柔性缸体 101 的直径大于输出端柔性缸体 106 的直径；油箱盖 109 上和输入端柔性缸体 101、输出端柔性缸体 106 相对的位置设有通孔；油箱盖 109 和油箱体 108 之间密封连接，油箱内装有液压油；输入端柔性缸体 101 和输出端柔性缸体 106 的轴线互相平行，输出端盖 104 和油箱盖 109 之间设有输出弹簧 107。

本发明还包括第二实施例，其工作原理图参见图22-05-05。该装置包括：输入端柔性缸体201，输入端盖202，输出端盖204，输出端柔性缸体206，油箱205，其中油箱205包括油箱体208和油箱盖209，油箱盖209兼做柔性缸体的安装板；输入端柔性缸体201的一端与输入端盖202密封固接，另一端与油箱盖209密封固接；输出端柔性缸体206的一端与输出端盖204密封固接，另一端与油箱盖209密封连接；输入端柔性缸体201的直径大于输出端柔性缸体206的直径；油箱盖209上和输入端柔性缸体201、输出端柔性缸体206相对的位置设有通孔；油箱盖209和油箱体208密封连接，油箱内装有液压油；输入端柔性缸体201和输出端柔性缸体206的轴线互相平行；输入端盖202和油箱盖209之间设有输入弹簧203，输出端盖204和油箱盖209之间设有输出弹簧207。

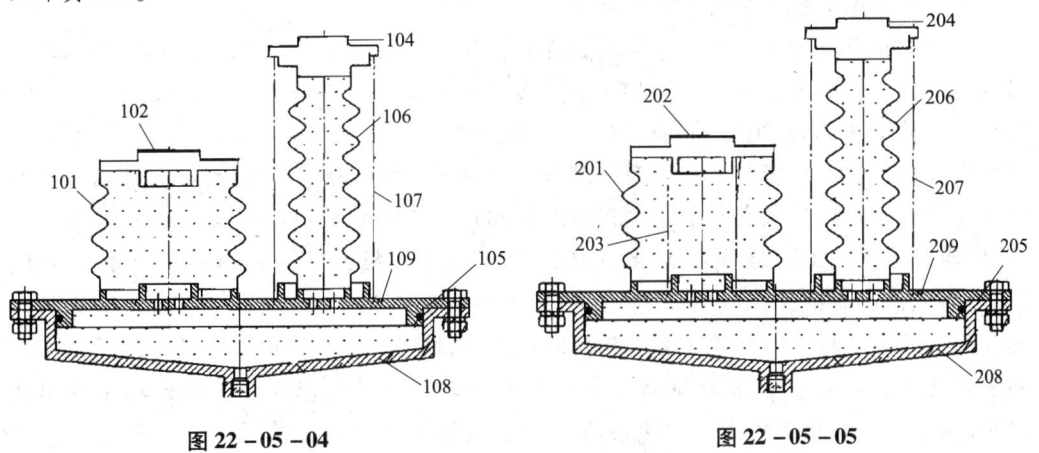

图22-05-04　　　　　　　　图22-05-05

本发明中用柔性缸体与端盖直接密封连接，并在输入端盖、输出端盖和油箱盖之间加装弹簧，柔性缸体和弹簧的压缩或伸展运动代替现有技术中活塞相对于缸体的运动，同样起到了驱动微位移机构的效果。由于取消了活塞和油缸之间的密封，可以避免工作液体（液压油）的泄漏和活塞（密封圈）与缸体的摩擦，消除了迟滞和爬行现象，因此，提高了输出位移精度。通过选用具有合适弹性系数的弹簧，可以较好地提高该微位移运动缩放机构的承载能力和输出位移精度，使得该装置满足在毫米或厘米级的工作行程范围内，对微位移运动缩放机构较高输出位移精度和较大承载能力的技术要求。

此外，本发明还包括以下优选实施方式：

所述输入、输出弹簧装置设置在输入端柔性缸体和/或输出端柔性缸体的内部和/或外部。

所述输入端柔性缸体和输出端柔性缸体，其直径可以调整。设置输入、输出缸体的直径是为实现不同的传动比。

所述输入弹簧装置、输出弹簧装置为圆截面的圆柱弹簧。圆柱弹簧弹性系数接近常数的特性，输入弹簧装置和输出弹簧装置采用圆截面的圆柱弹簧来分担外界载荷，从而可以较好地保证输出位移精度。

所述输入端柔性缸体、输出端柔性缸体，它们的轮廓线形状为拟正弦曲线、波纹曲线、锯齿形曲线等曲线形式。

所述输入端柔性缸体、输出端柔性缸体，其长度为轮廓线波长的整数倍，即整个轮廓线为周期的整数倍。在整周期内，柔性缸体在受到轴向拉伸及挤压时，波峰与波谷的径向变形量可实现互补，提高输出位移精度。

所述油箱盖与输入端柔性缸体、输出端柔性缸体连通处，设有若干个均匀分布的节流孔组成，为整个系统提供一定量的阻尼，从而防止系统瞬态出现相应较大的超调。

本发明将柔性缸体与弹簧一同设置，提供了一种同时兼顾承载能力和输出位移精度的液压微位移运动缩放机构。

（四）发明人欲保护的技术方案

发明人欲保护的基本技术方案如下：

1. 一种液压微位移运动缩放机构，包括：输入端柔性缸体（101，201）、输入端盖（102，202）、输出端盖（104，204）、输出端柔性缸体（106，206）、油箱盖（109，209）、油箱体（108，208）和液压油，其中：输入端柔性缸体（101，201）一端与输入端盖（102，202）密封固接，另一端与油箱盖（109，209）密封固接，输出端柔性缸体（106，206）一端与输出端盖（104，204）密封固接，另一端与油箱盖（109，209）密封连接，输入端柔性缸体（101，201）的直径大于输出端柔性缸体（106，206）的直径，油箱盖（109，209）上和输入端柔性缸体（101，201）、输出端柔性缸体（106，206）相对的位置设有通孔，油箱盖（109，209）和油箱体（108，208）之间密封连接，油箱内装有液压油，输入端柔性缸体（101，201）和输出端柔性缸体（106，206）的轴线互相平行；所述输入端盖（102，202）和油箱盖（109，209）之间设有输入弹簧；所述输出端盖（104，204）和油箱盖（109，209）之间设有输出弹簧。

三、对技术交底书的分析

（一）对技术内容的分析

发明人提交的技术交底书中，对现有技术的技术原理进行了分析，对现有技术的优缺点进行了介绍，基本满足了对于一般类型申请文件中背景技术部分的要求。但技术交底书中对于现有技术中存在的问题的由来交代的不够清楚，不利于帮助读者更好的了解所属技术领域的技术现状。现有技术介绍部分没有从技术思路中找出技术问题存在的原因，分析该技术问题存在的必然性以及解决该技术问题的困难程度，没有使读者认识到该技术问题为所属技术领域的技术难题。因此，技术交底书中并未凸显出本发明为解决技术难题类型的申请，没有将本发明对现有技术作出的贡献客观的呈现给读者，有可能影响读者对于本发明的发明高度的判断。

（二）对发明人欲保护技术方案的分析

发明人提交的欲保护的技术方案只是对技术交底书中的第二实施例进行了描述，如果以此作为申请文件的权利要求书，会存在以下问题：该技术方案只涉及技术交底书中的两个实施例中的第二实施例，其表述仅限于比较具体的实施方式，并没有从解决技术问题和所达到技术效果的角度反映本发明的技术思路,也没有选择适当的表述方式表达本发明的技术思路,即使本发明获得授权,对其技术方案的保护力度也不够,有损申请人的合法权益。

四、关于解决技术难题发明申请的一般撰写思路

(一) 对于解决技术难题发明申请的撰写重点分析

《专利审查指南》第二部分第四章第5.1节指出:如果发明解决了人们一直渴望解决但始终未能获得成功的技术难题,这种发明具有突出的实质性特点和显著的进步,具备创造性。判断一件发明专利申请是否具备创造性,需要从技术问题、技术方案和技术效果三个角度考虑。一般来说,如果技术问题是发明人首次提出,则解决该技术问题的技术方案必然具有创造性;如果该技术问题不是发明人首次提出,则需要考虑解决该技术问题的技术方案相对于现有技术是否显而易见,如果其不是显而易见的,则其具有创造性;如果该技术方案现有技术中已经存在,则需要考虑该技术方案在本发明中是否有预料不到的技术效果,如果其具有预料不到的技术效果,则其具有创造性,反之,该发明不具有创造性。

创造性的判断就根本来说是衡量本发明对现有技术作出的贡献的大小。如果一件发明专利申请对现有技术作出了较大贡献,我们就认为其具有突出的实质性特点和显著的进步,具备创造性。如果一件发明专利申请仅对现有技术作出了对于所属领域技术人员来说显而易见的改变,即该发明对于现有技术的贡献较小,那么该发明不具备创造性。

具体到解决技术难题类的发明,因为该发明对现有技术作出了较大的贡献,因此,其具备创造性。从这个角度来说,只要申请文件能够证明该技术难题的确存在,而且发明解决了该技术难题,那么根据《专利审查指南》的规定,该发明就具备创造性。因此,撰写解决技术难题发明申请的重点在于:证明所属技术领域的确存在技术难题以及本发明解决了该技术难题。

发明专利申请文件主要构成为:说明书、权利要求书、说明书摘要和说明书附图,其中权利要求书的作用是限定出本发明需要保护技术方案,权利要求书并不能体现出本发明是否解决了所属技术领域的技术难题。因此,为了凸显出本发明为解决技术难题的发明,需要将撰写重点放在说明书上。

(二) 说明书的撰写思路

为了凸显本发明为解决技术难题的发明申请,建议发明人在撰写此类发明申请的说明书时按照如下思路撰写。

1. 所属技术领域简介

该部分主要作用是帮助读者了解所属技术领域的技术发展现状和趋势,以及本发明所要解决的技术问题的由来,为说明技术难题的存在做好铺垫。

2. 证明所属技术领域的确存在该技术难题

为了证明技术难题的存在,发明人可以从两个角度加以说明,以体现技术问题的确为所属技术领域的技术难题:第一,该技术问题是所属技术领域一直渴望解决的;

第二，该技术问题存在的必然性和难以解决性。

针对第一点，发明人可以通过在说明书中分析该技术问题和技术发展趋势之间的关系，证明该技术问题是所属技术领域一直渴望解决的。如果该技术问题阻碍了技术发展，那么其必然是所属技术领域的技术人员一直渴望解决的，因为只有解决了该技术问题，才能使得该技术进一步的发展。

针对第二点，发明人可以分析现有技术的技术思路，从技术思路分析中来证明该技术问题是技术思路中必然存在的，同时发明人可以对技术思路中存在的技术问题作进一步的分析，即说明该技术问题是由于技术思路中存在的缺陷所导致的。也就是说，沿着现有技术思路是不可能解决该技术问题的，从而证明该技术问题的难以解决性，说明该技术问题始终未获得成功的解决。该方法要求发明人从技术原理出发，对现有技术进行归纳和分析，对撰写人的要求较高。

通过上述分析，可以帮助读者较好地了解、掌握现有技术，从而清楚地认识到现有技术中存在的技术问题是否为所属技术领域的技术难题，为凸显本发明为解决技术难题类型的发明打下坚实的基础。

3. 从技术效果的角度证明本发明解决了该技术难题

在撰写说明书的具体实施例部分，可以从理论或实验数据对比本发明和现有技术的技术方案所能达到的技术效果，说明本发明的技术方案克服了原有技术思路中的技术矛盾，解决了该技术难题，从而将本发明对现有技术作出的贡献客观的呈现给读者。

（三）权利要求书的撰写思路

在权利要求书的撰写过程中，发明人可以从技术问题和技术效果的角度出发，得到本发明的技术方案和技术思路。由于该类发明对于现有技术作出了比较大的贡献，在独立权利要求的撰写过程中，应避免其局限于发明的特定的实施方案，宜采用恰当的方式对本发明的技术思路进行表达，从而获得保护力度较强的独立权利要求。撰写独立权利要求时，需要注意概括范围的合理性，保证其得到说明书支持。

下面我们就结合上述分析以及发明人提交的材料来探讨如何撰写出一份解决技术难题类型的申请文件。

五、说明书及说明书摘要的撰写

（一）说明书的撰写

为了体现该发明为解决技术难题类的发明专利申请，需要在说明书中证明现有技术中的确存在技术难题，并证明本发明的技术方案确实解决了该技术难题，其具体分析、撰写过程如下。

1. 所属技术领域简介

从技术交底书中可以看出，微位移运动缩放机构属于微位移技术领域，是微位移技术领域的关键技术之一。随着技术的发展，要求微位移机构具有较大的承载能力、相对较大的工作行程和较高的输出位移精度。现有技术中的微位移机构通常由驱动器、运动缩放机构和执行器组成，其中运动缩放机构用于增加整个机构的工作行程。在驱动器具有较高输出位移精度和较大承载能力的条件下，只要保证微位移运动缩放机构在整个工作行程上均具有较大的承载能力和较高的输出位移精度,那么整个机构的承载能力、输出位移精度和工作行程就可以满足该领域技术发展要求,其中本发明所要解决的技术问题就是:在毫米或厘米级的工作行程范围内,提高微位移运动缩放机构的承载能力和输出位移精度。

2. 证明现有技术中的确存在该技术难题

首先,确定本发明的技术发展趋势和该技术问题之间的关系。

本发明主要涉及应用于微位移领域的运动缩放机构,因此,确定本发明的技术系统是用于微位移领域的运动缩放机构。微位移运动缩放机构的技术发展趋势是:要求微位移运动缩放机构在毫米或厘米级的工作行程范围内,同时具有较大的承载能力和较高的输出位移精度。

所属技术领域的技术问题是:在毫米或厘米级的工作行程范围内,运动缩放机构的输出精度低或承载能力小,从而导致了微位移机构在其期望的工作行程(毫米或厘米级)上不能满足输出位移精度和承载能力的工作新要求。可见,该技术问题的存在阻碍了微位移技术的进一步发展,是该技术领域的瓶颈问题,所属技术领域的技术人员必然渴望解决上述技术问题。

因此,可以在本发明背景技术部分加入:

但现有技术中的微位移运动缩放机构在毫米或厘米级的工作行程范围内,不能满足输出位移精度和承载能力的工作要求,阻碍了微位移技术的进一步发展。

其次,分析现有技术的技术思路。

本发明技术交底书中的现有技术只是发明人提供的初步材料,为了更好地凸显本申请为解决技术难题类的发明申请,需要对于技术交底书中的现有技术进行进一步的分析和挖掘,找出现有技术的技术思路,从技术思路中找出缺陷,来证明沿着现有思路是不可能解决该技术问题的。

现有技术1采用传统的刚性缸体和活塞的液压方式完成运动缩放功能,具有传递动力大,易于实现过载保护,但液压缸活塞结构中的密封装置在活塞运动过程会产生摩擦,摩擦力会导致迟滞和爬行现象的产生。迟滞和爬行现象会影响输出位移精度,而且可能出现在工作行程内的任意位置,因此该类运动缩放机构的输出位移精度不能得到保证。

现有技术2采用柔性缸体和液压装置共同完成运动传输和缩放功能,其可以看作对于现有技术1的改进。由于其采用了柔性缸体装置,避免了现有技术1中出现的摩擦现象,是一种无摩擦、无间隙的运动传输装置,可以实现较高的输出位移精度。由于采用了柔性缸体,其承载能力就是柔性缸体线性弹性变形的最大载荷,超过该载荷,柔性缸体就会进入非线性弹性变形区,会导致输出位移精度下降。同时,柔性缸体在实际应用过程中,较多的周期个数将降低柔性缸体的刚性,在缸内液体压强作用下,会导致缸体沿径向产生微量的变形,因而柔性缸体的周期个数不宜过多,缸体壁长度不宜过长,在满足位移量要求得前提下越短越好。但某些时候,为了满足微位移机构相对较大工作行程的要求,需要设置较长的柔性缸体,此时,由于变形误差的累加,该类运动传输机构的输出位移精度也得不到有效的保证。而且上述问题的存在是柔性缸体本身的特性带来的，目前是不可能克服。

现有技术3采用刚性弹簧完成运动传输功能，利用两个串联在一起的主动弹簧和从动弹簧的刚度差，实现输出位移相对于输入位移的大幅度缩小的微位移运动缩放机构，其承载能力比现有技术2有所提高，也可以实现较高的输出位移精度。但在步进式输入或承载较大的条件下，弹簧运动传输机构的输出位移精度也不高。载荷在加载的过程中，尤其是步进式输入的条件下，会产生波动。载荷的波动会使得弹簧产生振荡，影响其变形的精度，进而影响弹簧运动传输机构的输出位移精度，而且由于刚性弹簧本身也存在线性弹性变形区和非线性弹性变形区，其承载能力是刚性弹簧线性弹性变形的最大载荷，超过该载荷，刚性弹簧就会进入非线性弹性变形区，也会导致输出位移精度下降。同样，上述问题的存在也是由于弹簧本身特性造成的，目前是不可能克服。

在说明书撰写过程中，现有技术1可以用来引出技术问题——运动缩放机构输出位移精度不高，而所属技术领域的技术人员采用以现有技术2、3为代表的两种技术思路，解决该技术问题。现有技术2、3的技术方案虽然改善了微位移运动缩放机构的输出位移精度，但并未较好地保证其承载能力。从现有技术的技术思路也可以看出，承载能力和输出位移精度的问题是其本身所必然产生的，而且，由于其技术思路本身的缺陷，该技术问题并不可能得到解决。也就是说，现有技术的技术思路使得上述运动缩放机构在毫米或厘米级的工作行程范围内，不能兼顾输出精度和承载能力。

通过对于现有技术的进一步的挖掘和分析，找出了现有技术的技术思路，找到了现有技术思路中存在的缺陷，证明了液压微位移运动缩放机构领域存在人们一直渴望解决但始终未获得成功得技术问题，该技术问题为所属技术领域的技术难题，为本发明技术方案的提出以及凸显本发明的创造性打下了基础。

在说明书背景技术部分，对现有技术1~3撰写如下，并加入相应的分析内容：

现有技术1公开了一种刚性缸体液压微位移运动缩放机构。该类性的微位移运动缩放机构采用刚性液压缸和活塞结构，液压机构传递动力大，易于实现过载保护，其能承受较大的载荷，但液压缸活塞结构中的密封装置在活塞运动过程会产生摩擦，摩擦力会导致迟滞和爬行现象的产生，迟滞和爬行现象会影响输出位移精度，而且可能出现在工作行程内的任意位置。因此该类运动缩放机构的输出位移精度不易得到保证。

为了解决运动缩放机构输出精度低的问题，所属技术领域的技术人员进行了多种尝试。现有技术2公开了一种柔性缸体液压微位移运动缩放机构，现有技术2是对现有技术1作出的改进。为了减少传统液压运动缩放机构中迟滞、爬行现象，现有技术2中将柔性缸体与活塞直接连接，用柔性缸体的压缩或伸展运动代替传统液压运动缩放机构中活塞相对于缸体的运动，起到传输位移的效果，同时可以达到提高系统的响应速度，减少迟滞和爬行现象的产生。现有技术2中的液压微位移运动缩放机构的输出位移精度比现有技术1有了明显的提高，但承载能力出现了下降。在理想状况下，柔性缸体在受到轴向拉伸及挤压时，其管壁的波峰与波谷的径向变形量可实现互补。在实际应用过程中，较多的周期个数将降低柔性缸体的刚度，在缸内液体压强作用下，会导致缸体沿径向产生微量的变形，因而柔性缸体的周期个数不宜过多，缸体壁长度不宜过长，在满足位移量要求得前提下越短越好。但某些时候,为了满足微位移机构相对较大工作行程的要求,需要设置较长的柔性缸体,此时,由于柔性缸体刚度的下降,变形误差的累加,导致该类运动传输机构的输出位移精度也得不到有效的保证。此外,当该运动缩放机构的载荷较大时,由于柔性缸体变形的非线性,其输出端位移精度也不容易得到保证,而且上述问题的存在是柔性缸体本身的特性带来的,目前是不可能克服。

现有技术3是利用两个串联在一起的主动弹簧和从动弹簧的刚度差,实现输出位移相对于输入位移的大幅度缩小的微位移运动缩放机构。在受到相同的载荷的情况下,刚度大的弹簧变形小,刚度小的弹簧变形大。载荷在加载的过程中,会产生波动。载荷的波动会使得弹簧产生振荡,影响其变形的精度,进而影响弹簧的输出位移精度,而且弹簧装置在承受载荷较大的情况下同样会出现变形的非线性问题,导致输出精度的下降。同样,上述问题的存在也是由于弹簧本身特性造成的,目前是不可能克服。

上述尝试,由于其技术思路本身具有缺陷,导致了微位移运动缩放机构在毫米或厘米级的工作行程范围内,承载能力和输出位移精度始终不能得到兼顾。该技术问题的存在,阻碍了现有技术的进一步发展。同时,由于这一问题是现有技术的技术思路本身的缺陷带来的,现有技术也无法解决这个技术问题。因此,要求微位移运动缩放机构同时具有较大的承载能力和较高的输出位移精度是所属技术领域一直渴望解决但始终未能获得成功的技术难题。

3. 证明本发明解决了该技术难题 - 本发明与现有技术的技术效果对比

本发明的技术方案相对于现有技术来说,是一种全新的解决液压微位移运动缩放机构领域的技术难题的思路,如果能对其技术原理进行介绍,即可以证明本发明解决了该技术难题,同时,也相当于公开了采用该技术原理的所有技术方案,可以更有效地保护发明人的合法权益。因此,建议在说明书具体实施例部分中加入对本发明技术原理的分析,具体如下:

如图22-05-06(I)中所示,在实际工况下,柔性缸体的弹性特性在不同的载荷状况下并不相同。柔性缸体的变形在载荷较小时(载荷小于f)可以保持线性;当载荷超过f时,由于柔性缸体的变形加剧,柔性缸体的变形率会随载荷的增加而增加,即图22-05-06(I)中虚曲线部分所示。当柔性缸体液压运动缩放机构所承受载荷大于f时,由于柔性缸体变形的非线性会导致输入位移与输出位移的比值不能保持恒定。在微位移领域,这种非线性输出会导致输出端位移产生较大的误差,使整个装置的输出精度在载荷较大时降低,不能满足系统的需求。

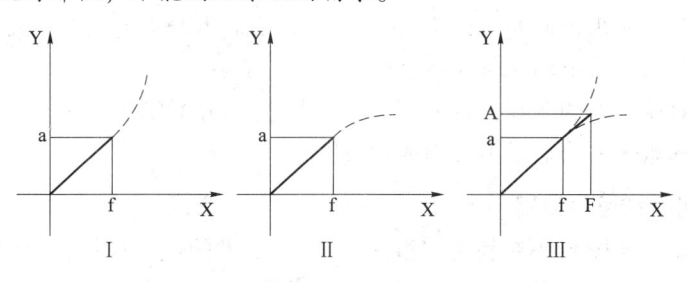

图 22-05-06

同样，在实际工况下，弹簧的弹性特性在不同的载荷状况下也不相同。如图22-05-06（Ⅱ）中所示，弹簧的变形在载荷小于f时能够保持线性；当载荷超过f时，某些弹簧的变形率会随载荷的增加而减少。因此，当由弹簧构成的运动缩放机构所承受载荷大于f时，由于弹簧变形的非线性，也会导致输入位移与输出位移的比值不能保持恒定，因此，弹簧式的运动缩放机构的输出精度在载荷较大时也会降低，也不能满足微位移系统对于的其运动缩放机构的要求。

如果将柔性缸体和弹簧组合使用构成如本发明实施例所示的液压微位移运动缩放机构，即可较好的满足微位移系统对于的其运动缩放机构的要求。该运动缩放机构在载荷较小的情况下，柔性缸体和弹簧都处于线性变形区，输出位移精度可以得到较好的保持。该运动缩放机构在载荷较大的情况下，其输出位移精度也能得到较好地保持，明显优于现有技术，其原理参见图22-05-06（Ⅲ）。当该运动缩放机构承受的载荷大于零且小于等于f时，柔性缸体和弹簧在运动输出方向上的变形与受到载荷为比值恒定的正比例关系，输出位移精度可以得到保证；当该运动缩放机构承受的载荷大于f且小于F时，柔性缸体和弹簧由于载荷过大均会产生非线性的变形。但两者的变形方向相反，变形量相等，因此，两者的非线性变形可以相互抵消。从而使得该运动缩放机构在载荷大于f且小于F的范围内，输入位移和输出位移的比值（传动比）仍然保持不变，输出位移精度仍能得到较好地保持。当该运动缩放机构承受的载荷进一步加大，即其承受的载荷大于F时，由于柔性缸体和弹簧非线性变形的叠加和相互抵消的作用，其输出位移的精度也比现有技术中单独的柔性缸体液压运动缩放机构或单独的弹簧运动缩放机构要高。同时，弹簧与柔性缸体的一起使用，可以提高柔性缸体的刚度，即便由于工作行程的需要设置较长的柔性缸体，其变形误差也会相应地降低，从而保证在相对较大行程下的输出位移精度。

本发明的改进就在于同时使用柔性缸体和弹簧，利用了两者不同的受力变形特性，形成受力变形的叠加，扩大了整个装置线性弹性变形的范围，从而提高了整个运动缩放机构的承载能力和输出位移精度，而且更进一步地，在超过整个装置弹性变形的范围之外，弹簧和柔性缸体还能形成互补，进一步提高了整个机构的承载能力和输出位移精度。该运动缩放机构在毫米和厘米级的工作行程上具有较大承载能力和较高输出位移精度，其综合性能比现有技术有了明显的提高。

需要强调的是，图22-05-06中只给出了一种柔性缸体和弹簧装置组合使用的方式，所属技术领域的技术人员在本发明的启示下，可以采用具有不同弹性特性柔性缸体和弹簧装置组合使用，只要该组合可以保证柔性缸体和弹簧装置的非线性变形可以相互抵消，从而保证输出端位移的精度即可。

通过上述对说明书的撰写，说明了本发明的技术方案解决了液压微位移运动缩放机构领域的技术难题，凸显了本发明的创造性。

（二）说明书摘要的撰写

说明书摘要应当按照《专利法实施细则》第23条的规定撰写，写明发明的名称和所属技术领域，并清楚地反映所要解决的技术问题、解决该问题的技术方案的要点以及主要用途。在考虑不得超过300个字的前提下，至少写明有关技术方案及采用该技术方案所获得的技术效果。并选用说明书附图中的相应附图作为摘要附图。

六、权利要求撰写

（一）确定本发明案需要保护的客体

从发明人提交的技术交底书来看，本发明主要涉及应用于微位移领域的运动缩放机构。因此，确定本发明保护的客体是：用于微位移领域的运动缩放机构。

（二）本发明及现有技术分析

一般来说，撰写权利要求过程中，需要确定最接近的现有技术。《专利审查指南》第二部分第四章第 3.2.1.1 节中给出了确定最接近现有技术的原则，首先选出那些与要求保护的发明技术领域相同的现有技术，优先考虑领域相同的情况；其次从技术领域相同的现有技术中选出所要解决的技术问题、技术效果或者用途最接近和/或公开了发明的技术特征最多的那一项现有技术作为最接近的现有技术。

但本发明实质是将两种不同的技术系统进行组合得到新的技术方案，本发明相对于组合中的任意一个技术系统都具有不同的技术思路。这种情况下，该类发明可能存在多个最接近的现有技术或者没有最接近的现有技术。因此，该类发明应该从本发明解决的技术问题和所达到的技术效果出发得到独立权利要求。

通过对技术交底书中给出的信息进行分析，列出现有技术及本发明的全部技术特征，并进行如下分析。

1. 现有技术 1 的全部技术特征

（1）输入端缸体；

（2）输入端活塞；

（3）输出端缸体；

（4）输出端活塞；

（5）油缸；油缸内装有液压油实现运动传输功能；

需要说明的是，附图中的油缸采用的是整体式结构，所属技术领域的技术人员可以知晓，油缸也可以采用输入端缸体、输出端缸体和连接油缸部分的分体式结构，如采用上述分体式结构，连接部分需要采用密封结构保证油液不泄漏；油缸体上设置有油口和盖，用于加注或放出液压油；

（6）油缸和输入端缸体、输出端缸体相对的位置设有通孔；

（7）密封件；

（8）输入端缸体和输出端缸体的轴线互相平行；

（9）输入端缸体和输出端缸体的直径可以调整。

现有技术 1 公开的微位移运动缩放机构为液压微位移运动缩放机构，其采用刚性缸体和活塞组成运动缩放机构，输入、输出端活塞相当于本发明中的输入、输出端盖，油缸的设置和作用与本发明相同。但现有技术 1 没有公开本发明的输入、输出弹簧装置和输入、输出端柔性缸体等装置。

2. 现有技术 2 的全部技术特征

（1）输入端柔性缸体；

（2）输入端盖；

（3）输出端柔性缸体；

（4）输出端盖；

（5）刚性连通体；

（6）刚性连通体上和输入端柔性缸体、输出端柔性缸体相对的位置设有通孔；

（7）输入端柔性缸体的一端与输入端盖密封固接，另一端与刚性连通体密封连接；

（8）输出端柔性缸体的一端与输出端盖密封固接，另一端与刚性连通体密封连接；

（9）输入端柔性缸体和输出端柔性缸体的轴线大致同轴；

（10）输入端柔性缸体和输出端柔性缸体，其直径相同或不同；

（11）输入端柔性缸体、输出端柔性缸体，其轮廓线形状为拟正弦曲线、波纹曲线、锯齿形曲线等曲线形式；

（12）输入端柔性缸体、输出端柔性缸体，其长度为轮廓线波长的整数倍。

所属技术领域的技术人员可以知晓，刚性连通体相当于油箱，其上必须设置注油口和盖。注油口用于注入和放出液压油，盖用来密封注油口。

现有技术 2 公开的微位移运动缩放机构为液压微位移运动缩放机构，其采用柔性缸体、端盖和油箱组成运动缩放机构，现有技术 2 公开了本发明的输入、输出端盖，输入、输出端柔性缸体，其刚性连通体的设置和作用与本发明的油箱相同。但现有技术 2 没有公开本发明的输入、输出弹簧装置等装置。

3. 现有技术 3 的全部技术特征

（1）输入端；

（2）输入端弹簧；

（3）输出端；

（4）输出端弹簧；

（5）连接装置。

现有技术 3 公开的微位移运动缩放机构为弹簧微位移运动缩放机构，其主要由弹簧组成运动缩放机构，现有技术 3 公开了本发明的输入、输出端盖，输入、输出弹簧装置。但现有技术 3 没有公开本发明的输入、输出端柔性缸体和油缸等装置。

4. 本发明的全部技术特征

（1）输入端柔性缸体；

（2）输入端盖；

（3）输出端柔性缸体；

（4）输出端盖；

（5）油箱包括油箱体和油箱盖，油箱盖和油箱体密封固接，油箱内装有液压油；

（6）油箱盖上和输入端柔性缸体、输出端柔性缸体相对的位置设有通孔；

（7）输入端柔性缸体的一端与输入端盖密封固接，另一端与油箱盖密封固接；

（8）输出端柔性缸体的一端与输出端盖密封固接，另一端与油箱盖密封连接；

（9）输入端盖和油箱盖之间设有输入弹簧；

（10）输出端盖和油箱盖之间设有输出弹簧；

（11）输入、输出弹簧装置设置在输入端柔性缸体和/或输出端柔性缸体的内部和/或外部；

（12）输入端柔性缸体和输出端柔性缸体的轴线互相平行；

（13）输入端柔性缸体和输出端柔性缸体的直径相同或不同；

（14）输入弹簧、输出弹簧为圆截面的圆柱弹簧；

（15）输入端柔性缸体、输出端柔性缸体，其轮廓线形状为拟正弦曲线、波纹曲线、锯齿形曲线等曲线形式；

（16）输入端柔性缸体、输出端柔性缸体，其长度为轮廓线波长的整数倍；

（17）油箱盖与输入端柔性缸体、输出端柔性缸体连接处，其设有的通孔由若干个均匀分布的节流孔组成。

（三）确定本发明专利申请所要解决的技术问题和技术效果

本发明所要解决的技术问题是：在毫米或厘米级的行程范围内，提高微位移运动缩放机构的承载能力和输出位移精度；要达到的技术效果是找到一种微位移运动缩放机构，在毫米或厘米级的行程范围内，具有较大的载荷承受能力和较高的输出位移精度。

从技术交底书中可以得到解决该技术问题和实现该技术效果的技术特征是"在输入端和输出端的柔性缸体加装弹簧"；

技术特征"输入、输出弹簧装置设置在输入端柔性缸体和/或输出端柔性缸体的内部和/或外部"所要解决的技术问题是根据具体情况设置弹簧和柔性缸体的相对位置，设置在柔性缸体内部可以更好地防止弹簧生锈，设置在柔性缸体外部可以保证柔性缸体不易歪斜；

技术特征"输入弹簧装置、输出弹簧装置为圆截面的圆柱弹簧"所要解决的技术问题是进一步保证输入、输出位移精度；

技术特征"油箱盖与输入端柔性缸体、输出端柔性缸体连接处，其设有的通孔由若干个均匀分布的节流孔组成"所要解决的技术问题是为整个系统提供一定量的阻尼，防止系统瞬态相应出现较大的超调；

其中"输入端和输出端的柔性缸体都加装了弹簧"是本发明解决该技术问题和实现该技术效果的技术特征，上述其他的技术特征是对本发明进一步的完善。

（四）完成独立权利要求的撰写

根据本发明要解决的技术问题确定其全部必要技术特征，按照《专利法实施细则》第21条规定的格式划分独立权利要求的前序部分和特征部分的界限，完成独立权利要求的撰写。

1. 确定为解决上述技术问题的全部的必要技术特征

对于本发明技术方案中所有技术特征的作用做如下分析：

（1）输入端柔性缸体：与输入端盖配合工作，承受输入端载荷，用其变形来传输输入运动并决定输入端位移极限长度；

（2）输入端盖：承受输入端的载荷，并且用于密封输入端柔性缸体的一端，输入端盖的位移即为输入运动；

（3）输出端柔性缸体：与输出端盖配合工作，承受输出端载荷，用其变形来传输输出运动并决定输出端位移极限长度；

（4）输出端盖：承受输出端的载荷，并且用于密封输出端柔性缸体的一端，输出端盖的位移即为输出运动；

（5）油箱包括油箱体和油箱盖，油箱盖和油箱体密封固接，油箱内装有液压油：油箱用于储存液压油，油箱盖用于密封油箱，同时用于安装输入端柔性缸体和输出端柔性缸体，并且用于密封输入端柔性缸体和输出端柔性缸体的另一端；

（6）油箱盖上和输入端柔性缸体、输出端柔性缸体相对的位置设有通孔：用于保证液压油在输入端柔性缸体、输出端柔性缸体和油箱之间流动，达到传输运动目的；

（7）输入端柔性缸体的一端与输入端盖密封固接，另一端与油箱盖密封固接：保证装置密封，维持输入位移精度；

（8）输出端柔性缸体的一端与输出端盖密封固接，另一端与油箱盖密封连接：保证装置密封，维持输出位移精度；

（9）输入端盖和油箱盖之间设有输入弹簧：提高输入端承受载荷能力和保证输入位移精度；

（10）输出端盖和油箱盖之间设有输出弹簧：提高输出端承受载荷能力和保证输出位移精度；

（11）输入、输出弹簧装置设置在输入端柔性缸体和/或输出端柔性缸体的内部和/或外部：根据具体情况设置弹簧和柔性缸体的相对位置，设置在柔性缸体内部可以更好地防止弹簧生锈，设置在柔性缸体外部可以保证柔性缸体不易歪斜；

（12）输入端柔性缸体和输出端柔性缸体的轴线互相平行：设置输入、输出位移的方向；

（13）输入端柔性缸体和输出端柔性缸体，其直径相同或不同：设置输入、输出缸体的直径是为实现不同的传动比；

（14）输入弹簧装置、输出弹簧装置为圆截面的圆柱弹簧：圆柱弹簧弹性系数接近常数的特性，输入弹簧装置和输出弹簧装置采用圆截面的圆柱弹簧来分担外界载荷可较好地保证输入、输出位移精度；

（15）输入端柔性缸体、输出端柔性缸体，其轮廓线形状为拟正弦曲线、波纹曲线、锯齿形曲线等曲线形式：柔性缸体的形状设置；

（16）输入端柔性缸体、输出端柔性缸体，其长度为轮廓线波长的整数倍：保证输入、输出位移精度；

（17）油箱盖与输入端柔性缸体、输出端柔性缸体连接处，其设有的通孔由若干个均匀分布的节流孔组成：为整个系统提供一定量的阻尼，防止系统瞬态相应出现较大的超调。

通过上述分析可知，本发明第一实施例为提高微位移柔性缸体液压运动缩放机构的输出位移精度和承受载荷能力的全部必要技术特征是："输入端柔性缸体的一端与输入端盖密封固接，另一端与油箱盖密封固接；输出端柔性缸体一端与输出端盖密封固接，另一端与油箱盖密封连接；油箱盖上和输入端柔性缸体、输出端柔性缸体相对的位置设有通孔；输出端盖和油箱盖之间设有输出弹簧。"

其中"输入端柔性缸体一端与输入端盖密封固接，另一端与油箱盖密封固接，输出端柔性缸体一端与输出端盖密封固接，另一端与油箱盖密封连接，油箱盖上和输入端柔性缸体、输出端柔性缸体相对的位置设有通孔，"是与现有技术2共有的技术特征，建议写在独立权利要求的前序部分，而"所述输入端盖和油箱盖之间设有输入弹簧，所述输出端盖和油箱盖之间设有输出弹簧"是与现有技术2区别的技术特征，建议写在独立权利要求的特征部分。

这样撰写出独立权利要求为：

一种液压微位移运动缩放机构，其中：输入端柔性缸体（101，201）一端与输入端盖（102，202）密封固接，另一端与油箱盖（109，209）密封固接，输出端柔性缸体（106，206）一端与输出端盖（104，204）密封固接，另一端与油箱盖（109，209）密封连接，油箱盖（109，209）上和输入端柔性缸体（101，201）、输出端柔性缸体（106，206）相对的位置设有通孔，其特征在于：所述输出端盖（104，204）和油箱盖（109，209）之间设有输出弹簧（107，207）。

同样的方法可以对上述本发明第二实施例的技术特征进行分析，概括出独立权利要求为：

一种液压微位移运动缩放机构，其中：输入端柔性缸体（101，201）一端与输入端盖（102，202）密封固接，另一端与油箱盖（109，209）密封固接，输出端柔性缸体（106，206）一端与输出端盖（104，204）密封固接，另一端与油箱盖（109，209）密封连接，油箱盖（109，209）上和输入端柔性缸体（101，201）、输出端柔性缸体（106，206）相对的位置设有通孔，其特征在于：所述输入端盖（102，202）和油箱盖（109，209）之间设有输入弹簧203，所述输出端盖（104，204）和油箱盖（109，209）之间设有输出弹簧（107，207）。

2. 对实施例所列举的为解决上述技术问题的全部的必要技术特征进行分析、概括出保护范围合理的独立权利要求

在撰写独立权利要求时，如果能够基于发明的总体构思对每个技术特征进行适当提炼或上升，而不局限于发明的具体实施例，从而撰写出一个保护范围合理的独立权利要求，对发明人在后续程序中将会带来好处，使申请获得更好的保护。因此，应根据发明公开的内容恰当地采用概括性描述来表达技术特征。为此，对上述实施例对应的权利要求进行进一步分析：

本发明所属的技术领域——液压微位移运动缩放机构领域中，为了防止泄露保证驱动效果（传动比），各个零部件间必然是密封连接的，而且其工作介质一般为不可压缩的液体。因此，可以将"输入端柔性缸体一端与输入端盖密封固接，输出端柔性缸体一端与输出端盖密封固接，"进行适当的上位概括。建议将上述技术特征概括为"能使液体移动的输入端柔性缸体与输入端盖；能使液体移动的输出端柔性缸体与输出端盖"。

有关油箱盖技术特征的作用是用于安装输入端和输出端柔性缸体，油箱本身是用于储存工作油液,也就是说油箱(包括油箱盖和油箱体)的作用是连接输入端和输出端并储存工作油液。根据其作用将油箱盖和油箱体构成的油箱上位概括为刚性连通体,并将其与输入端柔性缸体和输出端柔性缸体的连接关系概括为"将所述输入端柔性缸体和输出端柔性缸体连通的刚性连通体",以便进一步增强独立权利要求的保护力度。

此外,根据两个实施例分别概括出的独立权利要求,其区别仅在于是否具有"所述输入端盖和油箱盖之间设有输入弹簧"这一技术特征,而该技术特征所起到的作用是提高输入端承受载荷的能力,防止输入信号振荡或是冲击而对运动缩放机构产生影响。在输入端加装弹簧可以进一步提高输出位移精度,但没有上述技术特征,该微位移运动缩放机构输出端承受载荷的能力、输出位移精度仍然比现有技术有较大的改进。

因此,不对上述部分的结构进行限定的技术方案,也能解决本发明所要解决的技术问题,即在毫米或厘米级的工作行程范围内,提高柔性缸体液压运动缩放机构承载能力和输出位移精度。换句话说,上述技术特征其实并不是本发明解决其技术问题的必要技术特征,即不必写在独立权利要求中。

因此,独立权利要求可写成:

一种液压微位移运动缩放机构,包括:

能使液体移动的输入端柔性缸体(101,201)与输入端盖(102,202);

能使液体移动的输出端柔性缸体(106,206)与输出端盖(104,204);以及

将所述输入端柔性缸体(101,201)和输出端柔性缸体(106,206)连通的刚性连通体,

其特征在于,

在所述刚性连通体和输出端盖(104,204)之间设有输出弹簧装置(107,207)。

通过上述步骤撰写出的独立权利要求囊括了本发明所要解决技术问题的所有必要技术特征。同时,对于技术特征进行了合适表达,维护了发明人的合法权益。

3. 判断所撰写的独立权利要求的新颖性、创造性

首先,判断新颖性。

将本发明的独立权利要求请求保护的技术方案与现有技术2进行对比。由于现有技术2没有公开该"在所述连通体和输出端盖之间设有输出弹簧装置"的技术特征,因此,上述独立权利要求所要求保护的技术方案,相对现有技术2单独对比时,具备《专利法》第22条第2款规定的新颖性。

其次,判断创造性。

假定选用现有技术2作为对比文件,上述权利要求请求保护的技术方案相对于现有技术2的区别技术特征是:输出端盖和刚性连通体之间设有输出弹簧,其作用是提高微位移运动缩放机构的承受载荷的能力的同时保证输出位移精度。现有技术3虽然公开了采用弹簧微位移运动缩放机构,但并没有给出任何技术启示说明弹簧可以与柔性缸体一起使用来提高微位移运动缩放机构的输出位移精度和承受载荷能力,且该特征也不属于所属技术领域的技术人员的公知常识,所属技术领域的技术人员在面对"在毫米或厘米级的行程范围内,如何有效地提高柔性缸体液压运动缩放机构的承载能力和输出位移精度"这一技术问题时,是没有动机将柔性缸体与弹簧一同设置构成本

发明请求保护的技术方案。

本发明解决的技术问题是：在毫米或厘米级的行程范围内，提高微位移运动缩放机构的输出位移精度和承载能力。本发明通过在输出端将柔性缸体和弹簧一同设置，利用了两者不同的受力变形特性，形成受力变形的叠加，扩大了整个装置线性弹性变形的范围，从而提高了整个运动缩放机构的承载能力和输出位移精度，而且更进一步地，在超过整个装置弹性变形的范围之外，弹簧和柔性缸体还能形成互补，进一步提高了整个机构的承载能力和输出位移精度。该运动缩放机构在毫米和厘米级的工作行程内，具有较大承载能力和较高输出位移精度，其综合性能比现有技术有了明显的提高。同时，弹簧与柔性缸体的一起使用，可以提高柔性缸体的刚度，即便由于工作行程的需要设置较长的柔性缸体，其变形误差也会相应地降低，从而保证在相对较大行程下的输出位移精度。在微位移运动缩放机构领域，人们一直渴望能够找到一种在毫米或厘米级的行程范围内，具有较大承受载荷能力和较高输出位移精度的微位移运动缩放机构，这一技术问题是所属技术领域的技术人员长久渴望解决。现有技术1~3的技术方案中输出位移精度和承受载荷的能力均不可能同时满足上述要求，因此采用如现有技术1~3技术思路是不可能解决该技术难题的。本发明的技术方案较好地解决了这一技术难题，提供了一种在毫米或厘米级的行程范围内，能够同时保证承受载荷能力和输出位移精度的液压微位移运动缩放机构。因此，上述独立权利要求所要求保护的技术方案，解决了所属技术领域的技术难题，具备《专利法》第22条第3款规定的创造性。

（五）完成从属权利要求的撰写

为了更好地维护发明人的合法权益，需要通过撰写从属权利要求来构建一个有层次的保护体系。完成的从属权利要求略。

七、总结

本案撰写过程中，为了凸显本发明的技术方案解决了本技术领域中的技术难题，采用了以下方法：

在说明书背景技术部分，介绍了微位移运动缩放机构领域的发展趋势和发展现状，用现有技术1引出了微位移运动缩放机构领域存在的技术问题，重点分析了现有技术2~3的技术思路。从技术思路中证明了该技术问题存在的必然性和难以解决性，证明了该技术问题为所属技术领域的技术难题。在撰写说明书的发明内容和具体实施例的过程中，介绍了发明人提出的技术方案和技术思路，从理论的角度对比本发明和现有技术的技术效果，说明了本发明采用新的技术思路克服了原有技术思路中的缺陷，解决了该技术难题，阐述了本发明对现有技术作出的贡献，凸显了本发明的创造性。

在权利要求书的撰写过程中，从技术问题、效果的角度出发，得到相应的技术方案，并对该技术方案进行合适表达，以明确反映本发明的技术思路，从而得到保护范围合理的权利要求。

八、推荐申请文件撰写

根据以上介绍的本发明实施例和现有技术的情况，撰写出保护范围较为合理的独立权利要求与相应的从属权利要求、同时撰写出说明书及说明书摘要，以此为基础推荐包含说明书摘要、摘要附图、权利要求书、说明书及说明书附图的申请文件。

说 明 书 摘 要

本发明公开了一种液压微位移运动缩放机构，包括输入端柔性缸体（101，201）、输入端盖（102，202）、输出端盖（104，204）、输出端柔性缸体（106，206）和刚性连通体（109，209），其中：输入端柔性缸体（101，201）一端与输入端盖（102，202）密封固接，另一端与刚性连通体（109，209）密封固接；输出端柔性缸体（106，206）一端与输出端盖（104，204）密封固接，另一端与刚性连通体（109，209）密封连接；所述输入端盖（102，202）和刚性连通体（109，209）之间设有输入弹簧203；所述输出端盖（104，204）和刚性连通体（109，209）之间设有输出弹簧（107，207）。该运动缩放机构保证了承载能力和输出位移精度。

摘 要 附 图

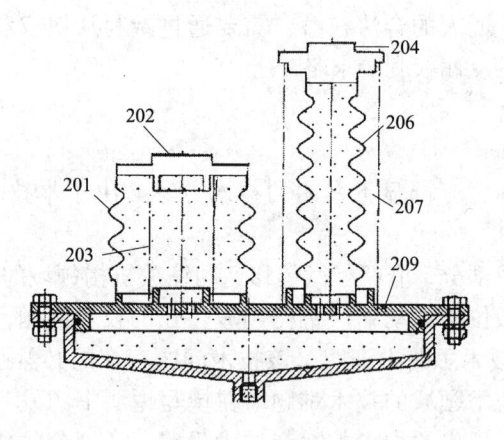

权 利 要 求 书

1. 一种液压微位移运动缩放机构，包括：能使液体移动的输入端柔性缸体（101，201）与输入端盖（102，202）；能使液体移动的输出端柔性缸体（106，206）与输出端盖（104，204）；以及将所述输入端柔性缸体（101，201）和输出端柔性缸体（106，206）连通的刚性连通体（109，209），其特征在于：在所述刚性连通体（109，209）

和输出端盖（104，204）之间设有输出弹簧装置（107，207）。

2. 如权利要求1所述的液压微位移运动缩放机构，其特征在于：输入端盖（102，202）和刚性连通体（109，209）之间设有输入弹簧装置203。

3. 如权利要求2所述的液压微位移运动缩放机构，其特征在于：所述输入弹簧装置203、输出弹簧装置设置（107，207）在输入端柔性缸体（101，201）和/或输出端柔性缸体（106，206）的内部和/或外部。

4. 如权利要求3所述的液压微位移运动缩放机构，其特征在于：所述输入端柔性缸体（101，201）、输出端柔性缸体（106，206）的轴线方向大致平行。

5. 如权利要求4所述的液压微位移运动缩放机构，其特征在于：所述输入弹簧装置203、输出弹簧装置（107，207）为圆截面的圆柱弹簧。

6. 如权利要求1-5之一所述的液压微位移运动缩放机构，其特征在于：所述输入端柔性缸体（101，201）、输出端柔性缸体（106，206）的直径为相同或是不同。

7. 如权利要求1-5之一所述的液压微位移运动缩放机构，其特征在于：所述输入端柔性缸体（101，201）、输出端柔性缸体（106，206），它们的轮廓线形状为拟正弦曲线、波纹曲线、锯齿形曲线等曲线形式。

8. 如权利要求1-5之一所述的液压微位移运动缩放机构，其特征在于：所述输入端柔性缸体（101，201）、输出端柔性缸体（106，206），它们的长度为轮廓线波长的整数倍。

9. 如权利要求1-5之一所述的液压微位移运动缩放机构，其特征在于：所述刚性连通体（109，209）与输入端柔性缸体（101，201）、输出端柔性缸体（106，206）的连通由若干个均匀分布的节流孔组成。

说 明 书

液压微位移运动缩放机构

技术领域

[0001] 本发明涉及的是一种微位移运动缩放机构，具体是一种液压微位移运动缩放机构。

背景技术

[0002] 微位移技术是精密机械和仪器实现高精度的关键技术之一。微位移技术包括：微位移机构、检测装置和控制系统三大部分。微位移机构是指行程小（毫米、厘米级），精度高（亚微米甚至纳米级）的机构，它是微位移技术中的关键部件之一，通常包括驱动器和执行器。在生物工程、微电子加工、显微手术及航空航天等诸多微细作业领域中，一般要求其执行系统（如操作手）具有纳米级的输出精度，同时具有毫米甚至厘米级的工作行程和较大承载能力。对驱动器而言，尽管部分驱动器，如压电陶瓷驱动器具有输出位移精度高，承载能力大等优点，但其工作行程仅控制在几微米

到几十微米的范围，与毫米甚至厘米级的工作行程要求相比仍有很大的差距；而采用普通的驱动器，工作行程虽然能够满足要求，但其输出位移精度很难达到工作要求。这种相对大行程、高精度的微位移机构是目前精密工程领域的一个瓶颈问题。为了解决这一技术问题，通常会在驱动器和执行器之间加装具有运动缩放功能的机构。加入运动缩放机构后，微位移机构的工作行程可以满足工作要求，但如何使运动缩放机构在毫米甚至厘米级的工作行程中都能满足微位移机构对于输出位移精度和承载能力的要求就成为新的技术问题。因此，需要研发具有较高输出位移精度和较大承载能力的运动缩放机构以保证微位移机构在整个工作行程中的输出位移精度和承载能力。但现有技术中的微位移运动缩放机构在毫米或厘米级的工作行程范围内，均不能满足上述要求，阻碍了微位移技术的进一步发展。

[0003] CN1*******1A公开了一种刚性缸体液压微位移运动缩放机构，其具体结构参见图4。该类性的微位移运动缩放机构采用刚性液压缸和活塞结构，液压机构传递动力大，易于实现过载保护，其能承受较大的载荷，但液压缸活塞结构中的密封装置在活塞运动过程会产生摩擦，摩擦力会导致迟滞和爬行现象的产生，迟滞和爬行现象会影响输出位移精度，而且可能出现在工作行程内的任意位置。因此该类运动缩放机构的输出位移精度不易得到保证。

[0004] 为了解决运动缩放机构输出精度低的问题，所属技术领域的技术人员进行了多种尝试。CN1*******2A公开了一种柔性缸体液压微位移运动缩放机构，CN1*******2A是对CN1*******1A作出的改进。该运动缩放机构的具体结构参见图5，为了减少传统液压运动缩放机构中迟滞、爬行现象，CN1*******2A中将柔性缸体与活塞直接连接，用柔性缸体的压缩或伸展运动代替传统液压运动缩放机构中活塞相对于缸体的运动，起到传输位移的效果，同时可以达到提高系统的响应速度，减少迟滞和爬行现象的产生。CN1*******2A中的液压微位移运动缩放机构的输出位移精度比CN1*******1A有了明显的提高，但承载能力出现了下降。在理想状况下，柔性缸体在受到轴向拉伸及挤压时，其管壁的波峰与波谷的径向变形量可实现互补。在实际应用过程中，较多的周期个数将降低柔性缸体的刚度，在缸内液体压强作用下，会导致缸体沿径向产生微量的变形，因而柔性缸体的周期个数不宜过多，缸体壁长度不宜过长，在满足位移量要求得前提下越短越好。但某些时候，为了满足微位移机构相对较大工作行程的要求，需要设置较长的柔性缸体，此时，由于柔性缸体刚度的下降，变形误差的累加，导致该类运动传输机构的输出位移精度也得不到有效的保证。此外，当该运动缩放机构的载荷较大时，由于柔性缸体变形的非线性，其输出端位移精度也不容易得到保证，而且上述问题的存在是柔性缸体本身的特性带来的，目前是不可能克服。

[0005] CN1*******3A是利用两个串联在一起的主动弹簧和从动弹簧的刚度差，实现输出位移相对于输入位移的大幅度缩小的微位移运动缩放机构，其具体结构参见图6。在受到相同的载荷的情况下，刚度大的弹簧变形小，刚度小的弹簧变形大。载荷在加载的过程中，会产生波动。载荷的波动会使得弹簧产生振荡，影响其变形的精度，进而影响弹簧的输出位移精度，而且弹簧装置在承受载荷较大的情况下同样会出现变

形的非线性问题，导致输出精度的下降。同样，上述问题的存在也是由于弹簧本身特性造成的，目前是不可能克服。

[0006] 现有的微位移运动缩放机构中，由于技术思路本身具有缺陷，导致了微位移运动缩放机构在毫米或厘米级的工作行程范围内，承载能力和输出位移精度始终不能得到兼顾。

[0007] 该技术难题的存在，阻碍了现有技术的进一步发展。同时，由于这一问题是现有技术的技术思路本身的缺陷带来的，现有技术也无法解决这个具有技术矛盾的技术问题，因此，要求微位移运动缩放机构在毫米甚至厘米级的工作行程内，同时具有较大的承载能力和较高的输出位移精度是所属技术领域一直渴望解决但始终未能获得成功的技术难题。

发明内容

[0008] 本发明针对上述现有技术的不足，提供了一种基于柔性缸体的液压微位移运动缩放机构，使其采用柔性缸体和弹簧代替传统刚性缸体液压机构，通过对柔性缸体和弹簧轴向挤压、伸缩运动代替传统液压机构中活塞与缸体之间的运动，保证了微位移运动缩放机构在毫米甚至厘米级的工作行程内，具有较大的承载能力和较高的输出位移精度。

[0009] 本发明是通过如下技术方案实现的，本发明包括：能使液体移动的输入端柔性缸体与输入端盖；能使液体移动的输出端柔性缸体与输出端盖；以及将所述输入端柔性缸体和输出端柔性缸体连通的刚性连通体，其特征在于，在所述刚性连通体和输出端盖之间设有输出弹簧装置。

[0010] 所述输入端盖和刚性连通体之间设有输入弹簧装置。

[0011] 所述输入、输出弹簧装置设置在输入端柔性缸体和/或输出端柔性缸体的内部和/或外部。

[0012] 所述输入端柔性缸体、输出端柔性缸体的轴线方向大致平行。

[0013] 所述输入弹簧装置、输出弹簧装置为圆截面的圆柱弹簧。圆柱弹簧弹性系数接近常数的特性，输入弹簧装置和输出弹簧装置采用圆截面的圆柱弹簧来分担外界载荷可较好地保证输出位移精度。

[0014] 所述输入端柔性缸体和输出端柔性缸体，其直径相同或不同，设置输入、输出缸体的直径是为了实现不同的传动比。

[0015] 所述输入端柔性缸体、输出端柔性缸体，它们的轮廓线形状为拟正弦曲线、波纹曲线、锯齿形曲线等曲线形式。

[0016] 所述输入端柔性缸体、输出端柔性缸体，它们的长度为轮廓线波长的整数倍，即整个轮廓线为周期的整数倍，在整周期内，柔性缸体在受到轴向拉伸及挤压时，波峰与波谷的径向变形量可实现互补，提高输出位移精度。

[0017] 所述刚性连通体与输入端柔性缸体、输出端柔性缸体连通处，设有若干个均匀分布的节流孔，为整个系统提供一定量的阻尼，防止系统瞬态相应出现较大的超调。

[0018] 刚性连通体上设置注油口和放气口（图中未示出），在本发明在工作前，

将整个机构倒置，通过注油口向刚性连通体内注入液压油。为避免气泡残留，可以将注油口和放气口设置在最有利气泡逸出处。注油结束后，用密封螺钉密封注油口和放气口，其中放气口也可以采用放气阀装置密封；输出端盖与下一级机构相连接，各连接表面涂抹胶水或采用密封装置密封，防止液压油泄漏。输入端盖受到外界驱动力时，挤压输入端柔性缸体，并通过挤压油箱中的液压油驱动输出端柔性缸体伸长，从而驱动输出端盖运动，输入弹簧装置和输出弹簧装置在传动过程中分担了一部分外界施加的载荷，最大化的减低柔性缸体径向变形；同时为系统提供了一定量的阻尼，有效降低系统的超调以及外界干扰引起的振荡影响，提高输出位移精度。

[0019] 与CN1*******1A相比，本发明具有如下有益效果：本发明的结构简单，造价低廉，维护和保养简单；由于采用柔性缸体和弹簧装置代替传统液压机构缸体，因而不存在传统液压机构的活塞与缸体之间摩擦以及密封问题，避免了摩擦、迟滞以及泄漏问题，也无需润滑以及特别的维护及保养，输出位移精度较高；由于液压机构传动比稳定的普遍特性以及本发明中柔性缸体和弹簧装置的弹性特性，因而具有很好的传动比线性关系，其承载能力比CN1*******2A得到明显改善，与CN1*******3A相比，其承载能力也得到了提高，在步进式输入的条件下也具有较高的输出位移精度。本发明的液压微位移运动缩放机构在毫米甚至厘米级的工作行程内，具有较大的承载能力和较高的输出位移精度，解决了所属技术领域长久渴望解决的技术难题。

附图说明

[0020] 图1是本发明第一实施方式的结构示意图；

[0021] 图2是本发明第二实施方式的结构示意图；

[0022] 图3是本发明弹簧和柔性缸体的载荷—轴向变形特性曲线图；

[0023] 图4是CN1*******1A的原理图；

[0024] 图5是CN1*******2A的剖面图；

[0025] 图6是CN1*******3A的原理图。

具体实施方式

[0026] 下面结合附图对本发明的实施例作详细说明：虽然下文中提供了本发明的示例性实施例的详细描述，不过，本发明的法律范围通过本专利最后部分陈述的权利要求的文字限定。文中的详细描述仅为示例性的，并未描述本发明的每一可能实施例，这是因为描述每一可能实施例不切实际，而并非不可能。利用当前技术或本专利申请日后的发展的技术，可以实施各种可代替的实施例，这些可代替实施例仍处于限定本发明的权利要求范围内。

[0027] 图1表示了根据本发明示范说明的液压微位移运动缩放机构的第一实施方式，装置的原理类似液压连通器，其具体构成如下：运动输入功能主要由输入端盖102、输入端柔性缸体101完成，其中输入端盖102和输入端柔性缸体101的一端密封连接，输入端柔性缸体101的另一端与刚性连通体109密封连接；输入端柔性缸体101和刚性连通体109中充满液压油；输入端柔性缸体101与刚性连通体109上连接处开有通孔；输入端柔性缸体101和刚性连通体109中的液压油通过通孔可以互相流动，输入端柔性缸体101和液压油共同承受通过输入端盖102施加的载荷，并通过输入端柔性缸

体101轴向变形将输入载荷变为输入端盖102的轴向输入运动。

[0028] 运动输出功能主要由输出端盖104、输出端柔性缸体106和输出弹簧装置107完成。其中输出端盖104和输出端柔性缸体106的一端密封连接；输出端柔性缸体106的另一端与刚性连通体109密封连接；输出端柔性缸体106和刚性连通体109中充满液压油；输出端柔性缸体106和刚性连通体109的连接处开有通孔；输出端柔性缸体106和刚性连通体109的液压油通过通孔可以相互流动；输出端柔性缸体106和输出弹簧装置107的轴线大致重合；输出弹簧装置107的一端与输出端盖104连接，输出弹簧装置107的另一端与刚性连通体109固定连接；输出端柔性缸体106、输出弹簧装置107承受通过液压油传递过来的载荷，并将载荷转化为输出端柔性缸体106和输出弹簧装置107的轴向变形，并通过输出端盖104将运动输出到相应的执行装置。

[0029] 本发明存在第二实施方式，参见图2。在输入端盖加入输入弹簧装置203，保证输入端盖输入运动的精度。输入端盖功能主要由输入端盖202、输入端柔性缸体201和输入弹簧装置203完成，其中输入端盖202和输入端柔性缸体201的一端密封连接，输入端柔性缸体201的另一端与刚性连通体209密封连接；输入端柔性缸体201和刚性连通体209中充满液压油；输入端柔性缸体201与刚性连通体209上连接处开有通孔；输入端柔性缸体201和刚性连通体209中的液压油通过通孔可以互相流动，刚性连通体209可以为液压领域常用油箱；输入弹簧装置203和输入端柔性缸体201的轴线大致重合；输入弹簧装置203的一端与输入端盖202固定连接，输入弹簧装置203的另一端与刚性连通体209固定连接；输入弹簧装置203、输入端柔性缸体201和液压油共同承受通过输入端盖202施加的载荷，并通过输入端柔性缸体201和输入弹簧装置203的轴向变形将输入载荷变为输入端盖202的轴向运动。运动输出功能主要由输出端盖204、输出端柔性缸体206和输出弹簧装置207完成，其中输出端盖204和输出端柔性缸体206的一端密封连接，输出端柔性缸体206的另一端与刚性连通体209密封连接；输出端柔性缸体206和刚性连通体209中充满液压油，输出端柔性缸体206和刚性连通体209的连接处开有通孔，输出端柔性缸体206和刚性连通体209的液压油通过通孔可以相互流动；输出端柔性缸体206和输出弹簧装置207的轴线大致重合；输出弹簧装置207的一端与输出端盖204连接，输出弹簧装置207的另一端与刚性连通体209固定连接；输出端柔性缸体206、输出弹簧装置207承受通过液压油传递过来的载荷，并将载荷转化为输出端柔性缸体206和输出弹簧装置207的轴向变形，并通过输出端盖204将运动输出到相应的执行装置。

[0030] 上述实施方式中，输入端柔性缸体的直径大于输出端柔性缸体，其目的是实现放大输入端的位移的功能。

[0031] 优选刚性连通体与输入端柔性缸体和输出端柔性缸体连接部分为沿大致水平方向设置，输入端柔性缸体和输出端柔性缸体为大致垂直于与刚性连通体的连接部分，其作用是保证柔性缸体的变形均发生在其轴向方向上，从而保证柔性缸体液压传输装置的传动比不变。所属技术领域的技术人员可以知晓，输入端柔性缸体和输出端柔性缸体可以设置在刚性连通体的任意方向上，为了保证柔性缸体的变形均发生在其

轴向方向上，可以加入导轨等装置加以支撑。

[0032] 如上所述将输出弹簧装置和输出端柔性缸体共同设置于输出端盖，可以提高输出端盖的输出位移精度，其原理如下：如果输出端盖仅采用柔性缸体，其弹性特性曲线参见图3a，当其承受载荷大于f时，由于柔性缸体的变形加剧，柔性缸体的轴向变形率的随载荷的增加而增加。因此，当柔性缸体液压运动缩放机构承受载荷较大时，由于柔性缸体的弹性特性的非线性会导致输入位移与输出位移的比值变大，导致装置的输出位移精度在载荷较大时降低。将具有同柔性缸体相反的弹性特性曲线的弹簧装置（参见图3b）与该柔性缸体一体设置，可以抵消柔性缸体因载荷产生的非线性变形（参见图3c），保证输出端的输出位移精确度，提高输出端的承受载荷的能力。同时，弹簧与柔性缸体的一起使用，可以提高柔性缸体的刚度，即便由于工作行程的需要设置较长的柔性缸体，其变形误差也会相应的降低，从而保证在相对较大行程下的输出位移精度。

[0033] 本发明的改进就在于同时使用柔性缸体和弹簧，利用了两者不同的受力变形特性，形成受力变形的叠加，扩大了整个装置线性弹性变形的范围，从而提高了整个运动缩放机构的承载能力和输出位移精度，而且更进一步地，在超过整个装置弹性变形的范围之外，弹簧和柔性缸体还能形成互补，进一步提高了整个机构的承载能力和输出位移精度。该运动缩放机构在毫米和厘米级的工作行程上具有较大承载能力和较高输出位移精度以及，其综合性能比现有技术有了明显的提高。

[0034] 需要强调的是，图3中只给出了一种柔性缸体和弹簧装置组合使用的方式，所属技术领域的技术人员在本发明的启示下，可以采用具有不同弹性特性柔性缸体和弹簧装置组合使用，只要该组合可以保证柔性缸体和弹簧装置的非线性变形可以相互抵销，保证输出端位移的精度即可。

[0035] 根据不同的情况，所属技术领域的技术人员可以将输入、输出弹簧装置设置在输入端柔性缸体和/或输出端柔性缸体的内部和/或外部。

[0036] 所述输入端柔性缸体和输出端柔性缸体，其直径相同或不同。设置输入、输出缸体的直径是为实现不同的传动比。

[0037] 所述输入弹簧装置、输出弹簧装置为圆截面的圆柱弹簧。圆柱弹簧弹性系数接近常数的特性，输入弹簧装置和输出弹簧装置采用圆截面的圆柱弹簧来分担外界载荷可较好的保证输出位移精度。

[0038] 所述输入端柔性缸体、输出端柔性缸体，其轮廓线形状为拟正弦曲线、波纹曲线、锯齿形曲线等曲线形式。

[0039] 所述输入端柔性缸体、输出端柔性缸体，其长度为轮廓线波长的整数倍，即整个轮廓线为周期的整数倍，在整周期内，柔性缸体在受到轴向拉伸及挤压时，波峰与波谷的径向变形量可实现互补，提高输出位移精度。

[0040] 所述刚性连通体与输入端柔性缸体、输出端柔性缸体连接处，其设有的通孔由若干个均匀分布的节流孔组成，为整个系统提供一定量的阻尼，防止系统瞬态相应出现较大的超调。

[0041] 所述刚性连通体由箱体和盖构成，箱体和盖密封固定连接。箱体底部开有注油孔。

[0042] 刚性连通体上设置注油口和放气口（图中未示出），在本发明在工作前，将整个机构倒置，通过注油口向刚性连通体内注入液压油。为避免气泡残留，可以将注油口和放气口设置在最有利气泡逸出处。注油结束后，用密封螺钉密封注油口和放气口，其中放气口也可以采用放气阀装置密封；输出端盖与下一级机构相连接，各连接表面涂抹胶水或采用密封装置密封，防止液压油泄漏。输入端盖受到外界驱动力时，挤压输入端柔性缸体，并通过挤压油箱中的液压油驱动输出端柔性缸体伸长，从而驱动输出端盖运动，输入弹簧装置和输出弹簧装置在传动过程中分担了一部分外界施加的载荷，最大化的减低柔性缸体径向变形；同时为系统提供了一定量的阻尼，有效降低系统的超调以及外界干扰引起的振荡影响，提高输出位移精度。

[0043] 上文中陈述了本发明的实施方式的详细描述，应理解的是，本发明的法律范围通过本专利最后部分陈述的权利要求的文字限定。上文中详细描述仅为示例性的，并未描述本发明的每一可能实施方式，这是因为描述每一可能实施方式不切实际，而并非不可能。利用当前技术或者本专利申请日后的发展的技术，可以实现众多可代替实施方式，这些实施方式仍处于限定本发明的权利要求范围内。

说 明 书 附 图

图 1

图 2

图 3

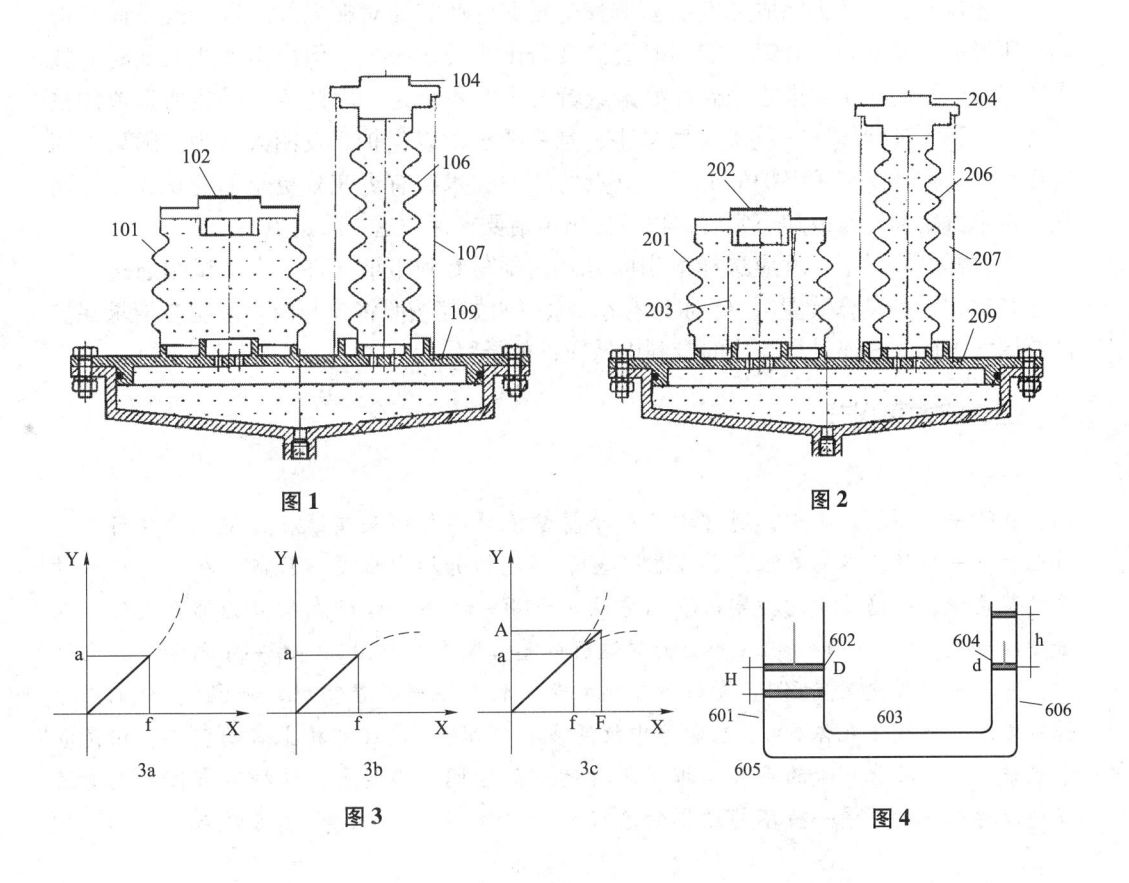

图 4

图5

图6

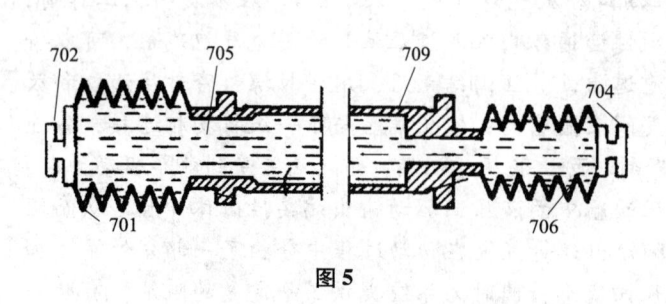

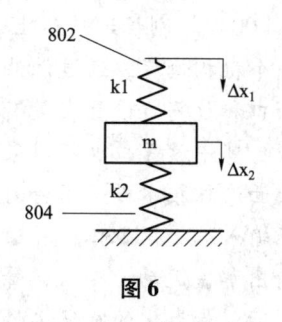

第六节 说明书公开的内容要与请求保护的
权利要求相匹配

一、概要

"保护专利权人的合法权益，鼓励发明创造"是《专利法》的立法宗旨，在撰写专利申请文件时，说明书应当满足充分公开发明的要求，这是毋庸置疑的。但是，在考虑公开内容与请求保护的范围的匹配度时，有时需要充分了解申请人的意图，将公开内容限制在请求保护的范围之内，以维护申请人的权益。

一般说来，发明人完成的发明创造，是根据生产需要对在先技术进行改进而获得的，所形成的技术解决方案可能同时会涉及若干个技术改进，但由于发明人此时对技术方案所涉及的某个改进之处尚存疑虑或者考虑尚不周全，因此通常是将所形成的技术解决方案完整地体现在技术交底书中，且未要求加以保护。发明人认为，随着时间的推移，对涉及未请求保护的上述改进点的相关技术会有更充分更全面的认识，继而在对技术方案加以修改和充实后，再新提出申请要求保护这一改进点。

在这样的情况下，就应选择适当的方式，撰写专利申请文件。本节试图通过一个具体案例"一种墨盒装置"，针对上述情形来说明如何按照将公开内容限制在请求保护的范围之内的方式而进行相应的专利申请文件的撰写。

二、技术交底书

（一）现有技术

在喷墨打印机设备中，通常都有一个墨盒装置与打印头接通。打印机在执行打印作业时，一项最基本的要求是其墨盒装置能够连续并均匀出墨。目前，在现有技术的墨盒装置中，普遍采用的控制出墨的方法是利用一种多孔体的毛细吸力储存墨液。例如中国专利CN1*******1A中公开了这样的墨盒装置，如图22-6-01所示。该文献中披露了一种墨盒装置601，盒体被分隔成两个相互连通的腔室602和603，分别用于储存墨液、放置多孔体604。在盒体中放置多孔体604，这在结构上容易实现，但是其缺点是，该多孔体604的存在占据了墨盒的有效空间。事实上，这种现有技术墨盒装置所储存墨液的总量一般不超过墨盒总容积的60%~65%。此外，采用多孔体604控制出墨的结构，总是到最后时残留有一定量的墨液，不能得到很好的利用；同时，多孔体604的成本也较高。

中国专利 CN1*******2A 公开了一种利用单向阀结构来控制出墨的墨盒装置701，如图22-6-02所示。由于单向阀设置在储墨腔外，基本上可以令墨液充满全部的腔室，有效地提高了墨液的总量。单向阀具有一个伞形的阀体704，墨盒装置利用该阀体704从引墨腔703中倒扣住与储墨腔702连通的通孔705，于是在装配与使用中，可以先利用该阀体704保持着墨液。当启动打印头喷墨时，引墨腔703中产生负压。这时，阀体704因两端的压力差而向下偏移，从而允许墨液从通孔705中流入引墨腔703中；这样便实现了阀体704连续地向打印头提供墨液。但是，这种单向阀的结构在技术上又带来了新的问题，即，在打印的初始阶段，由于墨液需经过引墨腔703到达打印头，因而墨液中掺杂有少量的空气，而这些少量的空气又会因温度等环境因素而变化，因而会影响打印质量。

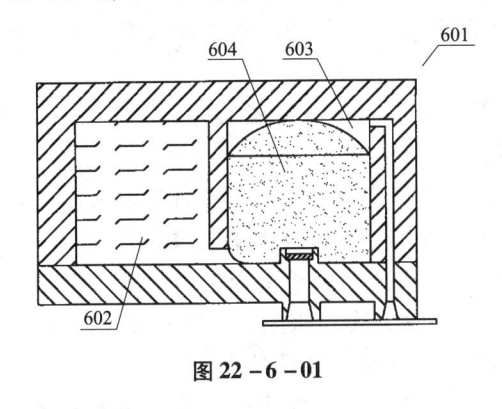

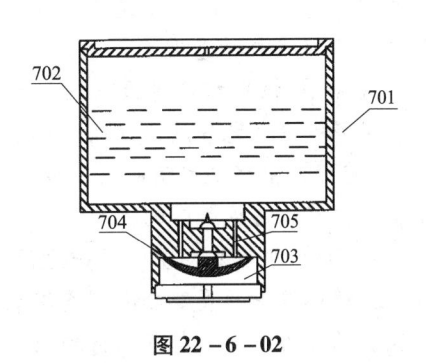

图22-6-01

图22-6-02

（二）发明人所撰写的技术交底说明

一种墨盒装置

技术领域

[0001] 本发明涉及一种喷墨打印机设备的墨盒装置，更具体地说，涉及一种利用单向阀控制墨盒出墨的墨盒装置。

背景技术

[0002] 在喷墨打印机设备中，通常都有一个墨盒装置与打印头接通。打印机在执行打印作业时，一项最基本的要求是其墨盒装置能够连续并均匀出墨。

[0003] 目前，在现有技术的墨盒装置中，由于利用多孔体储存墨液的控制出墨方法存在储墨量低及墨液残留等问题，提出了一种利用伞形单向阀结构来控制出墨的墨盒装置（例如，专利文献 CN1*******2A）。这种单向阀结构解决了多孔体带来的问题，实现了阀体连续地向打印头供墨。但是，这种单向阀结构却带来了新的问题，即，在打印的初始阶段，由于墨液需经过引墨腔到达打印头，因而墨液中掺杂有少量的空气，而这些少量的空气又会因温度等环境因素而变化，因而会影响打印质量。

发明内容

[0004] 因此，本发明要解决的技术问题在于，提出一种墨盒装置，通过一个单向

阀体能够方便地控制墨液的流量，并且可以通过在引墨腔中预留墨液，或者将引墨腔设计得足够小，有效防止气泡的发生，保证打印连续均匀。

[0005] 为了解决上述技术问题，本发明提供一种喷墨打印机设备配备的墨盒装置，该墨盒装置包括：盒体，内部设有至少一个空腔，用于储存墨液，其中该盒体包含至少一个通气孔，用于使该空腔与大气连通；至少一个出墨口，设置在壁部上，用于与喷墨打印机设备的打印针连通；和至少一个密封件，封堵该出墨口，用于保持墨液；以及至少一个单向阀体，封堵该出墨口，用于控制墨液的流量，其特征在于，该至少一个单向阀体设置在该至少一个空腔的内部，并一体设置有支撑脚部，与该至少一个出墨口的腔壁密封接触；支撑壁部，从该支撑脚部的内侧倾斜隆起；支撑肩部，从该支撑壁部向内侧弯曲构成；支撑头部，从该支撑肩部隆起，并贯穿有中心通孔；且从倾斜支撑壁部向内侧弯曲的支撑肩部向下凹陷，形成凹面部，从而保证阀体的支撑头部在受到负压时产生适度的偏移；所述墨盒装置还包括阀体密封装置，用于封堵该支撑头部的中心通孔。

[0006] 根据本发明的一个方面，由于本发明在阀体与底壁的凹陷部形成引墨腔，并在引墨腔中预留墨液，从而避免了气泡的产生。

[0007] 根据本发明的又一方面，由于本发明同时又可将阀体和引墨腔设计得足够小，同样可以避免气泡的产生，从而可以更广泛地适用于不同场合的需要。

[0008] 根据本发明的另一方面，本发明的单向阀体由于受到较小的压力便会产生变形，储墨腔中的墨液会即刻充满引墨腔，对打印头连续供墨。因此，本发明的阀体在较宽的压力范围内都可以得到应用，所以对环境的适应性较强。

[0009] 根据本发明的再一方面，由于本发明还在通气孔中设置了防漏墨装置，有效地防止了墨液泄漏。

附图说明

[0010] 下面结合附图对本发明的较佳实施例进行描述，本发明的上述技术方案和特点以及其他优点将显而易见。

[0011] 图22-6-03是根据本发明的单向阀体的纵向剖视图，示出了一种阶梯形状的可从肩部被压缩的阀体；

[0012] 图22-6-04是本发明一个较佳实施例的墨盒装置的剖视图，其中设置在储墨腔内的单向阀体被固定在腔壁上的阀体密封装置封堵；

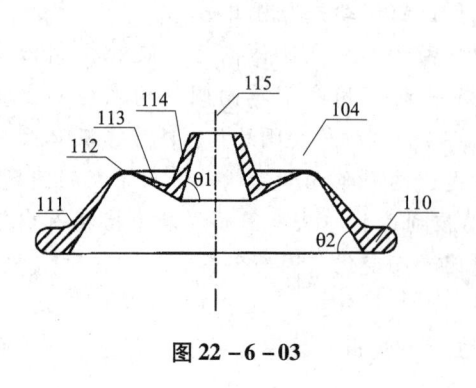

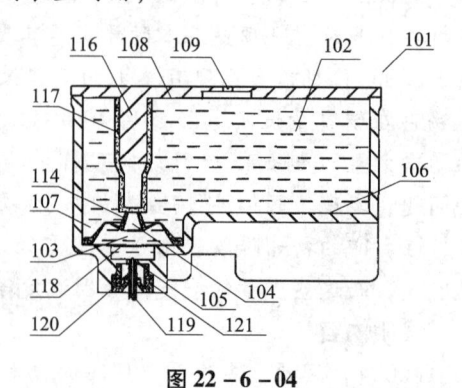

图22-6-03

图22-6-04

[0013] 图22-6-05是图22-6-04所示的墨盒装置的工作状态示意图,其中单向阀体受压后中心通孔与密封装置分离;

[0014] 图22-6-06是本发明又一较佳实施例的墨盒装置的剖视图,其中弹簧向上抵靠单向阀体,用于加快阀体复位;

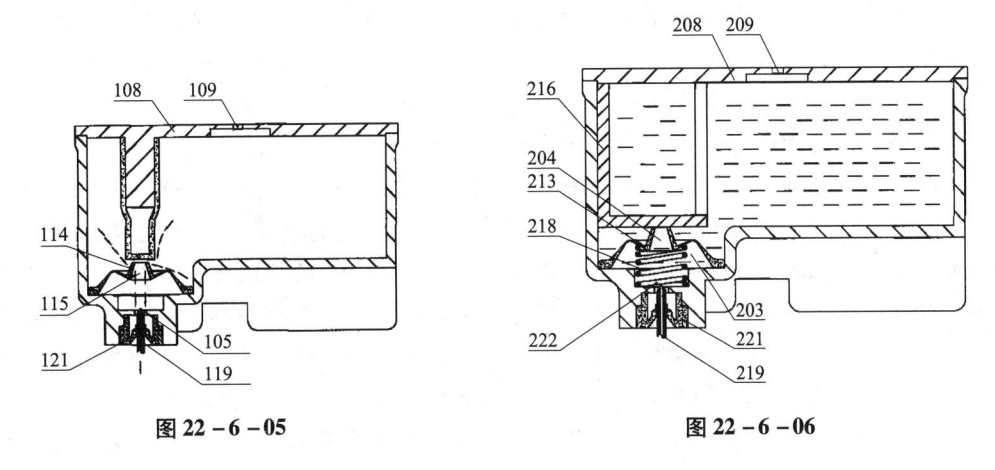

图22-6-05

图22-6-06

[0015] 图22-6-07是本发明另一较佳实施例的墨盒装置的剖视图,示出了圆柱体及带有通孔的阀体密封装置将阀体固定。

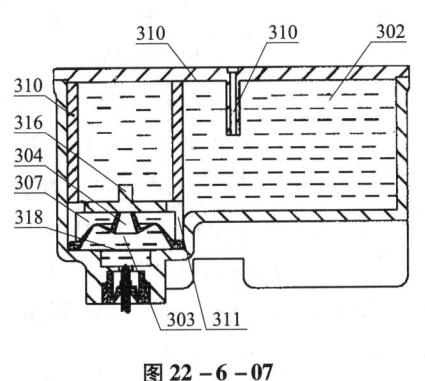

图22-6-07

具体实施方式

[0016] 首先,参见图22-6-04,图中示出了本发明一个较佳实施例的墨盒装置101。

[0017] 其中储墨腔102的内部设置有根据本发明的单向阀体104,用于将储墨腔102与出墨口105隔离。

[0018] 为更好地说明本发明的墨盒装置的较佳实施例,参见图22-6-03,图中示出了根据本发明的单向阀体的纵向剖视图。

[0019] 本发明的单向阀体104采用橡胶材料制成,硬度为邵氏30~40度,其外部轮廓大致成环形阶梯状。该阀体104包括环形的支撑脚部110,是与储墨腔的腔底壁密封接触的;隆起的环形支撑壁部111,从支撑脚部110的内侧向上倾斜隆起;支撑肩部113,从支撑壁部111再向内侧弯曲构成;以及支撑头部114,从支撑肩部113隆起,

481

并在中心部具有通孔 115。

[0020] 本发明的阀体 104 由于会受到打印头吸力的影响，阀体上下两侧产生压力差，由此阀体产生变形。因此，最好的是，本发明还将从支撑壁部 111 上向内侧弯曲的支撑肩部 113 部分向下凹陷，形成凹面部。这样便保证了当本发明的阀体 104 两侧压力变化时，支撑头部 114 能够产生适度的偏移。事实上，由于打印头所产生的压力差经常是变化的，可以想象支撑头部 114 所产生的偏移也应不同，而本发明这一下陷的支撑肩部 113 能够保证本发明的阀体 104 的支撑头部 114 响应较小的负压。由此可见，支撑肩部 113 是阀体 104 的压力缓冲及压力敏感部位。

[0021] 同时，还应考虑阀体 104 即使受到较大的负压时，该支撑头部 114 的形变量尽可能地减小，一方面这是出于对墨液流量控制的考虑，另一方面是考虑到该支撑头部 114 应当快速复位。因此，优选的是，支撑脚部 110 的厚度大于支撑肩部 113 的壁厚，以及大于支撑头部 114 的壁厚。容易理解的是，为使支撑头部 114 能够响应较小的负压，该支撑肩部 113 的厚度应设置成小于支撑头部 114 的壁厚，尤其是弯曲部 112 的厚度应设置成最小，通常在 0.15mm～0.5mm 之间较为适宜。为使本发明的阀体 104 受到的压差变化能够逐渐分散，本发明又倾斜设置支撑头部 114，并且，使其倾角 θ1 大于支撑壁部 111 的倾角 θ2，此外，该通孔 115 最好设计成是底端直径略大的锥形通孔，如图 22-6-03 所示。

[0022] 通过内置设计在墨盒装置 101 中，本发明的阀体 104 实现了保持墨液及控制墨液流量的目的。返回到图 22-6-04，本发明的阀体 104 设置在储墨腔 102 中出墨口 105 的上方，其支撑脚部 110 与底壁 106 接触。为保持该阀体 104 的稳定，最好将该出墨口 105 周围的底壁 106 内陷设置，形成凹陷部 107。阀体密封装置 116 从墨盒顶壁 108 直接突起设置，封堵在阀体的支撑头部 114，并轻轻按压该支撑头部 114。这样，本发明的阀体 104 便可保持住储墨腔 102 中的墨液，使其与出墨口 105 隔离。最好是用弹性护套 117 罩在该密封装置 116 的外部，弹性地封堵该阀体 104 的支撑头部 114。

[0023] 如图 22-6-04 所示，本发明在阀体 104 与墨盒底壁 106 内陷设置的凹陷部 107 之间形成一个引墨腔 103，其直径略小于支撑脚部 110 的直径。本发明在该腔室 103 中预留墨液，使得在打印开始阶段，打印头能够得到充足的墨液。打印头的供墨针 119 穿过一个设置在出墨口 105 下方带有薄膜 120 的喇叭形密封件 121，引墨腔 103 与出墨口 105 间充满墨液。当墨盒工作时，引墨腔 103 内产生压力差，当该压力达到 120mm 水柱时，阀体 104 的支撑头部 114 下移；阀体通孔 115 与密封装置 116 分离，这样墨液会如图 22-6-05 中箭头所示的方向充满整个引墨腔 103，并连续不断地提供给打印头。根据本发明的阀体 104，其开启的压力可以在 -200mm～0mm 水柱，优选的开启压力是 -0150mm～-30mm 水柱。

[0024] 当供墨针 119 停止吸墨时，阀体 104 可以靠本身的弹性复位，从而关闭供墨通道。这样一来，本发明的阀体 104 控制着储存在储墨腔 102 中墨液的流出。

[0025] 当然，对于本发明的阀体密封装置可以有各种变形。如图 22-6-04 和图 22-6-05 所示，可以将阀体密封装置 116 设计成为与壁部 108 一体成型的突起。

[0026] 还可以如图 22-6-06 所示的那样，将阀体密封装置 216 单独固定在壁部

208上。

[0027] 此外，根据各种需要，如对阀体的稳定性提出更高的要求时，如图22-6-07所示，还可以在凹陷部307外侧设置中空圆柱体形的阀体密封装置固定件310。

[0028] 阀体密封装置316是带盖的周边开有槽口311的圆柱体，使得本发明的阀体304与阀体密封装置316相适配固定。通过槽口311使得引墨腔303与储墨腔302在墨盒工作时保持墨液供应畅通。

[0029] 如图22-6-06所示，为了使阀体204压力调节更加灵敏，本发明还可以在引墨腔203内附加弹簧222，抵靠在阀体204的支撑肩部213上，用于保证该阀体204及时复位。

[0030] 此外，为实现本发明的较佳实施例，如图22-6-04、图22-6-06以及图22-6-07所示，还分别应当在腔壁108、208、308上设置通孔109、209、309，以使大气压力通过而施加在墨液中，以完成向打印头供墨的工作过程。设置该通气孔109、209、309还有另外一个优点，即，当墨液用尽时，可以直接向盒体中注入新墨液，而不必将其从打印装置中取下来进行更换。同时为了有效地防止墨盒取下倒置时通气孔可能产生的漏墨现象，如图22-6-07所示，最好通气孔309向储墨腔302内突起设置，大约伸至储墨腔302内1/3处。因此，本发明的墨盒装置由于使用了本发明的阀体，极大地方便了使用者，而且又充分利用了墨液。

[0031] 为了防止可能的气泡或杂质等异物进入打印针影响打印质量，在出墨口面向盒体内侧的一端置放有金属过滤网，如图22-6-04所示的118、图22-6-06所示的218、图22-6-07所示的318。

[0032] 应当理解的是，虽然本发明通过如上较佳实施例加以描述，但是根据本发明的技术方案，还可以有多种变形；而所属技术领域的技术人员在不脱离本发明精神实质的前提下作出的更改与变形均应属于本发明后附权利要求的保护范围。

（三）发明人欲保护的技术方案

1. 一种喷墨打印机设备配备的墨盒装置（101），所述墨盒装置包括：

盒体，内部设有至少一个空腔（102），用于储存墨液，其中所述盒体包含

至少一个通气孔（109，209，309），用于使所述空腔与大气连通；

至少一个出墨口（105），设置在壁部上，用于与喷墨打印机设备的打印针连通；

至少一个密封件（121），封堵所述出墨口，用于保持墨液；以及

至少一个单向阀体（104），封堵所述出墨口，用于控制墨液的流量，其特征在于，所述至少一个单向阀体设置在所述至少一个空腔的内部，并一体设置有

支撑脚部（110），与所述至少一个出墨口（105）的腔壁密封接触；

支撑壁部（111），从所述支撑脚部（110）的内侧倾斜隆起；

支撑肩部（113），从所述支撑壁部（111）向内侧弯曲构成；

支撑头部（114），从所述支撑肩部（113）隆起，并贯穿有中心通孔；

且从倾斜支撑壁部（111）向内侧弯曲的支撑肩部（113）向下凹陷，形成凹面部；以及

所述墨盒装置还包括阀体密封装置（116，216，316），用于封堵所述支撑头部（114）的中心通孔。

2. 根据权利要求1所述的墨盒装置，其特征在于，所述支撑壁部（111）从所述支撑脚部（110）向上倾斜隆起。

3. 根据权利要求1所述的墨盒装置，其特征在于，所述支撑头部（114）从所述支撑肩部（113）倾斜隆起。

4. 根据权利要求3所述的墨盒装置，其特征在于，所述支撑头部（114）中心通孔的下部直径大于上部直径。

5. 根据权利要求4所述的墨盒装置，其特征在于，所述支撑头部（114）的倾角大于所述支撑壁部（111）的倾角。

6. 根据权利要求1所述的墨盒装置，其特征在于，所述支撑脚部（110）的厚度大于所述支撑肩部（113）的壁厚。

7. 根据权利要求1所述的墨盒装置，其特征在于，所述支撑头部（114）的壁厚大于所述支撑肩部（113）的壁厚。

8. 根据权利要求6或7所述的墨盒装置，其特征在于，所述支撑脚部（110）的厚度大于所述支撑头部（114）的壁厚。

9. 根据权利要求1所述的墨盒装置，其特征在于，与所述至少一个出墨口（105）连通的壁部（106）上设置有至少一个凹陷部（107）用于放置所述阀体。

10. 根据权利要求9所述的墨盒装置，其特征在于，所述凹陷部（107）的底壁上设置有过滤装置（118，218，318）。

11. 根据权利要求1所述的墨盒装置，其特征在于，所述阀体密封装置（116，216，316）向下按压所述单向阀体的所述支撑头部（114），用于使所述阀体处于压缩状态。

12. 根据权利要求1所述的墨盒装置，其特征在于，所述阀体内预置弹簧（222），抵靠在所述阀体的所述支撑肩部（113）。

三、分析技术交底书，全面梳理所公开的技术改进

从发明人给出的技术交底书的内容可以得知，发明人针对现有技术进行了较大程度的改进，其在墨盒装置内设计了一种大致呈环形阶梯状的单向阀体，使得由弹性材料制作的阀体很容易地从肩部发生形变，从而能够方便地控制墨液的流量，并且通过在引墨腔中预留墨液或将引墨腔设计得足够小，有效地防止气泡的产生，确保了连续而均匀的喷墨打印。发明人提交的技术交底书的第三部分"发明人欲保护的技术方案"以权利要求书的形式表达了发明人欲保护的技术方案，而第二部分"发明人所撰写的技术交底说明"包括了"发明内容"、"附图说明"和"具体实施方式"三部分，只是"发明内容"部分缺少反映进一步改进的从属权利要求的技术方案，附图没有置于"具体实施方式"部分之后，而是嵌入了"具体实施方式"部分中来对发明的具体构成加以说明，实际上，从其对应发明人欲保护的技术方案的文字描述来看，基本上满足说明书清楚、完整的撰写要求，只要稍作修改，可以考虑作为专利申请文件中的说明书

部分。在此着重对发明人欲保护的技术方案与拟定作为说明书"发明内容"、"附图说明"和"具体实施方式"的内容进行比较分析。

发明人欲保护的技术方案应当包括前序部分和特征部分,选用最接近的现有技术文件进行划界。前序部分中除写明要求保护的发明的技术方案的主题名称外,还需写明与发明的技术方案密切相关的、共有的必要技术特征。特征部分应当记载发明的必要技术特征中与最接近的现有技术不同的区别技术特征。

首先需要确定最接近的现有技术。发明人欲保护的技术方案为墨盒装置中控制墨盒出墨的单向阀,专利文献CN1 ※※※※※※※1A 和 CN1 ※※※※※※※2A 都公开了墨盒装置,但是CN1 ※※※※※※※1A 采用多孔体控制出墨,而 CN1 ※※※※※※※2A 利用的是伞形单向阀,克服了多孔体残留墨且成本高的缺陷,因此,应将专利文献CN1 ※※※※※※※2A 作为最接近的现有技术。发明人欲保护的墨盒装置的技术方案的前序部分为"一种喷墨打印机设备配备的墨盒装置,所述墨盒装置包括盒体,内部设有至少一个空腔,用于储存墨液,其中所述盒体包含至少一个通气孔,用于使所述空腔与大气连通;至少一个出墨口,设置在壁部上,用于与喷墨打印机设备的打印针连通;至少一个密封件,封堵所述出墨口,用于保持墨液;以及至少一个单向阀体,封堵所述出墨口,用于控制墨液的流量",可见前序部分记载的技术特征都是与最接近的现有技术共有的必要技术特征。特征部分为"所述至少一个单向阀体设置在所述至少一个空腔的内部,并一体设置有支撑脚部,与所述至少一个出墨口的腔壁密封接触;支撑壁部,从所述支撑脚部的内侧倾斜隆起;支撑肩部,从所述支撑壁部向内侧弯曲构成;支撑头部,从所述支撑肩部隆起,并贯穿有中心通孔;且从倾斜支撑壁部向内侧弯曲的支撑肩部向下凹陷,形成凹面部;以及所述墨盒装置还包括阀体密封装置,用于封堵所述支撑头部的中心通孔。"可见,这些技术特征是发明区别于最接近的现有技术的特征,然而对于发明所要解决的技术问题而言,之所以通过一个单向阀体能够方便地控制墨液的流量,有效防止气泡的发生,进而保证打印连续均匀,主要是取决于单向阀体所设的位置、其一体设置的支撑脚部、支撑壁部、支撑肩部、支撑头部的结构位置以及它们相互之间的连接关系,因此,对于清楚、合理地限定技术方案并要求专利保护而言,发明人将这些技术特征写入特征部分是适当的,而写入特征部分的"阀体密封装置"的相关技术特征并不是构成墨盒装置单向阀体的必要技术特征,因此,发明人不必将阀体密封装置的相关技术特征写入独立权利要求中,可以作为进一步的技术改进写入从属权利要求中。发明人在进一步限定的技术方案中针对单向阀体的支撑壁部、支撑头部、支撑脚部以及单向阀体的相关联结构阀体密封装置、出墨口底壁凹陷部、过滤装置等技术特征进行了限定,形成了不同保护范围的技术方案,并且多个保护的技术方案限定清楚、层次分明,为发明的整体技术方案实施了全面保护。

由上可知,基于目前提交的技术交底书的第三部分"发明人欲保护的技术方案",发明人只要将写入独立权利要求中的阀体密封装置的技术特征另写入新的从属权利要求中,并注意前后引用关系,修改之后,就可以考虑作为申请文件中的权利要求书。

另外,发明人提交的技术交底书的第二部分"发明人所撰写的技术交底说明"中的"技术领域"、"背景技术"等内容,相对于上述欲保护的权利要求是合适的,可以考虑直接作为专利申请文件中的说明书相关部分。

从上述分析可以看出，发明人较为熟悉专利申请文件的撰写要求，其提交的技术交底书基本上已经形成了一份公开清楚、保护范围相对合理的专利申请文件，只要稍加修改第二部分"发明人所撰写的技术交底说明"和第三部分"发明人欲保护的技术方案"，同时撰写出说明书摘要和摘要附图，就可以直接提交专利申请文件。为简洁起见，这里不再赘述涉及单向阀体改进技术的专利申请文件的撰写细节。

虽然申请人可以随即将发明人提交的技术交底书完善为满足要求的专利申请文件，就能直接进行提交，但是作为对专利保护制度有更充分了解的申请人，除了关注发明人欲保护的技术方案外，还应该对技术交底书进行更深入的分析，全面梳理所有公开的技术改进，尤其留意是否存在未完成的其他技术改进，避免给发明人的利益带来不必要的损失。

对于本案而言，如上所述，发明人提交的技术交底书的第三部分"发明人欲保护的技术方案"涉及的技术改进均在第二部分"发明人所撰写的技术交底说明"中得到了清楚、完整的说明，然而，通过仔细比对，发现发明人并未要求保护其记载在第二部分"发明人所撰写的技术交底说明"中的有关墨盒装置通气孔处设置防漏墨装置的技术改进，也即，第三部分"发明人欲保护的技术方案"实质涉及的都是该发明单向阀体及其相关联结构阀体密封装置、出墨口底壁凹陷部、过滤装置的技术内容。具体说来，对于上述墨盒装置通气孔处设置防漏墨装置的技术改进，第二部分"发明人所撰写的技术交底说明"的"发明内容"部分中描述了"根据本发明的再一方面，由于本发明还在通气孔中设置了防漏墨装置，有效地防止了墨液泄漏"；"具体实施方式"部分中明确记载了"同时为了有效地防止墨盒取下倒置时通气孔可能产生的漏墨现象，如图22-6-07所示，最好通气孔309向储墨腔302内突起设置，大约伸至储墨腔302内1/3处"；同时，图22-6-07清晰地示出了这样的细节结构。

经与发明人沟通，究其为何不要求保护"通气孔处设置防漏墨装置"这一技术改进的原因，发明人给出的理由为：第一，通气孔只是储墨腔顶壁上一处细小的结构，关于怎样从工艺加工的需要出发来在通气孔处设置防漏墨装置，以真正达到有效防止漏墨的目的，尤其是"将通气孔向储墨腔内突起设置并大约伸至储墨腔内1/3处"是否能真正产生有益效果，还有待于日后用实验数据证明；第二，由于发明人目前想要重点保护的是大致呈环形阶梯状的单向阀体设计的关键技术，并且通气孔处防漏墨装置的设置也不与单向阀体直接关联，只是发明人设计该发明单向阀体时附带想到的技术改进点而已。简言之，基于"通气孔处设置防漏墨装置"这一技术改进考虑得不够充分和全面，发明人不欲保护。

依据申请人对本领域技术发展现状的了解，像图22-6-07所示的那样，将通气孔直接向储墨腔内突起设置，从理论上来看，应该能起到防漏墨的目的，但似乎不能有效地防止墨盒取下倒置时通气孔可能产生的漏墨现象，尚需在设计上加以改进或完善，并且，直接向储墨腔内突起设置通气孔，加工起来不是非常方便，工艺精度也不够高。因此，总的看来，就目前发明人在第二部分"发明人所撰写的技术交底说明"中给出的记载内容来看，"通气孔处设置防漏墨装置"的相关技术方案尚待完善，一旦予以完善，申请人认为，这应该是一项极具专利性的发明创造。

由于技术方案不完善，发明人没有在第三部分"发明人欲保护的技术方案"中要求保护有关通气孔处设置防漏墨装置的技术改进，似乎也在情理之中。但是，接下来需要进一步深入思考的是，如果在撰写专利申请文件时对此部分内容不作修改而直接作为说明书的相关部分提交的话，发明人将这一技术方案记载在说明书（包括附图）中是否可能存在隐患？

实际上，在与发明人沟通的过程中，发明人已经明确表示，在提出了本申请之后，随着对改进点认识的充分和全面，会进一步改进或完善有关通气孔处设置防漏墨装置的技术方案，继而尽快对之提出申请请求保护。正如上面分析的，申请人也认识到，一旦"通气孔处设置防漏墨装置"这一技术改进得到完善，还是一项极具专利性的发明创造。那么，此时申请人在撰写本申请的专利申请文件时，就应该一并考虑后续改进申请的情况，帮助发明人预期并解决日后可能会遇到的各种问题，例如，发明人能否以本申请为基础主动提出分案申请？能否要求本申请的优先权？本申请会否成为其后续改进申请的在先技术或抵触申请？发明人的竞争对手会否抢先依据本申请作出进一步改进而提出专利申请？等等。

上述种种情形，申请人都需要予以关注，就此考虑目前申请文件的撰写方式是否可行，进而考虑说明书的公开内容是否应限制在请求保护的范围之内，是否应将有关通气孔处设置防漏墨装置的技术内容全部删除。因此，在正式提交申请文件之前，申请人需要与发明人积极沟通，了解其真实意图或其可能采取的某种专利策略，结合考虑现行法律法规的相关规定，撰写出公开内容和请求保护的范围都适当的专利申请文件。

四、撰写专利申请文件以将公开内容限制在请求保护的范围之内

（一）撰写思路分析

如上所述，发明人在申请文件中公开了"通气孔处设置防漏墨装置"这一未请求保护的技术方案，这可能会对其后续的技术改进产生不利影响。下面结合现行法律法规的一些规定等其他因素对此问题加以分析，以期有助于申请人考虑和采用妥当的撰写方式，从而能最大限度地维护发明人的权益。

1. 分案申请

根据《专利法实施细则》第42条第1款的规定，一件专利申请包括两项以上发明、实用新型或者外观设计的，申请人可以在细则第54条第1款规定的期限届满前，向国务院专利行政部门提出分案申请。如果申请人在原始申请文件中没有将有关通气孔处设置防漏墨装置的技术方案写入权利要求书中，而申请人还想对此技术方案进行保护，那么申请人最迟应当在收到专利局对原申请作出授予专利权通知书之日起2个月期限（即办理登记手续的期限）届满之前提出分案申请。需要注意的是，对于分案申请，应当视为一件新申请收取各种费用。

对本案而言，申请人应注意的是，一方面，如果如发明人所称，原申请中有关通气孔处设置防漏墨装置的技术方案公开充分，那么在规定时限内通过主动分案的方式

要求专利保护是可行的,但另一方面,若想以主动分案的形式对作了进一步改进或完善的通气孔处设置防漏墨装置的技术方案要求专利保护,则是不可行的,因为作了进一步改进或完善的技术方案并未记载在原申请中。

2. 优先权

根据《专利法》第 29 条和《专利法实施细则》第 32 条的规定,申请人就相同主题的发明或者实用新型在中国第一次提出专利申请之日起 12 个月内,又以该发明专利申请为基础向国家知识产权局专利局提出发明专利申请或者实用新型专利申请的,或者又以该实用新型专利申请为基础向国家知识产权局专利局提出实用新型专利申请或者发明专利申请的,可以享有优先权。

对本案而言,由于申请文件中已经形成有一套发明人欲保护的技术方案,并且,这套欲保护的技术方案根据前面的分析是具有专利性的,因此,考虑到有关通气孔处设置防漏墨装置的技术方案已记载在首次申请中,申请人可以在规定时限内在在后申请中针对这一技术方案要求优先权,但应该注意的是,作了进一步改进或完善的通气孔处设置防漏墨装置的技术方案不能够通过要求优先权的方式获得专利保护。

3. 在先技术

需要进一步指出的是,当通过申请文件将尚不完善的技术方案公开后,会给社会公众提供进一步完善的技术启示,使得本领域的竞争对手有可能抢占先机申请专利,而这必然违背了申请人原本欲申请获得专利保护的意图,对其利益造成了相当大的损失。即使是申请人最先提出了"通气孔处设置防漏墨装置"的技术方案,已经公开的本申请也将成为进一步完善方案的在先技术,如果申请人的进一步完善方案相对于本申请的实质改进不大,则可能导致申请人的进一步完善方案不具备创造性,同样不给申请人的利益造成了损失。

4. 抵触申请

假如发明人已经对"通气孔处设置防漏墨装置"形成了完善的技术方案,只是希望随后再行提交申请,按照修改前的《专利法》,抵触申请的主体为他人,不包括申请人自己,采用这种方式是可行的。但是,现行《专利法》已经于 2009 年 10 月 1 日起生效,而按照《专利法》第 22 条第 2 款的规定,申请人自己的在先申请可能构成其在后申请的抵触申请,这是需要引起申请人重视的。

而对于本案而言,如果发明人在提出本申请之后,经过一段时间的技术改进,对在通气孔处设置防漏墨装置的发明创造加以完善并即时提出专利申请要求保护,到了该在后申请的审查阶段,如果申请人对此撰写的权利要求不当,或者说,申请人撰写的权利要求过于上位、概括,由于在先申请已明确记载了"在通气孔处设置防漏墨装置"这一技术改进的相关内容,那么同样可能导致其在后申请因该在先申请而丧失新颖性。当然,抵触申请只能损害发明专利申请的新颖性,但不能破坏发明专利申请的创造性。在这种情况下,申请人也只能"退而求其次",根据具体的改进点缩小其在后申请请求保护的范围,以确保获得专利权。

5. 特殊策略

当然,在某种情况下,出于防止竞争对手申请专利的目的,不排除申请人可能采取这种策略，即，抢先公开某个或多个技术方案而不请求保护，仅仅是利用申请文件的公开来达到防止他人对其请求保护以抢占市场的目的。

综上所述，除了申请人欲保护的技术方案外，如果专利申请文件中还存在未保护的其他技术改进，总会对申请人的利益产生一定的影响。因此，在提交正式文件之前，应该仔细阅读申请文件的全部技术内容。当发现存在有未拟定为请求保护的技术方案时，不论该技术方案是否完整，为了保护申请人自身的权益，应当仔细考虑各种可能出现的情况，撰写出反映实际需求的申请文件。

对于本案，发明人认为"通气孔处设置防漏墨装置"这一改进点的技术方案尚待完善，希望能在作出进一步改进之后尽快再新提出申请要求保护，因此，基于上述分析意见，申请人应该从最大限度地保护自身权益的角度出发，进一步完善申请文件，将涉及"通气孔处设置防漏墨装置"的技术内容全部删除。

（二）说明书和摘要的撰写

1. 说明书的撰写

根据上面的分析，对发明人提交的技术交底书进行修改，撰写出相应的说明书。

具体说来，对于"在通气孔处设置防漏墨装置"这一技术改进，申请人应该逐一删除第二部分"发明人所撰写的技术交底说明"的"发明内容"部分中相应的文字内容，即"根据本发明的再一方面，由于本发明还在通气孔中设置了防漏墨装置，有效地防止了墨液泄漏。"和"具体实施方式"部分中相应的文字内容，即"同时为了有效地防止墨盒取下倒置时通气孔可能产生的漏墨现象，如图 22-6-07 所示，最好通气孔 309 向储墨腔 302 内突起设置，大约伸至储墨腔 302 内 1/3 处。"，并应对附图 22-6-07 中通气孔处的细节结构进行修改，修改如下图所示：

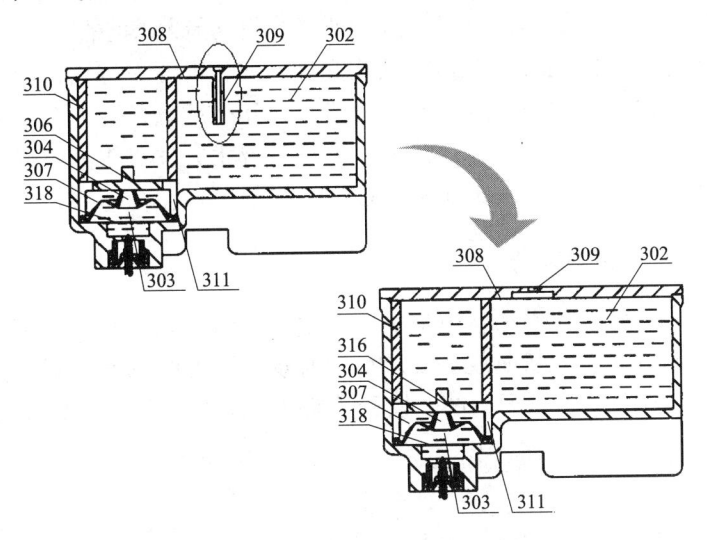

此外，为满足《专利法实施细则》第 17 条第 1 款第 2 项的规定，在背景技术部分补入了最接近的现有技术（CN1*******2A）的相关技术方案的描述，在说明书附图中给出了该份现有技术的附图，同时为满足《专利法实施细则》第 17 条第 1 款第 4 项

的规定，补充了该附图的相关说明。另外，为满足《专利法实施细则》第17条第1款第3项的规定，在发明内容部分给出了反映进一步改进的从属权利要求的技术方案。

2. 说明书摘要的撰写

说明书摘要应当按照《专利法实施细则》第23条的规定撰写，写明发明的名称和所属技术领域，并清楚地反映所要解决的技术问题、解决该问题的技术方案的要点以及主要用途。在考虑不得超过300个字的前提下，写明有关要求保护的技术方案及采用该技术方案所获得的技术效果。并选用说明书附图中的其中一幅作为摘要附图。

具体到本案，说明书摘要部分应对独立权利要求的技术方案的要点作出说明，在此基础上进一步说明其解决的技术问题和有益效果。此外，还应当选择合适的附图作为说明书摘要附图，本申请发明选取附图2作为摘要附图。

五、案例小结

从本案可以看出，发明人在技术交底书中公开了"通气孔处设置防漏墨装置"这一未要求保护的技术改进，由于这一技术改进的相关技术方案尚需在日后修改和充实，发明人意欲在作出进一步改进或完善后尽快再对之提出申请要求保护。据此，在撰写专利申请文件时，就应对后续改进申请可能面临的情况有一个全面的预期，相应地考虑各种可能出现的情况，而对于本案来说，综合考虑之下，为了维护申请人的权益，将涉及通气孔处设置防漏墨装置的技术内容全部删除，反而不会对后续改进产生不利影响。因此，申请人在撰写专利申请文件时需要具备一定的前瞻性。如本节一再强调的，如果发明人对发明点之外的其他技术的改进方案尚未深思熟虑好，申请人此时不如减去相关的笔墨，也即，不将相关改进方案写入专利申请文件中，将公开内容限制在请求保护的范围之内，这实际上有助于申请人在后续改进中得到最大限度的专利权益保护。

在此提请申请人注意的是，在提交正式文件之前，申请人应该仔细阅读申请文件的全部技术内容，全面梳理所公开的技术改进，尤其是留意是否存在未要求保护的技术改进，当发现存在有这样的技术改进时，不论其技术方案是否完整或完善，均需要积极与发明人沟通，撰写出反映实际需求的专利申请文件。

六、推荐的专利申请文件

根据以上介绍的现有技术和本申请发明技术改进的情况，撰写出保护范围较为合理的独立权利要求与相应的从属权利要求、同时撰写出说明书及说明书摘要，以此为基础推荐包含说明书摘要、摘要附图、权利要求书、说明书及说明书附图的申请文件。

说 明 书 摘 要

本发明涉及一种内置单向阀体的墨盒装置。所述阀体设置在墨盒的储墨腔内，包括支撑脚部；支撑壁部，从所述支撑脚部的内侧倾斜隆起；支撑肩部，从所述支撑壁部向内侧弯曲构成；和支撑头部，从所述支撑肩部隆起，并贯穿有中心通孔。由于本发明墨盒装置阀体结构的环形阶梯状设计，得以保持墨液并控制墨液的流量，有效防止了气泡的发生，确保了打印连续均匀。

摘 要 附 图

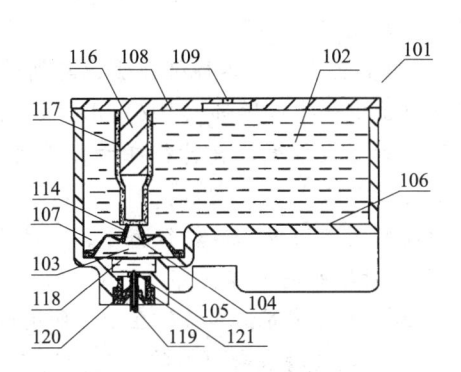

权 利 要 求 书

1. 一种喷墨打印机设备配备的墨盒装置（101），所述墨盒装置包括：

盒体，内部设有至少一个空腔（102），用于储存墨液，其中所述盒体包含至少一个通气孔（109，209，309），用于使所述空腔与大气连通；

至少一个出墨口（105），设置在壁部上，用于与喷墨打印机设备的打印针连通；

至少一个密封件（121），封堵所述出墨口，用于保持墨液；以及

至少一个单向阀体（104），封堵所述出墨口，用于控制墨液的流量，其特征在于，所述至少一个单向阀体设置在所述至少一个空腔的内部，并一体设置有：

支撑脚部（110），与所述至少一个出墨口（105）的腔壁密封接触；

支撑壁部（111），从所述支撑脚部（110）的内侧倾斜隆起；

支撑肩部（113），从所述支撑壁部（111）向内侧弯曲构成；

支撑头部（114），从所述支撑肩部（113）隆起，并贯穿有中心通孔；

且从倾斜支撑壁部（111）向内侧弯曲的支撑肩部（113）向下凹陷，形成凹面部。

2. 根据权利要求1所述的墨盒装置，其特征在于，所述支撑壁部（111）从所述支撑脚部（110）向上倾斜隆起。

3. 根据权利要求1所述的墨盒装置，其特征在于，所述支撑头部（114）从所述支撑肩部（113）倾斜隆起。

4. 根据权利要求3所述的墨盒装置，其特征在于，所述支撑头部（114）中心通孔的下部直径大于上部直径。

5. 根据权利要求4所述的墨盒装置，其特征在于，所述支撑头部（114）的倾角大于所述支撑壁部（111）的倾角。

6. 根据权利要求1所述的墨盒装置，其特征在于，所述支撑脚部（110）的厚度大于所述支撑肩部（113）的壁厚。

7. 根据权利要求1所述的墨盒装置，其特征在于，所述支撑头部（114）的壁厚大于所述支撑肩部（113）的壁厚。

8. 根据权利要求6或7所述的墨盒装置，其特征在于，所述支撑脚部（110）的厚度大于所述支撑头部（114）的壁厚。

9. 根据权利要求1所述的墨盒装置，其特征在于，与所述至少一个出墨口（105）连通的壁部（106）上设置有至少一个凹陷部（107）用于放置所述阀体。

10. 根据权利要求9所述的墨盒装置，其特征在于，所述凹陷部（107）的底壁上设置有过滤装置（118，218，318）。

11. 根据权利要求1所述的墨盒装置，其特征在于，所述墨盒装置还包括阀体密封装置（116，216，316），用于封堵所述支撑头部（114）的中心通孔。

12. 根据权利要求11所述的墨盒装置，其特征在于，所述阀体密封装置（116，216，316）向下按压所述单向阀体的所述支撑头部（114），用于使所述阀体处于压缩状态。

13. 根据权利要求1所述的墨盒装置，其特征在于，所述阀体内预置弹簧（222），抵靠在所述阀体的所述支撑肩部（113）。

说 明 书

一种墨盒装置

技术领域

[0001] 本发明涉及一种喷墨打印机设备的墨盒装置，更具体地说，涉及一种利用单向阀控制墨盒出墨的墨盒装置。

背景技术

[0002] 在喷墨打印机设备中，通常都有一个墨盒装置与打印头接通。打印机在执行打印作业时，一项最基本的要求是其墨盒装置能够连续并均匀出墨。

[0003] 目前，在现有技术的墨盒装置中，由于利用多孔体储存墨液的控制出墨方法存在储墨量低及墨液残留等问题，专利CN1*******2A提出了一种利用伞形单向阀结构来控制出墨的墨盒装置。如图6所示，由于单向阀设置在储墨腔外，基本上可以令墨液充满全部的腔室，有效地提高了墨液的总量。单向阀具有一个伞形的阀体704，墨盒装置利用该阀体704从引墨腔703中倒扣住与储墨腔702连通的通孔705，于是在装配与使用中，可以先利用该阀体704保持着墨液。当启动打印头喷墨时，引墨腔703中产生负压。这时，阀体704因两端的压力差而向下偏移，从而允许墨液从通孔705中流入引墨腔703中；这样便实现了阀体704连续地向打印头提供墨液。这种单向阀结构

解决了多孔体带来的问题，但却带来了新的问题，即，在打印的初始阶段，由于墨液需经过引墨腔到达打印头，墨液中掺杂有少量的空气，而这些少量的空气又会因温度等环境因素而变化，因而会影响打印质量。

发明内容

[0004] 因此，本发明要解决的技术问题在于，提出一种墨盒装置，通过一个单向阀体能够方便地控制墨液的流量，并且可以通过在引墨腔中预留墨液，或者将引墨腔设计得足够小，有效防止气泡的发生，保证打印连续均匀。

[0005] 为了解决上述技术问题，本发明提供一种喷墨打印机设备配备的墨盒装置，所述墨盒装置包括：盒体，内部设有至少一个空腔，用于储存墨液，其中所述盒体包含至少一个通气孔，用于使所述空腔与大气连通；至少一个出墨口，设置在壁部上，用于与喷墨打印机设备的打印针连通；和至少一个密封件，封堵所述出墨口，用于保持墨液；以及至少一个单向阀体，封堵所述出墨口，用于控制墨液的流量，其特征在于，所述至少一个单向阀体设置在所述至少一个空腔的内部，并一体设置有支撑脚部，与所述至少一个出墨口的腔壁密封接触；支撑壁部，从所述支撑脚部的内侧倾斜隆起；支撑肩部，从所述支撑壁部向内侧弯曲构成；支撑头部，从所述支撑肩部隆起，并贯穿有中心通孔；且从倾斜支撑壁部向内侧弯曲的支撑肩部向下凹陷，形成凹面部，从而保证阀体的支撑头部在受到负压时产生适度的偏移。

[0006] 所述支撑壁部从所述支撑脚部向上倾斜隆起。

[0007] 所述支撑头部从所述支撑肩部倾斜隆起。

[0008] 所述支撑头部中心通孔的下部直径大于上部直径。

[0009] 所述支撑头部的倾角大于所述支撑壁部的倾角。

[0010] 所述支撑脚部的厚度大于所述支撑肩部的壁厚。

[0011] 所述支撑头部的壁厚大于所述支撑肩部的壁厚。

[0012] 所述支撑脚部的厚度大于所述支撑头部的壁厚。

[0013] 与所述至少一个出墨口连通的壁部上设置有至少一个凹陷部用于放置所述阀体。

[0014] 所述凹陷部的底壁上设置有过滤装置。

[0015] 所述墨盒装置还包括阀体密封装置，用于封堵所述支撑头部的中心通孔。

[0016] 所述阀体密封装置向下按压所述单向阀体的所述支撑头部，用于使所述阀体处于压缩状态。

[0017] 所述阀体内预置弹簧，抵靠在所述阀体的所述支撑肩部。

[0018] 根据本发明的一个方面，由于本发明在阀体与底壁的凹陷部形成引墨腔，并在引墨腔中预留墨液，从而避免了气泡的产生。

[0019] 根据本发明的又一方面，由于本发明同时又可将阀体和引墨腔设计得足够小，同样可以避免气泡的产生，从而可以更广泛地适用于不同场合的需要。

[0020] 根据本发明的另一方面，本发明的单向阀体由于受到较小的压力便会产生变形，储墨腔中的墨液会即刻充满引墨腔，对打印头连续供墨。因此，本发明的阀体在较宽的压力范围内都可以得到应用，所以对环境的适应性较强。

附图说明

[0021] 下面结合附图对本发明的较佳实施例进行描述，本发明的上述技术方案和特点以及其他优点将显而易见。

[0022] 图1是根据本发明的单向阀体的纵向剖视图，示出了一种阶梯形状的可从肩部被压缩的阀体；

[0023] 图2是本发明一个较佳实施例的墨盒装置的剖视图，其中设置在储墨腔内的单向阀体被固定在腔壁上的阀体密封装置封堵；

[0024] 图3是图2所示的墨盒装置的工作状态示意图，其中单向阀体受压后中心通孔与密封装置分离；

[0025] 图4是本发明又一较佳实施例的墨盒装置的剖视图，其中弹簧向上抵靠单向阀体，用于加快阀体复位；

[0026] 图5是本发明另一较佳实施例的墨盒装置的剖视图，示出了圆柱体状及带有通孔的阀体密封装置将阀体固定；

[0027] 图6是现有技术中墨盒装置的剖视图，所述墨盒装置利用伞形的单向阀体来控制出墨。

具体实施方式

[0028] 首先，参见图2，图中示出了本发明一个较佳实施例的墨盒装置101，其中储墨腔102的内部设置有根据本发明的单向阀体104，用于将储墨腔102与出墨口105隔离。

[0029] 为更好地说明本发明的墨盒装置的较佳实施例，参见图1，图中示出了根据本发明的单向阀体的纵向剖视图。本发明的单向阀体104采用橡胶材料制成，硬度为邵氏30～40度，其外部轮廓大致成环形阶梯状。该阀体104包括环形的支撑脚部110，是与储墨腔的腔底壁密封接触的；隆起的环形支撑壁部111，从支撑脚部110的内侧向上倾斜隆起；支撑肩部113，从支撑壁部111再向内侧弯曲构成；以及支撑头部114，从支撑肩部113隆起，并在中心部具有通孔115。

[0030] 本发明的阀体104由于会受到打印头吸力的影响，使得阀体上下两侧产生压力差，由此阀体产生变形。因此，最好的是，本发明还将从支撑壁部111上向内侧弯曲的支撑肩部113部分向下凹陷，形成凹面部。这样便保证了当本发明的阀体104两侧压力变化时，支撑头部114能够产生适度的偏移。事实上，由于打印头所产生的压力差经常是变化的，可以想象支撑头部114所产生的偏移也应不同，而本发明这一下陷的支撑肩部113能够保证本发明的阀体104的支撑头部114响应较小的负压。由此可见，支撑肩部113是阀体104的压力缓冲及压力敏感部位。

[0031] 同时，还应考虑阀体104即使受到较大的负压时，该支撑头部114的形变量尽可能地减小，一方面是出于对墨液流量控制的考虑，另一方面是考虑到该支撑头部114应当快速复位。因此，优选的是，支撑脚部110的厚度大于支撑肩部113的壁厚，以及大于支撑头部114的壁厚。容易理解的是，为使支撑头部114能够响应较小的负压，该支撑肩部113的厚度应设置成小于支撑头部114的壁厚，尤其是弯曲部112的厚度应设置成最小，通常在0.15mm～0.5mm之间较为适宜。为使本发明的阀体104受到的压差变化

能够逐渐分散，本发明又倾斜设置支撑头部114，并且，使其倾角θ1大于支撑壁部111的倾角θ2，此外，该通孔115最好设计成是底端直径略大的锥形通孔，如图1所示。

[0032] 通过内置设计在墨盒装置101中，本发明的阀体104实现了保持墨液及控制墨液流量的目的。返回到图2，本发明的阀体104设置在储墨腔102中出墨口105的上方，其支撑脚部110与底壁106接触。为保持该阀体104的稳定，最好将该出墨口105周围的底壁106内陷设置，形成凹陷部107。阀体密封装置116从墨盒顶壁108直接突起设置，封堵在阀体的支撑头部114，并轻轻按压该支撑头部114。这样，本发明的阀体104便可保持住储墨腔102中的墨液，使其与出墨口105隔离。最好是用弹性护套117罩在该密封装置116的外部，弹性地封堵该阀体104的支撑头部114。

[0033] 如图2所示，本发明在阀体104与墨盒底壁106内陷设置的凹陷部107之间形成一个引墨腔103，其直径略小于支撑脚部110的直径。本发明在该腔室103中预留墨液，使得在打印开始阶段，打印头能够得到充足的墨液。打印头的供墨针119穿过一个设置在出墨口105下方带有薄膜120的喇叭形密封件121，引墨腔103与出墨口105间充满墨液。当墨盒工作时，引墨腔103内产生压力差，当该压力达到120mm水柱时，阀体104的支撑头部114下移；阀体通孔115与密封装置116分离，这样墨液会如图3中箭头所示的方向充满整个引墨腔103，并连续不断地提供给打印头。根据本发明的阀体104，其开启的压力可以在-200mm～0mm水柱，优选的开启压力是-0150mm～-30mm水柱。

[0034] 当供墨针119停止吸墨时，阀体104可以靠本身的弹性复位，从而关闭供墨通道。这样一来，本发明的阀体104控制着储存在储墨腔102中墨液的流出。

[0035] 当然，对于本发明的阀体密封装置可以有各种变形。如图2和图3所示，可以将阀体密封装置116设计成为与壁部108一体成型的突起，还可以如图4所示的那样，将阀体密封装置216单独固定在壁部208上。此外，根据各种需要，如对阀体的稳定性提出更高的要求时，如图5所示，还可以在凹陷部307外侧设置中空圆柱体形的阀体密封装置固定件310，阀体密封装置316是带盖的周边开有槽口311的圆柱体，使得本发明的阀体304与阀体密封装置316相适配固定。通过槽口311，引墨腔303与储墨腔302在墨盒工作时保持墨液供应畅通。

[0036] 如图4所示，为了使阀体204压力调节更加灵敏，本发明还可以在引墨腔203内附加弹簧222，抵靠在阀体204的支撑肩部213上，用于保证该阀体204及时复位。

[0037] 此外，为实现本发明的较佳实施例，如图2、图4以及图5所示，还分别应当在腔壁108、208、308上设置通孔109、209、309，以使大气压力通过而施加在墨液中，以完成向打印头供墨的工作过程。设置该通气孔109、209、309还有另外一个优点，即，当墨液用尽时，可以直接向盒体中注入新墨液，而不必将其从打印装置中取下来进行更换。因此，本发明的墨盒装置由于使用了本发明的阀体，极大地方便了使用者，而且又充分利用了墨液。

[0038] 为了防止可能的气泡或杂质等异物进入打印针影响打印质量，在出墨口面向盒体内侧的一端置放有金属过滤网，如图2所示的118、图4所示的218、图5所示

的318。

[0039] 应当理解的是，虽然本发明通过如上较佳实施例加以描述，但是根据本发明的技术方案，还可以有多种变形；而所属技术领域的技术人员在不脱离本发明精神实质的前提下作出的更改与变形均应属于本发明后附权利要求的保护范围。

说 明 书 附 图

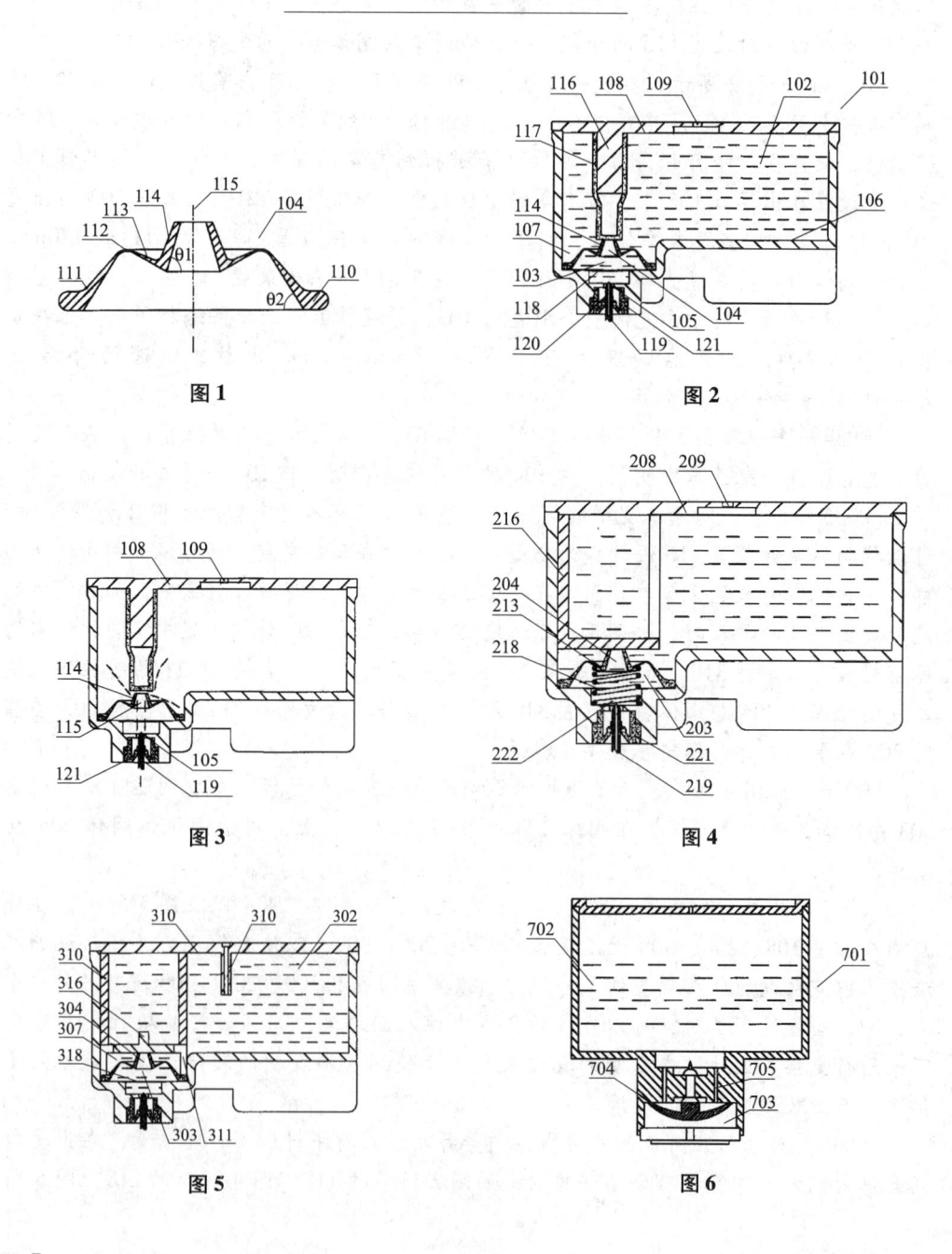

图1

图2

图3

图4

图5

图6

第七节 选择发明的申请文件的撰写

一、概要

《专利法》第22条第3款规定，创造性是指与现有技术相比，该发明具有突出的实质性特点和显著的进步，这是发明专利申请被授予专利权的必要条件之一。

选择发明作为发明的一种类型，是指从现有技术中公开的宽范围中，有目的地选出现有技术中未提到的窄范围或个体的发明。在进行选择发明创造性判断时，对特定技术特征的选择所带来的预料不到的技术效果是考虑的主要因素。然而在实践中，申请人对选择发明的定义、创造性判断标准有时把握不准确，在认识上存在一定偏差，因此反映到申请文件撰写中也存在诸多不足，以至于有可能丧失授权的机会。

本节针对以上问题，从选择发明的定义和创造性判断标准出发，通过一个具体案例对选择发明的撰写思路进行了初步探讨，并阐明了涉及选择发明申请的撰写过程、撰写步骤以及应注意的问题等。

二、技术交底书

本案例涉及一种铆螺母。

（一）现有技术

在机械和电器行业中，通常要在薄板上安装零部件。传统的方式是在薄板上攻出内螺纹或者在薄板上焊接一个螺母，前一种方式因为板薄，内螺纹很容易损坏，后一种方式则因焊接的高温容易使薄板变形，焊接处也容易脱落。因此目前通常采用铆螺母的连接方式，可以较好地解决上述问题。

铆螺母又称"拉帽"，用于各类金属板材、管材等制造工业的连接紧固领域，广泛地使用在汽车、航空、铁道、制冷、电梯、开关、仪器、家具、装饰等机电和轻工产品的装配上。这种螺母专为解决金属薄板、薄管焊接螺母易熔、攻内螺纹易滑牙等缺点而开发，它不需要攻内螺纹，不需要焊接螺母，铆接牢固，效率高。

发明人提供的一篇中国专利CN1*******1A（下称"现有技术1"）涉及一种铆螺母，具体结构参见图22-07-01和图22-07-02，其中铆螺母601包括主体部分602和铆接部分603。铆接部分603的内径略大于主体部分602的内径，并且铆接部分603的端部上设有径向向外的凸缘612，主体部分602的内壁上开设螺纹604，同时在铆接部分603的外壁上间隔设置多个凸肋610。铆螺母与钣金件配合时，先将钣金件650上开设一个与铆螺母601外径相同的通孔621，并将铆螺母601插入该通孔621中，使凸缘612底面与钣金件650的上表面接触，再使用铆螺母枪（图中未显示）对铆螺母601的主体部分602施力，使铆螺母601朝向钣金件650推压，使得铆螺母601的铆接部分603的外周发生弯折而形成一个弯折部605，利用该弯折部605与凸缘612对钣金件650两侧的挤压作用而达到夹持钣金件650的效果，并且由于铆螺母601具有多个凸肋610，可有效防止铆螺母601相对钣金件650的转动，从而将铆螺母601固定在钣金件650上。

图22-07-01

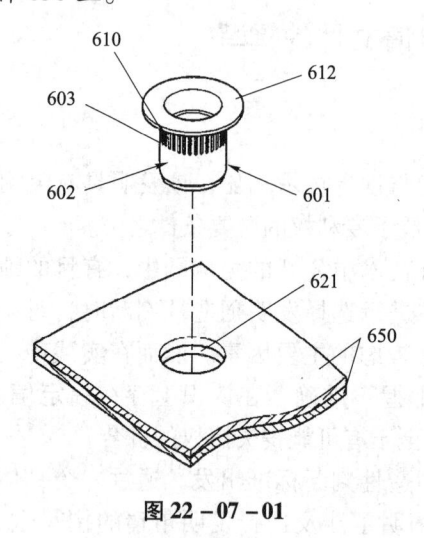

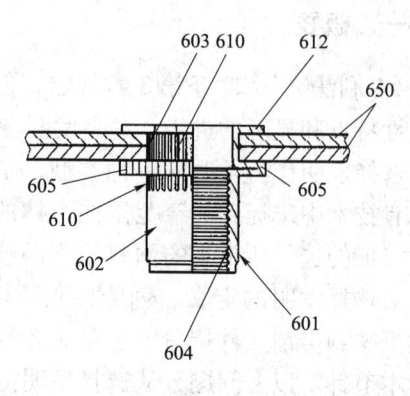

图22-07-02

（二）发明要解决的技术问题及其所采用的手段

现有技术1中铆螺母与钣金件的连接存在以下问题：由于钣金件通常比较薄，导致铆螺母与钣金件连接强度不高，现有技术1在铆螺母外周设置多个凸肋，以防止铆螺母与钣金件之间的相对转动，但是在冲击力比较大的情况下，铆螺母与钣金件仍然容易发生压出或旋开，从而造成钣金件脱离。

本发明针对这一技术问题，提出一种改进的铆螺母。在铆螺母与钣金件接触的支撑面上开设一个环形凹槽，并且在环形凹槽内设置多个防止转动的凸肋。当铆螺母与钣金件连接时，用铆螺母枪对钣金件进行挤压，使之发生变形并卡入到铆螺母的形环凹槽中，并且同时受到设在环形凹槽内的多个防转凸肋的阻挡，因而在冲击力作用下铆螺母不会从钣金件上压出或旋开，加强了铆螺母与钣金件连接的强度，并有效防止钣金件和铆螺母之间的相对转动。

（三）相关实施例

图22-07-03是铆螺母的一个实施例，显示了该铆螺母的基本结构。铆螺母101包括带有内螺纹104的主体部分102和自主体部分102一端轴向延伸的铆接部分103，主体部分102的另一端与铆接部分103的自由端之间形成一个与钣金件接触的环形支撑面107。

如图22-07-04所示，该铆螺母101的主体部分102的环形支撑面107上设置一个环形凹槽109，该环形凹槽109具有大致U形的截面（参见图22-07-04中的放大视图），其径向内侧壁117保持竖直，并与铆接部分103的外周116连接，而其径向外侧壁112由从环形凹槽109的入口处114至拐点111的圆弧和从拐点111至环形凹槽109的底表面113的圆弧连接而形成。U形横截面的拐点111的切线与铆螺母101的中间纵向轴线105形成夹角α，在本实施例中该夹角α的角度为15°。环形凹槽109内设置多个防转凸肋110，在本实施例中防转凸肋110的数量可为6~8个。

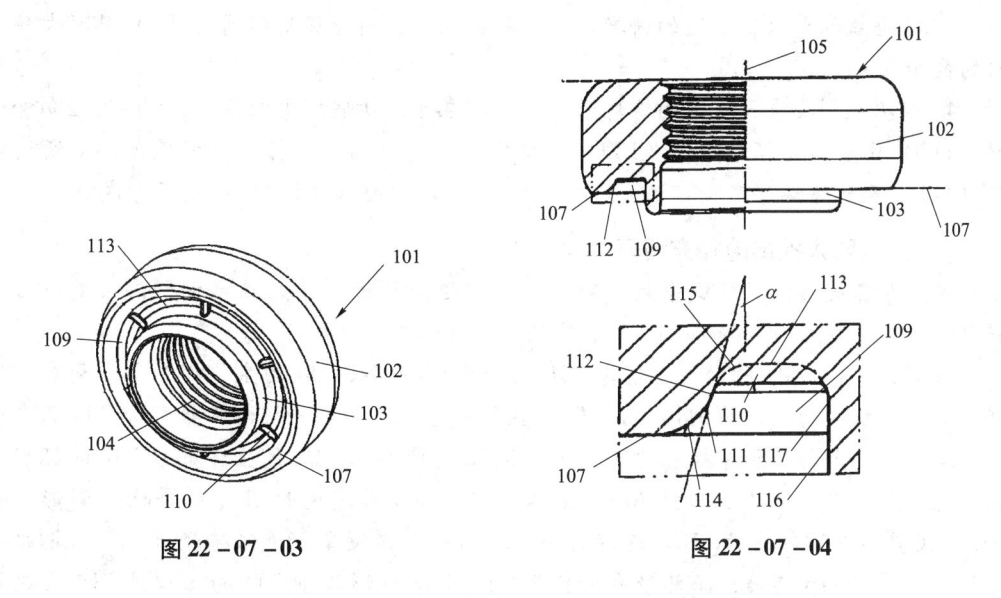

图 22-07-03

图 22-07-04

参见图 22-07-05，当铆螺母与钣金件配合时，将铆螺母 101 插入到钣金件 120 的对应通孔中，使铆螺母 101 的环形支撑表面 107 与钣金件 120 的上表面接触，再使用铆螺母枪（图中未显示）对钣金件 120 对应于铆螺母 101 环形凹槽 109 的钣金部分施力，使该部分向环形凹槽 109 内发生弯折形成折弯部 121，并朝向 U 形环形凹槽 109 的内部延伸并卡入其中，从而使得铆螺母 101 紧密地夹入到钣金件 120 中。同时，由于该折弯部 121 被设置在环形凹槽 109 中的防转凸肋 110 所阻挡，因而有效地防止了铆螺母 101 与钣金件 120 之间的相对转动。

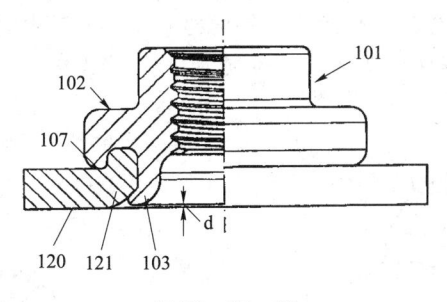

图 22-07-05

（四）发明人拟要求保护的技术方案

1. 一种铆螺母，包括带有内螺纹（104）的主体部分（102）和自主体部分（102）一端轴向延伸的铆接部分（103），其特征在于，在所述主体部分（102）的另一端与所述铆接部分（103）的自由端之间形成一个与被连接件接触的环形支撑面（107），在所述环形支撑面（107）上形成环形凹槽（109），在所述环形凹槽（109）内设有多个防转凸肋（110）。

2. 根据权利要求 1 所述的铆螺母，其特征在于，所述环形凹槽（109）的径向内侧壁（117）与所述铆接部分（103）的外周（116）连接。

3. 根据权利要求2所述的铆螺母，其特征在于，所述环形凹槽（109）具有大致U形的截面。

4. 根据权利要求3所述的铆螺母，其特征在于，所述环形凹槽（109）的径向外侧壁（112）由从所述环形凹槽（109）入口处（114）至拐点（111）的圆弧与从所述拐点（111）至所述环形凹槽（109）底表面（113）的圆弧（114）连接而形成。

（五）发明人提出的补充调研材料

发明人在提交技术交底书后，对现有技术进行了进一步的技术调研，又发现另一篇更相关的专利CN1＊＊＊＊＊＊＊2A（下称"现有技术2"）。

如图22-07-06所示，铆螺母701包括带有内螺纹704的主体部分702和自主体部分702一端轴向延伸的铆接部分703，主体部分702的另一端与铆接部分703的自由端之间形成一个与钣金件接触的环形支撑面707。铆螺母701的主体部分702的环形支撑面707上设置一个环形凹槽709，该环形凹槽709具有大致U形的截面，环形凹槽109内设置多个防转凸肋110。环形凹槽109的径向内侧壁717保持竖直，并与铆接部分703的外周716连接，而其径向外侧壁712由从环形凹槽709的入口处714至拐点711的圆弧和从拐点711至环形凹槽709的底表面713的圆弧连接而形成。U形横截面的拐点711的切线与铆螺母701的中间纵向轴线705形成夹角α。当α角度大于45°时，钣金件难以卡入U形槽中，容易发生脱落；而当α角度范围小于-20°时，由于钣金件卡入U形槽过深，难以将其从铆螺母中脱离开，拆装不方便，因此α角度范围选取为-20°~45°。防转凸肋110的数量可自由选取，没有限制，只要能够保证铆螺母和钣金件之间的连接强度。

如图22-07-07所示，当铆螺母与钣金件配合时，将铆螺母701插入到钣金件720的对应通孔中，使钣金件720对应于铆螺母701环形凹槽709的部分发生弯折形成折弯部，并朝向U形环形凹槽709的内部延伸并卡入其中，从而使得铆螺母701紧密地夹入到钣金件720中。

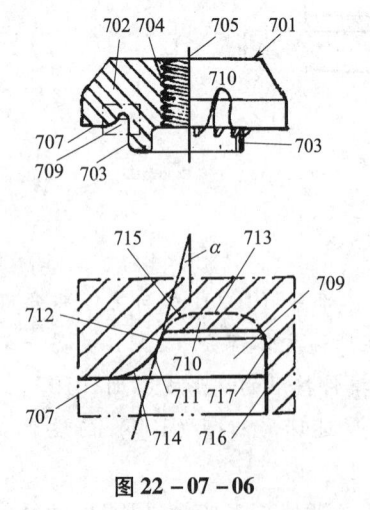

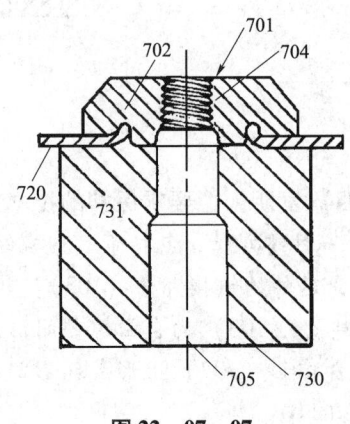

图22-07-06

图22-07-07

三、对发明人的撰写的分析

（一）对发明人提交的技术交底书的分析

技术交底书是撰写说明书的基础。发明人在技术交底书中撰写了一个实施例，该基本实施例描述清楚、完整，公开充分，所属技术领域的技术人员根据交底书记载的内容可实施其技术方案，因此，可以根据技术交底书的内容撰写出符合《专利法》实质性要求的说明书。

（二）对发明人提交的拟要求保护的技术方案的分析

拟要求保护的技术方案是发明人从自己的角度出发撰写的希望保护的技术方案，是形成权利要求书的基础。而确定权利要求书是否合适，主要依据三条标准：第一，权利要求应当以说明书为依据，也就是说权利要求应当得到说明书的支持；第二，权利要求应当清楚、简要的限定专利保护的范围；此外对独立权利要求还有进一步的要求，即独立权利要求应当从整体上反映发明或实用新型的技术方案，记载解决技术问题的必要技术特征。以下，结合这三条标准对发明人提交的拟要求保护的技术方案进行分析：

发明人拟定的第一项拟要求保护的技术方案涉及一种铆螺母。该技术方案是由技术交底书中所提供的实施例概括而成，清楚、简要地记载了铆螺母的基本结构部件以及这些部件之间的连接关系，完整反映了铆螺母的基本结构的技术方案，并且记载了解决技术问题的必要技术特征，即"环形凹槽"以及"防转的凸肋"。整体技术方案表达清楚、完整，且得到了技术交底书记载的实施例的支持，其撰写符合上述标准。

发明人拟定的从属技术方案对独立技术方案进行了进一步的限定，对"环形凹槽"以及"防转的凸肋"的技术特征作了进一步的限定。从属技术方案表述清楚，层次清晰，保护范围合适，其撰写也符合上述标准。

（三）对发明人提交的拟要求保护的技术方案的新颖性、创造性的分析

从发明人提供的现有技术2可以看出，拟要求保护的所有技术方案已经完全被与现有技术2所公开，且两者所属的技术领域相同，所实际解决的技术问题和达到的技术效果相同。因此，发明人提交的拟要求保护的所有技术方案相对于现有技术2不具备新颖性，显然也不具备创造性，所以不具备授权前景。

显然，技术调研所找到的在先技术已经完全涵盖了发明人拟生产的产品的技术方案，这是否意味着该发明没有任何授权的可能，而不能寻求专利的保护呢？不过，经过仔细分析和对比，发现本发明可以采用"选择发明"的方式进行申请。以下将通过对本案例的分析，讨论可以采用选择发明进行申请的情况以及选择发明申请的撰写方式。

四、说明书及说明书摘要的撰写

（一）说明书的撰写

1. 选择发明的定义、标准与分析步骤

选择发明，是指从现有技术中公开的宽范围中，有目的地选出现有技术中未提到的窄范围或个体的发明。在进行选择发明创造性判断时，选择所带来的预料不到的技术效果是考虑的主要因素。由于这些技术效果在申请日之前，是本领域技术人员预料不到的，因此必须在说明书中重点表达。

从选择发明的定义中，我们不难看出选择发明有两条标准：（1）选择发明是在现有技术中的宽范围的基础上选择窄范围或个体的技术方案，由于选择的技术方案的范围未被现有技术公开，因此具有新颖性；（2）所选择的窄范围或个体的技术方案必须相对宽范围的现有技术产生了预料不到的技术效果，所属技术领域的技术人员不能通过常规方式或普通手段得到该窄范围或个体，因此具有创造性。因此，需要在说明书描述现有技术的部分中，充分说明现有技术所具有的技术效果，同时需要在说明书描述发明技术效果的部分中，通过比较的方式突出发明所具有的技术人员预料不到的效果。

结合本案，技术交底书中铆螺母的技术方案与现有技术2公开技术方案的区别在于：（1）技术交底书中的铆螺母的 α 角度为15°，而现有技术2公开的 α 角度为 $-20°\sim45°$；（2）技术交底书中的铆螺母的防转凸肋的数量为 $6\sim8$ 个，而现有技术2没有对防转凸肋的数量进行限定。可见，技术交底书中的 $\alpha=15°$ 是从现有技术2的 α 角度范围中选取的未公开的个体数值，而防转凸肋的数量为 $6\sim8$ 个是从宽范围中选取的未公开的窄范围。因此，以上选取的窄范围或个体具有新颖性，符合选择发明的第一条标准。

接下来再分析，现有技术宽范围中所选取的窄范围或个体的特征是否产生了预料不到的技术效果。本案中，现有技术中 α 角度的允许范围值为 $-20°\sim45°$，如果 $\alpha=15°$ 的角度值在这个角度范围内属于渐变值，即相比其他角度值没有突变或特殊的实施效果，那么 $\alpha=15°$ 的作为选择发明的区别特征就没有产生预料不到的技术效果，因为其实施效果是所属技术领域的技术人员按照角度渐变的规律可以预计到的；反之，如果 $\alpha=15°$ 的角度值在允许角度范围内属于突变值，即相比其他角度值具有突变或特殊的实施效果，而这种突变的实施效果并非所属技术领域的技术人员可以通过有限次试验就可以得到的，那么该角度值相对现有技术就产生了预料不到的技术效果，属于发明人通过创造性劳动所得到技术方案。在本案中，发明人经过大量试验，最终得到 $\alpha=15°$ 这个具有突变技术效果的特征，并且这种实施效果只有铆螺母配合具体厚度范围的钣金件才可以体现出来，因此 $\alpha=15°$ 的特征产生了预料不到的技术效果，可将 $\alpha=15°$ 作为选择发明的区别技术特征。而对于防转凸肋的数量，所属技术领域的技术人员可以预料的到其数量越多，防转效果越好；而数量也多，其制造成本也越高，因此所属技术领域的技术人员可以选择合适数量的防转凸肋，从而在防转效果与制造成本之间达成平衡，因此，防转凸肋的数目为 $6\sim8$ 个的特征不能产生预料不到的技术效果，不能作为选择发明的区别技术特征。

按照选择发明的两条标准确定窄范围或个体的区别技术特征后，还应该在说明书中详细写明该特征能达到何种预料不到的技术效果，强调为何该技术效果对于所属技术领域的技术人员来说是预料不到的原因。因而，将说明书加入如下相关内容"α 角度的允许范围为 $-20°\sim45°$。通常在该范围值中，α 角度为 $-20°\sim0°$ 时，该环形凹槽适合与薄钣金配合，因为负角度环形凹槽可有效防止薄钣金件从环形凹槽中脱离；而α角度为为0°～45°时，该环形凹槽则适合与厚钣金配合，因为正角度的环形凹槽可以使厚钣金件不需要过量变形就能迅速卡入到环形凹槽中。然而，该发明人通过大量实验发现α角度为15°的正角度时，该环形凹槽与15mm～30mm的薄钣金件配合效果反而最好，因为在这个角度下，薄钣金件能够迅速卡入并被反复折叠在环形凹槽中，反而加强了该环形凹槽与该尺寸范围内的钣金件的配合强度，同时α角度为15°时，该环形凹槽也适合与30mm～80mm厚钣金件配合，α角度为15°的环形凹槽与厚薄钣金件配合均能起到良好的配合效果，加强了两者配合的适应性和连接强度。"

2. 选择发明与保留技术秘密

本案例的发明人在专利申请前，不仅参考了现有技术2的专利文献，同时也详细参考了现有技术2所属专利权人的实物产品。通过详细检查该专利权人生产的铆螺母，发现其中有一款铆螺母产品的环形凹槽的α角度就在12°～18°，已经非常接近本发明人的得到的最佳角度值15°。经过仔细分析，判断现有技术2的专利权人可能已经知晓α角度为15°的最佳角度特征，然而上述技术特征却未在现有技术2中公开，为何专利权人故意隐瞒其已知的技术特征呢？这样做有何利弊呢？

专利权人之所以将一些技术要点作为技术秘密保留起来，是为了控制市场或防止被仿制。保留技术秘密的目的在于：一是在公开的专利说明书中不会包含技术秘密的内容，即使专利申请不成功，也能保留下自己的核心技术不被公开；二是在进行专利权转让或者专利许可时，由于技术秘密没有被包括在专利的技术方案内，如果受让方要取得这部分技术秘密，则还应该再付出相应的费用，专利权人可以得到较好的经济效益；三是即使别人实施该专利，虽然可以实施该专利的技术方案，但不能达到最佳的实施效果。

但保留技术秘密是一把双刃剑，在获得利益的同时也存在风险：一是保留技术秘密的尺度掌握不好可能会造成说明书公开不充分，二是技术秘密往往是专利申请具有新颖性和创造性最好的证据，但是故意保留这些内容可能会对专利申请的新颖性和创造性的判断带来负面作用；三是技术秘密一旦由于泄密或其他原因被他人所知，而该部分内容又未被申请文件所公开，因而有可能会成为公知技术或他人的专利。这些风险均可能影响专利申请的授权以及专利授权后的权利稳定性。

在本案例中，现有技术2的专利权人的本意是将α角度为15°的特征作为技术秘密保留，其目的是不让竞争对手得知该特征所具有的技术效果，让其产品具有更强的竞争力，从而得到更好的经济效益。然而，本案例的发明人通过试验也得出了α角度为15°的特征，尽管事实上该发明人的发现较晚，但由于现有技术2未公开上述特征，且该特征相对现有技术2具有预料不到的效果，因此该发明人可以将包含该特征的技术方案作为选择发明进行申请，同样也可以获得专利权的保护。

因此，从另一方面来说，发明人保留技术秘密必须考虑保留技术秘密后带来的影响和后果，如果技术秘密可以通过试验挖掘出来或者容易通过具体产品而由反向工程推导得出来，他人可能会以取得了预料不到的技术效果为由在本发明的基础上进行选择发明，使得在先发明人反受其制，得不偿失。因此，发明创造的完成者应该仔细权衡保留技术秘密所带来的影响和后果，明确风险后再作出决定；而对于选择发明的发明人来说，也可以仔细研读与自己发明接近的现有技术，或许能从中挖掘出专利权人的试图保护的技术秘密，将该技术秘密作为选择发明的一种途径，这也不失为一种形成选择发明的思路和方法。

（二）说明书摘要的撰写

说明书摘要应当按照《专利法实施细则》第23条的规定撰写，写明发明的名称和所属技术领域，并清楚地反映所要解决的技术问题、解决该问题的技术方案的要点以及主要用途，在考虑不得超过300个字的前提下写明有关要求保护的技术方案及采用该技术方案所获得的技术效果，并选用说明书附图中的一幅作为摘要附图。

具体到本案例，说明书摘要部分应对独立权利要求的技术方案的要点作出说明，在此基础上进一步说明其解决的技术问题和有益效果。此外，还应当选择合适的附图作为说明书摘要附图，本发明选取图22-07-03作为摘要附图。

五、权利要求书的撰写

由于发明人是在现有技术的宽范围技术方案的基础上选择窄范围或个体的技术方案作为选择发明，因此在权利要求的撰写中，必须在独立权利要求中将发明具有预料不到的技术效果的特征写入其中，这样才能使发明相对现有技术具有新颖性和创造性，符合《专利法》对权利要求提出的实质性要求。因此，对发明人的撰写权利要求对如下改写：

1. 一种铆螺母，包括带有内螺纹（104）的主体部分（102）和自主体部分（102）一端轴向延伸的铆接部分（103），在所述主体部分（102）的另一端与所述铆接部分（103）的自由端之间形成一个与被连接件接触的环形支撑面（107），在所述环形支撑面（107）上形成环形凹槽（109），所述环形凹槽（109）的径向外侧壁（112）由所述环形凹槽（109）入口处（114）至拐点（111）的圆弧与从所述拐点（111）至所述环形凹槽（109）底表面（113）的圆弧（114）连接而形成，所述拐点（111）的切线与所述铆螺母的纵向轴线（105）构成夹角α，其特征在于，所述夹角α的角度为15°。

2. 根据权利要求1所述的铆螺母，其特征在于，所述环形凹槽（109）的径向内侧壁（117）与所述铆接部分（103）的外周（116）连接。

3. 根据权利要求2所述的铆螺母，其特征在于，所述环形凹槽（109，109b）具有大致U形的截面。

4. 根据权利要求1所述的铆螺母，其特征在于，所述环形凹槽（109）内设有多个防转凸肋（110）。

5. 根据权利要求4所述的铆螺母，其特征在于，所述防转凸肋（110）的数量为6~8个。

六、案例总结

本案例主要探讨涉及选择发明的撰写方式。从本案分析可以看出，在说明书中涉及选择发明的撰写时，一般采用以下步骤：首先，在现有技术中的宽范围的基础上有目的选择窄范围或个体的技术方案，因此具有新颖性；其次，所选择的窄范围或个体的技术方案必须相对宽范围的现有技术产生了预料不到的技术效果，所属技术领域的技术人员不能通过常规方式或普通手段得到该窄范围或个体，因此具有创造性；最后，要在说明书中详细说明选择该窄范围或个体的技术方案作为选择发明的理由，阐明其相对现有技术产生了何种预料不到的技术效果，还需要强调为何该技术效果对于所属技术领域的技术人员来说是预料不到的原因，并且在独立权利要求中就应该必须在独立权利要求中将发明具有预料不到的技术效果的特征写入其中，要求保护涉及该技术特征的技术方案，以使申请文件满足符合《专利法》对选择发明提出的实质性要求。

七、推荐的申请文件

根据以上介绍的本申请发明实施例和现有技术的情况，撰写出保护范围较为合理的独立权利要求与相应的从属权利要求、同时撰写出说明书及说明书摘要，以此为基础推荐包含说明书摘要、摘要附图、权利要求书、说明书及说明书附图的申请文件。

说 明 书 摘 要

本发明涉及一种铆螺母，包括带有内螺纹（104）的主体部分（102）和自主体部分（102）一端轴向延伸的铆接部分（103），在所述主体部分（102）的另一端与所述铆接部分（103）的自由端之间形成一个与被连接件接触的环形支撑面（107），所述环形凹槽（109）的径向外侧壁（112）由所述环形凹槽（109）入口处（114）至拐点（111）的圆弧与从所述拐点（111）至所述环形凹槽（109）底表面（113）的圆弧（114）连接而形成，所述拐点（111）的切线与所述铆螺母的纵向轴线（105）构成夹角α，该夹角α的角度为15°。该铆螺母可有效的防止铆螺母与被连接件配合时发生相对转动，且当α角度为15°时，该环形凹槽（109）与15mm～30mm的薄钣金件配合效果最佳，加强了所述环形凹槽与所述尺寸范围内的钣金件的配合强度。

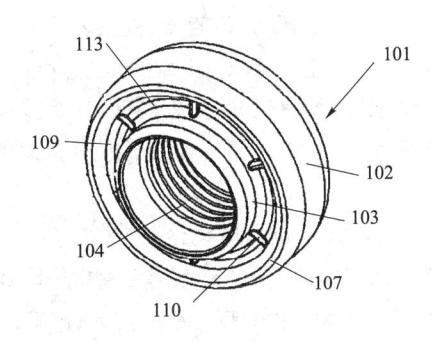

摘 要 附 图

权 利 要 求 书

1. 一种铆螺母,包括带有内螺纹(104)的主体部分(102)和自主体部分(102)一端轴向延伸的铆接部分(103),在所述主体部分(102)的另一端与所述铆接部分(103)的自由端之间形成一个与被连接件接触的环形支撑面(107),在所述环形支撑面(107)上形成环形凹槽(109),所述环形凹槽(109)的径向外侧壁(112)由所述环形凹槽(109)入口处(114)至拐点(111)的圆弧与从所述拐点(111)至所述环形凹槽(109)底表面(113)的圆弧(114)连接而形成,所述拐点(111)的切线与所述铆螺母的纵向轴线(105)构成夹角α,其特征在于,所述夹角α的角度为15°。

2. 根据权利要求1所述的铆螺母,其特征在于,所述环形凹槽(109)的径向内侧壁(117)与所述铆接部分(103)的外周(116)连接。

3. 根据权利要求2所述的铆螺母,其特征在于,所述环形凹槽(109,109b)具有大致U形的截面。

4. 根据权利要求1所述的铆螺母,其特征在于,所述环形凹槽(109)内设有多个防转凸肋(110)。

5. 根据权利要求4所述的铆螺母,其特征在于,所述防转凸肋(110)的数量为6~8个。

说 明 书

铆 螺 母

技术领域

[0001] 本发明涉及一种铆螺母。

背景技术

[0002] 铆螺母又称"拉帽",用于各类金属板材、管材等制造工业的连接紧固领域,广泛地使用在汽车、航空、铁道、制冷、电梯、开关、仪器、家具、装饰等机电和轻工产品的装配上。这种螺母专为解决金属薄板、薄管焊接螺母易熔、攻内螺纹易滑牙等缺点而开发,它不需要攻内螺纹,不需要焊接螺母,铆接牢固,效率高。

[0003] 中国专利文献1(CN1*******2A)公开了一种铆螺母以及铆螺母与钣金件的组合件。图4为专利文献1所公开的铆螺母,铆螺母701包括带有内螺纹704的主体部分702和自主体部分702一端轴向延伸的铆接部分703,主体部分702的另一端

与铆接部分703的自由端之间形成一个与钣金件接触的环形支撑面707。铆螺母701的主体部分702的环形支撑面707上设置一个环形凹槽709，该环形凹槽709具有大致U形的截面，环形凹槽109内设置多个防转凸肋110。环形凹槽109的径向内侧壁717保持竖直，并与铆接部分703的外周716连接，而其径向外侧壁712由从环形凹槽709的入口处714至拐点711的圆弧和从拐点711至环形凹槽709的底表面713的圆弧连接而形成。U形横截面的拐点711的切线与铆螺母701的中间纵向轴线705形成夹角α。当α角度大于45°时，钣金件难以卡入U形槽中，容易发生脱落；而当α角度范围小于-20°时，由于钣金件卡入U形槽过深，难以将其从铆螺母中脱离开，拆装不方便，因此α角度范围选取为-20°~45°。

[0004] 图5为专利文献1所公开的铆螺母与钣金件配合的组合件，当铆螺母与钣金件配合时，将铆螺母701插入到钣金件720的对应通孔中，使钣金件720对应于铆螺母701环形凹槽709的部分发生弯折形成折弯部，并朝向U形环形凹槽709的内部延伸并卡入其中，从而使得铆螺母701紧密地夹入到钣金件720中。

[0005] 上述专利文献中公开的铆螺母与钣金件的连接存在以下问题：在铆螺母的环形凹槽的α角度允许范围值中，其通常只能与特定厚度的钣金件配合，即当α角度为负角度时，铆螺母环形凹槽一般只适合与薄钣金配合；而当α角度为为正角度时，环形凹槽则一般只适合与厚钣金进行配合。

发明内容

[0006] 针对上述专利文献所出现问题，本发明提供一种铆螺母，通过设置特定角度值的环形凹槽，使得该环形凹槽能适应各种厚度范围的钣金件，并提高铆螺母与钣金件的连接强度。

[0007] 根据本发明的第一方面，提供一种铆螺母，包括带有内螺纹的主体部分和自主体部分一端轴向延伸的铆接部分，在所述主体部分的另一端与所述铆接部分的自由端之间形成一个与被连接件接触的环形支撑面，在所述环形支撑面上形成环形凹槽，所述环形凹槽的径向外侧壁由所述环形凹槽入口处至拐点的圆弧与从所述拐点至所述环形凹槽底表面的圆弧连接而形成，所述拐点的切线与所述铆螺母的纵向轴线构成夹角α，所述夹角α的角度为15°。

[0008] 根据本发明进一步优选的，所述环形凹槽的径向内侧壁与所述铆接部分的外周连接。

[0009] 根据本发明进一步优选的，所述环形凹槽具有大致U形的截面。

[0010] 根据本发明进一步优选的，所述环形凹槽内设有多个防转凸肋。

[0011] 根据本发明进一步优选的，所述防转凸肋的数量为6~8个。

[0012] 本发明提供的铆螺母既能与薄钣金件配合，也可与厚钣金件配合，加强了两者配合的适应性和连接强度。

附图说明

[0013] 下面，结合以下附图对本发明进行详细说明，其中：

[0014] 图1是根据本发明的铆螺母的实施例的立体图；

[0015] 图2是图1中铆螺母的轴向剖面图；

[0016] 图3是图1中铆螺母与钣金件配合形成的组合件；

[0017] 图4为专利文献1中公开的铆螺母；

[0018] 图5为专利文献1中公开的铆螺母与钣金件配合的组合件。

具体实施方式

[0019] 图1是根据本发明的铆螺母的第一实施例，显示了该铆螺母的基本结构。铆螺母101包括带有内螺纹104的主体部分102和自主体部分102一端轴向延伸的铆接部分103，主体部分102的另一端与铆接部分103的自由端之间形成一个与铆螺母配合钣金件相接触的环形支撑面107。

[0020] 如图2所示，该铆螺母101的主体部分102的环形支撑面107上设置一个环形凹槽109，环形凹槽109具有大致U形的截面（参见图2中的放大视图），其径向内侧壁117保持竖直，并与铆接部分103的外周116连接，而其径向外侧壁112则由从环形凹槽109的入口处114至拐点111的圆弧和拐点111至环形凹槽109的底表面113的圆弧连接而形成。U形横截面的拐点111的切线与铆螺母101的中间纵向轴线105形成夹角α。α角度的允许范围选取为$-20°\sim45°$。通常在该范围值中，α角度为$-20°\sim0°$时，该环形凹槽适合与薄钣金配合，因为负角度环形凹槽可有效防止薄钣金件从环形凹槽中脱离；而α角度为为$0°\sim45°$时，该环形凹槽则适合与厚钣金配合，因为正角度的环形凹槽可以使厚钣金件不需要过量变形就能迅速的卡入到环形凹槽中。然而，该发明人通过大量实验发现α角度为15°的正角度时，该环形凹槽与15mm~30mm的薄钣金件配合效果反而最好，因为在这个角度下，薄钣金件能够迅速的卡入并被反复折叠在环形凹槽中，反而将强了该环形凹槽与该尺寸范围内的钣金件的配合强度，同时α角度为15°时，该环形凹槽也适合与30mm~80mm厚钣金件配合，α角度为15°的环形凹槽与厚薄钣金件配合均能起到良好的配合效果，加强了两者配合的适应性和连接强度。环形凹槽109内设置多个提供防转凸肋110，在本实施例中防转凸肋110的数量为6~8个。但防转凸肋110的数量不局限于该范围，只要能够保证铆螺母和钣金件之间的连接强度。

[0021] 参见图3，当铆螺母与钣金件配合时，将铆螺母101插入到钣金件120的对应通孔中，使铆螺母101的环形支撑表面107与钣金件120的上表面接触，再使用铆螺母枪（图中未显示）对钣金件120对应于铆螺母101环形凹槽109的钣金部分施力，使该部分向环形凹槽109内发生弯折形成折弯部121，并朝向U形环形凹槽109的内部延伸并卡入其中，从而铆螺母101紧密的夹入到钣金件120中。同时，由于该折弯部121被设置在环形凹槽109中的防转凸肋110所阻挡，从而有效地防止铆螺母101和钣金件120之间的相对转动。

说明书附图

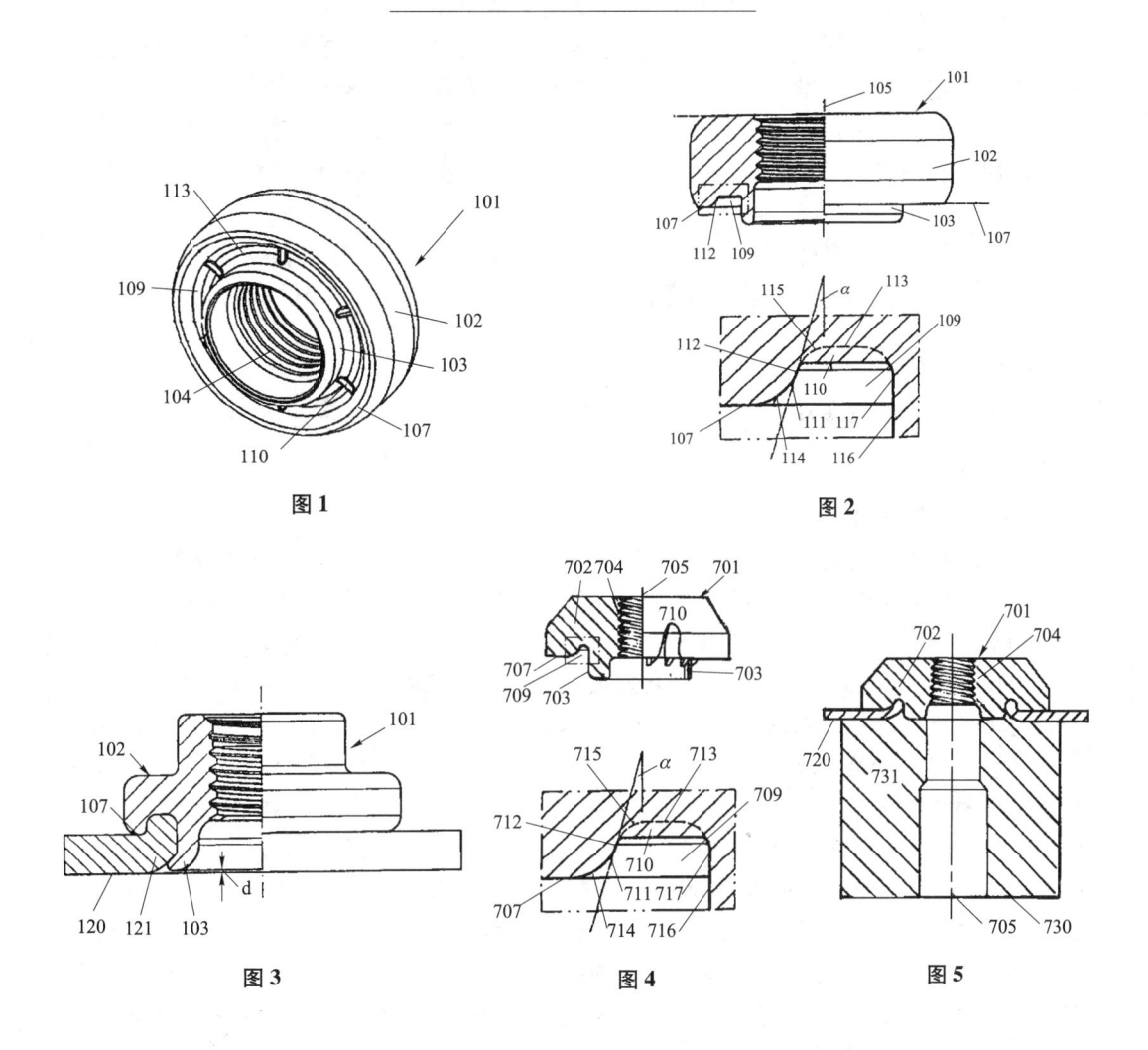

图1

图2

图3

图4

图5

第八节　利用功能性特征进行合理概括

一、概要

《专利法》第26条第4款规定，权利要求书应当以说明书为依据，清楚、简要地限定要求专利保护的范围。权利要求书以说明书为依据，是指权利要求应当得到说明书的支持。对于权利要求中包含的功能性限定的技术特征，《专利审查指南》第二部分第二章第3.2.1节具体规定，对于产品权利要求来说，应当尽量避免使用功能或者效果特征来限定发明。只有在某一技术特征无法用结构特征来限定，或者技术特征用结构特征限定不如用功能或者效果特征来限定更为恰当,而且该功能或效果能通过说明书中规定的实验或者操作或者所属技术领域的惯用手段直接和肯定地验证的情况下,使用功能或者效果特征来限定发明才可能是允许的。

由此可见,采用功能性技术特征进行描述不是申请文件撰写过程中推荐的一种撰写方式,只有在满足《专利审查指南》中规定的上述情况下,才允许采用功能性技术特征进行限定。申请人撰写申请文件时,首先要对发明的技术方案进行仔细分析,如果该技术方案只能采用功能性技术特征才能限定清楚并且满足《专利审查指南》的上述具体规定,则可以在权利要求中写入功能性技术特征,以获得一个保护范围清楚又合理的权利要求。

以下,结合一个具体案例,介绍一种对于在非工作状态下与在先技术相同的产品,利用部件功能性技术特征对其进行限定的申请文件的撰写方式,仅供参考。

二、发明人提供的交底书内容

该案例涉及一种连续铸造过程中使用的铸坯导向装置,用于对铸造过程中运动的铸坯进行导引。

(一) 现有技术

在现有的连续铸造设备中,铸坯导向装置安装于连续铸造设备中铸造器的下方,用于对融化的铸坯进行导引,现在参照附图介绍现有的连续铸造设备的结构。CN1*******1A(下称"现有技术1")披露的图22-08-01是连续铸造设备的主视图。如图22-08-01所示,扁坯、大钢坯、方钢坯等规格的铸坯通常都是采用金属连续铸造工艺制成。在所制造的矩形铸坯具有的铸坯厚度大于60mm~80mm时,在铸坯导向装置机架中紧接在连续铸锭结晶器下面,通常使用如图22-08-02所示的直母线的辊对铸坯进行导引。铸造器605用于盛放液态的铸坯601。液态的铸坯601经由导管606喷出,沿着608所示的轨迹下行,进入铸模607中,支架609用于支撑该铸模607。从铸模607中出来的铸坯601沿着箭头610所示方向向下移动,流经下方的导向装置602,经过该导向装置602的导引后铸坯601被导引至辊604,进入后续的轧制工序。通常,成对的互相对置的导引辊602具有平直的母线,并且彼此的母线相互平行。在经由辊602向下导引时,带液芯的铸坯601的中部会向外鼓出,从而导引辊在中部受到的负荷相对较大。由于导引辊602由刚性材料制成,在铸坯601浇注负荷的冲击下,刚性辊602几乎无法根据浇注负荷进行适应性变形,只能产生非常小的弯曲变形,这种变形通常小于铸坯厚度的0.1%。因而,采用这种刚性辊602的铸坯导向装置在浇注过程中,与向下流动的动态铸坯601发生点接触,这样在动态铸坯与导引辊中部之间产生较大的冲击,造成矩形铸坯在两个平行的刚性辊之间进行导引时会出现摆动或颤动。这种摆动或颤动一方面限制了铸坯的浇注速度,另一方面使铸坯倾斜,并导致铸坯界面的周围不均匀地散热,使铸坯产生应力裂纹和铸坯断口。浇注速度通常使用下列值:

图 22-08-01

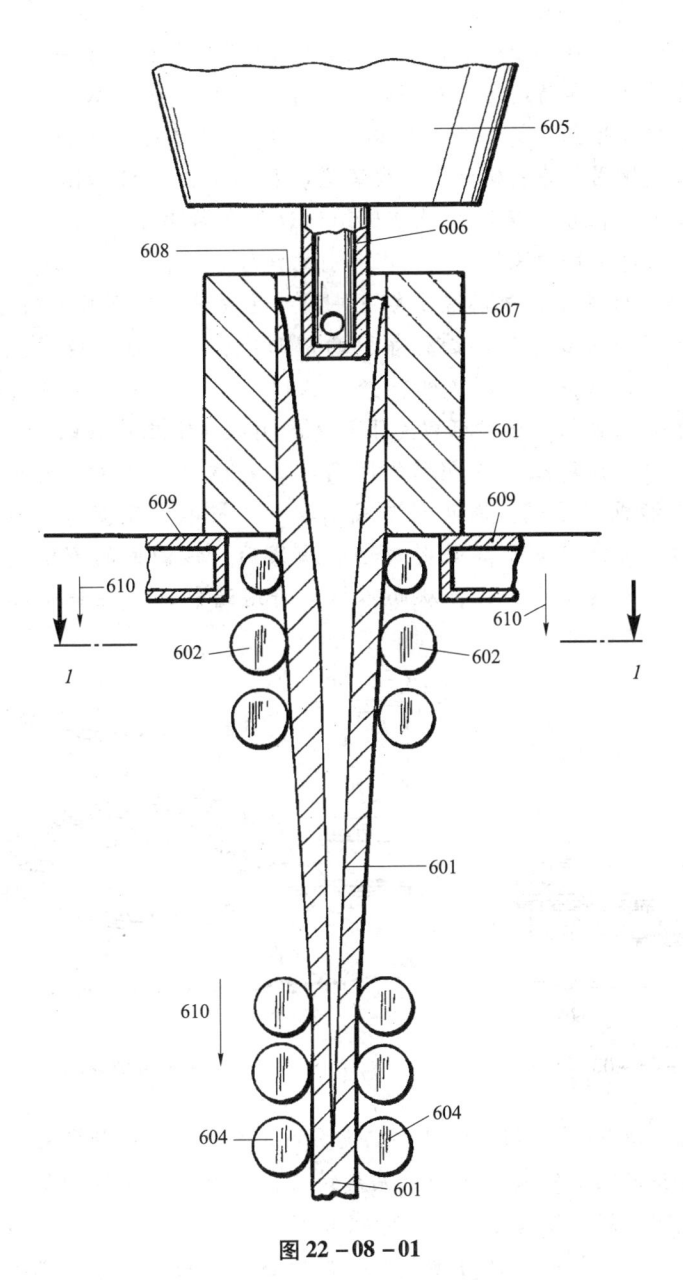

——对于厚度 230 毫米的扁坯约 1.8~2.0 米/分；
——对于厚度 270 毫米的大钢坯约 1.5~1.7 米/分；
——对于规格 100×100 毫米的方钢坯约 1.5~1.7 米/分。

该现有技术 1 还一步指出，当前在世界范围使用的连续铸锭设备中，大多数使用具有矩形横截面和圆柱形导向辊的连续铸锭结晶器。这种情况下浇注速度不允许超过规定的上限值，要不然铸坯裂的数量会超比例地增加。采用上述导向辊的铸坯从某个浇注速度起开始摆动，也就是说，它在导向辊之间来回运动。这导致偏斜和铸坯向结晶器出口横截面的周围不均匀地散热，并且必将产生应力裂纹和铸坯断口。

专利文献 CN1*******2A（下称"现有技术 2"）也公开了一种铸坯连续铸造设备，该铸造设备同样包括铸造器、铸模以及机架。融化的铸坯从铸造器中落下，并沿着铸造导向装置向下导引，铸坯中心的表面位于铸坯边缘区域的铸造平面中。在该铸造器下方的机架支撑用于导引铸坯的导向装置。图 22-08-03 和图 22-08-04 分别是显示该技术方案中正在导引铸坯的铸坯连续铸造设备横截面的两个实施例的示意图，该横截面示意图显示了导向装置以及正在导引的铸坯。

如图 22-08-03 所示，该铸造设备中使用的导向装置 702 具有凹母线 703，在铸造过程中形成与铸坯接触并对其进行导引的凹曲线，该凹母线是事先通过对构成导向装置的辊 702 进行机械加工形成的，并且在铸造过程结束后也不会改变。该具有凹母线 703 的导向装置 702 尽管可以克服上述现有技术 1 中存在的铸坯在两个平行的辊之间进行导引时会出现摆动或颤动的问题，但是该技术方案需要对辊 702 事先进行精密的加工以形成凹母线，因此制造成本增加、技术方案变得复杂。并且，经过机械加工形成凹的母线进而形成导引铸坯的曲线后，该曲线的形状是固定的，无法根据辊受到的负荷的变化而变化，从而不能更好地遏制铸坯在铸造过程中的摆动或颤动。

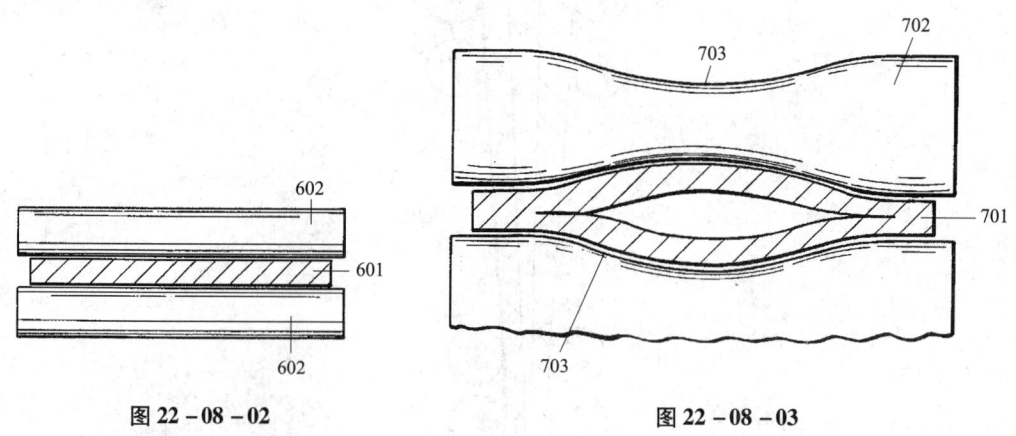

图 22-08-02

图 22-08-03

如图 22-08-04 所示，该铸造设备中使用的导向元件还可以采用分段辊 801-805 的形式构成，这些辊被排列成中间部位偏离铸坯，两端靠近铸坯的形状，从而辊的母线的延长线形成凹曲线，在铸造过程中形成与铸坯接触并对其进行导引的凹曲线。该具有凹曲线的分段辊 801-805 尽管也可以克服上述现有技术 1 中存在的铸坯在两个平行的辊之间进行导引时会出现摆动或颤动的问题，但是同时也具有自身的缺陷。该技术方案中辊排列形成的形状是固定的，因而所形成的导引铸坯的曲线也是形状固定的，曲线形状无法随着辊受到的负荷的变化而变化，从而不能更好地遏制铸坯在铸造过程中的摆动或颤动。

（二）发明所要解决的技术问题

针对现有技术中的上述情况，本发明要解决的技术问题在于：现有技术中的导向辊与所导引铸坯的接触线是直线，无法对铸坯进行精确的导引，以遏制铸造过程中铸坯所产生的摆动或颤动，进而提高铸件的质量和铸造效率。

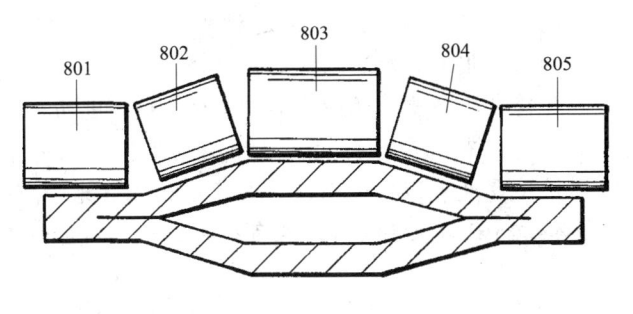

图22-08-04

(三) 相关的实施方式

为了解决出现的上述技术问题,发明人对现有技术进行改进,提出了一种新的铸坯导向装置,该导向装置中的导向辊的具体结构参见图22-08-05,图22-08-06和图22-08-07,这些图是表示导向辊工作状态的示意图。本发明中导向辊具体的应用与图22-08-01中显示的现有技术中的导向辊相同,此处仅仅介绍本发明中导向辊与现有技术的不同之处。

本发明铸坯导向装置中的导向辊在非工作状态下具有直的母线,并且母线的延长线也是直线,因而与铸坯的接触线是直线;在工作状态下,经受铸坯浇注负荷作用后,辊与铸坯的接触线形成为凹曲线。负荷消失后,形成的凹曲线也随之消失,恢复直线的状态。

第一实施方式

实施例一

可以通过生产在非工作状态下具有直母线,而在浇注负荷作用下能够自身随之弹性变形的导向辊,形成与铸坯接触的凹的导引曲线,进而形成导引铸坯的曲面,该变形在负荷消失后会随之消失。为了生产这种辊,可以对辊的材质进行选择。辊的材质必须具有合适的机械强度和韧性、弹性,更必须具有高的抗热疲劳性。

具有上述良好强度和弹性的材料的实例包括碳系材料,如碳、碳/碳复合物等,以及金属材料,如铁、镍、钛、钨、钼和包含质量占50%或更多的上述材料的合金,如不锈钢。为此,需要选取辊的材质中各种组分以及各种组分的含量。经过对已有的辊的材质进行分析和研究,并根据本发明具体的技术要求,我们进行了反复试验和试制,最终取得了满意的效果。其中表22-08-01显示的是一种优选的材质,这种材质属于常规的材质,但是应用于连铸设备中的导向辊尚属首次。图22-08-05是制作完成的辊在工作过程中的示意图。

表22-08-01

元素名称	C	Si	Mn	P	S	Cr	Mo	V	Ni	Cu	W
含量(%)	0.18	0.43	0.43	0.014	0.006	2.81	0.71	0.19	0.24	0.09	0.61

如图 22-08-05 所示，经过实验表明，上述材质制成的辊 102 在非工作状态下具有直母线，在浇注过程中，该辊 102 对运动中的铸坯进行导引，经过铸坯 101 的负荷作用，辊 102 能够形成随负荷变化而变化的适度的凹母线 103，进而形成与铸坯 101 接触并对之进行导引的凹曲线，从而允许导引的铸坯的膨胀量保持在一个适当的范围。经过测量，上述辊 102 在铸坯厚度为 300 毫米、导引速度为 2.3 米/分的工艺条件下，该凹曲线的最大值为上述铸坯 101 厚度的 8%。在负荷消失后，凹母线随之消失。

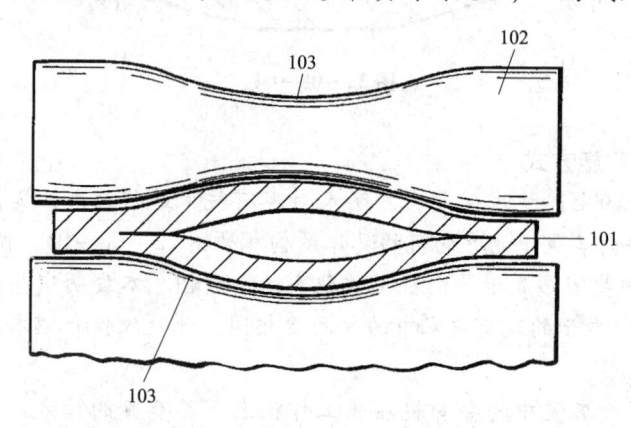

图 22-08-05

需要说明的是，所属技术领域的技术人员还可以选择其他已有的常规弹性材料制成该辊。所属技术领域的技术人员也可以选择另外形式的弹性辊，比如抽取真空后的空心弹性辊。

实施例二

采用与实施例一相同的材质制成导引辊。将该辊用于导引厚度为 200 毫米的铸坯，导引速度为 2.3 米/分。经过测量，辊经受铸坯负荷作用后形成的凹曲线的最大值为该铸坯厚度的 5%。在负荷消失后，凹母线随之消失。

实施例三

采用与实施例一相同的材质制成导引辊。将该辊用于导引厚度为 100 毫米的铸坯，导引速度为 2.3 米/分。经过测量，辊经受铸坯负荷作用后形成的凹曲线的最大值为该铸坯厚度的 3%。在负荷消失后，凹母线随之消失。

第二实施方式

实施例四

除了对制成辊的材质进行选择以外，发明人还提出另外一种替代方案。发明人提出还可以采用分段排列的导向辊 201-205，并且在非工作状态下连接每个分段导向辊 201-205 的母线的延长线是直线。通过制成具有一定弹性、在负荷作用下能够弯曲变形的机架 206-210 并借助常规的随动装置支撑所述辊，比如中国专利申请 200*1****.*和 031*****.*中的支撑装置。图 22-08-06 是该替代方案中的导向辊在工作状态中的示意图，其中仅显示了一侧的导向辊 201-205。如图 22-08-06 所示，在浇注过程中，导向辊 201-205 对运动的铸坯 101 进行导引。经过铸坯 101 的浇注负荷作用，支撑导向辊 201-205 的机架弹性变形，使得导向辊 201-205 形成与铸坯接触的凹曲线,对铸坯进行导引,并且该凹曲线随着浇注负荷的变化而变化。浇注过程结束后,该凹曲线随之消失,恢复至导向辊 201-205 初始的状态。

可以采用高碳钢制造机架,其主要成分如表 22-08-02 所示。

表 22-08-02

元素名称	C	Si	Mn	S	P	Cr	Ni	Mo	Al
含量(%)	0.32	0.4	0.7	0.02	0.02	0.3	0.1	0.05	0.03

在加工过程中,要求冶炼保证出钢量和钢水质量,也就是即保证 P、S 含量,保证脱碳量、脱氧量等,以满足铸件的内在质量和性能要求;同时钢包要求严格烘烤,以防止气体的产生。

经过实验表明,通过上述工艺制成的机架在浇注过程中,经过铸坯的负荷作用,也能够使得辊形成适度的凹曲线,从而允许导引的铸坯的膨胀量保持在适当的范围。经过测量,上述辊 201-205 在铸坯厚度为 300 毫米、导引速度为 2.3 米/分的工艺条件下,该凹曲线的最大值为上述铸坯 101 厚度的 8%。

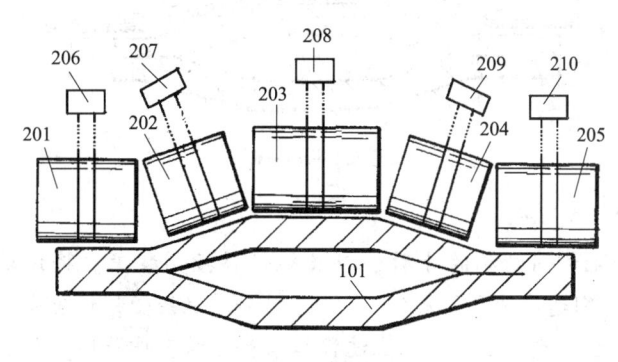

图 22-08-06

实施例五

采用与实施例四相同的材质制造用于支撑导引辊的机架。将该辊用于导引厚度为 200 毫米的铸坯,导引速度为 2.3 米/分。经过测量,辊经受铸坯负荷作用后形成的凹曲线的最大值为该铸坯厚度的 5%。浇注过程结束后,该凹曲线随之消失,辊恢复至初始的状态。

实施例六

采用与实施例四相同的材质制造用于支撑导引辊的机架。将该辊用于导引厚度为 100 毫米的铸坯,导引速度为 2.3 米/分。经过测量,辊经受铸坯负荷作用后形成的凹曲线的最大值为该铸坯厚度的 3%。浇注过程结束后,该凹曲线随之消失,辊恢复至初始的状态。

第三实施方式

实施例七

发明人还提供了另外一个实施方案。提出可以采用分段排列的导向辊 301-305,并设置液压缸 306-310 和常规的随动装置对该辊进行位移控制,比如采用中国专利申请 200820180313.X、03265704.8 中的支撑装置,其中在非工作状态下连接每个分段导向辊301－305的母线的延长线是直线。对液压缸306－310进行程序设计，使得其能够根据受到的不同的负荷移动不同的位移量，进而推动所有导向辊排列形成与铸坯接触的凹曲线，以对铸坯进行导引。图22－08－07显示的是这些导向辊在工作过程中的状态，并且仅显示了一侧的导向辊301－305。液压缸306－310控制导向辊301－305，根据浇注过程中受到的负荷的大小使每个辊301－305产生不同的位移，由此这些导向辊301－305的母线的延长线形成为凹曲线，该曲线与铸坯101接触并对其进行导引。在浇注过程结束后，负荷消失，液压缸306－310在程序的控制下推动各个分段辊对301－305恢复到原始的状态，凹曲线随之消失。经过测量，上述辊301－305在铸坯厚度为300毫米、导引速度为2.3米/分的工艺条件下，该凹曲线的最大值为上述铸坯101厚度的8%。

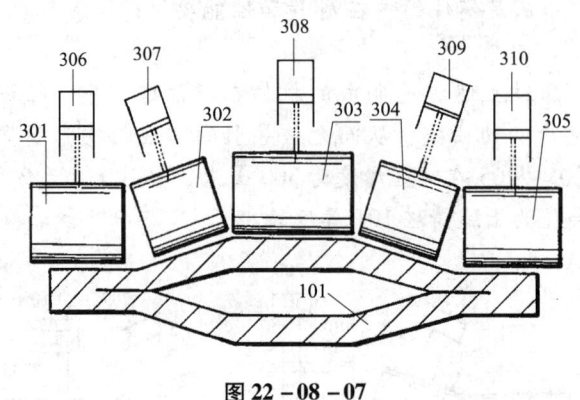

图22－08－07

实施例八

采用与实施例七相同结构的导引辊以及辊位移控制装置。将该辊用于导引厚度为200毫米的铸坯，导引速度为2.3米/分。经过测量，辊经受铸坯负荷作用后形成的凹曲线的最大值为该铸坯厚度的5%。浇注过程结束后，该凹曲线随之消失，辊恢复至初始的状态。

实施例九

采用与实施例七相同结构的导引辊以及辊位移控制装置。将该辊用于导引厚度为100毫米的铸坯，导引速度为2.3米/分。经过测量，辊经受铸坯负荷作用后形成的凹曲线的最大值为该铸坯厚度的3%。浇注过程结束后，该凹曲线随之消失，辊恢复至初始的状态。

发明人还对该发明技术方案的可行性进行了试验。经过研究和实验验证发现，铸坯轻度的曲面遏制了铸坯在两个导向辊之间的摆动。在这种情况下，铸坯直接在结晶器的出口后，由于仍为液态的芯部和较薄的铸坯外壳厚度，所以它立即扩展到由辊的凹形曲线规定的量。也就是说，贴靠在辊上并获得一种导引，这种导引遏制了摆动，或也称为"蛇行"。

曲面沿铸坯宽度的一部分或沿铸坯宽度的全部延伸。铸坯的总膨胀量应小于8%，最小应为3%。采用更大的值达不到改善导向的目的，相反却产生不必要的轧制费用。曲面沿铸坯的全部宽度（它在3%～8%范围内），大大改善了用于后续轧制的出口横截面，并满足后面的轧机的要求。有意义的是，铸坯的曲面通过例如直至铸坯导向装置机架末端的凹的辊、或通过适当地安排在铸坯导向区内分开的辊、或通过在弹性范围内弯曲铸坯导向装置机架和/或辊来获得。

借助于本发明，不仅可以对于新的设备相应地提高浇注速度，而且对于现有的设备通过用适当弯曲成拱形的辊来改装，可以将浇注速度相对于在前所提到的值提高达200%，与此同时提高浇注可靠性。

（四）发明人欲保护的技术方案

1. 矩形铸坯用的铸坯导向装置，具有成对的互相对置的导向和推动辊，辊具有略凹的母线，它可以使从连续铸锭结晶器出来后有矩形出口横截面的铸坯鼓胀成球形，因此铸坯可获得精确的导引和不发生铸坯的摆动。

2. 如权利要求1所述的矩形铸坯用的铸坯导向装置，所述辊采用在负荷作用下自身弹性变形的材料制成。

3. 如权利要求1所述的矩形铸坯用的铸坯导向装置，所述辊是分段辊，用于支撑辊的机架采用在负荷作用下自身弹性变形的材料制成。

4. 如权利要求1所述的矩形铸坯用的铸坯导向装置，所述辊是分段辊，并采用液压缸进行位移控制。

三、申请文件的撰写思路分析

（一）权利要求书的撰写

1. 充分理解发明的技术方案，列出有关的技术特征

对发明人提供的上述交底书的内容进行分析，发现发明人希望保护的技术方案实际涉及的是一种金属连续铸造过程中的装置，该装置包括铸造器和铸坯的导向装置。该导向装置包括导向辊对。该导向辊被设计为能够在负荷的作用下形成随之变化并与铸坯接触且导引铸坯的凹曲线，由此形成导引铸坯的曲面。熔化的铸坯从铸造器中落下，沿着该导向辊对之间形成的曲面向下导引，进入后续的轧制工序。发明人在交底书中还针对该技术方案提供了三种实施方式，具体包括九个实施例。

因此，本发明有关的技术特征有：铸坯，导向装置，辊对，负荷，凹曲线，曲面，变化的，铸坯厚度。

2. 确定与本发明最接近的现有技术

根据《专利审查指南》第二部分第四章第3.2.1.1节给出的确定最接近现有技术的原则，考虑技术领域、所要解决的技术问题、技术效果或用途以及公开特征的多少来确定最接近的现有技术。

对发明人在技术交底书中提供的现有技术进行分析。发明人提供的现有技术1中仅给出了一种实施方式，披露导引铸坯的导向辊对的母线是直的，工作时与铸坯的接触线也是直线，这与本发明是不同的。发明人提供的现有技术2的技术方案则披露了与本发明更相关的技术内容，其明确公开可以采用以凹曲线的形式对铸坯进行导引的导向辊。该现有技术2还具体披露了导向辊凹曲线的形成方式，第一实施例中，导向辊具有凹母线，该凹母线在铸造过程中形成与铸坯接触并对其进行导引的凹曲线，该凹母线是事先通过对导向辊进行机械加工形成的，并且在铸造过程结束后也不会改变；第二实施例则公开导向元件还可以采用分段辊的形式构成，这些辊被排列成中间部位偏离铸坯，两端靠近铸坯的形状，从而辊的母线的延长线形成凹曲线，在铸造过程中与铸坯接触并对其进行导引。现有技术2中的导向辊可以有效地解决以直线形式与铸坯接触的导向辊在导引铸坯过程中所出现的"摆动或颤动"。

根据上述分析可知，现有技术1和2与本发明的技术领域相同，本发明相对于现有技术1所解决的一部分技术问题（如摆动或颤动）在现有技术2中已得到一定程度的解决，因而现有技术2与现有技术1相比，所解决的技术问题和技术效果更接近。此外，现有技术1的构思与本发明的构思并不相同，而现有技术2与本发明的构思比较接近，也就是说，现有技术2公开本发明的技术特征最多。根据上述确定最接近现有技术的原则，现有技术2被确定为本发明最为接近的现有技术。

3. 确定发明实际解决的技术问题

经过对比发明人提供的技术交底书中的技术方案与上述最接近的现有技术的技术方案，不难发现，发明人提供的技术交底书中三个实施方式，具体包括九个实施例，都涉及通过凹曲线对铸坯进行导引的导向辊，而上述最接近的现有技术也公开了将导向辊设计为具有与铸坯接触并对其进行导引的凹曲线，因此二者都公开了在铸坯连续铸造过程中使用能够形成凹的导引曲线的辊进行铸坯的导引。而由于发明人所进一步披露的导向辊形成导引曲线后具有的优良导引效果，因而，发明人在技术交底书中所述的技术问题，即具有与铸坯接触并对其进行导引的直线的导向辊无法更好地遏制铸坯铸造过程中发生的摆动或颤动，实际上可以通过上述最接近的现有技术得以解决。

对发明人提供的交底书进一步进行分析，该交底书中，通过三种具体方式形成导引辊的凹曲线。实施方式一（实施例一~三）具体披露导向辊采用特定的弹性材料加工，因此能够在负荷作用下形成动态的凹母线；实施方式二（实施例四~六）披露采用分段排列的辊，用于支撑该多个辊的多个机架采用特殊材质加工制成，并允许根据浇注负荷的变化发生随之变化的弹性变形；实施方式三（实施例七~九）披露采用分段排列的辊，通过控制推动辊移动的多个位移装置发生不同的位移，进而形成动态的凹曲线。上述九个实施例中的导向辊在浇注过程中，借助铸坯浇注负荷的作用，辊自身或者支撑分段辊的分段机架发生弹性变形，或者制成多个分段辊的位移装置根据浇注状态推动分段辊移动不同的距离，因此，导向辊的母线或其母线的延长线形成为随着浇注负荷变化而随之形状变化的凹曲线，被导引的铸坯相应以曲面状态被向下导引进入后续的工序。浇注过程结束后，负荷的作用消失，凹曲线相应不再存在。上述九个实施例形成的导引曲线是能够根据浇注负荷的变化而随之变化的动态曲线，因此可以对铸坯进行更精确地导引；同时，形成导引曲线没有借助于事先的机械加工，而是通过导向辊自身或其支撑装置自身来形成，加工过程简单。

因此，相对于该最接近现有技术，发明人提供的交底书实际解决的技术问题在于：通过改进现有技术中导导向辊对的凹曲线的形成方式，以省略现有技术中所需的对辊的凹曲线的事先的精密加工，并提供一种能随着浇注负荷变化而形状变化的凹曲线，进而更好地遏制浇注过程中铸坯的摆动或颤动。

4. 撰写独立权利要求

（1）本发明保护客体的确定

根据上述最接近现有技术对发明人在交底书中提供的上述实施例进行分析不难发现，本发明对现有技术作出贡献的技术方案包括三个并列的实施方式。其中，第一实施方式中导向辊采用能够弹性变形的特定材料制成，如果采用常规的权利要求撰写方式，则应该将该导向辊采用的具体材料组成及其百分比写入权利要求，用具体材料的组成和百分比对该导向辊进行限定；第二实施方式中导向辊采用分段辊的形式，对分段导向辊进行支撑的多个机架采用能够弹性变形的特定材料制成，如上所述，如果采用常规的权利要求撰写方式，则应该将该导向辊机架采用的具体材料组成及其百分比写入权利要求，用具体材料的组成和百分比对该导向辊机架进行限定；第三实施方式中，导向辊仍然采用分段辊的形式，利用液压缸支撑该多个分段辊并对其进行位移的控制，如果采用常规的权利要求撰写方式，则应该将液压缸具体的控制方法和位移移动过程写入权利要求进行限定。然而，由于在这些方案的具体结构构成中，难以提炼出相对上位的导向装置的结构特征，可以涵盖上述三个实施方式，同时又能准确表征交底书中披露的对现有技术作出贡献的技术方案。因此，发明人在这样的情况下有两个选择，其一是可以将上述三个实施方式作为三项发明分别进行申请，其二是发明人需要考虑采用特殊的撰写方式。对于这种特殊情况，即撰写者很难找到能够包含发明人在技术交底书中提供的所有实施例的结构及其构成方式的共同结构特征，可以考虑利用功能性限定的技术特征来概括。

如果采用功能性限定的技术特征来概括，则上述第一实施方式区别于现有技术的内容可以表达为：导向辊在非工作状态下辊的母线以及母线的延长线是直线，在工作状态下辊与铸坯的接触线形成为随着浇注负荷的变化而变化并具有一定弯曲程度的凹曲线，并且该凹曲线的弯曲程度即变形量与被导引的铸坯的厚度相关联，以在导引铸坯过程中适应铸坯形状的动态变化。浇注过程结束后，负荷消失，该凹曲线随之变为直线对这些功能性限定的技术特征进行分析可知，这些功能也是发明人在交底书中所提供的另外两个实施方式所涉及的辊共有的功能，而且同样能够解决上面提出的加工简单、且能更精确地遏制浇注过程中铸坯的摆动或颤动的技术问题，并达到同样的技术效果。因此，上述功能性技术特征是发明人在技术交底书中所披露的实施方式所共同拥有的，能够进一步解决本发明上述实际解决的技术问题，达到同样的技术效果。因而，可以利用上述功能性技术特征形成对现有技术作出贡献并进一步解决发明所要解决技术问题的技术方案。

（2）权利要求撰写形式的选择

根据最接近的现有技术和所确定的本发明实际解决的技术问题，本发明解决技术问题的全部必要技术特征如下：

实施方式一：导向辊在非工作状态下具有直母线，导向辊的具体组成成分，铸坯的厚度，导向辊的变形量；

实施方式二：导向辊分段排列，在非工作状态下各个分段辊的母线的延长线是直线，导向辊机架的具体组成成分，铸坯的厚度，导向辊的变形量；

实施方式三：导向辊分段排列，在非工作状态下各个分段辊的母线的延长线是直线，导向辊液压缸，铸坯的厚度，导向辊的变形量。

接下来，对上述列出的必要技术特征进行分析，以概括出保护范围合理的独立权利要求。上述实施方式一至三中，实施方式一涉及导向辊的具体组成成分，实施方式二涉及分段导向辊机架的具体组成成分，实施方式三则涉及分段导向辊的液压缸。由此可见，三个实施方式，具体为九个实施例，从三个完全不同的方面对形成导向辊凹曲线的方式进行了描述，无法找到所有适用形成辊凹曲线的方法或方式的共同的特征或性能，比如材料的成分、配比、工艺参数、控制方式等，进而对其进行提炼、概括，并且也无法将所有的适用材料或者工艺一一列举在独立权利要求中。因此，根据所列出的三组必要技术特征，无法以常规的撰写方式提炼出保护范围合理又清楚的独立权利要求。

然而，正如上面对确定本发明技术方案的分析一样，发明人在交底书中提供的实施方式中的导向辊具有共同的功能，即在非工作状态下导向辊的母线以及母线的延长线是直线，在工作状态中辊在铸坯浇注负荷的作用下弹性变形，与铸坯的接触线形成为根据浇注负荷的变化而随之变化并具有一定弯曲程度的凹曲线，比如实施方式中披露的最大弯曲值分别为铸坯厚度的8%、5%、3%的凹曲线，其中铸坯厚度分别为300毫米、200毫米、100毫米，以在导引铸坯过程中适应铸坯形状的动态变化。具有该功能的导向辊就可以解决本发明所实际要解决的技术问题，达到发明人所需要的技术效果。也就是说，发明人对现有技术作出贡献的技术就在于具有上述功能的导向辊，而发明人在交底书实施方式中公开的用于形成辊的凹曲线的几种具体实施方式并不是实现本发明必不可少的技术内容，仅仅是为了充分公开发明而例举的优选实施方式。同时，发明人在交底书中公开的上述几种实施方式，披露可以从导向辊制成材料或支撑机架制成材料、控制装置的控制方法这样多个不同的方面获得上述功能性技术特征，这就从多个角度对上述功能性技术特征进行了直接和肯定地验证，为采用功能性技术特征对权利要求进行限定提供了充分的依据和技术支持，因此，根据这些实施方式完全能够概括和归纳得出上述功能性技术特征。

《专利审查指南》第二部分第二章第3.2.1节规定，只有在某一技术特征无法用结构特征来限定，或者技术特征用结构特征限定不如用功能或效果特征来限定更为恰当，而且该功能或者效果能通过说明书中规定的实验或者操作或者所属技术领域的惯用手段直接和肯定地验证的情况下，使用功能或者效果特征来限定才可能是允许的。根据上述分析，发明人在交底书中提供的本发明的技术方案恰恰属于《专利审查指南》中列出的上述无法用结构特征进行概括的特殊情况，并且其充足的实施例又可以为采用功能性技术特征进行概括提供直接的依据和验证。因而，在满足《专利审查指南》上述规定的情况下，为了描述一个清楚、完整的发明技术方案，并且也不导致发明人的应得利益受损，应当在撰写权利要求时采用上述概括性的功能性技术特征进行限定。

（3）分析发明人欲保护的技术方案，形成独立权利要求

对发明人在交底书中给出的上述欲保护的技术方案进行分析，不难发现其中的独立权利要求仅仅限定"辊具有略凹的母线"，因此该辊可以具有任意程度的略凹的母线，并且该略凹的母线可以是通过加工形成略凹的母线，也可以是形成动态的略凹的

导引曲线。因而该技术方案涵盖了一个较大的保护范围，其不仅仅包括本发明作出实质贡献的技术方案，还囊括了交底书披露的现有技术1和2中的技术方案。因此，这样的权利要求不是一个符合现行专利法规要求的权利要求。从属权利要求2~4依据三个具体的实施方式对独立权利要求进行了进一步限定。但是，由于写入了实施方式的具体技术内容，因此权利要求2~4获得的保护范围较小。

因而，为了克服发明人欲保护的技术方案的上述缺陷，同时考虑根据上述最接近的现有技术和本发明要解决的技术问题确定的全部必要技术特征以及上述对权利要求撰写形式的选择的分析，按照《专利法实施细则》第21条规定的格式划分独立权利要求与最接近的现有技术的前序部分和特征部分的界限，完成独立权利要求的撰写。形成的独立权利要求如下：

1. 一种铸坯铸造用的导向辊（102，201-205，301-305），其特征在于，在非工作状态下所述辊的母线以及母线的延长线是直线，在工作状态下辊与铸坯（101）的接触线根据浇注负荷进行适应性变化，从而形成与动态变化的铸坯外形相配合的凹曲线，其中，所加工铸坯的厚度为100~300毫米，形成的凹曲线最大值的变化范围为铸坯厚度的3%~8%。

5. 独立权利要求专利性的分析

（1）权利要求保护范围是否清楚的分析

首先分析权利要求的保护范围是否清楚。首先，该权利要求的类型是清楚的，其主题名称能够清楚地表明权利要求的类型，且与权利要求的技术方案相适应；其次，该权利要求没有采用含义不清楚的用语，整个技术方案的描述是清楚的，因而整体的保护范围也是清楚的。因此，该权利要求符合《专利法》第26条第4款有关权利要求"清楚"的规定。

（2）权利要求概括是否恰当的分析

其次，分析独立权利要求概括的技术方案是否恰当，是否与交底书中提供的实施方式相匹配。由于请求保护的技术方案的特殊性，该权利要求采用了功能性技术特征进行限定，而根据对发明整个技术方案的分析，发现本发明的权利要求无法用产品结构特征来进行限定，从而得出一个能够涵盖所有实施方式并且概括范围适当的技术方案。对于权利要求中所包含的功能性限定的技术特征，应当理解为覆盖了所有能够实现所述功能的实施方式。根据《专利审查指南》对于权利要求概括恰当的规定，很显然，本发明独立权利要求中采用的功能性技术特征不是仅仅以说明书实施例中记载的方式完成，其还可以比如采用其他的弹性材料来制作能够自身形成凹曲线的辊，并且所属技术领域的技术人员也没有理由怀疑该功能性限定所包含的一种或几种方式不能解决本发明所要解决的技术问题，并达到相同的技术效果。因此，根据发明人在交底书中公开的实施方式一至三完全可以概括得出该权利要求的技术方案，该权利要求技术方案的概括是恰当的，与其交底书的公开内容相匹配。

（3）权利要求新颖性和创造性的分析

首先，分析独立权利要求的新颖性。相对于上述最接近的现有技术，权利要求1中由于限定了"在非工作状态下所述辊的母线以及母线的延长线是直线，在工作状态下辊与铸坯的接触线根据浇注负荷进行适应性变化，从而形成与动态变化的铸坯外形相配合的凹曲线，其中，所加工铸坯的厚度为 100～300 毫米，形成的凹曲线最大值的变化范围为铸坯厚度的 3%～8%"而明显区别于现有技术，因此具备《专利法》第22条第2款规定的新颖性。

其次，关于独立权利要求的创造性。本发明公开的技术方案与最接近现有技术的区别如上所述，该区别特征也没有被别的现有技术公开，并且该区别特征也不属于所属技术领域的技术人员的公知常识。而且，本发明的技术方案在实施时，能够省略现有技术中所需的对辊的凹曲线的事先的精密加工，并进而更好地遏制浇注过程中铸坯的摆动或颤动，降低了生产成本的同时还大大提高了工作效率。因而，该独立权利要求所要求保护的技术方案，与现有技术不同并且解决了现有技术所不能解决的技术难题，因此，该独立权利要求所限定的技术方案具有突出的实质性特点和显著的进步，相应具备《专利法》第22条第3款规定的创造性。

(4) 利用部件功能性技术特征进行限定的撰写要考虑的其他因素

根据我国现行的专利法规，使用功能性技术特征对产品权利要求进行限定，不是推荐的申请文件撰写方式，因此，在请求保护的技术方案为《专利审查指南》中规定的特定类型时，才允许采取这种撰写方式。但是，申请人此时还应当注意，在发明专利进入实质审查程序中，对于权利要求中所包含的功能性限定的技术特征，应当理解为覆盖了所有能够实现所述功能的实施方式，因此，利用功能性技术特征进行限定的该权利要求应该能够从说明书中找到依据，得到说明书的充分支持。因而，采用概括性的功能性技术特征对权利要求进行限定需要谨慎对待，是否在权利要求中写入功能性技术特征，写入什么样的功能性技术特征，都值得发明人深思熟虑后再作决定。

6. 撰写从属权利要求

根据交底书中提供的优选的实施方式，分析本发明中除了写入独立权利要求以外的其余所有技术特征，将那些对申请的创造性起作用的技术特征作为对本申请发明进一步限定的附加技术特征，写成相应的从属权利要求，对独立权利要求进行进一步的逐级限定。

（二）撰写说明书，写入现有技术以及本发明的技术方案

在撰写的权利要求书的基础上完成说明书的撰写。为了在发明名称中反映保护的主题、类型，将发明名称改写为：铸坯导向装置。

按照《专利法实施细则》第17条的要求，在背景技术中，要写明对发明或者实用新型的理解、检索、审查有用的背景技术；有可能的，并引证反映这些背景技术的文件。一般来说，至少要简明扼要地反映最接近的现有技术公开的内容及所存在的问题。本申请权利要求涉及一种铸坯铸造用的铸坯导向装置的主题，除了要写明发明人提供的现有技术1，还应该写明作为最接近现有技术的上述专利文献公开的内容以及所存在的问题。发明内容部分包括三部分的内容，其一是本发明要解决的技术问题，其二是解决该技术问题所采用的技术方案，其三是与现有技术相对照的有益技术效果。首先，写明发明相对该最接近现有技术的专利文献所要解决的技术问题。其次，写明解决该技术问题的对应于独立权利要求的技术方案，以及进一步优选的从属权利要求的技术方案。最后，在每一技术方案的后面对照现有技术写明发明的有益效果。本发明在撰写说明书时还加入了对现有技术中浇注过程的描述，以使得发明的整个技术方案的介绍更为完整和清楚。

具体实施方式部分所描述的内容一定要将本发明充分公开，并且应当支持所撰写的权利要求书限定的每一项技术方案的保护范围。因此，在具体实施方式部分，应当对照附图对本发明机架的各个实施例逐一作详细说明，具体来说就是对辊所采用的材料，具体的凹曲线的形状或尺寸进行尽可能详细的说明。这样也可以为权利要求在审批过程中因为专利性问题需要作出修改时提供修改基础和依据。

在说明书每一部分前面写明小标题。

（三）撰写说明书摘要

说明书摘要应当写明发明的名称和所属技术领域，并清楚地反映所要解决的技术问题、解决该问题的技术方案的要点以及主要用途。在考虑不得超过 300 个字的前提下，至少写明有关该导向装置的技术方案及采用该技术方案所获得的技术效果。

四、总结

采用功能性技术特征对技术方案进行描述的撰写方式不是现行专利法规推荐的撰写方式。发明人在撰写这类申请文件时，首先要仔细分析发明的技术方案与现有技术实质上的区别。当这种区别必须采用功能性技术特征来描述，才能既不损害发明人的利益，也能够把技术方案限定清楚时，发明人可以将该功能性技术特征写入权利要求。但是，仅对于请求保护的技术方案为某些特定类型时这种撰写方式才允许。需要注意的是，发明人此时要针对功能性技术特征在说明书中写入充足的相关实施例，以便对该概括性的权利要求提供充分的依据和支持，这也有利于发明人日后在审批过程中因为专利性问题需要对申请文件作出修改时提供修改基础和依据。

五、推荐的申请文件

根据以上介绍的本发明实施例和现有技术的情况，撰写出保护范围较为合理的独立权利要求与相应的从属权利要求、同时撰写出说明书及说明书摘要，以此为基础推荐包含说明书摘要、摘要附图、权利要求书、说明书及说明书附图的申请文件。

说 明 书 摘 要

本发明涉及一种铸坯导向装置，用于生产扁坯、大钢坯、方钢坯等规格的铸坯。该装置具有成对的互相对置的导向辊，在工作状态下该辊与铸坯的接触线形成为根据浇注负荷的变化而随之变化的凹曲线。它能使铸坯在铸坯导向装置机架内定心地流动，并因而甚至在浇注速度达到 6 米/分时也能保证高的浇注可靠性，从而出人意料地遏制了向窄侧方向的铸坯摆动，并省略了辊的机械加工，简化了生产工艺。

摘 要 附 图

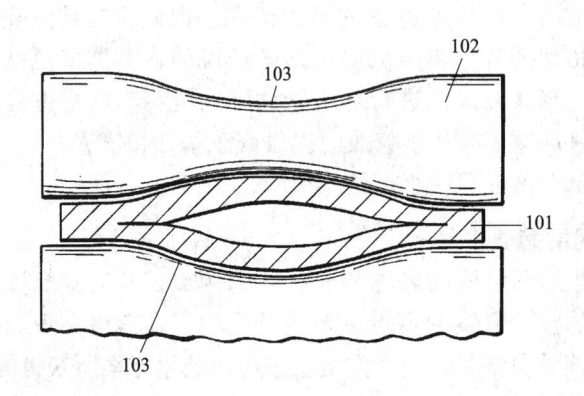

(图示：铸坯导向辊，标注 102、103、101)

权 利 要 求 书

1. 一种铸坯铸造用的导向辊（102，201-205，301-305），其特征在于，在非工作状态下所述辊的母线以及母线的延长线是直线，在工作状态下辊与铸坯（101）的接触线根据浇注负荷进行适应性变化，从而形成与动态变化的铸坯外形相配合的凹曲线，其中，所加工铸坯的厚度为100~300毫米，形成的凹曲线最大值的变化范围为铸坯厚度的3%~8%。

2. 按照权利要求1所述的铸坯铸造用的导向辊，其特征在于，导向辊的凹曲线最大值为铸坯厚度的5%。

3. 如权利要求1所述的矩形铸坯用的铸坯导向装置，所述辊采用在负荷作用下自身弹性变形的材料制成。

4. 如权利要求1所述的矩形铸坯用的铸坯导向装置，所述辊是分段辊，用于支撑辊的机架采用在负荷作用下自身弹性变形的材料制成。

5. 如权利要求1所述的矩形铸坯用的铸坯导向装置，所述辊是分段辊，并采用液压缸进行位移控制。

说 明 书

铸坯导向装置

技术领域

本发明涉及一种连续铸造过程中使用的铸坯导向装置，尤其涉及该导向装置的辊，借助于它能够防止连续铸造过程中铸锭的摆动。

现有技术

铸坯导向装置安装于连续铸造设备中铸造器的下方,用于对融化的铸坯进行导引,现在参照附图介绍现有的连续铸造设备的结构。CN1＊＊＊＊＊＊＊1A披露的图4是连续铸造设备的主视图。如图4所示,扁坯、大钢坯、方钢坯等规格的铸坯通常都是采用金属连续铸造工艺制成。制造的矩形铸坯具有的铸坯厚度大于60mm～80mm时,在铸坯导向装置机架中紧接在连续铸锭结晶器下面,通常使用如图5所示的直母线的辊对铸坯进行导引。铸造器605用于盛放液态的铸坯601。液态的铸坯601经由导管606喷出,沿着608所示的轨迹下行,进入铸模607中,支架609用于支撑该铸模607。从铸模607中出来的铸坯601沿着箭头610所示方向向下移动,流经下方的导向装置602,经过该导向装置602的导引后铸坯601被导引至辊604,进入后续的轧制工序。其中,成对的互相对置的辊602的母线彼此平行。采用这种辊的铸坯导向装置机架,在浇注过程中,直母线的辊与向下流动的动态铸坯601发生点接触,以直线的方式对铸坯601进行导引,因此矩形铸坯在两个平行的辊之间进行导引时会出现摆动或颤动。这种摆动或颤动一方面限制了铸坯的浇注速度,另一方面使铸坯倾斜,并导致铸坯界面的周围不均匀地散热,使铸坯产生应力裂纹和铸坯断口。浇注速度通常使用下列值:

——对于厚度230毫米的扁坯约1.8～2.0米/分;

——对于厚度270毫米的大钢坯约1.5～1.7米/分;

——对于规格100×100毫米的方钢坯约1.5～1.7米/分。

业已证实,当前在世界范围使用的连续铸锭设备中,大多数使用具有矩形横截面和圆柱形导向辊的连续铸锭结晶器。这种情况下浇注速度不允许超过规定的上限值,因为要不然铸坯裂的数量会超比例地增加。采用上述导向辊的铸坯从某个浇注速度起开始摆动,也就是说,它在导向辊之间来回运动。这导致偏斜和铸坯向结晶器出口横截面的周围不均匀地散热,并必将产生应力裂纹和铸坯断口。

专利文献CN1＊＊＊＊＊＊＊2A也公开了一种铸坯连续铸造设备,该铸造设备同样包括铸造器、铸模以及机架。融化的铸坯从铸造器中落下,并沿着铸造导向元件向下导引,铸坯中心的表面位于铸坯边缘区域的铸造平面中。在该铸造器下方的机架支撑用于导引铸坯的导向元件。图6和图7分别是显示该技术方案中导向元件的二个实施例的示意图。

如图6所示,该铸造设备中使用的导向元件702具有凹母线703,在铸造过程中形成与铸坯接触并对其进行导引的凹曲线,该凹母线是事先通过对构成导向元件的辊702进行机械加工形成的,并且在铸造过程结束后也不会改变。该具有凹母线703的导向装置702尽管可以克服上述现有技术1中存在的铸坯在两个平行的辊之间进行导引时会出现摆动或颤动的问题,但是该技术方案需要对辊702事先进行精密的加工以形成凹母线,因此制造成本增加、技术方案变的复杂。并且,经过机械加工形成凹母线进而形成导引铸坯的曲线后,该曲线的形状是固定的,无法根据辊受到的负荷的变化而变化,从而不能更好地遏制铸坯在铸造过程中的摆动或颤动。

如图7所示,该铸造设备中使用的导向元件还可以采用分段辊801-805的形式构成,这些辊被排列成中间部位偏离铸坯,两端靠近铸坯的形状,从而辊的母线的延长线形成凹曲线,在铸造过程中形成与铸坯接触并对其进行导引的凹曲线。该具有凹曲线的分段辊801-805尽管也可以克服上述现有技术1中存在的铸坯在两个平行的辊之间进行导引时会出现摆动或颤动的问题,但是同时也具有自身的缺陷。该技术方案中辊排列形成的形状是固定的,因而所形成的导引铸坯的曲线也是形状固定的,无法随着辊受到的负荷的变化而变化,从而不能更好地遏制铸坯在铸造过程中的摆动或颤动。

发明内容

针对现有技术中的上述情况,本发明要解决的技术问题在于:现有技术中的导向辊加工复杂,并且所形成的导引铸坯的凹曲线不能随着导引铸坯施加的浇注负荷的变化而变化,以对铸坯进行精确的导引,更好地遏制铸坯的摆动或颤动,进而提高铸件的质量和铸造效率。

因此,本发明的目的在于:通过改进现有技术中辊与铸坯接触的凹曲线的形成方式,以省略现有技术中所需的对辊的凹曲线的事先的精密加工,形成导引铸坯的凹曲线,该凹曲线随着铸坯浇注负荷的变化而变化,进而能够更好地遏制浇注过程中铸坯的摆动或颤动。

为此,本发明提供了一种矩形铸坯用的铸坯导向装置,该导向装置具有成对的互相对置的导向推动辊。该辊在非工作状态下具有直的母线和母线的延长线,因而与铸坯的接触线是直线;在工作状态下该辊能够根据浇注负荷的变化进行适应性变化,从而形成与动态变化的铸坯外形相配合的凹曲线,其中,所加工铸坯的厚度为100~300毫米,形成的凹曲线最大值的变化范围为铸坯厚度的3%~8%。负荷消失后,形成的凹曲线也随之消失,恢复直线的状态。如此制成的导向装置具有适度的弹性,并且其中的辊能够在负荷的作用下弯曲变形。形成的曲面沿铸坯宽度的一部分或沿铸坯宽度的全部延伸。

本发明优选的技术方案中,导向辊形成的曲线最大值不超过铸坯厚度的8%。曲面沿铸坯宽度的一部分或沿铸坯宽度的全部延伸。铸坯的总膨胀量应为8%,最好应为5%。采用更大的值达不到改善导向的目的,相反却产生不必要的轧制费用。曲面沿铸坯的全部宽度(它在3%~8%范围内),大大改善了用于后继轧制的出口横截面,并满足后面的轧机的要求。

对该发明的可行性进行试验。通过实验和研究证实,铸坯一定程度的曲面遏制了铸坯在两个导向辊之间的摆动。在这种情况下,铸坯直接在结晶器的出口后,由于仍为液态的芯部和较薄的铸坯外壳厚度,所以它立即扩展到由辊的凹形曲线规定的量。也就是说,贴靠在辊上并获得一种导引,这种导引遏制了摆动,或如文献中所介绍的那样也称为"蛇行"。并且,辊所形成的凹曲线能够随着负荷的作用产生,而且在负荷消退后凹曲线便随之消失,不再存在,无需事先对辊进行机械加工以形成凹曲线,因而简化了生产工序,降低了生长成本。

借助于本发明,不仅可以对于新的设备相应地提高浇注速度,而且对于现有的设备通过用适当弯曲成拱形的辊来改装,可以将浇注速度相对于在前所提到的值提高达200%,与此同时提高浇注可靠性。

附图说明

图1是本发明一种实施方式中,处于工作状态的辊的截面的示意图。

图2是本发明另一实施方式中，处于工作状态的辊的截面的示意图。

图3是本发明第三实施方式中处于工作状态的辊的截面的示意图。

图4是现有技术中铸坯浇注过程的示意图。

图5是沿图4中1-1线的具有直母线的辊的示意图。

图6是沿图4中1-1线的另外一种辊的示意图。

图7是沿图4中1-1线的第三种辊的示意图。

具体实施方式

如表示现有技术的图1所示，在金属铸坯连续铸造过程中，铸造的铸坯经过导向装置的导引后被导引进入后续的轧制工序，导向装置具体是导向辊对，该导向辊对支撑在支撑装置上。

金属的高温变形是机械力与热共同作用的过程，二者相互结合，相互影响。流出结晶器的铸坯可以是液态或者是液态与固态共存的状态。流下的铸坯经由导向辊导引时，对辊的表面施加压迫性的负荷，进而对支撑该辊的机架或其他位置控制部件形成压迫性的负荷。可以采用多种手段形成本发明需要的辊的凹曲线。其一，可以采用具有弹性的材料制成导引铸坯的辊，辊在非工作状态下具有直的母线，在浇注过程中辊自身在浇注负荷作用下弹性变形形成凹母线，进而形成与铸坯接触的曲线；其二，可以通过对辊的位移控制部件进行控制形成辊的凹曲线，比如采用分段形式的辊，通过将多个辊排列形成辊组，每个辊都借助一个支架支撑，该多个支架能够在负荷作用下弹性变形，并且变形量不同，进而使得支撑在该机架上的辊形成与铸坯接触的凹曲线；第三，通过对控制辊的液压缸或弹簧进行设计，使得其能够借助机械力的作用控制辊形成凹的与铸坯接触的曲线。如此制成的导向装置具有适度的变形能力，能在负荷作用下弯曲变形，并根据负荷的变化而随之变化。

实施方式一

实施例一

如图1所示，可以通过生产非工作状态下具有直母线，并且能在浇注负荷作用下自身随之产生弹性变形、形成凹母线103的辊102，来形成与之接触并导引铸坯101的凹曲线，进而形成导引铸坯的曲面。为了生产能够在负荷作用下弹性变形的辊102，可以对辊102的材质进行选择。辊102的材质必须具有合适的机械强度和韧性、弹性，更必须具有高的抗热疲劳性。

具有上述良好强度和弹性的材料的实例包括碳系材料，如碳、C/C复合物等，以及金属材料，如铁、镍、钛、钨、钼和包含质量占50%或更多的上述材料的合金，如不锈钢。为此，需要选取辊102的材质中各种组分以及各种组分的含量。经过对已有的辊的材质进行分析和研究，并根据本发明具体的技术要求，我们进行了反复试验和试制，最终取得了满意的效果。其中表1显示的是一种优选的材质，这种材质属于常规的材质，但是首次应用于连铸设备中的导向辊。

表1 辊的材质

元素名称	C	Si	Mn	P	S	Cr	Mo	V	Ni	Cu	W
含量（%）	0.18	0.43	0.43	0.014	0.006	2.81	0.71	0.19	0.24	0.09	0.61

图1是采用上述优选材质制造的辊在使用过程中的状态示意图。在浇注过程中，负荷沿导向辊的轴向的大小发生变化，中间负荷较大，两端负荷较小。如图1所示，经过实验表明，上述材质制成的辊102在非工作状态下具有直母线，在浇注过程中，经过铸坯101的负荷作用，该辊102轴向发生不同的弹性变形量，能够形成随着负荷变化而变化的适度的凹的母线103，进而形成与铸坯101接触并对其进行导引的曲线，从而允许导引的铸坯的膨胀量保持在一个适当的范围。经过测量，上述辊102在铸坯厚度为300毫米、导引速度为2.3米/分的工艺条件下，该凹曲线的最大值为上述铸坯101厚度的8%。浇注过程结束，负荷消退后，凹母线随之消失。

需要说明的是，所属技术领域的技术人员还可以选择其他已有的常规弹性材料制成该辊。所属技术领域的技术人员也可以选择另外形式的弹性辊，比如抽取真空后的空心弹性辊。

实施例二

采用与实施例一相同的材质制成导引辊。将该辊用于导引厚度为200毫米的铸坯，导引速度为2.3米/分。经过测量，辊经受铸坯负荷作用后形成的凹曲线的最大值为该铸坯厚度的5%。浇注过程结束，负荷消退后，凹母线随之消失。

实施例三

采用与实施例一相同的材质制成导引辊。将该辊用于导引厚度为100毫米的铸坯，导引速度为2.3米/分。经过测量，辊经受铸坯负荷作用后形成的凹曲线的最大值为该铸坯厚度的3%。浇注过程结束，负荷消退后，凹母线随之消失。

实施方式二

实施例四

除了对制成辊的材质进行选择以外，本发明还提出另外一种替代方案。该替代方案种，可以通过特定的加工工艺制成具有一定弹性，能够弯曲变形的机架。图2是该替代方案中的导向辊的工作状态图，该图仅显示了一侧的导向辊。如图2所示，采用分段的辊201-205导引铸坯101，每段辊201-205都借助常规的随动装置用一个单独的机架206-210支撑，比如可以采用中国专利申请200820180313.X、03265704.8中的支撑装置的形式。其中，在非工作状态下连接每个分段导向辊201-205的母线的延长线是直线。机架206-210采用在负荷作用下能够弹性变形的材料制成。在浇注过程中，辊201-205与铸坯接触以及经受铸坯施与的负荷，辊201-205的不同部位经受的负荷的大小不同，支撑辊的机架由此产生不同的弹性变形，进而推动被支撑的辊201-205产生不同的位移，使得辊201-205形成与铸坯接触并对其进行导引的凹曲线。浇注过程结束后，该凹曲线随之消失，恢复至辊对201-205初始的状态。

可以采用高碳钢制造机架，其主要成分如表2所示。

表2 机架的材质

元素名称	C	Si	Mn	S	P	Cr	Ni	Mo	Al
含量（%）	0.32	0.4	0.7	0.02	0.02	0.3	0.1	0.05	0.03

在加工过程中，要求冶炼保证出钢量和钢水质量，也就是要保证P、S含量，保证脱碳量、脱氧量等，以满足铸件的内在质量和性能要求；同时钢包要求严格烘烤，以防止气体的产生。

经过实验表明，通过上述成分制成的机架206－210在浇注过程中，经过铸坯101的负荷作用，也能够使得辊形成适度的凹曲线，如图3所示，从而允许导引的铸坯的膨胀量保持在一个适当的范围。在铸造过程结束后，铸坯施加的负荷消失，各个机架弹性回复，从而推动各个分段辊回退至初始状态。经过测量，上述辊201－205在铸坯厚度为300毫米、导引速度为2.3米/分的工艺条件下，该凹曲线的最大值为上述铸坯101厚度的8%。

实施例五

采用与实施例四相同的材质制造用于支撑导引辊的机架。将该辊用于导引厚度为200毫米的铸坯，导引速度为2.3米/分。经过测量，辊经受铸坯负荷作用后形成的凹曲线的最大值为该铸坯厚度的5%。浇注过程结束后，该凹曲线随之消失，辊恢复至初始的状态。

实施例六

采用与实施例四相同的材质制造用于支撑导引辊的机架。将该辊用于导引厚度为100毫米的铸坯，导引速度为2.3米/分。经过测量，辊经受铸坯负荷作用后形成的凹曲线的最大值为该铸坯厚度的3%。浇注过程结束后，该凹曲线随之消失，辊恢复至初始的状态。

实施方式三

实施例七

本发明还提供了另外的实施方式。图3是显示该实施方式中的导向辊的工作状态图，仅显示了一侧的导向辊。该实施方式采用分段排列的导向辊301－305，并设置液压缸306－310以及借助常规的随动装置对该导向辊进行位移控制，比如可以采用中国专利申请200820180313.X、03265704.8中支撑装置的结构。其中，在非工作状态下连接各个分段导向辊301－305的母线的延长线是直线。对液压缸306－310进行程序设计，使得其能够根据受到的负荷控制多个导向辊301－305，使这些导向辊在不同的负荷作用下移动不同的量，所有导向辊排列形成与铸坯接触的凹曲线，以对铸坯进行导引。图3显示的是这些辊对在工作过程中的状态，液压缸306－310控制导向辊301－305，根据浇注过程中受到的负荷的大小使每个辊产生不同的位移，由此这些导向辊301－305的母线的延长线形成为凹曲线，该曲线与铸坯101接触并对其进行导引。在浇注过程结束后，负荷消失，液压缸306－310在程序的控制下推动各个分段导向辊301－305恢复到原始的状态，凹曲线随之消失。实验表明，利用该种方式构成的铸坯导向装置，在浇注过程中，经过铸坯101的负荷作用，也能够使辊形成适度的凹曲线，如图3所示的凹曲线那样，从而允许导引的铸坯的膨胀量保持在一个适当的范围。经过测量，上述辊301－305在铸坯厚度为300毫米、导引速度为2.3米/分的工艺条件下，该凹曲线的最大值为上述铸坯101厚度的8%。

还可以采用别的方式构成分段辊的位移装置，比如弹簧等。

实施例八

采用与实施例七相同结构的导引辊以及辊位移控制装置。将该辊用于导引厚度为200毫米的铸坯，导引速度为2.3米/分。经过测量，辊经受铸坯负荷作用后形成的凹曲线的最大值为该铸坯厚度的5%。浇注过程结束后，该凹曲线随之消失，辊恢复至初始的状态。

实施例九

采用与实施例七相同结构的导引辊以及辊位移控制装置。将该辊用于导引厚度为100毫米的铸坯，导引速度为2.3米/分。经过测量，辊经受铸坯负荷作用后形成的凹曲线的最大值为该铸坯厚度的3%。浇注过程结束后，该凹曲线随之消失，辊恢复至初始的状态。

需要进一步说明的是，铸坯的曲面除了通过在弹性范围内弯曲铸坯导向装置机架和/或辊来获得，还可以通过例如直至铸坯导向装置机架末端的凹的辊、或通过适当地安排在铸坯导向区内分开的辊来获得。

以上显示和描述了本发明的基本原理和主要特征以及本发明的优点。所属技术领域的技术人员应该了解，本发明不受上述实施例的限制，上述实施例和说明书中描述的只是说明本发明的原理，在不脱离本发明精神和范围的前提下，本发明还会有各种变化和改进，这些变化和改进都落入要求保护的本发明范围内。本发明要求保护范围由所附的权利要求书及其等效物界定。

说 明 书 附 图

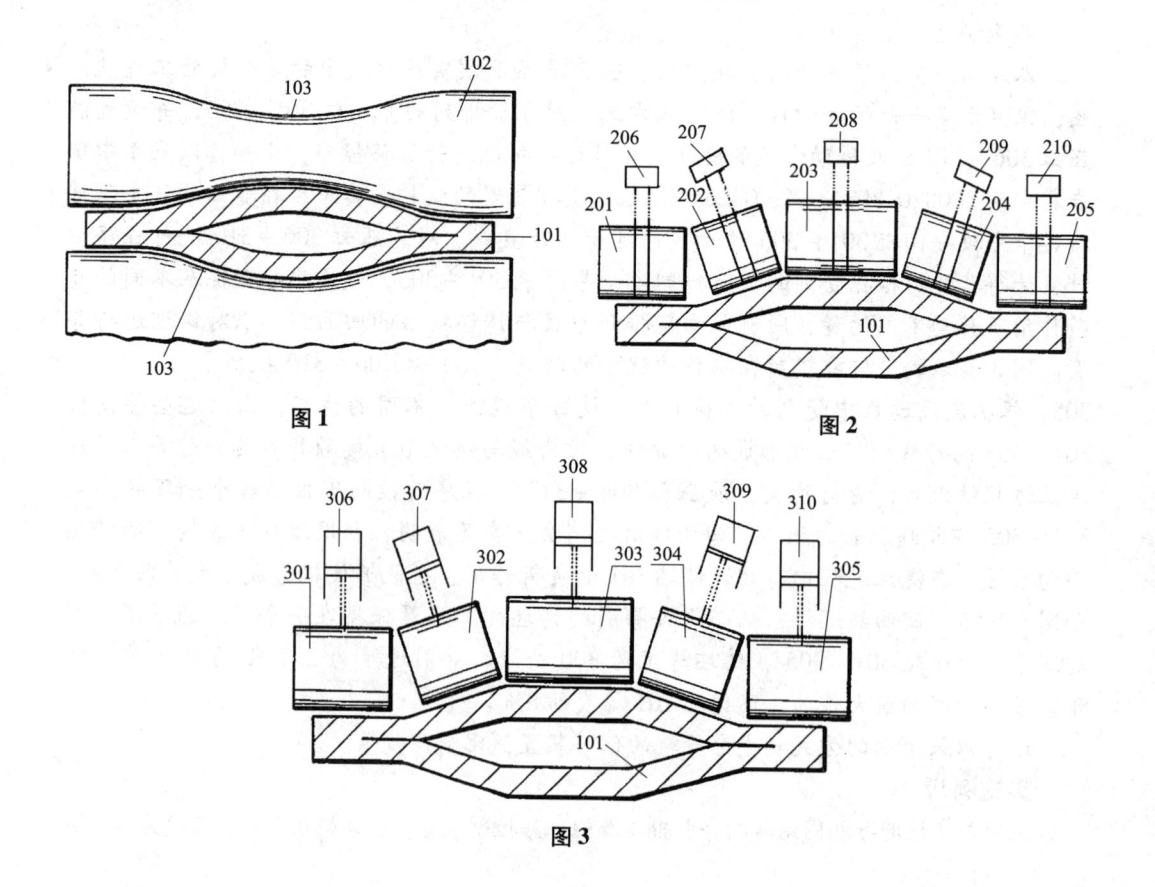

图1

图2

图3

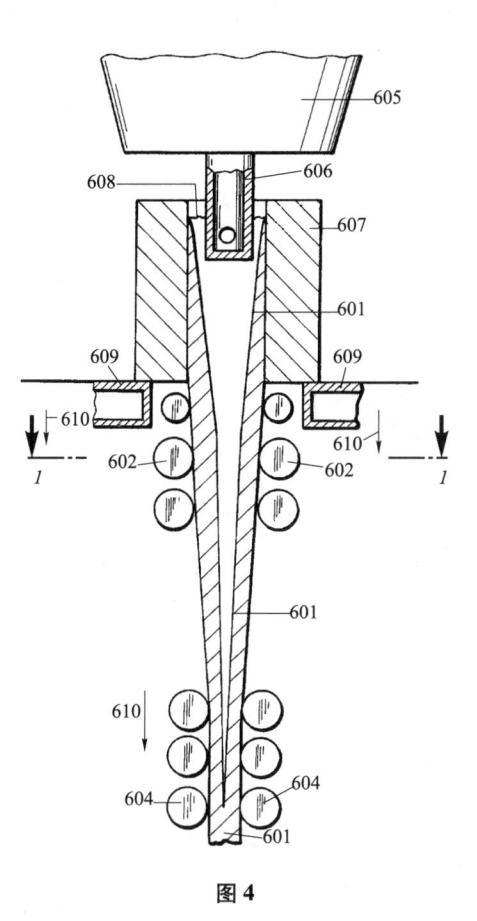

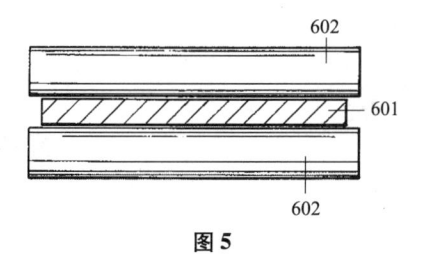

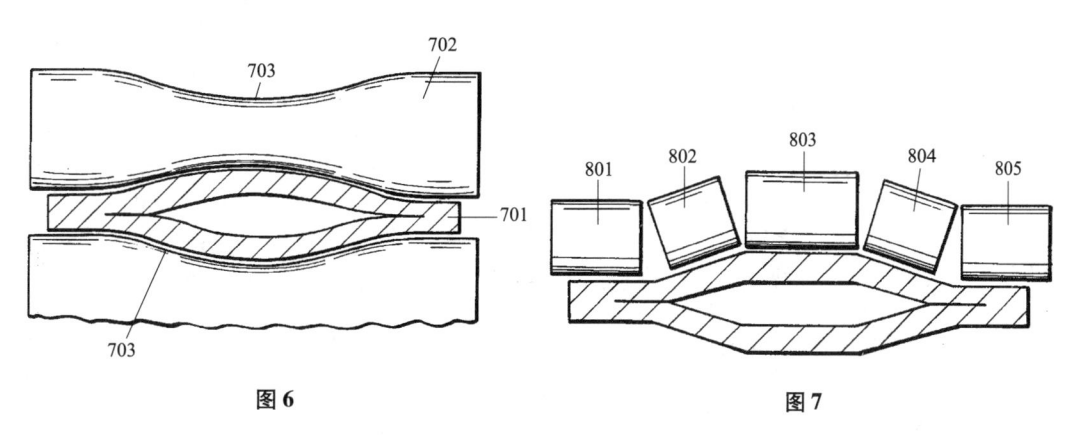

第二部分 ▎第二章 特殊类型专利申请的撰写案例剖析

图 4

图 5

图 6　　　图 7

531

第三部分

答复案例剖析

第一章 申请文件无修改的答复案例剖析

第一节 对两篇对比文件是否存在结合点的答复

一、概要

《专利法》第 22 条第 3 款规定，创造性是指与现有技术相比，该发明具有突出的实质性特点和显著的进步。判断发明是否具有突出的实质性特点，就是由所属技术领域的技术人员来判断要求保护的发明相对于现有技术是否显而易见，这是实质审查程序中经常遇到且争议较多的情形。

对于改进型发明，审查员利用两篇对比文件结合破坏申请权利要求请求保护技术方案的创造性是常见的评价方式，在给出审查意见时通常按照"三步法"进行创造性的判断，申请人往往也按照"三步法"进行创造性的争辩。在实质审查过程中只要判断与争辩能够客观准确、符合逻辑，无论是审查员还是申请人都能够公正客观、合情合理看待发明是否具备创造性。然而，由于对申请文件、对比文件技术内容理解的角度不同，当"区别技术特征"已被对比文件 2 公开，判断这些特征在本申请中所起的作用和其在对比文件 2 中的作用是否相同，进而确定现有技术是否存在结合启示时，审查员和申请人之间经常存在分歧。当申请人认为需要对审查员的认定提出质疑时，可以通过有理有据的意见陈述，争辩或解释尽管两篇对比文件分别公开了权利要求的所有技术特征，但是它们之间不存在结合的技术启示，从而证明权利要求具备创造性。

本节将通过一个具体案例，提供一种针对两篇对比文件结合破坏权利要求 1 创造性的审查意见，申请人如何从技术的角度撰写有说服力的答复意见，在不修改申请文本的情况下促使技术人员接受申请人观点的意见陈述思路，供申请人参考。

二、申请文件

（一）说明书摘要

一种钢丝绳十字卡扣，包括上卡片（1）和下卡片（2），在上卡片（1）或下卡片（2）的外侧边缘设置四个均布的卡爪（5），其特征是：上卡片（1）的底面外围为平面部分（6），底面中间部分为上凸的弧面部分（3），下卡片（2）的底面外围为平面部分，底面中间部分为下凹的弧面部分（4），安装时将所述上卡片（1）和下卡片（2）处的所述上凸、下凹的弧面部分（3，4）相对配合，形成容纳钢丝绳（10）的中空腔。本发明的钢丝绳十字卡扣解决了现有技术中的钢丝绳十字卡扣易于损伤钢丝绳的问题，安装方便、形状美观，且对钢丝绳起到了很好的保护效果。

选择说明书附图 31-1-05 作为摘要附图。

（二）权利要求书

1. 一种钢丝绳十字卡扣，包括上卡片（1）和下卡片（2），在上卡片（1）或下卡片（2）的外侧边缘设置四个均布的卡爪（5），其特征是：上卡片（1）的底面外围为平面部分（6），底面中间部分为上凸的弧面部分（3），下卡片（2）的底面外围为平面部分，底面中间部分为下凹的弧面部分（4），安装时将所述上卡片（1）和下卡片（2）处的所述上凸、下凹的弧面部分（3，4）相对配合，形成容纳钢丝绳（10）的中空腔。

2. 如权利要求1所述的钢丝绳十字卡扣，其特征是：分别位于所述上卡片（1）和下卡片（2）处的所述弧面部分（3，4）形状、尺寸基本相同，所述各弧面部分底部的外径（D）为钢丝绳直径的1.25~1.35倍，所述弧面部分顶端到弧面部分与平面部分（6）相交处的高度（H）为钢丝绳直径的1.15~1.25倍。

3. 如权利要求2所述的钢丝绳十字卡扣，其特征是：所述上卡片（1）的平面部分（6）形成有容纳钢丝绳（10）的十字形上凸槽（7），所述下卡片（2）的平面部分形成有与所述十字形上凸槽（7）相对配合用于容纳钢丝绳（10）的十字形下凹槽（8），所述十字形上凸槽（7）和所述十字形下凹槽（8）分别向内延伸与所述上卡片（1）和下卡片（2）各自的弧面部分（3，4）相交，所述十字形凸槽（7）和十字形凹槽（8）与所述卡爪（5）错开设置。

4. 如权利要求3所述的钢丝绳十字卡扣，其特征是：所述十字形上凸槽（7）和十字形下凹槽（8）向外延展形成圆滑的缺口（9）。

5. 如权利要求4所述的钢丝绳十字卡扣，其特征是：在所述缺口（9）与钢丝绳（10）接触的一侧设置一些凸齿（11）。

（三）说明书

技术领域

[0001] 本发明涉及一种钢丝绳网的固定连接件，尤其是一种应用于钢丝绳网上的钢丝绳交叉固定装置。

背景技术

[0002] 在公路、铁路等两侧的边坡防护工程中，经常铺设钢丝绳网作为防护网。一种现有技术是在钢丝绳交叉处用十字形固定装置进行连接，该十字形固定装置一般由方形的盖片和基片构成，基片一面的四边有四个小爪向上垂直竖立于基片边缘，基片的两条对角线上有两条垂直交叉向基片另一面凸起的十字沟槽，使用时可嵌合钢丝绳。盖片上也在其对角线上形成有两条垂直交叉的十字沟槽，使用时可以从另一面嵌合钢丝绳。操作时，先将两根钢丝绳垂直交叉嵌入基片上的十字沟槽内，再将盖片盖于钢丝绳上并让钢丝绳嵌入盖片的十字沟槽中，然后，机械加压，使盖片、钢丝绳和基片紧密连接，并将基片上的四个小爪包超过钢丝绳向内完全压在盖片背面，以此固定两根交叉的钢丝绳，但用此法制成的钢丝绳网在承受载荷时，因盖片和基片与钢丝绳紧密接触，在钢丝绳的交叉处产生的摩擦最大，对钢丝绳造成严重损伤，降低了钢丝绳的使用寿命。

[0003] 另一种现有技术是CN1*******1A,其公开了一种上、下卡片结构的十字卡扣,由正方形上、下卡片构成,卡片中心分别形成一圆孔,上、下卡片通过例如下卡片上的卡爪穿过上卡片上对应的条孔,然后弯折卡爪压紧在上卡片上的方式固紧,该十字卡扣能在交叉点上将两根钢丝绳固定住,上、下卡片上的圆孔的作用是在钢丝绳受到冲击产生屈服变形时,为钢丝绳变形提供足够的缓冲空间。但是,因该十字卡扣的上、下卡片为平面,在机械加力扣紧十字卡扣后,操作时上、下卡片上的圆孔边缘经常会剪切和磨损钢丝绳,从而缩短了钢丝绳的使用寿命。

发明内容

[0004] 为了克服现有钢丝绳十字卡扣容易发生磨损和剪切钢丝绳的缺陷,本发明提供了一种钢丝绳十字卡扣,包括上卡片1和下卡片2,在上卡片1或下卡片2的外侧边缘设置四个均布的卡爪5,其特征是:上卡片1的底面外围为平面部分6,底面中间部分为上凸的弧面部分3,下卡片2的底面外围为平面部分,底面中间部分为下凹的弧面部分4,安装时将所述上卡片1和下卡片2处的所述上凸、下凹的弧面部分3,4相对配合,形成容纳钢丝绳10的中空腔。

[0005] 在一个优选方案中,分别位于所述上卡片1和下卡片2处的所述弧面部分3,4形状、尺寸基本相同,所述各弧面部分底部的外径D为钢丝绳直径的1.25~1.35倍,所述弧面部分顶端到弧面部分与平面部分6相交处的高度H为钢丝绳直径的1.15~1.25倍。

[0006] 在另一个优选方案中,所述上卡片1的平面部分6形成有容纳钢丝绳10的十字形上凸槽7,所述下卡片2的平面部分形成有与所述十字形上凸槽7相对配合用于容纳钢丝绳10的十字形下凹槽8,所述十字形上凸槽7和所述十字形下凹槽8分别向内延伸与所述上卡片1和下卡片2各自的弧面部分3,4相交,所述十字形凸槽7和十字形凹槽8与所述卡爪5错开设置。

[0007] 在下一个优选方案中,所述十字形上凸槽7和十字形下凹槽8向外延展形成圆滑的缺口9。

[0008] 在下一个优选方案中,在所述缺口9与钢丝绳10接触的一侧设置一些凸齿11。

[0009] 本发明的有益效果是:在主要技术方案和优选方案中,上、下卡片中心部分形成大小适中的中空腔可以容纳钢丝绳交叉处且不会对其造成损伤;在另一个优选方案中,在上、下卡片平面部分上的十字形上凸槽和十字形下凹槽相对安装形成的空腔,可以与钢丝绳很好地配合而不会磨损它,同时能够更好地把持住钢丝绳而阻止其在上、下卡片间窜动;在下一个优选方案中,十字形上凸槽和下凹槽向外延伸形成圆滑缺口,可以减少对钢丝绳剪切力,更好地保护钢丝绳;在下一个优选方案中,在缺口与钢丝绳接触的一侧设置凸齿,凸齿嵌入钢丝绳内增加卡扣的紧固性。该十字卡扣安装方便、形状美观,对钢丝绳起到了很好的保护效果。

[0010] 下面结合附图对本发明作进一步说明。

附图说明

[0011] 图31-1-01是本发明第一实施例的上卡片的俯视图;

[0012] 图31-1-02是图31-1-01的A向视图；

[0013] 图31-1-03是本发明第一实施例的下卡片的俯视图；

[0014] 图31-1-04是图31-1-01的B向视图；

[0015] 图31-1-05是本发明钢丝绳十字卡扣的使用状态图。

具体实施方式

[0016] 附图中标记为：上卡片1、下卡片2、上凸的弧面部分3、下凹的弧面部分4、卡爪5、平面部分6、十字形上凸槽7、十字形下凹槽8、缺口9、钢丝绳10和凸齿11。

[0017] 图31-1-01至图31-1-05所示的是本发明具体实施例。图31-1-01和图31-1-02表示十字卡扣的上卡片1，上卡片1呈正方形，其底面外围为平面部分6，底面中间部分平滑向上突起形成上凸的弧面部分3。图31-1-03至图31-1-04表示十字卡扣的下卡片2，该下卡片2的形状和结构与上卡片1基本相似，即下卡片2呈正方形，其底面外围为平面部分，底面中心部分为下凹的弧面部分4，该下凹的弧面部分4与上凸的弧面部分3方向相反；只是在下卡片2的外侧边缘均匀设置了四个卡爪5，即分别在正方形下卡片2每边中间位置形成一个向上垂直竖起的卡爪5，这些卡爪的顶部可以导成圆角。安装时，先将两根钢丝绳垂直交叉，下卡片1的弧面部分4从下面扣在钢丝绳的交叉处，上卡片1的弧面部分3对应罩在两根钢丝绳的交叉处上，此时上、下卡片相对放置，采用机械加压工具对上、下卡片的平面部分进行机械加压，使上、下卡片的平面部分夹紧钢丝绳，同时不接触钢丝绳的两平面部分相互贴紧，然后使用一次压爪工具将下卡片2上的四个卡爪5包超过上卡片1，向内压扣在上卡片1上，卡爪的顶部抵靠在弧面部分3的脚下，以此将钢丝绳十字卡扣扣紧。卡爪5也可以在上卡片1上形成，安装时将卡爪5与下卡片2扣紧即可。在卡爪5的表面上可以设置条形凸起，该条形凸可以起到加强抗弯能力的作用，防止在扣紧加力时卡爪断裂。这样，当加力扣紧十字卡扣后，在上、下卡片的中心部分由上凸的弧面部分3和下凹的弧面部分4形成的中空腔，就可以使钢丝绳交叉处在上、下卡片之间仍然享有足够的容纳空间，大大减少甚至消除了上、下卡片对钢丝绳交叉处的压紧力；同时，因中空腔内表面是光滑的，在其偶尔与钢丝绳8接触时，不会对钢丝绳交叉处造成摩擦损伤，更不会产生剪切作用，进而达到了较好地保护钢丝绳交叉处的目的。

[0018] 在上卡片1、下卡片2上形成的上凸的弧面部分3和下凹的弧面部分4是通过冲压工艺形成，上述两个弧面部分形状、尺寸基本相同，这样可以保证它们相对安装形成的中空腔平滑且形状美观；为了保证上、下卡片相对安装时，它们各自的弧面部分3，4形成的容纳钢丝绳的中空腔大小适中，所述各弧面部分底部的外径D为钢丝绳直径的1.25~1.35倍，所述弧面部分顶端到弧面部分与平面部分6相交处的高度H为钢丝绳直径的1.15~1.25倍。这样，既能容纳钢丝绳不会因空间太小对其造成磨损，也不会因空间太大导致两钢丝绳在交叉部相互脱离。而且，因为限定了上凸、下凹的弧面部分的底部直径和高度，能保证上、下卡片的外围有较大的平面部分6，从而确保卡爪5能够扣紧在上卡片1上。

[0019] 为了方便将两个交叉的钢丝绳定位安装，同时能够更好地保护钢丝绳，还

可以在上卡片1的平面部分6上沿正方形两对角线方向分别形成容纳钢丝绳10的十字形上凸槽7，在下卡片2的平面部分上沿正方形两对角线方向分别形成与上述十字形上凸槽7相对配合、用于容纳钢丝绳10的十字形下凹槽8，上述十字形上凸槽7和十字形下凹槽8分别向内延伸，与上卡片1和下卡片2各自的弧面部分3，4相交，上述上十字形上凸槽7和十字形下凹槽8的大小与钢丝绳8直径相适应；由于卡爪5设置在正方形四边的中间位置，故卡爪5与十字形凸槽7和十字形凹槽8应错开设置。安装时，如图31-1-05所示，先将两根钢丝绳8垂直交叉嵌入下卡片2上的十字形下凹槽8内，再将上卡片1盖在钢丝绳上并让钢丝绳嵌入其十字形上凸槽7中，此时上、下卡片相对放置，采用机械加压工具对上、下卡片的平面部分进行机械加压，使上卡片1上的十字形上凸槽7和下卡片2上的十字形下凹槽8夹紧钢丝绳，同时不接触钢丝绳的两平面部分相互贴紧，然后使用一次压爪工具将下卡片2上的四个卡爪5包超过上卡片1，向内压扣在上卡片1上，卡爪的顶部抵靠在弧面部分3的脚下，以此将钢丝绳十字卡扣扣紧。卡爪5也可以在上卡片1上形成，安装时将卡爪5与下卡片2扣紧即可。这样，上、下卡片上的十字形上凸槽7和十字形下凹槽8相对安装形成的空腔，就可以容纳钢丝绳并与之很好地配合，而不会对钢丝绳造成磨损，同时还可以更好地把持住钢丝绳而阻止其在上、下卡片间窜动。

[0020] 因上、下卡片呈正方形，为了避免上、下卡片扣接后，卡片周边对钢丝绳造成损坏，可以使十字形上凸槽7和十字形下凹槽8从中心向外延伸的最外面边缘形成圆滑的缺口9，该缺口9还可以起到对钢丝绳进行位置引导的作用。

[0021] 为了使上、下卡片将钢丝绳扣得更紧，可以在上述缺口9的内侧即与钢丝绳接触的一侧，设置一些向内突出的凸齿11，其高度根据钢丝绳的直径确定，这些凸齿在安装时将嵌入钢丝绳，将钢丝绳紧紧咬住，从而进一步增加十字卡扣的紧固性。

[0022] 下面，根据上面优选实施例，说明十字卡扣的安装过程和工作状态。如图31-1-05所示，先将两根钢丝绳10垂直交叉嵌入下卡片2上的十字形下凹槽8内，使钢丝绳交叉处置于下卡片2的下凹的弧面部分4中，再将上卡片1盖在钢丝绳上并让钢丝绳嵌入其十字形上凸槽7中，同时让上卡片1上凸的弧面部分3扣在钢丝绳交叉处上，使上凸、下凹的弧面部分3，4相对配合，然后，对上、下卡片的平面部分进行机械加压，使上卡片1、钢丝绳10和下卡片2紧密相接，此时上、下卡片上的突齿11也被压嵌入钢丝绳内，咬紧钢丝绳，然后使用一次压爪工具将下卡片2上的四个卡爪5包超过上卡片1，向内压扣在上卡片1上，卡爪5的顶部抵靠在弧面部分3的脚下，以此形成扣紧的钢丝绳十字卡扣。此时，上、下卡片的外围的平面部分6紧密接触，将钢丝绳紧扣在十字形上凸槽7和十字形下凹槽8中，上、下卡片的中间部分向上形成平滑的上凸、下凹的弧面部分3，4彼此配合，形成保护钢丝绳10的平滑的中空腔。当加力扣紧十字卡扣后，钢丝绳交叉处在上、下卡片之间仍然享有足够的容纳空间，大大减少了上、下卡片对钢丝绳的压紧力，能够很好地保护钢丝绳的交叉处，另外因为上凸、下凹的弧面部分是平滑形成的，在其偶尔与钢丝绳10接触时，不会对钢丝绳交叉处造成摩擦损伤，更不会产生剪切作用。此外，因为限定了上凸、下凹的弧面部分的底面外围直径和高度，使上、下卡片的外围留有较大的平面部分6，可以保证卡爪5

扣紧在上卡片1上。此外，另外增加的凸齿11，可以将钢丝绳咬紧，进而加强了十字卡扣对钢丝绳的固紧作用。

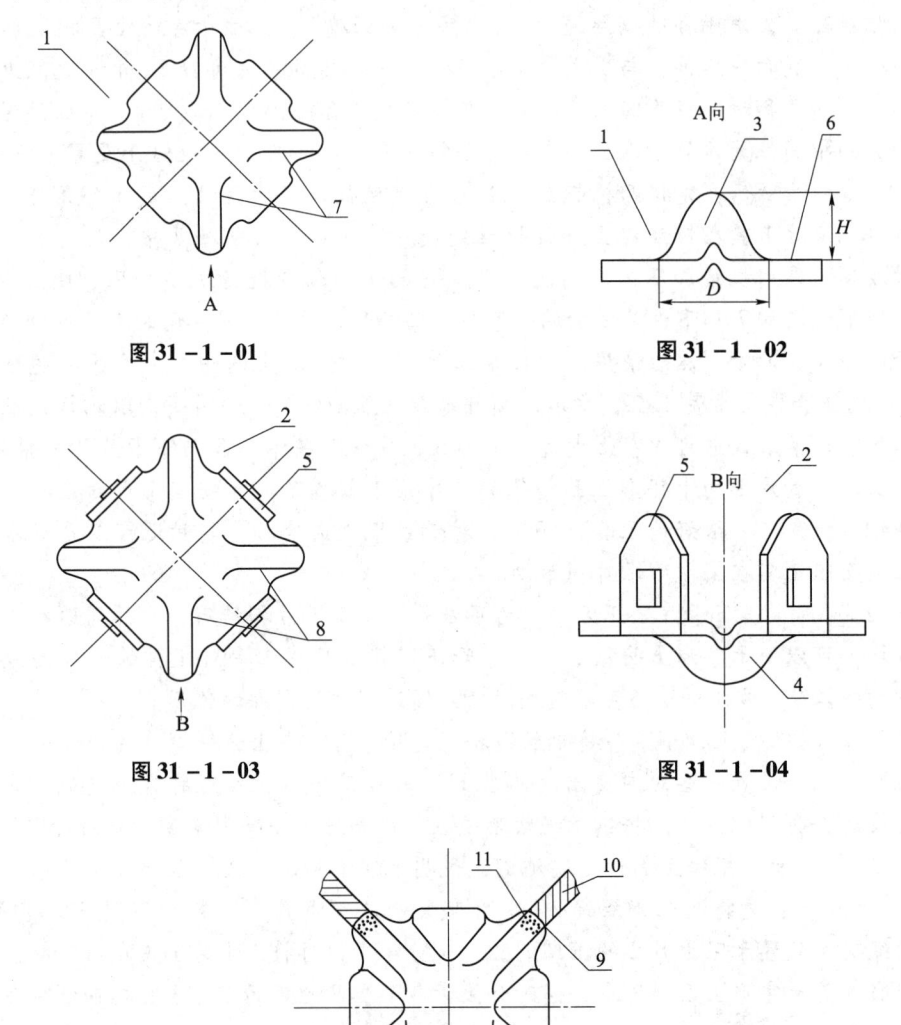

图31-1-01

图31-1-02

图31-1-03

图31-1-04

图31-1-05

三、审查意见通知书引用的对比文件介绍及审查意见通知书要点

（一）审查意见通知书引用的对比文件介绍

1. 对比文件1（CN1※※※※※※※2A）

对比文件1是审查员在发出第一次审查意见通知书时作为最接近对比文件使用的专利文献。对比文件1公开了一种将两根钢丝绳交叉固定的十字型固定装置。现有的钢丝绳十字卡扣大多是由方形盖片和底片构成，盖片和底片上分别有容纳钢丝绳的十

字凹槽。底片的四边有四个小爪向一个方向垂直竖立于底片边缘。在安装十字卡扣时，将两根钢丝绳垂直交叉放入盖片和底片机械加压后，再将底片上的四个小爪包超过钢丝绳向内弯曲压在盖片背面。这样固定的钢丝绳形成的防护网不牢固，承受的荷载（冲击力）小，当受到大冲击时，钢丝绳的十字连结会发生位移，降低防护网的防护作用；盖片和底片与钢丝绳的交叉处不断摩擦，损伤钢丝绳，降低其使用寿命；而且因需要冲压凹槽，工艺复杂，成本高。

对比文件1提供了一种新型的钢丝绳十字型卡扣，它包括上、下卡片，直接用厚度2.5mm的钢板整体冲压而成。图31-1-06是钢丝绳十字卡扣下卡片俯视图；图31-1-07是钢丝绳十字卡扣下卡片侧视图；图31-1-08是钢丝绳十字卡扣上卡片俯视图；图31-1-09是钢丝绳十字卡扣的安装使用图。下卡片底面4是正方形，其中心部分形成圆孔2；卡爪3有四个，相邻卡爪相互垂直；正方形的四个角为圆角。上卡片5为正方形，其中心形成与上卡片圆孔直径相同的圆孔2；条孔6有四个，相邻条孔的中线相互垂直，四个条孔的中线围成一个正方形，上卡片5正方形的四个角均内凹成弧形。使用时，先将下卡片1以卡爪3朝上的方向平放；然后，将欲固定的两根钢丝绳7在下卡片1正方形底面4的对角线方向交叉放在下卡片1上；然后将上卡片5的四个条孔6对准下卡片1上的四个卡爪3放在交叉的两根钢丝绳7上，使四个卡爪3分别穿过四个条孔6；最后，以机械力将四个卡爪3同时向中心弯曲卡住上卡片5，并强力压紧，即可牢牢固定钢丝绳，其固定力为210bar。此时，当钢丝受到冲击产生屈服变形时，圆孔2可为其变形提供足够缓冲空间，并减少磨损。它可以增强交叉连结的钢丝绳的固定强度，减少磨损，简化操作，降低成本。

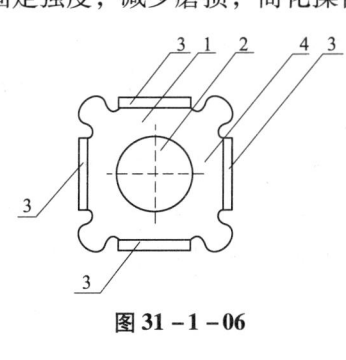

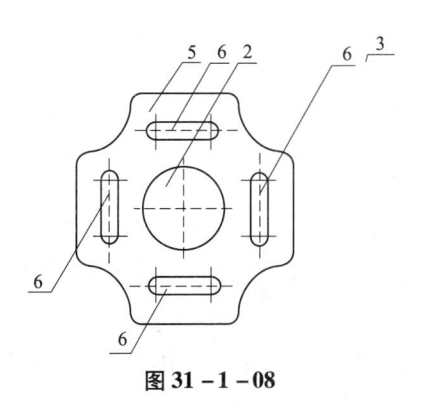

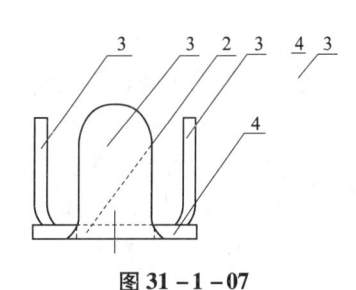

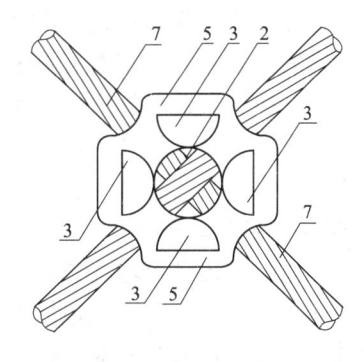

图31-1-06

图31-1-07

图31-1-08

图31-1-09

从上面的描述可以看出，对比文件1公开了权利要求1的大部分技术特征：一种钢丝绳十字型卡扣，包括上卡片5和下卡片1，在下卡片1的外侧边缘设置四个均布的卡爪3，上卡片5和下卡片1的底面外围均为平面部分。未公开的权利要求1的技术特征是：上卡片的底面中间部分为上凸的弧面部分，下卡片的底面中间部分为下凹的弧面部分，安装时将所述上卡片和下卡片处的所述上凸、下凹的弧面部分相对配合，形成容纳钢丝绳的中空腔。

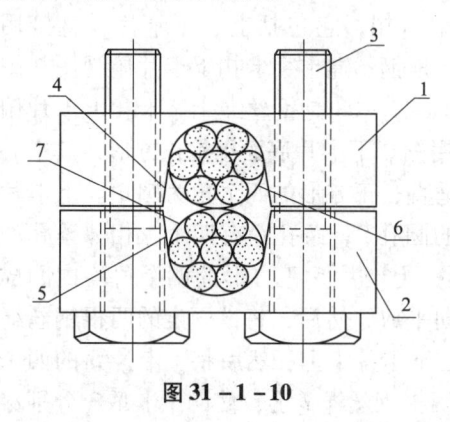

2. 对比文件2（CN1*******3A）

对比文件2公开了一种固定绳或线缆的夹线配件。在沿着墙壁或其他固定物布置绳或线缆（以下以线缆为例）时，因两根线缆的柔性不同，较软的线缆与较硬的线缆在沿着墙壁悬挂时，较软的线缆容易耷拉下来与较硬的线缆脱离，因此，为了保证两个线缆整齐布置，需要以适当的间距配置夹线配件将线缆固定在墙上，避免两根线缆分离。图31-1-10表示的对比文件2公开的夹线配件的具体结构是：该夹线配件由底板1、盖板2和螺钉3构成，底板1内侧面的中心部分形成有弧形凹部4，盖板2内侧面的中心部分也形成有对应的弧形凹部5。底板1的弧形凹部4的外围形成螺纹孔，盖板2的弧形凹部5的外围形成通孔，在操作时，在底板1的弧形凹部4内放入两根线缆6，7，同时将盖板2的弧形凹部5扣在底板1的弧形凹部4上并使底板1上的螺纹孔和盖板2上的通孔对齐，此时将螺钉插入盖板2的通孔伸入底板1上的螺纹孔，然后拧动螺钉3，将盖板2、线缆6，7、底板1固定在一起，然后再将容纳着两根线缆的夹线配件通过拧动螺钉3将其固定在墙壁等固定物上。

对比文件2公开了权利要求1中的技术特征：一种固定绳或线缆的夹线配件，它包括底板1的底面中间部分为上凸的弧形凹部4，盖板2的底面中间部分为下凹的弧形凹部5，安装时，所述底板1和盖板2的所述上凸、下凹的弧面部分4，5相对配合，形成容纳绳或线缆的中空腔。

（二）审查意见通知书要点

审查员在认真阅读本申请的申请文件的基础上进行了检索，通过对对比文件1和2进行技术分析，在第一次审查意见通知书中指出本发明是在对比文件1公开的技术方案基础上的改进，因此对比文件1是最接近的对比文件，其与对比文件2结合能够破坏权利要求1的创造性，同时认为从属权利要求2~4也不具备创造性，具体审查意见正文如下：

1. 权利要求1要求保护一种钢丝绳十字卡扣。对比文件1公开了一种钢丝绳十字卡扣，显然它与本申请请求保护的主题属于相同的技术领域。对比文件1在具体实施方式中披露了如下技术特征：包括上卡片5和下卡片1，在下卡片1的外侧边缘设置四个均布的卡爪3，上卡片5和下卡片1的底面外围均为平面部分。权利要求1与对比文件1的区别技术特征为：上卡片的底面中间部分为上凸的弧面部分，下卡片的底面中间部分为下凹的弧面部分,安装时将所述上卡片和下卡片处的所述上凸、下凹的弧面部分相对配合,形成容纳钢丝绳的中空腔,它们所要解决的技术问题是容纳钢丝绳,同时减小卡扣钢丝绳时对钢丝绳的损伤。

对比文件2公开了一种固定绳或线缆的夹线配件,其与本申请属于相近的技术领域,该对比文件2具体披露了如下技术特征:底板1(即权利要求1中的上卡片)的底面中间部分为上凸的弧形凹部4(即权利要求1中上凸的弧面部分),盖板2(即权利要求1中的下卡片)的底面中间部分为下凹的弧形凹部5(即权利要求1中下凹的弧面部分),安装时,所述底板1和盖板2的所述上凸、下凹的弧形凹部4,5相对配合,形成容纳线缆(等同于权利要求1中的钢丝绳)的中空腔,其所要解决的技术问题是容纳上述线缆,经分析可知该中空腔不会对线缆造成损伤,即对比文件2公开了上述区别技术特征,且经过所属技术领域的技术人员分析可知,这些区别技术特征在对比文件2中所起的作用与其在本申请中所起的作用相同,对比文件2的底板1和盖板2相对配合形成的中空腔,起到了容纳线缆且不损伤线缆的作用。也就是说,所属技术领域的技术人员可以从对比文件2公开的内容中得到这样的启示:为了容纳钢丝绳,减小十字卡扣对钢丝绳的摩擦损伤,可以将对比文件1所述的十字卡扣的上、下卡片的底面中间部分设置成上凸、下凹的弧面部分,在安装时所述上凸、下凹的弧面部分相对配合,形成保护钢丝绳的中空腔。因此,在对比文件1的基础上结合对比文件2得到权利要求1的技术方案是显而易见的,权利要求1不具备《专利法》第22条第3款规定的创造性。

审查员同时指出本申请的其他从属权利要求不具备创造性。为了节约篇幅,这处略去审查员对各项从属权利要求的详细评述。

基于上述理由,本申请的独立权利要求以及从属权利要求都不具备创造性,同时说明书中也没有记载其他任何可以授予专利权的实质性内容,因而即使申请人对权利要求进行重新组合和/或根据说明书记载的内容作进一步的限定,本申请也不具备被授予专利权的前景。如果申请人不能在本通知书规定的答复期限内提出表明本申请具有创造性的充分理由,本申请将被驳回。

四、申请人意见陈述

申请人在认真仔细地阅读了第一次审查意见通知书之后,不能完全认同审查员的审查意见,结合本发明的具体情况陈述意见如下。

申请人同意审查员指出的对比文件1是本申请权利要求1最接近的现有技术,且相对于对比文件1的技术方案而言二者的区别技术特征是:"上卡片的底面中间部分为上凸的弧面部分,下卡片的底面中间部分为下凹的弧面部分,安装时将所述上卡片和下卡片处的所述上凸、下凹的弧面部分相对配合,形成容纳钢丝绳的中空腔。"

对于区别技术特征,申请人认为尽管对比文件2公开了上述区别技术特征,但是这些技术特征在对比文件2中所起的作用与其在本申请中的作用完全不同,因此权利要求1具有创造性。

对比文件2中公开了用于固定线缆的夹线配件,该夹线配件包括底板1、盖板2和螺钉3，底板1内侧面的中心部分形成有弧形凹部4，盖板2内侧面的中心部分也形成有对应的弧形凹部5。操作时，将两根线缆6，7放入底板1的弧形凹部4，同时将盖板2的弧形凹部5对准扣在底板1上，然后用螺钉3将底板1和盖板2固定后安装在墙壁上，所述线缆容纳在底板1和盖板2的弧形凹部所形成的中空腔内。正如对比文件2所记载的，其中底板1和盖板2的弧形凹部形成的中空腔所要解决的技术问题是：防止两个不同柔度的线缆悬挂在墙壁上出现相互脱离、既不美观又不安全的现象，根据实际需要采用若干夹线配件揽住（容纳）线缆，使两根线缆始终保持一起输送。尽管对比文件2公开的中空腔能够容纳两根线缆，但是其容纳线缆的目的仅是为了将两根线缆拢在一起输送，不让两根线缆分开；因此所属技术领域的技术人员根据目前对比文件2公开的内容，即使经过推理也无法得出中空腔起到保护线缆的作用。

而本申请所要解决的技术问题是提供一种在扣合时形成中空内腔的钢丝绳十字卡扣，其能够更好地容纳和保护交叉的钢丝绳。"当加力扣紧十字卡扣后，在上、下卡片的中心部分由上凸的弧面部分3和下凹的弧面部分4形成的中空腔，就可以使钢丝绳交叉处在上、下卡片之间仍然享有足够的容纳空间，大大减少甚至消除了上、下卡片对钢丝绳交叉处的压紧力；同时因中空腔内表面是光滑的，在其偶尔与钢丝绳8接触时，不会对钢丝绳交叉处造成摩擦损伤，更不会产生剪切作用，进而达到了较好地保护钢丝绳交叉处的目的"（见本申请说明书第［0017］段）。权利要求1中两根钢丝绳之间呈十字交叉布置关系，钢丝绳十字卡扣用于固定二者交叉的位置关系，两根钢丝绳交叉处高度比一根钢丝绳高，之所以本申请要将上卡片、下卡片的底面设计为上凸、下凹的弧面部分形状，就是为了上、下卡片之间有足够容纳钢丝绳交叉处的空间，从而减小钢丝绳之间的摩擦力，减小上下卡片对钢丝绳的压力，达到保护钢丝绳的目的，因此这里形成上凸、下凹的中空腔的目的和作用完全不同于对比文件2。

因此，所属技术领域的技术人员即使具有将对比文件1、2结合的动机，也不能直接得到本申请的技术方案，本申请权利要求1是基于解决前述的技术问题，在发明人创造性劳动基础上得到的技术方案，其相对于对比文件1和2的结合具有创造性。

当权利要求1具有创造性时，其从属权利要求即权利要求2~4也具有创造性。

申请人认为，经上述澄清与解释后，原始申请文件已经不存在第一次审查意见通知书所指出的缺陷，恳请审查员在考虑申请人所作意见陈述的基础上继续审查本发明专利申请并尽快授予本发明专利申请的专利权。

五、对审查意见和申请人意见陈述的分析

（一）审查员审查意见分析

从"一通"评述的过程看，审查员首先确定对比文件1为最接近的对比文件，之后指出权利要求1与对比文件1的区别技术特征，并明确说明了发明实际解决的技术问题，然后指出对比文件2公开了上述区别技术特征，并详细分析了这些区别技术特征在对比文件2中所起的作用与其在权利要求1中所起的作用是相同的，因此所属技术领域的技术人员可以从对比文件2得到解决本发明实际要解决技术问题的技术启示，

从而得出在对比文件1的基础上结合对比文件2可以得到破坏权利要求1创造性的技术方案的结论。由于审查员认定在对比文件1的基础上结合对比文件2得到权利要求1的技术方案是显而易见的，从而得出了权利要求1不具备创造性的审查结论，在审查中上述审查意见是按照"三步法"的要求进行评述的，没有明显的问题，存在其合理性。

"三步法"中第三步由所属技术领域的技术人员判断发明的非显而易见性时需要确定现有技术整体上是否存在某种技术启示，而这种技术启示通常是通过"技术特征的作用"这个桥梁来实现的。然而这种"作用"是间接作用还是直接作用，《专利审查指南》中并没有规定，导致审查员或申请人因对技术特征所起作用的理解不同，而对请求保护的技术方案是否具备创造性产生了意见分歧。

间接作用有可能是一种上位概括或者抽象出来的作用，即隐含在现有技术中，需要所属技术领域的技术人员进行分析推理才能获知的作用，例如本案中上凸、下凹形成中空腔的间接作用是"容纳钢丝绳且不会对其造成损伤"，从这一作用出发，审查员的通知书是有其合理性的。

直接作用应该是从技术方案整体上讲，技术特征本身在技术方案中起到最下位、不能再分解的作用，例如本案中上凸、下凹部形成中空腔的直接作用是"消除上、下卡片卡紧时施加到钢丝绳交叉部的作用力"，如果从这个角度出发，对比文件2虽然公开了上述区别技术特征，但是其在对比文件2中所起的作用与其在本申请中的作用就不同了。审查员在第一点审查意见中，对区别技术特征所起作用的认定采用了上面间接作用的认定方式，认为区别技术特征在对比文件2中也起到了容纳线缆的作用，同时审查员经分析认为上述区别技术特征也能够起到不损伤和保护线缆的作用，因此，审查员认为对比文件2公开了上述区别技术特征，且上述区别技术特征所起的作用与其在本申请权利要求1中所起的作用相同，因而对比文件2存在与对比文件1结合的技术启示。

然而，经过分析认为上述认定过程在技术层面存在两个值得进一步探讨的问题：① 本申请上、下卡片的上凸、下凹弧面部分与对比文件2所公开的上凸、下凹的弧形凹部（同本申请的弧面部分）设置的目的、所起的作用和达到的效果确实一样吗？② 对比文件1和2作为现有技术在整体上存在结合启示吗？

针对疑问①，从所属技术领域的技术人员的角度看，对比文件2的确公开了技术特征"上、下卡片底面的中间部分为上凸、下凹的弧面部分，安装时所述上凸、下凹的弧面部分相对配合，形成保护线缆（即本申请的钢丝绳）的中空腔"，而在机械领域，相同的技术特征一般认为在装置中起到相同的作用，在进行评述时，审查员有时会对这些技术特征在本发明中所起的作用进行概括和分析，即获得其间接作用，本案即采取了这种判断方式，从而得出这些技术特征在对比文件2中起到了容纳且不会损伤线缆的作用，因而从一般意义上讲这一判断是合理的。

然而，从本案的整个申请文件看，说明书的具体实施例部分对权利要求书请求保护的技术方案进行了较详细的说明，那么审查员应进一步借助说明书对于权利要求书的解释作用，对各权利要求请求保护的技术方案进行整体的理解，对技术特征在各技术方案中所起的作用采用最直接、最下位的判断，即认定技术特征的直接作用更能体现权利要求1请求保护的技术方案的真实目的。因而，在本案中，尽管对比文件2公开了上述区别技术特征，但是这些技术特征在对比文件2中所起的作用与其在本申请中的作用是不同的。

首先，第一次审查意见通知书中认定的区别技术特征所要解决的技术问题是"能够减小卡扣钢丝绳时对钢丝绳的损伤"不够客观、准确，与所属技术领域的技术人员对现有技术的理解存在偏差，从而影响了创造性的判断标准；其次，对比文件2中公开的用于固定线缆的夹线配件，该夹线配件的底板1和盖板2的弧形凹部形成的中空腔所要解决的技术问题是：防止两个不同柔度的线缆悬挂在墙壁上出现相互脱离、既不美观又不安全的现象，根据实际需要采用若干夹线配件揽住（容纳）线缆，使两根线缆始终保持一起输送。尽管对比文件2的中空腔能够容纳两根线缆，但是其容纳线缆的目的是为了将两根线缆拢在一起输送，不让两根线缆分开，其中没有保护线缆的明示，并且仅从对比文件2公开的状况看，也很难分析出其暗示公开了上述区别技术特征的作用，审查员认为其作用相同可能在判断过程中加入了非现有技术的内容，例如本申请的内容。对比文件2设置的中空腔与本申请形成中空腔的目的、作用和效果也不相同。

针对疑问②，根据《专利审查指南》第二部分第四章第3.2.1.1节（3）中的规定"……判断过程中，要确定的是现有技术整体上是否存在某种技术启示，即现有技术中是否给出将上述区别特征应用到该最接近的现有技术以解决其存在的技术问题（即发明实际解决的技术问题）的启示，这种启示会使所属技术领域的技术人员在面对所述技术问题时，有动机改进该最接近的现有技术并获得要求保护的发明。"从上述规定可以看出，技术启示是基于现有技术整体而言的，也就是说，所属技术领域的技术人员在分析对比文件1后，看到对比文件2所公开的区别技术特征及其作用，当遇到本发明实际解决的技术问题时，所属技术领域的技术人员有动机改进对比文件1，无需付出创造性的劳动就能够获得权利要求1请求保护的技术方案，即两篇对比文件公开的技术方案在技术构思上应当具有紧密的关联性。

然而，对比文件1和对比文件2整体上不存在技术启示，没有给出将对比文件2公开的区别技术特征应用到对比文件1以解决其技术问题的技术启示。对比文件1公开了在平的上、下卡片中间（即钢丝绳交叉处）形成刚好容纳钢丝绳交叉处的圆孔，使得在钢丝绳受到冲击产生屈服变形时，圆孔可为其变形提供足够缓冲空间，以减少磨损。然而实际上设置圆孔虽然可以供钢丝绳进行缓冲，但圆孔的边缘对钢丝绳产生了剪切和磨损作用，对钢丝绳同样造成了损伤，即要解决对比文件1存在的钢丝绳受到圆孔边缘剪切和磨损的技术问题，就需要找到一种现有技术，其公开了上述区别技术特征，且其所起的作用是减少对钢丝绳的剪切和磨损作用；而对比文件2虽然公开了底板和盖板上的弧形凹部形成中空腔这些区别技术特征，但中空腔只用于容纳两根并列布置的线缆而不是容纳线缆的交叉处，其作用仅是为了将两根线缆拢在一起输送，不让两根线缆分开，达到整齐输送的目的。因此，对比文件2没有设置中空腔让线缆在其中享有屈伸空间达到保护线缆的目的的教导，对比文件2没有给出将弧形凹部形成的中空腔应用到对比文件1以解决本发明实际解决的技术问题的技术启示，即对比文件1和对比文件2从整体上不存在相互结合的技术启示。

此外，尽管对比文件2公开了"弧形凹部"这个特征，但是文中并没有说明该弧形凹部能够对这个技术方案带来如本申请所述的好处，即现有技术没有教导使用上述"弧形凹部"用于保护线缆，其所起到的作用仅是容纳线缆的作用，采用其他提供容纳空间的结构同样能够实现上述作用；而且对比文件2中的"弧形凹部"是在整个盖板和底座内面上形成的凹入空间，不是在一个平板上突出形成的弧形凹部，其加工方式和形成目的与本发明不同；再有对比文件2中的弧形凹部至少有一部分总是与线缆接触的，而本发明中的上凸、下凹的弧面部分形成的中空腔在大部分时间是不与钢丝绳接触，而且要尽量避免与钢丝绳接触，从上述分析可以看出，对比文件2公开的技术特征并没有给出其能够解决本发明技术问题的技术教导，因此所属技术领域的技术人员仅从上述公开的技术特征不足以得到足够的技术启示。

综上所述，所属技术领域的技术人员即使有将对比文件1、2结合的动机，也不能直接得到本申请的技术方案，因此本申请权利要求1是基于解决前述的技术问题，在发明人创造性劳动基础上得到的技术方案，其相对于对比文件1、2的结合具有创造性。

（二）对申请人意见陈述的分析

审查员针对本申请权利要求请求保护的技术方案采用两篇对比文件评价独立权利要求1不具备创造性的处理方式是很常见的，从上述评述过程可以看出，审查员在评述时采用了"三步法"对权利要求1的创造性进行了评述。然而，申请人不认同审查员的审查意见，进行了相应的争辩，但意见陈述尚不够全面。

申请人认可审查员认定的对比文件1作为最接近的对比文件，同时承认区别特征存在且同意审查员的认定，但是明确指出权利要求1具有创造性。

首先，申请人不认同审查意见中指出的区别技术特征在对比文件2中所起的作用与其在本申请中的作用相同的观点，在详细描述对比文件2中相关的技术内容后，明确指出对比文件2是公开了区别技术特征，但是该区别技术特征在对比文件2中所起的作用不是审查员指出的与本申请相同的"减小卡扣钢丝绳时对钢丝绳的损伤，延长钢丝绳的使用寿命"，其本质作用是将两根线缆拢在一起输送，不让两根线缆分开达到安全整齐输送线缆的目的。

其次，在明确区别技术特征在对比文件2中的作用不同后，申请人进一步阐释其作用不同的原因，即申请文件和对比文件2相比在装置的应用目的和产生的技术效果上存在明显不同，因而对比文件2没有给出与对比文件1结合的技术启示。

最后，申请人明确指出，即使基于目前的对比文件1和对比文件2，所属技术领域的技术人员有动机将二者结合也得不到权利要求1的技术方案。

从上面的分析可以看出，上述意见陈述仅从区别技术特征虽然在对比文件2和本申请中都有记载，但是该区别技术特征在对比文件2和本申请中所起的作用不同这一个角度进行了比较充分的论述，然而从前面对创造性三步法的第三步中判断区别技术特征所起作用的分析可知，审查员和申请人对区别技术特征所产生的作用在认知上可能存在分歧，比如申请人认定的可能是区别技术特征的直接作用，而审查员认定的是区别技术特征的间接作用，而这一点《专利审查指南》中并没有规定，因此尽管申请人在意见陈述书中进行了比较充分的争辩，但因审查员和申请人对区别技术特征所起作用的认识角度可能不同，申请人的争辩意见仍然存在可能不被审查员接受的风险。为此，建议申请人针对审查意见对争辩点进行扩展，如分析审查员判定区别技术特征所产生的作用与申请人的认定不同的原因，即明确指出因审查员对区别技术特征所解决的技术问题的认定不够客观、准确，从而导致审查员在进行创造性判断时产生偏差；分析两篇对比文件分别公开的技术方案从整体上不存在结合的技术启示。也就是说，围绕创造性判断的重要环节，申请人应针对申请文件和对比文件进行全面且有的放矢的对比分析，以便说服审查员改变权利要求1不具备创造性的观点。鉴于此，建议申请人对上述意见陈述书做如下补充：

1）指出审查员对于本申请区别技术特征解决的技术问题"能够减小卡扣钢丝绳时对钢丝绳的损伤"的认定不够客观和准确的问题。详细分析虽然很多技术手段都能达到这一目的，但并不意味着能达到这一目的技术手段就存在与对比文件1结合的技术启示，当申请人认同审查员指出的区别技术特征且其已被对比文件2公开时，需要特别关注这些区别技术特征在对比文件2中所起的作用、达到的技术效果是否与其在权利要求1中相同。

2）指出并全面论述技术人员在阅读本申请之前，不能够由对比文件1和对比文件2公开的技术方案获得从整体上存在相互结合的技术启示。

六、推荐的意见陈述书

尊敬的审查员：

申请人在认真仔细地阅读了第一次审查意见通知书之后，不能认同审查员的审查意见，结合本发明的具体情况陈述意见如下：

申请人同意审查员指出的对比文件1是本申请权利要求1最接近的现有技术，因为对比文件1与本申请的技术领域相同，且相对于对比文件1的技术方案而言二者的区别技术特征是："上卡片的底面中间部分为上凸的弧面部分，下卡片的底面中间部分为下凹的弧面部分，安装时将所述上卡片和下卡片处的所述上凸、下凹的弧面部分相对配合，形成容纳钢丝绳的中空腔"。这也是申请人在本申请说明书中指出的本发明实际要解决的技术问题的关键技术内容。但是，申请人不同意审查员的审查意见，认为权利要求1具有创造性。

1）对于区别技术特征，尽管对比文件2公开上述区别技术特征，但是这些技术特征在对比文件2中所起的作用与其在本申请中的作用完全不同。

首先，申请人认为审查员对于区别技术特征所要解决的技术问题"能够减小卡扣钢丝绳时对钢丝绳的损伤"的认定是不适当的，从而影响了创造性的判断标准；申请人认为上述区别技术特征在本申请中所要解决的技术问题是：卡扣装配后钢丝绳交叉处在上、下卡片之间的中空腔内享有容纳空间，减少上、下卡片对钢丝绳的压紧力和摩擦力，能够很好地保护钢丝绳的交叉处（参见说明书第［0017］段）。

第二，对比文件2中公开了用于固定线缆的夹线配件，该夹线配件包底板1、盖板

2和螺钉3，底板1内侧面的中心部分形成有弧形凹部4，盖板2内侧面的中心部分也形成有对应的弧形凹部5。操作时，将两根线缆6，7放入底板1的弧形凹部4，同时将盖板2的弧形凹部5对准扣在底板1上，然后用螺钉3将底板1和盖板2固定后安装在墙壁上，所述线缆容纳在底板1和盖板2的弧形凹部形成的中空腔内。正如对比文件2所记载的，其中底板1和盖板2的弧形凹部形成的中空腔所要解决的技术问题是：防止两个不同柔度的线缆悬挂在墙壁上出现相互脱离、既不美观又不安全的现象，根据实际需要采用若干夹线配件揽住（容纳）线缆，使两根线缆始终保持一起输送。尽管对比文件2公开的中空腔能够容纳两根线缆，但是其容纳线缆的目的仅是为了将两根线缆拢在一起输送，不让两根线缆分开，因此所属技术领域的技术人员难以根据目前对比文件2公开的内容推理出中空腔具有保护线缆的作用。

第三，本申请所要解决的技术问题是提供一种在扣合时形成中空内腔的钢丝绳十字卡扣，其能够更好地容纳和保护交叉的钢丝绳。"当加力扣紧十字卡扣后，在上、下卡片的中心部分由上凸的弧面部分3和下凹的弧面部分4形成中空腔，就可以使钢丝绳交叉处在上、下卡片之间仍然享有足够的容纳空间，大大减小甚至消除了上、下卡片对钢丝绳交叉处的压紧力；同时因中空腔内表面是光滑的，在其偶尔与钢丝绳8接触时，不会对钢丝绳交叉处造成摩擦损伤，更不会产生剪切作用，进而达到了较好地保护钢丝绳交叉处的目的"（见本申请说明书第[0017]段）。权利要求1中两根钢丝绳之间呈十字交叉布置关系，钢丝绳十字卡扣用于固定二者交叉的位置关系，两根钢丝绳交叉处高度比一根钢丝绳高，之所以本申请要将上卡片、下卡片的底面设计为上凸、下凹的弧面部分形状，就是为了上、下卡片之间有足够容纳钢丝绳交叉处的空间，从而减小钢丝绳之间的摩擦力，减小上下卡片对钢丝绳的压力，达到保护钢丝绳的目的，因此这里形成上凸、下凹的中空腔的目的和作用完全不同于对比文件2。

2）对比文件1和对比文件2整体上不存在技术启示，没有给出将对比文件2所公开的区别技术特征应用到对比文件1以解决其技术问题的技术启示。

对比文件1公开了在平的上、下卡片中间（即钢丝绳交叉处）形成刚好容纳钢丝绳交叉处的圆孔，使得在钢丝绳受到冲击产生屈服变形时，圆孔可为其变形提供足够缓冲空间，以减少磨损，然而实际上设置圆孔虽然可以供钢丝绳进行缓冲，但圆孔的边缘对钢丝绳产生了剪切和磨损作用，对钢丝绳同样造成了损伤，即要解决对比文件1存在的钢丝绳受到圆孔边缘剪切和磨损的技术问题，就需要找到一种现有技术，其公开了上述区别技术特征，且其所起的作用是减少对钢丝绳的剪切和磨损作用；而对比文件2虽然公开了底板和盖板上的弧形凹部形成中空腔这些区别技术特征，但中空腔只用于容纳两根并列布置的线缆而不是容纳线缆的交叉处，其作用仅是为了将两根线缆拢在一起输送，不让两根线缆分开，达到整齐输送的目的；同时对比文件2并没有说明该弧形凹部对这个技术方案带来什么样的好处，即现有技术没有鼓励和教导使用上述"弧形凹部"用于保护线缆，其所起到的作用仅是容纳线缆的作用，采用其他提供容纳空间的结构同样能够实现上述作用；而且对比文件2中的"弧形凹部"是在整个盖板和底座内面上形成的凹入空间，不是在一个平板上突出形成的弧形凹部，其加工方式和形成目的与本发明完全不同；再有对比文件2中的弧形凹部至少有一部分总是与线缆接触的，而本发明中的上凸、下凹的弧面部分形成的中空腔在大部分时间是不与钢丝绳接触，而且要尽量避免与钢丝绳接触。从上述分析可以看出，对比文件2所公开的"中空腔"的技术特征和其整体技术方案并没有给出让线缆在其中享有屈伸空间达到保护线缆的目的的任何教导。也就是说，对比文件2没有给出将弧形凹部形成的中空腔应用到对比文件1中以解决本发明实际解决的技术问题的技术启示，即对比文件1和对比文件2从整体上不存在相互结合的技术启示。

综上所述，所属技术领域的技术人员即使有将对比文件1、2结合的动机，也不能直接得到本申请的技术方案，因此本申请权利要求1是基于解决前述的技术问题，在发明人的创造性劳动基础上得到的技术方案，其相对于对比文件1、2的结合具有创造性。

申请人认为，经上述澄清与解释后，原始申请文件已经不存在第一次审查意见通知书所指出的缺陷，如审查员认为本发明申请仍有不符合《专利法》及其实施细则规定之处，请求再给予一次陈述意见/修改/会晤的机会。

恳请审查员在考虑申请人所作意见陈述的基础上继续审查本发明专利申请并尽快授予本发明专利申请的专利权。

七、总结

用于评述创造性的"三步法"中的三个判断步骤密不可分、环环相扣，然而在创造性判断中往往是仁者见仁、智者见智，但无论是审查员还是申请人，只要在应用"三步法"依据现有技术对权利要求书请求保护的方案的创造性作出判断的过程中能够客观准确、符合逻辑，都能够达到公正客观、合情合理确定发明是否具备创造性的目的。

用来评价权利要求"创造性"的现有技术之间的结合关系如同凸凹配合。选择最接近的现有技术好比选择一个合适的结合面，区别特征及发明实际解决的技术问题就如同形成在结合面上的凹部，而用来与最接近的现有技术结合的其他对比文件和/或公知常识则如同用以与结合面上的凹部产生配合关系的凸部。从本案例看，"凹部"与"凸部"之间是否能够紧密配合（即现有技术是否结合得恰当）应重点考虑两个方面：

1. 区别技术特征在权利要求1中实际解决的技术问题和其在对比文件2中解决的技术问题是否相同。发明实际解决的技术问题要依据区别技术特征在整个发明中与其他技术特征之间的相互作用来确定，不能局限于区别技术特征本身固有的功能和效果。区别技术特征在对比文件2中所起的作用，要从对比文件2的整体上进行考虑，既要考虑对比文件公开的技术方案，也要注意其所属的技术领域、解决的技术问题和达到的技术效果等，从整体上理解现有技术所给出的教导。

2. 本案中选定对比文件1作为最接近的现有技术即结合面是可以的，但是现有技术之间是否存在结合启示，即所属技术领域的技术人员在遇到本申请提出的技术问题时是否有动机将现有技术进行结合，是判断创造性时需要特别关注的。通过分析可以看出，解决对比文件1客观存在的技术问题的手段在对比文件2中没有找到相应的教导，对比文件1和2从整体上不存在结合的技术启示，所属技术领域的技术人员在解决本申请提出的技术问题时，不会产生将作为现有技术的对比文件1和2进行结合的动机，对比文件1和2即使结合也得不到本申请权利要求1的技术方案，因此，本申请的权利要求1具备创造性。

需要提醒申请人的是：有时对比文件2只披露了区别技术特征而没有公开该技术特征所有可能获得的非常规技术效果，或者由于两发明的关注点不一致而没有明确公开为解决重新确定的技术问题而能够起到的作用。此时，若所属领域的技术人员可以确定对比文件2中技术特征客观上起到了相同的作用，并且审查员在审查意见中对此进行了非常充分的说理，则可以认为其给出了技术启示。当然，上述技术特征所起的作用对所属领域的技术人员而言应当是明显的，而不是通过阅读非现有技术例如本申请的申请文件才能够得到的内容。

第二节　涉及公知常识的答复

一、概要

具备创造性是发明专利申请能够被授予专利权的必要条件之一。根据《专利审查指南》第二部分第三章第3.2.1.1节的规定，判断发明与最接近现有技术的区别特征是否是所属领域的公知常识，常常对创造性的评价起着决定性的作用。

公知常识的判定是与技术领域密切相关的，其判定必须从所属技术领域的技术人员的角度出发，并且充分考虑领域相关程度的因素。然而，在审查实践中，申请人和审查员均有可能偏离所属技术领域的技术人员的立场，在对技术特征的评价上产生分歧。因而公知常识的认定，历来是专利审查过程中最易引起争议的焦点之一。在审查员已经将某一技术特征认定为公知常识的情形下，申请人如何以技术方案为基础，通过充分说理来说服审查员，最终达成一致意见，也成为意见陈述中的难点。

本节案例车辆用气囊装置，在该案例中，审查员虽然从所属技术领域的技术人员的立场正确评价了该技术方案的创造性，但由于没有能够充分考虑区别技术特征所产生的特定效果，而将该区别技术特征认定为公知常识。事实上，对于具有内外两层气室的气囊，任何一种缝合线的具体形成形式均具有特殊意义，而不同于普通气囊的缝合线形式，故缝合线形式的变化不应认定为公知常识。本节通过对该案例中的审查意见及答复的分析，试图为申请人提供一条关于公知常识合理争辩的思路。

二、申请文本

本申请涉及一种车辆用气囊装置。

（一）权利要求书

1. 一种车辆用气囊装置，其通过来自气体发生器的气体进行膨胀，该气囊具有前片和后片，其中前片设置在朝向乘客一侧，后片设置在与乘客相反一侧，该前片和后片在其周缘部彼此高强度缝合，在后片的中央设置有气体发生器用的开口，该气囊设置有将该气囊内划分成内部气室和外部气室的内片，其中内部气室位于气囊的中央，而外部气室包围于该内部气室的外周，其特征在于：

该气囊装置设置有低强度结合装置，将该内片的一部分与该内片、前片和后片中的至少一方缝合；

该低强度结合装置，在该内部气室内的气压达到规定压力值之前保持缝合，使该内部气室的容积保持在比较小的状态；当该内部气室内的气压达到规定压力值以上时，以上低强度缝合解除，使内部气室的容积变得比较大；所述低强度结合装置设置成涡旋状的缝合。

2. 如权利要求1所述的车辆用气囊装置，其特征在于……。

3. 如权利要求1所述的车辆用气囊装置，其特征在于……。

（二）说明书

技术领域

[0001] 本发明涉及一种车用气囊装置，尤其是设置在机动车的转向系统上且在碰撞等紧急情况下发生膨胀而保护人体的气囊。

背景技术

[0002] 随着汽车技术的进步和道路条件的改善，汽车行驶的速度越来越快，车流量也越来越大，安全隐患也更为严重，交通事故逐年递增。因此，确保车辆行驶的安全性，解决乘车人员的安全问题越来越受到人们的高度重视，也成为汽车设计的重中之重。而在车辆上配置安全气囊即是一种有效的解决方法。

[0003] 安全气囊是现代轿车上引人注目的新技术装置。车辆安全气囊系统的包括传感器总成、充气、折叠气囊、点火器、固态氮、警告灯等。当车辆受到前方一定角度内的高速碰撞时，装在车前端的碰撞传感器和装汽车中部的安全传感器，就可以检测到车突然减速，并将这一信号在大约0.01秒之内速度传递给安全气囊系统的控制电脑。电脑在经过分析确认之后，立即引爆气囊包内的电热点火器（即电雷管），使其发生爆炸。点火器引爆之后，燃烧室中的固态粒状燃烧介质迅速燃烧气化，形成大量气体，这些气体立即充入气囊的各个腔室，气囊急剧膨胀形成在强大的冲击力，从而冲开气囊外部的盖而安全展开。

[0004] 方向盘用气囊装置是设置在机动车的转向系统上且在碰撞等紧急情况下发生膨胀而保护人体的气囊。驾驶员座位的安全气囊通常设置在方向盘的中间位置。该方向盘气囊装置可以有效地保护驾驶员的头部和胸部，因为正面发生的猛烈碰撞会导致车辆前方大幅度的变形，而车内乘员会随着这股猛烈的惯性向前俯冲，造成跟车内构件的相互撞击，另外车内正驾驶位置的安全气囊可以有效地防止在发生碰撞时方向盘顶到驾驶者的胸部，避免致命的伤害。

[0005] 在结构上，该类方向盘气囊装置具有膨胀时与乘员接触侧的乘员侧前片和远离乘员相反侧的后片，通过使乘员侧前片和相反侧后片的周缘部缝合而形成气囊；在后片的中央设置了用以接收充气机前端侧的充气机结合用开口；在后片的充气机用开口和前片之间设置有内片，这些内片将整个气囊内腔划分为位于中央的内部气室和周围的外部气室，在该内片上设置有将内部气室和外部气室进行连通的连通口。一旦充气机操作，首先所生成的气体首先充入中央的内部气室而使其膨胀，随后周围的外部气室膨胀。这样的气囊结构，使气体依次进入各个气室而有层次性地膨胀展开，并

且在最初充气量较小的情况下能够使内部气室首先充气。

[0006] CN1※※※※※※1A也公开一种气囊装置，该气囊630具有内隔片，该内隔片将该气囊630内划分成位于中央的第一气室601和包围该第一气室的第二气室602，该内隔片与气囊630的外片通过"S"形缝合线623相结合。发生碰撞时，气体发生器611开始工作而产生大量气体，气体进入中央的第一气室601而使其膨胀。当第一气室601内的气压达到规定压力值之前，该"S"形缝合线623保持结合，使该第一气室501内的容积处于比较小的状态。当该第一气室501内的气压达到规定压力值以上时，该"S"形缝合线623被撕裂，使整个第一气室601内的容积膨胀到最大。然而，由于该"S"形缝合是在两层气室的接合部位反复缝合，缝合位置比较集中，故其撕裂及第一气室的展开均在瞬间完成，因此容易对驾驶员产生冲击，从而造成伤害。

发明内容

[0007] 本发明的目的即是克服以上缺陷，提供一种气囊装置，其具有内外两层气室，通过内外两层气室间相对均匀的缝合线，使其内外气室在逐步展开中形成相对缓慢柔和的连续过程，以避免对乘员产生过大的瞬间冲击。其优选技术方案为：

[0008] 气囊装置通过来自气体发生器的气体进行膨胀，该气囊具有设置在朝向乘客一侧的前片和设置在与乘客相反一侧的后片，该前片和后片在其周缘部彼此缝合，在后片的中央设置有气体发生器用的开口，该气囊设置有将该气囊内划分成位于中央的内部气室和包围该内部气室的外部气室的内片，该气囊设置有低强度结合装置，将该内片的一部分与该内片、前片和后片中的至少一方缝合；该低强度结合装置，在该内部气室内的气压达到规定压力值之前保持缝合，使该内部气室的容积变得比较小；当该内部气室内的气压达到规定压力值以上时解除所述缝合，使内部气室的容积变得比较大；所述低强度结合装置设置成涡旋状缝合。

[0009] 本发明所涉及的气囊由于这种连接在前片上的内片将气囊内部划分为中央的内部气室和外围的外部气室，使气体能够依次进入各个气室而有层次性地膨胀展开，一方面避免对乘员产生过大的冲击；另一方面，在气囊中央的内部气室尚未完全膨胀时，气体迅速进入外围的外部气室而使其急剧膨胀，这样能够使人体特别需要保护的胸部和腹部比身体的其他部位首先与气囊接触。在膨胀过程中，作为低强度结合装置的涡旋状缝合线的撕裂通常由其涡旋内周端侧开始，向外周端侧连续传播。因而，内部气室的容积随着该缝合线撕裂的传播缓缓增大。

附图说明

[0010] 图31-2-01是现有技术的气囊装置剖视图；

[0011] 图31-2-02是一个符合实施例的气囊和气囊装置在气囊膨胀过程中的剖视图；

[0012] 图31-2-03是图31-2-02所示的气囊和气囊装置的在气囊膨胀展开至最终状态时的剖视图；

[0013] 图31-2-04是图31-2-02所示气囊的正视图。

具体实施方式

[0014] 下文将结合附图对本发明的实施例进行介绍。

[0015] 图31-2-02和图31-2-03是符合本发明技术方案实施形态的机动车驾驶员座位用气囊和气囊装置的剖视图，图31-2-02显示气囊膨胀过程中的情况，图31-2-03显示气囊膨胀结束时的情况，图31-2-04是图31-2-02所示气囊的正视图。

[0016] 如图31-2-02和图31-2-03所示，该气囊130包括分别由大致圆形织布构成的前片103、后片104、第一内片121A和第二内片121B。前片103和后片104的直径大致相同，通过由线及其类似结构等形成的缝合线105在它们的外周缘部进行彼此缝合，成为袋体状。该缝合部沿前片103和后片104的外周缝合成为往复的圆环形。并且，该缝合线105是高强度的缝合线，其即使在气囊130内的气压达到规定压力值以上，也能够确保不被撕裂，也就是说，前片103、后片104彼此间的结合是永久性的缝合。

[0017] 在后片104上还设置有气体发生器（或称充气机）111用的开口120和排气口115。该充气机用开口120设置在后片104的中央。将螺栓插通孔108设置在该充气机用开口120的周围上。

[0018] 在该气囊130的内部设置有上述第一内片121A和第二内片121B。第一内片121A和第二内片121B设置为大致与前片103和后片104呈同心状。其外周缘彼此由线及其类似结构形成的缝合线122缝合。通过第一内片121A和第二内片121B，将气囊130的内部划分成位于中央的内部气室101和包围该内部气室101的外部气室102。内部气室101为内片121A、121B内侧围成的腔，而外部气室102是由上述前片103和后片104内侧以及内片121A、121B外侧围成的腔。

[0019] 前片103侧的第一内片121A的中央部（在气囊130膨胀状态下，变成内片121A的前端侧部分）相对于该前片103的中央部，由线等类似结构构成的缝合线124缝合。

[0020] 缝合线122沿围绕各个内片121A、121B的圆环状缝合（结合）线而将该内片121A、121B彼此结合。而且，缝合线124沿着分别围绕内片121A中央部和前片103中央部的圆环状缝合线而对内片121A和前片103进行结合。这些缝合线122、124是永久性的缝合，即使内部气室101内气压达到规定压力值时也不解除内片121A和121B以及内片121A和前片103的结合的高强度缝合线，以确保内部气室和外部气室始终能够存在。

[0021] 在这种实施形态下，内片121A和121B的外周缘部和中央部的中间部由缝合线123缝合。在这种实施形态下，缝合线123沿围绕各个内片121A、121B的外周缘部和中央部之间的环状缝合而将内片121A和121B彼此结合。在内部气室101内的气压达到规定压力值以上时，缝合线123开始撕裂而解除内片121A、121B之间的结合。因而相对于缝合线122、124，缝合线123为低强度缝合线，其被撕裂将使内部气室的容积发生改变。

[0022] 由于缝合线123的缝合，内部气室101在其内部气压在达到规定压力值之前，能够将其容积保持在相对较小的状态。

[0023] 在该实施例中，缝合线123是对第一内片121A和第二内片121B进行结合的低强度的第一结合装置，其在内部气室101内气压达到规定压力值之前使内部气室容积保持较小。缝合线122是使内部气室容积变大后仍然确保第一内片121A和第二内

片121B进行结合的高强度结合装置。

[0024] 与该后片104的充气机用开口120大致同心状设置的充气机用开口设置在后片104侧的第二内片121B的中央部（气囊130处于膨胀状态下，成为第二内片121B的后端侧的部分）上。这些开口120几乎变成圆形。而且，在该内片121B的该开口120的周围，设置了与后片104的螺栓插通孔108重合的螺栓插通孔。

[0025] 在第二内片121B上设置了多个连通口116,117。连通口116设置在缝合线之间（也就是缝合线122和缝合线123之间）的区域内。连通口117设置在其内侧。因而，该连通口117在内部气室1内达到规定压力值以上且缝合线123撕裂之前变成闭锁状态。而且该连通口117也可以设置在第一内片121A中缝合线彼此之间的区域内。

[0026] 在该实施例中，连通口117位于通过充气机用开口120设置在该内部气室内的后述充气机111的气体喷出方向的延长线上，也就是与该充气机111的气体喷出口119相对的位置上。

[0027] 在该实施例中，连通口116、117分别在气囊周向上等间隔地设置4个，而且，这些连通口116、117彼此相对于气囊中心在周向相位上存在偏移。

[0028] 而且也可以在开口120和连通口116、117、排气口115的周缘部上设置增强用补片等。

[0029] 在用于安装气囊130的保持器114上，将充气机安装口设置于中央，将相应的螺栓插通孔设置在其周围。

[0030] 充气机111是大致圆柱形设备，在其筒轴方向前端侧的侧周面上设置有气体喷出口119。在该实施例中，气体喷出口119在充气机111的周向上等间距地设置了4个。充气机111构成为从这些气体喷出口119沿放射方向喷出气体。从该充气机111筒轴方向的中途部分（比该气体喷出口119靠后端侧）的侧周面，设有充气机固定用凸缘110。在该凸缘110上设置有螺栓插通孔108。该充气机111的前端侧嵌装在保持器114的充气机安装口上。

[0031] 将充气机111安装在保持器114上时，使第二内片121B的充气机用开口的周缘部与后片104的充气机用开口120的周缘部重合，与保持器114的充气机安装口的周缘部重合。

[0032] 将压环118的双头螺栓112插入第二片121B、后片104、保持器114和凸缘110的各个螺栓插通孔内，通过其前端与螺母113啮合，将第二片121B、气囊130和充气机111固定在保持器114上。而且，通过对气囊130进行折叠，并将覆盖该气囊130折叠体的组件盖107安装在保持器114上，构成气囊装置。该气囊装置设置在机动车的转向盘106上。

[0033] 在配置了这种结构气囊装置的车辆发生碰撞时，充气机111迅速起作用而产生大量气体，这些气体喷出到气囊130内。气囊130由于充入气体而膨胀，将组件盖114压开，在车辆室内朝向驾驶员展开。气囊130的膨胀作用分为以下两个阶段。

[0034] 在气囊130的膨胀作用第一阶段，首先内部气室101充气膨胀，该内部气室101内的高压气体通过连通口117流入到外部气室102，由此外部气室102开始膨胀。此时，如图31-2-02所示，内部气室101内的气压尚未达到规定压力值，内部气

室 101 由于缝合线 123 缝合的存在而处于容积较小的状态，气体从内部气室 101 迅速地流入外部气室 102 内。因而，外部气室 102 出现早期膨胀。

[0035] 外部气室 102 继续充分膨胀，使内部气室 101 的内压持续升高。一旦该内压到达规定压力值，则此时气囊 130 的膨胀作用进入第二阶段，气囊的缝合线 123 因受力超过其结合强度而撕裂，内部气室 101 扩张至最大容积，气囊 130 膨胀到图 31-2-03 所示的最终（最大）展开状态。而且，由于缝合线 123 撕裂，连通口 116 由闭合变成开放状态。内部气室 101 和外部气室 102 的上部继续扩张，气囊 130 最终膨胀到最大形状。

[0036] 当乘员与膨胀后气囊 130 碰撞时，内部气室 101 和外部气室 102 内部的气体通过连通口 117 或排气口 115 流出，吸收冲击。

[0037] 而且在气囊 130 内，由于对内部气室 101 和外部气室 102 进行连通的连通口 117 设置在被配置在该内部气室 101 内的充气机 111 的气体喷出方向延长线上，也就是使其设置得与充气机 111 的气体喷出口 119 相对，所以在充气机 111 工作时，从该气体喷出口 119 朝向该连通口 117 喷出气体。因而，来自充气机 111 的气体通过该连通口 117 较容易地流入外部气室 102 内。因而，外部气室 102 的膨胀进一步早期化。

[0038] 如图 31-2-04 所示，在该实施例中，缝合线 123 从内片 121A 中央侧朝向外周侧一边缓缓扩径一边多次环绕该开口 120 周围延伸，成为涡旋状。

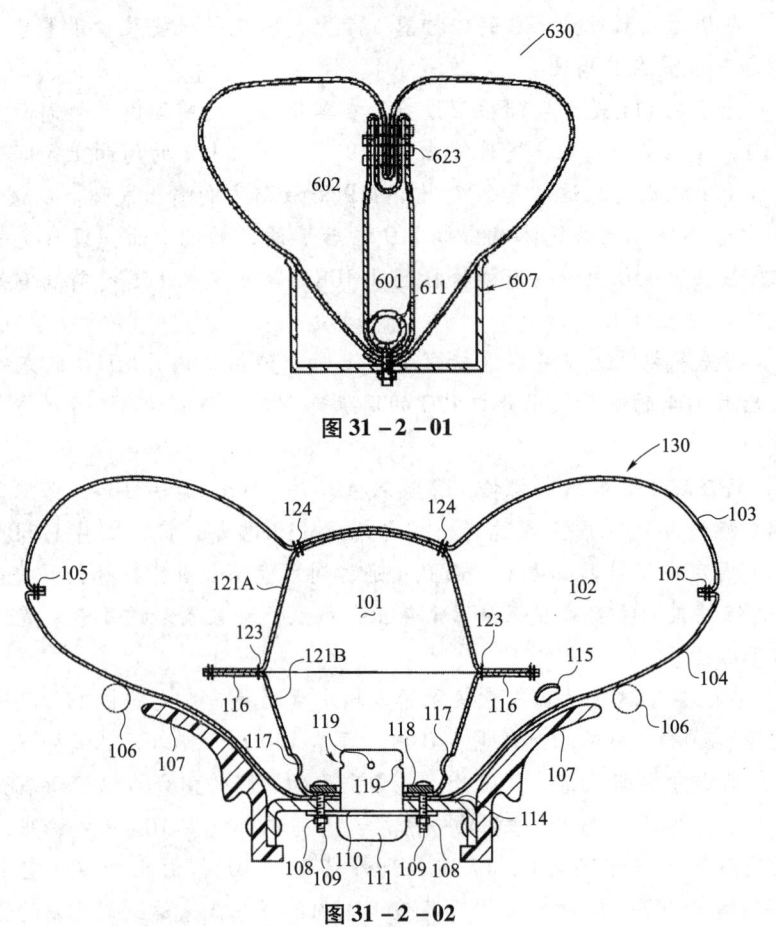

图 31-2-01

图 31-2-02

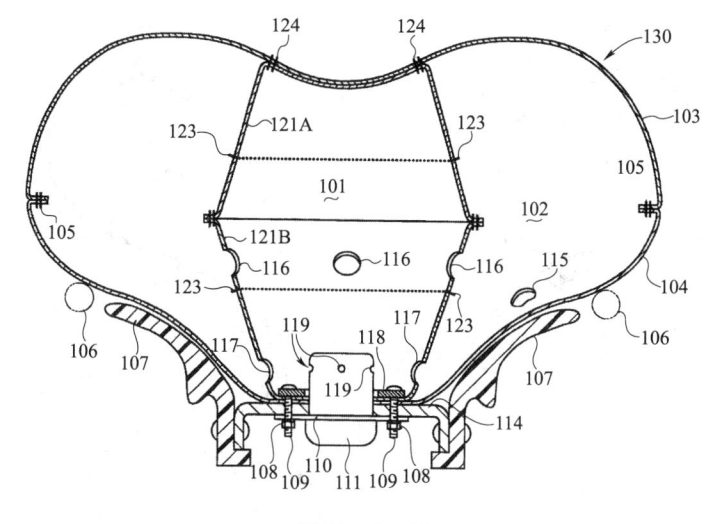

图 31-2-03

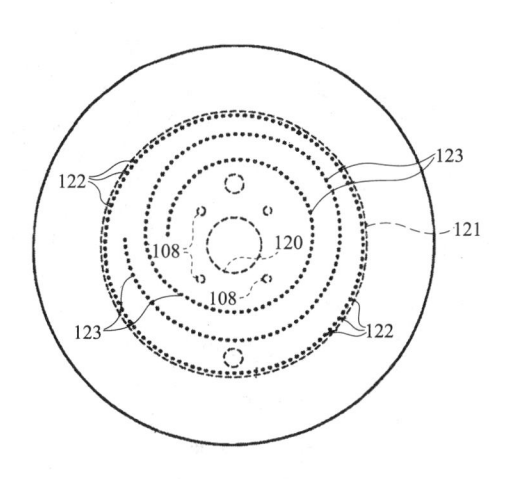

图 31-2-04

[0039] 该缝合线 123 的撕裂通常由其涡旋内周端侧开始，向外周端侧连续传播。因而，内部气室 101 的容积随着该撕裂的传播缓缓增大。从而，与缝合线 123 整体几乎同时撕裂且内部气室 101 容积急剧增大相比，能够减轻变成最大展开形状时施加在缝合线 105 和缝合线 124 上的冲击。

[0040] 在上述各个实施例中，内片是由第一内片和第二内片这 2 个片的连续体构成，但是内片也可以由 1 个片整体构成。

三、对比文件的介绍及审查意见通知书要点

审查员检索到对比文件 1（CN1*******2A）。如图 31-2-05 和图 31-2-06 所示，对比文件 1 也涉及一种气囊装置，该气囊 730 中央设有气体发生器 711，该气囊 730 的本体具有设置在乘员侧的前片 703 和设置在与乘员相反一侧的后片 704，该前片 703 和后片 704 的周缘部彼此通过缝合线 705 永久结合，在后片 704 的中央设置有气体

图 31-2-05

图 31-2-06

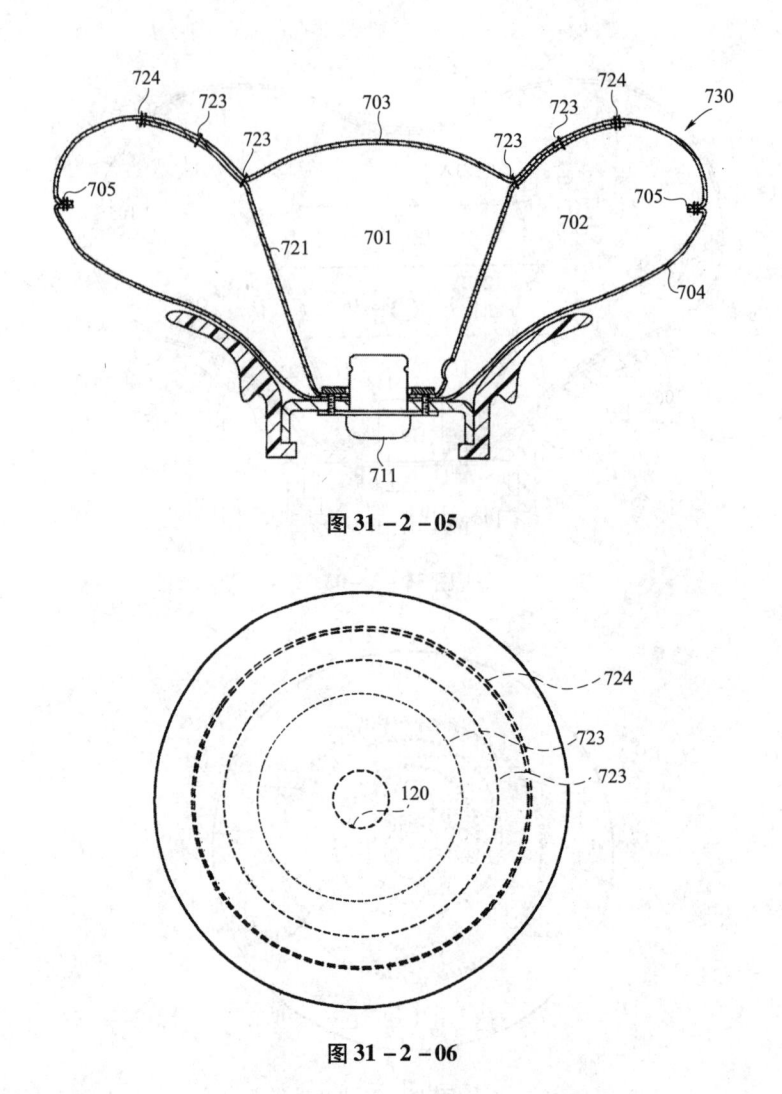

发生器 711 用的开口。该气囊具有内片 721，其由 1 个片整体构成。

内片 721 将该气囊内腔划分成位于中央的第一气室 701 和包围该第一气室的第二气室 702，该内片 721 的周边部与该气囊前片 703 分别通过"环"形缝合线 724 与两道"同心环"形缝合线 723 相结合。其中，"环"形缝合线 724 为永久性结合。当发生碰撞时，气体发生器 711 开始工作而产生大量气体，气体进入中央的第一气室 701 而使其膨胀。当第一气室 701 内的气压达到规定压力值之前，该两道"同心环"形缝合线 723 始终保持结合，使该第一气室 701 内的容积处于比较小的状态。当该第一气室 701 内的气压达到规定压力值以上时，该两道"同心环"形缝合线 723 被撕裂而失效，使第一气室 501 内的容积变得比较大，而"环"形缝合线 724 仍然保持结合。

与说明书背景技术所引用的 CN1*******1A 相比，对比文件 1 中的气囊装置，其非永久结合的低强度结合装置 723 呈两道"同心环"形缝合线，其撕裂将先后沿两道"同心环"进行，第一气室的展开比 CN1*******1A 中的要缓慢。与 CN1*******1A 相比，对比文件 1 的缝合线与本申请权利要求 1 所述的涡旋状缝合更为接近，均能够缓解气囊展开对驾驶员产生冲击。因此，对比文件1是本申请最接近的现有技术。

审查员用对比文件1结合公知常识评述权利要求1的创造性，审查意见如下：

对比文件1（CN1*******2A）公开了一种气囊，并具体公开了以下技术特征"其具有设置在乘员侧的前片（703）和设置在与乘员相反一侧的后片（704），该前片和后片的周缘部彼此结合，在后片的中央设置有气体发生器（711）用的开口，设置有将该气囊内划分成中央的内部气室（701）和包围该内部气室的外部气室（702）的内片（721），设置有将该内片的一部分与该内片、前片和后片中的至少一方结合的低强度结合装置（723）；该低强度结合装置在内部气室内的气压达到规定压力之前保持结合，使该内部气室内的容积变得比较小；当该内部气室内的气压达到规定压力以上时解除所述结合，使内部气室内的容积变得比较大"（参见该对比文件1的摘要及附图）。由此可见，本申请与对比文件1的区别在于：本申请所述的低强度结合装置设置成涡旋状。然而，对比文件1中采用了两道"同心环"形缝合线，其目的是实现气囊的逐步展开，以避免对乘员产生过大的瞬间冲击，这与涡旋状缝合线的功效是相同的。由于曲线的缝合是目前关于气囊的缝合所通常采用的，例如背景技术中采用了"S"形缝合线，而对比文件1中采用了两道"同心环"形缝合线，在此基础上所属技术领域的技术人员容易想到采用同样是曲线缝合的涡旋状缝合线，而无须创造性劳动，因而同样作为曲线缝合的一种，该区别特征涡旋状缝合线的采用以及各种缝合线类型的变换是本领域中的公知常识，其技术效果是可以预期的，故本申请的权利要求1不符合《专利法》第23条第3款有关创造性的规定，是不能被接受的。

审查员同时指出本申请的其他从属权利要求不具备创造性。为了节约篇幅，此处略去审查员对各项从属权利要求的详细评述。

由于说明书中也没有记载其他任何可以授予专利权的实质性内容，因而审查员认为即使申请人对权利要求进行重新组合和/或根据说明书记载的内容作进一步的限定，本申请也不具备被授予专利权的前景。如果申请人不能在本通知书规定的答复期限内提出表明本申请具有创造性的充分理由，本申请将被驳回。

四、申请人的意见陈述

对于创造性的判断，虽然审查员与申请人都应当立足于所属技术领域的技术人员的角度，但由于看待具体问题时两者的角度有可能并不完全一致，因此双方对技术问题及技术效果的认定就可能存在分歧。这就需要双方的进一步沟通，以尽量消除理解上的分歧。

于是，针对上述审查意见，申请人答复的主要观点如下：

1. 对比文件1没有公开涡旋状的缝合线

首先，从对比文件1所公开的技术内容来看，对比文件1公开了一种具有内外两层气室的气囊。对比文件1中的气囊，其中内两层气室通过可解除的缝合线调整其容积，该可解除的缝合线采用的一种两道"同心环"形缝合线，这与本申请权利要求1所述的可解除缝合线为"涡旋状"缝合线完全不同。故正如审查意见所述，对比文件1确实没有公开特征"低强度结合设置成涡旋状"。

2. 对比文件1与本申请的区别技术特征并非本技术领域的公知常识

由说明书的记载可知，可解除的涡旋状缝合线能够产生相应的效果。所属技术领域的技术人员并不能轻易地想到采用该"涡旋状"缝合线的技术手段，因为在本申请之前并不存在采用"涡旋状"缝合线的现有技术，也没有将现有技术中的"同心环"形缝合线改进为涡旋状缝合线的启示，或者说所属技术领域的技术人员并没有将现有技术中的"同心环"形缝合线改进为涡旋状缝合线的动机。而上述技术特征（"涡旋状"缝合线）也并不是所属技术领域的技术人员容易想到的公知常识。

因而，申请人不能认同上述审查意见。

五、案情分析

（一）案情简介

本申请涉及一种具有内外两层气室的方向盘用气囊装置。

气囊是一种可根据技术目的而改变外形和类型的产品，通常根据其性能要求设计成各种外形的囊状，故其缝合线形状也随着设计需要而相应设置成直线或曲线状。因而对于普通的气囊，那些直线或曲线状缝合线以及各种类型缝合线的变换并非是决定气囊的性能的重要因素，也不产生本质上不同的技术效果，故通常是气囊领域的公知常识。

目前现有技术中已经出现了多气室的气囊。在多气室内外嵌套的气囊中，其将整个气囊内腔划分为位于中央的内部气室和周围的外部气室，其间通过可解除的缝合线进行缝合。一旦充气机操作，所生成的气体首先充入中央的内部气室而使其膨胀，随后可解除的低强度缝合线撕裂，使气体进入周围的外部气室而膨胀。这样的气囊结构，使气体依次进入各个气室而有层次性地膨胀展开。

而本申请与现有技术一样，也具有内外两层气室。同时，为了避免气囊展开对乘员产生过大的瞬间冲击，本申请试图使气囊逐步平稳展开，从而形成一个连续的缓慢过程，缓解气囊对人体形成的瞬间冲击。为了实现这一目的，本申请将内外气室间的缝合设置为低强度的可撕裂涡旋状缝合线，从而在气囊逐步展开中，随着涡旋状缝合线的逐步撕裂，形成一个相对缓慢柔和的连续展开过程。因而本申请的改进点在于涡旋状缝合线的使用。

（二）审查员的审查意见分析

从对比文件1所公开的技术内容来看，对比文件1与本申请的技术领域相同，也涉及一种具有内外两层气室的气囊装置，该内外两层气室的形成是由一个内片通过可解除的多道"同心环"形缝合线的缝合而将气囊内腔分隔而形成的。通过"同心环"形缝合线在达到临界值的撕裂，对比文件1的技术方案也试图避免气囊展开时对乘客形成过大冲击。而从对比文件1的图31-2-05中可见，该内片721是由1个片整体构成，这在本申请说明书第[0037]段也有记载。由此可见，对比文件1的气囊装置与本申请在结构上有许多共同点，其技术目的也相类似，故审查员所检索到的对比文件1的技术方案与本申请非常接近。实际上，只有在充分理解技术方案的基础上，审查员才能够作出准确的检索。因而从以上较好的检索结果来看，审查员对本申请技术方案的理解是充分和透彻的。

通过将对比文件1与本申请技术方案的进行对比可知：在气囊结构上，两者都具有内外两层气室，并且都采用可解除的缝合线来控制内层气室的展开。该对比文件1中除了可解除的缝合线采用了两道"同心环"形缝合线以外，气囊的其余特征与本申请的权利要求1相同。对于普通的气囊，各种类型的曲线状缝合线已在气囊领域获得广泛应用。而曲线状缝合线以及各种类型缝合线的变换通常是气囊领域的公知常识。从现有技术来看，无论是"S"形缝合线，还是"同心环"形缝合线，均是普通气囊通常采用的曲线缝合中的一种，而多道"同心环"形缝合线也避免了气囊各气室在瞬间同时展开，其与涡旋状缝合线相比，两者之间确实存在较大的相似性。所属技术领域的技术人员对气囊进行缝合时，能够根据气囊的性能要求，将在现有技术中获知的"同心环"形缝合线，通过采用本领域中习以为常的技术手段而改进为同样为曲线缝合的涡旋状缝合线，这应当是所属技术领域的技术人员容易想到的。基于以上考虑，审查员将本申请中采用"涡旋状缝合线"认定为本技术领域中的公知常识。

由此，从以上的思考来看，审查员所作出的审查意见是合乎逻辑的。

（三）申请人的答复意见分析

从该申请的审查过程来看，无论是审查意见，还是申请人的答复，其反映的事实已经非常清楚，其争论的焦点在于该申请与对比文件的区别究竟是否是公知常识，对公知常识的认定成为问题的关键。而申请人针对公知常识的争辩是否能够说服审查员？在分析意见陈述之前，首先对公知常识的范畴作一些解释和说明。

公知常识的认定，不仅是专利权确权和侵权中最易引起争议的焦点之一，而且也是实质审查中申请人与审查员之间最易产生分歧之处。然而，什么是公知常识？目前相关法律及司法解释并没有直接给出一个明确的定义。

公知常识的概念源自《专利审查指南》第二部分第三章第3.2.1.1节中创造性判断中对"启示"的说明。根据《专利审查指南》，在创造性的评价中，通常认为例如在下列情形中现有技术中存在技术启示：

所述区别特征为公知常识，例如，本领域中解决该重新确定的技术问题的惯用手段，或教科书或者工具书等中披露的解决该重新确定的技术问题的技术手段。

根据《专利审查指南》的上述内容，公知常识的认知主体应当是所属技术领域的技术人员。所属技术领域的技术人员，是指一种假设的"人"，假定他知晓申请日或者优先权日之前发明所属技术领域所有的普通技术知识，能够获知该领域中所有的现有技术。因而，认定区别技术特征为公知常识，应当站在所属技术领域的技术人员的角度，通过合理的逻辑分析以最终得出结论。

公知常识的范围非常宽，例如所属技术领域的技术人员实际知道或者应当知道的技术手段属于公知常识。公知常识的载体一般为（但不局限于）技术词典、技术手册、教科书等。公知常识具有时间性，属于公知常识范畴的技术手段处于一个不断增加、更新的状态，对其时间点的确定有时将会对创造性判断起到主要作用。尤其需要注意的是，公知常识具有技术领域性，与技术领域密切相关，既包括跨技术领域的众所周知的普通知识、自然规律及定理、生活常识，也包括特定技术领域独有的技术常识。

公知常识的判断应当从所属技术领域的技术人员的角度出发，然而，在具体审查实践中，公知常识的认定，常常成为专利审查过程中最易引起争议的焦点。在涉及创造性评述的审查意见中，经常出现审查员将一些技术特征直接认定为公知常识的情况。有时，审查员的意见可能并不完全正确，这就需要申请人通过意见陈述澄清事实，说服审查员改变观点。

但如何在通过充分说理来对该类审查意见作出合理答复，却也是申请人意见答复中的一个难点。若对涉及公知常识的意见答复不合理或过于笼统，非但不能说服审查员认同其观点，反而会导致审查员认为没有提出有说服力的意见，从而加大了驳回的可能性。

本申请的申请人在意见陈述中，首先提出：对比文件1没有公开涡旋状的缝合线。然后，直接对"该特征为本技术领域的公知常识"提出异议，指出所属技术领域的技术人员难以在对比文件1的基础上想到采用涡旋状的缝合线。

然而，申请人争辩的第一点，实际上并无重点强调的必要。因为审查员已经在审查意见中清楚地表明"本申请与对比文件1的区别在于：本申请的所述低强度结合装置设置成涡旋状"，两者确实不同，故没有重复强调的必要性。关于第二点，该意见陈述只是简单地强调所属技术领域的技术人员难以在对比文件1的基础上想到采用涡旋状的缝合线，而没有从发明目的、技术手段和技术效果等角度详细阐明具体的理由，即没有充分说明为什么该区别特征不是所属领域的公知常识。由于没有能够实现说理充分，也没有提出具有说服力的证据来支持以上观点，因而该争辩是不能够获得所属技术领域的技术人员的认同的，更无助于引导审查员深入领会本申请技术方案的核心。

基于以上问题，申请人实际提交的意见陈述是不具有说服力的，并且由于申请人未对申请文件进行修改，因此所属技术领域的技术人员会自然而然地认为本申请不具有专利性。

六、意见陈述的基本思路

在审查员的意见认定某技术特征为公知常识的情况下，如何对其所述公知常识的认定进行有效地争辩，从而说服审查员认同其观点呢？

由于双方争议的焦点在于公知常识的认定，因此申请人在答复时，应当考虑以下的问题：该技术特征是否是所属技术领域的技术人员容易想到的公知常识？如果不是公知常识，则该技术特征针对的技术问题是什么？现有技术中针对此技术问题的公知常识是什么？本申请在领域上是否具有特殊性？本技术方案采用的技术手段相对于上述公知常识有哪些本质上的不同？

在考虑以上问题的基础上，申请人应当按照严密的论证逻辑形成清晰的答复思路。

首先，申请人应当摆明观点，指出：该技术特征并不是所属技术领域的技术人员容易想到的公知常识。其次，可以列举的方式展开：作为本领域的常规缝合线形状，通常采用的有直线形、曲线缝合线等。例如，在普通单气室气囊也常采用"S"形缝合线，其在气囊的缝合处反复缝合，从而增强缝合的牢固性。这实际上具体说明通常在气囊领域中哪些技术手段是公知常识。

而后需要进一步分析的是，本申请所涉及的气囊在领域上是具有特殊性的。对于具有内外两层气室的气囊，缝合线形式的变化在该领域具有特殊的意义，并非是公知常识。例如，背景技术中的"S"形缝合线，其在内外两层气室的缝合处反复缝合，从而将气囊内腔分隔成内外气室。对比文件1中采用的是"同心环"形缝合线，其在将内外气室分隔的同时，通过两道缝合的解除实现内部气室分两个阶段膨胀。这两种缝合线的选用实际上分别形成了内外两层气室气囊的不同性能。例如在气囊展开的缓冲性能上，"同心环"形缝合线要优于"S"形缝合线。

然后，进一步指出该区别技术特征与现有技术及公知常识相比较，所解决的技术问题是否相同，产生了哪些独特技术效果：通过形成涡旋状的缝合线（低强度结合装置），在气囊膨胀时使缝合线的撕裂从涡旋内周端侧开始向外周端侧连续传播，气囊的内部气室的容积也随着撕裂的传播而缓缓增大，与缝合线整体几乎同时撕裂而使气囊的内部气室的容积急剧增大时相比，能够减轻气囊变成最大展开形状时施加在缝合线上的冲击。最后可以强调：这些独特技术效果并不是申请人临时性的辩解，而是在说明书中已有明确的记载，从而说明该技术特征是本申请的发明点。

七、推荐的意见陈述书

根据以上的逻辑推理，提供了一个推荐的答复实例。

首先感谢审查员耐心细致的审查。

如审查意见所述，对比文件1公开了具有内外两层气室的气囊，并且采用可解除的曲线状缝合线来控制内层气室的展开，来缓解气囊展开时对乘员产生过大的瞬间冲击。因此，对比文件1为本申请最接近的在先技术。在这一点上，申请人与审查员的观点相同。

然而，虽然对比文件1与本申请均涉及一种两气室的方向盘气囊装置，但其所采用的结合装置或者说缝合线的类型并不相同。从对比文件1的附图31-2-05和附图31-2-06中可见，对比文件1公开的气囊，设有两道"同心环"形缝合线，其与本申请权利要求1所述的"涡旋状"缝合线并不相同，故对比文件1确实没有公开特征"低强度结合设置成涡旋状"这一观点也正如审查意见通知书所述，已经获得审查员认同。

对于审查意见将对比文件1与本申请权利要求1所述技术方案的上述区别技术特征认定为公知常识，从而得出权利要求1不具备创造性的结论，申请人持有不同意见，具体理由如下。

在气囊领域，气囊装置通常都设计成各种外形的囊状，而气囊内部也分隔成一定形状和大小的气室。故其缝合也随着所设计气囊外形及内部气室的需要而形成相应的类型的直线或曲线状。各种类型的曲线状缝合线已在气囊领域获得广泛应用。在通常情况下，气囊外形及内部气室的形状和大小是决定气囊的性能的重要因素，而由于缝合线形式并不改变气囊外形及内部气室的形状和大小，不会产生本质上不同的技术效果。因而对于普通的气囊，不同缝合线形式的替换通常也被认为是该领域的公知常识。

申请人认为有必要进一步指出的是：本申请涉及的是一种具有内外两层气室的方

向盘用气囊装置，其不同于普通的气囊。对于这种具有内外两层气室的气囊，缝合线形式的变化均是依据特定的技术目的而作出的特别选择，而且这种选择也必然会带来不同的技术效果。例如，对比文件1中采用的是"同心环"形缝合线，其缝合将气囊内腔分隔成内外气室，在气囊膨胀时通过"同心环"缝合的先后解除，使内部气室的膨胀分为两个阶段。本申请所述的缝合线的具体形成形式为"低强度结合装置设置成涡旋状"，由此内外气室在逐步展开中形成相对缓慢的连续过程，避免对乘员产生过大的瞬间冲击，因而在具有内外两层气室的气囊中将缝合线形式选择为"涡旋状"，与其他缝合线的具体形成形式比，必然能够产生本质上不同的技术效果。因此，任何一种缝合线的具体形成形式在具有内外两层气室的气囊领域均具有特殊意义，而不同于普通气囊的曲线缝合线。故缝合线形式的变化，尤其是本申请"涡旋状"缝合线的选用，并不是公知常识。

其次，从所解决的技术问题来看，现有技术中的"S"形缝合线、"同心环"形缝合线均是间断的、非连续性曲线缝合线，其要解决的技术问题是为了在最初充气量较小的情况下能够使内部气室首先充气，从而使气体依次进入内外气室而有层次性地膨胀展开，而非整个气囊膨胀而一起急剧展开。而本申请采用涡旋状的缝合线，其要解决的技术问题是内外气室在逐步展开中形成相对缓慢的连续过程，避免对乘员产生过大的瞬间冲击。因此，两者所解决的技术问题虽然有一定的相似性，但其仍然存在一定的区别。

再次，从技术效果来看，在本申请中，通过形成涡旋状的缝合线（低强度结合装置），在气囊膨胀时使撕裂缝合线的从涡旋内周端侧开始向外周端侧连续缓慢地传播，气囊的内部气室101的容积也随着的传播而缓缓增大，与缝合线整体几乎同时撕裂而使气囊的内部气室的容积急剧增大时相比，能够减轻气囊膨胀成最大展开形状时施加在缝合线上的冲击，以确保气囊能够起作用，同时减轻气囊对人体形成的瞬间冲击。这样的技术效果并不是本领域公知的常规缝合线形状所能够达到的。

可见，就其结构上来看，"S"形缝合线是一种长度较短的曲线缝合线；"同心环"形缝合线虽然长度比"S"形长，但与对比文件1中采用的"涡旋状"缝合线相比，其是一种间断的、非连续性曲线缝合线。对比文件1中采用的是"同心环"形缝合线723虽然比直线形、"S"形缝合线623的撕裂速度慢，但仍然使气囊与两道缝合线撕裂的同时而展开，即气囊缝合展开过程并不存在一个连续的缓慢过程。而涡旋状的缝合线所产生的技术效果在说明书的相应部分也有详细的记载（参见本申请说明书第［0035］段到第［0036］段）。因此，涡旋状的缝合线并不是本领域的公知常识，从现有技术中的"S"形缝合线、"同心环"形缝合线出发，通过公知的技术手段，而构思出"涡旋状"缝合线从设计上具有一定的技术跨度。这也是本申请的发明点所在。

因此，该涡旋状缝合线的采用使气囊缝合的展开形成一个连续的缓慢过程，缓解了气囊对人体形成的瞬间冲击，在很大程度上改进了气囊的性能。由于涡旋状缝合线存在以上的技术贡献，故由权利要求1所限定的技术方案相对于对比文件1是具有创造性的。

由于权利要求1具有创造性，其从属权利要求也具有创造性。

此外，根据审查员提供的对比文件1，在说明书的背景技术部分，增加下述内容：

[0007] CN1※※※※※※※2A也公开一种方向盘用气囊装置，其具有内外两层气室的气囊。该气囊中内两层气室通过可解除的缝合线调整其容积，该可解除的缝合线采用的一种两道"同心环"形缝合线。在气囊膨胀时，内部气室首先充气，当该内部气室气压达到规定压力值以上时，该"同心环"形缝合线被撕裂，使整个内部气室的容积膨胀到最大。虽然该"同心环"形缝合线比"S"形缝合线在气囊展开上有所改进，然而由于该"同心环"形缝合线是间断的，不是一条连续的曲线，其并没有使气囊缝合的展开形成一个连续的缓慢过程，从而在很大程度上缓解了气囊对人体形成的瞬间冲击。

由于这些内容仅是对背景技术作些补充，所以对说明书的修改仍然符合《专利法》第33条的规定。

同时，申请人根据对比文件1对权利要求1进行修改，重新划分前序部分和特征部分。修改后的权利要求1为：

1. 一种车辆用气囊装置，其通过来自气体发生器的气体进行膨胀，该气囊具有前片和后片，其中前片设置在朝向乘客一侧，后片设置在与乘客相反一侧，该前片和后片在其周缘部彼此高强度缝合，在后片的中央设置有气体发生器用的开口，该气囊设置有将该气囊内划分成内部气室和外部气室的内片，其中内部气室位于气囊的中央，而外部气室包围于该内部气室的外周，

该气囊装置设置有低强度结合装置，将该内片的一部分与该内片、前片和后片中的至少一方缝合；

该低强度结合装置，在该内部气室内的气压达到规定压力值之前保持缝合，使该内部气室的容积保持在比较小的状态；当该内部气室内的气压达到规定压力值以上时，以上低强度缝合解除，使内部气室的容积变得比较大；其特征在于：

所述低强度结合装置设置成涡旋状的缝合。

由于该修改不会对权利要求1的请求保护范围产生改变，所以对权利要求1修改没有超出原始说明书和权利要求书的范围，符合《专利法》第33条的规定。

如果审查员对权利要求的创造性、说明书和权利要求的修改没有超出原始说明书和权利要求书的范围有异议，恳求审查员再给予一次意见陈述的机会。

八、对案例的总结

公知常识的判定与技术领域是密切相关的，其判定必须从所属技术领域的技术人员的角度出发，并且充分考虑相关领域的因素。脱离具体技术领域来判定某个技术特征是否是公知常识，必然是行不通的。

申请人对涉及公知常识的答复时，应当考虑以下的问题：该技术特征是否所属技术领域的技术人员容易想到的公知常识？如果不是公知常识，则该技术特征是针对的技术问题是什么？现有技术中针对此技术问题的公知常识是什么？本申请在领域上是否具有特殊性？本技术方案采用的技术手段相对于上述公知常识有哪些本质上的不同？

以上这些问题是一个层层递进的思考过程。因而在答复思路和论证逻辑上，也

应当以层层递进的方式展开：首先摆明观点，指出该技术特征并不是所属技术领域的技术人员容易想到的公知常识。随后，具体说明在本领域中哪些技术手段是公知常识。本申请在领域上是否存在特殊性？并且以上提到的现有技术及公知常识与本申请中的相应技术特征之间存在有哪些不同和差距。进一步指出：该技术特征所解决的技术问题是什么，产生了哪些独特技术效果。这些独特技术效果并不是申请人临时性的辩解，而是在说明书中已有明确的记载，从而说明该技术特征是本申请的发明点。

相信通过以上答复，比仅仅直接否认该区别特征为公知常识，要更具有说服力。

第三节 对权利要求是否包含无法实施的技术方案的答复

一、概要

《专利法》第26条第4款规定，权利要求书应当以说明书为依据，清楚、简要地限定要求专利保护的范围。权利要求书以说明书为依据，是指权利要求应当得到说明书的支持。

在申请人收到的有关权利要求得不到说明书支持的审查意见中，其中一种情况是：审查员认为权利要求保护范围中包括了一个或多个无法实施的技术方案，从而认定该权利要求概括了较宽的保护范围，得不到说明书的支持。在申请人认为审查意见正确的情况下，可以通过修改权利要求的方式，利用原始申请文本记载的内容对权利要求做进一步的限定，将那些无法实施的技术方案排除出权利要求保护范围；在申请人认为审查意见有待商榷的情况下，也可以有理有据地陈述意见，将需要澄清或解释的内容清楚明了的表述出来，以证明该权利要求并不包含无法实施的技术方案。

本节将通过一个具体案例，针对由于权利要求包含无法实施的技术方案而导致的权利要求不符合《专利法》第26条第4款规定的审查意见，提出一种如何撰写有说服力的答复意见的思路，供申请人参考。

二、申请文件

（一）说明书摘要

本发明公开了一种用于模拟鸟类翅膀上下扇动的扑翼装置，该装置包括机壳（103）和翼片（108），机壳中装有两个对称布局的舵机驱动装置（110），舵机驱动装置中的舵机（112）带动由驱动杆（102）、摆动杆（113）、传动杆（105）、连杆（107）组成的连杆机构往复运动，进而带动连接在支撑臂（101）上的翼片（108）上下扇动。该装置一改扑翼机构所惯用的减速电机，采用舵机来灵活控制翼片的位置、扇动速度和幅度，可以很好地模拟出各种复杂的翅膀扇动动作，模拟效果更加逼真。

（二）摘要附图

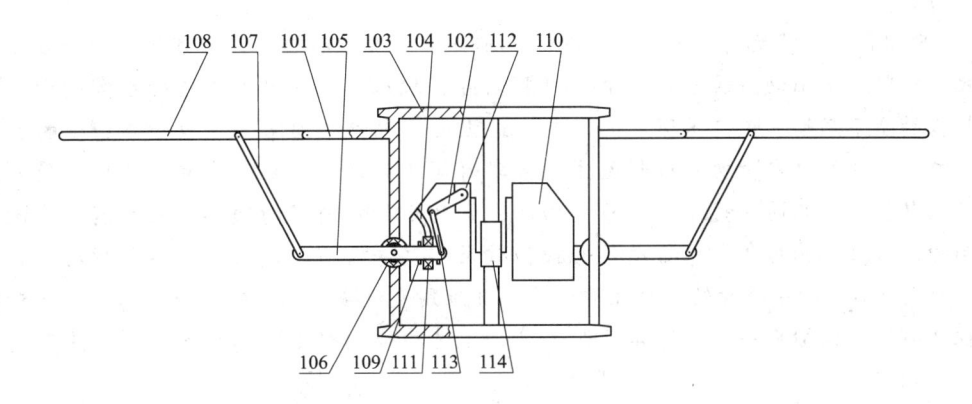

（三）权利要求书

1. 一种扑翼装置，包括机壳（103）和翼片（108），其特征在于，在所述机壳（103）中装有两个对称布局的舵机驱动装置（110），所述舵机驱动装置（110）中的舵机（112）带动驱动杆（102）摆动，一摆动杆（113）的一端与驱动杆（102）的端部铰接，另一端与传动杆（105）的一端铰接，传动杆（105）上套装的滚轮（111）与舵机驱动装置（110）中的滑道（104）相配合以在滑道（104）中上下滑动，所述传动杆（105）的中部通过轴承座（6）与机壳（103）联接并从机壳（103）中伸出，传动杆（105）的另一端联接着连杆（107），连杆（107）的另一端联接着翼片（108）的中部，翼片（108）的一端联接在支撑臂（101）上，支撑臂（101）固结在机壳（103）的侧壁上，所述驱动杆（102）通过所述摆动杆（113）带动传动杆（105）绕轴承座（106）转动，进而通过连杆（107）带动翼片（108）上下扇动。

2. 根据权利要求1所述的扑翼装置，其中所述轴承座（106）为圆柱形轴承座，其圆柱的中部设计着与轴线垂直的通孔，所述传动杆（105）从轴承座（106）圆柱上的通孔穿出，轴承座（106）轴向两端分别安装的轴承与机壳（103）的侧壁联接，使传动杆（105）可以绕着圆柱形轴承座（106）的轴线自由转动。

3. 根据权利要求1所述的扑翼装置，其中所述滚轮（111）在所述传动杆（105）上滑动以适应滑道的形状，在传动杆（105）上设置限位装置（109）来限制滚轮（111）的滑动范围。

4. 根据权利要求1所述的扑翼装置，其中所述滑道（104）为圆弧形轨道。

5. 根据权利要求1所述的扑翼装置，其中还包括控制装置（114），所述控制装置（114）同时控制两个舵机驱动装置（110）中舵机（112）的摆角和摆动速度，进而控制两侧翼片（108）的扇动角度和速度。

（四）说明书

技术领域

[0001] 本发明涉及一种模拟鸟类翅膀扇动的扑翼装置，特别是用于玩具或其他需

要模拟鸟类飞行的装置。

背景技术

[0002] 在儿童玩具或航模中，为了模拟鸟类的飞行动作，经常设计一种扑翼装置来模拟翅膀上下扇动，通常采用电动机驱动连杆机构，利用连杆机构的往复运动，实现翅膀的上下扇动。受使用环境的限制，这里使用电动机通常为重量轻体积小的直流减速电机。这类电机受功能限制无法进行实时调速和换向，因而这样的扑翼装置一旦启动，电机只能在固定的速度下单向转动，带动翅膀以固定的频率和幅度扇动，这样就制约该扑翼机构对鸟类飞行动作的模拟效果，无法模拟出复杂的鸟类飞行动作。比如CN1*******1A公开的一种儿童玩具，其采用直流减速电机作为驱动源带动连杆机构往复运动，模拟翅膀扇动，其只能通过合理选型来调整翅膀扇动速度，无法在使用过程中调整。

发明内容

[0003] 本发明的目的在于提供一种扑翼装置，该装置可以灵活控制翅膀的扇动位置、速度和幅度，更好地模拟出鸟类翅膀扇动的动作，使扑扇动作更加逼真。

[0004] 本发明的目的是这样实现的：一种扑翼装置，包括机壳和翼片，在所述机壳中装有两个对称布局的舵机驱动装置，所述舵机驱动装置中的舵机带动驱动杆摆动，一摆动杆的一端与驱动杆的端部铰接，另一端与传动杆的一端铰接，传动杆上套装的滚轮与舵机驱动装置中的滑道相配合以在滑道中上下滑动，所述传动杆的中部通过轴承座与机壳联接并从机壳中伸出，传动杆的另一端联接着连杆，连杆的另一端联接着翼片的中部，翼片的一端联接在支撑臂上，支撑臂固结在机壳的侧壁上，所述驱动杆通过所述摆动杆带动传动杆绕轴承座转动，进而通过连杆带动翼片上下扇动。

[0005] 所述轴承座为圆柱形轴承座，其圆柱的中部设计着与轴线垂直的通孔，所述传动杆从轴承座圆柱上的通孔穿出，轴承座轴向两端分别安装的轴承与机壳的侧壁联接，使传动杆可以绕着圆柱形轴承座的轴线自由转动。

[0006] 所述滚轮在所述传动杆上滑动以适应滑道的形状，在传动杆上设置限位装置来限制滚轮的滑动范围。

[0006] 所述滑道优选为圆弧形轨道，以保证滚轮在传动杆上固定的位置转动。

[0007] 该扑翼装置还包括控制装置，来同时控制两个舵机驱动装置中舵机的摆角和摆动速度，从而控制两侧翼片的扇动角度和速度。

[0008] 本发明的扑翼装置，在工作时，利用舵机可以实时控制摆动角度和摆动速度的特点，通过控制装置灵活地控制舵机的摆动位置和摆动速度，通过驱动杆带动传动杆绕轴承座转动，进而通过连杆带动翼片上下扇动，而翼片的位置和扇动速度与舵机的摆动角度和摆动速度一一对应。这样，在翼片的上下扇动过程中可以随时控制翼片定位在某个扇动角度，也可以随时调整翼片的扇动幅度和速度，这是传统的采用直流减速电机的扑翼装置所无法实现的。传动杆上的限位装置限制滚轮在传动杆上的滑动范围，同时这样设计可以很好地减少滑道的加工难度。技术人员可以根据想要模拟的动作，合理设计各连杆的长度以及限制舵机与各连杆的摆动角度。

[0009] 可以预先编写舵机摆动程序存储在控制装置中，使两侧的舵机按需求进行

摆动，进而控制翼片的摆动角度和速度，更真实地模拟出各种鸟类飞行动作。两侧翼片的摆动角度和速度可以不相同，从而可以模拟出更加丰富的鸟类动作，也可以在控制装置中添加无线遥控模块，实现远程遥控舵机的动作，进而遥控翅膀的扇动。

[0010] 本发明运用范围比较广，如航模遥控飞机、儿童玩具、飞机场的仿生驱鸟装置以及仿生鱼鳍等。

附图说明

[0011] 图31-3-01为本发明的扑翼装置一实施例的基本结构的剖视示意图；

[0012] 图31-3-02为图31-3-01装置中翼片向下摆动时的剖视示意图。

具体实施方式

[0013] 图31-3-01中为本发明的扑翼装置一实施例的基本结构的剖视示意图，其包括机壳103、控制装置114、舵机驱动装置110、翼片108、连杆107和传动杆105，具体结构是：在机壳103中装有两个对称布局的舵机驱动装置110，该舵机驱动装置110具有舵机112作为动力源，该舵机112带动驱动杆102摆动，一摆动杆113的一端与驱动杆102的端部铰接，另一端与传动杆105的一端铰接，传动杆105上套装的滚轮111与舵机驱动装置110中的滑道104相配合以在滑道104中上下滑动，所述传动杆105的中部通过轴承座6与机壳103联接并从机壳103中伸出，传动杆105的另一端联接着连杆107，连杆107的另一端联接着翼片108的中部，翼片108的一端联接在支撑臂101上，支撑臂101固结在机壳103的侧壁上，所述驱动杆102通过所述摆动杆113带动传动杆105绕轴承座106转动，传动杆105可以以轴承座106为铰接点在图31-3-01所示的0°水平位置与图31-3-02所示的-30°位置之间来回摆动，进而通过连杆107带动翼片108上下扇动。在图31-3-01所示的实施例是用在儿童玩具上的，因此尺寸偏小，其中，传动杆105长55mm，连杆107长50mm，摆动杆113长15mm，驱动杆102长15mm，连杆107铰接在翼片108距与支撑臂101的铰点25mm处，而舵机112安装在距轴承座106横向水平25mm、高20mm处。

[0014] 滚轮111套装在传动杆105上，可以传动杆为轴进行自由转动，并可在传动杆105上轴向滑动，滑动范围受到设置在传动杆105上的限位装置109的限制，从而保障滚轮无法从传动杆上脱落。由于滚轮可以滑动，舵机驱动装置110中的滑道104可以设计成各种形状，从而降低了滑道的加工难度，并且满足各种翅膀动作的要求。滑道104优选为以轴承座106为中心的圆弧形，这样可以保证滚轮在传动杆上固定的位置转动。

[0015] 实现传动杆与机壳联接的轴承座106为圆柱形轴承座，其圆柱的中部设计着与轴线垂直的通孔，传动杆105可以从轴承座106圆柱上的通孔穿出，轴承座106轴向两端分别安装的轴承与机壳103的侧壁联接，使传动杆105可以绕着圆柱形轴承座106的轴线自由转动。这样的结构可以实现机壳内部封闭，使该装置适应各种环境的要求。当然也可以采用其他联接结构，比如万向节。

[0016] 控制装置可以为单片机机构，舵机可以采用日本FUTABA公司的HS-925型号以及类似型号的舵机，由控制装置输出的PWM信号进行控制。由于传动机构采用连杆机构，舵机的摆动角度和速度与翅膀的摆动位置和速度——对应，可以预先编写程序存储在单片机中，使两侧的舵机按照程序进行摆动，进而控制翅膀按要求进行

摆动。两侧翅膀的动作可以不相同，由两路 PWM 信号分别控制。或者可以采用 1 路 PWM 信号同时控制两侧的舵机来实现两侧翅膀同步扇动。优选在扑翼装置上设置角度传感器，来检测两侧翅膀的摆动角度，进而提高控制精度。控制装置中可以添加无线通信模块，采用各种通用无线通信手段，与远程遥控终端连接，远程遥控舵机的摆动动作，进而控制翅膀的扇动动作。

（五）说明书附图

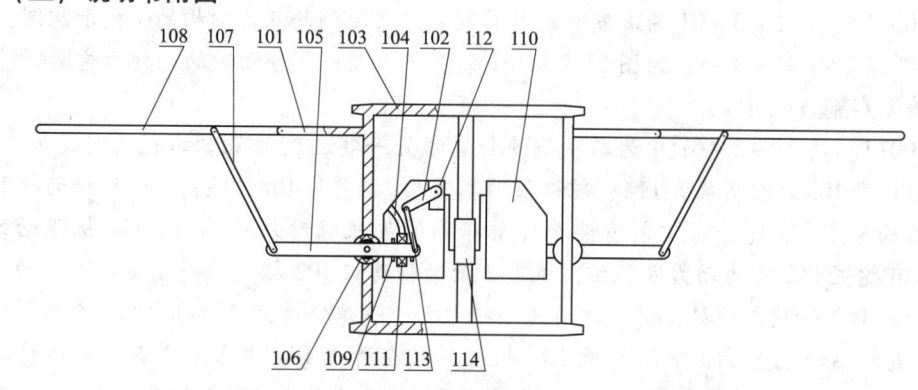

图 31-3-01　扑翼装置的基本结构的剖视示意图

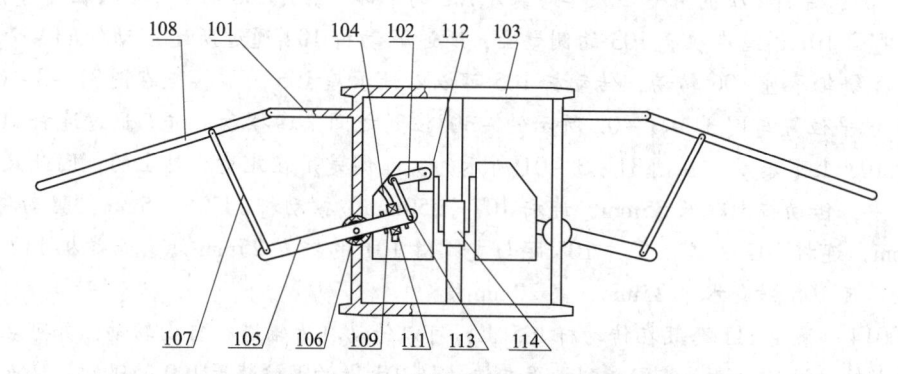

图 31-3-02　翼片向下摆动时的扑翼装置的剖视示意图

三、审查意见通知书中相关审查意见

审查员对上述申请文件进行实质审查，认为权利要求 1 没有以说明书为依据，不符合《专利法》第 26 条第 4 款的规定。审查意见通知书中相关部分如下。

权利要求 1 请求保护的技术方案无法得到说明书的支持，不符合《专利法》第 26 条第 4 款的规定，理由如下：

权利要求 1 请求保护的扑翼装置采用舵机带动连杆机构来模拟翅膀扇动动作，权利要求中仅仅对装置中舵机、各连杆之间的连接位置关系进行了限定，因此现有权利要求的保护范围中包含了只要满足连杆连接关系的全部技术方案。

由于权利要求 1 限定的扑翼装置所采用的连杆结构为普通的四连杆机构，根据本领域普通技术知识可知，四连杆机构在运动过程中存在死点和死区，一旦连杆机构转动到死点,就会出现机构卡死或者连杆转动方向不确定等问题,严重影响四连杆机构的往复运行。权利要求1中仅对各连杆的连接关系进行了限定,未限定驱动杆102或其他各连杆的转动角度,这样限定下的连杆机构是可以转动到死点位置的。因此权利要求1保护范围中包括了四连杆机构能够转动到死点的技术方案,即,包括了无法实现往复运转,无法实现翼片上下扇动的技术方案。

比如,说明书附图所示的扑翼装置,必然满足权利要求1所限定的各连杆连接关系,因而附图所示技术方案在权利要求1的保护范围之中。图31-3-01中,驱动杆102、摆动杆113和传动杆105机壳内的部分组成了一个四连杆结构。该四连杆结构由舵机112带动驱动杆102转动,由于权利要求中未对连杆的转动角度进行限制,驱动杆102可以从图31-3-02所示状态继续顺时针转动,使摆动杆113与传动杆105呈一条直线,到达该四连杆结构的死点位置。明显可以看出,当该结构转动到该死点位置,驱动杆102无法继续顺时针转动,当其逆时针回转时,受连杆结构影响,传动杆105和摆动杆113的转动方向无法唯一确定,传动杆105可能会顺时针回转到图31-3-01所在的初始位置,也可能会继续逆时针转动,使连杆机构无法回到初始位置,从而破坏了机构的往复运动。因此,说明书附图示出的扑翼装置中的四连杆结构在未限制转动角度的条件下,可转动到死点而导致机构无法往复运动,进而无法实现翼片的上下往复扇动,无法解决本发明所要解决的技术问题,而这样无法实施的技术方案在权利要求1的保护范围之中。

因此,权利要求1的保护范围中包含了无法实施的技术方案,概括了较宽的保护范围,该权利要求无法得到说明书的支持。

申请人应当参考说明书具体实施部分给出的实施例,对权利要求1做进一步限定,以确保权利要求1中包含的技术方案全部可以实施,从而得到现有说明书的支持,克服上述缺陷。请注意,申请人对申请文件的修改应当符合《专利法》第33条的规定,不得超出原说明书和权利要求书记载的范围。在权利要求1存在的问题得到克服之前,审查员认为不必要对其他权利要求的可专利性作进一步分析。

四、申请人实际的意见陈述

本案例的申请人在收到上述审查意见通知书之后,提交了意见陈述,未对申请文件进行修改。其中意见陈述的内容主要有以下四个方面:

1. 本发明的工作原理是:传动杆105由舵机112通过驱动杆102和摆动杆113带动,在滑道104上滑动,使传动杆105以轴承座106为铰接点来回摆动,传动杆105的摆角大小和频率由舵机112控制。传动杆105与连杆107、翼片108、支撑臂101构成的平面始终都在一个平面内,翼片108带动翅膀,在传动杆105的上下摆动状态的动力传动下,整个翅膀来回上下扑动。舵机可以随时停止摆动,以使翅膀固定在某个角度,模拟鸟类滑行的状态,而这是传统电动机传动结构所无法实现的。

2. 审查员所指出的图31-3-01中驱动杆102、摆动杆113和驱动杆105组成的四连杆机构死点问题。说明书第13段中明确表述了"传动杆105可以以轴承座106为铰接点在图31-3-01所示的0°水平位置与图31-3-02所示的-30°位置之间来回摆动",从图中可以看出,在现有连杆长度的情况下即使在极限的-30°位置明显不会出现传动杆105与摆动杆113呈一条直线的情况,因此不会达到死点位置。同时,权利要求1中限定了"传动杆上套装的滚轮与舵机驱动装置中的滑道相配合以在滑道中上下滑动"这一技术特征,并且从图31-3-02中可以看出,传动杆105的摆动角度受到了滑道104的限制,仅能在滑道设计的角度范围内滑动,不会到达死点位置。因此审查员所指出的死点情况不会出现,不会影响方案的实施。

3. 本发明的扑翼装置采用连杆结构,技术人员可以选择合适的连杆长度,限制舵机的摆动角度,来实现期望的扑翼动作。可以通过控制装置来控制舵机的摆动角度,以及合理设计滑道等多种手段避免四连杆机构到达死点状态。

4. 本发明的扑翼装置花费申请人不少的精力,目前正在制作样机,传动装置已完备,因此制作了一个光盘,请您参考、审查。制作的样机是按照说明书附图所示的扑翼装置的机构制作的,从光盘演示的实况来看,说明书附图记载的扑翼装置的结构是可以实现扑翼动作的。本发明的说明书内容是根据说明书附图反映的扑翼装置结构撰写的,如果说明书撰写的内容有缺陷,可以根据说明书附图所示的结构内容加以修改。由于申请人的水平有限,不知怎样修改才好,请审查员给予进一步的具体指教,以便使修改的申请文件内容符合规定,能够被批准为发明专利。

五、案情分析

(一)案情简介

本案涉及一种模拟鸟类翅膀运动的扑翼装置。申请人发现,现有儿童玩具中模仿鸟类翅膀运动的扑翼装置通常采用直流减速电机带动连杆机构的方式实现翅膀的上下扇动。由于这种直流减速电机功能简单,只能在恒定速度下单向转动,因此在扑翼装置启动后,翅膀只能以一个固定的频率和幅度上下扇动,用户无法对翅膀扇动的频率和幅度进行调节,也无法控制翅膀固定在某一位置而模拟鸟类滑行的动作。因此,为了解决这一技术问题,实现上述扑翼机构所无法实现的技术效果,模拟出更加丰富的鸟类翅膀动作,申请人提出了用舵机代替减速电机来驱动连杆机构的技术方案。申请人充分利用了舵机能够灵活控制转动角度和转动速度的特点,合理设计了连杆机构传动方案,通过舵机直接带动连杆机构进行摆动,实现舵机摆角与翅膀位置的一一对应,使扑翼装置启动后,用户可以通过控制舵机的摆角和摆动速度,灵活控制翅膀的位置和扇动速度,从而更加逼真地模拟出各种鸟类翅膀动作。同时,申请人设计了滑道、限位块等装置,保证了连杆机构的稳定运行。

可以看出,该申请发明思路清晰,采用舵机代替减速电机作为驱动装置的技术方案,充分地利用了舵机驱动的优势,确实可以实现申请人所声称的技术效果,"灵活控制翅膀的扇动位置、速度和幅度,更好地模拟出鸟类翅膀扇动的动作,使扑扇动作更加逼真。"

(二)审查员审查意见分析

审查员充分阅读了申请文本,理解说明书给出的具体实施例,认可本申请采用舵机代替减速电机的方案确实能够解决翅膀动作无法灵活控制的技术问题,能够实现灵活控制翅膀位置、扇动速度幅度的技术效果。说明书和说明书附图中所给出的具体实施例，对扑翼装置各个部件的结构、功能和相互位置关系都进行了详细必要的说明，所属技术领域的技术人员可以基于说明书现有记载的内容来实施本发明，因此审查员认定该申请的说明书符合《专利法》第26条第3款有关说明书公开充分的规定。

之后，审查员在分析权利要求所要求保护的技术方案时，发现权利要求1中仅对扑翼装置中连杆机构各连杆的连接结构进行了限定，没有限定连杆的转动角度和舵机的转动角度。基于所属技术领域的技术人员的角度，权利要求1请求保护的扑翼装置所采用的连杆机构为典型的四连杆结构，该结构一大特点就是存在死点问题，可导致连杆机构无法往复运动。因此，审查员有理由认为，在权利要求1未限制连杆长度和转角的情况下，其所要求保护的技术方案必然包含了连杆机构可转动到死点位置而导致机构失效的情况。根据《专利审查指南》第二部分第二章第3.2.1节的表述"如果权利要求的概括使所属技术领域的技术人员有理由怀疑该上位概括或并列概括所包含的一种或多种下位概念或选择方式不能解决发明或实用新型所要解决的技术问题，并达到相同的技术效果，则应当认为该权利要求没有得到说明书的支持"，审查员认定权利要求1所概括的保护范围中包含无法解决本发明所要解决技术问题的技术方案，因此权利要求1得不到说明书的支持。

同时，审查员从实施技术方案的角度考虑，当所属技术领域的技术人员实施权利要求1请求保护的扑翼装置的技术方案时，除了基于已明确限定在权利要求中的技术特征外，还必须考虑避免连杆机构运行到死点的各种有效技术手段，以保证扑翼装置所预想实现的技术效果。因此审查员有理由认为，这些避免连杆机构死点问题的技术手段，是实施权利要求1技术方案的关键的必要的技术特征，必须限定在权利要求1中。审查员在《审查意见通知书》中明确指出，希望申请人参考说明书中已给出的实施例，将相关技术特征限定在权利要求中。

审查员充分理解了本发明的发明思路，所指出的连杆机构死点问题是申请人在撰写申请文本时所忽略的技术内容。该死点问题属于所属技术领域的技术人员所公知的技术内容，并且已知多种能够避免死点的常规技术手段，因此审查员站在了所属技术领域的技术人员的角度，没有质疑本发明说明书公开不充分。审查员在《审查意见通知书》中所指出的缺陷，主要是由于权利要求1未对连杆长度和转角进行限定，因而认为其概括出的保护范围中包含连杆机构可转动到死点的技术方案，该权利要求得不到说明书的支持，同时给予了申请人解释和修改权利要求的机会，希望申请人能够将有关连杆转动角度的技术特征加入到权利要求1中。

（三）申请人答复意见分析

申请人在对第一次《审查意见通知书》进行答复时，没有对申请文件进行修改，主要有如下的考虑。

如果按照审查意见中的修改建议，参考说明书给出的实施例对权利要求进行进一步限定，比如引用说明书第［0013］段中表述的连杆转角"0°"和"-30°"，限定权利要求1的传动杆仅在0°到-30°之间转动，那么权利要求1的保护范围将被大大缩小，无法体现申请人本意希望保护的技术方案，即以权利要求1限定的连杆结构为基础的所有能实现连杆往复运动并且不会转动到死点的实施方案。

因此，申请人为了克服审查员所指出缺陷，并获得能够覆盖申请人本意要求保护的全部技术方案的保护范围。申请人只能采用意见陈述的方式来说服审查员。

在实际提交的意见陈述书中，申请人首先陈述了本申请整个方案的工作原理，之后分别从附图和滑道限制这两个角度表明审查意见中所指出的死点问题是不会出现的，最后试图通过寄送实物演示光盘的方式来证明本申请扑翼装置是能够实现的。这样的意见陈述主要存在以下三个方面的问题。

1. 混淆审查意见

申请人明显受到了《审查意见通知书》中"进而无法实现翼片的上下往复扇动，无法解决本发明所要解决的技术问题"这一表述的影响，误以为审查员质疑其整个方案的可行性，因而在意见陈述的第1点和第4点中通过解释工作原理和实物演示的方式，极力证明本申请扑翼装置是可以实施的。该问题是大多数申请人在收到类似本案审查意见时经常容易出现的问题，申请人错误理解审查意见中表述的"无法解决本发明所要解决的技术问题"或"无法实施"，认为这里的审查意见与《专利法》第26条第3款"说明书公开不充分"的审查意见相似，因而在意见陈述中一味地说明本申请是可以实施的并能够解决技术问题达到相应的技术效果。同时，通常在答复"说明书公开不充分"审查意见时是很难通过修改申请文件加以克服的，受此影响，在这里也往往放弃对申请文本的修改。本案中审查员已在审查意见中给出了权利要求修改的建议，是可以通过修改权利要求的方式克服权利要求得不到说明书的缺陷的。

实际上，这里出现的"得不到说明书支持"的审查意见与"公开不充分"的审查意见有着显著的区别，不仅法条不同（第26条第4款与第26条第3款），缺陷实体不同（权利要求书与说明书），并且，前者指的是部分技术方案无法实施，恰恰证明了申请文本中存在可以实施的技术方案，符合说明书公开充分的要求。本案的申请人为证明方案可行有效而陈述的工作原理和进行的实物演示，都与审查意见"在未限制转动角度的条件下，可转动到死点而导致机构无法往复运动，进而无法实现翼片的上下往复扇动，无法解决本发明所要解决的技术问题"无关。审查员完全可以认为申请人所陈述的工作原理和演示实物都是在对连杆转动角度进行限制的情况下实施的，因此不具备说服力。

2. 观点缺乏证据支撑

申请人在意见陈述中说明了连杆转动角度为"0°到-30°"和受到"滑道限制"，来说明连杆不会转动到死点。说明书文字部分中并未明确说明上述这些技术特征是用于限制连杆的死点位置，同时从示意的附图中也无法明显看出"滑道"能够将传动杆105与摆动杆113呈一条直线的情况排除。因此有关"0°到-30°"和"滑道限制"这两方面的理由无法得到足够的证据来支撑，并且这样答复反而更容易使审查员认为申请人所给出的数据和技术内容是实现本发明的关键性内容，必须限定在权利要求中，更加坚持自己的审查意见。

同时，申请人提供的证据中包括实物演示光盘。《专利审查指南》第二部分第八章第4.14节中表述了"申请人提供实物模型进行演示，以证明其申请具有实用性等。"

但是，演示光盘、展示照片等类似的证据，由于无法客观证明演示日期早于申请的申请日，通常不能被采信。

3. 未切中审查意见的关键

由于申请人着重解释整个装置的可行有效，而忽略了本案审查意见的关键——权利要求的保护范围中是否包含可转动到死点的技术方案？是否需要在权利要求中限制连杆的长度和转动角度？申请人仅在意见陈述的第3点中说明了通过舵机和滑道来限制连杆的转动角度，使死点不会出现。这样表述相当于认可审查意见，认为权利要求中必须对连杆的转动角度进行限制而将死点的情况排除。

基于以上三点问题，申请人实际提交的意见陈述无法说服所属技术领域的技术人员，使技术人员接受申请人的观点，权利要求1满足《专利法》的规定。

（四）综合分析

基于对审查员审查意见和申请人答复意见的分析，可以得出，本案争辩的焦点在于：权利要求在不限定连杆长度和转动角度的情况下，其所概括的保护范围中是否包括能转动到死点而无法实施的技术方案。

对于机械领域的普通技术人员来说，本案例提出的扑翼装置结构简单明了，采用舵机驱动四连杆机构进行往复运动，实现固结在某一连杆上的翅膀上下往复扇动。发明点就在于利用了舵机灵活控制摆角的特点，选用舵机为驱动装置，代替了传统的直流减速电机。由此可见，四连杆机构并不是本发明的发明点所在，而审查意见却是基于四连杆机构的死点问题展开的。在机械领域中，四连杆结构是十分常见的传动结构，伴随该机构的死点问题也是本领域所公知的。所属技术领域的技术人员在进行连杆机构设计时必然会考虑到连杆的死点问题，避免死点的出现，从而使技术方案得以实施。这一点审查员同样认可，其并没有在审查意见通知书中提出说明书公开不充分的审查意见，而是将审查焦点放在了权利要求1中没有对连杆长度和转动角度进行限制上。实际上，申请人和审查员的愿望和要求是一致的，双方都不认可那些可转动到死点的技术方案包含在权利要求的保护范围中。下面从审查员和申请人这两个角度分别进行分析。

首先，对于审查员来说，希望在权利要求1中对连杆的长度和转动角度加以限定，限制连杆机构不会转动到死点位置，使权利要求保护范围排除所有无法实施的方案，使保护范围更加清楚合理。但是，明显可以看出，审查员所希望的限定在权利要求1中来避免机构转动到死点的技术特征——对连杆长度和转动角度进行限制，是机械领域的技术人员在设计四连杆机构时必然会因为公知的死点问题而加以考虑的，设计出的连杆机构为了实现往复运动，必须避免死点问题。因此，无需对这些特征进行明确限定说明，所属技术领域的技术人员就能够在实施权利要求1技术方案时获得这些技术特征。可以认为，这些技术特征显然已经隐含限定在权利要求中，从而从权利要求1中排除了那些无法实施的技术方案。

其次，对于申请人来说，本申请的发明点在于采用舵机代替直流减速电机作为驱动装置，而不是四连杆机构。申请人希望获得权利要求保护的，就是采用附图31-3-01所示连杆连接结构的用舵机驱动的装置，因此申请人在权利要求1中对装置的连杆连接关系和驱动装置进行了明确限定，希望权利要求1的保护范围能够覆盖所有采用这种结构的装置。在权利要求 1 中仅对连接关系进行限定，是为了保证装置可以用于模拟鸟类翅膀运动或模拟鱼鳍等各种需要的场合，可以在连杆长度以及连杆转动角度方面进行多种形式的变化变型，而这些变型实施例均落入权利要求 1 的保护范围。《专利审查指南》第二部分第二章第 3.2.1 节明确表述了"如果所属技术领域的技术人员可以合理预测说明书给出的实施方式的所有等同替代方式或明显变型方式都具备相同的性能或用途，则应当允许申请人将权利要求的保护范围概括至覆盖其所有的等同替代或明显变型的方式"。因此，在仅限定连杆连接关系的情况下，所属技术领域的技术人员完全可以基于本领域中四连杆机构的普通技术知识，根据装置的实际需要，合理预测设计出本申请扑翼装置的各种变形方式，并能够达到采用舵机驱动而带来的技术效果。因而权利要求 1 所进行的概括属于合理概括，而概括出的保护范围，由于都是基于所属技术领域的技术人员的合理预测设计，因而必然排除了那些可以转动到死点位置的技术方案。同时，申请人在主观上也无意对那些无法实现翼片往复运动的方案进行保护，并不是故意地去除有关连杆转动角度的限定特征来扩大保护范围，因为扩大出的那些技术方案都是无法实施的，并不会带来额外的利益。

综合这两个角度的分析后可以得出，权利要求 1 的保护范围中并不包含那些可转动到死点的技术方案，所要求保护的技术方案没有超出说明书公开的范围，因而权利要求 1 是得到说明书支持的，符合《专利法》第 26 条第 4 款的规定。申请人应该通过意见陈述的方式来说服审查员。

六、意见陈述的基本思路

基于以上分析，本申请以及类似案例在进行意见陈述时，可以从以下 4 点进行陈述。

首先，应从审查意见中指出的具体无法实施的技术方案入手进行分析，基于申请文本公开的技术内容，说明审查员所指出的无法实施的问题在说明书已公开的实施例中不会出现，证明说明书公开的技术方案是能够实施的。

其次，需要向审查员说明，应当站在所属技术领域的技术人员的角度理解权利要求书和说明书记载的技术方案。所属技术领域的技术人员在实施权利要求所要求保护的技术方案时，能够根据本领域普通技术知识以及公知常识，必然获得那些确保方案实施的技术手段，而获得的技术手段所实现的技术效果是可以预测的，从而认定这些技术手段已经隐含限定在权利要求中，从而将那些无法实施的技术方案排除出权利要求保护范围。

第三，应当指出，现有说明书中已对本申请所要解决的技术问题、所采用的技术方案和技术方案所实现的技术效果进行了清楚完整的说明。那些未明确记载在说明书中的技术内容不属于本申请的发明点，不影响所属技术领域的技术人员理解本申请的发明构思，实现本申请的技术方案。对于现有权利要求所限定的技术方案，所属技术领域的技术人员完全可以根据本领域普通技术知识，合理预测技术方案的各种变型和替代方式，概括得出现有权利要求的保护范围，而合理预测出的变型替代方式都应当是可以实施并能够解决本发明所要解决的技术问题的。因此不应当将那些无法实施的实施方式认定在权利要求概括得出的保护范围之中。同时，权利要求概括得出的技术方案，没有超出说明书公开的范围。

综合以上三点，首先，直接从无法实施的方案入手进行分析，证明现有方案的可行性；其次，从所属技术领域的技术人员实施的角度分析，得出审查员所希望限定的那些技术特征属于公知常识，已隐含限定在权利要求中；最后，从发明主题的角度，证明说明书未明确记载的技术内容并不影响对本申请发明构思的理解，而现有权利要求属于合理概括，概括得出的保护范围并不包含无法实施的方案。因此认为权利要求所要求的保护范围不包括无法实施的方案，其得到说明书的支持，符合《专利法》第26条第4款的规定。

七、推荐的意见陈述

按照上面提出的意见陈述的基本思路，本申请推荐的意见陈述如下，供参考。

1. 审查员在第一次审查意见通知书中例举的情况（图31-3-01所示的连杆长度关系下），确实如审查员所指出的，当连杆结构转动到摆动杆113与传动杆105呈一条直线时，会到达该机构的死点位置，导致连杆机构失效。在该实施例的装置运行时，必须防止四连杆机构转到该死点位置。本申请说明书第8段表述了"技术人员可以根据想要模拟的动作，合理设计各连杆的长度以及限制舵机与各连杆的摆动角度"和说明书第13段表述的"传动杆105可以以轴承座106为铰接点在图31-3-01所示的0°水平位置与图31-3-02所示的-30°位置之间来回摆动"以及权利要求1中限定的"传动杆（105）上套装的滚轮（111）与舵机驱动装置（110）中的滑道（104）相配合以在滑道（104）中上下滑动"，根据上述表述，所例举的实施例可以通过限制舵机的摆动角度、限制连杆转动角度以及设计合理的滑道等多种方式来防止机构转到死点位置。而根据本领域普通技术知识可知，除了以上三种记载的避免死点的技术手段外，所属技术领域的技术人员可以采用其他多种公知的手段防止四连杆机构死点的出现，比如限位、惯性、摩擦等，来保证整个机构的往复运行。因此，审查员所指出的死点问题，不影响所属技术领域的技术人员依据说明书现有公开的内容来实施图31-3-01所示的方案，实现翅膀的上下扇动往复运动。

2. 申请人认为，应当基于所属技术领域的技术人员的角度理解说明书和权利要求书记载的技术方案。四连杆存在死点是本领域所公知的，机械领域的技术人员在设计四连杆机构时，必须对死点问题加以考虑以保证四连杆机构的往复运行。当所属技术领域的技术人员实施权利要求1所要求保护的扑翼装置时，为保证翼片往复运动，必须采用各种公知的技术手段防止连杆机构到达死点位置，也就是说，这些公知的技术手段已经隐含限定在权利要求中，从而将那些会使连杆到达死点位置的技术方案排除出权利要求的保护范围。而这里所采用的公知的技术手段，对于所属技术领域的技术人员来说是公知的，并且其技术效果是可以预测的。

3. 本申请的发明点在于采用舵机代替直流减速电机作为驱动装置，现有说明书实施例中已经对舵机的功能、控制和型号进行了清楚完整的说明。而采用的四连杆机构并不是本申请的发明点，因而申请人没有在说明书中对四连杆机构中各连杆的长度、转角等进行详细的说明。申请人希望通过本发明保护的，就是那些采用类似附图31-3-01

所示连杆连接结构的用舵机驱动的能够实现翼片往复扇动的装置,因此申请人在权利要求1对装置中连杆连接关系和驱动装置进行了详细限定。《专利审查指南》第二部分第二章第3.2.1节明确表述了"如果所属技术领域的技术人员可以合理预测说明书给出的实施方式的所有等同替代方式或明显变型方式都具备相同的性能或用途,则应当允许申请人将权利要求的保护范围概括至覆盖其所有的等同替代或明显变型的方式"。因此,在权利要求1仅限定连杆连接关系的情况下,所属技术领域的技术人员完全可以基于本领域中四连杆机构的普通技术知识,根据实际需要,合理预测设计出本申请扑翼装置的各种变形方式,并能够达到采用舵机驱动而带来的技术效果。因而权利要求1所进行的概括属于合理概括,而概括出的保护范围,由于都是基于所属技术领域的技术人员的合理预测设计,因而必然排除了那些可以转动到死点位置的技术方案。

综上三点,申请人认为权利要求1所要求保护的技术方案中并不包括那些可转动到死点位置的无法实施的技术方案,其概括的技术方案没有超出说明书公开的范围,该权利要求得到说明书的支持,符合《专利法》第26条第4款的规定。

八、总结

跳出本申请的局限,申请人或代理人收到类似本申请的审查意见,通常的情况是:权利要求中没有对技术方案的某些技术细节进行限定,而审查员认为这些技术细节在技术方案的实施中起到关键的限定作用,如果不在权利要求中对这些技术细节进行限定,就不能保证权利要求概括的保护范围内的所有技术方案是可以实施的。这些技术细节有些是记载在申请文本中实现本发明关键的技术特征(也可以发出"缺少必要技术特征"的审查意见),有些是所属技术领域的技术人员根据本领域普通技术知识和申请文本已记载的内容很容易得出的。受审查员审查水平和审查领域熟悉程度的影响,审查员可能会发出"权利要求得不到说明书支持"的审查意见,指出权利要求中因概括了较宽的保护范围而包含无法实施的技术方案,从而给予申请人陈述意见的机会,来说明权利要求所概括的保护范围是否合适。同时,也给予申请人修改申请文本的机会,将那些不合理的概括、无法实施的技术方案排除出权利要求的保护范围。因此,申请人在收到这样的审查意见时,应当仔细分析审查意见,认真阅读权利要求书和说明书,作出恰当的答复或修改。分析审查意见和申请文本时建议按照下面的步骤进行考虑:

1. 首先,需要判断审查员所指出的无法实施的技术方案是否确实无法实施。如果审查员所指出的技术方案是可以实施并能够解决所要解决技术问题的,则应当直接表示反对,说明能够实施的理由,必要时可要求审查员举证。

2. 当认定审查员所指出的技术方案确实无法实施时,应当判断能够将该技术方案排除出权利要求保护范围的技术特征(即前述的"技术细节")是否记载在申请文本中,是否属于实施发明的关键特征,是否与发明主题息息相关。如果确实记载在申请文本中,并且属于实施发明的关键技术特征,则应当采用修改权利要求的方式将无法实施的技术方案排除出保护范围或补入必要技术特征。

3. 如果这些"技术细节"属于所属技术领域的技术人员所公知的技术内容,可以基于申请文件已记载内容无需任何创造性的劳动就能够获得,并且与发明主题无关,那么应当属于本节案例所代表的情况，请参照本节第六部分"答复意见的基本思路"进行答复。请注意，答复时要站在所属技术领域的技术人员的角度，立足于原始申请文本，有针对性地提出有说服力的理由。

第四节　对独立权利要求是否缺少必要技术特征的答复

一、概要

根据《专利法实施细则》第 20 条第 2 款的规定，独立权利要求应当从整体上反映发明或者实用新型的技术方案，记载解决技术问题的必要技术特征。该款规定能够确保独立权利要求完整地反映发明或者实用新型的技术方案，从而保证专利申请的质量和专利权的稳定。

在申请人收到的独立权利要求缺少必要技术特征的审查意见中，其中一种情况是：审查员认为从属权利要求的附加技术特征是必要技术特征。一方面，申请人将所述附加技术特征补入独立权利要求中就可以克服独立权利要求缺少必要技术特征的缺陷；另一方面，在某些情况下，也可以通过合理的意见陈述，阐述所述附加技术特征不是必要技术特征的理由。在阐述所述附加技术特征不是必要技术特征的理由时，首先应当从本发明的背景技术入手，得出本发明所要解决的技术问题；其次，确定本发明为解决上述技术问题所采取的技术手段；最后，论述上述技术手段足以解决上述技术问题，从而得出独立权利要求并不缺少必要技术特征的结论。

本节将通过一个具体案例，深入剖析该法律条款规定的实质含义，针对审查员提出的独立权利要求缺少必要技术特征而不符合《专利法实施细则》第 20 条第 2 款的规定的审查意见，提出一种在不修改申请文件的前提下如何进行有说服力的答复的思路，供申请人参考。

二、申请文本

（一）权利要求书

1. 一种洗碗机，包括清洗缸（102）、喷射器（103）、水泵（111）、供水路径和控制器，清洗缸（102）内设置收放载置餐具的餐具架（105）和喷射器（103），喷射器（103）是一支开有喷射孔的管子，喷射器（103）的中部用支撑管轴承支撑，在餐具架（105）的上方和下方各设有一支喷射器（103），供水路径通过供水阀的动作将洗净和漂洗用的水供给上述清洗缸（102）内，控制器用来控制洗净工序和漂洗工序；其特征在于：所述洗碗机配设有在水中生成硬度成分的硬水生成机构，用上述硬水生成机构获得硬度在 180mg/L 以上的硬水进行洗净工序。

2. 如权利要求 1 所述的洗碗机，其特征在于，所述硬水生成机构是将供水路径设成可转换的数条路径，至少在一条路径的途中配设有填充了粒状、块状、泡沫状、蜂窝状的硬水生成陶瓷的陶瓷收放框（124），该硬水生成陶瓷通过通水可使硬度成分溶解在通水中，在洗净工序供水时，至少对该陶瓷收放框（124）进行通水。

（二）说明书

技术领域

［0001］本发明涉及一种餐具清洗用具，具体说是一种洗碗机，更特别地涉及可在短时间内洗净、可减少所使用的洗涤剂量的洗碗机。

背景技术

［0002］近年来，具有干燥功能的洗碗机，因其使用简便、洗涤力强、外形小巧，而越来越受到消费者的喜爱，其市场也正在急速扩大。与此同时，随着关于环境问题的意识的提高，重视因洗涤剂排水而对环境的污染。诸多制造商为顺应环境保护这个大潮流，纷纷走上了不使用洗涤剂进行污垢清洗的这条研发路线。

［0003］但是，在不投放洗涤剂的情况下用洗碗机洗净餐具时，淀粉、蛋白质、油脂等污垢中，淀粉污垢只要具有足够的温度和花费足够的时间，仅靠机械力和热便可以洗净。另外，只要提高温度，油污也可从餐具上分离下来，但若无洗涤剂则会产生再附着现象，因而洗完后产生发粘，玻璃制品易产生模糊不清的现象。另外，鸡蛋等的蛋白质污垢与其他污垢不同，温度提高时产生变性而变硬，故无洗涤剂难以洗净。

［0004］由于用自来水进行漂洗时，自来水中的Ca离子、Mg离子等硬度成分变成碳酸钙等残留在餐具表面上呈白色，产生水斑。特别是在欧洲，由于自来水的硬度高，故易产生水斑。因此，在欧洲用离子交换树脂将自来水变成软水而供水的洗碗机已商品化。

［0005］油脂成分等污垢即使少量残量在餐具表面上时，与硬度成分结合便易产生模糊不清现象。针对这种情况，在现有技术1（CN1＊＊＊＊＊＊＊1A）中提出了这样的结构，即，在供水路径上配设离子交换装置，在洗净工序和最终漂洗工序的任一工序或两工序中，使供水的自来水变成软水的结构。另外，在现有技术2（CN1＊＊＊＊＊＊＊2A）中提出了这样的结构，即进一步设水软化装置的再生机构，在最终漂洗工序前用再生机构进行再生的结构。

［0006］无论哪一种结构，都是使自来水变成软水而进行洗净和漂洗，因此在不使用洗涤剂的情况下，无法实现对蛋白质污垢的清洗。

发明内容

［0007］本发明是为了解决上述问题而研制成的，目的在于提供一种改进的洗碗机，以便于在短时间内可以洗净，可以减少所使用的洗涤剂量。

［0008］用洗碗机清洗餐具上的污垢时，可大致将污垢分为蛋白质污垢、油脂污垢和淀粉污垢三种。其中，油脂污垢和淀粉污垢，在不用洗涤剂的条件下，利用足够的水温、洗涤时间和清洗力度是可以达到高洗净度的目的的。但是，以鸡蛋为代表的蛋白质污垢，如果升温的话，就会使蛋白质变性而凝固起来，所以不用洗涤剂是很难洗干净的。因此，在讨论了各种的改质水对蛋白质污垢的洗涤能力及通过大量试验后，我们得出了硬水成分在常温的条件下，可以很容易的将蛋白质溶解这个结论。

［0009］实验中在玻璃板上涂上薄薄的蛋黄，等其凉干之后，在蛋白质污垢上分别滴上（1～2滴）常温的硬水和自来水，5分钟后观察污垢的溶解状况。我们发现硬水比自来水更容易让污垢溶解。这样就说明，Ca^{2+}、Mg^{2+}等阳离子确实有让蛋白质污垢

溶解的盐溶效果。

[0010] 蛋白质的基本结构，其实就是许多的氨基酸通过肽链相互连接成多肽链，多肽链盘曲折叠构成了蛋白质分子的结构。多肽链的结合方式主要包括：共同结合、析氢结合、疏水性相互作用、静电相互作用和范德瓦尔作用几种。其中，静电相互作用，是由于蛋白质中的羧基（$-COO^-$）和氨基（$-NH_3^+$）相互作用而发生的。通过这种静电作用而形成的蛋白质部分，如果是在硬水这种低浓度盐溶液的作用下，会因为硬水阳离子（Ca^{2+}、Mg^{2+}等阳离子）和羧基（COO^-）发生反应，使连接蛋白质的静电相互作用遭到破坏，也就是说会使蛋白质分解、溶解。

[0011] 如果水中的 Ca^{2+}、Mg^{2+} 很多，在干燥流程中，附着在餐具表面的水滴蒸发后，就会很容易在餐具表面留下白色斑点（水渍），因此需要使用软水漂洗，根据这一特性，我们开发出了新型概念的硬水洗涤、软水漂洗的离子洗涤技术。

[0012] 本发明是一种洗碗机，在清洗缸内设置餐具架，在餐具架的上方和下方设置喷射管，喷射管中部用支撑管轴承支撑，喷射管可在清洗缸内旋转，喷射管是一根两端封闭而侧边开有斜向喷射孔的直管或 S 形管，喷射孔的开口方向与旋转平面的夹角为 30°~45°而且指向餐具架方向。清洗缸的中部开有取放餐具的横门，清洗缸下半部为水池，清洗缸的上部设进水管和在进水管上安装进水电磁阀，清洗缸的下部设排水口，并连接有排水管，在排水管上安装排水电磁阀，整个清洗缸用机架支承，清洗缸的下方安装有水泵和水位计，水泵的进水管连接到清洗缸的水池，水泵的出水管连接到上、下喷射管的支撑管。供水路径通过供水阀的动作将洗净和漂洗用的水供给上述清洗缸内。将水泵、进水电磁阀、排水电磁阀和水位计连接到控制器。这种洗碗机的特征在于，它配设有在水中生成硬度成分的硬水生成机构，用上述硬水生成机构获得硬度在 180mg/L 以上的硬水进行洗净工序。

[0013] 使用时将进水管连接到自来水管或供水器上，接上电源，在餐具架上放置要清洗的餐具，打开电源开关，使洗碗机开始工作。控制器用来控制洗净工序和漂洗工序，进水、排水和泵水喷射冲洗全部由控制器控制自动完成。其中，冲洗餐具的水是由水泵抽取水池中的水经连接水管和支撑管轴承进入喷射管后以高压喷出，同时使喷射管转动，水池水反复利用后可以排出更换。

[0014] 根据本发明的另一优选实施方式，将供水路径设成可转换的数条路径，至少在一条路径的途中配设有填充了粒状、块状、泡沫状、蜂窝状的硬水生成陶瓷的陶瓷收放框，该硬水生成陶瓷通过通水可使硬度成分溶解在通水中，在洗净工序供水时，至少对该陶瓷收放框进行通水。

[0015] 根据本发明的另一优选实施方式，作为溶解硬度成分用的陶瓷，采用硫酸钙、亚硫酸钙、氯化钙、乳酸钙、氯化镁、硫酸镁、甘油磷酸钙之中的一种以上。

[0016] 根据本发明的另一优选实施方式，在自来水硬度较低的场合，在洗净工序供水时，将对陶瓷收放框进行通水的时间设定得长些。

[0017] 根据本发明的另一优选实施方式，在自来水硬度较高的场合，在洗净工序供水时，将对陶瓷收放框进行通水的时间设定得短些。

[0018] 如上所述，本发明创造性地提出了采用硬水中的硬度成分来清洗蛋白质污

垢的思想。由于通常自来水的硬度达不到除去蛋白质污垢的标准，所以根据该发明，需要增设硬水生成机构来产生硬水，在供水路径上配设有使硬度成分溶解的陶瓷填充槽，利用通过通水所得到的硬水。这样，由于盐溶效果，使蛋白质污垢快速地溶解到洗净水中，并且，对少量的油污来说，因包围油脂而可抑制再附着，可提高洗净效果，即使无洗涤剂也可以洗净。

[0019] 在与洗涤剂一起使用硬水进行洗净的情况下，由于在大多数场合，洗碗机的专用洗涤剂采用非离子系界面活化剂，故不会与硬度成分结合生成金属皂而降低漂洗效果，提高蛋白质的溶解性能，相反，可提高洗净性能，在短时间内洗净，减少所使用的洗涤剂量。另外，在漂洗时用软水，可抑制水斑的生成。

附图说明

[0020] 图 31-4-01 是本发明洗碗机的断面图。

具体实施方式

[0021] 参考图 31-4-01，在清洗缸 102 内设置餐具架 105，在餐具架 105 的上方和下方设置喷射管 103，喷射管 103 中部用支撑管轴承支撑，喷射管 103 可在清洗缸 102 内旋转，喷射管 103 是一根两端封闭而侧边开有斜向喷射孔的直管，喷射孔的开口方向与旋转平面的夹角为 30°~45°而且指向餐具架 105。清洗缸 102 的中部开有取放餐具的横门，清洗缸 102 下半部为水池，清洗缸 102 的上部设进水管和在进水管上安装进水电磁阀 101，清洗缸 102 的下部设排水口，并连接有排水管 109，在排水管 109 上安装排水电磁阀 108，整个清洗缸 102 用机架 104 支承，清洗缸 102 的下方安装有水泵 111 和水位计，水泵 111 的进水管连接到清洗缸 102 的水池，水泵 111 的出水管 112 连接到上、下喷射管 103 的支撑管，将水泵 111、进水电磁阀 101、排水电磁阀 108 和水位计连接到将控制器（未示出）。

[0022] 连接部 114 是从自来水龙头通过软管将自来水供给系统内的部件，在其后分支成两个方向，一个方向是从自来水供水阀 118、经过自来水供水管 120 直接向水池供水。另一个方向是从硬水供水阀 119、经过硬水生成槽供水管 122 向硬水生成槽 123 供水。

[0023] 在硬水生成槽 123 内设置有陶瓷收放筐 124，该陶瓷收放筐 124 构成为可使水从任何侧面进入内部，可从陶瓷收放筐 124 投入口 128 自由地取出和放入，该筐内收放着粒状、块状、泡沫状、蜂窝状等形状的硫酸钙、亚硫酸钙、氯化钙、乳酸钙、氯化镁、硫酸镁、甘油磷酸钙等硬水生成陶瓷 125。硬水供水管 126 连接在硬水生成槽 123 的底面上，该硬水供水管 126 与将硬水供给水池的硬水供水口 127 连接。

[0024] 在上述结构的洗碗机上，首先，将餐具收放到餐具架 105 上，在不投入洗涤剂的情况下关闭上门以后，开始洗净时便打开硬水供水阀 119，将自来水供给硬水生成槽 123。自来水逐渐地积存在硬水生成槽底时，水从陶瓷收放筐 124 的周围和底部进入筐中，一边以一定量浸渍硬水生成陶瓷 125 的底部一边流出。

[0025] 这时，硬水生成陶瓷渐渐地溶解，使自来水中生成 Ca 离子或 Mg 离子而成为一定硬度的硬水。这样，所生成的硬水从硬水供水口 127 向水池供给合适的量后，关闭硬水供水阀 119，打开自来水供水阀 118，自来水将水池供给到一定水位，便开始

洗净工序。

[0026] 通过用Ca离子、Mg离子多的硬水进行洗净，因盐溶效果，鸡蛋等的蛋白质容易溶解，即使没有洗涤剂也可获得良好的洗净性能。

[0027] 在洗净工序完毕后、漂洗工序开始时，打开自来水供水阀118，在不使硬度成分溶解的情况下，将一定量的自来水直接从自来水供水口121供给水池而开始漂洗工序。在此，漂洗工序由数个工序构成的情况下，在全部漂洗工序中，通过打开自来水供水阀的动作而进行自来水的供水。

[0028] 在反复进行运转的过程中，硬水生成陶瓷的量逐渐减少，其量减少到一定程度时，打开陶瓷收放筐投入口128，取出陶瓷收放筐124，补充硬水生成陶瓷。硬水生成槽的形状除此以外，也可设成在一端具有入口、另一端具有出口的柱状容器中填充了硬水生成陶瓷的装置，对该全部陶瓷进行通水而得到硬水的全量通水式结构。

[0029] 但是，因地区不同，自来水的硬度不同，在自来水硬度较低的地区的场合，通过起动时的开关操作，开始洗净工序时，将硬水供水阀的打开时间设定得长些，这样，使通过硬水生成陶瓷的水量增加，便可以增加硬度成分的溶解量。另外，在自来水硬度较高的地区的场合，与上述操作相反，在开始洗净工序时，将硬水供水阀的打开时间设定得短些，这样，使通过硬水生成陶瓷的水量减少，便可以减少硬度成分的溶解量。

[0030] 表31-4-01是采用硫酸钙作为硬水生成陶瓷、以各种硬度溶解作为蛋白质污垢的蛋黄和牛奶的场合的结果。

表31-4-01

全硬度（mg/L）	蛋黄污垢残留面积	牛奶污垢残留情况
800	0%	模糊不清处很多
380	0%	模糊不清处较多
300	0%	模糊不清处较多
200	5%	模糊不清处较少
180	20%	模糊不清处较少
150	70%	模糊不清处较少
100	90%	模糊不清处很少
60（自来水）	90%	模糊不清处很少
0	100%	模糊不清处几乎没有

[0031] 蛋黄污垢的场合，是用毛刷将污垢涂敷在饭碗上后，干燥1小时，装入任意硬度的水并放置4分钟，然后搅拌1分钟，用所残留的蛋黄污垢的面积进行比较。根据表31-4-01，只要硬度为180mg/L以上，便可以看到因盐溶效果而使蛋黄污垢溶解。

[0032] 另外，牛奶污垢的场合，是将牛奶注入透明玻璃杯后倒掉，使在内表面上形成牛奶薄膜，放置1小时后，装入任意硬度的水，再放置4分钟，然后搅拌1分

钟，用残留的模糊不清的面积进行比较。根据该表，在有牛奶污垢时，硬度越低、即采用软水，越不易产生模糊不清现象。另外，随着硬度的提高，因盐析效果，容易产生模糊不清，但然后，通过用硬度为100mg/L以下的软水进行漂洗，模糊不清现象减少。

[0033] 如上所述，根据该发明，用硬水作为用于洗净的供水，这样，因盐溶效果，鸡蛋之类的蛋白质污垢易于溶解，在无洗涤剂的情况下可以洗净。另外，在用硬水进行洗净前，用软水进行洗净，这样，即使在用硬水进行洗净时的硬度过高，牛奶和豆类食品的污垢也不会凝固在餐具表面上，使洗净性能提高。另外，在漂洗工序中用软水，这样，即使用于洗净工序的硬度成分和硬度成分与污垢结合的成分残留在餐具和洗净槽内直至漂洗工序，也容易溶解，可干净地进行漂洗，并且，可抑制水斑的生成。

（三）说明书附图

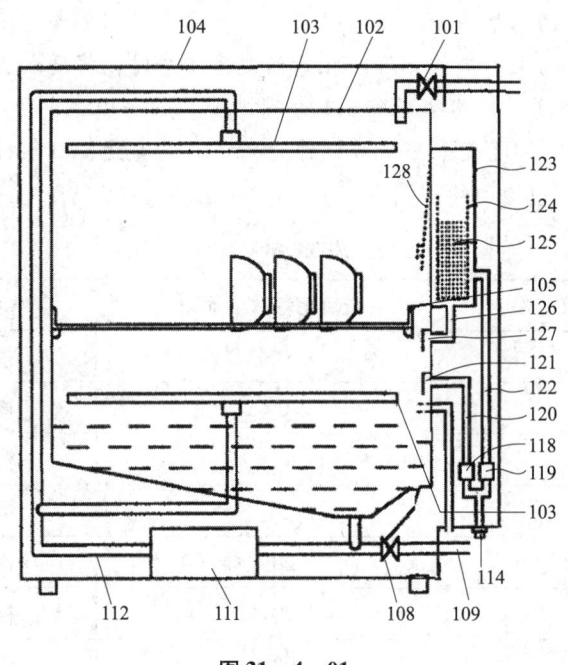

图31-4-01

三、审查意见概要

独立权利要求1缺少解决其技术问题的必要技术特征，不符合《专利法实施细则》第20条第2款的规定。本发明要解决的技术问题是要提供一种使用硬水进行洗净工序，从而可在短时间内洗净并能减少洗涤剂用量的洗碗机。根据说明书的记载，本发明提出了一种全新的思想，利用硬水中的硬度成分所产生的盐溶效果，使蛋白质污垢快速地溶解到洗净水中，如本申请说明书中所述"通常自来水的硬度达不到除去蛋白质污垢的标准，需要增设硬水生成机构来生成硬度为180mg/L以上的硬水"，那么本发明要解决该技术问题，其技术方案不仅要包括采用硬水来洗净这个技术手段，还必须提供如何获得硬水的技术手段，否则没有硬水的来源，就无法用硬水中的硬度成分所产生的盐溶效果使蛋白质污垢快速地溶解到洗净水中，从而也就无法解决本发明所要解决的技术问题。从属权利要求2限定部分中的硬水生成机构的具体结构是本发明关于如何生成硬水的技术手段，没有这些具体结构特征权利要求1的技术方案就无从生成硬水，因此上述特征是解决本发明技术问题的必要技术特征，申请人应当将其补入权利要求1中。

四、申请人意见陈述

申请人认为，权利要求1涉及一种洗碗机，本发明要解决的技术问题是实现对蛋白质污垢的清洗，为解决以上问题本发明提出将使用硬水进行洗净的方式应用于洗碗机中，利用硬水中的硬度成分所产生的盐溶效果，使蛋白质污垢快速地溶解到洗净水中，从而不使用洗涤剂进行蛋白质污垢的清洗。对于本发明来讲，申请人认可审查员的观点，同意如何获得硬水是至关紧要的，正是基于这种认识，所以本发明的技术方案中包含了获得硬水的技术手段，那就是"硬水生成机构"；至于审查员认为硬水生成机构的具体结构是本发明的必要技术特征，申请人不同意这种观点，申请人认为硬水生成机构的具体结构不是必不可少的，只要本发明的洗碗机设置了能够产生硬度为180mg/L以上的硬水的硬水生成机构，就可以产生硬水，从而利用所产生的硬水就足以在洗净工序中去除蛋白质污垢，解决本发明所要解决的技术问题。

另外，对于硬水生成机构的具体结构，在本申请说明书中公开了一个具体实施方式，在该实施方式中陶瓷收放框124或内置有陶瓷收放框124的硬水生成槽123相当于权利要求1中的硬水生成机构，所以说权利要求1中的硬水生成机构是根据说明书具体实施方式概括而来，其具体的结构不是解决技术问题的必要技术特征。

因此权利要求1符合《专利法实施细则》第20条第2款的规定。

五、案情分析

本发明的发明目的在于提供一种不使用洗涤剂就可以洗净蛋白质污垢的洗碗机，对此本发明提出了在洗净工序采用硬度为180mg/L以上的硬水来洗净蛋白质污垢的思路，从而克服了现有技术中的洗碗机利用热和机械力不能洗净蛋白质污垢的缺陷。根据上述思路，本发明提出在洗碗机中设置硬水生成机构来生成硬水，从而利用所生成硬水的盐溶效果实现了对于蛋白质污垢的清洗。

审查员在通知书中认为"硬水生成机构的具体结构"是本发明的必要技术特征，是因为本发明提供了一种用硬度为180mg/L以上的硬水洗净的全新思路，通常洗碗都是用普通自来水或者软水，而本发明提出了采用硬度为180mg/L以上的硬水来洗净蛋白质污垢，从而不使用洗涤剂即可进行污垢清洗，那么自然而然地审查员会想到硬水的来源问题，如果不知道如何获得硬水，那么本申请独立权利要求1的技术方案就是不完整的，因为没有生成硬水的技术手段，就无法获得硬度为180mg/L以上的硬水，从而用硬水来洗净就只是一种想法。因此审查员在通知书中的质疑是合理的。

这里需要指出的是，申请人的上述意见陈述没有找到正确的方向，对于独立权利要求是否缺少必要技术特征的问题认识不够清楚。申请人在意见陈述中认识到了问题的第一层面，同意如何获得硬水是至关紧要的观点，所以本发明的技术方案中包含了获得硬水的技术手段，那就是"硬水生成机构"；但是申请人没有认识到问题的第二层面，申请人以为只要本发明的洗碗机设置了硬水生成机构，就可以产生硬度为180mg/L以上的硬水，从而利用所产生的硬水就足以在洗净工序中去除蛋白质污垢，从而解决本发明所要解决的技术问题，这种理解是错误的，因为正如本申请说明书中所言"由于通常自来水的硬度达不到除去蛋白质污垢的标准，所以根据本发明，需要增设硬水生成机构来生成硬水"，对于硬水生成机构来讲，如果不提出充分的证据证明其具体结构可以从现有技术中获得，那么所属技术领域的技术人员无法得知硬水生成机构的设计方式，从而也就无法生成硬水。《专利审查指南》规定，独立权利要求应当从整体上反映发明或者实用新型的技术方案，记载解决技术问题的必要技术特征。必要技术特征是指，发明或者实用新型为解决其技术问题所不可缺少的技术特征，其总和足以构成发明或实用新型的技术方案，使之区别于背景技术中所述的其他技术方案。必要技术特征的总和要足以构成发明或实用新型的技术方案，那么倘若所属技术领域的技术人员无法获知（通过权利要求中的记载或者现有技术的教导获知）硬水生成机构的具体结构，本发明的技术方案就是不完整的，用硬水进行洗净的技术方案就仅仅是一种想法，由于无法为洗碗机提供硬水而无法解决本发明所要解决的技术问题。

申请人在意见陈述中认为，权利要求1中的硬水生成机构是根据说明书具体实施方式概括而来，这是对"权利要求应当以说明书为依据"和"独立权利要求应当从整体上反映发明或者实用新型的技术方案，记载解决技术问题的必要技术特征"这两个概念的混淆。权利要求1中的硬水生成机构是根据说明书具体实施方式概括而来，只能说明权利要求1以说明书为依据，符合《专利法》第26条第4款的规定，而不能说明其符合《专利法实施细则》第20条第2款的规定。

对于本案例，能够产生硬度为180mg/L以上硬水的硬水生成机构的具体结构是否需要记载到独立权利要求1中，首先要看硬水生成机构对于技术问题的解决是否必要。根据上文，要想用硬水进行洗净，硬水的来源就是至关重要的，所以用来生成硬水的硬水生成机构对于技术问题的解决就是必不可少的。那么对于一个必不可少的技术手段，它的具体结构是否需要作为必要技术特征记载到独立权利要求1中呢？这就需要看它是否为现有技术。倘若能够产生硬度为180mg/L以上硬水的硬水生成机构是现有技术，那么只需将硬水生成机构记载在权利要求1中即可，其具体结构所属技术领域的技术人员可以通过现有技术获得，在现有技术的教导下就可以生成硬水并用硬水来洗净，从而解决本发明要解决的技术问题；但是，倘若能够产生硬度为180mg/L以上硬水的硬水生成机构不是现有技术，也就是说现有技术中不存在关于硬水生成机构的教导，那么所属技术领域的技术人员是无法知晓硬水的获得这一必要的步骤是如何实施的，权利要求1的技术方案就是不完整的，从而硬水生成机构的具体结构就是必要技术特征，需要将其记载到独立权利要求1中。

根据上述分析，我们可以得出如下答复思路。首先，从本发明的背景技术入手，现有的洗碗机为了少使用或不使用洗涤剂而清洗餐具污垢，利用热和机械力去除淀粉污垢以及分离油脂污垢，但由于用热和机械力不能洗净蛋白质污垢，所以得出本发明所要解决的技术问题是如何在不使用洗涤剂的情况下洗净蛋白质污垢。其次，论述本发明的发明点，本发明为了解决上述技术问题，提出了用硬水进行洗净的思路，其发明点不在于如何生成硬水，而在于将硬度为180mg/L以上的硬水应用到洗净工序中。那么能够产生硬度为180mg/L以上的硬水生成机构对于生成硬水从而对于解决本发明的技术问题是必要的，至于其具体结构，如果现有技术中存在教导，则不需要将其记载到独立权利要求中。

六、推荐的意见陈述书

根据《专利审查指南》规定，独立权利要求应当从整体上反映发明或者实用新型的技术方案，记载解决技术问题的必要技术特征。必要技术特征是指，发明或者实用新型为解决其技术问题所不可缺少的技术特征，其总和足以构成发明或实用新型的技术方案，使之区别于背景技术中所述的其他技术方案。判断某一技术特征是否为必要技术特征，应当从所要解决的技术问题出发并考虑说明书描述的整体内容，不应简单地将具体实施方式中的技术特征直接认定为必要技术特征。（《专利审查指南》第二部分第二章第3.1.2节）

本申请涉及一种洗碗机。根据说明书中对背景技术的描述可以清楚地知道，背景技术中洗碗机为了少使用或不使用洗涤剂清洗餐具污垢，用热和机械力去除淀粉污垢以及分离油脂污垢；但由于用热和机械力不能洗净蛋白质污垢，另外水中的硬度成分会与上述分离下来的油脂污垢结合产生再附着现象，因此现有技术在餐具洗净过程中使用软水去除油脂类污垢，另外为了避免硬水在餐具上形成水斑，在漂洗过程中也需要使用软水，因此现有技术中通常是将自来水变成软水来进行洗净和漂洗，但上述背景技术中的方案并不能去除蛋白质类污垢。为解决以上问题本申请提出将硬水生成机构应用于洗碗机中，在清洗过程中使用硬水实现对蛋白质类污垢的盐溶作用从而达到去除蛋白质类污垢的技术效果。本申请相对于背景技术中的现有技术的改进之处在于在洗碗机中增加能够产生硬度为180mg/L以上硬水的硬水生成机构，使得能够使用硬水实现对蛋白质污垢的清洗。为此，本发明在解决洗净程序中的去除蛋白质类污垢的技术问题时在权利要求1中限定了"配设有在水中生成硬度成分的硬水生成机构，用从上述硬水生成机构获得硬度在180mg/L以上的硬水进行洗净工序"这一技术特征，这一技术特征使得本发明区别于背景技术中所述的其他技术方案。

审查员在通知书中指出"本发明要解决其技术问题，其技术方案不仅要包括采用硬水来洗净这个技术手段，还必须提供如何获得硬度为180mg/L以上的硬水的技术手段，否则没有硬水的来源，就无法用硬水中的硬度成分所产生的盐溶效果使蛋白质污垢快速地溶解到洗净水中，从而也就无法解决本发明所要解决的技术问题。"申请人认可审查员的观点，如何获得硬水对本发明要解决的技术问题来讲的确是必不可少的。

但是，本发明的目的不是提供一种如何获得硬水的技术方案，不是提出了一种新的硬水生成机构，不是对硬水生成机构作出的创造或改进，而是提供了一种利用硬水的硬度成分来去除蛋白质污垢的技术方案，所以如何获得硬度为180mg/L以上的硬水对本发明来讲虽然是必不可少的，但是只要能够产生硬度为180mg/L以上硬水的硬水生成机构的具体结构在现有技术中存在教导，所属技术领域的技术人员可以从现有技术中获知，就只需要将硬水生成机构记载到独立权利要求中，而不需要将其具体结构记载到独立权利要求中。就好比，倘若一项发明的创新之处在于轮胎设计，那么就必须有关于轮胎设计的具体特征；而倘若一项发明涉及汽车，创新之处不在轮胎，那么轮胎虽然对于汽车是必不可少的，但是独立权利要求中却可以不记载轮胎，因为其是现有技术。

事实上，能够产生硬度为180mg/L以上硬水的硬水生成机构本身是现有技术，在本申请申请日之前的现有技术中存在关于能够产生硬度为180mg/L以上硬水的硬水生成机构的文献。比如现有技术3（CN1*******3A）和现有技术4（CN1*******4A），都公开了能够产生硬度为180mg/L以上硬水的硬水生成机构的具体结构，并且这些硬水生成机构都适用于洗碗机中。所属技术领域的技术人员可以从这些文献中获得硬水生成机构的具体结构的教导，从而本申请权利要求1中不需要记载能够产生硬度为180mg/L以上硬水的硬水生成机构的具体结构特征，其所要求保护的技术方案也足以解决本发明所要解决的技术问题。

因此，硬水生成机构的具体结构不是权利要求1的必要技术特征，权利要求1符合《专利法实施细则》第20条第2款的规定。

七、对本案的总结

通过上述案例可以看出，虽然某一特征（比如本案中的硬水生成机构）对于解决技术问题是必不可少的，但是其具体结构是不是必要技术特征，需要看该特征的具体结构对于解决技术问题是否必要以及该特征是否为现有技术。倘若该特征是现有技术，则判断其具体结构对于解决技术问题是否必要，如果是必要的话，其具体结构就是必要技术特征，如果不是必要的话，则不必将其具体结构记载到独立权利要求中；倘若该特征不是现有技术，则由于所属技术领域的技术人员无法从现有技术中获得其具体结构的教导，因而就应当将其具体结构记载到独立权利要求中。

如果审查员在通知书中指出独立权利要求缺少必要技术特征，申请人可参照如下的方式进行答复。

（一）法律依据

《专利审查指南》规定：独立权利要求应当从整体上反映发明或者实用新型的技术方案，记载解决技术问题的必要技术特征。必要技术特征是指，发明或者实用新型为解决其技术问题所不可缺少的技术特征，其总和足以构成发明或实用新型的技术方案，使之区别于背景技术中所述的其他技术方案。判断某一技术特征是否为必要技术特征，应当从所要解决的技术问题出发并考虑说明书描述的整体内容，不应简单地将具体实施方式中的技术特征直接认定为必要技术特征。（《专利审查指南》第二部分第二章第3.1.2节）

（二）根据上述法律依据逐条陈述以下内容

本发明要解决的技术问题；

本发明为解决上述技术问题所采取的技术手段；

上述技术手段足以解决上述技术问题；

上述技术手段构成与背景技术中技术方案相区别的技术特征；

至于审查意见中提到的审查员认为是必要技术特征的，诸如结构、连接等特征，论述这些特征如果不记载在独立权利要求中，独立权利要求的技术方案也足以解决上述技术问题。

（三）结论

由权利要求 1 中给出的技术特征所限定的技术方案，已经能解决本发明所要解决的技术问题并达到相应的目的和效果，不记载审查意见中所述的技术特征并不导致独立权利要求违反《专利法实施细则》第 20 条第 2 款的规定。

第五节　对上位概括是否合理的答复

一、概要

《专利法》第 26 条第 4 款规定，权利要求应当以说明书为依据，清楚、简要地限定要求专利保护的范围。也就是说，权利要求的内容与说明书的内容不能相互脱节，两者之间应当有一种密切的关联。所谓权利要求书应当以说明书为依据，其基本含义是指每一项权利要求所要求保护的技术方案在说明书中应当有清楚充分的记载，使所属技术领域的技术人员能够从说明书（包括说明书附图）公开的内容中得出或概括出该技术方案。

在申请过程中，申请人为了获得较宽的保护范围，往往在权利要求中对说明书中记载的几个实施方式进行上位概括，审查员也常常针对权利要求中这样的上位概括的合理性提出质疑，并依据《专利法》第 26 条第 4 款作出审查意见。在答复审查员作出的相关审查意见时，有时只需要有理有据地陈述意见，将需要介绍的内容清楚明了地表达出来，有时需要通过对权利要求作进一步限定来克服存在的缺陷。

本节的具体案例是针对审查员提出的权利要求由于上位概括的范围过宽而导致的权利要求不符合《专利法》第 26 条第 4 款规定的审查意见，提出一种在不修改申请文件的前提下如何提出有说服力的答复意见的思路，供申请人参考。

二、申请文件

（一）说明书摘要

本发明涉及一种分选机，包括：轨道、安装成沿轨道运动用于运载将要被分选的物体的滑架、设置在滑架上的发电机、设置在滑架上用于传输机械能的能量传输机构。所述能量传输机构包括：安装在滑架上并压靠轨道的摩擦轮，其通过轮和轨道之间的摩擦力而旋转；在所述轮与所述发电机之间具有用于将旋转能从所述轮传递到所述发电机的传动装置；施力装置，其一端连接到滑架，另一端连接到所述轮。所述轮在所述施力装置的作用下压靠在轨道上并能够在轨道上旋转。其中作用在轨道上的载荷仅是所需的且并不一直是最大值。

（二）摘要附图

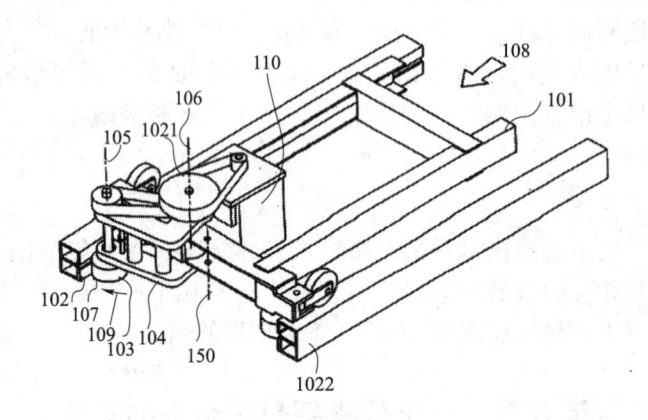

（三）权利要求书

1. 一种分选机，包括：轨道（102）；安装成沿轨道（102）运动用于运载将要被分选的物体的滑架（101）；设置在滑架（101）上的发电机（110）；设置在滑架（101）上用于传输机械能的能量传输机构，所述能量传输机构包括：

安装在滑架（101）上并压靠轨道（102）的摩擦轮（103），其通过轮（103）和轨道（102）之间的摩擦力而旋转；

在所述轮（103）与所述发电机（110）之间具有用于将旋转能从所述轮（103）传递到所述发电机（110）的传动装置（114，118），

施力装置（104，204），其一端连接到滑架（101），另一端连接到所述轮（103），

所述轮（103）在所述施力装置的作用下压靠在轨道（102）上并能够在轨道（102）上旋转。

2. 根据权利要求1所述的分选机，其特征在于所述施力装置（104）包括具有第一端和第二端的臂（104），所述臂（104）的第一端枢装到滑架（101）上用于绕轴线（106）枢转运动，所述轮（103）安装在所述臂（104）的第二端并在相对滑架（101）的运动方向位于轴线（106）的前方的接触点（107）处与轨道（102）接合，所述轴线（106）和所述接触点（107）设置成使得经过所述轴线（106）和所述接触点（107）的第一假想线与相对所述滑架运动方向垂直延伸的第二假想线之间形成第一角，所述第一角比形成所述轮（103）和所述轨道（102）的材料所引起的相应的摩擦角小。

3. 根据权利要求1所述的分选机，其特征在于所述施力装置包括具有第一端和第二端的臂（204），所述臂（204）的第一端枢装到滑架上用于绕轴线（206）枢转运动，所述轮安装在所述臂的第二端上并在相对滑架的运动方向位于轴线前方的接触点处与轨道接合，所述臂包括形成所述第一端的第一部分（224）以及形成所述第二端的第二部分（226），响应发电机增加的能量需求并抵抗着弹簧（227）的偏移，所述第二部分可相对于第一部分朝向所述第一端运动，所述臂围绕着所述轴线沿着与所述滑架运动方向相反的方向转动，所述臂的所述第一部分包括一圆柱体，所述臂的所述第二部分可在所述圆柱体内滑动，所述弹簧的偏移是通过设置在所述圆柱体内的一螺旋压缩弹簧引起的，所述臂还包括用于调整弹簧的预压的调整器（228），所述调整器包括

容纳所述弹簧的一端的一套筒（225），该套筒在所述弹簧和所述臂的第一部分的一端臂之间被滑动安装在圆柱体内，调整器还包括螺纹安装在端壁内用以改变所述套筒相对圆柱体的位置的定位螺钉。

（四）说明书

具有在一列滑架上传输机械能的装置的分选机

技术领域

[0001] 本发明涉及一种具有在一列滑架上传输机械能的装置的分选机，所述装置用于提供牵引系统所需的机械能，以便使这种能量转换成所需的电能以用于各种用途。

背景技术

[0002] 现有技术中已知许多适用于传输滑架列上的电能的方法和装置来控制用于牵引输送带的发动机。

[0003] CN1*******1A 公开了一种方法，该方法用于沿机器配置并由多个馈线（通常70V100A）提供动力的配电通道系统中。在该方法中，在一些滑架上有允许获取电能的滑动触点，所述电能通过沿整个滑架列布置的导线而被传递到其他滑架上。这种解决方案在技术上是有效的，并已被广泛测试，但是它存在一些技术缺陷。首先，它价格昂贵，因为由铜制成的配电通道必须完全与机器平行配置。此外，如果它们松动的话，它们会振动并使滑动触点断路。其次，滑动触点价格也昂贵，因为它们包括难以使用的导电弓架；此外，触点会遭受磨损并易于意外断裂。最后，为了限制磨损，配电通道的尺寸必须大一些以便在多个滑架共同作用的情况下能够承受高能需求。

[0004] CN1*******2A 公开了另一种方法，该方法用于电能的感应传输中。在该方法中，一对沿整个机器形成最大圈的导线形成一闭合回路，在该回路中，发电机以28kHz的近似频率输出50A～100A的交流电。输入两个导线中的电流环绕两导线产生同心磁场。安装在滑架上的变压器的E型铁心朝向两导线，从而闭合磁路。交流电在绕所述铁心的整个线匣上被感应，交流电也能变直流电以便为所携电动机提供动力。这种解决方案概念上很简单，但是它具有两个严重的缺陷：首先，磁场会在较近设置的金属体内感应出寄生电流。因而，除了存在严重的衰减问题以外，还需要对维修人员作适当的保护以防止潜在的危险。其次，功率尖锋传输中的效率很低，因而当需要时，要求所携蓄电池能传输较强的电流尖锋。

[0005] CN1*******3A 公开了又一种方法，其应用的是滑架牵引系统的机械能，通过安装在每个滑架上的压力轮将机械能传输到所携的每个滑架上，并通过被该轮驱动的发电机将机械能转换为电能。一般而言，分选机可能需要约3kW的电力用于装载和分选，但是通过统计发现，当对多个物体同时进行卸载时，甚至需要20kW电力的情况也可能出现。这种不利情形是通过在每个滑架上设置电池来解决的：在机器运行期间连续工作的发电机，在机器运行期间对电池充电，电池所积蓄的能量在随后需要装载或卸载滑架的几秒钟内放电。这样，即使使用小发电机，也可能具有用于装载和卸载操作所需的电力。然而，这种解决方案非常复杂，因为除发电机外，所附带的电池是必须的，且这种电池较昂贵、有污染、笨重并且使用寿命较短。同时必须很好地对这种电池进行保护，因为在所传输的物品使机器产生阻塞的情况下，它们对靠近分选

机的操作者是危险的。此外，每个滑架都要具有这样一个系统，且除发电机和电池外，这种系统还包括一个显著增加成本的控制器。

[0006] CN1******4A公开了一种分选系统及向分选系统的载台运输链输送电能的方法，其克服了上述缺陷。该分选系统包括由多个载台组成的运输链，载台沿一轨道进行，每个载台上都安装有电动的物品搬运装置，用于对要进行分选的物品进行装载和卸载，还包括用于将运输链的动能转化为用来驱动物品搬运装置的电能的发电装置，发电装置与运输链中的多个载台保持电路连接，用于向它们输送电能，根据该发明，能量并不以电能储存在电池内，而是储存在运动的滑架列中，即，通过动能而进行机械能的大容量的储存。由于使用CN1451595A中公开的方法所需的传递滑架所携物品的瞬时功率非常高，牵引轮必须强有力地压靠轨道以防止轮的摩擦滑动，但是这非常压迫机械元件。

[0007] 此外，提供使用齿轮齿条啮合的现有技术是很昂贵的且会产生过大的噪声。

发明内容

[0008] 本发明的目的是提供一种分选机以克服上述缺陷，包括：轨道、安装成沿轨道运动用于运载将要被分选的物体的滑架、设置在滑架上的发电机、设置在滑架上用于传输机械能的能量传输机构，所述能量传输机构包括：安装在滑架上并压靠轨道的摩擦轮，其通过轮和轨道之间的摩擦力而旋转；在所述轮与所述发电机之间具有用于将旋转能从所述轮传递到所述发电机的传动装置；施力装置，其一端连接到滑架，另一端连接到所述轮。所述轮在所述施力装置的作用下压靠在轨道上并能够在轨道上旋转。其中作用在轨道上的载荷仅是所需的且并不一直是最大值。此外，根据本发明的装置还能限制施加在轮上的载荷的增大。

[0009] 根据本发明的第一实施方式，所述施力装置包括具有第一端和第二端的臂，所述臂的第一端枢装到滑架上用于绕轴线枢转运动，所述轮安装在所述臂的第二端并在相对滑架的运动方向位于轴线的前方的接触点处与轨道接合，所述轴线和所述接触点设置成使得经过所述轴线和所述接触点的第一假想线与相对所述滑架运动方向垂直延伸的第二假想线之间形成第一角，所述第一角比形成所述轮和所述轨道的材料所引起的相应的摩擦角小。

[0010] 根据本发明的第二实施方式，所述施力装置包括具有第一端和第二端的臂，所述臂的第一端枢装到滑架上用于绕轴线枢转运动，所述轮安装在所述臂的第二端上并在相对滑架的运动方向位于轴线前方的接触点处与轨道接合，所述臂包括形成所述第一端的第一部分以及形成所述第二端的第二部分，响应发电机增加的能量需求并抵抗着弹簧的偏移，所述第二部分可相对于第一部分朝向所述第一端运动，所述臂围绕着所述轴线沿着与所述滑架运动方向相反的方向转动，所述臂的所述第一部分包括一圆柱体，所述臂的所述第二部分可在所述圆柱体内滑动，所述弹簧的偏移是通过设置在所述圆柱体内的一螺旋压缩弹簧引起的，所述臂还包括用于调整弹簧的预压的调整器，所述调整器包括容纳所述弹簧的一端的一套筒，该套筒在所述弹簧和所述臂的第一部分的一端臂之间被滑动安装在圆柱体内，调整器还包括螺纹安装在端壁内用以改变所述套筒相对圆柱体的位置的定位螺钉。

[0011] 本发明中的施力装置主要用于"交叉皮带"型分选机。

[0012] 术语"交叉皮带"表示装有滑架的分选系统是被电动机驱动的、并在与分选机运动方向相垂直的两个方向上能够独立移动的小型输送带。

[0013] 这种分选机因而通常在物品装载步骤中被驱动以在其上容纳物品,并在卸载步骤中,沿一个或两个方向将物品送入合适的地点。所需的驱动输送带的能量由每个滑架所携带的电动机提供。

附图说明

[0014] 图31-5-01a示出了装有本发明能量传输装置的滑架的主要部分(没有交叉皮带)的前部顶部透视图。

[0015] 图31-5-01b示出了具有本发明第一实施例的能量传输装置的图31-5-01a中的滑架的俯视图。

[0016] 图31-5-02示出了图31-5-01b的局部放大图。

[0017] 图31-5-03为图31-5-02所示装置的简图,该图示出了装置本身与轨道之间相互作用的力。

[0018] 图31-5-04示出了能量传输机构的第二实施例。

具体实施方式

[0019] 本发明最佳实施例的详细说明参见图31-5-01a和图31-5-01b,附图标记101表示在轨道102上滑动的滑架,所述轨道由两平行导轨1021和1022构成,附图标记103表示被臂104支撑的摩擦轮,该摩擦轮绕轴1051限定的轴线105相对臂104旋转。所述臂104铰接到滑架101上用于绕轴线106旋转,且轮103在点107处与轨道102的一个导轨1021相接触。滑架101在箭头108所指方向沿轨道102移动,并通过轮103与轨道102之间存在的摩擦作用使轮103沿箭头109所示方向旋转。分选机在与滑架运行方向垂直的两相反方向中的一个上,带有电力驱动的小型输送带B。该输送带及其驱动机构在现有技术中是已知的。

[0020] 该装置适于从轮103获取机械能,轮103借助与轨道102的摩擦作用而旋转设置,基于装载-卸载系统所需的电力,从低的预压开始,该装置提供有适于增加牵引轮103上的压力的装置,及适于防止轮上的这种载荷增加而超出固定限定值的装置。

[0021] 参见图31-5-02,滑架101上载有发电机110。轴线106由安装在滑架101上的轴1061所限定,支撑所述轮103的臂104围绕上述轴线106铰接。

[0022] 从轮103到发电机110的运动传输借助下述机构而实现:与轮103同轴的第一滑轮112,将第一滑轮112与在轴1061上旋转的第二滑轮115连接的第一驱动皮带114,所述第二滑轮115与第三滑轮117是一整体并共轴,第三滑轮117进而通过第二驱动皮带118与和发电机110的输入轴成一整体的第四滑轮119相连接。发电机110被连接到分选机的控制系统160上以对其提供电能。

[0023] 所述臂104经受在图31-5-02箭头131所示方向上施加拉力作用的弹簧的作用。这种拉力作用的结果是将轮103压靠在轨道102上,以产生摩擦力,并结合滑架沿轨道的运动,以使轮103旋转。

[0024] 为了更好地理解本发明所述的根据卸载系统的动力需求而调节的机构,需

要参考图 31-5-03 的简图。

[0025] 如果制动力矩 Cr 在箭头 155 所示方向上借助发电机对动力需求的反应而被施加到轮 103 上，其中所述动力需求通过装载/卸载操作而作用在发电机 110 上，则将在轮和轨道的接触点 107 上产生制动力 F = Cr/r，其中 r 是轮 103 的半径。字母"a"和"b"分别表示力 Fn 和 F 相对于轴线 106 的力矩臂的长度。而符号"∗"表示乘法，显然，相对轴线 106 的动量平衡是：

$$F * b = Fn * a$$

由此，Fn = F ∗ (b/a)

"tg"表示正切，而 α 是轨道和在轴线 106 与接触点 107 之间延伸的线 L 之间形成的角，可以理解，比率 b/a 等于 tgα，于是：

$$Fn = F * tg\alpha = Cr/r * tg\alpha$$

即，垂直反作用力 Fn 与制动力矩和角度 α 是成比例的。还注意到：

$$tg\alpha = Fn/F$$

于是轮的非滑动条件是：

$$F < Fn * f$$

即，当制动力小于施加于轮上的径向载荷与摩擦系数 f 的乘积时，轮 103 与轨道 102 之间没有滑动（即，轮仅旋转）。在这点，使用 F 和 Fn 之间的前述关系，非滑动条件能被转换如下：

$$F/Fn < f$$

即：

$$1/tg\alpha < f$$

[0026] 从上述关系中可以看出，对于给定的摩擦系数 f，通过选择合适的角 α 的值可以简单获得非滑动条件，因为它不依赖于抵抗力矩 Cr，甚至不依赖于所获取的动力。

[0027] 换言之，需要下述两个特征以避免轮 103 相对轨道 102 的滑动。

[0028] 图 31-5-03 中连接轴 106 和接触点 107 的线 L 必须相比较轨道的法线 N 而倾斜的角度为 90°-α 角，该角度小于形成轮和轨道的材料的相应摩擦角 φ。

[0029] 轮和轨道间的接触点 107 必须在滑架运动方向上在轴 106 之前。

[0035] 在 f = 0.5 的实际情况中（通常为聚氨酯轮在铝上的摩擦），前述非滑动条件要求：

$$\alpha >= \arctan(1/f) = 64°$$

[0030] 因而，在图 31-5-03 所示的系统中，轮上的径向力 Fn 对制动力矩是成比例增加的。因而，非滑动条件需一直被控制为 f = 0.5 和 α > 64°。即，在该条件下，不管在运转中需要多少电力，合适的负荷将被自动地加在轮上以防止轮滑动。

[0031] 因为在轮和轨道间交换的力因发电机而与抵抗力矩成比例，所以为了限制施加在机械元件上的应力，机器的控制装置 160 包括动力管理器 162 就足够了。

[0032] 在控制系统失效的情况下（由于高可靠性），在应力损坏机械元件之前，添加适于弯曲的元件是有利的。

[0033] 作为非限制性的例子，用于固定载荷值的该适于弯曲的元件可以是轴 1061

或轴1051。

[0034] 根据本发明的装置的第二最佳实施例，其中机械元件上的应力极限通过机械装置自身获得，而不需通过电控系统的动力管理器的任何作用。

[0035] 参见图31-5-04，标号201是支撑发电机210的结构，正如图31-5-02所示的第一实施例中的臂104的情况，臂104被铰接到轴1061上，臂104起支撑轮103的作用，但是在此第二实施例中，臂204包括适于限制轮203和轮所滑动抵靠的轨道202间的交换力的限力装置。

[0036] 从轮203到发电机210的运动传输通过与轮203同轴定位的第一滑轮212而获得，第一驱动带214将第一滑轮212连接到绕轴线216旋转并与结构201成一整体的第二滑轮215上。第二滑轮215与第三滑轮217成一整体并共轴，第三滑轮217进而通过第二驱动带218而与和发电机210的输入轴成一整体的第四滑轮219连接。

[0037] 因为滑轮212和215绕其旋转的轴线205和216之间的距离要经受由于臂204绕枢轴206的旋转而导致的变化，所以将提供已知装置220，它适于保持皮带214的张力，例如包括压靠部分皮带214的导向轮221，导向轮221被安装到受弹簧223作用的杆222上。

[0038] 振动臂204包括一圆柱体224，该圆柱体224包括两个轴向滑动并对置的套筒225和226，套筒225和226包围螺旋弹簧227，所述弹簧用于相互分离套筒。该套筒226在静止情况下，与含有圆柱体224下边的移动端邻接抵靠，而套筒225承受适于在圆柱体224内调整套筒225位置的传统装置的轴向作用，该调整使得抵靠套筒226的弹簧227的推力被校准。

[0039] 该传统装置例如可能包括啮合螺纹229的定位螺钉228，螺纹229在圆柱体224上部成形，定位螺钉228压靠套筒225以预压弹簧227。

[0040] 只要轮和轨道间的触点压力F和Fn导致的沿弹簧227轴线的分力Fa小于定位螺钉229给予弹簧227的预压缩值，如果臂204是刚性的，它就开始动作。当该分力Fa超出该预压值时，套筒226收缩，进一步压缩弹簧227，于是，轴205和206之间的距离减小，臂204开始旋转直至它抵靠与结构201成一整体的支座232。在此运动期间，轮和轨道间的接触点207移至点207′。

[0041] 当臂204被支座232阻止时，弹簧227不能再被压缩，且轨道和轮之间的交换力因而不能再增加。

[0042] 当然，例如由于大量滑架同时卸载，导致所需电力的进一步增加不能被满足，机器将必须通过延迟一个或多个滑架的卸载至下一循环来控制这种情况。

[0043] 根据图31-5-01的最佳实施例，轮103有一垂直轴，但是也可以用一水平轴代替，该水平轴总是垂直于滑架运动方向定位，并与轨道顶（底）面啮合。带有水平轴的这种轮会向下（或向上）移动以增加抵靠轨道的摩擦力。

[0044] 但是，不规则操作问题将发生在轨道的过渡区，即滑架路径的非直线部分。当滑架沿向上倾斜或向下倾斜的方向移动时，如果轮103的轴线是垂直的，那么在轮103旋转轴变换方向的情况，于是轴的斜率变化的情况下，上述这种问题会发生。如果轮103的轴线是水平的，当滑架经过弧线时，上述问题也会发生。选择具有垂直轴线的轮是基于这个事实，即弧线总是存在于分选机中的，而斜率变化相对较少发生。

[0045] 在所述的带有垂直轴线轮的传动中，在斜率变化的轨道部分，轮要经受带旋转的平移，因而发生不可避免的滑动。

[0046] 另一方面，这种不规则可能发生在水平轴线轮情况下的弧线中。

[0047] 为了使弧线中的传动更有效率，轴线106必须与滑架101和前一滑架之间的铰接接头的轴线150（图31-5-01a，图31-5-01b）重合，或两者之间的距离小于轴线106和轨道1021之间距离的1/4，但是保持在穿过轴线106和侧对比轮151的轴线1511的直线L上。

[0048] 事实上已证明从直线路径至弧线路径，沿两个方向通过，角度保持恒定。

[0049] 在图31-5-01a、图31-5-01b所示的结构中，角度的变化保持为大约1。

[0050] 这样，确保轮上径向载荷相对于抵抗力矩增加的关系也被维持在弧线内，而没有滑动情况的出现。

[0051] 本发明的装置的优点是结构简单，不仅降低了成本，而且保证了不超出机械元件最大应力允许值，同时限制了滑架与轨道间的交换力，从而延长了机械元件的使用寿命。

(五) 说明书附图

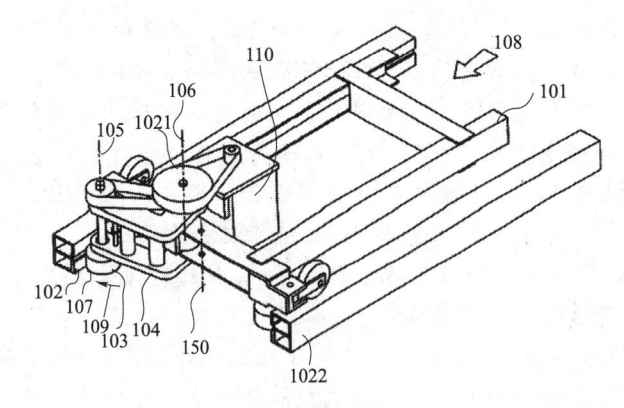

图 31-5-01a

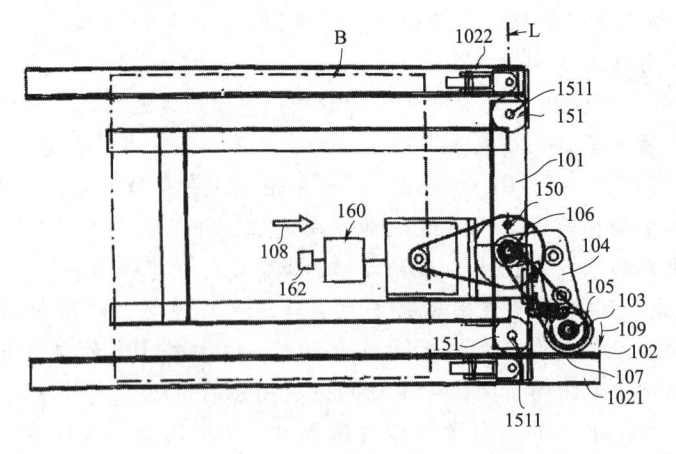

图 31-5-01b

图 31-5-02

图 31-5-03

图 31-5-04

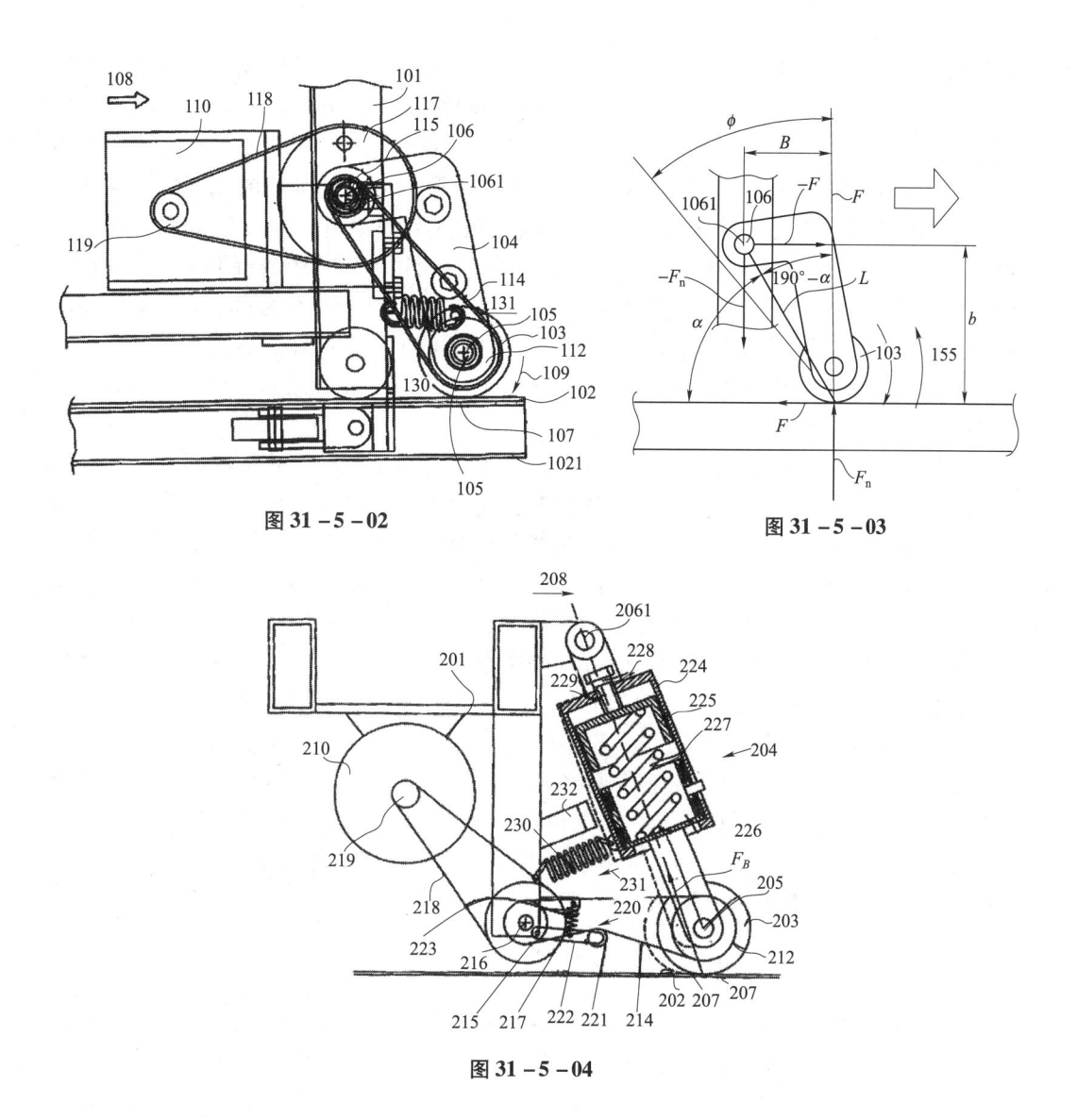

三、审查意见通知书

审查员对上述申请文件进行了实质审查,认为权利要求1没有以说明书为依据,不符合《专利法》第26条第4款的规定。审查意见通知书的内容如下:

权利要求1请求保护的技术方案没有得到说明书的支持,不符合《专利法》第26条第4款的规定,理由如下:

权利要求1请求保护一种分选机,其中记载的"施力装置"是对说明书中两个具体实施方式的上位概括,而"施力装置"只是申请人定义的一种装置,其并不是所属领域中被普遍认同的技术术语。在第一个实施方式中,申请人通过对装置进行受力分析(参见图31-5-03),推导演算出"图31-5-03中连接轴106和接触点107的线L必须相比较轨道的法线N而倾斜的角度为90°-α,该角度小于形成轮和轨道的材料

的相应摩擦角 φ"（参见说明书第［0028］段），也就是说，要保证轮在轨道上进行滚动而不是滑动，必须使连接轴 106 和接触点 107 的线 L 相对于轨道的法线 N 倾斜的角度为 90°－α，同时该角度要小于形成轮和轨道的材料的相应摩擦角 φ。在第二个实施方式中，申请人通过采用与滑架铰接的套筒和在套筒内设置的弹簧的相互配合保证摩擦轮压靠在轨道上的力，从而保证摩擦轮在轨道上的滚动，即"只要轮和轨道间的触点压力 F 和 Fn 导致的沿弹簧 227 轴线的分力 Fa 小于定位螺钉 229 给予弹簧 227 的预压缩值，如果臂 204 是刚性的，它就开始动作。当该分力 Fa 超出该预压值时，套筒 226 收缩，进一步压缩弹簧 227，于是，轴 205 和 206 之间的距离减小，臂 204 开始旋转直至它抵靠与结构 201 成一整体的支座 232。在此运动期间，轮和轨道间的接触点 207 移至点 207'"（参见说明书第［0040］段）。

从上面所述的两个实施方式中可以明显看出，这两个实施方式解决同一技术问题所采用的结构没有一致的规律性，而申请人在权利要求 1 中只记载了"施力装置"这种用于施加力的结构，并未对该"施力装置"的具体结构进行描述，也就是说申请人用"施力装置"对说明书中包括具体结构的两种"施力装置"进行了上位概括，但是由于这两个实施方式的具体构成并不相同或相似，因此作为所属技术领域的技术人员无法从这两种方式中得到解决问题的普遍规律或启示，因而难以想到除此之外的"施力装置"的其他具体构成形式也可以解决同样的技术问题并达到相同的技术效果，所以该权利要求得不到说明书的支持，不符合《专利法》第 26 条第 4 款的规定。

审查员注意到，申请人在说明书中给出了两种能够解决技术问题并达到技术效果的技术方案（参见说明书第［0009］段和第［0010］段），它们分别与目前有效的权利要求 2、3 相对应，因此认为如果申请人将权利要求 1 与权利要求 2 和 3 的附加技术特征分别合并，撰写成两个独立的权利要求，则后者的专利性尚可以进一步讨论。

四、申请人的意见陈述

申请人针对审查员发出的权利要求 1 得不到说明书支持的审查意见给予了答复。在答复时，申请人通过意见陈述书指出：本申请的权利要求 1 可以得到说明书的支持，因此符合《专利法》第 26 条第 4 款的规定，这是因为：从说明书中可以清楚地看出，本发明的原理在于开创性地提出了以下全新的技术方案，即在分选机中采用根据发电机的电力需求来保证所述摩擦轮压靠在轨道上并在轨道上旋转，以克服现有技术中的缺陷并达到其发明目的。至于可以采用的"施力装置"的具体形式，尽管说明书中给出了两种具体的实施方式，但是正如说明书中所述，它们仅仅作为例子及非限定性实施例的方式给出，以便更好地理解本发明，而非对本发明的限制。而且，事实上，虽然说明书中给出的两种实施方式的具体构成看似并不相同或相似，但实质上它们出于同样的目的并采用了相应的技术手段来解决相同的技术问题，从而实现轮在轨道上滚动的最终目的。此外，对于所属技术领域的技术人员来说，在本发明原理的基础上，显然还可以在不偏离本发明的精神的情况下构思出上述实施例之外的其他替换实施方式或变型，申请人不可能也没有必要对所有这些实施方式进行穷举。而且，通常情况下，在说明书中给出两种以上（含两种）的实施例的情况下，便可以以上位概念对这些实施例进行适当概括,这在专利申请实践中是经常采用和被审查员普遍接受的。基于以上理由,本申请的权利要求中所概括出的特征是恰当的,且可以得到说明书的支持,从而符合《专利法》第26条第4款的规定。

五、案情分析

1. 案情简介

申请人针对现有技术中适用于传输滑架上的电能的装置和方法存在的结构复杂、成本昂贵以及噪声、污染、功率衰减等问题提出了一种可以解决上述问题的装置,该装置主要包括一种设置在滑架上用于传输机械能的能量传输机构,该能量传输机构的关键部件在于"施力装置",该"施力装置"一端连接在滑架上,另一端连接在摩擦轮上,其通过对摩擦轮施力来保证摩擦轮在轨道上滚动,因为只有摩擦轮在轨道上滚动,其滚动的机械能才能传递到发电机转化成电能,而摩擦轮与轨道之间的作用力的大小决定着摩擦轮在轨道上是滚动还是滑动,摩擦轮压靠在轨道上的力太大,就需要更大的动力去驱动摩擦轮的滚动,当动力不足时,会导致摩擦轮停在轨道上而不运动。由于摩擦轮和与其同轴的第一滑轮112通过第一驱动皮带114驱动第二滑轮115转动(参见说明书第[0022]段),因此摩擦轮要滚动要克服第一驱动皮带对其的阻力,而要克服这种阻力就需要摩擦轮与轨道之间有合适的摩擦力。因此如果摩擦轮压靠在轨道上的力太小,就会导致摩擦轮与轨道之间的摩擦力太小,从而不足以克服上述阻力,那会导致摩擦轮在轨道上滑动。所以通过保证摩擦轮压靠在轨道上的力来实现摩擦轮在轨道上的滚动,从而来保证摩擦轮传递到发电机的机械能,进而保证产生的电能。上述装置结构简单、不仅降低了成本而且保证了不超出机械元件最大应力允许值,同时限制了滑架与轨道间的交换力,从而延长了机械元件的使用寿命。

2. 审查员的审查意见要点及合理性分析

审查员在通知书中结合说明书中记载的内容对说明书中记载的两个实施方式进行了详细的分析,一个实施方式是通过对装置进行受力分析(参见图31-5-03),推导演算出"图31-5-03中连接轴106和接触点107的线L必须相比较轨道的法线N而倾斜的角度为90°-α,该角度小于形成轮和轨道的材料的相应摩擦角φ"(参见说明书第[0028]段),也就是说,要保证轮在轨道上进行滚动而不是滑动,必须使连接轴106和接触点107的线L相对于轨道的法线N倾斜的角度为90°-α,同时该角度要小于形成轮和轨道的材料的相应摩擦角φ;另一个实施方式是通过采用与滑架铰接的套筒和在套筒内设置的弹簧的相互配合保证摩擦轮压靠在轨道上的力,从而保证摩擦轮在轨道上的滚动,即"只要轮和轨道间的触点压力F和Fn导致的沿弹簧227轴线的分力Fa小于定位螺钉229给予弹簧227的预压缩值,如果臂204是刚性的,它就开始动作。当该分力Fa超出该预压值时,套筒226收缩,进一步压缩弹簧227,于是,轴205和206之间的距离减小,臂204开始旋转直至它抵靠与结构201成一整体的支座232。在此运动期间,轮和轨道间的接触点207移至点207′"(参见说明书第[0040]段)。审查员基于上述分析然后指出这两个实施方式解决同一技术问题的具体构成并不相同或相似,同时"施力装置"只是申请人定义的一种装置,其并不是所属领域中被普遍认可的技术术语，作为所属技术领域的技术人员无法将两个具体构成不同或不相似的实施方式概括为上位的结构。因此将这两个实施方式中的关键组件概括为上位的"施力装置"是不合理的，因而得出权利要求1得不到说明书支持的结论。

从审查员的审查意见可以看出，审查员对于权利要求对说明书中两个实施方式进行的上位概括的合理性提出了质疑。《专利审查指南》第二部分第二章第3.2.1节中指出权利要求应当以说明书为依据，是指权利要求应当得到说明书的支持。并且进一步指出：对于用上位概念或用并列选择方式概括的权利要求，应当审查这种概括是否得到说明书的支持。如果权利要求的概括包含申请人推测的内容，而其效果又难以预先确定和评价，应当认为这种概括超出了说明书公开的范围。如果权利要求的概括是所属技术领域的技术人员有理由怀疑该上位概括或并列选择概括所包含的一种或多种下位概念或选择方式不能解决发明或实用新型所要解决的技术问题，并达到相同的技术效果，则应当认为该权利要求没有得到说明书的支持。审查员详细分析了这两个实施方式解决同一技术问题所采用的技术手段，然后基于这种分析得出这两个实施方式的具体构成不同或不相似的结论，因此从这两个实施方式中无法得到解决问题的普遍规律或启示，所以审查员对于采用具体构成不同或不相似的结构来解决同一技术问题的两个实施方式进行上位概括的合理性提出质疑来让申请人进行进一步的澄清、解释或者修改不仅是合理的，而且是必需的。

3. 申请人的答复意见要点及分析

审查员在通知书中只提出了权利要求1没有得到说明书支持的审查意见，没有对权利要求的新颖性和创造性提出审查意见，作为申请人在意见陈述书中应当说明是对审查员提出的权利要求得不到说明书支持的审查意见的答复。

针对审查员提出的权利要求得不到说明书支持的审查意见，申请人在上述意见陈述书中只简单地陈述了将说明书中的多个实施例进行适当概括是可行的，所陈述的内容基本上是结论式的表述，并没有针对审查员通知书指出的不支持缺陷结合本案"施力装置"在本申请中所起的作用以及所达到的技术效果来详细分析本申请中记载的几个实施方式在结构构成上是否相同或相似或者是否是出于解决问题的同一思路的原因，也没有说明除了使用说明书中公开的"施力装置"之外，还可以使用现有技术中公知的类似的装置实现同样的功能并达到相同的技术效果的原因，因而所属技术领域的技术人员并不能通过申请人的争辩，获得说明书给出的实施方式的所有等同替代方式或明显变型方式都具备相同的性能或用途的启示，即这样的争辩是缺乏说服力的。

《专利法》第26条第4款规定，权利要求书应当以说明书为依据，清楚、简要地限定要求专利保护的范围。《专利审查指南》第二部分第二章第3.2.1节中分别对权利要求没有以说明书为依据，使得权利要求不能够得到说明书的支持的情况，和权利要求以说明书为依据，使得权利要求能够得到说明书的支持的情况，作出了规定，对于后一种情况，《专利审查指南》明确指出：权利要求书中的每一项权利要求所要求保护的技术方案应当是所属技术领域的技术人员能够从说明书充分公开的内容中得到或概括得出的技术方案，并且不得超出说明书公开的范围。权利要求通常由说明书记载的一个或多个实施方式或实施例概括而成。如果所属技术领域的技术人员可以合理预测说明书给出的实施方式的所有等同替代方式或明显变型方式都具备相同的性能或用途，则应当允许申请人将权利要求的保护范围概括至覆盖其所有的等同替代或明显变型方式。

因此，对于权利要求是否能够得到说明书支持的争辩，应该从技术角度展开，说明本领域人员为什么能够合理预测说明书给出的实施方式的所有等同替代方式或明显变型方式都具备相同的性能或用途。对于本案例，申请人对于审查员因权利要求中的上位概括而发出权利要求得不到说明书支持的审查意见通知书应当按照以下几方面进行详细陈述：

（1）分析审查员的意见，找出意见中审查员关注的焦点问题，本案例的通知书中审查员的焦点放在说明书中记载的两个实施方式所采用的结构是否具有一致规律性上，审查员认同说明书的两个实施方式均是用于解决同一问题的，但是认为这两个实施方式就结构构成来讲找不出规律性的共同点，所以无法进行上位概括；

（2）结合发明要解决的技术问题和所采用的技术手段，站在所属技术领域的技术人员的角度来针对审查员关注的焦点问题详细阐述观点，针对本案例中审查员所关注的焦点问题，申请人应当在已经与审查员达成技术共识的基础上，进一步有理有据地阐述所属技术领域的技术人员能够从说明书中记载的两个实施方式获得技术上一致性的原因；

（3）在陈述观点时还应当详细陈述所属技术领域的技术人员可以合理预测说明书给出的实施方式的所有等同替代方式或明显变型方式都具备相同的性能或用途的原因；

（4）通过举例的方式列出其他等同替代方式或明显变型方式也可以解决相同的技术问题并能达到相同的效果来进一步增强说服力。

六、推荐的答复意见

尊敬的审查员，您好！

您在审查意见通知书中对权利要求1中的"施力装置"的上位概括提出了得不到说明书支持的审查意见，您在通知书中指出：权利要求1请求保护一种分选机，其中记载的"施力装置"是对说明书中两个具体实施方式的上位概括，而"施力装置"只是申请人定义的一种装置，其并不是所属领域中被普遍认可的技术术语。即要保证轮在轨道上进行滚动而不是滑动，必须使连接轴106和接触点107的线L相对于轨道的法线N倾斜的角度为$90°-\alpha$，同时该角度要小于形成轮和轨道的材料的相应摩擦角φ以及通过采用与滑架铰接的套筒和在套筒内设置的弹簧的相互配合保证摩擦轮压靠在轨道上的力，从而保证摩擦轮在轨道上的滚动。从上面所述的两个实施方式中可以明显看出，这两个实施方式解决同一技术问题所采用的结构没有一致的规律性，而申请人在权利要求1中只记载了"施力装置"这种用于施加力的结构，并未对该"施力装置"的具体结构进行描述，也就是说申请人用"施力装置"对说明书中包括具体结构的两种"施力装置"进行了上位概括，但是由于这两个实施方式的具体构成并不相同或相似，因此作为所属技术领域的技术人员无法从这两种方式中得到解决问题的普遍规律或启示，因而难以想到除此之外的"施力装置"的其他具体构成形式也可以解决同样的技术问题并达到相同的技术效果，所以该权利要求得不到说明书的支持，不符合《专利法》第26条第4款的规定。审查员在通知书中并未对本申请的权利要求的新颖性和创造性提出审查意见，因此，本意见陈述书仅针对审查员提出的权利要求得不到说明书支持来进行答复。

对于上述审查意见，申请人有不同意见，申请人认为权利要求1中的"施力装置"的上位概括是可以得到说明书支持的，理由如下：

首先，审查员在通知书中指出本发明的两个实施方式均是用于解决同一技术问题的，也就是说审查员已经认同说明书的两个实施方式是为了解决同一技术问题而提出的。

其次，由于本发明的两个实施方式均是用于解决同一技术问题的，所以申请人认为，通过使连接轴106和接触点107的线L相对于轨道的法线N倾斜的角度为90°−α，同时该角度要小于形成轮和轨道的材料的相应摩擦角φ以及通过采用与滑架铰接的套筒和在套筒内设置的弹簧的相互配合保证摩擦轮压靠在轨道上的力，从而保证摩擦轮在轨道上的滚动来解决上述技术问题是出于同样的技术原理而采用的技术手段。审查员在通知书中指出，这两个实施方式的结构构成并不相同或相似，因此所属技术领域的技术人员无法对它们进行上位概括。从这两个实施方式的结构构成上进行考虑，申请人认同审查员的意见，但是申请人认为虽然这两个实施方式的结构构成并不相同或相似，但是它们均是基于同样的技术原理而采用的相应的技术手段，出于解决问题的同一思路，在该思路下必然还存在所属技术领域的技术人员容易想到的其他构成形式同样也可以解决上述技术问题，因此从这两个实施方式解决问题的思路上进行考虑，申请人认为在权利要求中将它们上位概括成"施力装置"是合适的。下面将从这两个实施方式解决问题的思路上进行详细分析在权利要求中将它们上位概括成"施力装置"能够得到说明书支持的原因。

本申请的原理在于"在分选机中采用根据发电机的电力需求变化来保证轮压靠在轨道上的力"，即利用结构上的或者另外的装置来保证摩擦轮压靠在导轨上的力，因为只有摩擦轮在轨道上滚动，其滚动的机械能才能传递到发电机转化成电能，而摩擦轮与轨道之间的作用力的大小决定着摩擦轮在轨道上是滚动的、滑动的或者是静止的，所以通过合适的保证摩擦轮压靠在轨道上的力来实现摩擦轮在轨道上的滚动，从而来调节摩擦轮传递到发电机的机械能，进而调节产生的电能。

为了解决上述技术问题，申请人采用了两个具体实施方式，即要保证轮在轨道上进行滚动而不是滑动，必须使连接轴106和接触点107的线L相对于轨道的法线N倾斜的角度为90°−α，同时该角度要小于形成轮和轨道的材料的相应摩擦角φ以及通过采用与滑架铰接的套筒和在套筒内设置的弹簧的相互配合保证摩擦轮压靠在轨道上的力，从而保证摩擦轮在轨道上的滚动。申请人认为，虽然说明书中给出的这两个实施方式解决同一问题的具体构成并不相同或相似，但是它们解决问题的思路是相同的，实质上它们出于同样的目的，并采用了相应的技术手段来解决相同的技术问题（即均借助于被枢装到滑架上用于绕轴线枢转运动的臂实现对力的控制），从而保证压靠在轨道上的力能确保轮在轨道上滚动而不滑动的最终目的。说明书中给出了上述两种实现摩擦轮在轨道上滚动的技术手段，这两种技术手段均是在结构设计上需要考虑的内容，出于解决问题的同一思路，其共同点在于确保施加的力量能确保轮在轨道上滚动而不滑动，具体理由是：

第一，当考虑摩擦时，支承面对平衡物体的约束反力含两个分量，即法向反力和切向反力（静摩擦力），这两个分力的合力为全约束反力，其作用线与接触面的公法线成一偏角，当物体处于平衡的临界状态时，静摩擦力达到最大值，所述偏角也达到最大值，达到最大值时的该偏角称作摩擦角。也就是说，摩擦角就是两构件开始相对滑动瞬间在接触点上全约束反力和其公法线间所夹的角度，由此可见，摩擦角是判断两构件是静摩擦还是滑动摩擦的重要因素。对于所属技术领域的技术人员来说，为了实现摩擦轮在轨道上滚动，在设计中将发生滑动摩擦时的摩擦角因素考虑在内进而在结构上进行相应的设计是自然而然会想到的，也就是说要保证摩擦轮在轨道上滚动而不是滑动就要保证全约束反力的作用线处在摩擦角范围内，即要使本发明中提到的所述倾角 $90°-\alpha$ 小于相应摩擦角 φ 来保证摩擦轮在轨道上进行滚动而不是滑动。

第二，要实现构件间的滚动摩擦，保证适当的正压力也是必要的，但是正压力太大可能导致摩擦轮在轨道上动不了，而正压力太小由于皮带114对摩擦轮的滚动造成阻力而可能导致摩擦轮在轨道上滑动，因此保证摩擦轮对轨道适当的正压力大小是必须的。而依靠弹簧的弹力来保证施加在构件上的力也是比较常用的技术手段，本发明利用弹簧配合套筒的结构来保证摩擦轮对轨道的正压力，当正压力过大或过小时可以通过弹簧和套筒的相配配合来进行适当的调整，从而合适地保证摩擦轮在轨道上进行滚动。

从上述的本发明为了保证摩擦轮在轨道上滚动而采取的两种实施方式中可以看出，它们解决问题的思路是相同的，都是为了实现摩擦轮在轨道上的滚动而基于基本的物理原理进行的设计，将本发明中提及的所述倾角 $90°-\alpha$ 设计成小于相应摩擦角 φ 以及利用弹簧和套筒的相互作用来保证摩擦轮作用在轨道上的力均是基于物理上的摩擦理论进行设计的。在材料摩擦系数一定的情况下为了实现预期的目标考虑摩擦理论中关键的摩擦角和相关的正压力因素而采取相应的结构设计是所属技术领域的技术人员在结构设计的时候必然会考虑到的问题，因为本发明中提到的这两种实施方式是基于同样的理论而采取与该理论中的关键要素相关的技术手段获得的，因此它们解决问题的思路是相同的，并采用了相应的技术手段。

同时本申请虽然仅描述了上述两种解决该技术问题的方式，但是这两种方式均是出于同一思路来解决同一技术问题的，其最终目的都是确保轮在轨道上滚动而不滑动，其共同点就在于施力的手段。并且作为所属技术领域的技术人员，基于这种思路在这两种方式的技术构成的启示下，并根据其掌握的普通常识，完全可以想到具有其他技术构成形式的等同替代方式或明显变型方式都可以解决上述技术问题并能够达到同样的技术效果，因此上述两种方式不是对解决技术问题的方式的限制，而是示例性的列举。例如，根据结构需要还可以采用诸如液压装置（比如液压缸、液压推杆）、气动装置（比如气缸）以及电控装置（比如通过计算机程序实现的自动控制）之类的公知的致动装置来替代本申请中相应的结构来改变摩擦轮压靠导轨的力，也就是说，只要能够对摩擦轮压靠导轨的力进行适当控制的装置就可以解决上述技术问题。

基于上述理由，申请人认为权利要求 1 概括出的"施力装置"得到了说明书的支持，符合《专利法》第 26 条第 4 款的规定，请审查员予以考虑。由于权利要求 1 的技术方案可以得到说明书的支持，已经克服了审查员在通知书中指出的缺陷，所以申请人并未将权利要求 1 与权利要求 2 和 3 的附加技术特征分别合并来修改成两个独立权利要求。

请审查员在上述意见陈述的基础上，继续对本申请进行审查，并盼早日授予本发明专利申请专利权。

七、案例总结

从该案例的内容可以获知，申请人收到的类似本案例的审查意见的通常的情况是权利要求中某个或某些特征对说明书中的几个实施方式进行了上位概括，而审查员基于对说明书所记载的内容的理解对权利要求的这种概括的合理性提出了质疑，从而发出权利要求得不到说明书支持的审查意见。申请人在收到此类审查意见通知书时可以通过解释、澄清或修改申请文件来克服其中的缺陷。因此申请人在答复审查员作出的权利要求因为是对说明书的特征或技术手段的上位概括而得不到说明书支持的审查意见时，应该从以下几点进行考虑：

（1）对审查员提出的审查意见认真分析，首先确定审查员是基于什么样的事实以什么样的理由提出该审查意见，也就是说找出审查员重点关注的点是什么，这样在后面的陈述才能做到有的放矢。

（2）按照《专利法》《专利法实施细则》和《专利审查指南》的相关规定，立足于说明书所公开的全部内容，而不应仅仅局限于具体实施例，基于所属技术领域的技术人员所掌握的普通技术知识针对审查员重点关注的点从不同的角度进行抗辩，逻辑清晰地详细阐明观点，有针对性地提出有说服力的理由。

（3）在陈述过程中，站在所属技术领域的技术人员的角度重点阐述权利要求中所包括的除说明书中公开的特征或技术手段之外的其他替代方式或明显变型方式都具有相同的功能或用途并能达到相同或相近的技术效果的理由，得出权利要求中所做的上位概括所包括的所有替代方式均能够得到说明书支持的结论。

（4）在陈述理由的时候，举例说明其他替代方式或明显变型方式也可以用在本发明中实现相同的功能或用途并能达到相同或相近的技术效果往往能起到事半功倍的效果，而且更具有说服力。

第六节 对要素省略发明是否具有创造性的答复

一、概要

《专利法》第 22 条第 3 款规定：发明的创造性是指与现有技术相比，该发明具有突出的实质性特点和显著的进步。要素变更的发明是发明的一种类型，包括要素关系改变的发明、要素替代的发明和要素省略的发明。要素省略的发明，是指省去已知产品或者方法中的某一项或多项要素的发明。在进行此类发明的创造性判断时通常需要考虑：要素省略后其功能是否也相应消失、其技术效果是否可以预料等。

按照《专利审查指南》第二部分第四章第4.6.3节的规定，如果发明省去一项或多项要素后其功能也相应地消失，则该发明不具备创造性；如果发明与现有技术相比，发明省去一项或多项要素（例如，一项产品发明省去了一个或多个零部件或者一项方法发明省去一步或多步工序）后，依然保持原有的全部功能，或者带来预料不到的新技术效果，则具有突出的实质性特点和显著的进步，该发明具备创造性。然而，在实际审查实践中，由于申请人和审查员对于技术方案理解的角度不同，双方对要素省略后其功能是否相应消失以及其技术效果是否可以预料等容易产生分歧。因此，在进行要素替代发明的意见陈述时，要素省略后是否依然保持原有的全部功能或其所达到的技术效果的判断往往是论述本申请是否具备创造性的关键之所在。其中，如果申请人能够证明省略后的技术方案能够保持原有的全部功能或达到"预料不到的技术效果"，使发明具有了新的性能，也就可以证明发明是具备创造性的。

本节将通过一个具体案例的审查意见和答复意见进行详细分析，为申请人提供一些关于要素省略发明争辩的答复思路。

二、申请文本

（一）权利要求书

1. 一种给纸辊，是由内层和外层构成的双层结构，内层和外层均为橡胶组分材料，其特征在于，所述内层的橡胶组分由丁基橡胶组成，所述外层的橡胶组分由三元乙丙橡胶、硅橡胶或聚氨酯橡胶组成；并且所述内层的JIS-A硬度不小于5度且不大于10度，并且所述外层的JIS-A硬度不小于25度且不大于60度。

2. 如权利1所述的给纸辊，其特征在于，所述外层的JIS-A硬度与所述内层的JIS-A硬度的差值在20~50度范围内。

3. 如权利1或2所述的给纸辊，其特征在于，所述外层的外表面的初始摩擦系数不小于1.5。

（二）说明书

技术领域

[0001] 本发明涉及一种用于复印机、打印机、传真机、自动柜员机（ATM）等的给纸设备的给纸辊。

背景技术

[0002] 多种类型的给纸辊广泛用于静电复印机、各种打印机、传真机和自动出纳机等的给纸设备上。给纸辊是指在滚动过程中与纸接触，靠其表面与纸之间的摩擦而给纸的辊。给纸辊包括停纸辊、进纸辊、牵引辊和输送辊等。

[0003] 用作给纸辊的橡胶辊材料，可以是天然橡胶、聚氨酯橡胶、三元乙丙橡胶、聚降冰片烯橡胶、硅橡胶和聚氯乙烯橡胶等常用的材料。

[0004] 目前市面上用于给纸辊的橡胶辊通常具有由非发泡层组成的单层结构。具有单层结构的橡胶辊的摩擦系数易于随着给纸数量的增加而下降，从而使橡胶辊的给

纸性能下降。所以由于纸在橡胶辊表面发生滑动会发生给纸缺损或抖动现象。

发明内容

[0005] 鉴于上述问题，进行了本发明的研究。因此，本发明的目的是通过制造一种摩擦系数高、耐磨性良好、摩擦系数随着给纸辊大量给纸后下降程度较低、并且当给纸辊给纸时可以最大限度减少抖动现象的发生的给纸辊，从而提供一种可以长时间保持优良性能的给纸辊。

[0006] 为了解决上述问题，本发明提供了一个内层和外层均由橡胶组成的给纸辊，其内层外表面和外层内表面接触十分紧密。

[0007] 本发明的给纸辊安装有一根轴外表面的环形弹性部件（橡胶辊），其具有双层的结构，包含内层和外层两部分，从而可以减少摩擦系数的降低和抖动现象的发生。

[0008] 内层橡胶组分由丁基橡胶组成。外层橡胶组分由三元乙丙橡胶、硅橡胶或聚氨酯橡胶组成。内层的JIS-A硬度设定为不小于5度，且不大于10度。外层的JIS-A硬度设定为不小于25度，且不大于60度。

[0009] 如上所述，给纸辊（下文中通常简称为"橡胶辊"或"辊"）由内层和外层组成，内外两层均由橡胶组成，且内层外表面与外层的内表面接触很紧密，之间没有缝隙。因此使得整个辊在圆周方向上具有指定的相同硬度。并且它的外层紧贴在内层上。这样就可以防止给纸过程中内外层之间存在间隙时相互摩擦所带来的辊的局部磨损，还可以防止外径变得不均匀。

[0010] 如第[0008]段中所述，将内层的JIS-A硬度设定为一个不小于5度且不大于10度的相对较低硬度，这样可以保证给纸辊与纸的接触面积，防止摩擦系数的降低，并且减少抖动现象的发生。

[0011] 当内层的JIS-A硬度大于10度时，很难保证辊与纸接触的面积长时间保持稳定，也很难抑制辊摩擦系数的降低。内层的JIS-A硬度的下限为不小于5度是因为过低的硬度不利于保证给纸辊的整体硬度。

[0012] 通过将外层的JIS-A硬度设定为不小于25度也不大于60度，可以使辊的耐磨性和摩擦系数取得很好的平衡。

[0013] 为了充分抑制给纸辊的摩擦系数下降和抖动现象发生，人们需要将外层的JIS-A硬度与内层的JIS-A硬度间的差值设定在15~55度的范围内。如果外层的JIS-A硬度与内层的JIS-A硬度差值小于15度，将不可能得到抑制抖动现象发生的效果。

[0014] 另一方面，如果外层的JIS-A硬度与内层的JIS-A硬度差值大于55度，外层将具有高的橡胶硬度，因此摩擦系数会降低。进一步优选外层的JIS-A硬度与内层的JIS-A硬度差值在20~50度的范围内。

[0015] 外层表面的初始摩擦系数优选为不小于1.5，进一步优选设定为不小于2.0且不大于3.5。

[0016] 本发明中，内层橡胶组分由丁基橡胶组成，可以使内层的JIS-A硬度设定为不小于5度且不大于10度。因为丁基橡胶有较低抗冲击性和较高振动吸收性，所以可以有效地减少抖动现象发生。外层橡胶组分由三元乙丙橡胶、硅橡胶或聚氨酯橡

胶组成，辊的耐臭氧性很出色。因为三元乙丙橡胶的大多数主链是由饱和的碳氢化合物组成，三元乙丙橡胶的主链不含大量的双键。因此即使三元乙丙橡胶暴露在高浓度的臭氧氛围下，或进行长时间光束照射，分子的主链也很难断裂。另外，硅橡胶和聚氨酯橡胶也是耐臭氧的。因为聚氨酯橡胶的机械性能出色，所以聚氨酯橡胶可以有效地提高辊橡胶组合物的耐磨性。

[0017] 组成本发明给纸辊的橡胶层可以通过将上述橡胶组合物进行交联而得到。交联的形式不限定为具体的一种。可以用硫交联、金属盐交联、过氧化物交联、树脂交联和电子束交联。通常使用硫交联。在交联时也可将一种硫化促进剂与硫结合使用。根据使用条件，在硫化交联时，辊表面可能出现霜化现象。在这种情况下，可以使用树脂交联。

[0018] 橡胶组合物中可适当含有软化剂、填料、增强剂等等。优选使用必要量的软化剂或者填料来调整内层和外层的硬度。

[0019] 为了得到交联橡胶组合物的辊形模塑产品，要将上述的组分进行捏合。捏合的组分在模塑前或后进行交联。此外，为了减少工作时间，捏合组分可以在模塑同时进行交联。在模塑的同时，将捏合组分交联以形成辊形橡胶层，在加热一个具有所需形状的管形模具后，将上述的捏合组分填加到加热的模具中。然后进行压模（加压硫化）。

[0020] 本发明的给纸辊，外橡胶层按照如下方法固定于内橡胶层上：在两个橡胶层分别形成后，内橡胶层通过压配合插进外橡胶层的中空部分，或者将外橡胶层安装在内橡胶层上，同时外橡胶层与内橡胶层紧密接触。本例中，优选将外橡胶层整体安装在内橡胶层表面，而不用在外层橡胶层和内橡胶层中使用黏合剂。由于外橡胶层整体安装在内橡胶层表面上而不在二者之间使用黏合剂，因此当外橡胶层变差以及由于外橡胶层与空气和纸接触而达到使用寿命时，可以更换外橡胶层。

[0021] 如上所述，依据本发明，给纸辊由内层和外层组成，两层均由橡胶组成，并且内层外表面与外层内表面紧密结合在一起，它们之间没有间隙。因此使得整个给纸辊具有指定的相同硬度，并且它的外层固定在内层上。因此给纸辊能够维持一定的耐磨性。

[0022] 此外内层的橡胶组分由丁基橡胶组成，可以在很大程度上吸收振动，所以可以有效地降低抖动现象的发生。通过将内层的JIS-A硬度设定为不小于5度且不大于10度的低硬度，可以保证给纸辊与纸的接触面积。因此可以抑制辊摩擦系数下降，并且减少抖动现象的发生。通过将外层的JIS-A硬度设定为不小于25度且不大于60度的高硬度，能够使辊的耐磨性和摩擦系数取得很好的平衡。外层橡胶组分由三元乙丙橡胶、硅橡胶或聚氨酯橡胶组成。因此给纸辊的耐磨性能和耐臭氧性能非常优良。

[0023] 因此依据本发明的给纸辊有如下的优点：具有高耐磨性、高摩擦系数并且大量给纸后给纸辊的摩擦系数下降程度较低。另外，给纸辊给纸时减少了抖动现象的发生，具有相当长的使用寿命，并且可以长时间保持良好的性能。

附图说明

[0024] 图31-6-01是本发明的给纸辊具体实施方式的示意图；

[0025] 图31-6-02是含有图31-6-01所示给纸辊的给纸设备实施例的剖视图；

[0026] 图31-6-03是图31-6-01所示给纸辊的剖视图；

[0027] 图31-6-04是图31-6-01所示给纸辊摩擦系数测试方法的示意图。

具体实施方式

[0028] 下面结合附图，对本发明的具体实施例描述如下。

[0029] 图31-6-01是本发明的给纸辊10和其轴11的示意图。通过压配合将轴11插入给纸辊10的中空部分，使得给纸辊10固定在轴11上。

[0030] 尽管给纸辊10的橡胶层的厚度没有具体限定，但优选其整体的厚度设定为不小于3mm且不大于20mm。尽管给纸辊10的长度没有具体限定，但优选其长度设定为不小于3mm且不大于20mm。

[0031] 图31-6-02是用给纸辊10作为其供纸辊的给纸设备实施例的剖视图。该给纸设备有给纸辊10、分离衬垫12和托盘13。分离衬垫12和托盘13被隔开一定的间隔。分离衬垫12的上表面与托盘13形成一定的仰角。分离衬垫12固定在基板14上。分离衬垫12和给纸辊10彼此相对。

[0032] 由于给纸辊10的转动，放在托盘13中的纸15依次按图31-6-02所示箭头R的方向送出托盘13，此时纸15与给纸辊10的表面紧密接触。

[0033] 如剖视图图31-6-03所示，给纸辊10由两层橡胶组成，即内橡胶层16和外橡胶层17。内橡胶16层的外表面与外橡胶层17的内表面紧密接触，二者之间没有间隙。

[0034] 内橡胶层16的橡胶组合物硫化成型为圆筒形，且其JIS-A硬度不超过10度（第一种具体实施方式中为5度）。尽管内橡胶层16的厚度不具体限制，但优选其设定为不小于2mm且不大于10mm。如果内橡胶层16的厚度太小，抑制抖动现象发生的效果很小。另一方面，如果内橡胶层16的厚度太大，内橡胶层16容易局部磨损。

[0035] 在内橡胶层16的JIS-A硬度不小于5度且不大于10度的要求下，本发明采用丁基橡胶作为其主要材料，这样就可以避免在内层橡胶中加入大量的软化剂（石蜡油），从而本发明中组成内橡胶层16的橡胶组合物中只含有丁基橡胶和各种添加剂，该添加剂是所属技术领域的技术人员在制备合成橡胶时常选用的各种添加剂，通常包括交联剂、填料、软化剂、增强剂、交联助剂、着色剂、抗氧剂。通过下文中的实施例1~5及对照例2可以发现，这样的给纸辊10具有很长的使用寿命并且可以长时间保持良好的性能。

[0036] 外橡胶层17的橡胶组合物硫化成型为圆筒形，且其JIS-A硬度不小于25度且不大于60度（第一种具体实施方式中为25度）。因为通过对照例3可以发现，当外层的JIS-A硬度为20度时，辊的耐磨性会降低。而另一方面，所属技术领域的技术人员均知晓，当外层的JIS-A硬度过大，尤其是大于60度时，辊的摩擦系数就会变小。因此，该辊不具足够的性能。为了充分抑制给纸辊10摩擦系数的降低和抖动现象的产生，外层17的JIS-A硬度和内层16的JIS-A硬度差值设定在15~50度的范围内（第一种具体实施方式中为20度）。

[0037] 外橡胶层17的厚度不具体设定，优选设定为不小于1mm且不大于3mm。如果外橡胶层的厚度过小，辊的寿命恐怕会很短。另一方面，如果外橡胶层17的厚度太大，内橡胶层16的软化效果恐怕会消失。

[0038] 组成外橡胶层17的橡胶组合物主要含有三元乙丙橡胶以及上述的多种添加剂。由橡胶组分组成的未充油橡胶和含有橡胶组分及充油的橡胶都可以使用。

[0039] 可以包含于橡胶组合物中的交联剂可以使用硫、硫化物、金属氧化物、有机过氧化物或无机过氧化物。优选依据橡胶的种类来选择适当的交联剂。

[0040] 包含在橡胶组合物中的填料可以使用：矿物无机填料，例如碳酸钙、二氧化钛、碳酸镁等；陶瓷粉；锯末。含有填料的橡胶组合物可以提高橡胶辊的机械强度。组成外橡胶层17的橡胶组合物优选含有矿物无机填料。

[0041] 包含在橡胶组合物中的软化剂可以使用油和增塑剂等。通过在橡胶组组分中添加软化剂，可以调节橡胶组合物的硬度。所使用的油可以是：矿质油，例如石蜡油、环烷油、芳香油；由烯烃低聚物组成的合成油；以及加工油。而合成油优选使用α-烯烃聚合物、丁烯低聚物以及乙烯和α-烯烃的芳香低聚物。而增塑剂可以使用邻苯二甲酸二辛酯（DOP）、邻苯二甲酸二丁酯（DBP）、癸二酸二辛酯（DOS）和己二酸二辛酯（DOA）。

[0042] 炭黑等物质可以用作增强剂添加到橡胶组合物中。将炭黑加入到橡胶组分中可以提高橡胶辊的耐磨性。而炭黑可以使用HAF、MAF、FEF、GPE、SRF、SAF、MT和FT。优选炭黑颗粒直径不小于10mm且不大于100mm，以使炭黑更好地分散于橡胶组合物中。在本发明中，为了提高橡胶的强度，组成两层的橡胶组合物优选含有炭黑。

[0043] 组成内橡胶层16的橡胶组合物，优选每100重量份的丁基橡胶中含有1~15重量份的炭黑，以及20~100重量份的石蜡油。

[0044] 组成外橡胶层17的橡胶组合物，优选每100重量份的三元乙丙橡胶中含有1~50重量份的矿物无机填料，以及至多140重量份的石蜡油。而矿物填料优选使用氧化硅、碳酸钙和二氧化钛等，可以单独或组合使用。

[0045] 橡胶组合物通过常用的加工方法制得。例如，橡胶、交联剂和添加剂用熟知的捏合设备进行如敞开式辊轧机、班伯里混合器、捏合机等捏合，得到橡胶组合物。所有组分在70℃~100℃下捏合大约3~10分钟。

[0046] 硫化和模塑橡胶组合物的方法可以使用挤压模塑、传递模塑等。例如，可以通过将生胶组合物加入到传递模塑模具中，于150℃~200℃下加热5~30分钟，使橡胶组合物硫化，同时模塑成管状。然后用圆柱形研磨机对所获得的橡胶管进行打磨，直到其外径达到要求。最后将橡胶管切割成要求的长度。这样就可以得到内橡胶层16和外橡胶层17。

[0047] 在不使用黏合剂的条件下，可以将管状外层17安装在内橡胶层16的表面上。在这种情况下，要求外橡胶层的内径φa比内橡胶层16的外径φb稍小。更具体地讲，需要将内径φa与外径φb的比率设定在0.80~0.95的范围内。

[0048] 因为第一实施方式有上述结构，所以其具有如下优点：具有高耐磨性和高

摩擦系数。另外，当给纸辊10大量给纸后，其摩擦系数的降低程度较小。而且当给纸辊10给纸时，给纸辊10可以较小程度地产生抖动现象。

[0049] 除了外橡胶层的橡胶组合物由硅橡胶组成外，通过使用与第一实施方式相似的方法形成本发明第二实施方式的给纸辊10。

[0050] 第三实施方式的给纸辊10除了外橡胶层的橡胶组合物由聚氨酯橡胶组成外，通过使用与第一实施方式相似的方法形成本发明第三实施方式的给纸辊10。

[0051] 作为组成外橡胶层17的组分的混合比例的优选实施例，每100重量份的聚氨酯橡胶中含有1~30重量份的矿物无机填料，和小于50重量份的己二酸二-（丁氧基·乙氧基·乙基）酯。

[0052] 本发明实施例1~5和对照例1~3的给纸辊详细描述如下。

[0053] 根据表31-6-01中所示A~G配方，制备每个实施例和对照例的橡胶组合物。表示组分含量的数值单位是重量份。

[0054]

表31-6-01

	内层			外层					
配方	A	B	C	D	E	F	G	H	I
丁基橡胶	100	100	100						
三元乙丙橡胶A				200	200	200			
三元乙丙橡胶B							100		
氧化硅				10	10	15	10	10	
碳酸钙				30	30	30			
二氧化钛				15	15	15	5		
炭黑	5	5	5	1	1	1	1	1	
石蜡油	65	55	45	40	20				
氧化锌	5	5	5	5	5	5	5	5	
硬脂酸	1	1	1	1	1	1	1	1	
硫粉末	1	1	1	1	1	1	1	1	
二硫化四乙基秋兰姆				2	2	2	2	2	
二硫化四丁基秋兰姆	2	2	2						
二硫化二丁基苯	1	1	1	1	1	1	1	1	
聚氨酯橡胶								100	
己二酸二-（丁氧基·乙氧基·乙基）酯								25	
硅橡胶									100
硬度	5	10	15	20	25	30	60	33	30

[0055] 表31-6-01所示各组分如下：

[0056] 丁基橡胶："Butyl268（商品名）"，JSR公司生产。

[0057] 三元乙丙橡胶A："Esprene670F（商品名）"，Sumiomo化学有限公司生产。

[0058] 三元乙丙橡胶B："Esprene505A（商品名）"，Sumiomo化学有限公司生产。

[0059] 氧化硅："NipsealVN3（商品名）"，NipponSilica生产。

[0060] 碳酸钙："BF300（商品名）"，Bihoku Funka Kogyo有限公司生产。

[0061] 二氧化钛："Chronostitanium oxide KR380（商品名）"，Titanium Kogyo公司生产。

[0062] 石蜡油："PW-380（商品名）"，Idemitsu Kosan有限公司生产。

[0063] 氧化锌："two kinds of zinc oxide（商品名）"，Mitsui矿业和熔炼有限公司生产。

[0064] 硫粉末：粉末状硫磺，Tsurumi化学工业有限公司生产。

[0065] 二硫化四乙基秋兰姆："NoccelerTBT（商品名）"，Ouchishinko化学工业有限公司生产。

[0066] 二硫化四丁基秋兰姆："NoccelerDM（商品名）"，Ouchishinko化学工业有限公司生产。

[0067] 聚氨酯橡胶："Millathane 76（商品名）"，TSE工业公司生产。

[0068] 己二酸二-（丁氧基·乙氧基·乙基）酯："TP-95（商品名）"，Rhom and Haas Japan K.K生产。

[0069] 硅橡胶："XE-20-B3250（商品名）"，GE Toshiba硅树脂有限公司生产。

[0070] 三元乙丙橡胶A含有50wt%的三元乙丙橡胶和50wt%的充油橡胶。

[0071] 对照例1

[0072] 按照下述方法制备实心橡胶辊。首先，将按表31-6-02所示配方E配制的橡胶组合物加入到指定模具中，于170℃下加压硫化20分钟。从而得到一个内径为φ9mm，外径为φ21mm，长度为38mm的圆筒。接下来，将制得的圆筒用圆柱形研磨机进行打磨，直至外径变为φ20mm。最后，将圆筒切割成长度为10mm的橡胶辊。将轴插入到通过切割圆筒而制得的橡胶辊中。如此就可以得到对照例1的给纸辊。

[0073] 实施例1~5和对照例2~3

[0074] (i) 形成内层

[0075] 将按表31-6-02所示指定配方的橡胶组合物加入到一个预制模具中，于160℃下加压硫化30分钟。从而得到一个内径为φ9mm，外径为φ15mm，长度为60mm的圆筒。最后，将圆筒切割成长度为10mm的橡胶辊。

[0076] (ii) 形成外层

[0077] 将按表31-6-02所示指定配方的橡胶组合物加入到一个预制模具中，于160℃下加压硫化20分钟。从而得到一个内径为φ14mm，外径为φ21mm，长度为60mm的圆筒。接下来，将制得的圆筒用圆柱形研磨机进行打磨，直至外径变为φ20mm。最后，将圆筒切割成长度为10mm的橡胶辊。

[0078] (iii) 形成具有双层结构的给纸辊

[0079] 将轴插入到内橡胶层的中空部分。然后，在不使用黏合剂的情况下，将外橡胶层安装到内橡胶层的外表面上。按照该方法，可以制作出一个给纸辊。

[0080]

表 31-6-02

	CE1	E1	E2	E3	E4	E5	CE2	CE3
内层配方		A	B	A	A	A	C	B
内层硬度		5	10	5	5	5	15	10
外层配方		E	F	G	H	I	E	D
外层硬度		25	30	60	33	30	25	20
内层和外层的JIS-A硬度差		20	20	55	28	25	10	10
单层结构	E							
单层结构的硬度（度）	25							
初始摩擦系数	1.9	2.1	2.0	1.7	1.8	1.9	2.0	2.1
给纸后的摩擦系数	1.5	2.0	1.9	1.6	1.7	1.7	1.5	
抖动评价	抖动	不抖动	不抖动	不抖动	不抖动	不抖动	抖动	不抖动
给纸评价（50000张）	○	○	○	○	○	○	○	×

[0081] 最上面一行的 E 和 CE 分别代表实施例和对照例。

[0082] 评价

[0083] （内层和外层的硬度）

[0084] 根据日本工业标准中 JIS-K6253"硫化橡胶或热塑性橡胶的硬度测试方法"规定的方法，使用一个 A 型硬度计测试每一个给纸辊的 JIS-A 硬度。所测硬度相当于常用的国际标准指标肖氏硬度 A。表 31-6-01 列出了内层 JIS-A 硬度和外层 JIS-A 硬度，以及内层 JIS-A 硬度与外层 JIS-A 硬度之间的差值。

[0085] （初始摩擦系数）

[0086] 使用如图 31-6-04 所示的方法测试每一个给纸辊的摩擦系数。开始时，将一张尺寸为 60mm×120mm 的纸 20 的一端夹在给纸辊 10 和由聚四氟乙烯制成的固定盘 18 之间，而纸的另一端连接到测力计 19 上。接下来，一大小为 250gf 的加载力 W 沿从给纸辊 10 到固定盘 18 的方向垂直施加于固定盘 18。

[0087] 随后，给纸辊 10 按图 31-6-04 中箭头 R 所示的方向，于 23℃的温、55% 湿度下，以 300mm/秒的外周线速度旋转。同时测试施加于测力计 19 的传送拉力 F。使用如下公式 1，通过传送拉力 F 和加载力 W（W=250gf）计算出摩擦系数 μ。

[0088] <公式 1>

[0089] $\mu = F(gf)/250(gf)$

[0090] 为了使给纸辊表现出期望的功能，要求初始摩擦系数不小于 1.5。

[0091] （给纸评价）

[0092] 将每个给纸辊安装于复印机上。每个给纸辊给纸50000张,以观察能否顺利给纸。能顺利给纸的给纸辊标记为○。不能给纸和一次给纸多张的给纸辊标记为×。

[0093] (给纸后的摩擦系数)

[0094] 在对每个给纸辊的进行给纸评价后,将给纸辊从复印设备上取下。使用与测试初始摩擦系数相似的方法,测试每个给纸50000张后的给纸辊的摩擦系数。

[0095] 为了使给纸辊有足够的耐久性,要求给纸辊在给纸50000张后的摩擦系数不小于1.2。

[0096] (抖动评价)

[0097] 将每个给纸辊安装于复印机上。每个给纸辊给纸1000张以检测给纸辊是否抖动。将在给纸1000张的过程中抖动的给纸辊标记为"抖动",而在给纸1000张的过程中不抖动的给纸辊标记为"不抖动"。

[0098] 表31-6-02显示了评价结果。

[0099] (结果分析)

[0100] 具有单层结构的给纸辊对照例1的给纸评价优良。但是该给纸辊有抖动。给纸后给纸辊的摩擦系数与给纸辊初始摩擦系数的比率大约为0.79。也就是说,该纸辊的摩擦系数下降相对较大。

[0101] 尽管具有双层结构的给纸辊对照例2的给纸评价优良,但由于其内层JIS-A硬度为15度的很高硬度,使其发生了抖动。给纸后给纸辊的摩擦系数与给纸辊初始摩擦系数的比率大约为0.75。也就是说,该给纸辊的摩擦系数下降相对较大。

[0102] 具有双层结构的给纸辊对照例3没有发生抖动。但其外层JIS-A硬度为20度的很低硬度。所以外层在给纸评价中出现很高程度的磨损。也就是说,这个给纸辊不能实际应用。在给纸5000张后,不能测量该给纸辊的摩擦系数。

[0103] 实施例1~4的每个给纸辊的内层JIS-A硬度都不小于5度且不大于10度,并且外层JIS-A硬度不小于25度。因此这些给纸辊不发生抖动,且给纸评价优良。给纸后给纸辊的摩擦系数与给纸辊初始摩擦系数的比率不小于0.9。也就是说,该给纸辊的摩擦系数下降很小。

[0104] 工业实用性

[0105] 本发明的给纸辊可以可靠地应用于各种类型的打印机、静电复印机、传真机、自动柜员机(ATM)等的给纸设备。该给纸辊对于要求克服抖动现象和高耐久性的高性能给纸设备十分有用。

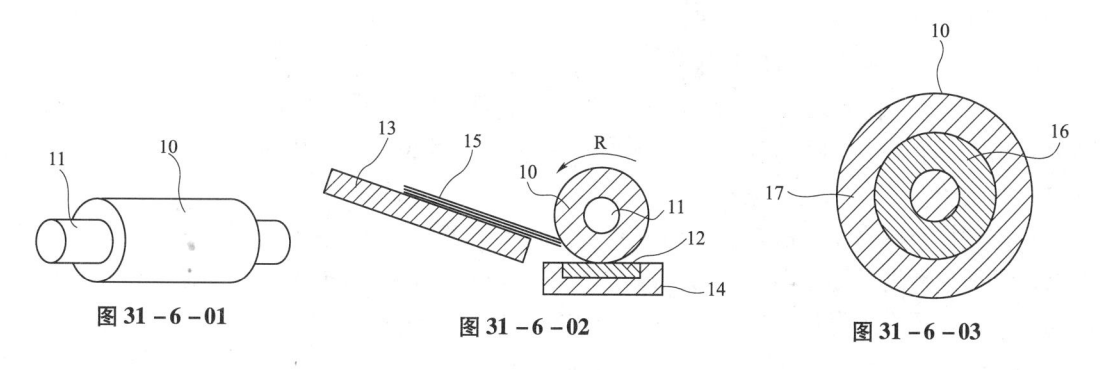

图31-6-01

图31-6-02

图31-6-03

图 31-6-04

图 31-6-05

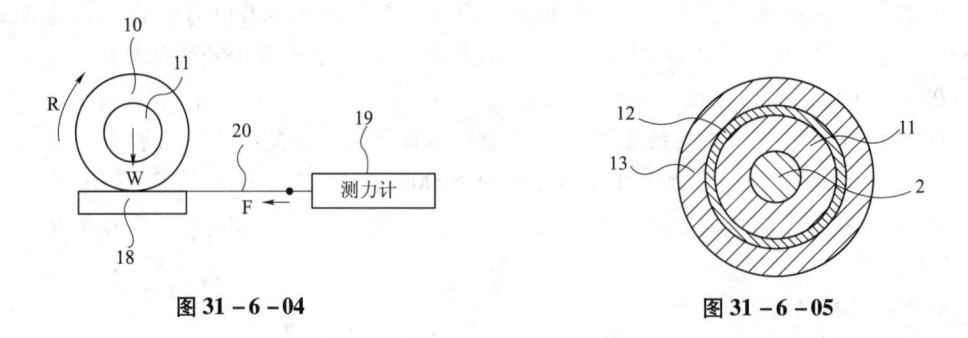

三、对比文件及审查意见要点

经过检索，审查员检索到了对比文件1（CN1*******1A），该对比文件公开了一种给纸辊，其橡胶层为三层结构，包括内层11、外层13以及中间层12。为了提高外层的耐磨性以及减少抖动现象的发生，外层13的JIS-A硬度被调整在35~50度的范围内，内层11的JIS-A硬度被调整为不大于10度，内、外两层均使用三元乙丙橡胶制成，而设置中间层12的原因在于由于内层11硬度设置较低，需要在作为内层材料的三元乙丙橡胶中加入大量的软化剂（石蜡油）来达到这一硬度要求，因此在内外层之间设置隔离层来防止内外层之间的油层迁移现象。对比文件1的附图如下：

经过对比就可以发现，对比文件1公开的内层硬度范围（JIS-A硬度为10度以下）与本申请要求的内层硬度范围（JIS-A硬度为5~10度）端点重合，外层硬度范围（JIS-A硬度为35~50度之间）落入了本申请要求的外层硬度范围（JIS-A硬度为25~60度之间）之内。因此，权利要求1保护的技术方案与对比文件1公开的内容相比，区别就在于本申请的给纸辊缺少对比文件1中的中间层12，并且要求采用丁基橡胶作为内层的材料。然而，中间层12所起到的作用是作为内、外层之间的隔离层来防止内层11中的软化剂（石蜡油）迁移到外层12中，去掉该层结构后，其相应的防止油迁移的功能也就消失了，而所属技术领域的技术人员均知晓在橡胶辊生产领域中，丁基橡胶是一种常用的生产原料，其JIS-A硬度在加入软化剂（石蜡油）后可设置为0~20度的范围内，本申请要求的丁基橡胶与对比文件1中的三元乙丙橡胶之间只是一种简单的替换而已。因此，审查员认为权利要求1~3并不具备创造性，发出了第一次审查意见通知书，通知书中对于权利要求1~3创造性的评价如下。

1. 权利要求1要求保护一种给纸辊，对比文件1（CN1*******1A）也公开了一种给纸辊，其橡胶层为三层结构，包括内层11、外层13以及中间层12，内层11与外层13之间设置中间层12，内层11和外层13均使用三元乙丙橡胶组分组成，并且，所述内层11的JIS-A硬度为10度以下，所述外层13的JIS-A硬度调整为35~50度的范围内（参见说明书第4页第6行到第5页第26行以及附图3），由于对比文件1公开的内层硬度范围与本申请要求的内层硬度范围端点重合，外层硬度范围落入了本申请要求的外层硬度范围之内，因而，内、外层的硬度范围限制的特征视为被公开。由此可见，权利要求1保护的技术方案与对比文件1公开的内容相比，区别在于本申请要求的是一种由内、外层构成的双层结构,并且内层材料采用丁基橡胶。然而,相对于对比文件1中的三层结构而言,本申请中的双层结构在省略了中间层12后,该中间层所带来的隔离内、外层之间软化剂(石蜡油)迁移的功能也就相应消失了,根据《专利审查指南》第二部分第四章第4.6.3节的规定,这属于不具备创造性的要素省略发明。并且,在橡胶辊生产领域中,丁基橡胶是一种常用的生产原料,所属技术领域的技术人员均知晓其JIS-A硬度在加入软化剂之后可设置为0~20度的范围内,因而,使用丁基橡胶作为内层材料是所属技术领域的技术人员利用公知的技术知识很容易想到技术手段,其相对于对比文件1中的三元乙丙橡胶而言只是一种简单的材料替换,因此本申请要求的内层材料为丁基橡胶也不能作为本申请具有创造性的依据。综上所述,在对比文件1的基础上结合本领域的普通技术知识获得权利要求1的保护方案,对于所属技术领域的技术人员而言是显而易见的,权利要求1不具有突出的实质性特点和显著的技术进步,不具备《专利法》第22条第3款规定的创造性。

2. 权利要求2是权利要求1的从属权利要求,对比文件1中公开了:外层13的JIS-A硬度设置为35~50度,内层11的JIS-A硬度设置为10度以下(参见说明书第5页第7~17行),那么,内层与外层之间的JIS-A硬度差值就是25~50,其落入了本申请要求的20~50度的范围内,该特征视为被公开,因而,在权利要求1不具备创造性的情况下,从属权利要求2也不具备《专利法》第22条第3款规定的创造性。

3. 权利要求3是权利要求1或2的从属权利要求,它们限定部分的附加技术特征为外层外表面的初始摩擦系数不小于1.5,然而,所属技术领域的技术人员均知晓,为了保证给纸辊能够顺利给纸并且由于大量给纸后摩擦系数有一定的下降,所以将外层外表面初始摩擦系数设定为大于1.5,这种技术手段的使用对所属技术领域的技术人员来说是显而易见的,在权利要求1或2不具备创造性的情况下,从属权利要求3也不具备《专利法》第22条第3款规定的创造性。

四、申请人的意见陈述介绍

针对第一次审查意见通知书,申请人进行了答复,其中认为权利要求1具有创造性的理由主要包括:

本发明中双层结构的给纸辊相对于对比文件1中三层结构的给纸辊具有结构简单、生产工序简便的优点,而通过说明书中所提供的大量实施例也表明,其同样可以达到很好的防抖动和防止给纸辊摩擦系数下降的技术效果,而内层采用丁基橡胶作为主要原料后则可以在不加大量软化剂(石蜡油)的情况下达到内层JIS-A硬度为5~10度的硬度要求,并且现有技术中也不存在利用丁基橡胶作为内层的任何启示。虽然丁基橡胶是一种常用的胶辊生产原料,但本发明使用此原料后,不仅实现了可以设置所需硬度,达到现有技术中摩擦系数高、耐磨性良好、减少抖动的可预料的效果,还达到了更好的结构简单、省略工序的技术效果,具有显著的进步。

五、对意见陈述及案情的分析

本案涉及一种应用于复印机、打印机等给纸设备中的给纸辊,申请人在背景技术中介绍了目前市面上多为单层结构的橡胶辊，其摩擦系数易于随着给纸数量的增加而下降，从而会引起给纸过程中的给纸缺损或抖动现象。针对这种缺点，申请人提供了一种双层结构的给纸辊，通过设置相对较低硬度的内层来保证给纸辊与纸的接触面积、减少抖动现象，并设置相对较高硬度的外层来提高辊的耐磨性，从而获得了一种长时间保持优良性能的给纸辊。

利用多层辊和硬度来作为基本检索要素，审查员检索到了一种三层结构的橡胶辊，其也具有硬度相对较低的内层和硬度相对较高的外层，同样可以达到本申请要求的给纸性能良好的技术效果，而其与本申请中双层结构橡胶辊的区别就在于多了防止内外层之间渗油问题的中间层且内层材料不同。在第一次审查意见通知书中，审查员将对比文件1公开的内容与权利要求1的特征进行了一一对比，在得出了上述两个区别技术特征的基础上分析了该权利要求的技术方案对于所属技术领域的技术人员是显而易见的原因，主要包括：省略了中间层的给纸辊其相应的隔离内、外层之间油迁移的功能也相应消失了；内层材料选择为丁基橡胶相对于对比文件1公开的三元乙丙橡胶而言是一种不需要付出创造性劳动的简单的替换而已。可以看出，审查员之所以得出这样的结论，是严格根据《专利审查指南》中创造性判断的步骤来进行的评判，其得到的两个区别技术特征所解决的技术问题也是根据本申请说明书中发明内容部分所提及的技术效果而确定的，因此，审查员在通知书中的质疑是合理的。

针对第一次审查意见通知书，申请人进行了答复，其中具体解释了丁基橡胶相对于三元乙丙橡胶并不是简单替换的理由，尤其是基于说明书中的实施例1~5与对照例2给出了"内层采用丁基橡胶作为主要原料后可以在不加大量软化剂（石蜡油）的情况下达到内层JIS–A硬度为5~10度的硬度要求"的关键技术信息。然而，申请人的上述意见陈述并没有找到要素省略发明创造性答辩的正确方向或重点，针对本申请中省略了中间层结构的双层橡胶辊是否属于不具有创造性的要素省略发明这一点而言，申请人只是单纯地强调其相对于三层结构给纸辊具有结构简单的优点，从而认为其具有创造性，但是如果所属技术领域的技术人员可以确定省略掉中间层后的给纸辊防止内外层之间油迁移的功能也相应消失了的话，那么，显然本申请仍然是属于不具有创造性的要素省略发明。

针对这类型的申请案，在进行要素替代发明的意见陈述时，要素省略后是否依然保持原有的全部功能或其所达到的技术效果的判断往往是论述申请是否具备创造性的关键之所在。具体到本案来说，只强调双层结构相对于三层结构具有结构简单的特点显然是不够的。在机械领域中，通常省略了部件后均可以达到结构简单的技术效果，而省略的部件所实现的功能通常也就客观消失了，那么，此时答辩的重点就应放在论述省略了一层后的橡胶辊仍具有全部的功能并且详细分析是通过哪些要素的配合作用来保持原有功能的。

很显然，由于审查员检索到了比本申请背景技术中所提及的更相关的现有技术即对比文件1，所以相对于本申请之前概括的"更好地防抖动和防止给纸辊摩擦系数下降"的技术效果而言，事实上本申请相对于现有技术所作出的改进应当概括为"更好地防抖动和防止给纸辊摩擦系数下降，并且利用简单的结构也不存在给纸辊中内层的物质迁移到外层的问题",而其实质改进点是因为申请人创造性地发现了丁基橡胶在不加入大量软化剂（石蜡油）的条件下就可以将其硬度降低到很低的特点，因此使用丁基橡胶作为内层材料后形成的双层橡胶结构的给纸辊同样具备三层结构给纸辊的全部功能，并且相对结构简单。而申请人的上述意见陈述中仅强调了双层结构给纸辊相对于三层结构给纸辊结构简单的优点，并未将两个区别技术特征的内在联系论述清楚，从而体现出要素省略发明答辩中最需要强调的"省去一项或多项要素后依然保持有全部功能"的重点。

根据上述分析可以得出，本申请的突出的实质性特点和显著的进步是通过两个区别技术特征"省略了中间层"、"并采用丁基橡胶为内层材料"来共同作用并协同实现的。从而可以得到以下的答复思路：首先应论述本申请中内层材料采用丁基橡胶是因为发现了其不加入大量软化剂（石蜡油）就可以将其硬度降低到较低硬度下的特性，其相对于对比文件1中的三元乙丙橡胶而言有着不可比拟的优势，它们之间并不是一种简单的替换而已；其次论述正是由于内层材料的替换，相对于对比文件1中给出的三层结构的给纸辊而言，本申请中省略了中间层的给纸辊依然不会存在内外层之间油迁移的问题，即依然保持了原有的全部功能，并且结构简单、制造成本降低。在论述时应强调两个区别技术特征之间的内在联系，并重点论述省略要素后依然保持有全部功能的技术效果，从而得出该要素省略发明具有创造性的结论。

需要注意的是，由于丁基橡胶不加入大量软化剂（石蜡油）就可以将其硬度降低到较低硬度下的特性是以上论述的理论基础，并且在现有技术中并没有相关的记载或教导，因此，为了证明该结论的正确性，申请人可以提供相关的实验数据来证明该特性，但这些实验数据仅作为证明之用，不可以补充原始申请文件中。而由于审查员通过检索发现了比申请人在原说明书中引用的现有技术更接近所要求保护的主题的对比文件，申请人还应当修改说明书，引证该文件并补入到背景技术部分，同时修改发明内容部分中与该发明所解决的技术问题有关的内容，使其与要求保护的主题相适应，即反映该发明的技术方案相对于最接近的现有技术所解决的技术问题。

六、推荐的意见陈述书

关于权利要求1的创造性

本发明的权利要求1与对比文件1的区别在于，本发明的内层使用丁基橡胶，给纸辊的橡胶层为内层和外层构成的双层结构。

审查员指出在橡胶辊生产领域中，丁基橡胶是一种常用的生产原料，所属技术领域的技术人员均知晓其JIS-A硬度可在加入软化剂后设置为0~20度的范围，利用上述公知常识，使用丁基橡胶作为内层材料相对于对比文件1中的三元乙丙橡胶而言只是一种简单的技术手段替换，但对于该问题，申请人是这样认为的：

本发明的权利要求1与对比文件1的区别在于本发明的内层使用丁基橡胶，而对比文件1使用三元乙丙橡胶，但这种区别并不是一种简单的替换而已。本发明之所以选择丁基橡胶作为内层材料，是因为申请人发现当出于降低橡胶的硬度来加入软化剂（石蜡油）时，丁基橡胶可以加入很少的软化剂就很快地使其JIS-A硬度降低到10度以下，而三元乙丙橡胶则需要加入大量的软化剂才可以实现（见申请文件说明书第［0035］段：在内橡胶层 16 的 JIS－A 硬度不小于 5 度且不大于 10 度的要求下，本发明采用丁基橡胶作为其主要材料，这样就可以避免在内层橡胶中加入大量的软化剂），相关的实验数据可参见表 31－6－03，其中表示组分含量的数值单位是重量份。

表 31－6－03

	丁基橡胶（IIR）			三元乙丙橡胶（EPDM）		
石蜡油	45	55	65	45	140	170
硬度	15	10	5	80	25	15

丁基橡胶："Butyl 268（商品名）"，JSR 公司生产。
三元乙丙橡胶："Esprene 670F（商品名）"，Sumiomo 化学有限公司生产。

虽然丁基橡胶和三元乙丙橡胶都是橡胶辊生产领域中的常用材料，但作为合成橡胶原料而言，其在合成过程中所产生的性能改变往往是选择和制备的关键所在。本发明在选择了丁基橡胶作为内层材料后，不仅使橡胶辊达到了给纸摩擦系数下降少，抖动小的良好性能，而且由于只在内层使用非常少的石蜡油，还同时达到了内层不向外层渗油的技术效果，而该技术效果并不是简单的通过现有技术的启示就可以得出的。首先，现有技术中没有公开丁基橡胶加入软化剂后硬度降低较快的特点，所以，丁基橡胶和三元乙丙橡胶之间的替代并不存在任何的技术启示；其次，正如审查员引用的对比文件 1 中所述的那样，在现有技术中，石蜡油迁移的问题往往是通过添加隔离层（中间层）来解决，但这显然会带来结构复杂、工序烦琐、制造成本上升的问题。因此，作为具有特殊硬度要求的给纸辊内层材料的丁基橡胶与三元乙丙橡胶之间并不是简单的替换而已，本申请中的双层结构的给纸辊在省略了中间层的情况下仍然达到了三层给纸辊所具有的防止油迁移的良好性能，依然保持了其原有的全部功能，使得给纸辊结构简单并可以长时间保持良好的性能，这是本发明中给纸辊相对于现有技术中的给纸辊所具有的特殊性质，并且这种性质是所属技术领域的技术人员难以从现有技术中事先预测或推理出来的。

按照《专利审查指南》第二部分第四章第 3.2.1.1 节的规定，认为现有技术中存在技术启示的情况之一是：所述区别特征为公知常识，例如，本领域中解决该重新确定的技术问题的惯用手段，或教科书或者工具书等中批露的解决该重新确定的技术问题的技术手段。也就是说，如果使用丁基橡胶可以将内层 JIS－A 硬度设置为 5~10 度并且只使用很少的石蜡油就可以使其硬度设置在该范围内是公知常识，那么可以说现有技术中存在技术启示。但事实是，现有技术给出了各种合成橡胶可以达到的硬度范围，而并没有特别指出丁基橡胶可以使用很少的软化剂就可以将内层 JIS－A 硬度设置为 5~10 度从而抑制油迁移到外层，并且，正是由于申请人创造性地发现了丁基橡胶相对于现有使用材料（如三元乙丙橡胶）的这一突出特点，从而在省略中间层的情况下创造出了具有三层结构全部功能的双层结构的给纸辊，在保持给纸辊良好性能的情况下达到了结构简单、制造成本降低的有益效果。

因此，独立权利要求1所请求保护的"双层橡胶层结构、内层材料为丁基橡胶"的技术方案不是显而易见的，具有突出的实质性特点和显著的进步，权利要求1具有创造性。

根据《专利审查指南》第二部分第八章第5.2.2.2节中关于说明书背景技术部分的修改规定，申请人在说明书背景技术中引证了审查员检索到的更相关的对比文件1，由于该修改只涉及背景技术而不涉及发明本身，且增加的技术是申请日前已经公知的现有技术，因此该修改是被允许的。而根据《专利审查指南》第二部分第八章第5.2.2.2节中关于说明书有益效果部分的修改规定，由于原始申请文件中清楚地记载了"双层橡胶层结构、内层材料为丁基橡胶"这一技术特征，并且参照说明书第[0035]段以及实施例1~4、对照例2的记载内容，可使得所属技术领域的技术人员从原始申请文件中直接地、毫无疑义地得出本申请中的给纸辊相对于现有技术"可以长时间保持优良性能且结构简单、成本低廉"的有益效果，所以申请人对发明内容的技术效果部分也做了相应的修改。以上具体修改请参考段落替换页。

申请人希望，上述说明能够有助于澄清审查员所指出的问题。如有不妥或欠周之处，敬请指正，申请人愿以最大的诚意积极配合审查员的工作，以加快审查进程。如不同意上述修改和陈述的内容，恳请审查员再给予一次修改文件或陈述意见的机会。

附：段落替换页

[0004] 目前市面上用于给纸辊的橡胶辊通常具有由非发泡层组成的单层结构。具有单层结构的橡胶辊的摩擦系数易于随着给纸数量的增加而下降。因此，使得橡胶辊的给纸性能下降。所以由于纸在橡胶辊表面发生滑动会发生给纸缺损或抖动现象。因而，近些年，有人建议使用具有多层结构的橡胶辊来改善耐磨性并抑制摩擦系数的减小。在现有技术1（公开号：CN1*******1A）中公开了具有三层结构的橡胶辊，由非发泡内层、发泡中间层和非发泡外层组成。为了提高外层的耐磨性以及减少抖动现象的发生，外层的JIS-A硬度被调整在35~50度的范围内，内层的JIS-A硬度被调整为不大于10度。然而，由于现有技术1中给纸辊的内、外两层均使用三元乙丙橡胶制成，且对内层的硬度设置较低，这就需要在作为内层材料的三元乙丙橡胶中加入大量的软化剂（石蜡油）来达到这一硬度要求，因此现有技术1在内外层之间设置了隔离中间层来防止内外层之间的油层迁移现象。显然，添加了隔离中间层的给纸辊存在结构复杂、制造成本高的问题。

[0005] 鉴于上述问题，进行了本发明的研究。因此，本发明的目的是通过制造一种摩擦系数高、耐磨性良好、摩擦系数随着给纸辊大量给纸后下降程度较低、并且当给纸辊给纸时可以最大程度减少抖动现象的发生、同时不存在组成给纸辊的橡胶组合物中所含物质迁移到内层和外层之间的给纸辊，从而提供一种可以长时间保持优良性能且结构简单、成本低廉的给纸辊。

[0022] 此外内层的橡胶组分由丁基橡胶组成，可以在很大程度上吸收振动，所以可以有效地降低抖动现象的发生。通过将内层的JIS-A硬度设定为不小于5度且不大于10度的低硬度，可以保证给纸辊与纸的接触面积。因此可以抑制辊摩擦系数下降，并且减少抖动现象的发生。通过将外层的JIS-A硬度设定为不小于25度且不大于60

度的高硬度，能够使辊的耐磨性和摩擦系数取得很好的平衡。内层橡胶组分由丁基橡胶组成，可以在不加入大量的软化剂的条件下使内层的 JIS–A 硬度设定为不小于 5 度且不大于 10 度。这样就不存在油迁移到外层并渗出的问题，所以不必在内层与外层之间设立隔离层以抑制油迁移到外层。外层橡胶组分由三元乙丙橡胶、硅橡胶或聚氨酯橡胶组成。因此给纸辊的耐磨性能和耐臭氧性能非常优良。

[0023] 因此依据本发明的给纸辊有如下的优点：具有高耐磨性、高摩擦系数并且大量给纸后给纸辊的摩擦系数下降程度较低。另外，给纸辊给纸时减少了抖动现象的发生，同时不存在给纸辊橡胶组合物中所含物质迁移到内层和外层之间的问题，具有相当长的使用寿命，可以长时间保持良好的性能，并且结构简单、成本低廉、易于制造。

七、对案例的总结

按照《专利审查指南》对于要素省略发明的规定，如果发明省去一项或多项要素后其功能也相应地消失，则该发明不具备创造性；如果发明与现有技术相比，发明省去一项或多项要素（例如，一项产品发明省去了一个或多个零部件或者一项方法发明省去一步或多步工序）后，依然保持原有的全部功能，或者带来预料不到的技术效果，则具有突出的实质性特点和显著的进步，该发明具备创造性。那么在进行要素替代发明的意见陈述时，要素省略后是否依然保持原有的全部功能或其所达到的技术效果的判断往往是论述申请是否具备创造性的关键之所在。其中，如果省略后的技术方案能够保持原有的全部功能或达到"预料不到的技术效果"，使得发明具有了新的性能，也就可以证明发明是具备创造性的，但需要注意的是，发明相对于现有技术所保持的全部功能应当是通过分析可以一一准确确定的，而不是仅仅通过概略性的描述来论述其整体性能优良，而预料不到的技术效果应当是所属领域技术人员根据申请文件记载的内容能够得知，而不仅是在意见陈述书中加以解释。在进行此类的意见陈述时，可以重点从以下两个方面进行：

（1）分析本申请相对于现有技术所省略的要素具体是什么；

（2）结合本申请公开的内容，分析进行了该项要素省略后依然保持原有的全部功能，并重点论述是通过什么手段的协同作用来达到了保持原有全部功能的技术效果。

第七节　对于技术领域不同的两篇对比文件是否具有结合启示的答复

一、概要

《专利法》第 22 条第 3 款规定，创造性，是指同申请日以前已有的技术相比，该发明有突出的实质性特点和显著的进步。《专利审查指南》第二部分第四章指出：审查发明是否具备创造性，应当审查发明是否具有突出的实质性特点，同时还应当审查发明是否具有显著的进步。在评价发明是否具备创造性时，审查员不仅要考虑发明的技术方案本身，而且还要考虑发明所属技术领域、所解决的技术问题和所产生的技术效果,将发明作为一个整体看待。

在审查实践中,使用两篇对比文件结合来评述一项权利要求的创造性是一种常见的审查意见,某些情况下,构成权利要求所要求保护的技术方案的技术特征分别公开在两篇对比文件中,但这两篇对比文件并不属于完全相同的技术领域,此时,申请人答复时应首先从技术角度分析技术领域的差异是否会导致存在特定的技术差异,然后重点关注另一篇对比文件是否会由于这种技术领域的差异而不能够给所属技术领域的技术人员带来相应的技术启示。

本节将结合案例,重点分析怎样认定对比文件所属技术领域是否导致存在特定的技术差异,以及如何从技术角度判断两篇对比文件能否结合,并在此基础上给出意见陈述的要点和建议。

二、案情简介

本申请涉及一种搭载燃料电池系统的车辆。现有的这种汽车往往沿袭传统小轿车的设计构造,将燃料电池系统的大部分放置于小轿车前方的发动机室内,而小轿车空调系统的大气导入口通常设置在车辆前挡风玻璃下部与车辆前方发动机室相连的部位,其弊端是:燃料电池系统一旦发生泄漏,氢气就可能会从燃料电池系统附近的大气导入口经由空调轻易地进入车室内,导致危险发生。本申请正是针对这一技术问题作出的改进,将燃料电池系统保持在车辆前方的发动机室内,将大气导入机构的大气导入口设置在客室的顶盖上,使二者彼此远离,从而避免燃料电池系统泄漏的气体到达大气导入口。

三、相关权利要求

1. 一种燃料电池小轿车,具有驱动电动机和燃料电池及蓄电装置,其在小轿车的客室前方具备发动机罩,且将燃料电池系统的大部分收容在该发动机罩内,并具有用于将大气从该汽车外部导入该汽车内部的大气导入机构,其中,

将该大气导入机构的大气导入口设置在客室顶盖上,以使得该大气导入口与该燃料电池系统分开一段距离,从而使得来自该燃料电池系统的泄漏气体不会到达该大气导入口,同时,

上述小轿车具有支撑上述顶盖的支柱,

在轿车内部设置有与上述大气导入口连通的大气导入通路。

2. 如权利要求1所述的燃料电池小轿车,其中,上述支柱是位于该汽车的行进方向前方的前支柱。

四、相关的说明书和附图内容

技术领域

[0001] 本发明涉及一种搭载燃料电池系统的小轿车,尤其涉及普通家用小轿车。

背景技术

[0002] 近年来,作为汽车等的动力源的燃料电池系统备受瞩目。燃料电池汽车以

氢气为燃料，采用燃料电池模块代替传统的内燃机来给汽车提供动力，通过燃料电池发动机，将化学能高效地转化为电能从而驱动汽车，整个过程仅排出纯净的水，因而是不久的将来取代传统化石燃料汽车的最理想的节能环保型零排放交通工具。

[0003] 氢气作为世界上储存最丰富且最清洁的能源，是燃料电池的最佳燃料，因此受到各国的重视和大力发展。但因其自身的特点和目前科技发展水平的能力限制了它的广泛应用，如何安全、高效的使用好氢气能源是目前燃料电池车研发工作的难点和重点。众所周知，氢气具有比重轻、着火范围广泛的特点，在空气中比例4%～75%都可燃烧，密闭状态时候还有可能引起爆炸，另外其无色无味、阳光下氢气燃烧的火焰肉眼不可见，因此出现泄漏无法通过常规方法观察到；再者，氢气分子的体积很小，非常容易泄露。因此将其应用于燃料电池汽车时，必须保证在汽车正常使用条件下不能够有泄漏，或不能产生泄漏氢气进入车辆内部造成人员伤亡，同时还要保证充分满足汽车各种使用工况下的氢气供应量。

[0004] 一般地，现有技术中的传统化石燃料汽车包括一个内燃机，它安置在车体的前面或后面的发动机舱中，该发动机使用液体燃料例如汽油或柴油燃料。一般地，液体燃料贮存在靠近汽车后部的油罐中。该发动机通过机械传动装置将扭矩加在车轮上，驱动汽车。通常，在搭载有发动机的汽车中，在向空调装置导入大气时，从前风挡玻璃基部的大气导入口获取空气并将其供给到车室。例如，现有技术1（CN1*******1A）所述的空调就公开了从发动机室的上部、靠近前风挡玻璃的位置导入大气的情况。

[0005] 我们知道，燃料电池电动车是集汽车、自动控制、电化学、计算机、新能源及新材料等诸多复杂技术于一体的系统，对应于整车系统而言，包括燃料电池水/热管理系统、输出电能的调整系统、自动控制系统以及再生制动系统等多个子系统。燃料电池系统具有作为主体的燃料电池组，该燃料电池组由阳极（也就是氢电极或燃料电极）和阴极（也就是氧电极）构成。燃料电池系统还具有存储燃料气体（如供应给阳极的氢）的容器，以及将包含有未燃烧燃料气体的废气返回原始阳极的泵等等。在燃料电池组中，空气中的氢和氧相互反应产生电力，反应的过程还会由于水、热、压力、燃料供应以及膜的情况不同而出现差异性。由此可见，燃料电池小轿车中的这些构成方式是和其他传统化石燃料汽车不同的。由于这些不同，也进一步产生了必须考虑燃料供给系统、水热管理系统如何协调工作，必须装有氢气泄漏报警及处理系统，需要考虑燃料电池系统在小轿车上布置、与车上其他部件的匹配等一系列燃料电池汽车独有的技术问题。比如说现有技术中，在将这种燃料电池系统搭载在汽车上时，通常也是将燃料电池系统的大部分收纳在发动机室（客室前方空间）内。当在具有与以往相同的大气导入机构的汽车中，将燃料电池系统按照以往内燃机的设置那样收纳在客室前方空间内时，由于技术上的限制，目前还不能够保证燃料电池系统中的氢气绝对不会产生泄漏，因此当氢气一旦泄漏，燃料电池系统与大气导入机构的这种相邻设置，就会使得大气导入机构置于泄漏出来的氢气环境中，所泄漏出来的氢气也就可能会通过大气导入机构的导入口经由空调轻易地进入车室内，从而给乘客安全带来威胁。

发明内容

[0006] 因此本发明的目的在于，提供一种即使发生燃料气体泄漏也可抑制燃料气

体进入车室内的搭载燃料电池系统的小轿车,该小轿车具有驱动电动机和燃料电池及蓄电装置,其在小轿车的客室前方具备发动机罩,且将燃料电池系统的大部分收容在该发动机罩内,并具有用于将大气从该汽车外部导入该汽车内部的大气导入机构,将该大气导入机构的大气导入口设置在客室顶盖上,使得该大气导入口与该燃料电池系统分开一段距离,从而避免来自该燃料电池系统的泄漏气体到达该大气导入口。

[0007] 在此,"燃料电池系统"优选是包括有燃料电池组、氢气供给系统以及氢气排出系统中至少一个的系统。"大气导入机构"没有特别限定,可以是能够获取大气的装置,其中具有代表性的为空调装置。

[0008] 这时,优选该小轿车具有支撑顶盖的支柱。在小轿车内部设置有与上述大气导入口连通的大气导入通路。

[0009] 根据以上所说明的本发明,大气导入口所设置的位置将难以获取来自燃料电池系统的泄漏气体,所以即使发生燃料气体泄漏也可抑制燃料气体进入车室内。

附图说明

[0010] 图31-7-01是具有本发明大气导入构造的燃料电池小轿车的立体图。

[0011] 图31-7-02是具有本发明大气导入构造的燃料电池小轿车的俯视图(图31-7-02(a))和侧视图(图31-7-02(b))。

[0012] 图31-7-03是本发明大气导入口附近的放大立体图。

[0013] 图31-7-04是本发明实施方式的燃料电池系统框图。

具体实施方式

[0014] 图31-7-01是根据本发明实施方式的小轿车立体图,图31-7-02(a)为俯视图,图31-7-02(b)为侧视图。将该大气导入机构的大气导入口设置在客室顶盖上,以使得该大气导入口与该燃料电池系统分开一段距离,由此避免该燃料电池系统1的泄漏气体到达该大气导入口50。

[0015] 搭载有燃料电池系统1的小轿车具有设置有顶盖2的客室3、将燃料电池系统1的大部分收纳在内的客室前方空间4(杂物箱、收纳部、发动机罩内)以及本发明的大气导入机构5。对于具有发动机车辆来说,客室前方空间相当于发动机室。大气导入机构5具有大气导入口50、液体排出口51、大气导入通路52、空调装置53以及导引件54。空调装置53收纳在客室前方空间4内。客室3的顶盖2由支柱7支撑,设置于行进方向前方的支柱7(下文称作A支柱或前支柱)的内部连通着大气导入通路52。大气导入口50设置在客室3顶盖2上,以离开燃料电池系统一段距离。

[0016] 这样,由于大气导入机构5的大气导入口50设置在与燃料电池系统1相远离的位置上,所以即使从燃料电池系统1泄漏出气体,也难以到达大气导入口50并通过大气导入口50进入大气导入机构5。

[0017] 特别是,在本实施方式中,由于大气导入口50设置在客室的顶盖2上,所以大气导入口50不仅远离燃料电池系统1,而且在汽车移动时,也不会成为燃料电池系统1的下游位置,因此,能够可靠地避免泄漏气体进入大气导入口。

[0018] 图31-7-03表示大气导入口50附近的放大立体图。该大气导入口50的开口面向汽车的行进方向前方倾斜地设置,这样在汽车移动时空气流能够自然地高效

率地进入大气导入机构5。

[0019] 另外，该大气导入机构5还可以具有将从大气导入口50进入的雨水等液体排出的排出装置，该排出装置包括液体排出口51。因此，即使雨水等液体进入，也可沿着如图31-7-03中阴影箭头所示的方向流动，从而可靠地从液体排出口51排出，抑制液体流入大气导入通路52。液体排出口51位于前风挡玻璃的上侧。

[0020] 图31-7-04是表示本发明燃料电池系统1的框图。如图31-7-04所示，本发明的燃料电池系统1具有向燃料电池组100供给作为燃料气体的氢气供给系统10、供给作为氧化气体的空气供给系统20、对燃料电池组100进行冷却的冷却系统30以及这些系统的控制部40，并且空调装置53用于能够控制本发明的大气导入机构5。

[0021] 氢气供给系统10，从氢气的供给源开始顺次具有氢气罐11、总阀SV1、调压阀RG、燃料电池入口截止阀SV2，经过燃料电池组100接着是燃料电池出口截止阀SV3、气液分离器12和截止阀SV4、氢气泵13、清除截止阀SV5以及止回阀RV。

[0022] 氢气罐11是燃料气体氢气的供给装置，可使用高压氢气罐、液态氢气罐供给氢气的储存罐、储藏液化气体燃料的储存罐等等。

[0023] 总阀（截止阀）SV1控制来自氢气罐11的氢气供给。燃料电池入口截止阀SV2将到截止阀SV2上游侧的调压阀RG为止的配管截断。向燃料电池组100供给的氢气经由歧管供给到各个单电池，流过隔板的燃料气体流路，在MEA的阳极发生电化学反应。气液分离器12将在通常运行时由燃料电池组100的电化学反应产生的水分和其他杂质从氢气排放气中去除，并通过截止阀SV4排放到外部。氢气泵13强制地使氢气在经过截止阀SV2、SV3、止回阀RV的氢气的循环路径中循环。清除截止阀SV5在进行清洗时开放，但在通常运行状态以及进行配管内气体泄漏的判定时关闭。在清除截止阀SV5的下游侧构成氢气排出系统。止回阀RV防止氢气倒流。从清除截止阀SV5清除出的排放气体在包含有图稀释器（图中未示出）的排气系统中进行处理。

[0024] 氢气供给系统20，具有空气净化器21、压缩机22、加湿器23等。空气净化器21对大气进行净化并使之进入燃料电池系统。压缩机22根据控制部40的控制对获取到的空气进行压缩，改变供给的空气量和空气压力。加湿器23对被压缩的空气进行空气排放气与水分的交换，并适度加湿。供给到燃料电池组100的空气经由歧管供给到各个单电池，并流过隔板的空气流路，在MEA的阴极产生电化学反应。

[0025] 冷却系统30具有散热器31、风扇32、以及冷却泵33，将冷却液循环供给到燃料电池组100内部。详细地说，当冷却液进入到燃料电池组100内时，经由歧管供给到各个单电池，并在隔板的冷却液流路中流通，以吸取因发电而产生的热。

[0026] 控制部40具有以RAM、ROM、接口电路作为通用计算机的结构。通过顺次执行存储在内置ROM等中的软件程序，控制主要包括有氢气供给系统10、空气供给系统20、冷却系统30在内的燃料电池系统1的整体。

[0027] 作为大气导入机构5的一部分的空调装置53，具有空调控制部531、鼓风机电动机532、鼓风机风扇533等。

[0028] 空调控制部531具有以RAM、ROM、接口电路等作为通用计算机的构造。鼓风机电动机532与鼓风机风扇533一体构成，设置在大气导入通路52的下游，根据

空调控制部531的控制动作。在鼓风机风扇533的下游还设置有未示出的蒸发器、空气混合门、加热芯、模式切换门等，通过空调控制部531的控制，能够分为制冷或制热、除霜、吹出口（脚下、后面、正面）等种类进行控制。

[0029] 另外，空调系统还连接有未示出的压缩机、冷凝器、膨胀阀等的循环路径构成。蒸发器将从鼓风机风扇533送来的空气利用低温低压的雾状冷媒进行冷却。压缩机对因蒸发器吸收热量而成为气体状的低温低压的冷媒进行加压。冷凝器使得气体状的高温高压的冷媒放热。膨胀阀使得液态的高温高压的冷媒隔热膨胀，形成低温低压的雾状冷媒，供给给上述蒸发器。

[0030] 空调控制部531参照来自温度传感器以及湿度传感器（图中未示出）的检测信号，控制空调装置53，使得车室内维持在设定温度和设定湿度。另外空调控制部531参照来自控制部40的控制信号Cpa动作，如果来自控制部40的控制信号Cpa表示空调鼓风机打开，则驱动鼓风机电动机532，使鼓风机风扇533旋转从而生成空气流。而如果控制信号Cpa表示空调鼓风机关闭，则停止鼓风机电动机532，从而停止鼓风机风扇533的空气流的生成。另外，当控制信号Cpa表示吸入大气时，空调控制部531控制以导入大气，当控制信号Cpa表示吸入内部气体时，空调控制部531控制以使得内部气体循环。

[0031] 如上所述，在燃料电池系统1中许多个阀和管构造相互连接，因此有时会有氢气泄漏的现象。虽然这种氢气泄漏可借助气体泄漏检查功能检测出，但是必须尽力阻止泄漏的氢气进入客室3。

[0032] 关于这一点，根据本实施方式的构造，大气导入机构5的大气导入口50位于客室3的顶盖2上，从而远离燃料电池系统1，并且在汽车行驶时不会成为燃料电池系统1的下游位置，由此可以抑制泄漏的氢气进入客室3的内部。

[0033] 特别是将大气导入口50的开口面向本汽车的行进方向倾斜，效率更好。

说明书附图

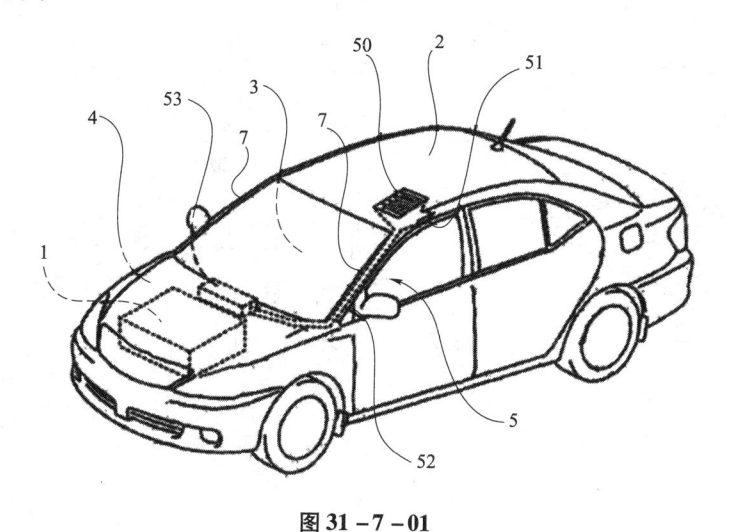

图31-7-01

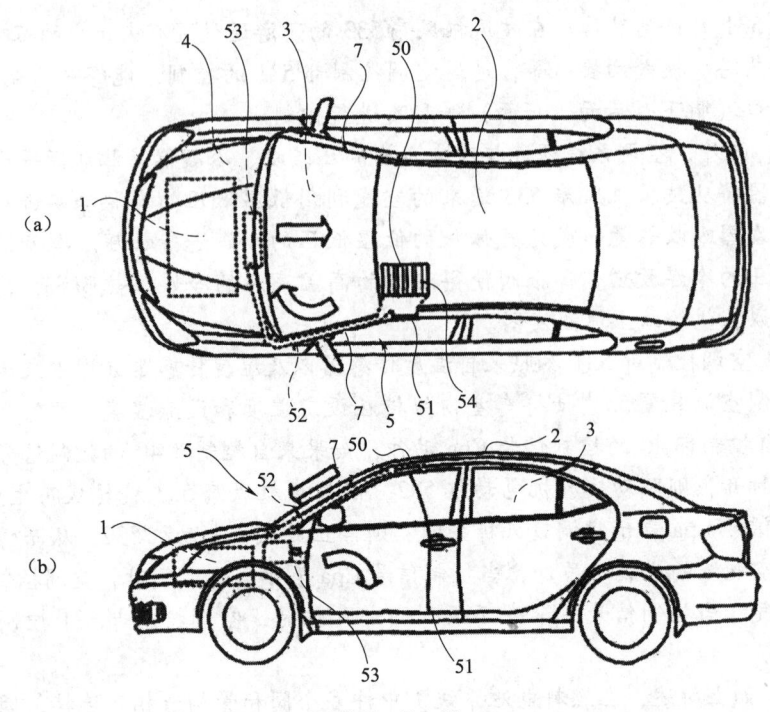

图 31-7-02

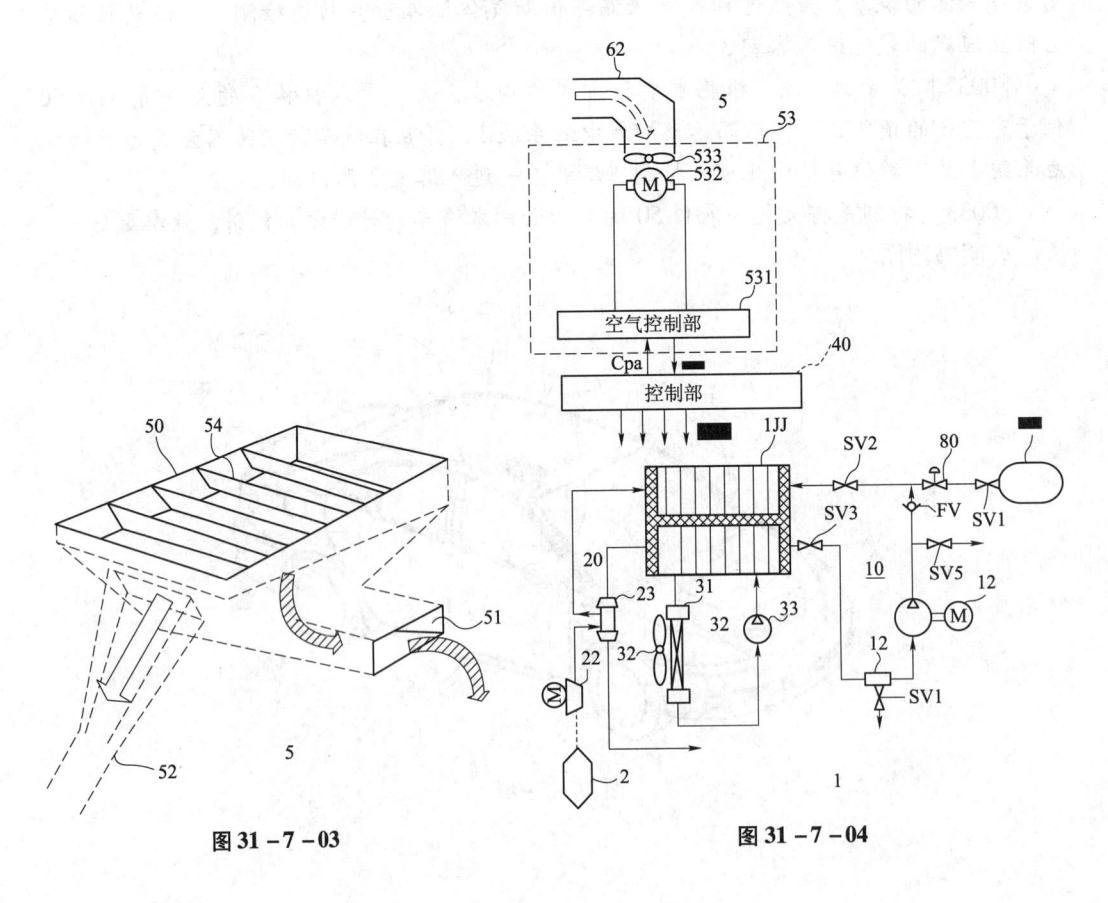

图 31-7-03

图 31-7-04

五、对比文件及审查意见通知书要点

审查员检索到两份对比文件。

对比文件1（CN1*******2A）公开了一种燃料电池小轿车1，当该燃料电池小轿车停在加氢站10附近接收氢气时，通过氢气管道11与氢气注入口相连，氢气由此填充到燃料电池小轿车的储氢罐中。与氢气注入口连接的注入口开关传感器24探测氢气注入口21的开和关，形成于小轿车内室的氢气浓度传感器25探测燃料电池车辆1中的氢气浓度。控制装置31读取上述两个传感器探测的数据，并用以控制空调装置22和车窗装置23。在控制装置31读取注入口开关传感器24且氢气注入口21为打开状态后，氢气泄漏探测控制程序每10毫秒执行一次。控制装置31读取氢气浓度传感器25的信号，探测车辆内室的氢气浓度HS。控制装置31判断出氢气浓度HS是否高于预定的极限氢气浓度，如果低于预定浓度，则程序停止；如果高于预定浓度，则控制装置31控制空调装置22实行内循环，并控制车窗装置23关闭车窗，由此，暂停通过外部空气导管引入外部空气，并避免外部空气通过车窗进入车辆内室（参见对比文件1说明书第［0011］段～第［0021］段，附图1～附图4）。燃料电池车辆1在行进过程中，氢气泄漏探测控制程序控制空调装置22、车窗装置23和氢气供应量调节阀13，当氢气浓度传感器25读取到车辆内室的氢气浓度高于预定氢气浓度时，则控制装置41执行空调装置22的外部空气循环运动，并将氢气供应量调节阀13的开口降至例如一半，以减少氢气供应。

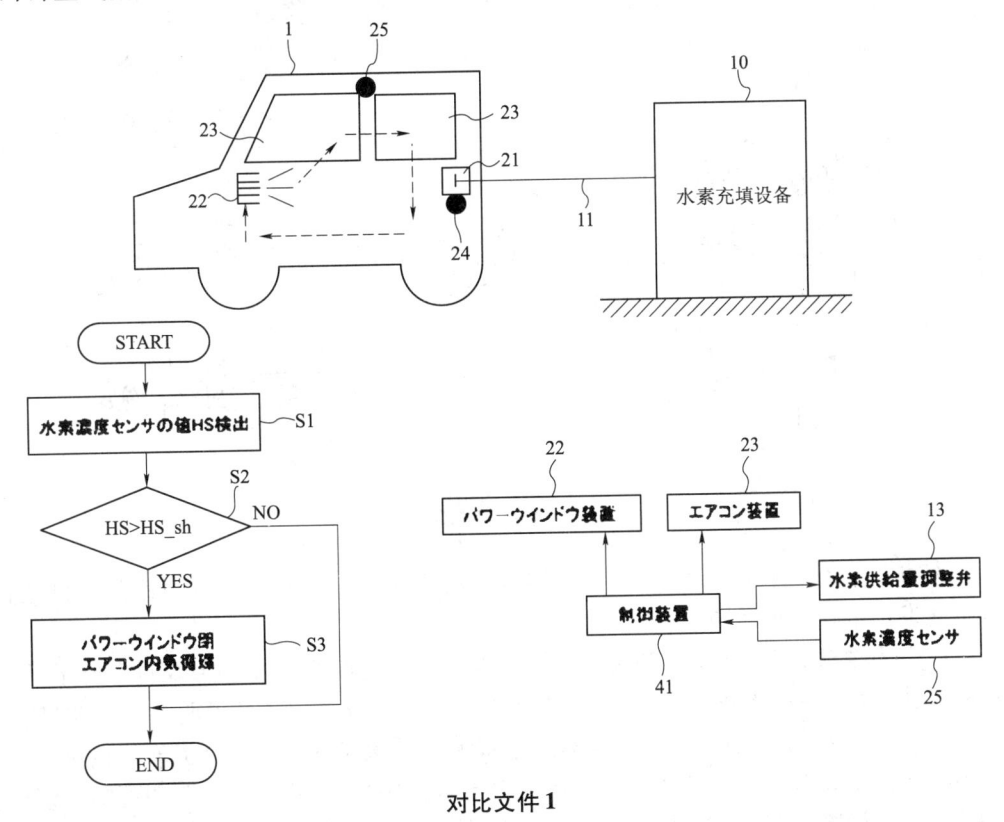

对比文件1

对比文件2（CN1*******3A）公开的是一种大型巴士车辆的换气装置，其中车顶通风面板11弯曲地焊接设置在车顶板10的后侧上，外部空气导入部分15形成于两个面板之间，并设置在车顶后侧，与外部空气导入部分15相连通的外部空气导入通路设置在车顶上。形成有左右两个新鲜空气入口13的通风设备天窗12设置在该外部空气导入部分15的端部开口处。为了阻止外界物质的进入到外部空气导入部分15及新鲜空气入口13中，还在该入口分别布置有金属网13a。通风导管8通过设置在外部空气导入部分15后面的矩形终接器15a而与外部空气导入部分15相连接。通风导管8具有与矩形终接器15a连接的连通管道8a和与空气导管9连接的连通管道8b，其中节流闸3设置在通风导管8的连通管道8a上，空气导管9与通风导管8的后部相连（参见对比文件2说明书第［0013］段～第［0033］段，图1～图3）。

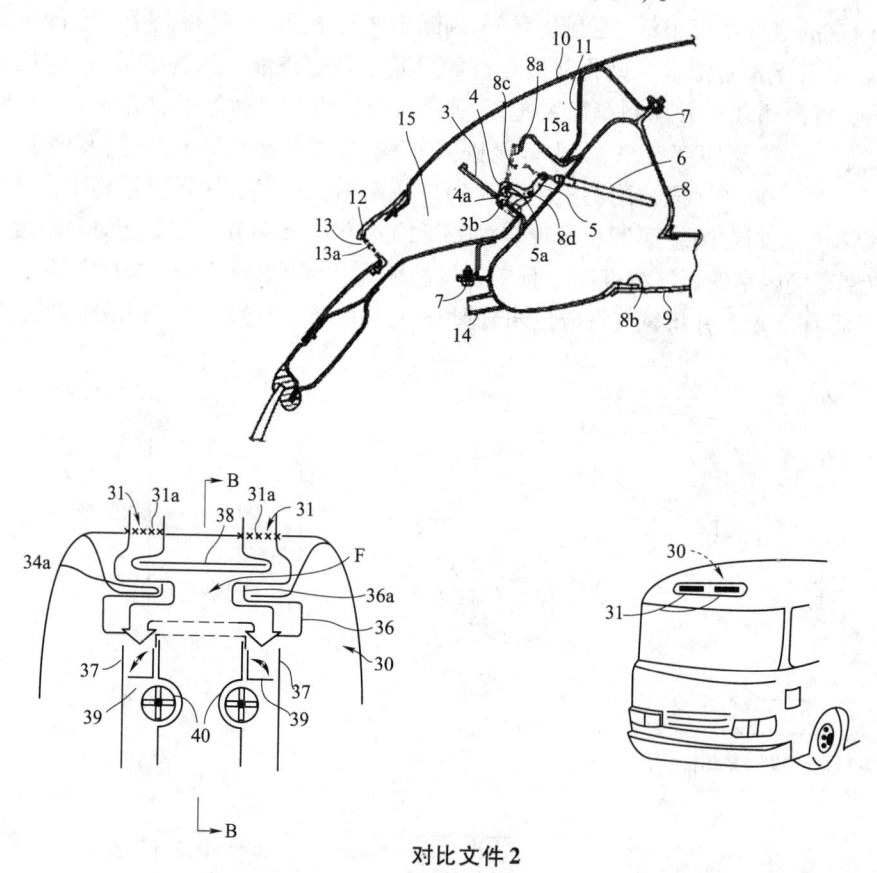

对比文件2

审查员认为本申请权利要求1～2相对于对比文件1和对比文件2不具备创造性，并据此发出审查意见通知书：

1. 权利要求1不具备《专利法》第22条第3款规定的创造性。对比文件1公开了一种燃料电池汽车，并具体公开了以下的技术特征（参见对比文件1的说明书第［0011］～［0013］，［0027］段、图1～3）：具有用于将大气从该车辆外部导入到车辆内部客室空间中的空调设备22（相当于本申请中的大气导入机构），且由说明书附图可知，该车辆的发动机罩设置在车辆客室的前部，该车辆还具有支撑顶盖的支柱（参见对比文件1

的图1），当氢气浓度检测传感器24检测到一定浓度的氢气时，空调设备22执行内循环，防止外部带有氢气的空气进入。

比较可知，该权利要求与对比文件1的区别在于：（1）为使来自燃料电池系统的泄漏气体不会到达该大气导入口，权利要求1中将大气导入口设置在远离燃料电池系统的客室顶盖上，而对比文件1中则是关闭大气导入口实施内循环；（2）权利要求1在车辆支撑顶盖的支柱内部设置有与大气导入口连通的大气导入通路。基于对比文件1可以重新确定本申请实际解决的技术问题为：在不影响车辆空调系统循环或不采取关闭车窗等操作的情况下，能防止燃料电池中泄漏的氢气通过空调设备的大气导入管进入到车辆内室，并合理设置大气导入通路。

但对比文件2公开了这样一种设置（参见对比文件2的说明书第［0013］～［0016］段、图1~3）：车顶通风面板11弯曲地焊接设置在车顶板10的后侧上，外部空气导入部分15形成于两个面板之间，并设置在车顶后侧，与外部空气导入部分15相连通的外部空气导入通路设置在车顶上。通风装置30（相当于本申请中的大气导入机构）的进风口31（相当于本申请中的大气导入口）设置在车辆客室顶盖的前端。显然对比文件2公开了车辆内部设置有大气导入通路，即公开了区别技术特征（2），同时在对比文件2公开的这种设置下，进风口远离发动机，其客观上应该也能够起到使该大气导入口远离废气源、从而防止废气进入车室内的作用。在此情形下，所属技术领域的技术人员可以由此获得将该技术特征应用于对比文件1以解决其技术问题的启示；而且所属技术领域的技术人员在对比文件1的基础上，结合对比文件2所给出的将大气导入口远离发动机设置的启示，容易想到将大气导入口设置在远离燃料电池系统的位置上，这不需要付出创造性劳动。由此可知，在对比文件1的基础上结合对比文件2公开的内容得出该权利要求的技术方案，对所属技术领域的技术人员来说是显而易见的，因此该权利要求所要求保护的技术方案不具有突出的实质性特点和显著的进步，因而不具备创造性。

2. 从属权利要求2的附加技术特征也已经被对比文件1所公开（参见对比文件1的图1），因此，当其所引用的权利要求1不具备创造性时，权利要求2也不具备《专利法》第22条第3款所规定的创造性。

基于上述理由，本申请的独立权利要求以及从属权利要求都不具备创造性，同时说明书中也没有记载其他任何可以授予专利权的实质性内容，因而即使申请人对权利要求进行重新组合和/或根据说明书记载的内容作进一步的限定，本申请也不具备被授予专利权的前景。如果申请人不能在本通知书规定的答复期限内提出表明本申请具有创造性的充分理由，本申请将被驳回。

六、申请人的意见陈述大致情况

申请人针对上述审查意见通知书，未修改权利要求，但提交了意见陈述书，主要陈述意见如下：

对比文件1中没有公开技术特征"将该大气导入机构的大气导入口设置在客室顶盖上，以离开该燃料电池系统，从而使得来自该燃料电池系统的泄漏气体不会到达该大气导入口"和"在上述支柱的内部设置有与上述大气导入口连通的大气导入通路",对比文件2虽然公开了远离发动机设置的通风装置进风口和与大气导入口连通的大气导入通路,但这仅仅是由于车辆自身结构所带来的设置方式,其客观上没有要分离设置发动机和通风装置进风口的动机,也无需解决避免泄漏氢气进入车辆客室的技术问题,也就是说,对比文件2要解决的技术问题和所达到的技术效果均不同于本申请,因此对所属技术领域的技术人员来说,对比文件2并不能给出"将该大气导入机构的大气导入口设置在客室顶盖上,以离开该燃料电池系统"的技术启示;并且,该对比文件2不具有避免燃料电池系统的泄漏气体经由大气导入口进入大气导入机构、进而进入车内的技术效果,据此,申请人认为本申请权利要求1具有创造性,符合《专利法》第22条第3款的规定。

基于权利要求1具备《专利法》第22条第3款所规定的创造性,引用该权利要求的从属权利要求2也具有创造性。

七、案情分析与说明

(一)案情分析

本案涉及一种搭载有燃料电池系统的小型车辆。现有技术中,搭载有燃料电池系统的轿车在主要结构上与以汽油作为动力的车辆类似,通常将燃料电池系统按照发动机那样设置在车辆前部空间中,空调装置设置在车辆前挡风玻璃下方。申请人发现,对于这种构造的燃料电池车辆,一旦燃料电池系统泄漏,其主要成分氢气就会进入周围的大气中,由于空调装置的大气导入机构邻近燃料电池系统而设,从燃料电池系统泄漏出来的氢气必然能轻易地通过大气导入口经由空调进入车辆客室内,导致危险发生。正如本申请说明书背景技术部分所述,防止氢气泄漏进入车辆客室是燃料电池汽车独有的。为了防止这种事故的发生,本申请将大气导入机构的大气导入口设置在车辆客室顶盖上,使其远离燃料电池系统,从而避免燃料电池系统泄漏产生的气体到达大气导入口。

(二)对审查员审查意见的分析

审查过程中,审查员认真阅读了申请文件,并理解了技术方案,认为本申请所要解决的技术问题就是要避免燃料电池系统车辆中泄漏的氢气通过空调装置的大气导入口进入车辆客室内部,采取的基本技术手段是使燃料电池车辆中的空调装置大气导入口远离燃料电池系统,具体来说就是设置在车辆顶部。

通过检索,审查员得到两篇相关的现有技术,并以此为基础来判断要求保护的发明对所属技术领域的技术人员来说相对于现有技术是否显而易见。

根据对现有技术的了解和说明书的记载,审查员认为本申请请求保护的技术方案是改进型发明。审查员首先确定了最接近的现有技术:整体而言,对比文件1公开了一种避免氢气泄漏进入车辆内部的燃料电池车辆,其技术方案主要是在车辆内室设置氢气浓度传感器,当氢气浓度传感器判断出氢气浓度高于预定的极限氢气浓度时,车辆的控制装置将控制空调装置实行内循环,以避免车辆空调装置大气导入口附近带有氢气的外部空气进入车辆内室,同时关闭车窗,以避免泄漏的氢气混入外部大气并通过打开的车窗进入车辆客室内。显然，对比文件1与本申请同属于燃料电池汽车的技术领域，所要解决的技术问题也都是要"防止燃料电池中的氢气泄漏到车辆内室"，并且具有避免氢气泄漏到车辆内室的技术效果，因此认定对比文件1是与权利要求1最密切相关的现有技术；接着确定出本发明的区别技术特征和本发明实际解决的技术问题，审查员认为本申请与对比文件1的区别在于：本申请通过将空调系统大气导入口远离燃料电池系统地设置在车辆顶部，防止了氢气泄漏到车辆内室，而对比文件1是通过切断车辆内室与外部之间的气体循环来阻止泄漏的氢气进入车辆内部。也就是说，本申请与对比文件1在面对同样待解决的技术问题时，采取的技术手段不同，即本申请的技术手段是将空调装置的大气导入口远离燃料电池系统。而对比文件2公开的巴士客车正是将车辆空调系统大气导入口设置在客车的顶部，空气导入通路设置在车顶上，而车辆的发动机设置在客车的后部，即车辆空调系统的大气导入口以远离发动机的形式设置，审查员分析认为，对比文件2的这种设置客观上也应该能够起到防止不希望的气体进入车辆内室的作用，据此审查员认为对比文件2公开了本申请相对于对比文件1的区别技术特征，并且也能推理出在客观上具有相同的技术效果，也就是说，审查员认为本申请权利要求1的技术特征已经分别被对比文件1和对比文件2所公开，而且审查员认为对比文件2公开的大型巴士与本申请同属于具有动力系统、空调系统等装置的常见车辆类型，而且对比文件2的结构客观上也能够起到使该大气导入口远离废气源、从而防止废气进入车室内的作用，由此可以认定对比文件2与本申请具有相似的结构，因而会存在相似的技术问题。因此，在发出第一次审查意见通知书时，审查员依据"三步法"的原则将上述两篇对比文件进行结合，对权利要求1的创造性提出合理质疑，同时也给予申请人进一步解释技术方案或修改权利要求的机会。

（三）对申请人答复意见的分析

申请人对第一次审查意见通知书的结论较为坚决地持有不同意见，因此，仅提交了意见陈述书，并未修改权利要求书。

在意见陈述书中，申请人表述的主要观点为：（1）对比文件1没有公开将"空调系统大气导入口离开燃料电池系统地设置在客室顶盖上"这一技术特征；（2）对比文件2公开的技术特征无论是所要解决的技术问题，还是实际达到的技术效果也均不同于本申请，因此，对比文件2也没有给出相应的技术启示，因而在对比文件1和对比文件2的基础上不能结合评价权利要求1的创造性。

申请人的陈述虽然试图按照审查员评价创造性的"三步法"思路，通过对两篇对比文件公开的技术特征与本申请的对应关系和区别技术特征的分析，来体现本申请相对于现有技术的创造性并以此说服审查员，但申请人的陈述没有紧密结合申请文件、对比文件的技术本身进行充分分析，使得意见陈述书的说理如同空中楼阁，变成了审查中的概念与概念的争论，从所属技术领域的技术人员的角度看，是缺乏说服力的。

申请人没有紧紧把握对比文件公开的技术内容。具体来说，对比文件1属于燃料电池汽车的技术领域，且所要解决的技术问题也是要"防止燃料电池中的氢气泄漏到车辆内室"，并且具有避免氢气泄漏到车辆内室的技术效果，因此可以认为对比文件1是与权利要求1最密切相关的现有技术。将权利要求1请求保护的技术方案与对比文件1所公开的技术内容相比可知,其区别在于:权利要求1是通过将车辆空调设备的大气导入口设置在远离燃料电池的客室顶盖上来防止燃料电池中的氢气泄漏到车辆内室,而对比文件1则是通过关闭空调大气导入口以实施空调内循环或关闭车窗等技术手段来将氢气隔离在车辆外部。基于对比文件1,可以重新确定本申请实际解决的技术问题为:在不影响车辆空调系统循环或不采取关闭车窗等操作的情况下,防止燃料电池中泄漏的氢气通过空调设备的大气导入管进入到车辆内室。

对比文件2公开的是一种传统大型巴士客车的换气装置,其中外部空气导入部分形成于车顶后侧,与外部空气导入部分相连通的外部空气导入通路也设置在车顶上。在车辆顶部的新鲜空气导入管中设置有金属丝网,用于阻隔异物进入空气导管,从而提高外部空气的导入效率。所属技术领域的技术人员知道,由于大型客车前部基本为竖直的平面,没有类似小轿车前部的突出部分,因而通常将其通风设备及其新鲜空气导入口均设置在车辆顶部,因此,虽然对比文件2中通风设备的进风口同样是远离发动机地设置,但这是根据大型巴士客车自身结构而进行的被动设置,即其主观出发点不同,同时由于对比文件2公开的车辆中并不具有燃料电池,也不存在氢气泄漏的技术问题,从而无需解决避免泄漏氢气进入客室内部的技术问题,即其客观技术问题和效果也不同,因此当面对燃料电池车辆中氢气泄漏的技术问题时,所属技术领域的技术人员没有动机将对比文件2中公开的技术内容结合到对比文件1公开的技术方案中。

申请人也没有进一步分析对比文件之间技术上是否能够相结合成一个技术方案。具体来说,本申请是在车辆的客室前方具备发动机罩的小型燃料电池车辆,对比文件1公开的是一种小轿车,根据这种车型的常规结构设计可知,其燃料系统、空调设备等均设置在车辆驾驶室前方突出的部分,并容纳在车前盖限定的空间内,同时,大气导入口往往设置在车辆前挡风玻璃与车前盖交接部位,以保持与空调设备的近距离连接,实现良好的空调通风效果,并使得这种相互连接能够尽可能紧凑地布置在车辆前部空间中;对比文件2公开的是一种传统大型客车,这种车型通常整体呈长方体的外型结构,车辆前部没有足够的容纳空间,因而只能将发动机系统设置在车辆后部,同时由于这种客车内部客室空间较大,往往要在车辆客室顶部贯穿前后地布置空调系统,与此相连的大气导入口也随之设置在客室顶盖上。显然,在对比文件1所公开的小轿车结构中,如果如同对比文件2公开的技术方案那样,将空调设备和大气导入口等均移至车辆顶部,将受到小轿车顶部空间相当狭小及车顶材料相对薄弱的多种限制,且造成前部空间的浪费,由此直接结合形成的技术方案在制造上会产生很大的困难,由此可见,所属技术领域的技术人员在对比文件1所公开内容的基础上无法如同对比文件2那样将空调设备和大气导入口等均移至车辆顶部。也就是说,上述两篇对比文件结合在一起无法构成有效的技术方案。

基于这些不足,申请人提交的意见陈述难以说服所属技术领域的技术人员,使其认为权利要求1请求保护的技术方案是具有专利性的。

(四)意见陈述的基本思路

基于对审查员审查意见和申请人答复意见的分析,可以得出,本案争辩的焦点应在于:对比文件2公开的技术方案是否能够给所属技术领域的技术人员带来相应的技术启示，以及对比文件1和对比文件2能否结合以形成与权利要求1请求保护的技术方案相类似的技术方案。为此，申请人应当客观分析对比文件公开的具体内容，并从技术角度出发分析对比文件1和对比文件2结合时技术上存在的困难。

首先，申请人应当基于对本申请的深入理解，充分阐述本申请的技术方案。本申请涉及的是一种搭载有燃料电池系统的小轿车，其外部构造与现有技术中以汽油作为动力和以燃料电池作为动力的小轿车均相同，即车辆客室的前部具有发动机罩和容纳发动机或燃料电池的空间，现有技术中这种构造的燃料电池小轿车将空调装置设置在车辆前挡风玻璃下方，一旦燃料电池系统泄漏，其主要成分氢气就会进入周围的大气中，由于空调装置的大气导入机构邻近燃料电池系统而设，这样，从燃料电池系统泄漏出来的氢气必然能轻易地通过大气导入口经由空调进入小轿车客室内，导致危险发生。因此，本发明所要解决的技术问题是：防止从燃料电池系统泄漏的氢气通过大气导入口经由空调轻易地进入车室内而导致危险发生。客观上说，对比文件1所要解决的技术问题与本申请一样，也是要避免氢气泄漏后通过空调系统进入汽车客室从而给乘客生命造成威胁，但是对比文件1和本申请在解决这一相同技术问题时采取的技术手段完全不同。对比文件1是在检测到氢气浓度过高时关闭空调系统与外部大气之间的外循环，从而避免泄漏的氢气通过空调系统进入汽车客室，而本申请是将大气导入机构的大气导入口设置在小轿车客室顶盖上，使其远离燃料电池系统，从而避免燃料电池系统泄漏产生的氢气到达大气导入口，而且，本申请的这种设置还可以保证在避免氢气进入小轿车客室内部的同时不影响燃料电池小轿车的其他性能和功能的正常使用。

其次，申请人应当对对比文件的技术内容进行客观的全面分析。对比文件1公开的是一种通过关闭外循环避免氢气泄漏进入小轿车内部的燃料电池车辆，其技术方案主要是在车辆内室设置氢气浓度传感器，当氢气浓度传感器判断出氢气浓度高于预定的极限氢气浓度时，车辆的控制装置将控制空调装置实行内循环，以避免车辆空调装置大气导入口附近混有氢气的外部空气进入车辆内室，同时关闭车窗，以避免泄漏的氢气混入外部大气并通过打开的车窗进入车辆客室内。对于对比文件1的这种技术方案，虽然也可以避免氢气进入车辆客室，但是会牺牲车辆的一些基本功能，如车辆的空调系统仅能进行内循环且不能打开车窗，从而会降低乘车人员的舒适性；对比文件2公开的是一种传统大型客车的换气装置，在车辆顶部的新鲜空气导入管中设置有金属丝网阻隔异物进入空气导管，从而提高外部空气的导入效率。所属技术领域的技术人员知道，由于大型客车前部基本为竖直的平面，没有类似小轿车前部的突出部分，因此其通风设备及其新鲜空气导入口通常只能设置在车辆顶部。

最后，申请人应当分析对比文件之间结合形成权利要求1请求保护技术方案的技术困难。本申请是在小轿车客室前方具备发动机罩的小型燃料电池车辆，对比文件1公开的是一种轿车类型的车辆，其空调装置和大气导入口等均设置在车辆前部空间内，对比文件2公开的是巴士类大型客车，其空调设备和大气导入口等均设置在车辆顶部，但是由于对比文件1和对比文件2两种车辆在结构上的明显不同，如果让对比文件1公开的小轿车如同对比文件2公开的技术方案那样，将空调设备和大气导入口等均移至车辆顶部，将受到小轿车顶部狭小空间及车顶材料相对薄弱的多种限制，且造成前部空间的浪费，由此直接结合形成的技术方案在制造上会产生很大的困难，也就是说，上述两篇对比文件结合在一起无法构成有效的技术方案。

八、推荐的意见陈述书

本意见陈述书是针对审查员发出的第一次审查意见通知书的答复。

申请人认真研究了审查员的审查意见，审查员认为权利要求1相对于对比文件1和对比文件2的结合不具备创造性，对此，申请人不同意审查员的意见，并对权利要求1具有创造性的理由陈述如下：

申请人希望再次阐述本发明的发明背景、要解决的技术问题及所采取的技术手段。本申请是一种搭载有燃料电池系统的小轿车，其外部构造与现有技术中以汽油作为动力和以燃料电池作为动力的小轿车均相同，即小轿车客室的前部具有发动机罩和容纳发动机或燃料电池的空间，但是现有技术中这种构造的燃料电池小轿车将空调装置设置在小轿车前挡风玻璃下方，一旦燃料电池系统泄漏，其主要成分氢气就会进入周围的大气中，由于空调装置的大气导入机构邻近燃料电池系统而设，这样，从燃料电池系统泄漏出来的氢气必然能轻易地通过大气导入口经由空调进入小轿车客室内，导致危险发生。因此，本发明所要解决的技术问题是：防止从燃料电池系统泄漏的氢气通过大气导入口经由空调轻易地进入小轿车客室内而导致危险发生。客观上说，对比文件1所要解决的技术问题与本申请一样，也是要避免氢气泄漏后通过空调系统进入小轿车客室从而给乘客生命造成威胁，但是对比文件1和本申请在解决这一相同技术问题时采取的技术手段完全不同。对比文件1是在检测到氢气浓度过高时关闭空调系统与外部大气之间的外循环，从而避免泄漏的氢气通过空调系统进入小轿车客室，而本申请是将大气导入机构的大气导入口设置在小轿车客室顶盖上，使其远离燃料电池系统，从而避免燃料电池系统泄漏产生的气体到达大气导入口，而且，本申请的这种设置还可以保证在避免氢气进入车辆客室内部的同时不影响燃料电池车辆的其他性能和功能的正常使用。

独立权利要求1的发明是关于"具有驱动电动机和燃料电池及蓄电装置，与客室相比在车辆前方具备发动机罩，且将燃料电池系统的大部分收容在该发动机罩内的小轿车"，也就是说，本申请请求保护的客体应当是一种小轿车，而不是大型巴士，在这样的汽车中，与对比文件1相比具备如下区别技术特征：

技术特征A："将该大气导入机构的大气导入口设置在客室顶盖上，以离开该燃料电池系统，从而使得来自该燃料电池系统的泄漏气体不会到达该大气导入口"；

技术特征B："与上述大气导入口连通的大气导入通路"被设置在"车辆内部"。

根据该区别特征A、B能够避免来自燃料电池系统的泄漏气体经由大气导入口进入大气导入机构、进而进入车室内。

审查员认为上述两个区别技术特征都被对比文件2所公开，申请人虽然认同区别技术特征B被对比文件2公开，但并不认为对比文件2公开了上述区别技术特征A。

审查员认为对比文件2中已经公开了将大气导入口设置在客室的顶盖上这样的技

术手段，且根据这样的设置也能够获得防止废气等进入客室的技术效果，给出了通过上述构造防止不希望的气体进入客室内的技术启示。

对此申请人持有如下的不同意见，在此进行详细说明，请审查员予以考虑。

（1）对比文件2中虽然也是将大气导入口设置在客室的顶盖上，但是其对于通过这样的设置能够获得什么技术效果并没有任何记载，也没有任何相关的隐含信息。因此，从对比文件2无法得到"对比文件2中大气导入口的设置位置也是基于与本发明相同的目的而设置的，其作用效果与本发明相同"这样的结论。

（2）实际上，对比文件2中之所以将大气导入口设置在客室顶盖上，是因为对比文件2的车辆是大型巴士，其大气导入口的设置位置是由巴士的构造决定的。所属技术领域的技术人员知道，在巴士这种大型客车中，通常发动机设置在车辆后部，空调装置设置在客室顶部，所以为了方便大气导入，将大气导入口设置在客室顶盖上以靠近空调装置是最合理的，其目的并不在于防止废气导入空调装置；而且在对比文件2中也没有任何地方记载或暗示过"通过将大气导入口设置在客室顶盖上是为了防止来自废气源的废气被导入客室"。因此，对比文件2中之所以将大气导入口设置在客室顶盖上，仅仅是由对比文件2的巴士的车辆构造决定的，对于所属技术领域的技术人员而言，从对比文件2无法得到"通过将大气导入口设置在客室顶盖上，防止来自废气源的废气被导入客室"的技术启示。

（3）如前所述，本发明涉及的是一种将燃料电池系统的大部分收容在车辆客室前方的发动机罩内的小轿车。通常，这种家用小轿车具有前置发动机和罩着该发动机的发动机罩，大气导入口与空调装置就近地靠近前挡风玻璃设置的，对比文件1公开的正是这样的技术方案；对比文件2公开的是巴士类大型客车，其将空调设备和大气导入口等均设置在车辆顶部，但是，对比文件1和对比文件2两种车辆在结构上明显不同，如果让对比文件1所公开的小轿车如同对比文件2所公开的技术方案那样，将空调设备和大气导入口等均移至车辆顶部，将受到小轿车顶部空间相当狭小及车顶材料相对薄弱的多种限制，且造成前部空间的浪费，由此直接结合形成的技术方案在制造上会产生很大的困难，也就是说上述两篇对比文件结合在一起无法构成有效的技术方案。

因此，对于所属技术领域的技术人员而言，在看到本发明的技术内容之前，无法从对比文件1、2所公开内容想到如本发明这样在汽车的客室顶盖上设置大气导入口，也不存在将对比文件1与对比文件2组合的动机。由此可见，权利要求1的技术方案相对于对比文件1和对比文件2的结合具备创造性。

基于独立权利要求1具有创造性，其从属权利要求2随之也具备创造性。

通过以上陈述，申请人认为已经能够说明本发明专利申请具备创造性。

当然，申请人在研究审查意见后也认为对比文件1确实是与本发明最接近的现有技术文件，为了弥补本申请说明书撰写上的不足，更准确客观地描述现有技术，愿意在说明书的背景技术部分中增加对比文件1的相关内容，具体如下（增加部分带点划线标记）：

[0005] 我们知道，燃料电池汽车搭载有燃料电池与蓄电池，根据蓄电池的充电量

控制加速时对燃料电池的需求电力。现有技术中，在将这种燃料电池系统搭载在小轿车时，通常也是将燃料电池系统的大部分收纳在发动机室（客室前方空间）内。当在具有与以往相同的大气导入机构的汽车中，将燃料电池系统按照以往内燃机的设置那样收纳在客室前方空间内时，由于技术上的限制，目前还不能够保证燃料电池系统中的氢气绝对不会产生泄漏，因此当氢气一旦泄漏，燃料电池系统与大气导入机构的这种相邻设置，就会使得大气导入机构置于泄漏出来的氢气环境中，所泄漏出来的氢气也就可能会通过大气导入机构的从大气导入口经由空调轻易地进入车室内，从而给乘客安全带来威胁。现有技术2（CN1*******2A）公开了一种燃料电池车辆，其设置有氢气探测传感器，当检测发现氢气浓度高于极限浓度时，控制空调装置实行内循环，并控制车窗装置关闭车窗，由此，暂停通过外部空气导管引入外部空气，并避免外部空气通过车窗进入车辆内室。

九、案例总结

本案涉及采用两篇对比文件结合评述权利要求创造性，这是审查实践中经常遇到的情形。答复此类审查意见时，申请人应当以所属技术领域的技术人员的身份，客观把握对比文件公开的技术内容，符合逻辑地推理两篇对比文件之间的结合动机，从而判断请求保护的技术方案相对于现有技术是否显而易见，并以此为依据进行有针对性的意见陈述，其中以下两个问题值得我们关注：

第一个的问题是：对比文件究竟公开了什么？在这一过程中，必须以所属技术领域的技术人员的身份去客观地看待对比文件，整体地理解其技术方案，梳理出其所属技术领域、要解决的技术问题、采用的技术手段及技术效果，由此才能准确地确定请求保护的技术方案相对于对比文件的区别技术特征，再根据该区别技术特征所能达到的技术效果确定发明实际解决的技术问题，这是发明人客观上面对的技术任务。解答好这个问题的意义在于能够通过对现有技术的客观描述，找到发明所担负的技术任务，这是撰写好意见陈述书的基础。

第二个的问题是：两篇对比文件到底能否结合？其实质就是，当所属技术领域的技术人员采用其中一篇对比文件公开的技术方案并发现其存在的技术不足时，是否有动机把另一篇对比文件中公开的相应技术手段结合进来。在这一过程中，申请人仍应从所属技术领域的技术人员的角度出发，继续客观地分析发明所担负的技术任务与对比文件、以及两篇对比文件之间在技术上的关联与区别。如果通过这种分析发现两篇对比文件之间存在影响相互结合的制约因素，并由此使得这种直接结合无法形成有效的技术方案，那么就是找到了这两篇对比文件无法显而易见结合的最具有说服力的一个理由，从这个意义上来说，解答好这个问题是撰写好意见陈述书的关键。

第二章　申请文件有修改的答复案例剖析

第一节　针对技术方案的选择性修改

一、概要

"保护专利权人的合法权益"是《专利法》的核心，而专利权人的合法权益通过授权的权利要求的保护范围来体现，授权的权利要求的保护范围决定着申请人合法权益的多少。因此，申请人务必对希望授权的权利要求的保护范围进行仔细斟酌，以期获得最大限度上的合法权益。

权利要求不具有创造性是专利审查过程中申请人经常遇到的情况。对此，申请人如果认可审查员对权利要求的评价，既可以从申请文件中找出包含对比文件未公开的技术特征的技术方案作为新的权利要求，也可以将审查员未评述的从属权利要求记载的技术方案案作为新的权利要求，以克服创造性的缺陷。本节以实际案例为基础，针对上述的第二种情况，从申请人获取利益最大化的角度出发，分析申请人在将从属权利要求的特征补入独立权利要求中时需要注意的事项。

本案例涉及一种抱罐车油箱，审查意见通知书中指出权利要求相对于2篇对比文件不具有创造性。申请人将审查员未评述的从属权利要求所述的技术方案作为新的独立权利要求，以期克服创造性的缺陷。本节分析了申请人意见陈述书中存在的缺陷，并结合说明书公开的内容，在分析本申请公开的技术方案与对比文件公开的内容之间的区别的基础上，结合本领域技术常识，找出了能克服创造性缺陷的技术方案，并基于对这些技术方案的深入对比分析，选择合适的技术方案作为新的权利要求，以使得申请人获得合理的保护范围。

二、相关的权利要求

1. 一种抱罐车的油箱，所述油箱（101）支承在车体平台（105）上，油箱（101）的侧面具有液位显示装置（108）；其特征是：所述油箱（101）可相对于车体平台（105）滑动；油箱内设置有用于安装油箱附件的支架（109）。

2. 如权利要求1所述的油箱，其特征是：所述支架（109）为阶梯形状，且在所述油箱上壳体上设置有下凹部分，以布置用于冷却油箱的冷却管路。

三、与相关的权利要求对应的说明书部分

技术领域

[0001] 本发明涉及抱罐车，具体涉及抱罐车上的油箱。

背景技术

[0002] 抱罐车是一种用于冶金钢厂液态熔渣转场运输的专用移动设备。作为移动车辆，从机动灵活和现场条件考虑，整车的结构非常紧凑。由于内部空间狭小，当车辆出现故障需要进行检修和维护时，就非常不方便。特别是在抱罐车的车体平台上固定安装有两个体积很大的油箱，它们与其他车体部件靠得很近，占用了很大的空间，在车辆的检修和维护时，这两个油箱会造成很大的障碍。此外，由于抱罐车油箱占据的空间很大，打开油箱盖检查油箱内的剩余油量也变得相对困难。由于处在高温环境中，由车辆运动导致的油箱内燃油的扰动会大大增加燃油的挥发，普通汽车上降低燃油箱内燃油扰动的方法是在燃油箱底部设置多个直立的防扰流板，但是这种做法存在明显缺陷，一是需要多道加工工艺，进而导致成本上升，二是油箱底部的多处焊缝（在防扰流板焊接至油箱底部的情况下）影响油箱的密封性，例如现有技术CN1*******1A中公开的消除波动板。再者，普通车辆上的油箱靠自然风冷却，而不是设置专门冷却油箱的冷却装置，但对于处于高温环境中的抱罐车而言，自然风很难对油箱充分冷却，从而导致燃油挥发量增加。

发明内容

[0003] 本发明要解决的技术问题是提供一种抱罐车的油箱，所述油箱可以在一定范围内移动，从而腾出空间，便于对车辆进行检修和维护。同时，本发明还致力解决上述存在的其他技术问题。

[0004] 为了解决上述技术问题，本发明提供了如下技术方案：一种抱罐车的油箱，所述油箱支承在车体平台上，所述油箱可相对于车体平台滑动，油箱的侧面具有液位显示装置，油箱内设置有用于安装油箱附件的支架。

[0005] 优选地，所述油箱还包括设置在油箱上壳体上的下凹部分，以便布置冷却管路来对油箱进行冷却。

[0006] 优选地，所述油箱还设有与油箱上部连通的燃油气体回收装置，以回收挥发出的燃油气体。

[0007] 优选地，所述支架为阶梯形状。

……

[0010] 本发明的有益效果是：在正常状态下，油箱被固定在车体平台上；在对车辆进行检修和维护时，可以解除对油箱的固定，使其在车体平台上滑动，从而腾出足够的操作空间。通过可滑动的安装结构，既保证了抱罐车的结构紧凑性，又为车辆维修提供了便利。油箱的侧面具有液位显示装置，使得观察油箱内的剩余燃油量变得方便。油箱的内部设有安装油箱附件的支架，所述支架在安装油箱附件的同时还能缓冲燃油的扰动，从而减少燃油的蒸发。

[0011] 此外，在油箱上部设置有下凹部分以布置冷却管路，通过冷却管路对油箱内燃油进行冷却从而进一步减少高温下燃油的挥发。与油箱上部连通的燃油气体回收装置可以进一步回收燃油气体。将支架设置为阶梯形状，还具有便于加工、降低成本、提高油箱密封性能的优点。

……

附图说明

[0013] 图32-1-01是根据本发明的油箱的示意图；

[0014] 图32-1-02是油箱在抱罐车车体平台上向外移位后的位置示意图；

……

[0017] 图中：101、油箱；102、支架；103、脚轮；104、滑道；105、车体平台；106、滚轮；107、支架；108、液位显示装置；109、安装油箱附件的支架。

具体实施方式

[0018] 如图32-1-01所示，本发明抱罐车的油箱101置于车体平台105上，油箱101的底部内侧靠近相邻的两个角部的位置安装有两个脚轮103，脚轮103安装在支架102的下端，车体平台105上对应地设有两条滑道104与这两个脚轮103相配合，脚轮103可以沿这两条滑道104向外滑移；车体平台105上还固定有两个支架107，滚轮106安装在支架107的上端，滚轮106与油箱101的底面相接触，可以起到支承油箱的作用，并可与油箱101的底面相对滑动。

[0019] 油箱的侧面具有液位显示装置108，液位显示装置优选为玻璃构成。油箱内部设有安装油箱附件的支架109，其与油箱底部焊接，所述支架优选为为图32-1-01中所示的阶梯形状。

[0020] 在一种优选方式中，油箱101上壳体上还可以进一步设有下凹部分110以便安装冷却管路。在另一种优选方式中，油箱还可以进一步设有与油箱上部连通的燃油气体回收装置（未示出）。

[0021] 如图32-1-02所示，当需要对抱罐车进行检修时，可以临时拆除固定挡板，使油箱向外移位，油箱底部的脚轮沿滑道向外滑动，同时滚轮也与油箱底面发生相对滑动，从而使油箱远离中间的部件，腾出足够的操作空间。

……

说 明 书 附 图

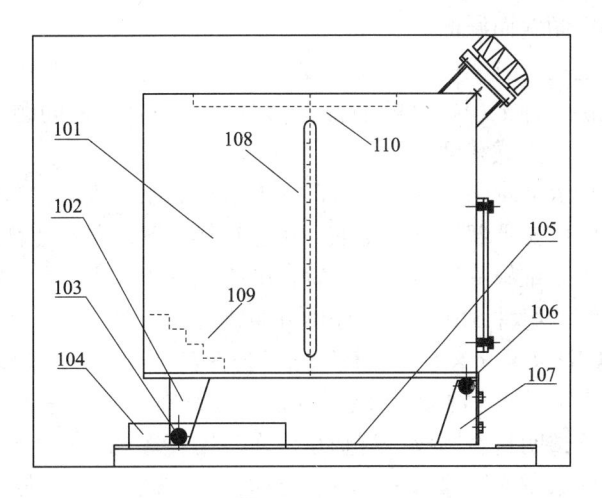

图32-1-01

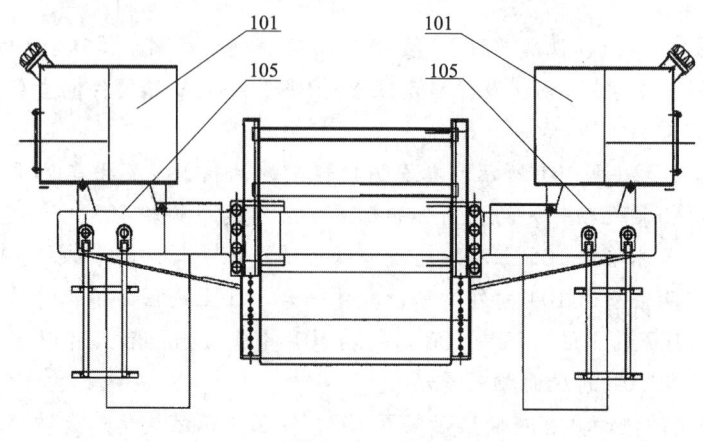

图 32-1-02

四、审查意见通知书引用的对比文件的介绍及审查意见通知书要点

(一) 对比文件介绍

本发明要求保护一种油箱，其主要特征是油箱可移动地支承在车体平台上，油箱侧面具有液位显示装置以及油箱内设置有安装油箱附件的支架。针对该权利要求，审查员检索到了两篇相关的对比文件，具体如下。

对比文件1：CN1＊＊＊＊＊＊＊2A　　公开日：××××年××月××日

对比文件1涉及一种行驶在不规则地面上的工程车辆的油箱支承结构，属于燃油箱的布置领域。现有技术中，通常在驾驶员座位下面设置有阶梯结构，脚踏板布置在阶梯结构上。阶梯结构在其上端与车体结构连接并可以沿着枢轴转动。油箱布置在阶梯结构和车辆主体形成的空间之内。在维修时，需要拆卸阶梯结构的螺栓并将阶梯结构向上拉动，从而维修相应组件。若不将油箱移开，则维修无法进行。但在移开油箱的同时，会导致油箱倾斜而漏油。

对比文件1所述技术方案的一个目的是将油箱布置在工程车辆，例如拖拉机的行驶体下部中，并提供一种工程车辆的油箱支承结构以解决上述问题，从而在维修时所述油箱能以非常简单的方式移动。

图32-1-03显示了对比文件1的油箱支承结构。如图所示，提供一种油箱501的支承结构，油箱501由支承部件506支承。在正常状态下，左右油箱501由螺栓511固定在初始位置。当需要维修液压组件510时，则松开螺栓511，使左右油箱501分别向两侧移动，进而为液压组件510的维修提供方便。

对比文件2：CN2×××××××3Y　　公开日：××××年××月××日

对比文件2属于液体容器技术领域，特别涉及汽车、摩托车油箱。现有技术中大多数液体容器是用不透明材料制成，特别是汽车、摩托车油箱这类封闭式不透明容器，要观察容器中的液体如汽车、摩托车油箱中的油多少就非常不方便，打开汽车、摩托车油箱的进油口观察油箱中的油多少极不准确，也没有油箱中的油多少的度量标准，

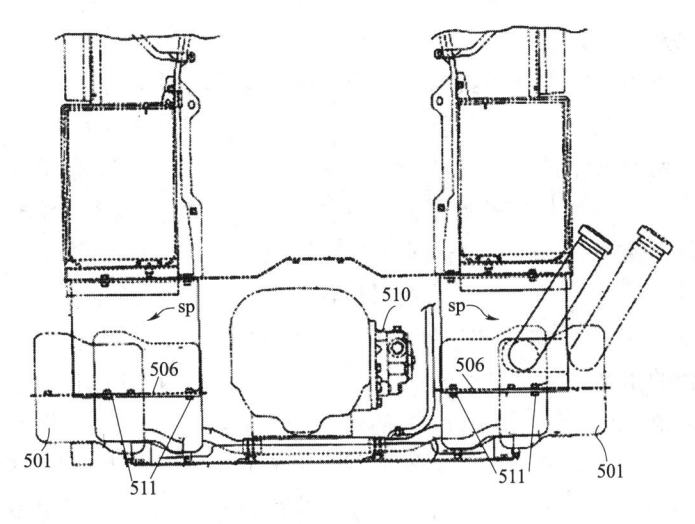

图 32-1-03

就汽车、摩托车加油而言，不透明的汽车、摩托车油箱常成为不法售油之人多收油费的客观条件。

对比文件2的目的是提供一种易于观察液体容器中液体多少的容器，特别是提供一种可较准确确定汽车、摩托车油箱中的油量多少的可视液位的油箱。

图 32-1-04 是油箱的壁板上设有透明液位标识板的有可视液位装置的油箱结构示意图。如图所示，油箱 501 包括油箱支架 509，油箱支架 509 上设置有用于安装液位传感器以及油箱压力传感器等油箱附件用的孔 521 等。在油箱 501 的壁板上开 2 厘米宽的条形孔 513，条形孔 513 的一端位于油箱底部，另一端位于油箱顶部，便可尽可能的表示整个油箱中的油多少。用一块 5 厘米宽，比条形孔 513 长的透明有机玻璃板密封的固定在连接在条形孔上。密封固定是先用紧固件如铆钉将有机玻璃板与油箱的壁板的条形孔边缘固定，再将有机玻璃板与油箱的壁板连接处热溶密封，最后在有机玻璃板与油箱的壁板的条形孔边缘施用密封胶，进一步增加密封的可靠性。在有机玻璃板上用颜色注明刻度。一个透明液位标识板式的有可视液位装置 508 的油箱制成。

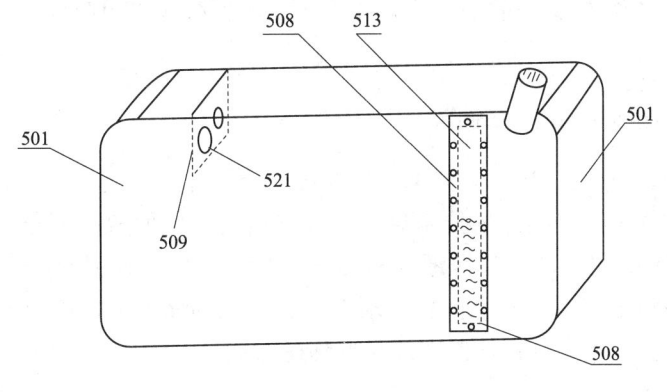

图 32-1-04

（二）审查意见通知书

审查员认为本申请独立权利要求 1 及从属权利要求相对于对比文件 1 和 2 的结合而不具备创造性，并据此发出了审查意见通知书，主要的相关意见如下。

权利要求 1 所要求保护的技术方案不具备《专利法》第 22 条第 3 款规定的创造性。根据说明书的说明，本发明所要解决的技术问题是解决抱罐车油箱体积较大导致的车辆部件维修不便、油箱内燃油量不易观察等问题。对比文件 1（CN1＊＊＊＊＊＊＊2A）公开了一种拖拉机油箱，而且所述油箱可以沿着车体的横向滑动，从而为其他零部件（例如部件 510）维修提供便利（参见该对比文件的说明书 1~5 段、附图 1）。从解决的主要技术问题的角度分析，对比文件 1 涉及的技术领域与本申请领域相近。

对比文件 1 公开了的一种拖拉机油箱，具体具有以下的技术特征：包括油箱（501）和支承油箱的部件（506 等，相当于车体平台），所述油箱通过螺栓（511）固定在支承件上（相当于支承在车体平台上），从而使所述油箱可以沿着车体的横向滑动。该权利要求所要求保护的技术方案与该对比文件所公开的技术内容相比，其区别在于：油箱内设置有用于安装油箱附件的支架以及油箱的一个侧面上安装有液位显示装置。

对于上述区别技术特征，其已经被对比文件 2（CN2××××××3Y，参见对比文件 2 的说明书 1~5 段、附图 1）公开，即，油箱 501 内设置有用于安装油箱附件的支架 509 以及油箱的一个侧面上安装有液位显示装置 508，上述特征在对比文件 2 中的作用与本申请中的作用相同，即，提供用于安装油箱附件的支架以及方便观察油箱内的燃油量的液位显示装置，也就是说，对比文件 2 给出了将其与对比文件 1 结合的技术启示。

由此可见，在对比文件 1 的基础上结合对比文件 2 获得该权利要求所要求保护的技术方案对所属技术领域的技术人员来说是显而易见的，因此该权利要求所要求保护的技术方案不具备突出的实质性特点和显著的进步，不具备《专利法》第 22 条第 3 款规定的创造性。

基于上述理由，本申请按照目前的文本还不能被授予专利权。如果申请人对申请文件进行修改，并陈述修改后的权利要求相对现有技术具有创造性的理由，则本申请可望被授予专利权。

五、申请的意见陈述大致情况

申请人认为，对比文件 1、2 与本申请领域相近，且对比文件 2 存在将其所述的技术方案与对比文件 1 进行结合的技术启示，即申请人认同原权利要求 1 相对于对比文件 1 和 2 不具有创造性。为了克服原权利要求 1 不具有创造性的缺陷，申请人将权利要求 2 限定的附加技术特征补入原权利要求 1 中，并认为修改后的权利要求相对于现有技术具有创造性，对申请文件的修改及意见陈述如下：

（一）申请人对申请文件的修改

基于原始申请文件中记载的内容，申请人将本申请权利要求书修改为：

1. 一种抱罐车的油箱，所述油箱（101）支承在车体平台（105）上，油箱（101）的侧面具有液位显示装置（108），其特征是：所述油箱（101）可相对于车体平台（105）滑动；油箱内设置有用于安装油箱附件的支架（109），<u>所述支架（109）为阶梯形状，且在所述油箱上壳体上设置有下凹部分，以布置用于冷却油箱的冷却管路</u>。

（二）意见陈述

首先，申请人对申请文件的修改符合《专利法》第33条第1款的规定，新权利要求1中增加的内容明确记载在权利要求2以及说明书中。

其次，由于审查员并未对权利要求2的创造性提出反对意见，因此修改后的权利要求1相对于对比文件1和2的结合具有明显的实质性特点和显著的进步，具备创造性。

六、对案情的分析及对意见陈述及修改权利要求的分析

（一）案情简介

本发明的发明目的主要是解决现有抱罐车油箱存在的维修不便的问题，在此基础上还致力于解决油箱内剩余燃油量不易观察及高温环境下燃油挥发严重的问题，申请人声称的对现有技术改进之处在于：改善油箱的维修便利性，同时使油箱内剩余油量变得易于观察，降低高温环境下的燃油挥发。所提出的技术方案是：一种抱罐车的油箱，所述油箱支承在车体平台上，所述油箱可相对于车体平台滑动；油箱的侧面具有液位显示装置；油箱内设置有用于安装油箱附件的支架；油箱上壳体上的下凹部分布置冷却管路；与油箱上部连通的燃油气体回收装置，以回收挥发出的燃油气体。所实现的技术效果是：解决了抱罐车油箱维修不便的问题，使得油箱内剩余油量变得易于观察，同时降低高温环境下的燃油挥发。

（二）审查员的审查意见要点及其合理性分析

在本案中，审查员在审查意见通知书中使用了两篇对比文件评述权利要求1的创造性。对于两篇对比文件评述请求保护的技术方案的创造性，一般从对比文件是否公开了相关权利要求的全部技术特征、对比文件之间是否存在结合的技术启示和对比文件结合后所带来的技术效果这三方面来判断相关权利要求是否具有创造性。

具体到本案，首先，从对比文件公开的内容来看，对比文件1公开了一种可以相对车体部件滑动的燃油箱，其中燃油箱支撑在车体平台上并可以相对于车体平台滑动，其目的在于通过油箱的可滑动性来方便位于油箱之间的部件的维修，这正与本申请首要要解决的技术问题相同，即，通过油箱的滑动来实现车辆其他部件的维修便利性。对比文件2公开了一种燃油箱，其设置有安装油箱附件的支架和液位显示装置，其要解决的是普通非透明燃油箱内的油量不便观察的问题以及提供安装油箱附件的支架。

其次，从对比文件间的结合启示来看，对比文件1和对比文件2均属于燃油箱领域，与本申请技术领域相同（或相近）。对比文件1要解决的技术问题是通过油箱的滑动来实现车辆其他部件的维修便利性，本申请首要解决的技术问题也是通过油箱的滑动来实现车辆其他部件的维修便利性。因此，对比文件1应当是与本申请最接近的现

有技术。权利要求1相对于对比文件1而言，其要解决的技术问题有两方面，一是解决油箱内燃油量不便观查的问题，二是提供一种安装油箱附件的支架；对于上述两个技术问题，对比文件2公开了一种燃油箱，其设置有安装油箱附件的支架和液位显示装置，上述技术特征要解决的技术问题同样是解决油箱内燃油量不便观察以及提供一种安装油箱附件的支架。基于上述分析可见，对比文件1和2与本申请所属的技术领域相同（或相近），且对比文件2中记载的技术手段在相关对比文件中的作用（或要解决的技术问题）与其在本申请中的作用相同，因此对比文件2存在将其公开的技术手段与对比文件1结合的技术启示。

再次，从对比文件1和2结合后所取得的技术效果来看，对比文件1和2中各技术手段在结合后仍然发挥其常规的作用，结合前后各技术特征之间在功能上无相互作用关系，这种结合没有获得意外的或更优越的技术效果，因此原权利要求1相对于对比文件1和2不具有创造性。

此处需要说明的是，尽管本申请具体实施方式中给出的是阶梯形状油箱附件支架，但要注意的是权利要求的保护范围以其限定的内容为准。权利要求1中限定的是油箱附件支架，而不是阶梯形状油箱附件支架。因此，在考虑技术效果时，权利要求1中油箱附件支架的技术效果或作用，仅仅是安装油箱的油箱附件。

综上所述，审查员给出权利要求1相对于对比文件1和2的结合不具有创造性的结论是合理的。

而且，审查员已经注意到权利要求2请求保护的技术方案，相对于现有技术是具有专利性的，因此没有通过通知书对权利要求2作出评价。

（三）申请人意见陈述及修改后权利要求的分析

为什么申请人会进行上述方式的答复和对申请文件的修改？主要原因是申请人按照撰写申请文件时的分析，以及对审查意见的理解，希望能够按照审查意见尽快获得一份专利权，而未深入分析这份专利权的质量。申请人直接将从属权利要求2限定的全部附加技术特征补入独立权利要求1中，这种修改确实没有超出原始申请文件记载的范围，而且其创造性已经被审查员默认。

上述的修改方式固然能克服创造性缺陷，但没有充分利用对审查意见给予答复时机，把握住克服出现在原申请文件中的明显错误的机会。

申请人没有对修改后的所想要请求保护的技术方案再次进行深入的分析，特别是没有将原始申请文件中已经公开的各个技术方案与审查员提供的现有技术方案进行深入的对比和分析，只是简单的将权利要求2限定的附加技术特征"所述支架（109）为阶梯形状，且在所述油箱上壳体上设置有下凹部分，以布置用于冷却油箱的冷却管路"补入权利要求1中，以示区别于现有技术。这样的修改方式，可能会导致申请人获得的专利权范围较小（在有可能被授权的情况下）。

（四）本申请说明书公开的内容与对比文件公开的内容的对比分析

从本申请说明书中记载的内容来看，本申请主要要解决的技术问题是因油箱体积较大而导致的车辆检修和维护不便和油箱内剩余油量不便观察的问题。针对该技术问题给出的技术方案是油箱可相对于支撑平台滑动，在油箱的侧面开设有液位显示装置。

在解决上述技术问题的基础上，本申请还通过优选实施例的方式，从不同的角度对上述技术方案进行了优化，即：

为了增强冷却效果，在油箱上壳体上还可以进一步形成有下凹部分，以便布置冷却管路来对油箱进行冷却。

为了回收挥发的燃油气体，还可以进一步设置有与油箱上部连通的燃油气体回收装置。

为了缓冲油箱内燃油的扰动，还可以进一步将安装油箱附件的支架设置为阶梯状。

也就是说，站在所属技术领域的技术人员的角度上看，本申请说明书中公开了多个技术方案，例如：

技术方案1：权利要求1限定的技术方案（为解决主要解决的技术问题而提供的技术方案）

技术方案2：权利要求1中的技术特征+技术特征"油箱还包括设置在油箱上壳体上的下凹部分，以便布置冷却管路来对油箱进行冷却"构成的技术方案（从增强冷却效果方面作出的进一步改进），见说明书第［0004］和［0005］段。

技术方案3：权利要求1中的技术特征+技术特征"所述油箱还设有与油箱上部连通的燃油气体回收装置，以回收挥发出的燃油气体"构成的技术方案（从回收燃油气体方面作出的进一步改改进），见说明书第［0004］和［0006］段。

技术方案4：权利要求1中的技术特征+技术特征"所述支架为阶梯形状"构成的技术方案（从缓冲油箱内燃油扰动方面作出的进一步改改进），见说明书第［0004］和［0007］段。

以及其他技术方案：权利要求1中的技术特征+各个改进方面涉及的特征的各种组合构成的技术方案，这些技术方案能够从上述两方面或三方面同时对权利要求1所述的技术方案进行改进，以获得更好的技术效果。

这些技术方案是否具有专利性，审查员并没有在通知书中提出反对意见。在这种情况下，申请人可以通过《专利审查指南》中允许的修改方式，依次分析这些方案所带来的技术效果和经济效益，选择合适的技术方案作为要求保护的对象。

而且，通过上述分析不难发现，由权利要求2限定的技术方案实际上是包含了两个已经在原始申请文件中充分公开了的优选实施方案的一个能够获得更好技术效果的方案。这可能是申请人由于撰写经验不足，在提交申请时错误地将在说明书分别表达的两个优选实施方案，没有通过两个从属权利要求给与分别限定，而是将原本应该分别请求保护的两个技术方案，合在了一起。因此，申请人应该在答复审查意见通知书时设法弥补该明显错误。

对比文件1公开了一种可相对车体平台滑动的油箱，对比文件2公开了一种具有油箱附件安装支架和液位显示装置的油箱。对比文件1和2均未公开本申请原始公开的技术方案2~4。但技术方案2~4是否都具有创造性呢？下面进行进一步分析。

对于技术方案2而言，抱罐车工作在钢铁冶炼的高温环境中，这种高温环境不同于普通汽车或其他车辆油箱所处的常温环境，因此对抱罐车油箱的加强冷却有助于减少燃油蒸发，且所属技术领域的技术人员判断技术特征"油箱还包括设置在油箱上壳体上的下凹部分，以便布置冷却管路来对油箱进行冷却"也不是本领域公知常识，因此技术方案 2 可能具有创造性。

对于技术方案 3 而言，为了防止汽车油箱的内燃油蒸气的挥发，一般都设有回收燃油蒸气的碳罐，因此技术特征"所述油箱还设有与油箱上部连通的燃油气体回收装置，以回收挥发出的燃油气体"初步判断为现有技术，包含该技术特征的技术方案 3 也不具有创造性。

对于技术方案 4 而言，技术特征"支架为阶梯形状结构"带来了缓冲燃油扰动的技术效果，该效果不同于对比文件 2 中"支架"仅供"安装油箱内油箱附件"的技术效果，且所属技术领域的技术人员判断技术特征"支架为阶梯形状结构"也不是本领域公知常识，因此技术方案 4 可能具有创造性。

从上述分析可见，原始申请文件中记载的技术方案 2、4 可能具有创造性。再者，上述两个技术方案已经明确记载在原始申请文件中，对这类完整的技术方案中的任何一个请求专利保护，均不会违反《专利法》第 33 条的"对发明和实用新型专利申请文件的修改不得超出原说明书和权利要求书记载的范围"的规定。

从满足创造性要求的角度看，申请人选择将权利要求 2 限定的附加技术特征补入原权利要求 1 中是合适的。但是，是否必须要将权利要求 2 的全部附加技术特征同时补入原权利要求中 1 呢？如果不是，怎样修改才是一种合理的方式？

为了获得合理的专利权，申请人在考虑想要获得的专利权时，应当注意以下两个方面。

1. 尽可能获得保护范围相对大的专利权

专利权的保护范围越大也就意味着专利权人的权利越大，权利越大则可能给专利权人带来的权益也越大。专利权的保护范围由权利要求来体现，而权利要求的保护范围由权利要求限定的技术方案来界定。一般来说，授权的权利要求中包含的技术特征越少，则该权利要求所限定的保护范围越大；反之，若授权的权利要求中包含的技术特征越多，则该权利要求所限定的保护范围越小。因此，在满足授权条件的前提下，申请人应该用尽可能少的技术特征来限定权利要求的技术方案以获得最大保护范围的专利权。

2. 获得相对稳定的专利权

只有稳定的专利权，才能使申请人的合理权益得到保护。如果被授予的专利权很容易被无效，一方面不能使申请人的合理权益得到保护，另一方面也会使申请人在应对专利无效方面投入大量的精力。从专利权稳定的角度考虑，申请人应当将对现有技术改进的技术方案在权利要求中体现出来，对于申请人对现有技术进行多处改进的情况，在选择具体的技术方案时可结合其他方面进行综合考虑。

（五）本案的具体修改方式

结合到本案例，在原权利要求 1 中单独补入技术特征"油箱还包括设置在油箱上壳体上的下凹部分，以便布置冷却管路来对油箱进行冷却"或技术特征"所述支架为阶梯形状"均能构成完整的技术方案，所述技术方案在原始申请文件中均有明确记载。

从专利权保护合理的范围来看，如果补入所有新的技术特征和对已有特征进行进一步限定均会导致保护范围的缩小。

由上述分析可知，包含技术特征"油箱还包括设置在油箱上壳体上的下凹部分，以便布置冷却管路来对油箱进行冷却"或技术特征"所述支架为阶梯形状"分技术方案具有创造性，并且均是一个完整的技术方案。如果申请人将权利要求2限定的附加技术特征全部补入权利要求1中，这样修改方式则尽管可明显区别于现有技术，但却不能获得相对大的保护范围，从而在某种程度上丧失了某些权利。因此申请人在这种情况下将权利要求2限定的附加技术特征全部补入权利要求1中构成新的权利要求不是一种较好的选择。

在寻求合理的权利保护范围前提下，则需考虑本申请的目的和所达到技术效果等因素，技术特征"阶梯形状的支架"不仅可以安装油箱的附件，而且阶梯形状可以缓冲油箱内燃油的扰动，减少燃油挥发，同时阶梯形状支架易于加工制造，可以节省成本。技术特征"油箱还包括设置在油箱上壳体上的下凹部分，以便布置冷却管路来对油箱进行冷却"可以加强冷却效果，对于抱罐车的具体高温工作环境而言，技术特征"油箱还包括设置在油箱上壳体上的下凹部分，以便布置冷却管路来对油箱进行冷却"可以明显减少燃油挥发。但相对技术特征"阶梯形状的支架"而言，技术特征"油箱还包括设置在油箱上壳体上的下凹部分，以便布置冷却管路来对油箱进行冷却"的成本可能较高，因此，相比之下，在可能获得稳定的专利权的前提下，技术特征"阶梯形状的支架"对现有技术的改进贡献更大，技术效果更加显著。

基于上述分析，应当选择将原权利要求1中的技术特征＋技术特征"所述支架为阶梯形状"构成的技术方案作为新的保护对象。

对于权利要求2的附加技术特征中的其余技术特征，申请人可以将其作为新的权利要求2的附加技术特征对权利要求1进行进一步限定，也可以将其与原权利要求1合并构成新的独立权利要求进行分案。

七、推荐的意见陈述书

申请人认真研究了审查意见通知书，针对审查员在通知书中提出的问题，申请人的具体意见陈述如下。

（一）对于申请文件的修改

权利要求2限定的技术方案实际上是包含了两个最佳实施方案的一个能够获得更好技术效果的方案，比如说在说明书第［0005］、［0007］、［0019］和［0020］段，明确指出了"所述支架可以优选为阶梯形状"以及"作为一种优选方式，油箱101上壳体上还可以进一步设有下凹部分110以便安装冷却管路"，只是申请人由于撰写经验不足，在提交申请时错误地将原本应该分别表达的技术方案，合在了一起。申请人在重新仔细阅读申请文件时，发现了该错误，从而通过《专利审查指南》第二部分第八章第5.2.2.1节中规定的允许的修改方式进行了弥补。

为了使权利要求1与对比文件有实质性的区别，申请人将权利要求进行了修改，具体体现为在权利要求1中增加了技术特征"所述支架为阶梯形状"。修改后的权利要求1限定的技术方案在原说明书第［0004］、［0007］、［0018］、［0019］段有明确记载，因此这种修改没有超出原始申请文件记载的范围，符合《专利法》第33条第1款的规定。说明书第［0011］段明确记载了上述技术特征所带来的技术效果，即，在安装油箱附件的同时，可以缓冲油箱内燃油的扰动，减少燃油挥发，并且易于加工制造，节约成本。相应地，申请人对从属权利要求2进一步了修改，修改后的权利要求2限定的技术方案在原说明书第［0019］和［0020］段有明确记载，因此这种修改没有超出原始申请文件记载的范围，符合《专利法》第33条第1款的规定。

（二）关于技术方案的完整性

本发明的发明目的是主要是解决现有抱罐车油箱存在的维修不便的问题，在此基础上还通过优选实施例致力于解决油箱内剩余燃油量不易观察及高温环境下燃油挥发严重的问题。包含有技术特征"所述支架为阶梯形状"的方案是从降低燃油挥发问题的方面对本申请主要技术方案的进一步改进或优化，说明书第［0004］、［0007］、［0018］和［0019］段对此有明确描述，而且由说明书第［0019］段的说明可知，技术特征"所述支架为阶梯形状"和其他技术特征之间不存在为解决某个技术问题而产生的不可或缺的关联，且其他技术特征不是解决本申请要主要解决的技术问题的必要技术特征，因此补入技术特征"所述支架为阶梯形状"后的新权利要求1是一个完整的技术方案。

（三）关于权利要求的创造性

对于对比文件1，其公开了一种拖拉机油箱501，以及支承油箱的平台506，油箱可相对于平台移动，以便于维修其他部件510。但对比文件1中没有公开权利要求1中的侧面具有液位显示装置、安装在油箱内的油箱附件支架以及特征"支架为阶梯形状"。对比文件1公开的是一种拖拉机油箱，其根本不涉及油箱的内部构造，也就是说，对比文件1不存在将支架设置为阶梯形状的技术启示。

对比文件2公开的是一种带有透明液位标示板以及安装油箱附件的支架的油箱。该油箱的目的在于便于方便观察油箱内燃油的多少以及提供一种安装油箱附件的支架，对比文件2同样没有任何关于特征"支架为阶梯形状"的记载，也没有关于油箱内部结构的描述，因此对比文件2也不存在将支架设置为阶梯形状的技术启示。

对于新的技术方案，说明书第［0011］段明确说明了技术特征"支架为阶梯形状"所带来的技术效果，即，在安装油箱附件的同时，缓冲油箱内燃油的扰动，减少燃油挥发以达到降低燃油消耗的目的。

而从所获得的技术效果来看，由于修改后的权利要求对油箱附件支架进行了进一步的限定，该油箱附件支架在安装油箱附件的同时，还能带来缓冲燃油扰动的技术效果，而该技术效果也是对比文件1和2结合获得不到的技术效果。

由上述分析可见，对比文件1和2及其结合均未公开新的权利要求1中的特征"支架为阶梯形状"，上述对比文件也不存在使用上述技术特征以解决相应技术问题的技术启示，且特征"支架为阶梯形状"也不是本领域的公知常识；并且带来了相应的非显而易见的技术效果。因此，修改后的权利要求1相对于现有技术具有突出的实质性特点和显著的进步，具有《专利法》第 22 条第 3 款规定的创造性。

在权利要求 1 具有创造性的情况下，权利要求 2 也具有创造性。

八、推荐的修改后的权利要求书

1. 一种抱罐车的油箱，所述油箱（101）支承在车体平台（105）上，所述油箱（101）可相对于车体平台（105）滑动，其特征是：油箱（101）的侧面具有液位显示装置（108）；油箱内设置有用于安装油箱附件的支架（109），所述支架（109）为阶梯形状。

2. 如权利要求 1 所述的油箱，其特征是：在所述油箱上壳体上设置有下凹部分，以布置用于冷却油箱的冷却管路。

九、对案例的总结

合理的专利权，不仅是申请人获得一份专利证书，更重要的是获得权利能在最大限度上给申请人带来利益。在相关权利要求不具有创造性的情况下，且审查员没有对说明书中的具体实施方案提出不具有专利性的审查意见时，申请人在答复审查意见通知书和修改申请文件时可以从以下方面入手。

一、从原始说明书记载的技术方案中找出区别于对比文件且不是本领域公知常识的技术特征以及包含这些技术特征的技术方案，这些技术特征带来了相应的技术效果，如果将包含这些特征的技术方案作为新的权利要求，则能克服原权利要求不具有创造性的缺陷。具体到本案例而言，包含有技术特征"与油箱上部连通的燃油气体回收装置"的技术方案尽管未被对比文件 1 和 2 公开，但根据所属技术领域的技术人员对现有技术（例如汽车油箱上的碳罐）的了解，可以判断该特征是所属技术领域的技术人员的公知常识，将上述技术特征补入原权利要求中不但不满足创造性的规定，而且还导致权利要求的范围因该特征的加入而缩小；而对于分别包含有技术特征"支架为阶梯形状"和"油箱上部设有凹部，以布置抱罐车的冷却管路，从而冷却所述油箱"的技术方案，它们未被对比文件 1 和 2 公开，且根据所属技术领域的技术人员对现有技术的了解，可以判断技术特征"支架为阶梯形状"和"油箱上部设有凹部，以布置抱罐车的冷却管路，从而冷却所述油箱"不是本领域公知常识，并且这些技术特征带来了相应的技术效果，因此，选择包含上述技术特征的技术方案作为新的权利要求可以满足创造性的规定。分别包含有技术特征"支架为阶梯形状"和"油箱上部设有凹部，以布置抱罐车的冷却管路，从而冷却所述油箱"的两个技术方案可以作为申请人的两种选择。

二、明确本申请要解决的主要技术问题和次要技术问题以及为解决这些问题而采取的技术方案，确保修改后的权利要求限定的技术方案在原始申请文件中公开且为完整的技术方案。在满足创造性要求的条件下，选择包含这些（或某个）技术特征的技术方案作为新的权利要求，即，这些（或某个）技术特征解决了某些技术问题或从某个方面对本申请的主要技术方案进行进一步改进或优化，这些（或某个）技术特征和其他技术特征之间也不存在为解决某个技术问题而产生的不可或缺的关联，且其他技术特征不是解决本申请主要解决的技术问题的必要技术特征。同时，包含该技术特征的技术方案在原始申请文件已经公开。具体到本案例而言，技术特征"支架为阶梯形状"或技术特征"油箱上部设有凹部，以布置抱罐车的冷却管路，从而冷却所述油箱"补入原权利要求1后构成的技术方案均能使修改后的权利要求1成为完整的技术方案，原始申请文件中已经公开了上述技术方案，且所述技术方案中不缺少本申请主要解决的技术问题的必要技术特征。

三、如果存在多个技术特征，这些技术特征补入相关权利要求中后既能使修改后的权利要求具有创造性，又能构成完整的技术方案，同时这些技术方案已经在原始申请文件中公开且这些技术方案中不缺少本申请主要解决的技术问题的必要技术特征，则应当从专利权范围的合理性、专利权的稳定性以及本申请解决的技术问题层次以及相关技术特征带来的技术效果等方面来选择技术特征补入相关权利要求中，以使申请人获得恰当的专利权，从而在最大限度上给专利权人带来权益。在机械领域中，可以综合考虑本申请要解决技术问题的主要、次要层次，即，本申请要解决的主要技术问题和次要技术问题；获得专利权的稳定性，即，哪些特征的能使获得的专利权相对稳定；相关特征导致（或带来）的制造成本和技术效果（或经济效益）。一般应首选将本申请要解决的主要技术问题涉及的技术特征、能使专利权相对稳定的技术特征以及能降低成本和带来较好技术效果的特征补入相关权利要求中，以使申请人能通过获得的专利权最大可能地获取利益，同时应注意在权利要求中补入尽可能少的技术特征。在本案例中，将权利要求2限定的技术特征补入权利要求中虽然满足了创造性的规定，但显然缩小了权利要求的保护范围；从专利权稳定以及相关特征导致（或带来）的制造成本和技术效果（或经济效益）的角度考虑，在原权利要求中补入技术特征"支架为阶梯形状"更能获得保护范围合适、权利相对稳定的专利权；就本案例而言，由于"支架为阶梯形状"是对主要技术方案的进一步改进，因此其构成了一个完整的技术方案。

四、《专利审查指南》第二条第八章第5.2.2.1节中规定，申请人在收到国务院专利行政部门发出的审查意见通知书后，允许对权利要求书的修改包括如下情形：在独立权利要求中增加技术特征，对独立权利要求作进一步的限定，以克服原独立权利要求无新颖性或创造性、缺少解决技术问题的必要技术特征、未以说明书为依据或者未清楚地限定要求专利保护的范围等缺陷。申请人在答复审查意见通知书时可以利用该机会，对原始申请文件中的技术错误进行修改。在本案例中，申请人在撰写申请文件时错误地将两个本该分开请求保护的优选实施方式合并为一个更优选的实施方式（见原权利要求2）来请求保护，在答复审查意见通知书时，申请人可以利用答复通知书的机会，将原始申请文件中的技术错误进行修改，即，将原权利要求2限定的两种实施方式分开保护或以递进的方式进行保护。

第二节　基于附图的修改

一、概要

在基于附图对权利要求进行修改时要使其符合《专利法》第33条的规定，即"对发明和实用新型专利申请文件的修改不得超出原说明书和权利要求书记载的范围"。

申请人在修改申请的权利要求的过程中，有可能需要从附图中发掘一些技术特征补入到权利要求中。但是，因为从附图中得到的信息不像文字直接记载的信息那样明确，所以判断基于附图对权利要求进行修改是否满足《专利法》第33条的规定又有其特殊性。判断过程中主要考虑的内容有：① 根据说明书文字记载的内容、附图中的信息以及机械制图的常识，所属技术领域的技术人员能够直接地、毫无疑义地确定的定性关系特征，而非定量关系特征；② 附图中示出的部件是否具有所属技术领域通常的含义，其功能与原说明书文字记载的内容是否相符合；③ 所属技术领域的技术人员从整体上判断修改后的技术方案与原说明书和权利要求书文字记载的信息及附图所给出的信息相符合，且修改后的技术方案能够解决原说明书文字记载的所要解决的技术问题。

本节通过一个具体案例来讨论申请人根据第一次审查意见通知书的意见基于附图对权利要求进行修改时如何判断所作修改是否符合《专利法》第33条的规定。

二、相关的权利要求

1. 一种自闭阀，其主要由外壳、阀芯、阀板和砝码构成，所述阀芯具有入口和出口且阀芯位于外壳内，其特征在于，砝码设置在阀板上，用于调整额定流速的大小；流体自入口进入时，在流体压力作用下，阀板打开入口，流体通过阀板流向出口；当流速大于额定流速时，阀板关闭出口；而当流体反向流动从出口进入时，无论流体的流速大小如何，阀板关闭入口。

三、与相关的权利要求对应的说明书部分

（一）说明书正文部分

技术领域

[0001] 本发明涉及一种在管道发生爆炸时能够自动关闭的自闭阀。

背景技术

[0002] 目前的现有技术中，用于城市自来水管道，天然气管道以及房屋中的自来水管道、天然气管道的阀门的开闭一般靠人工操作，或者虽然能自动截止某个方向的流体，如单向阀，而要截止另一个方向的流体则要靠人工操作，在发生爆管时不能自动关闭阀门切断水源、气源，致使能源被浪费，更给爆管地点造成水灾、火灾。

发明内容

[0003] 本发明的目的是提供一种自闭阀，其既可以自动关闭阀门以截止逆向流动的流体，同时也可以在正向流体流速突然增大时自动关闭阀门，防止流体管道发生爆管时产生更大的灾难。

[0004] 本发明提供一种自闭阀，这种自闭阀能够根据对流经它的自来水、天然气等流体的流速的测量结果与额定流速进行比较，当它测量到的实际流速不大于额定流速时，流体对阀板的冲力不能使其关闭，自闭阀保持打开状态，不对其正常使用产生影响，当它测量到的实际流速大于额定流速时，流体对阀板的冲力使阀板自动关闭，

切断对其后的供应。将额定流速设定在大于最大正常使用流速与小于爆管流速之间。未发生爆管时，流体的流速小于额定流速，自闭阀保持打开状态。当发生爆管时流体的流速大于额定流速，自闭阀便自动关闭，关闭后，其阀板前的压力大于阀板后的压力，靠压差自动保持在关闭状态，切断对其后的水源或气源供应，避免了能源浪费和灾害的发生。当爆管修复后，阀板前后的压差缩小，流体的流速也很小，阀板又自动打开，自闭阀回到打开状态。本发明的自闭阀还具有反向逆止的功能，在多源系统中的干管上发生爆管时，可防止反向向爆管点提供能源。

[0005] 利用本发明的自闭阀，既可以保证正常流速流体的输送，又可以在发生爆管时，不管爆管点在自闭阀哪一侧都能自动切断爆管点和阀另一侧的管道，避免向爆管点提供能源，造成更大的爆炸灾难。

附图说明

[0006] 下面结合附图对本发明作进一步的说明：

[0007] 图32-2-01是本发明的一种机械式自闭阀的主视图；

[0008] 图32-2-02是本发明图32-2-01中所示机械式自闭阀的左侧视图；

[0009] 图32-2-03是本发明图32-2-01中所示机械式自闭阀的右侧视图；

[0010] 图32-2-04是本发明图32-2-01中所示机械式自闭阀的剖视图。箭头表示的是流体流动的方向；

[0011] 图32-2-05和图32-2-06示出了本发明的另一种机械式自闭阀的剖视图。箭头表示的是流体流动的方向。

具体实施方式

[0012] 本发明的自闭阀的基本原理是根据测得流经其的流体的流速与额定流速的比较结果进行自动判断，自行操作。具体实施方式有机械式和电动式等多种方式。电动式是在机械式的基础上增加电测器、比较器、电动执行器。

[0013] 图32-2-01至图32-2-04中示出了本发明的一种机械式自闭阀，包括壳体101、阀芯102、阀板103和砝码104。阀板103具有测量流速和执行关闭的功能，砝码104具有调整额定流速的功能，增减砝码104的重量就能改变额定流速的大小。流体107自入口105进入，在流体107的压力作用下，阀板103打开入口105，流体通过阀板103流向出口106。当发生爆管导致流体107的流速突然增加至额定流速时，阀板103关闭出口106。而当流体107反向流动从出口106进入时，无论流体的流速大小如何，阀板103即可在自重及砝码104重力作用下关闭入口105，防止流体倒流。

[0014] 图32-2-05中示出了本发明的另一种机械式自闭阀，包括壳体201、阀芯202-1和202-2、阀板203和砝码204。阀板203具有测量流速和执行关闭的功能，砝码204具有调整额定流速的功能，增减砝码204的重量就能改变额定流速的大小。流体207自入口205进入，在流体207的压力作用下，阀板203打开入口205，流体通过阀板203流向出口206。当发生爆管导致流体207的流速突然增加至额定流速时，阀板203关闭出口206。而如图32-2-06中所示，当流体207反向流动从出口206进入时，无论流体的流速大小如何，阀板203即可在自重及砝码204重力作用下关闭入口205，防止流体倒流。

[0015] 本发明的上述这两种结构的阀，均能够在额定流速时和流体反向时自动关闭，即将单向阀和额定流速阀结合成为一体。

[0016] 图32-2-01至图32-2-06中的自闭阀既可以用于城市自来水、天然气干管上，又可用于房屋中的自来水、天然气管道上，还可用于输油管道等其他流体管道上。因此，本发明的自闭阀阀体的大小尺寸应与相连接管道的管径相适应，其两端与进出管道的连接方式与现有的阀门与管道的连接方式相同。

（二）说明书附图

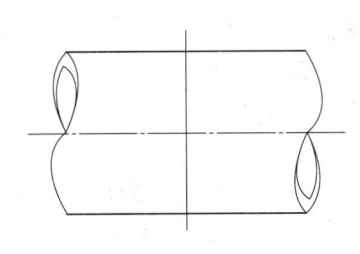

图32-2-01

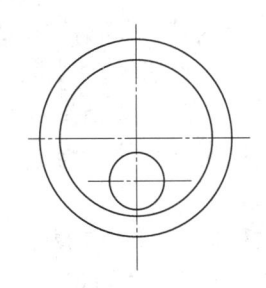

图32-2-02

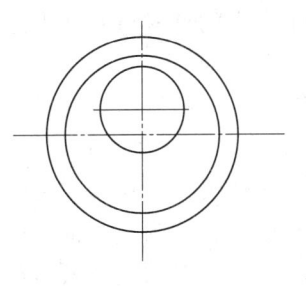

图32-2-03

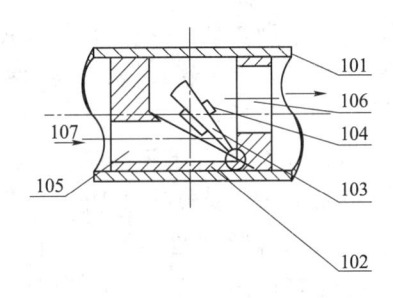

图32-2-04

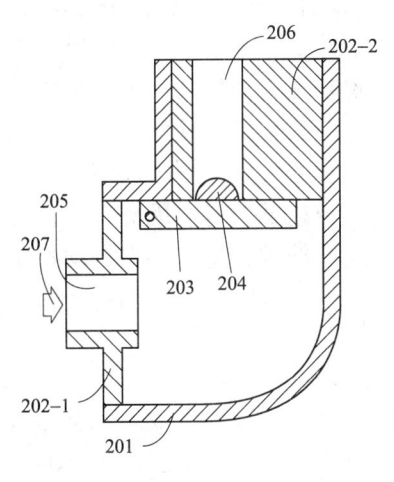

图32-2-05

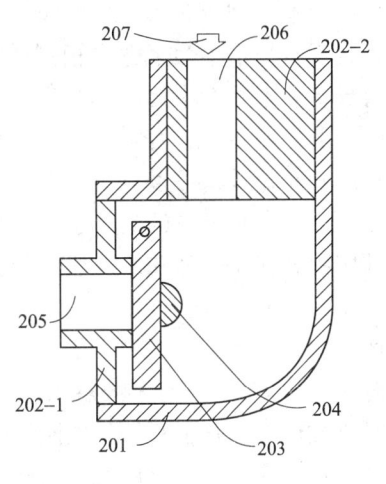

图32-2-06

四、审查意见通知书引用的对比文件的介绍及审查意见通知书要点

（一）审查意见通知书引用的对比文件的介绍

审查员在针对权利要求1进行检索之前，首先分析了权利要求1的保护范围。权利要求1首先限定了请求保护的自闭阀所具有的现有技术中的阀门通常具有的特征，即具有外壳、阀芯、阀板这些构件，阀芯位于外壳内、阀芯具有入口和出口，同时增加了"砝码"这个构件；而特征"砝码设置在阀板上，用于调整额定流速的大小；流体自入口进入时，在流体压力作用下，阀板打开入口，流体通过阀板流向出口；当流速大于额定流速时，阀板关闭出口；而当流体反向流动从出口进入时，无论流体的流速大小如何，阀板关闭入口"中除了砝码的安装位置外，其他特征实质上限定了该自闭阀所具有的功能——阀板能够根据流体的流向和流速自动打开或关闭入口或出口。

从对权利要求1的保护范围的分析可以看出，该权利要求并未对阀板的具体位置、结构和安装方式做具体限定，而是用功能进行了限定。这样，当发现具有符合这种功能阀板的自闭阀的在先技术时，权利要求1所请求保护的自闭阀将不具备新颖性或者创造性。

根据前面对权利要求1保护范围的分析和可能的在先技术的预测可知，审查员在检索可能影响权利要求1新颖性或创造性的对比文件时，不能拘泥于寻找附图中所示出结构的自闭阀，而是要查找具有了"阀板能够根据流体的流向和流速自动打开或关闭入口或出口"功能的自闭阀；但是，在现有技术中检索具有这种功能的自闭阀时，仅仅从权利要求1本身所包含的特征"阀板"、"流速"、"反向"、"打开"、"关闭"以及其功能"自动打开"、"自动关闭"进行检索显然是不足够的，因为这些词本身以及其组合都不能很好地体现自闭阀的阀门所具有的正向和反向均能自动关闭入口或者出口的功能。此时，可以考虑申请人为什么提出这样一种自闭阀，从其解决的技术问题入手，结合本案例所解决的技术问题和其所具备的功能查找是否存在相关的现有技术，或者查找现有技术中为了解决相同的技术问题采用了什么技术手段，再判断其技术手段是否具备和本案例中相同的功能。为了更好地了解申请人的发明目的，可以主要阅读说明书的发明目的、有益效果等部分，从中提取相应信息用于检索。从本案例中的发明目的和有益效果可以看出，其解决的技术问题是管道发生爆炸时阀门不能自动关闭的问题，进一步解决的是不能自动控制流体流向和流速的问题。因此，应该在流体阀的领域中查找是否存在解决管道爆炸问题的相关现有技术，是否存在自动控制流体流向和流速的相关现有技术。

通过检索，审查员发现了如下的对比文件：

对比文件1：CN1*******1A，公开日为×××年×月××日

对比文件1公开了一种气体流量选择器，如图32-2-07所示。该气体流量选择器是通过在管中安装一个可以在气流进口和出口之间移动并能关闭其中之一的阀来实现高温和腐蚀气体的方向控制的目的。气体流量选择器包括设置在气体玻璃管道501中的芯体502、气流进口505和气流出口506，此外在所述气流进口505和气流出口506

之间有可上下运动的气流截止板503。如图32-2-08和图32-2-09所示,在气体507流入之前,所述气流截止板503通常位于关闭气流进口505的位置;而当让气体达到一定流速时,气流进口505处的压力P_i为P_L时,气流截止板503上升,向着使气流进口505和气流出口506都打开的位置运动,从而输送气体,气流出口506处的压力P_O随着气流截止板503所处的位置对气流产生的影响而发生变化;当气体流速继续上升,使气流进口505处的压力P_i为P_H时,气流截止板503继续上升而关闭气流出口506。可以改变气流截止板503向上和向下运动的特性,例如通过改变气流进口505和气流出口506的直径、它们之间的距离、气流截止板503的重量及其形状等。通过这种结构,就可以实现对高温和腐蚀气体的方向、流量控制。

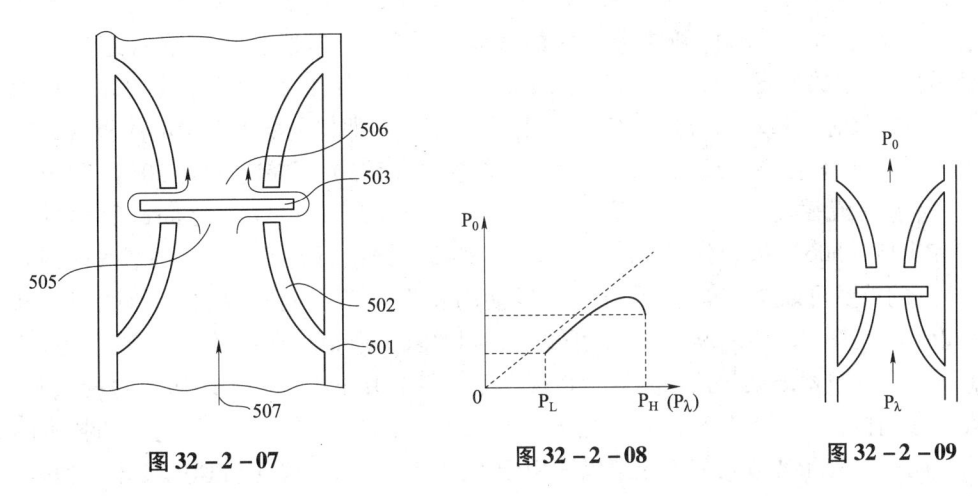

图 32-2-07

图 32-2-08

图 32-2-09

通过对比本案例中图32-2-01至图32-2-06所示出的两种阀和对比文件1中图32-2-07所示出的阀可以明显看出,对比文件1中的阀在结构上与本案例中有着很大不同。对比文件1中的阀与本案例中的第一种阀相比,本案例中阀板是可枢转地连接在阀芯中,阀座互成一个角度,而对比文件1中阀板并未固定在阀芯内,而是可自由悬浮地插在阀芯的入口和出口之间,阀座基本上相互平行;对比文件1中的阀与本案例中的第二种阀相比,除了上面结构上的不同外,本案例中阀的入口和出口相互成一角度,而对比文件1中入口和出口在同一方向上。

那么,附图所示结构如此不同的对比文件是否会影响本案例的新颖性或创造性?此时要分析的是对比文件1所公开的具有图示结构的阀是否落在了本案例权利要求1请求保护的范围之内。通过前面对权利要求1保护范围的分析和对可能影响权利要求1新颖性或创造性现有技术的预测可知,主要需要判断对比文件1中的阀是否具有"流体自入口进入时,在流体压力作用下,阀板打开入口,流体通过阀板流向出口;当流速大于额定流速时,阀板关闭出口;而当流体反向流动从出口进入时,无论流体的流速大小如何,阀板关闭入口"的功能。从对比文件1所公开的阀及其工作方式可知,"在气体流入阀之前,所述气流截止板503(即阀板)通常位于关闭气流进口505的位置",其表明"在无流体时,阀板关闭入口",另外根据阀进口和出口的上下位置关系可毫无疑义地确定,"当流体反向流动从出口进入时,无论流体的流速大小如何,阀板

655

关闭入口"；而"当让气体达到一定流速时，气流进口 505 处的压力 P_i 为 P_L 时，气流截止板 503 上升，向着使气流进口 505 和气流出口 506 都打开的位置运动，从而输送气体"，其表明"在流体压力作用下，阀板打开入口，流体通过阀板流向出口"；"当气体流速继续上升，使气流进口 505 处的压力 P_i 为 P_H 时，气流截止板 503 继续上升而关闭气流出口 506"，其表明"当流速大于额定流速时，阀板关闭出口"。从此可以看出，虽然对比文件 1 中公开的阀结构与本案例附图中的阀结构不同，但是对比文件 1 中所公开的阀与权利要求 1 中请求保护的阀的功能是相同的。

（二）审查意见通知书要点

权利要求 1 不具备《专利法》第 22 条第 3 款所规定的创造性。对比文件 1 公开了一种气体流量选择器（即权利要求 1 中的气体流量阀），其主要由玻璃管道（501）（即权利要求 1 中的外壳（101、201））、玻璃管道（501）内的弧形芯体（502）（即权利要求 1 中的阀芯（102、202））、气流截止板（503）（即权利要求 1 中的阀板（103、203））构成，所述玻璃管道（501）内的弧形芯体（504）具有进口（505）和出口（506）；所述气流截止板（503）位于进口（505）和出口（506）之间，所述进口（505）和出口（506）都能分别被气流截止板（503）挡住而关闭；通过调节气流截止板（503）的重量可以调节其向上和向下运动的特性（参见对比文件 1 的说明书和图 32-2-07 至图 32-2-09）。由此可知，权利要求 1 所请求保护的技术方案和对比文件 1 所公开的技术方案相比，其区别特征在于：权利要求 1 中的自闭阀还包括砝码，砝码设置在阀板上，用于调整额定流速的大小。因此，权利要求 1 实际解决的技术问题是使自闭阀更易于调节其额定流速以适用于不同应用场合对额定流速的要求。但是，所属技术领域的技术人员通过对比文件 1 所公开的"通过调整气流截止板（503）的重量可以调节其向上和向下运动的特性"可知，可以通过调整气流截止板（503）的重量来调节其关闭气体流量选择器的出口（506）时的气流速度。当需要频繁调节气体流量阀所适用的关闭阀的预定流速时，如果通过更换气流截止板（503）来调节其重量来实现显然是费时费力的，而由调节气流截止板（503）自身的重量改为通过调节附加在其上的配重（即权利要求 1 中的砝码）来调整气流截止板的重量，对于所属技术领域的技术人员来说是显而易见的，因此，权利要求 1 请求保护的技术方案不具备突出的实质性特点和显著的进步，不具备创造性。

通过以上分析可知，虽然对比文件 1 和本案例中图示阀结构不同，但是因为对比文件 1 所公开的阀具有本案例权利要求 1 中相同功能的阀板，本案例权利要求 1 中的特征"外壳"、"阀芯"及其位置关系也已经被对比文件 1 公开，而"砝码设置在阀板上，用于调整额定流速的大小"是所属技术领域的技术人员在对比文件 1 所公开的"通过调整气流截止板（503）的重量可以调节其向上和向下运动的特性"基础上，结合加工、安装需要可以进行合理改进的。因此，本案例权利要求 1 请求保护的技术方案仅仅是在对比文件 1 所公开技术方案的基础上所作的、基于所属技术领域的技术人员常规技术知识和手段范围之内的改进，其相对于对比文件 1 不具备创造性。

五、申请的意见陈述大致情况

（一）申请人针对审查意见通知书的意见陈述

1. 关于修改

基于说明书和附图对权利要求1进行了修改，主要涉及三个方面：第一是对阀板的安装位置、安装方式进行了限定，即"所述阀板可枢转地安装在所述阀芯的入口和出口之间"；第二是对与阀板相接触的入口侧和出口侧的阀座之间的夹角进行了进一步限定，即"且入口侧和出口侧的阀座夹角为60°～90°"；第三是对自闭阀的工作方式进行了限定，即"枢转"。所作修改均未超出原权利要求书和说明书记载的范围，符合《专利法》第33条的规定。具体理由如下：

从图32-2-04可以明显地看出，阀板103是可枢转地安装在所述阀芯的入口105和出口106之间的，而且通过测量可知，入口侧和出口侧的阀座夹角为60°；从图32-2-05和图32-2-06可以明显地看出，阀板203是可枢转地安装在所述阀芯的入口205和出口206之间的，而且入口侧和出口侧的阀座夹角为直角，即90°。显然这样的安装方式使得阀板受流体压力驱动而枢转。

2. 关于修改后权利要求的新颖性、创造性的意见陈述

修改后的权利要求1相对于对比文件1具备新颖性且具备创造性。

第一，对比文件1中关闭进口或者出口时阀板的运动是直线运动，而权利要求1中是旋转运动。

第二，对比文件1中进口侧和出口侧的阀座是平行的，而权利要求1中入口侧和出口侧的阀座夹角为60°～90°，如果夹角过小，那么使阀板枢转而打开入口或关闭出口的流体压力差别很小，不利于不稳定流速的流体输送；如果夹角过大，那么使阀板枢转打开入口所需的流体压力很大，或者使阀板反向关闭入口需要一定的流体压力。

第三，对比文件1中是靠调节阀板重量来调节额定流速，而权利要求1中是靠调节阀板上的砝码来调节额定流速，操作简单。

综上所述，所属技术领域的技术人员从对比文件1无法得到修改后的权利要求1请求保护的技术方案。

（二）修改后的权利要求

1. 一种自闭阀，其主要由外壳、阀芯、阀板和砝码构成，所述阀芯具有入口和出口且阀芯位于外壳内，其特征在于，砝码设置在阀板上，用于调整额定流速的大小；所述阀板可枢转地安装在所述阀芯的入口和出口之间，且入口侧和出口侧的阀座夹角为60°～90°，流体自入口进入时，在流体压力作用下，阀板枢转从而打开入口，流体通过阀板流向出口；当流速大于额定流速时，阀板朝向出口枢转至关闭出口；而当流体反向流动从出口进入时，无论流体的流速大小如何，阀板枢转回入口侧并关闭入口。

六、对意见陈述及修改权利要求的分析及对案情的分析

为了早日提出申请，申请人一般是在产品的制造技术方案刚完成便尽早递交了申

请文件，这时申请人提交的技术方案也许不尽完善，在申请文件的撰写、技术方案的理解、措辞的选择等方面可能存在问题，因此有可能主动提出修改。另外，当权利要求不具备新颖性或创造性、不清楚或者得不到说明书的支持时，通常需要针对审查员的意见进行修改以克服这些缺陷。然而，在修改过程中有可能发现说明书与权利要求书的相应技术方案的描写是基本一致的，说明书中并没有给出更多的信息供修改时加入权利要求书中，这时只能看是否能够从附图中发掘一些技术特征补入到权利要求中。但是，因为从附图中得到的信息不像文字直接记载的信息那样明确，所以判断基于附图对权利要求进行修改是否满足《专利法》第33条的规定又有其特殊性。从判断的可操作角度讲，主要考虑如下总体原则和具体规定。

（一）基于附图进行修改的总体原则

《专利审查指南》第二部分第八章第5.2.2.1节规定：不论申请人对申请文件的修改属于主动修改还是针对通知书指出的缺陷进行的修改，都不得超出原说明书和权利要求书记载的范围。原说明书和权利要求书记载的范围包括原说明书和权利要求书文字记载的内容和根据原说明书和权利要求书文字记载的内容以及说明书附图能直接地、毫无疑义地确定的内容。

附图是说明书的一个组成部分，其作用在于利用图形补充说明书文字部分的描述。如果在修改过程中发现说明书与权利要求书的相应内容的描写是基本一致的，没有提供更多的技术信息，那么就不能依据原说明书文字记载的内容对权利要求进行修改，这时就可以看是否存在根据原说明书和权利要求书文字记载的内容以及说明书附图能直接地、毫无疑义地确定的内容，然后从中选择特征加入到权利要求和/或说明书中，以克服权利要求所存在的缺陷。这种情况下的修改需要注意的是，能够对权利要求书或者说明书进行的修改，不仅要满足所修改的特征能够根据原说明书和权利要求书文字记载的内容以及说明书附图直接地、毫无疑义地确定，而且要满足修改后的技术方案也能够根据原说明书和权利要求书文字记载的内容以及说明书附图直接地、毫无疑义地确定。

（二）基于附图进行修改的其他规定

虽然可以基于申请文件的附图所示内容进行修改，不要求所修改的内容在说明书中均有相应的文字描述，但是从申请文件的附图中得出的信息是否属于能够从申请文件的附图中直接地、毫无疑义地确定的信息，通常还应考虑如下规定：

1. 关于尺寸参数特征

《专利审查指南》第二部分第八章第5.2.3.1节还规定：增加的内容是通过测量附图得出的尺寸参数技术特征，这是不允许的。

一般认为，同一附图应当采用相同比例绘制。对于可认为采用相同比例绘制的附图，如果所属技术领域的技术人员结合说明书的内容可以直接地、毫无疑义地确定出附图所示部件之间的相对位置、相对大小等定性关系，则上述内容一般可以认为是说明书记载的信息。同时应该注意的是，根据《专利审查指南》中的相关规定，修改申请文件时不允许增加通过测量附图得出的尺寸参数技术特征，即不能仅根据申请文件的附图图示直接地、毫无疑义地确定出附图中相关部分的具体尺寸参数等定量关系特征。

同时需要注意的是，如果申请文件中存在让审查员有理由怀疑附图未采用相同比例绘制的文字描述或附图所示的内容，不应当认定同一附图采用相同比例绘制。

2. 关于结构和功能

从原说明书附图中可以直接地、毫无疑义地确定且与原说明书和权利要求书所记载的技术方案相符合的内容（包括结构和功能），可以补入到说明书和权利要求书中。

例如，如果附图中某个部件的图示具有所属技术领域通常的含义，其功能与原说明书和权利要求书记载的技术方案相符合，而且说明书没有对其作出有别于该通常含义的说明，则该通常的含义可以作为直接地、毫无疑义地确定的技术内容。

（三）关于本案例

当权利要求由于不具备新颖性或者创造性而需要通过补入说明书中的特征进行修改是常见的情形，而当说明书文字部分的描述又与权利要求书基本上一致而未提供更多的技术信息时，或说明书文字部分的描述即使补入权利要求中也不足以使其具备创造性时，需要从说明书附图中挖掘一些说明书和权利要求书文字没有记载的信息，本案例就是这种情形。

本案例申请人在原说明书中提出其解决的技术问题是，在现有技术中用于各种管道的阀门的开闭是人工操作的，或者单向自动关闭的，当发生爆管时不能自动关闭阀门切断水源、气源等。为了解决这个问题，申请人在说明书的发明内容部分提出，通过流体对阀板产生的冲力使得阀板前后两侧产生压差，从而来控制阀门的打开和关闭。在具体实施方式部分，申请人结合附图描述了两种具体实施方式：一种阀是用来连接方向不变的管道，一种阀是用来连接方向改变的管道。两种具体实施方式中，都是通过砝码调整阀板的重量，从而改变使阀板关闭阀门时的流速大小。在流体压力作用下，阀板打开入口，而当流速增加至额定流速时，阀板关闭出口。而当流体反向流入出口时，阀板在自重和砝码重力作用下关闭入口，防止流体倒流。结合附图可以看出，在两种实施方式中，实际上都是通过阀板在入口和出口之间枢转来实现打开和关闭功能的。通过阀板在流体压力作用下的这种枢转运动，则实现了在流体流速达到额定流速时自动关闭阀门的目的。

审查员在对本案进行实质审查时，利用说明书和附图可以理解本发明，但是对本申请相对于现有技术是否具备新颖性和创造性则是基于权利要求进行判断的。从本申请的原权利要求1可以看出，其请求保护的技术方案中通过"所述阀芯的入口和出口都能分别被阀板挡住而关闭"和"流体自入口进入时，在流体压力作用下，阀板打开入口，流体通过阀板流向出口；当流速大于额定流速时，阀板关闭出口；而当流体反向流动从出口进入时，无论流体的流速大小如何，阀板关闭入口"限定了阀门是如何打开和关闭的，即通过具有打开入口和关闭出口功能的阀板来限定这种能够自动关闭的阀门。显然是在说明书具体实施方式结合附图的描述中通过使阀板枢转来打开和关闭阀门的基础上进行了上位的概括。审查员根据对本领域现有技术的了解，现有技术中并非只有人工操作才能关闭的阀门，只是执行自动关闭功能的具体方式可能有所不同，但是不管采用何种方式，只要现有技术中的阀门包含了在流体压力作用下具有自动打开和关闭功能的阀板，那么这样的阀门就能够影响本申请权利要求1的新颖性或者创造性。基于这种考虑，审查员在数据库中进行了检索。

经过检索，审查员发现了对比文件1（CN1*******1A，公开日为×××年××月××日），其中公开了一种气体流量选择器，其通过在管中安装一个可以在气流进口和出口之间移动并能够关闭其中之一的阀来实现高温和腐蚀气体的方向控制的目的。虽然该阀并不是通过阀板的枢转运动来打开和关闭阀门，而是通过阀板的平移来实现打开和关闭阀门的功能，但是这也是本申请权利要求1中"所述阀芯的入口和出口都能分别被阀板挡住而关闭"和"流体自入口进入时，在流体压力作用下，阀板打开入口，流体通过阀板流向出口；当流速大于额定流速时，阀板关闭出口；而当流体反向流动从出口进入时，无论流体的流速大小如何，阀板关闭入口"所限定特征的一种具体执行方式，因此对比文件1中的阀已经体现了权利要求1所请求保护的自闭阀的基本构思。此外，对比文件1还公开了阀中包含的一些相关构件，本申请权利要求1请求保护的技术方案与对比文件1所公开的技术方案所不同的仅仅是阀板上还设置有砝码，用于调整额定流速的大小。基于以上的检索和分析，审查员发出了第一次审查意见通知书，指出权利要求1相对于对比文件1不具备《专利法》第22条第3款规定的创造性。因为如前所述，对比文件1已经公开了权利要求1的大部分技术特征，只是未公开自闭阀上还包括设置在阀板上的砝码，用于调整额定流速的大小；因此权利要求1实际解决的技术问题是使自闭阀更易于调节其额定流速以适用于不同应用场合对额定流速的要求。但是，对比文件1中已经公开了"通过调整气流截止板（503）的重量可以调节其向上和向下运动的特性"，也就是说，通过调整"气流截止板的重量"来调节其关闭气体流量选择器出口时的气体流速（即额定流速）。而通过更换气流截止板来调整其重量显然费时费力，因此在需要调整额定流速时，为了改变气流截止板的重量，在其上附加相应的配重是很容易想到的。所以，对于所属技术领域的技术人员来说，权利要求1请求保护的技术方案相对于对比文件1而言是显而易见的。

申请人在接到第一次审查意见通知书后，如果仅从技术角度来看，很容易发现对比文件1中所公开的阀和本申请为解决现有技术中的问题所提出的阀并不相同，虽然都是基于流体压力使阀板打开入口使流体通过阀体，或者关闭入口或者出口使流体不再向某个方向流动，但是其达到这个目的的构思是不同的。本申请中的阀门在受流体压力驱动打开入口或者关闭入口、出口的过程中，阀板是在阀芯内枢转来实现其打开或者关闭功能的。而对比文件1中是通过阀板的平移来打开和关闭阀门的，这是完全不同的两种工作方式。但是为什么第一次审查意见通知书会指出权利要求1相对于对比文件1不具备创造性的缺陷呢？仔细分析可知，权利要求1中请求保护的技术方案与说明书中所描述的技术方案并不相同，权利要求1中的技术方案的保护范围比说明书提出的技术方案范围要宽一些，以至于宽到将对比文件1所公开的技术方案包含在其中了。因此，若想要克服第一次审查意见通知书中的缺陷，只有根据原说明书对权利要求1进行修改，把说明书中描述的具体工作方式加入到权利要求1中，使权利要求1能够具体体现出本申请最初所提出的技术方案，使之相对于对比文件1具备创造性，从而符合《专利法》第22条第3款的规定。既然涉及修改，那么对第一次审查意见通知书的答复，不仅涉及修改后的权利要求1相对于对比文件1具备《专利法》第22条第3款规定的创造性问题，而且首先涉及对权利要求1的修改是否符合《专利法》第33条规定的不能超出原权利要求书和说明书记载的范围的问题。

申请人针对第一次审查意见通知书对权利要求1进行了修改。基于上面对本案发明构思和对比文件1所公开的内容的对比分析可知，对阀板安装位置、安装方式和工作方式的修改都是可以从附图中可以直接地、毫无疑义地确定的定性关系特征，因此符合《专利法》第33条的规定；而且这些修改使权利要求1体现了相对于对比文件1的区别，并使其相对于对比文件1具备创造性，因此是可以接受的。但是，该答复中增加的特征"入口侧和出口侧的阀座夹角为60°~90°"虽然也使权利要求1区别于对比文件1，但是该修改超出了原说明书和权利要求书记载的范围，而且基于此对于增加该特征使得权利要求1具备新颖性和创造性的理由也是错误的。因为，第一，虽然从图32-2-04可以明显地看出入口侧和出口侧的阀座夹角为一锐角，但从附图中并不能通过测量直接地、毫无疑义地确定该锐角具体为60°；类似的，虽然从图32-2-05和图32-2-06可以看出入口侧和出口侧的阀座夹角基本上为直角，但从附图中并不能直接地、毫无疑义地确定该夹角就是90°；也就是说，60°和90°都是需要从图中通过测量才能得到的定量特征，这是不允许的；进一步地，从图32-2-04、图32-2-05和图32-2-06中也不能直接地、毫无疑义地确定入口侧和出口侧的阀座夹角为处于60°~90°之间的角度。因此关于入口侧和出口侧阀座夹角的修改是超范围的。第二，申请人对修改后的权利要求1相对于对比文件1具备新颖性、创造性的理由中相应于入口侧和出口侧阀座角度的限定强调了其使权利要求1的技术方案相对于对比文件1所公开技术方案具备新颖性和创造性的理由。但是，不仅所增加的特征"入口侧和出口侧的阀座夹角为60°~90°"不能从原说明书和权利要求书直接地、毫无疑义地确定，而且申请人所陈述的该特征所带来的效果也不能由原说明书和权利要求书直接地、毫无疑义地确定。因此相应于这样的修改所给出的新颖性和创造性理由也是不具备说服力的。

对于需要通过修改权利要求来克服审查意见通知书中所指出缺陷的情况，在修改权利要求之前，应该首先分析本申请的发明构思；然后，再根据分析的结果，相对于对比文件1有针对性的修改权利要求1，并从基于附图的修改所应该遵循的总体原则和相关规定出发，阐述所作的修改符合《专利法》第33条的理由和修改后的权利要求1相对于对比文件1具备新颖性和创造性的理由。具体到本案而言，本申请是基于流体压力使阀板打开入口使流体通过阀体，或者关闭入口或者出口使流体不再向某个方向流动；在受流体压力驱动打开入口或者关闭入口、出口的过程中，阀板是在阀芯内枢转来实现其打开或者关闭功能的。与对比文件1相比，本申请中阀板的枢转运动相对于对比文件1中的平移运动更加稳定和易于控制。而阀板的枢转和平移是完全不同的两种工作方式，而且对比文件1中是利用阀板的自重和流体压力的关系来调节阀的打开和关闭，其使用场合受到限制，因此本申请中通过阀板受流体压力而枢转来打开和关闭阀的构思与对比文件1中的构思不同。从整体上来分析修改后的权利要求1可知，加入阀板的安装位置、安装方式及工作方式，已经能够体现其基本构思，使其不仅区别于对比文件1，而且使其相对于对比文件1具备创造性，所加入的对入口侧和出口侧的阀座夹角的限定不是必要的。

综上所述，在针对对比文件修改权利要求时，不能仅仅关注申请文件和对比文件的不同特征，而应该首先从发明构思上分析本申请与对比文件的不同点是什么，具体以哪些特征来体现，否则容易加入一些不必要的、不能从申请文件直接地、毫无疑义地确定的特征。

七、推荐的意见陈述书

对于本案而言，因为涉及相对于对比文件1对申请文件的修改，因此在意见陈述书中首先应该明确对申请文件做了哪些修改，尤其应该明确修改后的权利要求是什么，并标明所做的修改；然后要陈述所做的修改符合《专利法》第33条规定的理由；最后还要陈述修改后的权利要求1相对于审查员所提供的对比文件1具备《专利法》第22条第3款所规定的创造性的理由。具体的意见陈述书示例如下。

（一）修改后的权利要求1

1. 一种自闭阀，其主要由外壳、阀芯、阀板、砝码构成，所述阀芯具有入口和出口且阀芯位于外壳内；<u>其特征在于</u>，砝码设置在阀板上，用于调整额定流速的大小；<u>所述阀板可枢转地安装在所述阀芯的入口和出口之间</u>，流体自入口进入时，在流体压力作用下，阀板<u>枢转</u>从而打开入口，流体通过阀板流向出口；当流速大于额定流速时，阀板<u>朝向出口枢转至关闭出口</u>；而当流体反向流动从出口进入时，无论流体的流速大小如何，阀板<u>枢转回入口侧并关闭入口</u>。

（二）关于修改是否符合《专利法》第33条的规定：

申请人根据说明书文字记载和附图对权利要求1进行的修改，主要涉及两个方面，一是对阀板的安装位置和安装方式进行了限定，二是相对于对比文件1重新划分了前序部分和特征部分。

对于第一个方面，根据说明书附图说明部分的记载，从图32-2-04和图32-2-05、图32-2-06可以看出，阀板通过一个部件安装在阀芯的入口和出口之间，这是可以从附图可以直接地、毫无疑义地确定的相对位置定性关系，再结合说明书第［0011］和［0012］段中关于两种具体实施方式中自闭阀工作方式的文字描述，显然从说明书文字记载的内容可知，阀板在阀芯的入口和出口之间可动才能起到关闭入口或出口的功能，结合说明书文字记载的阀板关闭入口或出口时的工作方式以及图32-2-04、图32-2-05、图32-2-06中阀板和阀芯的连接方式可知，阀板根据流体的流速和流向关闭入口或者出口时，只能通过阀板枢转来实现。因此"阀板可枢转地安装在阀芯的入口和出口之间"，并通过"枢转"来挡住出口或入口也是可以根据说明书文字记载的内容以及附图32-2-04、图32-2-05、图32-2-06能直接地、毫无疑义地确定的内容。

而且，这些说明书中的相关文字内容和附图内容均属于同一实施例，所以可以认定，修改后的权利要求1请求保护的技术方案，是已经由原始申请文件充分公开了的技术方案。

对于第二个方面，对权利要求1前序部分和特征部分的重新划分不会导致其技术方案保护范围的改变。

此外，从对权利要求1进行修改后得到的技术方案来看，通过流体流速和流向使阀板枢转来关闭出口或者入口，这是根据原说明书文字记载和附图能够直接地、毫无疑义地确定的内容，该技术方案也解决了原说明书所要解决的技术问题，"当它测量到的实际流速大于额定流速时，流体对阀板的冲力使阀板自动关闭，切断对其后的供应"以及"还具有反向逆止的功能，在多源系统中的干管上发生爆管时，可防止反向向爆管点提供能源"。

因此，针对权利要求1的修改未超出原权利要求书和说明书记载的范围，符合《专利法》第33条的规定。

（三）关于修改后权利要求1的新颖性、创造性

修改后的权利要求1相对于对比文件1具备新颖性且具备创造性。

首先，对比文件1中阀板位于进口或者出口之间，但并未安装到自闭阀内，其关闭进口或者出口的运动是基于流体压力的直线运动，显然阀板在运动中的稳定性不高；而本申请权利要求1中的阀板可枢转地安装在自闭阀内，运动过程中绕轴枢转不会脱离流体通路，稳定性很高。

其次，对比文件1中的自闭阀由于利用的是阀板的自重与流体压力之间的关系来调节阀板的运动状态，因此其只能应用于竖直状态的管道连接，而本申请权利要求1中的自闭阀由于利用的是能够枢转的阀板的扭矩和流体压力产生的扭矩之间的关系来调节阀板的运动状态，因此该自闭阀不局限于其应用的管道是处于竖直状态还是水平状态，而且既可以如第一种实施方式应用在方向不变的管道中，也可以如第二种实施方式应用在方向改变的管道中，显然自闭阀工作过程中阀板运动方式的不同导致其具体应用场合产生了很大不同。

所属技术领域的技术人员在对比文件1的基础上，当面临自闭阀工作稳定性以及具体应用场合多变的管道连接需求时，从对比文件1以及本领域的公知常识中并不能得到启示改进得到本申请权利要求1所请求保护的自闭阀。

综上所述，显然所属技术领域的技术人员从对比文件1无法得到修改后的权利要求1请求保护的技术方案，因此该权利要求具备《专利法》第22条第3款所规定的创造性。

八、推荐的修改后的权利要求书和说明书

在针对审查员的审查意见对权利要求进行修改后，还应提交修改后的权利要求书和相应的说明书替换页。示例如下。

权 利 要 求 书

1. 一种自闭阀，其主要由外壳、阀芯、阀板、砝码构成，所述阀芯具有入口和出口且阀芯位于外壳内；其特征在于，砝码设置在阀板上，用于调整额定流速的大小；所述阀板可枢转地安装在所述阀芯的入口和出口之间，流体自入口进入时，在流体压力作用下，阀板枢转从而打开入口，流体通过阀板流向出口；当流速大于额定流速时，阀板朝向出口枢转至关闭出口；而当流体反向流动从出口进入时，无论流体的流速大小如何，阀板枢转回入口侧并关闭入口。

说 明 书

一种自闭阀

技术领域

[0001] 本发明涉及一种在管道发生爆炸时能够自动关闭的自闭阀。

背景技术

[0002] 目前的现有技术中，用于城市自来水管道，天然气管道以及房屋中的自来水管道、天然气管道的阀门的开闭一般靠人工操作，或者虽然能自动截止某个方向的流体，如单向阀，而要截止另一个方向的流体则要靠人工操作，在发生爆管时不能自动关闭阀门切断水源、气源，致使能源被浪费，更给爆管地点造成水灾、火灾。

发明内容

[0003] 本发明的目的是提供一种自闭阀，其既可以自动关闭阀门以截止逆向流动的流体，同时也可以在正向流体流速突然增大时自动关闭阀门，防止流体管道发生爆管时产生更大的灾难。

[0004] 本发明提供一种自闭阀，其主要由外壳、阀芯、阀板、砝码构成，所述阀芯具有入口和出口且阀芯位于外壳内；砝码设置在阀板上，用于调整额定流速的大小；所述阀板可枢转地安装在所述阀芯的入口和出口之间，这种自闭阀能够根据对流经它的自来水、天然气等流体的流速的测量结果与额定流速进行比较，当它测量到的实际流速不大于额定流速时，流体对阀板的冲力不能使其关闭，自闭阀保持打开状态，不对其正常使用产生影响，当它测量到的实际流速大于额定流速时，流体对阀板的冲力使阀板自动关闭，切断对其后的供应。将额定流速设定在大于最大正常使用流速与小于爆管流速之间。未发生爆管时，流体的流速小于额定流速，自闭阀保持打开状态。当发生爆管时流体的流速大于额定流速，自闭阀便自动关闭，关闭后，其阀板前的压力大于阀板后的压力，靠压差自动保持在关闭状态，切断对其后的水源或气源供应，避免了能源浪费和灾害的发生。当爆管修复后，阀板前后的压差缩小，流体的流速也很小，阀板又自动打开，自闭阀回到打开状态。本发明的自闭阀还具有反向逆止的功

能，在多源系统中的干管上发生爆管时，可防止反向向爆管点提供能源。

[0005] 利用本发明的自闭阀，既可以保证正常流速流体的输送，又可以在发生爆管时，不管爆管点在自闭阀哪一侧都能自动切断爆管点和阀另一侧的管道，避免向爆管点提供能源，造成更大的爆炸灾难。

附图说明

[0006] 下面结合附图对本发明作进一步的说明：

[0007] 图32-2-01是本发明的一种机械式自闭阀的主视图。

[0008] 图32-2-02是本发明图2中所示机械式自闭阀的左侧视图。

[0009] 图32-2-03是本发明图2中所示机械式自闭阀的右侧视图。

[0010] 图32-2-04是本发明图2中所示机械式自闭阀的剖视图。箭头表示的是流体流动的方向。

[0011] 图32-2-05和图32-2-06示出了本发明的另一种机械式自闭阀的剖视图。箭头表示的是流体流动的方向。

具体实施方式

[0012] 本发明的自闭阀的基本原理是根据测得流经其的流体的流速与额定流速的比较结果进行自动判断，自行操作。具体实施方式有机械式和电动式等多种方式。电动式是在机械式的基础上增加电测器、比较器、电动执行器。

[0013] 图32-2-01至图32-2-04中示出了本发明的一种机械式自闭阀，包括壳体101、阀芯102、阀板103和砝码104。阀板103具有测量流速和执行关闭的功能，砝码104具有调整额定流速的功能，增减砝码104的重量就能改变额定流速的大小。流体107自入口105进入，在流体107的压力作用下，阀板103枢转从而打开入口105，流体通过阀板103流向出口106。当发生爆管导致流体107的流速突然增加至额定流速时，阀板103枢转从而关闭出口106。而当流体107反向流动从出口106进入时，无论流体的流速大小如何，阀板103即可在自重及砝码104重力作用下枢转从而关闭入口105，防止流体倒流。

[0014] 图32-2-05中示出了本发明的另一种机械式自闭阀，包括壳体201、阀芯202-1和202-2、阀板203和砝码204。阀板203具有测量流速和执行关闭的功能，砝码204具有调整额定流速的功能，增减砝码204的重量就能改变额定流速的大小。流体207自入口205进入，在流体207的压力作用下，阀板203枢转从而打开入口205，流体通过阀板203流向出口206。当发生爆管导致流体207的流速突然增加至额定流速时，阀板203枢转从而关闭出口206。而如图32-2-06中所示，当流体207反向流动从出口206进入时，无论流体的流速大小如何，阀板203即可在自重及砝码204重力作用下枢转从而关闭入口205，防止流体倒流。

[0015] 本发明的上述这两种结构的阀，均能够在额定流速时和流体反向时自动关闭，即将单向阀和额定流速阀结合成为一体。

[0016] 图32-2-01至图32-2-04中的自闭阀既可以用于城市自来水、天然气干管上，又可用于房屋中的自来水、天然气管道上，还可用于输油管道等其他流体管道上。因此，本发明的自闭阀阀体的大小尺寸应与相连接管道的管径相适应，其两端

与进出管道的连接方式与现有的阀门与管道的连接方式相同。

九、对案例的总结

由以上分析可以看出：

1. 在专利申请文件中，附图是说明书的一个组成部分，其作用在于用图形补充说明文字部分的描述，使人能够直观地、形象地理解发明或者实用新型的每个技术特征和整体技术方案；尤其是在机械领域中，说明书附图的作用尤其明显，对于所属技术领域的技术人员而言几乎是"图形化的文字"，因而允许申请人根据说明书和权利要求文字记载的内容和附图能够直接地、毫无疑义地确定的内容对申请文件进行修改。

2. 虽然允许申请人对申请文件进行修改，但是如果申请文件的内容经修改后，致使所属技术领域的技术人员看到的信息与原申请文字记载的内容不同，而且又不能从原申请文字记载的内容和附图中直接地、毫无疑义地确定，那么这种修改就是不允许的。

实践中，尤其是根据原申请文字记载的内容和附图能够直接地、毫无疑义地确定的内容难以准确界定。上面所推荐的对权利要求1的修改中基于附图的修改是否超范围的分析涉及了多个方面的确认：① 根据说明书文字记载的内容、附图中的信息以及机械制图的常识能够直接地、毫无疑义地确定阀板相对于入口、出口的相对位置定性关系，而不涉及相关部件的具体尺寸等定量关系特征，这是允许的；而申请人在修改时所加入的特征"且入口侧和出口侧的阀座夹角为60°~90°"涉及通过测量得到的具体角度，是定量关系特征，因此是不允许的；② 附图中示出的入口、出口和阀板图示具有所属技术领域通常的含义，其功能与原说明书文字记载的内容相符合，再结合说明书文字记载的内容可直接地、毫无疑义地确定阀板的具体安装方式和工作方式；③ 整体上判断修改后的技术方案与原说明书和权利要求书文字记载的信息及附图所给出的信息相符合，且修改后的技术方案能够解决原说明书文字记载的所要解决的技术问题。因此，申请人在根据原权利要求书和说明书文字记载的内容和附图能够直接地、毫无疑义地确定的内容对申请文件进行修改时，应当十分慎重并严格判断修改后的信息与原申请记载的信息是否相同。

第三节 涉及数值范围的修改

一、概要

在"以公开换保护"的专利制度下，为保证专利权人与公众之间的利益平衡，权利要求保护范围的大小应当与专利权人对社会所作出的贡献，即说明书充分公开的技术内容相匹配，这也正是《专利法》第26条第4款中"权利要求书应当以说明书为依据"的立法本意。

在机械领域，许多技术方案都会涉及各类参数及其数值范围，特别是方法权利要求中通常会涉及多个工艺参数的数值范围。为了获得较大的专利权保护范围，或是出于对自己志在必得的保护范围采取"以攻为守"策略的需要，在撰写权利要求时，申请人通常会在说明书具体实施例所公开的工艺参数数值的基础上进行概括和延伸。如果审查员有合理的理由质疑该权利要求对某些工艺参数数值范围的概括和延伸不合理，则会在审查意见中指出该权利要求的保护范围过宽，得不到说明书的支持，不符合《专利法》第26条第4款的规定。此时，是依据申请文件已经公开的内容进行有理有利的争辩，还是依据说明书中记载的内容对权利要求进行进一步的限定，是申请人需要认真考虑的问题。

本节通过一个涉及纤维纺丝方法的案例，提供了一种分析、判断权利要求中对工艺参数数值范围的概括是否合理的具体思路，并介绍了在所述概括不尽合理时，对数值范围进行修改的一些注意事项，以供申请人参考。

二、申请文本

（一）权利要求书

1. 一种正方形横截面纤维的纺丝方法，其特征在于，包括下列步骤：

加热熔融聚酯原料至280℃~300℃；以32.8g/min~45.8g/min的熔体流量从正方形横截面喷丝口挤出所述加热熔融的聚酯原料形成丝状流体；使所述丝状流体通过距离为0.1cm~7cm的无风带；冷却固化所述熔融的丝状流体以形成固态纤维，冷却风速为0.4m/sec~0.7m/sec，冷却风温度为15℃~22℃；纤维经过集束上油后，将其引入加热的罗拉轮组中进行牵伸；再以4500m/min~5000m/min的速度卷取获得全牵伸聚酯长丝。

2. 如权利要求1所述的纺丝方法，其特征在于，其中无风带距离为1cm~6cm。

3. 如权利要求1所述的纺丝方法，其特征在于，其中无风带距离为3cm~5cm。

（二）说明书

高气密性织物用纤维的纺丝方法

技术领域

[0001] 本发明涉及一种高气密性织物用纤维的纺丝方法，特别是一种正方形纤维的纺丝方法。

背景技术

[0002] 高气密性织物通常用于生产防水防风布料、传动用输送带、汽车安全气囊及其他纺织品。用于生产高气密性织物的纤维必须能使得所生产出的织物具有高度致密性，纤维间的空隙应尽量小，从而减少织物的透气度。

[0003] 传统的人造纤维是具有圆形横截面的纤维，这种纤维在织成织物后，仍有许多空隙存在于纤维之间，而导致了较高的透气性。为了达到可能的最低透气度，设计时必须使纤维间的空隙尽可能达到最小。而矩形横截面纤维，最好是正方形，是达到此目的最佳选择。然而，在现有的正方形横截面纤维生产工艺中，直接沿用了生产常规圆形截面纤维的一些纺丝工艺参数，在传统的聚酯纺丝工艺中，为了保护脆弱的初生熔体细流，会将无风带距离设置为8cm~16cm（参见"涤纶长丝生产"，中国纺织出版社，1998年4月第2版，第175页），但如果以8cm~16cm的无

风带距离来纺制特殊的正方形截面纤维，则容易导致纺出的丝条发生正方形横截面边角钝化的问题，使得生产出的纤维横截面成形不良，从而会降低用该纤维制成的织物的气密性。

[0004] 为改善上述制造正方形横截面纤维的已知技术，本发明提出了以下的技术方案。

发明内容

[0005] 本发明的正方形横截面纤维纺丝方法包括下列步骤：加热熔融聚酯原料至280℃～300℃；以32.8g/min～45.8g/min的熔体流量从正方形横截面喷丝口挤出所述加热熔融的聚酯原料形成丝状流体；使所述丝状流体通过距离为0.1cm～7cm的无风带；冷却固化所述熔融的丝状流体以形成固态纤维，冷却风速为0.4m/sec～0.7m/sec，冷却风温度为15℃～22℃；纤维经过集束上油后，将其引入加热的罗拉轮组中进行牵伸；再以4500m/min～5000m/min的速度卷取获得全牵伸聚酯长丝。

[0006] 在熔融纺丝过程中，当高分子熔体细流刚离开喷丝孔时，由于此时熔体细流的温度仍然很高，细流十分脆弱，经不起气流的冲击，因此必须在喷丝孔下方设置一定长度的无风带，在此区间与外界隔绝气流交换，此无风带的长度直接影响到丝条的冷却速度，对纤维成品的质量有很大影响。因此无风带的长度在熔体纺丝工艺中是一项十分重要的工艺参数。

[0007] 在本发明中，由于要生产正方形横截面的纤维，因此喷丝孔的横截面被设置为正方形。当高分子熔体细流从正方形横截面的喷丝孔挤出时，由于高分子材料的弹性记忆效应，会形成挤出胀大现象，正方形横截面的边角会发生钝化而趋于变得圆滑，从而无法固化形成所希望得到的规整的正方形横截面。

[0008] 因此，要纺出具有规整的正方形横截面的纤维，其要点在于控制纤维横截面的成形过程。与传统纺丝方法相比，本发明的无风带较短，所述熔融的聚酯高分子原料在通过喷丝口后，会较快进入冷却通道，从而在丝条正方形横截面发生明显钝化之前凝固成形，获得成形良好的正方形横截面纤维。本发明中的无风带长度是在0.1cm～7cm之间，优选在1cm～6cm之间，最好是在3cm～5cm之间；而传统无风带长度则在8cm～16cm之间。同时，为了避免提高冷却凝固时间起点给成丝质量带来的不利影响，本发明对影响纺丝成形的一些重要工艺参数，包括熔体流量、冷却风速和风温也做了适应性调整，并通过大量试验予以验证。通过本发明的纺丝方法生产的纤维，不但具有成形良好的正方形横截面，同时还具有适当的物理机械性能。

[0009] 经过上述纺丝方法生产出的纤维可再经过后续加工工序，如：假捻加工、空气捻加工及其他步骤，以增加纤维的物理性能或膨松度。应注意的是，在加工过程中，纤维的横截面形状必须尽量保持为正方形。

[0010] 由上述方法生产出的纤维可用以织造各种不同组织结构形式的织物，这些织物包括梭织布（woven）、编织物（knit）或不织布（non-woven）等。将纤维织造成织物的方法没有特别的限制。

[0011] 由于纤维横截面呈正方形，纤维可以在织物中以紧密贴合的形式排列以获

得较高的织物气密性,该织物可用于制造防水防风服装、传动用输送带、汽车安全气囊等。

附图说明

[0012] 本发明的附图并未完全按比例绘制,其作用仅在简要阐释本发明的纺丝方法和技术效果,其中:

[0013] 图32-3-01是本发明所改进的在冷却通道上具有较短无风带的纺丝装置。

[0014] 图32-3-02是按照本发明实施例的方法所制作的正方形横截面纤维的横截面图。

图32-3-01

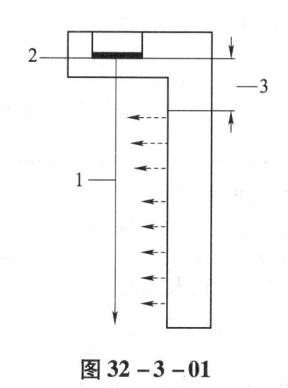

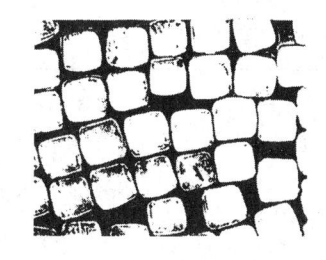

图32-3-02

具体实施方式

[0015] 实施例一:如图32-3-01所示,将纤维原料聚酯切片置入纺丝机,以280℃的温度加热熔融,并以32.8g/min的熔体流量从正方形喷丝口2挤出,以形成正方形横截面的熔体丝条1。该熔体丝条1先通过冷却通道,该通道从上端往下距离5cm内为无风带区域3。冷却风通道中是以0.7m/sec的冷却风速冷却,冷却风温度为15℃。冷却后的纤维经集束后用浓度为10%的油剂上油,上油率为0.6%,再将丝束引导进入加热的牵伸罗拉轮之间进行牵伸,最后以4500m/min的速度卷取制成66d/24f的纤维长丝。

[0016] 实施例二:如图32-3-01所示,将纤维原料聚酯切片置入纺丝机,以290℃的温度加热熔融,并以39.8g/min的熔体流量从正方形喷丝口2挤出,以形成正方形横截面的熔体丝条1。该熔体丝条1先通过冷却通道,该通道从上端往下距离4cm内为无风带区域3。冷却风通道中是以0.5m/sec的冷却风速冷却,冷却风温度为18℃。冷却后的纤维经集束后用浓度为10%的油剂上油,上油率为0.6%,再将丝束引导进入加热的牵伸罗拉轮之间进行牵伸,最后以4800m/min的速度卷取制成75d/24f的纤维长丝。

[0017] 实施例三:如图32-3-01所示,将纤维原料聚酯切片置入纺丝机,以300℃的温度加热熔融,并以45.8g/min的熔体流量从正方形喷丝口2挤出,以形成正方形横截面的熔体丝条1。该熔体丝条1先通过冷却通道,该通道从上端往下距离3cm内为无风带区域3。冷却风通道中是以0.4m/sec的冷却风速冷却,冷却风温度为22℃。

冷却后的纤维经集束后用浓度为15%的油剂上油，上油率为0.9%，再将丝束引导进入加热的牵伸罗拉轮之间进行牵伸，最后以5000m/min的速度卷取制成83d/36f的纤维长丝。

[0018] 由上述方法制得的纤维横截面形态如图32-3-02所示。

[0019] 取由本发明实施例所生产的正方形横截面纤维制成织物以测试其气密性，并与使用现有市售的同规格正方形横截面纤维制成的织物作比较。制造所述织物时，在65×238×238及65×255×255的织物密度下，织造张力各控制在95kg及100kg，织造速度30m/min，并在185℃下加热定型。两种编织密度不同的织物的透气度资料如表1所示。

表1 透气性比较

梭织物组织幅宽（英寸）× 经密（根/英寸）× 纬密（根/英寸）	经 纱	纬 纱	透气度 （cc/cm²/sec）
65×255×255	现有正方形横截面纤维 （66d/24f）	现有正方形横截面纤维 （66d/24f）	0.117
65×255×255	本发明正方形横截面纤维 （实施例一）	本发明正方形横截面纤维 （实施例一）	0.077
65×255×255	现有正方形横截面纤维 （75d/24f）	现有正方形横截面纤维 （75d24/f）	0.102
65×255×255	本发明正方形横截面纤维 （实施例二）	本发明正方形横截面纤维 （实施例二）	0.068
65×238×238	现有正方形横截面纤维 （83d/36f）	现有正方形横截面纤维 （83d/36f）	0.161
65×238×238	本发明正方形横截面纤维 （实施例三）	本发明正方形横截面纤维 （实施例三）	0.114

[0020] 可见，与由传统方法生产的正方形横截面纤维制成的织物相比，由本发明的方法所生产的具有正方形横截面的纤维制成的织物具有明显更高的气密性。

三、审查意见

审查员经过充分检索后，确认本发明申请日前的现有技术中没有公开采用8cm以下的无风带距离来纺制异形截面纤维的技术方案，也不存在通过缩小无风带来保持纤维的异形截面规整度的技术启示。在仔细阅读了申请文件后，审查员提出了以下审查意见：

权利要求1要求保护一种正方形横截面纤维的纺丝方法，其要解决的技术问题是，避免纤维截面边角钝化，纺出正方形横截面成形良好的聚酯全牵伸长丝纤维。该权利要求限定了纤维纺丝过程中的多个工艺参数，其中对于关键的工艺参数"无风带距离"

限定了较为宽泛的数值范围"0.1cm～7cm"。然而,说明书具体实施例中仅记载了无风带距离为5cm、4cm和3cm的技术方案。审查员认为:权利要求1中对上述工艺参数数值范围的限定过于宽泛,所属技术领域的技术人员在说明书给出的技术信息的基础上,难以将发明扩展到权利要求1要求保护的范围,具体理由如下:

首先,根据说明书中的记载,要保证丝条截面边角不钝化,必须缩短冷却凝固的时间起点,以在熔体细流明显发生挤出胀大现象之前使其外形基本凝固成形。在纺丝进程中,冷却凝固的时间起点是由无风带距离和丝条喷出速度决定的,在喷丝孔直径确定时,丝条喷出速度则取决于熔体流量。因此,无风带距离越大,熔体流量越小,冷却凝固的时间起点越晚。说明书中的实施例1给出了冷却凝固的时间起点最晚的示例,其采用的无风带距离为5cm,熔体流量为32.8g/min,如果采用大于5cm无风带距离,那么无论匹配权利要求1要求的熔体流量32.8g/min～45.8g/min范围内的哪一个数值,都会进一步推迟冷却凝固的时间起点,由于现有技术理论还无法准确预测冷却凝固的时间起点与挤出胀大现象之间的对应关系,因此在没有试验验证的情况下,所属技术领域的技术人员无法确定:在权利要求1的范围内采用大于5cm无风带距离是否还能消除丝条的明显胀大现象,解决丝条截面边角钝化的技术问题。

其次,在聚酯纺丝工艺过程中,控制丝条以适当的速度冷却十分重要。如果冷却速度过快,会产生过多的卷曲大分子,造成成品纤维的物理机械性能低劣,特别是纤维断裂强度严重弱化而无法用于后续加工;同时,快速冷却还会导致未完全凝固的丝条内部产生大量微小晶核,使得初生纤维的结晶度升高,表现为丝条容易发生脆断,影响到丝条的可纺性。因此,必须综合考虑影响熔体丝条冷却速度的几个重要因素(无风带距离、熔体流量、熔体温度、冷却风风速、冷却风温度),将冷却速度控制在既能保证纤维正方形截面成形良好,又不至于发生丝条脆断的程度。在上述五个工艺参数中,无风带距离、熔体流量和熔体温度决定了单位时间内需要被冷却风带走的热量,无风带距离越短,熔体流量越大,熔体温度越高,则单位时间内需要被冷却风带走的热量越大;冷却风风速和风温则决定了冷却风单位时间内能够提供的冷量,即冷却能力的大小,风速越大,风温越低,则冷却能力越强。本发明的实施例三中,采用了权利要求1范围内最短的无风带距离3cm、最大的熔体流量45.8g/min、最高的熔体温度300℃,以及最小的风速0.4m/sec和最高的风温22℃,从而验证了熔体热量最大、冷却能力最小、冷却速度最慢时的情形。如果进一步缩短无风带距离到小于3cm,那么无论匹配权利要求1要求的其他相关工艺参数范围内的哪一个数值,都会进一步提高冷却速度,由于现有技术理论还无法准确预测冷却速度与发生丝条脆断、质量恶化现象临界点之间的的对应关系,因此在没有试验验证的情况下,所属技术领域的技术人员无法确定:在权利要求1的范围内采用小于3cm无风带距离是否还能顺利地连续纺出机械性能基本可用的聚酯长丝。

因此,权利要求1中将无风带距离的数值范围扩展到0.1cm～7cm是不合理的,所属技术领域的技术人员无法预计当无风带距离取远离3cm～5cm之外的数值(例如权利要求1中涵盖的0.1或7cm)时,还能够与权利要求1中限定的数值范围内的熔体流量、冷却风风速和风温相配合，从而既能保证丝条的正方形截面成形良好，同时又能确保不至于因丝条脆断而无法连续纺丝。

因此，该权利要求1没有以说明书为依据，不符合《专利法》第26条第4款的规定。申请人应当以说明书中的记载的技术内容为依据，对权利要求1进行修改。

四、申请人所作的意见陈述

申请人对权利要求中无风带距离的数值范围进行了修改，并陈述意见如下：

关于审查员指出的无风带距离过小或过大会影响可纺性的问题，申请人认为，本发明的主要目的在于提高纤维横截面成形的规整度，可纺性并不是本发明所关注的技术问题。虽然无风带距离较小时，的确会影响到聚酯纤维的可纺性，但所属技术领域的技术人员完全可以采用各种技术手段来加以弥补，例如选择粘度系数适当的聚酯原料，适度增大喷丝孔长径比等，从而保证能够连续生产出横截面形态规整、物理机械指标符合要求的正方形纤维，但这并非本发明的研究目的。尽管如此，为了消除审查员的疑虑，特将权利要求1中的无风带距离范围缩小到"1cm～6cm"，并相应地删除了权利要求2，原权利要求3改为权利要求2。由于原权利要求2和说明书第［0008］段中记载了"1cm～6cm"的无风带距离范围，因此，对权利要求1的修改没有超出原说明书和权利要求书记载的范围，符合《专利法》第33条中的规定。

申请人相信：修改后的权利要求1完全符合《专利法》第26条第4款的规定，请审查员尽快予以授权。

五、案情分析与说明

（一）审查意见的理论依据

针对本申请，审查员提出了权利要求1没有以说明书为依据，不符合《专利法》第26条第4款的规定的审查意见。

"以公开换保护"是对专利制度基本原理的简要表述，既然是交换，自然需要交换的对象具有基本相当的价值。也就是说，专利权人所能获得的利益大小（即权利要求保护范围的大小）要与专利权人对社会所作出的贡献（即说明书充分公开的技术内容）相匹配。《专利法》第26条第4款中"权利要求书应当以说明书为依据"的立法本意，就在于调节申请人对技术发展所作出的贡献与申请人应获得的保护范围之间的匹配关系。作为申请文件中最重要的两个文件，说明书需要清楚、完整地体现出申请人对现有技术所作出的贡献；权利要求则需要清楚、简明地表述出申请人希望获得的保护范围。容易理解：申请人出于利益最大化的目标驱动，通常希望获得较宽的保护范围，例如在本案例中涉及的情况，申请人会寻求将权利要求技术方案中的数值范围在具体实施例的基础上尽量扩展得大一些。此时，审查员会站在所属技术领域的技术人员的立场，全面审视权利要求的技术方案，判断自己作为一个所属技术领域的技术人员，是否能够在权利要求的范围内实施其要保护的技术方案，并确信该技术方案的实施的确能够解决其技术问题并达到相应的技术效果。如果不能,审查员就会在技术分析的基础上提出权利要求没有以说明书为依据的意见,并要求申请人将权利要求的保护范围缩小到说明书充分公开的内容所能支持的程度。

在本案例中,权利要求1要保护的是一种纺丝方法,其要解决的技术问题是避免在纺丝过程中出现纤维横截面边角钝化。所采取的技术方案的关键在于减小无风带距离,以使得熔体细流在发生截面边角明显钝化之前凝固成形;同时合理匹配熔体流量、冷却风速和风温等工艺参数,以减轻由于提高冷却凝固速度而给成丝质量带来的不利影响。申请人在撰写权利要求时,在说明书具体实施例的基础上对无风带距离的数值范围做了一定程度的扩展延伸,从而使得请求保护的范围在具体实施例的基础上有所扩大。但说明书中却未针对此变化作出相应的技术理论解释,没有说明扩大实施范围的技术方案能够得到说明书的支持并同样能实现发明目的的具体理由,也未给出足够的试验数据加以实证。申请人的上述做法,既是出于其作为利益主体希望获取更大保护范围的自然需求,同时也是一种"以攻为守"的撰写策略,即在真正能够与说明书充分公开的技术内容相称、自己必须获得的保护范围之外,先要求一个更大的保护范围,以免自己的"必保范围"直接受到审查员的审视。此时,如果审查员基于所属技术领域的技术人员对本发明技术方案和相关技术理论知识的理解,无法确信落入其保护范围内的技术方案都能解决其技术问题,并达到相应的技术效果,审查员就会提出权利要求没有以说明书为依据的审查意见,并要求申请人缩小权利要求的保护范围,以达到能够真正得到说明书支持的程度。审查员提出上述意见,既是出于维护公众合理利益的职责,同时也将申请人可能获得的专利权引向更加合理、稳定的范围,从而有助于提高申请人所能获得的专利权的稳定性。

(二) **申请人修改申请文件和答复审查意见中的不当之处**

在回应审查员关于无风带距离数值范围的质疑时,申请人对申请文件作出的修改和意见陈述中存在以下问题:

首先,申请人对发明解决的技术问题的理解存在偏差。所谓发明解决的技术问题,并不能完全等同于或仅限于发明人在说明书中所声称的技术问题,而应当被理解为发明实际需要解决的技术问题。以本案为例,权利要求1要保护的是一种纺丝方法,对于任何纺丝方法,无论说明书中是否明确提及,都必然存在一个基本的技术问题,那就是必须能够持续地纺出连续的丝条,如果不能,纤维横截面形状的规整度就没有任何技术意义,换言之,可纺性的问题是无法回避的。虽然如申请人所言,可纺性的问题还可能通过各种特殊技术手段来克服,但这些技术手段的具体应用方式没有在原始申请文件中公开,现有技术中也没有记载相关技术内容,这些技术手段的具体应用还需要所属技术领域的技术人员在说明书公开的技术内容的基础上另外再付出创造性的劳动。在此情况下,申请人从权利要求1中获得的权益就会超出他对社会所作出的贡献,这就违背了专利法的立法宗旨,这样的权利要求是不能够获得授权的。具体到本案例中,由于缩小无风带距离来纺制正方形横截面纤维的纺丝工艺是一种现有技术中还未有过的新技术,其对可纺性的严重不利影响也是客观存在的,这种不利影响能否通过申请人提到的其他特殊技术手段加以弥补？又该具体采用何种特定粘度系数的聚酯原料？配合何种特定长径比的喷丝孔进行纺丝？这些都需要所属技术领域的技术人员进行进一步的研究，再付出创造性的劳动。因此，从所属技术领域的技术人员的角度看，目前的权利要求1的保护范围是不合理的，包含"无风带长度在0.1cm～7cm之间"的技术方案得不到说明书的支持。

其次，虽然说明书发明内容部分记载了"无风带长度优选在1cm～6cm之间"，但说明书中具体实施例中同样没有提供无风带距离为1cm或6cm时相匹配的纺丝熔体流量、冷却风速和冷却风温度，也没有通过试验提供相应的纤维质量指标。根据在申请日前的技术水平和原始申请文件公开的技术内容，所属技术领域的技术人员同样无法可靠地预料到：在无风带距离取1cm或6cm的同时，其他工艺参数包括纺丝熔体流量、冷却风速和冷却风温度仍然取与无风带距离为3cm～5cm时相配合的数值，还能够顺利地进行连续纺丝，并保证丝条的正方形截面成形良好。

分析产生上述问题的原因，主要在于对于审查员提出的工艺参数数值范围的概括是否能够得到说明书的支持的问题，申请人没有能够根据《专利法》《专利法实施细则》和《专利审查指南》中的相关规定，结合本申请的具体技术方案作出正确的判断，所以在此基础上作出的修改和答复也就难免出现各种问题。那么，应当如何判断权利要求中对工艺参数数值范围的概括是否合理呢？

（三）如何判断权利要求中对工艺参数数值范围的概括是否合理

要正确地判断权利要求中对工艺参数数值范围的概括是否合理，是否能得到说明书的支持，首先必须准确地理解《专利法》第26条第4款中关于"权利要求书应当以说明书为依据"的立法本意。实践中，申请人为了获得尽可能宽的保护范围，在撰写权利要求特别是独立权利要求时，通常都会对说明书记载的多个具体技术方案进行概括，这样的概括是允许的，但不能违背专利法立法的基本原则，即必须保持专利权人的利益和社会公众的利益之间的平衡。这就要求具体体现专利权人利益的权利要求的保护范围必须与具体体现专利权人对社会所作出的贡献的说明书公开的技术内容相匹配，即与发明人对现有技术所作出的技术贡献相称。

对于包含工艺参数数值范围的权利要求，其可以将说明书具体实施例公开的包含具体工艺参数数值的多个相对"下位"的技术方案概括为包含较宽数值范围工艺参数的技术方案。按照《专利法》第26条第4款的规定，由此而形成的权利要求必须满足：当所属技术领域的技术人员在权利要求保护的数值范围内以不同于说明书具体实施例的其他工艺参数实施其技术方案时，必须能够解决其技术问题并达到相应的技术效果。特别需要注意的是，在上述情况下，技术问题的解决不需要所属技术领域的技术人员在说明书充分公开的技术内容的基础上另外再付出创造性劳动；而且，所述技术问题的解决是所属技术领域的技术人员能够基于申请日前的技术水平可靠地预料到的。

另一方面，从说明书的角度看，按照《专利审查指南》第二部分第二章第2.2.6节中对撰写说明书具体实施方式的要求，申请人通常应当在说明书中给出所要求保护的数值范围两端值附近（最好是两端值）的实施例，当数值范围较宽时，还应当给出至少一个中间值的实施例。在理解上述规定时，需要注意：首先，所谓数值范围的宽度是一个相对的概念，数值范围是否宽泛必须考虑特定技术问题与该工艺参数的敏感程度。例如同样是 20±5℃ 的温度范围，对于耐寒的金鱼而言都能获得很高的繁殖存活率，而对于七彩鱼等热带鱼而言，在此温度范围内，1℃ 的变化都会带来很大的繁殖存活率差异。因此，20±5℃ 对于前者可认为是一个"狭窄"的数值范围，而对于后者就是一个"宽泛"的数值范围。而且，支持一个工艺参数数值范围所需的实施例的数量，也不仅取决于数值范围相对宽度，更取决于该工艺参数在技术方案中所带来的技术效果的可预见性。也就是说，我们需要针对发明要解决的具体技术问题，分析在要求保护的数值范围内，该工艺参数与所达到的技术效果之间是否存在可以预期的变化趋势和幅度。在一些技术预见性很差的领域，特别是相关理论研究还不成熟的前沿领域，要使数值范围获得充分的支持，就需要提供更多的采用不同工艺参数数值的实施例，特别是数值范围的两端点，由于其代表了要求保护的技术方案中工艺参数变化范围的极端情况，通常必须给出采用端点值的具体实施例。

对于同时存在多个工艺参数的方法类技术方案，情况就更为复杂，因为在考虑每个工艺参数在技术方案中的作用时，还必须考虑到各个工艺参数之间的技术关联。例如在本案例中，针对避免丝条截面边角钝化，提出了缩短无风带距离的技术手段，但无风带距离的缩短，又对冷却速度产生影响，需要同时合理配置熔体流量、温度和冷却风风速、风温等工艺参数，以保证能够连续纺丝。在聚酯纺丝生产实践中，基于现有技术的发展水平，对于这样一个多变量综合作用的技术方案，很难完全通过理论推导得出是否能够实施并解决技术问题的结论，通常必须结合技术理论的方向性指引，设置极端条件下（即工艺参数数值范围的极限值）的工艺试验，还要加上适量的采用中间数值的验证性试验，才能得出比较确定的结论。

因此，在技术理论还没有发展到完全成熟的程度、技术效果的可预测性不强的领域，特别是对于涉及的变量较多的技术方案，如果权利要求在具体实施例的基础上进行扩展，使得权利要求中的工艺参数数值范围超出实施例中给出的极限值，此时通常很难令所属技术领域的技术人员相信：当技术方案采用这些超出实施例验证范围之外的工艺参数实施其技术方案时，还一定能够解决其技术问题并达到相应的技术效果。在此情况下，应当认为权利要求中对工艺参数数值范围的概括是不合理的，申请人应当进一步地缩小相关工艺参数的数值范围，从而将权利要求的保护范围缩小到能够真正得到说明书支持的程度。形成这种结果，是由于申请人在撰写说明书时，有意识地将自己发明创造的技术内容的公开范围，限制在自己真正愿意公开的范围内，而在撰写权利要求书时，又策略性地在能够与说明书充分公开的技术内容相称的保护范围之外，先要求了一个保护范围更大的权利要求。因此，申请人在审查意见的引导下最终能够获得的保护范围，是与申请人在提交申请时的心理底线彼此吻合的，也是与说明书中对相关技术内容的公开程度彼此吻合的。

（四）对数值范围进行修改时的注意事项

1. 在对申请文件进行任何形式的修改时，首先要考虑的就是修改必须符合《专利法》第 33 条的规定。因为我国实行的是先申请制的专利制度，在先申请制下，申请人必须在原始申请文件中完整地公开所有需要的技术信息，而在申请日之后进行的任何形式的修改，都不能够引入新的技术信息，给发明带来新的技术贡献，否则就违背了我国专利制度的基本原则。特别是，数值范围的修改是"定量"的修改，而对于技术人员而言，"定量"的技术信息是能够立即付诸生产实践的技术信息，具有十分重要的技术意义，因此在对申请文件进行修改时，不允许以任何形式引入新的数值范围和数值点。

2. 对于同时存在多个工艺参数的方法权利要求，必须考虑到各个工艺参数之间的技术关联。由于在生产实践中，各工艺参数都具有内在的技术联系，它们相互配合、相互制约，共同影响了技术问题的解决和技术效果的优劣，因此在对其中某个参数进行调整时，是否需要同时调整其他参数？如果需要调整，又该如何决定调整的方向和幅度？这些问题通常只有通过实验的验证才能得出最后的结果。因此，在对包含多个工艺参数的方法权利要求进行修改时，不能孤立地看待各个工艺参数，任意地将其进行组合。

3. 在判断修改后的权利要求中对工艺参数数值范围的概括是否合理时，主要考虑当所属技术领域的技术人员在权利要求保护的数值范围内以不同于说明书具体实施例的其他工艺参数实施其技术方案时，是否能够解决其实际需要解决的技术问题并达到相应的技术效果。同时，还要考虑此时技术问题的解决是否需要所属技术领域的技术人员在说明书充分公开的技术内容的基础上另外再付出创造性劳动，以及所属技术领域的技术人员是否能够基于申请日前的技术水平可靠地预料到所述技术问题确实能够得到解决。

下文给出了一个针对本案例的申请文件的修改和审查意见的答复的推荐稿。

六、推荐的意见陈述

为克服审查员所指出的问题，申请人依据说明书第[0008]段的记载，将权利要求1中限定的无风带距离数值范围缩小到3cm~5cm，同时删除了原权利要求2~3。修改后的权利要求1没有超出原权利要求书和说明书记载的范围，并能得到说明书的支持，具体理由如下：

在权利要求1的技术方案中，通过将无风带距离减小到3cm~5cm范围内，并配合适当的熔体流量，使得丝条冷却的起点时间相对于传统工艺明显提前，从而可以有效地消除由于熔体膨胀效应而引起的横截面变形钝化问题（参见说明书发明内容部分第[0008]段）；然而，由于丝条冷却起点时间提前，冷却速度加快，从而又容易产生丝条脆断而无法持续纺丝的问题。因此，必须综合考虑影响熔体丝条冷却速度的几个重要因素（无风带距离、熔体流量、熔体温度、冷却风风速、冷却风温度），将冷却速度控制在既能保证纤维正方形截面成形良好，又不至于发生丝条脆断的程度。在上述五个工艺参数中，无风带距离、熔体流量和熔体温度决定了单位时间内需要被冷却风带走的热量，无风带距离越短，熔体流量越大，熔体温度越高，则单位时间内需要被冷却风带走的热量越大；冷却风风速和风温则决定了冷却风单位时间内能够提供的冷量，即冷却能力的大小，风速越大，风温越低，则冷却能力越强。在本发明的实施例一中，采用了权利要求 1 范围内最长的无风带距离 5cm、最小的熔体流量 32.8g/min、最低的熔体温度 280℃，以及最大的风速 0.7m/sec 和最低的风温 15℃，从而验证了熔体热量最小、冷却能力最大、冷却速度最快时的情形；而本发明的实施例三则采用了权利要求 1 范围内最短的无风带距离 3cm、最大的熔体流量 45.8g/min、最高的熔体温度 300℃，以及最小的风速 0.4m/sec 和最高的风温 22℃，从而验证了熔体热量最大、冷却能力最小、冷却速度最慢时的情形；此外，还通过实施例二验证了各工艺参数采用中间数值时的情况（参见说明书具体实施方式部分第［0015］~［0018］段）。由上述实验结果可见，在权利要求 1 的范围内，当各工艺参数取极端数值时，均能使得提前进入冷却风区的熔体丝条以合理的速度冷却凝固，从而确保能连续生产出截面规整的正方形纤维，同时不会发生纤维脆断、质量恶化等影响可纺性的问题。因此，所属技术领域的技术人员完全可以合理地预期到，本发明在权利要求 1 范围内实施时，能够解决其技术问题，并获得所希望的技术效果。

申请人相信：修改后的权利要求 1 已经克服了审查员指出的缺陷，完全符合《专利法》第 26 条第 4 款的规定。请审查员再次审查，予以授权为盼。

七、推荐的修改后的权利要求书

1. 一种正方形横截面纤维的纺丝方法，其特征在于，包括下列步骤：

加热熔融聚酯原料至 280℃~300℃；以 32.8g/min~45.8g/min 的熔体流量从正方形横截面喷丝口挤出所述加热熔融的聚酯原料形成丝状流体；使所述丝状流体通过距离为 3cm~5cm 的无风带；冷却固化所述熔融的丝状流体以形成固态纤维，冷却风速为 0.4m/sec~0.7m/sec，冷却风温度为 15℃~22℃；纤维经过集束上油后，将其引入加热的罗拉轮组中进行牵伸；再以 4500m/min~5000m/min 的速度卷取获得全牵伸聚酯长丝。

八、总结

1. 为了获得较大的保护范围，申请人通常希望在说明书具体实施方式的基础上对权利要求中的工艺参数数值进行概括和延伸。面对审查员的质疑，申请人应避免以下不当做法：一是回避矛盾，将审查员提出质疑的技术特征一删了之；二是不正面进行具体的意见陈述，只是简单地提出该权利要求能得到说明书的支持的断言；三是盲目认同审查员的质疑，不恰当地缩小权利要求的保护范围，使自己的合理利益受到损失。

2. 在判断权利要求中对工艺参数数值范围的概括是否合理时，必须站在所属技术领域的技术人员的立场，关注当所属技术领域的技术人员在权利要求保护的数值范围内以不同于说明书具体实施例的其他工艺参数实施其技术方案时，是否需要所属技术领域的技术人员在说明书充分公开的技术内容的基础上另外再付出创造性劳动，以及所属技术领域的技术人员是否能够基于申请日前的技术水平可靠地预料到所述技术问题能够得以解决。

3. 对于包含多个工艺参数的方法权利要求，必须从其实际需要解决的技术问题出发，考虑到各个工艺参数之间的技术关联，而不能孤立地看待各个工艺参数，将其任意地进行组合。

4. 在对数值范围进行修改时，要特别注意修改后的技术方案不能超出原权利要求书和说明书记载的范围，不能在修改后的技术方案中引入新的数值范围和数值点。

第四节　针对审查意见寻找合理的修改方向

一、概要

根据《专利法实施细则》第 51 条第 3 款的规定，申请人在收到专利局发出的《审查意见通知书》后修改专利申请文件，应当按照通知书的要求进行修改，即针对通知书指出的缺陷进行修改。

作为授予发明专利权的必要条件，发明的新颖性和创造性是发明申请实质审查的重要内容，也是申请人最经常需要答复的缺陷类型。通常，审查员发出的通知书可以分为三种类型：评述了部分权利要求新颖性和创造性的、评述了全部权利要求新颖性和创造性的以及同时评述了全部权利要求和说明书中技术方案新颖性和创造性的。对于仅有部分权利要求被评述的情况，一般而言未被评述的权利要求都具有专利性前景，申请人的修改可以围绕这些权利要求展开。而对于全部权利要求被评述的情况，一般则需要针对审查员的审查意见，进一步发掘说明书中具有专利性的技术内容，寻找合理的修改方向克服发明的新颖性和创造性缺陷。而无论如何的修改，都应当基于对《审查意见通知书》的准确理解。

本节将通过一个具体案例，讨论在所有权利要求都不具备新颖性和创造性而导致申请文本不符合《专利法》第 22 条规定的情况下，如何通过准确理解《审查意见通知书》，针对审查意见寻找合理的修改方向并进行修改和答复，供申请人参考。

二、原申请文件

（一）说明书摘要

本发明公开了一种横切印刷材料片的切割装置，该装置包括至少一个切刀滚筒（212），所述切刀滚筒（212）具有至少一个带有切刀刀口（135，235）的切刀（116，216），切刀（116，216）位于要切割的印刷材料片（115，215）上并可移动通过印刷材料片（115，215），切刀刀口（135，235）相对于印刷材料片（115，215）倾斜地延伸，并且切刀刀口（135，235）与印刷材料片（115，215）构成至多 15° 的锐角（α），使得切刀刀口（135，235）沿印刷材料片（115，215）的宽度方向连续地切断印刷材料片（115，215）。该装置通过延长切割过程，减小同一时刻刀片与印刷材料片的接触长度，可以有效抑制切割力中的脉冲状升起，减小折叠机以及切割装置所受的最大切割力和瞬间冲击。

选择说明书附图图 32 - 4 - 03 作为摘要附图。

（二）权利要求书

1. 一种用于横切印刷材料片的切割装置，所述切割装置是印刷机的折叠机的一部分，所述切割装置包括至少一个切刀滚筒（212），所述切刀滚筒（212）具有至少一个带有切刀刀口（135，235）的切刀（116，216），切刀（116，216）位于要切割的印刷材料片（115，215）上并可移动通过印刷材料片（115，215），其特征在于：切刀刀口（135，235）相对于印刷材料片（115，215）倾斜地延伸，并且切刀刀口（135，235）与印刷材料片（115，215）构成至多15°的锐角（α），使得切刀刀口（135，235）沿印刷材料片（115，215）的宽度方向连续地切断印刷材料片（115，215）。

2. 根据权利要求1所述的切割装置，切刀刀口（135，235）具有多个切割齿（133，233）。

（三）说明书

技术领域

[0001] 本发明涉及横切印刷材料片的切割装置，特别是印刷机的折叠机中的切割装置。

背景技术

[0002] 连续的印刷材料片，例如卷筒纸，在经过印刷以后需要进行切割和折叠等其他印后处理。其中，印刷材料片的横向切割和折叠都是由印刷机的折叠机完成的。印刷机中的折叠机用于在已印制的印刷材料上形成折叠，现有技术中存在一种折叠机，一般称之为一体式折叠机，例如现有技术1（CN1*******1A）公开的一种印刷机的折叠机，其将切割装置和折叠装置有机组合，达到减少印刷材料传递路径节省空间的目的。此外还包括采用独立的切刀切割装置加上折叠装置组成的分体式折叠机。在现有技术1公开的一体式折叠机中，先对连续的印刷材料片进行切割，片状印刷材料在切刀滚筒与折叠叶片滚筒的方向上被传送通过多个牵拉滚子，所述折叠叶片滚筒与所述切刀滚筒互相配合将印刷材料片切断成单个复印件；各个复印件通过横切从在切刀滚筒上的片状印刷材料上被分割下来并且在折叠叶片滚筒的帮助下于折叠爪滚筒的方向上移动。通过折叠叶片滚筒在折叠爪滚筒的方向上移动的从在切刀滚筒上的片状印刷材料分割下来的印刷件，从折叠叶片滚筒被传送至折叠爪滚筒，形成横向折叠。本发明涉及所述印刷材料片的横切。

[0003] 在现有技术1公开的折叠机中，印刷材料片的横切过程是这样的：切刀的切刀刀口平行于印刷材料片设置在印刷材料片上，然后切刀平行移动通过印刷材料片，将整个印刷材料片同时并立即沿宽度方向全部切断。由此，在加工过程中，对印刷材料片和运送印刷材料片的滚筒和滚子产生了巨大的切割力，所以切割装置和其中使用了所述切割装置的折叠机承受了较大的机械载荷。

发明内容

[0004] 为解决现有技术中存在的上述问题，本发明提供了一种形式新颖的横切印刷材料片的切割装置。根据本发明的一种用于横切印刷材料片的切割装置，所述切割

装置是印刷机的折叠机的一部分,所述切割装置包括至少一个切刀滚筒,所述切刀滚筒具有至少一个带有切刀刀口的切刀,切刀位于要切割的印刷材料片上并可移动通过印刷材料片,其特征在于:切刀刀口相对于印刷材料片倾斜地延伸,并且切刀刀口与印刷材料片构成至多15°的锐角,使得切刀刀口沿印刷材料片的宽度方向连续地切断印刷材料片。

[0005] 根据本发明的横切印刷材料片的切割装置,优选切刀刀口具有多个切割齿,以在横切印刷材料片的过程中形成锯齿状切割,进一步改善切割效果。

[0006] 根据本发明的横切印刷材料片的切割装置,切刀刀口相对于印刷材料片倾斜设置,并且在横切印刷材料片的过程中倾斜通过印刷材料片,使得在印刷材料片的两个长边之间实现连续而非同时地切断印刷材料片。由此,将大大减小切割过程中所产生的最大切割力,因此可以大幅减小切刀及折叠机所承受的机械载荷。特别是在横切较厚或者多层印刷材料片时,效果尤为显著。这里应当注意,切刀刀口与印刷材料片的夹角不宜超过15°,因为过大的倾斜角度有可能导致印刷材料片的倾斜以及切割效果的降低。

附图说明

[0007] 图32-4-01为现有技术中印刷机的折叠机的示意图;

[0008] 图32-4-02为现有技术的横切印刷材料片的切割装置的示意图;

[0009] 图32-4-03为本发明的第一实施例的横切印刷材料片的切割装置的示意图;

[0010] 图32-4-04为本发明的第一实施例的改进实施例的示意图;

[0011] 图32-4-05为本发明的第二实施例的切刀滚筒与倾斜设置的切刀的结构示意图;

[0012] 图32-4-06为本发明的第二实施例的折叠页片滚筒与倾斜设置的对置条的结构示意图;

[0013] 图32-4-07为根据本发明的切割装置产生的切割力与从现有技术得知的方法产生的切割力的对比图。

具体实施方式

[0014] 下面详细介绍根据本发明的精神所实施的一些具体实施例,但是这些实施例不能作为对本发明保护范围的限定。图32-4-01示出现有技术的印刷机的折叠机。折叠机611包括切刀滚筒612,其上设有切刀616;与切刀滚筒相配合的折叠叶片滚筒613,其上设置与切刀配合的对置条618,还具有用于在印刷材料片上压印折痕的槽刀617;与折叠叶片滚筒相配合的折叠爪滚筒614,其上设置有与槽刀配合的折叠爪619,用于吸引保持住印刷材料折痕部。工作时,连续的已印刷材料片615先经过中间的牵拉滚子到达切刀滚筒612和折叠叶片滚筒613之间,当切刀616随切刀滚筒612转动到与折叠叶片滚筒613的对置条618相配合时,切刀616和对置条618形成刀切结构,根据刀切原理,连续的印刷材料片被横向切断形成单张的印刷材料片。单张的印刷材料片两个端部分别位于对置条上,对置条的吸引作用使单张印刷材料片随着折叠叶片滚筒613继续旋转运动,进入折叠叶片滚筒613与折叠爪滚筒614之间的缝隙。此时,对置条618会卸去吸引力,放开印刷材料片,印刷材料片的运动依靠折叠叶片滚筒613和

折叠爪滚筒614之间的摩擦传递。单张印刷材料片继续运动,直到折叠叶片滚筒613上的槽刀617与折叠爪滚筒614上的折叠爪619相配合,此时槽刀617在印刷材料片上形成折痕,折叠爪会从折痕的相对面吸引住印刷材料片。印刷材料片继续随着折叠爪滚筒614旋转,在经过导向滚子622时沿着折痕被输送带621压缩,从而实现折叠。

[0015] 图32-4-02示出现有技术中的横切宽度为B的印刷材料片615的程序,在切刀616的帮助下印刷材料片615将在第一长边642与相对的长边643之间被切断。切刀616的切刀刀口635具有多个切割齿633。根据现有技术,切刀刀口635平行于要被切断的印刷材料片643运行,使得当切刀616与切刀刀口635一起被移动通过印刷材料片643时,印刷材料片643在沿整个宽度B地方向被瞬间全部切断。这种情况下,切刀会承受较大的瞬间切割力,这个较大的瞬间切割力会导致切割装置和使用所述切割装置的折叠机承受较大的机械载荷。例如,图32-4-07显示出,当使用根据图32-4-01和图32-4-02示出的现有技术的切割装置切割位于转动的切刀滚筒与折叠机的同样转动的折叠叶片滚筒之间的印刷材料片时,会出现具有曲线656显示的切割力。水平走向的坐标轴657表示切割过程的各时间点,而垂直走向的坐标轴658表示各时间点的切割力。由图32-4-07可以直接得出:当使用图32-4-01和图32-4-02所示的现有技术的切割装置时,切刀和切割装置需要承受非常大的脉冲状切割力。

[0016] 图32-4-03以简略形式示出根据本发明的一种横切印刷材料片的切割装置,图32-4-03的印刷材料片115具有宽度B,在切刀116的作用下,印刷材料片115从第一长边142至相对的长边143被切割。切刀116还具有多个切割齿133,它们构成切刀刀口135。为达到本发明的效果,出于横切目的,可以利用两种不同的结构方式实现本发明。以下介绍第一实施例。该实施例的一种横切印刷材料片的切割装置,包括切刀滚筒和折叠页片滚筒。切刀滚筒上设有切刀,折叠页片滚筒上设有与切刀对应的对置条,对置条附近开有刀槽。该实施例的要点在于保持切刀116与切刀滚筒保持轴向平行,使切刀116在沿着切刀滚筒轴向延伸的径向方向上发生倾斜,即切刀刀口各点距印刷材料片表面的高度不同。此时图32-4-03构成从垂直于切刀平面方向观察图32-4-01中切刀滚筒的视图,切刀刀口135偏离平行于印刷材料片115的线条134,并与所述线条构成锐角α。这个角α至多15°,最好至多10°。因为角度太大容易引起干涉,造成切割困难。为了切断印刷材料片115,在切刀滚筒转动到切刀116与对置条118开始接触到最后分开的短暂过程中,切刀116以近似垂直于印刷材料片115沿竖直向下的方向移动通过印刷材料片115,使得切刀刀口135与印刷材料片115之间的倾斜角α保持近似不变,切刀刀口135以倾斜状态移动通过印刷材料片,形成印刷材料片的横切。在短暂的切割过程中,切刀刀口135一直保持相对于印刷材料片倾斜,从而有效延长切割过程减小最大切割力。同时,第一实施例的优点是结构简单,横切以后的印刷材料片比较垂直,不易产生倾斜。

[0017] 以下介绍第一实施例的改进实施例。在第一实施例的改进实施例中,切割装置还包括折叠叶片滚筒以及位于折叠页片滚筒上的对置条118,除了切刀116的切刀刀口135之外,与切刀刀口135相互配合并属于对应的切割装置的对置条118也被设置相对于印刷材料片115倾斜。如图32-4-04中所示,切刀刀口135和对置条118相对

于印刷材料片在沿切刀滚筒径向的高度方向上都倾斜设置，并且相对于印刷材料片115处于相反方向，致使由对置条118与切刀刀口135构成的角β大于由切刀刀口135与印刷材料片115构成的角α，以进一步延长切割阶段，减小切割力。同时，作为一种改进，可以将切刀的切刀刀口设计为具有多个切割齿133，以形成锯齿切割，改善切割效果。

[0018] 下文参照图32-4-05和图32-4-06介绍本发明的第二实施例。根据第二实施例的一种横切印刷材料片的切割装置，包括切刀滚筒和折叠页片滚筒。切刀滚筒上设有切刀，折叠页片滚筒上设有与切刀对应的对置条，对置条附近开有刀槽。与第一实施例不同，在该实施例当中，通过保持切刀径向离印刷材料片表面的高度不变，使切刀在切刀滚筒的圆柱表面进行倾斜，从而构成切刀刀口相对于印刷材料片倾斜。在本实施例中，切刀刀口设置在切刀滚筒的圆柱滚筒表面上并与切刀滚筒的中心轴成非平行，从切刀滚筒的圆柱表面展开来看切刀刀口成为斜线，如图32-4-05所示为面向切刀刀口235观察的切刀滚筒投影图，切刀刀口235在切刀滚筒的圆柱表面上倾斜设置。此时图32-4-03构成从图32-4-01上方往下观察的投影图，切刀刀口235的连线与印刷材料片的投影夹角为α，为了切断印刷材料片215，切刀滚筒的切刀216以近似垂直于印刷材料片215沿竖直向下的方向被移动通过印刷材料片215，使得切刀刀口235与印刷材料片215之间的角α保持近似不变，切刀216与切刀刀口235一起移动通过印刷材料片，所述切刀刀口235的走向相对于所述印刷材料片215成倾斜，这样，可以延长切割阶段，减小最大切割力。如图32-4-01所示，切刀滚筒612和折叠页片滚筒613相互紧密接触配合旋转，切刀滚筒的动力由折叠页片滚筒传递。在该实施例中，如图32-4-05所示，两条虚线之间的部分表示位于折叠页片滚筒上的刀槽，由于切刀刀口在切刀滚筒的圆柱表面上倾斜设置，刀槽就必须设计的比正常状态要宽。这就导致切刀滚筒会在一个相对较长的时间内不与折叠页片滚筒紧密接触，由于切刀滚筒本身不具备动力，就会造成两个滚筒的圆周速度差异，这种差异会影响切割材料片的精确度。在该实施例中，如图32-4-06所示，切割装置同样还包括折叠叶片滚筒以及位于折叠页片滚筒上的对置条218，与切刀216的切刀刀口235相互配合的对置条218也称为福勒克兰条。除了切刀216的切刀刀口235之外，与切刀刀口235相互配合并属于对应的切割装置的对置条218也被设置相对于印刷材料片215倾斜，对置条218的倾斜与本实施例中切刀的倾斜方式一样，都是在滚筒的圆柱表面上沿圆周方向倾斜，为了使切刀刀口和对置条能够在切刀滚筒和折叠页片滚筒配合旋转时相互配合，切刀刀口235和对置条218都倾斜设置，并且相对于印刷材料片215处于相反方向，致使由对置条218与切刀刀口235构成的角β大于由切刀刀口235与印刷材料片215构成的角α。这样，一方面可以延长切割阶段减小印刷材料片和切割装置承载的切割力；另一方面由于切刀刀口和对置条之间的连续点接触，可以保证切刀滚筒与折叠页片滚筒的圆周速度差尽可能的小，使印刷材料片的切割长度保持准确。

[0019] 根据本发明的实施例，当切刀的切刀刀口移动通过印刷材料片时，印刷材料片沿宽度方向被连续地切断，这意味着：有效的切刀长度被减小，从而切割力可被减小。由于这样引起的切割阶段的延长，从而现有技术的（见根据图32-4-07的曲线656）有效切割力中的脉冲状升起得以防止，使得减小了最大的切割力。在图32-4-07

中用曲线 667 表示当应用根据本发明的切割装置在切刀滚筒与折叠机的折叠叶片滚筒之间切断印刷材料片时产生的切割力。从图 32-4-07 可以看出：应用本发明的切割装置所产生的切割力（见曲线 667），与现有技术所产生的切割力（见曲线 656）相比较，大大减小了切割装置所承受的最大切割力。

[0020] 以上介绍了根据本发明的两个具体实施例，但是所属技术领域的技术人员应当理解，上述具体实施例仅仅是表达本发明思想和宗旨的示意性例子，而非对本发明的具体限定。例如，虽然上述实施例在描述上都是针对一体式折叠机提出，但是，所属技术领域的技术人员可以容易地预见，本发明的改进同样可以在离体式折叠机上作出，并取得同样的技术效果。除此以外，所属技术领域的技术人员也可以根据公知常识对本发明作出其他的适当变形和变换，这些变形和变换都应当视为属于本发明所要求的保护范围当中。本发明的保护范围仅由权利要求书确定。

（四）说明书附图

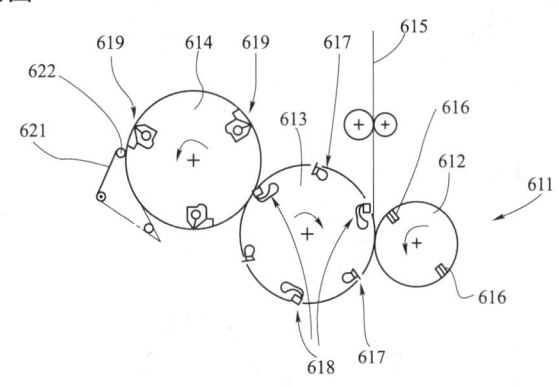

图 32-4-01

图 32-4-02

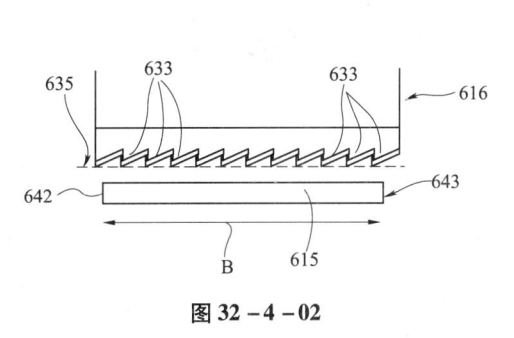

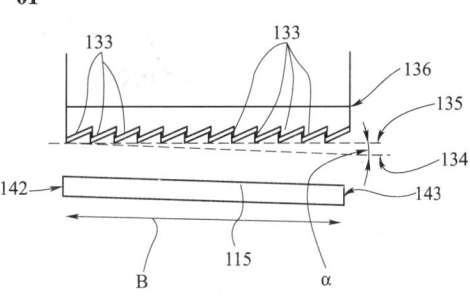

图 32-4-03

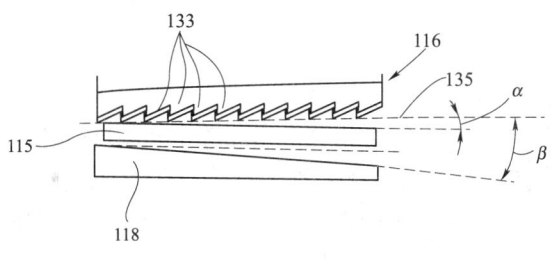

图 32-4-04

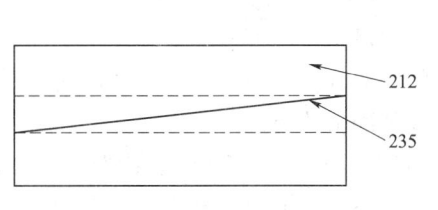

图 32-4-05

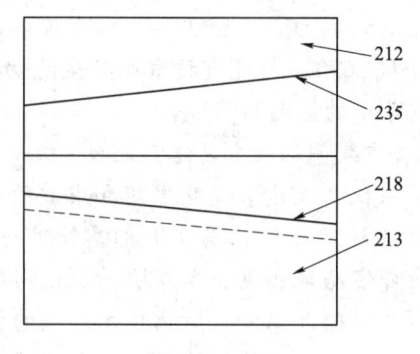

图 32-4-06

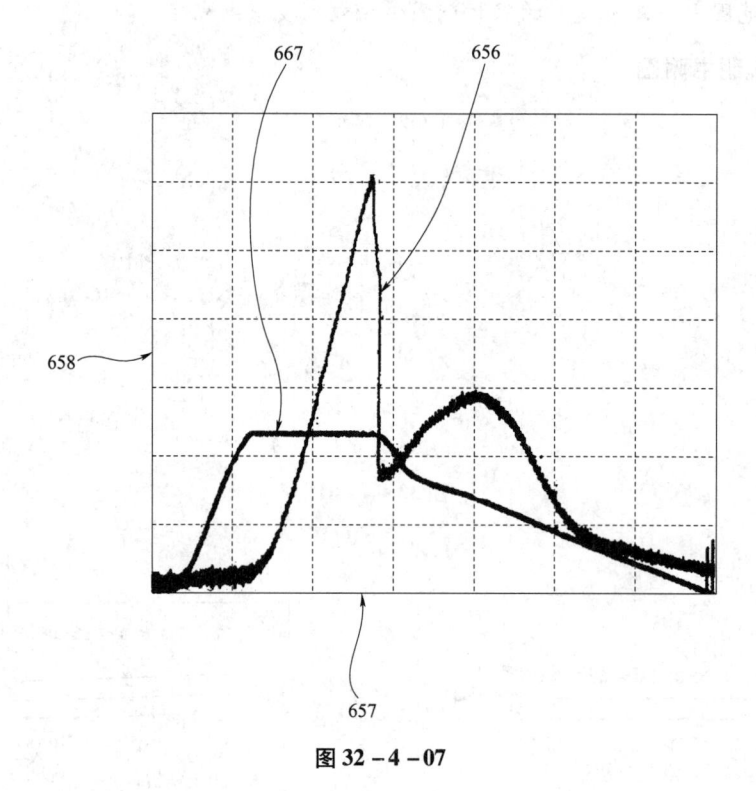

图 32-4-07

三、对比文件和相关审查意见

（一）对比文件 1（CN1＊＊＊＊＊＊＊2A）

对比文件 1 公开了一种用于横切印刷材料片的切割装置，其属于印刷机的折叠机的一部分，可用于横切印刷后的印刷材料片。为了解决降低折叠机及其切割装置所受瞬间冲击的问题，对比文件 1 采用了以下技术方案：切割装置包括切刀滚筒 712 和下滚筒 713，切刀滚筒 712 设置带有切刀刀口的上切刀 716，下滚筒 713 上设有下切刀 718，上切刀 716 被置于要切割的印刷材料片 715 上并可移动通过印刷材料片，图 32-4-08 为上切刀和下切刀即将接触形成切割印刷材料片的示意图，从垂直于上切刀刀面的方向观察，上切刀716的切刀刀口735沿着切刀滚筒712的轴向，在切刀滚筒的径向方向上相对于印刷材料片的高度发生变化，从而相对于印刷材料片倾斜延伸，而切刀刀口与印刷材料片所形成的倾斜角度小于12°。切刀716的切刀刀口相对于印刷材料片的倾斜延伸，使得切刀刀口可以沿印刷材料片的宽度方向连续地切断印刷材料片，因此，可以减小瞬时的有效切割长度，延长切割阶段，达到减小折叠机及其切割装置所受最大瞬间切割力的技术效果。此外，对比文件1还公开了下列技术特征：上刀片716和下刀片718分别反向倾斜设置，且上刀片716与下刀片718之间的角度大于上刀片716与印刷材料片715之间的角度。由此可以形成剪切式的切割结构，进一步减小切刀装置所承受的最大瞬间切割力。

（二）对比文件2（CN1*******3A）

对比文件2公开了一种用于切断纸张的切刀装置。为了解决切割时印刷材料片的切边容易歪斜、切割效果较差的问题，如图32-4-09所示，对比文件2公开了以下技术方案：将原本成刀片状的切刀816改成切刀刀口具有多个切割锯齿833的切刀。由此，在切割过程中，可以形成锯齿状切割，保持切割时的切刀运动方向平稳，从而实现切边平直，改善切割效果。当进行切割时间较长、非瞬间接触的连续切割时，尤其是对于切割较厚的材料时，有必要将切刀设置为锯齿状切刀，以使切割能够保持直线前进，确保材料切边的齐整平直，改善切割效果；对于瞬间接触的切割而言，普通刀片状切刀和锯齿状切刀的效果基本相同。

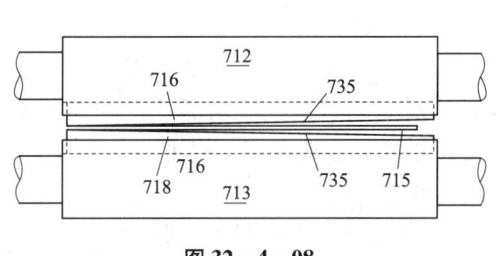

图 32-4-08

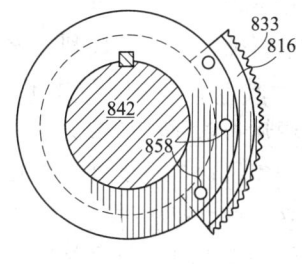

图 32-4-09

（三）相关审查意见

审查员引用对比文件1评述了权利要求1的新颖性，对比文件1结合对比文件2评述了权利要求2的创造性，但是并未评述申请文件的其他内容，相关审查意见如下：

权利要求1要求保护一种用于横切印刷材料片的切割装置，对比文件1公开了一种用于横切印刷材料片的切割装置，该切割装置是印刷机的折叠机的一部分，由此可见对比文件1的切割装置与权利要求1的切割装置属于相同的技术领域，而且对比文件1具体公开了以下技术特征：包括切刀滚筒712，其上设置带有切刀刀口的切刀716，切刀716被置于要切割的印刷材料片715上面并且可被移动通过后者，通过切刀716的运动切割印刷材料片715，切刀的切刀刀口相对于印刷材料片倾斜取向，并且切刀刀口相对于印刷材料片倾斜延伸，切刀刀口与印刷材料片构成至多12°的锐角，使得切刀刀口沿印刷材料片的宽度方向连续地切断印刷材料片。该权利要求所要求保护的技术方案与该对比文件所公开的内容相比，所不同的仅仅是权利要求中记载的锐角数值范围是"至多15°"，而该对比文件记载的范围是"至多12°"，显然对比文件公开的数值范围落在上述限定的技术特征的数值范围内，破坏了该权利要求的新颖性，因此该权利要求所要求保护的技术方案不具备新颖性。

权利要求2是权利要求1的从属权利要求，其进一步限定的附加技术特征为"切刀刀口具有多个切割齿"，但该特征已在对比文件2中相应地公开，对比文件2是一种切断纸张的切刀装置，因此与本申请属于相同的技术领域，而且上述特征在对比文件2中所起的作用与其在本发明中所起的作用相同，都是用于形成锯齿状切割，改善切割效果，即该对比文件给出了将上述附加技术特征应用到对比文件1的技术方案以进一步解决其技术问题的启示，由此可知在对比文件1的基础上结合对比文件2得出该权利要求2进一步限定的技术方案，对所属技术领域的技术人员来说是显而易见的，在其引用的权利要求1不具备新颖性的情况下，该从属权利要求不具备《专利法》第22条第3款规定的创造性。

如果申请人能够说明本申请尚存在相对现有技术具有创造性的技术方案，陈述有说服力的理由，并据此对权利要求进行修改，则修改后的权利要求的专利性尚可以进一步讨论。

四、申请人答复所提交的意见陈述和修改文件

针对审查员的上述审查意见，申请人修改了申请文件，其中在原权利要求1补入新的技术特征，删除原权利要求2，构成新的权利要求书如下：

1. 一种用于横切印刷材料片的切割装置，所述切割装置是印刷机的折叠机的一部分，所述切割装置包括至少包括一个切刀滚筒，所述切刀滚筒具有至少一个带有切刀刀口的切刀，切刀位于要切割的印刷材料片上并可移动通过印刷材料片，其特征在于：切刀刀口相对于印刷材料片倾斜地延伸，并且切刀刀口与印刷材料片构成至多15°的锐角，使得切刀刀口沿印刷材料片的宽度方向连续地切断印刷材料片；切刀刀口具有多个切割齿；该切割装置进一步包括对置条，对置条与切刀刀口相互配合，对置条同样相对于印刷材料片倾斜取向。

同时，针对新的权利要求的新颖性和创造性，申请人陈述意见如下。

新修改的独立权利要求1中包括了原权利要求2和说明书中的下列特征：

切刀刀口具有多个切割齿；该切割装置进一步包括对置条，对置条与切刀刀口相互配合，对置条同样相对于印刷材料片倾斜取向。

申请人认为：

1）关于新颖性。对比文件1公开的横切印刷材料片的切割装置虽然也属于印刷机的折叠机的一部分，但是它并非一体式折叠机的一部分，而是分体式折叠机的一部分，完全不同于本发明的切割装置，不能破坏本发明的新颖性。因此原权利要求1具备新颖性，而修改以后的权利要求1因为增加了区别性的限定特征更应当具备新颖性。

2）关于创造性。对比文件1公开的横切印刷材料片的切割装置是一种滚筒式切刀装置，用于通过在两个相对旋转的滚筒之间的接合来切割材料；但是对比文件2公开

的是一种圆形刀盘,用于旋转的切割装置上。尽管对比文件2公开了刀盘的切刀上具有限定切刀刀口的多个切割齿,但对所属技术领域的技术人员而言,对比文件1中的条状切刀和对比文件2中旋转的刀盘的结构和工作方式都是不同的,两份对比文件涉及不同的切割装置,所属技术领域的技术人员没有将对比文件1与2结合起来的启示。因此,即使所属技术领域的技术人员同时看到对比文件1和2,也不会轻易想到去实现原权利要求2中的技术方案。因此原权利要求2具备创造性。

3) 为使本发明进一步区别于现有技术,申请人在原权利要求2的基础上补入区别于对比文件1和2的技术特征"该切割装置进一步包括对置条,对置条与切刀刀口相互配合,对置条同样相对于印刷材料片倾斜取向",该特征既未被对比文件1和2公开也非显而易见的,因而即使所属技术领域的技术人员有动机结合对比文件1和2,也不能得到权利要求1的技术方案。根据本发明说明书中的描述(见说明书第[0019]段),利用本发明,一方面,有效的切刀长度被减小,由于这样引起的切割阶段的延长,从而现有技术的有效切割力中的脉冲状升起得以防止,使得减小了最大的切割力。另一方面,由于切刀滚筒与折叠页片滚筒相互紧密配合还具有传送印刷材料片的功能,本发明可以避免因切刀相对长时间不接触折叠页片滚筒的引起切刀滚筒和折叠页片滚筒的圆周速度差,防止印刷材料片定位不准确。因此,本发明的权利要求1具有与现有技术截然不同的区别特征和技术效果,具有突出的实质性特点。

事实上,在审查发明的创造性时,由于审查员是在了解了发明内容之后才作出判断,因而容易对发明的创造性估计偏低。根据《专利审查指南》的相关规定,如果发明与现有技术相比具有预料不到的技术效果,则不必再怀疑其技术方案是否具有突出的实质性特点,可以确定发明具备创造性。

因此,新独立权利要求1具有突出的实质性特点和显著的进步,具有创造性。在独立权利要求具备新颖性和创造性的情况下,至少由于引用关系,其从属权利要求也都具备新颖性和创造性。

五、案情分析

(一) 案情简介

本案涉及一种横切印刷材料片的切割装置。该装置用于印刷机的折叠机中,对需要折叠的印刷材料片施行横切。根据申请人的记载,在现有技术当中,折叠机的切割装置的切刀刀口均是平行于印刷材料片设置的,切割时整个印刷材料片在一个瞬间同时被切刀切断,因此产生了较大的瞬间切割力,给切割装置以及折叠机都带来了较大的瞬间冲击。为解决这一技术问题,减小折叠机及其切割装置所受的最大切割力以及机构部件所受瞬间冲击,申请人提出了将切刀刀口相对于印刷材料片倾斜设置延长切割过程的技术方案。

本发明的根本构思是通过延长切割过程,减小同一时刻切刀刀口与印刷材料片的接触长度,从而有效抑制切割力中的脉冲状升起,减小机构部件所受最大切割力。因此,如何设置切刀刀口相对于印刷材料片的位置、延长切割中刀片与印刷材料片的接触过程即为实现本申请发明目的的关键点。申请人在说明书中记载了两个具体实施例的两种技术方案来延长切割过程。第一种是将刀片沿着垂直于印刷材料片的高度方向上倾斜设置，以增加切割的接触过程；第二种是将刀片沿着滚筒的圆周方向倾斜延伸设置，从而随着滚筒的旋转刀片逐点连续切割，延长切割过程。两种方案都可以实现减小最大切割力的技术效果。但是在第二种方案中，由于刀片沿着滚筒圆周方向的倾斜延伸布置，必然需要加宽容纳刀片的刀槽，由于刀槽滚筒是由刀片滚筒通过摩擦带动旋转的，这种长时间的不接触就会造成两个滚筒的圆周速度差异，这种差异会影响切割材料片的精确度，为此在改进的技术方案中将刀槽也相应于刀片倾斜设置，以避免上述不良影响。

虽然申请人在说明书中记载了实现所述发明目的的两个实施例，但是在权利要求书当中，申请人对发明构思和两个实施例进行了适当地概括，形成保护范围更为宽泛的上位技术方案作为权利要求提出。

（二）审查员审查意见分析

从审查员给出的对比文件和审查意见可以看出，虽然申请人声称现有技术中刀片均是平行于印刷材料片的，切割时整个印刷材料片同时地被刀片切断，会产生较大的切割力。但是，根据审查员的检索结果，对比文件1已经公开了将刀片沿着垂直于印刷材料片的高度方向上倾斜设置的技术方案（即本申请中的实施例一中的技术方案），同样实现了减小有效切割长度、延长切割阶段、减小最大切割力的技术效果；对比文件2公开了权利要求2的技术特征。在此基础上，审查员引用对比文件1评述了原权利要求1的新颖性，结合对比文件2评述了原权利要求2的创造性。这些评述并无不妥。

具体而言，对于权利要求1，首先，从特征对比分析，不难发现对比文件1公开的一种横切印刷材料片的切割装置，确实已经公开了原权利要求1的所有特征。其次，从技术领域分析，对比文件1公开的横切印刷材料片的切割装置，虽然是属于离体式折叠机的一部分，而非本案背景技术中所述的一体式折叠机，但是，仅从权利要求的记载来看，两者领域是相同的。虽然申请人在说明书中记载本发明是针对一体式折叠机的改进，但是，作为一种合理的概括，申请人在权利要求1中要求保护的技术方案并非仅仅是针对一体式折叠机的，而是针对更上位的印刷机的折叠机，这当然应该理解为包括离体式折叠机，因为无论是对比文件1的离体式折叠机，还是说明书中记载的一体式折叠机，都属于相同的折叠机领域。进而，对比文件1和本申请都是用于横切印刷材料片的切割装置，都属于切割装置，因此对比文件1和权利要求1技术领域实质相同。再次，从要解决的技术问题和技术效果分析，对比文件1和权利要求1都是为了解决横切印刷材料片过程中的瞬间冲击问题，减小折叠机及其切割装置所受较大切割力，两者亦相同。因此，对比文件1与权利要求1的技术方案相比，技术特征、技术领域以及要解决的技术问题和技术效果都相同，即对比文件1已经公开了权利要求1的技术方案，审查员认定的权利要求1不具备新颖性的结论非常合理。

在评述权利要求1不具备新颖性的基础上，审查员引入另一篇对比文件2评述了权利要求2的创造性。这样的评价是否合适，特别是，对于结合启示的判断是否合理呢？根据《专利审查指南》的规定，对于权利要求创造性的判断，一般采用三步法进行。这里，区别特征"切刀刀口具有多个切割齿"非常明确，并且已被对比文件2公开，关键就是两篇对比文件是否存在结合启示的认定。一般认为三种情况下存在结合启示：（i）所述区别特征为公知常识；（ii）所述区别特征为与最接近的现有技术相关的技术手段；（iii）所述区别特征为另一份对比文件中披露的相关技术手段，该技术手段在该对比文件中所起的作用与该区别特征在要求保护的发明中为解决该重新确定的技术问题所起的作用相同。因此，是否存在结合启示，不应简单地从结构和工作方式上判断，而应从特征所起的作用和效果上分析。虽然对比文件1公开的条状切刀与对比文件2的圆形刀盘从形式上看结构和工作方式不同，但是从工作原理上分析，在切割时，对比文件1和对比文件2都是根据刀切原理，利用刀口和砧板的挤压切断材料，两者工作原理相同，具有可借鉴性。同时，分析本发明的应用背景可以发现，本发明中采用锯齿状切刀是为了切割纸张尤其是较厚纸堆时，保证前后的连续切割处于一条直线上不发生倾斜，避免切割不齐整的发生。其是在切割时间较长、连续切割的工作条件下，为确保切割较厚纸堆的齐整性，改善切割效果，所作出的进一步改进。而对比文件2已经给出教导，当进行切割时间较长、非瞬间接触的连续切割时，尤其是对于切割较厚的材料时，有必要将切刀设置为锯齿状切刀，以使切割能够保持直线前进，确保材料切边的齐整，改善切割效果；对于瞬间接触的切割而言，普通刀片状切刀和锯齿状切刀的效果基本相同。因此，在对比文件2的刀口上设置的切割齿和本申请刀口上的切割齿都是相同的特征，且该特征在对比文件2中所解决的技术问题和所起的作用与其在本案中贡献相同，都是用于形成锯齿状切割，改善切割效果，充分说明对比文件2给出了将上述技术特征应用到对比文件1的技术方案以进一步解决其技术问题的启示。因而，审查员对于权利要求2的评述也是客观合理的。

在《审查意见通知书》当中，审查员仅仅评述了申请文件中的权利要求1和2，并未针对说明书记载的其他技术方案作进一步的评述，表明说明书中还可能存在具有可专利性的技术内容，否则，如果审查员认为说明书也完全不具有可专利性的技术内容，出于行政效率的考虑，都是会一并指出即使对权利要求进行修改，也是不具有授权前景的。

（三）申请人答复分析

申请人为此案满足专利性条件付出了不少的努力，不仅对原申请文件进行了修改，还就修改以后的申请文件陈述了相应意见。申请人不仅质疑了现有技术的结合启示，还在权利要求1中增加了新的区别性特征。但是，这样的修改答复是否充分和合理，能否克服通知书所指出的缺陷？以下对此进行分析。

申请人的修改是在原权利要求2的基础上补入说明书中的部分特征"该切割装置进一步包括对置条，对置条与切刀刀口相互配合，对置条同样相对于印刷材料片倾斜取向"。对此，经分析发现存在以下问题。

首先，修改以后的权利要求仍然不具备创造性，未能克服审查员所指出的缺陷。修改后的权利要求增加了两部分的技术特征，其中一部分是从属权利要求2的附加技术特征，审查员已经在通知书中评述了权利要求2的创造性，这部分特征的加入对于权利要求的创造性不能有所帮助。而补入的另一部分特征"该切割装置进一步包括对置条，对置条与切刀刀口相互配合，对置条同样相对于印刷材料片倾斜取向"，也已经出现在对比文件1中的相同的技术方案中了，在对比文件1公开的横切印刷材料片的切割装置中，其下刀片718虽然形式上不同于本申请的对置条，但其本质同样是安装于滚筒上，用于与上刀片剪切配合，其与上刀片反向倾斜，以形成剪切式的切割结构，减小被切材料和切刀装置所承受的最大切割力，因此两者实质相同。由此可见，对比文件1其实已经公开了特征"进一步包括对置条，对置条与切刀刀口相互配合，对置条同样相对于印刷材料片倾斜取向"，并且给出了结合启示，由此可知修改以后的权利要求1在所属技术领域的技术人员看来，仍然不具备创造性，申请人的答复和修改未能克服审查员所指出的缺陷。

在对申请文件进行答复和修改时，要按照审查员意见指出的缺陷进行，并考虑是否能够克服相应缺陷。针对本案中的新颖性和创造性缺陷，应当全面理解、准确把握审查员给出的审查意见和所有对比文件，对修改以后技术方案的新颖性和创造性进行合理预判。虽然审查员在意见通知书中仅仅评述了权利要求1和2的技术方案，而没有对说明书中的技术方案都一一评述，但是，不能就此认为说明书中的未经评述的技术方案都是满足新颖性和创造性的。应当充分理解审查员的审查意见和对比文件，准确把握审查员没有提及但实际上已被对比文件中的内容进一步公开的技术方案，对修改以后的权利要求的新颖性和创造性做一个客观的提前预判，避免不必要的审查周期延长。

其次，修改以后的权利要求的技术方案并不完整。无论是独立权利要求，还是从属权利要求，一项权利要求都应当是一个解决技术问题的完整的技术方案。从本案说明书来看，申请人进行修改所依据的就是说明书第18段和第19段描述的两个改进实施例。在第一改进实施例中，所要解决的技术问题是进一步延长切割阶段，而如果仅仅限定了对置条倾斜，没有进一步限定倾斜方向，则不仅包括了切刀刀口与对置条反向倾斜的情况，还包括了同向倾斜的情况。在同向倾斜的情况下，很可能使对置条倾斜到与切刀刀口平行，这就根本无法解决所述的技术问题，这样修改的权利要求的技术方案是不完整的。而如果是根据第二改进实施例修改，因为没有限定对置条的倾斜方式以及倾斜方向，更是无法解决所述的"切刀滚筒与折叠页片滚筒的圆周速度差尽可能的小"问题。因此，相对于第一改进实施例来说修改以后的权利要求缺少关于对置条倾斜方向的限定特征，相对第二改进实施例来说缺少对置条的倾斜方式和方向的限定特征，无论按照哪一个改进实施例，申请人修改以后的技术方案都是不完整的，作为独立权利要求，缺少解决其技术问题的必不可少的技术特征。

此外，修改后的权利要求还补入了从属权利要求2的附加技术特征，该特征属于非必要的技术特征，导致修改以后的权利要求保护范围过于狭窄。既然审查员已经评述了原权利要求2的创造性，因此再将权利要求2的特征补入权利要求1已经没有意义。这种情况下，只要在权利要求1中补入区别性的技术特征并构成完整的技术方案即可，原权利要求2可以作为新的独立权利要求技术方案的进一步限定和有益补充，发挥多层保护、限制竞争对手等作用。

由此可见，申请人的答复尤其是对权利要求的修改存在以上诸多问题，这样修改以后的申请文本是无法得到授权的。

（四）综合分析

本案申请文件的特点在于，针对同一技术问题的发明构思，申请人在说明书中记载了两个实施例来实现本发明，但是，其在权利要求中却是进行了上位概括，涵盖了两个实施例的共性特征。这一特点在保障申请人利益的同时，也给申请人的修改和答复带来了较多的困难。如本案所示，在上位概括的权利要求都已被评述新颖性和创造性缺陷的情况下，如何准确理解审查意见确定合理的修改方向进行权利要求的修改并陈述意见？通过分析申请人的答复意见和修改文本，可以发现本案中申请人对上述问题的认识还较为模糊。

首先，申请人未能准确理解和把握审查员的审查意见。审查员虽然仅仅评述了两项权利要求的技术方案，并未对说明书中的具体实施例进行评述，但是不能就此认为这些具体实施例的技术方案就是新颖的、具有实质性特点的。应当通过对审查意见和对比文件的深入掌握和分析，判断申请文件中虽然未被评述但实质已被公开的技术方案，挖掘申请文件中区别于现有技术的技术特征和效果，据此修改和答复。

其次，申请人的答复并未明确修改所依照的原始根据，混淆了说明书中实施例的技术方案与权利要求概括的技术方案之间的关系。申请人根据说明书的记载所添加的对置条特征在两个实施例当中都有记载，说明该特征可以认为是来自第一实施例的技术方案，也可以认为是来自第二实施例的技术方案。但是，由于原权利要求是经过概括得出的，因而无论该特征来自哪个实施例，都不能表明修改以后的权利要求的技术方案必然是记载于原申请文件当中的，因此很有可能导致修改超范围。

再次，申请人的答复混淆了说明书中两个不同实施例的技术效果。申请人在意见陈述中说明修改以后的权利要求还具有"避免因切刀相对长时间不接触折叠页片滚筒的引起切刀滚筒和折叠页片滚筒的圆周速度差，防止印刷材料片定位不准确"的效果。但是根据说明书内容的理解，在第一实施例当中，尽管包含了所添加的特征，但是却不能达到这样的技术效果，因此将该技术效果作为添加了该特征以后的权利要求的必然技术效果，是不能够接受的。

由此可知，申请人在答复和修改审查意见时还未准确把握合理的修改方向，不利于案件的后续修改和审查。

事实上，可以通过全面理解和准确把握审查员的审查意见及对比文件去寻找合适的修改方向。本案中，审查员仅仅评述了权利要求1和2的技术方案，而并未针对说明书中记载所有实施例的技术方案进行评述。这就说明，说明书当中还有可能存在具有新颖性和创造性的"闪光点"。接下来，通过进一步的分析对比文件1和2可知，说明书的第一实施例中的内容也已被公开，因此清楚地表明剩下的第二实施例中可能存在有具有专利性的的技术信息。换句话说就是，在对比文件1和2的公开基础上，所属技术领域的技术人员已经能够非常清楚地获知说明书的第一实施例中的内容是不具有专利性的。在这种情况下，审查员仍然没有在通知书中对说明书给出评价，说明审查员已经注意到了第二实施例与对比文件1和对比文件2公开的技术内容不同，但是却不能够确认这些不同是否能够构成相关技术方案专利性的基础。这是因为从缩短审查流程的角度考虑，如果审查员能够确认第二实施例中的内容也是不具有专利性的，就会在通知书中对说明书给出如下的评价，除了本申请的权利要求和第一实施例，本申请说明书当中记载的第二实施例的技术方案也已被现有技术公开，说明书中也没有记载其他任何可以授予专利权的实质性内容，因而即使申请人根据说明书记载的内容作进一步的限定，本申请也不具备被授予专利权的前景。如果审查员能够确认第二实施例中的内容是具有专利性的，也会在通知书中给出如下的类似指示，以明确表达出所建议的修改方向：如果申请人以第二实施例为基础，形成新的独立权利要求，则后者的专利性尚可以进一步讨论。因此在这种情况下，申请人的答复重点就在于如何强调第二实施例实质区别于现有技术，并解决了现有技术未曾提出的技术问题，产生了意料不到的技术效果，使审查员接受第二实施例的技术方案具有专利性的观点，并且对权利要求和说明书进行所需要的修改。

以下将详细介绍如何根据审查意见和对比文件，确定权利要求和说明书修改的合适方向，为进一步的修改和答复奠定基础。

六、答复和修改思路

通过以上分析，结合相关法律规定，容易找寻在本案中针对审查意见进行答复和修改的思路。《专利法》第37条规定：国务院专利行政部门对发明专利申请进行实质审查后，认为不符合本法规定的，应当通知申请人，要求其在指定的期限内陈述意见，或者对其申请进行修改。《专利法实施细则》第51条第3款进一步规定：申请人在收到国务院专利行政部门发出的《审查意见通知书》后对专利申请文件进行修改的，应当针对通知书指出的缺陷进行修改。因此，必须要从审查员的审查意见出发，去考虑修改和答复。

针对权利要求不具备新颖性或创造性的审查意见，《专利审查指南》第二部分第八章第5.2.2.1节规定了允许的对权利要求书的修改情形：（1）在独立权利要求中增加技术特征，对独立权利要求作进一步的限定，以克服原独立权利要求无新颖性或创造性、缺少解决技术问题的必要技术特征、未以说明书为依据或者未清楚地限定要求专利保护的范围等缺陷，只要增加了技术特征的独立权利要求所述的技术方案未超出原说明书和权利要求书记载的范围，这样的修改就应当被允许；（2）变更独立权利要求中的技术特征，以克服原独立权利要求未以说明书为依据、未清楚地限定要求专利保护的范围或者无新颖性或创造性等缺陷，只要变更了技术特征的独立权利要求所述的技术方案未超出原说明书和权利要求书记载的范围，这样的修改就应当被允许；（3）变更独立权利要求的类型、主题名称及相应的技术特征，以克服原独立权利要求类型错误或者缺乏新颖性或创造性等缺陷，只要变更后的独立权利要求所述的技术方案未超出原说明书和权利要求书记载的范围，这样的修改就应当被允许。显然，本案应当根据第（1）种允许的情形来修改独立权利要求。

要针对审查员所指出的缺陷作出适合的意见陈述和修改，首要问题就应当全面理解和准确把握《审查意见通知书》，那究竟该如何理解和把握审查员的通知书呢？答案可以从两方面去寻找：一、明文内容，即审查员直接评述申请文件相关缺陷的文字内容；二、隐含信息，即审查员未明确表达，通过其他方式透射的信息。而这第二方面的信息，往往是申请人进行答复和修改时应当关注的重点。

本案中，审查员在通知书中明确评述的内容仅包括两点：权利要求1的新颖性和权利要求2的创造性。由本案的原权利要求书和说明书可知，独立权利要求1是概括了说明书中的第一实施例和第二实施例的技术方案，它体现了本申请的主要发明构思"切刀刀口相对于印刷材料片倾斜设置"。权利要求2是对概括性的权利要求1的技术方案进一步改进，将直线刀口变形为锯齿状。从前文对审查意见的分析可以得知，体现本申请主要发明构思的权利要求1的概括性技术方案已经确实被对比文件1所公开，权利要求1不具备新颖性。而在对比文件2的启示和教导下，所属技术领域的技术人员可以容易地将对比文件1进行改进得到权利要求2的技术方案，权利要求2不具备创造性。

除了以上明确意见，还能得出哪些隐含信息？首先，从技术层面看，仔细分析对比文件1公开的技术方案，它的两个刀片都是分别在径向上偏离印刷材料片，达到延长切割阶段减小最大切割力的技术效果，其结构组成、工作方式、技术领域和解决的技术问题以及取得的技术效果都与本申请的第一实施例相同。进一步，其还公开了相当于本申请的对置条的下刀片，该下刀片同样相对于印刷材料片与切刀刀口反向倾斜设置，达到了进一步延长切割阶段减小最大切割力的技术效果，因此对比文件1实际上已经公开了第一实施例的改进实施例的技术方案。由此，所属技术领域的技术人员已经可以知晓，即使继续按照第一实施例及其改进实施例的技术方案对权利要求1作进一步的限定修改，也不能克服原权利要求书的新颖性和创造性缺陷。进而，分析通知书的逻辑结构。通过上面的技术分析可知，虽然审查员没有指明，但是所属技术领域的技术人员已经能够清楚地认定，在对比文件1和对比文件2公开的基础上，说明书的第一实施例中的技术内容都是不具有专利性的。在此情况下，审查员仍然没有在通知书中对说明书给出评价，说明审查员已经注意到了第二实施例与对比文件1和对比文件2公开的技术内容不同，但还不能够确认这些不同是否能构成相关技术方案专利性的基础。这是因为从缩短审查流程的角度考虑，如果审查员能够确认第二实施例中的内容也是不具有专利性的，就会在通知书中一并评述说明书的内容；如果审查员能够确认第二实施例中的内容是具有专利性的，也会在通知书中给出相应指示，以明确表达出所建议的修改方向。由此，经过上述分析已经可以得知审查员在通知书中所隐含透露的信息，申请人的答复重点就在于如何强调第二实施例与现有技术的区别特征和技术效果，同时对权利要求和说明书进行所需要的修改，以使审查员接受第二实施例的技术方案具有专利性的观点。

根据本申请的发明构思，原说明书中记载的第二实施例采用了切刀刀口在切刀滚筒的圆柱表面沿周向倾斜的结构设计。不同于对比文件1所公开的内容，在第二实施例中，切刀滚筒212和折叠页片滚筒213相互紧密接触配合旋转以传递印刷材料片，切刀滚筒的动力由折叠页片滚筒传递，这是区别于对比文件1的特征，也是产生技术问题的前提，理应记载在修改以后的权利要求中。在该实施例中，因为切刀刀口在切刀滚筒的圆柱表面上倾斜设置，为了能够容纳切刀刀口，对应的折叠页片滚筒上的刀槽就必须设计的比正常状态要宽。但是，这样过宽的刀槽设计会导致切刀滚筒在一个相对较长的时间内不与折叠页片滚筒紧密接触，由于切刀滚筒本身不具备动力，就会造成两个滚筒的圆周速度差异，这种差异会影响切割印刷材料片的精确度。因此在该实施例的技术方案中，必须保证与切刀刀口 235 相互配合并属于对应的切割装置的对置条 218 也被设置相对于印刷材料片 215 倾斜。同时，为了使切刀刀口 235 和对置条 218 在切刀滚筒和折叠页片滚筒的配合旋转中保持相互接触配合，对置条 218 的倾斜方式与切刀刀口 235 的倾斜方式应该一样，都是在滚筒的圆柱表面上沿圆周方向倾斜，并且，切刀刀口 235 和对置条 218 的倾斜方向应当相反，相对于印刷材料片 215 处于相反方向，致使由对置条 218 与切刀刀口 235 构成的角 β 大于由切刀刀口 235 与印刷材料片 215 构成的角 α。这样，根据第二实施例的技术方案，一方面可以延长切割阶段减小印刷材料片和切割装置承载的切割力；另一方面由于切刀刀口和对置条之间的连续点接触，可以保证切刀滚筒与折叠页片滚筒的圆周速度差尽可能的小，使印刷材料片的切割长度保持准确。

因此，修改以后的独立权利要求 1 应当涵盖上述产生技术问题的前提特征以及解决技术问题的结构特征，才能得到如原说明书中第二实施例所记载的减小最大切割力并保证切刀刀口和对置条接触的技术效果。如此一来，因为对比文件 1 所公开的技术方案中，两个切刀滚筒只需进行印刷材料片的横切而不需要同时紧密配合传递纸张，更无需考虑去如何解决切刀滚筒和折叠页片滚筒圆周速度差的问题，因此修改以后的独立权利要求的技术方案完全可以区别于现有技术，具有突出的实质性特点，满足新颖性和创造性的规定。同时，这样修改的权利要求的技术方案即为本申请第二实施例的技术方案，记载于原说明书当中，不会超出原说明书和权利要求记载的范围。

七、推荐的修改文件

通过以上分析，可以构建以下修改后的权利要求书作为参考。

1. 用于横切印刷材料片的切割装置，所述切割装置是印刷机的折叠机的一部分，所述切割装置包括切刀滚筒（212）和折叠叶片滚筒（213），所述切刀滚筒（212）和所述折叠叶片滚筒（213）紧密接触配合旋转，所述切刀滚筒（212）包括至少一个带有切刀刀口（235）的切刀（216），所述折叠叶片滚筒（213）包括至少一个对置条（218），所述切刀（216）位于要切割的印刷材料片（215）上并可移动通过所述印刷材料片（215），所述切刀刀口（235）相对于所述印刷材料片（215）倾斜地延伸，并且所述切刀刀口（235）与所述印刷材料片（215）构成至多 15° 的锐角，使得所述切刀刀口（235）沿宽度方向连续地切断所述印刷材料片（215）；其特征在于：所述切刀刀口（235）设置在所述切刀滚筒（212）的圆柱滚筒表面上并与所述切刀滚筒的中心轴成非平行，所述对置条（218）与所述切刀刀口（235）相互配合，所述对置条（218）同样相对于所述印刷材料片（215）倾斜延伸，并与所述切刀刀口（235）偏向相反的方向，使得由所述对置条（218）与所述切刀刀口（235）构成的角（β）大于由所述切刀刀口（235）与所述印刷材料片（215）构成的锐角（α）。

2. 根据权利要求 1 所述的切割装置，所述切刀刀口（235）具有多个切割齿（233）。

修改的说明书内容为：

[0003] 在现有技术1公开的折叠机中，印刷材料片的横切过程是这样的：切刀的切刀刀口平行于印刷材料片设置在印刷材料片上，然后切刀平行移动通过印刷材料片，将整个印刷材料片同时并立即沿宽度方向全部切断。由此，在加工过程中，对印刷材料片和运送印刷材料片的滚筒和滚子产生了巨大的切割力，所以切割装置和其中使用了所述切割装置的折叠机承受了较大的机械载荷。而在现有技术2（CN1＊＊＊＊＊＊＊2A）公开的折叠机中，为了降低折叠机及其切割装置所受瞬间冲击，采用了以下技术方案：切割装置包括具有上切刀的切刀滚筒和具有下切刀的下滚筒，从垂直于上切刀刀面的方向观察，上切刀的切刀刀口沿着切刀滚筒的轴向，在切刀滚筒的径向方向上相对于印刷材料片的高度发生变化，从而相对于印刷材料片倾斜延伸。由此，可以减小瞬时的有效切割长度，延长切割阶段，达到减小折叠机及其切割装置所受最大瞬间切割力的技术效果。但是，现有技术2公开的折叠机属于离体式折叠机，它的切刀滚筒和下滚筒相互独立传动，无需紧密接触。而对于一体式折叠机而言，由于切刀滚筒和折叠叶片滚筒相互紧密接触通过摩擦传动，因此需要一种新的结构和设计来达到减小装置部件所受最大瞬间切割力的发明目的。

八、推荐的意见陈述书

如本案一类的答复方式，主要以权利要求书的修改为主，意见陈述应当根据修改的内容说明修改不超范围的依据以及修改以后的权利要求满足新颖性和创造性的理由。推荐的意见陈述书如下。

1. 根据说明书第18段记载的本发明第二实施例的内容，在修改后的独立权利要求1中补入了特征"折叠叶片滚筒（213），所述切刀滚筒（212）和所述折叠叶片滚筒（213）紧密接触配合旋转"以及"所述切刀刀口（235）设置在所述切刀滚筒（212）的圆柱滚筒表面上并与所述切刀滚筒的中心轴成非平行，所述对置条（218）与所述切刀刀口（235）相互配合，所述对置条（218）同样相对于所述印刷材料片（215）倾斜延伸，并与所述切刀刀口（235）偏向相反的方向，使得由所述对置条（218）与所述切刀刀口（235）构成的角（β）大于由所述切刀刀口（235）与所述印刷材料片（215）构成的锐角（α）"，这些特征在原说明书第18段中均有记载，修改以后的权利要求1的技术方案即为原说明书第二实施例的技术方案，没有超出原说明书记载的范围。

根据审查员提供的对比文件1（CN1＊＊＊＊＊＊＊2A），申请人对说明书在先技术部分进行了修改，在说明书第3段中增加了如下描述"而在现有技术2（CN1＊＊＊＊＊＊＊2A）公开的折叠机中，为了降低折叠机及其切割装置所受瞬间冲击，采用了以下技术方案：切割装置包括具有上切刀的切刀滚筒和具有下切刀的下滚筒，从垂直于上切刀刀面的方向观察，上切刀的切刀刀口沿着切刀滚筒的轴向，在切刀滚筒的径向方向上相对于印刷材料片的高度发生变化，从而相对于印刷材料片倾斜延伸。由此，可以减小瞬时的有效切割长度，延长切割阶段，达到减小折叠机及其切割装置所受最大瞬间切割力的技术效果"，这些内容是由对比文件1公开的，并且是与准确理解本申请相对于在先技术的改进密切相关的,增加至在先技术部分处没有超出原说明书记载的范围;此外,在第3段中还适应性增加了以下对于本申请发明目的的描述"但是,现有技术2公开的折叠机属于离体式折叠机,它的切刀滚筒和下滚筒相互独立传动,无需紧密接触。而对于一体式折叠机而言,由于切刀滚筒和折叠叶片滚筒相互紧密接触通过摩擦传动,因此需要一种新的结构和设计来达到减小装置部件所受最大瞬间切割力的发明目的",这些内容是现有技术2和本申请的直接描述,能够便于所属技术领域的技术人员理解本申请相对于现有技术的改进,亦没有超出原说明书记载的范围。

2. 修改以后的权利要求1具备新颖性和创造性。在审查员引用的对比文件1中,公开了一种横切印刷材料片的切割装置,但其属于分体式折叠机的一部分,而非本申请的一体式折叠机的一部分。对比文件1的两个切刀滚筒只需进行印刷材料片的横切而不需要同时紧密接触配合传递纸张,更无需考虑去如何解决切刀滚筒和折叠页片滚筒圆周速度差的问题。其只是为了减小最大切割力,采用了在切刀滚筒的径向上改变切刀刀口高度的倾斜方式。与对比文件1的切割装置不同,本申请的权利要求1所述的切割装置不仅具有切割功能,还具有印刷材料片传递功能。为了实现切刀刀口相对于印刷材料片的倾斜,权利要求1包括了区别于对比文件1中刀片倾斜方式的特征"所述切刀刀口(235)设置在所述切刀滚筒(212)的圆柱滚筒表面上并与所述切刀滚筒的中心轴成非平行",为解决这种倾斜方式所带来的圆周速度差问题,权利要求1又进一步限定了"所述对置条(218)与所述切刀刀口(235)相互配合,所述对置条(218)同样相对于所述印刷材料片(215)倾斜延伸,并与所述切刀刀口(235)偏向相反的方向,使得由所述对置条(218)与所述切刀刀口(235)构成的角(β)大于由所述切刀刀口(235)与所述印刷材料片(215)构成的锐角(α)",以最终达到"在减小最大切割力的同时保持切刀滚筒与折叠叶片滚筒之间的圆周速度差尽可能地小"的技术效果。

由此可见,修改以后的独立权利要求1包括了区别于对比文件1的技术特征"所述切刀刀口(235)设置在所述切刀滚筒(212)的圆柱滚筒表面上并与所述切刀滚筒的中心轴成非平行,所述对置条(218)与所述切刀刀口(235)相互配合,所述对置条(218)同样相对于所述印刷材料片(215)倾斜延伸,并与所述切刀刀口(235)偏向相反的方向,使得由所述对置条(218)与所述切刀刀口(235)构成的角(β)大于由所述切刀刀口(235)与所述印刷材料片(215)构成的锐角(α)",解决了与对比文件1不同的技术问题"在减小最大切割力的同时保持切刀滚筒与折叠叶片滚筒之间的圆周速度差尽可能地小",取得了不同的技术效果,明显区别于对比文件1。因此该权利要求1不属于现有技术,满足《专利法》第22条第2款规定的新颖性要求;同时,与现有技术相比,其具有突出的实质性特点和显著的进步,具备《专利法》第22条第3款规定的创造性。

3. 在权利要求1具备新颖性和创造性的基础上,从属于权利要求1的权利要求2也应当具备新颖性和创造性。

九、小结

以上讨论了一个权利要求修改不合理的案例,通过对案情和原修改、答复的分析,论述了如何针对审查员的审查意见，通过深入分析和理解通知书，发掘说明书的不同实施例，寻找权利要求的合理修改方向，克服发明的新颖性和创造性缺陷，并就案情给出了建议的修改文件和意见陈述。通过该案例的分析，可以得到一些关于修改权利要求和陈述意见的启示：

1. 在答复《审查意见通知书》时，对于权利要求的修改，应当针对审查员的审查意见进行，采用《专利审查指南》第二部分第八章第5.2.2.1节规定的允许的修改方式对权利要求进行修改。对于意见中指出的缺陷，认为不恰当的可以争辩，但是对于事实认定和结合启示之类的意见，一定要根据《专利法》《专利法实施细则》和《专利审查指南》的相关规定作出客观判断。

2. 在答复时，尤其是在答复权利要求缺乏新颖性和创造性的缺陷时，要全面理解和准确把握审查员的审查意见和对比文件，这可以从审查员直接评述申请文件相关缺陷的文字内容和审查员未明确表达但是通过其他方式透射的隐含信息两方面进行。而这第二方面的信息，往往是申请人进行答复和修改时应当关注的重点。应当深入挖掘审查意见当中的隐含内容，从反面角度去思考审查意见评述了哪些技术方案，是否针对申请当中的所有技术方案都已作出评述，如果不是，某些技术方案没有评述的原因又是为何。

例如本案中，审查员在通知书中明确评述的内容仅包括两点：权利要求1的新颖性和权利要求2的创造性。除了这些明确意见，起码还能得出以下隐含信息。首先，从技术层面看，对比文件1不仅公开了权利要求1的技术方案，实际上还公开了说明书第一实施例的改进实施例的技术方案。由此，所属技术领域的技术人员已经可以知晓，即使继续按照第一实施例及其改进实施例的技术方案对权利要求1作进一步的限定修改，也不能克服原权利要求书的新颖性和创造性缺陷。进而，分析通知书的逻辑结构。通过技术分析可知，虽然审查员没有指明，但是所属技术领域的技术人员已经能够清楚地认定，在对比文件1和对比文件2公开的基础上，说明书的第一实施例中的技术内容都是不具有专利性的。在此情况下，审查员仍然没有在通知书中对说明书给出评价，说明审查员已经注意到了第二实施例与对比文件1和对比文件2公开的技术内容不同，但还不能够确认这些不同是否能够构成相关技术方案专利性的基础。这是因为从缩短审查流程的角度考虑，如果审查员能够确认第二实施例中的内容也是不具有专利性的，就会在通知书中一并评述说明书的内容；如果审查员能够确认第二实施例中的内容是具有专利性的，也会在通知书中给出相应指示，以明确表达出所建议的修改方向。由此，经过上述分析已经可以得知审查员在通知书中所隐含透露的信息，申请人的答复重点就在于如何强调第二实施例与现有技术的区别特征和技术效果，同时对权利要求和说明书进行所需要的修改，以使审查员接受第二实施例的技术方案具有专利性的观点。

3. 在准确理解通知书意见的基础上，要充分发掘说明书的区别实施例与现有技术之间的不同点，要从解决的技术问题、采用的技术特征和达到的技术效果等方面分析所述实施例的可专利性，同时根据所述实施例修改权利要求和说明书。

本案中，不同于对比文件1所公开的内容，在说明书第二实施例中，切刀滚筒212

和折叠页片滚筒213相互紧密接触配合旋转以传递印刷材料片，切刀滚筒的动力由折叠页片滚筒传递，这是区别于对比文件1的特征，也是产生技术问题的前提，理应记载在修改以后的权利要求中。在该实施例中，因为切刀刀口在切刀滚筒的圆柱表面上倾斜设置，为了能够容纳切刀刀口，对应的折叠页片滚筒上的刀槽就必须设计的比正常状态要宽。但是，这样过宽的刀槽设计会导致切刀滚筒在一个相对较长的时间内不与折叠页片滚筒紧密接触，由于切刀滚筒本身不具备动力，就会造成两个滚筒的圆周速度差异，这种差异会影响切割印刷材料片的精确度。因此在该实施例的技术方案中，必须保证与切刀刀口235相互配合并属于对应的切割装置的对置条218也被设置相对于印刷材料片215倾斜。同时，为了使切刀刀口235和对置条218在切刀滚筒和折叠页片滚筒的配合旋转中保持相互接触配合，对置条218的倾斜方式与切刀刀口235的倾斜方式应该一样，都是在滚筒的圆柱表面上沿圆周方向倾斜，并且，切刀刀口235和对置条218的倾斜方向应当相反，相对于印刷材料片215处于相反方向，致使由对置条218与切刀刀口235构成的角β大于由切刀刀口235与印刷材料片215构成的角α。这样，根据第二实施例的技术方案，一方面可以延长切割阶段减小印刷材料片和切割装置承载的切割力；另一方面由于切刀刀口和对置条之间的连续点接触，可以保证切刀滚筒与折叠页片滚筒的圆周速度差尽可能的小，使印刷材料片的切割长度保持准确。

因此，修改以后的独立权利要求1应当涵盖上述产生技术问题的前提特征以及解决技术问题的结构特征，才能得到如原说明书中第二实施例所记载的减小最大切割力并保证切刀刀口和对置条接触的技术效果。如此一来，因为对比文件1所公开的技术方案中，两个切刀滚筒只需进行印刷材料片的横切而不需要同时紧密配合传递纸张，更无需考虑去如何解决切刀滚筒和折叠页片滚筒圆周速度差的问题，因此修改以后的独立权利要求的技术方案完全可以区别于现有技术，具有突出的实质性特点，满足新颖性和创造性的规定。

4. 修改后的权利要求的技术方案应当完整，无论是独立权利要求，还是从属权利要求，修改以后都应当是一个可以解决技术问题的完整的技术方案。此外，文件修改应当与意见陈述相吻合，应当能够充分体现所陈述的理由。

第五节 对技术问题的澄清性修改

一、概要

《专利法》第26条第3款规定，说明书应当对发明或实用新型作出清楚、完整的说明，以所属技术领域的技术人员能够实现为准。

在专利审查中，《专利法》第26条第3款所涉及的说明书公开不充分缺陷的一种常见情形是审查员认可技术方案本身不存在明显的不清楚以及不完整的问题，但所公开的技术方案是否能够解决其技术问题并能够达到预期的效果存有疑问。尤其是当申请人在申请文件中对发明所要解决的技术问题、所能达到的技术效果言过其实，致使技术人员明显无法通过所公开的技术手段解决所声称的技术问题，此时审查员通常会发出通知书质疑说明书没有达到充分公开的要求，即所属技术领域的技术人员采用说明书中所给出的技术手段不能解决发明所要解决的技术问题,达不到所属技术领域的技术人员能够实现的要求,因此导致说明书不符合《专利法》第 26 条第 3 款的规定。对于这种情形,问题的起源在于申请人所撰写的技术问题及技术效果不符合客观实际,使其与所要求保护的主题明显不相适应,进而引发技术手段能否解决技术问题的疑问。因此,申请人应当从技术问题入手进行合理澄清,并说明发明技术方案客观上能解决该技术问题。如果该技术问题可以由所属技术领域的技术人员根据说明书记载的技术效果或技术方案直接地、毫无疑义地确定,则可对技术问题进行澄清性修改。

本节将通过一个具体案例,针对上述公开不充分的情形,提供一种按照澄清事实的思路,如何从所要解决的技术问题以及预期技术效果入手进行答复以及澄清性修改,供申请人进行参考。

二、申请文件

自行车变速器换挡装置

(一) 说明书摘要

本发明涉及一种换挡传动装置,特别是自行车驱动装置的换挡装置,它具有一个通过换挡传动装置的力传递件起作用的调节装置、一个手动驱动该调节装置(5)的具有转动驱动件的驱动装置和一个具有沿圆弧运动的显示件(4)的指示装置(3)以便指示借助驱动装置选择的换挡状态,其中驱动装置的或调节装置(5)的角运动经变速器这样传递到指示装置(3)上,即当时使指示装置(3)的显示件(4)或刻度相对于换挡装置的缸形壳体移过的圆弧小于同时由驱动装置的驱动件移过的圆弧,从而改善了指示装置的可读性并使换挡装置(1)更适合人体工程学。

选择说明书附图 32-5-01 作为摘要附图。

(二) 权利要求书

1. 一种用于自行车变速器的换挡装置,其具有一个通过换挡传动装置的力传递件起作用的调节装置(5)、一个手动驱动其调节装置的驱动装置和一个具有沿圆弧运动的显示件的指示装置以便指示借助驱动装置选择的换挡状态,其特征在于,驱动装置的角运动经变速器这样传递到指示装置(3)上,即使指示装置(3)的显示件(4)或刻度相对于换挡装置的缸形壳体移过的圆弧小于同时由驱动装置的驱动件移过的圆弧,所述变速器由行星传动装置构成,该指示装置(3)由所述行星传动装置中的行星齿轮驱动。

2. 如权利要求 1 的换挡装置,其特征在于,所述指示装置(3)的显示件(4)通过一个行星齿轮装置(10)或其行星齿轮装置(10)的凸肩或轴形成。

(三) 说明书

技术领域

[0001] 本发明涉及一种用于自行车变速器的换挡装置。

背景技术

[0002] 目前,日常自行车或是比赛用自行车都通常都会装有变速器,它们大多具

有多个变速级，以使骑车人能根据个人体力状况、不同速度要求以及不同的地势将效率和踏板频率调整到最佳状态。

[0003] 为此，在自行车的力所传到的后轮区域或踏板驱动区域内设置一个改变驱动比的装置如轮毂传动机构或链条变换装置。

[0004] 考虑到人体结构、可靠性及易操作性，由骑车人选择所希望变速比的驱动装置至今多数设置在自行车把手或本身的传动导杆上。对此例如使用所谓的转动啮合换挡装置或拇指换挡装置。

[0005] 为了使自行车驱动能够最佳地满足人体的需要，会设置尽可能多的不同变速级。对此，现代换挡技术可以实现3、5、7、16、24的档数和更多的变速级。由于可以选择许多不同变速比，因而为了使骑车人能够有效控制、调节及识别所使用的档速比，加快发展自行车换挡的驱动装置是绝对必要的。

[0006] 然而，对于现代自行车传动机构的驱动装置的要求绝不是唯一的，例如除了操作简单外还包括自行车的人体结构性、由手和手指在运动过程中所确定的设计，所使用的驱动件具有抵抗能力并同时具有令人满意的接触材料表面，以及特别在高档速下显示当时设定的变速级的重要清晰识别性。

[0007] 此外，对挡位指示的要求包括提供由骑车人以直觉获得的设定的速比占总速比范围比例的显示。这不仅需要使骑车人能够看到当时各设定的档，而且至少同样看到各相邻的档，以及可以看到速比范围的上端或下端以提供换挡范围。

[0008] 至今多数情况下是通过醒目的标记或彩标来实现上述目标的，上述标记形成在换挡机构的手动驱动件上，以便使骑车人指示通过相对于挡位指示刻度的其标记的相应位置来识别当时的设定档，其挡位指示刻度相对驱动装置的壳体确定。

[0009] 这种公知的自行车换挡传动机构的换挡机构的指示装置的缺点是，而特别是在日益增长使用高速级数的情况下，由于与高档数相关的驱动装置的总驱动路径较长，指示设定档的标记或指示件总是不在骑车人的视角内，其视角不能满足最佳人类工程学的可读性要求。

[0010] 考虑到换挡装置的易换挡性、变速时的位置准确性以及人体因素，至今驱动件的总转角常常很大，特别是在进行多个不同变速比换挡时，使得在不考虑骑车人的骑座位置和视向时，其指示件或显示件在极端情况下可能运动到骑车人的视角之外或至少给出在档刻度一端或两端上的不希望的可读角度。

[0011] 另外，用于自行车换挡传动装置的换挡装置的指示装置是公知的，其中骑车人可以在相对于换挡装置静止的显示窗中看到以图解或数字表示的当时设定的挡位。例如，CN1*******1A中公开了一种设置在自行车手把上的速度指示装置。这种类型的显示装置克服了部分档刻度不易观察的缺点，但是不能满足人们视觉需要的要求，即在整个变速比范围看到显示相应设定档的相对位置（类似于相对数字测量值的或例如时间显示的比较特性）。

[0012] 本发明的目的在于提供一种此类型的换挡装置，它能够很好地克服上述现有换挡装置的缺陷，充分考虑易换挡性以及满足最佳人体工程学的视觉要求，在

若干不同变速级和与其相关的驱动装置大驱动角下，无论人体差异以及挡位高低，均能使指示装置易于识别以及符合人体工程学，不仅可以清楚显示当时设定挡位，而且可以提供总变速比区域图解，此外通过该换挡装置可以保证人视觉需要的最大刻度角度。

发明内容

[0013] 本发明的目的是通过如下的换挡装置实现的。

[0014] 根据本发明的用于自行车变速器的换挡装置，其具有一个通过换挡传动装置的力传递件起作用的调节装置、一个手动驱动其调节装置的驱动装置和一个具有沿圆弧运动的显示件的指示装置以便指示借助驱动装置选择的换挡状态，其特征在于，驱动装置的角运动经变速器这样传递到指示装置上，即使指示装置的显示件或刻度相对于换挡装置的缸形壳体移过的圆弧小于同时由驱动装置的驱动件移过的圆弧，所述变速器由行星传动装置构成，该指示装置由所述行星传动装置中的行星齿轮驱动。

[0015] 这意味着，在设计上驱动装置总驱动角度很大时可以这样构成其指示装置，使得考虑到人体因素的情况下在已知尺寸限定下的指示装置的指示角度变为可能或在已知尺寸限定下的圆弧长度变为可能，在其圆弧上设置总变速比区域的指示刻度，从而使指示装置易于识别并满足人体工程学的可读性要求。

[0016] 根据换挡装置的特别有益的实施例，其设置在驱动装置或调节装置和指示装置之间的变速器由传动装置，特别是由齿轮传动装置构成。由于齿轮传动装置的形状合理性，通过其实施例有益地实现了调节装置与指示装置之间的变速比是相同的并保证了将各指示清楚的与当时设定的挡位对应所必须的、根据档级相对彼此不同的调节装置和指示装置的位置。

[0017] 根据本发明的另一特别优选的实施例，其在驱动或调节件和指示装置之间设置的变速器由行星传动装置构成，它分别至少具有中心轮装置、行星轮装置和内轮装置，其中各轮装置至少分别包括齿轮或齿轮部分。

[0018] 其行星传动装置的优点之一是在占据的相对小空间的位置上可以在不增加构件的情况下，在宽的安置限度内改变传动装置的变速比，并以简单的方式实现了反向运动和反向转动的可能性。

[0019] 若换挡装置的指示装置具有一例如由转动指示器构成的独立指示件或显示件，其指示器的指示区域沿挡位指示刻度设置，其所希望的换挡时从指示器输出的角运动可以这样有益的实现，即其指示装置的指示件经行星传动装置的行星齿轮驱动。

[0020] 一具有很少独立构件的本发明实施例换挡装置结构特别有益的是结构简单、抗干扰且节省空间，其中通过其行星齿轮装置使得指示装置的显示件就是行星齿轮装置，或其中行星齿轮装置的凸肩、凸缘或轴形成其显示件。

[0021] 具有很少构件节省空间的结构进一步有益的是，所述行星齿轮装置的支承件在轴向这样形成时，即其行星齿轮装置至少具有一在其端面设置的圆形或圆环形支承面，它设置在相对换挡装置的套静止的、垂直于行星齿轮装置的转轴且基本呈圆环

部分形的支承面上。

[0022] 行星齿轮装置的径向支承以这样有益的类似方式实现，即至少一行星齿轮装置的凸肩、凸缘或轴在至少一内缸部分形支承面上滚动并以这样的方式确定行星齿轮装置径向向内或径向向外的位置。

[0023] 根据本发明的另一实施例其换挡装置的指示装置的另一种可能的结构是，其指示装置的显示件通过内齿轮装置驱动或通过内齿轮装置特别是通过设置在内齿轮装置上的标记形成。

[0024] 如果行星齿轮装置的传动构件，即中心齿轮装置、行星齿轮装置或内齿轮装置这样构成，即至少行星传动装置的构件的两转动轴不平行，可以实现考虑人体结构及换挡装置设计上的方便性。

[0025] 本发明的有益的实施例可以这样实现，其中心齿轮装置、行星齿轮装置和/或内齿轮装置具有斜齿、螺纹齿或蜗杆齿。由于通过这样的结构实现了相对指示装置或档指示刻度的设置和对准及相对指示件的运动方向的自由性则进一步改善了本发明换挡装置的人体可视性。

[0026] 另一种可能是在驱动或调节装置之间设置的变速器由正齿轮装置构成以实现所希望的变速比并至少具有一塔轮或塔轮部分。同样，其指示装置的显示件有益地通过至少具有在内缸形或内缸部分形构件上设置的正齿的内缸形或内缸部分形构件形成或由正齿轮或正齿轮部分或由内缸形或内缸部分形构件上或正齿轮或正齿轮部分上设置的标记形成。

[0027] 通过本发明另一实施例使其本发明的换挡装置耐用、抗干扰并节省空间，为此具有或形成指示装置的显示件的上述内缸形或内缸部分形构件例如支承在换挡装置的套上的与显示件的结构对应的内缸形或内缸部分形的槽中。

[0028] 根据本发明的另一实施例，其指示装置的显示件设置在基本呈缸形或内缸部分形并基本与自行车的把手偏心的区域，从而在考虑了人体结构后获得其指示装置的有益结构。

[0029] 下面参照描述实施例的附图对本发明作进一步描述。

附图说明

[0030] 图32-5-01从骑车人的视向示出了由在自行车车把上设置的转动把手换挡装置构成的换挡装置的分解图；

[0031] 图32-5-02示出了图1换挡装置的调节装置、变速器及显示件的组装图；

[0032] 图32-5-03示出了本发明另一实施例的换挡装置的调节装置、变速器及显示件，其中变速器由正齿轮装置构成。

具体实施方式

[0033] 从图32-5-01中可看出，一个换挡装置1，它包括固定在一个自行车车把上的套2、一个具有显示件4和包括指示窗4a的指示装置3以及一个具有槽6的调节装置5，在其槽中固定并引导着传力件（未示出），它将调节运动传递到例如为鲍登钢丝线的换挡传动件上。

[0034] 为清楚起见,在图32-5-01中未示出设置在区域A的具有驱动件的驱动装置,如它由覆有弹性物的把手构成。

[0035] 驱动装置的角运动通过调节装置5传递到指示装置3上的本发明变速器上,其变速器包括一个由中心齿轮部分7构成的设置在调节装置5中的中心齿轮装置8,一个由行星齿轮9构成的行星齿轮装置10以及一个由内齿轮部分11构成的内齿轮装置12。

[0036] 图32-5-02示出了图32-5-01换挡装置1的变换机构的组装放大图,包括位于调节装置5上的中心齿轮部分7、行星齿轮9以及内齿轮部分11。另外从图32-5-02可看到指示装置3,它包括显示件4以及显示窗4a,显示件4相对其显示窗4运动以显示相应拨入的变换级。其显示件4根据从驱动装置,确切地讲,从调节装置5上通过变速器传递到显示装置3上沿档指示刻度的运动而变动,在图32-5-02中不能看到其档指示刻度,它位于指示装置3的朝向骑车人的观察侧。

[0037] 在所示的本发明实施例中,指示装置3的显示件4由行星齿轮9的轴4形成,行星齿轮9不是支承在一个独立的行星齿轮支承件上,而是支承于在行星齿轮9的多个端侧上设置的圆形或圆环形支承面,即图32-5-02中的圆环形支承面13,与多个相应的圆环形的或部分圆环形的支承面一起形成了具有形成指示装置3的显示件4轴4的在轴向上的行星齿轮9的支承,其中的多个相应的圆环形的或部分圆环形的支承面是在图32-5-02中的设置在中心轮部分7上的圆环形支承面14和设置在换挡装置1的套2上的或设置在指示装置3上的部分圆环形支承面15。

[0038] 在没有独立行星齿轮支承件的类似方案中,在行星齿轮9上设置的多个并与行星齿轮9的轴线平行的圆柱形凸缘或者说是行星齿轮9的形成指示装置3的显示件4的轴4与多个部分内缸形支承面一起形成了具有形成显示件4的在径向、在这里是径向向外的行星齿轮9的支承,其中的在图32-5-02中的部分内缸形支承面是靠近内齿轮部分11齿部分内缸形支承面16,由此圆柱形凸缘在部分内缸形支承面上滚压,或行星齿轮9在内齿轮部分11上滚动。

[0039] 行星齿轮9的径向向内的支承通过中心轮部分7的齿形成,其行星齿轮9在其齿上滚动。行星齿轮传动的优点是在占据的相对小空间的位置上,可以在不增加构件的情况下在宽的安置限度内改变传动装置的变速比,并以简单的方式实现了反向运动和反向转动的可能性。

[0040] 其中,中心齿轮装置、行星齿轮装置和/或内齿轮装置可以具有斜齿、螺纹齿或蜗杆齿。通过这样的结构,能够实现相对指示装置或档指示刻度的设置和对准及相对指示件的运动方向的自由性,进一步改善了本发明换挡装置的人体可视性。

[0041] 从图32-5-03可以看到,本发明另一实施方案的换挡装置1的变速器,其中变速角运动从驱动装置或调节装置5通过一正齿轮传动机构传递到指示装置的显示件4上,为达到变速的目的,其正齿轮传动机构包括一个支承在换挡装置1套上的塔形齿轮17。本发明的实施例例如可用在根据拇指或手指类型构成

的换挡装置中。

[0042] 在本发明的该实施例中,显示件4与内缸形构件18形成一单件,其构件18通过塔形齿轮17由在部分内缸形构件18的正侧形成齿19驱动。其部分内缸形构件18设置在绕骑车人把手偏心装置的换挡装置1的槽6中。

[0043] 本发明实施例换挡装置结构的优点在于具有很少的独立构件,因而结构简单、抗干扰且节省空间,其中通过其行星齿轮装置使得指示装置的显示件就是行星齿轮装置,或其中行星齿轮装置的凸肩、凸缘或轴形成其显示件。

[0044] 应当清楚的是,尽管已经特别参考这些优选实施例详细说明了本发明,但本发明不仅仅局限于此,在不偏离本发明的精髓的情况下,各种变型和改进对于所属技术领域的技术人员而言是显而易见的。

(四) 说明书附图

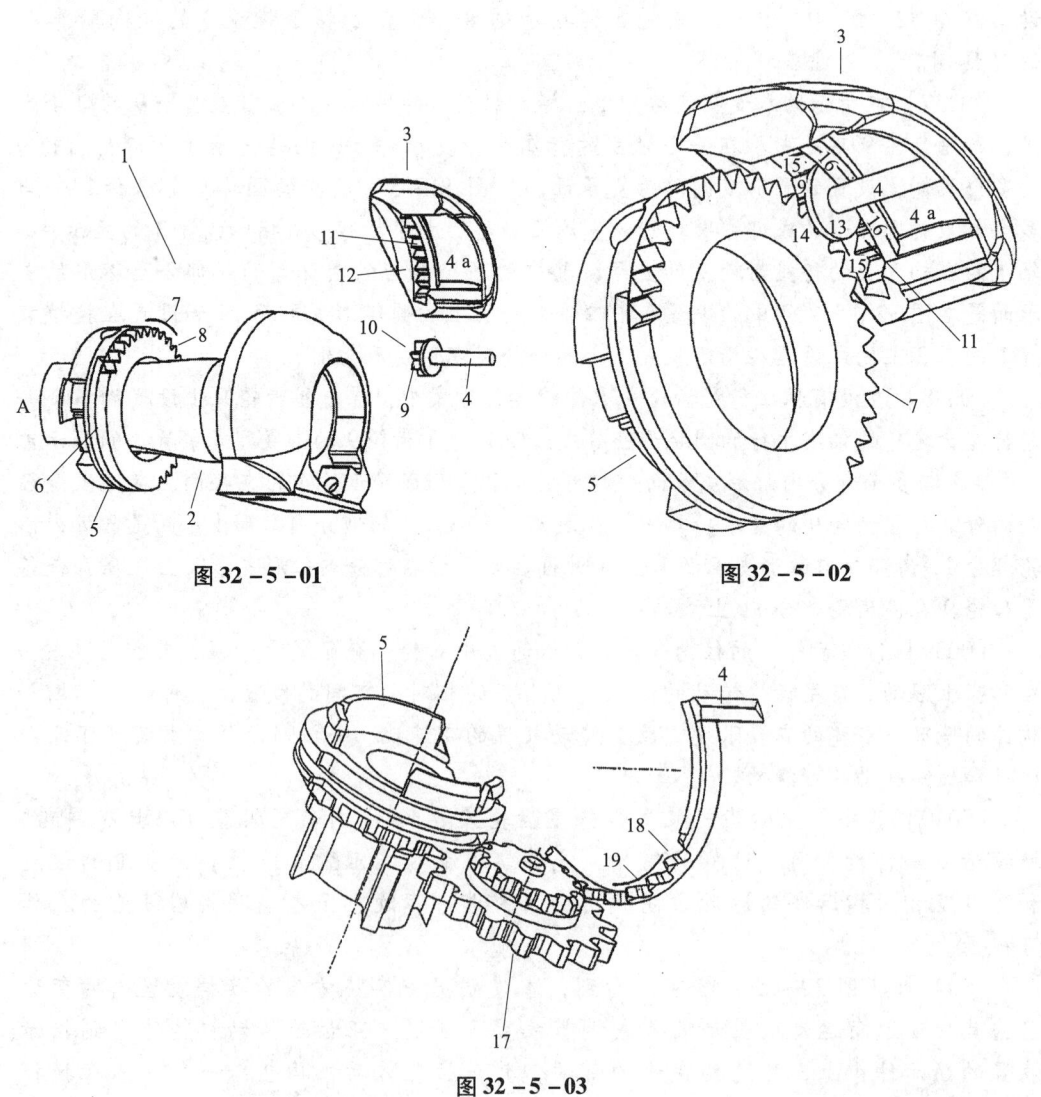

图 32-5-01

图 32-5-02

图 32-5-03

三、审查意见通知书

审查员认为本申请说明书未对发明作出清楚、完整的说明，致使所属技术领域的技术人员不能实现该发明，不符合《专利法》第26条第3款的规定。公开不充分主要表现在：

根据本申请说明书的记载，本发明是针对目前自行车换挡机构指示装置不满足人体工程学的要求、可读性差的缺点，尤其是与高档数相关的驱动装置的总驱动路径较长，而使与高档数相关的指示件不总是在骑车人的视角内；骑车人无法总能读取指示设定档的标记或指示件指示的挡位，提出一种自行车变速器的换挡装置，其所解决的技术问题是**充分考虑易换挡性以及满足最佳人体工程学的视觉要求，能够在若干不同变速级和与其相关的驱动装置大驱动角下，无论人体差异以及挡位高低，均能使指示装置易于识别以及符合人体工程学要求，不仅清楚显示当时设定档且满足所提供的总变速比区域图解的要求，并且保证人视觉需要的最大刻度角度**（参见说明书第［0012］段）。然而，本申请说明书公开的技术手段仅仅是"使指示装置的显示件或刻度移过的圆弧小于同时由驱动装置的驱动件移过的圆弧"，而依照所属技术领域的技术人员对申请内容的了解，该技术手段并不足以解决上述技术问题以及达到上述技术效果。显然，缩小了指示装置的显示件移动的范围只是使指示装置在有限尺寸下进行显示成为可能，但并不能达到申请人声称的"无论人体差异以及挡位高低，均能使骑车人总能读取指示设定档的标记"的技术效果，其仍然有可能存在或包含背景技术部分所认为的现有技术所存在的缺陷，即在齿数比接近某些数值的时候指示装置给出的角度有可能是不可读或不易于读的。审查员并未在说明书中发现显示件达到怎样一种范围才是能够"易于识别以及符合人体工程学"的技术说明，所属技术领域的技术人员据此并不能在不花费创造性的劳动的情况下就能获得申请人所声称的上述技术效果。也就是说，说明书中所公开的使显示件移过圆弧小于驱动装置的驱动件移过圆弧的指示装置，并未达到"易于识别以及符合人体工程学"的要求，仍然不能保证无论人体差异以及挡位高低均能使设定档尤其使高档数可以被读取，并且申请文件中也没有公开能够获得"易于识别以及符合人体工程学的指示范围"的技术解决手段。即，所属技术领域的技术人员根据说明书目前公开的"使指示装置的显示件或刻度移过的圆弧小于同时由驱动装置的驱动件移过的圆弧"的技术解决手段，不能解决上述技术问题，达到预期的技术效果。

综上所述，本申请属于《专利审查指南》第二部分第二章第2.1.2节所列出的第3种情形：说明书中给出了技术手段，但所属技术领域的技术人员采用该手段并不能解决发明或者实用新型所要解决的技术问题。因此，本申请说明书不符合《专利法》第26条第3款的规定。如果申请人不能在本通知书规定的答复期限内提出具有说服力的理由，本申请将被驳回。

四、申请人实际的意见陈述

尊敬的审查员您好！申请人认真研究了您提出的审查意见，现对您提出的审查意见答复如下：

审查员指出本申请说明书公开不充分，申请人对此有不同意见。本申请要求保护一种便于读取的自行车换挡机构的指示装置，而本申请说明书中也已明确给出如何实施该指示装置的相关内容。本申请主要改进点在于使指示装置显示件移动的范围小于其驱动装置移动的范围，而说明书第［0035］~［0039］段已经明确给出了使指示装置（3）的显示件（4）相对于换挡装置的内缸形壳体移过的圆弧小于同时由驱动装置的驱动件移过的圆弧的实施方式，即变速器由行星传动装置构成，它至少具有中心轮装置（8）、行星轮装置（10）和内轮装置（12），指示装置（3）由行星传动装置的行星齿轮装置（10）驱动，该指示装置（3）的显示件（4）通过一个行星齿轮装置（10）或其行星齿轮装置（10）的凸肩或轴形成。

申请人认为，说明书中已经对本发明的结构进行了非常清楚和具体地限定，因此，所属技术领域的技术人员通过阅读权利要求结合说明书和附图，足以实现本发明。虽然在说明书中没有具体地限定容易识别且满足人体工程学的显示范围，但是制造厂商根据说明书给出的清楚、完整的技术方案，能够实施便于读取的自行车换挡机构的指示装置的制造。因此，本申请的说明书公开充分，所属技术领域的技术人员根据说明书给出的技术手段能够解决所述的技术问题，并实现预期的技术效果。

因此，申请人认为本申请符合《专利法》第26条第3款的相关规定，请审查员在此基础上继续进行本案的审查。

五、案情分析与说明

（一）案情简介

本案涉及一种用于自行车变速器的换挡装置。换挡装置通常设置在自行车把手上，通过骑车人的手动换挡操作来设定自行车的变速级。为了使骑车人能够有效控制、调节及识别所用的挡位速比，则要求换挡装置能够显示当时所设定的变速级，至少同样能看到相邻挡位，以及看到整个速比范围的上端或下端以提供换挡范围。

然而，现有技术中的高速度级的换挡装置，由于考虑到换挡装置的易换挡性、变速时的位置准确性以及人体因素，驱动件的总转角常常很大，特别是在进行多个不同变速比换挡时，在不考虑骑车人的骑座位置和视向时，指示件在指示高挡位时可能运动到骑车人的视角之外，或者处于档刻度端头的不可读角度。即，由于与高档数相关的驱动装置的总驱动路径较长，往往导致指示高挡位的指示件不在骑车人的视角内，且难以显示出整个速比范围。

本案针对上述缺陷，通过在换挡装置中设置齿轮等传动装置，让指示件相对于换挡装置缸形壳体移过的圆弧小于驱动件移过的圆弧，因而使得在考虑人体工程学的条件下，将指示件的指示角度变为限定圆弧长度以内成为可能。

（二）审查员审查意见的分析

审查员在第一次审查意见通知书中，指出根据说明书中的记载，本申请所要解决的技术问题主要是"充分考虑易换挡性以及满足最佳人体工程学的视觉要求，能够针对不同的变速换挡驱动结构，综合考虑人体差异以及挡位高低，提供符合人体工程学要求的挡位显示及总变速比区域图解，保证人体视觉需要的最大刻度角"，而说明书所公开的技术手段"使指示装置的显示件或刻度移过的圆弧小于同时由驱动装置驱动件移过的圆弧"不足以解决上述技术问题以及达到声称的技术效果，因而得出本申请说明书公开不充分的结论。

《专利法》第26条第3款规定，说明书应当对发明或者实用新型作出清楚、完整的说明，以所属技术领域的技术人员能够实现为准。所属技术领域的技术人员能够实现，是指所属技术领域的技术人员按照说明书记载的内容，就能够实现该发明或者实用新型的技术方案，解决其技术问题，并且产生预期的技术效果。

《专利审查指南》第二部分第二章第2.1.2节详细列举了由于缺乏解决技术问题的技术手段而被认为无法实现的五种情形，其中第3种为：说明书中给出了技术手段，但所属技术领域的技术人员采用该手段并不能解决发明或者实用新型所要解决的技术问题。对于本案来说，审查员认为所存在说明书公开不充分缺陷就属于此种情形。

对审查意见通知书进行分析可以看出，审查员得出该申请说明书公开不充分的结论，主要是基于两个前提，首先，根据说明书的记载，认为本申请所要解决的技术问题是：针对现有技术中换挡机构指示装置不能根据人体差异、挡位高低确保总能显示高挡位以及无法显示整个变速比范围的缺陷，解决指示装置满足人体工程学要求可在任何情况下清楚显示最高挡位指示的技术问题；其次，认为该技术问题所带来的预期技术效果是使该指示装置"无论人体差异以及挡位高低，均能使指示装置易于识别以及符合人体工程学要求"。而仅通过本申请公开的"使指示装置的显示件或刻度移过的圆弧小于同时由驱动装置的驱动件移过的圆弧"的技术手段，并未充分考虑人体工程学的要求，仍有可能存在现有技术中存在的缺陷，指示件还是有可能运动到骑车人的视角之外，或者处于档刻度端头的不可读角度，即上述技术手段尚不足以解决上述技术问题，不能确保达到预期技术效果。也就是说，审查员认为若要本申请能够符合人体工程学的要求，不能仅仅公开"使指示装置的显示件或刻度移过的圆弧小于同时由驱动装置的驱动件移过的圆弧"，还应进一步公开一种确实考虑人体差异及挡位高低的、易于识别以及符合人体工程学的显示范围或者获得该显示范围的技术手段，才能实现预期的技术效果"无论人体差异以及挡位高低均能使指示装置可符合人体视觉要求"。

因此，基于上述分析，审查员站在所属技术领域的技术人员的角度，质疑本案说明书没有达到充分公开的要求，即所公开的技术手段不能解决其技术问题、达到预期技术效果，并据此发出审查意见通知书。

（三）申请人答复意见的分析

申请人意见陈述所存在的问题在于申请人未抓住主要矛盾，对于"公开不充分"理解过于局限，认为说明书所公开的技术方案在结构上是可以实施的，就已经达到了《专利法》第26条第3款所规定的"清楚、完整的说明本发明，使所属技术领域的技术人员能实现该发明"的程度。因此，申请人将意见陈述的重点放在了解释实施本发明换挡装置的具体结构，即通过什么样的结构来实现让指示件移过的圆弧小于驱动件移过的圆弧。而对于审查员所指出的"技术手段"与"技术问题、技术效果"之间的矛盾避而不谈，仅模糊地提到"虽然在说明书中没有具体地限定容易识别且满足人体工程学的显示范围，但是申请人只要给出清楚、完整的技术方案并能够实施即可。"对于本申请说明书所公开的技术手段到底能否解决其技术问题、达到预期技术效果没有进行有针对性的论证，显然这样的意见陈述仍然是无法澄清审查员所提出的疑问的。因此，在所属技术领域的技术人员看来，本申请由于依然存在发明所要求保护的技术方案无法解决其技术问题、达到预期技术效果的缺陷，因而仍然是不满足《专利法》第 26 条第 3 款有关说明书公开充分的规定。

（四）综合分析

对于本案而言，审查员得出说明书公开不充分的结论，其逻辑依据就是"说明书所公开的技术手段不能解决发明所要解决的技术问题"，简言之，"技术手段"与"技术问题"不相匹配。那么，可见申请人的答复就只能够依据对以下两点进行的分析，说服审查员在所属技术领域的技术人员看来，基于原始申请文件公开的技术内容，哪一种修改是唯一正确的，并且足以克服审查意见所指出的说明书公开不充分缺陷：

（1）以"技术手段"作为突破口，补充能够解决其技术问题的技术手段，进而使该技术手段与说明书原始记载的技术问题相匹配；

（2）以"技术问题"为突破口，分析发明技术方案客观上所能解决的技术问题，对其进行澄清性修改，最终同样达到使"技术手段"与"技术问题"相匹配的效果。

然而必须要进一步指出的是，对于任何一个特定申请中的技术内容来说，如果"技术手段"与"技术问题"之间存在逻辑冲突，第（1）种答复方式和第（2）种答复方式中应该仅可能有一种是技术上正确的修改方式！如果两种修改方式在技术上均是正确的，则无论采取哪种修改方式进行修改，均不能够满足《专利法》第 33 条的规定。

就本申请而言，无论是第（1）种答复方式，还是第（2）种答复方式，都应该保证所进行的修改不超出原说明书和权利要求书记载的范围，以符合《专利法》第 33 条的规定。对于第（1）种答复方式，原始说明书所记载的技术问题是"充分考虑易换挡性以及满足最佳人体工程学的视觉要求，能够在若干不同变速级和与其相关的驱动装置大驱动角下，无论人体差异以及挡位高低，均能使指示装置易于识别以及符合人体工程学要求，不仅清楚显示当时设定档且满足所提供的总变速比区域图解的要求，并且保证人视觉需要的最大刻度角度"，那么为了解决该技术问题，则需要给出符合人体工程学要求的技术手段，即考虑人体骑车的视角情况以及多变速级换挡装置的具体结构，给出指示件的安装及显示的角度范围，以及实现该范围的显示装置具体结构。并且，所给出的技术手段应当能够实现"无论人体差异以及挡位高低，均能使指示装置清楚显示设定档以及总变速区域图解"的预期技术效果。然而，所属技术领域的技术人员实际上能够了解，客观上并不可能存在一种达到上述显示要求、能适应任何人以及任何多变速级换挡装置的"万能"显示装置，因为毕竟人体情况、骑车视觉角度千差万别，而多级变速换挡装置也仍有多种级数可能，均不可穷举，进而也就无法设计出所谓的适应任何情况的显示装置。因此，从这个角度看，不可能存在一种技术方案能够符合人体工程学的显示范围以及具体实施结构，解决上述技术问题以及达到上述技术效果。换句话说就是，本申请提出的技术解决方案在本领域技术人员看来，是不存在技术方面的问题的。

下面分析是否可以从"技术问题"入手，澄清本申请技术方案客观上所要解决的"技术问题"到底应该是什么，为什么说明书所公开的技术手段能够解决该客观上所要解决的技术问题且只能解决该技术问题、并达到预期的技术效果，进而论证本申请说明书已经充分公开到能够解决其技术问题的程度，符合《专利法》第26条第3款的规定。同时，申请人还需论述所澄清的"技术问题"是能够从根据原始申请文件直接地、毫无疑义地得出的，即该澄清性修改是符合《专利法》第33条规定的。

在《专利审查指南》第二部分第二章第2.2.4节给出了"要解决的技术问题"的定义和要求，即发明或者实用新型所要解决的技术问题，是指发明或者实用新型要解决的现有技术中存在的技术问题。发明或者实用新型专利申请记载的技术方案应当能够解决这些技术问题。通常对于技术问题的认定可以从以下三个角度考虑：（1）说明书中明确记载的技术问题。（2）通过阅读说明书能够直接确定的技术问题。例如，虽然说明书中没有写明"本发明要解决的技术问题是……"，但是可以根据申请人在背景技术部分提到的现有技术的缺陷，来判断出发明在克服现有技术缺陷时所要解决的技术问题。（3）根据说明书记载的技术效果或技术方案来确定的技术问题。

如上所述，对于本案例而言，说明书记载的所要解决的技术问题明显不符合客观实际，不是发明技术方案所能够解决的技术问题。那么，基于原始申请文件所公开的现有技术以及本发明的技术方案，本案例客观上所要解决的技术问题应该是什么呢？

根据说明书背景技术第[0009]到[0011]段，申请人提到的现有自行车换挡机构指示装置主要存在如下缺陷：一是随着换挡级数日益增长，由于高档数相关的驱动装置的总行驶路径较长，使得高档数设定档的标记或指示件可能运动到骑车人的视角之外，或者出现在显示区域顶端不易读取的位置，二是无法显示整个变速比范围，骑车人不能获知所设定挡位在整个变速比范围的相对位置。

根据说明书具体实施方式部分第[0033]到[0042]段的记载，可以看出本申请所公开的技术方案主要是"通过在在驱动装置的驱动件和指示装置的指示件之间设置由行星齿轮构成的传动机构，使得指示装置的显示件或刻度移过的圆弧小于同时由换挡驱动装置的驱动件移过的圆弧，从而使得高挡位的指示能够实现"。下面结合本申请原始记载的现有技术缺陷以及发明的技术方案，进一步具体分析本申请客观上所要解决的技术问题。针对现有技术所存在的"由于高档数相关的驱动装置的总行驶路径较长，使得高档数设定档的标记或指示件可能运动到骑车人的视角之外，或者出现在显示区域顶端不易读取的位置"的缺陷，则本申请所需要解决的技术问题是"缩短与高档数相关的驱动装置的总行驶路径，使高档数设定档的标记或指示件出现在骑车人的视角内，或者是出现在易读取的位置"；针对现有技术"无法显示整个变速比范围，骑车人不能获知所设定挡位在整个变速比范围的相对位置"的缺陷，本申请所需要解决的技术问题是"能够显示整个变速比范围，以获知设定档在整个变速比范围内的相对位置"。再依据本申请所记载的技术手段，"使指示装置的显示件或刻度移过的圆弧小于同时由换挡驱动装置的驱动件移过的圆弧"，可以获知，通过使指示装置的显示件或刻度移过的圆弧小于同时由换挡驱动装置的驱动件移动的圆弧，能够保证在换挡驱动装置移动到最高档时，即便最高档驱动件的转动范围可能大于骑车人的视觉范围，但是由于最高档指示件的移动范围缩小了，指示件就能够出现在骑车人视角范围内；并且由于整体上指示件移动的范围缩小了，进而能够显示整个变速比范围。因此，技术手段——"使指示装置的显示件或刻度移过的圆弧小于同时由换挡驱动装置的驱动件移动的圆弧"——所必然带来的技术效果是："指示装置显示件的移动路径变小，进而使高挡位的刻度或指示件能够出现在可读区域内，能够显示整个变速比范围"。综合来看，针对现有技术所存在的缺陷，本申请所公开的技术手段客观上只能能够解决的技术问题是"提供一种换挡装置，其可以显示高挡位且能够显示所设定档占提供的总速比范围比例，以满足视觉需要"，该技术问题对于所属技术领域的技术人员来说是可以从本申请说明书记载的现有技术缺陷以及本申请技术方案必然推导得出的，这种推导过程对于所属技术领域的技术人员来说是能够从原始申请文件中直接、毫无疑义地确定的内容。

六、答复和修改思路

由于本申请原说明书在撰写上存过度夸大发明所能解决的技术问题、预期技术效果的问题因而导致审查员质疑说明书所公开的技术手段尚不足以解决本申请说明书中所记载的技术问题"提供一种换挡装置，充分考虑易换挡性以及满足最佳人体工程学的视觉要求，能够在若干不同变速级和与其相关的驱动装置大驱动角下，无论人体差异以及挡位高低，均能使指示装置易于识别以及符合人体工程学要求，不仅清楚显示当时设定档且满足所提供的总变速比区域图解的要求，并且保证人视觉需要的最大刻度角度"，并达到其预期的技术效果。因此，若要克服上述说明书公开不充分的缺陷，申请人应当将发明所要解决的技术问题进行进一步澄清，将其修改为所要求保护的技术方案客观上所能够解决的技术问题。

《专利审查指南》第二部分第八章第5.2.2.2节中"对说明书及其摘要允许的修改"的第4种情况为：修改发明内容部分中与该发明所解决的技术问题有关的内容，使其与要求保护的主题相适应，即反映该发明的技术方案相对于最接近的现有技术所解决的技术问题。当然，修改后的内容不应超出原说明书和权利要求书记载的范围。

对于技术效果和技术问题的修改一般所遵循的原则是满足《专利法》第33条的规定，即不能超出原申请文件所记载的范围。具体地说，当技术方案清楚地记载于原申请文件中，但其技术效果或发明所要解决的技术问题没有明确记载时，如果技术效果可以由本领域技术人员从技术方案直接地、毫无疑义地确定，例如根据申请文件记载的发明的原理、作用或功能可以没有困难地直接预期到这种效果，则允许申请人进行澄清性修改；如果所要解决的技术问题可以由本领域技术人员根据说明书记载的技术效果或技术方案直接地、毫无疑义地确定，则允许申请人进行澄清性修改。

可见，申请人可以对"技术问题"进行澄清性修改的前提必须是所进行的修改是能够根据说明书记载的内容直接地、毫无疑义地确定的内容，即从技术的角度分析，这种修改是唯一正确的，才能够不超出原说明书和权利要求书记载范围的内容。综上所述，申请人对于审查意见的答复，应该将重点放在对于本申请客观上所要解决的技术问题以及预期的技术效果的进一步澄清，基于此对发明所要解决的技术问题进行澄清性修改，并论述所进行的修改是能够从原申请文件中直接地、毫无疑义的确定的。进而基于该澄清性修改后的"技术问题"，论证说明书符合《专利法》第 26 条第 3 款的规定，即所公开的技术手段能够解决该技术问题，达到预期的技术效果，使所属技术领域的技术人员能够实现本发明。

七、推荐的意见陈述

申请人对于审查员的审查意见进行了认真的研读，关于审查员提出的本申请说明书公开不充分不符合《专利法》第 26 条第 3 款规定的审查意见，申请人具有不同的观点，现陈述意见如下：

首先，对于审查员在第一次审查意见通知书中所指出的——说明书公开的技术手段"使指示装置的显示件或刻度移过的圆弧小于同时由驱动装置的驱动件移过的圆弧"无法解决说明书第［0012］段所记载的技术问题的意见，申请人表示同意此结论。

然而，需要指出的是，说明书第［0012］段记载的技术问题及技术效果存在了一定程度的夸大，但根据说明书第［0004］~［0011］段所记载的现有技术所存在的缺陷，即现有换挡机构指示装置不易读取高挡位显示以及无法显示整个变速比范围的缺陷；以及说明书第［0015］段记载的本申请技术方案所能达到的技术效果："考虑到人体因素的情况下在已知尺寸限定下的指示装置的指示角度变为可能，或在已知尺寸限定下的圆弧长度变为可能，在其圆弧上设置总变速比区域的指示可读，从而使指示装置易于识别并满足人体工程学的可读性要求。"由此所属技术领域的技术人员可以直接地、毫无疑义地确定本申请客观上是能够解决"提供一种换挡装置，其可以显示高挡位且能够显示所设定挡占提供的总速比范围比例，以满足视觉需要"的技术问题。

并且，本申请所公开的**技术手段**（参见说明书第［0014］~［0017］段）"通过在驱动装置的驱动件和指示装置的指示件之间设置由行星齿轮构成的传动机构，使指示装置的显示件或刻度移过的圆弧小于同时由换挡驱动装置的驱动件移过的圆弧"，保证了在换挡驱动装置从最低挡换到最高挡的范围内，指示装置的显示件可以始终在人视觉范围内。现有技术中的指示装置显示件与驱动装置驱动件转动同样的角度将导致骑车人无法看到显示件，而本申请则在保证显示件与换挡驱动装置同步的同时，通过齿轮传动机构减小了显示件的角位移，从而可以在合理的范围内显示全部换挡行程。

因此，对于所属技术领域的技术人员来说，虽然本申请说明书在撰写技术问题方面存在一些不恰当，然而通过阅读说明书记载的现有技术的缺陷、分析本申请公开的技术手段以及客观上所能达到的技术效果，所属技术领域的技术人员是能够直接地、毫无疑义地确定出本申请实际上所要解决的技术问题是"提供一种换挡装置，其可以显示高挡位且能够显示所设定挡占提供的总速比范围比例，以满足视觉需要"，而本申请所公开的技术手段"通过在驱动装置的驱动件和指示装置的指示件之间设置由行星齿轮构成的传动机构，使得指示装置的显示件或刻度移过的圆弧小于同时由换挡驱动装置的驱动件移过的圆弧"是能够解决上述问题并达到预期技术效果的。因此，申请人认为本申请的申请文件已经对本发明作出了清楚、完整的说明,达到了所属技术领域的技术人员能够达到的程度,因而符合《专利法》第26条第3款的规定。

因此,为使本申请能够克服《专利审查指南》第二部分第二章第2.1.2节所指出的缺陷,申请人对说明书涉及的技术问题及技术效果部分进行澄清性修改,具体如下:

[0012] 本发明要解决的技术问题在于提供一种换挡装置,它能够克服上述现有换挡装置的缺陷,可以显示高挡位并且能够显示所设定档占提供的总速比范围比例,因而满足骑车人的视觉需要。

该修改文本没有超出原申请文件所记载的范围。根据说明书第[0004]~[0011]段所记载的现有技术所存在的缺陷,即现有换挡机构指示装置不易读取高挡位显示以及无法显示整个变速比范围的缺陷;以及说明书第[0015]段记载的本申请技术方案所能达到的技术效果:"考虑到人体因素的情况下在已知尺寸限定下的指示装置的指示角度变为可能,或在已知尺寸限定下的圆弧长度变为可能,在其圆弧上设置总变速比区域的指示可读,从而使指示装置易于识别并满足人体工程学的可读性要求。"由此所属技术领域的技术人员可以直接地、毫无疑义地确定本申请客观上是能够解决"提供一种换挡装置,其可以显示高挡位且能够显示所设定档占提供的总速比范围比例,以满足视觉需要"的技术问题。

此外,权利要求1所要求保护的换挡装置,由于具备"使指示装置(3)的显示件(4)或刻度相对于换挡装置的缸形壳体移过的圆弧小于同时由驱动装置的驱动件移过的圆弧,所述变速器由行星传动装置构成,该指示装置(3)由所述行星传动装置中的行星齿轮驱动"特征,其区别于现有技术,且现有技术中也未给出应用该区别特征解决上述技术问题的启示,所要求保护的换挡装置便于指示挡位,结构简单、抗干扰且节省空间,因此权利要求1具备突出的实质性特点和显著的进步,因而符合《专利法》第22条第3款有关创造性的规定。

八、推荐的修改文本

修改后的说明书为:

[0012] 本发明所要解决的技术问题在于提供一种换挡装置,它能够克服上述现有换挡装置的缺陷,可以显示高挡位并且能够显示所设定档占提供的总速比范围比例,因而满足骑车人的视觉需要。

九、小结

申请人在撰写发明说明书时,有时为了突出所发明的技术方案具有突出的实质性特点和显著的进步,会在说明书中夸大该技术方案所能达到的效果,所能解决的技术问题,甚至将技术效果、技术问题渲染到客观上所不能实现的程度。这种撰写方式所带来的弊端之一,就是必然会引起审查员与申请人对于公开不充分判断的分歧。如果申请人将其技术效果进行了夸大,而所属技术领域的技术人员根据其请求保护的技术方案不能达到其所声称的技术效果,审查员可能就会质疑该发明或实用新型不能满足说明书充分公开的要求。

《专利审查指南》第二部分第二章第2.2.4节中指出：发明或者实用新型所要解决的技术问题应当按照下列要求撰写：（i）针对现有技术中存在的缺陷或不足；（ii）用正面的、尽可能简洁的语言客观而有根据地反映发明或者实用新型要解决的技术问题，也可以进一步说明其技术效果。因此，首先建议申请人在撰写申请文件时，还应根据客观事实，"用正面的、尽可能简洁的语言客观而有根据地"撰写与技术方案对应的、相符的技术问题和技术效果，以避免产生误解而导致审查程序的延长。其次，对于此类缺陷的答复，通过本节案例的分析，可以归纳出其主要逻辑和思路是：（1）根据原始申请文件中所指出的现有技术缺陷以及所记载的技术方案，澄清客观上所要解决的技术问题是什么，论述本发明客观上所解决的所述技术问题是本发明所要求保护的技术方案所必然能够解决的技术问题；（2）基于此技术问题，进一步论证目前说明书所给出的技术手段足以解决该技术问题，从而满足《专利法》第26条第3款的规定；（3）根据上述答复意见，对说明书所记载的相关技术问题进行适应性修改，需要注意的是，对"所要解决的技术问题"的澄清式修改，应当是所属技术领域的技术人员根据说明书记载的技术效果及技术方案能直接地、毫无疑义地确定的内容。

第六节　意见陈述应当与权利要求的保护范围一致

一、概要

申请人对审查意见通知书的答复可以仅仅是意见陈述书，也可以包括经修改的申请文件。根据《专利法》第33条的规定，申请人可以对其专利申请文件进行修改，但是，对发明和实用新型专利申请文件的修改不得超出原说明书和权利要求书记载的范围。原说明书和权利要求书记载的范围包括原说明书和权利要求书文字记载的内容和根据原说明书和权利要求书文字记载的内容以及说明书附图能直接地、毫无疑义地确定的内容。

在申请案的审查过程中，审查员通常根据检索到的现有技术会对权利要求是否具备新颖性和创造性提出合理的质疑。当申请人认可审查意见时，通常会十分谨慎对权利要求进行修改，力求既能使修改后的权利要求的保护范围尽可能适当，又能使修改后的权利要求相对于审查员所引用的现有技术具备新颖性和创造性。为了能够说明本申请请求保护的技术方案为什么具有专利性，申请人还需要通过意见陈述书进行争辩，然而意见陈述书的技术内容往往更加具体，这就需要申请人在意见陈述书表达的技术内容与权利要求的保护范围相适应。这样才能够不造成不必要的失误，使技术人员获得本申请已经放弃了对某种实施方式的保护的暗示。

本案例试图通过涉及一种汽车地桩锁的发明专利申请的审查过程，对如何答复审查意见通知书，修改权利要求的同时，撰写好意见陈述书，提供些具体建议。

二、申请文件

（一）权利要求书

1. 一种汽车地桩锁，其特征在于：它由底座（101，201，301，401）、芯轴

（102，202，302，402）、活动桩（103，203，303，403）和锁具（104，204，304，404）构成，所述底座（101，201，301，401）固定在地面上，所述活动桩（103，203，303，403）通过芯轴（102，202，302，402）与底座（101，201，301，401）相连，活动桩上设有供锁具（104，204，304，404）插入的孔。

2. 根据权利要求1所述的汽车地桩锁，其特征在于：所述活动桩（103）为左右对称的两个活动桩，锁闭状态时，所述锁具（104）插入设在一只活动桩顶端的通孔和设在另一只活动桩顶端的盲孔中。

3. 根据权利要求1所述的汽车地桩锁，其特征在于：所述活动桩（203）为左右对称的两个活动桩，在每个活动桩的底端分别设有盲孔，在底座上设有通孔，锁闭状态时，所述锁具（204）插入所述盲孔和通孔中。

4. 根据权利要求1所述的汽车地桩锁，其特征在于：所述活动桩（303）为左右对称的两个活动桩，锁闭状态时，所述锁具（304）插入设在所述两个活动桩（303）顶端的通孔。

5. 根据权利要求1所述的汽车地桩锁，其特征在于：所述活动桩（403）包括主杆（431）和副杆（432），所述主杆（431）和副杆（432）在上端轴连接在一起，在所述副杆（432）下端设有盲孔，在所述底座（401）上设有通孔，锁闭状态时，所述锁具（404）插入所述盲孔和通孔中。

6. 根据权利要求1、2、3或5所述的汽车地桩锁，其特征在于：所述锁具（104，204，404）包括钥匙（105），锁头（106）、锁栓（107），在所述锁栓（107）的前端设有可使定位销（108）穿过的轴向槽（116），在所述锁栓前端开设有与轴向槽连通的径向槽（117）。

（二）说明书

一种汽车地桩锁

技术领域

[0001] 本发明涉及一种汽车地桩锁，用来锁住停放在停车场内的汽车。

背景技术

[0002] 现有汽车停车场没有将每辆汽车单独锁住的装置，一般是在设有专人看管的停车场的进出口处设置一道栏杆，凭证件或票据出入，较为安全可靠。而无人看管的汽车场则无任何防范措施，汽车的停放缺乏安全保障，特别是车辆在过夜时容易发生被窃。

发明内容

[0003] 本发明的目的是为停车场地提供一种能将汽车单独锁在停车场地的汽车地桩锁，开启状态时，锁具与活动桩分离。

[0004] 为实现上述目的，本发明汽车地桩锁由底座、芯轴、活动桩和锁具构成，底座固定在地面上，活动桩通过芯轴与底座相连，活动桩设有供锁具插入的孔。

[0005] 在第一个优选实施方式中，活动桩为左右对称的两个活动桩，锁闭状态时，锁具插入设在一只活动桩顶端的通孔和设在另一只活动桩顶端的盲孔中。

[0006] 在第二个优选实施方式中，活动桩为左右对称的两个活动桩，在每个活动桩的底端分别设有盲孔，在底座上设有通孔，锁闭状态时，锁具插入所述盲孔和通孔中。

[0007] 在第三个优选实施方式中，活动桩为左右对称的两个活动桩，锁闭状态时，锁具（304）插入设在两个活动桩（303）顶端的通孔。

[0008] 在第四个优选实施方式中，活动桩（403）包括主杆（431）和副杆（432），所述主杆（431）和副杆（432）在上端轴连接在一起，在所述副杆（432）下端设有盲孔，在所述底座（401）上设有通孔，锁闭状态时，所述锁具（404）插入所述盲孔和通孔中。

[0009] 更具体地，锁具包括钥匙，锁头、锁栓，在所述锁栓的前端设有可使定位销穿过的轴向槽，在所述锁栓前端开设有与轴向槽连通的径向槽。

[0010] 采用上述结构的汽车地桩锁，固定安装在停车场内汽车的前后方，挡住汽车的前后去路，将汽车保护在其中，为车主的汽车安全提供了一种防范设施。本发明结构简单合理，使用方便，而且采用的锁具为多用途插栓式保险锁或普通挂锁，一旦锁具失灵或钥匙丢失，可以用电钻将锁芯钻开，重新置换一个锁具，而不至于把整套地桩锁拆除致使整个地桩锁报废，因此该锁具通用性强。同时，为了防止他人偷配钥匙，可随时将锁具调换，提高了地桩锁的可靠性和使用寿命，适合大面积推广普及。由于锁具不需要事先固定在活动桩上，因此也无需设置附加的固定装置来固定锁具。

附图说明

[0011] 参照附图，借助于详细描述优选实施例，使本发明的上述目的和优点变得更加清楚，在附图中：

[0012] 图32-6-01是本发明汽车地桩锁第一实施方式的两只活动桩升起的正视图；

[0013] 图32-6-02是本发明汽车地桩锁第一实施方式的两只活动桩降落后的正视图；

[0014] 图32-6-03是图32-6-01所示汽车地桩锁沿A-A线的局部放大剖视图；

[0015] 图32-6-04是第一实施方式的活动桩通过芯轴与底座相连的B-B剖视图。

[0016] 图32-6-05是本发明汽车地桩锁第二实施方式的活动桩升起的正视图；

[0017] 图32-6-06是图32-6-04所示汽车地桩锁沿C-C线的局部放大剖视图；

[0018] 图32-6-07是本发明汽车地桩锁第三实施方式的两只活动桩升起的正视图；

[0019] 图32-6-08是本发明汽车地桩锁第四实施方式的活动桩升起的透视图；

[0020] 图32-6-09是本发明汽车地桩锁第四实施方式的活动桩打开时的透视图。

具体实施方式

[0021] 本发明第一实施方式如图32-6-01、图32-6-02、图32-6-03、图32-6-04所示。

[0022] 如图32-6-01所示，作为本发明第一实施方式的汽车地桩锁由底座101、芯轴102、活动桩103和锁具104组成，底座101用膨胀螺栓安装在坚实的地面上，或用水泥浇注在地基上。活动桩103通过芯轴102与底座相连，相连方法如图32-6-04所示，在底座101的凸台上设有一长通孔113，在活动桩103的凹台两侧设有一通孔114和一盲孔115，将芯轴102从活动桩103的通孔插入，穿过底座101的凸台上的长通孔113，到达活动桩103的盲孔115，使活动桩103的下端与底座101相连，并能以芯轴102为轴线旋转上升。由于芯轴102与活动桩的盲孔115采用紧配合，因此芯轴102压入盲孔115后很难退出，又由于在本实施方案中，芯轴102的前端插入的是盲孔，又不能用敲击芯轴102的方法使其退出，达到防止窃贼拆卸的目的。

[0023] 如图32-6-01、图32-6-02所示，本发明第一实施方式的活动桩为左、右对称排列，一只活动桩的顶端设有一通孔，另一只活动桩的顶端设有一盲孔，当左、右两只活动桩向上旋转升起之后，通孔、盲孔汇合在同一轴线上时，再将锁具插入，两只直立状态的活动桩的顶端被锁具104相互锁在一起。如图32-6-01所示，汽车地桩锁为锁闭状态，两只活动桩组成一个坚固的三角形，其顶端距地面高度超出汽车底盘高度，起到阻挡汽车行驶的作用；如图32-6-02所示，当地桩锁处于开启状态时，锁具已被抽出来，活动桩回降到地面，汽车可以从地桩锁上行驶过去。

[0024] 如图32-6-03所示，作为本发明第一实施方式的锁具104主要由钥匙105、锁头106、锁栓部件107以及通孔111、盲孔112和定位销108构成，通孔111设在一只活动桩的顶端；盲孔112设在另一只活动桩的顶端，并在盲孔112内设置一定位销108，锁栓107的前端设有可使定位销108穿过的轴向槽116，在所述锁栓前端与轴向槽连通地开设有径向槽117。使用时，旋转钥匙105，带动锁栓旋转，从而使锁栓的径向槽挂住或脱离定位销108，达到锁闭、开启的目的。开启状态时，锁具104与活动桩103分离。

[0025] 当汽车停妥后，车主用手向上扶起左、右两只活动桩，将主要由锁头106与锁栓部件107组成的锁具104插入活动桩顶端的通孔，使锁头106停留在通孔内，锁栓部件107停留在盲孔内，车主旋转钥匙，带动锁栓部件107的径向槽挂住定位销，抽回钥匙，锁具104既无法退出，两活动桩的顶端不能分离，从而档住汽车的去路。开启汽车地桩锁的方法是：车主将钥匙105插入锁头106旋转90°后，抽出锁具104，用手将左、右两只活动桩推回地面，让汽车从开启状态下的汽车地桩锁上面驶过。本发明结构简单合理，使用方便，而且采用的锁具为多用途插栓式保险锁，一旦锁具失灵或钥匙丢失，可以用电钻将锁芯钻开，重新置换一个锁具，而不至于把整套地桩锁拆除致使整个地桩锁报废，因此该锁具通用性强。同时，为了防止他人偷配钥匙，可随时将锁具调换，提高了地桩锁的可靠性和使用寿命，适合大面积推广普及。由于锁具不需要事先固定在活动桩上，因此也无需设置附加的固定装置来固定锁具。

[0026] 本发明第二实施方式如图32-6-05、图32-6-06所示。

[0027] 如图32-6-05所示,作为本发明第二实施方式的活动桩203抬起后,把锁具204插入设置在活动桩203底端的盲孔212上,形成锁闭状态,此时两个活动桩处于直立状态。活动桩203在本实施方式中为左右对称的两个,其结构完全相同。

[0028] 如图32-6-06所示,作为本发明第二实施方式的活动桩203的底端同时开设有通孔214、盲孔215和盲孔212,在底座201上设置有通孔211和通孔213,将芯轴202从活动桩203的通孔插入,穿过底座201的凸台上的长通孔213,到达活动桩203的盲孔215,使活动桩203的下端与底座201相连,并能以芯轴202为轴线旋转上升。由于芯轴202与活动桩的盲孔215采用紧配合,因此芯轴202压入盲孔215后很难退出,又由于在本实施方案中,芯轴202的前端插入的是盲孔,又不能用敲击芯轴102的方法使其退出,达到防止窃贼拆卸的目的。锁具204穿过底座201上的通孔211插入到活动桩203底端的盲孔212中,实现活动桩203的锁闭状态。开启状态时,锁具204从活动桩203的盲孔212中脱离,活动桩可以放倒在地面。

[0029] 第一与第二实施方式在结构原理、使用方法和采用的锁具都基本相同,所不同之处在于:数量为若干个的活动桩在锁闭状态时为单独竖立的,因此供锁头206插入的通孔211设在底座201的外端,供锁栓部件207插入的盲孔212设在活动桩203的底端与盲孔215相对的一端,活动桩203通过芯轴与底座的连接与第一实施方式中的一样。这样,在活动桩底端有需要使用若干个锁具分别插入各个活动桩203与底座201的连接部,将活动桩锁闭。图32-6-06所示的锁具204的结构与图32-6-03所示的锁具104中的结构相同。本实施方式的地桩锁结构简单合理,使用方便,而且采用的锁具为多用途插栓式保险锁,一旦锁具失灵或钥匙丢失,可以用电钻将锁芯钻开,重新置换一个锁具,而不至于把整套地桩锁拆除致使整个地桩锁报废,因此该锁具通用性强。同时,为了防止他人偷配钥匙,可随时将锁具调换,提高了地桩锁的可靠性和使用寿命,适合大面积推广普及。由于锁具不需要事先固定在活动桩上,因此也无需设置附加的固定装置来固定锁具。

[0030] 本发明第三实施方式如图32-6-07所示。

[0031] 如图32-6-07所示,作为第三实施方式的活动桩303升起后,用普通挂锁309将其锁住,使地桩锁处于立起状态。本发明第三实施方式与第一实施方式基本相同,所不同之处在于:两只活动桩303的顶端各设有一通孔,用普通挂锁309将两个活动桩303锁合在一起。当汽车停妥后,车主用手向上升起左、右两只活动桩303,使两只活动桩的顶端的通孔汇合在同一轴线上,将挂锁309的锁环310穿过两个空心孔,将其相互锁住。开启状态时,挂锁309与活动桩上的通孔脱离,活动桩放倒在地面上。本实施方式的地桩锁简单合理,使用方便,而且采用的锁具为普通挂锁,一旦锁具失灵或钥匙丢失,可以用电钻将锁芯钻开,重新置换一个锁具,而不至于把整套地桩锁拆除致使整个地桩锁报废,因此该锁具通用性强。同时,为了防止他人偷配钥匙,可随时将锁具调换,提高了地桩锁的可靠性和使用寿命,适合大面积推广普及。由于锁具不需要事先固定在活动桩上,因此也无需设置附加的

固定装置来固定锁具。

[0032] 本发明第四实施方式如图32-6-08和图32-6-09所示。

[0033] 如图32-6-08所示，作为第四实施方式的活动桩403由主杆431和副杆432组成，主杆431和副杆432的上端利用芯轴420连接在一起，其连接方式可以是一般的轴连接方式，也可以是如第一实施方式中图32-6-04所示的连接方式。主杆431的另一端利用与第一实施方式中图32-6-04所示的连接方式与底座401相连。利用锁具404将副杆432的另一端与底座的另一端实现锁闭和开启，其方法是在副杆的下端设有盲孔，在底座上设有通孔，或者是在副杆的下端设有通孔，而在底座上设有盲孔。其连接方式与图32-6-03所示结构相同。

[0034] 如图32-6-09所示，开启状态时，锁具404与活动桩上的盲孔分离，活动桩的主杆531和副杆532可以放倒在地同上，汽车可以从上面开过。本实施方式的地桩锁简单合理，使用方便，而且采用的锁具为多用途插栓式保险锁，一旦锁具失灵或钥匙丢失，可以用电钻将锁芯钻开，重新置换一个锁具，而不至于把整套地桩锁拆除致使整个地桩锁报废，因此该锁具通用性强。同时，为了防止他人偷配钥匙，可随时将锁具调换，提高了地桩锁的可靠性和使用寿命，适合大面积推广普及。由于锁具不需要事先固定在活动桩上，因此也无需设置附加的固定装置来固定锁具。

[0035] 本发明不局限于上述四个实施方式，不论在其形状或结构上作任何变化，只要是固定安装在停车场的汽车前后方利用活动桩手动或电动、或液压升降来阻挡汽车行驶的装置均落在本发明保护范围之内。此外，锁住升起的活动桩的锁具还可采用门锁结构、车锁结构、密码锁结构以用电磁锁结构等现有技术，或者采用与汽车遥控锁共用一组遥控密码遥控电动机、或电磁阀自动锁住活动桩，都是本发明锁闭机构的不同变换形式。另外，在锁合状态时，可以用锁具锁住活动桩的顶端尾端或中间部分，在开启状态时，可以使锁具与活动桩分离等，也都是本发明结构上的不同变换形式，所有上述变换形式均应落在本发明的保护范围之内。

（三）说明书附图

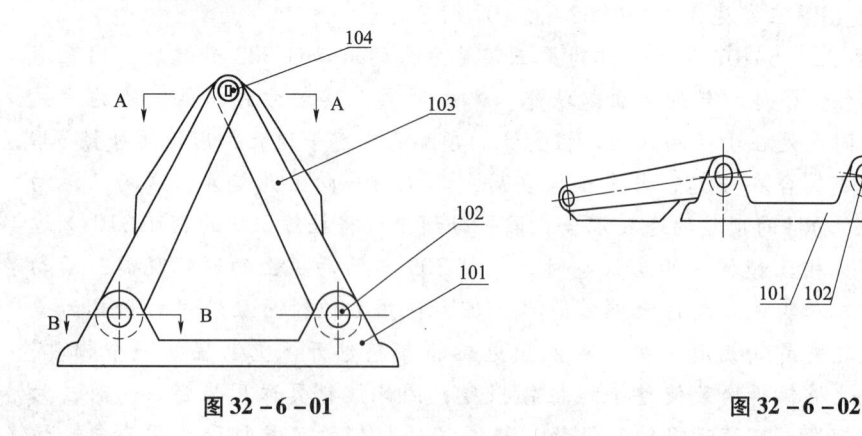

图32-6-01

图32-6-02

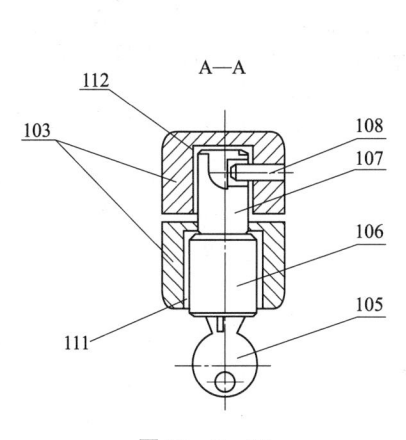

第三部分 第二章 申请文件有修改的答复案例剖析

图 32-6-03

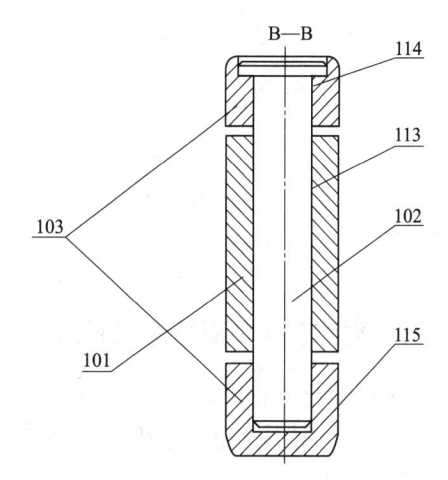

图 32-6-04

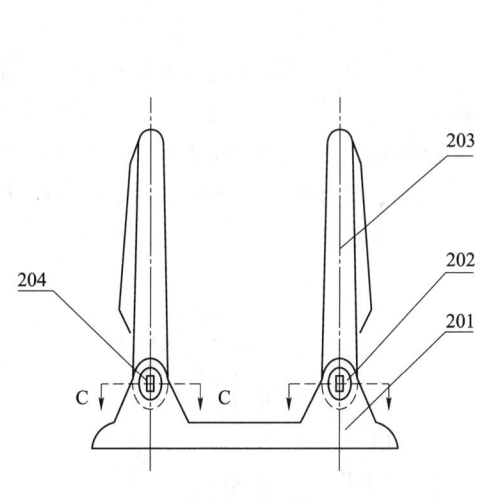

图 32-6-05

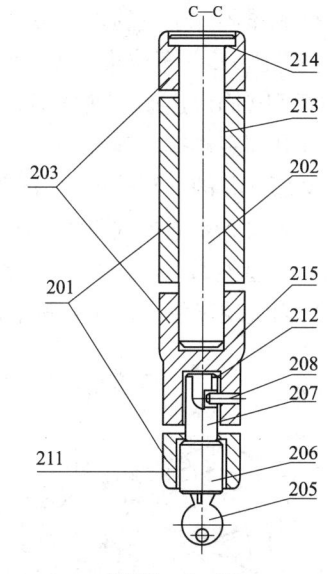

图 32-6-06

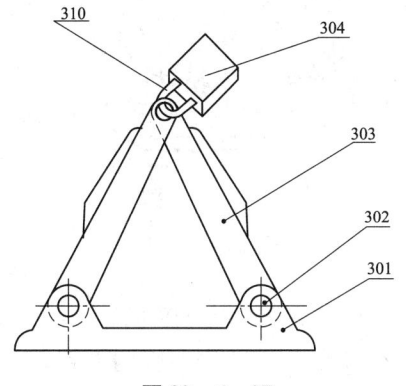

图 32-6-07

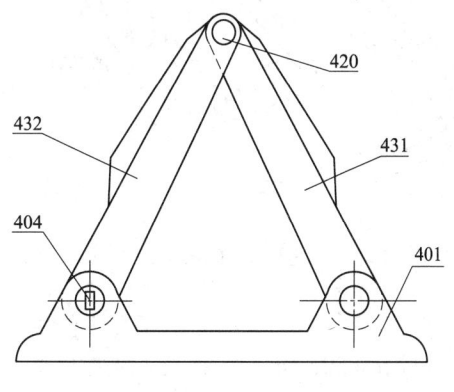

图 32-6-08

719

图 32-6-09

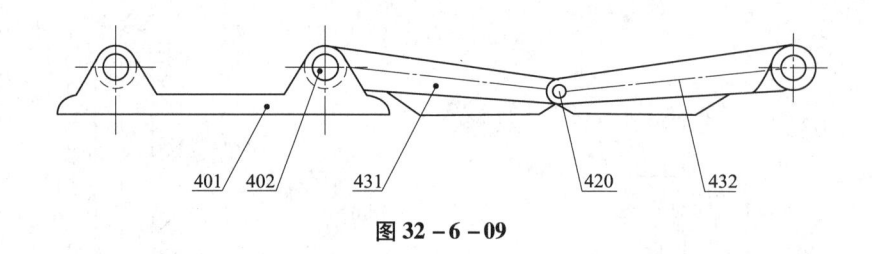

三、对比文件及审查意见通知书要点

（一）对比文件的简单介绍

审查员根据本申请请求保护的技术方案检索到了对比文件1（CN1*******1A），其主要内容如下：

一种停车场专用车位锁如附图32-6-10至图32-6-11所示，主要由底盘501、支撑连杆509和紧固件组成的车位锁，支撑连杆509包括门型架523、轴套519、510、518、连杆511、套管513、车位指示板508、锁板512和锁504，门型架523的两侧臂B的下端分别与轴套519固定连接，轴套519通过轴502与底盘501转动配合连接，连杆511的一端与轴套510固定连接，轴套510与门型架523的横梁段C转动配合连接，连杆511的另一端插入套管513的一端孔内、沿孔中心线滑动配合连接，套管513的另一端与轴套518固定连接，轴套518通过轴507与底盘501转动配合连接，车位指示板508与门型架523固定连接，门型架523、连杆511、套管513绕轴转动时，锁504的弹子舌头521弹入锁板512的孔D内实现锁住。锁504固定在指示板508上，锁板12固定在套管513上。

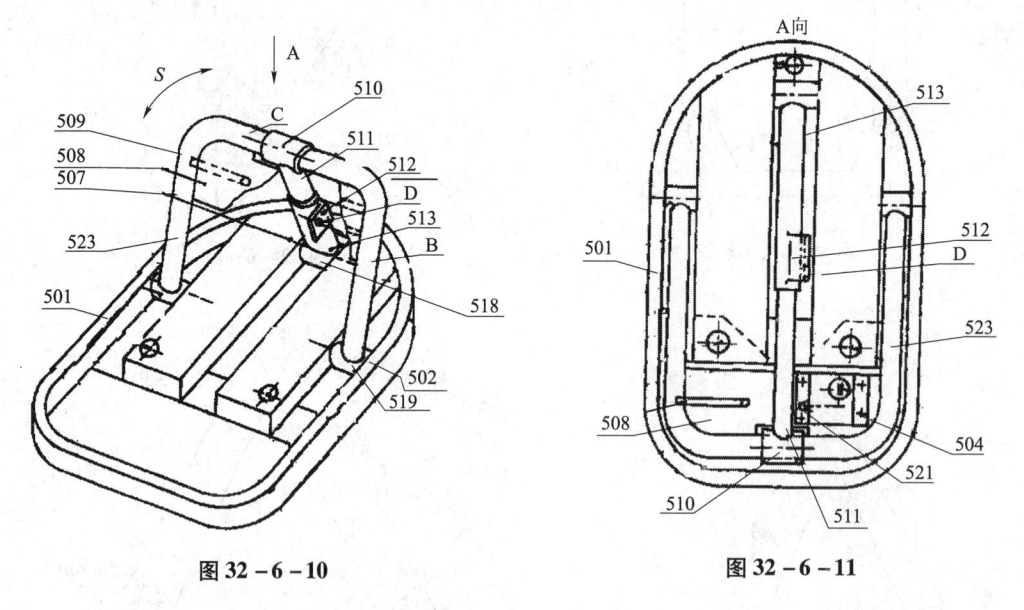

图 32-6-10   图 32-6-11

支撑连杆509上的门型架523的两个侧臂B的下端分别与轴套519固定连接。轴套519可沿轴502转动。轴502装在底盘501上。车位指示板508固定在门型架523上。

连杆 511 一端与轴套 510 固定连接，连杆 511 另一端（下端）插入套管 513 的一端的内孔内。轴套 510 套在门型架 523 的横梁段 C 上，轴套 510 可绕横梁段 C 转动。套管 513 的另一端与轴套 518 固定连接。轴套 518 可绕轴 507 转动。轴 507 装在底盘 501 上。连杆 511 可以在套管 513 的内孔中沿套管中心相对滑动。当锁 504 固定在门型架 523 上时，锁板 512 固定在套管 513 上。当锁 504 固定在套管 513 上时，锁板应固定在门型架 523 上。锁 504 上的弹子舌头 521 的有斜面的头部在其后的弹簧的作用下始终弹出在锁壳外面。当锁 504 的弹子舌头 521 弹入锁板 512 的孔 D 时，可以实现锁定。当支撑连杆锁 509 从水平位置拉起，沿 S 箭头方向转动时，在某一设定位置，门型架 523 可以与套管 513 做相对运动，弹子舌头 521 的有斜面的前端正好弹入锁板 512 的 D 孔内，从而实现锁定，这是车位锁的工作状态。车位指示板 508 上标有"专用车位不允许占用"的语句。当车辆回来时，打开车锁 504 即可放平支撑连杆锁，使其卧入底盘上的凹槽内。

（二）审查意见通知书要点

审查员针对申请人提交的申请文件进行审查，通过检索找到了对比文件 1（CN1＊＊＊＊＊＊＊1A），审查员认为从所属技术领域的技术人员的角度看，对比文件 1 公开的内容可影响本申请权利要求 1 的新颖性，并据此发出审查意见通知书。具体理由如下：

权利要求 1 相对于对比文件 1（CN1＊＊＊＊＊＊＊1A）不具备专利法第 22 条第 2 款规定的新颖性。对比文件 1 公开了以下技术特征（参见对比文件 1 的说明书第 1 至 2 段和图 32-6-10 和图 32-6-11：底盘 501（对应于本申请权利要求 1 的底座 101）；轴 502（对应于本申请权利要求 1 的芯轴 102）；门型架 523、连杆 511 和套管 513（对应于本申请权利要求 1 活动桩 103）；锁 504（对应于本申请权利要求 1 锁具 104）；底盘 501 固定在地面上；门型架 523 通过轴 502 与底盘 501 相连（对应于本申请权利要求 1 的活动桩 103 通过芯轴 102 与底座 101 相连）；套管 513（活动桩的一部分）上的锁板 512 设有实现锁定的孔 D（对应于本申请权利要求 1 的活动桩 103 设有供锁具 104 插入的孔）。从以上对比可以看出，对比文件 1 公开了权利要求 1 的所有技术特征，它们属于相同的技术领域，解决的技术问题相同，并能产生相同的预期效果，因此权利要 1 的技术方案相对于对比文件 1 不具备新颖性。

审查意见通知书未对权利要求 2 至 6 是否具备新颖性和创造性提出反对意见，也没有对说明书进行评价。

四、申请人意见陈述和修改的大致情况

申请人接受审查员在审查意见通知书中指出的权利要求 1 相对于对比文件 1 不具备新颖性的审查意见。

为克服权利要求 1 不具备新颖性的缺陷，申请人对权利要求 1 作了修改，在权利要求 1 中增加技术特征"开启状态时，锁具（104，204，304，404）与活动桩（103，203，303，403）分离"，修改没有超出原说明书和权利要求书记载的范围。修改后的权利要求 1 相对于对比文件 1 具备新颖性和创造性，理由如下：

首先，在新修改的权利要求 1 中增加了"开启状态时，锁具（104，204，304，

404）与活动桩（103，203，303，403）分离"这一技术特征，对比文件1没有公开这一技术特征；另外，本申请的权利要求1中活动桩是一个呈一字型的零件，端部有孔；活动桩设有供锁具插入的孔的含义是：锁具不是永久固定在孔中，而是呈现两种连接关系，即锁定时位于活动桩的孔中，打开时，锁具从活动桩取走，从而与活动桩分离。因此权利要求1的技术方案不同于对比文件1的技术方案，权利要求1具备新颖性。

由于在新修改的权利要求1中增加了"开启状态时，锁具（104，204，304，404）与活动桩（103，203，303，403）分离"这一特征，使得权利要求1所要求保护的地桩锁在开启时，锁具可以从整个地桩锁上取走，这样的地桩锁可以带来以下技术效果：一方面是防盗性强，另一方面是当钥匙丢失时，不会使整个地桩锁报费；还有，锁具不用单独安装在活动桩上，也无需设置附加的固定装置来固定锁具，这样的地桩锁具有坚固耐用、节约成本和使用方便等实质效果；再有，由于活动桩是一个呈一字型的零件，结构简单，更节省材料。因此权利要求1的技术方案相对于对比文件1具有突出的实质性特点和显著进步，具备《专利法》第22条第3款规定的创造性。

权利要求2至6是独立权利要求1的从属权利要求，在独立权利要求1具备新颖性和创造性的基础上，从属权利要求2至6也具备新颖性和创造性。

修改后的权利要求书如下：

1. 一种汽车地桩锁，其特征在于：它由底座（101，201，301，401）、芯轴（102，202，302，402）、活动桩（103，203，303，403）和锁具（104，204，304，404）构成，所述底座（101，201，301，401）固定在地面上，所述活动桩（103，203，303，403）通过芯轴（102，202，302，402）与底座（101，201，301，401）相连，活动桩设有供锁具（（104，204，304，404）插入的孔，开启状态时，锁具（104，204，304，404）与活动桩（103，203，303，403）分离。

2. 根据权利要求1所述的汽车地桩锁，其特征在于：所述活动桩（103）为左右对称的两个活动桩，锁闭状态时，所述锁具（104）插入设在一只活动桩顶端的通孔和设在另一只活动桩顶端的盲孔中。

3. 根据权利要求1所述的汽车地桩锁，其特征在于：所述活动桩（203）为左右对称的两个活动桩，在每个活动桩的底端分别设有盲孔，在底座上设有通孔，锁闭状态时，所述锁具（204）插入所述盲孔和通孔中。

4. 根据权利要求1所述的汽车地桩锁，其特征在于：所述活动桩（303）为左右对称的两个活动桩，锁闭状态时，所述锁具（304）插入设在所述两个活动桩（303）顶端的通孔。

5. 根据权利要求1所述的汽车地桩锁，其特征在于：所述活动桩（403）包括主杆（431）和副杆（432），所述主杆（431）和副杆（432）在上端轴连接在一起，在所述副杆（432）下端设有盲孔，在所述底座（401）上设有通孔，锁闭状态时，所述锁具（404）插入所述盲孔和通孔中。

6. 根据权利要求1、2、3或5所述的汽车地桩锁，其特征在于：所述锁具（104，204，404）包括钥匙（105），锁头（106）、锁栓（107），在所述锁栓（107）的前端设有可使定位销（108）穿过的轴向槽（116），在所述锁栓前端开设有与轴向槽连通的径向槽（117）。

五、案情分析

（一）对审查意见通知书的分析

审查员在审查意见通知书中仅指出了原权利要求1不具备新颖性，其审查意见是合理和正确的。这是由于，原权利要求1要求了比较宽的保护范围，其技术特征采用了比较概括性的描述，正如审查意见通知书指出的那样，权利要求1的所有技术特征在对比文件1中都已被公开。

从属权利要求2至5分别引用了独立权利要求1，分别基于实施方式1至4增加了附加技术特征，对活动桩的个数、结构以及供锁具插入的孔进行了具体限定。权利要求2至5的技术方案相对于对比文件1是有区别的，这种区别不是公知常识，而且能带来实质性效果，因此审查员在审查意见通知书中未对权利要求2至5的专利性提出反对意见。

从属权利要求6是权利要求1、2、3、5的从属权利要求，其附加技术特征是对锁具的进一步限定，其技术方案相对于对比文件1是有区别的，这种区别不是公知常识，而且能带来实质性效果，因此审查员在审查意见通知书中未对权利要求6的专利性提出反对意见。

由于未发现说明书存在不符合规定之处，因此，审查员未针对说明书提出审查意见。

（二）对申请人意见陈述和修改的分析

本申请的发明目的是为停车场地提供一种能将汽车单独锁在停车场地的汽车地桩锁，同时，也可以避免当锁具失灵和钥匙丢失时造成整个地桩锁全部报费。

针对审查员依据对比文件1给出的审查意见，申请人感到难以从技术角度，提出所属技术领域的技术人员认为权利要求1具备创造性的有力证据，这是因为，原权利要求1要求了较宽的保护范围，其技术方案并未体现出与对比文件1中的技术方案的区别。

尽管审查员在审查意见通知书中未对从属权利要求2至6具备新颖性、创造性提出反对意见，申请人可以通过合并权利要求的方式，分别把从属权利要求2至6的附加技术特征补入独立权利要求1中，形成新的独立权利要求，但是，由于从属权利要求2至5的技术方案分别对应于实施方式1至4，合并修改将会形成多个独立权利要求，这样的修改容易产生多个独立权利要求之处不具备单一性的缺陷，申请人不甘心接受这样的修改方式。

因此，申请人决定结合说明书公开的内容，对独立权利要求1作相应修改，将下述技术特征补充到权利要求1中："开启状态时，锁具与活动桩分离"。

由于修改后的权利要求1中增加了"开启状态时，锁具与活动桩分离"这一技术特征，从而使权利要求1的技术方案在下述方面能够区别于对比文件1的技术方案，具备创造性。

在对比文件1中，锁504是由紧固件装在车位指示板508上的，指示板508固定在门型架523上，因此不管是开启状态还是锁闭状态，锁504没有与活动桩分离。还有，锁504的弹子舌头521需要弹入锁板512的孔D内实现锁住，孔D只是接收弹子舌头521，而不是容纳锁具。对比文件1中的锁牢固，而且安装比较麻烦，这样的锁具在外日晒风吹很容易生锈破损。对比文件1中的车位锁结构复杂，部件较多，但其不够坚固，当小偷想偷车时，只要简单用工具就能将锁具破坏或者把活动桩破坏，放倒活动桩，使汽车从上面开过，不能有效实现防盗作用。

在新修改的独立权利要求中加入"开启状态时，锁具（104，204，304，404）与活动桩（103，203，303，403）分离"这一技术特征后，使其要求保护的地桩锁明显区别于对比文件中的车位锁，同样这种区别也带来了实质性效果，即权利要求1地桩锁结构简单合理，使用方便，而且采用的锁具为多用途插栓式保险锁或普通挂锁，一旦锁具失灵或钥匙丢失，可以用电钻将锁芯钻开，重新置换一个锁具，而不至于把整套地桩锁拆除致使整个地桩锁报废，因此该锁具通用性强。同时，为了防止他人偷配钥匙，可随时将锁具调换，提高了地桩锁的可靠性和使用寿命，适合大面积推广普及。由于锁具不需要事先固定在活动桩上，因此也无需设置附加的固定装置来固定锁具（参见说明书第［0025］、［0029］、［0031］、［0034］段）。因此，这种修改克服了原权利要求1不具备新颖性和创造性的缺陷。

而且，修改后的独立权利要求1的保护范围是合理的。之所以说其合理，是因为修改后的权利要求1的保护范围不仅覆盖了本申请中四个实施方式的所有情形，并且是原始申请文件直接公开了的多种技术方案中的一种（参见说明书第［0035］段）。

如果对原始申请文件仔细阅读，不难发现在本发明的第一实施方式中，活动桩为左右对称的两个活动桩，锁闭状态时，锁具插入设在一只活动桩顶端的通孔和设在另一只活动桩顶端的盲孔中，开启状态时，锁具可以与活动桩分离；在第二个实施方式中，活动桩为左右对称的两个活动桩，在每个活动桩的底端分别设有盲孔，在底座上设有通孔，锁闭状态时，锁具插入所述盲孔和通孔中，开启状态时，锁具可以与活动桩分离；在第三个实施方式中，活动桩为左右对称的两个活动桩，锁闭状态时，锁具（304）插入设在两个活动桩（303）顶端的通孔，开启状态时，锁具可以与活动桩分离；在第四个实施方式中，活动桩（403）包括主杆（431）和副杆（432），所述主杆（431）和副杆（432）在上端轴连接在一起，在所述副杆（432）下端设有盲孔，在所述底座（401）上设有通孔，锁闭状态时，所述锁具（404）插入所述盲孔和通孔中，开启状态时，锁具可以与活动桩分离。

依据上述分析，作为本发明第一种实施方式的地桩锁，包括两个活动桩，在其中的一个活动桩上端设有一通孔，而在另一只活动桩上端设有一盲孔，锁具插入在通孔和盲孔中，开启状态时，锁具与活动桩上分离；作为本发明第二种实施方式的地桩锁，包括两个相互独立的活动桩，在每一个活动桩的下端设有盲孔，用两个锁具分别插入底座的通孔和活动桩的盲孔，开启状态时，锁具与活动桩上分离；作为本发明第三种实施方式的地桩锁，地桩锁包括两个活动桩，在每个活动桩上端设有一通孔，锁具插入两个活动桩的通孔中，锁具用的是通用的挂锁，开启状态时，锁具与活动桩分离；作为本发明第四种实施方式的地桩锁活动桩包括主杆和副杆，主杆与副杆一端通过轴连接一起，主杆的另一端通过芯轴与底座相连，副杆的另一端上开设有盲孔，底座上开设有通孔，锁具插入设在底座上的通孔和副杆上的盲孔中，开启状态时，锁具与活动桩分离。通过以上的详细分析可以看出，尽管四种实施方式中的活动桩结构、供锁具插入的孔的位置各不相同，但它们具有一个共同的技术特征，即"活动桩上设有供锁具插入的孔，开启状态时，锁具与活动桩分离"。因此修改后的权利要求1没有放弃说明书中的任何一种实施方式。

然而，申请人在答复审查意见通知书时，没有从本发明的四种实施方式的共同点和不同点进行分析，说明修改后的权利要求1具有专利性的理由，而是想当然地认为，本发明的四种实施方式中的活动桩是一样的，都是呈"一"字型的零件，端部有孔。

申请人为了说明进一步限定后的权利要求1具备创造性，针对"活动桩设有供锁具（（104，204，304，404）插入的孔，开启状态时，锁具（104，204，304，404）与活动桩（103，203，303，403）分离"这些技术特征，提交了如下意见陈述："活动桩是一个呈'一'字型的零件，端部有孔；活动桩设有供锁具插入的孔的含义是：锁具不是永久固定在孔中，而是呈现两种连接关系，即锁定时位于活动桩的孔中，打开时，从孔中全部取出，从而与地桩分离。"

由此可见，申请人将"开启状态时，锁具（104，204，304，404）与活动桩（103，203，303，403）分离"补充到权利要求1，使其与对比文件1公开的在先技术划清界线，并不是建立在对本申请的四种实施方式进行细致分析的基础上的。

如果对原始申请文件仔细阅读，不难发现在本发明的第一实施方式中，活动桩为两个，每个活动桩是"一"字型的，其下端与底座连接，在一个活动桩的上端开有通孔，在另一只活动桩的上端开有盲孔，锁闭时，将本发明的锁具插入两个活动桩的孔中，开启时，将锁具取走，两只活动桩分开，并放倒在地上，第一实施方式是本发明的最佳实施方式，地桩锁更加坚固，开启方便；在本发明的第二实施方式中，活动桩为两个，每个活动桩是"一"字型的，每个活动桩的底端开有盲孔，在底座上开有通孔，本发明的锁具插入底座上的通孔和活动桩的盲孔中，每个活动单独立起，起到挡住汽车通行的功能，第二实施方式中的每个活动桩能够独立实现地桩锁的功能，开启时，每个活动桩能单独放倒在地面上，每个地桩锁可以根据需要设置若干个活动桩，更加灵活方便；在本发明的第三实施方式中，活动桩为两个，每个活动桩是"一"字型的，在每个活动桩上端设有通孔，锁闭时，将普通挂锁插入两个活动桩的通孔中，开启时，将锁具取走，两只活动桩分开，并放倒在地上，第三实施方式中的地桩锁与第一实施方式的地桩锁结构相近，不同之处在于第三实施方式是利用普通挂锁将两只活动桩锁在一起；在本发明的第四实施方式中，活动桩为一个，包括主杆和副杆，主杆与副杆一端通过轴连接一起，主杆的另一端通过芯轴与底座相连，副杆的另一端上开设有盲孔，底座上开设有通孔，锁具插入设在底座上的通孔和副杆上的盲孔中，开启状态时，锁具与活动桩分离，活动桩放倒在地，此时活动桩可以基本看做呈"一"型，但在锁闭状态时，活动桩不是一个呈"一"型的零件，而一个呈"∧"型的零件。

不言而喻，按照意见陈述表达的活动桩与对比文件1中的活动桩具有很大的区别，对比文件1中的活动桩是门型的，而不是"一"字型的，且供锁具插入的孔是开设在锁板上而不开设在活动桩的一端，这种区别使本发明请求保护的地桩锁具有结构更加简单，更加坚固等实质性效果。然而虽然申请人在意见陈述中陈述了"活动桩是一个呈'一'字型的零件，端部有孔"这一区别，将对所属技术领域的技术人员认可修改后的权利要求相对于对比文件1具备创造性是具有实质性影响,但是如上所述,申请人的这种陈述"活动桩是一个呈'一'字型的零件,端部有孔",并未涵盖本发明的第四实施方式。

由此可见,申请人在形成意见陈述书时,并没有对四种实施方式的活动桩的不同点和共同点进行细致分析,使得意见陈述"活动桩是一个呈'一'字型的零件,端部有孔",并未涵盖本发明的第四实施方式。所属技术领域的技术人员依据修改后的权利要求1和申请人提交的意见陈述书不难推定,申请人在对权利要求1进行上述修改时,并没有在谋求对第一、第二、第三实施方式获得专利保护的同时,谋求对第四实施方式的专利保护。

意见陈述书也是具有一定效力的文件依据,申请人在意见陈述书中的这些陈述同样会对请求保护的技术方案产生实质影响。换句话说就是,所属技术领域的技术人员对权利要求1请求保护范围的解读,会受到意见陈述书中的这些陈述的影响,即所属技术领域的技术人员通常会认为,审查员亦是在接受了申请人在意见陈述书中的技术说明,才认定本申请的权利要求1具备新颖性和创造性的。

因此,在答复审查意见时,不仅需要反复斟酌如何修改权利要求,而且对意见陈述的每一句话所包含的技术含义,也要进行认真分析。只有仔细阅读原始申请文件,特别是在面对发明申请有多个实施方式时,申请人更应当认真阅读原始申请文件,找出各实施方式的不同点和共同点,这样才不会造成不必要的失误,使所属技术领域的技术人员获得本申请已经放弃了对某种实施方式的保护的暗示。

六、推荐的意见陈述书和修改方式

申请人认真研究了审查意见通知书以及所提供的对比文件1,同意您关于权利要求1相对于对比文件1不具备新颖性的审查意见。因此,申请人对说明书在先技术部分进行了修改。申请人认为,本申请说明书中提供的技术解决方案,相对于审查员提供的对比文件1,是具有可专利性的。

而且,为克服权利要求1不具备新颖性的缺陷,申请人对权利要求1作了修改,修改后的权利要求1如下:

1. 一种汽车地桩锁,其特征在于:它由底座(101,201,301,401)、芯轴(102,202,302,402)、活动桩(103,203,303,403)和锁具(104,204,304,404)构成,所述底座(101,201,301,401)固定在地面上,所述活动桩(103,203,303,403)通过芯轴(102,202,302,402)与底座(101,201,301,401)相连,活动桩设有供锁具((104,204,304,404)插入的孔,开启状态时,锁具(104,204,304,404)与活动桩(103,203,303,403)分离。

上述对权利要求1的修改增加了"开启状态时,锁具(104,204,304,404)与活动桩(103,203,303,403)分离"这一技术特征,而这样的修改没有超出原说明书和权利要求书记载的范围,参见说明书第[0024]、[0028]、[0031]、[0034]段的最后一行,在本发明的四种实施方式中,都明确记载了"开启状态时,锁具(104,204,304,404)与活动桩(103,203,303,403)分离"这一技术特征,而且,修改后的权利要求1的保护范围与是原始申请文件直接公开的多种技术方案中的一种(参见说明书第［0035］段）相对应。

因此原说明书中明确记载了权利要求1的技术方案，所以这样的修改没有超出原说明书记载的范围。

修改后的权利要求1相对于对比文件1具备新颖性和创造性，理由如下：

修改后的权利要求1增加了特征"开启状态时，锁具（104，204，304，404）与活动桩（103，203，303，403）分离"，对比文件1没有公开这一技术特征。因为对比文件1中的锁504是由紧固件装在车位指示板508上的，车位指示板508固定在门型架523上，正如通知书中指出的那样，对比文件1中的门型架523是活动桩的一部分，因此锁504始终固定在活动桩上，因此权利要求1的技术方案不同于对比文件1的技术方案，权利要求1具备新颖性，符合《专利法》第22条第2款有关新颖性的相关规定。

由于修改后的权利要求1中增加了"开启状态时，锁具（104，204，304，404）与活动桩（103，203，303，403）分离"这一技术特征，从而使权利要求1的技术方案在下述方面能够区别于对比文件1的技术方案，使其具备创造性。

在对比文件1中，锁504是由紧固件装在车位指示板508上的，指示板508固定在门型架523上，因此不管是开启状态还是锁闭状态，锁504没有与活动桩分离。还有，锁504的弹子舌头521需要弹入锁板512的孔D内实现锁住，孔D只是接收弹子舌头521，而不是容纳锁具。对比文件1中的车位锁结构复杂，部件较多，并且不够坚固，当小偷想偷车时，只要用简单工具就能将锁具破坏或者把活动桩破坏，放倒活动桩，使汽车从上面开过，这种车位锁不能有效实现防盗作用。

在新修改的独立权利要求中加入"开启状态时，锁具（104，204，304，404）与活动桩（103，203，303，403）分离"这一技术特征后，使其要求保护的地桩锁明显区别于对比文件1中的车位锁，同样这种区别也带来了实质性效果：使得权利要求1要求保护的地桩锁在开启时，锁具可以从活动桩上取走，从而实现与地桩锁的分离，这样的地桩锁使用方便，而且采用的锁具为多用途插栓式保险锁或普通挂锁，一旦锁具失灵或钥匙丢失，可以用电钻将锁芯钻开，重新置换一个锁具，而不至于把整套地桩锁拆除致使整个地桩锁报废，因此该锁具通用性强。同时，为了防止他人偷配钥匙，可随时将锁具调换，提高了地桩锁的可靠性和使用寿命，适合大面积推广普及。由于锁具不需要事先固定在活动桩上，因此也无需设置附加的固定装置来固定锁具（参见说明书第［0025］、［0029］、［0031］、［0034］段）。因此权利要求1的技术方案相对于对比文件1具有突出的实质性特点和显著进步，具备《专利法》第22条第3款规定的创造性。

从属权利要求2至6是权利要求1的从属权利要求，分别对其引用的权利要求做了进一步限定，在权利要求1具备新颖性和创造性的基础上，从属权利要求2至6也具备新颖性和创造性。

申请人把对比文件1作为最接近的现有技术写入背景技术部分，并对说明书做了适应性修改。具体修改方式如下：

背景技术

［0002］现有汽车停车场没有将每辆汽车单独锁住的装置，一般是在设有专人看管的停车场的进出口处设置一道栏杆，凭证件或票据出入，较为安全可靠。而无人看管的汽车场则无任何防范措施，汽车的停放缺乏安全保障，特别是车辆在过夜时容易发

生被窃。经检索发现，专利公开号为CN1＊＊＊＊＊＊＊1A，名称为车位锁的的实用新型专利，公开了一种车位锁，其主要由底盘、支撑连杆和紧固件组成的车位锁，支撑连杆包括门型架、轴套、连杆、套管、车位指示板、锁板和锁，门型架的两侧臂的下端分别与轴套固定连接，轴套通过轴与底盘转动配合连接，连杆的一端与轴套固定连接，轴套与门型架的横梁段C转动配合连接，连杆的另一端插入套管的一端孔内、沿孔中心线滑动配合连接，套管的另一端与轴套固定连接，轴套通过轴与底盘转动配合连接，车位指示板与门型架固定连接，门型架、连杆、套管绕轴转动时，锁的弹子舌头弹入锁板的孔内实现锁住。锁固定在指示板上，锁板固定在套管上。这种车位锁有以下缺点：锁具固定在活动桩上，不能取走，当锁具失灵时，易造成整个车位锁报废；容易被偷配钥匙，不利于防盗；需要把锁具事先固定在活动桩上，结构复杂。本发明力求解决上述现有技术的不足。

七、总结

本案例通过涉及一种汽车地桩锁的发明专利申请的审查过程，对如何答复审查意见通知书，修改权利要求的同时，撰写好意见陈述书，提供了一些具体建议。

面对审查员对权利要求是否具备新颖性和创造性提出的反对意见，申请人如果认可审查意见，应当十分谨慎对权利要求进行修改，认真研究本申请的各种实施方式的技术方案和审查员所提供的对比文件。为了能够说明本申请请求保护的技术方案为什么具有专利性，申请人还需要通过意见陈述书进行争辩，然而意见陈述书的内容往往更加具体，这就需要注意意见陈述书的内容与权利要求的保护范围是否相一致。申请人在谨慎地对权利要求进行修改的同时，同样需要谨慎地对意见陈述书进行撰写，力求既能做到修改后的权利要求的保护范围尽可能大，又能做到修改后的权利要求相对于审查员所引用的对比文件具备新颖性和创造性，且不给出本申请已经放弃了对某种实施方式的保护的暗示。

第七节 针对数值范围不清楚和修改超范围的答复和修改

一、概要

《专利法》第33条规定，申请人可以对其专利申请文件进行修改，但是，对发明专利申请文件的修改不得超出原说明书和权利要求书记载的范围。同时，针对涉及数值范围的修改，《专利审查指南》作了特别规定：对于含有数值范围技术特征的权利要求中数值范围的修改，只有在修改后数值范围的两个端值在原说明书和/或权利要求书中已确实记载且修改后的数值范围在原数值范围之内的前提下，才是允许的。

撰写发明涉及数值的申请文件时，应该特别注意技术方案中各组分的含量范围以及对不同组分进行关联限定的含量范围之间是否相互矛盾，反复对文字表达进行一致性检查。当文件申请后发现合金中涉及各组分的含量范围与对不同组分进行关联限定的含量范围出现矛盾时，应该从成分确立的源头即各具体实施例入手，对说明书文字表达的各个实施例进行比对和排查。当说明书文字表达没有详细给出所有实施例以致无法唯一确定正确的含量范围时，可以进一步由原始公开的所有内容寻找确定含量范围的依据，包括附图公开的内容。

本节通过一个具体案例，对如何通过文字部分与附图部分的有机结合，针对数值范围不清楚和修改的问题为发明人提供一种答辩的思路。

二、申请文件的案情简介

本发明旨在提供一种汽车上的功率半导体装置安装专用的高熔点无铅焊锡材料，它能够替代含高熔点铅焊锡的无铅焊锡材料，所述焊锡对于 Ni 或 Cu 的润湿性优良，满足接合温度≤390℃且耐热温度≥280℃的要求，并且对于 Cu 或 Ni 在温度循环寿命和高温可靠性优良。

现有技术不存在能够代替高熔点含铅焊锡的无铅高温焊锡，但是已知的是，可能代替材料为 Zn - Al 系或 Sn - Sb 系、Bi - Ag 系的高温焊锡。本发明具体研究了以 Sn、Sb、Ag 和 Cu 为主要元素的焊锡材料，其组成为：42wt% < Sb/(Sn + Sb) ≤48wt%，5wt% ≤ Ag < 20wt%，3wt% ≤ Cu < 10wt%，而且 Ag + Cu ≤ 25wt%，剩下的部分由其他的不可避免的杂质元素构成。实验证明，本发明的焊锡材料能够满足使用要求。

（一）权利要求书

原始权利要求：

1. 一种汽车上的功率半导体装置安装专用的高熔点焊锡材料，以 Sn、Sb、Ag 和 Cu 为主要构成元素，其特征在于：

该焊锡材料的组成是：42wt% < Sb/(Sn + Sb) ≤48wt%，5wt% ≤ Ag < 20wt%，3wt% ≤ Cu < 10wt%，而且 5wt% ≤ Ag + Cu ≤ 25wt%，剩下的部分由其他的不可避免的杂质元素构成。

2. 如权利要求 1 中所述的高熔点焊锡材料，其特征在于：上述焊锡材料含有 0.01wt% ~5.0wt% 的 Ni、Ge、Ga 中的一种或多种，或者含有 0.005wt% ~0.5wt% 的 P。

（二）说明书

汽车上的功率半导体装置安装专用的无铅高温焊锡材料

技术领域

[0001] 本发明涉及汽车上的功率半导体装置安装专用的高熔点无铅焊锡材料。

背景技术

[0002] 在现有技术中，在功率半导体装置的器件与外部电极的接合中，使用了包含 90% 以上的铅、此外包含百分之几的 Sn、Ag 等、具有 280℃ 以上的熔点的高熔点铅焊锡。近年来，保护环境使之不受有害物质的污染这一点变得越来越重要，要求从电子装置的组装构件中除去铅。但是，目前的状况是，尚未开发出能按原样置换包含铅的高温焊锡且不使用铅的高温焊锡。作为存在可能性的候补材料，已知有 Zn - Al 系或 Sn - Sb 系、Bi - Ag 系的高温焊锡。在现有技术 1（CN1*******1A）中记载了这样的材料的例子。

[0003] 功率半导体器件被广泛应用在汽车电子系统中，随着系统电流的增加，功率半导体器件必须解决相关的问题，如热性能，同时必须考虑缩小体积以满足设备的集成。同时，由于功率半导体器件在汽车中通常工作于严酷/恶劣的环境条件下，要求具备耐高温、耐高湿、抗冲击振动、宽电压工作范围、抗腐蚀等特点，所以对于其可靠性要求很高，但如何解决环境温度升高引起的器件不稳定性是需要首先解决的问题。

[0004] 用于安装在汽车上的功率半导体装置中，采用热沉/陶瓷布线基板/功率半导体器件的层叠接合构造，在热沉/陶瓷布线基板的接合中使用了Sn–Pb共晶焊锡、在陶瓷布线基板/功率半导体器件的接合中使用了高铅焊锡。对于不使用铅的要求来说，对共晶焊锡研究了Sn–Ag–Cu焊锡等作为代替材料候补，但尚处于没有高铅焊锡的代替材料候补的状态。

[0005] 为满足用于汽车上的功率半导体装置的安装专用的高温焊锡的要求，包括以下的7项性能：1)润湿性：焊锡材料对于半导体器件的电极材料或外部连接用的金属构件润湿性优良，2)接合温度：根据管芯键合的工艺温度小于等于360℃这一点，液相温度应当小于等于390℃，3)耐热温度：具有能耐受将半导体装置以二次安装方式安装到更大的装置上时的260℃的回流加热和在200℃~250℃的高温环境下使用的耐热性，4)变形缓和功能：焊锡接合部能缓和将半导体器件接合到外部连接用的金属构件上时所产生的热变形以防止因热应力引起半导体器件破损，5)热疲劳寿命：对于因半导体器件的发热引起的温度变动，焊锡接合部的热疲劳寿命要充分长，6)高温可靠性：在焊锡材料与半导体器件的电极或金属构件之间不引起伴随化合物生长的裂纹或空洞的形成及大幅度的强度下降，7)加工性：焊锡材料可加工为能应用于半导体装置的批量生产组装的形状。

[0006] 在这些性质中，最重要的性质是润湿性、接合温度、耐热温度。利用接合构造或金属化的改进，在变形缓和功能、高温可靠性或热疲劳寿命方面存在可采取其他对策的余地，此外，在包含焊锡的形态和组装工艺方面作改进，对加工性可采取对策。

[0007] 虽然现有技术的Zn–Al系焊锡在接合温度和耐热温度方面具有必要的性质，但对于Ni或Cu润湿性差。此外，虽然现有技术的Sn–Sb二元系焊锡的润湿性良好，但不能同时满足接合温度和耐热温度这两项性能。再者，现有技术的Bi–Ag系焊锡的固相温度为262℃，存在耐热温度低的问题。

[0008] 另一方面，在用于安装在汽车上的现有的功率半导体装置中，由于没有高温铅焊锡的代替材料，故未能在功率半导体装置中完全不使用铅。在最近的汽车设备中，在每个新机种中使用的电流容量越来越增加，同时与功率半导体装置的小型化要求相应地，要求增加每一个半导体器件的通电容量。此外，从确保效率和存在空间这一点来看，存在将功率半导体装置的设置场所集中在温度方面苛刻的发动机室内的趋势。在该情况下，因半导体器件的温度上升和环境温度的上升，接合部受到的低温与高温的温差变大，在使用了现有技术的高铅焊锡的功率半导体装置中存在温度循环寿命随热变形的增大而下降的问题。

[0009] 此外，在现有的功率半导体装置或高频半导体装置中，由于尚未发现不使用铅、具有260℃的耐热性且具有温度循环或高温高湿可靠性的代替材料作为管芯键合

或将无源元件安装到陶瓷基板上的接合中使用的焊锡,故存在不能达到完全不使用铅的问题。

发明内容

[0010] 本发明的目的在于提供一种汽车上的功率半导体装置安装专用的高熔点焊锡材料,它是一种具有高温焊锡所必需的性质的对于 Ni 或 Cu 的润湿性优良、满足接合温度≤390℃且耐热温度≥280℃、进而对于 Cu 或 Ni 在温度循环寿命和高温可靠性方面优良的焊锡。

[0011] 本发明采用由 42wt% < Sb/(Sn + Sb)≤48wt%、5wt%≤Ag < 20wt%、3wt%≤Cu < 10wt% 且 5wt%≤Ag + Cu < 25wt% 的组成构成的焊锡接合半导体元件或金属电极构件。

[0012] 按照本发明,可提供在对于 Ni 或 Cu 的润湿性方面优良、满足接合温度≤390℃且耐热温度≥280℃、对于 Cu 或 Ni 在温度循环寿命和高温可靠性方面优良的不含有铅的汽车上的功率半导体装置安装专用的高温焊锡。

附图说明

[0013] 图 32 – 7 – 01 是本发明的 Sn – Sb – Ag – Cu 系合金的固相、液相线温度相对于 Sb/(Sn + Sb) 比率依存性的说明图。

[0014] 图 32 – 7 – 02 是本发明的 Sn – Sb – Ag – Cu 系合金的固相、液相线温度相对于 Ag 浓度依存性的说明图。

[0015] 图 32 – 7 – 03 是本发明的 Sn – Sb – Ag – Cu 系合金的固相、液相线温度相对于 Cu 浓度依存性的说明图。

[0016] 图 32 – 7 – 04 是本发明的 Sn – Sb – Ag – Cu 系焊锡硬度相对于 Ag 浓度依存性的说明图。

[0017] 图 32 – 7 – 05 是本发明的 Sn – Sb – Ag – Cu 系焊锡硬度相对于 Cu 浓度依存性的说明图。

[0018] 图 32 – 7 – 06 是本发明的 Sn – Sb – Ag – Cu 系焊锡硬度相对于 Ni 浓度依存性的说明图。

[0019] 图 32 – 7 – 07 是本发明的 Sn – Sb – Ag – Cu 系高温焊锡的固相、液相线温度和硬度相对于 (Ag + Cu) 浓度依存性的说明图。

[0020] 图 32 – 7 – 08 是本发明的 Sn – Sb – Ag – Cu 系高温焊锡相对于对于 Cu 和 Ni 的润湿试验结果的说明图。

具体实施方式

[0021] 以下使用附图详细地说明本发明的实施例。

[0022] 对于本发明的汽车上的功率半导体装置安装专用的高温焊锡材料来说,以 Sn、Sb、Ag 和 Cu 为主要构成元素,做成了具有 42wt%≤Sb/(Sn + Sb)≤48wt%、5wt%≤Ag < 20wt%、3wt%≤Cu < 10wt% 且 5wt%≤Ag + Cu≤25wt% 的组成、剩下的部分由其他的不可避免的杂质元素构成的高温焊锡材料。再者根据特定场合的特定需要,在上述组成的高温焊锡材料中进一步添加了 0.01wt% ~ 5.0wt% 的 Ni、Ge、Ga、0.005wt% ~ 0.5wt% 的 P 中的一种或多种。

[0023] 试制了各种上述组成的合金并研究了固相和液相温度,结果发现:固相线温度由 Sn 和 Sb 的组成比来决定,在上述组成范围内可大于等于 280℃;再者,如果添加 Ag 或 Cu,则固相线温度几乎不下降,可只使液相线温度下降,在上述的组成中,液相线温度小于等于 370℃。图 32-7-01、图 32-7-02、图 32-7-03 表示该测定结果。这些图表示在 Sn-Sb-Ag-Cu 四元合金中改变了特定的元素的比率时固相和液相线温度,图 32-7-01 是用 Sb/(Sn+Sb) 的比率整理的结果,图 32-7-02 是用 Ag 的含量整理的结果,图 32-7-03 是用 Cu 的含量整理的结果。

[0024] 如图 32-7-01 中所示,在 42wt%≤Sb/(Sn+Sb) 的条件下,固相温度大于等于 280℃。另一方面,如图 32-7-02、图 32-7-03 中所示,液相温度在 Sb/(Sn+Sb)=48wt% 时随着增加 Ag 或 Cu 的添加而下降。从 Sn-Sb 二元状态图可知,在 Sb/(Sn+Sb)=48wt% 时,不含有 Ag、Cu 的情况下液相温度是 422℃,但如果将 Ag 添加到 10wt% 以上或将 Cu 添加到 8wt% 以上,则如图 32-7-02、图 32-7-03 中所示,液相温度为 370℃。此外,也确认了在 Sb/(Sn+Sb)=42wt% 时,在 5wt%≤Ag、3wt%≤Cu 且 5wt%≤(Ag+Cu) 的条件下,满足液相温度≤370℃。

[0025] 但是,希望高温焊锡材料在接合后可减小施力给半导体器件的应力。在图 32-7-04、图 32-7-05、图 32-7-06 中表示试制了的焊锡的硬度的测定结果。作为焊锡硬度的上限,接合了各种各样的材料与半导体器件并进行了评价的结果,可知按维克斯硬度小于等于 130Hv 的焊锡合金适合于实用。

[0026] 作为焊锡的成分,增加 Ag、Cu 的含量对于降低液相温度是有效的,但同时也判明了如果含量增加则焊锡变硬。作为满足维克斯硬度小于等于 130Hv 的条件的组成,确认了如图 32-7-04 中所示 Ag<20wt%、此外,如图 32-7-05 中所示 Cu<10wt% 是适当的范围。此外,如图 32-7-06 中所示,只要 Ni<2wt%,则满足按维克斯硬度小于等于 130Hv 的条件。

[0027] 图 32-7-07 是以 Ag+Cu 的含量 (wt%) 整理了固相和液相温度以及维克斯硬度的说明图。硬度依存于 Ag+Cu 的含量的趋势较强,可知为了使维克斯硬度小于等于 130Hv,必须规定 Ag+Cu≤25wt% 的范围。

[0028] 此外,在该四元系的焊锡中,关于 (1) 46Sn-35Sb-11Ag-8Cu(Sb/(Sn+Sb)=43wt%)、(2) 42Sn-40Sb-10Ag-8Cu(Sb/(Sn+Sb)=49wt%)、(3) 38Sn-45Sb-9Ag-8Cu(Sb/(Sn+Sb)=54wt%) 这三种组成在 360℃~390℃ 的加热处理条件下研究了对 Cu 箔、Ni 电镀膜的润湿性。结果,关于对 Ni 电镀膜的润湿性,在全部的加热温度下焊锡组成没有引起明显差别,可确认良好的润湿性。但是,关于对 Cu 的润湿性,只有 (1) 46Sn-35Sb-11Ag-8Cu (Sb/(Sn+Sb)=43wt%) 的焊锡显示出良好的润湿性,判明了随着 Sb 的含量增加,润湿的扩展面积减小。

[0029] 在图 32-7-08 中表示关于高温焊锡 (1) 46Sn-35Sb-11Ag-8Cu(Sb/(Sn+Sb)=43wt%) 和 (2) 42Sn-40Sb-10Ag-8Cu(Sb/(Sn+Sb)=49wt%) 的润湿试验结果。判明了高温焊锡 (2) 42Sn-40Sb-10Ag-8Cu(Sb/(Sn+Sb)=49wt%) 对于 Cu 的润湿性差的原因是由于在焊锡中包含的 Sb 与 Cu 的反应加剧,Cu 进入焊锡中,在润湿前端进行高熔点化。其结果,从对于 Cu 的润湿的观点来看,判明了减少 Sb 的含

量的做法是良好的。

[0030] 如上所述，研究评价了高温焊锡材料的结果，只要焊锡组成是 42wt% ≤Sb/(Sn+Sb)≤48wt%、5wt%≤Ag<20wt%、3wt%≤Cu<10wt% 且 5wt%≤Ag+Cu≤25wt%，对于 Cu、Ni、Ni-P 的润湿性是良好的，可在 350℃~390℃ 的范围内选择接合温度，可将耐热温度提高到大于等于 280℃。

[0031] 此外，判明了如果将焊锡组成定为 42wt%≤Sb/(Sn+Sb)≤48wt%、5wt%≤Ag<20wt%、3wt%≤Cu<10wt% 且 5wt%≤Ag+Cu≤25wt%，则按维克斯硬度可使焊锡硬度为小于等于 130Hv，可减小与热膨胀差不同的构件接合时在半导体器件中产生的热应力。

[0032] 再者，关于高温放置可靠性，例如在 250℃-1500h 的试验中，如果在接合面上形成 Ni-P 电镀膜，则可抑制与焊锡的金属反应，可抑制 Ni-Sn 化合物等的生长，也确认了可靠性的提高。判明了这是由于 Ni-P 即使在高温下也是稳定的，可抑制焊锡与 Sn 或 Sb 的反应。即，关于高温可靠性，本实施例的四元系焊锡也是有效的。再者，即使在该四元系焊锡中添加 0.01wt%~5.0wt% 的 Ni、Ge、Ga、0.005wt%~0.5wt% 的 P 中的一种或多种，也不会改变润湿性或耐热温度、焊锡硬度等。

[0033] 如以上所述，按照本发明，通过将高温焊锡材料作成以 Sn、Sb、Ag 和 Cu 为主要构成元素、具有 42wt%≤Sb/(Sn+Sb)≤48wt%、5wt%≤Ag<20wt%、3wt%≤Cu<10wt% 而且 5wt%≤Ag+Cu≤25wt% 的组成、剩下的部分由其他的不可避免的杂质元素构成的合金，可提供在作为高温焊锡所必需的性质的对于 Ni 或 Cu 的润湿性方面优良、满足接合温度≤390℃ 且耐热温度≥280℃、进而对于 Cu 或 Ni 在温度循环寿命和高温可靠性方面优良的焊锡材料。

[0034] 将该高温焊锡应用于汽车上的功率半导体装置的组装，在任何接合部都不产生大的热变形，即使施加温度差大的温度循环，焊锡材料也不产生疲劳破坏，得到了高的温度循环可靠性，可提供能实现批量生产组装、在高温可靠性方面优良的不使用铅的功率半导体装置。此外，由于该高温焊锡大幅度地提高功率半导体器件的电极接合部的耐热性，故可提高功率半导体器件的容许温度，其结果，可提高通电的容许电流，在不改变装置的尺寸的情况下，可谋求大容量化。

（三）说明书附图

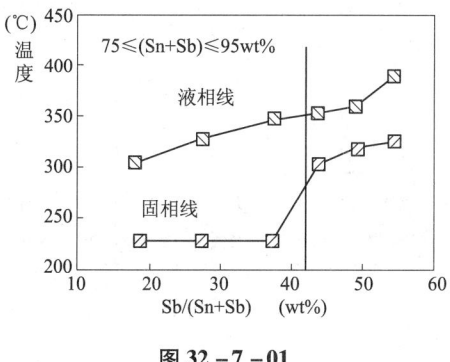

图 32-7-01

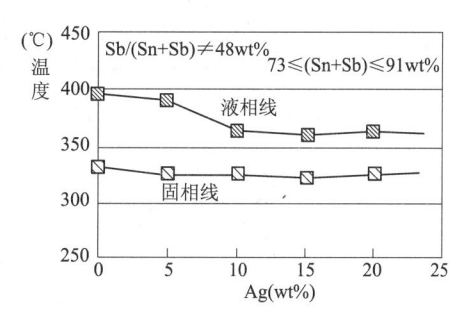

图 32-7-02

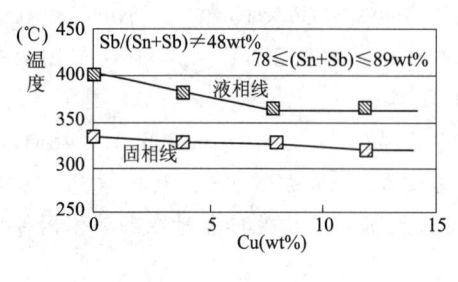

图 32-7-03

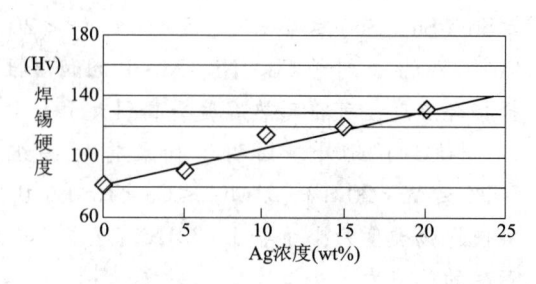

图 32-7-04

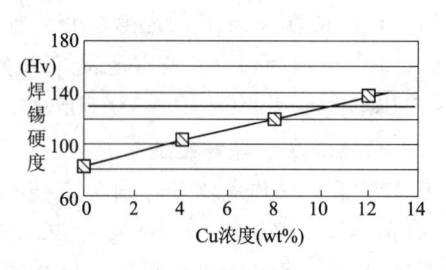

图 32-7-05

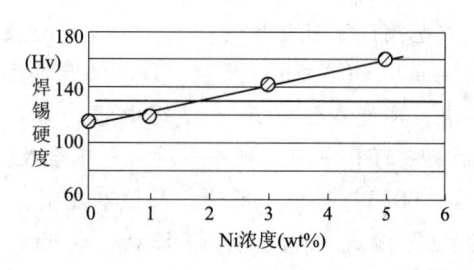

图 32-7-06

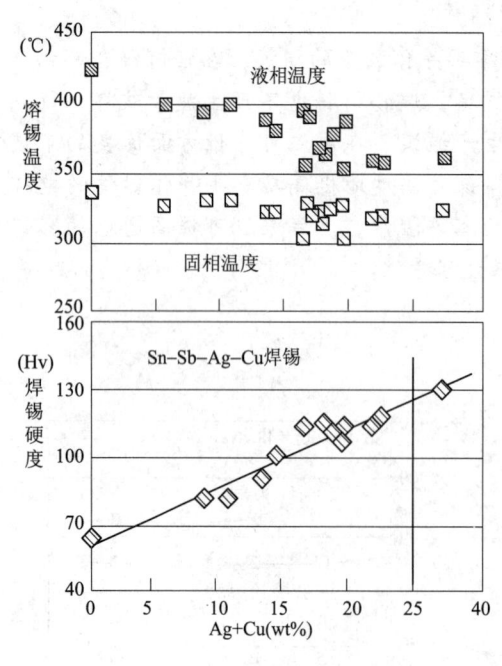

图 32-7-07

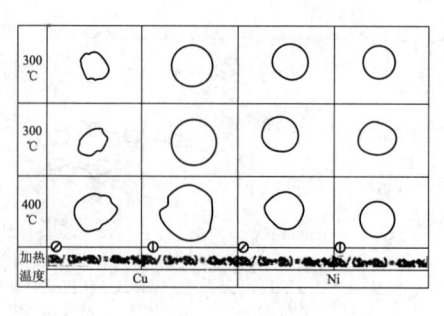

图 32-7-08

三、审查意见

审查员在审查意见通知书指出,权利要求 1 的保护范围不清楚,不符合《专利法实施细则》第 26 条第 4 款的规定。相关的审查意见为:

权利要求 1 要求保护一种汽车上的功率半导体装置安装专用的高熔点焊锡材料,该焊锡材料的组成是:$42wt\% < Sb/(Sn+Sb) \leq 48wt\%$,$5wt\% \leq Ag < 20wt\%$,$3wt\% \leq Cu < 10wt\%$,而且 $5wt\% \leq Ag+Cu \leq 25wt\%$,其中 Ag、Cu 的含量范围与 Ag+Cu 的含量范围相矛盾,造成权利要求的保护范围不清楚,不符合《专利法》第 26 条第 4 款关于"权利要求书应当清楚地限定要求专利保护的范围"的规定。具体地,权利要求 1 中的 "$5wt\% \leq Ag < 20wt\%$,$3wt\% \leq Cu < 10wt\%$,而且 $5wt\% \leq Ag+Cu \leq 25wt\%$" 表述矛盾,如果 Ag 的最小含量为 $5wt\%$、Cu 的最小含量为 $3wt\%$ 的表达是正确的,那么,两者含量之和最小为 $5wt\%$ 是不能成立的;如果 Ag 和 Cu 的含量之和最小值为 $5wt\%$ 的表达是正确的,那么 Ag 和 Cu 的最小含量中必定至少有一个是错误的。

由于权利要求 2 的进一步限定是针对其他辅助元素的含量范围作出的,不能够克服权利要求 1 中 Ag、Cu 元素与 Ag+Cu 之间的矛盾,因此从权利要求书的整体来看权利要求 1 依然是不清楚的,不符合《专利法实施细则》第 26 条第 4 款的规定。

由于审查员在说明书中没有发现能够消除该矛盾的其他记载和阐释,因此认为权利要求 1 欲保护的技术方案的不清楚问题亦存在于说明书中。由于本申请没有针对欲保护的技术方案给出各组分同时取含量范围端值或端值附近的实施例,也没有详细列出其他所有实施例的具体数值,使得审查员依据原始申请文件的记载无法唯一地确定权利要求欲保护的技术方案的端值,也不能接受那些不能由原始记载直接地毫无疑义得出的修改方式。例如,如果申请人对权利要求书和说明书中的对应记载进行修改,简单地将 "$5wt\% \leq Ag+Cu \leq 25wt\%$" 修改为 "$8wt\% \leq Ag+Cu \leq 25wt\%$",则审查员认为这样的修改超出了原始公开的范围,不符合《专利法》第 33 条的规定。原因如下:

"$8wt\% \leq Ag+Cu \leq 25wt\%$" 中的端值 "$8wt\%$" 既未明确地记载在原说明书和权利要求书中,也不能由原说明书和权利要求书所记载的信息直接地、毫无疑义地确定,因此超出了原说明书和权利要求书记载的范围,不符合《专利法》第 33 条的规定。根据原说明书和权利要求书的记载 "$5wt\% \leq Ag < 20wt\%$,$3wt\% \leq Cu < 10wt\%$,而且 $5wt\% \leq Ag+Cu \leq 25wt\%$" 以及说明书第 232-7 段的记载可以看出,Ag+Cu 的最大值并不是简单地将它们各自的最大含量相加得到的,由此可推知,对 Ag 和 Cu 的含量之和作出进一步限定是有意义的,"Ag+Cu" 含量是针对同时选取 Ag、Cu 的情况而作出的进一步的限定,并不是简单地将 Ag、Cu 含量相加而得到的。因而,根据原说明书和权利要求书所记载的内容无法唯一确定,"Ag+Cu" 的下限就是将 Ag 含量的下限值 "$5wt\%$" 与 Cu 含量的下限值 "$3wt\%$" 相加得到的 "$8wt\%$"。因此,这样的修改是不允许的。

如果申请人对权利要求书和说明书中的对应记载进行与上述方式相类似的修改,比如说,将 "$5wt\% \leq Ag < 20wt\%$" 修改为 "$2wt\% \leq Ag < 20wt\%$" 等等,也会因为不

符合《专利法》第33条的规定而不能够被接受，具体原因同上。

因此，审查员认为权利要求1中对Ag、Cu含量的限定与对Ag+Cu含量之和的限定存在矛盾，不符合《专利法实施细则》第26条第4款的规定。同时，为克服权利要求1中的矛盾而采取直接修改其中任一含量范围的方式将不符合《专利法》第33条的规定。

审查员认为在申请人对权利要求中的不清楚问题作出解释和修改克服本通知书指出的不清楚缺陷之前，对本申请存在的其他问题作进一步分析是无实际意义的，因此不再作出其他的审查意见。

四、申请人的意见陈述和修改后的权利要求

尊敬的审查员：

首先非常感谢审查员全面细致的工作，由于申请人的失误，说明书和权利要求书中对Ag、Cu含量范围下限值与二者之和的最小值的记载均存在矛盾。根据说明书第24段的记载，申请人认为将"$5wt\% \leq Ag < 20wt\%$，$3wt\% \leq Cu < 10wt\%$，而且$5wt\% \leq Ag+Cu \leq 25wt\%$"修改为"$5wt\% \leq Ag < 20wt\%$，$3wt\% \leq Cu < 10wt\%$，而且$8wt\% \leq Ag+Cu \leq 25wt\%$"不仅克服了权利要求书不清楚的缺陷，同时也不超出说明书和权利要求书原始记载的范围，符合《专利法》第33条的规定，能够被允许。

然而，审查员认为修改后的特征"$8wt\% \leq Ag+Cu \leq 25wt\%$"超出了原说明书和权利要求书记载的范围。对此，申请人有不同的理解。具体如下。

本申请的原始记载，"$5wt\% \leq Ag < 20wt\%$，$3wt\% \leq Cu < 10wt\%$，而且$5wt\% \leq Ag+Cu \leq 25wt\%$"，根据原说明书和权利要求书的记载，可以直接地、毫无疑义地得出在Ag为5wt%且Cu为3wt%的情况下Ag+Cu=8wt%，进而可以直接地、毫无疑义地得出在$5wt\% \leq Ag$且$3wt\% \leq Cu$的情况下$8wt\% \leq Ag+Cu$。而且，修改后的特征"$8wt\% \leq Ag+Cu \leq 25wt\%$"同时还满足原始记载的条件"$5wt\% \leq Ag+Cu \leq 25wt\%$"，即，修改并没有超出原说明书和权利要求书记载的范围。

因此，申请人认为将"$5wt\% \leq Ag+Cu \leq 25wt\%$"改为"$8wt\% \leq Ag+Cu \leq 25wt\%$"的修改并没有超出原说明书和权利要求书记载的范围，即，权利要求1的修改符合《专利法》第33条的规定。

经过上述陈述，已克服了审查员在审查意见通知书中所指出的问题。敬请审查员在此陈述的基础上继续对本申请进行审查，使本申请早日获得专利权。如果审查员认为本申请仍然存在缺陷，则敬请审查员再给申请人一次修改和/或陈述意见的机会。

修改后的权利要求为：

1. 一种汽车上的功率半导体装置安装专用的高熔点无铅焊锡材料，以Sn、Sb、Ag和Cu为主要构成元素，其特征在于：

该焊锡材料的组成是：$42wt\% < Sb/(Sn+Sb) \leq 48wt\%$，$5wt\% \leq Ag < 20wt\%$，$3wt\% \leq Cu < 10wt\%$，而且$8wt\% \leq Ag+Cu \leq 25wt\%$，剩下的部分由其他的不可避免的杂质元素构成。

2. 如权利要求1中所述的高熔点焊锡材料，其特征在于：上述焊锡材料含有

0.01wt%~5.0wt% 的 Ni、Ge、Ga 中的一种或多种，或者含有 0.005wt%~0.5wt% 的 P。

五、分析与说明

虽然对《专利法》第 33 条关于修改超范围规定的适用在于界定原始记载的范围和比对修改后的范围与原始记载的范围，但是，涉及包含数值范围技术特征的权利要求修改超范围的问题，由于修改后的数值范围具有同时引入新端点和新范围的特点，因此审查时需要参考《专利审查指南》第二部分第八章第 5.2.2.1 节对保护数值范围的权利要求的修改的规定：对于含有数值范围技术特征的权利要求中数值范围的修改，只有在修改后的数值范围的两个端值在原说明书和/或权利要求书中已确实记载且修改后的数值范围在原数值范围之内的前提下，才是允许的。

对于本案来说，权利要求 1 中关于 Ag 和 Cu 的含量记载为：Ag≥5wt%、Cu≥3wt% 和（Ag+Cu）≥5wt%，由于（Ag+Cu）的含量之和必须大于等于 Ag 和 Cu 各自的含量之和，或者 Ag 与 Cu 的含量必须小于（Ag+Cu）的含量之和，权利要求 1 记载的 Ag、Cu 和（Ag+Cu）含量范围刚好违背了这个原则，致使对合金组分中两个元素含量的关联限定与各自含量的限定存在矛盾。而且，在说明书文字部分仅仅存在相同的记载，也没有详细给出端值或者其附近的实施例，使得审查员依据说明书的记载无法确定唯一正确的数值范围。

（一）对审查意见通知书的分析

Ag≥5wt%、Cu≥3wt% 和（Ag+Cu）≥5wt% 三个因素中的一个因素与其他的两个因素产生了矛盾，根据原始申请文件的权利要求书和说明书文字部分的记载，所属技术领域的技术人员无法确定哪一个或者哪几个因素是正确的，即无法找出矛盾产生的根源所在。据此，审查员在审查意见通知书告知申请人，不能够直接修改其中一个因素，否则作出的修改将超出原始记载的范围，不符合《专利法》第 33 条的规定。原因为针对三个因素的任一个作出修改会带来三种不同的修改方式，而每一种修改方式并不能由原始记载唯一的得到。

面对申请人可能进行的修改，从尽可能缩短审查流程的角度考虑，审查员还例举了几种假定的修改情形，进而审查这样的修改是否超出原始公开的范围，判断数值范围的修改是否超范围的依据就是《专利法》第 33 条的规定和《专利审查指南》第二部分第八章的规定，即修改不能超出原说明书和权利要求书文字记载的内容和根据原说明书和权利要求书文字记载的内容以及说明书附图能直接地、毫无疑义地确定的内容，和修改后的数值范围的端值是否确实记载在原申请文件中，且修改后的数值范围是否在原数值范围之内。

按照这样的思路，审查员以直接改动 Ag+Cu 的含量范围的修改方式为例，指出这样的修改超范围的理由。审查员首先核实了修改后的端值"Ag+Cu=8wt%"是否在说明书和权利要求书中存在记载或者是否能够直接地、毫无疑义地确定。由于原说明书和权利要求书的文字部分均对此端值缺少明确的记载，而且说明书附图也没有示出对应的试验数据，所以这样的修改缺少依据，不符合《专利法》关于修改超范围的规定。

然后，由于 Ag + Cu 的上限值小于 Ag 和 Cu 各自的最大值之和，据此能够推知 Ag + Cu 的含量范围是对它们各自含量范围的进一步限定，从这种判断出发，审查员针对本发明做了进一步分析。本发明"在分别限定两个独立元素（Ag 和 Cu）的含量范围的基础上提出将这两个元素关联起来的第三个限制条件（Ag + Cu）"具有特别的技术含义，而将 Ag 和 Cu 的含量范围的下限值进行简单叠加对 Ag 和 Cu 各自的含量范围不能起到任何限定作用，又由于说明书没有给出 Ag 和 Cu 同时取下限值的实施例，因此"Ag + Cu"的含量范围是由 Ag 的下限值和 Cu 的下限值相加得到的结论无法唯一确定，即，即便能够认定原始申请文件中"Ag≥5wt%，Cu≥3wt%"这两个因素是正确的，也不能唯一地确定 Ag + Cu≥8wt%。在考察原始申请文件是否记载修改后的端点值时，审查员将这三个因素作为一个整体，只有当原始申请文件中同时记载这三个因素时才视为记载，由于原始申请文件没有对此作出明示或者说明，审查员的这种判断是合乎技术常识的，也是合乎修改超范围的法律规定的。

接下来，审查员依照相同的理由还针对另外的修改情形给出了结论性意见。至此，审查员给出了一份事实清楚、理由充分、审查意见全面客观的审查意见通知书，使申请人能够明了权利要求书存在的缺陷、缺陷产生的根源以及应当避免的修改方式。

（二）对审查意见陈述书的分析

在申请人的答辩意见中，首先表示权利要求 1 关于"5wt%≤Ag<20wt%，3wt%≤Cu<10wt%，而且 5wt%≤Ag + Cu≤25wt%"的记载是错误的，应该修改为"5wt%≤Ag<20wt%，3wt%≤Cu<10wt%，而且 8wt%≤Ag + Cu≤25wt%"，并进行了逻辑推理，根据三个矛盾因素中的两个因素推出第三个因素的数值范围，也就是说申请人直接地将错误的原因认定为逻辑推理过程中的结论，即 Ag + Cu 的含量范围这个因素，由此得出"8wt%≤Ag + Cu"的修改不超范围的结论。申请人的上述逻辑实际上是在默认逻辑推理的前提条件是正确的情况下作出的，即只有承认"5wt%≤Ag、3wt%≤Cu 这个前提是正确的"才能够得出"8wt%≤Ag + Cu"的结论是正确的因而得出修改不超范围的结论。申请人没有对该前提条件是否能够由申请文件得到或者直接地、毫无疑义地得出作出任何说明，使得该前提缺乏根据和说服力，导致所属技术领域的技术人员无法接受这样的答辩意见，即这样的修改必然如审查意见通知书所指出的那样，所作出的修改无法由原始记载唯一地确定进而导致修改超范围。

另外，申请人还将修改后的"8wt%≤Ag + Cu"数值范围与原始记载的范围"5wt%≤Ag + Cu"进行比对，进而得出修改不超范围的结论，这样的思路也是不正确的。前面的答辩意见已经认定原始记载的范围"5wt%≤Ag + Cu"是错误的前提下，再以错误的前提作为比对的基础所得出的结论是站不住的，也导致答辩意见自身存在逻辑矛盾。

除了上述的逻辑矛盾外，申请人的答辩意见还存在针对性不强的缺陷。审查员在审查意见通知书中针对修改超范围的审查意见给出的第一个理由是，修改后的端值"Ag + Cu = 8wt%"没有记载在说明书和权利要求书中且也不能直接地、毫无疑义地得出，申请人没有针对此条理由结合原始申请文件的记载作出对应的回应。审查员给出的第二个理由是，"Ag + Cu"含量是针对同时选取 Ag、Cu 的情况作出的进一步的限定,并不是简单地将 Ag、Cu 含量相加而得到的,由此不能唯一地确定"Ag + Cu"的含量可以依据 Ag、Cu 含量相加得到,申请人对此也没有结合申请文件公开的内容作出技术上的澄清和解释。这就使得申请人的答辩意见与所属技术领域的技术人员对 Ag + Cu 含量与它们各自含量之间的关系的理解结果不交叉。

(三) 针对审查意见基于发明的技术内容构思答复意见

从申请文件可以看出,申请人的研究思路是,首先确定 Ag 或 Cu 单个元素的含量范围,再进一步研究 Ag + Cu 的含量范围。图 32 - 7 - 07 通过两幅图示出了 Ag + Cu 的最小取值范围和最大取值范围的确立试验,这个取值范围的确定不是旨在进一步缩小焊锡合金的成分范围,而是根据对焊锡合金的性能要求而使焊锡合金的成分范围更加清楚明确。结合图 32 - 7 - 4 和图 32 - 7 - 5 和相对应的文字部分来看,Ag 最大取值为 20wt% 或者 Cu 最大取值为 10wt% 时能够满足硬度小于等于 130Hv 的要求,而图 32 - 7 - 07 和与该图相对应的文字部分则表明,只有当 Ag + Cu 的最大值小于等于 25wt% 时,焊锡合金才能满足硬度性能要求。根据图 32 - 7 - 07 和与该图相对应的文字部分可知,只有进一步限定 Ag + Cu 的最大值才能使焊锡合金的上限范围更加明确,而 Ag + Cu 的最小值取决于焊锡合金的接合温度即液相线温度是否满足要求,需要根据试验数据进行确定。虽然根据合金硬度的试验可以看出 Ag + Cu 的上限值是对 Ag 和 Cu 各自上限值的进一步限定,但是不能据此就必然认定 Ag + Cu 的下限值必然也是对各自含量的下限值进一步限定,而是应当根据试验数据作出独立的认定。

因此,审查员关于"Ag + Cu 含量不是简单的将 Ag、Cu 含量相加而得到的"的判定结论是基于说明书文字描述内容作出,如果将说明书的文字部分与附图部分一并考虑,则"Ag + Cu 的含量并不是简单地将它们各自的含量相加得到的"的理由值得商榷。

根据《专利法》第 26 条第 3 款的规定,申请人于申请日提交的权利要求书、说明书的文字部分和附图部分,一起构成为一份申请的原始技术公开。当权利要求书和说明书的文字描述内容均出现逻辑矛盾时,应该进一步结合说明书附图从申请文件整体上进行考虑。如果不能够从申请文件原始文字记载的内容中解决该逻辑矛盾,该申请将因为权利要求书不清楚而不能得到授权。因此,针对审查意见通知书指出的问题,需要结合说明书附图来确定申请文件原始记载的内容以期解决文字记载部分存在的矛盾。

从审查意见通知书中可以看出,由于申请文件只是以附图的形式给出了实验数据,说明书中没有对试验数据作出明确而详细的文字说明,使得焊锡合金成分范围这个试验结论与试验数据之间的关系不明确,导致审查员对焊锡合金数值范围的理解脱离了申请文件,而只能基于常识进行理解,在此基础上,不能从说明书的文字记载中得到或者直接地毫无疑义地得出修改后的数值范围,从而得出修改超范围的审查结论。针对审查员对申请文件的理解不够深入的情况,申请人应当从具体技术出发,结合附图所表达的试验数据信息,澄清试验结论与试验数据之间的对应关系,对包含数值范围的技术方案作出具体解释。

对于本发明,焊锡材料需要满足接合温度 ≤390℃ 且耐热温度 ≥280℃ 以及硬度≤130Hv 的要求。焊锡的接合温度对应于焊锡材料的液相温度，耐热温度对应于焊锡材料的固相温度。为此，本发明进行了一系列试验。通过试制各种组成的 Sn‑Sb‑Ag‑Cu合金的固相和液相温度，发现固相线温度由 Sn 和 Sb 的组成比来决定，在 42wt%≤Sb/(Sn+Sb) 时可使固相线温度大于等于280℃；再有，如果添加 Ag 或 Cu，则固相线温度几乎不下降，可只使液相线温度下降。图 32‑7‑01 至图 32‑7‑03 明确地直观地示出了该结论。

由图 32‑7‑01 可以看出，随着 Sb/(Sn+Sb) 的比值增加，焊锡合金的液相温度呈现缓慢上升趋势，当 Sb/(Sn+Sb) 超过48wt% 时，焊锡合金的液相温度开始剧烈上升。为使合金的液相温度和固相温度达到使用要求，本发明选择 42wt%≤Sb/(Sn+Sb)≤48wt% 范围内的焊锡合金。而对于控制焊锡合金的液相温度的性能要求，只需要将液相温度最高的 Sb/(Sn+Sb)=48wt% 的焊锡合金的液相温度控制在低于390℃的范围内，所以仅仅需要测定加入多少 Ag 和 Cu 时能够将 Sb/(Sn+Sb)=48wt% 的焊锡合金的液相温度控制在390℃以下。图 32‑7‑02 和图 32‑7‑03 则研究了 Sb/(Sn+Sb)=48wt% 时 Ag 和 Cu 的含量对合金液相温度的影响。它们的结果表明，Ag 和 Cu 元素在一定含量以内（根据说明书文字的记载，对应于 Ag≤10wt%，Cu≤8wt% 这两个数值点）显著降低合金的液相温度，超过一定含量后几乎不会再改变焊锡合金的液相温度。

由图 32‑7‑02 可以看出，当 Sb/(Sn+Sb)=48wt% 时，Ag=5wt% 时，液相温度低于400℃，相比于液相温度低于390℃的标准，该数据点可支持权利要求中 Ag≥5wt% 的含量范围。由图 32‑7‑03 可以看出，当 Sb/(Sn+Sb)=48wt% 时，Cu 位于小于5wt% 的位置时，液相温度低于400℃，该数据点可支持权利要求中的 Cu≥3wt% 的含量范围。

考虑到 Ag 与 Cu 的含量之和对合金的液相温度具有影响，本发明的图 32‑7‑07 则针对 Ag 与 Cu 的含量之和做了进一步试验。由图 32‑7‑07 可以看出，焊锡合金的成分随 Ag+Cu 的含量增加其液相温度逐渐下降，当 Ag+Cu 的含量之和为 5wt%，其液相温度为400℃，不能满足本发明对液相温度的要求。

根据说明书附图，权利要求中存在矛盾的三个含量中，5wt%≤Ag 和 3wt%≤Cu 的含量范围在图 32‑7‑02 和图 32‑7‑03 中存在依据，5wt%≤Ag+Cu 的含量范围与图 32‑7‑07 所示相矛盾，故可以判定 Ag+Cu=5wt% 的数值点不能满足焊锡合金的性能要求，是错误的，应当允许对该范围作出修改。

实际上，由于焊锡合金的液相线温度小于等于390℃还是400℃并不会导致焊锡合金在使用时性能指标出现量变，所以根据图 32‑7‑07 的试验，Ag+Cu 的最小值为 5wt% 也是能够满足使用要求的。正是由于这种不严谨和希望获得最大的保护范围的心思才造成 Ag+Cu 的最小值与 Ag 和 Cu 各自的最小值存在矛盾的缺陷。

附图作为说明书的一部分，附图的内容也属于原始记载的内容，但是，本发明中附图只示出了趋势，也就是说图 32‑7‑07 没有给出制图所依据的数据点的具体数值，所以仅仅根据附图无法确定正确的 Ag+Cu 含量的端点数值，即无法确定能够满足液相温度的 Ag+Cu 的含量之和具体为 9wt% 或者 8wt% 的具体数值，同时，说明书文字部分也没有对此作出明确具体的文字记载。根据《专利审查指南》第二部分第八章第

5.2.2.1节的规定，申请人无法根据原始记载而作出"8wt%≤Ag+Cu"的具体修改。对于本案，最直接的修改就是根据图32-7-07确定正确的最小值，但是，图32-7-07没有标识各试验点的具体数值，使得Ag+Cu最小值的确定失去依据。这时，唯一的修改方向就是删除Ag+Cu的下限值。接下来，就要考察删除该下限值是否是可以接受的修改，即删除对Ag+Cu的含量下限值的限定是否会导致修改超范围。

删除对Ag+Cu的含量下限值的限定后，原始记载变成了"5wt%≤Ag，3wt%≤Cu"，这种表述方式不排除Ag和Cu同时取最小值的可能性，即Ag+Cu的最小值为8wt%的情况。申请文件的原始记载虽然试图对Ag+Cu的最小值作出进一步限定，但是所限定的最小值小于8wt%，尽管该进一步限定与Ag和Cu各自的含量范围存在矛盾，但是，不能因为一旦存在对Ag+Cu含量之和的进一步限定即便是错误的进一步限定就必然可以得出作出进一步限定的意义在于排除Ag和Cu同时取最小值的情况，即审查员所作出的推测"'Ag+Cu'含量是针对同时选取Ag、Cu的情况而作出的进一步的限定，并不是简单的将Ag、Cu含量相加而得到的"只是一种主观理解，脱离了发明的实际。从图32-7-07可以看出，Ag+Cu为5wt%时，焊锡合金的液相温度接近于设计要求，在5wt%和10wt%之间的数据点，焊锡合金具有小于400℃的液相温度，能够满足液相温度的要求。根据图32-7-07可推知，当Ag和Cu同时取最小值时，Ag+Cu为8wt%能够满足设计要求。也就是说，原始公开的内容包含了Ag和Cu同时取最小值的情况。申请人正是出于获得尽可能大的保护范围的目的，才试图将Ag+Cu的含量之和限制得更小一些从而引发Ag+Cu的含量之和与各自含量范围之间的矛盾。既然对Ag+Cu的含量之和作出进一步限定的目的不是要对Ag+Cu的最小值作出更为严格的限定，那么删除对Ag+Cu的含量最小值的限定也不会导致超出原始公开的范围。

虽然仅根据图32-7-07能够判断Ag+Cu的含量之和为8wt%能够满足设计要求，但是，不能由图32-7-07的试验推知该合金组分必然唯一对应于Ag为5wt%和Cu为3wt%的情况，也就是说，图32-7-07的试验表示Ag和Cu的取值可能存在多种组合形式。所以，只有在图32-7-02和图32-7-03与图32-7-07这三个试验同时存在的基础上，才能得出"Ag和Cu同时取最小值能够满足设计要求"的推论。

关于"根据图32-7-07可推知，当Ag和Cu同时取最小值时，Ag+Cu为8wt%能够满足设计要求"这个推理，是与本申请所属的技术领域相关的。本申请属于金属合金领域，就所属技术领域的技术人员对该领域的认识程度而言，虽然图32-7-07没有示出确切的数值，但是根据附图所示出的趋势和本领域的常识能够作出8wt%的数值满足设计要求的判断。如果对于那些认识程度不高以至于只能依靠具体试验数据才能作出判断的技术领域而言，上面的结论是站不住脚的。

需要说明的是，虽然图32-7-07示出了合金液相温度随Ag+Cu的含量增加而下降的趋势，但是其中存在一个异常数据点，即图32-7-07中大于10wt%的那个数据点所对应的液相温度为400℃，这与图32-7-07示出的趋势不相符合。实际上，试验研究中由于试验误差等原因不可避免地存在一些异常数据点，这些异常数据点的存在不能否定数据变化的整体趋势和由此所体现出来的变化规律，因此，这里不能因为

Ag + Cu 大于 10wt% 的那个异常数据点的存在而否认 Ag + Cu 小于 10wt% 的这个数据点的科学性,正确的做法是删除该异常数据点。

从本案的分析还可以看到,在多组分的合金材料中很容易出现对组分含量进行独立限定的含量范围与对两个以上组分作出关联限定的含量范围存在矛盾的情况,这是由于不同组分对合金的性能存在协同作用,需要对每一组分的含量范围和存在关联的组分的整体含量同时进行试验和作出限定,又由于试验数据与筛选标准接近,根据试验数据分别总结每一组分的含量范围与关联组分的整体含量范围时,就容易忽视这些含量范围之间的相互关系。例如在本发明中,图 32 - 7 - 07 中 Ag + Cu 含量为 5wt% 时,合金的液相温度较 Ag + Cu 含量为零时显著降低,且与 Ag + Cu 含量接近 10wt% 时的液相温度接近,为了尽可能地扩大权利要求的保护范围,往往会将 Ag + Cu 含量之和的起点确定为 5wt%,而根据图 32 - 7 - 02 和图 32 - 7 - 03 的试验,Ag 含量和 Cu 含量的下限值分别被确定为 5wt% 和 3wt%,虽然对 Ag + Cu 含量、Ag 含量和 Cu 含量的总结都是根据具体的试验得到的,但由于是针对不同的试验得到这几个相互关联的含量范围,也就造成对 Ag + Cu 含量的关联限定与对 Ag 和 Cu 各自含量范围的限定出现矛盾。

六、推荐的意见陈述书

尊敬的审查员:

首先非常感谢审查员全面细致的工作,由于申请人的失误,说明书和权利要求书中关于"Ag≥5wt%、Cu≥3wt% 和(Ag + Cu)≥5wt%"的记载与常识矛盾。根据说明书和附图公开的内容,将其修改为"Ag≥5wt%、Cu≥3wt%",这种修改不超出原始记载的范围,应当被允许。具体理由如下:

按照《专利法》第 26 条第 3 款的规定,申请人于申请日提交的权利要求书、说明书的文字部分和附图部分,一起构成为一份申请的原始技术公开,说明书附图公开的内容是依据不同的试验绘出的合金的性能指标如液相温度、固相温度和硬度相对于不同组分含量的关系曲线,根据附图示出的趋势即可确立合金的成分范围。

从申请文件可以看出,申请人的研究思路是,在确定 Ag 或 Cu 单个元素的含量范围后,再进一步研究对 Ag + Cu 之和的含量范围。图 32 - 7 - 07 和与该图相对应的文字部分示出了 Ag + Cu 的最小取值范围和最大取值范围的确立试验,这个取值范围的确定不是旨在进一步缩小焊锡合金的成分范围,而是根据对焊锡合金的性能要求而使焊锡合金的成分范围更加清楚明确。结合图 32 - 7 - 04 和图 32 - 7 - 05 和相对应的文字部分来看,Ag 最大取值为 20wt% 或者 Cu 最大取值为 10wt% 时能够满足硬度小于等于 130Hv 的要求,而图 32 - 7 - 07 和与该图相对应的文字部分则表明,只有当 Ag + Cu 的最大值小于等于 25wt% 时,焊锡合金才能满足硬度性能要求。根据图 32 - 7 - 7 的试验可知,只有进一步限定 Ag + Cu 的最大值才能使焊锡合金的上限范围更加明确,而 Ag + Cu 的最小值的确定需要取决于焊锡合金的接合温度即液相线温度,是根据不同的性能指标进行确定,因此不能据 Ag + Cu 的上限值是对 Ag 和 Cu 各自上限值的进一步限定就得出 Ag + Cu 的下限值也是进一步限定的结论,而应当根据试验数据作出另外的客观的认定。

本案焊锡合金的下限值对应于满足液相温度、固相温度的要求，焊锡合金的上限值对应于满足硬度的要求。相应的，为满足本发明的应用，焊锡合金的液相温度小于等于390℃，固相温度大于280℃，硬度应小于等于130Hv。由于权利要求请求保护的合金成分的固相温度均大于280℃，在考虑合金含量范围的端点值时不再考虑固相温度对合金成分的影响。同时，由于合金含量范围的下限值是依据液相温度而确定的，所以也不再讨论硬度对合金含量上限值的影响。

由图32-7-01可以看出，随着Sb/(Sn+Sb)的比值增加，焊锡合金的液相温度呈现缓慢上升趋势，当Sb/(Sn+Sb)超过48wt%时，焊锡合金的液相温度开始剧烈上升。因此，本发明将焊锡合金选择在42wt%≤Sb/(Sn+Sb)≤48wt%的范围内。而对于控制焊锡合金的液相温度的性能要求，只需要将Sb/(Sn+Sb)=48wt%的焊锡合金的液相温度控制在低于390℃的范围内。添加Ag和Cu会降低合金的液相温度，只要Ag和Cu的含量能够使Sb/(Sn+Sb)=48wt%的合金的液相温度满足要求，就能够得到Ag和Cu的含量同样可以满足Sb/(Sn+Sb)<48wt%的合金的液相温度满足要求。图32-7-02和图32-7-03刚好研究了Sb/(Sn+Sb)=48wt%时Ag和Cu的含量对合金液相温度的影响。

由图32-7-02和与该图相对应的文字部分可以看出，当Sb/(Sn+Sb)=48wt%时，Ag=5wt%时，液相温度在390℃附近，能够满足焊锡合金的性能要求。由图32-7-03和与该图相对应的文字部分可以看出，当Sb/(Sn+Sb)=48wt%时，Cu位于3wt%附近时，液相温度位于390℃附近，能够满足焊锡合金的性能要求。由于权利要求记载了Ag≥5wt%和Cu≥3wt%，根据图32-7-02和图32-7-03可以确定这两个端点值是正确的。

考虑到Ag与Cu的含量之和对合金的液相温度具有影响，因此本发明的图32-7-07刚好对此做了进一步试验。由图32-7-07可以看出，焊锡合金的成分随Ag+Cu的含量增加其液相温度逐渐下降，在Ag+Cu的含量之和为5wt%，其液相温度为400℃，不能满足焊锡合金的性能要求。

根据图32-7-02、图32-7-03和图32-7-07和相对应的文字部分，可以得出欲保护的合金组分所存在矛盾的根源就在于Ag+Cu的最小值发生了错误。

根据前面的分析可知，所属技术领域的技术人员由本申请说明书文字部分和附图部分获得的唯一解释，就是说明书文字记载的内容"Ag≥5wt%"和"Cu≥3wt%"是正确无误的，说明书对Ag和Cu最小值的记载实际上已经明确地对Ag+Cu的最小值作出了一最大范围的限定。由于图32-7-07以图形的形式表达了Ag+Cu的范围，根据图形所示趋势能够判断Ag+Cu的范围到底是说明书文字部分暗含的最大范围还是比其小的较窄范围。根据图32-7-07示出的趋势和所属技术领域的技术人员的常识可知，Ag+Cu为8wt%能够得到原始记载的支持，即申请文件原始公开的范围包含了Ag+Cu为8wt%这个数值点，其落在原始公开的范围内。由于说明书文字部分和附图部分均没有记载Ag+Cu为8wt%这个数值点，故采取删除Ag+Cu最小值的方式进行修改，这种修改没有超出原始记载的范围。

综上，将权利要求修改为"42wt% < Sb/(Sn + Sb) ≤48wt%，5wt% ≤ Ag < 20wt%，3wt% ≤Cu < 10wt%，而且 Ag + Cu≤25wt%"，这样的修改符合《专利审查指南》的规定，没有超出原始记载的范围。因此，这种修改应当被允许。修改后的权利要求：

1. 一种汽车上的功率半导体装置安装专用的高熔点无铅焊锡材料，以 Sn、Sb、Ag 和 Cu 为主要构成元素，其特征在于：

该焊锡材料的组成是：42wt% < Sb/(Sn + Sb) ≤48wt%，5wt% ≤ Ag < 20wt%，3wt% ≤Cu < 10wt%，而且 Ag + Cu≤25wt%，剩下的部分由其他的不可避免的杂质元素构成。

2. 如权利要求 1 中所述的高熔点焊锡材料，其特征在于：上述焊锡材料含有 0.01wt% ~5.0wt% 的 Ni、Ge、Ga 中的一种或多种，或者含有 0.005wt% ~ 0.5wt% 的 P。

七、总结

对于涉及数值范围的汽车上的功率半导体装置安装专用的高熔点无铅焊锡材料，其中两个或者多个组分的各自的含量范围与对它们之间协同关系进行限定的关联含量范围出现了逻辑矛盾，并且根据申请文件的文字记载不能清楚地解释该矛盾时，应当结合附图所公开的内容确立矛盾的根源，然后综合申请文件文字记载的内容和附图所表达的内容并根据原始记载得到或者直接地、毫无疑义地得到的数值判断可能的修改方式，再考查欲作出的修改是否能由原始申请文件直接地、毫无疑义地得到，和考查修改后的端点值是否和修改后的数值范围是否落在原始公开的范围内。如果附图给出了绘图所依据的数据点所对应的具体数值，可以依据这些数据点对应的数值作出修改。如果附图没有给出各数据点对应的具体数值，需要考虑文字记载所暗含的含量范围，结合附图判断该范围是否落在原始公开的范围内，从而确立原始公开的范围与文字部分所暗含的含量范围之间是否属于唯一对应的关系，以此来判断修改是否超范围。

对于涉及数值范围的汽车上的功率半导体装置安装专用的高熔点无铅焊锡材料，当对两个不同组分作出进一步限定的数值范围与这两个组分各自的数值范围出现矛盾时，申请人在构思审查意见通知书时，首先需要由申请文件原始记载的内容出发指出错误存在的位置，再根据原始记载的内容确定修改方式，当原始记载存在修改的依据时即可作出澄清性的修改，当原始申请文件在文字部分没有详细记载试验数据、附图也没有标识出具体数据使得修改缺乏依据时，删除产生错误的一方就成为一种最终的、需要论证的修改方式。此时，首先明确删除错误一方后的技术方案的保护边界，再考查是否能够由原始文字记载和附图记载唯一确定这样的保护范围。对于原始文字记载和附图记载均没有详细给出需要作为修改依据的试验数据的申请文件，申请人答复审查意见通知书时，要充分关注作为原始公开一部分的附图的作用，依据附图示出的信息再结合文字表达所隐含的内容，确定矛盾的根源，指出错误存在的位置，再给出"删除错误一方"的修改方式，接下来要说明由原始记载能够唯一地得到这种修改方式所带来的保护范围。

同时，需要提醒申请人注意，当技术方案涉及多组分合金时，申请人应当将原始数据详细记载在申请文件中，如果以图形形式记载原始试验数据时，应当在图形中清晰地标识出各数据点的确定数值。

第八节 进行针对性修改以加快审查进程

一、概要

当发明专利申请经实质审查没有发现驳回理由时，可以作出授权的决定。对于不满足《专利法》特定条款要求的发明专利申请，审查员会以通知书等方式，告知申请人当前有效的文本由于存在缺陷不能够被授予专利权。申请人通常会站在所属技术领域的技术人员的立场，对审查意见给出答复，修改权利要求，以期能够克服缺陷。

对于某些缺陷，如本节案例所涉及的不符合《专利法》第26条第3款（说明书公开不充分）的缺陷，申请人在进行陈述意见时，通常会提供一些证据证明审查意见中所提到的公开不充分的部分是现有技术，但是在提供新的证据的同时也要注意判断答复后申请的授权前景，避免由于答复而产生新的可以成为驳回理由的问题（如创造性问题），导致申请仍然不能授权，而使程序延长。更进一步，如果通过提供新的证据就能够克服涉及《专利法》第26条第3款的规定的缺陷的话，那么可以证明，所提供的证据是非常重要或者是与申请本身非常相关的现有技术，而申请人在撰写申请文件时，可能是出于想得到更大保护范围的缘故，而未将该非常重要或者非常相关的现有技术写入原始的申请中，导致审查员在审查时，由于不能得到该非常重要或相关的现有技术，所以指出说明书的某个技术相关部分公开不充分。也就是说，由于申请人未尽到提供最相关的现有技术的义务，而延长了审查的程序。

本小节以一个用于压路机的座椅的实际案例为基础，说明当审查员指出申请不满足《专利法》第26条第3款的规定时，申请人如何在答复过程中，通过自己的进一步分析，预见到之后可能产生的影响授权的问题，而主动作出有针对的修改，加快审查的过程；并且更进一步地分析了由于其隐瞒最接近的现有技术而使审查过程延长的情况。

二、申请文件

（一）权利要求书

1. 一种用于压路机的座椅（101），具有

用于驾驶员处于就座位置时的第一座椅表面（102），以及

靠背（103），

其特征在于，

靠背（103）能够在驾驶员方向上向前倾斜到至少一个静止位置，且座椅（101）能够整体横向和/或在行进方向或逆行进方向移动。

2. 如权利要求1所述的座椅，其特征在于，在该位置为处于站立位置的驾驶员形成第二座椅表面，第二座椅表面布置在靠背的上端。

（二）说明书

一种压路机驾驶员座椅

技术领域

[0001] 本发明涉及一种用于压路机驾驶员的座椅。

背景技术

[0003] 压路机是一种广泛使用的工程机械，通常用于公路、铁路、机场跑道、广场、大坝等的建设。在工作过程中，由于要压实整个路面，包括路边，所以，驾驶员必须使压路机的碾压部位紧贴着路边行驶，也就是说，使碾压部位的边缘与路的边缘比齐。由于国内的车辆均是左舵行驶，驾驶员坐在车的左边，因此，当需要压实车辆右侧的路边缘时，由于驾驶员视线受本身位置（即座位位置）的限制而观察不到路的右侧，所以驾驶员往往要站起来，才能更好地进行观察，确保碾压部位的边缘与路的边缘比齐。据统计，压路机驾驶员有50%的工作时间均是处于站立状态，而由于站立时间过久引起劳累所带来的工作效率的降低也一直困扰着驾驶员。目前的压路机座椅通常都是只能原地旋转，而不能前后左右移动，也就是说其相对于驾驶室地板来说是相对静止的，而且通常座椅的设置只是为了满足驾驶员坐着时的工作状态。

[0004] 为了解决上述问题，CN1*******1A中发明了一种可以左右滑动的座椅，以使得当需要进行贴边观察时，可以通过座椅左右滑动，而使驾驶员在不站起的情况下就可以观察到贴边的情况，从而避免驾驶员站起。图3和图4就示出了这种可以左右滑动的座椅。

[0005] 但是即使使用了该能够左右移动的座椅，也不能避免驾驶员站立工作。因为当需要进行右侧贴边作业时，驾驶员向右滑动座椅，显然，驾驶员可以更好地观察到碾压部位与路边缘的比齐情况，但是，这同时会带来另外一个问题：由于方向盘、仪表板等操作机构均处于驾驶舱的左侧，就导致移至右侧的驾驶员离这些操作机构距离过远，甚至使驾驶员坐在座椅上时，不能碰到方向盘等操作机构，而不能进行正常的操作，或者驾驶员很费力才能碰到方向盘，而导致没有足够的力量把握方向盘，从而当驱动经过不平地势或通过障碍时，会导致无意中改变行进方向和速度。所以，为了避免误操作，驾驶员还是需要站立工作，也就是说，即使用了该座椅，驾驶员还是要经常站立工作的，同样会因为劳累而使工作效率低下。

发明内容

[0006] 因此，本发明的目的是制成一种用于压路机驾驶员的座椅，其能够产生符合人机工程的就座和站立位置，极大地减少驾驶员站立工作的时间。

[0007] 本发明提出一种用于压路机驾驶员的座椅，包括用于驾驶员处于就座位置时的第一座椅表面，以及靠背，靠背能够在驾驶员方向上向前倾斜到至少一个静止位置，且座椅能够整体横向、前后移动。

[0008] 当座椅靠背向前倾斜到一个静止位置时，其可以为处于站立位置的驾驶员

形成第二座椅表面，所述第二座椅表面布置在靠背的上端这种座椅不仅确保了符合人机工程的就座位置，而且确保了同样符合人机工程的站立位置，在所述站立位置驾驶员可以在需要在站立位置操作车辆时斜靠在第二座椅表面上，从而使其感受到由第二座椅表面提供的支撑力，减少疲劳。那么在进行贴边工作时，驾驶员可以斜靠在第二座椅表面上，而且视野良好，可以很好地观察贴边的情况。

[0009] 当进行左侧路边压实作业时，该座椅与普通座椅一样。当进行右侧路边压实作业时，驾驶员可以将座椅向右滑动，以便更好地观察碾压部位与右侧路边的贴合情况，然后向前滑动座椅，以缩短驾驶员与操作部件之间的距离，使其能够更好地操纵压路机。当一些特殊的情况仍需要站立起来工作时，可以将座椅的靠背向前倾斜到一个位置，使驾驶员在需要站立工作时，可以坐在上面（即提供一个更高的座椅）或者斜靠在靠背上（为驾驶员提供一个支撑），从而减少站立姿态给驾驶员带来的疲劳。

附图说明

[0010] 下文，将结合附图更详细地说明本发明的一种实施方式。其中：

[0011] 图32-8-01是驾驶员处于就座位置的压路机座椅；以及

[0012] 图32-8-02是具有倾斜靠背的座椅，所述倾斜靠背向驾驶员提供了第二座椅表面。

[0013] 图32-8-03是背景技术所提供的可以左右滑动的座椅。

[0014] 图32-8-04是背景技术所提供的可以左右滑动的座椅的传动机构。

具体实施方式

[0015] 图32-8-01表示用于建筑机械尤其是必须沿预定路线驾驶和驱动的建筑机械驾驶员的座椅101，这种建筑机械要求驾驶员在站立位置观察尤其是建筑机械一个侧壁。

[0016] 通常可以在图32-8-01所示的驾驶员处于就座位置的压路机座椅。然而，如果压路机沿路线被驱动，则对于对准线在机械的右侧并且需要进行观察以确定压路机是否沿该路线移动的情形下，驾驶员处于站立位置更方便观察。例如，当必须沿右侧边缘例如路缘石或护栏进行压实时，驾驶员必须在站立位置观察是否压路机已经被操纵到足够近路面边缘。

[0017] 图32-8-01所示的座椅101包括用于驾驶员处于就座位置的第一座椅表面2以及可以在其上端具有头部104的靠背103。座椅101整体是高度可调节的，并且还可以横向、前后移动。座椅101高度可以调节以使驾驶员相对于操作元件105和方向盘108能够处于舒适、符合人机工程的位置，折叠搁脚板106可以支承驾驶员的腿。

[0018] 用于支承右臂的扶手107定位在驾驶员操作元件105的后面。

[0019] 进一步地，座椅101的靠背103还可以绕座椅的水平轴线在第一座椅表面102的方向倾斜，其可以是两部件式设计并且可以具有高度可调节的头部。

[0020] 从图32-8-02中可以最清楚地看到，靠背103可以达到向前倾斜的位置，在那里头部提供驾驶员在处于站立位置时可以支承其本身的第二座椅表面104，使得其在站立时不会迅速疲劳。

[0021] 可以认识到第二座椅表面还可以成形在延长的靠背103上，而在通常面对

远离驾驶员一侧的靠背上端不具有头部。

[0022] 第二座椅表面在图中被示为均匀表面，但也可以符合人机工程地与驾驶员的身体轮廓相适应，例如可以是凹形。

[0023] 这样，当驾驶员由于自身比较矮或者工作环境不同而造成座椅的前后左右移动仍然不能满足其观察的需要时，驾驶员可以站起来，斜靠在座椅靠背形成的第二座椅表面上，进行观察，并且不会因为这种站立工作而产生疲劳。

说 明 书 附 图

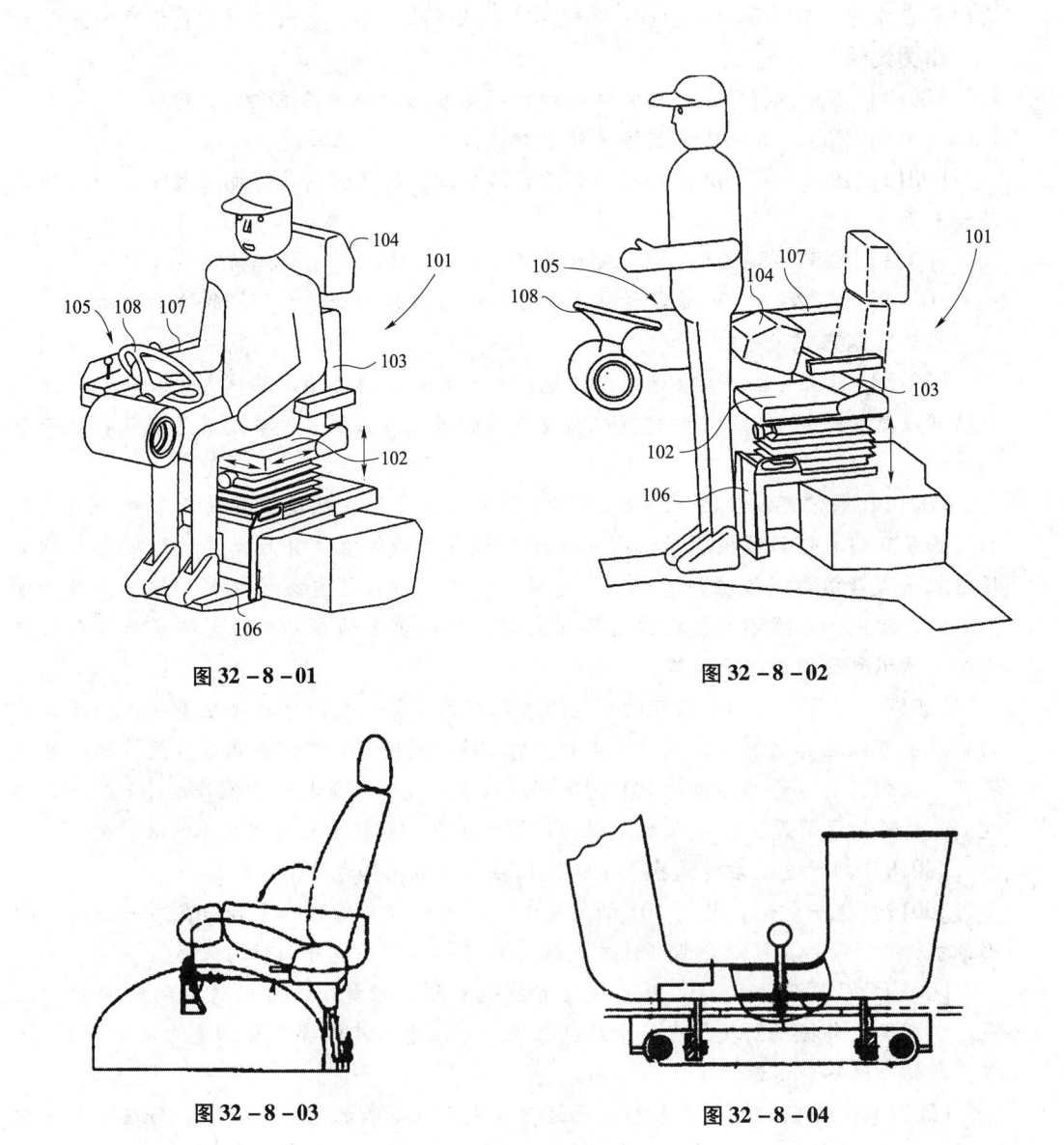

图 32－8－01

图 32－8－02

图 32－8－03

图 32－8－04

三、检索和审查意见通知书

审查员在对申请文件进行阅读后，进行了现有技术检索，获得了与申请内容最为接近的现有技术文件 CN1＊＊＊＊＊＊＊1A（以下称为"对比文件1"），该文件也是申请人在说明书现有技术部分列出的现有技术文件。

没有获得更为接近的现有技术文件，并非意味着该申请必然满足专利性要求。审查员对此申请进行实质审查后，认为本申请的说明书未对发明作出清楚、完整的说明，致使所属技术领域的技术人员不能实现该发明，不符合《专利法》第26条第3款的规定，发出第一次审查意见通知书。相关内容如下：

本发明要求保护一种用于建筑机械驾驶员的座椅，如说明书所述，其要解决的技术问题是现有座椅不能适应驾驶员站立时的情况，而造成操作不便或误操作的问题。本发明使座椅的靠背能够向驾驶员方向上向前倾斜面到至少一个静止位置，从而形成站立的驾驶员可以倚靠的一个表面，该座椅既可横向又可前后移动，以在站立时使驾驶员距离操作元件的距离合适。

本发明是通过形成一个当驾驶员站立时能使其可以倚靠的平面（即使座椅靠背向前倾斜到一个位置），使驾驶员站立时不易疲劳；通过使座椅横向、前后方向移动，使驾驶员与操作元件的距离合适。但是在本申请的说明书中并未给出任何能够实现使整个座椅既可横向又可前后移动的技术手段（现有技术中的座椅只是可以整体前后移动或整体横向移动），对横向纵向导轨的安放、座椅与导轨之间的传动机构的设置均未进行说明。也就是说，说明书中只给出任务和设想，而未给出任何使所属技术领域的技术人员能够实施的技术手段，从而所属技术领域的技术人员根据说明书中的记载，不能实现该发明。

审查员认为，在申请人能够对"认为本申请中的可横向和前后移动的座椅是充分公开的"作出解释之前，进一步讨论权利要求是否具有新颖性、创造性，以及说明书中是否存在其他问题，是无意义的。申请人应当对本次审查意见通知书中涉及的问题进行解释，并对申请文件作出相应的修改，修改时要符合《专利法实施细则》第33条的规定。

四、第一次意见陈述书

申请人仔细分析和研究了审查员于××××年××月××日发出的针对该专利申请的审查意见。针对审查员在第一次审查意见通知书中所指出的问题，申请人答复如下：

参考文件A为在某汽车协会第五届汽车技术学术会议论文集中第×××页的论文（作者为申请人本身）。

1. 审查员认为说明书没有给出任何调节座椅整体横向移动的技术方案，从而使得所属技术领域的技术人员不能实现本发明。申请人具有不同的观点。参考文件A所列出的会议论文中所介绍的就是一种可以前后左右移动的座椅。从上面所提到的参考文件可以看出，使座椅整体横向、前后移动对于所属技术领域的技术人员来说是现有技术。因此，所属技术领域的技术人员可以根据压路机驾驶员工作的状态，通过结合这些普通技术知识来实现本发明。当然，所属技术领域的技术人员也可以结合其他的普通技术知识来实现本发明的独创性技术方案。

综上所述，本申请的说明书已清楚、完整地描述了本发明，所属技术领域的技术人员根据其所掌握的公知技术完全可以实现本发明。

附：××汽车协会第五届汽车技术学术会议论文集中第×××页的论文（相关部分）

如图32-8-06，该座椅的传动机构分为上下两层滑板，下层滑板7与方底座12啮合，上层滑板8与座椅（未示出）相固定。方座底12通过柱15与车体相连，如图32-8-05所示，一锁定销5与该方底座内壁上的锁止片6相配合以使方底座抱紧或松开柱15。一周向限位销11一端可穿过该底座周壁上的槽孔伸入底座内壁中，另一端与一手柄10相连接，从而限位销可以由手柄10带动进出槽孔，起到锁定作用。

该座椅可以实现前后左右及周向转动五个方向的运动，其动作过程职下：

前后滑动：当按下手柄1，齿条4与支架座9上的啮合齿脱开，滑板8前后自由滑动至所需位置，放开手柄1，在复位弹簧13的作用下，齿条重新啮，停止滑动并锁住。

左右滑动：当按下手柄2，齿条3与方底座12上的啮合脱开，滑板前后自由滑动至所需位置，放开手柄2，在复位弹簧14的作用下，齿条重新啮，停止滑动并锁住。

旋转：向上扳动手柄10，定向销11从柱15中脱开，方底座12可绕柱15旋转至所需位置，拧紧手柄5，通过锁紧块6，可锁紧至所需位置。

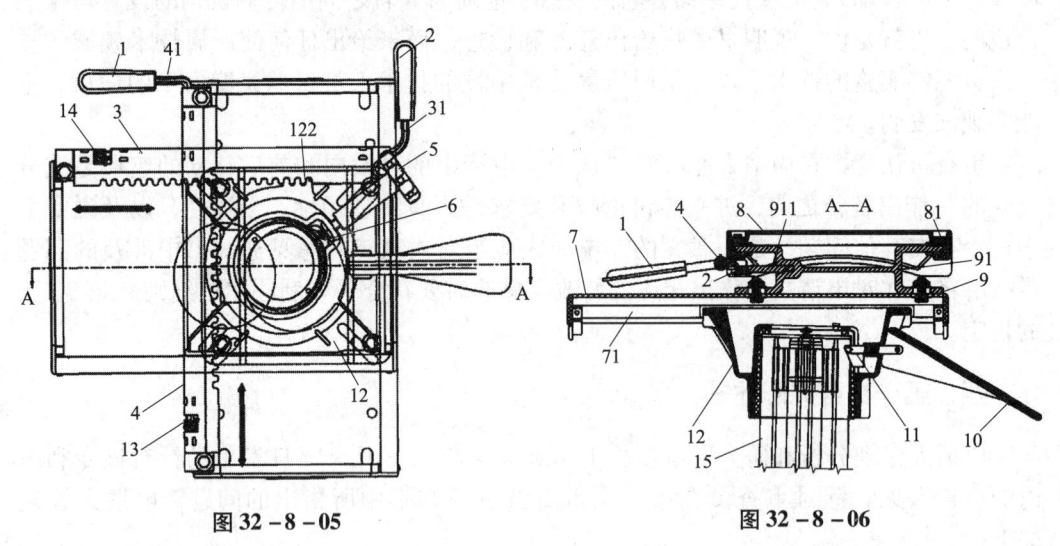

图32-8-05

图32-8-06

五、案情分析

（一）案情简介

本案涉及一种用于压路机驾驶员的座椅。申请人在说明书背景技术部分中指出，目前的压路机在工作时有时需要进行贴边压实工作，要求压路机的碾压部件尽可能地贴着路边。但是，由于目前的座椅不能左右移动，而是固定在驾驶舱的左侧，所以当需观察碾压部件与右侧路缘的距离时，驾驶员需要站立起来才能更好地观察车辆与路缘的相对位置关系。然而这种频繁的站立，会使驾驶员疲劳，导致工作效率下降。解决这个问题的办法只能是减少驾驶员站立的时间，即，在绝大多数情况下，其处于坐姿时也可以观察到碾压部件与路缘的相对位置。为了解决这个问题，在现有技术中，已经发明了能够左右滑动的座椅，以方便驾驶员观察。但是，申请人发现，即使使用了这种座椅，由于车辆的仪表盘是固定不动的，所以当座椅左右移动时，驾驶员与仪表盘的距离逐渐变大，甚至不适于操作，这时，驾驶员为了能够操作仪表盘，还是要必须站立起来，因而这种座椅还是不能解决由于驾驶员频繁站立而引起的疲劳。针对这种情况，申请人提出发明一种可前后左右移动的座椅，这样，驾驶员可以通过左右移动而使自己的位置更贴近需要观察的一侧，再通过前后移动，调整自己与操作元件件之间接的距离，从而使自己更贴近路边的同时离操作元件的距离更近，便于操作。而且，为了进一步确保驾驶员的舒适性，还使车辆的靠背可以向前锁定到一个位置以使其能够作为驾驶员站立工作时倚靠的一个平面，这样，即使驾驶员在某些时候必须要进行站立工作，也可以通过靠背为处于站立的驾驶员提供一个支持，使其斜靠在靠背上，为其提供一个支撑，使其不易疲劳。

需要指出的是，作者为申请人本身的在某汽车协会第五届汽车技术学术会议论文集中第×××页的论文，已经介绍了一种可以前后左右移动的座椅。从论文中可以看出，使座椅整体横向、前后移动对于本领域的普通技术人员来说是现有技术。因此，以申请人在申请日时对现有技术的了解，申请文件所提出的这两种方法是能够实施的话，因而也是可以达到解决现有技术中存在的驾驶员站立驾驶易疲劳的效果的。

（二）审查员审查意见分析

审查员在充分阅读了申请文本，分析了其中给出的具体实施例后，认为说明书存在公开不充分的问题。其原因在于审查员检索获得的现有的技术中，座椅只能单纯前后移动或左右移动，而并不能前后左右四个方向均能移动。申请人在说明书中声称所提出的两种方法都有助于解决驾驶员站立驾驶易疲劳的的问题，但是审查员认为在原始申请文件中，并未从所属技术领域的技术人员的角度，对这两种方法的具体实施手段给出任何说明。也就是说，申请人认为实施这些方法的手段是公知的，是不需要进行说明的。但是，对于第一种方法，实现座椅的前后左右移动来说，虽然在现有技术中，单独前后移动的座椅或者单独左右移动的座椅显然都属于公知常识，但是将只能前后移动和只能左右移动的座椅简单叠加在一起也并不能得到可以前后左右移动的座椅，因为这涉及相互垂直的两组轨道的叠加及与座椅本身的结合问题，不是所属技术领域的技术人员显而易见可以得出的；对于第二种方法，由于在现有技术中让座椅靠背向前折叠并静止到一个位置是非常常见的（如现在车辆的后排座椅靠背均是可以折叠的以节省空间，前排的靠背也是可以调节的，以使乘客更舒服），所以即使申请人未公开任何将靠背向前倾斜的技术手段，所属技术领域的技术人员也可以用现有的技术手段来实现该方法。经过检索后，审查员确实没有找到可以前后左右同时移动的座椅，因而只能认为所属技术领域的技术人员并不能根据说明书公开的信息而实施该方法。对于第二种方法，使靠背向前倾斜，从而形成驾驶员可以斜靠的表面，由于在现有技术中，座椅向前折叠的手段是公知常识，所以虽然申请人未在说明书中公开使靠背向前倾斜的结构，但是所属技术领域的技术人员根据公知常识，显然是可以实现这个方法的。值得一提的是，第二种方法的实施手段虽然是公知常识，但并不意味着实现本申请的这种方法或手段也是公知技术不具有创造性，因为，在说明书中申请人指出，将座椅靠背向前倾斜，以使其可以作为第二座椅表面，即，座椅靠背向前倾斜，倾斜的角度是让其可以成为站立的驾驶员能够使用的一个座椅表面，也就是说，其是使用用途限定了座椅靠背倾斜的角度，如果这个角度是具有创造性的，那么虽然向前倾斜的手段是公知的，但是其向前倾斜的角度也能够为其带来创造性。也就是说，向前倾斜的靠背本身并不具有创造性，但是通过其作用所限定的倾斜的角度是具有创造性的，因为在审查员检索到的现有技术中，座椅的靠背的移动均是为了使座椅靠背折叠到座椅的椅垫部分，从而使座椅整个可以翻倒，以腾出更多的使用空间，或者是将座椅靠背微调，以使坐着的乘客更加舒服，而并非如本申请所指出的是为了使驾驶员站立时可以有个倚靠的地方而为其提供一个支撑。

因此，在充分理解了本申请，并对现有技术进行了充分的检索后，审查员在第一次审查意见通知书中，直接指明了公开不充分的缺陷涉及的是能够前后左右移动的座椅，并具体指出是"对横向纵向导轨的安放、座椅与导轨之间的传动机构的设置"方面未进行说明，这恰恰是申请人未在申请文件中公开的。

（三）申请人意见答复分析

在第一次审查意见通知书中，审查员明确表示公开不充分的缺陷仅是涉及可前后左右移动的座椅，并且主要是对"对横向纵向导轨的安放、座椅与导轨之间的传动机构的设置"进行了质疑。所以，申请人在第一次意见陈述书中针对上述意见提供证据，证明能够前后左右移动的座椅是现有技术也是顺理成章的。因此，申请人所提交的证据（一次会议的论文，作者为申请人本人，公开在该次会议的论文集中，由于其未收录到论文库，所以审查员在首次检索的过程中并未得到）很有效地证明了可前后左右移动的座椅是现有技术。但是申请人的意见陈述工作不能仅此而已，如果只是把上述意见陈述书递交上去，是不能达到有针对性答复的目的的，所提交的意见陈述，并不能够说服技术人员接受权利要求1是具有专利性的观点的。以下进行详细的分析。

申请人的第一次意见陈述主要存在以下几个方面的问题：

1. 未考虑当补入答复所提到的证据时，该申请的授权前景

申请人只是注意到审查员指出，根据说明书的内容，可前后左右移动的座椅是不能实现的，因而只是在意见陈述书中提供一份证据来进行证明可前后左右移动的座椅是可以实现的是现有技术。显然，申请人并没有考虑补入这份证据后整个权利要求的授权前景会如何，或者说，申请人认为在其证明了可前后左右移动的座椅是现有的技术后，整个权利要求即可以得到授权。

2. 在第一次意见陈述时，未能依据所有信息进行专利性分析

在撰写申请文件时，申请人是依据说明书中给出的现有技术分析该权利要求的授权前景。显然，能为其带来授权前景的技术特征是"靠背（103）能够在驾驶员方向上向前倾斜到至少一个静止位置"，简单说，就是靠背可以向前倾斜到一个静止的位置。

然而，为了澄清公开是否充分的问题，申请人不得不提交了原试图隐瞒的另一现有技术文件，即作者为申请人本身的在某汽车协会第五届汽车技术学术会议论文集中第×××页的论文。

我们可以对之后的审查过程进行一下预期。

当审查员收到申请人的意见陈述书后，虽然不会认可申请人试图隐瞒已知的现有技术的不诚信态度，但不能不认可申请人提交的现有技术文件中公开的技术内容，即不能不承认第一次审查意见书中提出的公开不充分的缺陷已被克服。

正如审查员的通知书指出的那样，当公开是否充分的问题被解决之后，接下来就需要考虑权利要求的新颖性、创造性问题。此时，审查员会依据意见陈述书中给出的现有技术证据，将其作为对比文件2，并结合申请文件中的给出的另一背景技术（CN1*******1A，对比文件1）并给出如下的意见：

权利要求1要求保护一种用于压路机的座椅，对比文件1公开了一种汽车座椅，包括驾驶员处于就座位置时的座椅主体（即椅垫），靠背，靠背可以向前倾斜。

权利要求1所要保护的压路机座椅与对比文件1中的汽车座椅的区别在于：（1）座椅用于压路机；（2）座椅能够整体横向和/或在行进方向或逆行方向移动。其中（1）虽然对比文件1的座椅是一种汽车座椅，但是压路机和汽车同为一种需要驾驶员驾驶的工具，所以将对比文件1中的汽车座椅用于压路机中是显而易见的，这也是公知的常识；（2）对比文件2（××汽车协会第五届汽车技术学术会议论文集第×××页）中公开了一种可以前后左右整体移动的座椅，并且解决了同样的技术问题（使座椅的调整更自由）。因此，对所属技术领域的技术人员来讲，在对比文件1的基础上结合对比文件2及上述公知常识而得到权利要求1所要保护的技术方案是显而易见的，因此，权利要求1所要保护的技术方案不存在突出的实质性特点和显著的进步，不符合《专利法》第22条第3款规定的创造性。

也就是说，递交了作者为申请人本身的在某汽车协会第五届汽车技术学术会议论文集中第×××页的论文后，虽然克服了第一次审查意见陈述书中所指出的公开不充分的缺陷，但同时使座椅能够整体横向和/或在行进方向或逆行方向移动这些原申请人原试图隐瞒的技术，对于本领域的普通技术人员来说已经构成为现有技术，由此带来的创造性问题也是显而易见的，本专利申请仍然不能够授予专利权。

（四）综合分析

在撰写一通的过程中，审查员认为在知晓的现有技术状况下不付出创造性劳动而使座椅整体既可横向又可前后移动是不可能的，这种技术方案不属于现有技术。而申请人在意见陈述书中，用一份申请人自己完成的会议论文证明（此份证据审查员无法检索得到）使既可横向移动又可前后移动的座椅是现有技术，并且进一步指出，将其用于压路机时，由于驾驶员经常需要站立工作，所以希望座椅整体既可横向又可前后移动以使其与操作元件之间的距离合适对所属技术领域的技术人员来说也是显而易见的。显然，审查员在意见陈述书中提出了一份更接近的现有技术，并且该现有技术由于申请人的原因未在原始申请中提及。而背景技术是申请文件重要的组成部分，它对于快速理解对比文件是非常重要的。如果申请人由于担心自己背景技术部分中所提供的文件被用做对比文件,而故意隐瞒非常相关的现有技术(尤其是不能通过公共检索数据库找到的现有技术),则有可能使技术人员审查员认为某些关键的技术手段是不能实现的,就像本案例一样。

换句话说就是,专利保护制度的基石之一是申请人承担充分公开所完成的发明创造的义务,社会通过法律形式保障申请人在一定时期内对所完成的发明创造享有专利权。充分说明现有技术,是准确评估申请人所完成的发明创造的必要条件,因此也是申请人需要承担的义务中的一部分。如本申请所示,申请人隐瞒现有技术文件资料,不仅没有起到尽快授权的作用,反而延长了审查的过程,对申请的处理进程产生了不良影响。

经审查员核实,该证据是时间符合要求的正规出版物。但是,从说明书背景技术所列举的现有技术来看,申请人认为本发明的发明点就在于椅背向前移动锁定到一定位置及座椅既可整体横向又可前后移动。而在第一次审查意见通知书中,审查员已明确指出,可以整体前后左右移动的座椅是公开不充分的,也就是说,在审查员所能接触到的现有技术中并未有达到此效果的座椅。如果申请人证明了该点是现有技术的话,那么能为整个权利要求带来创造性的技术特征也就只有"靠背(103)能够在驾驶员方向上向前倾斜到至少一个静止位置",稍加推敲就可以得出该特征为现有技术的结论,进而确定在进行答复后,权利要求1仍然会因为创造性问题而不能授权。那么这种结论,就会促使申请人进一步分析申请文件和现有技术的区别,进而意识到能为本申请带来创造性的特征并不是"靠背(103)能够在驾驶员方向上向前倾斜到至少一个静止位置",而是由用途限定的倾斜角度。从而申请人就可以有针对性地对权利要求1进行了主动修改。需要进一步说明的是,对申请的修改必须符合《专利法》第33条的规定,也就是说,修改后的内容是申请人在申请日提交的原说明书和权利要求书方案记载的内容和根据原说明书和权利要求书方案记载的内容以及说明书附图能直接地、毫无疑义地确定的内容。而且希望通过修改来克服与《专利法》第26条第3款相关的缺陷时,通常不仅要修改权利要求,更多的可能还要修改现有技术和发明目的及其起到的效果,那么修改后的发明目的和起到的效果必须是可以从原申请文件中直接地、毫无疑义地确定的内容,除此之外的修改均是不允许的。具体到本申请来说,由于其在原始申请的实施例部分,已经详细说明了既能前后左右移动,又可以将座椅的靠背向前倾斜形成第二座椅表面的实施例,而且在实施例中也说明了将座椅的靠背向前倾斜形成第二座椅的表面的作用,因此,其对申请文件的修改也是符合《专利法》第33条的规定的。

由以上分析可以看出,审查员对能够横向前后移动的座椅产生质疑的最根本原因是申请人在提交申请时,已经获知存在其在第一次审查意见陈述书中提交的证据——也就是最接近的现有技术,但是出于担心该证据被审查员直接用做影响本申请的创造性的对比文件,而故意未将其写入原始申请中。由以上分析可以进一步看出,申请人相对于自己已经获知的最接近的现有技术的改进,仅在于将座椅靠背用作第二座椅表面,也就是原权利要求2所包括的技术方案。而申请人却希望通过隐瞒最接近的现有技术的手段,获得已经成为公众所能够自由使用的技术一部分的能够横向左右移动的座椅的专利权，这是与立法宗旨相违背的。而审查员经过认真阅读和细致的检索，发现了从能够得到的现有技术中并不能实现能够横向左右移动的座椅，从而提出了该部分公开不充分的问题，迫使申请人必须提交该最接近的现有技术，才有可能克服审查意见所提出的公开不充分的缺陷。进而，迫使申请人将不属于其对现有技术所作出的贡献的权利要求 1 删掉，只保留能够体现其对现有技术作出的贡献的权利要求 2。因此，通过这种修改，申请人最终获得的权利与其对社会做的贡献相当。但是，由于申请人最初的错误考虑，延长了审查时间，浪费了公共资源，并且使申请人在同行面前有不诚实的嫌疑。因此，申请人应该尽可能在说明书背景技术部分处提供与发明内容尽可能接近的现有技术，不应以各种理由隐瞒最接近的现有技术，以便审查员更好地理解申请的发明，能够在申请的技术领域的现有技术方面与申请人更好地达成一致，从而加快申请的审查，且有助于树立诚实合作的申请人的形象。

六、意见陈述的基本思路

基于以上分析，在提供证据以抗辩公开不充分时，要注意以下事项：

1. 提供证据要直接针对审查意见通知书中所述的疑点。在这一点上，第一次意见陈述书还是具有针对性的。

2. 分析审查意见通知书中的信息。确定除了指出的公开不充分的部分外，审查员是否有对其他部分作出判定，如果有，请将其作为重新评估权利要求授权前景的条件，如果没有，也不要简单地认为，是审查员肯定了其他的特征。因为，根据审查顺序，如果申请存在公开不充分的问题的话，可只在通知书中指出公开不充分的问题，其他问题待回案后再处理。

3. 以审查员得到新证据为条件，判断本申请权利要求的授权前景，并进行必要的修改，以使其可以早日授权，节约程序。

以上三点，首先是克服公开不充分的缺陷，其次要分析通知书中的意见，确定审查员对于其余技术特征的意见，最后，注意到审查员手中证据的变更，在新证据成立的前提下判断申请的授权前景并作出相应的改动。

七、推荐的意见陈述书

针对第一次审查意见通知书的意见陈述书。

申请人仔细分析和研究了审查员于××××年××月××日发出的针对该专利申请的审查意见。针对审查员在第一次审查意见通知书中所指出的问题，申请人答复如下：

参考文件××汽车协会第五届汽车技术学术会议论文集。

1. 审查员认为说明书没有给出任何调节座椅整体横向移动的技术方案，从而使得所属技术领域的技术人员不能实现本发明。申请人具有不同的观点。参考文件中已经指出该汽车座椅可以横向、前后移动。从上面所提到的参考文件可以看出，使座椅整体横向、前后移动对于所属技术领域的技术人员来说是现有技术。因此，所属技术领域的技术人员可以根据压路机驾驶员工作的状态，通过结合这些普通技术知识来实现本发明。当然，所属技术领域的技术人员也可以结合其他的普通技术知识来实现本发明的独创性技术方案。

为了使本申请的说明书清楚、完整地描述本发明，使所属技术领域的技术人员根据其所掌握的公知技术完全可以实现本发明，申请人将该文件补充到说明书的背景技术部分，具体修改如下：

[0005] 但是即使使用了该能够左右移动的座椅，也不能避免驾驶员站立工作。因为当需要进行右侧贴边作业时，驾驶员向右滑动座椅，显然，驾驶员可以更好地观察到碾压部位与路边缘的比齐情况，但是，这同时会带来另外一个问题：由于方向盘、仪表板等操作机构均处于驾驶舱的左侧，就导致移至右侧的驾驶员离这些操作机构距离过远，甚至使驾驶员坐在座椅上时，不能碰到方向盘等操作机构，而不能进行正常的操作，或者驾驶员很费力才能碰到方向盘，而导致没有足够的力量把握方向盘，从而当驱动经过不平地势或通过障碍时，会导致无意中改变行进方向和速度。所以，为了避免误操作，驾驶员还是需要站立工作，也就是说，即使用了该座椅，驾驶员还是要经常站立工作的，同样会因为劳累而使工作效率低下。

为了从根本上减少驾驶员站立工作的时间，又提出了一种可以前后左右移动的座椅（××××年××月××日出版的某汽车协会第五届汽车技术学术会议论文集中第×××页的论文），采用这种座椅时，当驾驶员需要观察右侧贴边的情况时，其可以先将座椅向右滑动，并试操作操作元件，判断距离是否合适，如果距离过大，则可以将座椅向前滑动，以调节驾驶员和操作元件之间的距离，从而使驾驶员减少站立工作的时间。但是，由于驾驶员个人身高及工作环境的不同，仅靠这种座椅并不能完全避免驾驶员站立工作的情况，如驾驶员身高比较低或者工作环境受限制时，座椅滑动的范围可能不能满足其观察的需求，则仍然需要站起来工作，会由于站立而产生疲劳，工作效率降低。

由于新增加的现有技术的公开日早于本申请的申请日，且为正规的出版物，所以这种补入是不超范围的，是可接受的。

在克服了以上缺陷后，为了使权利要求1具有新颖性和创造性，加利于授权，申请人对权利要求进行了修改，将权利要求2的附加技术特征补入权利要求1中，并以下面的权利要求作为新的权利要求书：

1. 一种用于压路机的座椅（101），具有

用于驾驶员处于就座位置时的第一座椅表面（102），以及

靠背（103），

靠背（103）能够在驾驶员方向上向前倾斜到至少一个静止位置，且座椅（101）能够整体横向和/或在行进方向或逆行进方向移动，

其特征在于，在该位置为处于站立位置的驾驶员形成第二座椅表面，第二座椅表面布置在靠背的上端。

由于是将权利要求2的附加技术全部补充到权利要求1中，即实质是将原权利要求1删除，将原权利要求2提为权利要求1，并且该方案已经通过原权利要求2公开，所解决的相应的技术问题和能够获得的进一步技术效果已经公开在原说明书的最后一

段中，所以该修改不超范围。

在新的权利要求中，"在该位置为处于站立位置的驾驶员形成第二座椅表面，第二座椅表面布置在靠背的上端"，该技术特征是现有技术（如背景技术中所提供的 CN1 *******1A 和申请人提交的证据）所没有的，因此，该权利要求具有新颖性。

虽然在 CN1 *******1A 中座椅靠背是可以向前倾斜的，由图3可以直接得出，其向前倾斜直到靠背与坐垫重合，其作用是为了腾出更多的空间，而并非是起到让站立的驾驶员倚靠的作用。而在压路机领域中，在解决驾驶员站立的不便时，通常的思路是减少驾驶员站立的机会（如申请人提交的证据中所提到的可以前后左右移动的座椅），而本发明则是从另外一方面，给站立的驾驶员一个支撑，来解决这个问题。因此，相对于现有技术来说，上述技术特征的运用对所属技术领域的技术人员来说并非显而易见的。因此，该权利要求所要保护的技术方案具有创造性。

综上所述，本申请的说明书已清楚、完整的描述了本发明，对说明书背景技术部分的修改和对权利要求1的修改没有超出原始申请的范围，并且修改后的权利要求1具有新颖性和创造性，望早日授权。

八、总结

在进行意见陈述时，申请人应当看得长远一点，对申请有一定的预见性，从而积极主动地进行修改，以加快审查的过程。并且，从根本上说，申请在提交原始申请人，就应当并且必须将最接近的现有技术引入背景技术部分，以有利于审查的进行。

在本案的一通中，审查员指出：本发明是通过可横向、左右移动的座椅来解决技术问题（驾驶员站立时距离操作元件过远），即审查员对本发明的理解；单纯的横向移动座椅、单纯的纵向移动座椅是现有技术，即审查员对现有技术的认定；横向、左右移动的座椅的难点在于轨道设置及传动装置，即审查员认为所属技术领域的技术人员不能解决的问题，也就是需要申请人进行重点说明的问题。

通过申请人的第一次意见陈述书可以看出，申请人注意到的信息只有：横向、左右移动的座椅的难点在于轨道设置及传动装置。基于这种意识，申请人在意见陈述书中对该问题做了详细的说明，并提出了证据。但是，申请人并未考虑答复并提供新证据后对本申请的授权前景影响，导致其未能意识到提供证据之后，可能会使本申请的权利要求不具有创造性，并会导致本案需要再发一次通知书，才可以授权，延长了案件的审查过程。如果申请人能够注意第一次审查意见通知书中的信息，并结合答复意见时所提供的证据，应该能够及时地对权利要求作出修改，从而加快申请的授权，节约程序。

而通过该案件的审查过程来看，由于担心申请所提供的最接近的现有技术被做为影响申请新颖性或创造性的对比文件而故意隐瞒该最接近的现有技术的行为，并不能使申请人得到本应为现有技术的方案的专利权，反而会因为由于未提供最接近的现有技术（特别是当该现有技术未收入公共的检索库时，也就是审查员很难得到该现有技术时）而干扰了审查员的审查，而对本应属于现有技术的部分进行质疑，延长了审查程序，浪费了公共资源，并且给申请人并身也会造成不良影响。所以，申请人应当在提交原始申请人公开最接近的现有技术，不要因此而影响申请的审查。

总的来说，当申请人答复提供了新的证据（包括有具体出处的技术资料和纯说理的技术背景资料）时，除了保证证据是直接针对审查意见通知书的意见外，还要特别注意新的证据给申请带来的影响。要分析第一次审查意见通知书中审查员对权利要求各个技术特征的认定，确定各个技术特征的状态，然后要综合新提供的证据和第一次审查意见通知书中包含的信息重新评估权利要求的授权前景，并作出相应的修改，而不能只是简单地提供证据，否则可能会导致审查程序的加长，延长了授权周期。

因此，在进行意见答复时，不但要针对审查意见通知书的观点和信息，而且还应在提交的新证据的基础上重新评估权利要求的授权前景，如果发现问题，及时进行主动修改，以加快授权的进程，而且为了使申请的审查更加顺利，申请人有义务在原始申请中提供所掌握的最接近的现有技术。